污染土壤修复理论与实践

主　编◎姜晨光

副主编◎孙胡斐

中国石化出版社

·北京·

内 容 提 要

本书全面介绍了污染土壤修复的基础理论和相关技术，包括土壤的性质及特点、土壤污染的形式及污染源类型、土壤施肥与人类健康的关系、污染土壤的异位修复技术、污染土壤原位修复的常用物理方法与化学方法、污染土壤原位治理的常用生物处理技术、污染土壤原位治理的常用热修复技术、金属污染土壤原位修复技术、污染场地系统性修复的技术策略、废弃的放射性污染场地的修复策略、基于纳米的修复技术、处理土壤中 MtBE 和其他燃料氧化物的策略、生物降解技术修复污染场地的实施方略、土壤气相萃取系统的废气处理策略等。全书以土、水、气三位一体系统修复为指导思想，充分借鉴了国际前沿资料和信息，全景式地展示了当代污染土壤修复的理论成果和实践经验，为读者提供了一把预防和解决土壤污染的金钥匙。

本书是土壤修复与治理从业人员必读的基础环保读物，也是各级环保管理人员、环保技术人员案头必备的工具书，可作为环境科学、环境工程、土壤学、水文学及水资源学、大气科学等专业的本科、研究生教材。

图书在版编目(CIP)数据

污染土壤修复理论与实践 / 姜晨光主编 ; 孙胡斐副主编. — 北京 : 中国石化出版社, 2025. 9. — ISBN 978-7-5114-8014-9

Ⅰ. X53

中国国家版本馆 CIP 数据核字第 20257UU634 号

中国石化出版社出版发行

地址:北京市东城区安定门外大街 58 号

邮编:100011　电话:(010)57512500

发行部电话:(010)57512575

http://www.sinopec-press.com

E-mail:press@sinopec.com

河北宝昌佳彩印刷有限公司印刷

全国各地新华书店经销

*

787 毫米×1092 毫米　16 开本　32.5 印张　731 千字

2025 年 9 月第 1 版　2025 年 9 月第 1 次印刷

定价:135.00 元

前 言
PREFACE

随着人类工业化进程的不断推进，土壤污染的形势日趋严峻，保护土壤、爱护土壤已经成了人类必须时刻关注的问题。土壤不仅养育了人类，也养育了地球上众多的生物，我们应该像保护自己的母亲一样保护土壤，使土壤能够永续利用。

目前，保护土壤、爱护土壤已成为人类的共识，因此，2013 年 10 月第 68 届联合国大会宣布每年的 12 月 5 日为世界土壤日。还把 2015 年定名为国际土壤年以图有效地在全球范围宣传土壤这一被称作“人类无声盟友”的重要性，同时认为豆类可以促进土壤健康，因而又把 2016 年定名为国际豆类年。2023 年中国土壤修复行业市场规模已超过 140 亿元。

联合国粮农组织政府间土壤技术小组编写的《世界土壤资源状况》指出，水土流失、养分枯竭、土壤有机碳丧失、土壤板结等威胁导致全球土壤状况迅速恶化，世界上大多数土地资源状况仅为一般、较差或很差，而且更多实例显示，土壤条件恶化的情况超过其改善的情况，特别是 33% 的土地因侵蚀、盐碱化、板结、酸化和化学污染而出现中度到高度退化，生产性土壤的进一步流失将严重损害粮食生产和粮食安全并加剧粮价波动，有可能使数百万人陷入饥饿和贫困。导致土壤条件变化的主要原因是人口扩大和经济增长，而这些因素预计将在未来几十年里继续存在，为满足人口扩大和经济增长需要，许多自然植被清除后用于作物和畜牧生产，土壤因而很快受到侵蚀且土壤的碳储存、养分和生物多样性急剧减少。城市化也是土壤污染的主要原因之一，城市和工业的快速增长使越来越多的土地退化，其中污染因素包括过量的盐、酸和重金属；重型机械使土壤板结；沥青和混凝土使土壤永久性密封。气候变化是土壤劣化的另一个主要推手，气温升高及相关干旱、洪水和风暴等极端气候事件从不同方面对土壤的质量和肥力造成影响，其不仅导致了土壤水分的减少和营养丰富表土的破坏，还加速了土壤侵蚀和海岸线的后退。

土壤功能面临的 10 大威胁是土壤侵蚀、土壤有机碳丧失、养分不平衡、土壤酸化、土壤污染、水涝、土壤板结、地表硬化、土壤盐渍化和土壤生物多样性的丧失。为了保护土壤必须促进以妥善治理土壤和健全投资为基础的可持续土壤管理，只要齐心协力就一定能保护好人类生命基础的土壤。土壤对于富有营养作物的生产至关重要，它们的水过滤和净化能力达到每年数千万立方米。作为碳的主要储库，土壤还有助于控制二氧化碳和其他温室气体的排放，从而对气候调节起到根本作用。

土壤资源和功能的丧失是可以避免的，必须极大地推动各层面采取行动以加强对土壤的可持续管理，达到既能增加粮食供应又能最大限度地减少对环境有害影响的目的。可持续土壤管理需要从政府到农民等各利益相关方的广泛参与，应尽量减少最贫困地区的土壤进一步退化并恢复已退化土壤的生产力；应稳定全球土壤有机质储量，包括土壤有机碳和土壤生物；应稳定或减少全球氮、磷肥的使用量，同时增加养分缺乏地区化肥的使用；应提高全人类对土壤条件状况和趋势的认识；应支持开发土壤信息系统以监测和预报土壤变化；应加强土壤方面的教育和认识，将土壤问题纳入正规教育和整个教学大纲，从地质学到地理学、从生物学到经济学都应阐述土壤问题；应投资研发和推广工作，大力开展测试活动，广泛传播可持续土壤管理技术和做法；应采取恰当有效的管理和鼓励措施。

笔者与项目组成员关注土壤污染问题已有十余年，对土壤污染的现状心急如焚，深感土壤保护与治理的紧迫和必要，编写本书希望能为土壤保护略尽绵薄之力。

全书由江南大学姜晨光任主编，苏州科技大学天平学院孙胡斐任副主编，莱阳市环境卫生管理处王世周，上海烯牛信息技术有限公司周煜东，青岛博信铝业有限公司(原青岛铝加工厂)李勇、仇方翱，山东省水利外资项目服务中心石伟南，山东省小清河管理局李瑞青，山东省海河流域水利管理局巩亮生，国网山东省电力公司电力科学研究院王斐斐，江南大学王风芹等同志(排名不分先后)参与了相关章节的撰写工作。

限于水平、学识等原因，书中欠妥之处敬请读者提出批评意见。

目 录

CONTENTS

第1章 土壤的性质及特点

第4章 污染土壤的异位修复技术

第5章 污染土壤原位修复的常用物理方法与化学方法

第6章 污染土壤原位治理的常用生物修复技术

第7章 污染土壤原位治理的常用热修复技术

第8章 金属污染土壤的原位修复技术

第9章 特殊条件下的污染土壤治理

第1章

土壤的性质及特点

1.1 土壤中的矿物质

土壤是一种十分重要的自然资源，从某种意义上说，它是一种不可再生型资源，因为土壤的形成和更新速度非常缓慢，而土壤质量的破坏却可能是极为迅速的。因此，合理开发利用与保护土壤资源是全人类的一项迫切而又长远的历史任务。

土壤(Soil)是陆地表面由矿物、有机物质、水、空气和生物组成、具有肥力且能生长植物的未固结层。"陆地表面"说明土壤在地球上所处的位置；"矿物质、有机物质、水、空气和生物"则是土壤这一物质客体的基本必要组成；"具有肥力且能生长植物"说的是土壤的基本特性；"未固结层"指其物理状态之疏松多孔，明显有别于坚硬固结的岩石等。

土壤是由岩石风化后再经成土作用形成的阶段性产物，岩石在风化过程中变得疏松多孔，部分矿物彻底分解成为可溶性物质。生物的活动不仅加快了岩石风化进程，而且为土壤积累有机物质创造了条件，于是具有一定生物活性、能够生长植物的土壤诞生了。在植物生长的全过程中，土壤具有能供应与协调植物正常生长发育所需的养分、水分、空气和热量的能力，这种能力称为土壤肥力(Soil Fertility)。

岩石风化形成的矿物颗粒统称为土壤矿物质。土壤是由固相、液相和气相三种物质组成的疏松多孔体。固相物质即固体土粒，约占土壤总体积的50%，其中包括矿物质和有机质，矿物质占总体积的38%以上，有机质占12%左右。土壤总体积中的另外50%为土壤孔隙，孔隙中分布着液相的土壤水和可溶性物质，还有气相的土壤空气。土壤三相物质直接影响土壤肥力，是土壤肥力的物质基础。土壤矿物质(按质量计)一般占土粒的95%以上。因此，矿物质就成为土体的"骨架"，它是植物矿质营养的源泉，也是影响土壤肥力的决定性因素之一。

1.1.1 岩石的风化

(1) 地壳的元素组成

地壳中的矿物质来自岩石的风化物，岩石是构成地壳(岩石圈)的基本物质。地壳的成分极其复杂，几乎包括绝大多数已知元素，但以氧、硅、铝、铁四种元素为主，作为植物所需的营养元素不仅含量少，而且都以难溶的化合物形式被封闭在坚硬的岩石中，所以地壳表层岩石必须先经过破碎风化成母质，植物营养元素才可能被释放，土壤才有肥力。

(2) 主要成土矿物、岩石

岩石经风化作用及外力搬运形成母质(Parent Material)，母质经成土作用形成土壤，因此，研究土壤肥力特征必须从主要的成土矿物岩石和母质入手。矿物是一类产生于地壳中具有一定化学组成、物理性质和内部构造的单质或化合物，它是土壤矿物质的来源。矿物的种类很多，目前已经发现的在3000种以上，但与土壤有关的不过数十种。几种主要成土矿物的化学成分、风化特点和分解产物见表1-1-1。

表 1-1-1 主要成土矿物及相关特性

种类	名称	化学成分	风化特点和分解产物
原生矿物	石英(Quantz)	SiO_2	不易风化，是土壤中沙粒的主要来源
	正长石(Orthoclase)、斜长石(Plagioclase)	$KAlSi_3O_8 \cdot NaAlSi_3O_8$、$MCaAl_2Si_2O_8$	较易风化，风化后产生高岭土、二氧化硅和盐基物质，正长石含钾较多，是土壤中钾素和黏粒的主要来源
	白云母(Museovite)、黑云母(Biotite)	$KAl_3Si_3O_{10}(OH)_2$、$K(Mg, Fe)_3[AlSi_3O_{10}](OH, F)_2$	白云母抗风化，黑云母易风化，均形成黏粒，是土壤中钾素和黏粒的主要来源
	角闪石(Hornblende)、辉石(Augite)	$Ca_2Na(Mg, Fe)_4(Al, Fe)[(Si, Al)_3O_{22}(OH)_2]$、$Ca(Mg, Fe, Al)[(Si, Al)_2O_6]$	易风化，风化后形成黏粒，并释放出盐基养分
	橄榄石(Olivine)	$(Mg, Fe)_2[SiO_4]$	易风化，风化后形成蛇纹石
	方解石(Calcite)、白云石(Dolomite)	$CaCO_3$、$CaMg(CO_3)_2$	易风化，是土壤中碳酸盐和钙、镁的主要来源
	磷灰石(Apatite)	$Ca_5(PO_4)_3(F, Cl)$	风化后是土壤中磷素的主要来源
	赤铁矿(Hematite)、褐铁矿(Limonite)、磁铁矿(Magnetite)、黄铁矿(Pyrite)	Fe_2O_3、$Fe_2O_3 \cdot 3H_2O$、$Fe_2O_3 \cdot FeO$、$Fe_2O_3 \cdot FeS_2$	易风化，是土壤中红色的来源；易风化，是土壤黄色、棕色的来源；难风化，风化后形成赤铁矿、褐铁矿；易风化，是土壤中硫的来源
次生矿物	高岭石(Kaolinite)、蒙脱石(Montmorillonite)、水云母(Hydromica)	$Al_4Si_4O_{10}(OH)_8$、$Al_4Si_8O_{20}(OH)_4 \cdot nH_2O$、$KY[Si_8-2YAl_2Y]Al_4O_{20}(OH)_4$	是长石、云母风化后形成的次生矿物，是土壤中黏粒的主要来源

岩石是一种或数种矿物的集合体，据其成因可分为岩浆岩、沉积岩、变质岩三大类型。

① 岩浆岩是由岩浆冷凝而成的，岩浆岩的共同特征是没有层次和化石；当岩浆侵入地壳，在深处逐渐冷凝而成的岩石叫侵入岩，其冷却慢、结晶粗，比如花岗岩、正长岩等；岩浆喷出地面而冷凝形成的岩石叫喷出岩，其冷却快、结晶细、呈多孔斑状结构，比如玄武岩等。

② 由各种先成的岩石经风化、搬运、沉积、重新固积而成或由生物遗体堆积而成的岩石称为沉积岩，比如砾岩、页岩、砂岩、石灰岩等，沉积岩有层次性且常含有生物化石。

③ 在高温高压下岩石中的矿物发生重结晶或结晶定向排列而形成的岩石称为变质岩，其岩石致密坚硬、不易风化、呈片状组织，比如片麻岩、石英岩、大理岩、板岩等。

常见的主要成土岩石见表1-1-2。

表1-1-2 主要的成土岩石

种类	名称	矿物成分	风化特点和分解产物
岩浆岩（火成岩）	花岗岩与流纹岩	主要含石英、正长石、云母及少量角闪石等	含二氧化硅65%以上，为酸性岩；易发生物理风化，石英变成沙粒，正长石变成黏粒，且钾素丰富，形成的土壤母质砂黏适中
	正长岩与粗面岩	正长岩主要含正长石，粗面岩含正长石和角闪石	含二氧化硅52%~65%，为中性岩；较易风化形成大量黏土矿物，沙粒较少，含钾素多
	辉长岩与玄武岩	辉长岩主要由辉石和少量角闪石和黑云母组成 玄武岩主要由辉长石、斜长石组成	含二氧化硅42%~52%，为基性岩（碱性岩）；易风化成黏土，含钙、镁、铁等盐基较多
	闪长岩与安山岩	主要由斜长石、角闪石组成，含少量云母和辉石	为中性岩，易风化，风化产物含黏粒多，钙、镁等盐基成分较多
沉积岩（水成岩）	砾岩	由直径大于2mm的碎石砾胶结而成	圆形石砾胶结而成的不易风化，角砾岩易风化，风化产物含沙粒、砾石多，养分贫乏
	砂岩	由0.1~2mm的沙粒胶结而成	不易风化，风化后形成的土层薄，沙粒多
	页岩	由黏土经压实脱水和胶结作用硬化而成	易风化，风化产物含黏粒多，养分含量多
	石灰岩	由碳酸钙沉积胶结而成	易风化，形成的土壤土层薄，质地黏重，富含钙质
变质岩	片麻岩	由花岗岩经高温高压变质而成	呈片状结构，有条带状特征，对土壤影响与花岗岩相似
	板岩	由泥质页岩变质而成	较粗脆，较难风化，风化土壤母质较黏
	石英岩	由砂岩变质而成	极硬，不易风化，形成沙质土或砾质土，质地粗
	大理岩	由石灰岩变质而成	性质与石灰岩相似

由表1-1-2可看出，不同岩石矿物与土壤的化学组成和物理性质关系密切。首先，其对土壤质地的影响较大，在花岗岩、石英岩、片麻岩、砾岩地区的土壤，因含石英较多，形成很多沙粒，质地粗，通透性好，保水保肥能力差；在玄武岩、页岩地区的土壤，因岩石中含有较多的黑云母、角闪石、辉石、橄榄石等易风化的深色矿物，形成较多黏粒，通透性差，保水保肥能力强。其次，对土壤养分含量的影响也大，母质中含正长石、云母较多时，土壤含钾素较多；含有磷灰石的土壤含磷量高；含辉石、角闪石、橄榄石和褐铁矿的土壤，则含有较多的钙、镁、铁等养分；含石英多的土壤养分贫乏。最后，对土壤酸碱度也有影响，石灰岩地区形成的土壤一般偏碱性；我国南方花岗岩地区的土壤一般偏酸性。

（3）岩石的风化

风化（Weathering）是指岩石、矿物在外界因素和内部因素的共同作用下，逐渐发生崩解和分解的过程。按其作用因素和风化特点可分为物理风化（Physical Weathering）、化学风化（Chemical Weathering）、生物风化（Biological Weathering）三种类型。

① 物理风化指外力作用使岩石、矿物发生崩解破碎，但不改变其化学成分和结构的过程，这种外力作用可分为温度作用、结冰作用以及水流和大风的磨蚀作用等。

② 化学风化指岩石、矿物在水、二氧化碳等因素作用下，发生化学变化而产生新物质的过程，这种风化过程包括溶解、水化、水解和氧化。

③ 生物风化指岩石矿物在生物及其分泌物或有机质分解产物的作用下，进行的机械破碎和化学分解过程。

自然界的物理风化、化学风化和生物风化作用绝不是单独进行的，而是相互联系、相互促进的，只是在不同条件下各种因素的作用强度不同而已。岩石矿物经过风化破碎成疏松的堆积物，形成成土母质。

（4）成土母质的类型及分布规律

岩石矿物的风化物形成的母质，有的残留在原地堆积，有的受风、水、重力和冰川等外力作用搬运到别的地方重新沉积下来，形成各种沉积物。按其搬运动力与沉积特点的不同可分为残积物（Residual Deposit）、坡积物（Slope Deposit）、洪积物（Diluvial Deposit）、冲积物（Alluvial Deposit）、湖积物（Lacustrine Deposit）、海积物（Marine Deposit，Neritic Deposit）、风积物（Aeolian Deposit）、黄土（Loess）、红土（Quaternary Red Clay）等几种类型。

① 残积物指岩石经过风化后残留在原地未经搬运的风化物，多分布在山地和丘陵上部；其特点是层次薄，理化性质与母岩几乎一致，表层质地较细，往下渐粗，逐渐过渡到岩石层，母岩对其特性影响很大。

② 坡积物指风化物在重力或流水的作用下，被搬运到山坡的中、下部的堆积物；其特点是层次稍厚，无分选性；坡积物的性质决定于山坡上部的岩性，与下部母岩无过渡关系。

③ 洪积物指山洪搬运的碎屑物在山前平原形成的沉积物，其形状如扇，所以也称为洪积扇；其特点是扇顶沉积物分选差，往往是石砾、黏粒与沙粒混存，在扇缘其沉积物多为黏粒及粉沙粒，水分条件好，养分也较丰富。

④ 冲积物由河水中挟带的泥沙，在中下游两岸与入海口沉积而成；它的分布范围广，面积大，所有的江河，在其中下游两岸都有这种母质分布；在我国华北平原、东北平原、长江中下游平原、珠江三角洲、四川成都平原、陕西渭河平原都有大面积的分布；其特点是具有明显的成层性和条带性。

⑤ 湖积物由湖泊的静水沉积而成；其特点是一般质地偏黏，夹杂有大量的生物遗体；湖积物中的铁质在嫌气条件下与磷酸结合形成蓝铁矿，有的还形成菱铁矿，致使湖泥呈现青灰色。

⑥ 海积物是海边的海相沉积物；由于海岸上升，海退或江河入海的回流淤积物露出水面而形成；其特点是各地的粗细不一，有的全为沙粒，有的全为黏粒，质地细的养分含量较高，粗的养分少，而且都含有盐分，形成滨海盐土。

⑦ 风积物是由风力将其他成因的堆积物搬运沉积而成，其特点是质地粗，砂性大，形成的土壤肥力低。

⑧ 黄土为第四纪沉积物；其成因有的认为是风力搬运堆积而成，也有的认为是水流搬运堆积而成，尚未得到一致看法；我国黄土可分为马兰黄土、离石黄土和午城黄土几种，另外在长江中下游还分布着一种质地黏重，性质与黄土相似的下蜀黄土。

⑨ 红土又称第四纪红色黏土，分布在我国南方，多呈红色、红棕色，质地黏重，养分少。

1.1.2 土壤的矿物组成和化学组成

（1）土壤矿物

土壤矿物质来自土壤母质，其矿物组成按其成因可分为原生矿物（Primary Mineral）和次生矿物（Secondary Mineral）两类。

① 在风化过程中没有改变化学组成而遗留在土壤中的一类矿物称为原生矿物，土壤中的原生矿物主要是石英和原生铝硅酸盐类。原生矿物在风化和成土作用下新形成的矿物称次生矿物。

② 次生矿物种类很多，有成分简单的盐类，包括各种碳酸盐、重碳酸盐、硫酸盐、氯化物等；也有成分复杂的各种次生铝硅酸盐；还有各种晶质和非晶质的含水硅、铁、铝的氧化物。

各种次生铝硅酸盐和氧化物称为次生黏土矿物，是土壤黏粒的主要组成部分，黏土矿物与土壤腐殖质一起，构成土壤的最活跃部分——土壤胶体，这对土壤的物理、化学及生物学特性产生深刻的影响。

（2）土壤矿物质的化学组成

土壤矿物质的化学组成很复杂，几乎包括地壳中所有的元素。其中，氧、硅、铝、铁、钙、镁、钠、钾、钛、碳等10种元素占土壤矿物质总质量的99%以上，这些元素中以氧、硅、铝、铁四种元素含量最多。如以氧化物的形态来表示，SiO_2、Al_2O_3和Fe_2O_3三者之和通常约占土壤矿物质部分总质量的75%以上，因此人们常把它们看成为土壤的骨干成分（表1-1-3）。

表 1-1-3　我国表层土壤的主要化学组成　g/kg

成分	SiO_2	Al_2O_3	Fe_2O_3	CaO	MgO	K_2O	Na_2O	P_2O_5	SO_3	TiO_2
土壤	641.7	128.6	65.8	11.7	9.1	9.5	5.6	1.1	—	12.5

（3）土壤的机械组成

① 土壤粒级。土粒分级一般是将土粒分为石砾、沙粒、粉沙粒和黏粒四级，每级大小的具体标准各国不尽相同，但却大同小异。我国相关领域经常采用的土粒分级体系主要有国际制、苏联制和中国制。国际制土粒分级体系是国际土壤学会提出的，其特点是十进位制，以粒径 2mm 为土粒的上限，以小于 0.002mm 为土粒的下限，但人为性太强，因为粒级特性的变化不一定刚好在这个界限内（表 1-1-4）。苏联制土粒分级又称卡庆斯基制，是以粒径 1mm 为土粒的上限，以粒径小于 0.001mm 为土粒的下限；先把所有颗粒分为石砾（大于 1mm）、物理性沙粒（1~0.05mm）、物理性黏粒（小于 0.05mm）；物理性沙粒和物理性黏粒这两大粒级的相对含量，将是土壤质地分类的主要依据；这两大粒级进一步细分，又可分出粗、中、细沙粒，粗、中、细粉粒和粗、细黏粒及胶粒等级（表 1-1-5）。中国制土粒分级是我国科学家根据我国的土壤情况拟定的土粒分级标准（表 1-1-6）。

表 1-1-4　国际制土粒分级体系

粒级名称		粒径/mm
石砾（Gravel）		>2
沙粒（Sand）	粗沙粒（Coarse Sand）、细沙粒（Fine Sand）	2~0.2、0.2~0.02
粉沙粒（Silt）		0.02~0.002
黏粒（Clay）		<0.002

表 1-1-5　苏联制土粒分级体系

粒级名称			粒径/mm
石块、石砾			>3、3~1
物理性沙粒	沙粒	粗沙粒、中沙粒、细沙粒	1~0.5、0.5~0.25、0.25~0.05
物理性黏粒	粉粒	粗粉粒、中粉粒、细粉粒	0.05~0.01、0.01~0.005、0.005~0.001
	黏粒	粗黏粒、细黏粒、胶粒	0.001~0.0005、0.0005~0.0001、<0.0001

表 1-1-6　中国制土粒分级体系

粒级名称		粒径/mm
石块		>3
石砾		3~1
沙粒	粗沙粒、细沙粒	1~0.25、0.25~0.05
粉粒	粗粉粒、中粉粒、细粉粒	0.05~0.01、0.01~0.005、0.005~0.002
黏粒	粗黏粒、细黏粒	0.002~0.001、<0.001

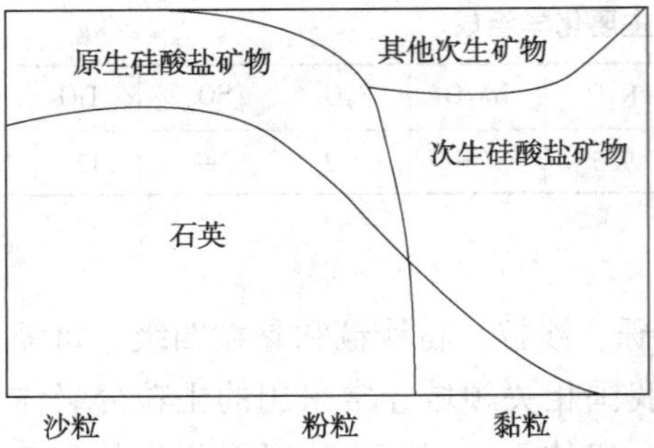

图 1-1-1　土壤颗粒的矿物组成示意图

各粒级的组成主要涉及矿物组成、化学组成两方面问题。在矿物组成方面，由于岩石中的各种矿物抵抗风化的强弱不同，造成各粒级土粒的矿物组成有较大差别；由图 1-1-1 可见，沙粒和粉粒主要是由各种原生矿物组成的，其中以石英最多，其次是原生硅酸盐矿物；土壤黏粒部分的矿物组成则完全不同，在黏粒中，原生矿物很少，基本上是次生矿物，主要是高岭石、蒙脱石和水云母三类以及铁、铝等的氧化物和氢氧化物。化学组成方面，各个粒级的矿物组成不同，它们的化学组成也不同；沙粒和粉粒以石英和长石等原生矿物为主，二氧化硅含量较高；在黏粒中，则以次生硅酸盐矿物为主，铁、钾、钙、镁等的含量较多。

② 土壤质地(Soil Texture)。任何一种土壤都是由粒径不同的各种土粒组成的，也就是说，任何一种土壤都不可能只有单一的粒级。土壤中各粒级的含量也不是平均分配的，而是以某一级或两级颗粒的含量和影响为主，从而显示出不同的颗粒性质。人们把土壤中各粒级土粒含量(质量分数)的组合，叫作土壤质地(或称土壤颗粒组成、土壤机械组成)。通常所说的沙土、壤土和黏土等就是根据粗细不同的土粒占比来决定的，土壤质地是土壤的重要物理性质之一，对土壤肥力有重要的影响。根据土壤中各粒级占比进行的土壤分类，叫作土壤的质地分类。我国相关领域经常采用的土壤质地分类体系也有三种，分别是国际制、苏联制、中国制。

国际制土壤质地分类是一种三级分类法，即按沙粒、粉粒、黏粒三种粒级占比划分为四类十二种(表 1-1-7)。国际制分类的主要特点是以黏粒含量 15%作为沙土类和壤土类的划分界限；以黏粒含量 25%作为壤土类同黏土类的划分界限；以粉沙含量在 45%以上作为“粉沙质”土壤的定名标准；以沙粒含量在 85%以上为划分沙土类的界限；沙粒含量在 55%~85%时，作为“沙质”土壤定名标准。国际制土壤质地分类还可用三角座标图表示(图 1-1-2)，其特点是以等边三角形的三个顶点分别代表 100%的沙粒、粉粒和黏粒，而以其相对应的底边作为其含量占比的起点线，各自代表 0%的沙粒、粉粒和黏粒；比如某土含沙粒(2~0.002mm)45%、粉粒(0.02~0.002mm)15%及黏粒(<0.002mm)40%，则可以从三角座标图查得此三数据之线交叉位置在黏土范围内，故此种土壤质地属于“黏土”。

苏联制土壤质地分类是由卡庆斯基提出的，质地分类有简制和详制两种，详制在我国未广泛采用，简制也叫“基本质地分类”制(表 1-1-8)。苏联制是一种二级分类法，即根据物理性黏粒和物理性沙粒的含量，把土壤质地分为三类九种。这种分类比较简明，测定过程也较简便。同时照顾到土壤类型的差别，主要是考虑交换性阳离子(H^+、Ca^{2+}、Na^+等)对土壤物理性质的不同影响，对不同类型的土壤划分质地时所采用的物理性黏粒含量水平有所变化。我国解放后大多采用这种分类，对一般土壤可按苏联制中的草原土及红黄壤类的标准划分质地类别。在分析结果中，不包括大于 1mm 的石砾，这一部分含量需另行计算，然后按表 1-1-9 标准，确定其石质程度，冠于质地名称之前。对于盐基不饱和的土壤，应把0.05mol/L HCl处理的洗失量并入“物理性黏粒”的总量中，而对于盐基饱和土壤，则应把它并入“物理性沙粒”总量之中。

表1-1-7 国际制土壤质地分类体系

质地分类		所含各级土粒(质量分数)/%		
类别	名称	黏粒(<0.002mm)	粉粒(0.02~0.002mm)	沙粒(2~0.02mm)
沙土(Sand)	沙土及沙质壤土	0~15	0~15	85~100
壤土(Loam)	沙质壤土	0~15	0~45	55~85
	壤土	0~15	30~45	40~55
	粉沙质壤土	0~15	45~100	0~55
黏壤土(ClayLoam)	沙质黏壤土	15~25	0~30	55~85
	黏壤土	15~25	20~45	30~55
	粉沙质黏壤土	15~25	45~85	0~40
黏土(Clay)	沙质黏土	25~45	0~20	55~75
	壤质黏土	25~45	0~45	10~55
	粉沙质黏土	25~45	45~75	0~30
	黏土	45~65	0~35	0~55
	重黏土	65~100	0~35	0~35

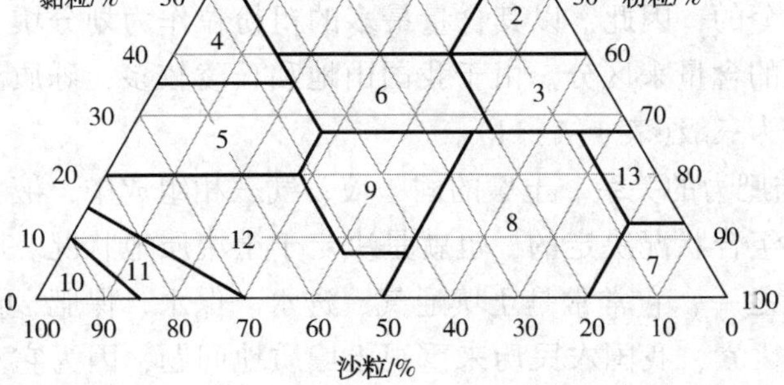

图1-1-2 国际制土壤质地分类三角坐标图

表 1-1-8　苏联制土壤质地分类标准

质地分类		物理性黏粒(<0.01mm)含量/%			物理性沙粒(>0.01mm)含量/%		
类别	名称	灰化土类	草原土及红黄壤类	碱化及强碱化土类	灰化土类	草原土及红黄壤类	碱化及强碱化土类
沙土	松沙土	0~5	0~5	0~5	100~95	100~95	100~95
	紧沙土	5~10	5~10	5~10	95~90	95~90	95~90
壤土	沙壤土	10~20	10~20	10~15	90~80	90~80	90~85
	轻壤土	20~30	20~30	15~20	80~70	80~70	85~80
	中壤土	30~40	30~45	20~30	70~60	70~55	80~70
	重壤土	40~50	45~60	30~40	60~50	55~40	70~60
黏土	轻黏土	50~60	60~75	40~50	50~35	40~25	60~50
	中黏土	65~80	75~85	50~65	35~20	25~15	50~35
	重黏土	>80	>85	>65	<20	<15	<35

表 1-1-9　土壤中所含石块成分多少的分类

大于 1mm 的石砾含量/%	石质程度	石质性类型
<0.5	非石质土	根据粗骨部分的特征确定为漂砾性的、石砾性的或碎石性的石质土三类
0.5~5	轻石质土	
5~10	中石质土	
>10	重石质土	

中国制土壤质地分类是由相关领域的我国科学家联合编制的，其通过对国内研究结果的综合将土壤分为三大组十二种质地名称(表 1-1-10)。我国北方寒冷少雨，风化较弱，土壤中的沙粒、粉粒含量较多，细黏粒含量较少；南方气候温暖，雨量充沛，风化作用较强，故土壤中的细黏粒含量较多。所以，沙土的质地分类中的沙粒含量等级主要以北方土壤的研究结果为依据。而黏土质地分类中的细黏粒含量的等级则主要以南方土壤的研究结果为依据。对于南北方过渡的中等风化程度的土壤，以沙粒和细黏粒含量是难以区分的，因此，以其含量最多的粗粉粒作为划分壤土的主要标准，再参照沙粒和细黏粒的含量来区分。由于我国山地和丘陵较多，砾质土壤分布很广，将土壤的石砾含量分为三级(表 1-1-11)。

③ 土壤质地与肥力的关系。土壤的固、液、气三相组成中，液相和气相状况是由固体颗粒的特性和组合状况决定的，也就是决定于土壤质地状况。因此，土壤质地是土壤最基本的性状之一，它常常是土壤通气、透水、保水、保肥、供肥、保温、导温和耕性等的决定性因素，我国农民历来重视土壤质地问题，因为它和土壤肥力、作物生长的关系最为密切，最为直接。

沙土类(Sand Soil)的特点是粒间孔隙大，毛管作用弱，通气透水性强，内部排水通畅，不易积聚还原性有害物质。整地无须深沟高畦，灌水时畦幅可较宽，但畦不宜过长，否则因渗水太快造成灌水不匀，甚至畦尾无水。沙性土水分不宜保持，水蒸气也很容易通过大孔隙而迅速扩散逸向大气，因此土壤容易干燥、不耐旱。毛管上升水的高度小，故地下水位上升回润表土的可能性小。沙质土主要矿物成分是石英，含养分少，要多施有机肥料。沙土保肥性差，施肥后因灌水、降雨而易淋失。因此，施用化肥时，要少施勤施，防止漏失。施入沙土的肥料，因通气好，养分转化供应快，一时不被吸收的养分，土壤保持不住，故肥效常表现为猛而不稳，前劲大而后劲不足。如只施基肥不注意追肥，会产生"发小苗不发老苗"的现象。因此沙土施肥除增施有机肥作基肥外，还必须适时追肥。沙质土经常处于通气良好状态，好气性微生物活动强烈，土壤中有机质分解迅速，易释放有效养分，促使作物早发，但有机质不易积累，一般有机质含量比黏土类低。沙质土因含水量低，热容较小，易增温也易降温，昼夜温差较大，这对于某些作物是不利的，如小麦返青后容易因此而受冻害，但种植甘薯类及其他块根块茎作物时，则有利于淀粉的累积。沙土在早春气温上升时很快转暖，所以称为"热性土"，但晚秋一遇寒潮，温度下降也快，作物易受冻害。沙质土松散易耕，但缺少有机质的沙土泡水后容易沉淀、板实、闭气、且不易插秧，要边耕边插，浑水插秧。

表 1-1-10　中国制土壤质地分类标准

质地分类		颗粒组成/%		
类别	名称	沙粒（1~0.05mm）	粗粉粒（0.05~0.01mm）	细黏粒（<0.001mm）
沙土	粗沙土	>70	—	<30
	细沙土	>60~<70	—	<30
	面沙土	>50~<60	—	<30
壤土	沙粉土	>20	>40	<30
	粉土	<20	>40	<30
	沙壤土	>20	<40	<30
	壤土	<20	<40	<30
黏土	砂黏土	>50	—	>30
	粉黏土	—	>30~<35	—
	壤黏土	—	>35~<40	—
	黏土	—	>40~<60	—
	重黏土	—	>60	—

表 1-1-11　土壤石砾含量分级

分级	3~1mm 石砾含量/%	分级	3~1mm 石砾含量/%
无砾质（质地名称前不冠）	<1	多砾质	>10
砾质	1~10		

黏土类（Clay Soil）的特点是粒间孔隙很小，多为极细毛管孔隙和无效孔隙，故通气不良，透水性差，内部排水慢，易受渍害和积累还原性有毒物质故需"深沟高畦"，以

利排水通气。黏土一般矿质养分较丰富，特别是钾、钙、镁等含量较多。这一方面是因为黏粒本身含养分多，另一方面是因为黏粒有较强的吸附能力，使养分不易淋失。因黏土通气性差，好气性微生物受到抑制，有机质分解较慢，易于积累腐殖质，故黏土中有机质和氮素一般比沙土高。在施用有机肥和化肥时，由于分解慢和土壤保肥性强，表现为肥效迟缓，肥劲稳长。黏土保水力强，含水量多，热容较大，升温慢降温也慢，昼夜温差小。早春升温时土温上升较慢，故又称“冷性土”。如生长在黏土上的早稻前期容易因低温而僵苗不发。在黏土上生长的作物其苗期也常由于土温低、氧气少、有效养分少而生长缓慢，小苗瘦弱矮黄；但生长后期因肥劲长，水分养分充足而生长茂盛，甚至贪青晚熟，出现所谓“发老苗不发小苗”的现象。黏土干时紧实坚硬，湿时泥烂，耕作费力，宜耕期短。黏土对顶土力差的种子不易发芽出苗，容易产生缺苗断垄现象。因此黏土必须掌握宜耕期操作，注意整地质量。

壤土类(Loam Soil)的特点是砂黏适中，兼有沙土类、黏土类的优点，消除了沙土类和黏土类的缺点，是农业生产上质地比较理想的土壤。它既有一定数量的大孔隙，又有相当多的毛管孔隙，故通气透水性良好，又有一定的保水保肥性能，含水量适宜，土温比较稳定，黏性不大，耕性较好，宜耕期较长，适宜种植各种作物，“既发小苗又发老苗”。有些地方群众所称的“四砂六泥”或“三砂七泥”土壤就相当于壤质土。含粗粉砂较多(40%以上)而又缺乏有机质的土壤，泡水后也易淀浆板结、闭气，不利于植物根系发育和生长。

我国土壤质地的地理分布特点：在水平方向上，自西向东、从北向南有由粗变细的趋势；在垂直方向上，从高到低也有相同的变化规律。从上面的分析中可以看到，土壤质地对于土壤性质和肥力有极为重要的影响，而土壤质地主要是一种较稳定的自然属性。但是，质地不是决定土壤肥力的唯一因素，一种土壤在质地上的缺点，可通过改善土壤结构和调整颗粒组成而得到改善。

④ 不同质地土壤的利用。各种作物因其生物学特性上的差异，加之对耕作和栽培措施的要求也不完全一样，所以它们所需要的最适宜的土壤条件就可能不同(表 1-1-12)。其中土壤质地就是重要的条件之一。比如沙土宜于种植生长期短的作物及块根块茎类作物，而需肥较多的或生长期较长的谷类作物，则一般宜在黏质壤土和黏土中生长。一些耐旱耐瘠的作物(如芝麻、高粱等)，以及实施早熟栽培的作物(如蔬菜等)，也以沙质至砂壤质土壤为宜。单季晚稻生长期长，需肥较多，宜种在黏质壤土至黏质土壤中，而双季稻则因要求其早发速长，故宜在灌排方便的壤质和黏壤质土壤中生长。果树一般要求土层深厚，排水良好的砂壤到中壤质的土壤。茶树以排水良好的壤土至黏壤土最为适宜；而较黏的土壤如含有小的石砾，有利于土壤内部排水，对茶树生长也有利。应该指出，大部分作物对土壤质地的适应范围都相当广泛。不过，也有些作物生长在过黏和过砂的土壤中，往往会出现衰退现象，这是由于水、肥、气、热等肥力因素失调所引起的。它们可以通过灌排、施肥、松土、覆盖、镇压以及其他一些土壤管理和栽培措施而达到防治的效果。

表 1-1-12　主要作物的适宜土壤质地范围

作物种类	土壤质地	作物种类	土壤质地
水稻、小麦、大麦、粟、玉米、甘薯、棉花、烟草、花生、油菜、大豆、苹果	黏土、黏壤土、壤土、沙壤土、砾质沙壤土	梨、桃、葡萄、豌豆、蚕豆、白菜、甘蓝、萝卜、茄子、马铃薯、西瓜、茶、桑	壤土、黏壤土、沙壤土-黏壤土、沙壤土、砾质壤土、黏土、沙壤土-壤土、沙土、砾质黏壤土

⑤ 土壤质地的改良。改良土壤质地是农田建设的一项基本内容。实践证明，只要发挥人的积极因素，任何不好的土壤质地都是可以得到改善的。根据各地经验总结，改良土壤质地的措施主要有增施有机肥料、掺砂掺黏与客土调剂、翻淤压砂与翻砂压淤、引洪放淤与引洪漫沙、根据不同质地采用不同的耕作管理措施等。

增施有机肥料可提高土壤有机质含量，既可改良沙土，也可改良黏土，这是改良土壤质地最有效和最简便的方法。因为有机质的黏结力和黏着力比沙粒强，比黏粒弱，可以克服沙土过砂和黏土过黏的缺点。有机质还可以使土壤形成结构，使土体疏松，增加沙土的保肥性。各地农民群众历来有沙土地施土粪和炕土肥，黏土地施炉灰渣和沙土粪等经验。在南方某些地区，大量施用草塘泥、压绿肥等都是改良土壤质地行之有效的方法。我国科技工作者在江苏铜山县孟庄村的沙土上，采用秸秆还田(主要是稻草还田)、翻压绿肥、施用麦糠或麦糠和绿肥混施，都能改善土壤板结，使其迅速发暄变软。其中稻草、大麦草等禾本科植物含难分解的纤维素较多，在土壤中可残留较多的有机质，而豆科绿肥(如苕子)含氮素较多，而且植株较嫩，易于分解，残留在土壤中的有机质较少，因此，从改良质地的角度来看，禾本科植物比豆科的效果好。

如果沙土地(本土)附近有黏土、河沟淤泥(客土)，可搬来掺混；黏土地(本土)附近有沙土(客土)可搬来掺混，以改良本土质地的方法，称为客土法。掺砂掺黏的方法有遍掺、条掺和点掺三种。遍掺即将沙土或黏土普遍均匀地在地表盖一层后翻耕，这样效果好，见效快，但一次用量大，费劳力；条掺和点掺是将沙土或黏土掺在作物播种行或穴中，用量较少，费工不多，也有一定效果，但需连续几年方可使土壤质地得到全面改良。

有的地区沙土下面有淤黏土，或黏土下面有沙土，这样可以采取表土“大揭盖”翻到一边，然后使底土“大翻身”，把下层的沙土或淤黏土翻到表层来使砂黏混合，改良土性。

在面积大、有条件放淤或漫沙的地区，可利用洪水中的泥沙改良沙土和黏土。所谓“一年洪三年肥”，可见这是行之有效的办法。引洪放淤改良沙土时，要注意提高进水口，以减少沙粒进入；如引洪漫沙改良黏土时，则应降低进水口，以引入多量粗砂。引洪量视洪水泥沙含量而定。泥沙多，漫的时间可短；反之，则漫的时间要长一些。引洪之前需开好引洪渠，地块周围打起围埂，并划分畦块，按块淤漫，引洪过程中，要边灌边排，留沙留泥不留水。

根据不同质地采用不同的耕作管理措施。如沙土整地时畦可低一些，垄可放宽一些，播种宜深一些，播种后要镇压接墒，施肥要多次少量，注意勤施。黏土整地时要深沟、高畦、窄垄，以利排水、通气、增温；要注意掌握适宜含水量及时耕作，提高耕作质量，要精耕、细耙、勤锄。黏土水田要尽量能冬耕晒田，植稻期间注意放水烤田，插秧深度宜浅一些，以利出苗、发苗。施肥要求基肥足，前期注意施用适量种肥和追肥，促进幼苗生长，后期注意控制追肥，防止贪青徒长。

1.2 土壤生物与土壤中的有机质

1.2.1 土壤生物

生活在土壤中的生物包括动物、植物和微生物。土壤生物(Soil Organisms)的类群、数量一般常随它们相适应的植物而发生变化，土壤的温度、湿度、通气状况和酸度等环境因子对它们的分布也具有明显影响。

（1）土壤微生物

土壤微生物(Soil Microorganisms)个体小、数量大，在总生物量中占优势。通过它们的代谢活动，转化土壤中各种物质的状态，改变土壤的理化性质，是构成土壤肥力的重要因素。土壤微生物的种类和数量是土壤环境条件的综合反应。气候变化、土壤性质、植被和农业利用不同，给予微生物生长发育的条件各异，使土壤微生物区系的组成成分、生物量和活动强度等都有很大差异。土壤微生物包括细菌、放线菌、真菌、藻类和原生动物等五个类群。其中，细菌数量最多，放线菌、真菌次之，藻类和原生动物数量最少。

① 细菌(Bacteria)。土壤细菌占土壤微生物总数量的70%~90%，主要是腐生性种类，少数是自养性的，它们个体小(平均体积为0.2~0.5μm^3)、数量大，生物量仅占土壤重的1/10000左右，与土壤接触的表面积特别大，是土壤中最活跃的生活因素，时刻不停地与周围进行着物质交换。腐生性细菌积极参与土壤有机质的分解和腐殖质的合成，而自养性细菌转化着矿质养分的存在状态。细菌在土壤中大部分被吸附于土壤团粒表面，形成菌落或菌团，有一小部分分散在土壤溶液中，绝大多数处于营养体状态，但是代谢的强度和生长的速度时刻受水分、养料和温度的限制。细菌在土壤中的分布以表层最多，随着土层的加深而逐渐减少，在下层土壤中增高厌氧性细菌的含量比例。

② 放线菌(Actinomycetes)。土壤中放线菌的数量也很大，仅次于细菌，一克土壤中放线菌的孢子量有几千万至几亿个，约占土壤中微生物总数的5%~30%，在有机质含量高的偏碱性土壤中占比更高。它们以分枝的丝状营养体蔓绕于有机物碎片或土粒表面，扩展于土壤孔隙中，断裂成繁殖体或形成分生孢子，数量迅速增加，放线菌的一个丝状营养体的体积比一个细菌大几十倍至几百倍，因此，数量虽较少，但在土壤中的生物量相近于细菌。放线菌多发育于耕层土壤中，随着土壤深度而减少。

③ 真菌(Fungi)。真菌是土壤微生物中的第三大类，广泛分布于耕作层中。土壤真

菌有藻状菌、子囊菌和担子菌，尤多半知菌类。真菌菌丝比放线菌宽几倍至十几倍。因此土壤中真菌的生物量比细菌和放线菌并不少。真菌的菌丝体发育在有机物残片或土壤团粒表面，向四周扩散，并蔓延于孔隙中产生孢子。土壤真菌大多是好气性的，在土壤表层中发育。一般耐酸性，在 pH 值 5.0 左右的土壤中细菌和放线菌的发育受限制，但真菌仍能生长而提高其数量比例。

④ 藻类(Algae)。土壤中存在着许多藻类，大多数是单细胞的硅藻或呈丝状的绿藻和裸藻。藻类细胞内含有叶绿素，能利用光能将CO_2合成为有机物。它们多发育于土面或近地面的表土层中。光照和水分是影响它们发育的主要因素。在温暖季节中，积水的土面上藻类大量发育，其中主要有衣藻、原球藻、小球藻、丝藻和绿球藻等绿藻以及黄褐色的各种硅藻，水田则发育有水网藻和水绵丝丝状绿藻，有利于土壤积累有机物质。生存在较深土层中的一些藻类，失去叶绿素，进行腐生生活。

⑤ 原生动物(Protozoon)。土壤中的原生动物，包括纤毛虫、鞭毛虫和根足虫等类，它们都是单细胞、能运动的微生物，形体大小差异很大，通常以分裂方式进行无性繁殖。纤毛虫类如肾形虫、弓形虫，长有许多纤毛作为运动器官，鞭毛虫类如波多虫有一或两根较粗而长的鞭毛。根足虫类如变形虫、不具毛状的运动器官，细胞无定形，能伸出假足而匍匐移动。原生动物以有机物为食料，它们吞食有机物的残片，也扑食细菌、单细胞藻类和真菌的孢子。

（2）土壤动物（Soilanimal）

每一公顷的土壤中约含有几百公斤的各类动物，其中占优势的类群是蚯蚓、线虫、昆虫、蚂蚁、蜗牛等。这些动物以其他动物的排泄物、植物以及无生命的物质作为食料，在土壤中打洞挖槽搬运大量的土壤物质，改善了土壤的通气、排水和土壤结构性状，与此同时，还将作物残茬和森林枝叶浸软嚼碎，并以一种较易为土壤微生物利用的形态排出体外。此外，随着这些土壤动物的活动，浸软了的残落物连同一些微生物一起被传递到土体的各个角落中去。

通常土壤动物的发育需要有良好的通气条件、适宜的湿度和温度。施肥对动物的发育具有良好的影响。

① 蚯蚓(Earth Worm)。蚯蚓是最重要的土壤动物，通过蚯蚓体内的土壤，不但其中的有机质可作为它们的食料，而且矿物质成分也受到蚯蚓体内的机械研磨和各种消化酶类的生物化学作用而发生变化，因此蚯蚓粪中含有的有机质、全氮和硝态氮，代换性钙和镁，有效态磷和钾以及盐基饱和度，阳离子代换量都明显高于土壤。蚯蚓的活动在土壤中留下了大量的洞穴、孔道，因此对土壤通气、排水以及根系生长发育都具有十分重要的意义。由于蚯蚓对土壤及其环境因素很敏感，因此，它在土壤中的分布随着地区、土壤类型、季节变化、温湿度以及有机质数量而有较大的差异。蚯蚓喜好潮湿和通气良好的环境，需要丰富的有机质作为食料，所以在施加厩肥或植物残体的疏松土壤中生长良好。蚯蚓除少数几种能耐酸外，大多数适于中性和微碱性石灰性土壤，可能是由于蚯蚓需要依靠钙质促进腺体分泌，所以它们在交换性钙含量高的石灰性土壤上活性最高。

② 线虫(Nematode)。线虫是多细胞生物，几乎在所有的土壤中都可以发现它们。

线虫体呈扁薄纺缍状，透明，尾部一般稍尖。成熟时体长0.5~1.0mm，分为以下三群，即以食腐败的有机物为生；捕食其他线虫、细菌、藻类、原生动物等为生；依赖植物根中的细胞内含物和汁液为生。一般土壤中主要为第一、第二群。比如在森林土壤中，几乎所有的线虫都是以土壤有机质为食物的。第三群由于它们尖细的体型和可适应的口器，使它们易于侵入植物组织，往往对蔬菜带来很大的损失。目前对线虫危害还难以控制，因此一旦发生线虫侵染，将是一个严重的问题。线虫是严格的好气动物，它们生活在土壤团块或土粒间隙的水膜中。

③ 其他土壤动物。其他土壤动物包括螨类、蚂蚁、蜗牛、啮齿类动物、其他昆虫等。

栖息在土壤中的螨类体型大小变化在0.1~1.0mm之间，在土壤中的数目十分庞大，通常以分解中的植物残体和真菌为食物，也吞食其他微小动物。由于它们仅能利用所消耗食物中的一小部分，因此它们在有机质分解中的作用，只是把相当大量的残落物加以软化，并以粪粒形态将这些残落物散布开来。

蚂蚁是营巢居生活的群居昆虫，它们在土壤中挖孔打洞的活动对改善土壤通气性和促进排水流畅起着极显著的作用。

蜗牛大多在土壤表面觅食，出没于潮湿土壤中，是典型的腐生动物。蜗牛肠胃中含有高浓度的纤维素分解酶，以植物残落物和真菌为食料，能使一些老植物组织以浸软和部分消化状态排出体外。

啮齿类动物主要是鼠类，鼠类在森林土壤和湿草原土壤中具有相当的数量。由于其挖穴筑巢，常将大量亚表土和心土搬到表层，而将富含有机质的表土填塞到下层的洞穴中，因此对表土层土壤的疏松起一定作用。

在土壤中还栖息不少的昆虫，虽然对疏松土壤有一定的作用，但大多是咬食根部的害虫，如金龟子的幼虫蛴螬、叩头虫、幼虫、金针虫、地老虎及蝼蛄等。

1.2.2 土壤有机质

在土壤固相组成中，除了矿物质之外，就是土壤有机质(Soil Organic Matter)，它是土壤肥力的重要物质基础。土壤有机质泛指土壤中来源于生命的物质，其含量因土壤类型不同而差异很大，高的可在20%以上，低的不足0.5%。耕层土壤有机质含量通常在5%以下，东北地区新垦耕地可超过5%。土壤有机质含量虽然很少，但在土壤肥力上的作用却很大，它不仅含有各种营养元素，而且还是土壤微生物生命活动的能源。此外，它对土壤水、气、热等肥力因素的调节，对土壤理化性质及耕性的改善都有明显的作用。

（1）土壤有机质的来源及存在形态

自然土壤的有机质主要来源于生长在土壤上的高等绿色植物(包括地上部分和地下的根系)，其含量在80%以上，植物残体中干物质约占25%，其元素组成中，碳占44%，氧占40%，氢占8%，此外，N、P、K、Ca、Si、Fe、Zu、B、Mo和Mn等只占8%。其次是生活在土壤中的动物和微生物。农业土壤有机质的重要来源是每年施用的有机肥料和每年作物的残茬和根系以及根系分泌物。通过各种途径进入土壤中的有机质，不断被土壤微生物分解，所以土壤有机质一般呈三种形态存在，即新鲜有机质、半分解的有机质、腐殖质。新鲜有机质是指土壤中未分解的动、植物残体。半分解的有机质是指有机质已被微生物分解，多呈分散的暗黑色小块。腐殖质指有机残体在土壤腐殖质化的过程中形成的一类褐色或暗褐色的高分子有机化合物。腐殖质与矿物质土粒紧密结合，不能用机械方法分离，它是土壤有机质中最主要的一种形态，占有机质总量的85%~90%，对土壤物理、化学、生物学性质都有良好作用。通常把土壤腐殖质含量高低作为衡量土壤肥力水平的主要标志之一。

（2）土壤有机质的组成和性质

土壤有机质的化学组成和各组分的含量会因植物种类、器官、年龄等的不同而有很大差异，主要有以下五类有机化合物，即糖类化合物、纤维素和半纤维素、木质素、含氮化合物、复杂的化合物。糖类化合物包括单糖、双糖和多糖类，是广泛的分布在植物中的一类化合物；单糖在水中溶解度很大，在植物残体被分散时，能被水淋洗流失；这类化合物被分解后产生 CO_2、H_2O；在氧气不足的条件下，产生有机酸，甚至产生 H_2及 CH_4等还原性的有毒物质。纤维素用较强的酸或碱溶液处理才能水解，半纤维素在稀酸或稀碱溶液下处理即可水解，它们均能被微生物分解。木质素是复杂的有机化合物，不容易被细菌和化学物质分解，但在土壤中可不断地被真菌、放线菌分解。有机态含氮化合物主要为蛋白质，各种蛋白质经水解后，一般可产生多种不同的氨基酸，少部分比较简单、可溶性的氨基酸，可被微生物直接吸收，但是大部分含氮化合物需要经过微生物分解后才能被利用。脂肪、树脂、蜡质和单宁等有机化合物属于复杂的化合物，其不溶于水，而溶于醇、醚及苯中，土壤中这类物质抵抗化学分解和细菌分解的能力比较强。此外，有机质中还含有一些灰分元素，如 Ca、Mg、K、Na、Si、P、S、Fe、Al、Mn 等，还包括少量的 I、Zn、B、F 等。植物残体经过灼烧后而残留下来的元素称灰分物质，这些元素在生物的生活中起着巨大作用。

（3）土壤有机质的转化过程

土壤有机质的转化过程主要是生物化学过程。土壤有机质在微生物的作用下，向着两个方向转化，即有机质矿质化和有机质腐殖质化。这两个过程既是相互对立的，又是相互联系的，随着土壤中环境条件的改变而相互转化。它们对土壤肥力都有贡献。前者是有机质中的养分释放过程，后者是土壤腐殖质的形成过程。

① 土壤有机质的矿化过程（Mineralization Process）。土壤有机质的矿质化过程是指有机质在微生物作用下，分解为简单无机化合物的过程，其最终产物为 CO_2、H_2O 等，而 N、P、S 等以矿质盐类释放出来，同时放出热量，为植物和微生物提供养分和能量。该过程也为形成土壤腐殖质提供物质来源。

糖类化合物的转化过程比较复杂。多糖类化合物首先通过酶的作用水解成为单糖，单糖再进一步分解成为更简单的物质。在通气良好条件下分解迅速，最后产物为 CO_2和 H_2O，并放出能量。在通气不太好（半厌气）条件下，分解较缓慢，往往产生有机酶的积累。在通气极端不良（完全厌气）条件下，分解极慢，最后产物为还原性物质，如 CH_4、H_2等。

含氮有机质的转化有其特定的规律。土壤中含氮有机物只有一小部分是水溶性的，绝大部分是呈复杂的蛋白质、腐殖质以及生物碱等形态存在。下面以蛋白质为例，说明含氮有机质的转化过程。第一步是水解作用，在微生物好气和厌气细菌分泌的蛋白水解酶作用下，水解成氨基酸，即蛋白质→水解蛋白质→消化蛋白质→多缩氨基酸(或多肽)→氨基酸；第二步是氨化作用，借助水解作用、氧化作用和还原作用将胺态氮(NH_2-N)转化为铵态氮(NH_3-N)，氨化作用在好气和厌气条件下均可进行；第三步是硝化作用，在通气良好条件下铵态氮通过亚硝化细菌和硝化细菌的相继作用逐级转化成亚硝酸态氮(NO_2-N)和硝酸态氮(NO_3-N)。某些条件下还可通过反硝化细菌的作用，将土壤中 NO_3-N 变成 NO_2、NO 或游离 N_2而逸散于空气中，这一过程称为反硝化过程。出现反硝化过程的条件有 4 个，分别是通气不良；土壤中有硝酸盐存在；土壤中有大量碳水化合物；pH 值适宜(pH 值 7.0~8.2)。反硝化过程是造成氮损失的途径之一，应加以控制。

含磷、含硫有机化合物的转化遵循其自身的规律，土壤中的磷绝大部分是以植物不能直接利用的难溶性无机和有机状态存在的，有机态的磷、硫只能经过微生物分解成为无机的可溶性的物质后才能被植物所吸收利用。

含磷有机化合物的转化需要一定的条件。磷主要存在于核蛋白、核酸、磷酯和植素等有机化合物中，它们在土壤酶的作用下，逐渐把磷释放出来，以磷酸形态被植物吸收利用。在厌气条件下，常常引起磷酸还原，产生亚磷酸和次磷酸。在有机质丰富和通气不良的情况下，将进一步被还原成磷化氢，进而危害作物生长。

含硫有机化合物的转化需要一定的过程。硫主要存在于蛋白质类物质中，在土壤酶的作用下，含硫的有机化合物先分解成含硫的氨基酸，然后再以硫化氢的形态分离出来，硫化氢在硫细菌作用下氧化成硫酸，后者再与土壤中的盐作用形成硫酸盐类并为植物所吸收利用。在通气不良情况下会发生反硫化作用，将硫酸转化为硫化氢，使硫损失。

存在于土壤有机质中的微量元素也会通过上述相似的转化过程被释放出来。总之，存在于复杂有机质中的植物营养元素，必须经过上述的生物化学过程才能得到释放并被植物吸收利用。这些过程进行的具体情况取决于土壤的组成、pH 值、Eh(酚类物质释放潜能)和土壤的水、气、热状况。土壤的条件不同，植物营养元素在土壤中转化的特点也有差异，要善于根据具体情况，具体分析。

② 土壤有机质的腐殖化过程(Humification Process)。有机质腐殖化过程是形成土壤腐殖质的过程。它是一系列极其复杂过程的总称。关于腐殖化过程尚未研究得十分清楚，目前多倾向于苏联学者柯诺诺娃的看法，认为腐殖化过程分两个阶段，第一阶段是在有机残体分解中形成腐殖质分子的基本成分，如多元酚、含氮有机化合物(如氨基酸)等；第二阶段是在各种微生物群(细菌、霉菌、链霉菌等)分泌的酚氧化酶作用下，把多元酚氧化成醌，醌再进一步与含氮有机化合物缩合形成腐殖质单体分子，其相关反应式为

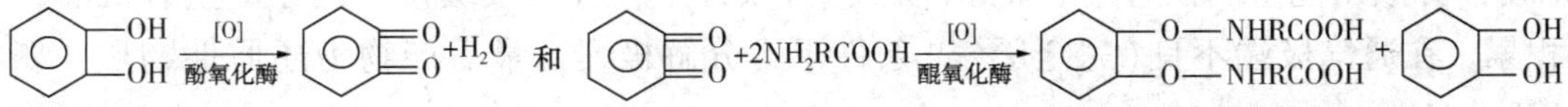

多元酚　醌　醌　腐殖质单体分子

上述反应的产物是形成腐殖质分子的基础，在不同条件下这些简单的产物再进一步缩合，形成分子大小不等的腐殖质。在农业土壤中，腐殖质分子的大小与熟化程度有关，熟化程度越高，分子越复杂、越大。腐殖质形成的生物学过程见图 1-2-1。

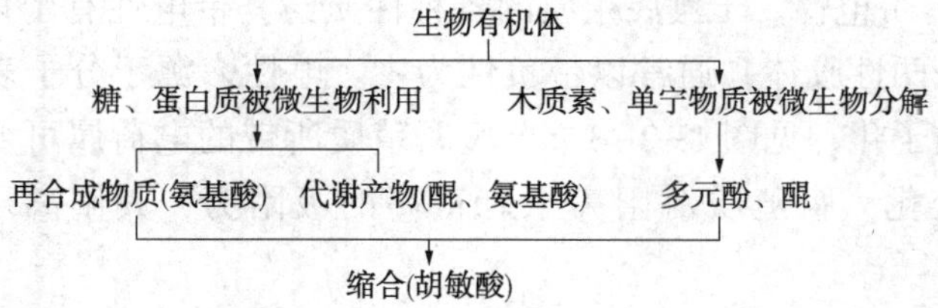

图 1-2-1　腐殖质形成的生物学过程

腐殖质形成后比较难分解，在不改变其形成条件时具有相当的稳定性。但是当形成条件变化后，微生物群也会发生改变，新的微生物群将引起腐殖质的分解，并将其贮藏的营养物质释放出来为植物利用。所以，腐殖质的形成和分解与土壤肥力都有密切的关系。因此协调和控制这两种作用，是农业生产中的重要问题。

（4）腐殖质的组成和性质

① 腐殖质的组成。根据腐殖质的颜色和在不同溶剂中的溶解性，可把腐殖质分为胡敏酸（褐腐酸）、富里酸（黄腐酸）和胡敏素（黑腐素）三组，具体分离方法见图 1-2-2。

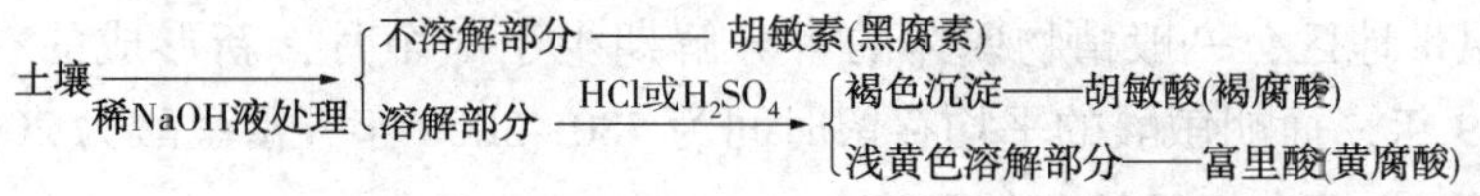

图 1-2-2　腐殖质的组成

上述三组腐殖质中，对胡敏酸研究较多。其元素组成是 C 52%～62%、H 3.0%～4.5%、O 30%～39%、N 3.5%～5.0%，此外，还含有 P 和 S，其分子上含有许多活性官能团。一般认为胡敏酸分子上有 4 个羧基和 3 个酚羟基。胡敏酸代换量因不同的土壤而异，变动在 300～500cmol/kg 之间。胡敏酸的一价盐类溶于水，而与二价以上的盐基离子形成的盐类都不溶于水，这一性质使胡敏酸成为水稳性团粒结构不可缺少的物质。富里酸的分子组成与胡敏酸相同，但它是在多水和酸性条件下形成的，所以它与胡敏酸有下列 4 点不同，即具有强酸性并有强烈的腐蚀能力；颜色为浅黄色；含碳量较低（44%～48%）但含氧量较高（45%～48%）；在酸性环境中不沉淀。这些特点决定了它在土壤结构形成上的作用远不如胡敏酸。胡敏素是胡敏酸经过冰冻或干燥产生的变性产物，或者是胡敏酸与矿物质紧密结合而成，以致失去水溶性和碱溶性。

② 腐殖质在土壤中存在的形态。主要有 4 种形态，即游离状态的腐殖质，在一般土壤中占极少部分；与盐基化合成稳定的盐类，主要为腐殖酸钙和镁；与含水三氧化物，如 $Al_2O_3 \cdot xH_2O$、$Fe_2O_3 \cdot yH_2O$，化合成复杂的凝胶体；与黏粒结合成胶质复合体。腐殖质在土壤中主要是和矿物质胶体结合，并形成土壤无机有机复合胶体。这对于土壤团粒结构的形成及其保持具有重要作用。

③ 腐殖质分子结构。土壤腐殖质分子结构十分复杂，尚未十分清楚。一般认为腐殖质分子包括芳香族化合物的核、含氮有机化合物和碳水化合物 3 部分。在其分子上

含有若干个羧基(-COOH)、酚羟基(-OH)、醇羟基(-OH)、甲氧基($-OCH_3$)、甲基($-CH_3$)、醌基(-OO)等能与外界进行反应的官能团，使腐殖质具有多种活性，比如离子吸附性、对金属离子的络合能力、氧化-还原性及生理活性等。

④ 腐殖质具有带电性。土壤腐殖质的各种性质与其带电性有密切关系。就电性而言，由于腐殖质是两性胶体，通常以带负性为主。电性来源于分子表面羧基的酚羟基的解离及胺基的质子化，见图 1-2-3。土壤腐殖质所带的电荷属可变电荷，其电荷量随土壤 pH 值而变化。腐殖质对阳离子有很高的吸附力，其阳离子代换量为 150~450cmol/kg。

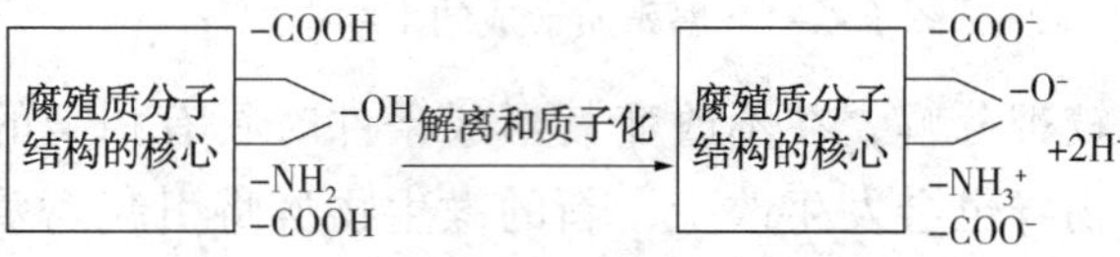

图 1-2-3　腐殖质的带电性

⑤ 腐殖质的吸水性。腐殖质是亲水性胶体，吸水能力强，吸水量可超过 500%，而黏粒仅仅为 15%~20%。因此，具有膨胀性和收缩性，与黏粒矿物比较，黏结性、黏着性和可塑性很低。

⑥ 腐殖质的稳定性。腐殖质的化学稳定性高，抗分解能力强。因此，分解周期需较长时间。温带地区，一般植物残体的半分解期少于 3 个月，新形成的有机质，其半分解期为 4~9 年，而胡敏酸的平均存留时间为 780~3000 年，富里酸为 200~630 年。

（5）影响土壤有机质转化的因素

土壤有机质在不同条件下，转化方向、速度、产物都不一样。对养分和能量利用以及对土壤性质的作用也截然不同。因此，掌握以下 4 个影响有机质转化的因素十分重要。

① 有机质的碳氮比和物理状态。有机质的碳氮比(C/N)的大小因植物残体的种类、老嫩程度不同而不同。一般枯老蒿秆的 C/N 为(65~85)/1，青草的 C/N 为(25~45)/1，幼嫩豆科绿肥的 C/N 为(15~20)/1。通常植物残体中的 C/N 为 40/1。微生物生命活动需要碳素和氮素，细菌每分解 25 份碳需要 1 份氮素以获取分解时所需要的能量和组成本身细胞的物质，当土壤有机质中 C/N 小于 25/1 时，才有细菌利用之外多余的 NH_3 供硝化过程的进行或供植物直接利用。而在 C/N 为 10/1 时，土壤矿质态氮累积更多。所以，幼嫩多汁而 C/N 较小的植物残体分解快易矿质化，释放的氮素多，但形成腐殖质少。而 C/N 较大的植物残体则相反，有机质分解缓慢，易引起微生物与植物争氮，造成植物暂时性的饥饿状态。同时，由于土壤能源过多，加上通气不良，引起反硝化作用，对植物不利。所以，作物生长期内不应把 C/N 大的有机残体直接施入土中，应经过沤制后再施用。通常把每克干重的有机物经过一年分解后转化为腐殖质(干重)的克数，称为腐殖化系数。不同的植物和不同的腐解条件，腐殖化系数有一定差异(表 1-2-1)。一般讲，水田较旱田腐殖化系数高，木质化程度高的植物残体其腐殖化系数也高，即形成较多的腐殖质。另外，经粉碎的植物残体比未经粉碎的植物残体更容易腐解。特别是 C/N 大的枯老植物残体更是如此。因为粉碎后，暴露的表面积大，

与外界作用的机会多，并粉碎了包裹在残体外面抗微生物作用的木质素、蜡质等物质，因而更容易受到酶和微生物的作用，加快了腐烂过程。

表 1-2-1　植物物质当年的腐殖化系数

植物物质	旱地	水田	植物物质	旱地	水田	植物物质	旱地	水田
紫云英	0.20	0.26	紫云英+稻草	0.25	0.29	稻草	0.29	0.31

② 土壤水、热状况。微生物分解有机质需要一定的水分和温度，土壤水、热状况直接影响生物学过程的强弱。一般规律是温度在 30℃，土壤水分含量接近于最大持水量的 60%~80%，有机质分解强度最大；温度和含水量低于或高于最适点时，都会减弱有机质的分解程度；温度和含水量二者之中，一个数值增大，另一个数值同时减小时，有机质的分解强度则受限制因素的制约。一般在土壤温度较高，湿度较低的情况下，好气性微生物活跃，有机质分解快，在土壤中积累少；在温度过低，有机质来源少，微生物活性低时，土壤有机质同样不会累积。

③ 土壤通气状况。通气状况直接影响着分解有机质的微生物群落分解的速度和最终产物。在通气良好条件下，好气性细菌和真菌活跃，有机质分解迅速，可完全矿质化，不含氮有机化合物，分解的最终产物是 CO_2、H_2O 和灰分物质。含氮有机化合物的最终产物，主要是硝态氮，易被植物吸收利用。在少氧或无氧的不良通气条件下，有机质分解缓慢，而常积累有机酸，甚至形成还原性物质，如 CH_4、H_2和 H_2S 等物质。一般认为在好气和嫌气分解交替进行时，有利于土壤腐殖质的形成。

④ 土壤酸碱性。各种微生物都有最适宜的环境反应。酸性环境适宜真菌活动，易产生酸性的富里酸型的腐殖质。中性环境适宜细菌繁殖，在适量水分和钙的作用下，易形成胡敏酸型的腐殖质。在微碱性环境中，空气流通时，宜于硝化细菌活动，有利于硝化作用。

（6）土壤有机质对土壤肥力的作用

土壤有机质对土壤物理、化学和生物化学等各方面都有良好的作用。

① 成为土壤养分的主要来源。土壤有机质中含有极为丰富的氮、磷、硫等元素，它们的有机化合物是植物营养物质在土壤中的主要存在形式，并促植物营养元素在土壤中得以保存和聚积。有机质经过微生物的矿质化作用，释放植物营养元素，供给植物和微生物生活的需要。微生物在分解有机质的过程中，获得生命活动所需要的能量，产生的二氧化碳一方面供给植物的碳素营养，另一方面当二氧化碳溶于水后，可促进矿物的风化。

② 改善土壤物理性质。有机质在改善土壤物理性质方面具有多种功能，首先是促进土壤团粒结构的形成。因为腐殖质是良好的胶结剂，在有电解质，尤其是钙离子存在的条件下，腐殖质产生凝聚作用，使分散的土粒胶结成团聚体，进一步形成良好的水稳性团粒，从而可以调节土壤中的养分、水分和空气之间的矛盾，创造植物生长发育所需的良好条件。土壤有机质还可以降低黏土的粘结力，增加沙土的粘结力，改善不良质地的耕作性能。此外，有机质对改善土壤的渗水性，减少水分蒸发等都有明显的作用。

③ 提高土壤的保肥性。腐殖质属胶体物质，具有巨大的比表面和表面能，同时带有大量负电荷，所以它能提高土壤吸附分子态和离子态物质的能力。增强其保肥能力。腐殖质又属两性胶体，是弱酸。若土壤溶液中 H^+ 或 OH^- 过多时，通过离子交换作用，可降低土壤的酸性或碱性，这种使酸碱反应减弱的能力，称为缓冲性。腐殖质具有较强的缓冲作用。

④ 促进作物生长发育。极低浓度的腐殖质(胡敏酸)分子溶液，对植物有刺激作用。如能改变植物体内糖类的代谢，促进还原糖的积累，提高细胞的渗透压，从而提高植物的抗旱性；能提高氧化酶的活性，加速种子发芽和对养分的吸收，促进作物生长；还可增强植物的呼吸作用，提高细胞膜的透性和对养分的吸收，促进根系的发育。

⑤ 有助于消除土壤的污染。腐殖质能吸附和溶解某些农药，并能与重金属形成溶于水的络合物，随水排出土壤，减少对作物的毒害和对土壤的污染。

1.3 土壤的结构特征

本节所谓"土壤的结构特征"是指土壤孔性、结构性和耕性等物理性质。土壤的孔性、结构性和耕性是土壤的重要物理性质，是植物生长的重要土壤条件，也是土壤肥力的重要指标，其关系到土壤中水、气、热状况和养分的调节以及植物根系的伸展和植物的生长发育。

1.3.1 土壤孔性

土壤是一个极其复杂的多孔体系，由固体土粒和粒间孔隙组成。土壤中土粒或团聚体之间以及团聚体内部的空隙叫作土壤孔隙。土壤孔隙是容纳水分和空气的空间，是物质和能量交换的场所，也是植物根系伸展和土壤动物、微生物活动的地方。土壤孔性包括孔隙度(孔隙数量)和孔隙类型(孔隙的大小及其比例)，前者决定着土壤气、液两相的总量，后者决定着气、液两相的比例。

(1) 土壤孔隙度

土壤孔隙的数量一般用土壤孔隙度(Soil Porosity)表示。即单位容积土壤中孔隙容积占整个土体容积的百分数。它表示土壤中各种大小孔隙度的总和。土壤孔隙度 K_a 一般通过土壤容重 ρ 和土壤干容重 ρ_d 计算，即 $K_a=1-(\rho/\rho_d)\times100\%$。

土壤干容重是单位容积的固体土粒(不包括粒间孔隙)的干重与4℃时同体积水质量之比。由于4℃时水的容重为1g/cm^3，所以土壤干容重的数值就等于土壤容重(单位容积土粒的干重)。土壤干容重无量纲，而土壤容重有量纲。土壤干容重数值的大小，主要决定于组成土壤的各种矿物的干容重(表1-3-1)。大多数土壤矿物的干容重在2.6~2.7g/cm^3。因此，土壤干容重一般取其平均值为2.65。土壤有机质的干容重为1.25~1.40g/cm^3，表层的土壤有机质含量较多，所以表层土壤的干容重通常低于心土及底土。

土壤容重是指单位容积土体(包括孔隙在内的原状土)的干重(单位为 g/cm^3 或 t/m^3)。因为容重包括孔隙，土粒只占其中的一部分，所以，相同体积的土壤容重的数值小于干容重。一般旱地土壤容重大体在 1.00~1.80g/cm^3 之间，其数值的大小除受土壤内部性状如土粒排列、质地、结构、松紧的影响外，还经常受到外界因素如降水和人为生产活动的影响，尤其是耕层变幅较大。

表 1-3-1　土壤中主要矿物的干容重表　　g/cm^3

矿物	干容重	矿物	干容重	矿物	干容重
蒙脱石	2.00~2.20	白云母	2.76~3.00	石英	2.65~2.66
埃洛石(多水高岭石)	2.00~2.20	黑云母	2.76~3.10	斜长石	2.67~2.74
正长石	2.54~2.58	白云石	2.80~2.90	方解石	2.71~2.72
角闪石、辉石	3.00~3.40	褐铁矿	3.50~4.00	高岭石	2.60~2.65
磁铁矿	5.16~5.18				

土壤容重是一个十分重要的基本数据，在土壤工作中用途较广，其可反映土壤松紧度，用于计算土壤质量、计算土壤各种组分的数量。

在土壤质地相似的条件下，容重的大小可以反映土壤的松紧度。容重小，表示土壤疏松多孔，结构性良好；容重大则表明土壤紧实板硬而缺少结构(表 1-3-2)。不同作物对土壤松紧度的要求不完全一样。各种大田作物、果树和蔬菜，由于生物学特性不同，对土壤松紧度的适应能力也不同。对于大多数植物来说，土壤容重在 1.14~1.26g/cm^3 之间比较适宜，有利于幼苗的出土和根系的正常生长。

表 1-3-2　土壤容重和土壤松紧度及孔隙度的关系

土壤松紧程度	最松	松	适宜	稍紧	紧
容重/(g/cm^3)	<1.00	1.00~1.14	1.14~1.26	1.26~1.30	>1.30
孔隙度/%	>60	60~56	56~52	52~50	<50

单位面积耕层土壤的质量可以根据土壤容重来计算，同样也可以根据容重计算在一定面积上挖土或填土的质量，即 $W_S = s \cdot h \cdot \rho$，其中，$W_S$ 为土重，s 为面积，h 为土层深度，ρ 为容重。土壤分析中可以根据土壤容重推算出单位面积土壤中水分、有机质、养分和盐分含量等，以作为灌溉、排水、施肥的依据。

土壤孔隙的数量也可用土壤孔隙比 K_b 来表示，它是土壤中孔隙容积与土粒容积的比值，结构良好的耕层土壤的孔隙比应≥1。$K_b = K_a/(1-K_a)$。

(2)土壤孔隙类型

土壤孔隙度或孔隙比只说明土壤孔隙"量"的问题，并未反映土壤孔隙"质"的差别，即使是两种土壤的孔隙度和孔隙比相同，如果大小孔隙的数量分配不同，则它们的保水、蓄水、通气以及其他性质也会有显著的差别。为此，应把孔隙按其大小和作用分为若干级。由于土壤是一个复杂的多孔体系，其孔径的大小也千差万别，难以直接测定，土壤学中所谓的土壤孔径，是指与一定的土壤水吸力相当的孔径，叫作当量孔径，它与孔隙的形状及其均匀性无关。土壤水吸力与当量孔径的关系式为 $d = 3/T$，其中，d 为孔隙的当量孔径(mm)；T 为土壤水吸力(hPa)。当量孔径与土壤水吸力成反比，孔隙越小，则土壤水吸力越大。每一当量孔径大小与土壤水吸力相对应。土壤孔隙的类型有很多种，人们习惯将其归为三类，即非活性孔、毛管孔隙、通气孔隙。

非活性孔又叫无效孔、束缚水孔，是土壤中最细微的孔隙，当量孔径一般<0.002mm，土壤水吸力>1.5×10^5Pa。这种孔隙几乎总是被土粒表面的吸附水所充满，土粒对这些水有强烈吸附作用，故保持在这种孔隙中的水分不易运动，也不能被植物吸收利用。这类孔隙与土粒的大小和分散程度密切相关，即土粒越细或越分散，则非活性孔越多，非活性孔增多，土壤透水通气性差，耕性恶化。

毛管孔隙的当量孔径约为0.02~0.002mm，土壤水吸力约150hPa~1.5×10^5Pa，具有毛管作用。水分可借助毛管弯月面力保持贮存在该类孔隙中。植物细根、原生动物和真菌等难以进入毛管孔隙中，但植物根毛和一些细菌可在其中活动，其中保贮的水分可被植物吸收利用。

通气孔隙的当量孔径>0.002mm，相应的土壤水吸力小于150hPa，毛管作用明显减弱。这种孔隙中的水分，主要受重力支配而排出，是水分和空气的通道，经常为空气所占据，故又称空气孔隙。通气孔隙又可分为大孔(直径>0.002mm)和小孔(直径0.02~0.002mm)。前者排水速度快，作物的根能伸入其中；后者排水速度不如前者，常见作物的根毛和某些真菌的菌丝体能进入其中。从农业生产需要来看，旱作土壤耕层通气孔隙应保持在10%以上，大小孔隙之比为1/(2~4)较为合适。土壤各种孔隙度可按照土壤中各级孔隙所占的容积计算，即：

【总孔隙度】=【非活性孔隙度】+【毛管孔隙度】+【通气孔隙度】

【非活性孔隙度】=【非活性孔容积】/【土壤容积】

【毛管孔隙度】=【毛管孔容积】/【土壤容积】

【通气孔隙度】=【通气孔容积】/【土壤容积】

如果已知土壤田间持水量和凋萎含水量，则土壤毛管孔隙度可按式【毛管孔隙度】=(【田间持水量】-【凋萎含水量】)×【容重】计算。

（3）土壤孔隙状况与土壤肥力、作物生长的关系

① 土壤孔隙状况与土壤肥力。土壤孔隙大小和数量影响着土壤的松紧状况，而土壤松紧状况的变化又反过来影响土壤孔隙的大小和数量，二者密切相关。土壤孔隙状况，密切影响土壤保水通气能力。土壤疏松时保水与透水能力强，而紧实的土壤蓄水少、渗水慢，在多雨季节易产生地面积水与地表径流，但在干旱季节，由于土壤疏松则易通风跑墒，不利于水分保蓄，故多采用耙、耱与镇压等办法，以保蓄土壤水分。由于松紧和孔隙状况影响水、气含量，也就影响养分的有效化和保肥供肥性能，还影响土壤的增温与稳温，因此，土壤松紧和孔隙状况对土壤肥力的影响是巨大的。

② 土壤孔隙状况与作物生长。从农业生产需要来看，旱作土壤耕层的土壤总孔度为50%~56%，通气孔度不低于10%，大小孔隙之比在1/(2~4)较为合适。但是，各种作物对土壤松紧和孔隙状况的要求也略有不同，因为各种作物、蔬菜、果树等的生物学特性不同，根系的穿插能力不同。如小麦为须根系，其穿插能力较强，当土壤孔度为38.7%，土壤容重为1.63g/cm^{3}时，根系才不易透过；黄瓜的根系穿插力较弱，当

土壤容重为 1.45g/cm^3，土壤孔度为 45.5%时，即不易透过；甘薯、马铃薯等作物，在紧实的土壤中根系不易下扎，块根、块茎不易膨大，故在紧实的黏土地上，产量低而品质差；李树对紧实的土壤有较强的忍耐力，故在土壤容重为 1.55~1.65g/cm^{3}的坡地土壤上能正常生长；而苹果与梨树则要求比较疏松的土壤。另外，同一种作物，在不同的地区，由于自然条件的悬殊，故对土壤的松紧和孔隙状况要求也是不同的。据研究在东北嫩江地区，小麦最适合的土壤容重为 1.3g/cm^3；而在河南长葛与北京郊区，则为 1.14~1.26g/cm^3。

1.3.2 土壤的结构性

自然界中各种土壤除质地为纯沙外，各级土粒很少以单粒状态存在，而常常在内外因素的综合作用下，土粒相互团聚成大小、形态和性质不同的团聚体，这种团聚体称为土壤结构，或叫土壤结构体。土壤结构影响着土壤水、肥、气、热的供应能力，从而在很大程度上反映了土壤肥力水平，是土壤的一种重要物理性质。

土壤结构(Soil Structure)类型的划分主要根据结构体的大小，外形以及与土壤肥力的关系进行。常见的土壤结构有块状结构(Blocky Structure)和核状结构(Subangular Structure)两大类型。块状结构的特点是土粒胶结成块，近立方体形，其长、宽、高三轴大体近似，边面不明显，大的直径大于 10cm，小的直径为 5~10cm，群众称之为“坷垃”；直径在 5cm 以下时为碎块状、碎屑状结构；块状结构在土壤质地比较黏重而且缺乏有机质的土壤中容易形成，特别是土壤过湿或过干耕作时，最易形成。核状结构的特点是结构体长、宽、高三轴大体近似，边面棱角明显，较块状结构小，大的直径为 10~20mm 或稍大，小的直径为 5~10mm，多称之为“蒜瓣土”；核状结构一般多以钙质与铁质作为胶结剂，在结构面上往往有胶膜出现，故常具水稳性，在黏重而缺乏有机质的底土层中较多。

1.4 土壤中的水分与空气以及热量状态

1.4.1 土壤水分

土壤水分(土壤水)实质上是极稀的土壤溶液，它除了供作物直接吸收外，还影响着土壤的其他肥力性状，如矿质养分的溶解、土壤有机质的分解与合成、土壤的氧化还原状况、土壤热特性、土壤的物理机械性与耕性等。因此，土壤水分是土壤肥力诸因素中最重要、最活跃的因素。

(1) 土壤水分的保持

土壤水分是自然界水分循环的一个组成部分，它来源于降雨或灌溉水。由于土壤是一个多孔的多相体，当水分进入土体时，就同时受到三种引力(即土粒和水界面的吸附力、土体的毛管引力和重力）的作用，沿土粒表面和土粒之间的孔隙移动、渗透，并使部分水分保留在土壤孔隙内，也有一部分水在重力的作用下排出土体。土-水界面的吸附力主要归因于以下 4 个方面的影响：

① 水分子与固体颗粒（特别是胶体颗粒）表面的氧元素所形成的氢键，其吸附力很强，但它的作用仅限于极短程的距离范围；

② 胶粒表面因带电荷而其外围则有相反离子，故在其带电质点周围产生静电场，而水因其本身的极性就在此静电场呈定向排列，水分子间也是通过氢键相互吸引，这种吸附力所作用的有效距离与前者相比要稍长，但其作用力要弱得多，土壤吸附力的大小以及由吸附力保持的水量主要取决于该土壤的比表面积、胶粒及其吸附离子的种类，通常质地越黏、有机胶体和 2∶1 型黏粒矿物越多则吸附力也越强且借此保持的水量也越多；

③ 土粒孔隙中水分和空气的界面呈现弯月面形，在这个弯月面下，水承受着一种张力（即毛管力），土壤孔隙中的水分是借毛管力而被保持的（传统上称之为毛管水）；

④ 此外，土壤水分还受到重力的作用，当水分含量过多，土壤孔隙不能保持的多余水分将在重力的作用下向下移动而迁移出土体。

（2）土壤水分的类型和性质

① 土壤吸湿水（Soil Hygroscopic Water）。固相土粒借其表面的分子引力和静电引力从大气和土壤空气中吸附气态水，附着于土粒表面成单分子或多分子层，称为吸湿水。因其受到土粒的吸力大，该层水分子呈定向紧密排列，容重 1.2~2.4g/cm^3，平均 1.5g/cm^3，无溶解能力，不能以液态水自由移动，也不能被植物吸收。因此，它是一种无效水。土壤吸湿水含量的高低主要取决于土粒的比表面积和大气相对湿度，土壤质地越黏和有机质含量越高，其比表面积越大，吸湿水含量越高（表 1-4-1）；大气相对湿度越大，吸湿水含量也越高，当空气相对湿度为 94%~98%时，吸湿水达到最大值，此时的土壤吸湿水量就叫做最大吸湿量。

表 1-4-1　土壤质地与土壤吸湿水和最大吸湿量的关系

土壤质地	沙土	轻壤土	中壤土	粉沙质黏壤土	泥炭
吸湿水/(g/kg)	5~15	15~30	25~40	60~80	180~220
最大吸湿量/(g/kg)	>15	30~50	50~60	80~100	—

② 膜状水（Soil Film Water）。吸湿水达到最大后，土粒还有剩余的引力吸附液态水，在吸湿水的外围形成一层水膜，这种水分称为膜状水。膜状水所受到的引力比吸湿水要小，其靠近土粒的内层，受到的引力为 3.1MPa；外层距土粒相对较远，受到的引力为 0.625MPa。由于一般作物根系的吸水力平均为 1.5MPa，因此，膜状水的外层部分对作物的有效性高。当土壤水分受到的引力超过 1.5MPa 时，作物便无法从土壤中吸收水分而呈现永久凋萎，此时的土壤含水量就称为凋萎系数。凋萎系数主要受土壤质地的影响，通常土壤质地越黏，凋萎系数越大（表 1-4-2）。当膜状水达到最大厚度时的土壤含水量称为最大分子持水量，它包括吸湿水和膜状水，其数值相当于最大吸湿量的 2~4 倍。

表 1-4-2　不同质地土壤的凋萎系数

土壤质地	粗沙土	细沙土	沙壤土	壤土	黏壤土
凋萎系数/(g/kg)	9~11	27~36	56~69	90~124	130~166

③ 土壤毛管水(Soil Capillary Water)。当土壤水分含量超过最大分子持水量后，水分不再受土粒引力的作用，成为可以移动的自由水。靠毛管力保持在土壤孔隙中的水分称为毛管水。毛管水所受的毛管引力在 0.625~0.01MPa 范围内，远小于作物根系的平均吸水力(1.5MPa)，因此它既能保持在土壤中，又可被作物吸收利用。毛管水在土壤中可上下左右移动，并且具有溶解养分的能力，所以毛管水的数量对作物的生长发育具有重要意义。毛管水的数量主要取决于土壤质地、腐殖质含量和土壤结构状况。通常，有机质含量低的沙土，大孔隙多，毛管孔隙少，仅土粒接触处能保持少部分毛管水；而质地过于黏重，结构不良的土壤中，细小的孔隙中吸附的水分几乎全是膜状水；只有沙、黏比例适当，有机质含量丰富，具有良好团粒结构的土壤，其内部发达的毛管孔隙才能保持大量的水分。根据土层中毛管水与地下水有无连接，通常将毛管水分为毛管支持水(Soil Capillary Supporting Water)、毛管悬着水(Soil Capillary Suspending Water)两大类型。

毛管支持水是指地下水层借毛管力支持上升进入并保持在土壤中的水分。毛管支持水的上升高度因地下水位的变化而异，地下水位上升，毛管支持水层的高度随之上升；地下水位下降时，毛管支持水的高度也随之下降。此外，毛管支持水的高度还与土壤质地有关，沙土的毛管支持水上升高度低，黏土的上升高度也有限，壤土的毛管支持水上升高度最大。当毛管支持水达到最大时的土壤含水量称为毛管持水量，它实质上是吸湿水、膜状水和毛管支持水的总和。当地下水位适当时，毛管支持水可达根系分布层，是作物所需水分的重要来源之一；当地下水位很深时，毛管支持水达不到根系分布层，不能发挥补水作用；若地下水位过浅，则易发生渍害；当地下水位中含可溶性盐分较多时，毛管支持水还可引起土壤盐渍化。

毛管悬着水是指当地下水埋藏较深时，降雨或灌溉水靠毛管力保持在土壤上层未能下渗的水分。它与地下水无联系，因此不受地下水位升降的影响。毛管悬着水是作物所需水分的重要来源，尤其在地下水位较深的地区，这种水分更加重要。毛管悬着水达到最大时的土壤含水量称为田间持水量(Field Water Holding Capacity)，它是农田土壤所能保持的最大水量，也是旱地作物灌溉水量的上限，超过的水分就会受重力的作用流失到下层。通常田间持水量的大小主要取决于土壤孔隙的大小和数量，而孔隙的大小和数量又依赖于土壤质地、腐殖质含量、结构状况和土壤耕耙整地的状况。因此，不同土壤的田间持水量变化范围很大，沙土一般为 160~220g/kg，壤土为 220~300g/kg，黏土为 280~350g/kg。

④ 土壤重力水(Soil Gravitational Water)。土壤重力水是指当土壤水分含量超过田间持水量之后，过量的水分不能被毛管吸持，而在重力的作用下沿着大孔隙向下渗漏成为多余的水。当重力水达到饱和，即土壤所有孔隙都充满水分时的含水量称为土壤全蓄水量或饱和持水量。它是计算稻田灌水定额的依据。土壤重力水是可以被作物吸

收利用的，但由于它很快渗漏到根层以下，因此不能持续被作物吸收利用，且在重力水过多时，土壤通气不良，影响旱作物根系的发育和微生物的活动；而在水田中则应设法保持重力水，防止漏水过快。当重力水流到不透水层时就在那里聚积形成地下水，若地下水埋藏深度适宜，可借助毛管作用满足作物需要；若地下水埋藏深度过浅，可能引起土壤沼泽化或盐渍化。

（3）土壤水分含量的表示方法

土壤水分含量是研究和了解土壤水分在各方面作用的基础，一般以一定质量或容积土壤中的水分含量表示，常用的表示方法有土壤质量含水量（Gravimetric Water Content of Soil）、土壤容积含水量（Volumetric Water Content of Soil）、土壤相对含水量（Relative Soil Water Content）、水层厚度等。

土壤质量含水量 W_W 是指一定质量土壤中保持的水分质量占 1 千克干土重的分数，单位用 g/kg 表示（也曾用百分数表示），即 $W_W=[(W_1-W_2)/W_2]\times1000$，其中，$W_1$ 为湿土质量（g）、W_2 为干土质量（g）。自然条件下，土壤含水量变化范围很大，为了便于比较，大多采用烘干重（指 105℃烘干下土壤样品达到恒重，轻质土壤烘干 8h 可以达到恒重，而黏土需烘干 16h 以上才能达到恒重）为基数。因此，这是使用最普遍的一种方法。比如，某土壤样品质量为 100g，烘干后土样质量为 80g，则其质量含水量应为 250g/kg，而不是 200g/kg。

尽管土壤质量含水量应用较广泛，但要了解土壤水分在土壤孔隙容积所占的比例，或水、气容积的比例等情况时则不方便。因此，需用土壤容积含水量来表示。土壤容积含水量 Q 是指土壤水分容积 V_W 与土壤容积 V_S 之比，Q 的单位为 cm^3/cm^3。用百分数表示时称为容积百分率（$Q\%$）。其计算公式为 $Q=V_W/V_S$。若已知土壤质量含水量（g/kg），水的容重按 $1g/cm^3$ 计算，只要知道土壤容重 ρ_S，即可按式 $Q=\rho_S W_W$ 换算求得。比如，某土壤质量含水量为 200g/kg，容重为 $1.2g/cm^3$，则该土壤的容积含水率为 24%。若该土壤的总孔隙度为 50%，则空气所占的容积为 26%。该土壤的固、液、气三相比为 50∶24∶26。由于灌溉排水设计需以单位体积土体的含水量计算，因此，土壤容积含水量在农田水分管理及水利工程上应用也较广泛。

在生产实际中常以某一时刻土壤含水量占该土壤田间持水量的百分数作为相对含水量来表示土壤水分的多少。土壤相对含水量 W_R 的计算公式为 $W_R=(W/W_L)\times100$，其中，W 为土壤含水量，W_L 为土壤田间持水量。比如，某土壤田间持水量为 300g/kg，现测得其质量含水量为 200g/kg，则其相对含水量为 66.7%。相对含水量可以衡量各种土壤持水性能，能更好地反映土壤水分的有效性和土壤水气状况，是评价不同土壤供给作物水分的统一尺度。通常旱地作物生长适宜的相对含水量是田间持水量的 70%～80%，而成熟期则宜保持在 60%左右。

水层厚度 D 反映的是与一定深度土层中的水分总量相当的若干水层厚度，单位为 mm。它便于将土壤含水量与降雨量、蒸发散失量和作物耗水量等相比较，以便确定灌溉定额。其换算公式为 $D=(\rho_S W_W h)/1000$，其中，ρ_S 为土壤容重，W_W 为土壤质量含水量，h 为土壤深度。

（4）土壤水分的能态

土壤中所保持的水分与自由水不同，它不但受到各种吸力(分子力、毛管力等)的作用，而且还含有一定的溶质，因此在同样条件下，土壤水分的能量比自由水低。

① 土水势(Soil Water Potential)。土水势表示土壤水分在土-水平衡体系中所具有的能态。它是指将单位水量从一个土-水系统移到温度和它完全相同的纯水池时所做的功。通常用 ψ_w 表示。若完成此过程，土壤水对环境做了功，土水势为正值；若需环境对它做功，则土水势为负值。这里的纯水池系指没有土壤基质和溶质，且与土-水系统处于相同大气压力和同一高度的参比系统。由于土壤水分受到各种吸力的作用，有时还存在附加压力，所以其水势必然与参比系统不同，两者之差为土水势的量度。由物理学知识可知势能绝对值的测试很难做到，通常规定纯水池参比系统的水势能为零，因此，土水势一般为负值，它主要由以下几个分势组成，即基质势(Matric Potential)、压力势(Pressure Potential)、溶质势(Osmotic Potential)、重力势(Gravitation Potential)。

基质势 ψ_m 是指将单位水量从一个平衡的土-水体系移到另一个没有土壤基质，而其他状态完全相同的水池时所做的功。对于非饱和土壤而言，由于基质吸力对水分的吸持，完成这一过程需要环境对它做功，所以基质势为负值；而饱和的土壤水不受基质吸持，故其基质势为零。

压力势 ψ_p 是指将单位水量从一个土-水体系移到另一个压力不同，而温度、基质、溶质等状态完全相同的参比系统时所做的功。参比系统的压力一般设定为当地的大气压，故土壤水的压力势以其受到的压力与大气压力之差计算。在水分不饱和的土壤中，其孔隙与大气相通，水受到的压力同大气压力相等，其压力势为零；而在土壤水分饱和的土壤中，由于连续水柱产生的静水压力高于参比大气压力，故地下水位以下的土壤水压力势为正值，其势值可由地下水位与待测点的垂直距离(h)度量，此时压力势 $\psi_p=-gh$。

溶质势 ψ_s 是指将单位水量从一个平衡的土-水系统中移到一个没有溶质而其他状态均相同的水池时所做的功。对于具有一定盐分浓度的土壤，由于溶质分子对水分的吸持，完成这一过程需要环境对它做功，故其基质势为负值；若土壤水不含溶质，其基质势为零。

重力势 ψ_g 又称引力势，是指由于重力场位置不同于参比状态水平面而引起的势能变化。$\psi_g=\rho gh$，其中，ρ 为水的容重，g 为重力常数，h 为高度。若规定某特定海拔高度的重力势为零，则超过这一高度，地心引力下降、ψ_g 增加；低于这一高度，地心引力增加、ψ_g 下降。

② 土壤水吸力(Soil Water Suction)。土壤水吸力是指土壤水的负压力。土壤水因受到土壤基质的吸附作用和毛管作用，其表面通常形成一个凹形的弯月面，暗示其压力低于大气压力。若以大气压力作为参比，则土壤水的压力为负。为了使用方便，将负压力定义为吸力，以便将负号消除，故土壤水吸力在数量上与土壤水负压力相等，通常简称为土壤吸力，它既能较形象地描述土壤基质对水分的吸持作用，又可避免使用负数，故被广泛接受。

③ 土壤水分特征曲线(Soil Water Characteristic Curve)。土壤水分特征曲线又称土壤

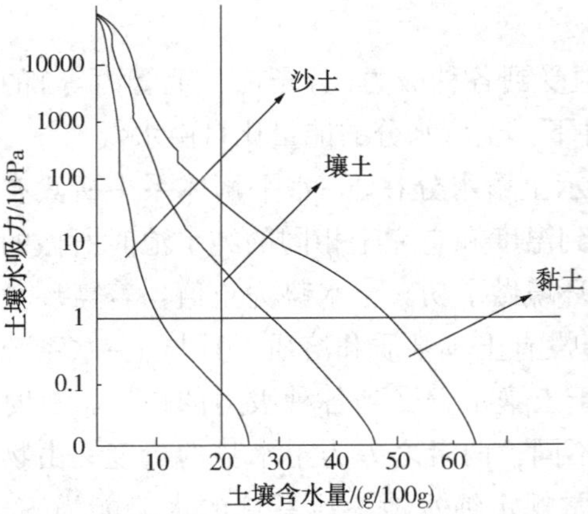

图 1-4-1　几种不同质地土壤的水分特征曲线

持水曲线。它是指土壤水的基质势或土壤水吸力与含水量的关系曲线。它表征土壤水分能量与含量的关系，是研究土壤水分保持和运动的一项重要参数。通常土壤含水量随吸力的增加而下降，但其特征取决于不同土壤的性质及其孔隙状态。在相同的吸力下，黏土的含水量最高，壤土次之，沙土最低(图1-4-1)；在相同的土壤含水量下，沙土的水吸力最小，黏土的水吸力最大。因此，在相同的条件下，黏土保持的水分虽多，但对植物的有效性最差。曲线的斜率称为比水容重，也是表征土壤水分有效性的因素。

（5）土壤水分状况与作物生长

① 作物对土壤水分的需求。水分是作物的重要组成部分。一般作物体内含水约60%~80%，蔬菜瓜果的含水量在90%以上。水也是光合作用的原料之一，光合作用产物的运移必须有水分的参与；作物的新陈代谢也必须有水的参与才能进行。农作物从土壤中吸收的水分，大部分用于叶面蒸腾而散失热量，以维持作物体温稳定。因此，土壤水分是维持作物正常的生理和生命活动所必需的重要条件。土壤水分是影响作物出苗率的重要因素，表1-4-3是种子出苗对土壤水分的要求。作物种子的吸水量因其大小及淀粉、蛋白质、脂肪的含量不同而异，从而吸水多少及适宜的土壤湿度也不同。豆类需要吸收相当于种子质量90%~110%的水分，麦类吸收50%~60%，玉米吸收40%，谷子仅需25%即可发芽。作物不同生育期对土壤水分的要求不同。一般作物的需水特点是苗期需水较少；随着作物的生长需水量逐渐增大，至生育盛期达到最大；随着作物的成熟需水量又减少。若某一生育期土壤缺水，对作物产量影响最为严重，这一时期称为需水临界期，不同作物的需水临界期不同，麦类为抽穗至灌浆期，玉米在抽雄期，高粱在花序形成至灌浆期，棉花在花铃期，豆类、花生在开花期，水稻在孕穗抽穗期，马铃薯在开花至块茎形成期，向日葵在花盘形成到开花期。一般植物，苗期与成熟期供水可较少，在需水临界期则应满足作物对土壤水分的要求。

表 1-4-3　种子出苗对土壤水分的要求

作物	最低含水量/(g/kg)			
	沙土	沙壤土	壤土	黏土
谷子	60~70	90~100	120~130	140~150
高粱	70~80	100~110	120~130	140~150
小麦	90~100	110~120	130~140	160~170
玉米	100~110	110~130	140~160	160~180
棉花	100~120	120~140	150~170	180~200
一般作物出苗最适含水量	120~160	160~200	180~230	220~300

② 土壤水分影响作物对养分的吸收。土壤水分状况直接影响作物对养分的吸收，土壤中有机养分的分解矿化离不开水分，施入土壤中的化学肥料只有在水中才能溶解，养分离子向根系表面迁移，以及作物根系对养分的吸收都必须通过水分介质来实现。试验证明，当土壤水分含量适宜时，土壤中养分的扩散速率就高，从而能够提高养分的有效性。

1.4.2 土壤空气

土壤空气是土壤的重要组成，也是土壤的肥力因素之一。土壤空气源自大气，它存在于未被土壤水分所占据的孔隙中，其含量与土壤水分互为消长。因此，凡影响土壤孔隙和土壤水分的因素，都影响土壤空气。肥力水平高的土壤，其空气数量及不同气体组成的比例情况，均应满足作物正常生长发育的需要。

（1）土壤空气的组成

土壤空气与近地表大气不断进行着交换，其组成与大气相似，但在各成分的含量上存在差异(表 1-4-4)。土壤空气组成的特点可概括为以下 5 点，即土壤空气中的二氧化碳含量比大气高十至数百倍，这是由于土壤有机质在其分解过程中释放大量的二氧化碳、作物根系和土壤微生物的呼吸作用以及土壤中碳酸盐类的溶解释放等使得土壤空气中的二氧化碳浓度较高；土壤空气中氧的含量低，这是由于植物根系及土壤微生物的呼吸消耗使土壤空气中氧气含量下降；土壤空气中的相对湿度比大气高，其原因在于土壤含水量通常都高于最大吸湿量，气态水的蒸发使水气不断产生，所以土壤中经常保持着水气饱和状态，而大气只有在多雨季节才接近饱和；土壤空气中有时含有还原性气体，在通气不良时，土壤常会产生 CH_4、H_2S、H_2 等还原性气体并影响作物根系的正常生长；大气成分相对稳定，而土壤空气数量和成分常随时间和空间变化而异，这些变化与土壤通气性条件关系密切。

表 1-4-4　土壤空气与大气组成　　%(体积分数)

气体	氮气	氧气	二氧化碳	其他气体
土壤空气	78.80~80.24	18.00~20.03	0.15~0.65	1
大气	78.05	20.99	0.03	1

（2）土壤通气性

土壤通气性(Soil Aeration)又称土壤透气性，是指土壤空气与近地层大气进行气体交换以及土体内部允许气体扩散和流动的性能。它使土壤空气能够得到不断地更新，从而使得土体内部各部位的气体组成趋于一致。土壤维持适当的通气性，也是保证土壤空气质量、提高土壤肥力、使植物根系正常生长所必需的。土壤通气性产生的机制主要归因于土壤空气扩散(Soil Air Diffusion)和土壤空气整体交换(Soil Air Exchange)。

土壤空气扩散是指某种气体成分由于其分压梯度与大气不同而产生的移动。它是土壤空气与大气之间进行交换的主要因素，其原理服从气体扩散公式，即 $F=-D\cdot dc/dx$，其中，F 是单位时间气体扩散通过单位面积的数量；dc/dx 是气体浓度梯度或气体分压梯度；D 是扩散系数；负号表示其从气体分压高处向低处扩散。由气体扩散公式可知，气体分压梯度是引起土壤空气扩散的主要动力。由于植物根系的呼吸及土壤微生物对有机残体的好气分解，使土壤中氧气不断被消耗，二氧化碳浓度不断增加，从而产生了与大气的不平衡，使得土壤中二氧化碳的分压比大气中二氧化碳的分压高，而氧气的分压则低于大气。即使在土壤空气与大气的总压力完全相等时，由于大气中氧气的分压较高，使氧气向土壤扩散；而二氧化碳在土壤空气中的分压较大，使其不断从土壤向大气逸出。土壤空气与大气间通过气体扩散作用不断地进行着气体交换，使土壤空气得到更新，此过程也称为土壤呼吸。

土壤空气整体交换也称土壤气体的整体流动，是指由于土壤空气与大气之间存在总的压力梯度而引起的气体交换，是土体内外部分气体的整体相互流动。土壤空气整体交换常受温度、气压、刮风、降雨或灌溉水的影响。比如白天土壤温度升高，土壤空气受热后体积膨胀，部分气体被挤压出土体；夜间土壤温度下降，土壤空气冷却后体积缩小，大气整体进入土体。大气压增加时，土壤空气受压缩使体积变小，近地层大气渗入土壤；大气压降低则使土壤空气体积膨胀，部分土壤空气逸出土体。风也可以将大气吹入土壤或把表土空气整体抽出。降雨或灌水时，土壤水分含量增加，使土壤孔隙中的气体整体挤出；反之，当土壤水分减少时，近地层新鲜空气又整体补充入土。

可见，土壤空气的整体交换方式为时短暂，而土壤中经常进行的主要气体交换方式是土壤空气扩散。

（3）土壤通气状况与作物生长的关系

土壤通气状况对种子萌发的影响。通常作物种子萌发需要氧气的浓度大于 10%，若土壤通气不良（O_2含量低于 5%），土壤中因缺氧进行嫌气呼吸而产生醛类、有机酸类等物质则抑制种子发芽。

土壤通气性对作物根系生长及其吸收水肥功能的影响。在通气良好的土壤中，作物根系生长健壮，根系长、根毛多；通气不良则根系短而粗，色暗，根毛稀少，水稻则黑根数量大大增加，严重时甚至腐烂死亡。通常当土壤空气中氧的浓度低于 9%~10%时，作物根系的发育就会受到影响，若降低到 5%以下，则绝大多数作物根系停止发育。此外，根系对氧气浓度的要求还受到温度等条件的影响，一般在低温时，根系可忍受较低的氧气浓度，随着温度的升高，对氧气浓度的要求也增高，这是由于温度增高时，作物根系呼吸作用所需的氧增加所致。作物根系对水肥的吸收受根系呼吸作用的影响，缺氧时根系呼吸作用受阻，其吸收水分和养分的功能也因而降低，严重时甚至停止。研究结果表明，在低氧条件下，各种作物第一天的相对蒸腾减少量为烤烟 70%、番茄 10%、玉米 40%。此外，土壤通气性对根系吸收养分的影响还因养分的种类而异。据研究，玉米在缺氧时对各种养分吸收能力依下列顺序递减：K>Ca>Mg>N>P。可见通气不良对作物吸收 N 和 P 的影响较大。

1.4.3 土壤热量

（1）土壤热量来源与平衡

① 土壤热量来源。土壤热量主要来源于太阳辐射能、生物热、地热。太阳辐射能

是土壤热量最主要的来源；太阳辐射能是极其巨大的，到达地球的仅是其中的极小部分；在北半球阳光垂直照射时，每分钟辐射到每平方厘米土壤表面的太阳辐射能为8. 12J。生物热是指微生物分解有机质释放的热量。地热是指由地球内部的岩浆通过传导作用传导至土壤表面的热量。

② 土壤热量平衡。土壤热量平衡是指土壤热量的收支情况。土壤表面吸收的太阳辐射能，部分以土壤辐射形式返回大气，部分用于土壤水分蒸发的消耗，还有部分用于向下层土壤的传导，剩余的热量用于土壤升温。土壤热量平衡可用式 $W=S-W_1-W_2-W_3$表示，其中，W 为用于土壤增温的热量；S 为土壤表面获得的太阳辐射能；W_1为地表辐射所损失的热量；W_2为土壤水分蒸发所消耗的热量；W_3为其他方面消耗的热量。在一定的地区其 S 值一般是固定的，若 W_1、W_2、W_3等方面的支出减少，土壤温度将增加；反之，土壤温度则下降。因此，在生产实际中可采用塑料大棚、遮阳网覆盖、中耕松土等措施来调节土壤温度。

（2）土壤的热特性

同一地区的不同土壤，获得的太阳辐射能几乎相同，但土壤温度却差异较大，这是因为土壤温度的变化除了与土壤热量平衡有关外，还取决于土壤的热特性。反映土壤热特性的指标主要是土壤热容量(Soil Heat Capacity)、土壤导热率(Soil Thermal Conductivity)、土壤导温率(Soil Temperature Conductivity)。

土壤热容量是指单位容积或单位质量的土壤在温度升高或降低 1℃时所吸收或放出的热量。可分为容积热容量和质量热容量。容积热容量是指每 1cm³ 土壤增、降温 1℃时所需要吸收或释放的热量，用 C_v 表示，单位为 J/(cm³ · K)；质量热容量也称比热，是指每克土壤增、降温 1℃时所需吸收或释放的热量，用 C_i 表示，单位为 J/(g · K)。两者之间关系式为 $C_v=C_i\rho$，其中，ρ 为土壤容重。土壤热容量越大，土壤温度变化越缓慢；反之，土壤热容量越小，则土温变化越频繁。土壤热容量的大小主要受土壤的三相组成影响。由表 1-4-5 可见土壤水分的热容量最大；土壤空气的热容量最小；矿质土粒和土壤有机质的热容量介于两者之间。由土壤组成可知，二壤固相相对稳定，因此土壤热容量的大小主要取决于土壤水分和土壤空气的含量。土壤越潮湿(水多气少)，热容量越大，增温和降温均较慢，土壤温度变化小；反之，土壤越干(水少气多)，热容量越小，升温快，降温也快，土壤温度变化大。比如，质地黏重的土壤，水分含量较高，在早春季节解冻迟，土温回升慢，故有冷性土之称；而质地较轻的沙土，水分含量较低，早春土温回升快，所以称为热性土。

表 1-4-5　土壤组成与土壤的热特性

土壤组成成分	容积热容量/[J/(cm · ℃)]	质量热容量/[J/(g · ℃)]	导热率/[J/(cm · s · ℃)]	导温率/(cm^2/s)
土壤空气	0. 0013	1. 00	0. 00021～0. 00025	0. 1615～0. 1923
土壤水分	4. 187	4. 187	0. 0054～0. 0059	0. 0013～0. 0014
矿质土粒	1. 930	0. 712	0. 0167～0. 0209	0. 0087～0. 0108
土壤有机质	2. 512	1. 930	0. 0084～0. 0126	0. 0033～0. 0050

土壤导热率是评价土壤传导热量快慢的指标，它是指在面积为 $1m^2$、相距 1m 的两截面上温度相差 1K 时，每秒通过该单元土体的热量焦耳数，其单位为 J/(m·K·s)。土壤的三相组成中，空气的导热率最小，矿物质的导热率最大，为土壤空气的 100 倍，水的导热率介于两者之间(表 1-4-5)。因此，土壤导热率的大小，主要与土壤矿物质和土壤空气有关。在单位体积土壤内，矿物质含量越高，空气含量越少，导热性越强；反之，矿物质含量越少，空气含量越高，导热性越差。可见，土壤导热率与土壤容重呈正相关，而与土壤孔隙度呈负相关。所以，冬季麦田镇压后导热率增加，白天易于热量向下层土壤传导，夜里则利于热量由底土向表土传导，从而可以有效防止冻害。此外，增加土壤水分含量，也可提高土壤的导热性。比如，干、湿沙土(含水 400g/kg)的导热率分别为 0.293J/(m·K·s)和 2.18J/(m·K·s)；干、湿黏土(含水 400g/kg)分别为 0.25J/(m·K·s)和 1.59J/(m·K·s)。这是因为一方面水的导热率是空气的 25 倍，另一方面干土中导热仅仅依靠土粒间的接触点，而湿土中土粒间还因水膜增加了联系。

土壤导温率又称土壤导热系数或热扩散率。它是指在标准状态下，当土层在垂直方向上每厘米距离内有 1 焦耳的温度梯度，每秒流入断面面积为 $1m^2$ 的热量，使单位体积($1m^3$)土壤所发生的温度变化。显然，流入热量的多少与导热率的高低有关，流入热量能使土壤温度升高多少则受热容量制约。土壤导温率 K 的计算公式为 $K=\lambda/C_v$，其中，λ 为导热率；C_v 为土壤容积热容量。可见，土壤导温率与导热率呈正相关，与热容量呈负相关。土壤空气的导温率比土壤水分要大得多(表 1-4-5)，因此，干土比湿土容易增温。比如，干沙土的导温率为 $35m^2/s$，湿沙土为 $70m^2/s$；干黏土为 $12m^2/s$，湿黏土为 $110m^2/s$。在土壤湿度较小的情况下，湿度增加，导温率也增加；当湿度超过一定数值后，导温率随湿度增大的速率变慢，甚至下降。土壤导温率直接决定土壤中温度传播的速度，因此影响着土壤温度的垂直分布和最高最低温度的出现时间。

（3）土壤温度与作物生长

① 土壤温度与种子萌发。任何作物种子的萌发必须有一个适宜的土壤温度范围，在这个范围内土壤温度越高，种子萌发就越快；反之，土温越低就越慢。当土温低于此范围，种子就不萌发。各种农作物种子萌发的温度范围为小麦、大麦和燕麦 1~2℃，谷子 6~8℃，棉花、水稻、高粱和荞麦 12~14℃，玉米 10~12℃。棉花、水稻、高粱和荞麦等播种后，若遇阴凉低温天气，极易引起烂籽烂秧；禾谷类作物如小麦、玉米等低温时播种则先扎根，温度较高时则先出芽。因此，应注意选择作物的播种期和播后天气的变化。

② 土壤温度与作物根系生长。一般作物根系在 2~4℃时开始微弱生长，土温高于 10℃以上时，根系生长比较活跃，超过 30~35℃，根系生长受阻。冬季根系可在土层深处生长，但土温过低易产生冻害；而夏季土温过高也常使根系组织加速退化，甚至发生“烧根”或“烧茎”现象。各种作物根系生长的最适温度范围如下，即冬麦和春麦 12~16℃、玉米 24℃、棉花 25~30℃、水稻 25~30℃、豆科作物 22~24℃、甘薯 18~19℃。成年苹果树的根系在平均土温 2℃时即略有生长，7℃时生长活跃，21℃时生长最快。茶树根系生长的最适土温为 10~25℃。

③ 土壤温度与作物营养生长和生殖生长。春小麦苗期地上部生长最适的土壤温度

范围为20~24℃，后期以12~16℃为好，8℃以下或32℃以上则很少抽穗。冬小麦生长最为适宜的土温较春小麦低4℃左右，土温在24℃以上虽能抽穗，但不能成熟。主要作物营养生长最旺盛期要求的土温如下，即春小麦16~20℃、冬小麦12~16℃、玉米24~28℃、棉花25~30℃。水稻分蘖要求在20℃以上，以30~32℃最好。

④ 土壤温度影响养分转化与吸收。土温的高低对微生物活动的影响更为明显，如硝化细菌与铵化细菌最适的土温范围为28~30℃，土温过低导致土壤缺氮。旱作遇低温时显著减少作物对钾的吸收，因此施用钾肥对旱作抵御低温有良好的作用，而水稻遇低温时对磷的吸收下降，因此在冷性土上应注意补充磷肥。此外，土壤有机质的转化、养分的释放以及土壤中水、气的运动等也都受到土壤温度的影响。

1.4.4 土壤水、气、热的调节与氧化还原性

（1）土壤水、气、热的调节

① 土壤水分调节。应重视土壤水分平衡的作用。土壤水分平衡是指在一定时间和一定容积内土壤水的收入和支出。土壤水分的收入以降雨和灌溉水为主，此外还有地下水的补给和其他来源的水(比如水气凝结、外来径流等)。土壤水的支出主要有土表蒸发、植物蒸腾、向下渗漏及地表径流损失等。若土壤水的收入大于支出，则土壤水分含量增加；反之，土壤水的支出大于收入，则土壤水分含量降低。在农业生产实践中，土壤水分平衡主要用于计算作物日耗水量以及确定灌溉时间。比如，某玉米地在6月15日灌水前根层土壤含水量厚度为70mm，然后灌水55mm，6月25日测定同一根层的含水量厚度为81mm，假设灌水后的这段时间内无降雨过程，也没有土壤水分的深层渗漏，则在此期间玉米的日耗水量为(70+55−81)/(25−15)=4.4(mm/d)。再比如，某玉米地根层土壤含水量厚度为118mm，其中无效水为58mm，玉米的日耗水量为4mm，假设无降雨，则该地块的含水量最多可维持的天数为(118−58)/4=15(d)。

所谓土壤水分调节就是要尽可能地减少土壤水分的损失，尽量地增加作物对降雨、灌溉水及土壤中原有贮水的有效利用，有时还包括多余水的排除等。土壤水分调节措施主要是控制地表径流、增加土壤水分入渗；减少土壤水分蒸发；合理灌溉；提高土壤水分对作物的有效性；多余水的排除。

应合理耕翻，合理耕翻的目的是创造疏松深厚的耕作层，保持土壤适当的透水性以吸收更多的天然降雨和减少地表径流损失。应采取等高种植方法建立水平梯田，即在地面坡度陡、地表径流量大、水土流失严重的地区可采取改造地形、平整土地、等高种植或建立水平梯田等方法以便减少水土流失；当表土有薄蓄水层时可增加入渗能力，使梯田层层蓄水，坎地节节拦蓄，从而做到小雨不出地，中雨不出沟，大雨不成灾。应改良表土质地和结构，表土质地黏重、结构不良又缺乏孔隙的土壤，其蓄墒能力强，但往往透水性差，若降雨强度超过渗透速率则水分会通过地表径流而损失，对于此类土壤应采用掺沙与增施有机肥料相结合的方法，大力提倡秸秆还田或留高茬等，以改善土壤结构，增加土壤大孔隙的数量和总孔隙度，加强土壤水分的入渗。

应减少土壤水分蒸发，搞好中耕除草工作。通过中耕既可消灭杂草，减少其蒸腾

对水分的散失；又可切断上下土层之间的毛管联系，降低土表蒸发，减少土壤水分损失。应重视地面覆盖工作，在干旱和半干旱地区，可使用地膜、作物秸秆等进行土表覆盖，以减少水分蒸发损失。应重视免耕覆盖技术与保水剂的施用，大力推广少、免耕技术，降低土壤水分的非生产性消耗；使用高分子树脂保水剂也可减少水分的蒸发。

应合理灌溉。当土壤水分供应不能满足作物需要时，根据作物需水量的多少及土壤水分含量状况，确定合理的灌溉定额，是土壤水分调节的重要环节。应遵守灌溉的基本原则，灌溉的目的是在自然条件下，对整个根层补充水分，使土壤水分含量达到田间持水量。根据该土壤自然含水量与其田间持水量之差确定灌溉定额。最常用的方法是在不同深度土层中埋设张力计，依其基质势读数再参考不同作物所要求灌水后达到的基质势数值，确定灌溉定额与时间。应合理选择灌溉方法，即依土壤和作物种类选择适宜的灌溉方法，地面平整、质地偏黏的土壤、大田作物和果园可采用畦灌；土壤质地偏沙、土层透水过强或丘陵旱地、菜园地等可选喷灌；设施栽培的蔬菜也可滴灌；水分渗漏过快、深层漏水严重的土壤不宜采用沟灌。

应提高土壤水分对作物的有效性。通过深耕结合施用有机肥料，不仅可降低凋萎系数，提高田间持水量，增加土壤有效水的范围；而且还能加厚耕层，促进作物根系生长，扩大根系吸水范围，增加土壤水分对作物的有效性。研究结果表明，施用有机肥后，土壤自然含水量、田间持水量和饱和含水量有明显增加(表 1-4-6)，尤其是与化肥配施区较对照、单施化肥和有机肥区其田间持水量分别增加 6.23%～6.41%、2.83%～3.01%和 0.43%～2.11%；饱和含水量则分别增加 5.50%～5.53%、5.58%～5.61%和 1.48%～3.78%；此外，自然含水量也有不同程度的增加。连续十年翻压稻草还田的试验结果表明，田间持水量和毛管持水量分别比对照增加了 7.1%和 8.3%，土壤的贮水能力增大。在水吸力为 0.02MPa 和 0.03MPa 时，土壤水分含量比对照分别增加 2.5%和 2.1%。低吸力下的土壤水分更易被植物吸收利用，说明长期施用有机肥料能提高土壤有效水的含量。

应重视多余水的排除。对于旱地作物而言，土壤水分过多就会产生涝害、渍害。因此必须排除土壤多余的水分，主要包括排除地表积水、降低过高的地下水和除去土壤上层滞水。

表 1-4-6　有机无机肥配施对土壤水分状况的影响　　%

项目	对照	化肥	猪粪	秸秆	化肥+猪粪	化肥+秸秆
自然含水量	9.90	11.76	15.08	14.10	16.92	15.71
田间持水量	25.00	28.40	30.98	29.12	31.23	31.41
饱和含水量	35.18	35.10	39.23	36.90	40.71	40.68

② 土壤空气调节。对于一般旱作来说，发生通气不良、供氧不足的情况很少。土壤通气不良主要发生在那些质地黏重、通气孔隙度不足 10%、气体交换缓慢的黏质土壤上。对于此类土壤可采取合理耕作结合增施有机肥料，以改善土壤结构、增加土壤通气孔隙。土体中水分过多不仅空气容量减少，而且阻碍土壤空气与大气的气体交换，这是地势低洼、地下水位高的易涝地区土壤通气性差的主要原因，对此应加强土壤水

分管理，建立完整的排水系统，降低地下水位，及时排除渍涝。至于那些主要是由降(灌)水量大而造成的土壤过湿、表土板结而影响通气的，则应及时中耕、松土，破除地结皮等，土壤通气性就会大大改善。

③ 土壤温度调节。土壤温度的调节方法很多，其作用机制主要包括土壤热量平衡调节和土壤热特性调节两个方面，常用的措施包括：合理耕作与施用有机肥，以水调温，覆盖与遮阴。

对于质地黏重的土壤和低洼地的土壤，通过合理耕作如中耕、耙、耱等，使表土疏松，孔隙增多，散发其中过多的水分，使土壤热容量和导热率减小，从而达到增加土温、改变植株生长缓慢的目的；而镇压则常用于沙土及质地较轻的土壤，使土壤固相物质变得稍紧，以加大热能传导的通路，改变其松散状态下热容量小、导热差、散热快、温度变幅大等不利于植物生长的缺陷。

施用有机肥既可改善土壤的热特性、调节土壤温度，又可加深土色，增加土壤对太阳辐射能的吸收，提高土温(表1-4-7)。作物不同生育期的测定结果表明，施用有机肥处理0~10cm土层温度发生了一些变化，在作物生长前期，由于叶面积系数小，地表覆盖度较小，土壤温度较对照高0.7~0.9℃；随着作物的生长，有机无机肥配合施用的处理，养分供应充足，植株生长旺盛，叶面积系数和地表覆盖度较大，土壤蒸发量变小，土壤温度较对照、单施化肥区低0.4~2.3℃。山西孟县试验结果表明，秸秆还田处理1991年4月20日至5月20日玉米苗期每10天地温之和均高于对照，尤以0~5cm土层最为明显，还田比对照增加9℃；5~15cm土层增加7.5℃，由于该层次是作物根系集中的地方，温度升高对根系生长有促进作用，使玉米早出苗3~5天，并防止了缺苗，秸秆还田的出苗率较对照高10%，为作物后期生长奠定了良好的基础。此外，寒冷季节在苗床上施用马、羊粪等热性肥料，可增加土温，防止冻害。当然，有机-无机肥配合施用对土壤温度的增加作用一般是很小的，有些情况下甚至还有负的影响。

表1-4-7　有机无机肥配施对土壤温度的影响　℃

作物	月份	对照	化肥	猪粪	秸秆	化肥+猪粪	化肥+秸秆
冬小麦	10月	26.1	26.1	26.9	26.8	26.9	26.9
	12月	5.1	5.2	5.7	5.4	5.6	5.6
	3月	10.4	9.6	9.3	9.4	9.1	9.4
	4月	16.3	14.8	14.3	14.4	13.0	13.7
	5月	17.5	16.1	15.9	16.7	15.8	15.8
	6月	29.0	29.4	29.5	28.5	30.2	29.4
夏玉米	6月	32.3	32.6	32.8	32.6	32.2	32.1
	7月	38.0	36.8	37.1	36.8	35.6	36.2
	8月	31.6	31.0	31.2	31.1	30.5	30.8
	9月	27.1	27.9	28.3	28.0	28.4	28.3

以水调温是利用水的热容量大的特点来降低或维持土壤温度。比如，早春寒潮来临之前，秧田灌水可提高土壤热容量，防止土壤温度急剧下降，避免低温对秧苗的危

害；炎热酷暑，土壤干旱，表土温度过高，可能灼伤作物时，也常采用灌水的方法降低土温；对于低洼地区的土壤，则需通过排水降渍，降低土壤热容量，以提高土温。

冬季大棚塑料薄膜及地膜覆盖，可减少土壤辐射，提高土壤温度。夏季遮阴覆盖则能减少到达地表的太阳辐射能，降低土壤温度。

（2）土壤氧化还原性质

土壤组成中含有一些易于氧化和易于还原的物质，当土壤通气良好，氧分压高时，这些物质呈氧化态；在通气不良、氧不足时则呈还原态。土壤的氧化还原过程影响着土壤养分的有效性和植物生长，特别是对稻田土壤，它是衡量土壤肥力极为重要的指标之一。

① 土壤氧化还原体系(Soil Redox System)。土壤中的氧化还原体系可分为无机体系和有机体系两大类，见图 1-4-2。有机体系中主要包括有机酸类、酚类、醛类和糖类化合物，这些体系的反应可逆性较差。土壤是一个氧化物质与还原物质并存的体系，只不过由于土壤所处的条件不同，其溶液中氧化态物质与还原态物质的相对浓度不同而已。直接测定这些物质的绝对数量很困难，一般通过测定土壤溶液的氧化还原电位(Eh)来判断氧化作用与还原作用的强度，并以此来衡量土壤的氧化还原状况。

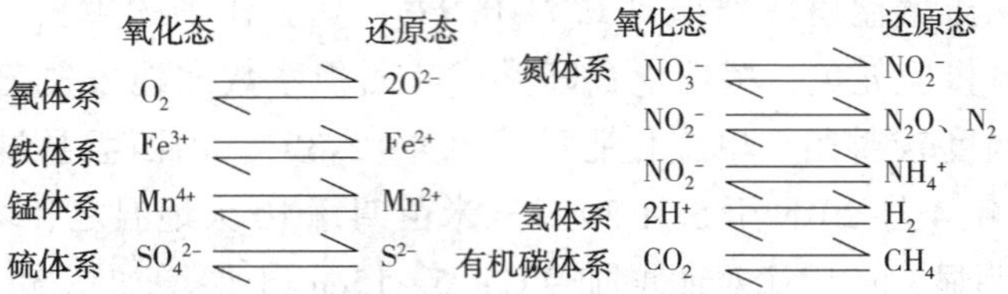

图 1-4-2　土壤中的氧化还原体系

② 土壤氧化还原电位(Soil Redox Potential)。土壤氧化还原电位 Eh 是指土壤中氧化剂和还原剂在氧化还原电极上所建立的平衡电位，它是反映土壤氧化或还原程度的重要指标，其计算公式为 $E_h = E_0 + (59/n)\lg(P_Y/P_H)$，其中，$E_0$为标准氧化还原电位(mV)，即体系中氧化剂与还原剂浓度相等时的电位，上述各体系的值可在化学手册中查到；P_Y为氧化剂浓度；P_H为还原剂浓度；n 为反应中电子转移数。因此，E_h 值的大小取决于氧化态物质和还原态物质的性质与浓度，而氧化态物质和还原态物质的浓度又直接受土壤通气性的强弱控制，通气性良好时，土壤空气中氧分压大，与其相平衡的土壤溶液中氧浓度也高，氧化态物质与还原态物质的浓度比增高，E_h 值变大；反之，通气不良的土壤其溶液中氧化态物质与还原态物质的浓度比降低，E_h 值变小。因此，氧化还原电位的高低也可作为评价土壤通气性强弱的指标。土壤氧化还原状况分级见表 1-4-8。

表 1-4-8　土壤氧化还原状况分级

氧化还原状况	E_h 范围	化学反应	对作物生长的影响
氧化	>400mV	O_2占优势，各物质以氧化态存在	旱作有利，水稻不太适宜
弱度还原	400~200mV	O_2、NO^{3-}、Mn^{4+}还原	水稻生长正常，旱作受影响
中度还原	200~-100mV	Fe^{3+} 还原，出现还原性物质及 SO_4^{2-}的还原	旱作发生湿害
强度还原	<-100mV	CO_2、H^+还原	还原性物质多，水稻受害

旱地土壤的 E_h 值多在400~700mV之间，大于750mV表明土壤通气过强，若其他条件又适宜时，则有机质分解迅速，还可能造成其他养分的损失，此时应适当灌水以降低氧分压；如果旱地土壤的 E_h 值低于200mV，则表明土壤水分过多，通气不良，此时应注意排水降渍，疏松土层，增加土壤空气容量。水田土壤的 E_h 值变化较大，正常值往往低于200~300mV，长期积水的水稻土可降至100mV甚至下降到负值。一般水稻适宜在轻度还原（200~400mV）的条件下生长，如土壤经常处于180mV以下或低于100mV，将导致土壤溶液中 Fe^{2+}、Mn^{2+} 的浓度迅速升高，导致水稻铁锰中毒，使水稻分蘖停止，发育受阻。E_h 值降至负值，水田中将会产生 H_2S 和丁酸的累积，这将抑制水稻含铁氧化酶的活性，从而减弱根系吸收养分的能力，尤以磷钾养分为甚。若 E_h 值长期低于-100mV，硫化物与亚铁共同作用使水稻产生黑根，严重时根系腐烂，稻株死亡。因此，对于 E_h 值过低的水田，应采取排水烤田措施，以提高土壤的 E_h 值。

土壤养分的转化也与 E_h 值关系密切。硝化过程及硝酸盐的累积是在 E_h 值很高的好气条件下进行的，土壤通气不良，E_h 值下降，又会导致反硝化过程的发生，从而造成土壤氮素的损失。在低的 E_h 值下，因含水氧化铁被还原成可溶的氧化亚铁，减少了其对磷酸盐的专性吸附固定，并使被氧化铁胶膜包裹的闭蓄态磷释放出来，同时磷酸铁也还原为磷酸亚铁，使其有效性提高。

1.5 土壤胶体与土壤的吸纳能力

土壤是由固体土粒、土壤溶液和土壤空气组成的“多元分散体系”。一般情况下，土粒是分散相、土壤溶液和空气为分散介质组成的土壤胶体分散系。土壤胶体是土壤中最活跃的部分，对土壤理化性质和肥力水平具有明显影响，对土壤保肥、供肥能力的强弱起决定性作用。

1.5.1 土壤胶体

土壤胶体（Soil Colloid）是指土壤中最细微的颗粒，胶体颗粒的直径一般在1~100nm（长、宽、高三个方向上，至少有一个方向在此范围内），实际上土壤中小于1000nm的黏粒都具有胶体的性质。所以直径在1~1000nm之间的土粒都可归属于土壤胶粒的范围。

（1）土壤胶体的种类

土壤胶体按其成分和来源可分为无机胶体、有机胶体和有机无机复合胶体。

① 无机胶体。在数量上无机胶体较有机胶体可高数倍至数十倍，主要为极细微的土壤黏粒，包括成分简单的非晶体含水氧化物和成分复杂的各种次生铝硅酸盐黏粒矿物。

含水氧化硅胶体多为游离态的无定形胶体 $SiO_2 \cdot H_2O$（实际上可写成偏硅酸 H_2SiO_3）分子，当发生电离时可使 H^+ 解离到溶液中而使胶体带负电。即 $H_2SiO_3 = H^+ +$

$HSiO_3^-$ ══ $2H^+ + HSiO_3^{2-}$。次生的石英多为结晶态，也是带负电的胶体。氧化硅胶体普遍分布于各类土壤中。

含水氧化铁、氧化铝胶体多为结晶态矿物，属两性胶体，带电情况随环境的酸碱反应变化而改变，在酸性环境下(一般指 pH 值<5)带正电，而在碱性条件下可带负电，氧化铝表现得更为明显，即 $Al(OH)_3 + H^+ \longrightarrow Al(OH)_2^+ + H_2O$、$Al(OH)_3 + OH\cdot \longrightarrow Al(OH)_2O\cdot + H_2O$。南方酸性土中多见这类黏粒矿物。三氧化物中，还有一类是由氧化铝和氧化硅结合起来的，称为水铝英石，多为非晶态。

层状硅酸盐(Phyllo Silicate，Layer Silicate)矿物的晶型结构由两个基本单位构成，即硅氧片和铝氧片。硅氧片是由硅四面体连接而成，一个硅四面体是由四个氧原子和一个硅原子所组成。这两种元素能组成一个结构单位的原因有二，一方面因为硅原子具有正原子价，而氧具有负原子价，故两者能相互吸引而形成稳固的单位；另一方面与其原子大小有关，氧原子的半径为 1.40Å，四个氧原子堆积成四面体时，其间所形成的空隙半径为 0.32Å，硅原子的半径为 0.39Å，在所有元素中以硅原子的半径最接近于氧间空隙的半径，故硅原子能嵌入四面体中而结构又不被破坏。但每个四面体键价并不平衡(SiO_4^{4-})，因此，许多硅四面体可以共用氧原子而形成一层，氧原子排列成中间有空的六角形，称为硅氧片或硅氧层，此时键价仍不平衡，未饱和的键可与氢结合形成次生石英，或与铝八面体结合形成各类黏粒矿物。铝氧片由铝八面体连接而成。铝八面体为六个氧原子围绕一个铝原子构成铝八面体。六个氧原子所构成的八面体空隙为 0.58Å，与铝原子的半径 0.57Å 相近似，故铝原子能嵌入六个氧原子形成的空隙中而形成铝八面体，许多铝八面体相互连接成片称为铝氧片。铝氧片两个层面的电价仍不能平衡，也可与氢原子连接而成水铝矿，或和硅氧片结合成为各种铝硅酸盐。

晶层是由一层硅氧片、一层铝氧片重叠组成的，称为 1∶1 型矿物(比如高岭石类)，这类黏粒矿物晶层与晶层间距离稳定，连接紧密，内部空隙不大。蒙脱石类由两个硅氧片间夹一个铝氧片组合而成，称为 2∶1 型矿物，这类黏粒矿物形成过程中，易发生较强的同晶代换作用，即原来晶格中的中心原子可被其大小相近且电性符号相同而原子价较低的原子所代换，这就是黏粒矿物带负电的原因之一。水云母类结晶构造同蒙脱石类，亦为 2∶1 型黏粒矿物，其不同点为水云母的晶层间夹含钾离子，晶格距离较为稳定。从胶体性状看，高岭石类结晶单位个体小，但所形成的颗粒较大，分散度低，其胀缩性、黏性和阳离子交换容量都不如 2∶1 型大。这类矿物在我国南方酸性土壤中含量较多，而 2∶1 型黏粒矿物多出现于我国北方土壤。

② 有机胶体。有机胶体中最主要的成分是各种腐殖质(胡敏酸、富非酸、胡敏素等)，还有少量的木质素、蛋白质、纤维素等。作为胶体来讲，它与无机胶体有共性，如颗粒极小，具有巨大的比面和带有电荷。此外，有机胶体还有它自己的特点，即它是由碳、氢、氧、氮、硫、磷等组成的高分子有机化合物，是无定形的物质，有高度的亲水性，可以从大气中吸收水分子，最大时可达其本身质量的 80%~90%，腐殖质的电荷是由腐殖质所含的羧基(-COOH)、羟基(-OH)、酚羟基(-OH)，解离出氢离子后的-COO-、-O-等离子留在胶粒上而使胶粒带负电。胺基($-NH_2$)吸收 H^+后，成为 $-NH_3^+$则带正电，一般有机胶体带负电。腐殖质带的负电荷量比黏粒矿物大，因此，腐

殖质在耕作土壤中含量虽不多，但所起的保肥作用较大。有机胶体易受微生物的作用而分解，不如无机胶体稳定，但很易通过施用有机肥料、秸秆还田、绿肥等加以调节和控制，对农业生产意义很大。

③ 有机无机复合体(Organo-Mineral Complex)在农业土壤的耕层中，有机胶体一般很少单独存在，绝大部分与无机胶体紧密结合而形成有机无机复合体，又称为吸收性复合体。土壤无机胶体和有机胶体可以通过多种方式进行结合，但大多数是通过二、三价阳离子(如钙、镁、铁、铝等)或功能团(如羧基、醇羟基等)将带负电荷的黏粒矿物和腐殖质连接起来。有机胶体主要以薄膜状紧密覆盖于黏粒矿物的表面上，还可能进入黏粒矿物的晶层之间。通过这样的结合，可形成良好的团粒结构，改善土壤保肥供肥性能和多种理化性质。

（2）土壤胶体的构造

土壤胶体分散系包括胶体微粒(为分散相)和微粒间溶液(为分散介质)两大部分。胶体微粒在构造上可分为微粒核、决定电位离子层和补偿离子层三部分。由图 1-5-1 可见，胶体微粒是由固相部分的微粒核和其外部电性相反的双电层所组成。

- 胶体微粒
  - 微粒核
  - 双电层
    - 补偿离子层(双电层外层)
      - 非活性补偿离子层
      - 扩散层
    - 决定电位离子层(双电层内层)

图 1-5-1　土壤胶体分散系

① 微粒核。微粒核是胶体的核心和基本物质。主要由腐殖质、无定形的 SiO_2、氧化铝、氧化铁、铝硅酸盐晶体物质、蛋白质分子以及有机无机胶体的分子群所构成。在表层土壤中，它们多以有机无机复合体的形式为主，而在下层土壤中则以无机矿物质为主。

② 双电层。双电层是微粒核表面的一层分子，通常解离成离子，形成符号相反而电量相等的两层电荷，所以称之为双电层。微粒核也可以从周围溶液中吸附离子而形成双电层，因此这一层就包括两部分，即决定电位离子层和补偿离子层。

决定电位离子层是固定在核表面决定其电荷和电位的一层离子。电荷的正负决定着微粒核表面可以吸附阴离子还是阳离子，电位的高低决定离子的多少。一般铝硅酸盐和有机胶体带负电，铁胶体多带正电，而铝胶体则都是两性的，视环境 pH 值而定。通常所谈的胶体带电，就是指这层离子所带的电荷，由于微粒核的成分复杂，它所带的电荷有正有负，因此决定电位离子层电动势的高低乃是胶体净电荷多少的反映。一般情况下，带负电的土壤胶体在数量上占优势，所以土壤的净电荷多为净负电荷。土壤所带净电荷的数量，表现为决定电位离子层的电位，称为全电位。

补偿离子层是一些电荷的符号与决定电位离子层相反而电量相等的离子，分布在决定电位离子层的外围。该层离子被吸附力量的大小与离子电荷的数量成正比，而与距离的平方成反比(库伦定律)。这层离子由于距离核表面的远近不同，其所受引力亦不同，故其活动能力也有差异，它大致可分成非活性补偿离子层和扩散层两个亚层。

非活性补偿离子层是一层靠近核表面的决定电位离子层，被吸附得很紧，难以解离，无活动性，不起交换作用，由此所吸附的养分亦较难被植物利用。非活性补偿离子，既然被吸附得相当牢固，它就和微粒核与决定电位离子层成为一个整体活动。通常称为胶粒。因为胶体和周围环境起代换作用时，大都发生在胶粒表面，而不在胶粒内部，故胶粒便作为一个整体被当做胶体起作用的基本单位。

扩散层离子分布在非活性补偿离子层以外，距离决定电位离子层较远，因而被吸附得较松，有较大的活动性，可以和周围环境的离子进行交换，即通常所说的土壤离子交换作用。扩散层中离子的分布也是不均匀的，且距胶粒越远越接近溶液，离子数量越少，即由这一层逐渐过渡到微粒表面溶液。

这样的胶体外面，补偿离子和决定电位离子就组成了双电层。从整体上看，双电层的电性是中和的，但是补偿离子分布得并不密集，所以由整个不活动的胶粒的表面到扩散层的外缘就有一段距离，因此就有一定的电位，称为电动电位。电动电位的大小受扩散层厚薄的制约。而扩散层的厚薄，在一定的浓度条件下，决定于补偿离子的性质，即受离子所带的电荷的多少(或离子的价数)、离子本身的大小和它的水化程度等的制约。离子价数越高，离子半径越大，它所带的水膜越薄、扩散层也越薄。反之，扩散层就越厚，电动电位也就越高，胶粒的电性也就显示得越充分。胶粒电性显示的充分与否，直接关系到胶体存在的状态，后者又影响到土壤的一系列物理性质，如结构性、黏性、耕性和胀缩性等。

由于胶粒与扩散层离子有吸引力，因而扩散层离子始终只能随胶粒移动，而与溶液中的自由离子不同。这就是交换性阳离子可以不随水移动，土壤可以保存它们的原因。

（3）土壤胶体的特性

① 土壤胶体比表面和表面能。比表面(简称比面)是指单位质量或单位体积物体的总表面积(cm^2/g，cm^2/cm^3)。从表 1-5-1 可看出，沙粒和粗粉粒的比面同黏粒相比是很小的，可以忽略不计，因而大多数土壤的比面主要决定于黏粒部分。实际上，土粒的形状各不相同，都不是光滑的球体，它们的表面凹凸不平，故表面积要比光滑的球体大得多。加之部分粉粒和大部分黏粒呈片状，它们的比面就更大。此外，有些无机胶体(如蒙脱石类矿物)的片状颗粒，不仅具有巨大的外表面，而且在颗粒内部的晶层之间可以扩展，存在着极大的内表面；外表面指黏粒矿物的外表以及腐殖质、游离氧化铁、铝等的表面；内表面指层状铝硅酸盐晶层间的表面。另外，土壤有机胶体也有巨大的比面，比如土壤腐殖质的比面可高达 $1000m^2/g$。

表 1-5-1　各级球状土粒的比面

颗粒名称	球体直径/mm	比表面/(cm^2/g)	颗粒名称	球体直径/mm	比表面/(cm^2/g)
粗沙粒	1	22.6	细粉粒	0.005	4528
中沙粒	0.5	45.2	粗黏粒	0.001(1000nm)	22641
细沙粒	0.25	90.4	细黏粒	0.0005(500nm)	45283
粗粉粒	0.05	452	胶粒	0.00005(50nm)	452830($45.283m^2/g$)
中粉粒	0.01	2264			

因为土壤胶体有巨大的比面，所以能产生巨大的表面能，这是由于物体表面分子所处的条件特殊引起的。物体内部分子处在周围相同分子之间，在各个方向上受到的

吸引力相等而相互抵消；表面分子则不同，由于它们与外界的液体或气体介质相接触，因而在内、外方面受到的是不同分子的吸引力，不能相互抵消，所以具有多余的表面能。这种能量产生于物体表面，故称为表面能。这些能量可做功，能吸附外界分子。胶体数量越多，比面越大，表面能也越大，吸附能力也就越强。

② 土壤胶体电荷。由于土壤胶体成分的特性不同，产生电荷的机制也各异，据此，把土壤胶体电荷分为永久电荷和可变电荷。

永久电荷是由于黏粒矿物晶层内的同晶替代所产生的电荷。由于同晶替代是在黏粒矿物形成时产生在黏粒晶层的内部，这种电荷一旦产生即为该矿物永久所有，因此称为永久电荷，也称为内电荷，这种电荷的数量决定于晶层中同晶替代的多少，而不受介质 pH 值的影响。对 2∶1 型黏粒矿物而言，由同晶替代产生的负电荷是其带电的主要原因，而 1∶1 型矿物中此现象发生极少。被土壤永久性负电荷所吸附的阳离子是可交换的，但在 2∶1 型黏粒矿物中，因铝氧片内同晶替代所产生的负电荷与黏粒矿物板面上吸附的阳离子之间的距离，比硅氧片内所产生的永久的电荷与吸附的阳离子之间的距离要远一些，因此铝氧片内产生的负电荷对阳离子吸附力较弱，更易于被交换出去。

电荷的数量和性质随介质 pH 值而改变的电荷称为可变电荷。二壤的 pH 值是表征其可变电荷特点的一个重要指标，它被定义为土壤的可变正、负电荷数量相等时的 pH 值，或称为可变电荷零点、等电点。产生可变电荷的主要原因是胶核表面分子(或原子团)的解离，比如黏粒矿物晶面上羟基(-OH)的解离；含水铁、铝氧化物的解离；腐殖质上某些原子团的解离；含水氧化硅的解离。

黏粒矿物晶面上羟基的解离有其特定的机理。某些层状硅酸盐晶层表面有很多羟基，它们可以解离出 H^+，而使晶粒带负电荷，介质的 pH 值越高，H^+越易解离，晶体所带负电荷越多。如高岭石的 pH 值为5，当介质 pH 值>5 时，羟基解离出 H^+而使胶体带负电。一个高岭石黏粒有数千个羟基，因而产生的电荷数量也相当可观，这是 1∶1 型黏粒矿物带电的主要原因。

含水铁、铝氧化物的解离有其自身的特点。比如三水铝石的 pH 值为 4.8。当土壤 pH 值低于其 pH 值时 $Al_2O_3 \cdot 3H_2O \longrightarrow 2Al(OH)_2^+ + 2OH^-$，显正电性；高于其 pH 值时，$Al_2O_3 \cdot 3H_2O \longrightarrow 2Al(OH)_2O^- + 2H^+$，显负电性。

腐殖质上某些原子团的解离决定于特定的条件。在高 pH 值条件下，其-COOH 和-OH 可解离出 H^+而带负电荷，在低 pH 值条件下，其$-NH_2$ 可以吸附 H^+而带正电荷。

含水氧化硅的解离有其自身的规律。$SiO_2 \cdot H_2O$(或 H_2SiO_3)的 pH 值为 2，在土壤中一般不产生正电荷，土壤 pH 值越高，硅酸的解离度越大，所带负电荷也越多。

此外，黏粒矿物晶层上的断键也可形成可变电荷。总之，土壤胶体在多数情况下是带负电的，它是指土壤的净电荷，即土壤的正电荷和负电荷的代数和。由于土壤的负电荷一般多于正电荷，故除少数土壤在较强的酸性条件下可能出现净正电荷外，绝大多数土壤是带净负电荷的。

③ 土壤胶体有凝聚和分散的作用。土壤胶体有两种不同的状态，一种是胶体微粒

均匀分散在水中，呈高度分散状态的溶胶；另一种是胶体微粒彼此联结凝聚在一起而呈絮状的凝胶。土壤胶体溶液如受某些因素的影响，使胶体微粒下沉，由溶胶变成凝胶，这种作用叫作胶体的凝聚作用；反之，由凝胶分散成溶胶，叫作胶体的分散作用。促使胶体凝聚或分散的原因，主要决定于电动电位的高低。

土壤胶体常带负电，相互具有负的电动电位，而互相排斥，电动电位越高，排斥力越强，成为稳定的溶胶状态。当电动电位降低接近于零时，此时胶粒彼此之间的吸引力大于排斥力，则互相凝聚。同一土壤中，电动电位的高低，主要决定于扩散层的厚度，而扩散层的厚度与离子电荷数量及离子水化度有关。凡电荷数量少而水化度大的离子(比如 Na^+)，形成的扩散层厚，电动电位高，使胶粒分散；电荷数量多，水化度小的离子(比如 Ca^{2+})，形成的扩散层薄，电动电位降至一定程度时，胶体即可凝聚。

在土壤中，胶体处于凝胶状态，可以形成水稳性团粒，对土壤理化性质有良好的作用。当土壤胶体成为溶胶状态时，不仅不能形成团粒，而且土壤黏结性、黏着性、可塑性都增大，会缩短宜耕期，降低耕作质量。

电解质对胶体的凝聚作用有很大的影响，不同的电解质使胶体呈现不同的电动电位，一般是一价离子>二价离子>三价离子。由于钙盐的凝聚能力较强，又是重要的植物营养元素，且价格低廉容易取得，在农业生产中常用它做凝聚剂。按照凝聚力的大小，土壤溶液中最常见的阳离子的排列顺序为 $Fe^{3+}>Al^{3+}>H^+>Ca^{2+}>Mg^{2+}>NH^{4+}>K^+>Na^+$。

除了溶液中电解质的种类外，电解质浓度对胶体凝聚也有很大的影响。其浓度大，高于凝聚点时，可降低电动电位，使扩散层减薄，也可使溶胶变为凝胶。反之，即使是凝聚力大的三价阳离子，如果浓度太小，也不能使溶胶变为凝胶。

胶体的凝聚作用有的是可逆的，有的是不可逆的。由一价阳离子(Na^+、K^+、NH_4^+、H^+)所引起的凝聚作用是可逆的，当电解质浓度降低后，凝胶又分散为溶胶，形成的土壤结构是不稳固的。二价、三价阳离子(Ca^{2+}、Mg^{2+}、Fe^{3+}、Al^{3+})所引起的凝聚作用是不可逆的，可形成水稳性团聚体。此外，如土壤中含有带相反电荷的两种胶体也可发生凝聚作用。胶体陈化(溶液长期放置后自动凝聚的过程)也会发生凝聚作用。

1.5.2 土壤吸收性能

土壤吸收性能是指土壤能吸收和保留土壤溶液中的分子和离子，悬液中的悬浮颗粒、气体以及微生物的能力。这种能力在土壤肥力和性质上起着极为重要的作用。首先，施入到土壤中的肥料，无论是有机的或无机的，还是固体、液体或气体等，都会因土壤吸收能力而被较长久地保存在土壤中，而且还可随时释放供植物利用，所以土壤吸收性与土壤的保肥供肥能力关系非常密切。其次，还会影响土壤的酸碱度和缓冲能力等化学性质。最后，土壤结构性、物理机械性、水热状况等都直接或间接与吸收性能有关。因此土壤吸收性能的作用是多方面的，其中最主要的是在土壤保肥能力的大小、供肥程度的难易方面起决定性作用，因此，土壤吸收性能亦称土壤吸收保肥性能。

（1）土壤吸收性能类型

按照土壤吸收性能产生的机制分为五种类型，即机械吸收性、物理吸收性、化学吸收性、物理化学吸收性、生物吸收性。五种吸收性不是孤立的，而是互相联系、互相影响的，同样都具有重要的意义。

① 机械吸收性。机械的吸收是指土壤对物体的机械阻留，如施用有机肥时，其中大小不等的颗粒，均可被保留在土壤中，污水、洪淤灌溉等其土粒及其他不容物，也可因机械吸收性而被保留在土壤中。这种吸收能力的大小，主要决定于土壤的孔隙状况，孔隙过粗，阻留物少，过细又造成下渗困难，易于形成地面径流和土壤冲刷。故土壤机械吸收性能与土壤质地、结构、松紧度等情况有关。

② 物理吸收性。这种吸收性能是指土壤对分子态物质的保持能力，它表现在某些养分聚集在胶体表面，其浓度比在溶液中大，另一些物质则胶体表面吸附较少而溶液中浓度较大，前者称为正吸附，后者称为负吸附。许多肥料中的有机分子，都因有正吸附作用而被保留在土壤中，如马尿酸、尿酸、醣类、氨基酸等，这种性能能保持一部分养分，但能力不强，产生这种作用的原因是由于固体颗粒界面上的表面自由能的作用。按照表面自由能减小、分散体系才能达到稳定的规律，土壤也是在可能范围内力求表面自由能达到最小程度。表面自由能的大小与表面积和减少表面张力成正比，自由能减小必须相应减小表面积和表面土壤颗粒吸附表面张力较小的分子物质，就能降低其本身的表面张力，如各种有机物质分子，同时掩护表面张力较大的分子物质使之远离表面，如无机酸和各种无机盐类。结果表现为正吸附和负吸附。此外，土壤也能吸附水气、CO_2、NH_3等气体分子。土壤吸附细菌也是一种物理吸附。

③ 化学吸收性。化学吸收性是指易溶性盐在土壤中转变为难溶性盐而沉淀保存在土壤中的过程，这种吸收作用是以纯化学作用为基础的，所以叫作化学吸收性。比如，可溶性磷酸盐可被土壤中的铁、铝、钙等离子所固定，生成难溶性的磷酸铁、磷酸铝或磷酸钙，这种作用虽可将一些可溶性养分保存下来，减少流失，但却降低了养分对植物的有效性。因此，通常在生产上应尽量避免有效养分的固定作用发生，但在某些情况下，化学吸收也有好处，如嫌气条件下产生的 H_2S 与 Fe^{2+}，生成 FeS 沉淀，可消除或减轻 H_2S 的毒害。

④ 物理化学吸收性。物理化学吸收性是指土壤对可溶性物质中离子态养分的保持能力，由于土壤胶体带有正电荷或负电荷，能吸附溶液中带异号电荷的离子，这些被吸附的离子又可与土壤溶液中的同号电荷进行离子交换而达到动态平衡。这一作用是以物理吸附为基础，而又呈现出与化学反应相似的特性，所以称之为物理化学吸收性或离子交换作用。土壤中胶体物质越多，电性越强，物理化学吸收性也越强，则土壤的保肥性和供肥性就越好。因此，它是土壤中最重要的一种吸收性能。

⑤ 生物吸收性。生物吸收性是指土壤中植物根系和微生物对营养物质的吸收，这种吸收作用的特点是有选择性和创造性的吸收，并且具有累积和集中养分的作用。上述四种吸收性都不能吸收硝酸盐，只有生物吸收性才能吸收硝酸盐，生物的这种吸收

作用，无论对自然土壤或农业土壤，在提高土壤肥力方面都有着重要的意义。

（2）土壤物理化学吸收性能

土壤物理化学吸收性能即土壤离子的交换作用。土壤离子交换可分为两类，即阳离子交换作用和阴离子交换作用。前者为带负电胶体所吸附的阳离子与溶液中的阳离子进行交换，这一现象研究得较广泛深入。后者为带正电胶体吸附的阴离子与溶液中阴离子互相交换的作用，这方面研究得较少，许多问题有待于进一步研究。

① 土壤阳离子交换作用。土壤胶体通常带有大量负电荷，因而能从土壤溶液中吸附阳离子，以中和电荷，被吸附的阳离子在一定的条件下又可被土壤溶液中其他阳离子从胶体表面上交换出来，此即阳离子交换作用。比如，土壤胶粒上原来吸附着 Ca^{2+}，当施入氯化钾肥后，Ca^{2+}可被 K^+交换出来进入溶液，而 K^+则被土壤胶粒所吸附。其反应式为【土壤胶粒 Ca^{2+}】+2KCl ══【土壤胶粒 $2K^+$】+$CaCl_2$。离子从溶液中转移到胶体上的过程称为离子的吸附过程；原来吸附在胶体上的离子转移到溶液中的过程称为离子的解吸过程。阳离子交换作用的特点是反应可逆、反应迅速、等量交换。反应可逆是指当溶液中的离子被土壤胶体吸附到它的表面并与溶液达成平衡后，如果溶液的组成或浓度改变，则胶体上的交换性离子就要与溶液中的离子产生逆向交换，把已被胶体表面吸附的离子重新归还到溶液，建立新的平衡。反应迅速是指在土壤水分能使补偿离子充分水化的情况下，一般的交换反应只需几秒钟就可完成，可以说这几乎是瞬息间的反应，其缘由有二：一是反应在胶体表面进行、参加反应离子的数量有限，二是胶体表面有巨大的表面能。至于相当干燥的土壤，若水分短缺到不能使补偿离子充分水化的程度，交换反应就进行得缓慢多了。等量交换是指等量电荷对等量电荷的反应，比如一个二价的阳离子可以交换两个一价的阳离子等，再比如用质量计算时 20g Ca^{2+}可以和 23g 的 Na^+或 1g 的 H^+或 39g 的 K^+进行交换；有的高价离子在进行反应时，由于还有其他反应产生，故不易找出明显的当量关系，比如酸性条件下，Al^{3+}水解时可产生 $Al(OH)_2{}^+$和 $Al(OH)^{2+}$，这些羟基性络合物容易与土壤发生物理吸附，从而使吸附量大于解吸量。

阳离子交换能力是指一种阳离子将胶体上另一种阳离子交换出来的能力。各种阳离子交换能力大小的顺序为 $Fe^{3+}>Al^{3+}>H^+>Ca^{2+}>Mg^{2+}>NH^{4+}>K^+>Na^+$。影响阳离子交换能力的因素有电荷的数量、离子半径和离子水化半径、离子浓度。

根据库仑定律，离子的电荷价越高，受胶体电性的吸持力越大，交换能力也越大，即三价阳离子大于二价的、二价的又大于一价的。

同价的离子，离子半径越大，其水化半径趋于减小，则交换能力越强(表 1-5-2)。其原因是，同价离子的半径增大，则单位表面积的电荷量(即电荷容重)减小，电场强度减弱，故对极性水分子的吸引力小。离子外围的水膜薄，水化半径减小，因而离负电胶体的距离较近，相互吸引力较大而且具有较强的交换能力。但是 H^+的交换力比二价的 Ca^{2+}、Mg^{2+}离子大。因为 H^+虽是一价，但水化很弱(一个氢离子与一个水分子结合成 H_3O^+离子)，水化半径很小，运动速度大(离子运动速度越大，交换力越强)，故易被胶体吸附。

表 1-5-2　离子半径、水化半径与交换能力的关系

一价离子种类	Li^+	Na^+	K^+	NH_4^+
离子的真实半径/Å	0.78	0.98	1.33	1.43
离子的水化半径/Å	10.08	7.90	5.37	5.32
离子在胶体上的吸着力、离子对其他离子的交换力	小	大	小	大

阳离子交换作用受质量作用定律支配，交换力弱的离子，若溶液中浓度增大，也可将交换力强的离子从胶体上交换出来，这就是盐碱土土壤胶体上的Na^+能占显著地位的原因。

土壤阳离子交换量(Cation Exchange Capacity，CEC)或吸收容量是指在一定 pH 值条件下每 1000g 干土所能吸附的全部交换性阳离子的厘摩尔数(cmol/kg)，它可以作为土壤保肥力的指标，CEC 的大小受胶体数量、胶体类型、土壤 pH 值的影响。土壤胶体物质越多(包括矿质胶体、有机胶体和复合胶体)则 CEC 越大；就矿质胶体而言，CEC 随着质地黏重程度增加而增加，所以黏质土 CEC 较沙质土要大得多。不同土壤胶体阳离子交换量相差悬殊(表 1-5-3)，有机胶体(腐殖质)的 CEC 远比矿质胶体要大，而且有机质含量可通过人为措施而加以调控，所以生产中注意增施有机肥，可以大幅度提高土壤保肥能力。矿质胶体部分的 2∶1 型矿物的 CEC 要比 1∶1 型大得多，在 2∶1 型中，蒙脱石类又大于伊利石类，这与蒙脱石类矿物不仅带有大量的永久负电荷，而且可胀缩的晶层间还有巨大的内表面有关。含水氧化铁、铝胶体的 CEC 很小。土壤酸碱度影响胶体表面官能团中H^+的解离，因而影响可变电荷的多少。当土壤溶液呈酸性反应时，胶体上的H^+不易解离，则胶体所带负电荷减少，CEC 随之降低。反之，当 pH 值增加到一定数值时，H^+开始解离，并在一定范围内随着 pH 值的升高，H^+解离越多，即可变负电荷逐渐增多，CEC 也随之增加。

表 1-5-3　不同土壤胶体的阳离子交换量　　cmol/kg 干胶体

胶体类型	蒙脱石	水云母	高岭石	含水氧化铁、铝	有机胶体
一般范围	60~100	20~40	3~15	极微	200~4500
平均	80	30	10	—	350

土壤胶体吸附的阳离子分为两类，一类是盐基离子，包括Ca^{2+}、Mg^{2+}、K^+、Na^+、NH_4^+等；另一类是致酸离子，即H^+、Al^{3+}。土壤中交换性盐基离子总量(cmol/kg)占阳离子交换量(cmol/kg)的百分数称为土壤的盐基饱和度(Base Saturation Percentage)。盐基饱和度与土壤的酸碱性关系密切，它基本上决定着土壤的酸碱性，一般而言，盐基饱和度大的土壤呈中性或碱性；饱和度小的土壤呈酸性。从土壤肥力角度来看，以盐基基本饱和(饱和度为 70%~90%)为较好。我国土壤的盐基饱和度有自西北、华北往东南和华南逐渐减小的趋势，这与土壤酸碱性的分布基本上是一致的。在干旱、半干旱和半湿润气候地区，盐基淋溶作用弱，饱和度大，养分含量较丰富，土壤偏碱性。而在湿热的南方，因盐基淋溶强烈，多属盐基不饱和土壤，有的红壤和黄壤饱和度低到 20%以下，甚至小到 10%，呈强酸性。

交换性阳离子对植物的有效性如何在很大程度上取决于它们从胶体上解吸或交换的难易，影响这些过程的因素有交换性阳离子的饱和度、陪补离子效应、阳离子的非交换性吸收。

植物根主要吸收土壤溶液中的离子态养分(土壤胶体吸附的离子须先解吸到溶液中)，但也可通过根部表面离子与胶体上的离子进行接触交换而直接吸收。交换性离子的有效度，不仅与某一种交换性离子的绝对数量有关，而且与该离子的饱和度(即被土壤吸附的该离子量占土壤阳离子交换量的百分数)的关系较大。某离子的饱和度越大，被交换而解吸的机会越多，则有效度越大(表 1-5-4)。从表 1-5-4 可知，甲土交换性 Ca 数量虽小于乙土，但其饱和度大，故有效度也大。若种植同一作物于甲土和乙土，则乙土更需要施钙肥。依此道理，在施肥技术上应采用集中施肥的原则，即将肥料以条施或穴施方法施于植物根系附近，使局部土壤中该离子浓度升高，饱和度增大，以提高肥效。正如农谚“施肥一大片，不如一条线”。交换性阳离子饱和度与土壤阳离子交换量的大小有关，因而施同样数量化肥于沙土和黏土中，由于沙土阳离子交换量比黏土小，交换性营养离子饱和度大，有效度也大，施肥后见效快，但肥效短，故在沙土中施肥应采用“少量多次”的方法。

表 1-5-4　土壤中交换性阳离子饱和度对其有效性的影响

土壤	阳离子交换量/(cmol/kg)	交换性 Ca 量/(cmol/kg)	交换性 Ca 的饱和度/%	Ca 的有效度
甲土	10	4	40.0	大
乙土	40	5	12.5	小

在土壤胶体上同时吸附着多种阳离子(如 Al^{3+}、H^+、Ca^{2+}、Mg^{2+}、K^+、Na^+等)，对其中某种离子(如 K^+)来说，其余的各种离子(Al^{3+}、H^+、Ca^{2+}、Mg^{2+}、Na^+等)都称为它的陪补离子。这些交换性营养离子的有效度，与陪补离子的种类有关。从表 1-5-5 看出，甲土以 H^+作为 Ca^{2+}的陪补离子，乙土和丙土则分别以 Mg^{2+}和 Na^+作为 Ca^{2+}的陪补离子。其结果是即使三种土壤的 Ca^{2+}饱和度相等(均为 40%)，但甲土的 Ca^{2+}有效度远大于乙土和丙土，因而影响到作物产量。

表 1-5-5　陪补离子对交换性钙有效性的影响(小麦盆栽试验)

土壤	交换性阳离子的组成	盆中幼苗干重/g	盆中幼苗吸钙量/mg
甲土	40%Ca+60%H	2.80	11.15
乙土	40%Ca+60%Mg	2.79	7.83
丙土	40%Ca+60%Na	2.34	4.36

陪补离子和被陪补离子吸附的先后顺序也影响有效度。如胶体上 K^+的饱和度相同，如先施铵盐后施钾盐，因为 K^+被吸附在外，结合松弛，易于被交换释放，所以 K^+的有效度高；如先施钾盐而后施铵盐，则 NH_4^+被吸附在外，易于交换释放，从而降低了 K^+的有效度。所以说，陪补离子的种类和吸附顺序，对于施肥都有一定的参考价值。

土壤中所有阳离子均可发生非交换性吸收或固定，但以 K^+和 NH_4^+的固定最为明显，而且与植物营养关系密切，在生产实践中应予以注意。发生这种钾(铵)固定的机制是层状铝硅酸盐黏粒矿物晶层表面，具有六个硅氧四面体连成的网穴，穴半径约为1.4Å，其大小与K^+(1.33Å)和NH_4^+(1.43Å)的半径相近。原来吸附在晶层表面的可被交换的K^+、NH_4^+，当黏粒矿物脱水收缩时，极易被挤压陷入上述的网穴中，成为非交换性离子，降低了对植物的有效性。在土壤交换性离子总量中，钾(铵)的饱和度越大，则越易发生上述的固定作用。

② 土壤阴离子交换作用是指土壤中带正电荷胶体吸附的阴离子与土壤溶液中阴离子相互交换的作用，同阳离子交换作用一样，服从于质量作用定律。但是土壤中的阴离子往往和化学固定作用等交织在一起，很难截然分开，所以它不具有像阳离子交换作用那样明显的当量关系。

磷酸根($H_2PO_4^-$、HPO_4^{2-}、PO_4^{3-})、硅酸根($HSiO_3^-$、SiO_3^{2-})及某些有机酸的阴离子属于易于被土壤吸附的阴离子，其常和阳离子起化学反应产生难溶性化合物。氯离子(Cl^-)、硝酸根(NO_3^-)、亚硝酸根(NO_2^-)等属于很少或根本不被吸附的阴离子，由于它们不能和溶液中的阳离子形成难溶性盐类，而且不被土壤带负电胶体所吸附，甚至出现负吸附，因此极易随水流失。SO_4^{2-}、CO_3^{2-}、HCO_3^-及某些有机酸的阴离子属于介于上述两者之间的阴离子，土壤吸收它们的能力很弱。

影响土壤对阴离子吸收的因素主要有阴离子的价数、胶体组成成分、土壤 pH 值。一般价数越大吸收力越强，土壤对一些常见阴离子的吸收力的大小顺序为 $Cl^- < NO_3^- < SO_4^{2-} < PO_4^{3-} < OH^-$。$OH^-$是个例外，虽为一价离子，但土壤对它的吸附力很强。这是因为OH^-的离子半径小，并能同带正电荷胶粒的双电层中的铁、铝离子结合，生成解离度很小的化合物。随着土壤胶体中铁、铝氧化物增多，土壤吸收阴离子的能力也逐渐增大。酸碱度变化会引起胶体电荷改变，碱性加强会增大负电荷量，而酸性增强则正电荷增多。因此，在酸性条件下，土壤胶体吸收阴离子能力增大，反之，在碱性条件下吸收力则减弱。

1.6 土壤的酸碱性

土壤酸碱性(Soil Reaction)是指土壤溶液的反应，它反映土壤溶液中H^+浓度和OH^-浓度比例，同时也决定于土壤胶体上致酸离子(H^+或Al^{3+})或碱性离子(Na^+)的数量及土壤中酸性盐和碱性盐类的存在数量。土壤酸碱性是土壤重要的化学性质，是成土条件、理化性质、肥力特征的综合反应，也是划分土壤类型、评价土壤肥力的重要指标。

1.6.1 土壤酸性

土壤的酸性(Soil Acidity)，一方面与溶液中H^+浓度相关，另一方面更多地是与土壤胶体上吸附的致酸离子(H^+或Al^{3+})有密切关系。土壤中酸性主要来源于胶体上吸附的H^+或Al^{3+}、CO_2溶于水所形成的碳酸、有机质分解产生的有机酸、氧化作用产生少量无机酸、以及施肥加入的酸性物质等。土壤酸度反映土壤中H^+的数量，根据H^+在土壤中存在状态，可以将土壤酸度分为活性酸度(Active Acidity)和潜性酸度(Potential Acidity)两大类型。

(1) 活性酸度

活性酸度是指土壤溶液中游离的 H^+ 所直接显示的酸度，通常用 pH 值表示，它是土壤酸碱性的强度指标，土壤 pH 值为土壤溶液中 H^+ 浓度的负对数，即 $pH=-lg[H^+]$，通常根据 pH 值将土壤酸碱性分为若干级(表 1-6-1)。我国土壤大多数 pH 值在 4~9 之间，在地理分布上有"东南酸而西北碱"的规律性，即由北向南，pH 值逐渐减小。大致以长江为界(北纬 33°)，长江以南的土壤多为酸性或强酸性，长江以北的土壤多为偏碱性和强碱性。

表 1-6-1 土壤酸碱度的分级

土壤 pH 值	<5.0	5.0~6.5	6.5~7.5	7.5~8.5	>8.5
级别	强酸性	酸性	中性	碱性	强碱性

(2) 潜性酸度

潜性酸度是指土壤胶体上吸附的 H^+、Al^{3+} 所引起的酸度。它们只有在转移到土壤溶液中形成溶液中的 H^+ 时才会显示酸性，故称为潜性酸。通常用 1000g 烘干土中氢离子的厘摩尔数来表示。潜性酸与活性酸处在动态平衡之中，可以相互转化，见图 1-6-1。土壤潜性酸要比活性酸多得多，相差 3~4 个数量级。实际上土壤的酸性主要决定于潜性酸的数量，它是土壤酸性的容量指标。土壤潜性酸的大小常用土壤交换性酸度(Exchangeable Acidity)或水解性酸度表示，两者在测定时所采用的浸提剂不同，因而测得的潜性酸的量也有所不同。

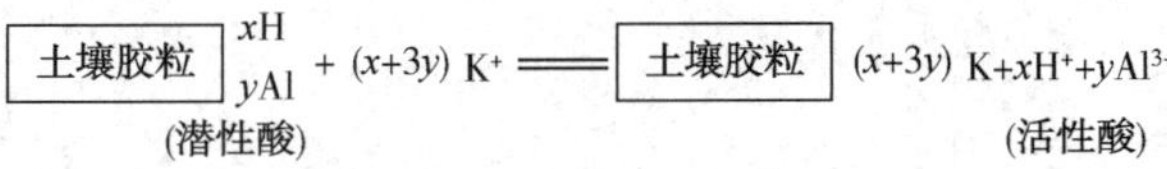

图 1-6-1 潜性酸与活性酸的相互转化

用过量的中性盐溶液(比如 1M 的 KCl、NaCl 或 $BaCl_2$)与土壤作用，将胶体表面上的大部分 H^+ 或 Al^{3+} 交换出来，再以标准碱液滴定溶液中的 H^+，这样测得的酸度称为交换性酸度或代换性酸度。其过程为【土壤胶粒 H】+KCl ══【土壤胶粒 K】+HCl、【土壤胶粒 Al】+3KCl ══【土壤胶粒 3K】+$AlCl_3$、$AlCl_3+3H_2O$ ══ $Al(OH)_3+3HCl$。应当指出的是，用中性盐溶液浸提而测得的酸量只是土壤潜性酸量的大部分，而不是它的全部。因为用中性盐溶液浸提的交换反应是个可逆的阳离子交换平衡，交换反应容易逆转。

用弱酸强碱盐溶液(如 1M 醋酸钠)从土壤中交换出来的氢、铝离子所产生的酸度称为水解性酸度。一方面，由于醋酸钠水解，所得的醋酸的解离度很小，而生成的 NaOH 又与土壤交换性 H^+ 作用，得到解离度很小的 H_2O，所以使交换作用进行得比较彻底，另一方面，由于弱酸强碱盐溶液的 pH 值大，也使胶体上的 H^+ 易于解离出来。其过程为 $CH_2COONa+H_2O$ ══ $CH_3COOH+NaOH$、【土壤胶粒 H】+Na^++OH^- ══【土壤胶粒 Na】+H_2O、【土壤胶粒 Al】+3CH_3COONa+3H_2O $\xlongequal{催化}$【土壤胶粒 3Na】+$Al(OH)_3$+

$3CH_3COOH$。用碱滴定溶液中醋酸的总量即是水解性酸的量。水解性酸度一般要比交换性酸度大得多，但这两者是同一来源的，本质上是一样的，都是潜性酸，只是交换作用的程度不同而已。用上述方法测得的潜性酸实际上还包括活性酸在内，但后者数量很少。酸性土壤常通过施用石灰，人为地调节土壤酸度。通常用水解性酸度可以指示土壤中潜性酸和活性酸的总量，所以总酸量一般不再测定，酸性土改良中常用水解性酸度的数值作为计算石灰施用量的依据。

1.6.2 土壤碱性

土壤的碱性(Soil Alkalinity)主要来源于土壤中交换性钠的水解所产生的OH^-以及弱酸强碱盐类(比如Na_2CO_3、$NaHCO_3$)的水解。土壤的碱性除用平衡溶液的pH值表示以外，还可用土壤中的碱性盐类(特别是Na_2CO_3和$NaHCO_3$)来衡量之，有时叫作土壤碱度(cmol/kg)。对于土壤溶液或灌溉水、地下水来说，其Na_2CO_3和$NaHCO_3$含量也叫作碱度(mmol/L或g/L)。同时土壤的碱性还决定于土壤胶体上交换性钠离子的相对数量。通常把钠饱和度(交换性钠离子占阳离子交换量的百分数)叫作土壤碱化度。当土壤交换性钠饱和度为5%~20%时称之为碱化土，大于20%时称为碱土。

1.6.3 土壤缓冲性

如果把少量酸或碱加到水溶液中，则溶液的pH值立即有很大的变化，但土壤却不是这样，它的pH值变化是极为缓慢的。土壤溶液抵抗酸碱度变化的能力叫土壤缓冲性(Soil Buffer Power)。当施肥或淋洗等作用而增加或减少土壤的H^+或OH^-时，土壤溶液的pH值并不相应地降低或增高，这是因为土壤本身对pH值的变化有缓冲作用，使之保持稳定，这对微生物的活动和作物根系的生长是有益的，但也给土壤改良带来了困难。

（1）土壤缓冲作用的机制

土壤胶粒上的交换性阳离子是土壤产生缓冲作用的主要原因，它是通过胶粒的阳离子交换作用来实现的。当土壤溶液中H^+增加时，胶体表面的交换性盐基离子与溶液中的H^+交换，使土壤溶液中H^+的浓度基本上无变化或变化很小。即【土壤胶粒M】+H^+=【土壤胶粒H】+M^+，其中，M代表盐基离子，主要是Ca^{2+}、Mg^{2+}、K^+等。又如土壤溶液中加入MOH，解离产生M^+或OH^-，由于M^+与胶体上交换性H^-交换，H^+转入溶液中，立即同OH^-生成极难解离的H_2O，溶液的pH值变化极微。即【土壤胶粒H】+MOH=【土壤胶粒M】+H_2O。

由此可见，土壤缓冲能力的大小和它的阳离子交换量有关，交换量越大，缓冲性越强。所以，黏质土及有机质含量高的土壤，比沙质土及有机质含量低的土壤缓冲性强。在生产实践中，通过各种措施以提高土壤有机质含量，可增强土壤缓冲能力。不同的盐基饱和度表现出对酸碱的缓冲能力是不同的，若两种土壤的阳离子交换量相同，则盐基饱和度越大的，对酸的缓冲能力越强，而对碱的缓冲能力越小。

土壤溶液中的弱酸及其盐类的存在是土壤产生缓冲作用的另一个主要原因。土壤溶液中含有碳酸、硅酸、腐殖酸以及其他有机酸及其盐类构成一个良好的缓冲体系，故对酸碱具有缓冲作用。即 $H_2CO_3+Ca(OH)_2 = CaCO_3+2H_2O$、$Na_2CO_3+2HCl = H_2CO_3+2NaCl$。

土壤中两性物质的存在是其第三个原因，见图 1-6-2。

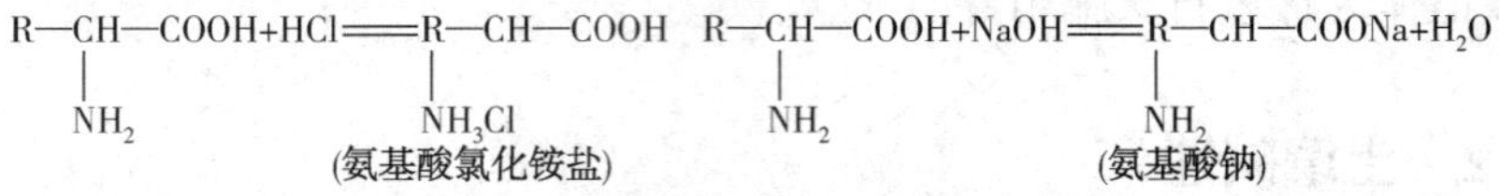

图 1-6-2　土壤中两性物质的存在对缓冲作用的贡献

酸性土壤中铝离子是其第四个原因，在极强酸性土壤中(pH 值<4)，铝以正三价离子状态存在，每个 Al^{3+} 周围有 6 个水分子围绕着，当加入碱类使土壤溶液中 OH^- 增多时，6 个水分子中即有一两个解离出 H^+ 以中和之。而铝离子本身留一两个 OH^-，这时带有 OH^- 的铝离子很不稳定，与另一个相同的 Al^{3+} 结合，在结合中，两个 OH^- 被 2 个铝离子所共用，并且代替了 2 个水分子的地位，结果这 2 个 Al^{3+} 失去 2 个正电荷，剩下 4 个正电荷。这种缓冲作用，可以用式 $2Al(H_2O)_6{}^{3+}+2OH^- \longrightarrow [Al_2(OH)_2(H_2O)_8]^{4+}+4H_2O$ 表达。

（2）土壤缓冲作用的重要性

缓冲性和适宜的植物生活环境关系密切。土壤具有缓冲性能，使土壤 pH 值在自然条件下不致因外界条件改变而剧烈变化。土壤 pH 值保持相对稳定性，有利于营养元素平衡供应，从而能维持一个适宜的植物生活环境。缓冲性和酸碱度改良关系密切。显然土壤的缓冲性能越大，改变酸性土(或碱性土)pH 值所需要的石灰(或硫黄、石膏)的数量越多。因此，改良时应考虑土壤胶体类型、有机质含量、土壤质地等因子，因为土壤缓冲性能与这些因子密切相关。

1.6.4　土壤的酸碱反应与植物生长

土壤的酸碱反应会影响土壤养分的转化和供应。土壤酸碱度对土壤物质的化学变化和微生物活动有广泛影响，它控制着土壤胶体的离子交换，因而对土壤溶液中养分离子的浓度和含量比例影响很大。比如在不同 pH 值土壤溶液中，各种磷酸根的浓度差别很大。在 pH 值 4~6 之间，主要是 $H_2PO_4^-$；在 pH 值 6~7 之间，$H_2PO_4^-$ 和 HPO_4^{2-} 同时存在，前者大于后者；在 pH 值 7.2 时，两者浓度几乎相等；pH 值>7.5 时，则以 HPO_4^{2-} 为主。

影响土壤微生物活性。土壤细菌和放线菌，如硝化细菌、固氮菌和纤维分解菌等，均适于中性和微碱性环境，而在 pH 值<5.5 的强酸性土壤中活性逐渐降低，真菌可在所有 pH 值范围内活动，因而在强酸性土壤中占优势。由于真菌的活动，在强酸性土壤中仍可发生有机质的矿化，使植物得到一些 NH_4^+ 中的 N。在中性和微碱性条件下，真菌遇到细菌和放线菌的竞争。此时固氮菌活性强，有机质矿化也较快，土壤有效氮的供应较好。一般说来，铵化作用适宜的 pH 值范围为 6.5~7.5，硝化作用为 6.5~8.0，

固氮作用为6.5~7.8。

影响养分的固定、释放与淋失。当pH值<5，活性铁、铝多，磷酸根易与它们结合形成不溶性沉淀。红壤中施磷肥，当季作物利用的只有10%左右。在pH值>7时，则发生明显的钙对磷酸固定。在pH值6~7的土壤中，土壤对磷的固定最弱，磷的有效度最大。土壤中钙、镁、钾等淋失是造成酸性反应的原因之一。反之，土壤酸性越强的，表明这些元素淋失越多，因而对植物的供应越发不足。大致在pH值5以下，钙、镁、钾的有效量降到很低，pH值5以上时，钙与镁的有效量也明显增加，而钾则不变。在高pH值时，交换性钠和钾共同占优势，钠代替钙、镁而在碱土中大量累积。在极强酸性的土壤中，大量铝、铁、锰化合物变为可溶性的，因而造成对植物的毒害。随着土壤酸度的降低，它们的溶解度迅速降低。在pH值6.0~7.0的土壤中上述活性离子急剧减少或消失（如Al^{3+}）。在中性土壤中，某些植物会感到铁和锰供应不足，酸性沙土施用过量石灰时，也常常会发生这种情况。在碱性土壤中因氢氧化铁、氢氧化锰发生沉淀而出现植物缺铁和缺锰的情况，比如果树的缺铁黄化症。铜和锌的情况也相同。在土壤pH值7左右为临界点，pH值大于此点时，铜、锌的有效度极低。钼的有效度强烈地决定于pH值，因为钼酸盐不溶于酸而可溶于碱，在强酸性土壤中为难溶态，当pH值>6，钼的有效度增加，所以酸性土施石灰可提高钼的有效性。关于硼的情况较为特殊，酸性土或含多量石灰的土壤，对硼的固定均甚强烈。过量钙离子的存在，会抑制硼进入植物体。如果植物细胞中含过量的钙，即使硼的含量极为丰富，也会妨碍硼的代谢。在酸性条件下，硼酸盐渐趋向于溶解，但当酸性过强时（比如pH值<5），硼也会像一些易溶元素那样因过量淋洗损失而减少其有效含量。综合地看，在pH值6.5左右时各种养分的有效度都较高，对大多数农作物的生长也比较适宜。

土壤的酸碱反应会影响黏粒矿物的形成。土壤反应和环境条件（如地形、水分条件等）共同影响着黏粒矿物生成的类型。比如，原生矿物白云母在碱性和微碱性条件下风化，生成伊利石，而在pH值5的酸性条件下生成高岭石。

土壤的酸碱反应会影响土壤理化性质。在碱土中，交换性钠多（占30%以上），土粒分散，结构易破坏。酸性土中，交换性氢离子多，盐基饱和度低，结构易破坏，物理性质不良。中性土中，Ca^{2+}、Mg^{2+}较多，土壤的结构性和通气性等物理性质良好。

土壤的酸碱反应会影响作物生长。不同的栽培作物适应不同的pH值范围。有些对酸碱度要求比较严格，如茶树只能生长于酸性土；而甜菜和紫花苜蓿喜钙而只能生长在中性至微碱性土壤上；一般作物对土壤酸碱性的适应范围都比较广，如马铃薯在pH值4~8的范围内可以生长，但以pH值5左右生长最好（表1-6-2）。对大多数作物来说，喜欢近中性的土壤，以pH值6.0~7.5为宜。

表1-6-2 主要的栽培植物生长适宜pH值范围

大田作物		园艺植物		林业植物	
名称	pH值	名称	pH值	名称	pH值
水稻	6.0~7.0	豌豆	6.0~8.0	槐	6.0~7.0
小麦	6.0~7.0	甘蓝	6.0~7.0	松	5.0~6.0

续表

大田作物		园艺植物		林业植物	
名称	pH 值	名称	pH 值	名称	pH 值
大麦	6.0~7.0	胡萝卜	5.3~6.0	洋槐	6.0~8.0
大豆	6.0~7.0	番茄	6.0~7.0	白杨	6.0~8.0
玉米	6.0~7.0	西瓜	6.0~7.0	栎	6.0~8.0
棉花	6.0~8.0	南瓜	6.0~8.0	柽柳	6.0~8.0
马铃薯	4.8~5.4	黄瓜	6.0~8.0	桦	5.0~6.0
向日葵	6.0~8.0	柑橘	5.0~7.0	泡桐	6.0~8.0
甘蔗	6.0~8.0	杏	6.0~8.0	油桐	6.0~8.0
甜菜	6.0~8.0	苹果	6.0~8.0	榆	6.0~8.0
甘薯	5.0~6.0	桃、梨	6.0~8.0		

1.7 土壤的形成及类型

1.7.1 土壤的形成和分布

（1）土壤圈

土壤是陆地表面由矿物、有机物质、水、空气和生物组成、具有肥力且能生长植物的未固结层。土壤是有特殊结构和功能的地球系统的一个圈层。土壤圈(Pedosphere)是覆盖于地球表面和浅水域底部的土壤构成的一种连续体或覆盖层，它犹如地球的地膜，在一定程度上类似生物体的生物膜。土壤圈是地圈系统的重要组成部分，其位置处于地圈系统，即气圈、水圈、生物圈与岩石圈的交接界面，它既是这些圈层的支撑者，又是它们长期共同作用的产物。土壤圈的功能表现在以下 4 个方面。

① 对生物圈(Biosphere)的作用。支持和调节生物过程；提供植物生长的养分、水分与适宜的物理条件；决定自然植被的分布与演替。但土壤圈的各种限制因素对生物也起不良影响。

② 对气圈(Atmosphere)的作用。影响大气圈的化学组成，水分与热量平衡；吸收氧气，释放二氧化碳、甲烷、硫化氢、氧化亚氮等，对全球大气变化有明显影响。

③ 对水圈(Hydrosphere)的作用。影响降水在陆地和水体的重新分配，影响元素的表面地球化学行为、水分平衡、分异、转化及水圈的化学组成。

④ 对岩石圈(Lithosphere)的作用。作为地球的“皮肤”，对岩石圈具有一定的保护作用，以减少其遭受各种外营力破坏；与岩石圈进行互为交换与地质循环。

（2）土壤的形成因素

土壤圈不仅对周围圈层发挥了巨大影响，而且也受到其他圈层的很大影响。土壤圈中形形色色的土壤，正是在相当长的时间跨度内，受大气圈、岩石圈、水圈、生物圈作用的产物。这些影响土壤形成和分布规律的自然因素，称为成土因素，包括气候、母质、生物、地形、时间等五个方面。

① 气候因素。对土壤形成来说，气候既是因素也是条件。大气降水和太阳辐射是土壤水分和热量的根本来源。影响成土过程的气象因素主要是降水量、降水分布、热辐射平衡、气温及其变幅、大气湿度、干燥度和风等。气候因素影响岩石的风化特点和风化过程的方向与进程。母质及土壤风化层的厚度，随土温和湿度的增高而加厚。土壤的水、热状况的差异直接影响着植被类型的更替、有机质积累的类型和数量以及微生物的生命活动，进而影响土壤中有机物质的分解和合成、腐殖质的类型等。气候影响土壤中物质的淋溶与淀积，随着降水量的增加，一般土壤的氢离子浓度增加，钙积层深度增加，全氮量增加，胶粒量增加，阳离子代换量增加。在半湿润的温带，随着气温的增高，土壤有机质、全氮量下降。

② 母质因素。母质是土壤赖以形成的初始物质。母质在矿物学和化学组成上的不同，直接影响土壤的理化性质，如酸性岩(花岗岩等)形成的母质其 SiO_2 在 65% 以上，相对地 Fe、Al、Ca、Mg 等其他成分就少，而 SiO_2 难以风化，故多形成沙性土。相反，如玄武岩等基性岩因 SiO_2 少，而 Fe、Al、Ca、Mg 含量较多，常形成养分较高的盐基性土壤。其他沉积岩发育的土壤也继承了母质的某些特性。母质的物理性质对土壤孔隙和团聚体的类型和分布也有相当大的作用。

③ 生物因素。生物包括植物、土壤微生物和土壤动物。营养元素的生物学积累和循环在成土过程中起主导作用，直接的作用是绿色植物通过庞大的根系进行选择性的吸收，从而改变了某些元素和化合物在地质循环中的迁移特点和顺序，使部分营养元素集中和积累起来。大量的微生物参加了土壤有机质的转化过程，不仅给作物提供了大量的经矿质化而释放出来的营养物质，而且形成了腐殖质(是标志土壤肥力高低的重要物质)。此外，生物活动还改变了周围环境的湿度、温度和空气状况而间接影响土壤的性状。比如在针叶林植被下，形成强酸性的灰化土。

④ 地形因素。地形对土壤形成所起的作用，一方面表现在母质在地表的再分配，另一方面表现在对水、气、热等能量的再分配。地形高低不同，坡向不同，地表的水热状况就不同。即便是在一个气候带内，因地形的变化，地面承受的降水和太阳辐射也发生相应的有规律的变化。如随海拔高度的加大，地面辐射的加强，气温随之有规律地下降，平均每上升 100m，气温下降 0.6℃。迎着潮湿气流的坡面，常形成地形雨，局部降雨增多。地面又因坡度陡缓和坡面长短的不同，接受的降水量和降水在地表的再分配也不同。此外，阳坡较阴坡接受的太阳辐射多。这种水热状况的差异直接反映到植物生长和有机质分解与合成的过程，从而影响着土壤的形成。地形对母质的再分配表现在不同地形的土壤属性不同，陡坡土壤薄、质地粗，养分易流失；平原土层厚，质地均匀，养分不易流失。

⑤ 时间因素。土壤发生和发育必然经过相当长的时间，时间越长，土壤发生层的分化越明显，土壤个体发育显著，土壤相对年龄长。在土壤系统发育上，即土壤类型的转化或土壤发育阶段上，时间也具有重要的意义。

虽然各个自然因素对土壤形成都起着不同的作用，但是它们对土壤形成的影响并不是孤立的，而是紧密地、综合地影响着土壤。各个成土因素相互不能代替而又不可分割地影响着土壤的形成过程。

（3）自然成土过程中的发生学层和诊断层

① 土壤发生学层的特点。在土壤形成过程中，由于各种自然因素的影响，母质中一些物质发生分解、迁移、化合、淀积等，也就是物质发生重新分配，使原来不分层的母质，逐渐在形态上分化为不同的层次，土壤这些层次就叫作土壤发生学层(Soil Genetic Horizon)。这些自然土壤的发生学层可归纳以下几个亚层，即枯枝落叶层，该层在森林中最明显，由未腐烂的植物残体组成；已经半腐解的枯枝落叶层；腐殖质层(Humus Horizon)，其一般颜色较暗；灰化层(Podzolized)，是在针叶林植被下形成的土壤所特有的层次，呈现灰色，灰色是由于有机酸使矿物质蚀解把部分有色物质淋溶到下层所致；淀积层(Illurial Horizon)，是由上层淋溶下来的物质如Fe、Mn、黏粒、有机质、碳酸钙等淀积而成，比较紧实；母质层(Parent Material)。另外，耕作土壤还有松软肥沃的耕作层、紧实的犁底层，其中的水稻土还包括布满灰色胶膜的渗育层、有很多铁锰结核的淀积层(又称潴育层)、灰兰色有异味的潜育层、含SiO_2多的粉沙质白土层(又称漂洗层)等。

人们在野外观察土壤时，要把土壤剖面中发生学层次的形态特征，比如质地、颜色、结构、松紧度等记录下来，以找出各种土壤类型的特点。但要注意，不是所有土壤都具有这么多层次，一般土壤只有其中几个层次，另外，不要把冲积母质中的沉积层误认为土壤发生层。

② 诊断层和诊断特征。中国土壤系统分类是以诊断层(Diagnostic Horizon)和诊断特征(Diagnostic Character)为基础的。在土壤分类中用以鉴定土壤类别的，性质上有一系列定量规定的土层称为诊断层；而在土壤分类中用以鉴定土壤类别的，具有一系列定量规定的土壤性质(形态的、物理的、化学的)，则称为诊断特征。由于土层和土壤性质是不同成土过程的产物，故诊断层和诊断特性本身体现了土壤形态、土壤特性和土壤发生三者的结合。根据诊断层和诊断特性来鉴别土壤，实际上就反映了土壤分类与土壤发生的相互联系；而且不把成土过程，甚至成土条件作为分类标准，而是以反映成土过程结果、有定量规定的土层或性质作为分类标准，保证了土壤分类的客观性。由此可见，土壤发生层与诊断层是有区别的，同时也是密切相关的。

根据土壤层次的异同点可以把具有相同层次的土壤划为一类，这就叫土壤分类。以地理发生为基础、以成土条件为依据、根据发生层不同进行的分类称发生学分类，现行分类制为《中国土壤分类系统》，以诊断层和诊断特性为基础的系统化、定量化的分类称《中国土壤系统分类》。其特点是以诊断层和诊断特性为基础，面向世界与国际接轨，充分注意我国土壤的特色。中国土壤系统分类将促进我国土壤信息系统(Soil Information System，SIS)的建立，促进土壤信息的网络化，引发土壤学的数字化和信息化革命。作为地球的一个重要圈层和农业的基本生产资料，数字化土壤将成为数字化地球家族中的重要一员。

（4）土壤的分布规律

由于地表所接受的热量是赤道到两极呈有规律性的渐减，从而由赤道向两极形成了自然气候的水平地带（纬度带），如赤道-热带-亚热带-温带-寒带。在不同的气候带，相应出现不同的植物带和土壤带。土壤类型在地球表面自北而南呈现有规律地更替，这种土壤分布的规律性称为土壤的水平地带性或土壤的纬度地带性。但是由于海、陆位置的分布和受山脉、地势的影响，造成温度和降水量在分布上的差异，导致在同一纬度带从东往西，从海洋往内陆发生水、热条件有规律的变化，从而植被和土壤类型也发生有规律地更替，这种规律性的变化称为土壤的经度地带性。

由于地形起伏，在同一纬度带中地表各部位所接受的太阳辐射有很大的差别。海拔越高，其温度越低，因此从山麓到山顶的热量带也呈现有规律的变化，形成类似于赤道向极地演变的自然生物气候带，不过它是在垂直方向自下而上的更替，这就称之为垂直气候带。同一纬度的山区，土壤类型自下而上更替的带状分布，在土壤学中称为土壤的垂直地带性。

水平和垂直地带性土壤总称为显域土或自成土，表示它们是受生物气候条件影响形成的土壤。土壤在地表的分布，有时受到局部的地形、母质和水文地质条件的影响，出现非地带性的现象，这些土壤称隐域土（比如草甸土、沼泽土、盐碱土）。成土时间短的土壤称泛域土（比如风沙土、冲积土等）。

1.7.2 我国的自然条件与土壤分布规律

我国位于欧亚大陆东南，在世界上最大的大陆和最大的海洋的交界处，北起黑龙江省（北纬53°左右），南到南沙群岛（北纬4°附近），东起东经135°，西达东经73°，陆地面积为960多万平方公里。北、西、南三面为大陆包围，西北深入大陆腹地，东南面临海洋，构成了我国季风气候的地理条件。

（1）气候条件

由于所处地理位置的关系，我国具有典型的季风性气候。冬季盛行西北大陆性冷气团，寒冷而干燥；夏季盛行东南和西南海洋性热气团，炎热而多雨。东南季风不但影响东南沿海，而且可深入内陆。西南季风受青藏高原的阻碍，对内陆的影响大减，但也可延伸到长江中下游一带。降水量的分布是南部沿海地带约1500~2000mm，长江流域为1000mm，淮河-秦岭一线大约在750mm，黄河上游，陕甘南部、华北平原约为500~900mm，西北内陆在250mm以下。山地降水多于平原、迎风坡面多于背风坡面。气象学根据全年积温情况，又将我国划分为许多热量带，如寒温带、中温带、暖温带、北亚热带、中亚热带、南亚热带、热带等。又按其干燥度的差异分区，如东南沿海湿润区；从伏牛山、太行山、燕山至大兴安岭一线两侧的半湿润区；青、甘、宁、内蒙一带的半干旱区；以及半干旱区西北部的干旱区。

（2）植被类型

我国陆地植被大体可分为森林、灌丛、草甸、沼泽、草原、荒漠等植被类型

(Vagetation Type)。

① 森林。广泛分布于我国东部湿润区、半湿润区的丘陵和山地。我国自北而南的森林类型是寒温带为针叶林，温带为针阔混交林，暖温带为落叶阔叶林，北亚热带为落叶阔叶和常绿阔叶混交林，中亚热带为常绿阔叶林，南亚热带和热带为季风雨林和雨林。

② 草原。草原植被广泛分布于大兴安岭以西、内蒙和黄土高原北部以及青藏高原等处，是半干旱区占优势的植被，多为生长期短的草本植物。常使土壤形成深厚的有机质层，盐基饱和度高，自然肥力较高。

③ 荒漠。大致分布于蒙、新、甘、宁、青、藏等处的干旱区，多为深根性、抗蒸腾的草本灌丛植被，覆盖度不到一半。

④ 草甸。分布于东北平原、各大河谷平原及湿润区高原，即地形低平、低洼、土体常年湿润处的草本植物。草甸植被因不受水分短缺的限制，生长期长，有机质积累大于分解，遂形成有机质含量高的草甸土。

（3）成土母质

成土母质就是岩石矿物经风化、搬运、堆积而成的地壳的疏松表层。母质对土壤性状的影响很大，土壤的很多组成物质和性状都来自成土母质。我国的成土母质有以下6种类型。碎屑型母质多见于青藏高原与高山地区；碳酸盐型母质主要分布于干旱地区和碳酸盐基岩区；含盐型母质的特征为含有大量的可溶性盐，多出现于极干旱的内陆盆地中部或盐渍性基岩区以及滨海地区；硅铝型母质分布于温带的湿润区和半湿润区，铝硅酸盐类只有中等蚀变；富铝型母质广泛分布于热带和亚热带湿润地区，母质中有明显的脱硅富铝化作用；还原性母质主要分布于低洼地形，受渍水影响，母质中铁锰呈还原态，或受氧化还原交替的影响，母质呈现灰蓝色或锈斑。

（4）我国的土壤分布规律

由于生物气候条件的作用，热量带和植被带呈现有规律的更替，土壤类型也发生相应的更替，呈现有规律的分布。根据《中国土壤分类系统》，我国东部大陆上，土壤水平带由北向南顺次排列着漂灰土-暗棕壤-棕壤、褐土-黄棕壤-黄壤、红壤-赤红壤-砖红壤。而按《中国土壤系统分类》，则由北向南依次排列着灰土-雏形土-淋溶土-富铁土-铁铝土。根据《中国土壤分类系统》我国大陆由东向西部大陆内部的大气湿度渐减，干燥度渐增，北部温带的水平土壤带由东向西依次为暗棕壤-黑土-黑钙土-栗钙土-棕钙土-灰漠土-漠境土壤。而按《中国土壤系统分类》，则由东向西依次排列着淋溶土-均腐土-干旱土。

1.7.3 我国的主要土壤类型及特点

（1）富铁土与铁铝土土纲

富铁土(Ferrisols)和铁铝土(Ferralisols)土纲分布在我国华南地区，是在南方湿热气候条件下，经脱硅富铝化过程形成的土壤。具有诊断层-低活性黏粒富铁层的土，称富铁土，相当于部分红壤、黄壤、燥红土。具有高度富铁铝化作用形成的诊断层-铁铝层的土，称铁铝土，相当于部分砖红壤、赤红壤。

① 砖红壤土类。砖红壤(Latosol)分布于雷州半岛、海南岛、云南南部及台湾南部热带地区丘陵台地，大体在北纬18°~22°之间。自然植被为热带雨林和季雨林，林冠茂密。成土母质属花岗岩、玄武岩、古老冲积物的富铝风化壳。成土过程为富铝化过程，生物循环旺盛。砖红壤土层深厚，一般都具有2~3m厚的红色风化层，土质黏重，剖面发育明显。表层灰棕或暗红棕色，B层暗红棕色，棱块状结构，有大量暗色胶膜和铁锰结核，有些土壤有铁盘层。硅铝率为1.5~1.9，黏土矿物以高岭石为主，伴生三水铝石与赤铁矿。砖红壤盐基高度不饱和，呈强酸性，pH值4.3~5.5。砖红壤是我国发展热带经济作物的重要基地，为橡胶的主要产区，可种植香蕉、菠萝、咖啡、油棕、剑麻等热带经济作物。农作物可一年三熟。砖红壤在利用上最好实行多种经营，如在橡胶树下间种茶叶、金鸡钠、可可、三七、肉桂等，开发时必须注意培肥土壤和防止冲刷。

② 赤红壤土类。赤红壤(Latosolic Red Soil)分布于南岭以南、雷州半岛以北的东西狭长地带，包括福建、台湾、广东、广西等省南部及云南中南部的南亚热带地区，具有高温多雨特点。自然植被为季风雨林与常绿阔叶林。生长龙眼、荔枝等。在酸性结晶岩风化物上发育的土壤，一般质地稍轻，而在低丘岗地红色黏土上发育的土壤，质地黏重。土壤呈暗红棕至棕红色，表层尚疏松，B层黏实紧密。土壤呈酸性反应，pH值5.0左右。硅铝率为1.7~2.0。黏土矿物主要为高岭石，并有蛭石与赤铁矿。在侵蚀严重的玄武岩台地，常有铁盘或铁壳出露。赤红壤地区应该因地制宜发展亚热带、热带经济作物与林木。广西龙州在橡胶林中采用树下加草覆盖保水，树行间种植绿肥，深翻压青等措施，五年中不仅橡胶树生长迅速，土壤肥力也不断提高。

③ 红壤土类。红壤(Red Soil)是我国中亚热带湿润气候区生物气候条件下形成的土壤，在长江以南至赤红壤带以北地区广泛分布，大体在北纬25°~31°间，其中包括江西、湖南、浙江三省的大部分，云南、广东、广西、福建、台湾等省的北部，以及贵州、四川、安徽、江苏等省的南部。自然植被为常绿阔叶林，其中以壳斗科的拷属、石栎属和冈栎属占优势。红壤分布于低山丘陵和岗地，母质类型多种多样，低丘陵与岗地的红壤多发育于第四纪红色黏土。红壤具有明显的脱硅富铁铝化成土过程。典型的红壤大多有1m以上的红色黏质土层，剖面发育良好，除表层稍灰暗外，B层以下均为棕红色黏实土层。B层多系棱块状结构，褐色胶膜淀积明显，底部常接黄、白、红诸色相间的网纹红土层。全剖面呈酸性反应，pH值5.0~6.0。黏土矿物以高岭石为主，并伴有三水铝石和水云母，硅铝率为2.0~2.5，铁的活化度大于10%。不同利用条件下的红壤，其有机质含量有明显不同。林地红壤表层有机质含量为50~60g/kg，草地红壤在10~20g/kg之间，侵蚀性红壤则不足10g/kg。在侵蚀强烈的地段，红壤的紧实B层(焦斑层)和网纹底土出露地表，土壤肥力急剧下降。红壤分布地区气候暖湿，自然条件优越，是南方发展多种经营的重要土壤资源。在垦殖利用时，应注意农林牧结合，合理利用土壤，增施有机肥料与磷肥。

④ 黄壤土类。黄壤(Yellow Soil)是我国南方山区主要土壤类型之一，广泛分布于

亚热带和热带的山地上，以四川、贵州两省为主，在云南、广西、广东、海南、台湾、福建、湖南、湖北、江西、浙江、安徽诸省区也有相当面积。黄壤的水平分布与红壤属同一纬度带，但水湿条件较红壤高，而热量则略低，云雾多，日照少，相对湿度大，冬无严寒，夏无酷暑，干湿季节不明显。黄壤的剖面中，黄色非常鲜明，这是由于氧化铁水化而造成的。黄壤质地较红壤轻，以黏壤土为主。盐基高度不饱和，呈酸性反应，pH 值 4.5~5.5。黄壤的富铝化作用比较弱，硅铝率为 2.5 左右。黏土矿物以高岭石为主。黄壤在发展林业和经济作物方面有重要意义。山脊、陡坡地段的黄壤应以护林为主，保持水土，涵蓄水源，林内可采集和培育药用植物，如当归、五加、天麻、灵芝等。一般山地黄壤以发展林、茶为主，造林植物主要为杉木、毛竹等。低山丘陵坡缓土厚处，可开辟梯田梯地，栽种农作物。

（2）淋溶土土纲

淋溶土(Luvisols)土纲是在温带和亚热带气候条件下形成的，诊断层为明显的黏化层或黏盘层，土壤结构面上覆有淀积黏粒的胶膜。淋溶土纲相当于部分黄棕壤、黄褐土、棕壤、褐土、暗棕壤、白浆土等土类。

① 黄棕壤。黄棕壤(Yellow-Brown Soil)是我国北亚热带湿润地区的土壤，包括陕西南部、河南西南部、江苏、安徽长江两侧及浙江北部的山地丘陵，江西、湖北海拔 1100~1800m 的中山上部，及四川、云南、贵州、广西等省海拔 1000~2700m 的中山区。自然植被为落叶阔叶和常绿阔叶混交林。丘陵多为次生草灌和人工松、杉林，部分开垦种植旱作物。母质主要为各种岩石风化物。黄棕壤既有黏化过程，又有弱富铝化过程。土壤剖面通常呈黄棕色，B 层为棱柱状结构，结构面上有黏粒胶膜，有的还有铁锰结核。硅铝率为 2.4~3.0，土壤呈酸性至微酸性反应，pH 值 5.0~6.5。黄棕壤是我国发展用材林和经济林的重要基地，在湖北大神农架等山地还保存有原始森林。当前林业生产上的主要问题是荒山造林，积极发展茶、桑、果树以及做好水土保持工作。

② 黄褐土。黄褐土(Yellow-Cinnamon Soil)主要分布于江苏和安徽两省中部，江西、浙江和湖北三省北部及河南南部的低丘岗地。母质主要为晚更新世黄土状沉积物，土层深厚，可达数米。黄褐土表层呈灰棕、棕或黄棕色，B 层多形成紧实的黏盘层，C 层中有灰、白相间的树枝状网纹，有的含石灰结核。黄褐土与黄棕壤相比，盐基饱和度较高而酸性较弱，pH 值 5.5~7.5，硅铝率为 2.6~3.3。黄褐土质地偏黏，中下层具有黏盘，对土壤的通气排水与根系穿插，都有很大阻碍。雨季易形成上层滞水，导致旱作物烂根。保水能力差，土壤有机质含量低，缺磷少氮。黄褐土在利用改良上可采取以下措施，即发展灌溉，注意水土保持，逐年加深耕层，增施有机肥料，种植绿肥，掺沙或施细煤灰渣、砻糠酒糟等。黄褐土可辟作农田，发展桑园、桃园、种植木本绿肥紫穗槐或造林。

③ 棕壤。棕壤(Brown Soil)主要分布于暖温带湿润的低山丘陵区，以辽东半岛、山东半岛、河北东部较为集中。现大部分已垦殖农用或栽果木。

棕壤有明显的黏化层，全剖面没有石灰反应，pH 值 5.0~7.0，硅铝率为 2.9~3.4。

棕壤多适宜发展林业，农田与果园土层多尚深厚，质地偏黏，土壤保持水、肥能力强，适宜种植多种旱作物和果树。在利用上应注意发展灌溉，保持水土，培养地力。

④ 褐土。褐土(Cinnamon Soil)主要分布于陕西关中、山西东南部、河北东北部、山东泰山、沂山西北部山前地区、河南西部，属暖温带半湿润半干旱气候区。自然植被为旱生森林，如榆树、柏树等，母质多属各种含碳酸盐物质，有石灰反应。地形为低山丘陵。褐土的剖面通常由腐殖质层、残积和淀积黏化层、钙积层和母质层组成，表层灰棕色，黏化层块状结构，质地较黏，有胶膜淀积，钙积层中有白色石灰斑、假菌丝体和石灰结核。土壤呈中性至微碱性反应，pH 值 6.5~8.0。褐土带以林业用地为主，农田比例小，在林业利用上应注意适地适树，防止水蚀和风蚀，耕地褐土含钾丰富，有机质含量低，有效磷易遭固定，速效氮磷比较缺乏，加上水土流失普遍，并常遭干旱威胁，应加强农田基本建设，发展灌溉，增施有机肥料与氮、磷化肥。

（3）雏形土土纲

雏形土(Cambisols)的诊断层为雏形层，在风化和成土过程中基本上没有物质淀积，没有明显的黏化层。土壤剖面分化不明显，仅在 B 层有土壤结构的发育。相当于部分潮土、沙浆黑土、水成土、灌淤土、紫色土等土类。潮土(Fluvo-Aquic Soil)大面积分布在黄淮海平原，在长江中、下游平原也有分布。潮土是直接发育在河流冲积物上、受地下水影响、经耕种而成的旱耕地土壤。潮土的天然植被为草甸草本植物，但因频繁耕种，土壤有机质遭强烈分解，因此有机质积累不多，养分含量不高。潮土在剖面中有明显的沉积母质的质地层次，棱块状结构，有锈纹斑，有的全剖面有石灰反应，土壤多呈中性至碱性反应，pH 值 7.0~8.5。潮土多为当地粮、棉、油的重要生产基地，在利用时要注意改善水利设施，增强抗洪抗涝与抗旱的能力，培肥土壤，防治盐渍化，对过沙或过黏的潮土，可采取放淤、深翻、客土或增施有机肥料等方法加以改良。

（4）均腐土土纲

均腐土的诊断层为暗沃表层，诊断特征为均腐殖特征，盐基饱和度≥50%，土壤有机质含量高，有结构良好的暗色腐殖质表层。相当于部分黑土、黑钙土、栗钙土等。

① 黑土。黑土(Phaeozem，Black Soil)集中分布在东北黑龙江、吉林两省中部的松嫩平原和三江平原，属温带温凉湿润季风性气候，冬季冻层 1.5~2m，在波状起伏的漫川漫岗上，生长着瑰丽的五花草甸，使黄土性母质积累了大量腐殖质，成为深厚肥沃的黑土。黑土有明显的淋溶过程和腐殖质积累过程。黑土层可达 1.5m，呈粒状和团粒状结构，下部土层中偶见铁锰结核、二氧化硅粉末和锈纹斑，全剖面无石灰反应，土壤呈微酸性反应，pH 值 5.5~6.5，盐基饱和度高，质地黏重，养分储量丰富。黑土是我国最肥沃的土壤之一，分布区域是东北地区最重要的商品粮基地。利用时应注意实行等高种植，营造农田防护林，防治水土流失和风蚀；增施有机肥料，实施合理轮作；注意抗春旱排秋涝。

② 黑钙土。黑钙土主要分布在黑龙江和吉林两省西部，并延伸到河北燕山北麓，在内蒙古阴山的垂直带上也有分布。属半湿润、半干旱的温带大陆性气候，自然植被为杂草类草甸草原，以旱生的禾本科针茅属和菊科的兔毛蒿等草原植物为主，黑钙土具有腐殖质积累过程和碳酸盐的淋溶聚积过程。土壤剖面上部形成了深厚的黑色土层，土壤养分丰富，盐基饱和度高，阳离子代换量高，保肥性能好。与黑土不同的是黑钙

土地区由于降水少，土体中的碳酸盐被淋溶到中下部，在心土层中形成了明显的钙积层，碳酸盐的新生体呈假菌丝状、眼状斑、石灰结核乃至层状，土壤有明显的石灰反应，土壤呈中性至碱性反应，pH 值 6.5~8.5。黑钙土又称为钙层土。黑钙土潜在肥力很高，适于农林牧全面发展。除少数低平地区黑钙土外，多易发生干旱、风蚀，夏季多暴雨，水土流失严重，开垦为农田后有机质消减快，在利用上应搞好农田基本建设，平整土地，坡地实行等高种植，修筑梯田，实行深松耕改土，大力营造防护林，防止风蚀和水蚀，采用秸秆还田、绿肥改土、发展灌溉等措施，用地和养地相结合，建设旱涝保收、稳产高产的农田。

（5）人为土土纲

人为土是在自然因素影响下、主要是在人为因素作用下形成的土壤，人为土的诊断层为在灌水种稻后产生的水耕表层和水耕氧化还原层；在旱地耕作后产生的肥熟表层、磷质耕作淀积层、灌淤表层或堆垫表层。这类土壤相当于部分水稻土、肥熟土、土娄土、灌淤土、堆垫土等。水稻土(Paddy Soil)在我国分布广泛，几乎遍及全国，但主要分布在秦岭-淮河一线以南广大河湖平原、波状平原及山丘沟谷地区。水稻土是人类长期淹水耕作的产物，它可起源于各种土壤。在长期水耕条件下，通过灌溉、排水、水旱轮作，氧化还原作用使剖面发生明显分异，土壤进行着有机质的合成与分解，复盐基与盐基淋溶，以及黏粒聚积、淋淀或漂洗等作用，促进了土壤性状的改变，从而形成了水稻土特有的形态、理化性质。水稻土的发生层有耕作层、犁底层、渗育层、潴育层、潜育层、漂洗层、脱潜层、母质层等。由于地形不同，地下水位不同，土壤中水分状况的不同，会形成不同的发生层，从而形成淹育型水稻土、渗育型水稻土、潴育型水稻土、脱潜型水稻土、漂洗型水稻土、潜育型水稻土等亚类。

（6）盐成土土纲

盐成土(Halosols)的诊断层是盐积层和碱积层。盐积层为在冷水中的溶解度大于石膏的易溶性盐富集的土层，土层厚至少 15cm，含盐量 10~20g/kg。碱积层为一交换性钠饱和度(ESP)>30%的特殊淀积黏化层，其 pH 值>9.0，表层土壤含盐量<5g/kg。

① 盐土。盐土(Solonchak)零星分布于黄淮海平原、松嫩平原、辽河平原、内蒙高原东部，以及沿海诸省的滨海地带。气候为半湿润半干旱，降水量少，蒸发量大，地势低平，地下水位高，地下水矿化度大，植被覆盖度很小，仅能生长些盐生植物或耐盐性强的植物。盐土常与盐化、碱化草甸土或潮土以及碱土形成复区分布。盐土根据其盐分的种类不同可划分为以氯化物为主的结皮盐土，以硫酸钠(芒硝)为主的蓬松盐土，以氯化钙、氯化镁等吸湿性盐类为主的潮湿盐土，以碳酸钠和碳酸氢钠为主的苏打盐土等。盐土存在的问题是易溶盐含量过高，需大搞农田基本建设，兴修水利，开沟排水，修建台田条田，降低地下水位，发展井灌井排，引淡水灌溉，并配合农业技术措施，如平整土地、增施有机肥料、种植水稻等。

② 碱土。碱土(Solonetz)主要分布在东北松辽平原、内蒙古东部、甘肃、宁夏和新疆境内。地形特点与盐土相似。碱土剖面均有脱盐的表土层，含盐量一般不超过 5g/kg，心土层为高度碱化的碱化层，呈明显的圆柱状结构，物理性质不良，坚硬且通透性差，碱化层下为盐分聚积层。碱土改良一般需采取专门的农业化学方法并结合引淡水冲洗，

目前多选用石膏、硫酸亚铁或氯化钙，也可用白垩粉、尿素、甲醛树脂、腐殖酸类肥料、煤矸石以及电渗排水等方法，可结合本地区条件，因地制宜，试验采用。

1.8 土壤与植物生长的关系

1.8.1 植物必需营养元素

（1）植物体内元素的组成

新鲜植物体由水和干物质两部分组成，干物质又可分为有机质和矿物质两部分。水分要占新鲜植物体的75%~95%，干物质占到5%~25%。如果将新鲜植株中的水分烘干，剩下的部分为干物质，绝大部分是有机物，一般占干物质质量的90%~95%，其余占干物质质量的5%~10%的是无机物。干物质经灼烧后，有机物质被氧化而分解，并以各种气体的形式逸出。这些气体的主要成分是碳(C)、氢(H)、氧(O)、氮(N)4种元素，植物体煅烧后不挥发的残留部分为灰分。其成分相当复杂，包括磷(P)、钾(K)、钙(Ca)、镁(Mg)、硫(S)、铁(Fe)、锰(Mn)、锌(Zn)、铜(Cu)、钼(Mo)、硼(B)、氯(Cl)、硅(Si)、钠(Na)、钴(Co)、铝(Al)、镍(Ni)、钒(V)、硒(Se)等。现代分析技术研究表明，在植物体内可检出70多种矿质元素，几乎自然界里存在的元素在植物体内部都能找到。然而，植物种类和品种的差别，以及气候条件、土壤肥力、栽培技术的不同，都会影响植物体内元素的组成。如盐土中生长的植物含有钠(Na)，酸性红黄壤上的植物含有铝(Al)，海水中生长的海带含有较多的碘(I)等。从植物种类上来看，小麦、水稻等禾谷类植物中含硅多，马铃薯、甘薯中含钾多，豆科植物富含氮和钾。从不同器官比较，籽粒中氮、磷含量比茎秆高，而茎秆中的钙、硅、氯、钠和钾多于籽粒。这就说明，植物体内吸收的元素，一方面受植物的基因所决定；另一方面还受环境条件所影响。这也同时说明，植物体内所含的灰分元素并不全部都是植物生长发育所必需的。有些元素可能是偶然被植物吸收的，甚至还能大量积累；但是，植物对于有些元素的需要量虽然极微，却是植物生长不可缺少的营养元素。因此，植物体内的元素可分为必需营养元素和非必需营养元素。

（2）植物必需营养元素及其确定方法

植物必需营养元素(Essential Element)的确定必须遵守一定的规则。通过营养溶液培养法来确定植物生长发育必需的营养元素是较为可靠的。方法是在培养液中系统地减去植物灰分中某些元素，而植物不能正常生长发育，这些缺少的元素，无疑是植物营养中所必需的。如省去某种元素后，植物照常生长发育，则此元素属非必需的。1939年Arnon和Stout提出了高等植物必需营养元素判断的3条标准，即如缺少某种营养元素植物就不能完成其生活周期；如缺少某种营养元素，植物呈现专一的缺素症，其他营养元素不能代替它的功能，只有补充它后症状才能减轻或消失；在植物营养上直接参与植物代谢作用，并非由于它改善了植物生活条件所产生的间接作用。当某一元素符合这3条标准时则称其为必需营养元素。目前人们确定了以下17种高等植物必需营养元素，即氮(N)、磷(P)、钾(K)、钙(Ca)、镁(Mg)、硫(S)、铁(Fe)、锰(Mn)、锌(Zn)、铜(Cu)、钼(Mo)、硼(B)、氯(Cl)、，碳(C)、氢(H)、氧(O)和镍(Ni)。

(3) 植物必需营养元素的分组

① 按必需营养元素在植物体内的含量分组。在17种必需营养元素中，由于植物对它们的需要量不同(表1-8-1)，可以分为大量营养元素、中量营养元素和微量营养元素。大量营养元素(Macronutrient)一般占植株干物质质量的百分之几十到千分之几。它们是碳(C)、氢(H)、氧(O)、氮(N)、磷(P)、钾(K)6种。微量营养元素(Micronutrient)的含量只占植株干物质质量的千分之几到十万分之几。它们是铁(Fe)、硼(B)、锰(Mn)、铜(Cu)、锌(Zn)、钼(Mo)、氯(Cl)、镍(Ni)8种。中量营养元素(Nutrient Between Macronutrient And Micronutrient)的含量占植株干物质质量的百分之几到千分之几，它们是钙(Ca)、镁(Mg)、硫(S)3种，也称这3种营养元素叫次量元素。

表1-8-1 高等植物必需营养元素的种类、可利用形态及其较适宜浓度

营养元素		化学符号	植物可利用的形态	在干组织中的含量	
				%	mg/kg
大量营养元素	碳	C	CO_2	45	450000
	氧	O	O_2、H_2O	45	450000
	氢	H	H_2O	6	60000
	氮	N	NO_3^-、NH_4^+	1.5	15000
	磷	P	$H_2PO_4^-$、HPO_4^{2-}	0.2	2000
	钾	K	K^+	1.0	10000
中量营养元素（次量元素）	钙	Ca	Ca^{2+}	0.5	5000
	镁	Mg	Mg^{2+}	0.2	2000
	硫	S	SO_4^{2-}	0.1	1000
微量营养元素	氯	Cl	Cl^-	0.01	100
	铁	Fe	Fe^{3+}、Fe^{2+}	0.01	100
	锰	Mn	Mn^{2+}	0.005	50
	硼	B	$H_2BO_3^-$、$B_4O_7^{2-}$	0.002	20
	锌	Zn	Zn^{2+}	0.002	20
	铜	Cu	Cu^{2+}、Cu^+	0.0006	6
	钼	Mo	MoO_4^{2-}	0.00001	0.1
	镍	Ni	Ni^{2+}	0.00001	0.1

② 按必需营养元素的一般生理功能分组。各种必需营养元素在植物体内都有着各自独特的作用，但营养元素之间在生理功能方面也有相似性，依此可以把营养元素分为以下4组。第1组为构成植物活体的结构物质和生活物质的营养元素，它们是C、H、O、N、S；结构物质是构成植物活体的基本物质，如纤维素、半纤维素、木质素及

果胶物质等；生活物质是植物代谢过程中最为活跃的物质，如氨基酸、蛋白质、核酸、类脂、叶绿素、酶等；C、H、O、N 和 S 同化为有机物的反应是植物新陈代谢的基本生理过程。第 2 组为 P、B 和 Si，P、B 和 Si 有相似的特性，都以无机阴离子或酸的形态而被吸收，在植物细胞中，它们或以上述无机形态存在或与醇结合形成酯类。第 3 组为 K、Na、Ca、Mg、Mn 和 Cl，K、Na、Ca、Mg、Mn 和 Cl 以离子形态从土壤溶液中被植物吸收，在植物细胞中，它们只以离子形态存在于汁液中，或被吸附在非扩散的有机阴离子上。第 4 组为 Fe、Cu、Zn 和 Mo(Ni)，Fe、Cu、Zn 和 Mo(Ni)主要以螯合形态存在于植物中。

（4）肥料三要素

① 必需营养元素的资源。在 17 种必需营养元素中 C、H 和 O 是植物从空气和水中取得的。除豆科植物可以从空气中固定一定数量的氮素外，一般植物主要是从土壤中取得氮素，其余的 13 种营养元素都是从土壤中吸取的，这就是说土壤不仅是支撑植物的场所，而且还是植物所需养分的供给者。进一步研究表明，不仅各种植物对土壤中各种元素的需要量不同，而且土壤供应各种营养元素的能力也有差异。这主要是受成土母质种类和土壤形成时所处环境条件等因素的影响，使它们在养分的含量上有很大差异，尤其是植物能直接吸收利用的有效态养分的含量，更是差异悬殊。因此，土壤养分供应状况往往对植物产量有直接影响。

② 肥料三要素。在土壤的各种营养元素之中，除了 C、H、O 外，N、P、K 3 种元素是植物需要量和收获时所带走较多的营养元素，而它们通过残茬和根的形式归还给土壤的数量却又是最少的，一般归还比例(以根茬落叶等归还的养分量占该元素吸收总量的百分数)还不到 10%，而一般土壤中所含的能为植物利用的这 3 种元素的数量却都比较少。因此，在养分供求之间不协调，并明显影响着植物产量的提高。为了改变这种状况，逐步地提高植物的生产水平，需要通过肥料的形式补充给土壤，以供植物吸收利用。所以，人们就称它们为“肥料三要素”或“植物营养三要素”或“氮磷钾三要素”。自 19 世纪以来，人们非常重视研究三要素的增产增质作用，这就促进了氮、磷、钾化肥工业的迅速发展，补充了土壤氮磷钾养分的亏缺，提高了产量。

（5）必需营养元素与植物生长

植物体在整个生育期中需要吸收各种必需营养元素，且数量有多有少，它们之间差异很大，也只有保持这样的数量和比例，植物体才能健康地生长发育，为人类生产出尽可能多的产量，否则某一种必需营养元素不足或缺乏，就会影响植物体的生长发育，导致生产最终没有产量的结果，所以，必需营养元素与植物生长发育是紧密相关的。生产上，土壤中各种有效养分的数量并不一定符合植物体的要求，往往需要通过施肥来调节，使之符合植物的需要，这就是养分的平衡。土壤养分平衡是植物正常生长发育的重要条件之一。

值得注意的是，随着化肥工业的发展，化肥施用水平不断提高，在单一施用氮肥的情况下，很多地区已表现出土壤缺磷、缺钾，或缺微量元素，破坏了养分平衡，植物生长受到明显的抑制，产量不可能再提高。人们把人为施肥造成的养分比例不平衡，称为养分比例失调。养分比例失调会严重影响植物对其他营养元素的吸收和体内代谢过程，最后导致产量降低，品质下降。不同的必需营养元素对植物的生理和营养功能各不相同，但对植物生长发育都是同等重要的，任何一种营养元素的特殊功能都不能被其他营养元素所代替，这就叫营养元素的同等重要律和不可代替律。

营养元素的同等重要和不可代替包含着两个方面的内容。首先各种营养元素的重要性不因植物对其需要量的多少而有差别，植物体内各种营养元素的含量差别可达十倍、千倍甚至十万倍，但它们在植物营养中的作用，并没有重要和不重要之分。缺少大量营养元素固然会影响植物的生长发育，最终影响产量；缺少微量营养元素也同样会影响植物的生长发育，也必然影响产量。比如，植物体内氮素不足时，表现为植株生长慢，老叶先黄化，造成早衰减产；植物需要的微量营养元素虽然很少，但也同植物生长发育所必需的大量营养元素一样是不可缺少的。比如，玉米缺锌时呈现"白苗病"，严重时不抽雄穗；油菜缺硼时，严重者幼苗死亡，轻者呈现"花而不实"症。其次，各种必需营养元素都有着某些独特的和专一的功能，其他必需营养元素是不可代替的。即磷不能代替氮，钾不能代替磷。在缺磷的土壤只有靠施用磷肥去解决，而施用其他元素则无效，甚至会加剧缺乏，造成养分比例失调。因此，生产上，在考虑植物施肥时，必须根据植物营养的要求去考虑不同种类肥料的配合，以免导致某些营养元素的供应失调。

1.8.2 植物对养分的吸收

（1）根系对养分的吸收

根系是植物体吸收养分和水分的主要器官。植物体与环境之间的物质交换，在很大程度上是通过根系来完成的。因而，植物根系的粗壮发达，生活力强，耐肥耐水是植物丰产的基础。

① 根吸收养分的部位。大多数陆生植物都有庞大的根系。据离体根研究，根吸收养分最活跃的部位是根尖以上的分生组织区，大致离根尖1cm，这是因为，在营养结构上，内皮层的凯氏带尚未分化出来，韧皮部和木质部都开始了分化，初具输送养分和水分能力；在生理活性上，也是根部细胞生长最快，呼吸作用旺盛，而质膜正急骤增加的地方。就一条根而言，幼嫩根吸收能力比衰老根强，同一时期越靠近基部吸收能力越弱。根毛因其数量多、吸收面积大、有黏性、易与土壤颗粒紧贴而使根系养分吸收的速度与数量成十倍、百倍甚至千倍地增加。根毛主要分布在根系的成熟区，因此根吸收养分最多的部位大约在离根尖10cm以内，越靠近根尖的地方吸收能力越强。根系吸肥的特点决定了在施肥实践中应注意肥料施用的位置及深度。一般来讲，种肥(除与种子混播的肥料外)施用深度应距种子一定距离和播种相适应的地方，而基肥则应将肥料施到根系分布最稠密的耕层之中(20cm左右)。在植物生长期间进行追肥时，也应根据肥料的性质和种植状况，把它施到近根的地方。这样可以更好地利用溶解度小的肥料(如磷肥)，减少铵态氮的挥发和硝态氮的流失所造成的损失。

② 根可吸收的养分形态。植物根能吸收的养分形态有气态、离子态和分子态3种

(表 1-8-1)。气态养分有二氧化碳、氧气、二氧化硫和水汽等。气态养分主要通过扩散作用进入植物体内，也可以从多孔的叶子进入，即由气孔经细胞间隙进入叶内。植物根吸收的离子态养分，可分为阳离子和阴离子两组，阳离子有 NH_4^+、K^+、Ca^{2+}、Mg^{2+}、Fe^{2+}、Mn^{2+}、Cu^{2+}、Zn^{2+}等；阴离子有 NO_3^-、$H_2PO_4^-$、HPO_4^{2-}、SO_4^{2-}、$H_2BO_3^-$、$B_4O_7^{2-}$、MoO_4^{2-}、Cl^-等。土壤中能被植物根吸收的分子态养分种类不多，而且也不如离子态养分易进入植物体，植物只能吸收一些小分子的有机物。如尿素、氨基酸、糖类、磷脂类、植酸、生长素、维生素和抗生素等，一般认为有机分子的脂溶性大小，决定着它们进入植物体内部的难易。大多数有机物须先经微生物分解转变为离子态养分以后，才能较为顺利地被植物吸收利用。

③ 土壤养分向根部迁移的方式。研究表明，土壤中离子态养分向根部迁移的方式有 3 种，即截获、扩散和质流。截获(Root Interception)指植物根在土壤中伸长并与其紧密接触，使根释放出的 H^+和 HCO_3^-与土壤胶体上的阴离子和阳离子直接交换而被根系吸收的过程。这种吸取养分的方式具有两个特点，即土壤固相上交换性离子可以与根系表面离子养分直接进行交换，而不一定通过土壤溶液达到根表面；根系在土体中所占的空间对整个土体来说是很小的，况且并非所有根的表面都能对周围土壤中交换性离子进行截获，所以仅仅靠根系生长时直接获得的养分也是有限的，一般只占植物吸收总量的 0.2%~10%，远远不能满足植物的生长需要。扩散(Diffusion)是由于根系吸收养分而使根圈附近和离根较远处的离子浓度存在浓度梯度而引起土壤中养分的移动。土壤中养分扩散是养分迁移的主要方式之一，因为植物不断从根部土壤中吸收养分，使根表土壤溶液中的养分浓度相对降低，施肥也会造成根表土壤和土体之间的养分浓度差异，使土体中养分浓度高于根表土壤的养分浓度，因此就引起了养分由高浓度向低浓度处的扩散作用。质流(Mass Flow)是因植物蒸腾、根系吸水而引起水流中所携带的溶质由土壤向根部流动的过程。其作用过程是植物蒸腾作用消耗了根际土壤中大量水分以后，造成根际土壤水分亏缺，而植物根系为了维持植物蒸腾作用，必需不断地从根周围环境中吸取水分，土壤中含有的多种水溶性养分也就随着水分的流动带到根的表面，为植物获得更多的养分提供了有利条件。

扩散和质流是使土体养分移至根表经常起作用的迁移方式。但在不同的情况下，它们所起的作用却不完全相同。一般认为，在长距离时，质流是补充养分的主要形式，而在短距离内，扩散作用则更为重要。如果从养分在土壤中的移动性来讲，硝酸态氮素移动性较大，质流可提供大量的氮素，但磷和钾较少。氮素通过扩散作用输送的距离比磷和钾要远得多，磷的扩散远远低于钾。扩散作用受土壤中水分含量、离子浓度以及根的活力等条件的影响。一般来讲，土壤含水量的高低直接影响离子的扩散，据试验，当土壤含水量从 4%提高到 30%时，钾离子的扩散率就可以从 40%提高到 95%。土壤溶液中离子浓度越高，则根细胞内外离子的浓度差就越大，扩散速度也就越快。反之，浓度差小，扩散速度就慢，养分运输的距离就短；植物根的活性也影响扩散作用，因为根的活性大时，需要的养分就多，养分扩散的速度就快，数量也多。而质流则和植物蒸腾率有关，蒸腾量大时，质流作用就加强。需要强调的是，虽然土壤中的养分是可以迁移的，但其迁移的距离较短。在田间通常的土壤含水量范围内，土壤水运动的距离不过几厘米，养分迁移的距离就可想而知，所以，施肥的位置是相当重要的。

④ 根部对无机养分的吸收。迁移至根表的养分还要经过一系列十分复杂的过程才能进入植物体内，养分种类不同，进入细胞的部位不同，其机制也不同。目前较一致的看法是离子进入根细胞可划分为被动吸收和主动吸收两种形式。

被动吸收(Passive Uptake)又称非代谢吸收，是一种顺电化学势梯度的吸收过程。不需要消耗能量，属于物理的或物理化学的作用。养分可通过扩散、质流等方式进入根细胞。养分通过扩散、质流等形式进入根细胞遵循以下过程，即截获也可以使养分进入根细胞内；气体 CO_2、O_2和 H_2O 可以从高浓度向低浓度扩散，也可由于空气流动，通过质流而进入植物体的根细胞内；离子态养分也可通过离子的扩散或质流而进入根细胞内，不同离子在土壤中的扩散速率不同，其进入根细胞内的数量也就有差异，一般阴离子如 NO_3^-和 Cl^-在土壤中扩散速率较阳离子快、进入细胞的就多；当土壤中离子态养分较多、气温较高、植物蒸腾作用较大时，通过质流而进入根细胞的就多。总之，离子态养分无论是通过截获、扩散或质流都能进入根细胞。但一般不进入细胞膜，对整个组织来说，一般不能通过内皮层。离子交换有其特定的方式，试验表明，植物吸收离子态养分，还可以通过离子交换的方式进入植物体内；一种是根系表面与土壤溶液之间的离子交换，植物根的细胞壁带有较多的羧基，根部呼吸作用放出的CO_2形成的碳酸都能解离出 H^+，就可以和土壤溶液中的阳离子进行交换；当然，根系分泌出的碳酸，解离后可以和土壤胶体上吸附性的离子进行交换。另一种是根系表面与土壤黏粒之间的离子交换(也称接触交换)，植物根和黏粒是紧密接触在一起的，土壤黏粒与根系表面两者的扩散层水膜也是相重叠的，也就是说，由于离子在各自的位置上不断地运动着，在振动容积相重叠的情况下，离子间可以不通过溶液面直接进行交换，这就是接触交换；一般情况是根细胞外的氢离子和黏粒扩散层交换性阳离子进行交换。不论哪一种离子交换形式都有一个共同的特点，它们都属于养分由高浓度向低浓度扩散或是离子间的交换，其推动力是物理化学的作用，与植物的代谢作用关系较小，同时这种吸收交换反应是可逆的。因此被动吸收是植物吸收养分的简单形式。

主动吸收(Active Uptake)又称为代谢吸收，是一个逆电化学势梯度且消耗能量的吸收过程，且有选择性。之所以提出植物吸收养分还有主动吸收的机制，是因为有很多现象用被动吸收难以或不能解释。比如植物体内离子态养分的浓度常比土壤溶液的浓度高出很多倍，有时竟高达十倍至数百倍，而且植物根系仍能不断地吸收这种养分，并不见养分有外溢现象；植物吸收养分有高度选择性，而不是外界环境中有什么养分，就吸收什么养分；植物对养分的吸收强度与其代谢作用密切相关，并不决定于外界土壤溶液中养分的浓度，常表现出植物生长旺盛吸收强度就大、生长衰弱吸收强度就小。究竟养分如何进入植物细胞膜内，很多学者通过研究提出了不少假说，但养分进入植物体内的真正机制，到目前为止，还不十分清楚。目前，从能量的观点和酶的动力学原理来研究植物主动吸收离子态养分，并提出载体学说(Carrier Theory)、离子泵学说(Ion Pump Theory)等，限于篇幅仅介绍载体学说的大致情况。载体学说能比较完善地从理论上解释关于离子主动吸收中的 3 个基本过程，即离子的选择性吸收、离子通过质膜以及在质膜中转移、离子吸收与代谢作用的密切关系，这一学说能为多数人所接受。载体学说的过程为离子与细胞膜上的载体结合，形成不稳定的离子——载体复合体，然后向膜内侧转移，并将离子释放到细胞质内。载体学说认为，离子态养分不易单独通过细胞原生质膜，而是要借助载体把它们携带进去。正像一个人要过河，要借助船运载一样，有船才能到达彼岸，到达彼岸后，船又可以回来运载，这样往复不断地把离子运到细胞膜内。当然，生物载体运载离子态养分的作用要比船载运人过河要复杂得多。但对于离子半径大小相似、所带电荷相同的离子相互间还存在着争夺载体的运载现象，比如 K^+ 和 NH_4^+ 以及 $H_2PO_4^-$、NO_3^- 和 Cl^- 在被植物吸收时彼此就有对抗现象。只要细胞保持着活力，主动吸收的离子就不会释放出来，它们也不与外界环境中的离子进行交换。无机态养分通过根的被动吸收和主动吸收到达根细胞内，除少部分被根所利用外，大部分养分都运输到其他器官中，参与植物的代谢作用。

⑤ 根部对有机养分的吸收。植物根系不仅能吸收无机态养分，也能吸收有机态养分。这是 20 世纪初随着无菌技术和同位素技术的应用而得到证实的，当然植物并不是什么样的有机养分都能吸收，而主要是限于那些分子量小、结构比较简单的有机物，同时也与被吸收的有机物性质有关。如大麦能吸收赖氨酸，玉米能吸收甘氨酸，大麦、小麦和菜豆能吸收各种磷酸己糖和磷酸甘油酸，水稻幼苗能直接吸收各种氨基酸和核苷酸以及核酸等。近年来，使用微量放射自显影的研究指出，以 ^{14}C 标记的腐殖酸分子能完整地被植物根所吸收，并可输送到茎叶中。有机养分究竟以什么样的方式进入根细胞，尚无定论。一般认为，可能是在具有一定特异性的透过酶作用下而进入细胞的，这个过程需要消耗能量属于主动吸收。也有人认为根部细胞和动物一样，可以通过胞饮作用而吸收。所谓胞饮作用是指吸收附在质膜上含大分子物质的液体微滴或微粒，通过质膜内陷形成小囊泡，逐渐向细胞内移动的主动转运过程。其过程是首先被吸进的有机物质黏附在质膜上，而后原生质膜先内陷，把许多大分子有机化合物连同水分、无机盐一起包围起来，形成胞饮体的小囊。泡囊逐渐向细胞内部转移，在转移过程中，体积逐渐变小。胞饮体囊泡的膜，在细胞内可通过溶酶体的作用被消化或是破坏，这样便释放出其内含物。胞饮现象是一种需要能量的过程，但胞饮现象在植物细胞内不是经常发生的；它不是细胞对养分主动吸收的主要途径，同时也不是逆浓度的主动吸收；可能只是在特殊情况下，植物细胞才产生胞饮现象。

（2）根外器官对养分的吸收

植物通过地上部分器官吸收养分和进行代谢的过程称为根外营养。根外营养是植物营养的一种方式，但只是一种辅助方式。生产上把肥料配成一定浓度的溶液，喷洒在植物叶、茎等地上器官上，称根外追肥。

① 根外营养的机理。根外营养的主要器官是茎和叶，其中叶的比例更大，因而，人们研究根外营养机制时多从叶片研究开始，一般认为叶部吸收养分是从叶片角质层和气孔进入，最后通过质膜而进入细胞内。最近的研究认为，根外营养的机制可能是通过角质层上的裂缝和从表层细胞延伸到角质层的外质连丝，使喷洒于植物叶部的养分进入叶细胞内，参与代谢过程。

② 根外营养的特点。植物的根外营养和根部营养比较起来一般具有以下 4 方面特点。

直接供给植物养分，防止养分在土壤中的固定和转化。有些易被土壤固定的营养元素如磷、锰、铁、锌等，根外追肥能避免土壤固定，直接供给植物需要；某些生理活性物质，如赤霉素、B9 等，施入土壤易于转化，采用根外喷施就能克服这种缺点。

养分吸收转化比根部快，能及时满足植物需要。用^{32}P在棉花上试验，涂于叶部，5min 后各器官已有相当数量的^{32}P。而根部施用经 15 昼夜后^{32}P的分布和强度仅接近于叶部施用后 5min 叶的情况。一般尿素施入土壤，4~5 天后才见效果。但叶部施用只需 1~2 天就可显出效果。由于根外追肥的养分吸收和转移的速度快，所以，这一技术可作为及时防治某些缺素症或植物因遭受自然灾害，而需要迅速补救营养或解决植物生长后期根系吸收养分能力弱的有效措施。

促进根部营养，强株健体。据研究，根外追肥可提高光合作用和呼吸作用的强度，显著地促进酶活性，从而直接影响植物体内一系列重要的生理生化过程；同时也改善了植物对根部有机养分的供应，增强根系吸收水分和养分的能力。

节省肥料，经济效益高。根外喷施磷、钾肥和微量元素肥料，用量只相当于土壤施用量的 10%~20%。肥料用量大大节省，成本降低，因而经济效益就高，特别是对微量元素肥料，采用根外追肥不仅可以节省肥料，而且还能避免因土壤施肥不匀和施用量过大所产生的毒害。

③ 影响根外营养效果的因素。影响因素主要是溶液的组成、溶液的浓度及反应、溶液湿润叶片的时间、叶片与养分吸收、喷施次数及部位。

溶液组成决定于根外追肥的目的。小麦苗期由于土壤缺磷，致使根系发育不良，形成弱苗，及时喷施磷肥，可以促进根系发育，使麦苗由弱变壮正常生长；棉花苗期因受低温的影响，根系吸收能力弱，喷施尿素可增大叶面积，加强光合作用；为了促使禾谷类作物早熟可以在后期喷施磷钾，喷铁可防治果树黄叶病，喷锌防治苹果小叶病，喷硼对防治棉花、油菜的蕾而不花、花而不实都有良好的作用。

在一定浓度范围内，营养物质进入叶片的速度和数量，随浓度的增加而增加。一般在叶片不受肥害的情况下，适当提高浓度，可提高根外营养的效果，尿素透过的速度与浓度无关，并比其他离子快 10 倍甚至 20 倍；尿素与其他盐类混合，还可提高盐类中其他离子的通透速度。同时还要注意某些微量元素的有效与毒害的浓度差别很小，更应严格掌握，以免植物受害，溶液的 pH 值随供给的养分离子形态不同可有所不同，如果主要供给阳离子时，溶液调至微碱性，反之供给阴离子时，溶液应调至弱酸性。

溶液湿润叶片时间的长短同样影响着根外追肥的效果。研究表明，保持叶片湿润的时间在 30min~1h 内吸收的速度快、吸收量大；要使养分能在叶茎上保持较长时间，一般喷施时间最好在傍晚无风的天气下进行，可防止叶面很快变干。同时使用“湿润剂”来降低溶液的表面张力，增大溶液与叶片的接触面积，对提高喷施效果也有良好作用。

像棉花、油菜、豆类、薯类等双子叶植物，因叶面积大，角质层较薄，溶液中的养分易被吸收；而稻、麦、谷子等单子叶植物，叶面积小，角质层较厚，溶液中养分的吸收比较困难，在这类植物上进行根外追肥要加大浓度。从叶片结构上看，叶子表面的表皮组织下是栅状组织，比较致密；叶背面是海绵组织，比较疏松、细胞间隙较大，孔道细胞也多，故喷施叶背面养分吸收快些。

不同养分在叶细胞内的移动是不同的。一般认为，移动性很强的营养元素为氮、钾、钠，其中氮>钾>钠；能移动的营养元素为磷、氯、硫，其中磷>氯>硫；部分移动的营养元素为锌、铜、钼、锰、铁等微量元素，其中锌>铜>锰>铁>钼；不移动的营养元素有硼、钙等。在喷施比较不易移动的营养元素时，必须增加喷施的次数，同时必须注意喷施部位，如铁肥，只有喷施在新叶上效果较好。每隔一定时期连续喷洒的效果，比一次喷洒的效果好。但是喷洒次数过多，必然会多用劳力，增加成本，因此生产实践中应掌握在2~3次为宜。

（3）养分在植物体内的运转和利用

通过根部或根外器官吸收的养分进入植物体后，除了满足自身生长发育需要外，大量的养分要进行短距离运输(即养分由表皮、皮层运至根中柱方向的截面运输过程)和长距离运输(即物质通过植物周身的维管系统在根部与地上部之间进行运移的过程)，以提供植物其他器官和组织对养分的需要，实现这一目的最重要的途径是木质部运输和韧皮部运输，水和无机养分主要通过木质部向上运输，也可以通过韧皮部向下运输；而有机养分主要在韧皮部内向上和向下运输。

① 木质部运输的机理。木质部运输(Xylem Transport)是指养分及其同化物从根通过木质部导管或管胞运移至地上部分的过程。其机理是，绝大多数的营养元素以无机离子的形式在木质部运转，离子在木质部导管里运输主要靠质流，是随蒸腾流向上运输的。如Ca和B的运转只能从根到叶子，而不能逆向往根运送，因此，Ca和B的运输主要取决于蒸腾质流。如果蒸腾小，Ca、B从土壤由根运输到顶尖的量不多，因此就可能发生缺素症状，木质部汁液运输的主要是水分和无机离子，有些情况下木质部汁液运输氨基酸的量也很大，还有一些糖。但是木质部导管壁上果胶带负电荷，能吸附阳离子，特别是二价阳离子，因此它们的运输以离子交换为主。一般茎内汁液的离子浓度比根里要小得多。茎上部汁液里的离子浓度比茎基部里要小得多，这是因为钙离子与其他阳离子的运输是以离子交换形式进行的。阳离子的交换吸附与细胞壁上负电荷容重有关。不同植物细胞壁上电荷的容重是不同的，双子叶植物负电荷多，而单子叶植物负电荷少，所以双子叶植物以阳离子交换为主，而单子叶植物主要靠质流。此外，还与离子浓度有关，离子浓度高时，交换吸附和质流作用都加强。

② 韧皮部运输的机理。韧皮部运输(Phloem Transport)是指叶片中形成的同化物以及再利用的矿质养分通过韧皮部筛管运移到植物体其他部位的过程。养分从老组织到新组织的运输完全靠韧皮部运输。怎样使韧皮部内养分进行运输，是植物营养学家一致关心的问题。目前提出了许多假说来解释这一现象，比如，压力流动学说、质子-蔗糖共运学说。限于篇幅仅简要地介绍一下压力流动学说。这个学说的基本论点是有机物在筛管中随着液流的流动而移动，这种液流的流动是由于输导系统两端压力势的差异而引起的。所以称为压力流动学说。比如，光合作用形成大量的溶质(如糖分)积累于叶片细胞中，叶片细胞的渗透势就很低，根据渗透原理，木质部的水分就进入叶肉细胞，压力势加大；与此同时，根部生长区域不断地将糖分用于合成新细胞，或根部贮藏器官不断将糖合成淀粉等不溶性糖类，所以这些部分的可溶性糖类较少，吸水少，

压力势相对也较小。根据两端压力差的原理，叶肉细胞的有机物便随着水分沿筛管不断地运输到根部的生长区域或贮藏区域。

③ 养分在植物体内的再分配与再利用。养分进入植物体内后就参与植物的生理生化过程，发挥着自己的生理和营养功能，由于植物在不同的生育时期对养分的数量和比例要求不同，环境中养分供应水平与程度也不一样，因而，植物体内的养分就会随生长中心的转移而使养分再分配与再利用(Reutilization)。植物不同生育期中各有明显的生长中心，这些生长中心，既是矿质元素的输入中心，也是光合产物的分配中心，光合产物一般优先分配到生长中心。比如稻、麦分蘖期无机的与有机的同化物的分配中心是新生叶片、分蘖和根；孕穗期至抽穗期分配中心转向穗和茎；而在乳熟期，穗子几乎是同化物的唯一去向。当然各种养分转移的情况和数量是不同的，一般 N、P、S、Mg、K 较易移动，再利用程度较高，而 B、Ca 很难被再利用。营养元素在韧皮部的转移在很大程度上取决于韧皮部汁液中营养元素的浓度，由于韧皮部汁液中钾的浓度很高，因而钾能非常迅速地转移到植物的各个器官。镁在韧皮部汁液中浓度也相当高，在植物体内也较易活动。钙在韧皮部汁液中浓度很低，因为钙主要依靠蒸腾流向植株上部器官输送，所以钙在植株体内不易转移，缺钙首先表现在最幼嫩的叶子。同样，铁在植物体内的再移动和再利用程度很低，因此缺铁也首先出现在幼嫩的叶片和茎尖。植物吸收的养分进入叶片后，需与细胞中的 ATP 结合，即被激活，增加能量后，才能被再运输而重新转移。因此养分重新转移(重新分配)必须经过下列 4 个步骤，即细胞中与 ATP 结合被激活，共质体运输，运载到韧皮部，在韧皮部中运输和分配到别处。

1.8.3 影响植物吸收养分的条件

植物吸收养分是一种复杂的生理现象，植物生长的许多内外因素共同对养分吸收起着制约作用，其内在因素就是植物的遗传特性，而外部因素是气候和土壤条件。

(1) 植物吸收养分的基因型差异

在许多栽培植物不能正常生长甚至遭致死亡的地方，野生植物却能蓬勃生长。如在海滨偶尔还受海潮侵袭的地方，海蓬子连片生长，可是一般植物忍受不了这样高的含盐量；在 pH 值 4.0 左右的红黄壤土上，许多植物不能正常生长，而杜鹃和白茅却能正常绵延后代。同一种植物的不同品种或品系，由于产量不同，尽管植株中养分浓度相差不大，但从土壤中带走的养分却相差很大。杂交种和其他高产品种需肥量都高于常规品种，如果施肥量不足就不能发挥高产优势。一个品种的适应性广，往往需肥量低，产量低；反之，适应性差，对养分供应要求严格，往往产量较高。这些都是由植物营养基因的不同所决定的。对植物营养基因的研究目前正处方兴未艾的时刻。威斯研究了两大品种，它们对铁的吸收有不同的速率，这是由一个基因控制的。目前关于一个基因控制某种元素的吸收运输和利用的研究已被植物营养学者和植物遗传学者所关注，成为研究热点之一。由不同植物营养基因型决定的不同植物器官及生理差异决定着植物对不同养分的吸收、运输与利用状况。

① 植物形态特征对吸收养分的影响。根系有支撑植物、吸收水分和养分、合成植

物激素和其他有机物的作用，就吸收养分能力大小而言，根表面积和根容重与根的形态有关，包括根的长度、侧根数量、根毛多少和根尖数。单子叶植物的根和双子叶植物的根在形态上有很大的不同，因而在对养分的利用上也有差别。如禾本科牧草的根可以吸收黏土矿物层间的非交换性钾，而豆科牧草这种能力较弱。根系吸收养分的潜力远远超过植物对养分的需要。所以，只要一小部分根系所吸收的养分就能满足整株植物的需要。从理论上来说，即使土壤溶液中养分浓度较低时，根系吸收的养分也能充分满足植物的需要。问题是在田间并不是所有根系都与土壤密切接触，因为根系穿过土壤时必然会遇到许多孔隙。因此，只有一部分根系在吸收水分和养分。应该注意的是，养分也影响根的形态和分布，从而又影响养分的吸收。在养分供应良好的地方根系容重大；养分缺乏，根系生长受影响，如缺氮、缺镁或缺锰时，根系细而长，缺钾时根系不能发育。氮磷营养对根系生长有促进作用，但由于氮磷营养促进地上部的生长比促进根系生长快，因而在良好的氮磷营养下，植物的根/冠比相对较小。钙和硼对植物根系的生长有直接的影响，在整个根系中，一部分根若缺钙，则这部分根就死亡；缺硼时，根虽不遭致死亡，但停止生长。植物叶、茎不仅本身可由于形态大小、酸度、位置不同而造成吸收养分的能力不同，而且由于光合作用能力的不同造成可供吸收养分所消耗的能量也不同，从而也就影响着根系对养分的吸收能力。

② 植物生理生化特性对吸收养分的影响。这种影响主要决定于根系离子交换量、酶活性、植物激素和植物毒素。

植物根系具有较高的阳离子交换量，甚至还有较小的阴离子交换特性。根系的离子交换点位于质外体上。研究表明，根系的阳离子交换 70%~90%是由细胞壁上的自由羧基引起的，其余部分是由蛋白质或许还有细胞原生质产生的。这些都是由基因所控制的，不同的植物或同一植物不同品种因基因不同则阳离子交换量也就不同。由于交换点与质外体上溶液的离子浓度保持平衡，因而这些交换点可影响离子通过质外体向质膜的运动。所以，根系的离子交换量与植物吸收养分有关。如 Ca^{2+} 和 Mg^{2+}，随着根系阳离子交换量的增大，植物对它们的吸收也增加。

植物吸收养分是个能动的过程，是根据体内代谢活动的需要而进行的选择性吸收，因而与植物体内的酶活性有一定的相关性。比如米切利克报道，植物对磷的吸收速率与植物体内磷酸酯酶活性的相关系数为 0.97。磷酸酯酶活性反映了植物根部所吸收的磷向地上部器官的转移状况。再如植物体内硝酸还原酶的活性强烈影响着植物对硝酸盐的吸收与利用，传统的水稻水作都认为水稻前期不能利用硝态氮，但晚期旱育秧及水稻旱作的研究结果表明，水稻苗期体内也存在着较强的硝酸还原酶活性，因此旱作条件下水稻一生均能很好地吸收和利用硝态氮。

植物激素（如生长素、激动素和脱落酸）和植物毒素虽然在植物体内含量很少，但对代谢活动起重要作用。许多研究表明，植物激素和植物毒素起着调节养分吸收和输送的作用，而它们的活性大小也是受控于相应的基因的，所以同样影响着植物对养分的吸收。

③ 植物生育特点对吸收养分的影响。主要表现为不同植物种类对元素吸收的选择性、植物不同生育阶段对元素吸收的选择性、植物不同的生长速率对元素吸收的选择

性。植物种类不同，体内所含的养分也不一样，这是由植物选择性吸收所造成的。比如，烟草体内含钾多，叶用蔬菜含氮多。某些植物对于有益元素的必需性很强烈。如水稻是硅的蓄积植物，水稻需要用硅来构成茎秆和叶片表皮细胞的细胞壁，以增强它的抗性和耐肥性。许多植物对元素的形态也有一定的选择性。如水稻，它生长前期是典型的喜铵植物。一些喜酸植物，比如酸模，在代谢过程中能形成有机酸的铵盐来消除氨的毒害，因而可以吸收较多的铵盐而不会中毒。植物的生育阶段是体内代谢活动阶段性在形态上的反应，在各生育阶段，植物对营养元素的种类、数量和比例都有不同的要求。一般生长初期吸收的数量少，吸收强度低，随着时间的推移，对营养元素的吸收逐渐增加，往往在雌性器官分化期达吸收高峰，到了成熟阶段，对营养元素的吸收又渐趋减少，但从单位根长来说养分吸收速率总是幼龄期较高(表 1-8-2)。

表 1-8-2　玉米不同生育期根系对养分的吸收速率

μmol/(米·根长·天)

苗龄/天	N	P	K	Ca	Mg
20	227	11.30	53.00	144.00	13.80
30	32	0.90	12.40	5.20	1.60
40	19	0.86	8.00	0.56	0.90
50	11	0.66	4.80	0.37	0.78
60	5.7	0.37	1.60	0.20	0.56
100	4.2	0.23	0.20	0.08	0.29

在整个生育期中，根据反应强弱和敏感性可以把植物对养分的反应分为营养临界期和肥料最大效率期。所谓营养临界期是指植物对养分供应不足或过多显示非常敏感的时期，不同植物对于不同营养元素的临界期不同。大多数植物磷的营养临界期在幼苗期，如冬小麦在幼苗始期、棉花和油菜在幼苗期、玉米在三叶期。氮的营养临界期，对于水稻来说为三叶期和幼穗分化期；棉花在现蕾初期；小麦、玉米为分蘖期和幼穗分化期。水稻对钾的营养临界期在分蘖期和幼穗形成期。在植物的生育阶段中，施肥能获得植物生产最大效益的时期，叫作肥料最大效率期。这一时期，作物生长迅速，吸收养分能力特别强，如能及时满足植物对养分的需要，产量提高效果将非常显著。据试验表明，玉米的氮素最大效率期在喇叭口期至抽雄期；油菜为花苔期；棉花的氮、磷最大效率期均在花铃期；对于甘薯，块根膨大期是磷钾肥料的最大效率期。植物吸收养分有年变化、阶段性变化，还有日变化，甚至还有从几小时至数秒钟的脉冲式变化。这种周期性变化是植物内在基因的外在表现。如果环境条件符合上述基因性变化，将大大促进植物生长。改变外在环境条件，适应这种基因性变化可以获得高产。

植物的生长速率不同，对养分吸收的多少也不同，生长速度小的植物，即使在肥力较低的土壤中，也能正常生长，施用肥料的增产效果较差；相反，生长速度大的植物，如果处在贫脊的土壤上，生长受到阻碍，产量也受影响，施用肥料能收到较好的增产效果。

（2）环境因素对植物吸收养分的影响

植物生长发育在自然条件下，每时每刻受到土壤和气候条件的影响，它的一切生命活动包括对养分的吸收一直受到气候条件的控制，因此，光照、温度、通气性、酸碱度、养分浓度和养分离子间的相互作用都直接影响植物对养分的吸收速度和强度。

① 光照。植物吸收养分是一个耗能的过程，根系养分吸收的数量和强度受地上部往地下部供应的能量所左右，当光照充足时，光合作用强度大，吸收的能量多，产生的生物能也多，养分吸收的也就多。反之，光照不足，由光合作用产生的生物能少，养分吸收的数量和强度就少，所以光照是植物养分吸收与同化的原动力。当然，光合作用也需要营养元素的参与，因此，光照与营养元素是光合作用的重要条件。有些营养元素还可以弥补光照的不足，比如，钾肥就有补偿光照不足的作用。光由于影响到蒸腾作用，因而也间接地影响到靠蒸腾作用而吸收的养分离子。

② 温度。植物的生长发育和对养分的吸收都对温度有一定的要求，研究表明，大多数植物根系吸收养分要求的适宜土壤温度为15~25℃。在0~30℃范围内，随着温度的升高，根系吸收养分加快，吸收的数量也增加。在低温时，植物的呼吸作用减弱，养分吸收的数量也随之减少，当温度低于2℃时，植物只有被动吸收，因为在这种低温下，植物不能进行呼吸作用。当土温超过30℃时，养分吸收也显著减少，若土温超过40℃，吸收养分急剧减少，因为温度过高根系迅速老化，体内酶变性，吸收养分也趋于停止，严重时细胞死亡。细胞膜在高温下透性增加，养分常有外渗现象。有试验表明，低温影响阴离子吸收比阳离子明显，可能是由于阴离子的吸收是以主动吸收为主。低温影响植物对磷、钾的吸收比氮明显。所以植物越冬时常须施磷肥，以补偿低温吸收阴离子不足的影响。钾可增强植物的抗寒性，所以，越冬植物要多施磷、钾肥。不同植物吸收养分对温度的反应也不同，如低温会明显影响燕麦、四季萝卜对磷的吸收；而对黄瓜、葱、萝卜的影响则较小。温度在6~12℃及24~30℃时。大麦吸收K^+的数量比在12~24℃时要少得多。栽培早稻常用尼龙育秧保温，晚稻生育后期如遇低温，常灌深水保温。在夏季高温时，常采用日灌夜排来降低土温，目的都是为了调节土温，以适应水稻的生长和对养分的吸收。各种植物所需要的温度不同，就水稻而言，其适宜水温为30~32℃。温度过高过低，均要影响对养分的吸收。其中，影响较显著的有Si、K、P和NH_4^+，而Ca、Mg则影响较少。大麦根际土温以18℃较好。如温度过低，影响K、P的吸收最为明显，对Ca、Mg影响则较小。氮的吸收因形态而有差别，低温影响硝态氮的吸收远远大于铵态氮。其他植物最适根际土温为棉花28~30℃、马铃薯20℃、玉米25~30℃、烟草22℃、番茄25℃。

③ 通气性。大多数植物吸收养分是一个好氧过程，良好的土壤通气，有利于植物的有氧呼吸，也有利于养分的吸收。大麦离体根培养在不同氧张力下吸收磷的情况研究表明，氧张力在2%~3%，大麦吸收磷就达到最高值，其他养分如NO_3^-、NH_4^+、K^+、Mg^{2+}和Cl^-都有类似情况。因为有氧吸收可形成较多的三磷酸腺苷，供阴、阳离子的吸收。反之土壤排水不良，呈嫌气状态，植物吸收养分垂直下降，甚至出现养分倒流（外溢）现象。在淹水情况下，植物叶色发黄，持续淹水，植株窒息死亡，就是由于缺氧不能进行有氧吸收而嫌气微生物的大量滋生，它们所形成的终极产物如乙烯、甲

烷、硫化物、氰化物、丁酸和其他脂肪酸大量积累，抑制呼吸作用导致死亡。某些植物如水稻、芦苇等，在淹水条件下，仍能正常生长，是因为它们的叶部和茎杆有特殊的构造能进入氧气，并向根部运输供植物利用。

④ 酸碱度。土壤溶液中的酸碱度常影响植物对养分离子形态的吸收和土壤中养分的有效性。研究表明，在酸性反应中，植物吸收阴离子多于阳离子；而在碱性反应中，吸收阳离子多于阴离子。表 1-8-3 是番茄吸收 NH_4^+-N 和 NO_3^--N 的培养试验，在 pH 值 4.0~7.0 范围内，培养液的 pH 值越低，则阴离子 NO_3^--N 的吸收增加；反之则阳离子 NH_4^+-N 的吸收增加。

表 1-8-3　pH 值对番茄吸收 NH_4^+-N 和 NO_3^--N 的影响

培养液的 pH 值	离子吸收量/[mg/(100g 鲜重 · 6h)]		
	NH_4^+-N	NO_3^--N	总氮
4.0	3.4	4.8	8.2
5.0	4.2	5.9	10.1
6.0	4.6	4.1	8.7
7.0	6.6	3.0	9.6

土壤溶液中的酸碱度影响土壤养分的有效性。在石灰性土壤上，土壤 pH 值在 7.5 以上，施入的过磷酸钙中的 $H_2PO_4^-$常受土壤中钙、镁、铁等离子的影响，而形成难溶性磷化合物，使磷的有效性降低。在石灰性土壤上，铁的有效性降低，使植物常常出现缺铁现象。在盐碱地上施用石膏，不仅降低了土壤中 Na^+的浓度，同时，Ca^{2+}的存在还可消除 Na^+等单一盐类对植物的危害。总之，由于土壤溶液 pH 值的不同，其中一些离子的形态也发生了变化，这样养分的有效性也就产生了差异，最后必然反映在植物对养分的吸收上。人们通过研究给出了土壤酸碱度和土壤有效养分含量和微生物活性的关系，认为各种养分有效性最高的 pH 值范围并不相同，但大多数养分在 pH 值 6.5~7.0 时其有效性最高或接近最高，因此这一范围通常被认为是最适 pH 值范围。

各种植物对土壤溶液的酸碱度的敏感性不一样，我国科技工作者在江西甘家山红壤试验结果表明，大麦对酸度最敏感，金花菜、小麦、大豆、豌豆次之，花生、小米又次之，芝麻、黑麦、荞麦、萝卜菜、油菜都比较耐酸，而以马铃薯最耐酸；茶树只宜在酸性红壤中生长。植物对土壤碱性的敏感性也有类似情况。田菁耐碱性较强，大麦次之，马铃薯不耐碱，而荞麦无论酸、碱都能适应。

⑤ 水分。水是植物生长发育的必要条件之一，土壤中养分的释放、迁移和植物吸收养分等都和土壤水分有密切关系，土壤水分适宜时，养分释放及其迁移速率都高，从而能够提高养分的有效性和肥料中养分的利用率，据西北水土保持研究所对陕西红油土和黄绵土不同含水量 ^{32}P 扩散移动的研究证明，土壤水分含量与磷的扩散系数呈正相关。应用示踪原子研究表明，在生草灰化土上，冬小麦对硝酸钾和硫酸铵中氮的利用率，湿润年份为 43%~50%，干旱年份为 34%；当土壤含水量低时，无机态养分的浓度相对提高，直接影响植物根对养分的吸收与利用；反之当土壤含水量过高时，一方面稀释土壤中养分的浓度，加速养分的流失，另一方面会使土壤下层的氧不足，根系

集中生长在表层，不利于吸收深层养分，同时有可能出现局部缺氧导致有害物质的产生而影响植物的正常生长，甚至导致死亡。施肥的增产效果在很大程度上与土壤含水量有很密切的关系，呈现出明显的水肥耦合关系。人们研究了玉米在不同含水量的土壤中施用氮肥的产量，研究表明，当土壤水势为 2.0×10^5Pa 时，每公顷施氮肥 100kg，玉米产量有所增加，再施氮肥，仍有少量增加，以后反而减产。水势为 1.6×10^5Pa 时，相同施氮量的产量均比 2.0×10^5Pa 时高，施氮 200kg 是该水分含量时的最高值。当水势为 1.0×10^5Pa 时，施氮量至 300kg 后才不再增产。当水势为 0.5×10^5Pa 或 0.2×10^5Pa 时，在同样氮量施用下，玉米增产不断增加，但增产幅度不断减少。土壤含水量在 $(0.2\sim0.5)\times10^5$Pa 范围内，氮肥的增产效果比较显著。可以明显地看出同一施氮量不同含水量，产量结果不一样，含水量越高产量越高；适宜的含水量和施氮量能获得最高产量，这一组合就是最适水肥偶合。

⑥ 离子间的相互作用。土壤是一个复杂的多相体系，不仅养分浓度影响植物的吸收，而且各种离子之间的相互关系也影响着植物对它们的吸收，从已有的研究结果可知，离子间的相互关系中影响植物吸收养分的主要有离子拮抗作用和离子协同作用。这些作用都是对一定的植物和一定的离子浓度而言的，是相对的而不是绝对的。如果浓度超过一定的范围，离子协同作用反而会变成离子拮抗作用。

离子拮抗(Ion Antaganism)作用是指介质中某种离子的存在能抑制植物对另一种离子吸收或运转的作用，这种作用主要表现在阳离子与阳离子之间或阴离子与阴离子之间。据试验，K^+、Cs^+和 Rb^+彼此之间都有拮抗作用；$NH_4{}^+$对 Cs^+也有这种作用，但不及 K^+、Rb^+、Cs^+那样明显。二价离子之间同样有此作用，据用大麦和玉米为材料的试验表明，Ca^{2+}对 Mg^{2+}有抑制作用，如果同时存在 Ca^{2+}、K^+，则大豆对 Mg^{2+}的吸收所受的抑制作用就显著增加。一价离子和二价离子之间也有拮抗作用，如水稻吸收 K^+离子能减少对 Fe^{2+}离子的吸收。一般来讲，一价离子的吸收比二价离子快，而二价离子与一价离子之间的拮抗作用，比一价离子与一价离子之间所表现的要复杂得多。此外阴离子如 Cl^-与 Br^-之间，$H_2PO_4{}^-$、$NO_3{}^-$和 Cl^-之间，都存在不同程度的拮抗作用。

离子协同(Ion Synergism)作用是指介质中某种离子的存在能促进植物对另一种离子吸收或运转的作用，这种作用主要表现在阴离子与阳离子之间或阳离子与阳离子之间。阴离子 $H_2PO_4{}^-$、$NO_3{}^-$和 $SO_4{}^{2-}$均能促进阳离子的吸收，这是由于这些阴离子被吸收后，促进了植物的代谢作用，形成各种有机化合物，如有机酸，故能促使大量阳离子 K^+、Ca^{2+}、Mg^{2+}等的吸收。阳离子之间的协同作用最典型的是维茨效应，据 Viets 研究，溶液中 Ca^{2+}、Mg^{2+}、Al^{3+}等二价及三价离子，特别是 Ca^{2+}，能促进 K^+、Rb^+以及 Br^-的吸收。值得注意的是，吸收到根内的 Ca^{2+}并无此促进作用。根据这些事实，认为 Ca^{2+}的作用是影响质膜，并非影响代谢，通常这一作用称为维茨效应。试验证明，Ca^{2+}非但能促进 K^+的吸收，而且还能减少根中阳离子的外渗。氮常能促进磷的吸收，生产上氮磷配合使用，其增产效果常超过单独作用正是由于氮磷常有正交互效果。

1.8.4 施肥的基本原理

施肥有经验施肥和科学施肥。古代的传统施肥都是经验施肥，它是劳动人民生产实践和研究工作者试验研究的科学技术总结。西周时期，我国农民就知道用粪肥了。西汉的《汜胜之书》就叙述了施肥技术分为基肥和追肥；随着生产的发展，对合理施肥的认识日益深化，南宋陈旉的《农书》中也曾把用粪比作用药。清代的《知本提纲》在施肥方法上讲究与耕、灌相结合，并指出施肥要注意“时宜”“土宜”“物宜”。由此可见，我国历史上劳动人民对于肥料的施用积累了丰富的经验，在施肥的理论和实践上都具有独特的创造，如地力常新论，三宜施肥(时宜、土宜和物宜)的概念等。

（1）养分归还学说

养分归还学说(Theory of Nutrient Returns)是 19 世纪中叶 J. V. Liebig(德国化学家)提出的。表 1-8-4 是我国科学家研究给出的几种营养元素的归还程度，大体可分为低度、中度和高度 3 个等级。其中，氮、磷、钾属于归还程度低的元素，是要重点补充的。但对豆科植物来讲，因有根瘤共生，可以固定空气中的氮，种植豆科植物时对归还氮的要求就不像谷类植物那样迫切。属于中度归还的是钙、镁、硫、硅等养分，虽然植物地上部分所取走的数量大于根茬残留给土壤的数量，但是，随土壤和植物种类不同，施肥也应有所区别。比如，在华北石灰性土壤上，含有较多的碳酸钙和硅酸盐，即使种植喜钙的豆科植物也不必考虑归还钙质，种植需硅较多的禾本科植物以前不必考虑归还硅质，但随着稻麦产量的越来越高，目前和今后势必也将考虑归还硅质的问题。而在华南缺钙的酸性土壤上，则必须施用石灰。至于高度归还的铁、铝、锰等元素，其归还比例甚至高达 60%~70%，同时，土壤中这些元素的含量也相当丰富，所以一般情况下就不必要以施肥方式补充了。表 1-8-4 的供试植物有大麦、小麦、玉米、高粱和花生 5 种；归还比例是指以根茬方式残留于土壤的养分量占养分吸收总量的百分数。归还养分的数量，还应该根据田间的校验来确定，以提高土壤肥力和促进农业持续发展。

表 1-8-4　不同植物的营养元素归还比例

归还程度	归还比例/%	需要归还的营养元素	补充要求
低度归还	<10	氮、磷、钾	重点补充
中度归还	10~30	钙、镁、硫、硅	依土壤和植物而定
高度归还	>30	铁、铝、锰	不必要归还

（2）最小养分律

最小养分律(Law of the Minimum)也是李比希提出的。按李比希的说法是“田间作物产量决定于土壤中最低的养分，只有补充了土壤中的最低养分才能发挥土壤中其他养分的作用，从而提高农作物的产量”。这就是施肥的“木桶理论”。最小养分律是科学施肥的重要理论之一。当代的平衡施肥理论就是以李比希的最小养分律为依据发展建立的。

应用最小养分方面应注意以下三点，即最小养分是指土壤中有效性养分含量相对最少的养分；补充最小养分时还应考虑土壤中对作物生长发育必需的其他养分元素之间的平衡；最小养分是可变的，它是随植物产量水平和土壤中养分元素的平衡而变化，必须经常进行土壤养分的测定，研究土壤-植物系统中养分的变化，及时通过科学施肥平衡和调整。

（3）报酬递减律

报酬递减律（Law of the Diminishing Returns）是欧洲经济学家 A. R. J. Turgot 和 J. Anderson 同时提出的。该定律指出，从一定土地上所得到的报酬随着向该土地投入的劳动和资本量的增大而有所增加，但随着投入的单位劳动和资本量的增加，到一个"拐点"时，投入量再增加，则肥料的报酬却在逐渐减少。亦即最初的劳力和投资所得到的报酬最高，以后递增的单位劳力和投资所得到的报酬是渐次递减的。德国土壤化学家 Mitscherlich 等在前人工作的基础上，通过燕麦施用磷肥的沙培试验，深入研究了施肥量与产量之间的关系，从而发现随着施肥剂量的增加，所获得的增产量具递减的趋势，得出了与报酬递减律相吻合的结论(表 1-8-5)。

表 1-8-5　燕麦磷肥试验(沙培)

施磷量/(P_2O_5·g)	干物质/g	用公式的计算值	每 0.05gP_2O_5的增产量/g
0.00	9.8±0.50	9.80	—
0.05	19.3±0.52	18.91	9.11
0.10	27.2±2.00	26.64	7.73
0.20	41.0±0.85	38.63	5.99
0.30	43.9±1.12	47.12	4.25
0.50	54.9±3.66	57.39	2.57
2.00	61.0±2.24	67.64	0.34

1.8.5　施肥技术

化肥利用率低，这是一个全球性问题，在我国尤其突出。一般的施肥方法条件下氮肥的利用率为 35%～40%，磷肥的利用率更低，一般为 10%～25%。不同植物形成 100kg 经济产量所需养分的大致数量见表 1-8-6。表 1-8-6 包括相应的茎、叶等营养器官的养分数量；块根、块茎、果实均为鲜重，籽粒为风干重；大豆、花生等豆科作物主要借助根瘤菌固定空气中的氮，从土壤中吸取的氮仅占 1/3 左右。提高肥料的经济效益，以最小的肥料投入获得最大的经济收益，已成为今后农业生产中迫切需要解决的问题。合理的施肥技术包括施肥量、施肥时期、施肥方法和肥料养分配比的确定等内容，而确定经济合理施肥量是合理施肥的中心问题。

（1）施肥量的确定

施肥量的确定要受到植物产量水平、土壤供肥量、肥料利用率、当地气候、土壤条件及栽培技术等综合因素的影响。确定施肥量的方法也很多，如养分平衡法、田间试验法等，这里仅以养分平衡法介绍施肥量的确定方法。

① 施肥量确定的依据。施肥量确定的依据是植物计划产量的养分需求总量、土壤供肥量、肥料利用率。土壤肥力是决定产量高低的基础，某一种植物计划产量多高要依据当地的综合因素而确定，不可盲目过高或过低，确定计划产量的方法很多，常用的方法是以当地前 3 年植物的平均产量为基础，再增加 10%～15%的产量作为计划产量。土壤供肥量是指植物达到一定产量水平时从土壤中吸收的养分量(不含施用的肥料

表 1-8-6　不同植物形成 100kg 经济产量所需养分的大致数量

作物		收获物	从土壤中吸取氮、磷、钾的数量/kg		
			N	P_2O_5	K_2O
大田作物	水稻	稻谷	2.1~2.4	1.25	3.13
	冬小麦	籽粒	3.00	1.25	2.50
	春小麦	籽粒	3.00	1.00	2.50
	大麦	籽粒	2.70	0.90	2.20
	荞麦	籽粒	3.30	1.60	4.30
	玉米	籽粒	2.57	0.86	2.14
	谷子	籽粒	2.50	1.25	1.75
	高粱	籽粒	2.60	1.30	3.00
	甘薯	块根	0.35	0.18	0.55
	马铃薯	块茎	0.50	0.20	1.06
	大豆	豆粒	7.20	1.80	4.00
	豌豆	豆粒	3.09	0.86	2.86
	花生	荚果	6.80	1.30	3.80
	棉花	籽棉	5.00	1.80	4.00
	油菜	菜籽	5.80	2.50	4.30
	芝麻	籽粒	8.23	2.07	4.41
	烟草	鲜叶	4.10	0.70	1.10
	大麻	纤维	8.00	2.30	5.00
	甜菜	块根	0.40	0.15	0.60
蔬菜作物	黄瓜	果实	0.40	0.35	0.55
	茄子	果实	0.81	0.23	0.68
	架云豆	果实	0.30	0.10	0.40
	番茄	果实	0.45	0.50	0.50
	胡萝卜	块根	0.31	0.10	0.50
	萝卜	块根	0.60	0.31	0.50
	卷心菜	叶球	0.41	0.05	0.38
	洋葱	葱头	0.27	0.12	0.23
	芹菜	全株	0.16	0.08	0.42
	菠菜	全株	0.36	0.18	0.52
	大葱	全株	0.30	0.12	0.40
果树	柑橘(温州蜜柑)	果实	0.60	0.11	0.40
	梨(20世纪)	果实	0.47	0.23	0.48
	柿(富有)	果实	0.59	0.14	0.54
	葡萄(玫瑰露)	果实	0.60	0.30	0.72
	苹果(国光)	果实	0.30	0.08	0.32
	桃(白凤)	果实	0.48	0.20	0.76

养分量)。获得这一数值的方法很多，一般来讲，土壤的供肥量多以该种土壤上无肥区全收获物中养分的总量来表示。肥料利用率是指植物吸收来自所施肥料的养分占所施肥料养分总量的百分数。

② 确定施肥量的方法。知道了实现计划产量所需的养分总量、土壤供肥量和将要施用的肥料利用率及该种肥料中某一养分的含量就可依据相关公式估算出计划施肥量。估算步骤依次为计划产量确定，实现计划产量的需肥量确定，土壤供肥量的估算，需要通过施用肥料补充的氮量，估算实现计划产量施肥量。

（2）施肥时期的确定

掌握植物的营养特性是实现合理施肥的最重要依据之一。不同的植物种类其营养特性是不同的，即便是同一种植物在不同的生育时期其营养特性也是各异的，只有了解植物在不同生育时期对营养条件的需求特征，才能根据不同的植物及其不同的时期，有效地应用施肥手段调节营养条件，达到提高产量、改善品质和保护环境的目的。

这里需要说明的是，植物对养分的要求虽有其阶段性和关键时期，但决不能忘记植物吸收养分的连续性。任何一种植物，除了营养临界期和最大效率期外，在各个生育阶段中适当供给足够的养分都是必需的。忽视植物吸收养分的连续性，植物的生长和产量也会受影响。因此，重视不同植物施肥的各个环节，才能为植物丰产创造良好的营养条件，最终得到较高的产量。多年生木本植物的营养情况与一年生植物有所不同，特别是果树，其营养期一般需要几年到几十年，大致分为幼苗期、结果前期、结果期和衰退期。各期对养分的要求不同，苗期对氮的反应比较敏感，氮多抑制根系发育，而磷却能促进根系生长和植株发育。结果前期是营养体旺盛生长期，需要较多的氮、磷、钾养分。结果期大量的养分既要用于结果，又要有一定量养分用于营养生长，需要养分更多。衰老期应以促进树木更新为主，为了抽出粗壮的枝条，应加强氮营养。

（3）施肥时期（或种类）与方法的确定

① 施肥时期(或种类)。植物有营养期且有阶段营养期，在植物营养期内就要根据苗情而施肥，所以施肥的任务不是一次就能完成的。对于大多数一年生或多年生植物来说，施肥应包括基肥、种肥和追肥 3 个时期(或种类)。每个施肥时期(或种类)都起着不同的作用。基肥(Basal Fertilizer)也常称为底肥，它是在播种(或定植)前结合土壤耕作施入的肥料。其作用是双重的，一方面是培肥和改良土壤，另一方面是供给植物整个生长发育时期所需要的养分。通常多用有机肥料，配合一部分化学肥料作基肥。基肥的施用应按照肥土、肥苗、土肥相融的原则。种肥(Seed Fertilizer)是播种(或定植)时施在种子附近或与种子混播的肥料。其作用是给种子萌发和幼苗生长创造良好的营养条件和环境条件。因此，种肥一般多用腐熟的有机肥料或速效性的化学肥料以及细菌肥料等。同时为了避免种子与肥料接近时可能产生的不良作用，应尽量选择对种子或根系腐蚀性小或毒害轻的肥料。凡是浓度过大、过酸或过碱、吸湿性强、溶解时产生高温及含有毒性成分的肥料均不宜作种肥施用。比如碳酸氢铵、硝酸铵、氯化铵、土法生产的过磷酸钙等均不宜作种肥。追肥(Top Dressing)是在植物生长发育期间施入的肥料。其作用是及时补充植物在生育过程中所需的养分，以促进植物进一步生长发育，提高产量和改善品质，一般以速效性化学肥料作追肥。

② 施肥方法。施肥方法包括撒施(Broadcasting)、条施(Band Application)、穴施(Hole Application)、分层施肥(Separated Layer Fertilization)、随水浇施(Application Together with Watering)、根外追肥(Foliar Fertilization)、环状和放射状施肥(Ring Application)、其他施肥方法。撒施是施用基肥和追肥的一种方法，即把肥料均匀撒于地表，然后把肥料翻入土中。凡是施肥量大的或密植植物如小麦、水稻、蔬菜等封垄后追肥以及根系分布广的植物都可采用撒施法。条施也是基肥和追肥的一种方法，即开沟条施肥料后覆土。一般在肥料较少的情况下施用，玉米、棉花及垄栽红薯多用条施，再如小麦，在封行前可用施肥机或耧把肥料耩入土壤。穴施是在播种前，把肥料施在播种穴中，而后覆土播种。其特点是施肥集中，用肥量少，增产效果较好，果树、林木多用穴施法。分层施肥是将肥料按不同比例施入土壤的不同层次内，比如，河南的超高产麦田将作基肥的70%氮肥和80%的磷钾肥撒于地表随耕地而翻入下层，然后把剩余的30%氮和20%磷钾肥于耙前撒入垡头，通过耙地而进入表层。随水浇施的特点是在灌溉(尤其是喷灌)时将肥料溶于灌溉水而施入土壤的方法，这种方法多用于追肥方式。根外追肥的特点是把肥料配成一定浓度的溶液，喷洒在植物叶面，以供植物吸收，此法省肥、效果好，是一种辅助性追肥措施。环状施肥常用于果园施肥，是在树冠外围垂直的地面上，挖一环状沟，深、宽各30~60cm，施肥后覆土踏实。来年再施肥时可在第一年施肥沟的外侧再挖沟施肥，以逐年扩大施肥范围。放射状施肥是在距树木一定距离处，以树干为中心，向树冠外围挖4~8条放射状直沟，沟深、宽各50cm，沟长与树冠相齐，肥料施在沟内，来年再交错位置挖沟施肥。

其他施肥方法主要有拌种法、蘸秧根、浸种法、盖种肥等。拌种法的特点是在常规条件下根瘤菌剂施用时可与种子均匀拌和后一起播入土壤。蘸秧根用于移栽植物(如水稻)等，将磷肥或微生物菌剂配制成一定浓度的悬着液，浸蘸秧根，然后定植。浸种法的特点是用一定浓度的肥料溶液来浸泡种子，待一定时间后，取出稍晾干后播种，因肥水浸种有肥育种子的作用，故也叫种子肥育法。开沟播种后，用充分腐熟的有机肥料或草木灰盖在种子上面，称盖种肥，有供给幼苗养分、保墒和保温作用。

1.9 土壤中的氮素

1.9.1 土壤氮素的总体情况

(1) 土壤中氮素的含量

土壤中氮素的含量受自然因素如母质、植被、温度和降水量等影响，同时也受人为因素如利用方式、耕作、施肥及灌溉等措施的影响。我国自然植被下土壤表土中氮素的含量与有机质含量密切相关。在温带，由东向西，随着降水量的逐渐降低和蒸发量的逐渐增大，植物生物量逐渐减少，分解速率逐渐增大。因此氮素含量依黑土-黑钙土-漠钙土的序列逐渐减少；由北向南，随着温度的增高，分解速率增大，但同时植物生物量也明显增多，因而土壤氮素含量的变化稍显复杂。耕地土壤氮素含量除受到自然因素的影响外，更强烈地受到人为耕作施肥等因素的影响。自然因素的影响表现为各地区耕地土壤耕层中氮素含量的变化趋势大体上与自然植被下的土壤相似。以东北黑土地区为最高，旱地(2.63±1.04)g/kg，水田(2.58±0.77)g/kg。以黄土高原(0.70±0.28)g/kg和黄淮海平原旱地(0.63±0.29)g/kg及水田(0.93±0.29)g/kg为最低。一般农业土壤耕层氮素含量在0.5~3.0g/kg之间。当然，极少数肥沃的耕地、草地、林地及一些未扰动的表层土壤氮素含量可在5.0~6.0g/kg以上，而冲刷严重、贫瘠地的表层土壤氮素含量可低到0.5g/kg以下。较高的氮素含量往往被看成土壤肥沃程度的重要标志。一般认为，肥沃水稻土的养分指标为有机质含量20~40g/kg，全氮1.3~2.3g/kg。土壤氮素含量的剖面分布也因各种土壤的内部及环境因素有较大的差异。但基本趋势是表层含氮量最高，以下各层随深度增加而锐减。耕层以下土壤剖面各层氮素同样是土壤氮素储量的重要组成部分，其含量高低不仅与作物尤其是一些深根作物的氮素营养有相当大的关系，而且对地下水状况产生明显的影响。

（2）土壤氮素的形态

土壤氮素包括无机态氮和有机态氮。无机态氮包括固定态铵、交换性铵、土壤溶液中的铵、硝态氮、亚硝态氮、氧化亚氮等，它们占表土中全氮的比例最低的仅1%左右、最高可在10%以上。有机态氮是土壤氮素的主要存在形态，长期以来一直受到研究者的极大关注。有机态氮的组成复杂，迄今有关有机氮的知识主要从酸解和碱解研究中得来。

① 土壤无机态氮。在土壤无机态氮当中，位于黏土矿物晶层间的固定态铵是数量最大的一部分。但直到20世纪50年代人们才知道固定态铵广泛存在于各种土壤、层状硅酸盐矿物、沉积岩以及火成岩中。土壤无机态氮当中，交换性NH_4^+、溶液中NH_4^+和NO_3^-最易被植物吸收，具有重要的农学意义。这部分无机氮的含量取决于土壤中矿化作用、生物固定作用、铵的固定与释放、硝化作用、植物吸收、以及氨挥发、反硝化作用和淋失等多种作用。一般认为亚硝态氮氧化为硝态氮或还原为氮的气态氧化物的速率很快，因此在土壤中极少有积累。研究结果表明不同土壤中的亚硝态氮的累积差异很大，在pH值较高、质地较轻的土壤中亚硝态氮的累积通常不可忽视，尤其是在高温、多雨且作物吸氮速率较低的季节，这些土壤剖面或地下水中亚硝态氮含量常常超过环境标准的几十倍甚至上百倍，在土壤和水体中积累的亚硝态氮作为环境污染物将越来越受到关注。此外，土壤无机氮还包括一些含氮气体，如NH_3、N_2O、NO、NO_2等。它们的含量甚微，但由于N_2O是温室气体之一，因而其通量受到研究者们的广泛注意。

② 土壤有机态氮。一般情况下土壤有机态氮构成了土壤全氮的绝大部分，土壤有机态氮的组成较为复杂，以前已分离鉴定出的含氮化合物单体有氨基酸、氨基糖、嘌呤、嘧啶以及微量存在的叶绿素及其衍生物、磷酯、各种胺、维生素等。在土壤中，它们与其他有机质或黏土矿物相结合，或与多价阳离子形成复合体，还有一小部分存在于生物体中，绝大多数有机态氮存在于土壤固相中，只有很少量的存在于土壤液相中。土壤有机态氮中的大部分较难分解，只有少量存在于土壤中活的或死的生物体中

的有机态氮较易分解，从而被植物吸收利用。在作物生长过程中，通过有机态氮矿化作用释放出来的氮是作物重要的氮素来源，因此，土壤有机态氮在作物氮素营养中起着很大的作用。

（3）土壤氮素转化及其有效性

土壤中氮素的转化包括生物化学、物理化学、物理、化学等过程。具体地说，土壤氮素转化作用包括氮素矿化-生物固持作用、硝化作用、反硝化作用、铵的黏土矿物固定-释放作用、铵的吸附-解吸作用、铵-氨平衡以及氨挥发等过程。土壤中氮素转化的各个过程之间有着密切关系，在一定程度上存在着抑制或促进作用。比如，施入土壤的铵可以进行多种转化作用，如被微生物固持、被黏土矿物层间固定、硝化作用、氨挥发等。各种过程进行的速率则取决于土壤的理化性质、生物活性以及环境因素等。在农田土壤中，还受到作物生长、根系吸收以及耕作、施肥、灌溉、用药等人为因素的强烈作用，土壤中氮素的转化与肥料氮的利用、保持、损失及其对生态环境质量的影响之间有着密切的关系。

① 氮素的矿化与生物固持作用。氮素的矿化（Mineralization）和生物固持作用（Immobilization）是土壤有机态氮的矿化及无机态氮的生物固持作用的简称，是土壤中不断进行着的两个方向相反的生物化学过程。氮素的矿化作用是土壤有机态氮在土壤微生物的参与下分解形成铵或氨的作用。氮素生物固持作用是土壤微生物同化无机态氮并将其转化成细胞体中有机态氮的作用，所形成的微生物生物量态氮的生物分解性很高，但是随着时间的推移，这种氮逐步转化形成更为复杂的有机态氮，其分解性则显著降低，并逐渐接近于土壤中原有有机质的生物分解性。氮的矿化-生物固持作用过程的相对强弱，受能源物质种类和数量以及水、热条件等强烈影响。当易分解的能源物质过量存在时，无机态氮的生物固持速率大于有机态氮的矿化速率，从而表现为净生物固持，土壤中的无机态氮含量趋于减少；随着能源物质的逐渐分解、消耗，生物固持速率逐渐降低，至 C/N 为 20 左右时，即转变为生物固持速率小于有机态氮的矿化速率，从而表现为净矿化。此时，土壤中无机态氮得以积累。植物生长对土壤氮素的矿化和生物固持都可能有促进作用。这两种作用相对大小的净结果则表现为表观矿化量的增加或降低。肥料氮的生物固持有利于减少土壤溶液中矿质态氮的积累和氮素损失，有利于肥料氮的保持。科学家用^{15}N标记氮肥的田间和盆栽试验结果表明，生物固持的肥料氮可以逐步释放出来为当季作物利用。

② 铵的黏土矿物固定与释放。铵的黏土矿物固定（Mineral Fixation）与释放是两个相反的过程。铵被黏土矿物所吸持呈非交换性铵的过程为固定；土壤黏土矿物所吸收的非交换性铵向交换性铵甚至水溶性铵的转化过程称为释放。在黏土矿物中，只有 2∶1 型矿物才固定铵，不同的 2∶1 型黏土矿物固定铵的能力也不相同，一般来说，蛭石的固铵能力最强，蒙脱石次之，伊利石的固铵能力则取决于其风化度或钾的饱和度。固定态铵的生物有效性差异很大，一般来说，新固定的（试验前通过 NH_4^+ 处理）或施肥后新增加的固定态铵的有效性很高，在幼苗试验和盆栽试验条件下，大多在 90% 以上；在田间条件下，视土层深度不同而异，表土层最高在 70% 左右，20~55cm 土层略低，心土层更低一些。固有的（土壤中原有的）固定态铵的有效性则较低。铵的固定并非坏

事，相反，它可以在一定程度上起到调节土壤溶液中铵态氮浓度、提高土壤对氮的缓冲能力、把速效氮肥变为缓效氮肥的作用，不仅有利于作物良好生长，而且也有助于减少氮素的气态或淋失等损失。

③ 硝化作用。硝化作用(Nitrification)是指土壤中的铵或氨在微生物的作用下氧化为硝酸盐的过程。硝化作用分成两个阶段，第一阶段是从 NH_3 氧化为 NO_2^-，其中间途径还不很清楚，总反应式为 $2NH_4^+ + 3O_2 \longrightarrow 2NO_2^- + 2H_2O + 4H^+$。在一般土壤上，由于亚硝酸盐极少积累，因而硝化作用的主要产物是硝酸盐，但是，在碱性环境中，由于硝酸细菌的活性受抑制，亚硝酸盐可能有所积累，亚硝酸盐的积累可能对作物产生毒害。硝化作用形成的硝酸盐是植物氮素营养的重要来源。但是，硝酸盐不仅比铵的移动性大得多，极易流失，而且在嫌气条件下，或者局部嫌气条件下，又易通过反硝化作用而损失，再则硝化过程中也常有 N_2O 的逸失。这些损失既减少了土壤中可供作物利用的氮量，又可导致水体富营养化和引起大气臭氧层的破坏。因此，适当控制施入土壤中的铵态氮肥和尿素肥料的硝化作用是十分有益的。

影响硝化作用的因素很多，其中最主要的有土壤的水、气、热条件、pH 值、施入肥料的种类和数量、耕作制度和植物根系等。在土壤相对含水量为 50%~60%时，土壤中硝化作用往往最为旺盛。硝化作用的最适土温一般为 20~25℃。土壤 pH 值在 5.6~8.0 范围内，随着 pH 值上升硝化速率成倍增加。土壤 pH 值不仅影响到硝化活性，而且还影响其进程，即影响到铵氧化成亚硝酸根及其后亚硝酸根继续氧化为硝酸根这两个过程的快慢。一般来说，有机肥的施用可促进硝化作用，这可能是由于有机肥中具有硝化活性的微生物颇丰的缘故。关于植物根系对土壤硝化作用影响的研究也不少，在作物不同生育阶段，土壤硝化作用有所不同。一般来说，植物的根系都表现出抑制硝化作用，并认为植物根系分泌的有机物质如酚类物质和有机酸等，能抑制土壤的硝化作用。

④ 反硝化作用。反硝化作用(Dinitrtification)是指硝酸盐或亚硝酸盐还原为气态氮(分子态氮和氮氧化物)的作用过程。反硝化过程分为微生物反硝化和化学反硝化两种过程。微生物反硝化是指由反硝化细菌引起的反硝化作用，其反应过程为 $NO_3^- \rightarrow NO_2^- \rightarrow NO \rightarrow N_2O \rightarrow N_2$。这是土壤中反硝化作用的重要形式。化学反硝化是指亚硝酸盐在一定条件下的化学分解作用，其主要产物是分子态氮和一氧化氮等。在微生物反硝化作用产物中，氮和氧化亚氮的比例决定于嫌气的程度、pH 值和温度。在渍水条件下，其产物几乎为氮气，而嫌气条件不太强以及较低的 pH 值和温度下，可使产物中氧化亚氮的比例明显增多。影响反硝化的因素包括土壤水、气、热状况、pH 值、土壤活性有机质含量、植物根系、耕作、硝态氮浓度、氮肥种类与施用量等。淹水条件下，土壤中硝态氮的反硝化速率明显增高，成为土壤氮素损失的重要过程之一。过高、过低的温度均会抑制该过程的速率。由于反硝化微生物需要有机物质作为电子供体和细胞能源，因此土壤中活性有机物质的多少直接影响到反硝化速率的大小。反硝化作用进行的前提是存在硝态氮，因此土壤中硝态氮的浓度以及氮肥施用情况也会影响着反硝化过程。虽然反硝化过程常导致土壤氮素的逸失，但从氮素循环的地球化学意义上看，当硝态氮在淋洗进入水体之前进行反硝化作用，对保护水体环境还是有积极意义的。

⑤ 铵的吸附与解吸。铵的吸附是指土壤液相中的铵被土壤颗粒表面所吸附的过程。铵的解吸则是指土壤固相表面吸附的铵(土壤交换性铵)自土壤固相表面进入液相的过程。铵的吸附与解吸是铵在土壤液相与固相之间的一种平衡过程，其平衡点受土壤阳离子交换量、伴随阳离子种类和浓度等因素的影响。铵的吸附量随土壤中黏粒含量、有机质含量、溶液中铵的相对浓度的增加而增多。土壤变干燥时，吸附态铵可部分转化为固定态铵；渍水时，固定态铵也因矿物膨胀而部分转变为吸附态铵。土壤对铵离子的吸附与解吸，影响着作物根系对铵离子的吸收，影响着土壤中无机氮素形态的转化、迁移，也影响着土壤对来自肥料的铵离子的保蓄与缓冲能力。

表 1-9-1　温度和 pH 值对溶液中氨态氮占氨态氮和铵态氮总量百分数的影响　　%

温度/℃	pH 值				
	6	7	8	9	10
5	0.01	0.12	1.22	11.0	55.2
15	0.03	0.27	2.62	21.2	72.9
25	0.06	0.56	5.32	36.0	84.9
35	0.11	1.11	10.10	52.9	91.8

⑥ 铵-氨平衡与氨挥发。铵-氨平衡是发生在土壤液相中的一种化学平衡，这一平衡直接制约着氨挥发(Volatilization)损失。其平衡式为 $NH_4^+ \longleftrightarrow NH_3^+ + H^+$。其平衡点决定于土壤溶液的 pH 值和温度。根据平衡常数公式可计算出不同 pH 值和温度下，氨态氮占铵态氮及氨态氮总量的比例。由表 1-9-1 可以看出，pH 值越大，温度越高，氨态氮所占比例就越大。在 pH 值 6~8 范围内，每增加一个 pH 值单位，氨态氮占总氮量的百分数约增加 10 倍，pH 值从 8 再增加到 9 时，又增加了 5~10 倍。因此，在较高的 pH 值条件下，氨挥发的数量就可能很大。同样地，温度对液相中氨态氮的比例影响也很大，在 5~35℃范围内，温度每上升 10℃，氨的比例增加 1 倍。氨挥发损失是氨自土表或水面(水田)逸散到大气造成氮素损失的过程。与氨挥发直接有关系的化学平衡为 NH_4^+(固相)$\longleftrightarrow NH_4^+$(液相)$\longleftrightarrow NH_3$(液相)$\longleftrightarrow NH_3$(气相)$\longleftrightarrow NH_3$(大气)。当土表或土表水面的氨分压(气相中氨的浓度)大于其上大气的氨分压(大气中氨的浓度)时，即发生氨挥发。氨挥发的速率主要决定于土壤表层或土表水层中铵和氨的浓度、pH 值、温度及风速等因子。因此，凡能影响这些因子的条件都将影响到氨的挥发过程。比如土壤本身的 pH 值、阳离子交换量、碳酸钙含量、铵态氮的相伴阴离子种类、氮肥施用方法、作物生长状况、气象条件等。此外，稻田田面水中的藻类白天进行光合作用，可使水的 pH 值显著升高至 8 以上，从而促进氨挥发。在有利于氨挥发的土壤、人为和气象条件下，氨挥发可成为土壤氮素损失的重要途径。

1.9.2　作物的氮素营养

(1) 作物体内氮的含量和分布

作物体内的含氮量约为作物干物质质量的 0.3%~5%，含量的高低因作物种类、器官类型、生育时期不同而异。豆科作物含氮量往往远高于禾本科作物，作物幼嫩器官和种子中含氮量较高，而茎秆尤其是衰老的茎秆含氮量较低。在一定的施氮水平下，稻谷中的含氮量、可溶性氮的含量，均随氮肥用量的增加而提高。氮在作物体内具有较大的移动性，其在作物体内的分布情况，随作物不同生育期及体内的碳、氮代谢而有规律地变化。在作物生育期中，约有70%的氮可以从较老的叶片转移到正在生长的幼嫩器官中被利用；到成熟期，叶片和其他营养器官中的蛋白质等含氮有机物可水解为氨基酸、酰胺并转移到贮藏器官，如种子、果实、块根、块茎等，重新形成蛋白质。

（2）氮的生理功能

氮是蛋白质的重要组成，蛋白质中约含有16%~18%的氮。蛋白质是构成细胞原生质的基本物质，而原生质是作物体内新陈代谢的中心。氮是核酸和核蛋白的成分。核酸存在于所有作物体内的活细胞中。核酸与蛋白质结合而成核蛋白，核酸与蛋白质的合成以及作物的生长发育和遗传变异有着密切的关系。氮是叶绿素的组成成分，叶绿体中的叶绿素 a($C_{55}H_{72}O_5N_4Mg$)和叶绿素 b($C_{55}H_{70}O_6N_4Mg$)的分子中均含有氮，叶绿体是作物进行光合作用的场所。环境中氮素供应水平的高低与叶片中叶绿素的含量呈正相关，叶绿素含量的多少直接影响着光合作用产物的形成。氮是作物体内许多酶的成分。在细胞的可溶性蛋白质中，酶蛋白占相当大的比例，比如 RuBP 羧化酶约占叶细胞可溶性蛋白的50%。氮与酶蛋白形成及其酶促反应紧密联系在一起，从而深刻地影响着作物体内的多种新陈代谢过程，影响着作物体内一系列生物化学反应的进行速度，从而控制作物体内许多重要物质的转化过程。氮是作物体内多种维生素的成分。维生素 B_1($C_{12}H_{17}ON_3S$)、维生素 B_2($C_{17}H_{18}O_6N_4$)和维生素 B_6($C_6H_{11}O_3N$)等分子中均含有氮，它们是辅酶的成分，参与作物的新陈代谢。氮也是一些植物激素的成分，植物生长素和细胞分裂素都含有氮。氮还是 ATP、NAD、NADP、FAD、磷脂和各种生物碱等重要化合物的组成成分。

（3）氮的吸收与利用

作物能吸收利用的氮包括铵态氮、硝态氮、亚硝态氮、分子态氮和某些可溶性含氮有机化合物。在自然生态条件下和农业生产中，高等作物主要吸收铵态氮和硝态氮。铵态氮、硝态氮进入作物体内后，通过参与一些低分子有机氮化合物，如氨基酸、酰胺、胺类化合物的结构，最终进入高分子有机氮化合物，如蛋白质、核酸等组分中。

① 铵态氮的吸收与同化。植物吸收(Adsorption)一个 NH_4^+产生一个 H^+，NH_4^+进入体内后，与谷氨酸或酮酸结合形成酰胺或氨基酸，同时释放出 H^+于土壤溶液中，这就是施用铵态氮肥使土壤变酸的原因，铵离子的同化(Assimilation)过程主要是在根部进行，但它也可以呈苹果酸铵盐形态转移到地上部后被同化。当铵态氮供应充足时，作物吸收较多的铵，这时铵就与谷氨酸和天门冬氨酸合成酰胺，作物体内酰胺的形成具有重要意义。酰胺不仅作为作物体内铵贮存的一种重要形式，可作为各种含氮物质合成时氮的直接来源，而且还可以消除作物体内高含量铵可能引起的游离氨积累过多的毒害作用。因为氨在叶绿体的类囊体膜上使光合磷酸化偶联发生解联，影响 ATP 的形成，使细胞内的许多生理过程受到抑制，其毒害程度主要取决于 pH 值，pH 值高时，氨毒害就严重。

② 硝态氮的吸收与同化。硝态氮由植物主动吸收进入根部细胞后，或者就在根部还原，或者以 NO_3^- 形态通过木质部长距离运输至茎和叶片中被还原。至于 NO_3^- 在根部或茎、叶部还原的比例，则取决于作物的种类、体内碳水化合物的储量和作物 NO_3^- 吸收的数量。硝态氮的还原作用分两步进行，第一步是 NO_3^- 在细胞质中经硝酸还原酶催化还原为 NO_2^-，第二步是 NO_2^- 在叶片的叶绿体或根部的其他细胞中经亚非硝酸还原酶催化还原为 NH_3。由于上述两个反应是连续的，因此不含有明显的亚硝酸的积累。这两个反应也可以归纳为以下简式，即 $NO_3^-+8H^++8e^-\longrightarrow NH_3+2H_2O+OH^-$。该反应所需的能量分别由日光、还原态铁氧还蛋白及植物体内的碳水化合物提供。产物除 NH_3 外，还有 H_2O 和 OH^-。部分 OH^- 可在体内储备，但大部分则通过根部外渗到土壤溶液中，从而使土壤 pH 值升高。

（4）作物氮素营养失调的形态表现

氮在作物生长发育过程中是一个最活跃的元素，在体内的移动性大且再利用率高，并在体内随着作物生长中心的更替而转移。因此，作物对氮素营养的丰欠状况极为敏感，氮的营养失调对作物的生长发育、产量与品质有着深刻的影响。作物缺氮时，蛋白质、叶绿素的形成受阻，细胞分裂减少。因此，作物在不同生育时期表现出不同的缺氮症状，在营养生长期，作物以根、茎、叶生长为中心，因此作物苗期缺氮时，出叶速度慢，叶片小而少，呈浅绿或淡黄色，分蘖、分枝少，根系少而长。当作物进入生殖生长期，以开花结实为中心，因此，这时缺氮时，下部老叶提早枯落，上部叶片生长缓慢，植株矮小，茎秆纤细，纤维素增多，组织老化。缺氮易导致成熟期作物早衰或过早成熟，结实率降低，籽实少、产量低、品质差。当氮素供应过多时，往往导致作物氮素的奢侈吸收。体内过量的氮用于叶绿素、氨基酸及蛋白质的形成，过多地消耗体内的光合产物，减少构成细胞壁所需的原料，如纤维素、果胶等物质形成受阻，细胞壁变薄，机械支持力减弱；体内过多的氮主要以非蛋白质态氮的增加为主，植物组织柔软多汁，使作物容易倒伏和发生病虫危害；体内过多的氮增加细胞内氨基酸的积累，促进细胞分裂素形成，作物长期保持嫩绿，延迟成熟。如禾谷类作物苗期氮营养过剩，出叶迅速，叶色浓绿、多汁，分蘖期长，分蘖多；拔节、孕穗期氮营养过剩，节间拉长，植株徒长，叶片软披，分蘖继续发生，颖花稀疏；氮营养过剩，还会导致作物成熟期灌浆慢，贪青晚熟，成穗率低，结实性差，空秕率增加，千粒重下降，经济产量降低。

1.9.3 常用化学氮肥的种类、性质和施用

氮肥工业一般以空气中的氮气和燃料（煤、石油、天然气）中的氢气为原料，在高温、高压和催化条件下合成氨，再经多种氨加工流程，生产各种商品氮肥。合成氨的基本反应为 $N_2+3H_2\longleftrightarrow 2NH_3$，反应条件为高温、高压、催化剂。合成的氨可直接作氮肥施用，也是加工其他氮肥的基本原料。氨在常温常压是气体，部分理化性质见表 1-9-2。我国的氮肥结构主要为碳酸氢铵氮、尿素氮，含氮肥料包括氯化铵、硝酸铵、磷铵、

硝酸磷肥、硫酸铵、氨水等。对化学氮肥来说，有不同的分类方法。最常用的是按含氮基团进行分类。据此，可以将化学氮肥分为铵(氨)态氮肥、硝态(硝铵态)氮肥、酰胺态氮肥、氰氨态氮肥四类。另外，人们还通过各种物理和化学方法将肥料加工成缓释的长效肥料，这类长效肥料的性质与一般化学肥料有很大的不同。

表 1-9-2　氨的部分理化性质

氨(NH_3)	相对分子质量	含氮量/%	沸点/℃	冰点/℃	液体容重/(g/L)	蒸气容重/(g/L)	气化热/(kJ/g)
性质	17.03	82.0	-33.4	-77.7	637.8(0℃)	0.708(0℃)	4.42(-33.4℃)

(1) 铵(氨)态氮肥

养分标明量为铵盐(氨)形态氮的单质氮肥称为铵(氨)态氮肥。如碳酸氢铵、硫酸铵、氯化铵、氨水、液氨等。它们的共同点是易溶于水，作物能直接吸收利用，肥效快速；肥料中的铵离子解离后能与土壤胶体上的交换态阳离子交换而被吸附在胶粒上，在土壤中移动性不大，不易流失；在碱性环境中易分解释放出氨气，尤其是液态氮肥和不稳定的固态氮肥本身就易挥发，与碱性物质接触后挥发损失加剧；在通气条件良好的土壤中，铵(氨)态氮可进行硝化作用，转化为硝态氮，使化肥氮易遭流失和反硝化损失。

① 碳酸氢铵。碳酸氢铵简称碳铵。是一种无色或白色化合物，呈粒状、板状、粉状或柱状细结晶，干容重 1.57，容重 0.75，易溶于水，0℃时的溶解度为 11%，20℃时为 21%，40℃时为 35%。碳铵是酸式碳酸盐。由于碳酸是一种极弱的酸，常温下氨是一个活泼的气体分子。二者结合生成的碳铵分子极不稳定，即使在常温(20℃)条件下，也很易分解为氨、二氧化碳和水。其反应式为 $NH_4HCO_3 \longrightarrow NH_3\uparrow + H_2O + CO_2\uparrow$。由反应式可见，碳铵分解的过程是一个损失氮素和加速潮解的过程，是造成贮藏期间碳铵结块和施用后可能灼伤作物的基本原因。影响碳铵分解的因素主要是温度和肥料本身的含水量。随着温度的升高，由碳铵分解的 3 个组分，将迅速提高其蒸气分压(表 1-9-3)。10℃时的碳铵蒸汽分压仅为 0.171kPa，占正常大气压 101kPa 的 0.17%，此时碳铵分解很慢。20℃时，碳铵蒸汽分压上升到 0.597kPa，虽比 10℃时增加近 3.5 倍，但碳铵分解仍较慢，30℃时，碳铵蒸汽分压达到 10℃时的 11.3 倍，碳铵开始大量分解。随着温度的进一步提高，碳铵蒸汽分压迅速增加，碳铵剧烈分解。由于碳铵生产过程中不能用常法加热干燥，故碳铵产品常含有吸湿水约 3.5%，高的可达 5.0%。较高的水分含量导致碳铵潮解、结块，敞开时加速其挥发。一般来说，碳铵水分含量<0.5%称干燥碳铵，常温下不易分解；含水量<2.5%时分解较慢；若含水量>3.5%，分解明显加快。农用碳铵的含水量一般控制在 3.5%以下。碳铵结晶体的粒度，由于影响其表面积和吸湿水含量，因此也能明显影响其分解挥发(表 1-9-4)。

表 1-9-3　不同温度下碳铵的蒸汽分压

温度/℃	蒸汽分压/kPa	温度/℃	蒸汽分压/kPa
10	0.171	40	5.69
20	0.597	50	42.70
30	1.930	60	101.00

表 1-9-4　不同粒度碳铵的分解挥发（20℃±5℃）

结晶粒度/mm	不同放置天数后碳铵的分解失重/%			
	3	5	7	10
>0.9	1.5	4.5	9.5	20.0
0.85	2.0	6.0	13.5	26.5
0.45	2.0	7.5	18.0	34.5
<0.18	5.0	14.0	34.0	62.0

虽然碳铵的化学性质不稳定，但其农化性质较好。碳铵是无酸根残留的氮肥，其分解产物氨、水、二氧化碳都是作物生长所需要的，不产生有害的中间产物和终产物，长期施用不影响土质，是较安全的氮肥品种之一。碳铵施入土壤后很快电离成铵离子和重碳酸根离子，铵离子很容易被土粒吸附，不易随水移动。因此，只要碳铵能较完全地接触土壤，被土粒充分吸附，则施用后的挥发并不比其他氮肥明显得高。有些条件下，如在石灰性土壤上，深施后还可能比其他氮肥具有更好的作用效果。目前人们广泛采用加入添加剂、机械压粒及化学改性等多种方法提高产品质量。机械压粒是将细晶状碳铵压成粒重约 1g 的颗粒状，可减少表面积，降低分解挥发程度。化学改性是指在碳铵产品中加入一定量的磷酸铵和氧化镁，使其发生反应以吸收碳铵中的吸湿水，形成磷酸镁铵，使产品稳定和干燥。改性碳铵可较长期存放而不致结块，田间肥效亦高于普通碳铵，并可作为生产三元复合肥的原料。碳铵的合理施用原则和方法一直在不断发展，施用时应掌握不离土、不离水的施肥原则。把碳铵深施覆土，使其不离开水土，这样有利于土粒对肥料铵的吸附保持，持久不断地对作物供肥。深施的方法包括作基肥铺底深施、全层深施、分层深施，也可作追肥沟施和穴施。其中，结合耕耙作业将碳铵作基肥深施，较方便而省工，肥效较高而稳定，推广应用面积最大。

② 硫酸铵。硫酸铵肥料主要成分的分子式为$(NH_4)_2SO_4$，简称硫铵，俗称肥田粉。硫酸铵肥料施入土壤以后，很快地溶于土壤溶液并电离成铵离子和硫酸根离子。由于作物对营养元素吸收的选择性，吸收铵离子的数量多于硫酸根的数量，在土壤中残留较多的硫酸根离子，与氢离子（来自土壤或根表面铵的交换或吸收）结合，使土壤变酸。肥料中离子态养分经植物吸收利用后，其残留部分导致介质酸度提高的肥料称之为生理酸性肥料。硫酸铵肥料中的硫酸根在还原性较强的土壤上可通过生物化学过程还原为硫化氢，硫化氢可侵入作物根细胞，使根变黑，部分乃至全部丧失吸收功能。当土壤中有较多的亚铁离子存在时，由于亚铁离子可与硫化氢形成硫化亚铁沉淀，而作为硫化氢的解毒剂。当然，如果在根内输导组织中形成硫化亚铁沉淀则同样会阻碍作物根系的吸收。除还原性很强的土壤外，硫酸铵适用于在各种土壤和各类作物上施用。可作基肥、追肥、种肥。作基肥时，不论旱地或水田宜结合耕作进行深施，以利保肥和作物吸收利用，在旱地或雨水较少的地区，基肥效果更好。作追肥时，旱地可在作物根系附近开沟条施或穴施，干、湿施均可，施后覆土。硫酸铵较宜于作种肥，注意控制用量，以防止对种子萌发或幼苗生长产生不良影响。

③ 氯化铵。氯化铵肥料主要成分的分子式为 NH_4Cl，简称氯铵。氯化铵肥料可以

直接由盐酸吸收氨制造，但其主要来源则是作为联碱工业的联产品。氯铵中的氯根来自食盐，铵离子来自碳酸氢铵。生产过程的总反应式为 $NaCl+NH_4HCO_3 \longrightarrow NaHCO_3+NH_4Cl$。每生产 1t 纯碱，可联产约 1t 氯铵。氯铵施入土壤后，遇水很快电离成铵离子和氯根，铵离子被土壤胶体吸附，氯根则与被交换出来的阳离子生成水溶性化合物。在酸性土壤中，氯根与被交换下来的氢离子结合生成盐酸，使土壤溶液酸性加强。在中性或石灰性土壤中，氯铵与土壤胶体作用生成氯化钙。氯化钙易溶于水，在雨季及排水良好的地区可被淋洗流失，可能造成土壤胶体品质下降。而在干旱地区或排水不良的盐渍土壤中，氯化钙在土壤溶液中积累，造成溶液盐浓度增高，也不利于作物生长。氯铵在土壤中的硝化作用比硫铵慢，这是由于氯铵肥料中含有的大量氯根对硝化作用具有明显的抑制作用。这就使得氯铵中的铵态氮的硝化流失减少。氯铵不像硫铵那样在强还原性土壤上会还原生成有害物质，因而施用于水田的效果往往比硫铵更好、更安全。但由于其副成分氯根比硫酸根具有更高的活性，能与土壤中二价、三价阳离子形成可溶性物质，增加土壤中盐基离子的淋洗或积聚，长期施用或造成土壤板结，或造成更强盐渍化。因此，在酸性土壤上施用应适当配施石灰，在盐渍土上应尽可能避免大量施用，氯铵不宜作种肥，以免影响种子发芽及幼苗生长。此外，诸如马铃薯、亚麻、烟草、甘薯、茶等作物为明显的“忌氯”作物。施用氯铵肥料能降低作物块根、块茎的淀粉含量，影响烟草的燃烧性与气味，降低亚麻、茶叶产品品质等。

④ 氨水。氨水肥料主要成分的分子式为 NH_4OH 或 $NH_3 \cdot H_2O$，含氮 12%~16%，作为副产品的氨水含氮量可能更低。氨水是液体肥料，呈强碱性，并有强烈的腐蚀性，除挥发性强之外，还有渗漏问题。旱地施用氨水无论作基肥或是追肥都应开沟深施，并兑水稀释数倍，以免灼伤植物，水田淌灌，亦可在水稻插秧前结合旋耕犁耕将氨水施入田中。储运过程中，应注意防挥发、防渗漏、防腐蚀。

⑤ 液氨。液氨又称液体氨，是将氨气压缩为液态直接作肥料施用。液氨肥料有效成分的分子式为 NH_3，含氮率高达 82%，是含氮率最高的氮肥品种。

（2）硝态氮肥与硝铵态氮肥

养分标明量为硝酸盐形态的氮肥为硝态氮肥。比如硝酸铵、硝酸钙等。养分标明量为硝酸盐和铵盐形态的氮肥称为硝铵态氮肥。比如硝酸铵。其共同点是易溶于水，速效，吸湿性强，易结块；硝酸根离子不能被土壤胶体吸附，在土壤溶液中易随水移动；在土壤中，硝酸根可经反硝化作用转化为游离的分子态氮（氮气）和多种氧化氮气体（NO、N_2O 等）而丧失肥效；多数硝态氮肥能助燃或本身就易燃易爆，在储运过程中应注意安全。

① 硝酸铵。硝酸铵肥料简称为硝铵，其有效成分分子式为 NH_4NO_3，硝铵是当前世界上的一个主要氮肥品种。工业上生产硝铵是将合成氨在高温、高压及铂催化条件下生成硝酸，再由硝酸吸收铵生成硝铵。硝铵肥料施入土壤后，很快溶解于土壤溶液中，并电离为移动性较小的铵离子和移动性很大的硝酸根离子。由于二者均能被作物较好地吸收利用，因此硝铵是一种在土壤中不残留任何成分的氮肥，属于生理中性肥料。由于硝酸根较大的移动性，除特殊情况外，一般不将硝铵作基肥和雨季追肥施用。硝酸铵作旱地追肥效果较好。硝酸铵适用于各类土壤和各种作物，但不宜用于水田。

硝铵不宜作种肥，因为其吸湿溶解后盐渍危害严重，影响种子发芽及幼苗生长。出于储运与施用安全的考虑，以及硝态氮的水解及食物污染问题，有些国家明确控制硝态氮肥的施用范围与数量。硝铵的改性是改善其吸湿性和防止燃爆危险的重要途径。最重要的硝铵改性氮肥是硝酸铵钙和硫硝酸铵。硝酸铵钙又名石灰硝铵，其主要成分NH_4NO_3、$CaCO_3$，含氮率约20%，其加工方法是将硝铵与碳酸钙混合共熔而成。硫硝酸铵则由硝铵(74%左右)与硫铵(26%左右)混合共熔而成，或由硝硫酸混合后吸收氨，结晶、干燥成粒而成。

② 硝酸钠。硝酸钠又名智利硝石，因盛产于智利而闻名。除天然矿藏外，硝酸钠也可利用硝酸进行加工生产。其有效成分分子式为$NaNO_3$。硝酸钠含氮量为15%~16%，商品呈白色或浅色结晶，易溶于水，10℃时溶解度为96g/100g，20℃临界吸湿点为相对湿度74.7%，比硝铵稳定。国外长期将硝酸钠施用于烟草、棉花等旱作物上，肥效较好。对一些喜钠作物，如甜菜、菠菜等肥效常高于其他氮肥。

③ 硝酸钙。硝酸钙常由碳酸钙与硝酸反应生成，也是某些工业流程(如冷冻法生产硝酸磷肥)的副产品。其有效成分分子式为$Ca(NO_3)_2$。硝酸钙在作物吸收过程中表现出较弱的碱性，但由于含有充足的钙离子并不致引起副作用，故适用于多种土壤和作物。含有19%的水溶性钙对蔬菜、果树、花生、烟草等作物尤其适宜。

(3) 酰胺态氮肥

养分标明量为酰胺形态氮的氮肥称为酰胺态氮肥(Amide Nitrogen Fertilizer)，如尿素(Urea)。尿素是人工合成的第一个有机物，但它广泛存在于自然界中，如新鲜人粪中含尿素0.4%。尿素肥料的有效成分分子式为$CO(NH_2)_2$，化学上又称之为脲。尿素易溶于水，20℃时的溶解度为105g/100g，比硫铵高出一倍。尿素为中性有机分子，在水解转化前不带电荷，不易被土粒吸附，故很易随水移动和流失。尿素一经施入土壤，在脲酶催化作用下即开始水解。脲酶由多种土壤微生物所分泌，也广泛存在于多种植物体内。脲酶数量及其活性常与土壤有机质含量高低有密切关系。表土中脲酶比心土和底土中多。尿素水解的反应式为$CO(NH_2)_2+H_2O \longrightarrow (NH_4)_2CO_3$、$(NH_4)_2CO_3 \longrightarrow 2NH_3\uparrow+H_2O+CO_2\uparrow$。尿素水解速度与土壤酸度、温度、湿度以及土壤类型、熟化程度及施肥方式等有关。湿度适宜时，气温越高水解速率越大。作物根系可以直接吸收尿素分子，但数量不大。施入土壤的尿素主要以水解后形成的铵和硝化后的硝态氮形态被吸收。因而，尿素施入土壤后表现出的许多农化性质与碳铵相类似。尿素水解后由于生成了氨气，氨挥发损失成为氮素损失的重要途径。尿素可用作基肥和追肥。因其供应养分快、养分含量高、物理性状好，尤其适合于作追肥施用，有条件时，追肥同样要强调深施，至少要保证能以水带肥，以减少肥料损失数量。尿素以中性反应的分子态溶于水，水溶液离子强度较小，直接接触作物茎叶不易发生危害；尿素分子体积小，易透过细胞膜进入细胞，有利于作物吸收、运输；尿素进入叶内，引起细胞质壁分离的情况很少，即使发生，也容易恢复。由于尿素的这些特点，使其作为根外追肥特别合适。尿素作根外追肥时的浓度一般为0.5%~2.0%，因不同作物而异(表1-9-5)。根外追施尿素肥料宜在早晨或傍晚，喷施液量取决于植株大小、叶片状况等。一般隔7~10天喷一次，共喷2~3次。作根外追施的尿素肥料的缩二脲含量一般不得超过

0.5%，尤其是幼苗期作物对其较敏感，受缩二脲危害的叶片叶绿素合成障碍，叶片上出现失绿、黄化甚至白化的斑块或条纹。

表 1-9-5 几种作物喷施尿素的参考浓度

作物种类	建议喷施浓度/%
稻、麦、禾本科牧草	2.0
黄瓜	1.0~1.5
萝卜、白菜、菠菜、甘蓝	1.0
西瓜、茄子、甘薯、花生、柑橘	0.4~0.8
桑、茶、苹果、梨、葡萄	0.5
柿子、番茄、草莓、温室黄瓜及茄子、花卉	0.2~0.3

氰氨化钙，俗称石灰氮，也是一种有机氮肥，其主要成分分子式为 $CaCN_2$，含氮率约为 20%~22%。氰氨化钙施入土壤后发生水解，水解过程的产物是尿素，故也有人将氰氨化钙肥料归入酰胺态氮肥。氰氨化钙除用作肥料外，尚可用作除莠剂、杀虫剂、杀菌剂、脱叶剂及在血吸虫防治上作杀灭钉螺等用。

（4）缓释氮肥

缓释氮肥(Slow-Release Nitrogen Fertilizer)又称长效氮肥，是指由化学或物理法制成能延缓养分释放速率，可供植物持续吸收利用的氮肥。如脲甲醛、包膜氮肥等。这类肥料有如下优点，即降低土壤溶液中氮的浓度，减少氮的挥发、淋失及反硝化损失；肥效缓慢，能在一定程度上满足作物全生育期对氮素的需要；可以减少施肥次数而一次性大量施用不致出现烧苗现象，减少了部分密植作物后期田间追肥的麻烦。一般将长效氮肥分为合成的有机长效氮肥、包膜氮肥两类。

①合成有机长效氮肥。合成有机长效氮肥(Organic Slow-Release Nitrogen Fertilizer)主要包括尿素甲醛缩合物、尿素乙醛缩合物以及少数酰按类化合物。脲甲醛代号 UF，是以尿素为基体加入一定量的甲醛经催化剂催化合成的一系列直链化合物，其反应式为 $H_2NCOH_2N+HCHO \longrightarrow H_2NCONHCH_2OH$(一甲撑胺)、$H_2NCONH_2+H_2NCONHCH_2OH \longrightarrow H_2NCONHCH_2NHCONH_2+H_2O$(一甲撑二胺)、$H_2NCONHCH_2NHCONH_2+H_2NCONHCH_2OH \longrightarrow H_2NCONHCH_2NHCONHCH_2NHCONH_2+H_2O$(二甲撑三胺)。可见，脲甲醛的主要成分为直链甲撑的聚合物，含尿素分子2~6个，为白色粒状或粉状的无臭固体，其成分依尿素与甲醛的摩尔比(U/F)、催化剂及反应条件而定。脲甲醛的全氮含量、冷水溶性氮、冷水不溶性氮和热水不溶性氮及氮素活度指数见表 1-9-6，其溶解度与直链长短有关，一般短链聚合物较长链聚合物溶解度大，不同链长聚合物的适当比例决定着其施入土壤后的溶解、释放速率。其中，【氮素活度指数】=[(【冷水不溶性氮】-【热水不溶性氮】)/【冷水不溶性氮】]×100。脲甲醛施入土壤后，虽可能有一部分化学分解作用，但主要是依靠微生物分解释放，不易淋溶损失。适宜条件下微生物对脲甲醛的水解过程如下，即脲甲醛水解为尿素与甲醛，尿素继续水解为氨、二氧化碳等供作物吸收利用，而甲醛则留在土壤中，在它未挥发或分解之前，对作物和微生物生长均有副作用。脲甲醛施入土壤后矿化速率与尿素和甲醛的摩

尔比(U/F)、活度指数、土壤温度、土壤 pH 值以及影响微生物活动的其他条件有关。当 U/F<1 时，脲甲醛在土壤中几乎不发生分解；U/F 在 1.2~1.5 之间，脲甲醛在土壤中可以逐步矿化。U/F 在 1.6~3.0 之间，脲甲醛在土壤中矿化较快，但过多的尿素投料，使产品失去长效性特征，还会造成产品易吸潮、结块。

表 1-9-6 脲甲醛的组分及性质

U/F	全氮		冷水溶性氮/%	冷水不溶性氮/%		热水不溶性氮/%	氮素活度指数(AI)
	理论值	测定结果		按残渣(干)计算	按原量计算		
1.00	37.0	36.7	0.39	37.5	37.3	34.5	7.5
1.20	38.0	—	3.8	38.0	31.0	25.2	18.7
1.25	38.2	38.4	6.5	38.0	31.0	19.1	38.3
1.30	38.4	38.8	8.4	38.3	26.8	15.9	40.7
1.40	38.0	37.1	11.8	38.5	26.6	13.5	49.2
1.50	40.0	39.7	19.0	38.6	18.6	5.7	69.4

脲乙醛代号 CDU，又名丁烯叉二脲，由乙醛缩合为丁烯叉醛，在酸性条件下再与尿素结合而成。脲乙醛为白色粉状物，含氮量为 28%~32%，溶点为 259~260℃。该肥料产品在土壤中的溶解与温度及酸度密切相关。随着土壤温度的升高和土壤溶液酸度的增加，其溶解度增大。20℃时在水中的溶解度为 0.06g/100g，而在 3%硫酸溶液中溶解度为 4.3g/100g。因此，脲乙醛在酸性土壤上的供肥速率大于在碱性土壤上的供肥速率。脲乙醛在土壤中分解的最终产物是尿素和 β-羟基丁醛，尿素进一步水解或直接被植物吸收利用，而 β-羟基丁醛则被土壤微生物氧化分解成 CO_2 和水，并无残毒。

脲异丁醛代号为 IBDU，又名异丁叉二脲，是尿素与异丁醛缩合的产物。脲异丁醛肥料为白色颗粒状或粉状，含氮率在 31%左右，不吸湿，水溶性很低。在室温下，100g 水的溶出物中只含有 0.01~0.1g 氮。在土壤中，则较容易在微生物作用下水解为尿素和异丁醛，环境中较高的温度和较低的 pH 值有利于这种水解作用。脲异丁醛具有如下优点，即水解产物异丁醛易分解，无残毒；生产脲异丁醛的重要原料异丁醛是生产 2-乙基己醇的副产品，廉价易得；脲异丁醛是脲醛缩合物中对水稻最好的氮肥品种，其肥效相当于等氮量水溶性氮肥的 104%~125%；热水不溶性氮仅 0.9%，其利用率比脲甲醛大一倍；施用方法灵活，可单独施用，也可作为混合肥料或复合肥料的组成成分。可以按任何比例与过磷酸钙、熔融磷酸镁、磷酸氢二铵、尿素、氯化钾等肥料混合施用。

草酰胺代号为 OA。过去是用草酸与酰胺进行合成，成本太高。现在以塑料工业的副产品氰酸作原料，用硝酸铜作接触剂，在常压低温(50~80℃)下直接合成，成本较低，成品纯度可达到 99%。草酰胺肥料产品呈白色粉状或粒状，含氮率为 31%左右。室温下，100g 水中约能溶解 0.02g 草酰胺，但一旦施入土壤，草酰胺则较易水解生成草胺酸和草酸，同时释放出氢氧化铵。其反应式为 $NH_2COCONH_2+2H_2O\longrightarrow NH_2COCOOH+NH_4OH$、$NH_2COCOOH+2H_2O\longrightarrow HOCOCOOH+NH_4OH$。草酰胺对玉米的肥效与硝酸铵相似，呈粒状时养分释放减慢，但快于脲醛肥料。

② 包膜缓释氮肥。包膜缓释氮肥(Coated Slow-Release Nitrogen Fertilizer)是指以降

低氮肥溶解性能和控制养分释放速率为主要目的在其颗粒表面包上一层或数层半透性或难溶性的其他薄层物质而制成的肥料，如硫黄包膜尿素等。常采用的包膜材料有硫黄、树脂、聚乙烯、石蜡、沥青、油脂、磷矿粉、钙镁磷肥等。包膜肥料制造方法简单，比较成熟的产品主要有硫衣尿素、塑料胶膜包衣硝铵、沥青石蜡包衣碳铵、钙镁磷肥包衣碳铵等。包膜肥料主要是通过膜孔扩散、包膜逐渐分解以及水分透过包膜进入膜内膨胀使包膜破裂等过程释放出养分。

硫黄包膜尿素(Sulfur Coated Urea)代号SCU，简称硫包尿素。包膜的主要成分除硫黄粉外，还有胶结剂和杀菌剂。在硫包膜过程中胶结剂对密封裂缝和细孔是必需的，而杀菌剂则是为了防止包膜物质过快地被微生物分解而降低包膜缓释作用。硫包尿素的含氮率范围在10%~37%，取决于硫膜的厚度，一般通过调节硫膜的厚度可改变其氮素释放速率。硫包尿素只有在微生物的作用下，使包膜中的硫逐步氧化，颗粒分解而释放氮素。硫被氧化后，能产生硫酸，从而导致土壤酸化，即 $2S+3O_2+2H_2O \longrightarrow 2H_2SO_4$。较大量的 SO_4^{2-} 在通透性很差的水田中可能被还原，产生硫化氢，对水稻产生毒害作用。因此，在囊水水稻田中不宜大量施用硫包膜尿素肥料。硫包膜尿素肥料中氮的释放速率与土壤中微生物的活性有较密切的关系，凡是对微生物活动有影响的因素均对该肥料的释放速率会产生影响。其中，温度是一个比较活跃的因子，较高的土壤温度有利于加快硫包尿素的供氮速率。由于硫氧化后可形成硫酸，硫包尿素作为盐渍化土壤上的氮素来源是有益的，它在阻止盐渍土脱盐过程中pH值升高方面起着积极作用。

塑料包膜氮肥是用合成塑料(聚乙烯、醋酸乙烯酯等)包膜的长效氮肥，其可减缓水溶性氮肥进入土壤溶液的速率。用塑料包膜的氮肥主要有尿素、硝铵、硫铵等。采用特殊工艺可以使包膜上含有一定大小与数量的细孔，这些细孔具有微弱而适度的透水能力。当土壤温度升高、水分增多时，肥料将逐渐向作物释放氮素。塑料包膜肥料不会结块也不会散开，可以与种子同时进入土壤，这将在很大程度上节省劳力。根据不同土壤、气候条件和作物营养阶段特性控制包膜的厚度或选择不同包膜厚度肥料的组合，即可较好地满足整个作物生长期的氮素养分供应。

长效碳酸氢铵(Lasting Ammonium Bicarbonate)又称长效碳铵。在碳铵粒肥表面包上一层钙镁磷肥。在酸性介质中钙镁磷肥与碳铵粒肥表面起作用，形成灰黑色的磷酸镁铵包膜。这样既阻止了碳铵的挥发，又控制了氮的释放，延长肥效。包膜物质还能向作物提供磷、镁、钙等营养元素。由于长效碳铵物理性状的改良，使其便于机械化施肥。制造长效碳铵的工艺流程如下，将碳铵粉与白云石熟粉掺混→用对辊式造粒机压制粒肥→将粒肥滚磨刨去棱角→粒肥表面酸化→酸化粒肥成膜→封面→扑粉→制得黑色核形颗料状成品。如生产含碳铵73%、白云石熟粉4%、水分3%、膜壳20%的长效碳铵，其养分含量为氮11%~12%，全磷1.0%~1.5%。由于膜壳致密、坚硬，不溶于水而溶于弱酸，这样就使长效碳铵在作物根际释放较快，而在根外土壤中释放较慢成为可能。长效碳铵主要是气态从膜内逸出，因此封面料、温度以及淹水等条件都会影响长效碳铵的释放速率。封面料用量多，释放慢；温度升高，释放速率增大；在淹水土壤中比旱地土壤中释放慢。

除了硫黄包膜尿素、塑料包膜氮肥、长效碳铵等包膜长效氮肥外，还有一种高效涂层氮肥。即在尿素颗粒表面喷涂含有少量氮、钾、镁及微量元素的混合液，使尿素的释放速率减慢，高效涂层氮肥呈黄色小粒状，与普通尿素相比，具有释放氮素平稳、肥效稳长、氮肥利用率较高等特点。

目前，还有人在继续致力于研究开发专用复合控释肥料，如果能达到预期目标，则有望生产出一种更为灵活、实用的长效肥料新品种。

（5）氮肥的合理分配与施用

在作物生产过程上，由于氮肥对作物产量的调控能力最强，因此使用量最大、使用次数最频繁。氮肥施入土壤后的转化比较复杂、涉及化学、生物化学等许多过程。不同形态氮素的相互转化造成了肥料氮在土壤中较易发生挥发、逸散、流失，不仅造成经济上的损失，而且还可能污染大气和水体。因此，氮肥的合理分配与施用就越显重要。

① 氮肥的合理分配。氮肥的合理分配主要依据土壤条件、作物氮素营养特性及氮肥本身的特性确定。土壤酸、碱性是选用氮肥的重要依据。碱性土壤应选用酸性和生理酸性肥料，有利于通过施肥改善作物生长的土壤环境，也有利于土壤中多种营养元素对作物有效性的提高。盐碱土应注意避免施用能大量增加土壤盐分的肥料，以免对作物生长造成不良影响。在低洼、囊水等易出现强还原性的土壤上，不应分配硫酸铵等含硫肥料，以防止硫化氢等有害物质的生成，在水田中也不宜分配硝态氮肥，以防止随水流失或反硝化脱氮损失。

土壤氮素养分供应水平及其他养分供应水平也是氮肥分配的重要依据。不同作物种类对氮肥的需要数量是大不相同的。一般来说，叶菜类尤其是绿叶菜类、桑、茶、水稻、小麦、高粱、玉米等作物需氮较多，应多分配氮肥。而大豆、花生等豆科作物，由于有根瘤，可以进行共生固氮，只需在生长初期施用少量氮肥。甘薯、马铃薯、甜菜、甘蔗等淀粉和糖类作用一般只在生长初期需要充足的氮素供应，形成适当大小的营养体，以增强光合作用，而在生长发育后期，氮素供应过多则会影响淀粉和糖分的积累，反而降低产量和品质。同种作物的不同品种之间也存在着类似的差异。耐肥品种，一般产量较高，需氮量也较大；耐瘠品种，需氮量较小，产量往往也较低。

② 氮肥施用量的确定。生产、科研实践证明，随着氮肥施用量的增加，氮肥的利用率和增产效果逐渐下降。一些经济发达的地区由于过量施用氮肥而造成的经济损失和环境质量破坏已达到非常严重的地步，恢复和重建其良好生态系统将要付出极其沉重的代价。

③ 提高氮肥利用率。氮素损失直接减少了土壤中作物可利用态氮量，降低氮肥的增产作用。离开土壤中作物根系密集层的氮素以不同形态进入水体或大气，造成环境污染。因此采用各种技术措施减少氮素损失，是农业氮素管理的中心任务之一。为了减少氮素损失，应根据氮素在土壤中的主要理化、生化、农化行为遵循如下原则，即严格控制氮肥的主要损失途径；提高氮肥利用率的措施，除了平衡施肥、正确推荐氮肥施用量和施肥时期之外，还可以包括两类：一是采用更适宜的田间管理技术，二是在化学氮肥中添加特殊化学物质。使用脲酶抑制剂可以提高尿素肥料利用率；使用硝化抑制剂(又称氮肥增效剂)可以在一定程度上抑制硝化速率，减缓铵态氮向硝态氮的转化，从而减少氮素的反硝化损失和硝酸盐的淋溶损失，并可能减少果蔬等作物中硝

酸盐的积累。缓释肥料的使用在多数情况下也可以提高肥料中氮的利用率，这是由于缓释肥料中的溶解速率较慢，不会引起强烈的挥发和流失作用，从而保证肥料中的氮被作物充分吸收利用。发展喷灌、微灌、滴灌施肥(主要是氮肥)是提高氮肥利用率最有效的方法，也是现代化农业发展的方向。常见的硝化抑制剂有2-氯-6-三氯甲基吡啶(CP)、脒基硫脲(ASU)、1,2,4-三唑盐酸盐(ATC)和双氰胺(DCD)等。

1.10 土壤中的磷素与钾素

1.10.1 土壤的磷素营养

(1) 土壤中磷的形态与含量

① 土壤全磷。自然土壤中全磷含量主要取决于成土母质类型、风化程度和土壤中磷的淋出情况。在耕地土壤中，全磷含量还受到人为因素如耕作、施肥等过程的影响。大部分成土母岩的全磷含量在500~1400mg/kg之间，平均在1000~1200mg/kg之间，从世界范围来看，土壤全磷含量大体在200~5000mg/kg范围内，平均500mg/kg，我国土壤的全磷含量大部分变化在200~1100mg/kg之间。表1-10-1列出了几个国家土壤耕层的全磷含量，可见我国土壤全磷含量较高，这就是为什么人们目前在施磷的同时更要注意活化土壤本身的磷的原因。一般来说，随着风化作用的进行，土壤全磷含量呈下降趋势。比如我国从北向南，土壤全磷含量有降低趋势(表1-10-2)。需要指出的是，全磷含量已经受到耕作与施肥的巨大影响，区域性土壤积累高量的全磷完全是可能的，只要土壤磷素平衡处于有盈余的情况下，必然会造成全磷的积累，磷在土壤中的淋失是很少的。通常情况下，土壤全磷含量只是反映土壤磷的贮备情况，它和土壤有效磷供应之间相关性并不好。当然，如果土壤全磷含量很低，作物缺磷的可能性则更大。

表1-10-1 世界上几个国家土壤的全磷含量 mg/kg

国家	中国	澳大利亚	英国	加纳(草原)	美国	西非(热带稀树干草原)
标本数	8906	2217	—	67	863	503
全磷含量	717	350	700	134	420	140

表1-10-2 我国土壤全磷含量和土壤风化程度

土壤	风化程度	地区	母质	全磷含量/(mg/kg)
砖红壤	↑	广东、海南	花岗岩等	130~260
红壤及红壤性水稻土		江西、湖南	第四纪黏土等	170~360
黄棕壤		江苏	下蜀黄土	220~520
黄潮土		华北平原	黄土性沉淀物	430~960
黑土、白浆土		黑龙江、吉林	黄土性沉淀物	610~1500
风蚀漠境土		新疆	古冲积物	1000~1100

② 土壤溶液磷。土壤溶液中的磷是植物最直接的磷源。除此之外的土壤磷一般须先进入土壤溶液，然后才能被作物吸收。因此，土壤溶液中磷的浓度常用来表征土壤供磷能力。土壤溶液中的磷主要是以 HPO_4^{2-} 和 $H_2PO_4^-$ 形态存在，其相对数量取决于溶液的 pH 值。在 pH 值为 7.2 时，HPO_4^{2-} 与 $H_2PO_4^-$ 各占一半。我国南方土壤 pH 值多呈酸性，故溶液中多以 $H_2PO_4^-$ 离子形态为主；而北方土壤多为碱性、石灰性，溶液中磷多以 HPO_4^{2-} 形态存在。土壤溶液中除磷酸根离子外，还有或多或少的有机磷化合物，尤其是在土壤有机质含量较高的土壤中更是如此。这些可溶性有机磷化合物在一定程度上也可以被作物根系吸收利用。尽管如此，作物对磷的主要吸收形态仍是无机态离子。土壤溶液中的磷含量往往是很低的，无论是酸性、中性还是石灰性土壤上都是如此。我国太湖地区土壤溶液中磷的浓度为 0.03~0.09mg/L。美国中西部土壤溶液为 0.02~0.12mg/L，平均为 0.05mg/L。通常认为，土壤溶液中磷的浓度小于 0.03mg/L 时，作物就显磷营养不足。事实上，土壤溶液中磷是远远不能满足一季作物对磷的需要的。换言之，作物在吸收土壤溶液中磷的同时，土壤中其他形态的磷或磷肥需不断补充溶液中被作物吸收移走的磷，这一磷量相当于土壤溶液中现有磷量的 100~200 倍。在其他形态(固相)磷不断补充的条件下，不同作物对土壤溶液浓度的要求有所不同，因此把可以满足作物最高产量 95%需要的土壤溶液磷浓度定为临界浓度。几种主要农作物的磷临界浓度见表 1-10-3。从表 1-10-3 中可以看出，不同作物要求的土壤溶液磷的临界浓度是很不一致的，因为不同作物根系的大小以及其生长吸收速率相距甚远。同种作物在不同类型土壤上，这一临界浓度也相差很大，表 1-10-3 中的大麦即如此。

表 1-10-3　作物要求土壤溶液磷浓度的临界值　　mg/L

作物	水稻	小麦	玉米	大豆	花生	大麦	马铃薯	高粱	番茄	卷心菜	莴苣
临界浓度	0.10	0.30	0.06	0.20	0.01	0.10(黏土) 0.35(细沙壤土)	0.20	0.06	0.20	0.04	0.40

③ 土壤无机态磷。无机态磷是土壤磷的主体。多数情况下，无机态磷可占旱地土壤全磷量的 70%以上。在水稻土中有机磷的比例略高，可占 55%~70%。

土壤无机磷矿物最早被鉴定出来的是磷灰石，它以粒状矿物存在于土壤的沙和粉沙部分，或者包裹于土壤石英矿物之外。磷灰石风化产生的各种次生含磷矿物，也有不少被确认，如在高度风化的土壤中发现了磷钡铝矿[$BaAl_3(PO_4)_2(OH)_5 \cdot H_2O$]、磷铝铈石[$CeAl_3(PO_4)_2(OH)_6$]、纤磷钙铝石[$CaAl_3(PO_4)_2(OH)_5 \cdot H_2O$]和水磷铝铅石[$PbAl_3(PO_4)_2(OH)_5 \cdot H_2O$]等一系列含磷矿物。在还原条件下的泥炭和埋藏冲积物中发现有蓝铁矿[$Fe_3(PO_4)_2 \cdot 8H_2O$]存在。在美国还发现部分土壤中有银星石[$Al_8(OH)_3(PO_4)_2 \cdot 5H_2O$]存在等。此外，土壤中还发现磷钇矿[$Y(PO_4)$]、独居石[$Ce(PO_4)$]和绿磷铁矿[$Fe_4(PO_4)_3(OH)_5 \cdot 2H_2O$]等含磷矿物的存在。

在耕地土壤中，由于长期使用磷肥而形成各种含磷化合物。土壤中含磷化合物的种类和性质极其复杂，直接鉴定比较困难，因而，不少学者提出了粗略区分土壤中无机磷素形态的分级方法，其中被广泛采用的是张守敬等人提出的分级方法，把土壤无机磷分为水溶磷、松结合态磷、铝结合态磷(Al-P)、铁结合态磷(Fe-P)、包蔽态或闭蓄态磷(O-P)和磷酸钙盐(Ca-P)。蒋柏藩等人提出把磷酸钙盐进一步区分为3级，即Ca_2-P(磷酸二钙为主)、Ca_8-P(磷酸八钙为主)和Ca_{10}-P(磷灰石型)。这不仅使钙盐在化学性质上更加清楚，对阐明土壤磷有效性也十分有益。

不同土壤中无机磷的有效性有所不同。石灰性土壤的有效磷水平主要与Ca_2-P、Ca_8-P和Al-P有显著相关，其次是Fe-P和Ca_{10}-P，与O-P几乎没有什么关系，水稻土磷素形态的一个重要特征是在无机磷中闭蓄态磷和铁结合态磷在数量上占有重要地位，铁结合态磷是作物磷营养的主要补给来源，尽管铝结合态磷也是有效的，但其数量相对较少，而闭蓄态磷只在强烈还原条件下才可能释放。在酸性旱地土壤上，磷的形态分布有如下次序，即(O-P)>(Fe-P)>(Al-P)≈(Ca-P)，在耕种良好或者使用石灰条件下，土壤中Ca-P的数量增加。一般认为，Al-P是酸性旱地土壤中对作物磷营养贡献最大的部分，尽管其在数量上少于Fe-P。不过，Fe-P、Ca-P也都与作物产量有较好的相关性，而O-P则基本无效。

④ 土壤有机磷。从世界范围看，土壤有机磷占全磷的比例多在15%~80%。我国土壤有机磷一般占20%~50%，但在森林和草原植被下发育的土壤也有占50%~80%的。土壤有机磷常与土壤有机质含量之间有良好的线性关系，土壤中的有机磷化合物一般可区分为3类，即肌醇磷酸盐、核酸和磷脂。但是已知的有机磷化合物大概只占土壤有机磷总量的一半左右。关于我国土壤有机磷形态的研究不多，在某些水稻土中，肌醇磷酸盐可占59.7%。土壤中的肌醇磷酸盐包括一系列酯类磷酸盐，从肌醇-磷酸到肌醇六磷酸。土壤中较多存在的是五磷酸盐和六磷酸盐，六磷酸盐称为植酸，即六元环上每个碳原子上接一个$H_2PO_4^-$基团。植酸的钙镁盐称为植素。原来认为这一类化合物仅来自高等植物残体，但近来认为它也是微生物活动的产物。核酸广泛存在于生物细胞中，在微生物分解动植物残体时也可以合成。核酸包括RNA与DNA两类，在土壤中的矿化率远大于肌醇磷酸盐类。因而其含量远低于肌醇磷酸盐，通常小于土壤有机磷量的3%。磷脂是指一系列对于生物有重要意义的含磷化合物(如卵磷脂、脑磷脂等)，磷脂虽不溶于水，但可以很容易地被土壤微生物利用，矿化速率很快，因此在土壤中含量较低。

土壤有机磷与无机磷之间同样存在矿化与生物固定两个方向相反的过程。植物残体中的磷在土壤中是进行矿化作用还是进行生物固定作用，通常取决于其C/P。一般来说，C/P<200时则出现净矿化作用，C/P介于200~300时矿化与生物固定作用基本平衡，C/P>300时则出现净生物固定作用。多数土壤有机磷的年矿化率在2%~4%，因此可以说有机磷的矿质化在作物磷素营养中并不太重要。值得一提的是被称作“微生物体磷”的土壤有机磷，因其易于矿化，可能对作物磷营养有重要作用。此外，土壤微生物还具有较强的使土壤无机磷转化为有机磷的能力，在作物根际微生态系统中，土壤微生物数量巨大，它们与作物根系一样也可以促进土壤磷的释放而增加根际土壤溶液中磷的浓度。

（2）磷素在土壤中的转化

磷是一个化学性质十分活跃的元素，它可以和多种其他元素进行化学反应。施入土壤中的磷肥，经过转化之后，在性质上已不同于原来的肥料。土壤中磷的转化包括磷的固定与释放两个基本过程，了解这些转化过程有助于人们合理地施用磷肥和提高磷肥肥效。

① 磷的固定。磷肥施入土壤后，其转化过程的总趋势是向固定方向转化。磷的固定包括水溶性磷的化学固定、吸附固定和生物固定等几个方面。常用的磷肥大部分是水溶性的，施入土壤后，土壤中的水分或水蒸气扩散进入肥料颗粒，使其溶解。以磷酸一钙为例，其反应式为 $Ca(H_2PO_4)_2 \cdot H_2O+xH_2O \longrightarrow CaHPO_4+H_3PO_3+(x+1)H_2O$，这是一个"异成分溶解"过程，生成 $CaHPO_4$ 和 H_3PO_3。因此，在肥料粒内形成饱和液，其 pH 值可以低至 1.0。不同磷肥所形成的饱和液离子浓度及其 pH 值是大不相同的(表 1-10-4)。

表 1-10-4 磷肥中磷化合物饱和液成分

化合物	分子式	饱和液 pH 值	磷/(mol/L)	阳离子/(mol/L)
磷酸一钙	$Ca(H_2PO_4)_2 \cdot H_2O$	1.0	4.5	Ca^{2+}-1.3
磷酸一铵	$NH_4H_2PO_4$	3.5	2.9	NH_4^+-2.9
焦磷酸铵	$(NH_4)_3HP_2O_7 \cdot H_2O$	6.0	6.8	NH_4^+-10.2
磷酸二铵	$(NH_4)_2HPO_4$	8.0	3.8	NH_4^+-7.6
磷酸二钙	$CaHPO_4$	6.5	-0.002	Ca^{2+}-0.001
羟基磷灰石	$Ca_{10}(PO_4)_6(OH)_2$	6.5	-10^{-5}	Ca^{2+}-0.001

由于肥料颗粒内饱和液和土体在磷浓度上存在很大的梯度，因此溶液中磷向外扩散，水分不能进入肥料颗粒，直至磷酸一钙全部溶解，在施肥部位留下磷酸二钙沉淀。在湿润土壤中，这种沉淀(含 2 个结晶水)大概占施磷量 20%，而在干旱土壤上，这种沉淀(无结晶水)大概占 30%。饱和液中的磷向施肥点之外扩散，其距离一般不超过 3~5cm。这种扩散随着距离的增加发生着大量的磷酸盐沉淀反应，肥液中磷的浓度不断降低，直至低于各种沉淀磷盐的溶度积控制的磷浓度。根据热力学原理，磷和土壤物质反应的最终产物在碱性土壤和石灰性土壤中是羟基磷灰石和氟磷灰石，而在中性和酸性土壤上是磷铝石和粉红磷铁矿。通过形成沉淀使磷发生固定作用的过程称为化学固定，这是磷肥施入土壤后最常发生的固定作用。除了化学固定之外，土壤固相也能对溶液中的磷酸根加以吸持，这种吸持包括土壤吸附和土壤吸收两部分。吸附是指土壤固相上化学成分的浓度高于周围溶液的浓度，土壤固相对磷酸根的吸附并不完全可逆，土壤对磷的吸附曲线与解吸曲线并不吻合。吸收则是指所吸附的磷均匀地渗入土壤固相内部成分之中，这部分磷与土壤胶粒上的某些成分相结合而呈难溶态。这种反应是不可逆的。由于吸附和吸收作用无法截然分开，因此一般统称吸附。土壤中吸附磷的物质主要有铁铝氧化物、黏土矿物、有机质-Al-Fe 复合体和碳酸钙等。在酸性土壤中，以铁、铝氧化物为主；石灰性土壤上则以碳酸钙为主。土壤中磷的吸附，按其作用力不同可分为非专性和专性吸附两种。非专性吸附是在酸性土壤上，当土壤溶液中的 H^+浓度高时，黏土表面的 OH^- 发生质子化作用，遇有磷酸根离子即产生非专性吸附作用。其特点如下，即它是由库伦力作用所引起，而不是化学反应的结果；当 pH 值较低，质子化作用强烈时，吸附反应可加快，吸附量也增加。专性吸附是由化学反应引起的。这种吸附多发生在铁、铝多的酸性土壤中，其反应过程见图 1-10-1。

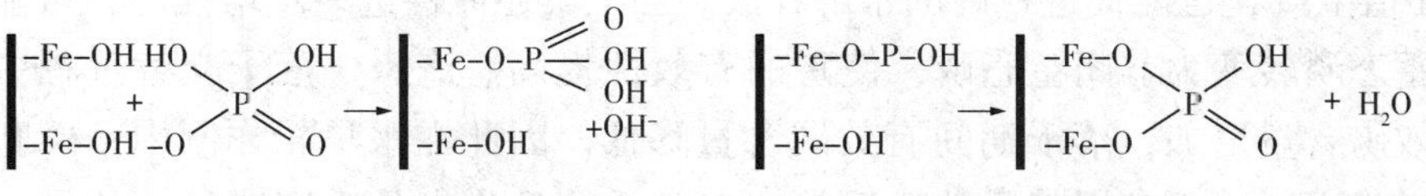

（a）单键吸附　　　　（b）双键吸附

图 1-10-1　酸性土壤中的专性吸附

专性吸附特点可概括为以下两个方面，即吸附过程缓慢，但作用力较强，往往随着时间的延长，出现磷酸盐的“老化”现象；化学反应的作用比库仑力强，所发生的吸附是配位基团的交换(或称配位体交换吸附)，故称为专性吸附。磷酸根刚被吸附时是 $H_2PO_4^-$ 与 OH^- 交换，是单键吸附，吸附的磷在这种情况下还较易被解吸而释放；但随着时间的推移，磷酸铁矿表面又有较多 Fe-OH 时就逐渐变为双键吸附，吸附日益牢固，最终形成晶态，难以再被解吸。

在北方石灰性土壤上，碳酸钙的表面也可以吸附磷酸根离子，其反应机理与上述情况相似(图 1-10-2)。碳酸钙对磷的吸附一般仅在其颗粒表面进行。因此，碳酸钙颗粒越细，其比表面积越大，单位质量碳酸钙所吸附的磷酸根就越多。碳酸钙对磷的这种吸附的牢固程度不如水化铁铝氧化物，因而对作物的有效性也相对高些，而且这种吸附不易转化为晶态而失去对植物的有效性。

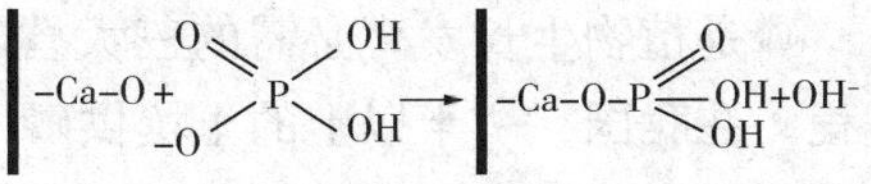

图 1-10-2　石灰性土壤中的专性吸附

生物固定是土壤微生物吸收水溶性磷酸盐构成其躯体，使水溶性磷暂时被固定起来的过程。这种固定随着微生物世代更替能较快地被释放出来，因而这种固定不仅对磷的植物有效性无甚妨碍，而且还可以在一定程度上避免土壤其他物质对磷的化学固定等过程的发生，保持了磷肥在更长时间内的植物有效性。因为生命短促的微生物死亡之后经其他微生物分解，磷很快得以释放被作物吸收，或被其他微生物再次固定。

对磷肥有效性发挥存在消极影响的土壤固定，主要是化学固定(沉淀)和吸附作用，而生物固定仅看成是一种磷的暂时贮存过程。虽然磷肥在各种类型土壤普遍存在被固定的问题，但在微酸性至中性条件下，或在有机质含量较高的土壤中，磷被固定的作用并不强，磷的有效性始终较高。一般认为，石灰性土壤对磷的固定作用也远不及在酸性土壤上的固定作用强。

② 磷的释放。土壤中植物难利用态磷转化为可利用态磷的过程称为磷的释放，由于它是土壤中磷的有效化过程，因而在植物营养上具有积极意义。土壤中磷的释放与土壤条件密切关联，它受土壤中微生物活动、有机肥料的分解以及土壤的水、气、热状况等条件的影响。

在石灰性土壤中，难溶性磷酸钙盐一般需要借助于作物根系和土壤微生物呼吸作用产生的二氧化碳、根系和微生物代谢溢泌或有机肥(物料)分解产生的各种有机酸等转入土壤溶液。

在酸性土壤中，磷的释放过程则主要表现在铁磷的释放上，这种释放一般是在土壤淹水后，由于土壤还原性增强导致高价铁变为亚铁时发生。此外，淹水后，酸性土壤的 pH 值上升，也能促进铁磷的水解释放。当土壤还原性进一步增强时，可能还会使部分闭蓄态磷转变为非闭蓄态磷，使磷的有效性提高。淹水、落干交替过程中，淹水期间有效磷含量增加，落干期间有效磷含量降低。因此在水旱轮作制中，磷肥应重点分配在旱作上，水田利用其后效或残效。有机磷的矿化也是土壤磷释放的另一重要过程，其矿化过程及其影响因子与氮素矿化相似，这里不再详细讨论。

土壤中磷的转化过程相当复杂，受多种内外界因素的影响，尤其是土壤酸碱性，不同 pH 值状况常与土壤中含磷物质的形态及数量密切相关。石灰性土壤中因积累大量碳酸钙(镁)盐，因而主要是存在以钙(镁)为主的磷酸盐转化过程；酸性土壤多含活性铁(铝)，土壤中以铁(铝)的磷酸盐转化过程为主。

1.10.2 植物的磷素营养

磷是植物生长发育必需的三大营养元素之一。磷以多种方式参与植物体内的代谢过程。在我国，一半以上的土壤供磷不足，不仅影响着作物产量，而且降低农产品品质。因此，根据土壤植物营养状况，合理施用磷肥十分必要。

（1）植物体内磷的含量与分布

植物体内磷的含量一般为植物干重的 0.1%～0.5%。其中有机态磷约占全磷的 85%，无机态磷仅占 15%左右。有机态磷以核酸、植素和磷脂等形态为主，它们在植物磷营养中起着重要作用；无机态磷主要以钙、镁、钾的正磷酸盐形态存在，其消长过程与介质中磷素供应状况密切相关，植物体内磷的含量因其种类、品种、生育阶段及器官等不同而有较大差异。作物的种子中一般含磷量最高，仅次于氮。如油料作物种子中含磷量在 0.5%左右，禾谷类作物种子中在 0.3%左右。在作物生长发育过程中，凡是富有生命力的幼嫩组织和繁殖器官中磷的含量都比较高。在同一作物的不同生育阶段，其含磷量也明显不同，幼苗期植株体内含磷量远高于成熟期植株。磷在植物体内移动性很大，再利用能力很强(表 1-10-5)。

表 1-10-5　水稻不同生育阶段不同器官中磷的相对含量　　%

生育期	叶片	叶鞘	茎	穗	合计
分蘖盛期	67.48	32.51	—	—	100%
抽穗前期	25.41	34.09	23.96	16.54	100%
成熟期	4.77	4.51	6.68	84.06	100%

植物体内磷的含量还受到生长介质中磷的供应水平的影响。缺磷时，植物体组织中无机磷含量首先明显降低。从表 1-10-6 中可以看出，供磷不足导致燕麦籽粒中无机磷及植素态磷明显降低，而对磷脂及核酸态磷的含量影响不大。在缺磷情况下，作为结构物质组成的磷脂及核酸态磷的相对含量未曾下降，而作为储藏物质组成的无机态磷和植素态磷含量明显下降是可以理解的。因为植物在环境缺磷胁迫下首先利用体内储藏态磷形成结构物质以继续生长发育，直至结构物质无法再形成时生长发育停滞。缺磷条件下，由于作物总的生长量变小，因而体内积累有机磷的绝对数量也相应减少。

由于植物体内无机磷含量受生长环境中磷供应状况的制约，因此可通过测定植物敏感部位中无机磷的含量来诊断其磷营养丰欠状况。

表 1-10-6　磷供应状况对燕麦籽粒中不同形态磷含量的影响

供磷状况	磷含量/%			
	磷脂	核酸	植素	无机磷
不充足	0.22	2.1	0.05	0.5
充足	0.22	2.4	0.50	1.3

（2）磷的营养功能

磷在植物体内的营养功能主要表现为以下 3 点：磷参与植物体内许多重要化合物的结构；磷参与植物体内许多代谢过程；磷增强植物抗逆性。

磷是植物体内许多重要化合物的结构成分。首先，磷是核酸和核蛋白的结构元素。核酸和核蛋白是保持细胞结构稳定、进行正常分裂、能量代谢和遗传所必需的物质。核酸包括 RNA 和 DNA，是植物生长发育，繁殖和遗传变异中极为重要的物质，同时也是形成核蛋白的主要成分，细胞核、原生质和染色体都是由核蛋白组成。这种重要化合物集中在植物最富有生命力的幼叶、新芽、根尖等部位，担负着细胞增殖和遗传变异的功能。核蛋白的形成只有在磷素不断进入植物体内的情况下才能完成，特别是在植物生长初期，即便短暂的停止磷的供应也会导致体内核蛋白的合成受阻。磷是生物膜主要成分磷脂类化合物中的必需元素。生物膜是保证和调节细胞与外界进行物质、能量、信息交流的具有高度选择性的通道，这不仅在植物营养选择性吸收方面具有十分重要的意义，而且在调节各种生命活动中也同样重要，因为几乎所有的生命现象都与生物膜密切相关。常积累于种子中的植素是环已六醇磷酸脂的钙镁盐，在种子萌发或幼苗生长初期，植素在植素酶的作用下被水解成为无机磷供作物吸收利用。植素的形成能降低植物体内无机磷酸盐的浓渡，促使淀粉合成的顺利进行。磷是植物体内许多高能化合物的组成成分，如 ATP，它水解时可释放出大量的能量，供植物生长发育、物质合成以及代谢等方面的需要。当植物在光合作用中有剩余能量时，也可以通过 ATP 储存起来。ATP 是植物代谢过程中能量转移的储存库和中转站，与植物的生命活动密切相关。在各种脱氢酶、氨基转移酶以及辅酶中都含有磷，而这些酶在光合作用、呼吸作用和体内物质代谢中具有重要意义。

磷参与植物体内许多代谢过程。磷参与体内碳水化合物代谢，磷酸从光合作用一开始就参与 CO_2 的固定和光能转变为化学能的作用。在叶绿素中，靠光的作用使腺二磷与磷酸结合形成储存高能量的腺三磷，即光合磷酸化作用。在光合磷酸化过程中，使日光能转化为化学能，合成光合作用的最初产物——糖。这些糖在体内运输和进一步合成蔗糖、淀粉、纤维素等，这些过程都需要磷的参与。实践证明，合理的磷素营养有利于植物体内干物质的积累，对谷类作物的籽粒饱满、块根块茎类作物淀粉积累、浆果和甜菜等作物的糖分积累都有良好作用。磷对氮的代谢也有十分重要的影响，这是由于磷是氮素代谢过程中一些酶的组分，如氨基转移酶的辅酶磷酸吡哆醛就含有磷。磷供应充分有利于氨基酸的合成。由于磷影响着呼吸作用，进而影响到呼吸作用产生的有机酸和能量，而部分有机酸与能量供应是作物合成氨基酸、蛋白质所需要的。施用适量磷肥还可以提高豆科等作物的固氮能力，改善作物氮素营养。磷在脂肪代谢过程中同样具有重要意义。脂肪是由糖转化而来的，糖的合成并转化为甘油、脂肪酸都需要有磷参与，所以脂肪的合成也受磷供应水平的影响。实践证明，施用磷肥对提高油料作物产量和种子的含油量均有明显的效果。此外，磷还能促进植物体内多种代谢过程的顺利进行，有利于植物生育期相对提前，有时能明显提高经济效益。提早成熟还能使茬口宽松，有利于精耕细作。

磷能增强植物的抗逆性。磷在增强植物抗逆性方面具有明显的作用。首先表现在磷能增强植物的抗旱和抗寒性，磷能提高细胞中原生质胶体的水合程度和细胞结构的充水度，提高原生质胶体保持水分的能力，减少细胞水分的损失。磷可以促进根系发育、使根伸入较深土层吸收水分、增强植物抗旱能力。磷能促进体内碳水化合物代谢，使细胞中可溶性糖和磷脂的含量有所增加，因而能在较低的温度下保持原生质处于正常状态，增强其抗寒能力，如越冬作物增施磷肥，可减轻冻害，有利于植物安全越冬。其次，磷可以增强植物抵御环境中 pH 值变化的缓冲能力。因为施用磷肥后，植物体内无机态磷酸盐的含量明显提高，有时甚至可达到含磷总量的一半。这些无机态磷酸盐主要以 $H_2PO_4^-$ 和 HPO_4^{2-} 的形式存在，二者可以在 pH 值 6~8 范围内形成良好的缓冲系统，使细胞内原生质具有一定的 pH 值缓冲性能，这就有利于植物在一定程度上免受外界环境 pH 值的改变可能导致的伤害，盐碱土上推广施用磷石膏有时效果优于石膏，可能就是这个原因。

总之，磷对植物的营养功能是多方面的、系统化的。在正确施用氮肥的基础上，合理配合施用磷肥，无论是对提高作物产量，还是改善作物品质、增强作物抗逆性等方面均具有明显的作用。

（3）植物对磷的吸收与同化

植物吸收的磷主要是无机态正磷酸根离子。磷酸分子中含有 3 个氢，可生成 $H_2PO_4^-$、HPO_4^{2-} 和 PO_4^{3-} 3 种形态离子。其中，以 $H_2PO_4^-$ 最易被作物吸收，HPO_4^{2-} 次之，PO_4^{3-} 则很难被一般植物吸收。研究表明，植物吸收 $H_2PO_4^-$ 与 HPO_4^{2-} 数量比受 pH 值的影响。当土壤 pH 值 7.2 时，溶液中 $H_2PO_4^-$ 与 HPO_4^{2-} 离子的摩尔份数相等。pH 值较低时，根系吸收 $H_2PO_4^-$ 较多；而 HPO_4^{2-} 则是在 pH 值较高时的主要吸收形态。根系也能吸收利用少量的偏磷酸根或磷酸根，但在土壤及植物体中，易水解生成正磷酸根。植物也能吸收有机态的含磷化合物，如已糖磷酸脂、蔗糖磷酸脂、卵磷脂及植素等，因此，在生产实践中不能忽视有机肥料所含有机磷对作物的直接营养作用。

磷酸盐进入植物体后，可直接参与糖类、蛋白质和脂肪等物质的代谢，并形成各种含磷有机化合物。通常，磷酸盐进入植物体后，首先与糖结合，参与糖酵解体系的代谢，同时磷酸根转变为有机含磷化合物，并可转运到其他器官或部位中。根所吸收的磷酸根能很快地向地上部运输，其运输途径是根所吸收的磷可经木质部向地上部运送，从叶片吸收的磷，则是通过韧皮部向根部输送。

植物根吸收磷是逆浓度的主动吸收过程，一般认为是借助于质子化的磷酸根载体而实现的。植物对磷的吸收受土壤条件与根系特性等因素的影响。土壤 pH 值、通气状况、温度、质地、有机质含量等都影响其吸收过程。不同植物或同一植物的不同品种，吸收磷的能力相差很大。油菜吸收磷的能力强，缺磷时，根系分泌 H^+，调节其阳、阴离子吸收比例，使根际土壤酸化，从而使土壤溶液中磷浓度提高。不同根系分泌有机酸的能力不同，油菜和白羽扇豆都具有排根，除分泌 H^+外，还可以分泌有机酸，这些有机酸可以与铁、铝螯合，使根际土壤磷的有效性提高。

此外，根的形态结构、生长速度、感染菌根的能力及阳离子交换量大小均影响磷的吸收。根生长速率快、表面积大，感染菌根的能力强，阳离子交换量大，一般吸收磷的能力亦强。

（4）植物对磷素营养失调的反应

由于磷是植物体内重要化合物的组成成分，并广泛参与各种重要的代谢活动，因此缺磷时的症状相当复杂。从植物长相上看，常表现为生长迟缓，植株矮小，结实状况差。缺磷妨碍叶绿素能量输出，直接或间接地影响体内许多依赖能量供应的代谢过程，包括蛋白质和核酸的合成，严重缺磷时，植株几乎停止生长。植物种类不同，缺磷的症状也有差异。禾谷类作物缺磷时表现为分蘖小或不分蘖，分蘖和抽穗均延迟，甚至整个生育期都会推迟，株型瘦小直立，出现生长停滞现象，叶片灰绿并可能出现紫红色，尤其是背面，抽穗后则表现为穗小、粒少、籽瘪，根系发育不良，次生根少。缺磷的玉米果穗常出现秃尖。油菜缺磷时，叶面积小，叶色暗绿，茎、叶柄和叶的背面略显紫红色，抽薹开花延迟，分枝小，果荚瘦小且易脱落，籽粒不饱满，出油率低。棉花缺磷则易落花落蕾，成桃少，吐絮期推迟。

磷肥施用过量时由于植物呼吸作用增强，消耗大量糖分和能量，产生的不良影响包括作物的无效分蘖和瘪籽增加，叶片肥厚而密集，叶色浓绿，植株矮小，节间过短，生长明显受抑制。磷肥施用过多，造成植物繁殖器官成熟进程加快，并由此而导致营养体小，茎叶生长受到抑制，反而降低产量。磷肥供应过多，地上部生长受抑制的同时，根系十分发达，表现为数量多但短粗。磷肥供应过多，常导致蔬菜的纤维素含量增加、烟草的燃烧性差等品质下降的情况。植物吸收磷酸盐过多还可能会妨碍锌、铜、铁等微量元素的吸收和运输，引起植物对这些元素的营养不良反应。

1.10.3 常用化学磷肥的种类、性质和施用

（1）磷素资源与磷肥制造方法

把骨粉作为肥料施用是磷素资源开发利用最早的方法之一。目前，已很少利用骨粉作磷肥施用。自从发现磷矿以来，天然的矿石就成了加工、生产磷肥的主要原料之一。从世界范围看，磷矿蕴藏量丰富，其中以突尼斯和摩洛哥的磷矿品位较高。我国的磷矿资源分布范围较广，主要分布在贵州、云南、四川、湖南、湖北等省。

一般根据磷矿石中全磷含量的多少，将其划分为不同的品位。全磷(以元素计)含量>12.2%的为高品位磷矿；含量在 7.86%～12.2%之间的称为中品位磷矿；含量<7.86%的为低品位磷矿。高品位的磷矿适宜于磷肥工业或制造高质量的磷肥用，而中、低品位的磷矿一般只适宜于就地开采、就地加工、就地利用。我国磷矿资源中有 90%

属于中、低品位磷矿。

磷矿石可通过不同的加工过程制成多种磷肥品种。加工磷矿的方法主要包括机械法、酸制法和热制法几种。机械法就是将磷矿石用机械粉碎、磨细制成磷矿粉肥料的方法，加工简单，成本最低。制造的磷肥特别适合于在酸性土壤中施用，磷矿粉的细度与其有效性密切相关，一般要求90%以上的颗粒能通过0.149mm孔径筛。酸制法就是用硫酸、硝酸、盐酸或磷酸处理磷矿粉，制得过磷酸钙、重过磷酸钙、磷酸铵、硝酸磷肥、沉淀磷肥等品种的磷肥生产方法。热制法则是借助于电力或燃料燃烧产生高温使磷矿石分解，从而制得钙镁磷肥、脱氟磷肥、钢渣磷肥和偏磷酸钙等品种的磷肥生产方法。

（2）常用化学磷肥的种类

磷矿石加工方法不同，制造出的磷肥品种各异，主要反映在肥料中所含磷酸盐的形态和性质上。按磷酸盐的溶解性质，一般将磷肥分为水溶性、弱酸溶性和难溶性3种类型。水溶性磷肥包括普通过磷酸钙、重过磷酸钙、磷酸二氢钾、磷酸铵、硝酸磷肥等。水溶性磷肥能溶于水，易被作物吸收利用，其主要成分是磷酸二氢根。水溶性磷肥肥效快，但溶解态的磷在土壤中易受各种因素的影响而退化为弱酸溶性或难溶性状态。弱酸溶性磷肥，包括钙镁磷肥、脱氟磷肥、钢渣磷肥、沉淀磷肥等。这类磷肥不溶于水，但能被弱酸所溶解。作物根系溢泌的多种有机酸等化合物能较好地溶解这种形态的磷肥，因此能在被逐步溶解的过程中供作物吸收利用。弱酸溶性磷肥的主要成分是磷酸氢根，以及钙镁磷肥当中所含的α-$Ca_3(PO_4)_2$中的磷酸根。弱酸溶性磷肥在土壤中移动性很小，不会造成流失。多数弱酸溶性磷肥具有良好的物理性状，不吸湿、不结块。难溶性磷肥主要指磷矿粉和骨粉。它们既不溶于水，也不溶于弱酸，故称之为难溶性磷肥(或微溶性磷肥)。对于大多数作物来讲并不能直接利用其中的磷。这类肥料中的磷酸盐成分复杂，其中只有少数可被磷吸收能力强的作物吸收利用。磷肥的当季利用率虽低，但后效较长。

（3）常见化学磷肥的主要性质

① 普通过磷酸钙。普通过磷酸钙是我国使用量最大的一种水溶性磷肥，其具有一些特有的性质，在某些情况下仍不失为一种有价值的磷肥。比如其加工技术简单，适合于中、小型生产，就地销售；在多数土壤、多数作物上，肥效较好；除含磷外，还同时含有硫、钙等其他多种营养元素，尤其是世界范围内土壤缺硫趋势正在发展，因而仍具有一定地位；可以利用工业副产品硫酸进行生产。水溶性磷肥的品种及其主要性质见表1-10-7。

② 钙镁磷肥。在我国磷肥生产中，钙镁磷肥占第二位。钙镁磷肥含柠檬酸溶性(枸溶性)磷(以元素磷计)6.11%~10.0%，是一种低浓度的磷肥，其主要优点是可以利用中品位磷矿，如全磷(以元素磷计)含量>10.5%，即可用作钙镁磷肥生产，钙镁磷肥中较多的镁、钙、硅等对作物生长均有良好作用。我国磷矿储量较大，又以中-低品位矿为多，尤其适合于发展钙镁磷肥生产。国内外研究都证明钙镁磷肥的肥效在酸性土壤上常优于普通过磷酸钙。在我国北方石灰性土壤上也大量施用钙镁磷肥，尤其是将其与过磷酸钙混合施用，肥效较好，受到农民欢迎。钙镁磷肥呈碱性反应，忌与铵

(氨)态氮肥直接混合。与钙镁磷肥性质有些类似的还有沉淀磷肥(磷酸二钙)、钢渣磷肥等，目前世界范围炼钢工艺的改进，钢渣磷肥的数量已明显下降。弱酸钙性磷肥的基本性质见表1-10-8。

表1-10-7 水溶性磷肥的基本性质

肥料品种	主要成分/%	主要化合物	溶解性能	附湿性
普通过磷酸钙	P(6~9)	$Ca(H_2PO_4)_2 \cdot H_2O$	85%~87%溶于水	遇潮结块
	S(10~20)、Ca20	$CaSO_4 \cdot 2H_2O$	水，其余溶于柠檬酸盐	
重过磷酸钙	P(20~22)	$Ca(H_2PO_4)_2 \cdot H_2O$	85%~87%溶于水	吸湿，有腐蚀性
	S(1~2)、Ca(12~16)	$CaSO_4 \cdot 2H_2O$	水，其余溶于柠檬酸盐	
磷酸一铵	P(20~26)、N(10~13)	$NH_4H_2PO_4$	95%~100%溶于水	
磷酸二铵	P(20~23)	$(NH_4)_2HPO_4$	95%~100%溶于水	
	N(15~18)			

表1-10-8 弱酸钙性磷肥的基本性质

磷肥品种	主要成分/%	主要化合物	溶解性能	备注
钙镁磷肥	P：6~10	钙镁硅磷盐	水溶率2%，其余溶于柠檬酸	不吸湿，不结块
沉淀磷肥	P：8~13	$CaHPO_4$、$CaHPO_4 \cdot 2H_2O$	水溶率3%，其余溶于柠檬酸	不吸湿，不结块
钢渣磷肥	P：4~9	$5CaO \cdot P_2O_5 \cdot SiO_2$、$7CaO \cdot P_2O_5 \cdot SiO_2$	水溶率3%，85%~90%溶于柠檬酸	稍吸湿

③ 磷矿粉肥料。磷矿粉肥料由磷矿直接磨碎而成，是最主要的一种难溶性磷肥。磷矿粉的肥效决定于磷粉的活性、土壤性质和作物特点。一般只在酸性土壤上推荐施用。为了扩大磷矿粉的施用范围，在我国已有部分节酸磷肥的生产。节酸磷肥又称部分酸化磷肥，它是只用全部酸化磷肥所需酸量的一部分酸来分解磷矿。其产品中的磷部分水溶性，部分难溶性，植物根系不发达的苗期主要利用其水溶性部分，植物根系发达之后利用其余部分磷。

除了以上几种常见磷肥之外，聚磷酸盐肥料的生产在国际上已具有相当规模。聚磷酸盐是在高温或真空条件下蒸发正磷酸制成，其反应过程为正磷酸(H_3PO_4)加热、加水形成焦磷酸($H_4P_2O_7$)；焦磷酸加热、加水、加H_3PO_4形成三聚磷酸($H_5P_3O_{10}$)；三聚磷酸加热、加水形成三聚偏磷酸($H_3P_3O_9$)。聚磷酸的特点是含磷量(以元素磷计)在35%以上，呈黏稠液状，具腐蚀性，溶于水，不与钙形成沉淀，水溶前不与铁、铝形成沉淀。

(4) 常见磷肥的合理施用

肥料的合理施用至少应包括两层含义，即一是充分发挥肥料的增产增收作用；二是尽可能不对环境产生污染。要充分发挥肥料的增产增收作用，就必须考虑以下几方面问题。首先，应考虑磷肥施用的必要性。在我国的具体生产条件下，则应充分考虑磷肥对当季作物的增产、增收效果。当然在一些施磷历史很久的国家，它们的土壤中已积累了大量的磷，施用磷肥对当季作物的增产作用不大，但为了维持较高的土壤磷素水平，仍需不断向土壤中补充被作物吸收带走的磷。土壤磷素丰缺状况常采用经过校正的土壤有效磷测定方法，比如 Olsen 法（0.5mol/L $NaHCO_3$ 法）、Bray－1 法（0.03mol/L NH_4F+0.025mol/L HCl），测定结果分为几个等级（表 1-10-9）。在低水平时，施磷都能获得增产；在中等水平时，施磷有可能增产；在高水平时，施磷一般不增产。

表 1-10-9　土壤有效磷水平分级　mg/kg

分级	低	中	高
Olsen 法	0~11	>23	12~22
Bray-1 法	0~34	>68	35~67

当然，具体土壤上的磷肥效果还会受到其他因素的影响。其次，应考虑作物的吸磷特点。作物主要吸收以 $H_2PO_4^-$ 和 HPO_4^{2-} 形态存在的磷酸根离子。大多数作物吸收 $H_2PO_4^-$ 的速度比吸收 HPO_4^{2-} 的速度快。作物还能吸收有机磷，但数量很少。作物在整个生长期内都可吸收磷，生长早期吸收较快。当作物干物质积累到全生育期最大积累量的 25%时，磷的吸收就达到其整个生育总吸收量的 50%，甚至 80%。因而苗期磷营养效果异常明显，甚至在土壤有效磷含量较高时仍会出现缺磷症状，生产上应强调磷肥及早施用。再次，应注意磷肥品种的选择，在已知土壤缺磷的情况下，磷肥品种的选择比氮、钾肥都复杂一些。最后，掌握磷肥施用的基本技术。强调磷肥与其他营养元素肥料的配合施用，促进作物营养平衡，也是提高磷肥利用率的重要途径，但应注意配合施用中适宜和不宜混合施用的情况。

土壤中加入有机肥后可以显著降低土壤，特别是酸性土壤的磷固定量。其可能机理有 3 个，即有机肥分解产生有机酸，螯合、溶解或解吸土壤中的 Fe-P、Al-P 和 Ca-P 等；有机肥料中碳水化合物对土壤中磷吸附位的掩蔽作用；在低 pH 值条件下，有机质通过与 Al^{3+} 形成络合物，阻碍溶液中 Al^{3+} 的水解，并与磷酸根竞争羟基铝化合物表面的吸附位，从而降低酸性土壤对磷的吸附量。

1.10.4　土壤的钾素营养

（1）土壤中钾素含量

继氧、硅、铝、铁、钙、钠之后，钾在地壳中的丰度位居第 7 位。土壤含钾量以元素钾计为 0.06%~6%，平均为 2.57%。大多数矿质土壤含钾量在 0.5%~2.5%之间，平均 1.16%左右。土壤中钾的绝大部分（95%~99%）都存在于土壤矿物的晶格中或晶层间，因此，土壤含钾量与成土的岩石矿物类型、风化成土条件及土壤本身特性关系密切。在高温高湿地区，土壤高度风化，盐基淋溶强烈，土壤含钾量一般少于 1.2%，有的甚至小于 0.1%。而在干旱地区，由于降雨少、淋溶弱，矿物风化释放的钾一般不能淋出土体，甚至发生表层聚积，因而土壤中富含钾素。植被的影响也是显著的，陆地生态系统中的生物物质循环，可以将土壤矿物释放的钾不断吸收、利用和再循环，在一定程度上保蓄土壤钾免于淋失。所以，尽管钾和钠在地壳中丰度相近，但海水中钾的浓度远远小于钠，表现出较差的地球化学活性。土壤的物质组成和性质对土壤含钾量影响很大。土壤中的次生黏土矿物如水云母、蛭石及蒙脱石含钾量相对较多，而高岭石及含水氧化物类矿物含钾量甚少。土壤颗粒越粗，含钾量越少，土壤黏粒含量越高，含钾量越高，黏质土全钾含量一般超过4%，但大多数土壤中要低于这个数值。

（2）土壤中钾的分布与演变

① 土壤中钾的分布。我国地域辽阔，地形复杂，各地区土壤母质、生物气候条件及土壤发育程度差异很大。因此，土壤含钾量悬殊很大，但是土壤含钾量及供钾水平随地域及生物气候条件的变化呈一定的规律性分布。华南地区的砖红壤，全钾量仅0.3%左右，缓效钾和速效钾亦很低，是我国地带性土壤中钾素水平最低、钾肥肥效最好的土壤；赤红壤，由于土壤黏粒矿物主要是高岭石和氧化物类矿物，所以，全钾、缓效钾及速效钾含量也均较低。华中地区的低丘红壤，含有较多数量的云母、伊利石矿物，因而含钾量为0.86%~1.15%；尤其是在高丘陵地的红壤，黏粒中含水云母为25%~35%，所以含有丰富的钾素，全钾量可达3.28%，缓效钾与速效钾亦较高。长江以南地区的石灰土及紫色土区，全钾量要比该地区红壤高一些，尤其是紫色土含钾较丰富；黄棕壤中的缓效钾及速效钾属中等偏低；含钾量属中等水平，不同地域的水稻土含钾量有一定的差异。华北、西北地区的黄潮土、褐土、黑垆土及黄绵土等含较多钾素，且缓效钾、速效钾均较高；华北地区石灰性土壤的钾素状况与土壤质地关系密切，土壤越黏重，含钾量越丰富。东北地区的黑土、黑钙土的全钾、缓效钾及速效钾均很高，尤其是具有厚腐殖质层的黑土是我国供钾水平最高的土壤之一；而该地区的草甸土、沼泽土含钾量相对较低；西北沙漠境地的土壤含钾量也很高。

总的来说，南方热带、亚热带生物气候条件下，土壤风化、淋溶强烈，土壤含钾量低。而北方土壤由于气候干燥，矿物风化、淋溶弱，因此含钾较多。所以，从南至北，土壤全钾、缓效钾及速效钾均呈递增趋势。但在相同纬度带，由于成土母质、风化程度及地形的不同，土壤钾素状况也会有很大差异。

② 土壤钾素肥力的演变。我国土壤钾素肥力的演变经历了一个由不缺乏到缺乏，由南方缺乏到北方缺乏，由经济植物缺乏到禾谷类、果树、蔬菜等植物都缺乏，由高产田缺乏到中产田也缺乏的过程。到20世纪末，钾肥增产的效果几乎在我国所有的土壤上都能得到证实，广大农民也已充分认识氮磷钾复合肥比单一氮肥或单一的磷肥增产效果更明显，从而也使我国在20世纪末，氮磷钾三要素的复合肥行业突飞猛进。

③ 土壤中钾的形态与有效性。土壤中的钾依其存在的化学状态及对植物的有效性，常可划分为矿物态钾、非交换态钾、交换钾及水溶态钾等4种形态。矿物态钾是指主要以原生或次生的结晶硅酸盐状态存在于土壤中的钾；一般含量为0.5%~2.5%，占土壤全钾量的90%~98%，主要存在于长石、云母等硅酸盐矿物中；其钾离子的释放是非常缓慢的，植物对其难以吸收利用，因此在植物钾素营养中的意义相对较小。非交换态钾又称缓效钾，主要指被2∶1型层状黏土矿物所固定的钾离子以及黑云母和部分水

云母中的钾，它是反映土壤钾潜力的主要指标；在土壤中的含量通常为50~750mg/kg，占土壤全钾量的2%~8%；非交换态钾可能是植物钾的主要来源，比如，我国南方连续种植水稻、小麦或荞麦3~6季，植物吸钾总量的60%~80%来自于非交换态钾。交换态钾是指土壤胶体负电荷位点上吸附的钾离子及位于云母类矿物风化边缘楔形带内可以被氢离子和铵离子交换但不能被钙、镁水化半径大的离子所交换的特殊吸附的钾，一般含量9~90mg/kg，它约占土壤全钾量的0.9%~1.8%。交换态钾常被认为是土壤供钾能力的容量因素。交换态钾在土壤胶粒上有3种吸附位置，位于片状硅酸盐和云母等外表面上的为晶面位置，称p-位钾，易被其他阳离子交换；位于边缘位置，称e-位钾，属于交换K^+，较易被其他阳离子交换；而位于层间位置，称i-位钾，不易被其他阳离子交换，是缓效钾部分，也是土壤所固定的钾，在某些情况下可供植物利用。交换态钾的有效性与其在土壤中的含量、土壤胶体类型、土壤阳离子交换量(CEC)、盐基饱和度(BS)及陪补离子种类和数量等密切相关。水溶态钾是指以离子形态存在于土壤溶液中的钾，通常含量为1~10mg/kg，约占土壤全钾量的0.1%~0.2%；水溶态钾可以直接被植物吸收利用，常被人们认为是土壤供钾能力的强度因素；在土壤中，水溶态钾是不断变化的，与交换态钾保持着快速的动态关系，随水土比例及盐分浓度而变化，同时又受土壤质地、耕作施肥与灌水等的影响。

④ 土壤钾的形态转化。作为植物营养直接有效的钾是水溶态钾，土壤溶液中钾的浓度是很低的，要通过其他形态钾转化来满足植物对土壤溶液中钾浓度的要求。几种形态钾之间并无绝对的界限，彼此存在着一定的化学平衡关系，在平衡过程中每两种形态之间的转化都存在着一系列的动力学过程，且矿物态钾缓慢转化为非交换态钾是一种不可逆的释放反应；非交换态钾到交换态钾或水溶态钾的转化是可逆的。

1.10.5 植物的钾素营养

（1）植物体内钾素含量与分布

植物体中钾含量较高，一般都超过磷，与氮相近。喜钾植物或高产条件下植物中钾的含量甚至超过氮。钾是细胞中最丰富的阳离子，比如在细胞质中，钾的浓度常大于100mmol/L，比硝酸根或磷酸根离子浓度高几十倍至百余倍，且高于外界环境中有效钾几倍至数十倍。钾在植物体内无固定的有机化合物形态，虽然在某些螯合物中会有共价特征出现，但钾主要以离子态为主。植物体内钾的含量因植物种类不同而异，喜钾植物如烟草、马铃薯、甘蔗和西瓜等含钾量比较高；同一植物不同器官含钾量亦不同，一般禾谷类植物种子含钾量较低，而茎秆中含钾量较高，薯类作物的块根块茎含钾量高，植物幼嫩部分高于老化组织；同一器官不同组织钾的含量也不一样，如玉米叶片吐丝期不同组织含钾量的高低顺序是叶脉>叶身>叶边缘。钾和氮、磷一样，在植物体内有较大的移动性。随着植物的生长，它不断地由老组织向新生幼嫩部位转移，即再利用程度高。所以，钾比较集中地分布在代谢最活跃的器官和组织中，如生长点、芽、幼叶等部位，这与钾在植物体内的生理代谢起积极作用有关。

（2）钾的营养功能

① 促进酶的活化。生物体中有60多种酶需要钾离子作为活化剂。钾所能活化的酶分别属于合成酶类、氧化还原酶类和转移酶类。它们参与糖代谢、蛋白质代谢与核酸代谢等生物化学过程，从而对植物生长发育起着独特的生理功效。

② 增强光合作用。钾离子能提高光合作用中许多酶的活性，使植物能更有效地进行碳素同化作用。钾离子对光合产物的运转也起着重要作用。用同位素^{14}C所做的马铃薯栽培试验表明，施用高钾处理，^{14}C在24h之内大约有80%的$^{14}CO_2$输送到块茎中去，而低钾处理的却有50%以上的$^{14}CO_2$留在茎叶中，致使光合作用减弱。因此，施用钾肥能明显的提高植物产量，改善产品品质。

③ 促进糖代谢。钾离子可以活化多种植物体内淀粉合成酶的活性，促进单糖合成蔗糖和淀粉。当钾供应不足时，植株内糖、淀粉水解成单糖。所以在生产实践中，凡收获是以碳水化合物为主的植物，如薯类、纤维类、糖用植物等，施用钾肥后，不但产量增加，而且品质也明显提高。油脂是甘油和脂肪酸合成的脂，而甘油和脂肪酸是由糖转化而成的，钾促进了糖的代谢，相应也促进了油脂的形成。所以油料植物如花生、大豆、油菜等施钾肥能增加油脂含量。

④ 促进蛋白质合成。蛋白质合成的具体步骤是氨基酸的活化、转移和多肽在核蛋白体上的合成。研究证明，活化氨基酸的转移和多肽在核蛋白体上的合成均需要K^+作活化剂。试验还证明，钾能提高植物对氮的吸收利用，并能很快转化成蛋白质。所以当钾供应充足时，进入植株内的氮比较多，形成的蛋白质也比较多。如果植物缺钾，植株内不仅蛋白质合成受到影响，而且原有的蛋白质产生水解，使非蛋白质态氮含量相对增多。同时还影响植物对氮的利用，造成氨的积累，易引起植物氨中毒。此外，钾还能促进豆科植物根瘤菌的固氮作用。试验表明，供钾情况良好的豆科植物与低钾情况相比，可提高固氮能力2~3倍。在温室用蚕豆进行研究，发现在钾供应良好时，豆科植物具有较多的根瘤，每个根瘤也较大，固氮作用也较强。

⑤ 增强植物的抗逆性。钾是对植物健康影响最大的元素，因为钾参与了植物生长发育中几乎所有的生物物理和生物化学过程，钾营养元素供应充足通常可使植物在协迫条件下具有较强的抵抗力，钾在增强植物抗寒、抗旱、抗盐碱、抗病虫害能力方面都起着重要的作用。

⑥ 钾对植物产量与质量的影响。在施用氮磷化肥的基础上施钾肥可达到增产效果。钾在改善植物产品品质方面亦起着很好的作用，尤其对经济植物更为明显和重要。因此钾常被公认为“品质元素”。由于钾与脂肪代谢有关，因此，油料植物施用钾肥，对种子脂肪含量常呈正效应。纤维类植物需要较多的钾，适量的钾有利于纤维素的合成，因此，增施钾肥对其纤维长度和强度等经济性状有明显的改善。马铃薯属于需钾多的淀粉类植物。钾能促进其块茎的碳水化合物尤其是淀粉的合成。烟草是一种喜钾植物，其品质的许多方面都与钾素营养有重要关系。对于果树来说，适量钾能提高果实中全糖量、还原型维生素C量和改善糖酸比，增加果实风味。茄果类蔬菜增施钾肥亦有同样的效果。

（3）植物对钾的吸收利用

土壤K^+主要通过扩散途径迁移到达植物根表，然后又主要通过主动吸收进入根内。所以，植物能从稀钾离子溶液中累积钾，如大麦幼苗根中钾含量约高于外界K^+浓度的10^4倍。植物对钾的吸收还决定于植物种类，不同植物的需钾量和吸钾能力是不相同的。在常见栽培植物中，需钾量大小的顺序依次是(向日葵、荞麦、甜菜、马铃薯、玉米)>(油菜、豆科植物)>(禾谷类、禾本科牧草)。除土壤供钾能力和植物种类外，介质中离子组成亦影响植物对K^+的吸收。当土壤K^+浓度处于正常水平时，钙能促进钾的吸收；而水合半径相似的一价阳离子则对钾的吸收有强烈的竞争作用。如与Rb^+共存时，K^+的吸收可降低到20%。钾的陪伴离子对K^+吸收的影响也不一样。在高浓度下，SO_4^{2-}能降低K^+的吸收，而Cl^-则没有影响。植物根吸收钾后，能通过木质部和韧皮部向上运输，供地上部物质代谢的需要。也可由韧皮部运至根尖，供根尖的吸收活动和物质代谢的需要。K^+在韧皮部汁液中浓度高，它在长距离运输过程中起重要作用。

（4）植物钾素营养失调症状

缺钾时，植物外形也有明显的症状。由于钾在植物体内流动大，且可再利用，故在缺钾时老叶上先出现缺钾症状，再逐渐向新叶扩展，如新叶出现缺钾症状，则表明严重缺钾。缺钾的主要特征，通常是老叶的叶缘先发黄，进而变褐，焦枯似灼烧状。叶片上出现褐色斑点或斑块，但叶中部、叶脉处仍保持绿色。随着缺钾程度的加剧，整个叶片变为红棕色或干枯状，坏死脱落。有的植物叶片呈青铜色，向下卷曲，叶表面叶肉组织凸起，叶脉下陷。但不同植物上缺钾症状也有特殊性。禾谷类植物缺钾时下部叶片出现褐色斑点，严重时新叶也出现同样的斑状。叶片柔软下垂，茎细弱，节间短，虽能正常分蘖，但成穗率低，抽穗不整齐，田间景观出现杂色散乱不整齐生长，结实率差，籽粒不饱满。其中大麦对缺钾敏感，其症状为叶片黄化，严重时出现白色斑块。十字花科和豆科以及棉花等叶片首先出现脉间失绿，进而转黄，呈花斑叶，严重时出现叶缘焦枯向下卷曲，褐斑沿脉间向内发展。叶表皮组织失水皱缩，叶面拱起或凹下，逐渐焦枯脱落，植株早衰。果树缺钾时叶缘变黄，逐渐发展而出现坏死组织，果实小，着色不良，酸味和甜味都不足。烟草缺钾时还影响烟叶的燃烧性。然而，植物对钾的吸收具有奢侈吸收的特性，过量钾的供应，虽不易直接表现出中毒症状，但可能影响各种离子间的平衡，还浪费化肥用量，降低施肥的经济效益。偏施钾肥，引起土壤中钾的过剩，还会抑制植物对镁、钙的吸收，促使出现镁、钙的缺乏症，影响产量和品质。因此，合理施用钾肥必须根据植株及土壤中钾的丰缺状况而定。

1.10.6 常用钾肥的种类、性质和施用

钾肥品种较多，比如硫酸钾、氯化钾、硝酸钾、磷酸钾、窑灰钾肥、钾钙肥、钾镁肥、草木灰和有机钾肥等，这里主要介绍农业生产上常用的几种。

（1）工业钾肥

① 硫酸钾。硫酸钾是将明矾石与氯化物(食盐或苦卤)混合在一起，纯高温煅烧，

通入水蒸气分解而成。也可以用明矾石直接煅烧使之分解，或用焦炭与无机钾镁矾（$K_2SO_4 \cdot MgSO_4$）加热制成。硫酸钾为白色或淡黄色结晶，分子式为 K_2SO_4，含 K_2O 50%~52%，易溶于水，吸湿性小，储存时不易结块，属于化学中性、生理酸性肥料。硫酸钾施入土壤后，钾呈离子状态，一部分为植物直接吸收利用；另一部分与土壤胶粒上的阳离子进行交换。在中性及石灰性土壤中，生成的硫酸钙溶解度小，易存留在土壤中，如果大量施用硫酸钾，要注意防止土壤板结，应增施有机肥料，改善土壤结构。酸性土壤上施用硫酸钾则需要增施石灰，以中和酸性。硫酸钾可作基肥、追肥。由于钾在土壤中移动性较差，故宜用作基肥，并应注意施肥深度。如作追肥时，则应注意早施及集中条施或穴施到植物根系密集层，即减少钾的固定，也有利于根系吸收。硫酸钾适用于各种植物。对十字花科等需硫植物特别有利，但对于水稻，在还原性较强的土壤上，它不及氯化钾。硫酸钾价格较贵，一般情况下，除在忌氯作物上以外，应尽量选用氯化钾。

② 氯化钾。氯化钾的生产原料主要是光卤石、钾石盐和苦卤等。氯化钾的生产方法是先将钾石盐等原料溶解在热水中，制成饱和溶液，然后冷却，氯化钾便从溶液中先结晶出来，经过分离，即可得到较纯净制品。氯化钾系白色结晶，易溶于水，肥效迅速，分子式为 KCl，含 K_2O 50%~60%，属化学中性、生理酸性肥料。氯化钾施入土壤后的变化情况大体上和硫酸钾相同，只是生成物不同。在中性和石灰性土壤中生成氯化钙，在酸性土壤中生成盐酸。所生成的氯化钙溶解度大，在多雨地区、多雨季节或在灌溉条件下，能随水淋洗至下层，一般对植物无毒害，在中性土壤中，会造成土壤钙的淋失，使土壤板结；在石灰性土壤中，有大量碳酸钙存在，因施用氯化钾所造成的酸度，可被中和并释放出有效钙，不会引起土壤酸化；而在酸性土壤中生成的盐酸，能增强土壤酸性，因此在酸性土壤上长期大量施用氯化钾，会加重作物受酸和铝的毒害，所以在酸性土壤上施用，应配合施用石灰及有机肥料。氯化钾可作基肥、追肥。因氯离子抑制种子发芽及幼苗生长，故不宜作种肥。对忌氯植物及盐碱地也不宜施用。氯化钾适用于麻类、棉花等纤维作物，可提高产量及品质。

（2）其他钾肥

① 草木灰。植物残体燃烧后，所剩余的灰烬称为草木灰。长期以来，我国广大农村大多数以稻草、麦秸、玉米秆、棉花秆及树枝落叶作为燃料，所以草木灰在农业生产中是一项重要肥源。草木灰的成分极为复杂，含有植物体内各种灰分元素，如钾、钙、镁、硫、铁、硅以及各种其他元素，其中以钾、钙的数量最多，其次是磷，所以通常把它称为农家钾肥，但事实上它起着多种元素的营养作用。草木灰的成分差异很大，不同植物或同一植物，因年龄、组织、部位等不同，灰分含量亦不相同。一般来说木灰含钙、钾、磷较多，而草灰含硅较多，磷、钾、钙较少。幼嫩组织的灰分富含钾、磷，衰老组织的灰分含钙、硅较多（表 1-10-10）。

此外，土壤类型、土壤肥力、施肥情况、气候条件也都会影响植物灰分中的成分和含量。如盐土地区的草木灰，含氯化钠较多、含钾较少。草木灰中钾的主要形态是以碳酸钾存在，其次是硫酸钾和少量氯化钾。它们都是水溶性钾，有效性很高，但易随水淋失。高温燃烧时（700℃），由于燃烧完全，钾与硅形成溶解度很低的硅酸钾，同时草木灰中含碳量减少，故颜色呈白色，因此，灰白色的草木灰中水溶性钾的含量比灰黑色的草木灰要少，肥效也差些。草木灰中的磷属弱酸溶性磷，对植物比较有效。草木灰中的碳酸钾是弱酸强碱盐，溶于水后即呈碱性反应 $K_2CO_3+H_2O \longrightarrow KOH+KHCO_3$。因此，草木灰是一种碱性肥料，故不能与铵态氮肥混合施用，也不应该与人粪尿、厩肥等有机肥料混合施用，以免引起氮素挥发损失。

表 1-10-10　草木灰与煤灰的成分　　%

种类	钾/K_2O	磷酸/P_2O_5	钙/CaO	种类	钾/K_2O	磷酸/P_2O_5	钙/CaO
小灌木灰	4.88	1.37	17.9	一般针叶树灰	5.00	1.27	25.0
稻草灰	1.48	0.19	7.79	一般阔叶树灰	8.27	1.53	21.4
棉壳灰	18.1	3.99	10.0	小麦秸秆灰	11.4	2.80	4.21
糠壳灰	0.55	0.27	0.64	向日葵秆灰	29.3	1.11	13.2
花生壳灰	5.33	0.54	—	烟煤灰	0.58	0.26	18.6

草木灰在各种土壤上对多种植物均有良好反应，特别在酸性土壤上施于豆科植物效果更好。因草木灰可以同时供给钾、磷、钙等多种营养元素，又能中和土壤酸性，在酸性土壤上增产效果尤其明显。草木灰可作基肥、追肥，特别宜于作盖种肥。追肥宜集中施用，可采用沟施或穴施，为了便于施用，施用前可与2~3倍细土拌和或喷洒少量水分使之湿润，然后施用。也可配制成10%~20%的水浸提液，叶面喷洒，既可供给钾素和微量元素等营养，又能防止或减轻病虫的发生和危害。作水稻、蔬菜育苗的盖种肥，既能改善苗期营养，又可吸热增温，促苗早发，防止水稻烂秧。在盐碱地区生长的植物，燃成灰后，因草木灰中含有大量的钠和氯离子，故不宜作种肥施用，以免增加土壤盐分。

② 窑灰钾肥。窑灰钾肥是水泥工业的副产品，含多种成分。钾含量差异很大，通常 K_2O 在8%~20%之间。除含钾外，还含有钙、镁、硅、硫、铁及各种微量元素。窑灰钾肥是一种灰黄色或灰褐色粉末，颗粒很细，松散轻浮。其成分中含有 Ca 约21.4%，Mg 约0.6%，所以是一种吸湿性很强的碱性肥料，水溶液 pH 值为9~1。窑灰钾肥中水溶性钾含量占总钾量的90%以上，主要是硫酸钾、氯化钾；2%柠檬酸溶性钾占1%~5%，主要是铝酸钾和硅铝酸钾；此外，还含有5%左右的难溶性钾，所以窑灰钾肥是一种很好的速效性钾肥。窑灰钾肥可作基肥施用，但不可作种肥，因它吸湿后发热，同时碱性强，容易烧种，也不宜用作蘸秧根。最适于在酸性土上和需钙较多的植物上施用。窑灰钾肥颗粒细小轻飘，在田间撒施时应拌适量细土，以免被风吹扬损失。作追肥时要防止沾在叶片上，以免灼伤叶片。

（3）钾肥的有效施用

钾肥的施用效果与土壤性质、植物种类、肥料配合、施用技术等条件有密切关系，要充分发挥钾肥的增产效果，必须了解影响钾肥肥效的有关因素。

① 土壤供钾能力与钾肥肥效。土壤钾的供应水平是指土壤中速效钾的含量和缓效性钾的贮藏量及其释放速度。只有土壤钾的供应水平低于某一界限时，钾肥才能发挥其肥效。根据各地大量钾肥试验证明，土壤速效钾含量水平是决定钾肥肥效的基础条

件。土壤速效钾的指标数值由于各地的气候、土壤、植物等条件不同，在幅度上略有差异。我国科学家对水稻、小麦等植物拟定的土壤速效钾分级标准见表 1-10-11。土壤速效钾仅能反应当季植物钾素的供应情况，而由于速效钾含量易受施肥、季节等因素影响，所以难以反映土壤的供钾特点。因此，越来越多的人认为用速效钾与缓效钾相结合的办法来确定施肥指标可能更符合生产实际。

表 1-10-11　土壤速效钾水平与钾肥肥效

速效钾(K_2O)		等级	对钾肥的反应
mg/kg 土	kg/亩		
<33.0	<5.0	极低	钾肥肥效极明显
33.0~68.6	5.0~10.3	低	施用钾肥一般有效
68.6~124.0	10.3~18.6	中	在一定条件下钾肥有效
124.0~165.3	18.6~24.8	高	施用钾肥一般无效
>165.3	>24.8	极高	不需要施用钾肥

② 植物种类与钾肥肥效。不同植物的需钾量和吸钾能力不同，因此对钾肥的反应也各异。凡含碳水化合物较多的植物如烟草、甘薯、西瓜和果树等需钾量较大，所以称之谓“喜钾植物”。对这些植物施用钾肥不仅能增产，而且还能改善品质。由于钾影响蛋白质和脂肪代谢，因此豆科和油料施用钾肥也有良好效果，特别在豆科绿肥上能获得明显而稳定的增产效果。因禾谷类植物对钾的需要量较少，同时这些植物吸收钾的能力较强，所以在相同条件下，钾肥肥效较差。

③ 肥料配合与钾肥肥效。氮、磷、钾三要素在植物体内对物质代谢的影响是相互促进、相互制约的，因此植物对氮、磷、钾的需要有一定比例。就是说钾肥肥效与氮、磷肥供应水平有关。当土壤中氮、磷含量比较低，单施钾肥的效果往往不明显，随着氮、磷肥用量的增加，施用钾肥才能获得增产；反之，当单施氮肥或仅施氮、磷肥、不配合施用钾肥，氮、磷肥的增产效益也不能得到充分发挥，有时甚至会由于偏施氮肥而招致减产，因此，必须注意氮、磷、钾的合理施用。

④ 钾肥肥效与土壤水分含量的关系。土壤水分含量与作物钾肥肥效存在明显的水肥交互作用，由于土壤中钾素迁移主要靠扩散途径，而土壤水分强烈影响着钾素在土壤中的扩散状况，因此干旱年份，土壤缺乏灌溉条件的地方更应注意钾肥的施用，比如，棉花生长前期，虽然有时土壤有效钾含量属极高等级，但由于土壤水分缺乏而经常导致红叶茎枯病(一种常见的棉花缺钾生理病害)。而多雨季节或灌溉条件比较好的地方可适当减少钾肥用量。

（4）钾肥的施用技术

钾肥应早施，因钾在植物体内移动性大，缺钾症状出现晚。若出现缺钾症状，再补施钾肥，为时已晚。另外，植物在生长的前期一般都强烈吸收钾，植物生长后期对钾的吸收显著减少，甚至成熟期部分钾从根系外溢，因此后期追施钾肥已无大的意义。所以应当掌握“重施基肥、轻施追肥、分层施用、看苗追肥”的原则。对保水保肥力差的土壤，钾肥应分次施用；基肥追肥兼施，比集中一次为好，但原则上仍然要强调早施。钾肥要深施、集中施，钾在土壤中移动性较小，钾离子在土壤中的扩散相当慢[扩散系数为(0.01~0.24)×$10^{-5}cm^2/s$]，因此根系吸收钾的多少，首先取决于根量及其与土壤的接触面积。所以，钾肥应当集中施在植物根系多、吸收能力最强的土层中。追施一般应距植物6~10cm、深10cm左右，以利根系吸收。这样也可减少因表土干湿变化较大引起的钾固定，提高钾肥的利用效率。

1.11 土壤中的中量元素与微量元素及其作用

1.11.1 土壤与植物中的中量元素营养及中量元素肥料

（1）土壤中的硫、钙、镁素营养

① 土壤中的硫素营养。土壤全硫含量因土壤形成条件、黏土矿物和有机物含量不同而有很大变化。在温湿条件下，土壤风化及淋溶程度较强，含硫矿物分解淋失，土壤中可溶性硫酸盐很少聚集，土壤硫主要存在于有机质中。而在干旱地区，土壤中的钙、镁、钾、钠的硫酸盐常常大量积累在土层中。含有1∶1型黏土矿物及水化氧化铁(铝)的土壤，可以吸收一定量的代换性SO_4^{2-}。世界耕地全硫含量在0~600mg/kg范围内。富含有机质的土壤中可超过500mg/kg。我国土壤的硫含量在100~500mg/kg之间，在南部和东部湿润地区，有机硫占全硫的比例为85%~94%。在干旱的石灰性土壤上，则以无机硫占优势，一般约占全硫的39%~62%，并以易溶性硫酸盐和与碳酸盐共沉淀的硫酸盐为主。我国南方诸省，因高温多雨，土壤硫易分解淋失，是缺硫土壤的主要分布区。北方土壤也有相当大比例的土壤存在缺硫或潜在缺硫现象。土壤中含硫化合物可分为无机态和有机态两种。无机硫是指未与碳结合的含硫物质，主要来自岩石的风化过程。根据其物理和化学性质可将其划分为水溶性硫、吸附态硫、与碳酸钙共沉淀的硫酸盐、硫化物四种形态。水溶性硫是指溶解于土壤溶液中的硫酸盐；吸附态硫是指吸附于土壤胶体上的硫酸根；与碳酸钙共沉淀的硫酸盐是指在碳酸钙结晶时混入其中的硫酸盐与之共沉淀而形成的，是石灰性土壤中硫的主要存在形式；硫化物是在淹水情况下由硫酸根还原而来的。有机硫是指土壤中与碳结合的含硫物质，其主要来源是新鲜的动植物残体，微生物细胞及微生物合成过程中的副产品，土壤腐殖质。土壤有机硫可分为氢碘酸还原硫、碳链硫和惰性硫三类。土壤中的含硫物质在生物和化学作用下发生着一系列的转化作用。无机硫的转化包括无机硫的氧化与还原作用。硫酸盐的还原作用主要通过两种途径进行，一种是生物将SO_4^{2-}吸收到体内，在体内将之还原并合成细胞物质，如含硫氨基酸；另一种则是硫酸根在硫还原细菌作用下被还原为还原态硫，如硫化物、硫代硫酸盐和元素硫等。无机硫的氧化作用，即还原态硫在硫氧化细菌参与下氧化为硫酸盐的过程。有机硫的转化也是在微生物作用下进行的生物化学过程，在好气条件下其最终产物是硫酸盐，在嫌气条件下则生成硫化物。

② 土壤中的钙素营养。地壳中平均含钙约36.4g/kg。土壤全钙含量变化很大，主

要受成土母质、风化条件、淋溶强度和耕作利用方式的影响。比如由石灰岩发育的土壤，一般因母质中含有大量的 $CaCO_3$ 而使土壤含钙丰富；而在温湿条件下，高度风化和淋溶的土壤含钙量通常很低。土壤中含钙物质的化学形态和存在状态可分为矿物态钙、交换态钙和溶液钙三种。矿物态钙存在于土壤矿物晶格中，不溶于水，也不易为溶液中其他阳离子所代换。矿物态钙在全钙中的比例为40%~90%。土壤中的含钙矿物主要是斜长石和方解石等几种，含钙矿物较易风化。交换态钙为吸附于土壤胶体表面的钙离子，是土壤中主要的代换性盐基离子之一，是作物可利用的钙。溶液钙(或水溶态钙)是指存在于土壤溶液中的钙离子。溶液钙与交换态钙之和称为有效态钙。土壤中含钙硅酸盐矿物较易风化，风化后以钙离子形式进入溶液，其中一部分为胶体所吸附成为交换态钙。含钙碳酸盐矿物如方解石、白云石、石膏等溶解性很大。含钙矿物风化以后，进入溶液中的钙离子可能随排水而损失，或为生物所吸收，或吸附在土壤固相周围，或再沉淀为次生钙化合物。我国华北及西北地区土壤中含钙的碳酸盐和硫酸盐向土壤溶液提供的钙离子浓度已足够植物生长的需要。而华南的酸性土壤则既不含碳酸钙，又不含硫酸钙，含钙硅酸盐矿物通过风化溶解出来的少量钙离子又被强烈淋溶，造成土壤缺钙。交换态钙与溶液钙处于平衡之中。土壤中交换态钙的绝对数量并不十分重要，而交换态钙对土壤阳离子交换量的比例却很重要，因为该比例对溶液中钙浓度有直接的控制及缓冲作用。溶液钙还与土壤固相钙(尤其是 $CaSO_3$ 和 $CaSO_4$ 等)形成平衡。

③ 土壤中的镁素营养。地壳平均含镁量为19.3g/kg，而土壤全镁含量平均为5g/kg。土壤镁含量高低主要受成土母质及风化条件等的影响，我国土壤全镁含量地区性差别很大。由于镁大多存在于较细的土粒中，黏粒和粉砂所含的镁占全镁量的95%以上，沙质土全镁含量一般很低。水成土因水的灌、排及溶漏的影响而导致镁的损失，以及强烈的还原条件使矿物表面的氧化铁胶膜减少促进了镁的释放和淋洗，而使其全镁含量明显降低。土壤中的镁包括矿物态、非交换态、交换态及溶液态镁几种形态。矿物态镁指存在于原生矿物和次生黏土矿物中的镁，是土壤中镁的主要来源，约占全镁含量的70%~90%。土壤中含镁的原生矿物主要有橄榄石、辉石、角闪石、黑云母等。含镁矿物都是较易风化的，因而在风化程度较高的土壤中，很难找到含镁的原生矿物。土壤矿物态镁主要存在于黏土矿物中，如蛇纹石、滑石、绿泥石、蛭石、蒙脱石、伊利石等。此外，土壤中还含有许多非硅酸盐含镁矿物，如菱镁石、白云石、硫酸镁等，它们在土壤中部分溶于水，能为植物提供相当数量的镁。中国南方大多数土壤的含镁矿物已遭受强烈的风化，而含量颇丰的高岭石和三水铝石等黏土矿物又不含镁，故土壤全镁含量低。非交换态镁(又称酸溶态镁、缓效态镁)是指能被0.05mol/L HCl、1mol/L HNO_3 或0.1mol/L HCl 等浸提的部分矿物态镁，其数量与浸提所用酸的强弱及浓度有关。这部分镁的含量可作为植物能利用的潜在有效镁。土壤交换态镁是指被土壤胶体吸附，并能为一般交换剂所交换下来的镁。交换性镁含量与土壤的阳离子交换量、盐基饱和度以及矿物性质等有关。溶液态镁是指存在于土壤溶液中的镁离子，其含量一般为每升几毫克到几十毫克，也有几百毫克者，是土壤溶液中含量仅次于钙的一种元素。溶液态镁与交换态镁之和称为有效性镁。此外，土壤中还存在少量有机态镁，并

以非交换态存在。土壤镁素的转化土壤中各种形态镁之间的关系为【矿物态】$\xrightarrow{\text{风化}}$【非交换态】$\xrightarrow{\text{缓慢}}$【交换态】$\xrightarrow{\text{迅速}}$【液态】。矿物态镁在生物、化学和物理风化作用下破碎分解，参与土壤中各种形态镁之间的转化与平衡。交换态和非交换态之间存在着平衡关系，非交换态可以释放为交换态，反之也可以产生固定。溶液镁与交换态镁之间也可以发生吸附与解吸的平衡过程，且速度较快。

（2）植物体内硫、钙、镁元素的主要营养功能

① 硫素的主要营养功能。硫被植物吸收利用的主要形态为 SO_4^{2-}，空气中的 SO_2 也可以被植物吸收。进入体内的硫被同化后以硫氢基、双硫基存在于胱氨酸、半胱氨酸、甲硫氨酸和蛋氨酸等化合物中。硫参与多种重要物质的组成，几乎所有的蛋白质都含有硫氨基酸。因此，硫在植物细胞的结构和功能中都有重要作用。如硫辛酸、硫胺素、乙酰辅酶 A、铁氧还素等生物活性物质中都含有硫。辅酶 A 中的硫氢基在植物能量转化中具有突出效应。硫能促进豆科作物形成根瘤，参与固氮酶的形成，增强固氮活力。此外，氨基酸转换酶、羧化酶、脂肪酶、苹果酸脱氢酶都是含硫氢基的酶，这些酶对植物的多种代谢有重要影响。缺硫时可引起作物体内蛋白质合成受阻，出现硝酸盐、可溶性有机氮和胺的积累现象。加强作物硫营养在许多植物上均可改善农产品品质，如提高氨基酸、蛋白质含量，及油料作物产品的油分含量。油菜是需硫较多的作物之一，正常情况下相当于大麦等禾谷类作物需硫量的 3~10 倍，在供氮充足的条件下，作物需要更多的硫以进行正常的代谢和生长发育。充足的硫素营养有利于改善小麦面粉的烘烤品质，尤其是在高氮水平下，若硫供应不足，烤出的面包体积小、口味差。充足的硫营养有利于作物对水分的高效利用。一般来说，每生产 1t 谷类籽粒需吸收硫 1~6kg，豆科作物种子需 5~13kg，油料作物种籽需 5~20kg。籽粒作物总吸硫量中有一半左右存在于基叶中，其带走的比例介于氮、钾之间。缺硫时，作物生长受阻，尤其是营养生长，其症状为株型矮小，分蘖分枝小，叶片失绿黄化，并向上卷曲，变硬、易碎，过早脱落。缺硫症状常出现在植物顶部较幼嫩的部位，这是因为硫在植物体内的移动性较小，这一点与氮素明显不同。

② 钙素的主要营养功能。植物吸收的钙主要是呈二价阳离子形态。进入植物体内的钙对胞间层的形成和稳定性具有重要意义，它以果胶酸钙的形态黏结两相邻细胞，使细胞与细胞能够联结起来形成组织，并使植物的器官或个体具有一定的机械强度。缺钙影响细胞壁和纺缍丝形成，并使细胞分裂不能正常进行。钙还能参与维持生物膜的稳定性，对膜电位、膜透性、离子运转及原生质黏滞性、胶体分散度都有一定效应。钙能中和作物体内代谢过程产生过多且有毒的有机酸，调节细胞 pH 值。钙是一些重要酶类的激活剂。钙能加强有机物的运输，如加速糖分运输，增强光合效率。Ca^{2+} 与作物钙调素结合具有多种调节细胞功能的作用。缺钙时，会引起许多营养失调症。如缺钙导致番茄、辣椒的脐腐病，大白菜、生菜的干烧心，马铃薯的褐斑病，苹果的苦陷病和鸭梨的黑心病等。适当增加采收后果实中的钙水平，能明显抑制采后果实的呼吸、乙烯的释放、软化以及其他生物病害，并提高果实品质。采前钙处理和采后喷钙均对果实保鲜和储运有良好效果。双子叶植物体内含钙量通常高于单子叶植物，尤其是豆

科植物含钙量更高。由于钙在植物体内极难移动与再利用，因此植物缺钙时，首先在新根、顶芽、果实等生长旺盛而幼嫩的部位表现出症状，轻则凋萎，重则坏死。

③ 镁素的主要营养功能。二价镁离子是植物吸收镁的主要形态。因为镁是植物体内多种重要成分的组成元素。叶绿素的形成需要镁，镁是叶绿体的中心金属离子，在叶绿体中10%左右的镁包含在叶绿素里。缺镁时，叶绿素及B类胡萝卜素含量下降，叶片褪绿，对CO_2的同化能力下降，光合能力降低。大麦叶片内镁浓度低于0.12mg/g时，叶片净同化力等于零。镁离子和钾离子在光合电子传递过程中共同作为H^+的对应传递离子，以维持类囊体的跨膜质子梯度。镁离子转移至叶绿体间质，则可以活化二磷酸核酮糖羧化酶和5-磷酸核酮糖激酶等。镁参加活化糖酵解和三羧酸循环过程中的磷酸己糖激酶等许多酶。镁是丙酮酸激酶、腺苷激酶等的组成成分，在氮素同化中，谷氨酰胺合成酶的激活也需要镁，在蛋白质生物合成中，镁的作用是促进核糖体亚单位的结合，镁不足将影响核糖体的正常结构而使蛋白质合成能力降低。镁的缺乏症状首先是出现在中下部叶片，因为镁在植物体内有较高的再利用性。缺镁植物叶片脉间失绿，严重时叶缘死亡，叶片出现褐斑。缺镁的叶子往往僵硬且脆，叶脉扭曲，常过早脱落。不同作物表现的症状也有所不同。如玉米缺镁时，下部叶片则出现典型的叶脉间条状失绿症。水稻缺镁首先在叶尖、叶缘出现色泽退淡变黄、叶片下垂、脉间出现黄褐色斑点，随后向叶片中间和茎部扩展。小麦缺镁叶片脉间出现黄色条纹，心叶挺直，下部叶片下垂，叶缘出现不规则的褐色焦枯，仍能分蘖抽穗但穗小。柑橘缺镁常使老叶叶脉间失绿，沿中脉两侧产生不规则黄化斑，逐渐向叶缘扩展。番茄缺镁新叶发脆并向上卷曲，老叶脉间变黄而后变褐、枯萎，进而向幼叶发展，结实期叶片缺镁失绿症加重，果实由红色褪变为淡橙色。

作物缺素的形态症状总是滞后于生长所受影响，况且作物遭受一定程度的缺镁往往在形态上并不表现出症状，而产量已受到严重影响。所以，配合植株、土壤的化学诊断，以弥补形态诊断之不足是必要的。关于镁素营养临界指标的研究已积累不少资料，但须注意应用条件，因为镁素营养临界指标随作物种类及品种、取样时期与部位、整体营养水平或产量水平等而异。

（3）硫、钙、镁肥的性质及其施用

① 硫肥的肥效及其施用。自然界中具有多种含硫矿物，如硫黄矿、硫铁矿、石膏矿等都是高含硫的矿物。经开采、加工，或直接用于肥料，或用于生产其他化学硫肥。常用的化学硫肥包括普通过磷酸钙、硫酸铵、含硫微肥等。此外，还有一些其他含硫的农家肥，以及自然沉降、灌溉水等也能向土壤补充一定量的硫。缺硫面积不断增大的主要原因包括复种指数的增加及作物产量的提高，从土壤中移走硫的强度明显增加，而得不到相应的补充；副成分含硫的肥料用量大幅度减少，如过磷酸钙被其他磷肥替代，硫酸铵被尿素替代，导致土壤中硫的补给量逐年减少；大气污染治理；高含硫农药被替代；秸秆作为燃料，硫不能归还土壤等。硫肥的研究表明，施用硫肥增产的作物已有20多种，包括谷物、油料作物、绿肥、牧草、经济作物等。硫肥的施用包括硫肥施用量的估算、硫肥品种的选择及施肥时间的确定。硫肥施用主要应依据土壤、作物间供需矛盾大小确定。不缺硫的土壤上施用硫肥不仅不会增产，甚至会导致土壤酸化和减产。

② 钙肥的肥效及其施用。酸性土壤施用石灰在我国已有悠久的历史，施用石灰一方面矫正了过低的土壤 pH 值，另一方面向作物提供了丰富的钙素营养。在我国南方酸性土壤上施用石灰也成为农业生产中一项基本的施肥措施。除少数盐渍土外，施用石灰普遍表现出改土培肥、增产增收的良好效果。有人建议采用 pH 值 5.5 作为是否需要施用石灰的土壤临界值，低于该值则应施用石灰。近年来，部分蔬菜作物因缺钙引起的生理病害在不断增加，甚至在华北的石灰性土壤上，施用钙肥对蔬菜作物都表现出增产、改善品质、减轻病害的作用。土壤酸性加剧了土壤钙的贫瘠，调节土壤酸度和提供钙水平最理想的物料莫过于石灰物质。因为石灰物质不仅资源丰富，而且能起到治酸增钙双重效果。在酸性土壤上确定出一个适宜的石灰用量并非易事。首先要考虑到土壤总酸度，因为活性酸量与之比较简直是微不足道。施用石灰既中和了土壤的活性酸，也中和了土壤的潜在酸，并给土壤溶液与胶体增加了 Ca^{2+}，且通过反应将代换出来的 Al^{3+}形成 $Al(OH)_3$沉淀而消除活性铝的危害。要确定石灰的需要量就必须了解土壤中代换性 H^+和 Al^{3+}的量，这就需要测定土壤阳离子交换量及盐基饱和度，计算出代换性酸饱和度，根据阳离子交换量、代换性酸饱和度及单位面积土壤耕层总质量计算出总的潜在酸量，以此作为施用石灰物质的直接依据。考虑到不同石灰物质的溶解性能、目标土壤酸性以及施用均匀性问题，田间应用时还须进行校正。生石灰取校正系数 0.5，石灰石粉取 1.3。在这一经典方法之后，我国科学家根据我国土壤酸碱度划分等级，对不同质地的酸性土壤第一年的石灰需要量提出了一个经验标准，简化了石灰施用量的确定方法(表 1-11-1)。盲目过量地施用石灰可能导致石灰板结田或次生碳酸盐土壤，土壤理化性状变劣，并造成多种营养元素失调。因此，一定要合理施用石灰，最好是配合有机肥及其他营养元素肥料的施用。由于各种石灰物料的性质不同，中和酸的能力也不同，这就需要对各种石灰物质提出一个可供相互比较的统一标准，于是就提出了一个中和值的概念，它是以 $CaCO_3$的摩尔质量为 100，其余物料与之相比的摩尔质量分数，如 CaO 的摩尔质量为 56，则 CaO 的中和值为 $100/56\times100=179$，也就是说 100g CaO 中和酸的能力相当于 179g $CaCO_3$。以此类推，则菱镁矿($MgCO_3$)为 119，白云石($CaCO_3 \cdot MgCO_3$)为 109，熟石灰($Ca(OH)_2$)为 136，硅酸钙($CaSiO_3$)为 86。在改善土壤作物钙营养方面，石膏是另一种重要的肥料。石膏不仅供应钙，而且还含有 18%的硫。在我国西北、华北、东北地区，干旱、半干旱地区还分布许多碱化土壤，土壤溶液含浓度较高的碳酸钠、重碳酸钠等盐类，土壤胶体被代换性 Na^+所饱和，钙离子很少，土壤胶体分散。这类土壤需要施用石膏来中和碱性、改良土壤理化性状、降低 Na^+毒害。一般来说，当土壤代换性 Na^+的比例为 10%~20%时，就需增施石膏来调节作物钙素营养，代换性 Na^+在 20%以上时，就需施用石膏来改良土壤。改良土壤时石膏施用量大约在 375~450kg/ha。

表 1-11-1　不同质地的酸性土壤第一年石灰施用量　　kg/ha

土壤酸度类型	黏土	壤土	沙土
强酸性(pH 值 4.5~5.0)	2250	1500	750~1125
酸性(pH 值 5.0~6.0)	1125~1875	750~1125	375~750
微酸性(pH 值 6.0~7.0)	750	375~750	375

③ 镁肥的肥效及其施用。镁肥肥效的高低主要取决于土壤有效镁供应水平及作物对镁肥的反应程度，同时也受到施肥技术、环境条件等因素的影响。镁肥肥效与土壤有效镁含量之间密切相关(表 1-11-2)。镁肥的施用土壤、作物之间镁素供需矛盾的大小是决定镁肥用量的重要依据。一般认为，土壤有效镁含量小于 40mg/kg 即需要施用镁肥。土壤缺镁条件下，对于需镁较多的作物，施用硫酸镁($MgSO_4 \cdot 7H_2O$)的量一般在 150~225kg/ha 为宜。盛果期的柑橘每穴施用 0.2~0.3kg。根外喷施硫酸镁的浓度为 1%~2%，每公顷喷 375~750kg 溶液。镁肥施用不宜过多，以免引起多种营养元素失衡而影响作物正常生长发育，导致作物产量与品质的降低。在选择镁肥品种时，应注意到不同镁素化肥对土壤酸碱性的不同影响。接近中性或微碱性土壤宜选择硫酸镁或氯化镁肥料，而在酸性土壤上则宜选用碳酸镁为好。试验证明，在酸性土壤上，等量施用 4 种镁肥，肥效高低顺序为 $MgCO_3 > Mg(NO_3)_2 > MgCl_2 > MgSO_4$。在缺镁的酸性土壤上，由白云岩烧制的生石灰是理想的镁肥，既供应镁，又兼有供应钙和改良土壤酸性的作用。如果施用白云石粉，则可平稳地供给作物镁、钙营养。此外，草木灰、钙镁磷肥、硫酸钾镁肥等也都是理想的含镁肥料。对于那些酸性强、质地粗、淋溶强的缺镁土壤，以及大量施用钙、钾肥的土壤，镁肥的施用往往是十分必要的。有人发现在某些轻质脱盐土上作物对镁肥也有良好的反应。镁肥的施用方式灵活，可以作基肥或追肥，也可以根区土施或根外追肥。镁肥与有机肥或其他化肥配施，其增产效果更大。

表 1-11-2　代换性镁含量与镁肥肥效

土壤	pH 值	代换性镁/(mg/kg)	稻谷产量/(kg/ha)		增产率/%
			土壤标准值(CK)	Mg^+	
黄泥田	5.5	16	5899.0	6913.5	17.4
灰砂田	6.0	23	4957.5	5775.0	16.5
灰砂田	5.3	29	5833.5	6211.5	6.5
灰黄泥田	5.4	44	5579.5	6060.0	4.8
灰泥田	5.4	49	6507.0	6617.0	1.7
浅灰泥田	5.6	51	5628.0	5565.0	-1.1

1.11.2　微量元素营养与微肥

微量元素是针对大量元素和中量元素而言的一个相对概念。它是指在土壤中的含量及其可给性较低，植物对它们的需要量很少的一类植物必需元素。植物体内微量元素的含量通常在 $n\times(10^{-1}\sim10)$ mg/kg 之间，最高不超过 $n\times10^3$ mg/kg。作物对微量元素的需要量虽然很少，但是，它们同大量元素一样，也直接参与植物体内的代谢过程。以微量元素为主要成分的肥料称为微量元素肥料，简称微肥。如锌肥、铁肥、硼肥、钼肥、铜肥、锰肥等。只有在施用大量元素肥料的基础上施用微肥，才能较好地发挥微肥的肥效。同时，作物对微量元素的反应也因大量元素的供应水平不同而异。通常随着大量元素肥料施用量的增加，作物对微量元素的吸收数量也会相应增多，若此时施用微量元素肥料则可以促进作物对大量元素的吸收利用，充分发挥其增产作用；如果没有补充微量元素肥料，就可能会影响作物对大量元素肥料的吸收利用。此外，大量元素肥料施用不合理也会诱发微量元素的缺乏，比如过量施用磷肥会诱发作物缺锌，这需要通过施用相应的微肥去解决。因此，在农业生产中必须协调好微量元素肥料与大量元素肥料之间的关系，只有将二者合理配合施用才能更好地发挥它们的增产效益。

1.11.3 土壤中的微量元素

（1）土壤中微量元素的含量与形态

① 土壤中微量元素的含量。微量元素在土壤中的含量一般为百万分之几到十万分之几，最高不超过千分之几，只有铁例外，土壤中铁的含量可高达4%。土壤中的微量元素主要来自于成土母质，其含量受成土母质种类与成土过程影响。成土母质种类决定了土壤中微量元素最初的含量水平，而成土过程则促使最初含量发生变化，并影响着微量元素在土壤剖面中的分布。因此，不仅在不同土类中，微量元素含量存在差异，而且即使在同一土类中，因成土母质不同，微量元素含量也往往有较大差异。比如在赤红壤和红壤中，由花岗岩、片麻岩和砂岩发育的，硼含量都很低，而由石灰岩、页岩发育的，硼含量可高出10倍以上。我国一些土壤的微量元素含量范围和平均含量见表1-11-3，其中，括号中数字为平均含量。土壤微量元素含量也受土壤质地影响。质地很细的土壤或土壤的细粒部分，多来自易风化的矿物，是微量元素的主要来源。沙质土壤和土壤的沙粒部分，则来自抗风化能力强的矿物（比如石英等），它们的微量元素含量较低。因此，微量元素含量低或者缺乏微量元素的土壤，往往是质地粗松的土壤。土壤微量元素含量还与土壤有机质含量有关。有机质含量高时，微量元素的含量相应较多，当土壤有机质含量为5%～15%时，微量元素含量将达到最高值；有机质含量继续增加，微量元素含量反而减少。纯泥炭土中微量元素含量最低，这种情况主要出现在高位泥炭中；而中位和低位泥炭中则有微量元素积聚；只有锌例外，它在高位泥炭中最高（表1-11-4）。对于有生物学意义的微量元素来说，土壤微量元素总含量只能看作潜在供给能力和储备水平的指标；而其可溶部分（即对植物有效部分），对于供给能力的评价则有更重要的意义；土壤微量元素的可溶部分约占全量的百分之几或者更低（表1-11-5）。实际上因土壤类型和所用的提取剂的不同，这些指标有很大差异。我国土壤中微量元素的可溶部分含量见表1-11-5。

② 土壤中微量元素的形态与转化。各种微量元素在土壤中的存在形态主要有水溶态、交换态、氧化物结合态（包含氧化锰、无定型氧化铁和晶型氧化铁结合态）、有机结合态（包含松结有机态与紧结有机态）和矿物态（包含原生与次生矿物结合态）等，在石灰性土壤中还存在碳酸盐结合态。在上述各形态中，水溶态和交换态的活性最强，其占总含量比例不到5%～10%。不同的元素种类、不同的土壤类型与土壤环境条件都会影响微量元素在各形态中的分配比例，见表1-11-6和表1-11-7，由此可见，有机质对铜的结合力远大于锌，而锌则主要存在于矿物结合态中；提高土壤pH值对降低交

换态锌的作用明显高于铜。上述各种结合态的微量元素在土壤中会保持动态平衡，当植物由土壤溶液中吸收某一微量元素时，土壤溶液中这一元素存在于交换性复合体中，于是有部分离子释放出来，使土壤溶液中这一元素保持原有水平；同时也会有矿物和沉淀溶解，来补充土壤溶液和重新占有交换位置。微生物的代谢活动中从土壤溶液吸收微量元素，而当有机物分解时，又会释放出微量元素到土壤溶液中。在上述的平衡体系中，有许多化学反应同时进行着，而土壤溶液则是所有的重要土壤化学反应过程的中心，同时又是植物吸收养分的介质。

表 1-11-3　我国土壤中微量元素含量　　mg/kg

微量元素		硼	钼	锌	铜	锰
含量范围		0~500(64)	0.1~6.00(1.7)	0~790(100)	3~300(22)	10~9478(710)
土壤	砖红壤	9~58(20)	0.50~3.10(1.94)	0~323(103)	2~118(44)	10~5000(636)
	赤红壤	0.5~72(24)	0.14~3.03(1.83)	0~750(84)	0~44(17)	11~4232(565)
	红壤	1~125(40)	0.30~11.9(2.43)	11~492(177)	0.1~91(22)	10~5532(373)
	黄壤	5~453(52)	0.10~4.49(1.53)	14~182(81)	1~122(25)	425~920(548)
土壤	紫色土	20~43(31)	0.32~1.10(0.55)	48~131(109)	7~54(23)	282~3627(1520)
	红色石灰土	20~351(113)	0.50~2.83(1.83)	93~374(213)	22~283(57)	340~1000(270)
	棕壤	31~92(61)	0~4.0(2.3)	44~770(98)	18~33(23)	200~1500(741)
	黄棕壤	56~100(85)	0.3~1.4(0.8)	55~122(94)	14~65(22)	480~1300(940)
	草甸土	32~72(54)	0.2~5.0(2.4)	51~130(87)	18~35(26)	590~1100(990)
	黑土	36~69(54)	0.5~2.1(1.4)	58~66(61)	19~78(26)	—

表 1-11-4　泥炭中微量元素的含量　　mg/kg

元素	锰	锌	铜	钼	硼
高位泥炭	25.4	19.2	2.3	0.5	0.4
中位泥炭	61.0	16.4	5.4	1.1	0.6
低位泥炭	208.0	10.3	8.4	2.2	3.3

表 1-11-5　土壤微量元素全量与可溶部分的含量

元素	硼	锰	铜	锌	钼
全量/(μg/g)	64	710	22	100	1.7
可溶部分/%	约 10 或<10	约 1~10	约 1	约 0.1	约 1

表 1-11-6　土壤中锌、铜在各形态中的分配比例　　%

元素	交换态（含水溶态）	碳酸盐结合态	氧化锰结合态	有机结合态	无定型氧化铁结合态	晶型氧化铁结合态	矿物结合态
Zn	0.3	0.2	1.3	5.8	2.3	28.5	61.2
Cu	0.2	3.2	1.5	10.9	13.3	31.0	41.1

表 1-11-7　不同 pH 值土壤中铜、锌在各形态中的分配比例　%

土壤	元素	交换态	碳酸盐结合态	氧化锰结合态	有机结合态	无定型氧化铁结合态	晶型氧化铁结合态	矿物结合态
黄红壤 pH 值 5.04	Cu	0.01	—	3	11	4	19	62
	Zn	2	—	3	6	1	16	73
黄棕壤 pH 值 6.55	Cu	0.2	—	3	17	13	31	36
	Zn	<0.5	—	1	9	1.5	30	57
黄潮土 pH 值 8.25	Cu	0.3	3	0.01	2	14	38	43
	Zn	<0.01	1	1	1	3	30	64

（2）影响土壤微量元素有效性的因素

土壤中微量元素供应不足的原因有二，其一是含量过低；其二是有效性过低，微量元素大多以植物不能吸收利用的形态存在。前者是土类类型和成土母质决定的，后者则是受土壤中许多因子如 pH 值、氧化还原电位、质地、通透性、水分状况以及有机质和微生物活动等的影响所致。

① 土壤 pH 值。土壤微量元素的有效性与酸碱度的关系因元素种类而异。以阳离子形态存在的元素和硼的有效性随着土壤 pH 值的降低而加大，以阴离子存在的微量元素如钼等则随着土壤 pH 值的提高，有效性增大。土壤 pH 值从 5 上升到 8 时，植物吸收的硼、锰、锌、铁、铜减少。因此，在我国北方的石灰性土壤地区，农作物易发生缺锌、缺铁症状。

② 土壤 Eh 值。土壤的氧化还原电位对一些变价微量元素的有效性有明显的影响，尤其是在水稻土中更为突出。氧化还原电位改变时，具有多种原子价的元素如铁、锰的原子价和结合形态都会发生改变。在还原条件下，锰还原为 Mn^{2+} 而进入土壤溶液，或者在酸性反应下被交换性复合体吸附，而在中性条件下 Mn^{2+} 开始沉淀成氢氧化物、氧化物或形成碳酸盐。pH 值与电位间常有交互作用，比如在碱性条件下，氧化过程进行迅速。土壤中的 Mn^{2+} 受 pH 值和电位的双重控制；在 pH 值 5 以下的通气良好的土壤中，pH 值可单独控制它的溶解度。

③ 土壤水分状况。土壤含水量高或渍水时，由于氧化还原电位降低，对微量元素的有效性有较大的影响，尤其是在水稻土上。一方面，当渍水后，氧化还原电位降低，pH 值上升，CO_2分压升高，会导致铁锰氧化物还原而溶解，同时释放出所吸附和包蔽的微量元素；另一方面，在还原条件下，锌、铜、铁等会形成难溶的硫化物；此外，渍水后土壤有机质因分解缓慢而积累，一些微量元素如铜，被有机质紧密吸附而固定，使其有效性下降。

④ 土壤有机质。有机质具有离子交换和配合能力，可与某些微量元素如铜、锌、铁、锰、铅等形成稳定的可溶或难溶性配合物。有时可作为微量元素的可溶络合剂的来源。另一方面，在富含有机质的土壤中，一些微量元素比如铜常被固定而导致农作物缺铜，进入此类土壤的有害重金属污染元素，则因钝化而变得难以被植物吸收，使其毒害减轻。

⑤ 土壤质地。质地对微量元素有效性的影响是多方面的。由于成土母质的种类和成土过程的缘故，质地粗的土壤微量元素含量往往很低，同时由于通透性良好，使某些微量元素如锰以高价形态存在，有效性降低。而质地黏重的土壤有较大的表面积和离子交换量，对微量金属离子有较大的吸持力和保肥力，有效性亦较高；该类土壤对于有害的重金属元素同样也有较大的容许含量。

⑥ 吸附作用。与常量元素一样，在黏粒矿物、二、三氧化物和有机质表面上都存在着微量元素的吸附现象，对控制微量元素的有效性有重要意义。阳离子态微量元素如锌、钼、锰等在负电荷的表面上发生阳离子交换反应；硼、钼等含氧阴离子也会被交换物质所吸附。这种由于静电引力而发生的吸附反应，为交换性吸附，是一个可逆的和按当量进行交换的过程。此外，强选择性吸附即专性吸附，属于化学吸附，被吸附离子为非交换性的，不能以常用的交换剂来提取，需要使用亲和力更强的吸附剂进行提取。专性吸附的微量元素不易为植物吸收。黏粒矿物在吸附反应中起着重要作用。微量阳离子被交换的难易顺序依次为 Cu>>Ni>Co>Zn。上述顺序因交换活性物质和溶液浓度和酸度不同而常改变。微量阴离子的吸附有类似的情况，钼酸根（MoO_4^{2-}）在阴离子交换物质中，比磷酸根和硫酸根弱，比硼酸根和卤素强，一般是与-OH 间的交换。其难易程度可排成下面的顺序，即 P>S>Mo>Cl。土壤中的铁、锰氧化物包蔽和吸附着许多微量元素。氧化锰具有很大的吸附容量，富集了许多微量元素，尤其是钼、锌。这些元素在氧化锰中的含量有时会占其总含量的 20%，远高于同层次土壤中的含量。有机质对微量元素的吸附固定比较突出，尤其在有机土中。在未垦的有机质较多的土壤上，可观察到表层有铜、钼等的富集现象（按矿物部分为基础计算）。在一定情况下，有机质对微量元素的固定较无机固定显著。

⑦ 土壤微生物。微生物活动对土壤中微量元素有效性的影响主要表现在以下 5 个方面，即微生物活动对其他微量元素有效性具有重要影响，可促进有机质分解，使有机结合态的微量元素分解释放出来；同化吸收微量元素到微生物体内，因暂时固定而不能被高等植物利用；在嫌气条件下使微量元素还原成易溶的低价态；在好气条件下氧化微量元素使之成为高价状态；在改变 pH 值和氧化还原电位过程中起间接作用。铁和锰的微生物氧化还原作用最为突出。土壤中的一些微生物可使铁和锰氧化成高价状态，有效性降低。当土壤不发生化学氧化时仍然有生物氧化进行着。在中性到碱性土壤中有机物分解得缓慢，而生物氧化铁锰进行得比较迅速；在酸性土壤中，有机物分解迅速，生物氧化铁锰进行得很缓慢。

（3）土壤微量元素的评价方法与指标

热水溶性硼用沸水浸提。有效态锌、铜对石灰性土壤用 pH 值 7.3 的 DTPA+$CaCl_2$+TEA（三乙醇铵）溶液提取；酸性土壤用 0.1mol/L 的 HCl 溶液提取。有效态铁常用 pH 值 7.3 的 DTPA+$CaCl_2$+TEA 溶液提取。有效态锰中交换性锰用 pH 值 7.0 的 1mol/L HOAC+NH_4OAC 溶液提取，易还原态锰用 pH 值 7.0 的 1mol/L HOAC+NH_4OAC+0.2% $C_6H_4(OH)_2$溶液提取。有效态钼借助草酸+草酸铵（pH 值 3.3）提取。科学家根据上述测定方法对土壤有效态微量元素进行了分级并给出了评价指标，见表 1-11-8。

表 1-11-8　土壤有效态微量元素的分级和评价指标　　mg/kg

元素	很低	低	中等	高	很高	临界值
水溶态硼	<0.25	0.25~0.50	0.51~1.00	1.01~2.00	>2.00	0.50
有效态钼	<0.10	0.10~0.15	0.16~0.20	0.21~0.30	>0.30	0.15
交换态锰	<1.0	1.0~2.0	2.1~3.0	3.1~5.0	>5.0	3.0
易还原态锰	<50	50~100	101~200	201~300	>300	100
有效态锌**	<1.0	1.0~1.5	1.6~3.0	3.1~5.0	>5.0	1.5
有效态锌*	<0.5	0.5~1.0	1.1~2.0	2.1~5.0	>5.0	0.5
有效态铜**	<1.0	1.0~2.0	2.1~4.0	4.1~6.0	>6.0	2.0
有效态铜*	<0.1	0.1~0.2	0.3~1.0	1.1~1.8	>1.8	0.2

注：* 适用于石灰性土壤；

** 适用于酸性土壤。

1.11.4　植物的微量元素营养

（1）植物体内微量元素的含量、形态和分布

① 硼。植物体内硼含量通常在 2~100mg/kg 之间，各种植物间的含量差异很大，其中双子叶植物的含量比单子叶植物高。烟草含硼 25mg/kg，甜菜可达 100mg/kg，而谷类植物只有 4~10mg/kg。同一植株的不同组织，其含量也有较大差异，硼比较集中分布在茎尖、根尖、叶片和花器官中。我国科学家测定的棉花初铃期各器官含硼量平均为叶片 30.9mg/kg、叶柄 18.7mg/kg、主茎 18~34mg/kg、繁殖器官 22.2mg/kg。硼以 $B(OH)_3$形态被植物吸收，运输到植物各部位的硼几乎不再移动，难以再利用。当介质供硼少时，往往在新生部位首先产生缺硼症状。而当供硼过量时，硼首先在老组织中积累，出现中毒症状。硼不是植物体的结构成分，硼的一切生理功能与其能和糖或糖醇络合形成硼酯化合物有关，这些硼的化合物参与各种代谢活动。

② 锌。锌在植物体内的含量约为 25~150mg/kg，主要分布在植物的幼嫩部位。正常植物顶芽含锌量最高，叶片次之，茎最少。整个植株中锌的含量分布有由下而上递增的趋势，它的分布与生长素的分布基本是平行的。锌在植物体内以离子态及蛋白复合体两种形态存在，它可以由老叶向新叶运输。植物吸收锌的形态是 Zn^{2+} 和螯合态锌。

③ 锰。植物体内锰的含量一般在 10~300mg/kg。根据植物对锰的需要，可将其分成三组(表 1-11-9)。锰在植物体内一般以两种形态存在，即用于运输的 Mn^{2+}形态；存在于酶及生物膜上的与蛋白质结合的结合态锰。锰在植物体内再利用的程度较差，因此缺锰症状首先发生在幼叶上。锰有价态变化，在植物体内积极参与代谢中的氧化还原过程。锰是许多酶的活化剂，并且通过这种作用间接参与各种代谢过程。

表 1-11-9　植物体内含锰量分组

组别	最敏感的	中度敏感的	不敏感的
含锰量/(mg/kg)	50~260	30~128	30~60
植物	燕麦、甜菜、烟草、马铃薯等	小麦、亚麻、豌豆、蚕豆等	水稻、大麦等

④ 钼。钼在植物体内的含量范围为0.1~300mg/kg，一般不到1mg/kg。不同的植物种类其含量差异很大，豆科作物含钼量较多，其种子含钼量为0.5~20mg/kg，根瘤中的含量也较高；十字花科次之(如油菜、花椰菜等)，禾本科作物含钼量较少。植物不同组织的含钼量也有很大差异，一般幼嫩器官中含量较高，叶片中的含钼量大于茎和根。植物吸收钼的形态是MoO_4^{2-}，在植物体内钼往往和蛋白质结合，形成金属蛋白质而存在于酶中。

⑤ 铁。植物体内的铁一般为3000mg/kg，比较集中的存在于叶绿体中。铁在植物体内绝大部分以有机态存在，如含铁蛋白质、细胞色素、血红素、有机酸络合物等，铁在植物体内移动性很小，它不能被再利用。植物吸收铁的形态主要是Fe^{2+}和螯合态铁。

⑥ 铜。植物需铜的数量不多，大多数植物的含铜量范围为2~20mg/kg，而且多集中于幼嫩的组织中。因此，植物种子和生长旺盛部分含铜量高。就铜的分布而言，根系含铜量大于地上部，而地上部分约70%的铜分布于叶片中，叶绿体中含铜量也较高。植物吸收铜的形态主要是Cu^{2+}和螯合态铜。

（2）微量元素的营养功能

① 硼的营养功能。硼能促进碳水化合物的合成和运转，改善植物各器官有机物质的供应，提高作物的结实率和坐果率。硼促进糖运输是由于含氮碱基尿嘧啶的合成需要硼，而尿嘧啶二磷酸葡萄糖(UDPG)是蔗糖合成的前体，硼促进蔗糖的合成，从而有利于它的外运；硼直接作用于细胞膜，影响膜的完整性和活性，从而影响蔗糖的韧皮部装载。硼能促进生殖器官的正常发育。人们早就发现，花是含硼量最高的器官，尤其是柱头和子房。硼有促进花粉萌发和花粉管伸长的作用，硼是通过促进植物花粉对氮和葡萄糖的吸收而使花粉萌发并伸长的，因此硼有利于受精作用。硼使植物分生组织细胞分化正常。硼影响植物生长部分中核酸的含量，有利于组织内腺嘌呤转化成核酸，以及酪氨酸转化成蛋白质，这些都影响植物分生组织中细胞的正常生长和分化。另外硼影响6-磷酸葡萄糖脱氢酶的活性，当缺硼时，酶活性增加，导致含酚化合物的积累，出现褐色坏死组织，如某些植物的顶芽褐腐、根心腐等症状。硼可以提高豆科作物根瘤的固氮活性，增加固氮量。缺硼时根瘤不发达，甚至失去固氮能力。因缺硼时影响根系维管束的形成和分化，碳水化合物运输受阻，根瘤菌得不到有机养分的充分供应，固氮作用受限制，从而影响豆科作物生长。硼能提高植物的抗逆性，由于硼能促进碳水化合物的合成与运输，提高蛋白质的黏滞性，降低透性，增加胶体结合水的含量。因而有利于提高植物的抗寒、抗旱能力。

② 锌的营养功能。锌参与生长素的合成，因为锌能促进吲哚和丝氨酸合成色氨酸，而色氨酸则是合成生长素的前体，所以缺锌会引起植物生长矮小，导致水稻僵苗，果树小叶病等生理病害。锌是多种酶的成分和活化剂，已经发现的酶有80多种，它们对体内物质水解、氧化还原过程和蛋白质合成起着主要作用。锌能促进植物的光合作用。植物缺锌时叶片往往发生脉间失绿，出现白化或黄化症状，说明锌和叶绿素形成有关。由锌形成的锌卟啉，可能是叶绿素的前身。缺锌导致叶绿体数量减少，结构破坏，光合效率降低。锌与碳酸酐酶的活性呈正相关，此酶结合在叶绿体的外膜上，能催化CO_2和水合成H_2CO_3，或使H_2CO_3脱水形成CO_2。在光呼吸过程中植物可释放出H_2CO_3，而

碳酸酐酶可捕捉 H_2CO_3，释放 CO_2，为光合作用提供固定 CO_2时的底物。其反应过程为 $CO_2+H_2 \xrightleftharpoons[Zn^{2+}]{\text{碳酸酐酶}} H_2CO_3 \longleftrightarrow H^+ + HCO_3^-$。

③ 锰的营养功能。锰直接参与光合作用。在光合作用中锰是维持叶绿体结构必需的元素，同时锰还参加光合作用中水的光解，给光系统Ⅱ提供电子。作物缺锰时，光合作用就受到抑制。水的光解反应过程为 $H_2O \longrightarrow 2H^+ + 2e^- + 0.5O_2$，反应的环境要求是光、叶绿体、$Mn^{2+}$、$Cl^-$。锰对植物体内氧化还原有重要作用。锰可以变价（$Mn^{2+}$、$Mn^{4+}$），能直接影响体内的氧化还原过程。$Mn^{4+}$可以使植物体内的 Fe^{2+}氧化为 Fe^{3+}或抑制 Fe^{3+}还原为 Fe^{2+}，减少植物体内有效铁的含量。所以，植物体内要求有一定的 Mn/Fe 含量比，锰过多可能引起缺铁。锰是 30 多种酶的活化剂和 3 种酶的组成成分。所以，锰与呼吸作用、碳水化合物的转化和生长素的合成、降解等都密切相关。此外，锰还与硝酸还原作用有密切关系。硝酸还原酶需要锰来活化，从而使硝态氮还原成铵态氮，有利于氨基酸、蛋白质的合成。缺锰时会使植物体内硝酸盐积累，氮素代谢因此受到影响。锰能促进种子萌发和幼苗生长，加速花粉萌发和花粉管伸长，提高结实率，对幼龄果树有提早结实的作用；对维生素 C 的形成以及加强茎的机械组织等都有良好的影响。

④ 钼的营养功能。钼对生物固氮具有重要作用。把氮气还原成氨的固氮过程中，固氮酶起了主导作用，而钼是固氮酶中钼铁蛋白的重要组分。因此，在缺钼的土壤上施钼可以改善豆科作物的氮素营养。钼能促进硝态氮的同化作用。植物吸收的硝态氮必须还原成氨后才能被同化，这一过程主要依靠体内的硝酸还原酶的酶促作用来完成，而钼是硝酸还原酶的组成成分，缺钼时硝酸还原酶的活性受到抑制，硝态氮在作物体内大量积累，氮的同化受阻。钼还有提高叶片光合作用强度的作用和促进植物体内维生素 C 合成的作用。

⑤ 铁的营养功能。铁在植物体内可形成螯合物，铁离子在植物体内有价的变化，这两个特性是铁具有许多重要生理功能的基础。铁是植物体内铁氧还原蛋白的重要组成部分，铁氧还蛋白是一个含铁的电子转移蛋白，它在植物体内参与光合作用、硝酸还原、生物固氮等电子传递。同时铁还是固氮酶的成分，因此缺铁时植物光合作用受到影响。豆科作物生物固氮量减少，氮素供应受到限制。铁是光合作用不可缺少的元素。缺铁不能形成叶绿素，出现缺绿病。铁还参与植物细胞的呼吸作用，它是一些与呼吸作用有关的酶的成分，如细胞色素氧化酶、过氧化氢酶等。当植物缺铁时，所有这些酶的活性都会受到影响，因而导致体内一系列氧化还原作用减弱，电子不能传递，呼吸作用受阻，ATP 合成减少，植物吸收养分的能力降低。铁也是磷酸蔗糖合成酶最好的活化剂，缺铁会影响植物体内蔗糖的合成。

⑥ 铜的营养功能。植物体内铜的功能大部分与酶有联系，主要起催化作用。铜是植物体内许多氧化酶的组分，或是某些酶的活化剂。如细胞色素氧化酶、多酚氧化酶、抗坏血酸氧化酶、吲哚乙酸氧化酶等都是含铜的酶。它们中大多是植物体内进行氧化还原和呼吸作用的重要酶类，因此，铜积极参与植物体内的氧化还原反应，并对呼吸作用有明显的影响。铜积极参与光合作用。在叶绿体中铜的含量较高。目前已经发现

叶绿体中有一种含铜的蓝色蛋白质，该蛋白质相对分子质量不大，每摩尔含两个铜因子。它在光系统Ⅰ中，通过化合价的变化起电子传递作用。此外，含铜的多酚氧化酶在光系统Ⅱ中能产生氢的受体质体醌。铜还参与植物体内的氮素代谢过程。缺铜时，蛋白质合成受阻，可溶性氨基态氮积累。铜对共生固氮也有影响，可能是共生固氮过程中某些酶的成分，缺铜时使根瘤内末端氧化酶的活性降低，这对固氮作用不利。

（3）植物微量元素缺乏及中毒的症状

① 硼。一般需硼多和对硼敏感的植物容易缺硼，不同种类的农作物缺硼症状不一样。但共同的特征是植物矮小，茎节间短粗，顶端生长受阻而枯死，茎和叶柄表面增厚且木栓化，根系发育不良，有时只开花不结实，生育期推迟，果实和果肉缩小，果肉出现褐色斑点等。如油菜的“花而不实”，棉花的“蕾而不花”，大豆的“芽枯病”，苹果的“缩果病”，柑橘的“硬化病”，甜菜的“心腐病”，芹菜、康乃馨的“茎裂病”等。植物硼中毒主要集中在叶尖或叶缘。先是叶尖或叶缘褪绿，接着出现坏死斑点，最后全叶枯萎，过早脱落。

② 锌。植物缺锌的共同特点是叶片失绿，光合作用减弱，节间缩短，植物矮小，生长受抑制，产量降低。禾本科作物缺锌易形成“白苗病”，果树缺锌幼叶变小直立，由于节间缩短而呈簇状和丛生，称“花苗病”和“小叶病”。在锌矿区附近，或过量地施用含锌矿渣及农药，有时也会引起植物中毒，其症状为叶片失绿，新叶发生黄化，进而产生赤褐色斑点，严重时完全枯死。

③ 锰。对锰敏感的作物很多，其中以小麦和大麦最为重要。作物缺锰时，首先在新叶叶脉间失绿黄化，而叶脉和叶脉附近保持绿色，脉纹较清晰。严重缺锰时，叶脉间出现黑褐色斑点，进而斑点增多扩大，布及整个叶片。当土壤 pH 值下降，锰的溶解度增加，不少植物都可能发生锰中毒。其症状为根部变褐，叶片出现褐斑，叶缘部发生白化，变紫色，幼叶卷曲。

④ 钼。缺钼首先在植物中部和较老叶片上出现黄绿色；叶子边缘向上卷曲，形成杯状；叶子变小，叶面带有坏死斑点(由于硝酸盐积累的缘故)。十字花科植物，特别是花椰菜对钼很敏感，在钼严重缺乏时，不能形成叶肉，使叶子几乎丧失叶肉，只有叶脉，这种特征类似一条鞭，因此称为“尾鞭病”。柑橘缺钼的一个特殊症状是叶片脉间失绿变黄或出现黄斑，叶缘卷曲、萎焉而枯死，称为柑橘“黄斑病”。钼过量也会引起植物中毒，但症状不多见，因为植物对钼的忍耐力很强。马铃薯和番茄对钼过量就较敏感。钼中毒时叶片失绿，马铃薯的幼株呈赤黄色，番茄呈金黄色。

⑤ 铁。植物缺铁症首先从上部幼叶开始显现，幼叶叶脉间失绿黄化，而叶脉仍保持绿色，黄绿相嵌呈网纹状，以后完全失绿，甚至整个叶片呈黄白色，而下部的老叶仍保持正常绿色。在土壤淹水或水稻田嫌气环境下，由于氧化还原电位低，Fe^{2+}离子浓度提高，使作物体内积累过多的 Fe^{2+} 而引起中毒。铁中毒的症状在不同植物上表现不同，如水稻 Fe^{2+} 中毒时先从下部叶片尖端出现褐色斑点，逐步向整个叶片扩展，最后上部叶片也出现症状，严重时下部叶片转变为灰白色或白色；而烟草 Fe^{2+} 中毒时叶片变为褐色或紫色。

1.11.5 微量元素肥料及其施用

(1) 微量元素肥料的种类及其性质

微量元素肥料的种类很多，一般可按肥料中所含元素的种类或所含化合物的类型划分。如按元素的种类划分，微肥可分为铁肥、硼肥、锰肥、锌肥和钼肥等。硼和钼以其酸根阴离子的形态存在，其他的微量元素则以阳离子的硫酸盐形态存在，如硫酸亚铁、硫酸锰、硫酸铜、硫酸锌等。此外，还有以氧化物、氯化物等的形式存在。按化合物类型划分，微肥可分为以下几个类型。易溶的无机盐类主要是铁、锌、锰、铜等金属元素的硫酸盐、硝酸盐、氯化物以及硼酸盐和钼酸盐，它们均属速效性肥料，是常用的微量元素单质肥料。溶解度较小的无机盐类含微量元素的磷酸盐、碳酸盐、氧化物等，都是溶解度较小的无机盐，其中最常用的是磷酸盐，如磷酸铵锰、磷酸铵锌等，它们都属于缓效肥料。螯合态肥料类是指为防止微量元素在土壤中淋失或固定而研制的一种新型肥料，是用天然的或人工合成的具有螯合作用的有机化合物与微量元素(硼、钼除外)螯合后形成的螯合物肥料，螯合态微量元素肥料是水溶性的，对作物有较高的有效性，还能减少土壤对微量元素的固定，国外常用的螯合剂是乙二胺四乙酸(简称 EDTA)，使用螯合态微量元素肥料的效果一般均高于无机盐类的微量元素肥料，这类肥料除可施入土壤外，还可用作根外追肥。复混肥料类是指在大量营养元素中加入一种或几种微量元素化合物制成的复混肥料，如含硼过磷酸钙、含硼硝酸钙等，这类肥料具有养分含量均一、施用方便的优点，尤其是这种类型的肥料可以避免因微量元素肥料用量很少而不易施匀的现象。含微量元素的工业废弃物类主要是冶炼工业、化工厂、选矿厂的废弃物，其中常含有一定数量的微量元素，可作为微量元素肥料施用，一般都是缓效性肥料，适于作基肥施入土壤，只有经过化学分析和生物试验证明无毒才可施用。在各种微量元素肥料中，目前使用较多的是硼肥、锌肥、铁肥、锰肥和钼肥，常用微量元素肥料的品种及其性质见表 1-11-10。

(2) 微量元素肥料的合理施用

微量元素肥料的使用方法很多，可以作基肥、种肥、追肥施入土壤，也可以直接向作物施肥，进行种子处理或根外施肥。施用时应结合具体条件采用不同方法。

① 土壤施肥。直接施入土壤的微量元素肥料，能满足作物在整个生育期对微量元素的需要。可溶性微量元素施入土壤后，虽然会有一部分产生固定作用，但是据田间试验证明，微肥(比如硫酸锌)不但当年有效，而且还有一定的后效。因此，土壤施用微肥可隔年施用一次。此外，像水稻、玉米等作物，缺锌症状多出现在苗期，所以将锌肥作面肥或种肥施入，以满足作物对锌的需要。在水源不足的半干旱地区，土施微肥比喷施效果好。至于含有微量元素的工业废渣，由于用量较大，只能以基肥方式施入土壤。微肥用量较少，施用时必须均匀。为了保证施用均匀，可施用含微量元素的大量元素肥料。如含硼过磷酸钙、含某种微量元素的复合肥料等。也可把微量元素肥料混拌在有机肥料中施用。

表 1-11-10　微量元素肥料的种类和性质

微量元素及肥料名称		主要成分	有效成分含量/%	性质
硼肥（B）	硼酸*	H_3BO_3	17.5	白色结晶或粉末，溶于水
	硼砂*	$Na_2B_4O_7 \cdot 10H_2O$	11.3	白色结晶或粉末，溶于水
	硼镁肥	$H_3BO_3 \cdot MgSO_4$	1.5	白色结晶或粉末，溶于水
	硼泥	—	0.6	硼砂工业废渣，碱性，部分溶于水
锌肥（Zn）	硫酸锌*	$ZnSO_4 \cdot 7H_2O$	23	白色或橘红色粉末，易溶于水
	氧化锌	ZnO	78	白色粉末，不溶于水，溶于酸和碱
	氯化锌	$ZnCl_2$	48	白色粉末，溶于水
	碳酸锌	$ZnCO_3$	52	难溶于水
钼肥（Mo）	钼酸铵*	$(NH_4)_2MoO_4$	49	白色结晶或粉末，溶于水
	钼酸钠*	$Na_2MoO_4 \cdot 2H_2O$	39	白色结晶或粉末，溶于水
	钼渣	—	10	杂色，难溶于水，有效钼 1%~3%
锰肥（Mn）	硫酸锰*	$MnSO_4 \cdot H_2O$	31	粉红色结晶，易溶于水
	氯化锰	$MnCl_2 \cdot H_2O$	19	粉红色结晶，易溶于水
铁肥（Fe）	硫酸亚铁*	$FeSO_4 \cdot 7H_2O$	19	淡绿色结晶，溶于水
	硫酸亚铁铵	$(NH_4)_2SO_4 \cdot FeSO_4 \cdot 6H_2O$	145	淡蓝绿色结晶，溶于水
	螯合态铁	Fe-EDTA、Fe-DTPA、Fe-HEDTA、Fe-EDDHA	105~126	—
	尿素铁	$Fe[(NH_2)_2CO]_6 \cdot (NO_3)_2$	9.3	易溶于水

注：* 为我国目前常用的微肥品种。

② 植物施肥。这是微量元素肥料最常用的施肥方法，它包括种子处理(拌种和浸种)、蘸秧根和根外喷施。种子处理主要是浸种和拌种，所需肥料少，操作方便。拌种时将水溶性微量元素肥料配成一定浓度的溶液，一般每公斤种子用肥 0.5~1.5g，将水与种子的质量比为 1∶10，喷洒到种子上，并均匀搅拌，使种子外面都沾上一层溶液，堆闷 3~4h，阴干后播种。拌种方式的种子吸水比浸种少，因此比较安全。浸种是把种子浸泡在含有微量元素的稀溶液中，使肥料随水进入种皮，然后稍稍晾干即可播种。这种方法适于处理少量种子。当播种面积大，浸种数量较多时，如遇阴雨，种子不能及时晾干，因而有可能发热或长霉，以致影响种子的发芽率。微量元素浸种所用浓度一般是 0.1~0.5g/kg，最高不超过 1g/kg。浸种时间为 12h 左右。蘸秧根是对水稻及其他移植作物所采用的特殊施肥方法。根外喷施是施用微量元素肥料既经济又有效的方法。一般来说，含微量元素的工业废渣或含微量元素的大量元素肥料，应施入土壤作基肥，以保证在较长时间内供作物利用。若土壤严重缺乏某种微量元素，也应采取施用基肥的方式，以保证有足够的微量元素供作物利用。易溶于水的各种含微量元素的无机盐类或螯合态肥料，宜用于拌种、浸种或根外喷施。种子处理能防止苗期养分的缺乏，根外喷施可在发生缺乏症状时及时补充所缺的养

分。应该指出，根外喷施肥料是补充养分的措施之一，往往只能在一段时间内发挥作用，不能解决整个生育期缺乏某种养分的问题。因此，上述各种方法只能侧重解决某一方面的问题，但都有其不足的一面。在选择施用方式时，应注意针对性。如能把一些方法配合起来，定能发挥更好的效果。

③ 施用微量元素肥料应注意的问题。微量元素肥料在作物体内含量很低，大多是酶或维生素的组成成分，其生理功能有很强的专一性。作物缺乏某种微量元素时，生长发育就会受到抑制，导致减产和品质下降，严重的甚至失收；相反，如果微量元素过多，又会出现中毒现象，影响作物产量和质量。总之，稍有缺乏或过量，对作物都会产生危害，有时还会引起对人、畜的某些疾病。因此，对微量元素的施用应十分慎重。必须根据土壤中微量元素供应状况及植物营养特性，合理施用微肥，才能达到提高植物产量，改善产品品质的目的。为此，在施用微肥上应注意以下问题，即应根据植物对微量元素的反应施用微肥，各种植物对不同的微量元素种类的反应不一(表 1-11-11)，敏感程度不同，需要量也存在差异。了解植物对微量元素的反应，将有助于微肥的正确施用和充分发挥其肥效。微量元素肥料应该施在需要量较多或对其缺乏敏感的植物上。此外，还应注意果树对微量元素肥料要求比一般大田作物迫切，因为果树多年固定生长在一块土地上，每年大量消耗土壤中的养分，而且通常很难得到微量元素的补充。因此，在果树上应优先考虑施用微量元素肥料。应根据土壤中有效态微量元素的含量施用微肥。摸清土壤中有效态微量元素含量的现状是合理施肥的主要依据。比如施用硼肥可能有效的土壤有黄土母质、黄土性物质发育而成的各种土壤，由黄河冲积物发育而成的土壤(含有盐分的土壤除外)，主要包括陕西、甘肃和山西省的黄土高原、华北平原和淮北平原等；可能缺锌的土壤主要是北方的石灰性土壤和沿海含盐分的土壤，南方河湖流域的石灰性水稻土，砂页岩发育的红壤和黄壤；缺锰的土壤主要分布在广大北方地区，包括黄土高原、华北平原和淮北平原。土壤中微量元素供应不足，有的是由于土壤中含量过低，有的是由于土壤条件的影响，尤其是土壤 pH 值的影响最为突出。缺铁、硼、锰、铜和锌，主要发生在北方石灰性土壤上，而缺钼主要是发生在酸性土壤上。酸性土壤施用石灰，会明显影响许多微量元素养分的有效性。总之，在上述地区，有针对性地施用微肥，对提高产量、改善品质具有良好的作用。应严格控制用量，力求施用均匀。微量元素一般只要少量就足以满足作物正常生长的需要。各种微量元素从缺乏到过量之间的临界范围很窄，稍有缺乏或过量就可导致对作物严重危害，有时过量还会造成土壤污染。因此，施用微量元素肥料要严格控制用量，并力求做到施用均匀。微量元素肥料一般用量很少，在作基肥时不容易施得均匀，通常可采用与大量元素肥料或有机肥料充分混合后施用的办法。根外喷施微肥时，溶液浓度应适宜，不可随意增加用量或提高喷施浓度，以免造成伤害作用。应与其他肥料配合。土壤中微量元素不足明显受土壤环境条件的影响。因此在施用微肥的同时，还应消除缺乏微量元素的土壤条件。一般可采用施用有机肥料或施用石灰来调节土壤的酸碱度、改良土壤的某些性状。总之，在微量元素肥料的施用过程中，必须坚持适时、适量(用量合理，防止中毒)和施用均匀的原则。

表 1-11-11　不同作物对微量元素肥料的反应

作物	硼	钼	锰	铁	锌	铜	作物	硼	钼	锰	铁	锌	铜
小麦	低	低	高	低	低	高	卷心菜	中	中	中	中	高	中
大麦	低	中	中	高	中	高	花椰菜	高	高	中	高		中
水稻	低	低	中	高	中	中	芹菜	高	低	中		高	中
玉米	低	中	中	中	高	中	黄瓜	低		中			中
高粱	低	中	高	高	高	中	莴笋	中	高	高		中	高
棉花	低	中			高	中	洋葱	低	高	高		高	高
大豆	中	中	高	高	中	低	萝卜	中	中	高			中
花生	中	高	高	高	低	低	菠菜	中	高	高	高	高	高
豌豆	中	低	高		低	低	番茄	中	中	中	高	中	中
蚕豆	低	低	高	高	高	低	薄荷	低	低	中	低	低	低
紫花苜蓿	中	高	中	中	低	高	百兰香	低	低	中		低	低
三叶草	高	中	中	中	中	中	柑橘	中	低	高	高	高	高
马铃薯	低	中	中		中	低	苹果	低	高	高	高	高	中
甜菜	高	高	高	高	中	中	桃	低	中	高	高	高	中
芦笋	低	低	低	中	低	低							

第2章

土壤污染的形式及污染源类型

2.1 土壤污染的形式

土壤污染是环境污染的一种。当从外界环境进入土壤中的各种污染物质被土壤胶体所吸附，使其毒性降低，或土壤微生物和小动物对污染物质的分解使有毒变为无毒，这个过程叫土壤净化。土壤本身具有较强的净化能力，但是当土壤中某些有害物质含量过高，超过了土壤净化的能力，土壤微生物的生命活动就受到抑制和破坏，从而使土壤遭受污染。土壤是人类赖以生存的重要自然环境，污染物质通过土壤-植物-动物-人体系统的食物链，使动植物和人类严重受害。随着我国现代化的发展，土壤污染的问题日益突出，尤以重金属对土壤污染为甚。我国对土壤中重金属污染调查较多的是镉、汞污染。

2.1.1 土壤背景值

环境中有害物质的自然背景值和本底值是环境科学的一项基本资料，只有掌握了环境的背景值才能判断是否存在污染以及估计污染的程度。土壤是人类获得食物的主要生产资料，也是环境中有害物质进入、迁移、转化、积累的重要场所，因此，土壤背景值是环境中各项背景值(大气、水、土壤、植物等)的重要组成部分。在土壤污染概念定量指标的选取上，可从以下两个方面考虑，即土壤中污染物的积累量超过土壤背景值即属土壤污染；土壤背景值是指未受人类污染影响的自然环境中化学元素和化合物的含量。区域土壤背景值是指在一定区域内，地理环境发展到一定的历史进程、科学技术发展到一定的水平下，土壤与各环境要素间、土壤与人体之间化学物质处于动态平衡时的含量

① 土壤背景值的表示方法。土壤中元素背景值的表示方法在国内外没有统一的规定，有的采用几何平均值加减一个标准差表示，有的采用平均值，有的用平均值加减两个标准差来表示。我国采用测定值的算术平均值加减一个标准差表示。

② 异常值的判断。异常值判断的方法很多。我国以 $X_0=X+2S$ 作为判断依据，其中，X_0为污染起始值，X 为测定平均值，S 为标准差。

2.1.2 土壤污染源

土壤污染主要来自工业“三废”(包括城镇生活垃圾与污泥、污水及农业生产本身)，按农田土壤被污染的途径有以下 5 个方面的来源。

① 污水灌溉。由污水灌溉引起的土壤污染最为普遍。目前，我国的污水灌溉问题已得到基本解决。《农田灌溉水质标准》(GB 5084—2021)将农田灌溉水质控制项目分为基本控制项目和选择控制项目。基本控制项目为必测项目，应符合表 2-1-1 的规定。选择控制项目由地方生态环境主管部门会同农业农村、水利等主管部门根据农田灌溉

用水类型和作物种类要求选择执行。

表 2-1-1　农田灌溉水质基本控制项目限值

序号	项目类别		作物种类		
			水田作物	旱地作物	蔬菜
1	pH 值		5.5~8.5		
2	水温/℃	≤	35		
3	悬浮物/(mg/L)	≤	80	100	60*，15**
4	五日生化需氧量(BOD_5)/(mg/L)	≤	60	100	40*，15**
5	化学需氧量(COD_{Cr})/(mg/L)	≤	150	200	100*，60**
6	阴离子表面活性剂/(mg/L)	≤	5	8	5
7	氯化物(以 Cl^- 计)/(mg/L)	≤	350		
8	硫化物(以 S^{2-} 计)/(mg/L)	≤	1		
9	全盐量/(mg/L)	≤	1000(非盐碱土地区)，2000(盐碱土地区)		
10	总铅/(mg/L)	≤	0.2		
11	总镉/(mg/L)	≤	0.01		
12	铬(六价)/(mg/L)	≤	0.1		
13	总汞/(mg/L)	≤	0.001		
14	总砷/(mg/L)	≤	0.05	0.1	0.05
15	粪大肠菌群数/(MPN/L)	≤	40000	40000	20000*，10000**
16	蛔虫卵数/(个/10L)	≤	20		20*，10**

注：* 加工、烹调及去皮蔬菜；

** 生食类蔬菜、瓜类和草本水果。

② 施肥。这里指的主要是污泥作为肥料施用的情况。20 世纪末，北京、天津、上海等地都存在常年无限制地施用超标准污泥而导致的土壤污染问题；天津市污泥的年排放量约 3.1 亿立方米，经过自然沉积和污水处理厂处理后，每年都有大量的污泥需要进行妥善的处理，据分析，这些污泥中含有比较丰富的有机质和氮、磷等植物营养成分，同时含有多种有害物质。目前，上述问题已得到基本解决。

③ 施用农药。由于我国长期大量使用有机氯和有机磷农药，土壤污染比较严重。黑龙江省的调查曾表明，黑土类土壤普遍受到六六六(六氯环己烷)的污染，所有样品均有检出，平均残留量 0.12~1.5mg/kg。目前，上述问题已得到基本解决。

④ 工业废气。国家卫生质量标准规定每月的降尘量为 6~8t/km^2，工业排放标准每月为 18t/km^2。近年来我国环保政策越来越严，情况有很大好转。

⑤ 工业废渣。废渣不仅占用了大片土地，而且易造成更多的土壤污染。

土壤污染物主要包括无机物、有机农药、有机废弃物、化学肥料、污泥、矿渣、粉煤灰、放射性物质、寄生虫、病原菌和病毒等。无机物包括重金属、酸、碱、盐等。有机农药包括杀虫剂、杀菌剂、除草剂等。有机废弃物包括油、酚等有机物。化学肥料包括氮、磷肥等。

2.1.3 土壤污染的防治原则

根据我国制定的“全面规划、合理布局、综合利用、化害为利、依靠群众、大家动手、保护环境、造福人民”方针，防治土壤污染必须以防为主，彻底清除污染源，对已污染的土壤必须采取一切有效的措施加以改良，从而提高土壤的环境质量，同时提高土壤的健康质量，促进人类与动植物的健康成长。必须加强对土壤污染的调查和监测，积极开展土壤背景值的研究工作。必须彻底消除污染源，污水必须经过处理后才能进行灌溉，严格按照现行的农田灌溉水质标准执行，污水处理的方法包括筛选、沉淀、污泥消化等，应除去废水中的全部悬浮物，应对沉淀固体进行相应的处理，应将初级处理过的水用活性污泥法或生物曝气滤池等方法降低废水中可溶性有机物质，还应通过二级处理进一步减少悬浮固体物质，可采用生化曝气处理以及化学处理方式。通过以上各种过程处理后的水还可通过生物吸收(比如水花生、水葫芦等)进一步净化水质。农田施用污泥中污染物的最高容许含量应符合表2-1-2的规定。

表 2-1-2 农用污泥中污染物控制标准值 mg/kg 干污泥

项目	最高容许含量	
	酸性土壤(pH 值<6.5)	中性和碱性土壤(pH 值≥6.5)
镉及其化合物(以 Cd 计)	5	20
汞及其化合物(以 Hg 计)	5	15
铅及其化合物(以 Pb 计)	300	1000
铬及其化合物(以 Cr 计)*	600	1000
砷及其化合物(以 As 计)	75	75
硼及其化合物(以 B 计)	150	150
矿物油	3000	3000
苯并(a)芘	3	3
铜及其化合物(以 Cu 计)**	250	500
锌及其化合物(以 Zn 计)**	500	1000
镍及其化合物(以 Ni 计)**	100	200

注：*铬的控制标准使用于一般含六价铬极少的具有农用价值的各种污泥，不使用于含有大量六价铬的工业废渣或某些化工厂的沉积物；

**为暂时的参考标准。

为防止化学氮肥的污染，应因土因作物施肥以减少流入江河、湖及地下水的化肥数量。为防治农药污染，应尽快筛选高效安全的品种以取代有致癌作用的品种。应严格执行农药安全使用标准，禁止滥用，也可及时施用残留农药的微生物降解菌剂使农药残留降到国标以下。

应科学增施有机肥料及其他肥料。增施有机肥料既能改善土壤理化性状，还能增大土壤环境容量，提高土壤净化能力。特别是受到重金属污染的土壤，增施猪粪、牛粪等有机肥料可显著提高土壤钝化重金属的能力，从而减弱其对作物的污染。据我国科技工作者在汉沽区的试验，在含汞超过 150mg/kg 的土壤上，施用有机肥和磷肥，有利于土壤对汞的固定，能在不同程度上降低糙米的含汞量。

应重视铲除表土或换土工作，方法是挖去污染土层或用没有污染的客土覆盖在污染层上。试验表明，铲除表土 5~10cm 可使米镉下降 20%~30%；铲土 15~30cm 米镉下降 50%左右。

应重视生物措施的应用。生物措施是改良被重金属污染土壤最经济的方法。将污染区改种木本植物，改种棉花、麻类等工业用植物，以阻止有毒有害物质通过"食物链"进入人体。

应科学采用人工防治措施。对重金属轻度污染的土壤施用化学改良剂可使重金属转为难溶性物质，减少作物对它们的吸收。酸性土壤施用石灰可提高土壤的 pH 值，使镉、铜、锌、汞等形成氢氧化物沉淀。施用硫化钠、硫黄等硫源物质可使镉、汞、铜、铅等在土壤嫌气条件下生成硫化物沉淀。可利用植物去除重金属，羊齿类铁角蕨属的植物对土壤重金属有较强的吸收聚集能力，其对土壤中镉的吸收率可达 10%，连种多年能有效地降低土壤镉含量。应重视氧化还原条件的控制工作，土壤氧化还原条件在很大程度上影响重金属变价元素在土壤中的行为。比如水田淹灌使氧化还原电位降至 160mV 时土壤中还原性硫的最大浓度可达 200mg/kg，许多重金属都可生成难溶性硫化物而降低其毒性，从而降低危害程度。应合理改变耕作制，通过改变耕作制使土壤环境条件发生改变可消除某些污染物的毒害。

2.2 土壤污染源的类型

土壤污染应以土壤背景值为判断依据。土壤背景值理论上是指未受人类活动影响的土壤本身的化学元素组成和含量。实际上，土壤背景值只能代表土壤某一发展、演变阶段的一个相对意义上的数值，即严格按照土壤背景值研究方法所获得的尽可能不受或少受人类活动影响的土壤化学元素的原始含量。土壤背景值研究是以土壤学特别是土壤分析为主线，涉及多学科，技术要求高的一个系统。具有较严密的结构性、整体性及目的性，对各子系统独有严格的技术质量控制。土壤背景值是土壤污染评价、污水灌溉与作物施肥不可缺少的依据。其在环境质量评价、土地资源评价、国土规划、环境医学、食品卫生、土壤环境容量、农田施肥、土壤污染评价等领域均具有重要的实用价值。土壤环境背景值研究技术系统见图 2-2-1。

土壤具有自净能力。土壤的自净作用是指进入土壤的污染物，在土壤矿物质、有机质和微生物的作用下，经过一系列的物理、化学及生物化学反应过程，降低其浓度或改变其形态，从而消除污染物毒性的现象。土壤的自净作用包括物理自净作用、化学和物理化学自净作用、生物化学净化作用。土壤的物理自净作用是指污染物渗滤、挥发、扩散等。化学和物理化学自净作用是指土壤中的污染物经过吸附、配位、沉淀、氧化还原等使其毒性浓度降低的过程，黏粒和有机物是主要载体，酸碱反应和氧化还原反应起重要作用。生物化学净化作用是指有机污染物在微生物及其酶的作用下，通过生物降解，分解为简单无机物而消散的过程。

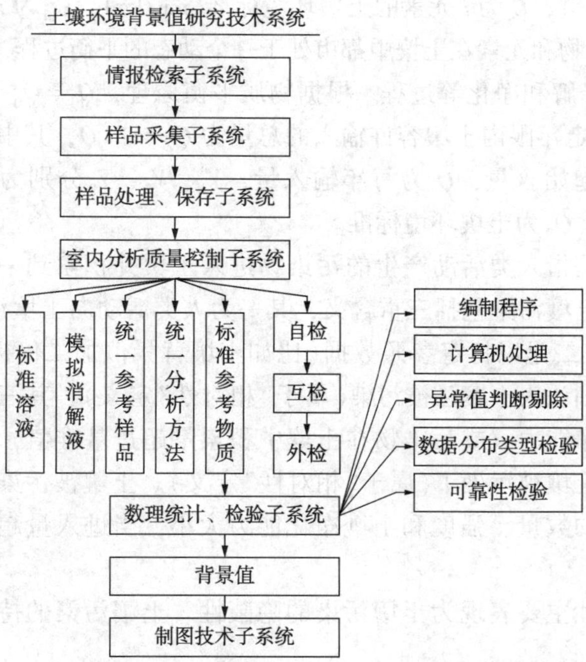

图 2-2-1　土壤环境背景值研究技术系统

应重视土壤的环境容量问题。所谓环境容量是指人类生存和自然生态不受损害前提下，环境所能容纳污染物的最大负荷量。土壤环境容量是指土壤环境单元一定时限内遵循环境质量标准，既保证农产品产量和生物学质量，同时也不使环境污染时，土壤所能允许承纳的污染物的最大数量或负荷量。人们习惯将土壤环境容量表达为静容量和动容量之和。所谓土壤环境静容量是指土壤污染物的基准含量(土壤背景值)和最大负荷量之差。所谓土壤环境动容量是指土壤污染物累积过程中，土壤通过一系列自净过程所能净化的污染物数量。确定重金属土壤临界含量的依据见表 2-2-1。

表 2-2-1　确定重金属土壤临界含量的依据

体系	土壤-植物体系		土壤-微生物体系		土壤-水体系	
内容	农产品卫生质量、作物效应		生化指标、微生物计数		环境效应	
					地下水	地表水
目的	防治污染食物链保证人体健康	保证良好生产力和经济效益	保持土壤生态处于良性循环		不引起次生水环境污染	
标准	国家或政府主管部门颁发的粮食卫生标准	生理指标或产量降低程度	1 种以上生物化学指标在 7 天以上出现的变化	微生物计数指标在 7 天以上出现的变化	不导致地下水超标	不导致地面水超标
标准级别	仅 1 种	减产 10%、减产 20%	≥25%、≥15%、≥10%~15%	≥50%、≥30%、≥10%~15%	仅 1 种	仅 1 种

有条件时可建立土壤环境容量的数学模式，通过该模型反映土壤生态系统与其边界环境中其他诸多参数构成的定量关系。即【土壤静容量(C_{so})】=$M(C_i-C_{bi})$，其中，M

为耕层土质量(t/hm^2)，C_i为i元素的土壤环境标准(mg/kg)，C_{bi}为i元素的土壤背景值(mg/kg)。各种污染物和元素在土壤中都市处于一个动态的平衡过程，有输入与输出、固定与释放、累积与降解和净化等过程。根据物质平衡原理，$Q_1=Q_0+Q-Y_1-Y_2-Y_3\cdots\cdots$；$Q=a(Q_T-bQ_0)$，一定年限内土壤容许输入的总量为$Q_Z=n\cdot Q$，其中，$Q_1$为第一年后土壤含量，$Q_0$为土壤起始含量，$Q$为每年输入量，$Y_1$、$Y_2$、$Y_3$分别为作物吸收、地表径流、淋溶等输出量，$Q_T$为土壤环境标准。

所谓土壤污染是指人类活动产生的污染物进入土壤并积累到一定程度，引起土壤质量恶化的现象。土壤污染包括三重含义，其一为人类活动向土壤添加有害物质(属于“绝对性”定义)；其二是以特定参照数据(比如土壤背景值加二倍标准差)为临界值进行判断，超过此值则认为土壤已被污染(属于“相对性”定义)；其三是当加入土壤的污染物超过土壤的自净能力，或污染物在土壤中积累量超过基准值，而给生态系统造成了危害，此时认为土壤被污染了(属于“相对性”定义)。土壤被污染的程度主要决定于进入土壤的污染物的数量、强度和土壤净化能力大小，当进入量超过净化量，就将导致土壤污染。

土壤污染的特性主要表现为土壤污染的隐蔽性、土壤污染的持久性、土壤污染的间接有害性。

土壤中污染物的来源具有多源性，主要是工业废气、废水、废渣，以及化肥、农药、城市污泥、垃圾，偶尔还有原子武器散落的放射性微粒等。

以欧美发达国家为例，科学家通过考古调查发现了建筑和生活垃圾的广泛积累情况，尽管其中大部分是相对无害的，但自18世纪和19世纪的工业革命以来，废旧物资的数量和种类急剧增加，此外，这些废弃物中的大部分与其早期的历史同类产品相比危害更大且通常生物降解性更差。一些学者确定了城市和工业环境中土壤污染的四个主要来源，即建筑和拆除废弃物、含金属的材料、发电排放以及化学和有机废物。建筑和拆除废弃物是指在施工和拆除期间在土壤环境中处理了一系列的材料，包括破碎的砖、瓷砖、玻璃、木材、管道、电线和电缆、绝缘材料、砂浆、混凝土和石膏。含金属废弃物，特别是重金属(比如铅、锌、镉、铜和镍)，通常在发生矿石开采和冶炼的地区的土壤中发现，在当地更多的金属污染发生在用于废金属交易和军火工厂的土地上，来自发电行业的一些土壤污染物包括来自燃煤电厂的SO_2以及来自核电站的放射性核素和武器试验，在土壤中最常见的人为放射性核素是铯(^{137}Cs和^{134}Cs)。许多化学废料与污染土壤有关，这些化学废料包括洗涤剂、化肥和杀虫剂的衍生物、油漆、染料、电池化学品和皮革鞣剂。一些有机废物可能会导致土壤污染，比如在用于机动车辆的储存和维护以及用于燃料储存的土地上，油和有关废物的溢出是常见的现象；再比如经常应用于邻近城市和工业区的农田的污水污泥通常含有高浓度的重金属。多氯联苯(PCBs)是一类涉及土壤污染的有机溶剂，它们在变压器中被用作介电流体并且在电气设备的拆解过程中经常被排放。

土壤污染物的主要种类是重金属污染物、有机污染物、固体废物与放射性污染物。重金属污染物的重金属主要指汞、镉、铅、铬、铜、锌，类金属砷和非金属氟也包括在其中。有机污染物主要包括有机农药、三氯乙醛(酸)、矿物油类、表面活性剂、废塑料制品，及工矿企业排放的含有机质的三废。固体废弃物与放射性污染物按其来源不同可分为工业固体废弃物、农业固体废弃物、放射性固体废弃物和城市垃圾四类。

2.3 土壤污染的危害

2.3.1 重金属对土壤的污染

重金属污染物有铜(Cu)、锌(Zn)、铬(Cr)、镉(Cd)、铅(Pb)、汞(Hg)、镍(Ni)和砷(As)、氟(F)等。重金属污染物在土壤中的活性小，易于积累，土壤一旦被其污染则极难消除。镉和砷是极毒的；汞、铅、镍是中等毒性；铜、锌的毒性较低。土壤中的重金属来源主要是“三废”排放。

有毒金属可能以多种形式存在于土壤中，包括附着于黏土和腐殖质胶体的吸附阳离子上以及形成有机金属螯合物。它们对植物的有效性取决于土壤的各种特性，特别是阳离子交换容量(CEC)、pH值以及其他与金属存在相互依赖性的特征上。在低CEC的土壤中金属不能有效保留，很可能从土壤中被淋溶或被植物吸收，而在CEC高的土壤中它们可能通过吸附过程而被固定在土壤中。酸性土壤(pH值<5.5)中重金属的迁移率和可利用性远高于近中性或碱性土壤。一旦被激活，金属就可以通过供水和水生生物进入食物链，或通过可耕农产品和放牧动物进入食物链。土壤中有毒金属对人体健康的影响尚不清楚，因此难以确定阈值浓度，荷兰规定的几种土壤金属污染物标准见表2-3-1，高于此浓度就可能出现毒性问题。其中，A为参考(背景)值；B为进一步监测的指示值；C为修复的指示值。

表2-3-1 荷兰规定的几种土壤金属污染物标准

金属污染物	土壤中的阈值浓度/(mg/kg，干重)			金属污染物	土壤中的阈值浓度/(mg/kg，干重)		
	A	B	C		A	B	C
Cr	100	250	800	Mo	10	40	200
Co	20	50	300	Cd	1	5	20
Ni	50	100	500	Sn	20	50	300
Cu	50	100	500	Ba	200	400	2000
Zn	200	500	3000	Hg	0.5	2	10
As	20	30	50	Pb	50	150	600

（1）镉

金属镉(Cadmium)无毒性，但镉的化合物毒性极大，属于积蓄型，引起慢性中毒的潜伏期可达30年之久。长期食用“镉米”的人会患骨痛病，也会引起高血压，以及酶系统、生育力受到影响。土壤中的镉有水溶性(离子态和络合态)及非水溶性(化学沉淀和难溶络合态)两种，它们随环境条件的变动而互相转化。对作物起危害作用的主要是水溶性镉。酸性条件下，镉化合物的溶解度增大，毒性增强；碱性条件下，则形成氢氧化镉沉淀；氧化条件下，镉的活性或毒性增强；镉在土壤中常会与羟基、氯化物形成络合离子而提高活性。欧美发达国家土壤镉污染来源中磷肥占54%~58%，空气沉降占39%~41%(工矿企业排放进入大气)，污泥占2%~5%(来源于工矿企业等)。

（2）铬

金属铬(Chrome)无毒，Cr^{3+}有毒，Cr^{6+}毒性更大且还有腐蚀性。对皮肤和黏膜表现为强烈的刺激和腐蚀作用，对全身有毒性作用，有致癌、致畸、致突变作用。铬对种子萌发、作物生长也有毒害作用。有机质可促进对铬的吸附与螯合，同时有助于土壤中Cr^{6+}还原为Cr^{3+}。有机质对Cr^{6+}的还原作用随土壤pH值的升高而减弱。黏土矿物对铬有较强的吸附作用，对Cr^{3+}的吸附能力为Cr^{6+}的30~300倍，且随pH值的升高而减弱。土壤pH值及氧化还原电位均可改变铬的化合物形态。在低Eh值时Cr^{6+}被还原成Cr^{3+}；而在中性和碱性条件下，Cr^{3+}以$Cr(OH)_3$形态沉淀。土壤Cr污染来源主要是铬矿开采和冶炼，电镀、鞣革、油漆、印染等企业。

（3）汞

汞(Hydrargyrum)对作物生长发育的影响主要有抑制光合作用、根系生长和养分吸收、酶的活性、根瘤菌的固氮作用等。植物根系和叶子均可吸收Hg，比较容易吸收的汞有金属汞、Hg^{2+}、乙基汞和甲基汞。无机汞在土壤中的化学沉淀作用很强，因此，无机汞对植物的毒害不很明显。但汞的化合物被还原为金属汞，而以汞蒸气出现时，它就可以自叶面气孔进入植物体。无机汞化合物在嫌气细菌的作用下，可以转化为有机汞化合物，被植物吸收，增强其对植物的汞污染。土壤汞污染来源主要有含Hg化学品，污水、污泥、垃圾及含Hg农药等。

（4）铅

铅(Plumbum)对人体神经系统、血液和血管有毒害作用，并对卟啉转变、血红素合成的酶促过程有抑制作用。早期症状为细胞病变。引起慢性中毒后，出现贫血、高血压、生殖能力和智能减退(特别是儿童脑机能减退)等症状。铅急性中毒的症状为便秘，腹绞痛，伸肌麻痹等。过多的铅抑制或不正常地促进植物体中某些酶的活性，从而影响光合和呼吸作用及对养分的吸收。中性至碱性条件下形成的$Pb_3(PO_4)_2$和$PbCO_3$的溶解度很小，植物难以吸收，故石灰性及碱性土中，铅的污染实际上并不严重。土壤的黏土矿物及有机质对铅也起强吸附作用，且随土壤pH值的增高而增强。土壤铅污染来源主要有汽车尾气、污水、污泥，工矿企业废弃物等。

（5）砷

砷(Arsenic)对人体毒害作用的潜伏期长，有致癌作用。砷中毒使中枢神经系统发生机能紊乱，毛细血管麻痹和肌肉瘫痪等。低浓度砷对植物有刺激作用，过量砷则会毒害植物，先叶片，后根部，最后影响生长发育。土壤中的砷多呈砷酸形态，包括砷酸盐(五价)和亚砷酸盐(三价)。无机或有机砷化合物都有毒性，但有机砷化合物的可给性或毒性较弱，且易在土壤中转化为无机态。无机态亚砷酸盐类的毒性比砷酸盐类强。土壤中砷的可给性受pH值的影响很大，在接近中性的情况下，砷的溶解度较低。

土壤中的砷酸和亚砷酸随氧化还原电位的变化而相互转化。土壤砷污染来源主要有有色金属开采和冶炼、含砷农药、磷肥含砷、工业和化石燃料燃烧等。

（6）锌、铜、镍、锰

土壤 pH 值、有机质含量及氧化还原条件等显著影响着锌(Zincum)、铜(Cuprum)、镍(Nickel)、锰(Manganese)在土壤中的变化。在 pH 值>6.5，同时，土壤通气良好时，它们可分别形成植物不易吸收的氧化物或氢氧化物而沉淀。黏土矿物可牢固的吸附锌、铜、镍而使它们失去活性。有机质能对这些离子进行螯合，从而增加了它们的移动性，植物的吸收可能增加。有机质对它们螯合能力的大小为铜>镍>锌>锰。污染来源主要有有色金属冶炼、化石燃料燃烧、污泥、污水、农用化学品等。

（7）氟

氟(Fluorine)对人、畜、植物都有毒害作用。人体牙齿“斑釉齿症”和骨骼中“氟沉着症”(钙代谢紊乱)。植物氟毒害症状主要在嫩叶和幼芽。土壤氟污染来源主要有排氟企业废水、硅酸盐企业废弃物排放、冶金企业废气等。

（8）土壤性质与土壤重金属污染的关系

① pH 值的影响。当土壤中 pH 值降低某些重金属如铅、铜、锌、铬等易转化为水溶性的重金属盐类，pH 值越低其活动度越大，越易于迁移；pH 值增高，某些重金属则转化为难溶性化合物如 CdS、HgS 等，pH 值越高，它们越易于趋于固定而降低其活性，在土壤中容易积累。类金属砷例外。

② Eh 的影响。土壤 Eh 主要影响在土壤中的各重金属价态变化，以致影响到重金属在土体中的富集量和毒性。

③ 有机-无机胶体的吸附作用。

2.3.2 农业化学污染物对土壤的污染

农业化学污染是无机肥料和农药使用量增加的结果，其主要问题是硝酸盐浸出、农药的持久性残留和毒性。

（1）化肥

施用到土壤中的肥料有五大主要命运，即植物和动物摄取(固定)；土壤中的吸附和交换(固定)；通过排水、溶解形式的沥滤和损失；挥发和排放大气时的气体损失(比如脱氮)；径流和侵蚀造成的固体表面损失。就与肥料有关的环境问题而言，核心问题就是硝酸盐的浸出。影响硝酸盐浸出程度的主要因素包括土地利用、土壤特性和气候。地表水和地下水中硝酸盐含量的增加与磷酸盐在一些环境和健康问题上有牵连。在地表水中，营养水平的提高导致过度的藻类生长和氧气耗竭，这一过程称为富营养化。如果使用缓释氮肥而不是更易溶解的类型则可以减少浸出问题，比如使用 NH_4-N 化合物代替 NO_3-N 化合物。

（2）磷肥对环境的污染

施入土壤中的磷肥除少部分被作物吸收利用外，大部分被土壤所固定，磷肥因其本身含有各种污染物质，从而造成土壤、作物的污染。其污染形式主要有以下几种，即重金属污染、氟污染、放射性污染、造成水体的富营养化。

（3）农药

人们已经开发了大量的农药(超过450种化合物)，最常用的种类是杀虫剂，杀真菌剂和除草剂。农药可能被生物或光化学降解，被有机物质、铁和铝的黏土和氧化物/氢氧化物吸附，通过浸出和地表径流冲入地面水，或者可能挥发到大气中。杀虫剂的使用引起了一些环境问题，包括环境中的持久性，土壤中的毒性，植物和水供应以及超出目标生物体的阈值影响，还包括生物积累及其对人类健康的影响。某些农药的降解产物可能与原始化学物质一样具有毒性，但通常不能通过标准测定方法来测定。许多农药化合物及其降解产物的持久性和毒性还取决于土壤的各种特性，特别是黏土、有机物含量以及 pH 值。

2.3.3 有机污染物对土壤的污染

有机污染物主要包括有机农药、三氯乙醛(酸)、矿物油类、表面活性剂、废塑料制品和工矿企业排放的含有机物的三废等。

矿物油类污染物主要是各种烷烃、芳烃的汇合物。其对土壤化学性质的效应主要表现为以下 3 点，即油类降解消耗大量氧气，明显降低土壤 Eh；油类 C/N 比极高(>1500)，油污染土壤短期内 C/N 比增高，不利于降解微生物增殖，同时使微生物与植物争夺土壤中的有效氮；油类对土壤氨化、硝化作用有阻抑效应，不利于氮素营养的循环与转化。

表面活性剂污染物主要为生活中的洗涤剂等，包括阴离子型、阳离子型和非离子型活性剂。有机污染物对土壤微生物的影响主要表现在浓度<100mg/kg 时无影响，浓度>500mg/kg 时微生物种群数降低。其对作物生长的影响主要表现在以下两个方面，即少量(5～10mg/kg)洗涤剂对作物生长有刺激效应；高浓度(50～100mg/kg)是造成作物减产的主要原因之一。

废塑料制品主要为城市垃圾中的废塑料和农用塑料薄膜。塑料类高分子有机物性质稳定，耐酸碱，不易被微生物分解，不利于作物生长发育。其危害性主要表现在以下 3 个方面，即塑料制品添加剂含有毒成分，抑制种子萌发，灼伤芽苗；塑料残片阻断土壤水分运动，降低孔隙度，不利于空气循环、交换；废塑料使土壤物理性质不良，导致作物扎根困难，吸肥、吸水性能降低而减产。

2.3.4 固体废物与放射性污染物对土壤的污染

固体废物与放射性污染物主要包括工业固体废物、农业固体废物、放射性固体废物和城市垃圾。工业固体废物的特点是成分复杂，常含有重金属、有毒元素和致癌物质，处理不当会严重污染土壤，破坏植物生长。城市垃圾来源广泛，成分复杂多变，常含有重金属和有害元素，未经处理长期使用会造成土壤重金属超标，影响土壤质量。

放射性污染物的危害主要是致畸、致突变、致癌；土壤中天然放射性核素包括^{49}K、^{87}Rb、^{14}C 等；核试验沉降核素主要包括^{90}Sr、^{137}Cs、^{238}U 等；施肥(磷肥)带入土壤的核素包括铀、钍、镭等。

2.3.5 土壤组成和性质对污染物毒性的影响

污染物进入土壤后，与土壤组分发生物理的、化学的和生物的反应。这些反应包括吸附/解吸、沉淀/溶解、络合/解络、同化/矿化、降解/转化，从而影响污染物的有效浓度(毒性)。土壤中污染物的水溶态或交换态有效浓度越大，其生物毒性越大；专性吸附态、氧化物态或矿物固定态含量越高，生物毒性越小。

(1) 黏土矿物

铝硅酸盐黏土矿物对重金属和离子态有机农药的吸附，可使其固定或暂时失活，降低毒性。黏土矿物吸附 Cu^{2+} 的顺序依次为高岭石>伊利石>蒙脱石。黏土矿物类型不同对农药的吸附也不同；吸附不仅影响土壤中农药的迁移行为，而且减缓农药的化学分解和生物降解速度，因而吸附量大时残留量也高；氧化物对重金属的专性吸附显著降低其生物毒性；土壤铁、铝氧化物也是 F^- 的主要吸附剂(配位交换反应)，因而可降低其毒性。

(2) 土壤有机质

土壤有机质组分对污染物毒性的影响通过静电吸附和络合(螯合)作用实现。有机质对重金属的吸附主要通过其含氧功能基进行，羧基(-COOH)和酚羟基(-OH)是腐殖质-金属络合物的主要配位基(其反应式见图 2-3-1)。胡敏酸和富啡酸与金属离子形成可溶性的和不可溶性的络合(螯合)物，依赖于其饱和度。富啡酸-金属离子络合物的溶解度大于胡敏酸-金属离子络合物。

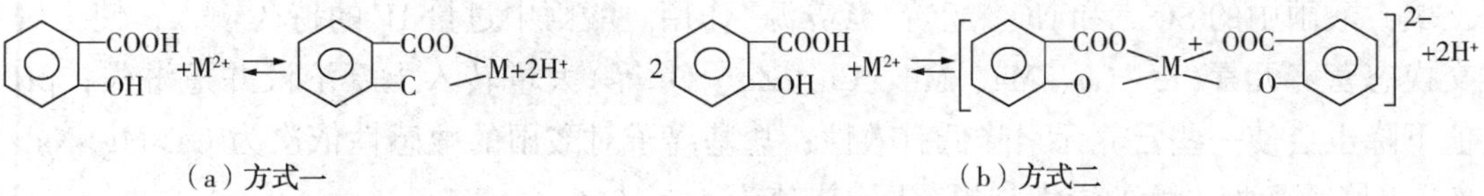

(a) 方式一　　(b) 方式二

图 2-3-1　配位基反应式

(3) 土壤 pH 值对污染物毒性的影响

土壤 pH 值可影响土壤组分和污染物的电荷特性、沉淀-溶解平衡、吸附-解吸平衡、络合-解络平衡、土壤微生物活性，进而影响污染物毒性。

土壤溶液中大多数金属(重金属)元素在酸性条件下以游离态或水化离子态存在，毒性较大；在中、碱性条件下易生成难溶性氢氧化物沉淀，毒性降低。pH 值对有机污染物(有机农药)在土壤中的积累、转化和降解的影响主要表现在以下两个方面，即 pH 值不同，微生物群落不同，降解作用(脱氯、脱氯化氢、脱烷基化、芳香环或杂环破裂反应)不同；pH 值改变污染物和土壤组分电荷特性，改变反应平衡，导致污染物有效度改变。

（4）土壤氧化还原状况（Eh）对污染物毒性的影响

土壤 Eh 可影响土壤微生物活性、易分解有机物含量、易氧化和易还原无机物含量、植物根系代谢、土壤 pH 值，进而影响污染物毒性。以有机污染物为例，有机氯农药在还原环境下会加速代谢。以重金属为例，土壤中多数重金属元素在厌氧还原条件下易生成难溶性硫化物，降低毒性和危害；土壤转化为氧化状态后，难容硫化物逐渐转化为易溶硫酸盐，其生物毒性增加。土壤 Eh 对 Cr 的转化和毒性影响很大，Cr^{6+} 毒性大于 Cr^{3+}，相关反应式为 $2Cr^{3+}+7H_2O \longleftrightarrow Cr_2O_7^{2-}+14H^++6e^-$。

2.3.6 酸性沉降对土壤的影响

酸性沉降包括所有 pH 值低于 5.6 的雨、雾、雪、露、霜和尘埃等物质，分干沉降和湿沉降(酸雨)2 种。酸性沉降产生的原因是人类活动，现代工业(发电、冶炼等)、汽车尾气和家庭燃料等排放大量 SO_2 和 NO_x，产生大气污染，使江水等水体中含有过量的 SO_4^{2-} 和 NO_3^-，pH 值降到 5.6 以下。酸雨的危害涉及河流湖泊和水生生物、森林、土壤、建筑物、文物等。

土壤酸化的发展过程具有阶段性。土壤酸化是阶段性的，不是持续地 pH 值下降。第一段(pH 值>5.0)形成游离 $CaCO_3$ 与交换性盐基缓冲控制带；第二段(pH 值 4.0~5.0)形成交换性盐基缓冲带；第三段(pH 值<4.0)形成活性铝缓冲控制带。酸雨淋洗前期，土壤 pH 值升高(而不是下降)，酸雨中的 H^+ 与交换性盐基离子发生交换反应，盐基离子进入土壤溶液；酸雨淋洗至盐基淋失后，土壤 pH 值下降。土壤对酸雨的致酸作用有一定的缓冲能力，取决于土壤的 CEC 和溶出活性铝的量。

酸性沉降物对土壤肥力和微生物的影响主要表现在以下 3 个方面，即 S、N 是植物必须营养元素，短暂或间歇酸雨有利于植物生长；特别是有机质含量低的沙质、贫瘠土壤，酸雨中的 SO_4^{2-} 和 NO_3^- 起着“营养源”作用。酸雨中过量 H^+ 的持久输入，使土壤交换态营养元素(K、Ca、Mg、Mn、Cu、Zn、Fe 等)大量转入土壤溶液并遭淋失；pH 值下降也会使一些营养元素降低有效性；盐基离子对酸雨的敏感性依次为 Ca>Mg>Na>K。土壤微生物、酶的毒性临界范围 pH 值为 4.3~5.6。

2.3.7 土壤污染的宏观防治手段

（1）土壤污染的预防措施

土壤污染的防治要贯彻以防为主的方针，即首先控制和消除土壤污染源，即控制工业和城市“三废”的排放，合理施用农药、化肥等农用物资。其次，对已污染的土壤，要采取一切措施，消除土壤中的污染物或者提高土壤环境容量，控制土壤中污染物的迁移转化，使之不能进入或微量进入食物链，不致造成对人体健康和农业生产的危害。执行国家相关污染物的排放标准。建立土壤污染监测、预测与评价体系。发展清洁生产。

（2）污染土壤的治理措施

① 重金属污染土壤的治理措施。土壤中重金属的显著化学行为是不移动性、累积性，具有不可逆性的特点。因此，对受重金属污染土壤的治理要根据污染程度的轻重进行改良。从降低重金属的活性，减小它的生物有效性入手，加强土、水管理。通过农田的水分调控，调节水田土壤 Eh 来控制土壤重金属的毒性。施用石灰、有机物质等改良剂。重金属的毒性与土壤 pH 值关系密切。可采用客土、换土法，生物修复进行修复。

② 有机物(农药)污染土壤的防治。对于有机物、农药污染的土壤，除合理施用农药、采用病虫害综合防治，改进农药剂型等以预防为主的系列技术措施外，对污染土壤的治理应从加速土壤中农药的降解入手。其中可采取以下两个方面措施，即增施有机肥料，提高土壤对农药的吸附量，减轻农药对土壤的污染；调控土壤 pH 值和 Eh，加速农药的降解。

2.4 土壤污染的现状

2.4.1 世界范围的土壤污染状况

2015 年联合国发布的《世界土壤资源状况》中指出，世界土壤功能面临十大威胁。侵蚀每年导致 250 亿~400 亿吨表土流失，导致作物产量、土壤的碳储存和碳循环能力、养分和水分明显减少；侵蚀造成谷物年产量损失约 760 万吨；如果不采取行动减少侵蚀，预计到 2050 年谷物总损失量将超过 2.53 亿吨，相当于减少了 150 万平方公里的作物生产面积，或印度的几乎全部耕地。土壤养分匮乏是土壤退化地区提高粮食产量和土壤功能的最大障碍；非洲多数国家每年从土壤中提取的养分都超过其通过使用化肥、作物秸秆、粪便等有机物返回土壤的养分。土壤中盐分的积累导致作物减产，甚至颗粒无收；人为因素引起的盐渍化影响了全球大约 76 万平方公里的土地(超过巴西的耕地总面积)。土壤酸度是影响全球粮食生产的重要因素，世界上表土盐渍化程度最高的地区是经历了森林砍伐和集约化农业的南美洲。水土流失、养分枯竭、土壤有机碳丧失、土壤板结等威胁导致全球土壤状况迅速恶化。然而，只要各国推广可持续管理做法和采用适当技术，这种趋势是可以逆转的。土壤功能面临的 10 大威胁依次是土壤侵蚀、土壤有机碳丧失、养分不平衡、土壤酸化、土壤污染、水涝、土壤板结、地表硬化、土壤盐渍化和土壤生物多样性丧失。

相关的解决方案是以可持续土壤管理为中心，需要从政府到小农等各利益相关方的广泛参与。比如，解决侵蚀问题的方法包括减少或停止对土壤的耕作、搅动和翻耕并利用作物残茬保护土表不受风雨的侵扰。同样，可以通过作物秸秆等有机物质返田、固氮作物轮作、有机和无机肥料合理使用等方法，恢复养分缺失的土壤并实现增产。应通过 4 项行动遏制土壤劣化问题，即尽量减少最贫困地区的土壤进一步退化并恢复已退化土壤的生产力；稳定全球土壤有机质储量，包括土壤有机碳和土壤生物；稳定或减少全球氮、磷肥的使用量，同时增加养分缺乏地区化肥的使用；提高对土壤条件状况和趋势的认识。应采取措施保护土壤，比如支持开发土壤信息系统以监测和预报土壤变化；加强土壤方面的教育和认识，将土壤问题纳入正规教育和整个教学大纲(从地质学到地理学，从生物学到经济学)；加强投资研发和推广工作，开展测试工作，传播可持续土壤管理的技术和做法；采取适当、有效的管理和鼓励措施，其中包括旨在遏制破坏性做法(比如过度使用化肥、除草剂和杀虫剂)的税收，可以采用分区系统来保护优质农田不受城市化侵扰，通过补贴来鼓励人们购买对土壤危害较小的工具等投入物，同时开展对可持续作物和牲畜生产方法的认证以提升产品的商业吸引力和价格。

2.4.2 我国的土壤污染现状

近几年的全国性土壤污染状况调查结果显示，尽管我国在土壤污染方面付出了巨大的努力、取得了很大的成绩，但土壤污染的形势依然非常严峻，表现为部分地区污染较重、耕地土壤环境质量堪忧、工矿业废弃地土壤环境问题突出。土壤污染调查中的点位超标率是指土壤超标点位的数量占调查点位总数量的比例。

调查结果显示，全国土壤总超标率为16.1%，其中重度污染点位比例为1.1%；土壤污染以无机型为主；南方土壤污染重于北方，长三角、珠三角、东北老工业基地等部分区域土壤污染问题较为突出，西南、中南地区土壤重金属超标范围较大；镉、汞、砷、铅4种无机污染物含量分布呈现从西北到东南、从东北到西南方向逐渐升高的态势。耕地土壤点位超标率为19.4%，其中轻微、轻度、中度和重度污染点位比例分别为13.7%、2.8%、1.8%和1.1%，主要污染物为镉、镍、铜、砷、汞、铅、DDT和多环芳烃；林地点位超标率为10.0%，草地点位超标率为10.4%，未利用地点位超标率为11.4%。镉、汞、砷、铜、铅、铬、锌、镍8种无机污染物点位超标率分别为7.0%、1.6%、2.7%、2.1%、1.5%、11.0%、0.9%、4.8%，其中镉重度污染点位比例为0.5%；六六六、DDT、多环芳烃3类有机污染物点位超标率分别为0.5%、1.9%、1.4%。在调查的690家重污染企业用地及周边土壤点位中，超标点位占36.3%，主要涉及黑色金属、有色金属、皮革制品、造纸、石油煤炭、化工医药、化纤橡塑、矿物制品、金属制品、电力等行业；调查的工业废弃地中超标点位占34.9%，工业园区中超标点位占29.4%。在调查的188处固体废物处理处置场地中，超标点位占21.3%，以无机污染为主，垃圾焚烧和填埋场有机污染严重；调查的采油区中超标点位占23.6%，矿区中超标点位占33.4%，55个污水灌溉区中有39个存在土壤污染，267条干线公路两侧的1578个土壤点位中超标点位占20.3%。

我国土壤污染防治起步较晚，土壤环境状况总体不容乐观。事实上从发达国家的历史经验看，也走过同样的“先污染、后治理”的历程。在欧美二次工业革命后，随着工业化和城市化的发展，粗放的环境安全管理模式、无序的工业废水排放泄漏以及矿渣的随意堆放，对各国土壤造成严重污染。直到20世纪70年代各个发达国家才意识到土壤污染的严重性，纷纷开始通过立法等手段，出台了一系列政策，防治土壤污染。

根据发达国家的历史经验，土壤修复产业的生命周期大致分为 4 个阶段。第一个阶段是准备阶段(20 世纪 80 年代至 90 年代)，在土壤修复产业发展初期，平均土壤修复资金占 GDP 比重仅为 0. 056%；第二个阶段是起步阶段(1993—2001 年)，此时修复资金占 GDP 比重为 0. 123%；第三个阶段是跃进阶段(2001—2004 年)，修复资金占 GDP 比重高达 0. 70%；第四个阶段是调整阶段(2005 年之后)，修复资金占 GDP 比重下降至 0. 49%左右。

2. 4. 3 美国的“超级基金”模式

20 世纪后半叶，美国经济发生了深刻的变革，经济和工作重心经历了从城市到郊区、由北向南、由东向西的转移，许多企业在搬迁后留下了大量的“棕地”，包括工业用地、汽车加油站、废弃的库房、废弃的可能含有铅或石棉的居住建筑物等，这些遗址在不同程度上被工业废物所污染，这些污染地点的土壤和水体的有害物质含量较高，对人体健康和生态环境造成了严重威胁，1978 年“拉夫运河事件”是其中最具标志性的环保事件。

1942—1953 年，美国胡克化学公司在纽约拉夫运河中弃置了 2. 18 万吨化学废物，运河被填埋后，胡克公司将这片广阔的土地出售给了尼亚加拉瀑布学校董事会，在废弃的土地上建起了学校，周围随之发展为居民区。随着时间流逝，经过雨水的冲刷，储存在地下的化学废物开始侵蚀容器，渗入住宅地下室并形成毒气释放。20 世纪 70 年代开始，当地居民特别是儿童、孕妇等不断出现疾病征兆，孕妇流产、婴儿畸形、癌症等病症的发病率居高不下。1978 年，卡特总统宣布此地区进入“紧急状态”，10 个区的 950 户家庭撤离。

在媒体的不断发掘下，全美暴露出成千上万个类似拉夫运河的危险废弃物简易填埋场，威胁公众健康和环境安全。由于政府的处置不力以及随后必须承担的数十亿美元的沉重财政压力，让国会面临失职的指责。1980 年美国国会加速了立法进程，以《危险废物设施所有者和运营人条例》为蓝本，结合其他法案，通过了《综合环境反应、补偿和责任法》(CERCLA)，批准设立污染场地管理与修复基金，即“超级基金”，这一法案也被称为“超级基金法”。

超级基金法是污染场地管理框架中最为全面规范的法律，超级基金法规授权美国环保署(EPA)对全国污染土地进行管理。正常情况下，美国污染土壤修复治理的资金主要由污染的责任方承担，即“污染者付费”，EPA 会责令污染行为人对污染特别严重的场地进行修复；污染行为人暂时没有修复能力或者不愿支付费用的时候，“超级基金”拨款负责相关费用，再由环保署向责任人追讨。在无法确定责任人的情况下，修复资金将由“超级基金”来承担。

法案规定，可追诉的污染潜在责任方有四种，即场地当前所有者或经营者；危险物或污染物处置时场地的所有者或经营者；组织场地危险物或污染物处置的个人；运送危险物或污染物至场地，并选择该场地作为处置点的个人。

政府和责任方共同承担基金的资金来源。超级基金的资金一方面来自针对石油和化工产品的专门税收，另一方面来自联邦政府。在超级基金建立之初，仅有16亿美元，其中13.8亿来自对生产石油和无机化学制品行业的税收，2.2亿来自联邦财政。后来，超级基金不断扩张，到1986年，国会立法将超级基金资金量扩大至85亿美元，其中25亿美元来自对年收入200万美元以上的企业征收的附加税，27.5亿美元来自联邦普通税，3亿美元来自基金的利息，3亿美元来自费用承担者追回的款项。

超级基金法中规定了评估-治理-再评估的流程。超级基金将土壤修复的优先权放在保护人类健康和环境上，对"棕地"进行相关评估认证，按照可能给人体健康和环境造成损害的程度来划分，收录到"国家优先权列表"(NPL)上，目前每年更新两次。超级基金法中土壤污染修复治理流程包括如下步骤。首先，对污染场地展开调查，评估其污染等级，并录入NPL；其次，详细测定相关污染指数并设计治理方案；然后实施治理方案；完成上述修复流程的场地将从国家优先权列表上去除。美国这一修复流程的特点是土壤的修复结合了优先权管理，这是美国土壤污染修复与管理体系的一部分，从而保证了优先权列表中的污染项目得到足够的关注与及时治理。美国超级基金场地管理的各阶段十分重视公众的参与，要求通知潜在的责任人参与相关的管理事宜，及时向公众公布污染场地上将要采取的措施和各项决定。污染场地如果经修复后被发现再污染，还会被列入NPL中进行整治。

在"超级基金"的管理模式下，解决了土壤污染修复治理的资金来源问题，但是由于污染场地及设施所有者需要负担土壤修复的连带责任，所以造成人们回避可能带有污染问题的土地开发的情况。为了应对这种现象，提出了"棕地开发"的土壤污染管理模式，在这种模式下，国家将受到污染而没能得到有效开发的土地出售给企业，并提供各种补贴和政策优惠，鼓励企业进行土壤修复和土地开发。

目前，全美约有45万块棕地，大部分位于城市的老工业区中。棕地管理由联邦政府、州政府、社区及非政府组织共同完成。其中，联邦政府以环保署为主导，负责对棕地的评估、管理及开发；国会则制定并通过有关土壤修复的政策法规文件。州政府制定详细的棕地治理标准，起到监督作用。地方政府和社区是棕地管理的主要实施力量。非政府组织作为参与者，参与推进土壤污染的治理。这种方法增加了企业参与土壤污染修复的程度。在1997年《棕地全国联合行动议程》发布后，当年美国联邦政府就在100余个"棕地"投入了超过4亿美元的资金。1998年，美国确立了16个棕地治理示范社区，吸引了9亿多美元的开发基金。为了推动棕地开发模式的推广，进一步消减私人企业参与棕地治理的阻碍，美国国会1997年通过《纳税人减税法》为私人资本投资棕地修复提供税收优惠。据估计，当年的税收收入虽然因此减少了3亿美元，但是刺激了34亿美元的私人投资用于衰落社区的治理与复兴，有8000块棕地恢复了生产能力。美国政府在税收等政策上对棕地开发的大力支持使得美国的土壤修复产业呈现良好的发展前景。

2.4.4 德国的《联邦土壤保护法》

面对战争及经济发展进程中留下的大量受污染土地，1985年，德国政府制定了联邦土壤保护战略，明确了扭转土地恶化趋势、降低污染物侵入等土壤保护目标。20 世纪 90 年代末，德国出台了专门的土壤保护法律《联邦土壤保护法》和《联邦土壤保护条例》，建立了一系列专门的法律法规。

《联邦土壤保护法》规定，污染土壤者及其继承人有责任恢复受污染土壤以及由此所造成的水污染。地产所有者在知道或应当知道土壤已受污染的情况下转让地产，仍有清除土壤污染的义务。相关的调查和治理费用会由污染责任人承担。《联邦土壤保护条例》根据居住区、儿童游乐区、工业和商业用地、农作物生长区等不同区域的土壤类型，为土壤中污染物的含量划定了不同的界限。同时，德国的法律法规也确定了土壤污染治理的责任人和相关费用的承担方，避免有关人员相互推卸责任。

德国的土壤保护并不仅局限于土壤范畴，因为固体废物、废气以及废水都会最终影响到土壤，所以在上述专门的法律之外，德国的垃圾处理、采矿、排放物控制等法律法规中也包括了土壤污染防治的内容。联邦一级有《水保护法》《地下水保护条例实施准则》《循环经济与垃圾处理法》等。在《垃圾处理经济与土壤保护法》《警察法》《水利法》《自然保护法》等法律中，也有土壤保护的内容。此外，还有其他可以援引的法律，包括欧盟的《水保护条例》和《地下水保护条例》等。除了专门的法律，德国还采取了联邦与各州合作，借助信息公开、教育等方式培养民众的环保意识。

德国有不少联邦州公开了其区域内所设土壤长期监测点测得的土壤状况报告。德国一直将环保作为一项重要的教学内容。从幼儿园开始，学生就会在课堂上接受包括土壤保护在内的环保教育。在课堂之外，老师会带着学生进行实地考察，潜移默化地灌输环保意识。环境部则为这些教学提供 DVD、课本等教材。

德国在 16 个联邦州中建立了大约 800 个监测点，这些监测站点绝大部分由环保部门设立，也有一些是农业部门设立的。按照全国统一的标准，监测点在当地选择代表性地点，取样并监测土壤的物理、化学及生物特性。每隔几年，各州会在已取样地点重复取样，以了解土壤的变化情况和趋势。所取样本采取低温长期保存，以便复查。设立土壤信息综合数据库系统：数据库中包括土壤的地质学数据、土壤发展趋势以及污染物数据等，系统能够收集并分析土壤功能、质量、污染情况的信息，为联邦和各州制定土壤污染预防和治理措施提供支持。所有与土壤保护相关的州政府部门都可以使用这个数据库，下一级地方政府也可以查找属于本地区的污染场地情况。同时，建筑公司也可利用这个数据库。通过这个数据库，德国对土壤保护进行了有效的动态管理。

2.4.5 日本的《土壤污染对策法》

日本是一个国土资源稀缺的国家，国土总面积为 37.8 万平方公里，但其中约有 61%是海拔 300m 以上的山地，18%是海拔 300m 以下的丘陵，这导致农用耕地资源尤为贫乏，日本政府十分重视对土地资源的保护。在《土壤污染对策法》出台之前，日本就颁布了几部与土壤相关的法规：1970 年出台《农用地土壤污染防治法》，1991 年和 1997 年依据《环境基本法》第 16 条，分别制定了土壤和地下水的环境质量标准。

在日本的工业化进程中，以六价铬等重金属污染为代表的城市型土壤污染问题不断涌现，日趋严重的土壤污染状况引起了日本政府对土壤污染的高度关注，加快了对工业用的土壤污染防治专项立法的进程。由于日本实行土地私有制，私人拥有国内大部分土地的支配权，由于私人财产不可侵犯，只有在污染扩散后可能造成公众健康风险的情况下，行政部门才可以采取强制措施。2003 年，日本颁布了《土壤污染对策法》，将土地治理措施的第一义务人规定为土地所有人，有利于及时对污染土地采取有效的防治措施。该法实施以来，日本土壤污染治理相关产业保持着两成的年增长率，市场规模迅速发展到 2000 亿日元以上。

根据《土壤污染对策法》，日本各大保险公司逐渐开发了与土壤污染相关联的保险。东京海上日动火灾保险、日本损害保险以及三井住友海上火灾保险等保险公司都提供与土壤污染相关联的专业风险保险，主要针对土地所有人、土壤污染调查公司和治理公司进行出售，险种包括土壤净化费用保险、超过净化费用保险、土壤污染净化费用补偿保险等。从上述保险的销售渠道来看，其市场化程度在逐步提高，但销售手段和渠道尚需进一步探索，尤其是土壤净化费用保险、超过净化费用保险等保险，大多只通过与保险公司具有信赖关系的、某些固定的土壤污染调查公司、土壤污染治理公司进行销售，其他销售对象很少见。

由于日本土壤污染风险保险的险种是基于《土壤污染对策法》对风险管理的要求而设置的，因此保险基本覆盖了立法所要求的土壤污染风险管理的所有环节。但是从制度与政策的角度来看，日本土壤污染风险保险离普及还有一段距离，转移、分担土壤污染风险的功能并没有完全实现，主要表现在以下几个方面：

① 对土地调查、土壤修复缺乏义务性的规定：土地调查与土壤修复大部分是不动产交易市场中的土地买卖双方以及融资机构基于风险控制而实施的。虽然土壤污染风险保险市场存在投标价格竞争，但大部分企业对商业信息高度保密，保险公司开发土壤污染风险保险产品需要掌握的信息受到了限制。土壤修复费用和损害赔偿费用等信息的匮乏，导致保险公司在进行土壤污染风险保险产品开发时，面临信息不足的困境。

② 规模小、险种少，市场需求无法释放：由于日本土壤污染风险保险当时处于起步阶段，保险设置的险种较少，市场对保险内容和合同范围的认知度普遍偏低。此外，保险公司内部精通土壤污染治理工程、环境法以及污染损害等专业知识和技能的人员数量有限，保险公司没有能力突破土壤污染风险保险市场的现有规模。市场规模太小，导致风险分摊基数不足，保险费不断提高，反过来又限制了市场需求度，阻碍了土壤污染风险保险的普及化。

③ 缺乏对第三人环境损害赔偿的直接规定：对策法实施后，日本针对土壤污染提起的诉讼不多，因此市场也缺少对风险评估细致化的需求。尽管日本社会整体环境意识比较高，但司法指引功能的不足，也影响了潜在购买人的购买动力，从而制约了包括土壤污染风险保险在内的整个环境风险保险业的发展。

针对上述对策法中存在的缺陷，2010 年，日本《土壤污染对策法(修正案)》正式施行，在土壤污染环境基准的基础上，根据不同区域土壤污染对健康损害的程度，划分为两种区域。第一种是“措置区域”，即某一区域存在着超基准的污染且附近有居民饮用水井，对该区域强制要求进行污染土壤的调查、修复和治理。第二种是“土地用途变更申报区域”，即某区域土壤虽然存在着超基准的污染，但是并不会因此直接引发地下水污染等环境危害，此区域在土地用途不变的情况下可按现用途继续使用，但变更土地用途时须进行申报。

修正案中“土地用途变更申报区域”的要求实际上贯彻了“风险预防”的立法原则，只要土地变更用途，使用人就必须对因此可能产生的风险承担无限责任，客观上强化了土地使用人购买土壤污染风险保险的意愿。此外，经申请进入“土地用途变更申报区域”的土地，实行“指置免除”原则，即变更用途后取得使用权的企业或者个人，可以不承担因改变用途而发生的污染治理费用。因此，该区域土地原先的使用人为了减少甚至免除土壤污染治理费用，将会自主进行土地调查，并为“申报区域”的土地购买土壤污染风险保险，原先法案中的缺陷导致的“风险分摊基数不足”的问题得以解决，有利于土壤污染风险保险的普及化。

日本土壤环境中心 2012 年关于对策实际情况的调查结果显示，基于法规的调查和对策案例数占 20%左右，约为法律修订前的 2 倍，实现了通过立法牵引市场参与环境治理的成功范例。

2.5 土壤资源的评价

2.5.1 农田土壤生态与保护

土壤生态系统的结构和功能影响土壤肥力和土壤生产力，建设高产、优质、无害的土壤生态系统是农业持续、稳定发展的重要任务。土壤生态系统是土壤生物与其周围环境相互联系和相互作用的网络系统，土壤生物(植物、动物和微生物)的生长和活动依赖于环境中的光、热、水、空气和营养物质，这些生命活动的环境因素又受气候、地貌、土壤、母质(或母岩)、水文等条件的影响。土壤生态系统是不断进行能量转换和物质循环的复杂的开放系统，一方面物质和能量在系统内部循环和转换，另一方面与外部环境通过输入和输出进行交换。土壤生态系统是陆地生态系统的基础，陆地生态系统包括森林生态系统、草原生态系统、荒漠生态系统、农田生态系统等亚系统，这些不同类型的生态系统都是以土壤为基地、以土壤生态系统为基础的。土壤生态系统由生物和非生物环境两部分组成。生物组分包括植物、动物和微生物，非生物环境包括日光、大气、土壤、母质、岩石、地表水及地下水等。土壤生态系统的结构可分为空间结构和营养结构。土壤空间结构包括垂直结构和水平结构两类。土壤生态系统的垂直结构包括四个层次，自上而下依次为近地大气层、植被层、土壤层、岩石风化层。由于地形土壤差异，生物群落或种群配置不同，产生不同的水平结构，如农田中的水田与旱地，草原的盐生植物，低湿地的沼泽植物等。土壤生态系统的营养结构(即各类生物在食物营养上的相互依存关系)构成如下食物网络，即生产者(绿色植物)-消费者(草食动物-肉食动物)-分解者(微生物)。根据食物关系的传递方式和复杂程度可区分为食物链和食物网。食物链是指在生态系统中的生物与生物之间以取食和被取食的食物营养关系依次连接成一定的序列，这种食物链是生态系统中营养结构的基本单元。由多个食物链组合在一起构成食物网。比如以农田土壤食物网为例，植物残渣可以通过多种途径被微生物、动物、线虫、节肢动物、鼠类取食。

2.5.2 土壤资源评价

土壤是人类赖以生存和发展的自然资源，研究土壤生态系统的结构和功能，目的在于有效地提高动植物产量，改善产品质量，以满足人类的需要。我国土地辽阔，资源丰富，但是目前面临人口多、人均耕地少、生物资源消耗大、人均资源短缺的状态。土壤资源是具有农、林、牧业生产力的各种土壤类型的总称，是人类生存最基本、最广泛、最重要、不可代替的自然资源。目前随着世界人口逐年增长，各国都普遍重视自然资源的开发与合理利用问题。在土地利用方面，乱伐森林，过度放牧，不合理开垦土地，造成气候变干、沙漠扩大、水土流失等破坏土壤资源的现象及其严重后果已逐渐引起人们的重视。进行土壤资源的详查和统计，全面系统地研究土壤资源并作出评价，这对农、林、牧业的全面安排和规划以及合理利用改良土壤具有很大的科学价值和实际意义。

土地是地球表面由空气、土壤、地形地貌、水文、生物以及人类过去和当前活动结果所组成的经济综合体。土地是地球表面某一区域的一个主体的三维空间组成的垂直剖面，它随时间而不断变化。自然条件和社会经济条件，对土地的变化和发展起着重要作用。土地评价是对土地生产力高低的鉴定，亦即对土地的生物生产能力大小的鉴定。所以，土地评价是指在特定目的之下，对土地生产力高低的鉴定、评定和估价。对土地的评价过程也是人类对土地的自然属性及其发展规律的认识和掌握的过程。

土地是自然本身的产物，当它被用于社会生产之后，不仅具有自然属性所固有的生产力，而且还具有人类经营活动所赋予的并与自然属性结合为不可分割的那些属性所决定的土地自然劳动生产力。同时，土地生产力的大小又取决于社会生产力的发展、人类经营活动的手段和方法。人们一方面要充分地利用土地的自然肥力，另一方面还要有目的地补充土地的营养物质，改良它的理化性状。因此，土地评价是对土地的自然属性及社会经济要素的综合鉴定，评价的基础是土地的自然劳动生产力及其使用价值。

土地评价与土壤评价不是同一个概念。土壤评价是依据土壤类型及其理化性质等各种因素的差异进行的土壤等级的评定。土壤肥力的高低，仅仅是若干土壤因素的综合描述或评定，而不能把它作为土地质量评定的唯一尺度。从系统观点看问题，构成土地特征的各因素，包括地形、地貌、土壤、植被、水文和水文地质等自然因素，也包括反映社会经济影响的各因素。由此可见，在概念以及应用范围方面，土地评价要比土壤评价广泛得多，尤其是待评价地区的范围愈大，这种差别也就愈明显。同时也要看到，土壤是土地的重要部分，土壤评价是土地评价中不可分割的重要组成部分，但是它们是不能相互取代的。土地评价包括数量评价和质量评价，但核心是土地质量评价。

（1）土地质量评价

评价土地质量高低，是通过对构成土地质量的自然因素和经济因素的评定，把土地按质量好坏划分成若干相对等级，以阐明各类土地的适宜性、土地利用现状及生产潜力。土地的适宜性是指土地在一定条件下，对永续发展农、林、牧、副、渔业生产的适宜程度。土地的限制性是指土地的某种因素不利于或限制了土地的某些用途，或影响了某些用途的适宜程度。土地利用现状是人们长期利用和改造土地的结果，在某些方面反映了土地的适宜性。土地生产水平及潜力土地生产水平是指在一定条件下土地生产能力的大小；土地生产潜力则是指在一定条件下可能达到的生产水平，即在克服了某些限制因素后，土地生产水平可能达到的程度。

（2）土地评价的内容

① 土地评价因素和指标确定。土地评价因素与各因素评价指标是揭示土地质量差异的前提。常用的评价因素对耕地和非耕地也不尽相同，一般来讲，前者较后者要复杂，如海拔高度、坡度、土层厚度、土壤质地、土壤肥力、水源保证、地下水位、气候条件、地理位置、交通条件、自然灾害等。

② 土地质量的评级。在清查土地类型和评价土地因素的基础上，根据选定的评价因素的特点及其对土地生产力的影响程度，分别议定分级标准，然后逐项进行土地质量鉴定和评级。《全国第二次土壤普查暂行技术规程》将我国土地统一分为八级。在对土地自然因素分析基础上，要进一步分析土地的经济因素，从经济角度对土地质量和利用方向进行评价。常涉及的经济因素有国家计划的需要，主要农作物单位面积产量和总产量，地理位置和交通条件，劳力情况，农业机械化水平，农业基本情况等。根据土地质量鉴定、土地等级标准和经济分析，综合评定土地等级，确定土地利用方向，制定改良措施。

③ 土地评价图的编制。土地评价图主要反映土地质量及其生产潜力的地域分布规律和特点，是土地评价工作的重要成果和土地规划的主要依据资料。土地评价图是以土地评价类型为基本单元编制的，具有综合性、地域性和生产实用性的特点。

（3）土壤资源评价

土壤资源评价是土壤学科的重要内容之一，它以土壤这一历史自然体和人类劳动的产物为中心，以土壤类型和土被结构为评价对象，从土壤属性的角度评价土壤资源的生产潜力。由于国内外研究土壤资源评价的历史不长，不同国家和地区的条件又各有差异，所以还没有一个公认的统一的评价原则和方法。

① 土壤资源评价的依据和原则。土壤资源评价的首要任务是评定土壤质量，统计数量，借以确定土壤的利用方向和土宜，并提出土壤的有利因素和限制因素，目的在于充分发挥土壤潜力，合理利用土壤资源。土壤资源评价的主要依据是土壤生产力，土壤生产力的高低包括质和量两个方面。质的方面主要表现为土壤对发展农业、林业、牧业生产的适宜性和限制性，比如适种作物的种类和品质；草地的饲草组成、营养价值，适口性以及饲养牲畜的种类；适宜树种和品质；以及直接影响劳动生产率、生产

费用的土壤利用和改良的难易程度等。量的方面主要表现在作物、饲草、树木的单位面积产量。同时，土壤生产力是土壤属性和肥力的主要表现形式，也是土壤利用方向的基准，因此，土壤生产力和利用方向都是土壤资源评价的依据。

土壤资源评价的原则包括以下 3 个方面，即土壤属性是土壤资源评价的基础；土壤的利用方向和适宜性是土壤资源评价的中心；土壤生产力是土壤资源评价的标准。

② 土壤资源评价方法。土壤资源评价的基本方法，是野外调查与总结经验相结合，主导因素与综合分析相结合。土壤资源的类型评价，是根据开发利用的不同要求，对土壤类型或植被结构生产力所进行的评价。以上所述的土壤类型评价只能说明不同土壤类型质量的差异，不能反映一个地区土壤质量和合理利用总的情况，因此必须进行区域土壤资源评价。区域土壤资源评价是在类型评价的基础上，根据区域不同质量等级土壤的对比关系和结构，评价一个地区或分区总的土壤质量和主要利用方式，比如区域土壤资源评价程序、区域土壤资源质量和利用方向评价等。

（4）土壤资源的开发与利用

我国的土壤资源有以下 5 个特点，即土壤资源极其丰富；山区土壤资源占的比重大；土壤资源地区分布不平衡；人均耕地面积小；存在着占现有耕地 1/3 左右的低产土壤。我国土地利用很不合理，主要表现为土壤资源开发利用地区间差异很大；对土壤采取掠夺式经营；土壤利用结构不够合理；土壤肥力水平较低等。这些都是今后合理开发利用土壤资源需要解决的主要问题。

目前，我国开发利用潜力较大的土地资源类型有宜农荒地、丘陵山地、水土流失地区、盐碱地、沙地等。由于各类土壤资源的自然、社会经济条件以及目前利用的基础和存在的主要问题不同，其开发利用的方向和应遵循的具体原则、应采取的措施也应有所不同。为适应人口增长和基本建设的需要，减缓耕地面积减少的趋势，全面地合理地把我国的宜农荒地尽快开垦出来，是一项具有战略意义的重要措施。山地资源的开发利用包括山地、丘陵、高原、台地等。合理开发利用山地资源，必须正确认识山地环境条件和类型复杂多样的特点，强调因地制宜，扬长避短，发挥优势的重要原则。在山地资源利用方向上，一般应以发展林业为重点，实行林、牧、农结合，多种经营，综合发展，粮食生产应限于区内基本自给，以发挥山地优势为主；要有选择地发展并建立用材林生产基地和各种林、特产品基地；注意水土保持，保护植被和水源涵养林；优先发展交通运输业；有条件地开发水力资源和矿产资源；积极发展旅游业。应重视水土流失区域土壤资源的开发利用和综合治理工作，防治水土流失，保护和合理利用水土资源，是改变山区、丘陵区、风沙区面貌，治理江河，减少水、旱、风沙灾害，建立良好生态环境，发展山区农牧业生产，提高人民生活水平的重要措施。盐碱地的开发利用应遵守科学规律，应在排灌工程的基础上，进一步通过平整土地、建立林网、种植绿肥和培肥土壤等农业与生物措施治理次生盐渍化。另外，综合治理也要与土壤资源的合理利用结合起来，因地制宜调整农业结构，使农林牧副渔得到全面发展。荒漠化土壤的治理任重道远，应明确荒漠化土壤合理利用的方向，要因地制宜地采取防治措施，正确处理防与治、保护与利用、生物治理与工程治理等关系，防治的重点应放在经济较发达、自然条件较好、治理较容易、潜力较大的地区。

第3章

土壤施肥与人类健康的关系

3.1 复混肥料的特点及与土壤的作用过程

3.1.1 复混肥料的特点

复混肥料是指其成分中含有两个或两个以上的植物营养元素的化学肥料。比如含有氮磷钾三要素中两者的称为二元复混肥料，如磷酸铵、硝酸钾、磷酸二氢钾；同时含有氮磷钾三要素的肥料称为三元复混肥料，如铵磷钾肥、尿磷钾肥、硝磷钾肥等。在复混肥料中添加一种或几种中、微量元素的称为多元复混肥料。此外，在复混肥料中科学地添加植物生长调节剂、除草剂、抗病虫农药等的称为多功能复混肥料。

复混肥料的营养成分和含量用其所含的氮磷钾三要素来标志，三要素的代表符号和顺序为 $N-P_2O_5-K_2O$，分别用阿拉伯数字表示，"0"表示不含该元素，一般称为肥料分析式或肥料配方。如磷酸二铵包装袋上标出养分为18-46-0，即表示每100kg该肥料中含有效氮(N)18kg，有效磷(P_2O_5)46kg，有效成分总量为64kg，浓度为64%，但没有钾素。肥料包装袋标出养分12-9-20，即表示每100kg该肥料中含有效氮(N)、有效磷(P_2O_5)、钾(K_2O)分别为12kg、9kg、20kg，总有效养分含量为41kg，若肥料包装袋标出养分含量为15-8-12(S)，附在最后的符号(S)表示肥料中的钾是用硫酸钾作为原料，不含氯元素，适合于烟草等忌氯作物上施用。还有的复混肥料用15-15-15-1.5Zn标出，表明每100kg该肥料中除含有氮磷钾三要素外，还含有1.5kg的锌，但有效养分只计算氮磷钾三要素。

与单质肥料相比较，复混肥料有许多优点，主要可概括为以下3点，即养分种类多、含量高，副成分少；物理性状好，复混肥料一般都经过造粒，有的还涂有疏水性膜，因而吸湿性明显降低，颗粒大小均匀、无尘，便于储存和使用，尤其适合于机械化施肥；节省包装、储运和施用费用。

复混肥料的主要缺点是复混肥料养分比例固定，不能完全适用于任何土壤和作物，比如三元复肥(15-15-15)，植物吸收的氮与钾往往比磷高，长期施用此类肥料后会导致土壤中磷素累积，并引起微量元素缺乏等一系列生理障碍，因此，复混肥中的养分必须按土壤情况和植物需要量以及肥料利用率合理配制，制成适宜于某种土壤气候条件下的某种植物专用肥，这样既可减少肥料成分的浪费，又能最大限度地发挥复混肥料的优越性。另外，复混肥料难以满足不同施肥技术的要求，复混肥料中的各种养分只能采用同一施肥时期、施肥方式和深度，这样不能充分发挥各种营养元素的最佳施肥效果。

复混肥料通常按生产工艺或加工方法分类，在美国通称为复合肥料，在欧洲分为复合肥料和混合肥料两类，我国主要引用欧洲方法分类。复合肥料是指由化合(化学)作用或混合氨化造粒过程制成的，工艺流程中有明显的化学反应，也称为化成复合肥料。在发达国家，生产复合肥料一般都是以磷酸铵和硝酸磷肥这两大系列为基础，采用料浆或融料造粒工艺。复合肥料一般都在大、中型工厂生产，品种和规格往往有限，较难适应不同土壤、植物的需要，在施用时需配合一两种单质化肥加以调节养分比例。如磷铵中磷的含量是氮的 3 倍左右，施用时需要配合适量氮肥才能满足植物要求。因此，发达国家已很少直接施用磷铵之类的复合肥料，而是把它作为配制混合肥料的基础物料。混合肥料是将两种或两种以上的单质化肥，或用一种复合肥料与一两种单质化肥，通过机械混合的方法制取不同养分配比的肥料，以适应农业生产的要求。混合肥料生产工艺流程以物理过程为主，按制造方法不同又可以分为粉状混合肥料、粒状混合肥料和掺合肥料。粉状混合肥料的特点是采用干粉掺合或干粉混合，这是生产混合肥料中最简单的工艺。粒状混合肥料是在粉状混合肥料的基础上发展起来的，肥料先通过粉状搅拌混合后造粒、筛选再烘干，其是我国目前主要的复混合肥品种。掺合肥料也称 B. B. 肥料，是以两种或两种以上粒度相近的不同种肥料颗粒通过机械混合而成，因此各单个颗粒的组成与肥料的整个组成不一致，产品可散装或袋装进入市场。掺合肥料的最主要优点在于可以灵活改变配方以满足不同土壤和作物对养分配比的要求，其缺点是若这种肥料各个组分的粒径和干容重相差太大则在装卸过程中容易产生分离现象从而导致肥效降低。

3.1.2 掺混复肥的生产

掺混复肥的最大优点是针对性强，从而最大限度地发挥施肥效益。掺混复肥的配方由农业科研部门根据当地的土壤肥力水平分析和特定植物种类需肥特性的试验研究，结合长期的田间资料、施肥经验加以拟定，选择合理的氮磷钾配方。我国主要复混肥料代表产品的配方见表 3-1-1。

表 3-1-1 我国复混肥料的代表性产品

养分浓度	三元复混肥料($N-P_2O_5-K_2O$)/%				二元复混肥料($N-P_2O_5-K_2O$)/%
	高磷高钾	高磷低钾	低磷高钾	低磷低钾	
$N+P_2O_5+K_2O$ 范围	11-7-7	13-8-4	14-6-8	15-5-5	12-8-0
低浓度	9-9-7	11-10-4	10-5-10	—	10-0-10
	11-8-6	—	—	—	—
	5-15-12	16-10-4	16-4-10	16-7-7	15-10-0
中浓度	8-8-16	18-8-4	18-4-8	18-8-8	12-0-8
	10-8-20	—	—	—	—
	15-15-15	22-12-6	18-8-18	20-10-9	23-12-0
高浓度	12-12-24	—	20-9-13	—	10-40-0
	—	—	—	—	13-32-0

氮、磷、钾单元肥料，有些可以相互混合加工成掺混复肥，而另一些则不能混合，若将其制成复混肥料，不但不能发挥其增产效果，而且会造成资源浪费，因此，在选

择生产原料时必须遵循以下原则，即混合后肥料的临界相对湿度要高；混合后肥料的养分不受损失。肥料的吸湿性以其临界相对湿度来表示，即在一定的温度下，肥料开始从空气中吸收水分时的空气相对湿度。肥料混合后往往吸湿性增加，临界相对湿度比其组分中的单元肥料降低。在肥料混合过程中由于肥料组分之间发生化学反应，导致养分损失或有效性的降低。主要反应包括氨的挥发损失、硝态氮肥的气态损失、磷的退化作用。因此，在选择原料时，必须注意各种肥料混合的宜忌情况。矿物肥料的相互可混性见图 3-1-1。

□ —可以混合
△ —可以暂时混合但不宜久置
× —不可混合

		1 硫酸铵	2 硝酸铵	3 碳酸氢铵	4 尿素	5 氯化铵	6 过磷酸钙	7 钙镁磷肥	8 磷矿粉	9 硫酸钾	10 氯化钾	11 磷铵	12 硝酸磷肥
1	硫酸铵												
2	硝酸铵	△											
3	碳酸氢铵	×	△										
4	尿素		△	×									
5	氯化铵		△	×									
6	过磷酸钙		△										
7	钙镁磷肥	△	△	×		×	×						
8	磷矿粉		△	×			△						
9	硫酸钾		△	×									
10	氯化钾		△	×									
11	磷铵		△	×				×	×				
12	硝酸磷肥	△	△	×	△	△	△	×	△	△	△	△	

图 3-1-1　矿物肥料的相互可混性

应根据肥料分析式计算所选原料的用量。如生产 10-5-10 的三元复混肥，选用氯化铵（含 N25%）、过磷酸钙（含 $P_2O_5$12%）和氯化钾（含 K_2O60%）为原料，则每吨复混肥中 3 种基础肥料的用量为：氯化铵 10%×1000kg÷25%＝400kg、过磷酸钙 5%×1000kg÷12%＝416. 7kg、氯化钾 10%×1000kg÷60%＝166. 7kg，三者合计为 983. 4kg，其余 16. 6kg 可加磷矿粉、硅藻土、泥炭等填料。

成粒方法主要有圆盘造粒、挤压法。圆盘造粒最初由进料颗粒之间以及返料之间的相互碰撞和有效黏结开始。细粒团聚必须具备两个先决条件，即存在液相；有机械搅动使颗粒紧密接触。挤压法是对原料施以重压，利用分子引力或静电力产生的黏结作用，最终得到连续的片料，然后将片料剪断成颗粒。挤压造粒的特点是成粒率高、返料少、配方灵活，适合中小型配肥站应用。若原料含水量低（0. 5%～1. 5%）则造粒后不需干燥过程，分筛后即可包装。复混肥料主要的生产流程包括固体物料的粉碎、过筛、称量、混合、造粒、干燥、冷却、筛分和包装等。为了保证复混肥料的产品质量，防止假劣产品进入市场，我国制定了《复合肥料》（GB/T 15063—2020），对高、中、低浓度复混肥料的总养分含量、水溶性磷含量、水分含量、肥料颗粒的粒度及抗压强度等都作了具体要求（表 3-1-2）。

表 3-1-2 复合肥料的技术指标(GB/T 15063—2020)

项目			指标		
			高浓度	中浓度	低浓度
总养分[a]($N+P_2O_5+K_2O$)/%		≥	40.0	30.0	25.0
水溶性磷占有效磷百分数[b]/%		≥	60	50	40
硝态氮[c]/%		≥	1.5		
水分[d](H_2O)/%		≤	2.0	2.5	5.0
粒度[e](1.00~4.75mm 或 3.35~5.60mm)/%		≥	90		
氯离子[f]/%	未标“含氯”的产品	≤	3.0		
	标识“含氯(低氯)”的产品	≤	15.0		
	标识“含氯(中氯)”的产品	≤	30.0		
单一中量元素[g](以单质计)/%	有效钙	≥	1.0		
	有效镁	≥	1.0		
	总硫	≥	2.0		
单一微量元素[h](以单质计)/%		≥	0.02		

注:[a] 组成产品的单一养分含量不应小于4.0%,且单一养分测定值与标明值负偏差的绝对值不应大于1.5%。

[b] 以钙镁磷肥等枸溶性磷肥为基础磷肥并在包装容器上注明为“枸溶性磷”时,“水溶性磷占有效磷百分数”项目不做检验和判定。若为氮、钾二元肥料,“水溶性磷占有效磷百分数”项目不做检验和判定。

[c] 包装容器上标明“含硝态氮”时检测本项目。

[d] 水分以生产企业出厂检验数据为准。

[e] 特殊形状或更大颗粒(粉状除外)产品的粒度可由供需双方协议确定。

[f] 氯离子的质量分数大于30.0%的产品,应在包装容器上标明“含氯(高氯)”;标识“含氯(高氯)”的产品氯离子的质量分数可不做检验和判定。

[g] 包装容器上标明含钙、镁、硫时检测本项目。

[h] 包装容器上标明含铜、铁、锰、锌、硼、钼时检测本项目,钼元素的质量分数不高于0.5%。

3.1.3 复混肥料的合理施用

复混肥料的增产效果与土壤肥力、植物种类、肥料中养分形态、施用量和比例及施用技术等有关,若施用不当不仅不能充分发挥其优越性,而且会造成养分的浪费,因此,在施用时应注意以下几个问题,即应因土施用、因植物施用、因养分形态施用、以基肥为主的施用、掌握合理的用量。土壤养分状况不同,施用复混肥料的效果差异很大,因此,必须根据土壤供肥水平,因地制宜选择合适的复混肥料品种。根据植物种类和植物营养的特点不同,选用适宜的复混肥料品种,对于提高植物产量、改善农产品品质具有十分重要的意义。棉花使用的复混肥的三要素比例为1∶0.5∶1或1∶0.5∶0.5;西瓜为1∶0.4∶0.8;甘蔗为1∶0.23∶1.1;花生、大豆为1∶2∶1;苹果在育苗期和幼龄期为1∶1∶0.5,在多年生树上全年一次施用为1∶0.4∶0.8;茶园中一般为1∶0.5~1∶0.5~1,红茶产区要多施磷,绿茶产区要多施氮。

含铵态氮、酰胺态氮的品种在旱地和水田都可使用,但应深施覆土,以减少养分损失；含硝态氮品种的宜施于旱地，在水田和多雨地区少施或不施，以防淋失和反硝化脱氮。复混肥料中的磷有水溶性和枸溶性磷两种，水溶性磷肥在各种土壤上均可施用，含枸溶性磷的更适合于酸性土壤上施用。以磷钾养分为主的复混肥，应集中施于根系附近，这样既可避免养分被土壤强烈固定，又便于作物吸收。含高氯离子的复混肥不宜在忌氯植物和盐碱地上施用。

复混肥料中含有磷钾养分，同时肥料多呈颗粒状，比粉状单元肥料分解缓慢，因此作基肥或种肥效果较好。在施肥技术上以基肥全层深施和种肥条施增产效果较显著，但两种施肥技术间差异不显著。作种肥时必须将种子和肥料隔开5cm，否则会严重影响出苗率而减产。

复混肥料种类多，成分复杂，养分含量各不相同。盲目施用必然造成某种营养元素施用过量或某种营养元素不足，致使养分比例失调。因此，施用前必须根据复混肥料的成分、养分含量和植物施肥的需要计算出肥料用量。

3.2 有机肥料的特点及与土壤的作用过程

无论是有机农业还是无机农业均离不开有机肥料，因为施用有机肥料不仅是不断维持与提高土壤肥力从而达到农业可持续发展的关键措施，也是农业生态系统中各种养分资源得以循环、再利用和净化环境的关键一链，有机肥料还能持续、平衡地给作物提供养分从而显著改善作物的品质。因此常有人将农业生产中的有机肥比作作物医药上的“中药”，虽然没有像化肥那样作用迅速，但有机肥料医治和改善土壤环境的意义远比化肥来得更重要。

有机肥料是农村中利用各种有机物质、就地取材、就地积制的自然肥料的总称，又称农家肥料。有机肥料资源极为丰富，品种繁多，几乎一切含有有机物质并能提供多种养分的材料，都可用来制作有机肥料。根据其来源、特性和积制方法，有机肥料一般可分粪尿肥、堆沤肥、绿肥、杂肥四类。粪尿肥包括人粪尿、家畜粪尿及厩肥、禽粪、海鸟粪以及蚕沙等；堆沤肥包括堆肥、沤肥、秸秆直接还田利用以及沼气池肥等；绿肥包括栽培绿肥和野生绿肥；杂肥有泥炭及腐植酸类肥料、油粕类肥料、泥土类肥料、海肥和农盐以及生活污水、工业污水、工业废渣等。另外，有机肥料也可根据腐熟过程中的发热程度分热性肥料和冷性肥料两类。热性肥料是指有机肥料在腐熟过程中堆温可升到50℃以上者，包括马粪、羊粪和秸秆堆肥等。冷性肥料的特点是在腐熟过程中不能产生高温，有各种土粪、人粪尿。猪粪的冷、热性主要决定于猪圈中的垫料，以土为垫料的猪粪为冷性肥料，以草为垫料的猪粪为热性肥料，就纯猪粪而言，可以认为是热性肥料。

3.2.1 有机肥料在培肥土壤和植物营养中的作用

有机肥料含有丰富的有机物和各种营养元素，具有数量大、来源广、养分全面、施用污染少等优点，但也存在脏、臭、不卫生、养分含量低、肥效慢、体积大、使用不方便等缺点。无机肥料即化学肥料，是工厂化学合成或加工精制的肥料，它的特点恰好与有机肥相反，具有养分含量高、肥效快、使用方便等优点，但也存在养分单一、肥效短、制造成本高、污染环境等不足。有机肥料与化学肥料配合施用，可以取长补短，缓急相济，充分发挥其效益。且使有机肥料本身具有的改良土壤、培肥地力、增加产量和改善品质等作用得到进一步提高。

有机肥料不仅含有植物所需要的各种营养元素，如氮、磷、钾、钙、镁、硫及微量元素，而且还含有大量的有机物质，因而是一类完全肥料(表 3-2-1)。施用有机肥料可增加土壤微生物数量，特别是有益微生物如固氮菌、氨化菌、硝化菌等，随着这些微生物活动的加强，可提高土壤有机质含量，改善土壤的物理、化学和生物学特性，从而提高土壤的吸收性能、缓冲性能和抗逆性能。有机肥料中含有维生素、激素、酶、生长素、泛酸和叶酸等，它们能促进作物生长和增强抗逆性。有机肥料分解产生的酚类物质，有抑制脲酶和反硝化微生物的作用。有机肥在分解过程中产生的有机酸，对土壤中难溶性养分有螯合增溶作用，可活化土壤潜在养分，从而提高难溶性磷酸盐及微量元素养分的有效性。有机肥料在分解过程中形成的腐殖质是一种弱有机酸，它在土体中与无机胶体结合形成有机-无机胶体复合体，可熟化土层，促进水稳性团粒结构形成，调节土体中水、肥、气、热状况。腐殖质对种子萌发、根的生长均有刺激作用。科学施用有机肥能提高作物产品的营养品质、食味品质、外观品质和降低食品硝酸盐含量，这主要与有机肥养分供应平衡有密切关系。

表 3-2-1　家畜粪、禽粪的矿质元素含量　　%

粪肥	N	P	K	Mn	B	Zn	Cu	Mo	Fe
牛粪	0.87	0.39	0.53	0.036	0.0023	0.0019	0.0015	0.00037	0.159
猪粪	1.05	0.64	1.05	0.029	0.0022	0.0199	0.0050	0.00030	0.185
羊粪	1.25	0.59	0.95	0.019	0.0031	0.0146	0.0023	0.00034	0.192
鸡粪	1.78	0.62	1.37	0.014	0.0024	0.0130	0.0018	0.00042	0.190

3.2.2 有机肥料的腐熟原理与技术

堆肥和沤肥是重要的有机肥料，它们是利用秸秆残渣、人畜粪尿、城乡生活废物、垃圾，山青湖草等为原料混合后按一定方式进行堆沤而成的。有机肥料堆制或沤制的过程称为腐熟过程。一般北方以堆肥为主，而南方水网地区以沤肥为主。

(1) 腐熟的目的

堆肥或沤肥材料按性质可分为三类，即不易分解的物质、促进分解的物质、吸收性强的物质。不易分解的物质包括秸秆、杂草、垃圾等，这类物质含纤维素、木质素、果胶较多，C/N 比较大，一般在(60~100)：1 之间。促进分解的物质包括人畜粪尿、污水、污泥和适量的化肥，其目的是补充足够的氮、磷、钾营养，调节 C/N 比，增加各种促进腐熟的微生物。吸收性强的物质主要是指加入的一些粉碎的黏土、草炭、秸秆或锯末，其可用于吸附腐解过程中分解出来的易流失的氮、钾等营养元素，促进养分转化，形成高质量的有机肥。堆、沤肥材料虽含有一定量的养分，但大都不能直接被作物吸收利用，通过堆沤腐熟过程，使有机物料尽快释放养分，还可经过发酵过程产生的高温杀灭寄生虫卵和各种病原菌，杀死各种危害作物的病虫害及杂草种子，实现无害化的目的，同时还缩小了有机物料庞大的体积，节约运输成本，施用后便于耕作，提高耕作质量。

（2）腐熟过程及其调控技术

① 堆肥。堆肥是秸秆等有机废物或其他植物残体在好气条件下堆腐而成的有机肥料，分为普通堆肥和高温堆肥。普通堆肥一般混土较多，堆腐时温度较低，且变化不大，所需堆置时间较长，适用于常年积造，是我国北方普遍采用的方法。高温堆肥以纤维素多的有机物料为主，加入一定量的人畜粪尿等物质，以调节C/N比。堆腐中有明显的高温阶段，堆置时间较短。适合于集中处理大量农作物秸秆物料或生活垃圾，使之短期内迅速成肥。

② 堆肥的积制方法。堆肥的积制方法应合理。备料时的粪引物主要为人、畜、禽粪尿，这类材料含氮丰富，并有大量微生物。粪引物是保证微生物活动的养料物质，是堆肥发酵不可少的原料，也是影响粪肥质量的主要成分；酿热物主要为秸秆、垃圾、各种植物残体、杂草等，这些物质富含纤维素和半纤维素等，是造肥过程中升温的原料；吸附物主要为干肥土、河塘泥等，其本身含有一定量养分并是吸水、吸肥(NH_4^+)的主要物质。以上三种堆肥原料的大致比例为【吸附物】/【酿热物】/【粪引物】=5/3/2，可依当地自然资源，灵活搭配就地利用。合料堆积方法应合理，将已备好的原料浇上粪汁充分混合均匀后堆放在已选好的场地上(地基坚实向阳处)，堆放时以自然状态为好以利通风透气，堆至一半高地时再设通风柱，通风柱常用草、玉米秆、木棍等且最好高出堆顶半尺(数量4~5个)；堆的大小一般为长2~3m、宽2m、高1.5m，过大管理和施用不便，过小不易发酵。泥封应有效，堆好后立即用泥封堆，厚4~6cm，泥封的目的是保肥、保温且有利环境卫生、防蚊蝇，如不泥封则氮的损失可达20%。调温管理工作应做好，封堆后要定期测定温度，可采用温度计或温度遥测仪测定；高温阶段(>50℃)要持续3~4天；当温度大于65℃时应向堆内加冷水，或局部开封降温；在高温阶段应堵死通气孔，否则分解过快，易损失氮素；如温度已达40℃又突然下降应立即堵住风口以保温；冬季造肥一般不用通气孔。

应确保堆制过程中微生物的活动。堆肥的整个腐解过程，是一系列微生物活动的复杂过程，包括堆制材料的矿质化和腐殖化过程。堆腐初期以矿质化为主，后期则为腐殖化占优势。这种过程的快慢和方向，受堆肥材料的组成和含有各种微生物及其环境条件所左右。因此，了解这些因子的变化规律及其相互关系，对于积制好堆肥具有重要意义。从高温堆肥的堆温变化大体可以反映出微生物活动概况。发热阶段出现在堆制初期，堆温上升到50℃左右称发热阶段，堆内温度在25~40℃范围内适合于一些无芽孢杆菌、球菌、芽孢杆菌、放线菌、真菌和硝酸细菌等中温性的微生物活动，它们能先利用水溶性的有机物质而迅速繁殖，继而分解蛋白质和部分的半纤维素和纤维素，同时释放出NH_3、CO_2和热量。高温阶段出现在堆制2~3天后，堆温升到50~60℃

称为高温阶段，此时出现大量好热性的微生物，比如好热真菌的一些类群，普通小单孢菌、好热褐色放线菌和高温纤维素分解菌等代替了原有的中温性微生物；好热性微生物除对尚存的易分解有机物继续分解外，主要是分解半纤维素、纤维素和部分木质素，与此同时进行腐殖化过程；本阶段后期，有机物分解强度渐弱，高温维持一定时期后开始下降。降温阶段出现在高温过后，堆温逐渐下降到50℃以下称为降温阶段，此时，堆内微生物种类和数量较高温阶段多，比如有中温性的纤维分解黏细菌、芽孢杆菌、真菌和放线菌等数量显著增加，一些好热性和耐热性微生物种类在降温过程中仍然维持着活动；在这个阶段里，堆内可分解的有机物料基质锐减，腐殖化作用占绝对优势。最后为腐熟保肥阶段，此时堆内物质的C/N比已逐步减小、腐殖质累积量明显增加，但分解腐殖质等有机物的放线菌数量和比例也有所增加，嫌气纤维分解细菌、嫌气固氮菌和反硝化细菌逐步增多；在堆表层常形成以真菌菌丝体为主所构成的白毛，此时如不采取保肥措施会导致新形成的腐殖质强烈分解并逸出NH_3，而且硝化作用形成的硝酸盐有可能随雨水淋入堆底层进行反硝化作用而使氮素损失，所以，堆肥在降温阶段之后必须将堆积材料堆紧压实、加土覆盖使其处于嫌气状态；在这种情况下嫌气纤维素分解细菌也能旺盛地进行纤维素分解作用，缓慢地进行后期的腐熟作用；堆肥完全发酵腐熟的基本特征是黑、臭、烂。总之，堆肥的腐熟过程是一个多种微生物交替活动的过程，是微生物对粗有机物进行的分解和再合成的过程。

③ 影响堆肥腐熟的因子。影响堆肥腐熟的因子主要是水分、通气性、养分、温度、pH值。水是微生物生命活动必需的物质之一，堆肥材料必须先吸水软化后才能被微生物分解，水分过多或过少均能抑制微生物活动而影响堆肥腐解，一般堆肥材料的含水量应掌握在最大持水量的60%~70%(即加水到手握成团，触之即散的状态最为适宜)，冬季应酌减，当堆内高温后水分消耗多时要及时补水，因此应在升至高温期以前就保持堆内具有足够的水分。堆肥的腐熟发酵主要靠好气微生物，比如氨化细菌、硝化细菌、纤维素分解细菌等，通气不良时好气微生物活动繁殖都受到抑制且不易升温，通气过分则不利保温、保肥。微生物维持生命活动与繁殖要消耗必要的养分和能量，通常以C/N比为指标，一般微生物每吸收25~30份碳时需要消耗1份氮，因此一般C/N比以(25~30)/1为适宜，C/N比过小说明氮多(养料多)而碳少(能量少)并会造成氮的积累且不利于微生物正常活动，C/N比过大会导致微生物细胞繁殖所需氮的缺乏且不利于微生物活动；堆肥材料中，一般植物残体C/N比大，而人畜粪尿的C/N比较小，所以，应合理搭配植物残体与人畜粪尿的比例或适量加入一些含氮化肥(如尿素等)以保证微生物对碳、氮直接吸收并有利于其活动、加速发酵腐解；各种有机物C/N比为稻草(62~67)/1、麦秆98/1、玉米秆63/1、泥炭(16~22)/1、豆秆37/1、苜蓿18/1、杂草(25~45)/1、人粪(12~13)/1、畜粪(15~29)/1。堆温是微生物活动的必要条件，也是关系堆腐速率和堆肥质量的主要因子之一；不同温度范围有不同微生物类群；将高温阶段控制在50~60℃，腐熟保肥阶段控制在30℃左右最为适宜；如果堆温高达75℃则微生物的作用几乎全部受到抑制，65℃时仅有少数高温纤维分解菌和放线菌发生作用，相反，在20℃以下也会影响堆腐速率。堆肥中的纤维分解菌、氨化细菌以及多数有益的微生物都适于中性或微碱性反应下进行生命活动，pH值大于8.5和小于

5.3都不利于微生物的活动，同时，pH值过高还会引起氨的挥发；在堆肥腐解过程中会产生有机酸和碳酸，酸的积累不利于微生物活动；在堆制时要加入适量碱性物质，比如石灰、草木灰(石灰用量约为材料量的2%~3%)以调节酸碱度，并且能破坏茎秆表层的蜡质，有利于秸秆吸水和分解。上述这些因子是相互联系和制约的，应重视堆材调氮工作，在北方低温季节堆制肥料时应解决低温问题，在缺水地区或旱季堆肥应解决好水分问题。

④ 沤肥。沤肥材料与堆肥相似，不同的是沤肥加入过量的水(或污泥、污水)，使原料在淹水条件下进行发酵，为常温发酵。沤肥在南方较为普遍。沤制的方法很多，其中以塘肥、凼肥、草塘泥最普遍。下面以早期的草塘泥为例说明沤肥的过程。草塘泥的配料以泥为主，主要搭配稻草、绿肥，包括水生绿肥或青草和厩肥等，也可加稻根、垃圾、草皮、草木灰及磷肥。沤制过程应合理，罱泥配制稻草河泥应科学，在冬春季节罱取河泥，将稻草切成15~30cm，拌入泥中。在田边地角挖塘，将挖出的泥作埂，塘底要夯实，以防漏水。稻草河泥于翌年二、三月间加入猪灰移入塘中，或在三、四月份将稻草河泥、猪灰、青草及适量水分分次分层加入；每加一层都要不断踩踏，使配料混匀，塘面保持浅水层。将塘内肥料取出，结合加绿肥、猪灰等按以上要求再分批移入塘内，一般要进行1~2次，精制后3~5天即有大量甲烷及二氧化碳等气体逸出、中间突起为馒头形，当水层由浅棕色变为红棕色并有臭味时标志着已腐熟，翻塘的目的是结合加料改善通气条件、加速腐解，若配料充足、充分拌匀也可不翻塘以节省劳力。

草塘泥与堆肥相比腐熟时间长，受气温影响大，气温高分解快。但塘温及酸碱度变化比较平稳，养分损失少，并且有利于腐殖质的积累。一般塘温变幅为12~20℃，pH值6~7。堆肥和沤肥常用作基肥，整地时施入。

3.2.3 有机肥料的主要类型

(1) 粪尿肥

粪尿肥可分为牲畜粪尿和人粪尿。牲畜粪尿是指猪、牛、羊、马等饲养动物的排泄物，含有丰富的有机质和各种植物营养元素，是良好的有机肥料。牲畜粪尿与各种垫圈物料混合堆沤后的肥料称为厩肥。厩肥是农村的主要肥源，占农村有机肥料总量的63%~72%。其中猪粪尿提供的养分最多，占牲畜粪尿养分的36%，牛粪尿占17%~20%，马、驴、骡占5%~6%，羊粪尿占7%~9%。畜尿中含有较多的氮素，都是水溶性物质。除有大量的尿素外，还有较多的马尿酸和少量的尿酸态氮。这些成分较复杂，需腐熟后施用。畜粪中的氮素大部分是有机态的，如蛋白质及其分解产物，植物不能直接利用，分解缓慢，属于迟效性。畜粪中的磷，一部分是卵磷脂和核蛋白等有机态的，另一部分是无机磷酸盐类，由于这些盐类与其他有机质共同存在，磷被分解出来以后，能和有机酸形成络合物，可以减少被土壤中铁、铝、钙等离子的固定，所以畜粪中的磷素肥效较高。畜粪中的钾大部分是水溶性的，肥效很高。各种家畜粪尿的成分和理化性质依种类、饲料及饲养方式而有所不同。各种家畜粪尿中养分含量见表3-2-2。

利用牲畜粪尿积制的厩肥多做基肥施用，基肥秋施的效果较春施好。一般亩用量 2000~3000kg，撒铺均匀后耕翻，也可采用条施或穴施。

① 马粪。以高纤维粗饲料为主，咀嚼不细，因而排泄物中含纤维素高，粪质粗松，含有大量高温性纤维分解细菌，增强纤维分解，放出大量热，故称热性肥料，多用于温床酿热物，施马粪能显著改善土壤物理性状，施在质地黏重的土壤为佳。还适合施用在低洼地、冷浆土壤上。

② 牛粪。牛是反刍类动物。虽然饲料与马相同，但饲料可被牛反复咀嚼消化，因此粪质较马粪细密。加上牛饮水量大，粪中含水量高，通透性差，所以分解缓慢，发酵温度低，故称冷性肥料。为加速分解腐熟，常混入一定量的马粪。施在轻质沙性土上效果较好。

③ 羊粪。羊也是反刍类动物。对多纤维的粗饲料反复咀嚼，这与牛相同；但羊饮水少于牛，所以羊粪粪质细密又干燥，肥分浓，三要素含量在家畜粪中最高。其腐解时发热量界于马粪与牛粪之间，发酵也较快，故也称为热性肥料。

④ 猪粪。猪为杂食性动物，饲料不以粗纤维为主，所以碳氮比值小，也是热性肥料。猪粪质地细于马粪，比马粪含水量高。含腐殖质量较高，阳离子代换量也大，适用于各种土壤，能提高土壤保水保肥能力。

表 3-2-2　新鲜家畜粪尿中各成分含量　　%

种类		水分	有机质	N	P_2O_5	K_2O	CaO	C/N
猪	粪	81.5	15.0	0.60	0.40	0.44	0.09	14/1
	尿	96.7	2.8	3.00	0.12	0.95	—	
马	粪	75.8	21.0	0.58	0.30	0.24	0.15	24/1
	尿	90.1	7.1	1.20	微量	1.50	0.45	
牛	粪	83.3	14.5	0.32	0.25	0.16	0.34	26/1
	尿	93.8	3.5	0.95	0.03	0.95	0.01	
羊	粪	65.5	31.4	0.65	0.47	0.23	0.46	29/1
	尿	87.2	8.3	1.68	0.03	2.10	0.16	

⑤ 禽粪。家禽包括鸡、鸭、鹅等，以各种精料饲养为主，所含纤维素量少于家畜粪，所以粪质好，养分含量高于家畜粪，属于细肥，经腐熟后多用于追肥。各种家禽粪养分含量见表 3-2-3。

表 3-2-3　新鲜禽粪中各成分含量　　%

种类	水分	有机质	N	P_2O_5	K_2O
鸡	50.5	25.6	1.63	1.55	0.82
鸭	56.6	26.2	1.10	1.40	0.62
鹅	77.1	23.4	0.55	0.50	0.95

人粪尿是一种养分含量高、肥效快的有机肥料，常被称为"精肥"或"细肥"。人粪是食物经消化后未被吸收而排出体外的残渣，其中约含 70%~80%的水分；20%左右的

有机质，主要是纤维素和半纤维素、脂肪和脂肪酸、蛋白质、氨基酸和各种酶、粪胆汁，还有少量的粪臭质、吲哚、硫化氢、丁酸等臭味物质；5%左右的灰分，主要是钙、镁、钾、钠的无机盐。此外，人粪中还含有大量已死的和活的微生物，有时还含有寄生虫和寄生虫卵。新鲜人粪一般呈中性反应。人尿是食物被消化、吸收并参加新陈代谢后所产生的废物和水分，其中含水约95%，其余5%左右是水溶性有机物和无机盐类，其中尿素、尿酸和马尿酸约占1%~2%，无机盐为1%左右。健康人的新鲜尿为透明黄色，呈弱酸性反应。人粪尿中有机质和养分含量的高低，以及排泄量的多少，与人的年龄、饮食和健康状况等有关。成年人粪尿养分状况和年排泄量的水平见表3-2-4。

表3-2-4　人粪尿的养分含量及成年人一年粪尿中养分排泄量

类别	主要各成分含量（占鲜物）/%					成年人排泄量/kg			
	水分	有机质	N	P_2O_5	K_2O	鲜物	N	P_2O_5	K_2O
人粪	>70	约20	1.00	0.50	0.37	90	0.90	0.45	0.34
人尿	>90	约3	0.50	0.13	0.19	700	3.50	0.91	1.34
人粪尿	>80	5~10	0.5~0.8	0.2~0.4	0.2~0.3	790	4.40	1.36	1.67

从养分含量来看，不论人粪或人尿都是含氮较多，而磷、钾较少。所以，人们常把人粪尿当作速效性氮肥施用。其常用施肥方法主要有以下2种。即加水沤制成粪稀，经腐熟后可作追肥，多施用于叶菜类作物如白菜、菠菜、甘兰、芹菜等；加水稀释4~5倍，直接浇灌。为提高肥效，减少氨的挥发，可开沟、穴，施后立即覆土。作为造肥的原料掺入堆肥中进行堆制，这样不仅促进微生物活动，加速有机质分解，还能提高粪肥质量；大粪土一般作基肥较好，但在土壤湿润的条件下，也可以沟施或穴施作旱地作物的追肥。因人粪尿中含有0.6%~1.0%NaCl盐，施用时应注意以下问题，即禁施于忌氯作物（如瓜果类、薯类、烟草和茶叶等），以免降低这些作物的产量和品种；盐碱土尽量少施或不施，以防加剧盐、碱的累积，有害于作物；不能连续大量施用，因 Na^+ 能大量的代换盐基离子，使土壤变碱，一般在水田不易发生。

（2）秸秆类肥

各种农作物的秸秆含有相当数量的营养元素，又具有改善土壤的物理、化学和生物学性状、增加作物产量等作用。大量秸秆被烧掉，既浪费，又污染大气，应采取适宜措施大力推广秸秆还田，做到物尽其用。作物秸秆因种类不同，所含各种元素的多少也不相同。一般来说，豆科作物秸秆含氮较多，禾本科作物秸秆含钾较丰富（表3-2-5）。根据对作物秸秆的不同处理方式，秸秆的利用分为堆沤还田、过腹还田和直接还田等。秸秆直接还田大致可分为秸秆翻压和秸秆覆盖两种。秸秆还田的类型见图3-2-1。

① 秸秆分解的阶段性。秸秆直接翻埋在土壤中，通过微生物分解活动来完成腐解，分以下三个阶段。最初分解阶段通过喜糖酶和无芽孢细菌为主的微生物群落活动，使秸秆中可溶性糖、淀粉等易分解的碳水化合物分解，当温度为20~30℃及土壤适当的含水量时，就能迅速分解，这一阶段为全程分解最快的阶段，可维持15~40天。第二阶段从快速阶段进入减缓分解阶段，这时是以芽孢细菌和纤维分解细菌为主的微生物活动，分解较复杂的高分子碳水化合物，比如纤维、果胶类和蛋白质等。在第三阶段

放线菌、某些真菌取代了芽孢细菌，分解那些难分解的木质素、单宁、蜡质等成分更为复杂的高分子碳水化合物，该阶段分解速度缓慢。

表 3-2-5　主要作物秸秆养分含量

秸秆种类	几种营养元素含量(占干物重)/%				
	N	P	K	Ca	S
麦秸	0.50~0.67	0.09~0.15	0.44~0.50	0.16~0.38	0.12
稻草	0.63	0.11	0.70	0.16~0.44	0.11~0.19
玉米秸	0.48~0.50	0.17~0.18	1.38	0.39~0.80	0.26
豆秸	1.30	0.13	0.41	0.79~1.50	0.23
油菜秸	0.56	0.11	0.93	—	0.35

秸秆还田
- 堆沤还田(堆肥、沤肥、沼气肥等)
- 过腹还田(牛、马、猪等牲畜粪尿)
- 直接还田
  - 翻压还田(秸秆粉碎撒施或残留高茬直接翻入土)
  - 覆盖还田
    - 人工覆盖还田(株间或田间地表覆盖)
    - 残茬覆盖还田(留高茬等)
- 烧灰还田

图 3-2-1　秸秆还田的类型

② 秸秆分解中的有害物质。秸秆被微生物分解时常伴随产生一些有害物质，比如有机酸类、毒素物质、高浓度二氧化碳等。秸秆分解释放大量的有机酸，积累于作物根部对根系有抑制作用，低级饱和脂肪酸的危害更大，这种有害作用是随碳原子数的增加而增大的，其有机酸的有害性依次为丁酸>丙酸>乙酸>甲酸>草酸。乙酸浓度大于 1×10^{-3}M 时会使作物吸收磷、钾、硅等无机营养能力下降，对水稻的毒害表现为根系生长受抑制、严重时根系会变黑，乙酸对幼苗毒害性最大。玉米、小麦秸秆分解 5 天后开始产生毒素，20 天后可达高峰，一个月后逐渐下降而消失。一般水田分解较旱田慢，水田秸秆分解 5~7 天或旱田 4~6 天毒害作用下降，利用时应注意掌握还田时间、避开毒害。水田嫌气条件下的分解产物包括香草酸、P-香豆酸、儿茶酸、丁香酸、阿魏酸等，这些均为有机物腐解的产物；科学家通过色层分析证实苯乙酸、丁酸、阿魏酸是植物毒素，其会抑制种子萌发、伤害作物幼根、抵抗营养的吸收并会导致作物黄化、枯萎而死亡，一般情况下的水田、旱田不常有高浓度累积；有些毒性物质常在秸秆分解 20 天后达高峰、40 天后逐渐消失，在旱田好气条件下所产生的有害物质可被好气微生物分解而减少危害，因此旱田利用秸秆还田比水田更为安全。新鲜有机物在分解初期会因激发作用而导致土壤空气中 CO_2 急剧增加，进而使作物幼苗、幼根生长受到抑制。这种危害不是 CO_2 本身造成的，而是因 CO_2 浓度过高使土壤空气中 O_2 减少，使作物与微生物发生氧气争夺的矛盾，因而抑制根系和种子萌发时的呼吸作用，使氧供应不足。但在通气良好情况下，CO_2 浓度虽高，但对根、种子呼吸抑制作用会得到缓和。CO_2 浓度危害具有暂时性，不久就会自然消失。

③ 影响秸秆还田分解的因素。影响秸秆还田分解的因素主要有 C/N 值、秸秆处理方式、水分和温度条件、还田时机等。C/N 值大的秸秆施入农田后，土壤微生物进行

分解活动时碳源充足、氮量不足，而微生物分解活动必须有碳、氮平衡条件，为此土壤微生物要从土壤中争夺氮素，呈现土壤氮的饥饿现象，影响作物和幼苗的生长发育。为克服这种现象，在还田时必须采取补氮措施以调解碳氮平衡、促进分解。科学家发现，在秸秆还田时加入一定量的氨水可减少硝酸盐的积累和氮的损失，此外还可加入一定量石灰氮以促进有机氮化物分解。一般情况下 C/N 为(25~28)/1 时最为合适、有利于分解，而一般秸秆的 C/N 都高于这个标准(表 3-2-6)。为保证翻压效果将秸秆切碎至 5~10cm 长为宜，切碎可增加吸水与保水能力、促进分解，还可增加与土壤的接触面积以有利于分解。相反若直接翻压(不经切碎处理)不仅会拖延分解时间、不利于土壤保墒，还会降低整地质量、影响出苗率。秸秆翻埋入土壤中进行矿质化和腐质化作用的速度快慢主要决定于水分与温度，通常情况下温度在 25~30℃、土壤水分含量占田间持水量 50%~80%时秸秆分解速度最快；当土温低于 5℃、土壤含水量少于田间持水量 20%时分解几乎停止。秸秆还田要考虑合理的时机，要避开毒害物质分解高峰期以减少对作物的危害、提高还田效果，一般水田宜在播前 40~45 天还田为好，而旱田则以在播前 30~40 天为合适；应考虑秸秆的含水量，还田时秸秆含水量应不少于 30%~40%，过干不易分解且会影响还田效果；应掌握土壤的含水量，这是决定秸秆中碳释放和氮损失的一个重要环境因素，一般以占土壤全持水量的 60%时翻压为好。

表 3-2-6 几种秸秆碳、氮含量

种类	C/%	N/%	C/N
玉米秆	47.4	0.93	51.0
稻草	42.7	0.93	61.6
麦秸	52.1	0.70	104.2

（3）绿肥

利用植物生长过程中所产生的全部或部分绿色体直接耕翻到土壤中作肥料，这类绿色植物体称为绿肥。绿肥的类型很多，利用方式差异很大。按其来源可分为栽培型和野生型；按植物学划分为豆科和非豆科；按种植季节划分为冬季、夏季和多年生绿肥。

一切绿色体，包括豆科或非豆科植物，均含有丰富的有机物质，一般鲜草中含 12%~15%，若以每公顷翻埋 15t，施入土壤的新鲜有机质约 1800~2250kg/ha。翻埋绿肥能增加土壤有机质的含量，其增加的数量与施用绿肥品种的化学组成以及土壤原有有机质含量有关。绿肥作物鲜草中含氮量一般在 0.3%~0.6%范围内，生产上所施用的绿肥作物一般多为豆科植物，豆科绿肥和豆科作物都有较强的固定空气中游离氮的能力，豆科绿肥作物总氮量的 1/3 左右是从土壤中吸收的、约 2/3 是由共生根瘤菌固氮作物而获得的，种植豆科植物(包括豆科绿肥)可以充分利用生物固氮作用增加土壤氮素、扩大农业生产系统中的氮素来源。绿肥作物根系发达，吸收利用土壤中难溶性矿质养分的能力强。豆科绿肥作物主根入土较深，一般为 2~3m。所以，绿肥作物能吸收利用土壤耕层以下的一般作物不易利用的养分，将其转移、集中到地上部，待绿肥翻耕腐解后，这些养分大部分以有效形态存留在耕层中，被后茬作物吸收利用。绿肥能提供较多的新鲜有机物质与钙素等养分，绿肥作物的根系有较强的穿透能力与团聚作用。

绿肥大多具有较强的抗逆性，能在条件较差的土壤环境中生长，如瘠薄的沙荒地、涝洼盐碱地及红壤等。因此，绿肥不但能改善土壤的理化性状，而且在改良土壤方面起着重要的作用。绿肥多在农田中就地种植和翻压利用，在其生长过程中将土壤中无机态营养物质转化为有机态，翻压后又分解为农作物可吸收利用的形态，这样减少了土壤养分的损失。

绿肥是防风固沙、保持水土的有效生物措施。种植绿肥作物，除能养地外还有护田保土作用。因为绿肥具有繁茂的地上部，是良好的生物覆盖物，裸露的土地，经受着风沙侵蚀，雨水的冲刷，久而久之造成水土流失，将好端端的良田，冲刷得沟壑纵横，支离破碎，缺水少肥，生产力极低。绿肥除地上部具有覆盖作用、减少冲刷外，地下部还有发达的根系，具有固沙、护坡作用，如紫花苜蓿、草木栖等根入土深2~3m，穿透力强，根量大。据试验证明生长70天紫花苜蓿根量1500~1750kg，是草木栖根重的1.3倍，秣食豆的2倍，苕子的4倍，这样发达的根系在土壤中盘根错节，固着土壤，使丘陵、坡岗地，不致受破坏。绿化造林对防风、保土效果最佳，但因成林速度很慢，种绿肥当年收效。不仅保地还兼养地，不仅能促进粮食作物增产增收，还可促进畜牧业发展，以牧保农，所以发展绿肥也是农田基本建设项目之一。种植绿肥，可以改善农作物茬口，而且一些绿肥作物还是害虫天敌的良好宿主，对病虫害的生物防治，减少农药对环境污染具有良好作用。

绿肥是促进农牧业发展的纽带。农、牧业间是互相依存、互相制约又互相促进的大农业。而绿肥又是种植业与养殖业共同发展的纽带。我国近年来实践证明，绿肥作物茎叶养畜，根茬还田，一举两得，效益成倍增加。作饲料时，茎叶中30%养分被家畜吸收后转化为肉、奶等动物蛋白；另有70%养分以粪尿排出体外，为农田提供细肥。种绿肥当年养畜有饲草，翌年种地有肥料，比直接翻压肥田更科学、更合理、经济效益更高。

常用绿肥作物有10科42属60多种，共1000多个品种。其中生产上应用较普遍的有4科20属26种，有品种500多个。目前我国生产上常用的重要绿肥作物主要有紫云英、毛叶苕子、光叶苕子、兰花苕子、箭筈豌豆、香豆子、金花菜、豌豆、蚕豆、草木樨、田菁、柽麻、绿豆、乌豇豆、沙打旺、多变小冠花、肥田萝卜、黑麦草、红萍等。

依我国气候、土壤及种植制度特点，绿肥栽培大致有以下几种类型，即北方低产区粮草轮作；北方春麦区草麦复种；一年一熟的前套或后套种植；暖温带的粮棉间复种；南方水田区的稻田养萍；经济园林区的间种。

（4）微生物菌剂

菌剂是指一类含有活微生物的特定制品。它是以微生物生命活动的过程和产物来改善作物营养条件，发挥土壤潜在肥力，刺激作物生长发育，抵抗病菌危害，从而提高作物产量和品质。它不像一般的肥料那样直接给植物提供养料物质。微生物菌剂的种类很多，按其制品中特定的微生物种类分为细菌菌剂、放线菌菌剂(如抗生菌类)、真菌菌剂(如菌根真菌类)、固氮蓝藻等；按其作用机理分为根瘤菌类菌剂、固氮菌类菌剂、解磷菌类菌剂、解钾菌类菌剂；按其制品内含物可分为单纯的微生物菌剂和复合(或复混)微生物菌剂等。从广义上说，微生物菌剂的作用主要是与营养元素的来源和有效性有关，或与作物吸收营养、水分和抗病有关，概括起来有以下几个方面的作用，即增进土壤肥力、制造和协助农作物吸收营养、增强植物抗病和抗旱能力。

增进土壤肥力是微生物菌剂的主要功效。比如各种自生、联合或共生的固氮菌剂，可以增加土壤中的氮素来源。多种分解磷钾矿物的微生物，如一些芽孢杆菌、假单胞菌的应用，可以将土壤中难溶的磷、钾溶解出来，转变为植物能吸收利用的磷、钾元素。许多微生物能够产生大量的多糖物质，约占土壤有机质的0.1%，可以改善土壤团粒结构，增强土壤的物理性能和保护植物根免受病原微生物的入侵和土壤颗粒的损失。

微生物菌剂中最重要的品种之一是根瘤菌剂。其中的根瘤菌可以侵染豆科植物根部，在其根部形成根瘤，生活在根瘤里的根瘤菌类菌体利用豆科植物寄主提供的能量将空气中的氮气转化成氨，进而转化成谷氨酰胺和谷氨酸类植物能吸收利用的氮素化合物，供给豆科植物的氮素需求，这就是生物固氮，也就是根瘤菌在根瘤中的生命活动给豆科植物寄主制造和提供了氮素营养来源。氮素营养中生物固氮约占68%，化肥只占32%。根瘤菌的共生固氮是解决人类氮素来源的一个重要方面，其作用不可低估。VA菌根是一种土壤真菌，它可以与多种植物根共生，其菌丝伸出根部很远，可以吸收更多的营养供给植物吸收利用，其中以对磷的吸收最明显。对移动缓慢的元素如锌、铜、钙等元素也有加强吸收的作用。除此以外，许多用作微生物菌剂的微生物还可以产生大量的植物生长激素，能够刺激和调节植物生长，使植物生长健壮，营养状况得到改善。

有些微生物菌剂的菌种接种后，由于在植物根部大量生长繁殖，成为植物根际的优势菌，除了它们自身的作用外，还由于它们的生长、繁殖、抑制或减少了病原微生物的繁殖机会，有的还有拮抗病原微生物的作用，起到减轻植物病害的功效。菌根真菌则由于在植物根部的大量生长，其菌丝除了吸收有益于植物的营养元素外，还可增加水分吸收，利于提高植物的抗旱能力。

除了上述的直接作用外，应用微生物菌剂还有一些间接的好处。比如可以节约能源、降低生产成本，与化学肥料相比其在生产时所消耗的能源要少得多。再比如使用微生物菌剂不仅用量少，而且由于其本身的无毒无害特点，没有污染环境的问题。

一种合格的微生物菌剂，若要充分发挥其作用，必须具备以下3方面特点，这也是与其他肥料的不同之处。微生物菌剂的核心是起特定作用的微生物，即人工选育出来的、并非随便分离一个菌种即可用于生产；这些生产菌种必须不断选育，即有一个不断更新的过程，有的菌种还需要不断纯化和复壮；用于生产根瘤菌剂的菌种不宜长期连续试管传代，应该隔一定时间使其回到原寄主植物根部结瘤，然后再重新分离出来，以保持良好的侵染结瘤能力和固氮能力。微生物菌剂作用的基础是活的微生物，无论哪一种微生物制品均必须是含有大量的、纯的和有活性的微生物组成；微生物菌剂也是一种生物制品，数量和纯度是衡量一个微生物菌剂质量好坏的重要标志；一种微生物菌剂当其中特定的微生物数量下降到某一数量时其作用也就不存在了，因此，微生物菌剂是有一定的有效期的。微生物菌剂中的特定微生物必须是经过鉴定的，必须是对人、畜、植物无害的；有些微生物在其生长、繁殖过程中也有一定的副作用，比如某些假单胞菌可以产生刺激素或有的可以产生溶解某些营养元素的作用，但其本身又是人类或动物或植物的病原菌，所以这类微生物是不能作为菌种来生产微生物菌剂的。

目前常见的微生物菌剂主要有根瘤菌菌剂、固氮菌菌剂、磷细菌菌剂、硅酸盐菌菌剂、其他微生物菌剂、复合(复混)微生物菌剂等。根瘤菌菌剂一般用于缺少根瘤菌的耕地土壤，将根瘤菌菌剂拌在种子上或将菌液在苗期追施于根部，以促进共生固氮，达到固氮的目的。根瘤菌-豆科植物互接种族见表3-2-7。固氮菌菌剂指含有好气性的自生固氮菌的微生物制剂，固氮菌固氮只有当其在土壤中占优势和适宜的环境条件下才能表现出来。磷细菌菌剂指施用后能够分解土壤中难溶态磷的细菌制品，土壤中有一些种类的微生物在生长繁殖和代谢过程中能够产生一些有机酸，如乳酸、柠檬酸和一些酶，如植酸酶类物质，使固定在土壤中的难溶性磷如磷酸铁、磷酸铝以及有机酸磷酸盐矿化成植物能利用的可溶性磷，供植物吸收利用。先在实验室分离、筛选分解难溶性磷能力强和抗逆性强的微生物，然后将其发酵，制成肥料，施于土壤，以改善作物磷素营养供应状况、促进植物生长并达到增产作用。目前主要研究和应用的解磷微生物有巨大芽孢杆菌、假单胞菌属中的一些种、节杆菌属中的一些种、氧化硫硫杆菌、孢杆菌属中的一些种、一些真菌。硅酸盐菌菌剂指硅酸盐细菌中的一些种在培养时产生的有机酸类物质能够将土壤中的钾长石矿中的难溶性钾溶解出来供植物利用，将其称为钾细菌，用这类菌种生产出来的菌剂叫硅酸盐菌菌剂。目前已知芽孢杆菌属中的一些种，如胶质芽孢杆菌、软化芽孢杆菌、环状芽孢杆菌等能利用磷钾矿物为营养，并分解出少量磷钾元素。硅酸盐细菌菌剂的剂型主要是用草炭吸附的固体剂型，多应用于土壤有效钾极缺的地区。其他微生物菌剂包括VA菌根菌剂、抗生菌菌剂。菌根是土壤中某些真菌侵染植物根部与其形成的菌—根共生体，其中由内囊霉科真菌中多数属、种形成的泡囊称为丛枝状菌根，简称VA菌根(Vesicular-Arhuscular Mycorrhiza)。抗生菌菌剂指用能分泌抗菌物质和刺激素的微生物制成的微生物制品，菌种通常是放线菌。复合(复混)微生物菌剂指两种或两种以上的微生物或一种微生物与其他营养物质复配而成的微生物菌剂制品，复合(复混)目的在于提高接种效果。

表3-2-7　根瘤菌-豆科植物互接种族

互接种族	结瘤的根瘤菌	共生的豆科植物寄主
苜蓿族	苜蓿根瘤菌	紫花苜蓿、黄花苜蓿、草木樨、胡卢巴等
三叶草族	三叶草根瘤菌	红三叶、白三叶、地三叶、绛三叶等
豌豆和野豌豆族	豌豆根瘤菌	各种豌豆、蚕豆、茄子、兵豆、山黧豆、鹰嘴豆
菜豆族	菜豆根瘤菌	四季豆、扁豆、芸豆等
羽扇豆族	羽扇豆根瘤菌	各种羽扇豆
大豆族	慢生大豆根瘤菌、中华根瘤菌	各种大豆、野大豆等
豇豆族	豇豆根瘤菌	豇豆、绿豆、赤豆、花生、木豆、山蚂蝗等
紫云英族	华癸根瘤菌	紫云英

(5) 有机废弃物的利用

有机肥料除上述几种外还有许多种类，如土杂肥、饼肥、海肥、腐殖酸类肥以及城镇废弃物类等。其中土杂肥包括肥土、泥肥、灰肥、屠宰废弃物等。饼肥是指含油分较多的种子经过压榨去油后剩下的残渣，主要有大豆饼、菜籽饼、花生饼、茶籽饼、柏子饼等。海肥则指利用海产物制成的肥料，包括动物性海肥(如海鱼类、贝类)、植物性海肥(如海藻、海苔)、矿物性海肥(如海泥)。腐殖酸类肥料是一种含腐殖酸类物质(泥炭、褐煤、风化煤等)的肥料，常见的有腐殖酸铵、腐殖酸钠等。城镇废弃物类主要包括城市垃圾、城市污水、城市污泥及粉煤灰、糠醛渣等。对可能污染土壤的废弃物严禁作肥料施用，可考虑制成建筑用砖等用途。

3.3 施肥与环境的关系

温室效应使全球变暖的问题已引起广泛重视。造成温室效应的气体主要是 CO_2、CO、CH_4、N_2O、NO、氯氟烃、水蒸气等。温室气体浓度的增加可能会产生以下重要影响，即平均气温增加，特别是温带夜间温度的增加；雨量和蒸发量的比例改变，导致农业-生态带的位移；海平面上升。全球变暖的影响因地区不同而有很大差异，从整体来看，不利的影响可能大于有利的影响。施肥是农业生产中的一个经常性的重要措施，对全球变暖的影响主要是通过产生温室气体来进行的。受施肥影响最大的温室气体主要是 N_2O 和 CH_4。从农业角度看，保持土壤有机质，不断增加农作物产量以及减少森林和其他植被的破坏，有利于 CO_2的排放。CH_4 的来源主要是水田和湿地。土壤中 CH_4 的产生主要受土壤氧化还原状况的影响，因为 CH_4 只有在土壤中强烈的还原状态下才能产生。所以施用有机肥，特别是秸秆还田可以促进土壤还原性的加强，增加水田或湿地 CH_4的排放。施用氮肥一般有利于抑制水田或湿地 CH_4的排放。科学家研究表明，施用硫铵可使 CH_4 排放通量比不施氮肥减少 42%~60%，施用其他氮肥亦具有类似的结果。

土壤氧化亚氮的排放主要来源是土壤中的硝化和反硝化作用。据估计，施肥土壤每年向大气排放的 N_2O 有 150×10^4t(N)，而全球自然土壤的年排放量则达到$(600\pm300)\times10^4$t(N)，两者合计占全球 N_2O 来源的 53%。农田中施用氮肥是 N_2O 产生量增加的基本原因。相关的试验结果表明，在氮肥用量低时其用量的 0.1%~0.8%可转化成 N_2O 排放出来；而在高用量时这一比例会达到 2%。太湖地区水稻生长期间 N_2O 的排放量相当于施氮量的 0.19%~0.48%。不同氮肥品种对 N_2O 排放量的影响也是不同的，不同氮肥 N_2O 的转化率为液氮 1.63%、铵态氮肥 0.12%、尿素 0.11%、硝态氮肥 0.03%。

一般来说，我国 CO_2排放量以非农业来源为主。稻田中 CH_4 的产生主要是施用绿肥、秸秆、厩肥等有机肥的结果，土壤有机质本身也能产生一定量的 CH_4。我国 N_2O 排放量的三大来源是土壤本身、氮肥施用和生物体燃烧，其中氮肥来源的约占五分之一。但随着耕地面积的减少，土壤本身的排放总量可能减少。因氮肥用量增加和燃烧生物体数量增加，这两方面对 N_2O 排放量的贡献份额可能会增加。

3.3.1 氮肥施用与环境

氮肥施用对环境造成污染的可能性从20世纪60年代开始就引起人们的注意。尤其是关注氮肥施用对水体和大气的影响。如NO_3^-进入饮用水源使饮用水NO_3^-超标。摄入过多的NO_3^-可能在体内还原为NO_2^-引起高铁血红蛋白症，对婴儿危害很大，NO_3^-、NO_2^-都可形成致癌的亚硝基化合物，氮素进入水体后可引起富营养化。只要合理施用氮肥，并不至于对环境造成巨大危害，而滥用化学氮肥则会引起严重的环境问题。氮肥对水源的污染主要是NO_3^-，因为NO_3^-带有负电荷，不能被以带负电荷为主的土壤胶体所吸附，移动性很大，极易随水移动。而NH_4^+能被土壤胶体吸附乃至固定，不易移动，但应防止NH_4^+发生硝化作用而转化为NO_3^-。氮肥对大气的污染除了NO_3^-的反硝化过程产生的氧化氮外，也有以NH_3挥发形态进入大气的，而NH_3挥发在我国北方的碱性、石灰性土壤上还是相当严重的。

① 氮的径流损失及其对环境的污染。氮肥用量、氮肥品种、施肥时间、降雨情况等因素控制着径流中的氮素数量。一般来说，农业区地表径流中氮的年排出量比林业区或牧场高，因为农业区的氮肥用量更高。水田地表径流中氮的排出量往往高于旱地，这一方面是由于水田径流量大，另一方面是水田氮肥用量高的结果。太湖地区农田径流损失的氮素一般占施氮量的13.6%~16.6%。我国西北黄土高原土壤侵蚀较严重的地区，径流氮的损失也较高，达到16.5kg/ha，其中水溶态氮为3kg/ha。

② 氮肥渗漏淋失及其对环境的污染。氮肥的渗漏淋失也是氮肥进入环境的另一个主要途径，它主要受氮肥形态、用量、施肥时间、土壤质地、降水量等因素的影响。在土壤中，NO_3^-的移动比较频繁，在降水比较集中的时期以下淋为主，反之则表聚。下淋的NO_3^-可直接进入地下水源，从而可能造成地下水源的污染。稻田中，随着氮肥用量的增加，淋漏的氮量成倍增加，尤其是硝态氮肥的淋失量远高于硫铵和尿素。因此，在水田条件下应尽量选用铵态氮肥，并尽可能使其保持在铵态氮形态，是防止水田氮肥淋失的主要理论与实践基础。在农田土壤中，渗漏水中氮的浓度和渗漏损失的氮量均受氮肥施用的明显影响，同时与作物生长、根系吸收状况也有密切关系。也就是说，在作物生长发育良好、产量较高的情况下，就会大大减少土壤中氮的淋失数量。因此，在适当控制氮肥用量的同时，平衡施用其他营养元素肥料，改善作物生长，加强根系吸收利用，就可以使土壤淋漏氮量得到明显控制。改进施氮技术，减少NO_3^-的淋失量，关键是要按照作物和土壤氮素状况合理施用氮肥，包括控制一次性氮肥用量，分次施用，推荐施用缓释氮肥和氮肥增效剂等。

3.3.2 磷肥施用与环境

磷肥对环境的污染包括两方面，一是磷肥生产对环境造成污染，二是磷肥的施用对环境造成污染。磷肥生产中存在着磷石膏的处理、污水处理、氟污染以及矿区复垦等一系列问题。磷肥施用的环境问题主要包括磷引起的水体富营养化、磷肥中重金属污染以及施用磷肥造成的放射性物质积累等。

① 磷肥施用与水体富营养化。在我国，地表水的富营养化已经造成一系列环境问题，如藻类等生物过量繁殖、水体缺氧、透明度差、恶臭、有毒物质积累，进而导致水体不仅不能适于人类饮用、工业利用和鱼类生长，而且也破坏了环境的美化舒适，影响旅游业发展。由于环境立法等措施，点源污染正不断得到有效控制。过去，作为生活污水中主要磷源的洗涤剂已通过改用无磷产品而得到有效控制。在这种情况下，面源污染正得到越来越多的关注，其中主要是农业来源的污染。氮和磷是引起水体富营养化的两大主要元素。在更多的情况下，磷是影响藻类生长的限制因素。因此，磷对富营养化往往起着关键作用。磷在影响水体富营养化中首先是它的浓度，水中磷的浓度并不会直接对人体产生不良影响，因而它不像 NO_3^- 那样有一个饮用水浓度标准。一般认为，水体中磷的浓度达到 0.02mg/L 时即可能产生富营养化，当 N/P 大于 4~5 时其限制因素是磷；如果 N/P 小于 4 时则限制因素可能是氮。在低 N/P 时，能固氮的蓝绿藻生长较快，它们固定空气中的氮素以供给藻类生长，直到 N/P 增加到生长受磷浓度的限制时。蓝绿藻的生长可能产生某些有害物质和臭味，其富营养化对环境的影响比其他藻类更大。磷进入水体的途径，一个是农田磷可能通过渗漏进入地下水，但通过渗漏污染地下水的情况并不常见。英国洛桑试验站的试验表明，施磷 100 年后，磷仍然集中在 40cm 土层内。磷素向下移动很少，而在表土层迅速积累。因此径流也可能引起磷进入水体，不同肥料中以有机肥中磷的移动性较大。径流中的很大一部分磷是以悬浮颗粒形态存在，溶解态的比率很低，因此表土冲刷造成磷的损失量很大。另一个影响径流水中磷量的因素是施肥，尤其是施用高量水溶性磷肥可以显著提高径流中磷的浓度。长期大量施用磷肥的地区，土壤中可能有磷的明显积累，这虽然对土壤供磷能力提高、改善作物生长有益，但对环境的潜在威胁也大大增加。

同一土壤上，施在旱作上的磷肥所增加的径流磷损失远远小于施在水稻作物上的。相近用量情况下，水田径流中磷的损失比旱作施磷高出数倍。这可能是由于在淹水条件下磷的溶解量明显增加所致。为了控制进入水体磷的数量，人们不仅应该加强地表径流的控制，包括应用工程措施和生物措施，而且还要合理施用磷肥，以减少磷对环境的负面影响。合理施用磷肥至少应包括以下几方面的内容：科学合理地确定磷肥用量；水旱轮作条件下，磷肥重点分配在旱作上；磷肥尽可能与土壤混合均匀；提高磷肥当季利用率，减少土壤磷的积累；有机肥必须施入土中，做到土肥相融。

② 磷肥施用的重金属及放射性污染。磷肥施用造成的土壤环境问题可能还会有重金属及放射性污染问题。由于磷矿中含有少量镉及其他重金属，加工过程中这些重金属有 60%~95%会转移到磷肥中。土壤中镉的来源主要有两方面，一是来自降雨(含酸雨)，二是来自磷肥。在土壤活性镉的循环中，主要的减少途径是淋失、被土壤固定、植物吸收等。土壤中镉含量的增减受镉输入、输出的影响。据测定，我国磷矿中镉含量范围为 0.1~571mg/kg，但大部分在 0.2~2.5mg/kg。我国主要磷矿(55 个)镉的平均含量为 0.98mg/kg，低于世界主要磷矿镉含量。因此，我国磷肥中镉平均含量也较低。

根据全国30个主要磷肥厂生产的磷肥的测定结果，平均含镉量为0.61mg/kg，大约相当于磷矿含镉量的62%，含量范围在0.1~2.9mg/kg，远低于国际上的一般含量(5~50mg/kg)。我国主要磷肥品种中，普通过磷酸钙中镉的的平均含量为0.75mg/kg，含量范围为0.1~2.93mg/kg，而钙镁磷肥中镉的平均含量只有0.11mg/kg。这显然是由于钙镁磷肥经过高温熔融，使大部分镉以剧毒气体氧化镉的形式挥发掉了。按照常规施肥水平计算，每年进入土壤的镉量甚微。无论从绝对环境容量还是从年环境容量来看，在我国目前施磷水平以及远景施磷增长的条件下，全国磷肥长期施用所带入土壤的镉量均不至造成环境问题。但是，由于我国还进口一些国外磷矿石，这些磷矿石的含镉一般远高于我国磷矿，对这些磷矿石生产的磷肥应对其镉含量加以监测以确保土壤不致受到污染。自然界中磷矿石除钙的磷酸盐矿物外还含有相当数量的杂质，特别是中低品位矿中含有的杂质更多，这些杂质直接影响磷矿和磷肥中锌、镍、铜、钴、铬的含量。根据测定结果推论，我国磷肥带入土壤的重金属元素主要是锌、镍、铬。随普通过磷酸钙带入土壤的锌量是相当大的，这在我国农田锌平衡中占有重要地位。但由于磷肥带入的锌量低于作物吸收移走的量，所以对土壤环境影响很小，不会产生锌的污染。施入钙镁磷肥可能向土壤中带入镍、铬，这是由于在钙镁磷肥生产过程中添加了含镍、铬较多的蛇纹石的缘故。尽管如此，从我国酸性土壤铬容量200mg/kg来看，按目前的施磷水平，万年之内应不会造成铬的污染问题。同样，镍的污染也不易发生。

磷肥中可能的放射性污染是由于磷矿中含有多种放射性物质，比如铀、镭、钍以及它们的衰变产物。世界磷矿中铀的含量在3~400mg/kg。在生产磷肥过程中，铀主要存在于磷酸中，其余存在于石膏中。在生产磷铵时磷酸中的铀进入肥料，而在生产普钙时则全部存在于磷肥中。大量研究表明，在复垦的磷矿开采土壤上，蔬菜、水果中放射性有所增大，但人体受到的放射性剂量很少。在一般农田上的长期(50年以上)试验表明，施磷肥和不施磷肥农作物中放射性物质浓度并未增加，施磷石膏100t/ha时亦未见作物吸收放射性物质的增加。

3.4 矿质营养与植物品质的关系

随着人们生活水平的提高，对动植物品质的要求也越来越高，而合理的矿质营养是提高农产品品质的重要途径之一。农产品品质主要是指农产品对人畜的营养价值品质，农产品商业价值品质，以及农产品的加工品质。植物产品的品质首先决定于植物本身的遗传特性，其次，这些品质也会受到外界环境因素的影响。遗传特性决定了某种植物或品种的产品特有的基本品质。而外在环境则可以影响或调节某种品种遗传潜力的实现程度。外在环境主要有养分供应、土壤性质、气候条件、管理措施等。植物养分的均衡供应对改善植物品质有极为重要的作用。如能把植物的养分供应调节到最佳水平，则可大大改善品质。反之，如果某种养分供应过多、不足或不平衡，则会明显降低植物品质。

3.4.1 矿质营养与动植物体组成的关系

高等动物按其食性可分为杂食动物、草食动物及肉食动物三大类。在动物生产中，为人类提供畜产品或动力的动物主要是杂食动物(猪、禽等)和草食动物(牛、马、羊、兔等)。无论是杂食动物还是草食动物，作为其基本营养源的食物均是植物或其副产品。作为动物食物的植物及其副产品，含有可供构成和更新动物体组织及形成产品的营养物质，并能氧化产生能量以维持动物的生命活动，植物利用太阳能，以二氧化碳、水、无机盐等为原料合成脂肪酸、碳水化合物和蛋白质，动物则可将植物形成的这些营养物质经过异化和同化作用而构成动物体组织和形成产品，因而动物和植物二者在化学组成上具有密切的联系。组成动植物体的化学元素中，以碳、氢、氧、氮为最多，其总量可占到动植物体干物质质量的90%以上，它们主要以复杂的有机化合物形态存在。其余的化学元素则含量甚少，总量尚不足10%。其中，含量相对较多的为钙、磷、钾、钠、镁、氯和硫等，除硫之外主要是以无机盐形态存在为主。含量较少的元素为铁、铜、钴、锌、锰、碘、硒、铜、铬、镍、钒、锡、氟和锶等。各种化学元素在动植物体中往往相互结合成多种多样的有机或无机化合物，以构成机体的各种组织器官及其产品。动植物体的组成成分虽然相似，但各种成分的数量和比例却有很大差异。植物与动物在组成上的差异主要在于干物质的组成不同。植物干物质中主要成分是碳水化合物，它既是植物的结构物质，又是植物的储备物质。而动物干物质中主要是蛋白质，它是动物体软组织的结构物质，而脂肪是储备物质。碳水化合物是一般饲料植物的主要成分，主要是作为动物体的能源物质而被消耗，或者转变为脂肪加以储备。

植物的不同部位(叶、茎、籽实等)其组成成分有所不同。蛋白质是植物活性组织的基本成分，因而叶片蛋白质含量比茎秆高。植物成熟阶段籽实中蛋白质的含量要高于其他部位。脂肪在各部位中的含量以籽实为最高、叶片次之、茎秆最少。除油料作物外，籽实中均以碳水化合物为主要成分。但作为结构物质与储备物质的碳水化合物，其性质却各有不同。籽实中的碳水化合物主要是以淀粉形式存在，而茎叶中主要是以纤维素形式存在。纤维素及与其相关的化合物在营养化学中将其归类于粗纤维、洗涤纤维或细胞壁。它们难于被动物(除草食动物外)消化，故饲料中若含纤维素及与其相关的物质越多，则其营养价值越低。

从总体上说，提高植物产品的蛋白质、脂肪等含量、降低纤维素及与其相关物质的含量有利于提高植物产品的营养价值。

3.4.2 矿质营养与植物矿质养分含量的关系

植物对矿质养分的吸收与积累动态主要受控于植物本身的遗传学特性。当植物生长的环境条件发生变化时，这种吸收与积累动态也会发生明显变化。植物矿质营养状况对植物体养分含量有相当大的影响，向植物平衡供应各种矿质营养，不仅可以满足植物正常生长发育、形成较高产量的需要，也使植物体内各种养分含量合理，有利于改善植物产品各项品质指标。一般来说，增加某种养分的供应，作物体内该养分的含量也会在一定程度上相应增加，继续增加该种养分，作物体内该养分含量不再明显增加，但可能会导致其他养分含量的减少或增加，这与不同养分之间的协助或拮抗作用的存在有关。如过量供应钾素，则会导致植物体内含钾量明显提高，而影响植物体镁、钠、钙、硼等养分的积累。牛吃了含钾多而镁少的牧草，则引起血浆中缺镁，严重时会引起牲畜猝倒症而导致死亡。因此，在进行植物生产时，一方面要加强植物矿质营养供应，改善植物生长状况，提高植物产量；另一方面还要根据人们对植物产品的利用目的进行植物施肥，调节植物产品中矿质营养元素的含量与比例。动物体内各种必需元素的含量见表 3-4-1，其可作为植物施肥时的参考。

表 3-4-1　动物体内各种必需营养元素的含量

常量元素	种类	钙	磷	钾	钠	氯	硫	镁		
	含量/(g/kg)	15	10	2.0	1.6	1.1	1.5	0.4		
微量元素	种类	铁	锌	铜	钼	硒	锰	碘	钴	钒
	含量/(mg/kg)	20~80	10~50	1~5	1~4	1~2	0.2~0.5	0.3~0 6	0.02~0.1	1.7

表 3-4-1 中，铁、锌、铜是人类饮食中经常缺乏的养分，而硒、钴等并非植物必需营养元素，但为了植物产品矿质营养价值的提高，通过施肥适当提高这些元素的含量还是必要的。当然，像钠、碘这样一些元素一般可以通过食盐来获取。矿质营养与作物种子活力之间也有明显的相关性。籽粒中养分的缺乏会降低种子活力。一般来说，种子中养分储存得越多，其活力越大，种子萌发能力也越强，幼苗生长也越茁壮。养分的缺乏会影响种子中其他物质的化学组成，间接影响种子活力，这种间接影响，往往是通过对种皮结构、种子饱实率和激素水平来影响的。氮素过剩时会延迟植物成熟，降低种子活力。含钾量低的种子不仅发芽率低，而且降低了种子活力和缩短种子的寿命。矿质营养是否合理，不仅影响到植物生长发育，而且决定着植物是否处于最佳抗性状态。虽然高等植物与病虫之间的相互关系复杂，但二者相互作用过程中，矿质营养的影响作用相当显著。

3.4.3　矿质营养与植物体有机物品质的关系

氮肥对植物品质的影响主要是通过提高植物产品中蛋白质含量来实现的。蛋白质是人类及一般动物的主要营养物质，在正常生长的植物所吸收的氮中大约有 75%形成蛋白质。增加氮肥供应除了可增加产品中蛋白质含量外，往往会减少植物碳水化合物含量和油脂含量，降低油料植物、糖用植物、淀粉植物的品质。此外，当土壤氮素供应过多时，可导致植物体内 NO_3^-积累，NO_3^-对人类是有害的。氮素过多，还会使大麦发芽质量下降。对落叶果树来说，增加氮营养通常可以增大果实。但氮营养过多时会影响柑橘果实色泽，延迟成熟并使成熟期参差不齐。在内在质量方面，合理的氮素营养，可以增加果实中可溶性糖含量，氮太多使柑橘中酸含量增加。在过量氮营养时，常会使果实的耐储性和维生素 C 含量下降。对于蔬菜作物，合理的氮素营养在增加产量的同时，也能提高品质，如使叶色加深，对叶菜类能改善外观。氮营养不足，使蔬菜色泽变淡、植株变小且成熟不一致。氮营养过剩会导致蔬菜中 NO_3^- 含量大幅度增加。合理的氮素营养对蔬菜的成分和口味有良好的影响。

磷对植物体内许多重要组分的形成有重要作用，比如磷酸脂、植酸钙镁、磷脂、磷蛋白、核蛋白等，这些化合物对植物生长发育和品质都有重要作用。增加磷的供应可以增加植物的粗蛋白含量，特别是增加必需氨基酸的含量。合理供应磷可以使植物的淀粉和糖含量达到正常水平，并可增加多种维生素含量。施磷对牧草的营养价值是有重要作用的。在饲料作物中，如果含磷量不足，就会大大影响牲畜的健康并引起严重疾病，还会引起牲畜生育力的明显下降。一般来说，磷营养过量除促使植物过早熟之外，对作物品质并无多大不良影响。

钾可以活化植物体内的一系列酶系统，改善碳水化合物代谢，并能提高植物的抗逆能力，合理的钾素营养可以增加产品中碳水化合物含量，如增加糖分、淀粉和纤维含量，对改善西瓜、甘蔗、马铃薯、麻类等作物的品质有良好作用；合理的钾素营养可以增加某些维生素含量，改善水果、蔬菜作物的品质；可以防止缺钾条件下马铃薯上黑斑的形成；可以延长籽粒灌浆期，使籽料饱满；也有利于增强作物的抗倒、抗寒、抗旱、抗病虫害能力。粮食作物和饲料作物中钾的含量对人畜意义不大。因为因食物导致人畜缺钾的情况很少见，植物体内含钾高时对人畜也无害，但当土壤中钾素水平过高时，将影响植物对镁、钙的吸收。饲料中钾镁比过高会导致反刍动物缺镁病症。

中、微量元素营养状况的好坏对植物品质有重要影响。如缺钙时，使苹果患苦豆斑病，使花生空壳率提高。缺硫时，一些必须氨基酸无法形成，而降低蛋白质含量与质量。缺硫会使芥菜、洋葱口味变劣。缺铜时不利于谷类作物籽实的灌浆和形成，导致小粒、瘪粒增加。缺铜还影响花椰菜花序的形成与外观。氯过多会降低马铃薯淀粉含量及烟草的可燃性。

总之，合理施肥是纠正土壤养分失衡最有效的措施，更是解决因土壤养分失衡导致植物品质变劣问题的关键。

3.5 营养元素在人地系统中的循环利用

人体必需和有益营养元素是指存在于人体内担负着构成人体细胞组织、供给热能和调节生理功能的各种营养元素中所含的化学元素。除碳、氢、氧和氮主要以有机化合物的形式出现以外，其余各种元素，无论其存在形式如何、含量多少，统称为无机盐。其中含量较多的有钙、镁、钾、钠、磷、硫、氯 7 种，约占人体总养分的 60%~80%，称为常量元素。目前技术水平下人体可测出 70 余种，已被确认为机体必需的微量元素共有 14 种，分别是铁、锌、铜、锰、镍、钴、钼、铬、碘、氟、锡、硅、钒和硒。

3.5.1 碳、氢、氧、氮与人体营养的关系

人体营养是人体摄取、消化、吸收和利用食物中的营养成分来维持生命活动的整

个过程。人体需要的营养约有几十种，可概括为七大类，即蛋白质、脂类、碳水化合物、维生素、无机盐、水和食物纤维。各种营养成分都有独特的营养功能，一种营养素可兼有几种生理功能。碳、氢、氧、氮四种元素包含于除无机盐之外的六种营养素中。

蛋白质的元素组成主要有碳、氢、氧和氮，还可能含有少量的硫和磷。碳水化合物和脂肪中只含有碳、氢、氧，不含氮。在三大营养素中，蛋白质是人体氮的唯一来源，是生命的物质基础，也是机体的重要组成部分。成人体内蛋白质约占体重的16%~19%。蛋白质的生理功能主要包括构成身体组织，促进生长发育；构成体内许多重要生理作用的物质；是免疫系统重要的物质基础；维持体内的酸碱平衡和水分在体内的正常分布；与遗传信息的传递及许多重要物质的运输有关；供应机体能量。正常成年人体内蛋白质含量相对稳定，人体每天必须从食物中摄取一定量的蛋白质，以补偿组织生长、更新和修复的消耗，使人体蛋白质处于动态平衡。蛋白质的营养价值还与其氨基酸组成有关。蛋白质中含有适当比例的人体必需氨基酸(亮氨酸、异亮氨酸、赖氨酸、苯丙氨酸、蛋氨酸、苏氨酸、色氨酸、缬氨酸和组氨酸)能更高效地被人体充分利用。脂类包括中性脂肪和类脂，含碳、氢、氧三种元素，也是人体的重要组成部分，正常人体内脂类含量约占体重的10%~20%。中性脂肪是由一分子甘油和三分子脂肪酸组成的化合物，又称甘油三酯，在人体内主要分布于皮下、腹腔、肌肉间隙和脏器周围，是体内热能的一种储存形式，当机体需要时可通过代谢而释放热能，因此，这类脂肪容易受到机体营养状况和活动量的影响而变动，称为动脂。类脂质包括磷脂、糖脂、脂蛋白和胆固醇等，主要存在于细胞原生质和细胞膜中，在体内的含量不易受营养状况和机体活动的影响，称为定脂。脂类的营养意义主要在于是体内储存热能和供给热能的重要物质；构成人体细胞和组织；促进脂溶性维生素的吸收和利用；改善膳食的感官性状。碳水化合物又称糖类，是由碳、氢、氧三种元素组成的一类化合物，根据其分子结构的不同可分为单糖、双糖和多糖三类。碳水化合物的营养意义主要包括供给热能；构成身体组织；维持心脏和神经系统的正常功能；保护肝脏和解毒作用；参与蛋白质、脂肪在体内的正常代谢。维生素是维持生命必不可少的一类有机营养物质，其在生理功能上既不参与身体组织的构成，也不是体内热能的来源，而是参与人体中许多重要的生理代谢过程，所以维生素与人体健康的关系极大。已知许多维生素是酶的辅酶或辅基的组成成分，因此认为维生素是以“生物活性物质”的形式存在于组织中的。维生素种类很多，其中人体需要量较多，而膳食中经常供给不足的主要有维生素 A、D、B_1、B_2、C 和尼克酸等。此外，食物纤维也是含碳、氢、氧的一类化合物，其在人类营养学上的意义也已被广泛认识。

3.5.2　灰分元素与人体营养的关系

除碳、氢、氧、氮几种元素之外，灰分元素也是人体的重要组成成分并具有重要的生理功能。灰分元素的生理作用主要包括作为构成机体组织的重要材料，比如钙、磷、镁是骨骼和牙齿的重要成分，磷、硫是构成有机体内某些蛋白质的成分；钠、钾、钙、镁和氯等是细胞内、外液的重要成分，与蛋白质一起维持着细胞内外液一定的渗透压，在体液的储留和移动过程中起着重要的作用；酸性、碱性无机离子的适当配合，加上重碳酸盐和蛋白质的缓冲作用维持机体的酸碱平衡；钾、钠、钙、镁等是维持神经肌肉兴奋性、细胞膜渗透性及各种细胞正常功能的必要条件；灰分元素还是构成某些具有特殊生理功能物质的重要成分。在我国的膳食结构中最易缺乏的灰分元素是钙、铁、碘、锌等。各种灰分元素在机体代谢过程中各具有特殊的生理功能。然而它们在人体营养中并非孤立地起作用，各种灰分元素间普遍存在着相互影响和相互作用，或协同，或制约，或颉颃。各种灰分元素除了简单的元素间的相互关系外，还存在着比较复杂的相互关系，即元素与原子团间(比如 Cu-SO_4-Mg)、元素与蛋白质间、元素与维生素间。这种相互关系主要是通过化学作用、胶体吸附作用、改变介质的 pH 值以及与所形成的复合体等进行的。由于各种营养元素之间存在着复杂的联系，因此，在植物施肥时应强调平衡施肥，以保证农产品中的灰分元素含量保持在适宜水平。

3.5.3 营养元素在生态系统中的迁移与循环

在“土壤-植物(-动物)-人”生态系统中，营养元素的迁移基本上是沿着土壤→植物(→动物)→人的方向进行的，这也是人们进行植物生产的目的所要求的。土壤中营养元素的来源主要有母质(或母岩)和肥料两个方面，其他途径如生物固定作用、大气沉降、灌溉等也能对土壤中部分营养元素进行一定数量的补充。营养元素在生态系统中的迁移循环见图 3-5-1，迁移过程中会不断发生营养元素的逸失与流失，这不仅导致营养元素的循环利用效率降低，而且造成环境负荷加重。具有高营养价值的食品是人类健康最基本的物质条件，而具有高营养价值的农产品的获得离不开优质的土壤、合理的植物营养与施肥。根据农作物收获目的的不同研究植物营养与收获物产量和品质的关系，弄清高产优质农作物的营养特性、需肥规律，结合土壤、气候等条件进行合理施肥是获得高产优质农产品的唯一途径。

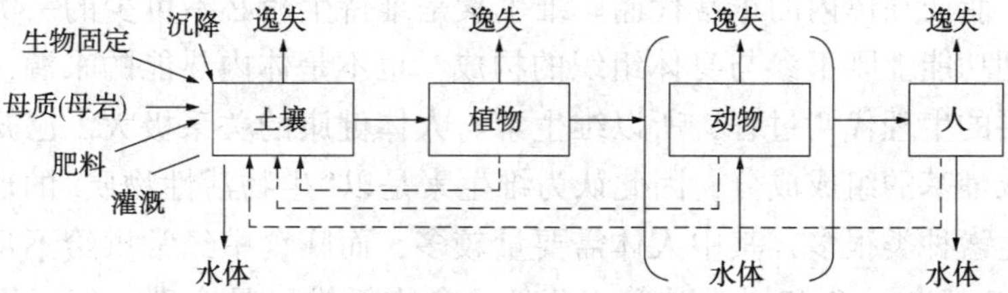

图 3-5-1　营养元素在生态系统中的迁移与循环

3.5.4 营养元素在土壤系统中的再利用

土壤中的营养元素被作物吸收后部分随产品收获而移走，相当大比例仍回到土壤中去。农产品被直接或间接利用后，绝大部分营养元素又以排泄物形式归还到土壤。这种以生物有机体或残体或代谢产物形式的养分不易被土壤固定而具有较高的生物活性，可很快被作物吸收利用，进入下一轮循环。除能以气态形式逸失的元素外，多数营养元素在土壤系统中均具有较强的再利用性。

3.6 土壤的培肥

我国国土总面积960多万平方千米。现有耕地1.3亿公顷左右，其中高产田、中产田、低产田各占1/3左右。总的看来，耕地土壤肥力水平不高。因此，培肥土壤是一个不容忽视的重要战略举措。

3.6.1 高产肥沃土壤的特征

我国土壤资源极为丰富，农业利用方式十分复杂，因此高产稳产肥沃土壤的性状也不尽相同。肥沃土壤的性状既有共性，也可因不同土壤类型而有其特殊性。但比较起来，高度肥沃土壤与同地区一般土壤的差异主要表现在以下3个方面。

① 高产肥沃土壤具有良好的土体构造。土体构造是指土壤在1m深度内上下土层的垂直结构，它包括土层厚度、质地和层次组合。高度肥沃的旱地土壤一般都具有上虚下实的土体构造，即耕作层疏松、深厚(一般在30cm左右)，质地较轻；心土层较紧实，质地较黏。既有利于通气、透水、增温、促进养分分解，又有利于保水保肥。上下土层密切配合，使整个土体成为能协调供应作物高产所需要的水、肥、气、热等条件的良好构型。肥力高的水稻土一般都具有松软肥厚的耕作层(厚度一般为18cm左右)，既滞水又透水发育良好的犁底层(厚度10cm左右)，通气透水性好的斑纹层(心土层、储育层)以及埋藏较深保水性较强的底土层(又叫淀积层或青泥层)，各层互相依存、互相协调，既有利于养分释放和供应，又可促进根系的活动且肥效稳长、易于调节管理，从而可收到高产稳产的效果。

② 高产肥沃土壤具有适量协调的土壤养分。肥沃土壤的养分含量不在于越多越好，而要适量协调，达到一定的水平。北方高产旱作土壤，有机质含量一般在15~20g/kg以上，全氮含量为1~1.5g/kg，速效磷(P)含量10mg/kg以上，速效钾含量150~200mg/kg以上，阳离子交换量20cmol(+)/kg以上。肥沃水稻土的适量有机质含量为20~40g/kg，全氮量为1.3~2.3g/kg，全磷和全钾量均为1~15g/kg以上，阳离子交换量一般为10~25cmol(+)/kg。

③ 高产肥沃土壤具有良好的物理性质。肥沃土壤一般都具有良好的物理性质，比如质地适中、耕性好，有较多的水稳性团聚体，大小孔隙比例1/(2~4)，土壤容重1.10~1.25g/cm^3，土壤总孔度50%或稍大于50%，其中通气孔度一般在10%以上，因而有良好的水、气、热状况。此外，肥沃水稻土必须有适度的渗漏性质。一般肥沃水稻土多为爽水田，日渗漏量为9~15mm。不良的漏水田则渗漏量太大、漏水漏肥。不良的囊水田则渗漏性极差，水分多、空气少，常因有毒物质过多的累积而导致水稻的生长受到抑制。

3.6.2 土壤培肥的基本措施

培育高产的肥沃土壤必须在加强农田基本建设、创造高产土壤环境条件的基础上，进一步运用有效的农业技术措施来培肥土壤，从而提高土壤的肥力质量。

① 增施有机肥料，培育土壤肥力。增施有机肥料(粪尿肥、堆沤肥)，既能营养植物，又能改善土壤物理性质，提高土壤肥力。在肥力培育方面，有机物料的培肥作用占有突出地位，应每年向土壤中输入一定数量的非腐解态有机物，以不断更新与活化土壤中已渐老化的腐殖物质，从而提高土壤肥力，这在土壤有机培肥方面是经济有效的办法。

② 发展旱作农业，建设灌溉农业。旱作土壤主要指由于降水量低(年均降水量250~500mm)，或降水量虽然不少(年均降水量500~700mm)但分配不均，而且无灌溉条件的农业土壤。在这类土壤上进行农业生产完全靠天然降水。我国北方黄土高原地区，旱作农业占耕地总面积的80%以上。旱作土壤水分循环主要有3个环节，即大气水(包括雨、雪、露)、土壤水和植物水。大气水大部分需要通过土壤供给作物利用，因此土壤水分性质对作物生长有重要的影响。良好的旱作土壤水分性质应该是渗透易、蒸发少、保蓄强、供应多。在黄土丘陵区的肥沃旱作土壤上每毫米降水可生产小麦0.5kg，而贫瘠旱作土壤只生产0.1~0.2kg。相关研究表明，当前产量水平下的主要限制因素是“肥”而不是“水”，这对华北类似地区旱作农业生产的发展有一定指导意义。发展灌溉、实现农业水利化是提高单产的重要措施。从农业技术方面考虑，在建设灌溉农业方面应注意以下4点问题，即重视灌水与其他增产措施的配合；改进灌溉技术、节约用水；保护地下水资源、防止次生盐渍化；防止次生潜育化。

③ 合理轮作倒茬，用地养地。结合通过轮作培肥地力是我国的传统经验。充分用地并积极养地，用养结合，是我国轮作倒茬制度的特点。轮作倒茬一方面要考虑茬口特性，另一方面要考虑作物特性，合理搭配耗地作物(比如水稻、小麦、玉米)、自养作物(大豆、花生)、养地作物(绿肥作物，比如紫云英)。根据各地经验，有利于养地增产的轮作类型主要有绿肥作物与大田作物轮作、豆科作物与粮棉作物轮作、水旱轮作。绿肥作物与大田作物轮作包括粮食作物与绿肥作物、经济作物(比如棉花等)与绿肥作物等轮作制，通常应2~3年轮种一茬绿肥作物。豆科作物与粮棉作物轮作适用于人多地少的地区，是用豆类作物代替绿肥解决粮肥争地的矛盾的轮作方式，在华北有小麦、大豆轮作；在东北有大豆、高粱、粟，大豆、小麦、粟3年3熟轮作；稻田则多复种蚕豆、豌豆。水旱轮作的特点是水旱交替，其可改善土壤通气状况和土壤结构，防止连年种稻而引起土壤理化性质的恶化。常用的水旱轮作是冬作物与水稻轮作，旱稻、西瓜、冬作物油菜、蚕豆、豌豆等轮作。

④ 合理耕作改土，加速土壤熟化。合理的耕作可以调节土壤固、液、气三相物质比例，增强土壤通透性，加速土壤熟化。深耕结合施用有机肥料，是培肥改土的一项重要措施。深耕的作用是加厚耕作层，改善土壤结构和耕性，降低土壤容重，使土肥水相融，促进微生物的活动，改善作物的环境条件，加速土壤熟化。深耕要注意逐步

加深，不乱土层。深耕的时间要因地制宜，华北和西北地区以秋耕和伏耕为佳。在南方稻麦两茬、水旱轮作地区，大多在秋种和冬种前进行深耕，有利于晒垡、通气，改善稻田土壤的理化性质。但在南方两稻一肥地区，冬前要赶种绿肥，只有在春天翻压绿肥时进行深耕。深耕还应与耙耱、施肥、灌溉相结合。

⑤ 防止土壤侵蚀，保护土壤资源。由于我国地域辽阔，自然条件复杂，所以土壤资源极为丰富。土壤在水和风等外力作用下发生冲刷或吹失的现象称为土壤侵蚀。水所造成的侵蚀称“水蚀”；风所造成的侵蚀称“风蚀”。“土壤沙化”是风蚀的结果。土壤沙化泛指良好的土壤(或可利用的土壤)变成含沙很多的土地甚至变成沙漠的过程。土壤沙化后，形成沙丘，不断挺进，侵占农田，威胁道路与村镇。因此，防止水土流失和沙化是当前保护土壤资源的核心问题。应运用合理的农、林、牧、水利等综合措施防止土壤侵蚀。在防止水土流失过程中，梯田是一项重要技术。加强造林，绿化山川，严禁滥伐破坏山林也极其重要。不过度开垦放牧，发展水利，建设基本农田和牧场是防止沙化的根本措施。

第4章

污染土壤的异位修复技术

4.1 污染土壤异位修复技术的特点

按污染土壤处理场地特征和修复方式的不同，人们将污染土壤修复技术分为原位修复和异位修复两大类型。异位修复的特点是建立封闭式污染土壤储存池，将污染土壤运至储存池内进行处理使之满足无害化要求，比如垃圾填埋场。原位修复的特点是在污染土壤原发现场直接对土壤进行处理使之满足无害化要求。异位修复的优点是可以迅速阻断污染的扩散，缺点是污染土壤运至封闭式储存池需要大量的土壤挖掘、运输工作并因此而增加处理成本。原位修复由于没有土壤挖除与运输费用，处理成本相对较低，其缺点是不能迅速阻断污染的扩散。除了极端情况和应急事件，人们一般不采用异位修复方案。

异位修复是指将受污染的土壤从发生污染的位置挖掘出来，在原场址范围内或经过运输后再进行治理的技术。异位修复适用于处理污染浓度较高、风险较大且污染土壤量不是很大的场地，可以选择直接有效的技术方法集中处理污染土壤，处理效率高且彻底，在监测方面比较容易控制，可降低监测成本。但是污染土壤需要运输至处理场地，增加运输成本，挖掘、运输和转移过程中污染物存在扩散的风险，因此须严格控制污染物的扩散，防止对环境和人体造成影响。

影响异位修复的因素包括土壤物理学特性、土壤胶体物、土壤化学平衡、土壤络合-螯合物。土壤是一个由固、液、气三相组成的分散体系。三相物质的组成彼此互相影响，形成各种物理性质，这些物理性质的差异导致土壤环境功能的差异。土壤胶体是指具有胶体性质、粒径小于 0.001mm 的微细固体颗粒，是由矿物质微粒(铝硅酸盐类)、腐殖质铝、铁、锰、硅含水氧化物组成。土壤胶体最重要的性质是带有电荷，对土壤理化性质有重大影响。土壤是一复杂的化学体系，进入土壤中的污染物质的行为，直接受到土壤化学平衡系统的控制。土壤化学元素或化合物间的平衡即溶解与沉淀是有条件的、暂时的动态平衡。人们可以利用土壤各种化合物平衡条件、平衡条件变化后的化学平衡移动特征，利用平衡的转变来提高土壤营养元素释放的数量、有效性，强化植物修复功能。土壤中化学平衡体系除了受元素和化合物的浓度、环境温度、压力影响外，还受到土壤胶体性质、pH 值、Eh 的控制。一般地，土壤溶液中离子的化学平衡与溶液-胶体之间的离子吸附作用很难截然分开。土壤作为一个复杂化学体系，存在着形成络合-螯合物的有机和无机配位体和多种金属中心离子。土壤络合-螯合作用可以增加金属离子的活性，增加土壤结构的稳定性，改善土壤理化性质和生物学过程。

异位生物修复主要包括现场处理法、预制床法、堆制处理法、生物反应器处理法、厌氧生物处理法。

预制床堆腐工艺已被证明是修复石油污染土壤最为有效的方法之一。其原理是在被污染土壤中加入膨松剂后于预制床上堆成条状或圆柱状，通过人工补充营养、空气，并加以适度搅拌，保证其好氧修复条件而实现有机污染物的降解。

预制床法是异地处理的一种形式，需要很大的工程和一定的容器。污染土壤被移入一个特殊的预制床上。预制床底部用一种密度较大，渗透性很小的材料装好(如聚乙烯或蒙古土)，然后通过施肥、灌溉、控制 pH 值等方式保持最佳的降解状态，有时也需要加入一些微生物和表面渗透性剂。预制床的设计可以使污染物的迁移量减至最小，因为它具有滤液吸收和控制排放系统。

堆制式修复是利用传统的积肥方法，将污染土壤与有机废物(木屑、秸秆、树叶等)、粪便等混合起来，依靠堆肥过程中微生物的作用来降解土壤中难降解的有机污染物。堆制式修复最早用于污水污泥的处理，后经研究堆制式修复的原理、工艺、条件、影响因素、降解效果等，已将此工艺应用到污染土壤的修复中。

生物反应器是用于处理土壤的特殊反应器，通常为卧式、旋转鼓状、气提式，分批或连续模式，可建在污染现场或异地处理。其基本原理是利用微生物将土壤中有害有机污染物降解为无害的无机物质，降解过程由改变土壤的理化条件(包括土壤 pH 值、温度、通气性及添加营养盐)来完成，也可接种特殊驯化与构建的工程微生物提高降解效率。

4.2 污染土壤异位修复的常用方法

污染土壤异位修复方法与原位修复大同小异，各种原位修复技术均可应用于异位修复。常见的原位技术主要有生物通风、植物修复、自然降解、土壤汽提、土壤淋洗、电动法、化学氧化、混合以及其他方法。常见的异位技术主要有生物堆腐、热解吸、化学氧化、土壤淋洗、稳定/固化、焚烧以及其他方法。

4.2.1 生物堆腐法

生物堆腐法属于属于一种生物修复技术。生物修复是对污染环境实施修复、治理的最重要的技术之一，是 20 世纪 80 年代以来出现和发展的清除和治理环境污染的生物工程技术。其主要利用生物特有的分解有毒有害物质的能力，去除污染环境(如土壤中)的污染物，达到清除环境污染物的目的。狭义的生物修复主要是指微生物催化降解有机污染物，从而修复被污染环境或消除环境中的污染物的一个受控或自发进行的过程。广义的生物修复一般包括微生物修复、植物修复、动物修复，是利用一切以生物为主体的环境污染治理技术。微生物是生态系统中的分解者。利用微生物的代谢活动，可将受污染环境中的有机物降解转化，去除毒性或者使其固定下来。微生物修复包括原位修复和异位修复两种形式。原位修复的特点是在不人为移除污染物的情况下在污染现场直接处理污染物，主要的处理方式包括生物通风、生物搅拌、生物冲淋等。异位修复是指将污染物移出被污染区域至固定的场所之后再进行的生物修复，以工程生物修复为主，主要的方法有土地填埋法、生物堆腐法、生物泥浆反应器法等。典型的污染土壤生物堆制处理法的总体布置见图 4-2-1。

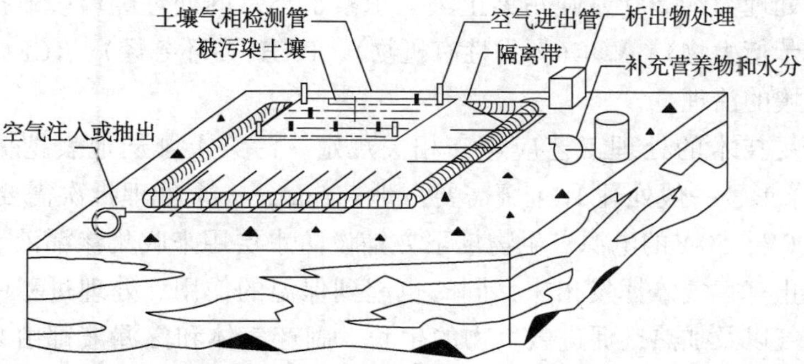

图 4-2-1　典型的污染土壤生物堆制处理场的总体布置

生物堆腐是制备床的又一种形式，它是利用好氧高温微生物处理高浓度的固体废弃物的一类特殊过程，包含有稻草或木屑之类的微生物、土壤有机缓冲剂如稻草或木屑，并补充氮和磷以及其他无机盐。通过加压或翻动的方法使其曝气，同时控制湿度、pH 值和养分。尽管该方法对土壤结构和土壤肥力有好处，但是在处理过程中容易产生气态污染物向大气环境的释放。污染物残余和长的处理时间则是另一问题。目前堆腐法主要有垄堆、好氧固定堆、机械堆肥等 3 种形式。生物堆腐法可用于回收的少量污染土壤的处理。

垄堆是将土壤按长条平行排列，并不时地翻动土壤进行通风、通气处理的方法。在好氧固定堆中，被处理的污染物质与一些蓬松材料（如木壳、稻谷壳）混合在一起。在堆中设有通气系统、喷灌系统及排水系统。可以通过向堆中通气及抽气方式实现空气流通，同时对出气进行处理。喷灌系统用来保持土堆的湿度及营养供给。排水系统用于收集渗漏水。机械堆肥是将处理的物质放置在一个封闭的容器中进行处理的一种方法。因此过程较好控制，也可防止异味的散发。此法可以通过翻滚的方式实现空气交换。

生物堆腐可用于溢油污染环境的污染物处理，可处理的污染物主要有回收的油品、污水、使用后的吸收剂、溢油污染的固体物质、回收的污染土壤等。对于回收的油品主要选择管道回注或再利用；对于少量的污水可以交污水处理厂或自行处理；使用后的吸附剂、固体物质等可以采用焚烧、掩埋或交垃圾处理场处理；而对于回收的少量的污染土壤可选择生物堆腐法处理。

一个典型的范例是国外科学家利用堆腐法对多环芳烃污染土壤进行的成功修复实验。他们将污染土壤与松树皮混合，二者比例为 1∶1。由于这种土壤保水力较差，所以在修复过程中需定时加水，并通过翻堆及加过氧化氢的方法进行通气。他们对 2000t 被多环芳烃污染的土壤进行了处理，大约 50 天以后，污染物含量由未处理前的 500mg/kg 降到处理后的 20mg/kg。试验结果还表明，氯、磷可以显著提高污染物降解速率，堆腐温度为 4℃时修复系统也可以运转。

土壤修复是一个世界级难题。不仅因为土壤的处理成本高昂，也因为其处理周期长，处理效果不稳定，不均匀。经过多年经验的积累，加拿大一家环保公司以其特有的技术占领了加拿大大部分土壤修复市场。该技术就是生物堆土壤修复技术。生物堆修复技术从 1986 年开始不断得到检验。该技术效费比高，处理后的土壤可以重新使用。公司每年处理大约200万吨污染土壤，积累了丰富的处理经验。该技术主要针对石油、BTEX(苯衍生物)、VOC(挥发性有机物)、PAH(多环芳烃)、TCE(三氯乙烯)等有机物污染土壤的治理。

生物堆修复技术的处理工艺应遵守相关规定。污染土壤从地表挖掘出来堆放成2~6m高的长条形，一般处理1t土壤需要占地0.5m^2，一个处理批次需要1~3个月且还需要三相600V、50A的电源。生物堆下方铺设防水层用来收集渗漏液。生物堆用塑料膜包裹，防止有害气体挥发出来，同时也起到保温的作用。处理过程中需要喷洒营养液，鼓入空气以及加热，促进微生物的生长。副产气体和渗漏液都由泵抽出，并经过后续净化处理，然后排放。经生物堆处理后的土壤，可以种上植物对土壤进行进一步净化处理。最后土壤质量可以达到农业土壤使用的标准。该技术适用的污染土壤对象主要有汽油、柴油等储罐周边渗漏污染地段；油田、输油管、炼油厂周边渗漏污染地段；军火库周边炸药沾污地段；杀虫剂、除草剂等农药沾污地段；化工及医药工厂周边污染地段；污水厂、填埋场、屠宰场周边污染地段。

生物堆修复技术的特点是可针对不同的有机污染物喷洒特定菌种以高效吞噬有机污染物；封闭处理过程中无污水废气病菌等二次污染物扩散风险；控制温度湿度实现最佳生物处理环境、加快处理速度；既可以在污染场地就地处理，也可以将污染土壤搬运到他处集中处理，适应性强；除挖掘土壤外无须大型设备，不用大量消耗能源，成本低、人工少、维护简单。

4.2.2 焚烧法

焚烧法是固体废物高温分解和深度氧化的综合处理过程，好处是大量有害的废料分解而变成无害的物质。由于固体废弃物中可燃物的比例逐渐增加，采用焚烧方法处理固体废弃物并利用其热能已成为必须的发展趋势，采用处理方法时通常设有能量回收系统。

垃圾焚烧是一种较古老的传统处理垃圾的方法，过去各国均大量建造焚烧炉，使垃圾焚烧法成为城市垃圾处理的主要方法之一。将垃圾用焚烧法处理后，垃圾能减量化，节省用地，还可消灭各种病原体，将有毒有害物质转化为无害物。现代的垃圾焚烧炉配有良好的烟尘净化装置以减轻对大气的污染。近年来垃圾焚烧法在国内外已开始进入萎缩期，已有超过15个国家和地区通过了对焚烧垃圾的部分禁令。

由于土地紧张，日本采用焚烧法较多，焚烧过程获得的热能可以用于发电，利用焚烧炉生产的热量可以供居民取暖，用于维持温室室温等。目前，日本及瑞士每年把超过65%的都市废料进行焚烧而使能源再生。

焚烧法的缺点是投资较大，焚烧过程的排烟可能造成二次污染，设备锈蚀现象也比较严重等。在焚烧垃圾时会产生二噁英气体，因而只有对焚烧产生的有毒有害气体进行一系列的处理后该法才能满足环保要求。

在很多领域和工业废物处理中，都会用到焚烧这一工艺。焚烧是一个复杂的化学过程，涉及化学、传热、传质、流体力学、化学热力学、化学动力学等许多过程。焚烧的工艺流程依次为分拣→破碎→进料→焚烧→排灰→烟气冷却→烟气净化。分拣的目的是挑出对焚烧炉设备和焚烧过程有害的物质，比如爆炸性物质和不可燃烧物质等，同时使物料具有尽可能均匀的组成和相近的热值。烟气冷却方法包括冷空气稀释法、喷水急冷法、热交换法等。破碎的目的是方便进料和充分燃烧，可借助切割机、锤磨机等完成，为防止着火破碎需要在保护环境中进行。

焚烧过程中应注意及时监测控制仪表和设备，应确保燃烧完全、减容和减重效果好；尾气净化满足排放要求；不出现腐蚀泄漏、管道堵塞等问题，设备寿命长、维修少；运行安全可靠，操作、维修和更换过滤器简便；对工作人员安全影响低，对环境影响少。

4.2.3 土壤热解吸法

污染土壤的原位热解吸技术原理是利用加热系统将空气加热到所需要温度(温度根据需要处理土壤中的污染物确定)；将加热空气注入到土壤中，将土壤加热到一定温度使有机污染物得以挥发、分离或分解，加热时间需要根据土壤中污染物的去除时间进行确定；经过真空抽吸井抽吸污染空气；根据污染物的不同进入锅炉焚烧或用其他方式进行处理。

空气加热也可在加热井内进行，加热井内需要保持一定气压，热空气通过加热井进入土壤缝隙，并将热量传给土壤。加热时土壤也可对污染土壤进行横向和纵向的逐层加热，在一个中心点对一定深度的土壤开始加热并逐步向四周扩散，当这一深度加热完成后再逐层向上加热，通过此加热方式以达到最高的热量利用效率和修复速率。

目前有一种新颖的基于污染土壤的原位热解吸处理系统，包括加热系统、加热井、抽吸井和气体处理系统。加热系统将加热的空气通过软性导管注入加热井，以达到加热土壤的目的。抽吸井安装有软性导管，该软性导管长短不一，有足够的长度保证其延伸至井底或井口；通过导管用泵将土壤中挥发或分离的污染物和空气一起通过抽吸井抽出。抽吸井抽吸出来的污染空气经气体处理系统送至锅炉或直接泵入锅炉进行焚烧。该系统的优点是通过热空气加热土壤，加热速率快、加热均匀和热量损耗小；有机污染物不仅可以从土壤中得以挥发、分离，而且可以直接分解；在使用锅炉作为加热系统的情况下，可以将抽出的气体送至锅炉燃烧；横向和纵向的逐层加热，使修复污染土壤速率快、能源消耗低。

4.2.4 土壤淋洗法

土壤淋洗的原理是试剂与土壤固相中的重金属发生作用，其中包括无机酸、碱、盐和螯合剂。土壤固持金属的机制可分为两大类，一是以离子态吸附在土壤组分的表面；二是形成金属化合物的沉淀。土壤淋洗原理是运用试剂与土壤固相中的重金属作用，形成溶解性的重金属离子或金属络合物，然后用清水把污染物冲至根层外，再利用含有一定配位体的化合物冲淋土壤，使之与重金属离子形成更稳定的络合物；或用带有阴离子的溶液，如碳酸盐、磷酸盐冲洗土壤，使重金属形成化合物沉淀。该方法的技术关键是寻找一种既能提取各种形态的重金属，又不破坏土壤结构的淋洗液。目前，用于淋洗土壤的淋洗液较多，包括有机或无机酸、碱、盐和螯合剂。Blaylock 等检验了柠檬酸、苹果酸、乙酸、EDTA、DTPA 对印度芥菜吸收 Cd 和 Pb 的效应。通过研究发现 EDTA 可明显降低土壤对铜的吸收率，吸收率与解吸率与加入的 EDTA 量的对数呈显著负相关。土壤淋洗以柱淋洗或堆积淋洗更为实际和经济，适用于面积小、污染重的土壤治理。淋洗法的缺点是易引起二次污染，导致某些营养元素的淋失和沉淀，破坏了土壤微团聚体结构，同时容易导致地下水污染。

土壤修复技术中的土壤淋洗技术是指将可促进土壤污染物溶解或迁移的化学溶剂注入受污染土壤中，从而将污染物从土壤中溶解、分离出来并进行处理的技术，是一种利用化学原理来修复污染土壤的常用技术。土壤淋洗技术与土壤水洗技术有所区别。土壤水洗是用清水对污染土壤进行洗涤，将附着在土壤颗粒表面的有机和无机污染物转移至水溶液中，从而达到洗涤和清洁污染土壤的目的。土壤淋洗的作用机制在于利用淋洗液或化学助剂与土壤中的污染物结合，并通过淋洗液的解吸、螯合、溶解或固定等化学作用，达到修复污染土壤的目的。土壤淋洗法按处理土壤的位置可以分为原位土壤淋洗和异位土壤淋洗。

原位土壤淋洗指通过注射井等向土壤施加淋洗剂，使其向下渗透，穿过污染带与污染物结合，通过解吸、溶解或络合等作用，最终形成可迁移态化合物。含有污染物的溶液可以用提取井等方式收集、存储，再进一步处理，以再次用于处理被污染的土壤。该技术需要在原地搭建修复设施，包括清洗液投加系统、土壤下层淋出液收集系统和淋出液处理系统。同时，有必要把污染区域封闭起来，通常采用物理屏障或分割技术。该技术对于多孔隙、均质、易渗透的土壤中的重金属、具有低辛烷/水分配系数的有机化合物、羟基类化合物、低相对分子质量醇类和羟基酸类等污染物具有较高的分离与去除效率。该技术的优点是无须对污染土壤进行挖掘、运输，适用于包气带和饱水带多种污染物去除，适用于组合工艺中。该技术的缺点是可能会污染地下水，无法对去除效果与持续修复时间进行预测，去除效果受制于场地地质情况等。

异位土壤淋洗是指把污染土壤挖掘出来，通过筛分去除超大的组分并把土壤分为粗料和细料，然后用淋洗剂来清洗、去除污染物，再处理含有污染物的淋出液，并将洁净的土壤回填或运到其他地点。该技术操作的核心是通过水力学方式机械地悬浮或搅动土壤颗粒，土壤颗粒尺寸的最低下限是 9.5mm，大于这个尺寸的石砾和粒子才会较易由该方式将污染物从土壤中洗去。通常将异位土壤淋洗技术用于降低受污染土壤土壤量的预处理，主要与其他修复技术联合使用。当污染土壤中沙粒与砾石含量超过 50%时，异位土壤淋洗技术就会十分有效。而对于黏粒、粉粒含量超过 30%~50%，或者腐殖质含量较高的污染土壤，异位土壤淋洗技术分离去除效果较差。

4.2.5 污染土壤治理的基本要求与工作流程

污染土壤修复首先要编制技术方案，项目实施方案编制的重要性主要在于有利于项目的管理。项目管理涉及方案编制、过程监督、验收监测 3 个工作阶段。方案编制工作阶段的基本工作依次为管理计划→工程设计→解决方案选择→治理目标确定→危害识别与风险评估→污染调查诊断。方案编制的基本要求是紧扣国家需求(符合规划要求);示范工程规模适度;突显示范作用(典型性);技术先进性明显(单一技术或技术集成);前期工作基础好;保障措施落实(配套经费/技术支撑);项目编制规范。项目编制前期的准备工作依次为项目储备→技术准备→工作基础,项目储备工作包括工艺研发、设备配套、技术储备,技术准备工作包括场地调查、风险筛查、建立档案。工作基础包括现场探勘、现场监测、风险分析。

污染土壤修复项目通常要编制可行性研究报告,可行性研究报告应反映立项的必要性、项目的技术可行性、项目预算的合理性。可行性研究报告一般由9大部分组成,即第1部分项目总论、第2部分项目背景、第3部分项目方案研究、第4部分投资估算、第5部分资源供给、第6部分财务评价、第7部分风险评价、第8部分综合评价、第9部分附件。项目总论部分应包括以下4方面内容,即项目概况(包括项目名称、项目建设单位、项目位置、项目周边目前现状、项目性质及主要特点、项目地块面积、研究工作依据、研究工作概况)、可行性研究结论(包括规划方案相容性结论、项目技术工艺适用结论、项目工程进度、项目组织管理、投资估算及资金筹措、经济和社会及环境效益评价、项目综合评价结论)、主要技术经济指标表、项目存在问题与建议。项目背景部分应包括以下2方面内容,即项目提出背景(包括项目区域自然环境现状,比如地理位置、地形地质条件、土壤类型、气候气象、水文状况、周围环境概况等;所在区域项目区域社会经济发展现状;所在区域相关产业和环境保护政策;重点从项目土壤污染的生态和人体健康风险方面进行论述项目提出的缘由)、项目进展概况(包括已进行的调查研究项目及成果;项目地块初勘及初测工作情况;项目投资的必要性)。项目方案研究部分应包括以下3方面内容,即土壤污染治理工艺技术方案(包括工艺技术方案比选;拟选方案主要技术特点和适用性分析;主要技术经济指标)、土壤污染治理工程方案(包括设备方案;设施方案;节能、节水方案;从业人员职业安全卫生健康;防止二次污染方案)、工程计划进度。工艺技术方案比选应关注以下10方面问题,即该技术是否针对目标污染物;技术处理的效果、成熟度;成本/效益是否合理;能否和其他技术集成使用;该技术当前是否能轻易获得;能否在规定的时间范围内完成任务;是否有环境和安全的不利影响;第三方认证和监测要求;是否符合各利益方的要求;是否满足法律法规的要求。项目方案研究的关键在于对工艺筛选、工程方案、风险控制等3个要点的分析,工艺筛选流程见图4-2-2,工程方案确定的基本流程见图4-2-3,风险控制主要应考虑处置、挖掘、闲置中的相关风险,这些风险的关键是生态风险(比如大气环境下风向植物转移至其他环境介质)和人体健康风险(比如周围人群、施工人员、"不知情"人员)。投资估算部分应包括以下11方面内容,即土地占(租)用费用;调查、勘测费用;污染土壤调查、评价费用;污染土壤防治方案编制费用;主体设施建设费用;公共配套设施建设费用;设备费用;管理费用;运行费用;各种税金支出;其他成本支出估算。投资估算分析的要点见图4-2-4。资源供给部分应包括以下5方面内容,即资金筹集与使用计划;主要设备的研制和采购方式;主要设施的建造;施工力量组织计划;项目施工期间和运行期间动力、水电等的供应。

风险评价部分应包括以下3方面内容，即技术风险分析、政策风险分析、潜在不可控因素和措施分析。综合评价部分应包括以下5方面内容，即经济评价(定性)、社会评价(定性)、环境评价、存在问题与建议、总体结论及建议。附件部分应包括项目申报单位的营业执照复印件；近两年财务报表；项目申报单位在相关领域的工作业绩证明材料；项目可行性报告编制单位的工程咨询证书。

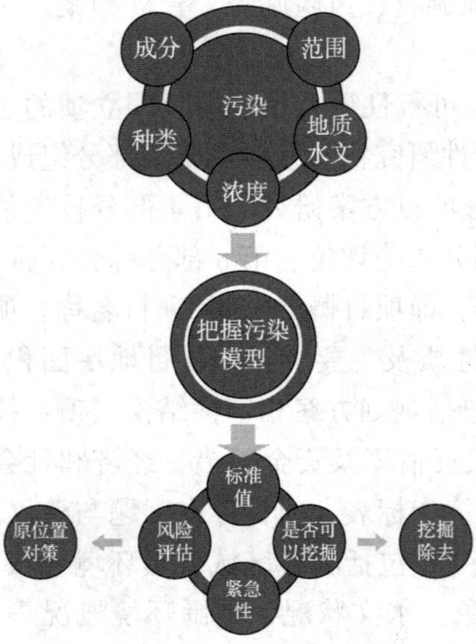

图4-2-2　工艺筛选流程

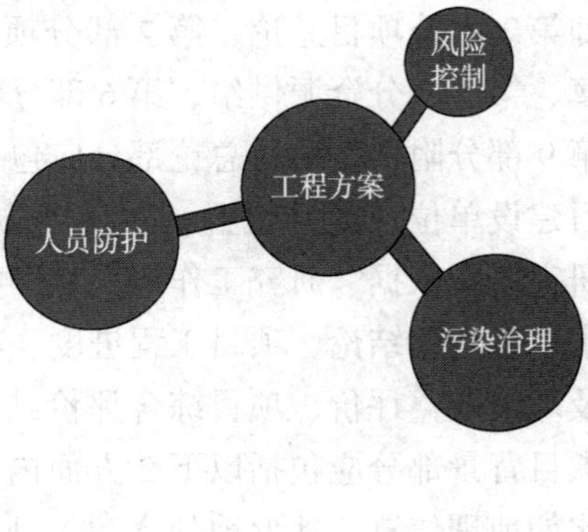

图4-2-3　工程方案确定的基本流程

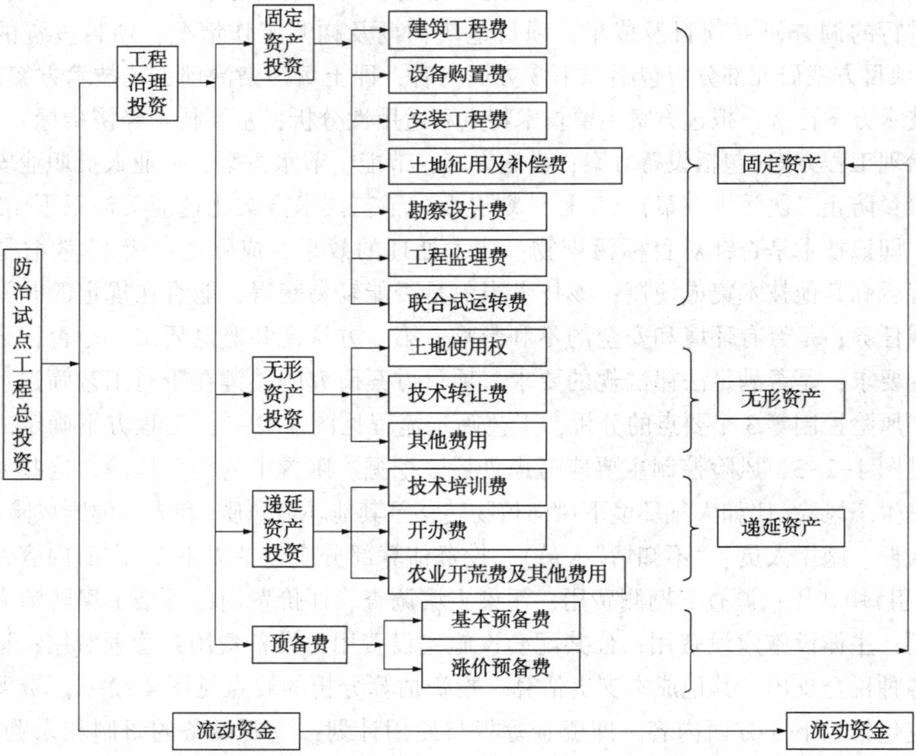

图4-2-4　投资估算分析要点

治理与修复的基本思路应有针对性。传统土壤学对土壤下的定义是“土壤是由岩石经长期成土过程发育而成、具有肥力特征、能够满足作物生长需要的地球表层物质”。环境土壤学对土壤下的定义是“土壤泛指具有矿物质、有机质、水分、空气和生命有机体的地球表层物质”。土壤污染是指由于人类活动(或自然作用)产生的污染物进入土壤并积累到一定程度，引起某种危害或不利效应的发生，以致土壤环境质量下降不能满足某种特定的土地利用功能要求的现象。重金属在土壤中存在形态主要有水溶态、交换态、碳酸盐结合态、氧化物结合态、有机结合态、矿物残留态，这些形态由前到后环境活性逐次降低、风险性逐次变大。Cd 在土壤中的形态变化万千，其在自然土壤中为碳酸盐态；在自然土壤(紫色土)中为残渣态；在外源(紫色土)中为交换态、碳酸盐态、氧化物态；在外源(黑土)中为有机态、交换态；在外源(黄棕壤)中为交换态、有机态；在施污泥土壤中为碳酸盐态；在污灌土壤中为碳酸盐态、氧化物态；在淤泥中为有机态、交换态、氧化物态。Pb 在不同土壤中也具有不同的形态，其在自然土壤(黑土)中为有机态、残留态；在自然土壤(紫色土)中为残留态、有机态；在自然土壤(灰钙土)中为有机态、残留态；在污灌土壤中为有机态、不溶态；在淤泥中为残留态、氧化物态。Zn 在土壤中的形态也变化多端，其在自然土壤中为残留态、氧化物态；在自然土壤(紫色土)中为残留态、有机态、氧化物态；在外源(石灰性土壤)中为碳酸盐态、交换态、氧化物态；在外源(中性土壤)中为有机结合态；在外源(酸性土壤)中为交换态；在施污泥土壤中为碳酸盐态；在污灌土壤中为有机态、不溶态；在淤泥中为残留态、氧化物态、有机态。Cu 在土壤中的形态同样多姿多彩，其在自然土壤中为残留态、有机态；在外源(黑土)中为有机态；在外源(中性土壤)中为有机态、交换态；在外源(酸性土壤)中为交换态、有机态；在施污泥土壤中为有机态；在淤泥中为有机态、氧化物态。

污染土壤治理与修复应采用基于“风险”的管理模式，应以以“减少风险”为目标，应贯穿风险评估、目标确定、技术筛选、方案优化、修复活动的终止全过程。应熟悉重金属在环境中的迁移转化规律(图 4-2-5)，应熟知重金属污染的健康风险(图 4-2-6)。

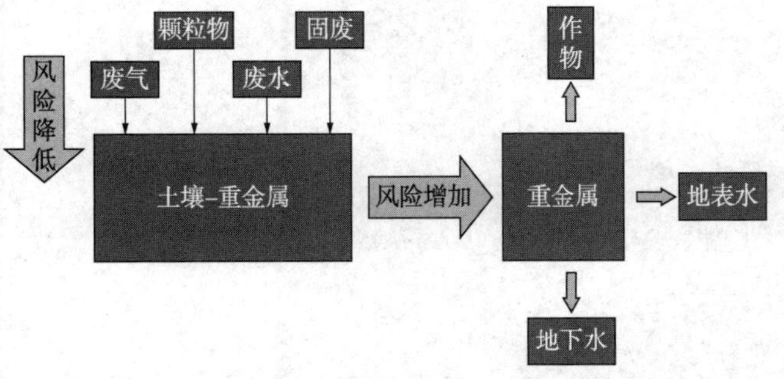

图 4-2-5　重金属在环境中的迁移转化规律

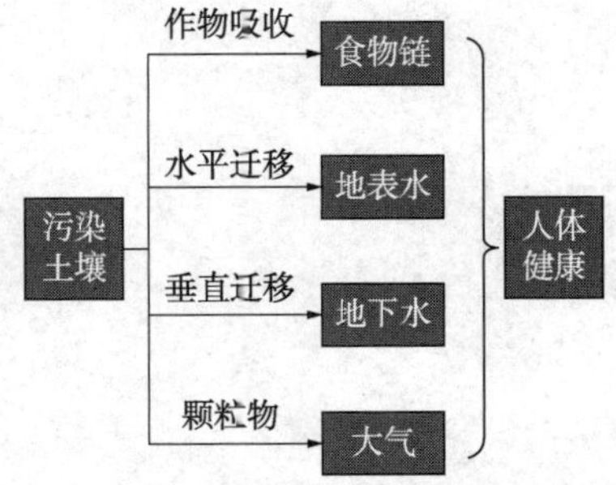

图 4-2-6　重金属污染的健康风险

污染治理与修复策略应贯彻风险控制、科学治理理念；应遵守系统性、整体性、安全性原则；应以资源化、安全利用为目标；应采取控源、截流/阻断、稳定化/提取等途径；应合理采用原位、异位方式。应合理确定污染土壤治理与修复技术路线，污染农田的治理路线通常为污染农田→农艺措施调控→耕作制度调整→土地利用方式改变→治理与修复，工业污染场地的治理路线通常为工业污染场地→治理修复→土地利用功能改变。

污染土壤治理与修复技术通常有物理法、化学法、生物法等三大方法。物理法包括客土/换土法、固化/稳定化、农艺措施；化学法包括酸碱调节、氧化还原电位调节、电动修复、化学淋洗；生物法包括植物修复、微生物修复。

典型的土壤污染案例是日本第一公害病“痛痛病”，该病是20世纪60年代发生于富山县神通川流域，直至70年代才基本证实是当地居民长期食用被含镉废水污染了的土壤所生产的“镉米”所致。神通川流域土壤污染及“痛痛病”发生历史大致如下，1874年开始采矿；1886年开始冶炼；1919年发现稻田受害与矿山废水有关；1961年特异地方病被命名为“痛痛病”；1968年确认“痛痛病”为矿山含Cd废水所致；1969年指定神通川为“痛痛病”发生区；1970年制定《土壤污染防治法》(农用地)；1971年对污染土壤进行详细调查和监测，5800公顷土地被认定为Cd污染对策地；1980年开始进行污染土地治理，分三期进行，截至2017年，已完成96%；2003年制定《土壤污染对策法》(市用地)。土壤污染的危害与治理难度可见一斑。

第5章

污染土壤原位修复的常用物理方法与化学方法

5.1 污染土壤原位修复技术

修复污染土壤的各种原位技术的选择应符合渗流区、饱和和不饱和源区的特点。各种原位技术均涉及将化学、生物或物理过程应用于降解、去除或固定污染物而不是去除大体积的土壤。与挖除和非原生境修复相比，这些技术的使用具有很多好处，比如可以解决深度污染问题且一般成本较低。实施修复时应详细了解每个原位技术的基本特征、实施要求、基于污染物和现场特性的适用性、一般限制条件、成本和技术应用的状态。应充分考虑其在现场的适用性。

人们将以修复为主要目的的原位技术分为三大类，即物理/化学修复技术，生物修复技术，热修复技术。物理/化学修复包括土壤气相萃取、固化/稳定化、土壤冲洗、化学氧化和电动分离。生物修复使用微生物或植被来降解、去除或固定土壤中的污染物，包括生物调节、植物修复和监测自然衰减。电阻加热、蒸汽注入和提取、导电加热、射频加热和原位玻璃化则是热修复技术。表 5-1-1 列明了各类污染土壤原位修复技术的有效性。多种原位修复技术的主要特征均是将液体或其他反应物运送到地下，因此，控制和监测这些流体或反应物的输送和回收能力是确定原位技术修复污染有效性的核心。由于地下条件和污染物特性各不相同，每个原位技术对其有效递送、控制和回收施用的流体和/或反应物和污染物的能力具有各不相同的优点和缺点。比如，土壤渗透性是能够递送化学氧化反应物或生物净化气体的重要因素，而其对于导电加热

表 5-1-1　各类污染土壤原位修复技术的有效性

污染物	非卤代 VOCs	卤代 VOCs	非卤代的 SVOCs	卤代的 SVOCs	燃料	无机物	放射性核素	炸药
原位物理/化学修复技术								
土壤气相萃取	√	√	×	×	√	×	×	×
固化/稳定化	×	×	+	+	×	√	√	×
化学氧化	+	+	×	+	×	Σ	×	+
土壤冲洗	√	√	+	+	+	√	×	×
电动分离	+	+	+	+	×	√	+	×
原位生物修复技术								
生物修复	√	√	√	Σ	√	Σ	Σ	√
生物通风	√	√	√	×	√	×	×	×
植物修复	+	+	+	Σ	+	+	×	×
原位热修复技术								
热修复（电阻加热、蒸汽注入和提取、导电加热、射频加热和原位玻璃化）	√	√	√	√	√	×	×	×

注：√有效；+一般；×无效；Σ适用于特定的化学类型。

而言并不重要，因此，对化学氧化或生物传导而言该参数的特征比导电加热更重要。近年来几种原位土壤修复技术(比如化学氧化和热修复)的使用越来越多，应用表明两种技术都是解决非水相液体(NAPL)污染源区污染问题的可行选择，另外，应重视审查这些技术的潜在协同作用以便构成修复系列以解决地下污染问题，这些综合方法有可能为各种土壤污染提供更有效的现场修复途径。典型的污染土壤原位修复技术见图 5-1-1。

(a) 电化学修复技术

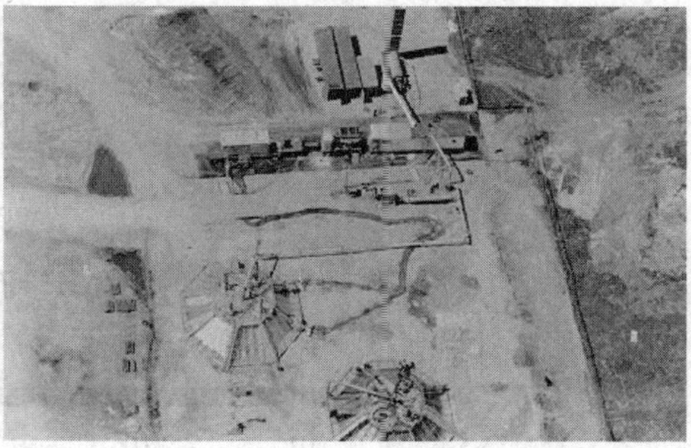

(b) 固定技术

(c) 土壤淋洗技术

(d) 土壤和地下水联合修复技术

图 5-1-1　典型的污染土壤原位修复技术

5.2 污染土壤的气相萃取修复技术

原位土壤气相萃取(SVE)是一种典型的修复技术，其借助真空来诱导受控的地下空气流从挥发性区域到表面收集挥发性有机化合物(VOC)和一些半挥发性有机化合物(SVOC)进行土壤修复。系统的特征是将鼓风机连接到由开槽的聚氯乙烯(PVC)制作的抽气井以引导穿越土壤基质的空气流，污染的空气被带到地表并通过蒸气/液体分离器以在修复空气之前去除所有的水分。对超浓缩的废物流进行修复通常借助吸附(活性炭)或通过热氧化系统完成。由液体分离器产生的水可能也需要修复(图 5-2-1)。当空气流中的预期浓度高到足以用于再循环的自由产物回收时可以考虑设置独立的冷凝修复系统。这种类型的系统通常不能用于化学品的混合物，且在某些时候当浓度下降时其冷凝器系统应进行更换。在土壤表面上通常应放置混凝土、沥青、土工膜或其他低渗透性覆盖物以防止空气流的短路并扩大提取井的影响半径。替代空气可通过鼓风机注入并将其引入地下，允许空气或空气流进入被动注入。竖井在SVE设计方法中使用最广泛，当污染物和/或水位较浅时可借助水平井或沟槽以提供更好的横向流动空间和优越的地层通道。

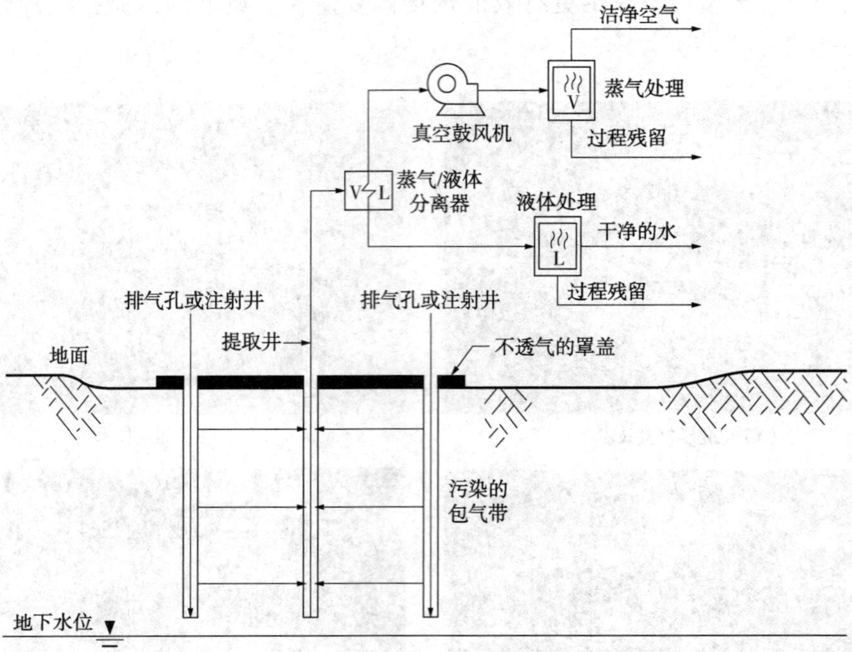

图5-2-1　典型的土壤蒸气提取系统

SVE工艺通过将吸附在土壤颗粒上或溶解在孔隙水中或非水性液体中的挥发性物质从凝结相分离后驱动到被地下吸入的土壤气体中，这个过程受污染物和土壤性质控制，这些控制因素包括污染物蒸气压力、亨利定律常数、溶解度、土壤固有渗透率、含水量(应该非常低，当然，非常干燥的土壤也可以抑制污染物的活度)、有机碳含量。SVE最适合用于有机碳含量低的排水良好的高渗透性土壤(比如沙土和砾石土)。低渗透性土壤或具有高碳含量的异质土壤用SVE修复比较困难且需要经常改变工艺流程，比如常见的气动或水力压裂问题。所谓压裂是指在低渗透层中产生裂缝或形成充满沙土的裂缝。高优先流动路径允许压裂，但大部分污染物负荷的扩散均是依赖低流量或有效土壤基质的。

像断裂一样，异质亚表面会提供不同的流动路径使可渗透层中的污染物无法有效去除，较少的渗透层中的扩散速率缓慢。渗透率较低的土壤中的扩散速率有限因而会延长修复所需的时间，因此，在类似的地点借助脉冲泵送技术可能会更有效，其中鼓风机根据预定流出物浓度启闭并且允许污染物扩散到"干净的"渗透层中。在适当(特定地点)的时间之后，鼓风机反转捕获浓度更高的土壤蒸气。在适用的情况下，这种方法可以节省电费和其他费用。

在SVE系统设计过程中，科学家建议在选择标准的影响范围(ROI)方法时设置提取井。这些方法通常需要根据离排气井的距离来测量真空差压。真空测量可以反映流动梯度的方向，但当测量的真空度接近环境压力时可能会给出错误的指示并导致井设置得太远。另外，真空测量无法提供通过各种地下物质的有效气体流量信息。比如，在沙和粉质黏土层上进行的一维测量会产生等效的真空，而有效的气体流动只通过沙子而几乎不通过粉质黏土。在污染区域内获得超过某些最低速率的孔隙速度是井相布局中最为关切的问题。

随着气相萃取系统的持续运行，流出物污染物浓度通常变得越来越低(稳态去除可获得非常低的浓度)。除非 SVE 系统改变了单个污染物种，否则排气流出物的测量应给出被去除的总质量以及相对化合物的浓度。当然，形态数据也有助于评估系统的效率，因为混合物中的化学物质具有不同的化学/物理性质，因此，它们将以不同的速率离开混合物，所以，总浓度的下降并不一定意味着可用污染物或系统效率的下降，而是预示着某些污染物种的耗尽。每个提取井的单独测试系统也是非常重要的，借助它们可以确定是否在所有井中都发生了浓度的下降，单独的测试头可能会掩盖系统中其他孔稀释的流量以及浓度低的孔的流量。

如果在数个月的时间里保持相近的较低浓度水平通常可被看作是 SVE 的工作已经取得成功并应该被关闭的迹象，然而 USACE(美国陆军工程兵团)指出“尽管提取的蒸气中浓度的降低表明该系统的有效性，但肯定不是土壤中的浓度按比例降低的确凿证据”。

除了达到清理目标之外，污染物浓度下降的原因包括该系统已经耗尽了可以稳定输送的污染物，并且它们以非常低的浓度持续存在，代表扩散速率受到了源区域吸收的限制；水位上升导致 SVE 系统的源区不再可用；土壤的干扰因素已经达到阻碍而不是促进 SVE 的水平。

测量的流量反映的是提取井附近的完全冲洗区域的稀释情况，其同时会低估更多污染区域的情况并认为其已接近停滞点。

如果在关闭系统、关闭站点特定确定时间后没有发现任何反弹则应进行确认抽样。确认的采样可以借助广泛的土壤气体调查进行，可借助统计确定的网格上的连续土壤采样数据或专业判断，也可通过使用直接推动工具(比如膜接口探针)或在烃存在下获得足够的先前特征信息来完成，还可借助激光诱导荧光光谱进行。

如果一个场地已经污染了地下水，则其应与渗流区污染一起修复。这时通常可使用多相萃取(MPE)系统来实现，其可同时从土壤中去除污染物并提取污染的地下水。

SVE 的成本主要与特定的场地有关，其次取决于水文地质条件、污染物的类型和数量以及废气是否需要修复。USACE 专门规定了一个估算成本的原则和相应的项目清单。SVE 是一种成熟的、广泛使用的技术，绝大多数污染处理公司均有能力实施这些技术。

5.3 污染土壤的固化、稳定化修复技术

固化和稳定化修复技术(S/S)是指使用化学和/或物理过程修复与放射性、危险和混合废物密切相关土壤的技术，固化技术将废物封装成固体材料，固化产物可以是整

体块、黏土状固体、颗粒状固体或通常被认为是“固体”的其他一些物理形式。其通过将污染物转化为具有较少可溶性、流动性或毒性形式(比如 Cr^{4+} 至 Cr^{3+})，稳定化技术降低了废物的潜在危害，但废物的物理性质和修复特性不一定会因稳定而改变。就像采用凝固法所做的那样，固化物的化学稳定性依赖于通过与污染物的物理或化学反应降低污染物迁移率而不是依赖污染物基质(比如土壤或沉积物)。有机和无机化合物的迁移率可以通过各种沉淀、络合、吸附反应来降低。目前常用的无机稳定剂包括可溶性硅酸盐、碳/磷酸盐(比如磷灰石)和硫基黏合剂。有机黏土也已被用作稳定有机化学物质，这些有机化学物质通过沉淀和络合作用后的稳定反应较差。

可以借助无机或聚合物黏合剂来实现 S/S 方法。最常见的无机黏合剂是波特兰水泥、火山灰(可与氢氧化钙反应形成具有水泥性质的硅质或铝质化合物固体)和水泥/火山灰混合物。虽然这些黏合剂对一系列无机阳离子和阴离子有效，但仍可以用于现场土壤、污染物和地下水(如果适用的话)的可修复性研究。

美国 EPA 的超级基金创新技术评估计划(SITE)于 1998 年 9 月评估了使用磷基和其他化合物的无机物的原位化学稳定性。土壤拯救和 Envirobond™ 修复产品被应用于位于俄亥俄州东南部的 Crooksville/Roseville Pottery 地区的一小部分铅污染土壤。这些产品通过螯合金属离子以降低其迁移率。两种产品的平均毒性特征浸出程序(TCLP)铅浓度降低了 99%以上。

配方水泥对有机污染物的 S/S 修复比无机污染物修复更为复杂。尽管可以使用 S/S 修复低浓度的有机污染物，但许多有机物会干扰水合过程并阻碍固体的固化。有机物下表面的浓度变化可影响经修复的废物或土壤的可浸出性和最终物理性能。Thorburg 等使用波特兰水泥来修复被煤焦油衍生的碳氢化合物污染的沉积物，结果表明，修复后的沉积物以高于其有效溶解度的浓度浸出多环芳烃(PAH)、中等芳香族和脂肪族烃，大多数胶结过程是放热的，并且由固化过程产生的热量有挥发挥发性有机化合物的潜力。

在污染土壤上应用原位 S/S 技术最重要的挑战是实现黏合剂与污染基质的完全均匀混合，可借助以下 3 种基本方法将黏合剂与基质混合，即垂直螺旋搅拌、浅入场混合、注射灌浆。

垂直螺旋搅拌混合需要一个螺旋钻系统将黏合剂注入和混合到土壤中。修复深度受到转动螺旋钻所需的扭矩的限制。采用较小直径的螺旋钻意味着每单位面积需要钻更多的孔，这样会增加深度混合的成本。如果现场存在挥发性有机化合物或汞则应捕获和修复污染物中的蒸气并将气体输送到现场修复系统，捕获通常通过覆盖在混合区域的顶罩来完成。

就地混合涉及通过常规的土方移动设备(比如拖拉线、反铲或蛤壳式桶)将黏合剂试剂与废料进行铺展和混合的问题，也可使用大型螺旋钻机进行就地混合，该技术仅适用于表面或浅层污染物沉积的情况。

一种新型的就地废物混合可用于大面积的重金属污染土壤。可以将石灰稳定的生物固体犁入污染的土壤中形成一种降低重金属毒性和生物利用度的混合物，同时提供适合支持植被的土壤。

注射灌浆的特点是在压力下使含有溶解或悬浮修复剂的黏合剂强制进入地层从而渗透土壤，灌浆注射可以应用于位于地表以下的污染地层，注射灌浆固化到位后会形成原位修复的块体。

聚合物黏合剂是热塑性或热固性的。热塑性黏合剂是可以反复熔化成流动状态并在冷却时硬化的材料，聚乙烯、硫黄聚合物和沥青是这些可塑性黏合剂的典型代表。热固性黏合剂是需要组合几种液体成分(比如单体、催化剂、促进剂)的材料，当其组合完成时就会硬化成不能再加工的固体。热塑性黏合剂在120～180℃的温度范围内工作，这可能是含水量高的土壤中的一个难以解决的问题。热固性黏合剂可在正常环境温度下工作，但其不适合高含水量情况。虽然聚合物黏合剂是有效的，但它们可能难以在原位处理中使用。

美国陆军环境政策研究所估计，使用磷酸磷灰石黏合剂的金属原位 S/S 修复成本为每吨约 60 美元；使用波特兰水泥的金属处理成本每吨约 150 美元；使用铵改性波特兰水泥的有机物处理成本每吨约 130 美元；使用聚乙烯的费用每吨约 720 美元。美国波特兰水泥协会也有详细的成本计算数据。

5.4 污染土壤的化学氧化修复技术

化学氧化修复技术的特点是通过减少/增加氧化(氧化还原)反应，用化学方法将有害污染物转化为更稳定、流动性更少或惰性的非危险或毒性较小的化合物。氧化还原反应涉及电子从一种化学物质转移到另一种化学物质的过程。具体来说，就是一个反应物被氧化(失去电子)、一个反应物被还原(获得电子)。目前已知的能够修复污染物的氧化剂有很多种，常用的氧化剂包括高锰酸钾或高锰酸钠、Fenton 催化的过氧化氢、过氧化氢、臭氧和过硫酸钠。每种氧化剂都有其优点和局限性，可同时用于土壤污染和一些源区污染的治理，且主要用于修复地下水。

用于现场清理的氧化剂选择中的应关注几个关键问题，即氧化剂能否降解污染物?其是提高效率所需的催化剂还是其他添加剂？土壤氧化剂的要求(SOD)是什么？SOD 是对土壤中天然存在的材料如何影响一些氧化剂性能的评价。对于非选择性氧化剂，由于需要更多的氧化剂，高的 SOD 要求会增加清洗成本。还应关注土壤/地下水系统的天然 pH 值。一些氧化剂需要在酸性环境下才能工作。如果土壤是碱性的则除了氧化剂之外还需要使用酸。也应关注氧化剂的分解速率对应用过程有何影响。有的未反应的氧化剂可能在地下保留数周至数月，也可能在注射后数小时内自然分解。

化学氧化修复技术选择的输送系统的类型取决于污染物的深度、氧化剂的物理状态(相态)及其分解速率。反铲、挖槽机和螺旋钻已被用于将液体和固体氧化剂加入污染的土壤和污泥中。液体氧化剂可以借助重力通过井和沟槽输送或通过注射输送。对于渗流区，重力方法具有影响面积相对较小的缺点。借助井的筛网或直接推(DP)钻机的探头对液体或气体进行加压注射可迫使氧化剂进入地层。DP 钻机提供了一种经济有效的输送氧化剂的方法，如果需要可以将小直径孔作为井以备完成后续注射工作。还可用液压或气动压裂方式加入高锰酸钾等固相化学氧化剂。

现场地层特征在氧化剂分布中起重要作用。细粒单元难以渗透，可将氧化剂重新导向到更可渗透的区域，因此，随着污染物的扩散它们可能成为反弹的根源，长寿命氧化剂(比如高锰酸盐)具有在这种扩散发生时保持活性的潜力且它们可以减轻一些潜在的反弹。

化学氧化修复技术通常需要多种氧化剂同时应用，表 5-4-1 给出了在现场经常出现的污染物对氧化剂的反应特征，表 5-4-1 中的缩略语可参考附录。

表 5-4-1　日常发现的污染物对氧化剂的反应程度

氧化剂	高	中	低
臭氧	PCE，TCE，DCE，VC，MTBE，CB，PAHs，酚类，爆炸物，PCBs，农药	BTEX，CH_2Cl_2	CT，$CHCl_3$
过氧化氢	PCE，TCE，DCE，VC，CB，BTEX，MTBE，酚类	DCA，CH_2Cl_2，PAHs，爆炸物	TCA，CT，$CHCl_3$，PCBs，农药
过氧化钙	PCE，TCE，DCE，VC，CB	DCA，CH_2Cl_2	CT，$CHCl_3$
芬顿试剂	PCE，TCE，DCE，VC，CB，BTEX，MTBE，苯酚	DCA，CH_2Cl_2，PAHs，爆炸物	TCA，CT，$CHCl_3$，PCBs，农药
钾/高锰酸钾	PCE，TCE，DCE，VC，TEX，PAHs，酚类，爆炸物	农药	苯，DCA，CH_2Cl_2，TCA，CT，CB，$CHCl_3$，PCBs
过硫酸钠(铁)	PCE，TCE，DCE，VC，CB，BTEX，苯酚	DCA，CH_2Cl_2，$CHCl_3$，PAHs，爆炸物，杀虫剂	TCA，CT，PCBs
过硫酸钠(热)	所有 CVOC，BTEX，MTBE，PAHs，酚类，爆炸物，多氯联苯，农药	—	—

在非水相液体的特殊情况下，水溶液中的氧化剂只能与污染物的溶解相反应，其原因是两者不会混合，该性质将其活性限制在氧化剂溶液/NAPL(非水相液体)界面。

化学氧化修复技术的成本取决于地下水的异质性、土壤氧化需求、氧化剂的稳定性以及污染物的类型和浓度。在不考虑这些特定的站点属性的情况下，仅按体积比较不同技术的处理成本时应慎重，美国的 ITRC 和 Brown 均有成本数据的发布。原位化学氧化已经在许多场所使用，相关的资料可从各污染处理公司处获得。

应重视钠或高锰酸钾的作用。高锰酸盐是具有低标准氧化电位和高 SOD 的污染物的非特异性氧化剂，它可以在宽范围的 pH 值下使用而不需要催化剂。高锰酸盐会长期存在于地下，因而容易与污染物发生更多的接触并具有减少反弹的潜力。高锰酸盐氧化有机物质时会形成深棕色至黑色的氧化锰(MnO_2)沉淀，在用高浓度高锰酸盐修复大体积的 NAPL 的过程中，这种沉淀可形成减少氧化剂与 NAPL 之间接触的涂层。这种减少对污染物氧化的负面影响程度尚难以量化。高锰酸钾的溶解度低于钠，因而通常以较低的浓度施用。商业级高锰酸盐可能含有高浓度的重金属，并且它们可能会降低修复区的 pH 值。如果计划采用生物修复作为最后的表面修复程序，则高锰酸盐会对微生物活性产生不利影响并可能导致微生物分布的变化，当然这种效应通常是短暂的。另外，还有一些证据表明，高锰酸盐可能对 Dehalococcoides Ethenogenes（产乙烯脱卤拟球菌）、完全脱氯四氯乙烯（PCE）和三氯乙烯（TCE）的微生物物种具有抑制作用。

应重视 Fenton 的催化过氧化氢的作用。Fenton 试剂在硫酸亚铁存在下使用于过氧化氢会产生强氧化剂的羟基自由基，其反应快并释放氧气和热量，因此可能难以控制。由于其反应快，故其对注射点周围的影响范围很小。在常规应用时其反应需要在酸化的环境中进行，其通常需要注射酸以便将修复区域的 pH 值降低至 3~5，该反应将二价铁氧化成三价铁并使其沉淀，这可能导致注入点附近土壤渗透性的降低。随着时间的推移，亚铁离子的消耗可以限制该方法的反应速率。螯合铁可在中性 pH 值下用于保持其亚铁状态的铁从而消除对酸的需求。该反应的副产物相对较好，反应的热量可能加快污染物的解吸或溶解并使其随后被破坏，也可能迫使污染物从修复区移走或允许它们逃逸到大气中。在表面修复中利用 Fenton 试剂存在安全性问题，有潜藏在地下的暴力反应。地下可能有足够的铁或其他过渡金属，抵消对添加硫酸亚铁的需要。尽管可以加入催化剂以增加过氧化氢的氧化电位，但也可以单独使用过氧化氢来氧化污染物。过氧化物氧化是一种放热反应，可以产生足够的热量来煮沸水分。热量的产生有助于使污染物进一步降解并允许它们逃逸到地表面。由于其具有高的反应速率和分解速率，因此，过氧化氢不可能解决低渗透性土壤中发现的污染物问题。淤浆形式的固体过氧化物（比如过氧化钙）可以调节溶解的速率以及产生的过氧化物，从而使其更均匀地分布。

应重视臭氧的作用。作为更强氧化剂之一的臭氧可以作为气体使用或溶解在水中使用。作为气体使用时，臭氧可以直接降解和溶解多种形式的化学物质，并为有氧条件下降解污染物提供富氧环境。它也可在水中降解形成自由基物质，这种物质具有高反应性和非特异性。使用臭氧时可能需要比其他氧化剂更长的注射时间，并且在地表面上可能需要蒸汽控制设备。由于其独特的反应性，臭氧可能不适合缓慢扩散至低渗透性土壤里。

应重视过硫酸钠的作用。过硫酸钠是一种强氧化剂，具有比过氧化氢更高的氧化电位，还具有潜在的低于高锰酸盐或过氧化物的 SOD。过硫酸盐反应缓慢，除非将其置于催化剂（比如 Fe^{2+}）存在的条件下或将其加热以产生高反应性并能够降解许多有机化合物的硫酸盐自由基。温度在 40℃ 以上时，过硫酸盐变得特别活泼并可以降解大部分有机物。像 Fenton 试剂一样，亚铁催化剂使用时会随时间而降解、沉淀。

5.5 污染土壤的冲洗修复技术

土壤冲洗修复技术需要借助适当的溶液淹没污染区域以从土壤中除去污染物。修复过程中，水或液体溶液被注入或渗入污染区域，污染物通过溶解形成乳液或与冲洗溶液发生化学反应而得以激活，然后穿过污染区后将污染物流体收集并带到地面上进行修复处理，然后再次循环或现场修复和再注入，直至污染处理结果满足要求为止。土壤冲洗的效果取决于系统输送、控制流动和回收冲洗液的能力。

用于土壤修复的冲洗溶液可以是水、酸性溶液、碱性溶液、螯合剂或络合剂、还原剂、助溶剂或表面活性剂。水会摄取水溶性(亲水)物质或能被水移动的污染物组分。酸性溶液可用于去除金属或碱性有机材料。碱性溶液可用于去除锌、锡、铅之类的金属以及一些酚类物质。螯合剂、络合剂和还原剂可用于回收一些金属。共溶剂通常是可混溶的，其对一些有机物有效。表面活性剂可以帮助去除疏水性有机物。

在土壤冲洗修复过程中使用最多的技术是借助用于燃料和氯化溶剂的表面活性剂和共溶剂驱油。目前，各种表面活性剂(阳离子、阴离子、非离子)种类繁多，它们通常都可以在流体组合物中进行调节。目前，阴离子或非离子表面活性剂使用较多，其原因是它们的负电荷或中性电荷会降低它们被带负电荷的黏土颗粒吸附的可能性，而且它们的毒性通常比阳离子表面活性剂低。

各种表面活性剂通常由疏水和亲水的化学组分构成，这意味着其分子的一端会被油(或有机化合物)吸引，另一端会被水吸引。主要用于增加污染物(通常为 NAPL)溶解度的表面活性剂的作用是增溶冲洗流体，可选择能产生超低界面张力的表面活性剂用于激活冲洗流体。只有在充分确定其能够回收溶液时才能考虑激活冲洗流体，比如在修复区下面存在堵管基岩或毛细管屏障时。

一些典型的表面活性剂溶液也可以含有电解质和助溶剂之类的添加剂，表面活性剂溶液除了应对目标污染物有效外，还应与位点土壤的特异性、土壤孔隙水及地下水(如果存在的话)相容。异丙醇之类的共溶剂可用于改善表面活性剂在溶液中的溶解度并确保表面活性剂/污染物溶液具备可接受的黏度，向表面活性剂溶液中添加化学物质的副作用是必须在回收端将添加剂与污染物一起进行处理。

醇是常用的共溶剂，能够溶解在水和 NAPL 中的化学物质，醇的挥发性使其能进入到 NAPL 和水相中，通过分层作用影响 NAPL 的黏度、密度、溶解度和界面张力。NAPL 的物理性质随着可用于相互作用的醇的数量的变化而变化，还与醇是否优先溶解于 NAPL 或水中有关。要实现完全的混溶性并产生可泵送的溶液就必须确保 NAPL 的密度以及溶液中醇和水的比例满足要求，这种溶液的密度可能远高于水。

在借助表面活性剂和/或共溶剂实施土壤冲洗修复工作之前应进行实验室测试和样本比率可修复性测试以确保能选择出最适合污染物以及位点土壤特异性和地球化学条件的试剂。地下条件的建模通常是为了确保运送系统的最佳。冲洗修复技术在相对均匀和可渗透($K \geq 10^{-3}$ cm/s)土壤中最为有效。不均匀的土壤会降低冲洗流体扫掠的效率并可能影响试剂和目标污染物之间的最佳接触。将冲洗修复技术用于相对均匀但渗透性较低($10^{-4} \sim 10^{-5}$ cm/s)的土壤是可行的，但需要构建高诱导梯度来移动试剂，同时会大大增加修复时间。可能对冲洗效率产生不利影响的其他土壤因素主要有阳离子的高交换能力、高缓冲能力、高有机土壤含量和 pH 值。

土地修复规则和地下注射控制要求也可能会限制冲洗液的选择。以干式清洗机为例，由于监管部门对异丙醇毒性和持久性的关注，不得不用乙醇代替异丙醇。在含水层已经被污染的地区通常允许原地冲洗饱和或不饱和土壤，但要有许可证，申请许可证时必须列明涉及的所有化学品(包括未反应的化合物和杂质)。

欧美国家对一个干洗店的土壤 PCE(四氯乙烯)污染进行了成功的修复，修复工作以酒精作为泛发剂，修复地区的地下水深度为 8in(2.44m)，修复区由 24in(7.32m)至 9in(2.74m)的椭圆形源区构成，修复区距地面 26in(7.92m)至 31in(9.45m)。将约 9000gal(合 $34m^3$，$1m^3$=264.154gal[U.S.])的 95%乙醇/5%水溶液注入目标区域。在现场修复了约 160000gal(合 605.7m^3)的 PCE/乙醇/水的三元混合物以除去 PCE。乙醇/水溶液未在现场处理。回收了 42L PCE(约占估计量的 63%)。乙醇的优点在于它可以高质量地留在地下，而其他醇(比如异丙醇)则由于其毒性而不得不被禁用。残留的乙醇会形成有机底物而促进剩余 PCE 的后续微生物还原脱氯过程。如果将乙醇回收并再利用则总体成本可能会进一步降低。

土壤冲洗之所以被认为是一种成熟的技术归因于其在油田土壤修复中的成功应用，但它在其他环境领域中的应用仍然非常有限。

5.6 污染土壤的电动分离修复技术

电动分离修复技术依赖施加的通过土壤的低强度直流电从不饱和土壤、污泥和沉积物中分离和提取重金属、放射性核素和有机污染物。在土壤块的每一侧成对将电极埋入地下进而将电流施加在被污染土壤上。在电迁移期间，带正电的化学物质(比如金属、铵离子和一些有机化合物)朝阴极移动，带负电荷的化学物质(比如氯化物、氰化物、氟化物、硝酸盐和带负电荷的有机物质)迁移到阳极(图 5-6-1)。电迁移不需要借助平缓的流动孔隙水使化学物质移动。在细粒土壤中电流会导致电渗，所谓电渗是指地面水或土壤孔隙水在电极之间的电致水力流动，这种流动可以携带带中性的物质。悬浮的、带电荷的胶体和微粒也可以通过电泳过程发生电动移动，这种情况下的电泳类似于电迁移，其移动的只能是物质而不是单分子。

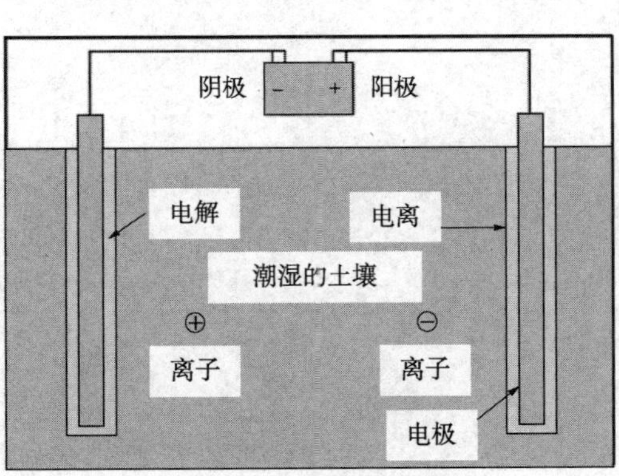

图 5-6-1　简单电动分离系统

电能会转化为化学势能因而引发电解反应，电解反应在阴极产生 H_2和 OH^-，在阳极产生 O_2和 H^+。这些反应会导致阳极附近产生酸性前体、阴极附近产生碱性前体并相互迁移。酸性前体有助于提高阳离子物质的迁移率，但在一些土壤中它可能阻止电动吸附，因此需要控制前沿的氢氧化物以避免某些目标金属离子过早沉淀。

电动分离技术可应用于污染物浓度 1~10000mg/L 的土壤修复，但其对于修复具有显著浓度差异的多种污染物土壤可能不是非常有效。处理后的目标化合物被提取到回收系统中或沉积在电极处。在带电离子(阴离子/阳离子)活性剂和中性表面活性剂之间进行选择时应注意使用表面活性剂和络合剂来增加溶解性及促进污染物的运动。当电渗流方向从阳极到阴极时其流动会有助于阳离子物质的处理并阻碍阴离子物质的处理。

为确保电动修复的正常进行，土壤中的水分必须满足导电要求以便能使电迁移过程顺利进行，不饱和土壤是电动修复的最佳土壤。电动修复的去除效率与目标污染物的溶解度(可用表面活性剂表达)及其电荷相对于其他离子或污染物质的浓度直接相关。不利的场地条件包括阳离子交换能力高、缓冲能力高、天然有机物含量高、土壤盐度和水分含量过低。地下存在金属结构或公用设施时也会对电动修复效能产生不利影响。

人们已经在多个混合污染地点证明了电动分离的有效性。以 Cr^{4+} 为目标污染物的专利应用获得了良好效果。人们还发现，电动修复的长期效果与预期效果间存在很大差异，这表明该技术的有效性并不是非常稳定。

欧美发达国家开发的 Lasagna™ 技术是原位修复与电动分离结合的污染土壤修复系统。在该系统中，电极阵列和修复区(比如粉碎的石灰石、零价铁)是分层隔开的。施加的电流驱使污染物移动进入修复区域并在那里被破坏或固定。Lasagna™ 技术成功应用于一个 DOE 气体扩散工厂 TCE 污染黏土的修复。

由于电动分离的应用案例不是很多，准确的全面应用的成本数据也非常少，其处理成本与目标污染物浓度、非目标离子的多寡、土壤特性和水分含量关系密切且变化显著，欧美国家的初步估算成本为每立方码 60～180 美元(合每立方米 78～235 美元)，个别高的可达每立方码 240 美元(合每立方米 314 美元)。

第6章

污染土壤原位治理的常用生物修复技术

生物修复借助微生物或植被(植物修复)实现。天然存在的许多微生物(常见的是细菌和真菌)可以将危险化学物质转变成比其原始化合物危害性小的物质。微生物也被用来改变一些有害金属(比如 Cr^{4+})的化合价从而使它们的危险性和流动性变小。自然界中有些植物物种具有生物累积土壤中重金属的能力，还有一些树种可以螯合、破坏和/或蒸发各种有机化合物。

微生物生物修复的发生需要污染部位存在需氧和厌氧条件，这些条件可以是固有的和/或用于增强生物降解的。内在的生物修复依赖土著微生物降解污染物而无须任何其他辅助手段。监测自然衰减(MNA)技术通常以内生生物修复作为重要的去除机制。在增强的生物修复过程中通过控制微生物环境来促进生物降解的过程，通常的方法是通过提供诸如空气、有机底物、营养物和其他化合物来改变和操控环境使其修复过程不受限制，某些情况下也可通过添加微生物培养(生物增殖)来增强生物修复能力。

6.1 污染土壤的生物化学修复技术

土壤的生物净化需要将气体注入地下以增强污染物的生物降解效果。这些气体的作用在于维持地下的需氧或厌氧要求以及提供能够发生代谢降解的底物。

6.1.1 有氧生物净化

有氧生物制剂在修复有氧可降解污染物(比如燃料)方面有着良好的表现，生物净化过程中向具有低氧浓度的污染不饱和土壤供氧以促进有氧微生物的生物降解，微生物借助提供的氧气来氧化污染物并获得能量和碳以促进其生长，氧气通常是将空气推入地下的空气注入井而引入的。

有氧可降解的污染物可通过生物净化进行修复，在这方面受到关注最多的是燃料。欧美科学家对采用生物修复技术的大量被石油烃污染的土壤的生物传播规律进行了研究，在取得初步成效的试点区域设置生物安全装置，并以这些地点的生物表现为依据编制出了相应的工作手册。工作手册的内容非常广泛，包含有关生物制剂原理的信息；现场表征；现场可修复性测试；系统设计、运行和安装；现场关闭；污染物去除程度展示和相关的机制与技术。上述大量的研究工作证明生物净化是修复受石油产品污染的不饱和土壤的经济有效方法，该技术已在欧美发达国家许多地区得到了监管部门的接受和认可，这种技术在私营部门的应用也不断增加，美国环保局给出的处理费用估值为每立方码 20~90 美元(合每立方米 26~118 美元)。

除了燃料污染土壤以外，人们还借助需氧生物修复技术修复了各种其他污染物污染的土壤，这些污染物包括非卤素溶剂(比如苯、丙酮、甲苯和苯酚)、轻度卤代的溶剂(比如 1,2-二氯乙烷；二氯甲烷和氯苯)和 SVOC(比如一些多环芳烃，见图 6-1-1)。前述工作手册中阐述的原则也适用于有氧可降解的非燃料污染物，但由于这类污染物的治理经验不是非常丰富，因此可能需要更多的数据支持，比如可能需要进一步的实验室实验和中试规模的研究来评估方法的有效性，还需要设计生物修复系统、估计修复时间并证明生物降解是其主要的去除机制。评估该技术修复其他污染物的可行性的关键是了解与生物降解性对应的挥发性。

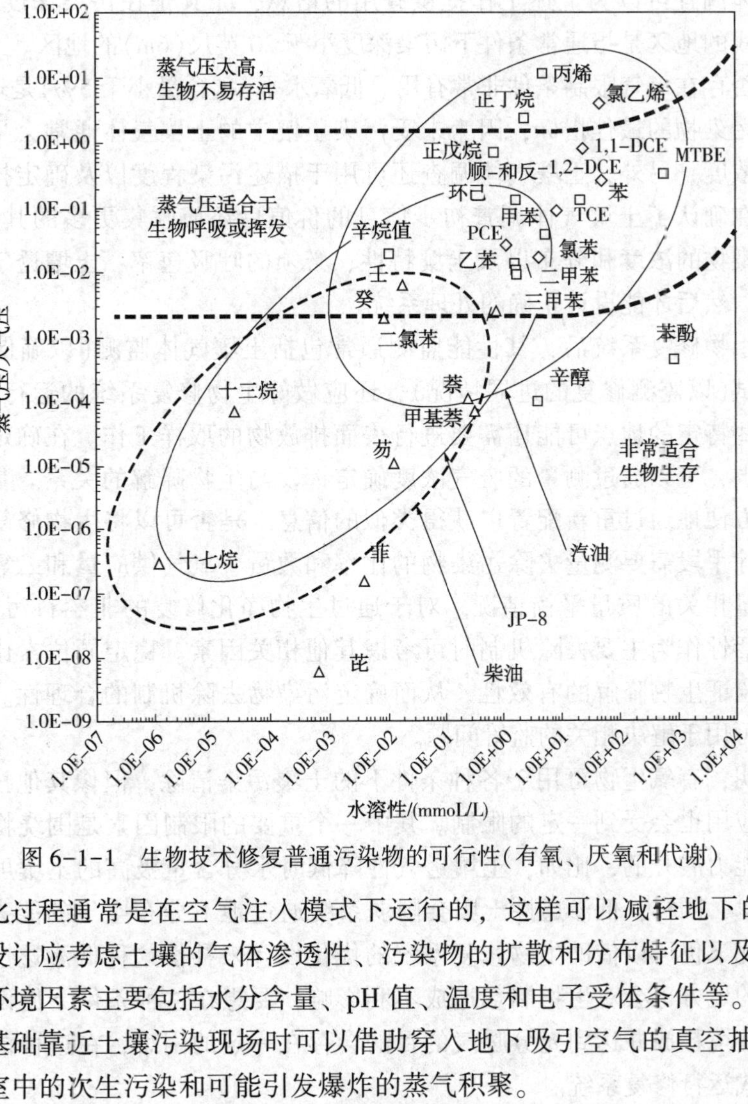

图 6-1-1　生物技术修复普通污染物的可行性(有氧、厌氧和代谢)

生物净化过程通常是在空气注入模式下运行的，这样可以减轻地下的低氧水平。注射系统的设计应考虑土壤的气体渗透性、污染物的扩散和分布特征以及相关的环境因素，这些环境因素主要包括水分含量、pH 值、温度和电子受体条件等。当建筑物或类似结构的基础靠近土壤污染现场时可以借助穿入地下吸引空气的真空抽提井以防止建筑物地下室中的次生污染和可能引发爆炸的蒸气积聚。

萃取的气体需要修复，因为这些挥发性化合物可以在地面进行处理。在没有电力供应的地方和偏远的情况下可以借助被动送风系统完成修复工作。被动送风系统借助单向阀和大气压力的变化来将空气输送到地下，当然，采用被动系统时可能需要更长的修复时间，这些都取决于供应到地下的空气的数量。与土壤蒸气提取技术比较，各种生物处理的传送系统均采用很低的空气流速且仅提供增强去除所需的氧气量，正常操作时空气注入的低流量不会引发通过挥发将污染物释放到大气中的情况的发生。

为确定使用的生物的活性是否适合于特定位置的土壤就必须对现有的各种现场数

据进行评估，且在需要时还应收集其他数据，比如，需要知道关于污染物类型、数量和三维分布特征的信息，其中包括是否有生物基产品的存在及存在位置，是否有污染管道或水箱引发的二次污染。当单独的生物净化不足以修复大量土壤或修复场地的生物基产品正在释放过程中时。还需要了解有关历史水位和土壤特性(比如透气性)的信息。土壤气体调查可以为上述工作提供有用的信息，尤其是在污染深度较浅的地区，污染深度较浅的地区是指通常条件下污染深度小于20英尺(6m)的地区。土壤气体调查对于确定是否存在氧气限制条件非常有用。低氧水平(氧含量小于5%)是现有细菌能够降解所关注污染物的最佳指标，因为未受污染土壤中的土壤气体通常会呈现与环境空气相似的氧浓度。另外，土壤气体调查还可用于描述污染程度以及确定排放井和监测点的位置。在确认了土壤气体调查初步信息的价值后还应收集更多的其他具体信息，比如土壤污染物的浓度和分布以及土壤特性、必须的呼吸速率、土壤透气性和氧气的影响半径等，然后才能设计正确的处理系统。

在构建生物修复系统后，其性能监测通常包括土壤气体监测(以确保现场充氧)、原位呼吸测试(以监测修复的进展情况)，还应做好生物修复系统的运行和维护工作。另外，在一些特定的地点可能还需要进行表面排放物的取样工作。在确定使用萃取生物活性的位点，可以通过测量的废气浓度确定挥发与生物降解的关系。基于注射的处理系统可以方便地通过重新配置以获得类似的信息。是否可以将生物修复作为土壤污染的主要去除手段需要测量去除污染物的比率和数量、氧气供应量和二氧化碳产生量以及与三种量相关的质量平衡情况。对于通过生物净化修复的非燃料污染物的场所，在确立生物活性作为主要去除机制时可考虑其他相关因素。稳定同位素比率的测量也可用于定性验证生物降解的有效性，从而确定污染物去除机制的合理性。这种测量不是必需的，可用于解决相关的监管问题。

实践证明，有氧生物可用于各种条件下的土壤污染清除，但像其他技术一样，其生物制剂的应用也会受到一定的限制。其中一个重要的限制因素是围绕将氧气输送到污染土壤的能力展开的，比如，土壤透气性降低时水分含量极高的土壤可能难以采用生物修复技术，同样，低渗透性土壤会削弱系统通过地下分布空气的能力，然而，在上述两种情况下仍可以借助生物修复系统的优化设计来补偿这种低渗透性的影响。另外，污染浅的地方也会对生物制剂造成不利影响，要想在这种条件下使设计系统最大限度地减少环境释放并达到充分曝气的目的会存在一定的困难，在这种情况下可能需要以提取模式运行修复系统。

另有一个重要的限制条件，即若污染区域是有氧的则有氧生物净化将不会激发污染物的去除。如果土壤气体调查测得的土壤氧含量始终在5%以上时，则对土壤充分充气以进行生物降解的过程中降解并不受氧气的影响，这种情况下采用生物净化技术不会增强污染的清除力。这种情况是不常见的，出现这种情况可能表明其他一些物种(比如金属)正在抑制降解。

虽然上述技术相对便宜，但根据污染物浓度和位点特异性去除率要求，需氧生物修复可能需要几年的时间才能完成场地清理工作。对于石油烃站点而言，待修复任务越重其修复时间越长，如果需要更快地清理则采用其他技术可能会更合适一些。

6.1.2 厌氧生物净化

虽然好氧生物净化可用于降解许多烃类，但一些氯化物仍不能被有效地去除和修复。微生物可以通过厌氧还原脱氯或通过厌氧代谢途径直接降解这些污染物。厌氧还原脱氯是一种生物机制，通常借助从分子中顺次除去的氯离子作为标记，拥有该能力的微生物从该过程中获得能量。在某些情况下，微生物会随机降解污染物，同时从其他化合物(代谢物)中获得能量和碳。这些生物体通常不会从污染物降解中获得任何好处，这种去除过程被称为共代谢。厌氧生物净化可以借助厌氧还原脱氯和厌氧代谢以破坏目标污染物。

厌氧生物修复使用与好氧生物净化相同类型的气体输送系统，但使用氮和电子供体(比如氢和二氧化碳)作为需氧生物制剂以代替注射空气。氮置换土壤中的氧气，电子供体气体促进微生物脱氯。挥发性和半挥发性有机化合物可以在非厌氧生物降解过程中产生。挥发性化合物可能会在修复区周围的土壤中有氧降解。半挥发性化合物可以通过借助好氧生物活性进行的厌氧生物净化加以修复。由于好氧和厌氧生物处理具有类似的气体输送系统，因此可以通过开关简单地改变注入气体。

厌氧生物净化可用于修复的物质包括 PCE、TCE、五氯苯酚(PCP)之类的高氯化物；一些多氯联苯(PCBs)；林丹、双对氯苯基三氯乙烷(DDT)之类的农药。由于该技术的应用经验不是非常丰富，因此，建议应用该技术前进行实验室实验、散点实验和一个站点的现场修复预演进行技术确认。

应特别注意降解形成的产物以及污染物是否转化为无毒化合物。比如，受 PCE 和 TCE 污染的场所可能没有完全脱氯，而在顺式-1,2-二氯乙烯(顺式 DCE)或氯乙烯(VC)处脱氯。由于 VC 比原来的污染物更具毒性，因此不完全脱氯是不能被接受的。如果电子供体受到限制则应加入额外的供体。如果本地培养物不能完全脱除溶剂，则可将该部位切换给另一种类型的活性生物(比如，顺式 DCE 通过共代谢有氧可降解，VC 则是有氧可降解的)。实验室测试可以证明完全脱氯是否能在现场进行，并提供相关的合适的电子供体信息和所需数量、估算去除率，还可证明是否会形成危险的副产物。

与其他生物处理技术一样，将气体输送到地下对厌氧生物净化同样是至关重要的。具有高水分含量或低透气性的土壤可能需要进行细致的设计以提供适当水平的氮和电子供体。浅污染场所或场地附近存在建筑物也是一个影响该技术应用的问题，因为这种技术是通过注入气体来操作的。此外，根据污染物浓度和位点特异性去除率要求，厌氧生物净化同样可能需要几年才能完成场地清理工作。目前，严格的厌氧生物制剂成本模型尚未建立，但其成本应类似于有氧生物活性处理并存在以下附加成本，即实验室可修复性测试和现场测试成本；氮和电子供体添加成本；附加的土壤和气体分析成本。

6.1.3 代谢生物修复

共同代谢生物修复技术的特点是将空气与合适的气体底物一起输送到地下以促进

其与目标化合物的代谢反应。与无氧代谢相似，一些微生物也会偶尔降解污染物并同时氧化其他化合物(代谢物)以获得能量和碳。生物体通常不会从污染物降解中获得任何好处。合适的底物应通过实验室实验测定，通常可包括甲烷、乙烷、丙烷、丁烷和戊烷。输送系统与其他生物修复技术相似并存在许多相同的限制。代谢生物活性法适用于防治直接有氧降解的污染物，比如TCE、TCA(三氯乙烷)、二溴乙烯和DCE(二氯乙烯)等，但该技术不适用于对PCE的处理。

欧美科学家进行了大量的代谢生物监测活动和一些代谢生物监测的实地演示。一个典型的案例是在发动机检修和维护操作过程中土壤被燃料和溶剂污染，目标污染物为TCE(土壤含量高达250mg/kg)、TCA(土壤含量10~1000mg/kg)和DCE(土壤含量1~20mg/kg)。通过实验室测试确定选择丙烷作为代谢底物并预测了所需底物的适应期。通过丙烷/空气脉冲注射加入丙烷3个月测试其适应性，然后连续注射丙烷14个月进行测试。TCE、TCA和DCE的浓度分别降低到0.25mg/kg、0.5mg/kg和0.25mg/kg以下。土壤氯化物积累证实了生物降解作为去除方法的有效性。

因为代谢生物修复的经验不是很多，因此，通常建议进行实验室和中试规模的研究以评估其有效性并选择代谢产物、确定需要的适应期、确定系统设计方法、估计修复时间。除了添加基质气体和附加的监测土壤及土壤气体工作外，其作业成本与有氧生物净化类似。

6.2 污染土壤的植物修复技术

植物修复技术借助植物来提取、降解、含有或固定土壤、地下水及其他受污染介质中的污染物。用于修复受污染土壤的植物修复技术主要有植物提取、植物降解、植物挥发和植物稳定。

植物修复适合修复大面积的浅层污染。由于高浓度污染物可能对植物有毒并会抑制其生长，因此，植物修复适合用于低和中等程度的污染修复，修复时应与其他修复方法结合使用，或将其作为现场修复中的最后的表面修复措施。

植物修复方法可以修复包括金属、挥发性有机化合物、多环芳烃、石油烃、放射性核素和弹药在内的各种污染物。当然并不是所有的植物修复方法适用于所有的污染物。同一个地点采用植物修复可能需要比其他修复技术花费更长的时间，但其比原地挖除和修复大量土壤成本低得多。

在实施植物修复技术之前必须考虑该技术的一些局限性。即需要修复的污染物的深度必须在植物根生长深度的范围内，尽管速生杨树(通常用于植物修复的物种)的根可以生长到约4.5m的深度，但污染土壤的修复通常集中在土壤地平线上方200~250mm处。另外，污染物必须与待修复的植物根区接触，因此，高密集度的根系有助于接触更多的污染物。由于植物修复的效果取决于与根区的这种接触关系，因此植物修复技术受根生长速率的制约，较慢的生长速度会增加修复所需的时间，冬季植物休眠时可能会完全关闭修复系统。

植物修复的另一个制约因素是污染物在食物链上的生物浓缩。几种植物修复方法通过将污染物掺入植物或将其保持在根区内而起作用。受污染的植被和根区可能会影响植物性动物和土壤有机体，尤其是在植物和根区存在金属积累和放射性核素污染时。大多数植物不会积累超量的有机污染物，因此，其生物浓度较少受到关注。但当这些污染物积聚在水果、种子和叶子中时，植物性动物使污染物暴露的潜力加大，因此，监测植物内污染物的活度是极其重要的。为避免发生在食物链中的生物浓缩，可以收集用于修复污染的植物以破坏或提取金属进行再利用（"植入"），在这些情况下可以安装围栏和架空网以防止动物消费受污染的植物物质。

需要说明的是，应确保污染物不从土壤到其他介质发生不期望的转移，比如通过植物吸收和蒸腾将有机化合物挥发到大气中或者转移污染物导致的破坏。评估植物修复在各种应用中的局限性以及评估其在污染场地的潜在修复效果应在修复工作实施和实地研究开展之前完成。应使用拟选用的特定植物对含有浓度范围内的目标污染物的现场土壤样品进行测试。最后还必须对正在进行植物修复的地点进行监测以评估污染物的最终结局。

目前，植物修复技术已经在许多场地全面实施，另外，在大量的实验室或现场测试中已经涵盖了广泛的各种现场条件、植物和污染物。人们还进行了大量的污染修复植物的育种技术开发工作。

6.2.1 植物提取技术

植物提取的特点是借助植物根系吸收污染物并随后在植物组织中积累，这需要收获植物并妥善处置。这种方法通常用于修复金属、准金属和放射性核素之类的无机污染物。当然，有机污染物更可能在植物组织内转化而不是积累。植物提取物成功应用于吸收金属已受到各方面限制，但使用植物萃取汞和持久性有机污染物已经取得了一些有希望的研究成果。

可用于植物提取的植物包括印度芥菜、菥蓂、庭荠和向日葵，它们通常仅在距土壤顶部300mm处才有效，因为它们的根系浅且通常生长缓慢。科学家发现印度芥菜可以被遗传修饰，其在污染土壤中会生长的很大，与未经改良的印度芥菜比其能够在更短的时间内积累硒。在其他遗传研究中，科学家正在改造各种植物物种以确保其在汞污染的土壤中能够生存并能将有机汞转化为离子和/或金属汞，汞被隔离在植物中或蒸发。

持久性有机污染物中许多是农药，其抵抗生物降解能力强并可能在环境中保留数十年。科学家的研究已经表明，许多植物能够提取氯丹、对氯苯基、二氯乙烯之类的化学物质并将它们存放在根、叶和果实中。

6.2.2 根系生物降解

根系生物降解属于"植物辅助生物修复"，由于根部区域微生物活性增强，从而会增加土壤中有机污染物（比如石油烃、PAHs、农药、BTEX、氯化溶剂、PCP、PCBs和表面活性剂等)的分解。所谓"根际"是指受植物根系影响的土壤区域，该区域距离每根根系仅延伸约1mm。

植物根系的存在增加了土壤的通气性并调节了土壤水分，从而创造了更有利于生物修复的条件。根系的成长可以刺激天然微生物群体的生长以及根系分泌物(比如糖、氨基酸和其他化合物)的活性并进而增强生物修复能力。根系分泌物也可以成为微生物的食物，但这可能诱发污染物的共同代谢，这些现象都是由于渗出物的降解而发生的。由于微生物会消耗营养物质，所以在降解区域中的植物通常都需要额外进行施肥。

根系降解的优点是使污染物得到实际的分解，而不是将其易位，因此，没有必要对植物进行收割。在某些情况下还会发生污染物的完全矿化现象。当然，这种成功只是针对特定场所的，实验室的微观研究可能并不能反映该区域遇到的微生物条件。石油烃已被证明可在根际上成功降解，然而，实践证明老化碳氢化合物的降解存在的问题更多。

6.2.3 植物降解

像植物提取一样，植物降解涉及污染物的摄取问题，然而，污染物随后会通过植物内的代谢过程而分解。植物降解还包括通过酶和植物组织(根系除外)产生的其他化合物的影响，还会污染土壤中的污染物。

植物降解适用于有机污染物的处理。它们的吸收功能受其疏水性、溶解性和极性的影响。中度疏水和极性化合物在被植物根吸收之后变得更容易被降解。具有植物降解潜力的污染物包括氯化溶剂、除草剂、杀虫剂、PCP、多氯联苯和弹药。

6.2.4 植物挥发

植物挥发的特点是将污染物吸收到植物中并随后蒸发到大气中，或随着转化/降解产物蒸发到大气中，从而使污染物得以转化或植物降解。植物挥发更常用于对地下水的处理，但也可用于可溶性土壤污染物的处理。

人们发现，能够将污染物转化或降解的植物，其挥发物具有潜在产生的特点，且其产物的毒性较小，但这也会带来一些潜在的缺点，比如某些污染物(如TCE)的降解可能会产生毒性更强的物质(比如氯乙烯)。这种可能性必须在现场特定的条件下进行评估，要测量蒸发的化合物通常比较困难。这些产物一旦进入大气可能比通过植物(植物降解)的光合作用(光降解)降解更有效。

有机污染物和无机污染物均会经植物挥发得以修复，这些无机污染物包括硒、汞和砷，但简单地挥发污染物可能不是人们可接受的替代方案。

6.2.5 植物稳定

植物稳定是一种可以固定根系区域内的污染物(主要是金属)并限制其迁移的技术。

所谓植物根系吸附固定化的污染物是指金属的沉淀、金属离子形成金属配合物(比如由于pH值的变化)或改变到毒性较低的氧化还原状态。植物改变土壤pH(比如,通过生产流出物或二氧化碳)会影响土壤中金属的命运,使其通过化学搬运和微生物搬运发生植物固化效应。植物固化还包括借助植物防止土壤污染物的迁移以及风和水对土壤的侵蚀、浸出并避免土体分散。

6.3 污染土壤的自然衰减修复技术

监测自然衰减修复技术(MNA)包括土壤和地下水中污染物的稀释、分散、化学和生物降解、吸附/沉淀和/或放射性衰变。它主要应用于地下水的污染,但相关的原则也同样适用于土壤。因MNA是一种被动过程,其中污染物浓度的降低仅归功于自然机制,在实施MNA之前应该解决持续的重大污染源问题。如果修复借助MNA技术则达成修复目标所需的时间可能比其他修复措施更长。

最适合MNA处理的现场污染物包括石油烃、低相对分子质量醇、酮、酯、醚、铁和锰。在狭窄的空间条件下,MNA可能适用于处理卤代溶剂、轻度卤代芳烃、多氯联苯、硝基芳族化合物、部分农药、铬、铜、镉、铅、锌和镍。

在考虑使用MNA技术之前必须对现场的地下条件进行全面的了解,包括了解污染程度和开发现场概念模型。作为先行工作的一部分,还应对存在的微生物物种(对氯化合物更重要)、氧化还原电位、pH值条件、矿物学和地球化学条件进行评估。如果评估得出的结论认为可能存在支持自然衰减的条件时,还应进一步确定其是否会有效,这可以通过观察微生物呼吸产物、化学反应产物、普遍的金属物质、降解产物以及目标化合物/物质随时间下降浓度等参数来实现。欧美科学家以大量历史数据给出了一个确认污染物质量稳定或收缩的指标体系,根据该表对污染物的状态和输送过程进行建模可以显示发生迁移的可能性。上述指标体系还有绩效监测的分项指标,监测系统应根据现场条件进行调整以便检测用于选择MNA的假设的各种变化,应选择关键参数(比如降解产物或指示激活的目标金属浓度的增加)以及适当的频率。样本的采集频率与现场概念模型中固有的不确定性和失败的后果有关。应该创建一个预先批准的现场修复应急计划作为预防措施,以便在监测表明MNA不符合项目的绩效目标时予以实施。

欧美发达国家对实施MNA的成本进行了估计,其处理成本在每英亩5~20万美元之间(1英亩=4046.86m^2),以上成本估计不包括处理场地的特异性,场地复杂时其成本可能会高于上述估值,上述成本估算是针对地下水处理的。

第7章

污染土壤原位治理的常用热修复技术

7.1 常用热修复技术的类型与特点

目前用于污染土壤原位治理的热修复技术主要有电阻加热、蒸汽注入和萃取、导电加热、射频加热和玻璃化。除玻璃化外，其他 4 种修复技术都依赖于向土壤中添加热量以提高挥发性和半挥发性污染物的去除效率。蒸气提取是这些修复系统的一个重要组成部分，其作用是确保移除和修复激活的污染物。在蒸汽注入期间有时也使用液体提取技术，在地下水流量较高时和/或当回收的污染物是半挥发性时还会使用其他热技术。

原位玻璃化在热技术中是独一无二的，因为其处理时的温度会使土壤变得玻璃化，通过玻璃化过程形成的稳定玻璃将固定土壤中存在的任何不挥发性污染物，包括金属和放射性物质。

欧美科学家就热量对有机污染物的化学和物理性质的影响进行过长期的研究并给出了一般性的结论。汽化是上述热修复技术用来增强挥发性有机物回收率的主要手段。有机化合物的蒸汽压会随温度呈指数增加，地下加热时蒸汽相会发生显著的再分布。当存在 NAPL 时，NAPL 和水的组合蒸汽压力决定了沸腾的温度，并且两种液体的共沸会在低于水的沸点温度下发生，因此，通过将地下温度提高到共沸温度以上即可除去 NAPL，地下继续加热也会从溶解和吸附相中回收污染物。

温度的增加还会降低黏度、增加溶解度、减少吸附，这些都有助于 VOCs 和 SVOC 的回收。对于一些 SVOC NAPL(比如杂酚油)，黏度的降低可能是增加污染物回收效率的重要因素。当土壤温度接近 100℃时水解可能会破坏一些污染物(比如氯化甲烷和乙烷)，但分解的产物可能比原始污染物更难治理。

在设计热修复系统时应确保所有管道(包括监测井)都能承受高温。存在黏土的情况下，通过电阻、电导或射频的渗流区域进行加热可能导致黏土的干燥并引起修复区域发生一些沉降。

7.2 污染土壤的电阻加热修复技术

电阻加热(ERH)修复技术的特点是使电流借助电极阵列之间土壤中的水分导通。电流沿土壤孔隙中的水分流过时会因土壤的电阻而产生热量。最初的 ERH 是由巴特尔借助六相六角形电极阵列开发的，主要用于修复 DOE，但六相六角形阵列的扩展可能会导致在目标地下区域内出现冷点和热点。三相电源和三角形电极阵列通常更适用于不规则形状清理区域的全尺寸修复，这种方法是目前常用的方法。

电极是用来在选定深度输送电力的，并且可以被认为是蒸汽回收井的孔。在地下水流量高和/或半挥发性 NAPL 回收时还可以提取液体。电极可以借助传统的钻机进行安装，也可以借助水平或倾斜钻孔技术进行安装。应注意确保设计中充分考虑了杂散电流的影响。

ERH 系统可以在任何深度部署并可用于渗流区和饱和区，如果系统仅部署在渗流区则应在电极处添加水以保持足够的水分含量从而保持水的流动。

电极之间的水平间距通常在 4.2~7.3m。距离远时应在安装更多电极、更快地加热土壤的成本，或者安装更少的电极并在较长的时间内加热土壤的成本之间做出权衡。

在加热所有土壤的同时，ERH 会优先加热导电性较强的淤泥和黏土，这样就可能在饱和区产生超过 100℃的温度，该温度下会产生蒸汽和蒸汽汽提，因此对淤泥和黏土尤其有利，因为它们中的污染物的运动和扩散通常是受限制的。

使用土壤蒸气萃取捕获挥发的大多数污染物和蒸汽汽提是该技术的主要修复手段，天然有机碳含量高的土壤会减缓或阻止一些有机污染物的回收。

7.3 污染土壤的蒸汽注入和萃取修复技术

蒸汽注入和提取(也称为蒸汽增强提取，SEE)技术的特点是将蒸汽注入注入井，并从回收井回收激活的地下水、污染物和蒸汽。最初，当蒸汽注入地下时会在土壤中释放出其潜在的蒸发潜力。当蒸汽失去热量时会凝结成一个热水相，该水相会在土壤中径向移动，并使空气和水在其前面移动。蒸汽的持续输入最终导致注入井附近的土壤达到蒸汽温度从而开始出现从井中传播的前端蒸汽。该过程形成一个由环境温度水/空气组成的前端移动体，该温度水/空气被温暖到非常热的可变温度区域的水推动。随着蒸汽的压力进入蒸汽温度区域，水又被推出。环境温度水的运动可能会使 NAPL 发生位移，这是当热水到达 NAPL 时因黏度降低而发生的辅助作用。蒸汽相的到来将残留的饱和化合物蒸发或吸附到土壤上。这些蒸汽被运送到蒸汽区的前端，并在那里凝结形成污染物冷凝库。冷凝库可能具有下沉的倾向，因此在系统设计中重要的是确保能将其捕获。科学家发现，空气与蒸汽共同注射有助于防止污染物向下迁移。

因此，通过以上几种机制均可去除污染物，但在特定情况下哪一个最重要则取决于污染物的挥发性。对于 VOC 而言蒸发和共沸是最重要的回收条件，而对于 SVOC，其标志物 NAPL 的位移和黏度降低可能更重要。回收井的作用是捕获液体和气体并将其运输到地面设施进行修复。

蒸汽喷射对特定场所的适用性决定于土壤的渗透性、污染物的类型、污染物所在的深度以及异质性的类型和程度。土壤的渗透性必须足够高以便能允许注入足够的蒸汽来加热整个源区。通过增加注射压力可以实现更高的注射速率，但通常每米深度的压力不应高于 11.4kPa，否则将超过上覆岩层压力并且可能压裂土体到地表。因此，浅修复区域是难以采用蒸汽加热的并且要想收集其所产生的所有蒸气更加困难，如果设置一个不透水的表面罩盖可能会对其有所帮助。

(1) 地下和土壤类型的异质性问题

透气性决定了蒸汽前端能够进入和穿过土壤的速度有多快。低渗透性土壤可能不允许蒸汽以经济速度穿过它，或者可能需要承受不可承受的压力。影响污染物去除的另一个土壤特征是其与污染物的反应性。二氧化硅沙层不存在特别反应性，其中的污染物可以容易地去除。富含有机物质的蒙皂石黏土和土壤都具有结合一些有机化合物的能力，因此会阻止污染物在蒸汽温度下的完全去除。

当土壤存在异质性时，蒸汽倾向于通向较可渗透的土层，或者在不连续层的情况下绕过较不透水的层，发生这种情况时通常会在导电性较差的土壤中进行加热。为了借助传导完全加热低渗透性区域应在低渗透区域的两侧注入蒸汽并且该区域的厚度应小于3m。

（2）注射和提取井的设置与操作

最有效的蒸汽注入和提取系统设计是用4~6个注入井围绕污染区并从中心提取污染物。如果待修复的面积很大则可以采用注射和提取井的重复模式来覆盖整个区域。蒸汽向前的传播是注入井加热能力和周围土壤吸收能力之间平衡的结果。当前面土壤的热量损失等于系统输入能力时蒸汽前端将会停止前进，提取井需要比这个平衡点更接近注入井。相关报告认为，井之间的距离宜接近1.5m，最远不超过18m。

采用非常热的蒸汽流修复时井和联轴器的构造是一个关键。塑料(比如PVC)通常是不合适的，因此通常使用钢。由于注入井都非常热并需加压，因此应仔细设计联轴器，且应选择适用于环境空气的合适的密封剂。在常规水井完井中使用的水泥浆料可能不能承受井套本身的压力、热量和膨胀/收缩，并可能破裂而导致蒸汽向表面释放。

在需要考虑饱和条件时其源区域中蒸汽修复的特征是超控。当两种流体之间存在密度差异(比如蒸汽和环境温度水之间)时会发生超驰，所得到的界面倾向于使蒸汽移出并向上移动，这样就会导致蒸汽前部的顶部比注射井的底部显著远离，这种情况可能导致注射井底部附近出现未经修复的斑点区。尽管覆盖处不能完全消除，但是可以在现场水文地质学约束的范围内通过提高注射速率使其最小化。

蒸汽喷射的压力循环通常是系统操作的一部分。循环是在提取井的蒸汽突破之后，关闭蒸汽喷射系统，同时允许萃取过程继续进行的过程。压力损失会诱发热力学破坏而影响系统的稳定性，并会迫使温度下降以恢复稳定性。该系统通过蒸发剩余水分和由提取井收集的污染物而损失热量。相关研究表明，其中的反复循环会导致提取的蒸气中污染物浓度的增加。

蒸汽注入是一种用于解决源区域地层不完整时NAPL修复的技术。典型的范例是一个蒸汽破坏了150000gal杂酚油的极地堆场，岩层中有几次小规模断裂，短时间的蒸汽注入示范表明，该技术在破碎岩石环境中有效，但需要进行进一步的研究和现场演示以充分确定其有效性。由于蒸汽流向异质地下条件的敏感性，可能需要比其他加热技术付出更多的努力。

另一种蒸汽输送系统将蒸汽注入与原位螺旋搅拌系统结合在了一起。在应用这种系统时，通过特殊设计的螺旋钻施加蒸汽，同时被混合在土壤中。蒸汽从移动的土壤中除去挥发性污染物并将它们带到地面，在地面它们被捕获在护罩装置中并被运送到修复系统。一个典型的范例是使用螺旋钻系统来修复主要污染物为氯化溶剂的黏土。该系统借助蒸汽和热空气注入将70%~80%的污染物带到地面进行修复。在施加蒸汽之后，通过螺旋钻将零价铁混合到土壤中作为界面处理措施。

关于蒸汽注入和萃取的成本数据不是很多。美国能源部给出的处理成本估值为每立方码 45 美元($1yd^3 = 27ft^3 = 0.7646m^3$),估值对应的系统为电加热系统。实践证明,该项技术是比较成熟的,但很少有处理公司将其用于环境修复。

7.4 污染土壤的导电加热修复技术

导电加热修复技术借助竖向加热器/真空井的阵列实现,当修复区域在地表以下 150mm 范围以内时可采用表面加热器毯。尽管可以在加热器/真空模式下部署所有的井,但典型的部署仍然是将 6 个仅加热器的井放置成六边形形状,其中加热器真空井位于每个六边形的中心。

井可以利用传统的钻井技术完成,也可采用直接驱动方式进行安装。加热井由钢管制成,其底座密封。电阻加热单元下伸入井中并提供电流。加热元件通常在 540~815℃的温度范围内运行。钢管由辐射能进行加热,其周围的土壤则采用热导加热。

真空井包含与标准加热器井相同的钢管和加热元件组件,真空井被放置在可以施加真空的更大的筛选井中,热量从井向外传播,所有质地干燥的土壤均被均匀地加热,最热的土壤(通常为 590℃)位于筛选井附近,而最冷的土壤处于相邻井的中点。对中心井抽真空时挥发的有机物就会被从高温土壤中拉出,其中的一些污染物可能被降解,然后将提取的蒸气输送到地面进行修复。

应根据污染物类型和深度、土壤含水量、井之间的最低温度要求和达到该温度所需的时间来选择井的间距。包含高沸点成分(比如多环芳烃或多氯联苯)的 SVOC 通常需要 325℃的土壤温度才能进行充分的解吸,而挥发性有机化合物则需要较少的热量(通常为 100℃)即可。在高于其沸点温度的条件下修复高沸点污染物的能力主要决定于现时温度下蒸汽压力的显著增加以及在非常热的地下停留相对较长的时间。温度要求针对的最佳距离对 SVOCs 为 1.8~2.3m、对 VOC 为 3.6~6.0m。与电阻加热一样,离孔越近达到所需温度的时间越快。

导电加热方式在不饱和土壤中运行状态最好,其也可以在低导水率的饱和土壤中应用。随着加热井周围温度的升高,水蒸发并形成向外膨胀的"干区",在这个圆柱形区域的前缘出现蒸汽并导致该区域的进一步扩大。在低渗透性土壤中企图流入"干区"的任何替代水都会迅速沸腾。在具有高水力传导性的土壤中用客水代替沸腾水可能足以防止土壤温度超过水的沸点且可能导致目标温度无法达到。如果修复区域含有饱和的高导水率土壤就应该考虑设置一个脱水系统,或者使用蒸汽系统来控制水的流入以及消除渗透区域。高温下的干燥土壤,特别是细粒状淤泥和黏土可发生收缩和开裂,从而促进其中所含有机物的去除。如果浓缩的卤代有机物是处理所关注的污染物,则设计的管道和修复系统必须能承受高腐蚀性条件。

导热系统可能会消耗大量电能,在电能缺乏地区必须分阶段进行整治以避免用电负荷超出当地电力的供应能力。

许多处理公司和相关机构对上述技术给出的成本估值为每吨 150~310 美元(比如 NAVFAC)。

7.5 污染土壤的射频加热修复技术

射频加热(RFH)修复技术借助高频交变电场进行土壤原位加热。该技术的成功取决于具有不均匀分布电荷的电介质材料的存在。电场的施加会引发“极性”分子的运动,这种振动会产生机械热。在美国,联邦通信委员会(FCC)管理和分配的无线电频率(比如 6.78MHz、13.56MHz、27.12MHz 和 40.68MHz 以及 7 个更高频率)的可允许用于工业、科学或医疗应用,设备设计者或操作员可以在不需要获得 FCC 许可的情况下使用这些频率。较高的频率会提高加热速率,但也会降低穿透的深度。

射频加热修复系统通常包括以下几个组件,即三相电源;具有振荡器的射频源(其在期望的射频产生低功率电流)、几个串行放大器(用于增加振荡器电流的强度)以及最终放大器(以便以规定的输出电平递送电流);由电极或天线组成的涂抹器系统;监控系统;修复区域上的接地金属屏蔽;蒸气收集和修复系统。

处理公司根据要求将一排或几排施加电极放置在地面并预埋到修复区要求的深度。电极可以借助常规钻孔设备安置或直接推动入土安置。在一些设计中,电极本身也可以用于回收土壤中的气体和加热的蒸气。还有一些设计借助专门的井来完成土壤蒸气提取工作,这些井还兼具电磁槽的作用以防止加热范围超出修复区(图 7-5-1)。加热过程既辐射又导电,使加热电极附近的土壤加热速度最快,射电波则因能量的吸收而从电极开始逐步减弱。

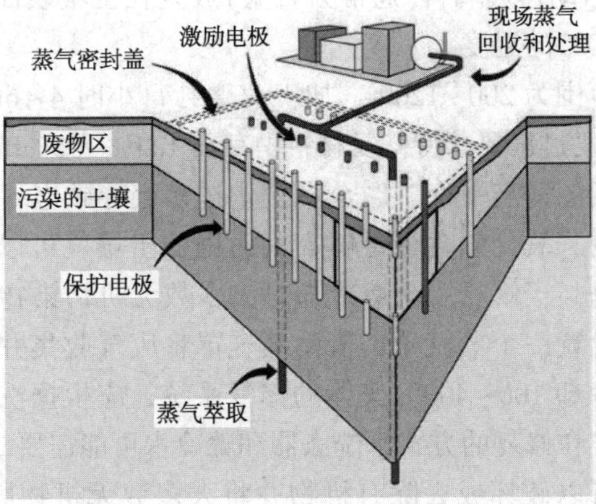

图 7-5-1 带电极的射频加热修复系统

在施加电磁场的振荡频率作用下,任何土壤成分中的水通常在场极性反转之前获得最大偶极矩,随着含水量的下降其加热开始依赖土壤的其他极性部分。应仔细研究在纯沙质土壤中 RFH 是否适用,因为硅沙是非极性的,沙中的加热必须依赖杂质。此外,土壤的干燥会使通过它移动有机气体变得越来越困难。相反,如果有太多的水则会变成散热器。土壤饱和条件下,RFH 会使施加器电极附近的水沸腾且无法将修复区加热到有效温度。如果水位较浅则可能需要引入脱水技术。

将蒸气回收井放置在修复区域周围并设置天线。在现场特定的间距内钻孔或推送施放器钻孔，钻孔衬有玻璃纤维套管或其他非导电非极性材料并可承受预期的温度，将天线放入适当的深度并开始加热，可以根据需要降低或升高天线。

天线和电极系统都可以监测地下热的分布(通常使用热电偶，但也可以使用其他设备)以确保在整个修复区域达到目标温度要求。根据所关注化学品的不同，RFH 可以给予的温度会超过 250℃，一些处理公司则声称温度可达 400℃。这样的温度允许系统修复 VOC 和许多 SVOC。还应监测施加器系统的阻抗和地下土壤的阻抗，随着土壤的加热其阻抗会发生变化，如果施加器系统阻抗未调整匹配则能量会反射回系统并会使其加热且留下潜在的故障隐患。

蒸气萃取系统由常规蒸气萃取井组成。另外，为了确保安全和防止修复过程中对本地无线电传输产生潜在干扰，系统的接地的金属屏蔽通常应在修复区域之外使用并且应刚好超出修复区域。金属结构在吸收 RFH 能量并防止其逸出修复区域方面非常有效，因此，RFH 不适用于含有金属或其他导电物体的修复区域。

7.6 污染土壤的原位玻璃化修复技术

原位玻璃化(ISV)技术是将污染土壤转化为稳定的玻璃和结晶固体的热修复工艺。其产生热量以融化污染土壤有两种方法。较老的方法使用电极和电阻玻璃化材料，而新兴技术则使用等离子体电弧技术。在电阻法中，将高电压施加到放置在土壤中的电极(通常为 4 个)上，启动器玻璃料(通常为石墨)放置在土壤表面上，电流将土壤从上往下加热到 1400~2000℃的温度。

典型的熔体体量范围为 200~1200t、加工速度为每小时 4~6t，单个设置时的最大修复深度约为 6m。修复过程要求待修复材料中存在 1.4%~15%的碱金属氧化物以确保导电性和熔融温度之间的适当平衡，碱金属含量过多会导致电导率升高到发生加热不足的程度。如果土壤的二氧化硅含量足够高则污染的土壤就可以转化为玻璃，并加热蒸发或热解有机污染物。当修复后土壤冷却时大多数无机污染物就会被包裹在玻璃状整料中。该系统需要设置一个蒸气罩，借助蒸气罩将废气收集并将其作为通道，其通常由猝灭剂组成以便冷却 100~400℃气体的修复系统，应根据洗涤器、活性炭单元或热氧化剂的情况选择正在修复的方式，洗涤器和骤冷水可能需要二级修复。

传统的 ISV 过程可以破坏或去除有机物并将大多数无机物固定在受污染的土壤、污泥或其他土壤材料中。该过程已被广泛应用于挥发性有机化合物、非挥发性有机化合物、其他有机物质的处理，包括二噁英和多氯联苯以及一些重要污染物质和放射性核素。

玻璃化土壤中无法捕获汞，因此必须通过前述地面修复系统进行修复。大部分(占总重量 70%~99.9%)的重金属(比如砷、铅、镉和铬)以及放射性核素会被夹带在熔体中。SVOCs 和挥发性有机化合物可以通过这一过程进行修复，其中约 97%的挥发性有机化合物会被破坏，其余的则会被废气修复系统捕获。尽管 ISV 的修复成本随水分含量的增加而增加，但 ISV 仍适用于具有高黏土和高水分含量的场所。在可渗透含水层中修复材料可能需要脱水，并且如果认为修复区域含有大的空隙时则推荐使用动态压实技术。

使用电阻法的 ISV 已经在现场取得了成功，人们已经制定了一整套的工艺流程，相应的成本估值为 400$/t。

平面熔化是常规 ISV 方法的改进。二者的不同之处在于起始材料在电极之间的铅直平面内被注入深度。其通常使用两对电极对，每对之间具有启动平面，随着熔体的进行其将从竖向和横向(水平)2 个方向远离启动平面。由于熔体初始分离仅发生在较晚的合并过程中，因此与常规 ISV(图 7-6-1)相比，气体向下进入地层的潜力会大大降低。其确定的最大修复深度为 7.9m，但理论上进行更深的熔化也是可能的。该技术的应用已经获得了成功，人们给出的该技术的处理成本估值在每吨 396~510 美元之间。

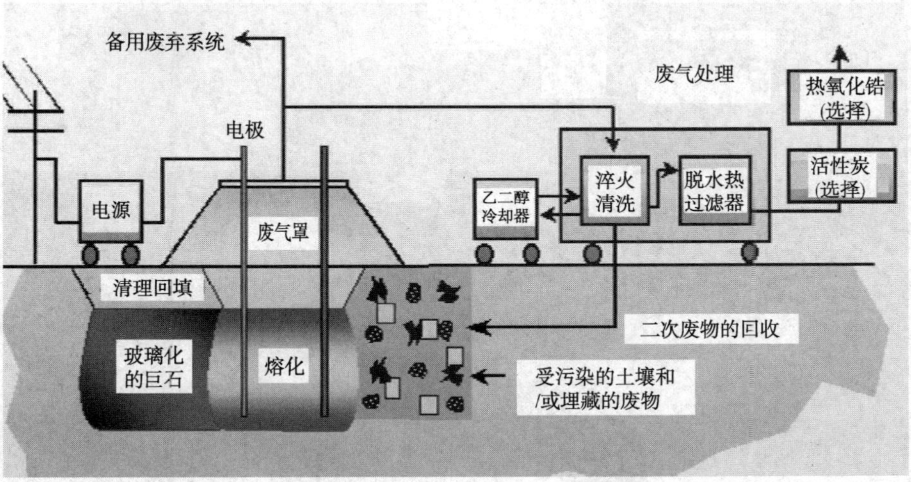

图 7-6-1　平面玻璃化——底部熔化

使用等离子体电弧技术的原位玻璃化也已经获得成功。其修复过程包括将等离子弧焊炬放入套管孔中，并从下向上引发柱状熔体。将废气收集在罩中并通过类似于电极法的系统进行修复。玻璃化筒可以达到 7000℃以上的温度，理论上可以在任何深度工作。采用该方法时可以在污染区域下方开始熔化以确保所有污染得到解决。

第8章

金属污染土壤的原位修复技术

8.1 概述

危险废物现场污染的主要污染物是金属。美国环境保护署(EPA)的调查显示，严重污染场地的土和地下水中金属污染物大约占65%，常见的是铅、砷、铬、镉、镍和锌，其次是铜和汞等其他金属污染物。图8-1-1显示了严重污染场地基体中常见的污染物。除了严重污染场地外，金属还是美国《资源保护和恢复法》(RCRA)和联邦政府设施污染物(特别是国防部)认定污染物的重要部分，自1986年美国能源部(DOE)重新认定严重污染场地以来，美国严重污染场地的土壤处理量大幅增加，治理初期EPA采用了焚烧、固化/稳定化以及地下水泵和处理系统等常规技术，随后进行了改进并开发了新的工艺以期获得更好的成本效益，在1993财政年度EPA开始频繁选择创新技术作为修复措施，常选择的创新技术是原位土壤蒸气提取、各种生物修复过程、土壤和原位空气喷射、地下水生物修复的热解吸，所有这些技术都是针对有机化合物处理进行的。严重污染场治理经验表明前述各种有机化合物治理的新技术是非常成功的，其中一半以上的新技术被遴选用于土壤原位处理，原位修复技术可大幅节省成本，是具有开发前景的。

然而，存在于土壤中的金属很少能满足商业化处理的要求，特别是原位处理。美国严重污染场地治理中最常选择的处理方式是凝固/稳定化，这种方法在1994财政年度中选择了203次，占所有土壤处理技术的近30%，相比之下，其他可用于解决土壤中金属问题的技术只有18次。对低放射性金属的场地美国没有选择该处理技术，选择的是现场开挖处置或非现场处置。EPA的创新处理技术土壤污染处理公司信息系统(VISITT)的数据中包含了由几百家土壤污染处理公司提供的几百项创新技术信息，其中2/3可处理挥发性有机物、2/3可处理半挥发性有机物、1/5可处理金属(一些技术可以同时处理几种废弃物)，虽然其中大部分(约40%)的有机处理技术属于原位处理技术，但处理金属技术中只有9种被推荐用于原位处理土壤或地下水。

金属污染是危险废物场地的常见问题，处理受金属污染的土壤的4种原位技术是电动修复、植物修复、土壤冲洗和凝固/稳定化。通常情况下，原位修复优于传统修复方法，其具有节省成本、能在严重污染场地上重复频繁应用的优点，但原位修复的金属替代物相对较少。

金属污染土壤的电动修复依赖于放置在土壤中的电极之间低强度直流电流的作用，污染物以带电物质颗粒或离子的形式被移动，人们为此开发出了将污染物运送到电极去除并随后在地面上处理电极以增强金属的去除效果，该方法主要用于处理低渗透黏土中的氯化挥发性化合物。其既可采用通过配置阴极和阳极驱使污染物向土壤污染区域中心流动的方式，也可借助电动机来减缓或防止污染物的迁移，故这种做法也被称为"电动扫除"。应用表明，采用这种方法时一些污染物的清除率可能超过90%。污染土壤中潜在金属范围广泛，电动修复主要应用于铜、铅、锌、砷、镉、铬和镍的商业化清除，其也适用于放射性核素和某些类型的有机化合物的清除。电动修复的电极间距和持续时间决定于场地的特征，其修复过程要求渗流区域具有足够的土壤水分，因此可能需要添加导电孔隙流体(特别是在阳极附近土壤具有干燥趋势条件下)，另外，还需加入专用的孔隙流体以增强目标污染物的迁移，应根据所需的效果将孔隙流体添加到阳极或阴极。

金属污染土壤的植物修复技术尚处于对金属污染土壤进行商业化处理的初期阶段，其在特定情况下具有低成本优势。植物修复过程最适合在低浓度广泛分散污染的场地应用，且只需处理地表土壤(即植物根系底部以上区域)的情况。金属污染土壤植物修复的两种基本方法是植物提取和植物稳定化。

植物提取是指从土壤中吸收污染物并将其转运到地上植物组织中，然后由这些组织进行收获和处理。虽然树木、灌木、草均具有超积累能力，但草和作物最具潜力，作物通常是最好的选择，因为它们可产生较大的生物量。镍和锌通常是最容易被植物吸收的，其次是铜和镉，迄今为止人们尚未发现对普遍存在的污染物铅具有显著摄取能力的植物，为此，许多研究人员正在尝试改善土壤环境以促进植物对铅的吸收。

植物稳定是指通过稳定植物表面附近的污染物来降低金属污染的风险，其作用主要通过植物分解化合物实现，继而改变土壤的 pH 值并形成具有较低溶解度的金属络合物。此外，植物还有助于控制土壤表面的侵蚀并通过增加蒸发量以减少其浸出。实验室研究表明该方法对铅的吸收具有潜在有效性。

金属污染土壤的冲洗修复技术是指使用水或其他合适的水溶液从土壤中提取污染物。虽然酸和螯合剂等添加剂已经在全面原位土壤冲洗项目中得到了一些商业应用，但其在原位应用方面尚有不少障碍。欧美国家对一些严重污染场地(金属污染场地及有机污染物污染场地)选择土壤冲洗的结果显示，土壤冲洗可非常有效地去除六价铬等水溶性物质。浸出的污染物通常通过泵从下面的地下水中回收和处理。土壤冲洗修复技术必须认真考虑场地条件以解决可能出现的污染蔓延问题。

金属污染土壤的固化/稳定技术(也称固定化)的特点是通过改变废物的物理、化学特性以固定污染物。污染物中的金属通常可借助火山灰或其他添加剂得到原位固化达到土壤修复目的。固化/稳定技术用于原位治理时通常需要借助提供试剂输送、混合的各种专用螺旋推进器进行。与异位处理比，原位处理在处理体量(可实现较大体积污染物的处理)和处理深度(可大于 3m)方面具有成本优势。但这种技术在严重污染场地使用较少，主要原因是担心其修复的长期可靠性。另一种固化技术是玻璃化，其特点是电流在电极之间通过以熔化土壤并将金属纳入玻璃化产品中，这项技术具有很好的商业前景，在许多严重污染场地得到成功使用。以上两种方法适用于污染土壤中各种金属的治理。玻璃化借助罩笼来捕获汞以及铅、砷等其他挥发性金属，当然部分金属仍可能会在处理过程中蒸发。玻璃化最适合处理难处理的废弃物，比如有机物和金属的混合物。

严重污染土壤中最常见的金属是镉、铜、铬、铅、汞、砷、镍、锌。前述四种原位技术的选择应考虑的关键因素是技术发展的状态、处理的金属范围、主要限制因素以及特定场合的考虑。处理的金属范围是指技术是否可以解决大多数金属或专注于少量的金属。主要限制因素是指可能限制技术广泛使用的工艺因素。特定场合的考虑因素是指可能影响该技术有效性的现场特性。表 8-1-1 概述了 4 种原位修复技术的选择应考虑的关键因素。

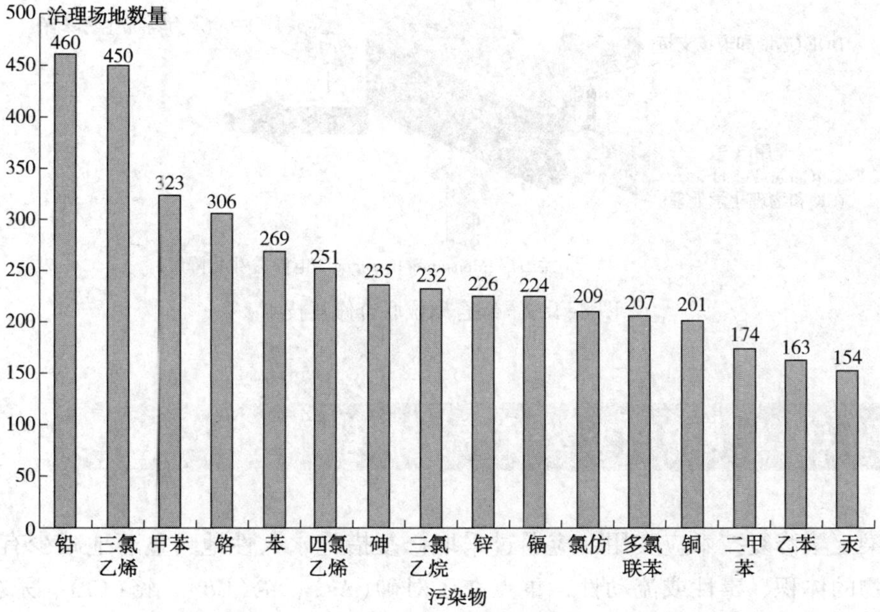

图 8-1-1　严重污染场地基体中常见的污染物

表 8-1-1　金属污染土壤原位修复技术的选择应考虑的关键因素

评估因子	修复技术			
	电动修复	植物修复	土壤冲洗	固化/稳定
状态	欧洲应用普遍；美国零散应用	需得到政府许可；典型应用是美国的 NJ、MT、OH 等州以及乌克兰的切尔诺贝利	商业化处理（美国应用较多）	商业化处理
处理金属的范围	广泛	广泛	有限	广泛
主要限制因素	无限制因素；技术先进	取决于作物产量和生长模式；技术先进；修复所需时间更长	残留冲洗溶液对含水层的潜在污染	应关注长期完整性数据
场地特定注意事项	土壤均匀性；土壤水分含量	污染深度；污染物浓度	土壤渗透性；地下水流量和深度	散在性分布；污染深度

与植物修复技术相比，电动修复、土壤冲洗和固化/稳定技术处于发展和完善阶段。目前的土壤冲洗修复技术仅适用于有限范围的金属，土壤冲洗需要考虑现场残留冲洗液对含水层污染的潜在风险，土壤渗透性和地下水流量特征是影响土壤冲刷效果的主要特定场合考虑因素。电动修复最适用于土壤均匀、水分含量较高的场地。植物修复需要比其他处理技术更长的处理时间，其主要应用于污染较浅、污染物浓度相对较低的地方。由于目前尚缺乏关于处理过的材料的长期完整性数据，固化/稳定技术的应用受到一定的限制，该技术在污染存量较少或散在性存在的地方最为有效。对复杂的污染场地可采用综合原位联合修复技术（图 8-1-2）。

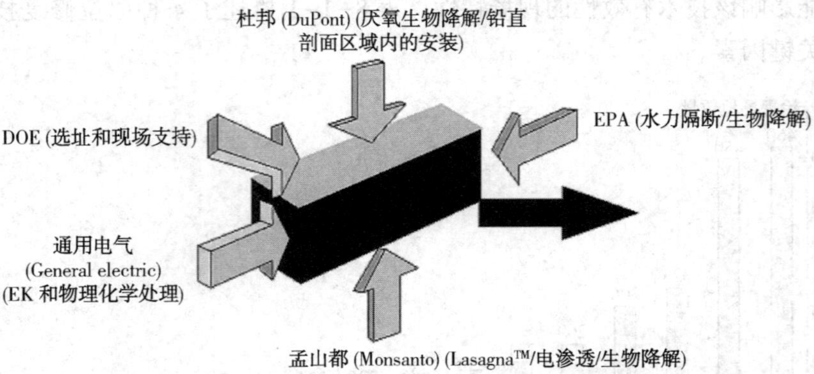

图 8-1-2　综合原位联合修复技术

8.2 污染土壤中的主要有害金属及其特征

污染土壤修复技术应实用，应通过采取修复措施永久性地、显著地减少有害物质和污染物的体积、毒性或流动性，重点在于对砷(As)、镉(Cd)、铬(Cr)、汞(Hg)和铅(Pb)污染土壤土壤的修复。为此，应了解上述5种元素常见化合物的反应、输送路径和归宿，还要详细掌握严重金属污染场地土壤的总体特征。目前修复所涵盖的技术主要有固定[遏制(封堵、竖向屏蔽、横向屏蔽)、凝固/稳定(水泥基固结、聚合物微胶囊化)和玻璃化]和分离及浓缩(土壤清洗、火法冶金和土壤冲洗)，处理过程中通常需要建立输运系统。以下就5种金属的物理特性、矿物来源以及影响其流动性的因素分别介绍，关于5种金属在土壤中的表现更全面和定量的评估可以在相关EPA严重污染场地文件中找到。

8.2.1　砷、镉、铬、汞和铅的物理特征和矿物来源

砷是具有几种同素异形体的半金属元素或准金属元素。其最稳定的同素异形体是一种银灰色的、脆性的结晶固体，在空气中会变色。主要的砷化合物为As_2O_3，主要来源于开采的铜、铅、锌、金和银等复杂矿石的副产物回收。砷的矿物形式多种多样，包括砷黄铁矿($FeAsS_4$)，砷黄铁矿是富含As的主要商业矿石。

镉是蓝白色、柔软的延性金属。自然界中Cd的化合物很少，已知的有绿岩(CdS)和奥塔韦特($CdCO_3$)。镉的主要来源是铅、锌和铜的硫化矿，当这些矿石被加工时镉就可以作为副产物进行回收。

铬是一种有光泽的银灰色金属，是地壳中不常见的元素之一，其仅出现在化合物中。铬的主要商业来源是铬铁矿($FeCr_2O_4$)。铬通常是以主要产品开采获得的，而不是通过其他采矿作业的副产品回收。

汞(水银)是一种银色的液态金属。汞的主要来源是辰砂(HgS)，辰砂是一种硫化

矿。少数情况下汞可以主要矿石产品的形式出现，更常见的则是作为含有混合硫化物、氧化物和氯化物矿物的复杂成矿过程的矿石的副产物出现(这些矿物通常与碱金属和贵金属有关，特别是金)。在一些矿区，人们发现了数量非常少的原生金属汞。目前汞的需求是通过二次生产(即循环利用和回收)来满足的。

铅是一种蓝白色、银色或灰色金属，新鲜的铅切割后具有高光泽，但暴露于空气中时会发亮。其具有高密度(11.35g/cm^3)、低熔点(327.4℃)的特点，其非常柔软、有韧性并可铸造、轧制和挤出。最重要的铅矿是方铅矿(PbS)。从矿石中回收铅通常涉及研磨、浮选、焙烧和熔炼工艺。铅较少见的矿物形态是铈土矿($PbCO_3$)、角铁矿($PbSO_4$)和克罗钾铁矿($PbCrO_4$)。

8.2.2 砷、镉、铬、铅和汞的行为特征

由于金属不能被破坏，因此，金属污染土壤修复的要害在于调控(即激活、增加、减少或维持)金属污染物的流动性以形成具有总量可接受的或可浸出金属含量可接受的处理后土壤。金属的流动性取决于许多因素。

土壤-废物系统中的金属流动性取决于其所处土壤表面的类型和体量、目标金属的浓度、竞争离子和络合配体的浓度及类型、有机和无机特征、pH 值和氧化还原状态。笼统的特征指标只能为分析这种系统中的金属预期行为提供一个粗略的参考。与特定地点的土壤和废物系统不匹配的文献或实验室数据是不能全面描述或预测金属真实行为的，所有的数据均必须针对具体场地，当然，还必须考虑长期影响问题。随着废物基质中有机成分的降解，或随着 pH 值或氧化还原条件的变化，无论是借助天然的风化过程还是人为操作，金属的潜在迁移率均随土壤条件的变化而发生变化。

显而易见，根据上述对影响金属流动性的因素、数量和类型的描述，要把各种条件下金属的流动性进行全面的、定量的描述是困难的，因此，只能描述有限数量条件下金属的行为。

天然环境条件下，镉、铬(Ⅲ)和铅通常是以阳离子形式存在的。这些阳离子金属在环境中是不可移动的且存在倾向于保持相对接近初始沉积点的状态。土壤吸附阳离子金属的能力随 pH 值、阳离子交换能力和有机碳含量的增加而增加。大多数土壤在中性至碱性条件时阳离子金属会强烈吸附在土壤的黏土成分上，因而可以被土壤矿物中存在的铁、铝或锰的含水氧化物吸附，阳离子金属将以氢氧化物、碳酸盐或磷酸盐的形式沉淀。在酸性沙质土壤中的阳离子金属具有更强的移动性。由于废物处理或修复过程中可能会遇到非天然土壤条件(比如土壤的的 pH 值<5 或>9；或土壤中存在浓度很高的氧化剂或还原剂；或土壤中存在高浓度的可溶性有机或无机络合物或胶体物质)，在非天然土壤条件下这些金属的迁移率可以显著增加。此外，在涉及具有氧化物表面(y-FeOOH、a-SiO_2和 y-Al_2O_3)的各种固体实验中已经观察到各种金属之间存在竞争性吸附的问题。在几个典型实验中，人们通过在前述所有的这 3 种固体中添加 Pb 或 Cu 来降低 Cd 的吸附。添加 Zn 会导致 Cd 吸附量大幅度降低。一旦地表的局部区域被其他金属占用就会出现金属在地表部位的竞争。

砷、铬(Ⅵ)和汞的行为与镉、铬(Ⅲ)和铅显著不同。砷和铬(Ⅵ)在通常环境条件下是以阴离子的形式存在的。尽管汞是阳离子金属但却有着与其他阳离子金属不同的性质，比如，室温下为液体且容易在几种价态之间转化。

在大多数砷污染地区，砷以As_2O_3的形式出现，或以从As_2O_3中浸出的阴离子砷化物的形式出现，或氧化成As^{5+}，然后吸附到土壤中的含铁物质上。砷还可能以有机金属的形式存在，比如甲基砷酸($H_2AsO_3CH_3$)和二甲基砷酸[$(CH_3)_2AsO_2H$]，这些物质是许多农药中的活性成分，另外，挥发性化合物砷(AsH_3)和其甲基衍生物[即二甲基砷($HAs(CH_3)_2$)和三甲基砷($As(CH_3)_3$)]也是其存在形式。上述这些砷的存在形式揭示了砷通常表现出的多种氧化态(-Ⅲ，O，Ⅲ和Ⅴ)特征及其在环境化学中的复杂性。

与As^{3+}相比较，As^{5+}不易流动且毒性较小。由于As^{5+}在水环境中会表现出阴离子性质，因此其水溶性溶解度会随pH值的增加而增加，并且其与其他阴离子相遇不会复合或沉淀。As^{5+}可形成低溶解度的金属砷酸盐。砷酸钙[$Ca_3(AsO_4)_2$]是氧化环境和碱性环境中最稳定的金属砷酸盐，但其在酸性环境中不稳定，在初始氧化和碱性条件下其从空气中吸收二氧化碳将导致$CaCO_3$的形成和砷酸盐的释放。在酸性土壤中若有足够的钠其可以形成可移动的化合物Na_3AsO_4。在酸性和碱性环境中砷酸亚砷酸锰($Mn_2(AsO_4)_2$)略微稳定，而酸性土壤条件下砷酸铁稳定。在有氧环境中，当pH值<2时H_3AsO_4占主导地位，随着pH值由2到7到11.5的增大其会依次被H_2AsO_4、$HAsO_4$和$AsO_4{}^{3-}$代替。在轻度还原条件下，H_3AsO_3是低pH值下的主要存在方式，但随着pH值的增加其会依次被H_2AsO^{3-}、$HAsO_3{}^{2-}$和AsO^{3-}所替代。其在更强的还原条件下和硫化物存在条件下可以形成As_2S_3。由于As_2S_3溶解度低，因此是稳定的固体。相对于As_2S_3而言，AsS_2的热力学性能不够稳定。其在极端还原条件下可能会生成元素砷和挥发性砷(AsH_3)。跟阳离子金属之间的竞争会影响它们的土壤迁移率一样，阴离子物质(比如铬酸盐、砷酸盐、磷酸盐、硫酸盐等)之间的竞争会影响阴离子的固定过程并可能增加其迁移率。

地球表面和近地表环境中铬的最常见的价态是Cr^{3+}和Cr^{6+}。从上述讨论不难知道，常见环境条件下，三价铬是热力学稳定性最高的存在形式。除了皮革鞣制外，铬的工业应用通常采用Cr^{6+}的形式。由于动力学规律的限制，Cr^{6+}可以在较长时间内保持其存在而不会轻易地降解到Cr^{3+}。

Cr^{6+}能否以铬酸盐($CrO_4{}^{2-}$)或重铬酸盐($Cr_2O_7{}^{2-}$)的阴离子存在取决于pH值和浓度。与Cr^{3+}比，Cr^{6+}阴离子不太可能吸附到固体表面上。土壤中大多数固体颗粒含有负电荷，因而可以抑制Cr^{6+}的吸附。尽管黏土具有较高的吸附阳离子金属的能力，但由于阴离子和黏土在常规pH值范围内的土壤和地下水中具有相似的电荷，因此它们对Cr^{6+}的作用力很小。能够吸附Cr^{6+}的唯一常见的土壤颗粒是羟基氧化铁。通常情况下，Cr^{6+}和其他阴离子能吸附在土壤中的主要原因是羟基氧化铁的存在，吸附在铁颗粒上的Cr^{6+}量随pH值的降低而增加。

在金属污染场地，汞可以汞离子形式、汞单质形式或烷基化形式(比如甲基汞和乙基汞)存在。$Hg_2{}^{2+}$和Hg^{2+}在氧化条件下更稳定。在温和还原条件下，有机结合的汞和无机汞化合物都可以转化为汞单质，然后可以通过生物和非生物过程将其转化为甲基汞或乙基汞。甲基汞和乙基汞具有流动性和毒性。

汞能够适度移动，这种移动性与土壤类型无关。汞和汞的阳离子都被黏土矿物、氧化物和有机物质吸附。以阳离子形式吸附的汞量随 pH 值的增加而增加。汞离子和汞单质也可以通过形成各种沉淀物而被固定，比如水银与氯化物、磷酸盐、碳酸盐和氢氧化物的沉淀。在土壤中正常汞浓度条件下只有磷酸盐沉淀物是稳定的。在碱性土壤中，汞离子和汞单质与碳酸盐和氢氧化物沉淀形成稳定的固相(但不是特别不溶)。在较低 pH 值和较高氯化物浓度下可形成可溶性 $HgCl_2$。汞离子和汞单质还可能与氯化物和氢氧化物形成络合物，这种络合物是有助于其迁移的可溶性有机物质。在强还原条件下其可形成具有非常低的溶解度的化合物。

8.3 污染土壤的电动修复技术

电动修复的原理是给放置在土壤中的电极之间施加低密度直流电流，以便使污染物以带电物质的形式移动。借助电渗法从土壤中浸出金属的尝试可追溯到 20 世纪 30 年代，过去的研究重点是从农业土壤中去除不需要的盐，1939 年开始，电动力学被用于处理现场污泥和污泥的脱水，20 世纪 70 年代初苏联使用电动技术提取与浓缩金属并探测深层土壤中的矿物质，1979 年人们总结出了电渗技术的基本规律"即可溶性离子的含量在污染疏浚的电渗固化中会显著增加但流出物中却不会出现金属"，20 世纪 80 年代中期后人们发现金属与土壤的电动分离是土壤污染的潜在解决方案。表 8-3-1 显示了电动修复技术的两个方法。

表 8-3-1　电动修复技术概貌

一般特征		适合修复的土壤深度取决于电极的位置；最适用于含水量高、渗透性高的均质土壤	
个体特征	方法类型	方法 1：增强去除	方法 2：不移除的修复
	描述	污染物向极化电极电动输运以浓缩污染物以便利于随后的去除和非原位处理	通过置于电极之间的处理区进行污染物的电渗传输；电极的极性周期性地反转以改变通过处理区的污染物迁移方向；电极极性反转的频率由污染物通过土壤的运输速率决定
	发展现状	欧洲建立了若干个使用全套设备的示范项目；美国进行了大量的试点、实验室研究及全面实地研究工作	相关的研究工作正在进行
	适用性	试点的处理金属为铅、砷、镍、汞、铜、锌；实验室研究的处理金属为铅、镉、铬、汞、锌、铁、镁、铀、钍、镭；没有可用于所有金属的应用程序及相关的性能数据	有机物种开发；金属研究
	评价	这项技术的效率和成本效益在美国没有得到联邦机构的全面评估；美国环境保护局、能源部、国防部和电力研究所(EPRI)正在对现场研究进行评估；该技术主要需要添加水来维系电流并促进金属的迁移，在部分饱和土壤中的应用仍在深入研究中	这项技术在深层黏土中应用前景被看好，进一步的工作仍在深入研究中

电动修复也称电动土壤处理、电迁移、电化学去污或电解析，其可用于从饱和到不饱和的各种土壤以及泥浆和沉积物中提取放射性核素、金属和某些类型的有机废物，这种原位土壤处理技术的核心是从土壤中提取污染物的分离和去除技术。美国科学家在 EPA 和 DOE 的支持下正在开发一种称为电动注射的原位生物修复技术。

电动修复是借助于在两个或多个电极之间施加的低强度直流电流通过土壤来达到修复目的，原因是大多数土壤的土壤颗粒之间的孔隙中含有水并且因存在于土壤中的盐而表现出固有导电性，目前可以通过电迁移、电渗、电泳、电解等过程来移动土壤中的带电物质、颗粒和离子。所谓电迁移是指电梯度下带电化学物质的运输；电渗是指电梯度下孔隙流体的运输；电泳是指电梯度下带电粒子的运动；电解是指与电场相关的化学反应。

图 8-3-1 给出了一个典型的电动修复应用的示意图。

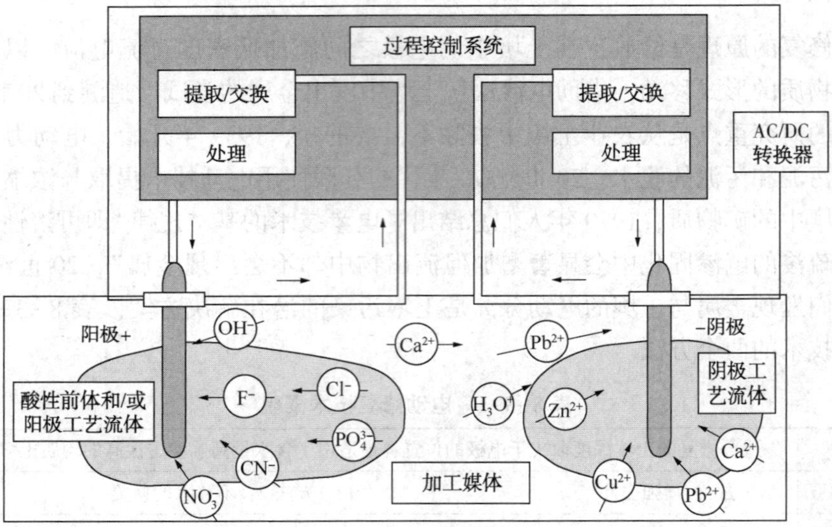

图 8-3-1　电动修复现场实施中使用的电极配置和空间布局示意

电动修复技术可有效地从细颗粒、高渗透性土壤中提取污染物，决定污染物迁移方向和程度的因素有许多，这些因素包括污染物类型和浓度、土壤类型和结构以及系统的界面化学特征，可以向系统中加入水或其他合适的盐溶液以增强污染物的流动性以及该技术的有效性(比如，改变缓冲液或稳定孔隙液的 pH 值)，可以通过各种方法去除到达电极的污染物，比如电极处的电镀、电极处的沉淀或复合沉淀、泵送电极附近的水、与离子交换树脂络合等。如果水是存在的主要孔隙流体时，与该技术相关的电化学包括在阳极处产生的酸性前体。

电极处 pH 值的变化归因于水的电解。由于阳极处水溶液电解产生氢离子并释放氧气从而呈酸性，同时阴极处水溶液电解产生羟基离子并释放氢气从而呈碱性。根据施加的总电流的不同，阳极处的 pH 值可能下降到 2 以下、阴极则可增加到 12 以上。酸性物质最终从阳极迁移到阴极。酸性物质的迁移和对流运动使污染物从土壤中得以解吸。该过程可使经过处理的土壤得以临时酸化，但无法决定重新建立平衡所需时间的长短以及相应的流程。研究表明，金属电极可能因电解而溶解并将腐蚀后的产物渗入土体。但是，如果使用石墨或铂类惰性电极，则在处理土壤的过程中将不会渗入残留物。电极既可以水平放置也可以铅直放置，放置方式取决于污染羽流的位置和形状。

在现场进行电动修复之前必须进行足够的不同位置的场地实验以及实验室筛查试验以确定修复技术是否适合这种特定的场地。这些实验包括场地电导率测量、水的化学分析、土壤化学分析、pH 值影响、样本比率实验。

① 场地电导率测量。应考虑天然地质条件的空间变异性，埋入的金属或绝缘材料可能会引起土壤导电性变化并形成电压梯度场。另外，更为重要的是应该评估场地中是否存在呈现极高导电性的沉积物，若存在的话采用该技术的效果会大打折扣。

② 水的化学分析。应分析孔隙水中溶解的主要阴离子和阳离子的成分并对污染物的浓度进行预测。此外，还应测量孔隙水的电导率及 pH 值。

③ 土壤化学分析。每个场地均应确定土壤的消解能力以及地球化学特性。

④ pH 值影响。应确定孔隙水和土壤的 pH 值，它们对污染物离子的化合价、溶解度和吸附力有很大影响。

⑤ 样本比率实验。通过实施样本比率实验可以检查污染物迁移机制以及去除率和遗留量，并据以确定不同的排除方法。由于这些繁杂的物理、化学反应相互关联，因此需要进行样本比率实验以预测现场规模条件下的电动修复性能。

8.3.1 电动修复技术的新进展

目前，将电动力学与其他技术结合而开发的各种方法正在应用于土壤修复。代表性的电动修复方法主要有 EI(Electrokinetics，Inc)法、GII(Geokinetics International，Inc)法、IC(Isotron Corporation)法、BMI(Battelle Memorial Institute)法、CE(a Consortium Effort)法、PPGG(P&P Geotechnik GmbH)法。

（1）EI 法

如图 8-3-1 所示，地下水、处理流体或二者的混合物通过包含电极的钻孔向外部输出以作为导电介质。处理流体中的添加剂、电极处的电解反应产物以及被污染土壤中溶解的化学物质通过电场传导在被污染的土壤运移。这种运移与吸附耦合、沉淀/溶解、挥发/络合形成了电动修复的工作体系。通过电沉积、蒸发/冷凝、沉淀或离子交换在电极处或内置于系统中的处理单元中完成相应的萃取和去除工作，该处理单元的作用是将处理流体泵送到污染土壤中。在规模化试点测试的基础上开发出了该过程的设计和分析软件。

（2）GII 法

GII 法要求阳极和阴极使用电极井以控制阳极和阴极处电解质流中的 pH 值以及电解质水平，使用添加剂以溶解不同类型的污染物，在欧美发达国家主要应用于商业化的金属去除。GII 成功开发出了一种可在电动围栏中遏制污染发展的修复和预防相结合的替代方案。实验室实验表明，使用电动围栏可以达到以下 5 个目的，即处理过的水通过围栏时捕获污染物的电子(极性电荷)；影响地下水的 pH 值以及氧化还原电位；通过电极系统或注射井导入微生物和营养物质；增加围栏内部区域的土壤温度以加速生物降解过程；阻止和减弱迁移。电动围栏可设置在土壤的任何深度，且既可水平安装也可铅直安装，见图 8-3-2。

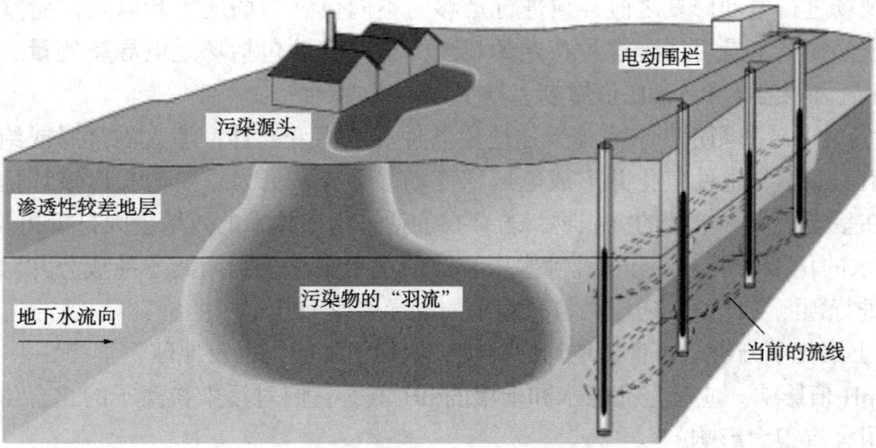

图 8-3-2 电动围栏遏制受污染羽流示意

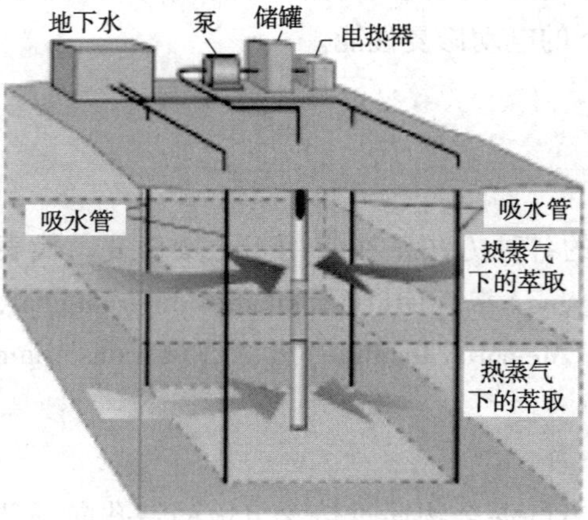

图 8-3-3 用蒸气/水萃取进行电加热的示意

GII 的另一种替代方案是电加热，其将电动力产生的热量与提取过程相配合以去除挥发性和半挥发性化合物。图 8-3-3 介绍了该电加热过程的基本情况，电加热和提取可用于去除已经沉入含水层的致密非水相液体（DNAPL），比如氯化溶剂。GII 的电加热现场试验表明，电极间的土壤和地下水会被均匀加热，其与真空提取法或地下水提取法结合可以非常有效地完成上述各种可识别污染物的去除。

GII 推出了具有非常高的耐腐蚀性的导电陶瓷材料（EBONEXR[R]），其至少可以在土壤中服役 45 年且可以自清洁。GII 还开发了一种梯次化的电动修复（BEKR）程序，通常情况下，其与电动技术结合需要 24~48h 才能彻底修复标的物。BEK 是一个用于现场土壤修复的移动单元体。GII 还开发了一种溶液处理技术（EIXR），其可以以比常规方法快 1000 倍的速度从阳极和阴极溶液中除去污染物。

（3）IC 法

IC 法主要用于土壤中存在的铀的运移与捕获。IC 法借助自己的专利气瓶 Electrosorb[R]工艺来控制原位土壤的收纳能力，用一种称为 Isolock[R]的离子交换聚合物基质以便捕获金属离子，其对现场低浓度汞（5mg/kg）的清除效果很差，但对铅和铬具有良好的去除效果。

（4）BMI 法

土壤污染电动修复技术的另一种方法是电声土壤去污法。该技术将电动力学与声波振动相结合，借助声波或超声能量形成的机械振动能量改善土壤中液体污染物的性质以增加污染物的去除水平。BMI 法借助电气和声学力的原位处理技术在地下污染区域内去除漂浮的污染物以及相关的金属元素，见图 8-3-4。

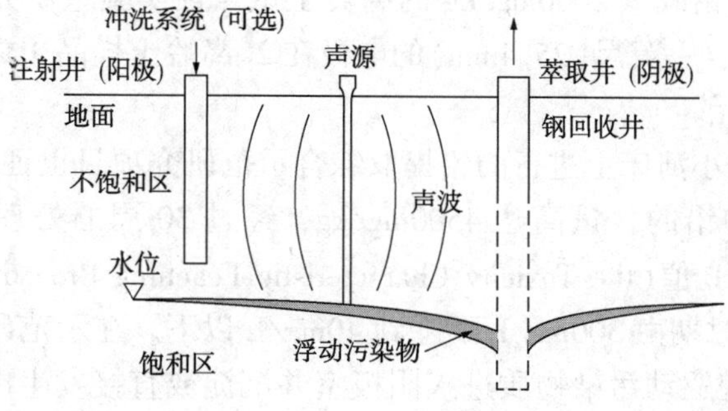

图 8-3-4　电声土壤去污工艺

（5）CP 法

孟山都公司(Monsanto Company)开发了一种称为 Lasagna™ 的综合原位修复技术，其核心是在污染土壤的处理区内利用电渗构成一个综合原位修复体系，见图 8-3-5。CP 法的原位去污过程主要有以下 3 个步骤，即对污染土壤渗入适当的添加剂(比如吸附剂、催化剂、微生物、氧化剂、缓冲液等)，在污染的土壤土体中形成高度可渗透的区域并将其转化为吸附降解区；借助电渗法形成的液体泵将土壤中的污染物进行冲洗使其进入退化处理区；必要时可通过切换电气极性来改变液体流动方向以提高土壤中污染物的去除效率，并允许污染物重复通过处理区以完成吸附或破坏过程。

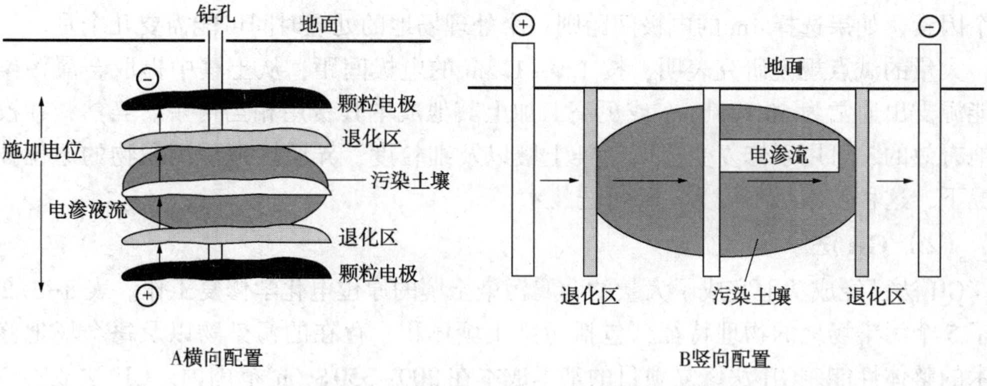

图 8-3-5　Lasagna™ 工艺示意(注意：电气极性开关后的电渗流反转)

8.3.2　电动修复技术的相关性能和成本

大量的应用和实验研究均证明了电动修复的可行性和有效性。

（1）EI 法

放射性核素和有机化合物污染土壤的样本比率实验证明了 EI 方法对铅、镉、铬、汞、锌、铁、镁的去除有效性，这种有效性还包括放射性核素铀、钍和镭，其对苯酚和乙酸等极性有机化合物的运移和去除也非常有效，另外，其还可运移低于其溶解度值的苯、甲苯、乙烯、二甲苯等非极性有机化合物。大量的实验室电动土壤处理试点研究以及电气分离现场试点研究均证实了该方法对铅、砷、镍、汞、铜、锌污染土壤处理的有效性。一项铅载量 2000mg/kg 的高岭土试点性实验室研究表明该方法对铅的去除率为 90%~95%，一英尺(25.4mm)的电极在 2t 高岭土样品中放置了 4 个月，总处理费用为每吨 21 美元。

一个陆军射击场小河床上进行的铅提取综合示范研究项目也证明了方法的有效性，该场地土壤中污染物铅的含量高达 4500mg/kg，经过 30 周的处理后铅的浓度降低到 300mg/kg 以下，TCLP 值(the Toxicity Characteristic Leaching Procedure Values 毒性特征浸出程序值)在同一时期由 300mg/L 下降到 40mg/L 以下。在示范研究的现场，人们使用 CADEX™电极系统驱动污染物质进入阴极室并沉淀或直接发生电沉积。另外，人们也成功地利用 EI 方法对砷污染地区土壤进行了处理，EI 方法使用了性价比高、抗腐蚀的特殊电极材料。

另外，人们还在具有显著不同水平电导率的地区进行了大量的实验以评估污染物电动输送的潜力，并借以补充、增强和完善污染土壤的原位生物修复系统。

EI 法的设计、安装和系统处理成本包括能源成本、调节成本以及与系统安装相关的固定成本。其功耗直接与电极周边土壤的电导率有关。土壤的电导率可以跨越数量级(30~3000μmhos/cm 或更高)，其较高值为饱和的高可塑性黏土。电压梯度通常保持在约 1V/cm 以克服温度升高的不利影响和其他各种因素的影响。EI 法修复具有高电导率的高塑性土壤成本高昂。对占大多数的 500μmhos/cm 电导率的污染土体，每天的能源消耗量约为 $12kW \cdot h/m^3$，处理时间取决于电极的间距、将要使用的调节方案类型等几个因素，如果选择 4m 的电极间距则一个处理场地的处理时间可能需要几个月。

大量的试点规模研究表明，按 1.0~1.5m 的电极间距，从土壤中提取金属污染物的能源支出通常为 $500kWh/m^3$或更高，加上其他成本其费用相当可观。当然，在没有其他有效的、可用于修复受金属污染土壤以及细粒度、异质性地下沉积物的原位技术情况下，这种技术仍不失为一种可选技术。

（2）GII 法

GII 法已经成功地完成了大量的金属污染土壤的原位电化学修复工作。表 8-3-2 给出了 5 个污染场地的物理特征，包括污染土壤体积、存在的污染物以及每个场地修复技术的整体性能。GII 法修复项目的基本成本在 200~350 $\$/m^3$范围内。GII 法成功应用于一个化学废物垃圾填埋场铬酸盐污染土壤的电动修复过程，为混合垃圾填埋场处理提高了一个可参照的范本。

（3）BMI 法

人们借助 SITE 程序证实了电声技术的技术可行性，其可从黏性土壤中去除无机物质且仅对碳氢化合物的去除有效。

（4）CP 法

第一次 Lasagna™工艺试验完成于 1995 年 5 月，整个 Ⅰ 期竖向现场测试进行了 120 天，在电参数和电渗流方面取得了成功并实现了实验室尺度的放大，试验前、后整个测试地点采集的土壤样本表明，从密实黏土土壤(即水力传导率小于 1×10^{-7}cm/sec 的土壤)中去除了98%的三氯乙烯(TCE)，使 TCE 的土壤含量从 100~500mg/kg 降至平均浓度为 1mg/kg。关于该方法应用于土壤中重金属及其他类型污染物的处理研究正在不断向纵深发展。

表 8-3-2　欧美国家 5 个现场应用电化学土壤修复技术的基本情况

场地名称	污染土壤类型	污染土壤体积/m^3	污染物	初始浓度/(mg/kg)	修复后最终浓度/(mg/kg)
前油漆厂	泥炭/黏土	230	Cu	1220	<200
			Pb	>3780	<280
镀锌厂	黏土	38	Zn	>1400	600
原木植物加工厂	重黏土	191	As	>250	<30
临时堆填区	夹沙泥质土	5505	Cd	>180	<40
军用空军基地	黏土	1926	Cd	660	47
			Cr	7300	755
			Cu	770	98
			Ni	860	80
			Pb	730	108
			Zn	2600	289

8.3.3　电动修复技术的应用特点及要求

电动修复可以应用于饱和土壤和部分饱和土壤。将电动修复应用于渗流区时要克服阳极附近的土壤干燥问题。当电流施加到土壤时水将通过土壤中的孔隙渗透，并且通常向阴极流动。水的运动将消耗邻近阳极处的土壤中的水分且水分会聚集在阴极附近。当然，处理的流体可以在电极处循环。流体可以用作导电介质，并且可作为提取或交换物质，还是将某种物质渗入其他物质的手段。处理流体的另一个用途是控制、去极化或修改电极反应中的一个或两个电极。过程流体(酸或调理液)穿过电极的过程有助于物质的解吸以及碳酸盐和氢氧化物的溶解。电渗平流和离子迁移的结果是污染物的运移和随后的去除。污染的液体随后在阴极处被回收。

电极的间距取决于污染物的类型、污染程度以及选定的电流电压状态。产生较高电压梯度时温度会升高、效率可能会降低。将产生 1V/cm 量级电位梯度的距离作为间距是最佳的。电极的间距通常不超过 3m。修复的持续时间决定于场地特征。修复过程应持续进行直至达到理想的去除效果为止。需要强调的是，通过增加电势梯度来减少修复持续时间时的修复效率会降低。

该技术的优点在于其原位应用和非原位应用时的成本效益及潜力。该技术要求土体中存在导电流体通过的孔隙，因此要求具有位点特异性。此外，在处理现场发现的异质性或异常现象会降低去除效率，这些现象包括地基被淹没、存在瓦砾、存在大量的铁或氧化铁、存在大的岩石或砾石、存在淹没的覆盖材料(比如贝壳层)。

8.4 原位植物修复技术

植物修复是使用植物去除污染物、含有污染物或使污染物无害于环境。植物修复涵盖了受植物影响并有助于清除污染物质的所有生物、化学和物理过程。植物可用于污染土壤的现场修复工作，借助植物既可以使根部区域的有机化合物得以矿化和固定，也可以将土壤中的金属和其他无机化合物蓄积并浓缩到地上枝条中。虽然植物修复在废物管理领域是一个相对较新的概念，但通过应用完善的农业经济技术，其衍生开发的技术、技能和理论很容易实施。用于修复被金属污染的土壤的植物的开发工作需要农学家、毒理学家、生物化学家、微生物学家、病虫害管理专家、工程师和其他专家的多学科研究工作。污染土壤植物修复技术的概况见表 8-4-1。

表 8-4-1　污染土壤植物修复技术的基本情况

总体特征	最适用于金属含量低到中等的分散分布的场地以及可以支持植物生长的土壤培养基；应用范围限于根区深度；与其他技术相比修复所需时间更长；已鉴定出能处理不同金属的不同的物种	
技术分类	植物提取(收获)	植物稳定(根固定)
技术特点	从土壤中吸收污染物到地上的植物组织，属于周期性收获和处理	由植物生产化合物以将污染物固定在植物根部和土壤的界面；通过提高土壤中的 pH 值可以产生额外的稳定效果
适用范围	适用的金属种类多；镍和锌似乎最容易被吸收，铜和镉的初步吸收结果较好	适用的金属种类多，尤其是铅、铬和汞
特别说明	成本受生物生产量的影响，可能需要处理后的再处置工作；成本还受污染浓度、污染深度以及所需生物数量的影响	需要长期维护

8.4.1 常见的原位植物修复技术

对于一些最小的生命形式而言，至关重要的金属包括钒(V)、铬(Cr)、锰(Mn)、铁(Fe)、钴(Co)、镍(Ni)、铜(Cu)、钼(Mo)。因为土壤中各种金属的浓度高于微量水平时会对生物体产生毒性，因此生物体必须调节这些金属在细胞中的浓度，为此，生物体发育有输送系统以调节金属的摄取和体内分布。研究表明，植物对金属具有显著的代谢和吸收能力，具有可从土壤中选择性吸收离子的运输系统。同时，植物还发育有多样化的遗传适应功能以调整其生存环境中出现的金属及其他污染物的潜在毒性水平。植物对金属的摄取过程主要通过根系发生，人们发现大多数植物具有防止金属毒性侵害的机制。植物的根系具有巨大的表面积以便吸收和积累生长所必需的水分和营养物质。存活的植物可以以各种方式启动太阳能泵以从环境中提取和蓄积各种元素。

由于植物会向其根部(根际)周围的土壤中释放无机化合物和有机化合物(根系渗出

物)，因此会导致植物根系在土壤根部界面处发生变化。植物根系的分泌物会影响微生物的数量和活性，还会影响根部土壤颗粒的聚集度、稳定性以及元素的可用性。植物根系分泌物可以直接或间接地增加(激活)或减少(固定)根际元素的可用性。通常认为植物根际土壤中元素的移动和固定可能是由于以下 4 种原因引发，即土壤 pH 值的变化、络合物质的释放(比如金属螯合分子)、氧化还原电位的变化、微生物活度的增加。

人们已经开发出了应用于不同土壤环境清理的植物修复技术，这些技术大致可分为植物萃取(Phytoextraction)、植物稳定(Phytostabilization)、植物根除(Rhizofiltration)。

(1) 植物萃取技术

植物萃取技术借助超积累性植物从土壤中运移金属并将其收纳入可以收获的根和地上枝条。通常情况下以干重计时，叶片中含有超过 0.1%的 Ni、Co、Cu、Cr 或 1%的 Zn 和 Mn 的植物被称为超累积性植物，这个指标是不考虑土壤中金属的浓度水平的。

目前已知的几乎所有具备金属超积累能力的植物物种都是在金属含量丰富的土壤中发现的，不管是天然植物的还是人造植物，它们通常都是在具有金属排除物的区域中生长的。实际上，几乎所有的具备金属超积累能力的植物都是这些土壤里生长的特有物种，这表明植物的超积累反映的是其对金属作用的重要生态生理适应性以及对金属抵抗力的表现特征之一。到目前为止，人们发现的大多数具备金属超累积能力的物种均局限于几个特定的地理区域，比如，具备镍超累积能力的植物物种主要分布在新喀里多尼亚(法)、菲律宾、巴西、古巴；具备镍和锌超累积能力的植物物种主要分布在南欧、中欧和小亚细亚。

干燥的植物、堆肥的植物残渣、富含金属的植物灰分可以作为危险废物进行分离，也可以作为金属矿石回收。植物提取的目标是将植物灰分作为冶炼过程的原料，从冶炼进料流中回收“生物矿石”中的金属。即使植物灰分中没有足够的金属浓度也可以用于冶炼过程，这并不影响植物萃取的有益性，因为它可以将填埋危险废物的危险性大幅度降低，最大降幅可达 95%。目前，人们正在致力于使用树木、草和作物进行金属植物萃取的研究工作，并以开发植物修复作为金属清理技术的核心。

土壤中大量金属的提取可借助树木实现，因为树木的生物质产量很高。但植物修复中使用树木修复需要的时间比较漫长，树木的落叶可能给人类带来额外的担忧，因为含有金属的叶子掉落或吹走时可能会导致金属再次进入受污染场地(即形成金属污染的再循环)，也可能在风的搬运下或水流作用下离开治理现场。

研究发现，一些草会在他们的芽中积累惊人的高浓度金属且不表现出毒性作用，但草的低生物量生产能力使其吸纳的金属量也相对较低，通过遗传育种培育能产生相对较大生物量的、具备金属超累积能力的植物可以实现金属提取过程的高效率。

人们发现，许多已知的作物类植物可以在其根部及地上枝条中积累金属，这种积累可能威胁到食物链。因此，1980 年 5 月美国 RCRA 发布的危险废物条例中包括了对可作用于作物的镉及其他金属的含量的限制，因此，作物类植物在土壤环境修复中的潜在用途一直在探索之中。宏观而言，使用作物从土壤中提取金属似乎是比较实用的，因为作物的生物质产量高、生长速度相对较快，另外，使用作物提取金属的其他好处是它们易于培养并且具有遗传稳定性。

（2）植物稳定技术

植物稳定技术的特征是利用植物来限制土壤中金属的迁移率和生物利用度，理想的用于植物稳定化的植物应该能够耐受高含量的金属并通过吸附、沉淀、络合或金属化合物的方式将金属还原后固定在土壤中。应用于植物稳定的植物的枝条也应表现出较低水平的金属积累特征以消除收获枝条中的残留物可能成为危险废物的可能性。除了稳定土壤中的金属之外，应用于植物稳定的植物还应能够稳定土壤基质以最大限度地减少沉积物的侵蚀和迁移。科学家发现杨树是一种良好的可用于植物稳定化的植物，因为杨树可以采用深埋于土壤的方式种植并且能够在污染区域深部形成根系。

由于大多数受金属污染的地区缺乏植被，因此必须采用具备金属耐受能力的植物用作植被以防止侵蚀和浸出，当然，这种方法只是一种遏制技术而不是一种修复技术。因此，一些研究人员认为植物稳定技术在植物提取技术充分发挥作用前只是一种临时措施。很多科技工作者正在开发将植物稳定技术作为金属修复技术的标准方案，以便将其应用于金属去除似乎不具有经济可行性的场地，目前已经有三种植物品种被商业化地用于金属污染土壤的植物稳定，这三种植物分别为用于酸性铅和锌废物的剪股颖，用于钙质铅和锌废物的紫羊芋、酥油草。

（3）植物根除技术

污染土壤金属植物根除技术的方法之一是借助植物的根系吸收、浓缩和沉淀废水中的金属，也包括根除土壤渗滤液中的金属。植物根除技术通常使用陆生植物而不是水生植物，因为陆生植物的根系发育得更长且其纤维根系覆盖着具有非常大的表面积的根毛。这种植物修复技术的特点是使用通过吸附除去金属的植物，其不涉及植物的生物过程。使用这种技术时植物将金属转移到枝条上的速度比植物提取方法慢得多。

人们开发的更加完美的另一种类型的根除过程涉及用于处理受污染的废水或渗滤液的湿地或芦苇床的建设，该技术适用于处理具有低浓度金属的大量废水且具有明显的成本效益，其根治方法专注于过滤处理污水。

表 8-4-2 显示了目前正在研究的各种植物修复技术的优缺点，其方法可归类为植物稳定化中的植物提取。

表 8-4-2　植物修复技术的类型及优缺点

植物提取技术的种类	优点	缺点
借助树木进行植物提取	生物量高	其生产潜力表现在用于金属的异地迁移和通过叶片将金属输送到地表；金属集中在植物生物体中必须最终处置
借助草进行植物提取	产量高	生物量低、生长缓慢；金属集中在植物生物体中必须最终处置
借助作物进行植物提取	生物量高、生长速度快	食草动物吞食后会对食物链产生潜在威胁；金属集中在植物生物体中必须最终处置
植物稳定化	无须处理污染的生物质	存在剩余责任问题，包括无限期的维护（属于遏制技术而不是清除技术）
植物根除	吸收金属容易	只适用于处理水；金属集中在植物生物体中必须最终处置

8.4.2 原位植物修复技术的发展现状

借助基因工程、选择育种技术或两种技术结合收获金属摄取更快、金属摄取量更高的植物。科学家的实验室规模测试表明，一种改变了遗传特性的芥菜杂草可以从土壤中摄取汞离子并将其转化为可通过叶子蒸发的金属汞。植物修复技术的进步有赖于人们对植物影响土壤地球化学过程的研究和了解。另外，对植物和微生物群落的检测可能筛选出远远优于当前已知的具备金属堆积特性植物的植物。

人类将植物用于废水处理已有300多年的历史，20世纪70年代中期以来，人们已经提出了用于对污染金属的疏浚材料和土壤泥浆修复的植物修复方法，虽然对金属污染土壤成功修复的报道很少，但是这种应用在一些试点场地中取得了一定的进展。在欧美国家，成功的植物修复方法必须符合修复标准才能被监管机构批准。

目前，尚未见完全采用植物修复的报道。有些专门的公司开发出了应用于金属污染土壤修复的植物稳定剂，一些公司还研发了植物萃取的专利技术并进行了一定数量和规模的现场测试(比如乌克兰的切尔诺贝利)，英国利物浦的一个公司已经将3种草药商业化地应用于铅、铜和锌废物的稳定化。

8.4.3 原位植物修复技术的效果和成本

目前，由于植物修复技术尚未在任何金属污染土壤场地全面地应用，因此无法全面地评估植被修复对污染场地进行清理的潜力。但是，各种新的研究方法和工具正在增强人们对植物修复技术应用的信心，比如在分子和细胞层面对植物修复过程的认识和理解。

（1）测试结果

植物修复(植物提取)的潜力可以通过比较污染物浓度、待处理土壤体积与特定植物生物量的季节生产力和积累污染物的能力来评估。表8-4-3给出了被确定为金属超积聚剂植物的选定实例及其原生地区。对于从土壤中去除并积累在地上生物体中的金属，土壤净化所需的每公顷生物量的总量可通过将待修复的每公顷金属总质量除以累积因子来确定，累积因子是指金属的质量与含有金属的生物质的质量之比。单位面积的总生物量除以植物的生产力(t/ha/y)即可确定达到去除标准所需的年数，所需的年数是植物修复成本和可行性的主要决定因素。

如前所述，生物量是确定植物修复的实用性因素之一。在最佳气候条件下，通过灌溉、施肥等因素可使总生物量达到100t/ha/y的水平。目前存在的一个未解决的问题是有毒成分积累和生产力之间的关系问题。实际上，最大收获生物质产量一般为10~20t/ha/y，对于积累金属的植物而言尤其如此。

生物质的生产量和土壤的金属含量可使植物的金属去除能力维持在10~400kg/ha/y，这取决于污染物、植物种类、气候等因素。对于一个30cm目标土壤深度(4000t/ha)的场地，这一处理能力每年可以减少2.5~100mg/kg的土壤污染物。这种去除污染的速度通常是可以接受的，在几年到几十年的时间内完全修复污染场地也是能够接受的。

表 8-4-3　金属超积聚剂植物的选定实例及其原生地区

金属	植物品种	干叶质量的百分数/%	原产地
Zn	*Thlaspi calaminare*	<3	德国
	Viola species(中提琴种)	1	欧洲
Cu	*Aeolanthus biformifolius*(绿假单胞菌)	1	扎伊尔
Ni	*Phyllanthus serpentines*	3.8	新喀里多尼亚
	Alyssum bertoloni 和 50 种其他种类的 *alyssum*	>3	南欧和土耳其
	Sebertia acuminata	25(乳胶)	新喀里多尼亚
	Stackhousia tryonii	4.1	澳大利亚
Pb	*Brassuca juncea*	<3.5	印度
Co	*Haumaniastrum robertii*	1	扎伊尔

（2）成本

植物修复追求的实际目标是大幅降低危险场地的处理成本。人们比较关注植物修复的成本效益，在欧美发达国家，使用植物修复技术来处理深 50cm、面积 $1ha^2$ 的沙质土壤通常花费 15 万~25 万美元，挖掘和处置储存没有处理的污染土壤的成本至少为 100 万美元。现场测试的目标之一是使用市售的农业设备和用品进行植物修复以降低成本，因此，除了修复质量外还必须对植物的农艺特征进行评估。

所生产的生物质的处理和最终处置可能在总体成本中占据重要的百分数，尤其是在现场存在高毒性金属和放射性核素的情况下。评估植物修复的成本必须涵盖整个处理过程的整个周期，包括从植物的生长和收获到生物量的最终处理和处置。与现场的整体清理成本相比，植物修复的成本难以准确预测。在具有高浓度污染物的地区污染状况得到缓解或与其他修复技术结合后，也可以将植物修复技术用作后续技术，但这样会使成本分析变得更加困难。

（3）发展方向

因为金属超累积剂植物产生的生物质通常很少，因此，从农艺学的角度看，它们不是合适的修复植物，但是，这些植物中存储了有价值的遗传和生理材料信息及数据。为了有效地清除受污染的土壤，必须发现、繁育或设计能够吸收、输运和耐受金属含量 0.1%~1.0%的植物，还需要开发一种选择该地区原生植物的方法。

目前，在欧美发达国家，污染土壤的植物修复通常在商业化处理方面是不被许可的(尽管已经发现有 3 种草可商业化地用于稳定铅、铜和锌废物的处理)，少量的研究项目和技术的现场测试仍在持续地进行，将植物修复作为切实可行的清理技术需要一种兼顾安全、法律和政策问题的综合方法。

美国根据 1994 年 DOE 的《植物修复研究需求研讨会总结报告》确定了用于金属污染土壤的原位处理的三种广泛的研究和开发领域，即摄取、输送及积累的机制(Mechanisms of uptake transport and accumulation)、超累积物的遗传评估(Genetic evaluation of hyperaccumulators)、现场评估和验证(Field evaluation and validation)。

关于摄取、输送及积累的机制问题需要进行研究以更好地了解使用中植物的生理、生化和遗传过程，目前关于摄取和输送机制研究的重点在于提供关于这些系统的适应性以及如何在植物修复中使用这些系统的知识。

关于超累积物的遗传评估问题需要通过研究以收集在含有高含量金属的土壤中生长的植物并筛选其用于植物修复的特定性状。对金属有耐受力、能在污染环境中生存的植物是一种有价值的资源，其既可以作为植物修复的候选物，也是经典植物育种和分子遗传工程基因的来源。

关于现场评估和验证问题，目前研究的焦点在于快速植物修复技术的实施以及早期和频繁的现场测试，从而为各种研究计划提供基础数据，需要解决现场测试的标准化问题以及随后的测试结果应用于实际的问题。

这一领域的研究将会有大的突破，因为目前许多用于土壤表面金属清除的工程技术是非常昂贵的且具有物理破坏性。植物修复技术完全成熟后可以通过具有相对非侵入性特征的太阳能驱动的原位方法大大降低成本并在不同的地区恢复土壤，在某些形式下还可以获得在美学上令人愉快的效果。

8.4.4 原位植物修复技术的应用条件

目前植物修复技术尚处于早期的发展阶段，欧美发达国家在世界范围内的许多地点进行了大量的现场测试以图获得捕获或稳定金属(包括放射性废物)的有效性，目前关于成本和可用的性能数据仍然非常有限。植物修复有可能在污染物接近地表的地方发展成为切实可行的修复方案，要确保这种技术不会引发对人类健康或环境的新威胁仍是一个困难的问题。植物修复的效率取决于土壤和污染物的特性。

（1）现场条件要求

植物修复的有效性一般仅限于植物生根区内的表土。植物修复最重要的制约因素是生根深度，根据植物和土壤类型其深度可以为 20cm、50cm，直至 100cm。因此，植物修复的有利位置条件之一是金属污染位于土壤的表面。

土壤类型、植物根系结构相对于污染物的位置对植物中任何金属物质的吸收均有很大影响。在可处理性研究中必须合理选择土壤改良方法以改变土壤的 pH 值、营养成分或微生物活性以提高植物修复的效率。当然也可以对上述情况进行某些综合性的处理，因此，这方面需要做的工作还很多。由于可以生产的生物质数量是影响植物修复的一个限制因素，因此应考虑采用现场灌溉和施肥的最佳气候条件以提高现场植物的最佳生产力。

（2）废物特性条件要求

尽管受污染最严重的土壤中不添加土壤修复剂则植物无法生长，但具备金属超积累能力的植物仍可能在低到中等金属污染的地方生长。令人遗憾的是，植物转移最困难的金属阳离子之一的铅在许多需要修复的地方广泛存在。尽管对铅具有显著摄取能力的植物尚未找到，但科学家们仍在不断探索更有利于摄取铅的土壤修复方法。

对铅和其他金属的积累能力取决于植物生长土壤的化学性质。大多数金属和铅并不都是可同时借助植物进行摄取的，尤其是那些在土壤中以各种形式存在的金属。铅的最大去除量决定于植物生物量生产的营养需求与植物吸收的铅的生物利用度之间的平衡。要想最大限度地提高铅的可用性必须借助低的 pH 值以及低水平的可用磷酸盐和硫酸盐，然而这种处理方式会限制土壤的生育力并直接影响植物的健康和活力。

8.5 土壤冲洗修复技术

土壤冲洗修复技术是从土壤中物理分离和去除污染物的一种处理污染场地的方法。物理分离可以通过向土壤中引入一种流体来实现，该流体将冲洗出污染物但土壤基质仍完好无损。原位土壤冲洗的特点是用水或其他合适的水溶液从土壤中提取污染物。原位土壤冲洗修复技术最常应用的场合是被有机物污染的地方。表 8-5-1 对土壤冲洗修复技术进行了分析。

表 8-5-1　土壤冲洗修复技术分析

总体特征	最适用于高渗透性土壤；冲洗解决方案可借助不同的输送系统；成本主要决定于潜在的临时制约条件、污染深度以及运行所需的时间；存在潜在的含水层与含有溶解污染物的未回收冲洗溶液的相关风险，最适用于具有低渗透率含水层的场地	
技术分类	水冲洗	试剂冲洗
技术特点	在萃取前用水溶解污染物	使用化学试剂溶解污染物进行萃取
应用现状	已进入商业应用阶段	处于研究阶段
适用范围	铬(Ⅵ)，潜在地适用于其他水溶性金属	铅、铀的样本比率实验
说明	仅适用于水溶性金属，水冲洗的重点往往是有机物；人们已在许多超级金属污染场地选择了现场冲洗技术，这些场地不仅土壤被金属污染且大多数场地也被有机物污染	人们利用螯合剂作为从土壤中去除金属的主要试剂进行了一些小规模的试验，这些测试的结果并没有在更大规模的区域进行进一步的测试；pH 值调节剂和化学黏合剂正在用于潜在适用金属的清除；表面活性剂主要用于去除有机污染物

土壤冲洗修复技术通过溶解污染物来促进金属的流动和迁移以使其可以被提取。土壤冲洗是一种通过将冲洗流体施用到现场表面或将其注入污染区域来实现污染治理的原位过程。冲洗过程得到的浸出液通常通过泵从下面的地下水中回收和处理。典型的土壤冲洗系统见图 8-5-1。

土壤冲洗可以使用水作为冲洗液以增强污染物的溶解度或借助化学添加剂溶解污染物。单用水可去除某些水溶性污染物(比如六价铬)。使用土壤冲洗化学品可能会导致土壤 pH 值的改变、金属污染物的螯合、有毒阳离子被无毒阳离子置换。原位冲洗过程要求冲洗液通过土壤基质渗滤。流体可以通过表面驱油、表面喷洒器、浸出场、竖向注入井或水平注入井、盆地渗透系统或沟槽渗透系统引入。

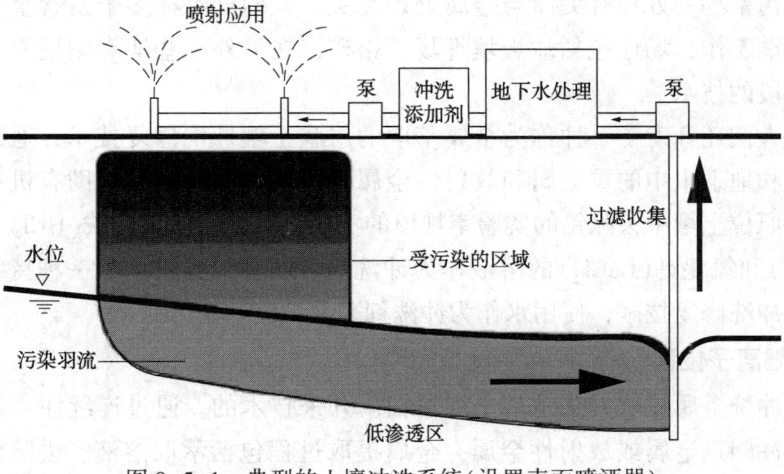

图 8-5-1 典型的土壤冲洗系统(设置表面喷洒器)

土壤中金属的迁移受几种化学和物理机制控制。较细的土壤成分可以通过静电和化学方式结合金属，这些成分包括黏土、淤泥、铁和锰的氧化物以及土壤中的有机物质。土壤的许多特征指标和参数会影响金属的吸附及其在地下的迁移，这些因素包括 pH 值、土壤类型、阳离子交换容量(CEC)、颗粒大小、渗透性、特定的金属类型和浓度、溶液中有机和无机化合物的类型及浓度。通常情况下，随着土壤 pH 值的降低，阳离子金属的溶解度和迁移率会增加。大多数情况下，金属的迁移和吸附可能受底土中黏土含量和表层土中的有机成分控制。黏土可吸附土壤中存在的金属。据报道，有机质含量高的地表土壤比含有较少有机质的地下土壤保留有更多的金属。可见，土壤中的有机物质因其对 CEC 的影响而具有重要意义。CEC 可衡量土壤中阳离子可以交换的程度，其通常被看作是土壤固定金属的能力的指标。

一旦浸入或渗出的溶液将污染物冲洗到土体某个位置就必须抽出污染的流体，萃取技术包括渗透区域中的真空提取方法和饱和区域中的泵和处理系统。

回收的地下水以及含有解吸污染物的冲洗液可能需要处理才能满足适当的排放标准，然后才能将这些流体回收或释放到公共废水处理厂或天然水体，如果国家规定允许则回收液应在冲洗过程中重复使用以减少处理成本。

修复系统将根据特定污染物的去除特征进行配置。处理无机物时该系统可以由标准沉淀系统、电化学交换系统、离子交换系统或超滤系统构成。修复系统关注的污染物可能包括同一废物流中的有机物和无机物。后处理过程中，一旦恢复系统(即泵和处理系统)关闭，就可能需要通过使用堵头或封头来控制渗透以防止残留污染物的进一步迁移。

8.5.1 土壤冲洗修复技术的发展现状

土壤冲洗已经用于许多地区的金属污染土壤的处理，通过来自泵和处理系统处理后的废液进行再注入以改善污染物的活度，目前还没有发现使用螯合添加剂处理土壤中的金属的有效性。

目前使用土壤冲洗来修复被金属污染的土壤的可用信息仍然非常有限，大多数信息均与有机污染物的处理有关而与金属处理无关。人们已经在多个富含金属的场地开展了土壤冲洗工作，场地包括垃圾填埋场、铬矿，在另外一些地点则把原位冲洗技术列为预设阶段的技术。

另外，人们还开发了一种称为金属萃取的层状土壤冲洗修复技术，通过阳离子位移去除土壤和地下水中的重金属和放射性金属。还有一些科学家借助有机和无机冲洗剂完成了从原位土壤中去除铅的实验室规模的实验，试验中使用盐酸(HCl)、乙二胺四乙酸(EDTA)和氯化钙($CaCl_2$)的溶液作为冲洗剂。还有人开发出了一种持续的、全面的原位土壤冲洗修复技术，使用水作为冲洗剂来处理铬。

（1）阳离子位移

目前的冲洗金属提取方法是基于现场铀矿开采技术的。通过连续注入和回收提取溶液从地下冲刷重金属或放射性金属，金属提取过程包括萃取溶液、去除污染物、回收溶液、残留污染物的稳定等步骤。萃取溶液的特点是修复过程开始时与含有足够阳离子浓度的溶液一起注入以从土壤中排除污染物。去除污染物的特点是溶液通过处理区迁移，有选择地排除目标污染物，天然存在或存在于提取溶液中的阳离子仍保留在土壤中。回收溶液的特点是污染的溶液通过回收井网泵送到地面设备，随后的处理过程是沉淀污染物。应确保残留污染物的稳定性，即必要时应在土壤冲洗完成后注入稳定溶液，使溶液与剩余的污染物反应形成无法移动的物质并防止残余金属的进一步迁移。

（2）脱铅

目前，利用有机和无机冲洗剂去除铅已经进入了规模化研究阶段。在实验室实验中，人们分别用0.1mol/L的HCl，0.01mol/L的EDTA和1.0mol/L的$CaCl_2$溶液冲洗受污染的土壤柱，土壤柱来自具有良好的水力传导性和相对低的有机物含量的粗沙土壤，在试件制作过程中先在每个连续的土层上保持水位，然后在饱和条件下填充每个土柱，使用HCl和EDTA时会从土壤中除去大量的铅；采用HCl和EDTA作为冲洗溶液时其流出物的pH值与铅的去除速率直接相关。铅的去除机理分别源于pH值的降低、$Pb(OH)_2$或其他铅沉淀物的溶解、金属与HCl的螯合、EDTA和$CaCl_2$的阳离子交换引起的解吸。由于试剂成本很高，这种方法应用于大范围的土壤修复是不切实际的。

（3）镀铬冲洗

关于铬冲洗方面的典型范例是北美一个铬严重污染场地的现场土壤冲洗修复技术，该厂址是工业硬铬电镀车间，其在1956—1985年的运营期间，因电镀槽泄漏和冲洗水排入处理坑污染了设施下的土壤和地下水，在电镀槽附近区域检测到了铬含量高于60000mg/kg的土壤污染物和超过19000mg/L铬含量的地下水污染，1985年开始了持续到现在的修复活动，这些活动包括建设两个渗水盆地冲洗污染土壤、一个23孔的低渗土壤地下水提取网络、深层砾石含水层的注入和地下水提取网络、现场处理含高含量铬浓度废水的处理系统。

在这个地点，人们发现Cr^{3+}在上层土壤中浓度很高，但由于其溶解度很低，故只是一个较小的地下水污染物。相比之下，Cr^{6+}是一种潜在的致癌物质，由于其在水中的溶解度高，因此，在上部区域的黏性土壤和地下水中浓度高。欧美国家规定确定的作为饮用水标准的最大浓度水平(MCL)为0.05mg/L(总铬)。到目前为止，该地区高浓度区域的地下水铬含量已经从5000mg/L降至50mg/L以下。

以上这种原位的、全面的清理具有其独特性，这种独特性体现在以下3个方面，即土壤冲洗已经应用于低渗透性淤泥土中；浅层和深层含水层已经处理过；间接地完成了黏土污水的冲洗，通过使用深层含水层注入井与上部区域提取井结合产生向上的竖向水力梯度。

处理过程中已采用了渗透盆地、渗透沟槽和注入井等3种渗透方法。上述这两个盆地是具有开放底部的结构，这种结构允许水浸入下面的土壤中。它们被放置在观察到的最高污染物水平的位置(前电镀槽和处置坑区)。这个盆地已经成功地向上部区域输送水，在一号盆地平均每天约7600gal(28.77m^3)，在干燥的夏季平均每天有3000gal(11.36m^3)。冬季入渗率下降到夏季的50%以下。

渗透沟是在项目开始后22个月左右建成的，沟槽的定位和操作主要是为了在干燥的夏季月份沿着羽流的纵向轴线提高提取井的排放速率，沟槽约2.54m、0.2m深，浮阀将水位保持在低于沟顶0.1m处。

现场使用的另一种地下水补给方式是注水，为了平衡上部区域和深层含水层之间存在的向下的竖向水力梯度，清水通过两个井注入深层含水层。

8.5.2 土壤冲洗修复技术的效果和成本

相关机构的研究报告认为金属萃取技术的去除效率可达90%，铀浓度5~20mg/L的地下水处理后降至1~2mg/L，铵态污染浓度250~500mg/L的地下水处理后降至10~50mg/L。

前述土柱实验中，实验室规模研究时铅的初始浓度为500~600mg/kg。HCl、EDTA和$CaCl_2$的脱铅效率分别为96%、93%和78%。在研究中使用的土壤中，铅的背景浓度约为20mg/kg。在3种测试溶液冲洗后，铅的最终浓度为23.3mg/kg(HCl)、37.8mg/kg(EDTA)和135.6mg/kg($CaCl_2$)。应该注意的是，如果土壤中含有较高水平的钙则在中和反应中将会消耗大量的HCl冲洗溶液。

前述铬处理范例中使用水作为冲洗液从现场土壤中去除Cr^{6+}似乎是一个成功的修复方案，其全面的清理已经实现了羽流的液压收容，同时还从地下提取了大量的铬。表8-5-2给出了其性能数据。

表8-5-2 铬处理范例中场地提取和处理系统的性能数据

参数	总量	日平均值
地下水提取	219569m^3	43.2m^3
入渗Cr^{6+}浓度范围	146~1923mg/L	—
Cr^{6+}的质量去除	14164.8kg	18.6kg
渗透补充	17793m^3	30.3m^3
平均流出率Cr^{6+}浓度	—	1.7mg/L(月平均值)

在前述铬处理现场建造的两个浸渗盆地的性能已经通过在盆地周围的提取井中观察到的抽油率及 Cr^{6+} 浓度的同时降低得到了证实。在许多井中其泵送速率从小于 $3.15\times10^{-5}m^3/s$ 增加到 $1.26\times10^{-4}m^3/s$ 或更多。Cr^{6+} 的浓度从 2000mg/L 降至约 18mg/L。项目的开发商认为这一项目的成本约为典型泵和处理系统的 50%。

由于现场土壤冲洗在实际工程中应用数量不多，因此难以对这种处理技术的成本进行全面、详细的评估。影响成本的关键因素是污染物的初始浓度和目标浓度、土壤渗透性和含水层深度。

化学增强溶解(CES)的资本成本与传统的泵和处理系统的成本相似(除了处理冲洗溶液所需的设备的初始费用外)。另外，除了处理和更换冲洗液和添加剂的成本外，二者的运营成本也相似。总体来说，在整个修复过程中，由于修复时间短得多，要提取和处理的水量较少，CES 应该比泵和修复系统便宜得多。

如果把最近的土壤清洗和土壤冲洗数据做一个假设的话，就可以将 CES 的成本和耗时与泵和处理系统的成本和耗时进行比较。以测试位点的数据为依据，将污染物的有效水溶解度与溶解污染物所需的冲洗溶液的量进行比较，两个系统达到相似水平的净化所需的孔隙体积差异巨大，CES 系统将需要 21 孔体积，泵和处理系统将需要 2000 多孔体积。同样，使用这两个系统的修复时间也差异很大。如果根据两个系统的指定注射速率来计算修复所需的时间的话，则 CES 系统需要 4 年，泵和处理系统需要 400 年。

8.5.3 土壤冲洗修复技术的应用要求

现场土壤冲洗系统的性能很大程度上取决于冲洗溶液和污染物之间的接触量、冲洗液的适宜性，当然，污染物的土壤吸附系数和土壤的渗透性也是关键因素，其在高渗透性土壤中会取得最佳效果。应用过程中需要借助以下各类数据的支持以选择冲洗溶液并预测土壤冲洗的有效性，即土壤水文地质学(土壤的物理和化学性质)，地下水的竖向和横向(水平)流动状态及速度，含水层特征和渗流带的饱和度；污染物的面积和竖向浓度梯度。

该技术过程的有效应用有赖于对土壤化学(主要是目标污染物与土壤结合的方式)、相对渗透率和水文地质学的了解。一般来说，土壤冲洗修复技术在均匀、可渗透的土壤(渗透率大于 $1\times10^{-3}cm/s$ 的沙质和粉沙质)中最为有效。在具备有效利用任何冲洗溶液的条件之前，必须了解土壤的毛细过程以及含水量和水力传导性之间的关系。另外，由于土壤冲洗会增加污染物的流动性，因此必须对场地的水文条件有一个充分的了解。

8.6 土壤现场固化/稳定技术

土壤现场固化/稳定技术的固化处理过程会改变废物的物理特性，经过妥善的处理后可通过形成的阻隔浸出的物理屏障来降低污染物的流动性。可以使用常规的波特兰水泥之类的火山灰材料来实现固化。稳定化处理过程借助化学或热的相互作用将污染物转化为流动度较少的形式。土壤玻璃化是使用热能的凝固/稳定(S/S，Solidification/Stabilization)工艺的一个例子。S/S处理工艺可以在原位或非原位条件下进行。尽管大多数污染土壤处理公司均为非原位应用提供有S/S技术，但只有较少的公司可提供原位S/S处理技术支持。凝固/稳定技术的基本情况见表8-6-1。

表8-6-1 凝固/稳定技术的基本特点

总体特征	可用于商业化处理；成本受污染深度、土壤均质程度、碎屑多寡和水分多寡的影响	
技术分类	基于试剂的原位稳定	玻璃化
技术特点	添加火山灰试剂(可含有其他添加剂)，以物理和化学方式使污染物转化为流动度较小的状态	借助能量来熔化土壤，并采用物理和化学方法将污染物包封在具有较少流动性的环境中以使其有更稳定的形式
应用现状	商业化应用	商业化应用；一些公司获得相关国家的行政许可
适用范围	广泛适用于大多数金属；对砷和汞的适用性应根据具体情况通过测试后确定；六价铬的处理需要借助添加剂以确保其在混合过程中转化为三价态	广泛适用于大多数金属；可在任何场地处理砷、铅、铬；对镉、铜、锌、石棉、放射性金属具有潜在的应用价值
说明	其处理效果决定于重要的碎片是否难以混合以及混合的效率；具有高黏土含量的土壤可以使用各种尺寸的螺旋钻来实现混合配置并且可以使用各种试剂；非原位应用比较常见；原位应用不常见，因为难以验证混合度是否已足够	可能需要通过处理以除去或过滤汞及其他挥发性金属；高含水量时会大幅增加成本；碎屑或高浓度的有机污染物可能会降低其处理效果

S/S技术主要用于改变废物的物理特性和浸出潜力，S/S是指利用修复试剂或热能完成以下一个或多个目标的修复过程。即将污染物的流动性或溶解度降低到监管部门或其他基于风险的标准所要求的水平；通过降低废物的渗透性来限制现场流体(比如地下水)和污染物之间的接触，通常要求小于1×10^{-6}cm/s；增加废物的强度或承载能力，比如无侧限抗压强度(UCS)或以加利福尼亚承载系数(California bearing ratio)确定的数值。

S/S处理技术有两种基本类型，即基于试剂的系统和基于热的系统。基于试剂的系统使用化学品来固化和稳定土壤基质中的污染物；基于热的系统使用热量来融化土壤从而在冷却后固化和稳定污染物。

8.6.1 基于试剂的S/S处理技术

基于原位试剂的S/S处理技术由试剂配方和输送系统组成。除了近地面应用(即深度为4.572m)之外，基于试剂的S/S输送系统通常由浆料计量装置、输送软管和一个或多个螺旋钻组成。尽管专有试剂通常与火山灰试剂结合使用或替代火山灰试剂，但用于原位S/S应用的试剂配方大多数仍是由普通火山灰试剂组成的。火山灰混合物来源于与生产水硬性水泥的物质相似的硅质火山灰。根据待处理废物的特性和处理过的废物所要求性质的不同，可以将膨润土或硅酸盐类添加剂加入到水泥、火山灰或二者的混合物中。加入膨润土可增加湿试剂浆料的泵送容易性并降低经处理后废物的渗透性。硅酸盐与金属会形成化学络合物，这些络合物通常比氢氧化物、碳酸盐或硫酸盐沉淀物具有更大的不溶性。活性炭或亲油性黏土等其他添加剂或专利试剂可用于废物中半挥发性有机化合物的稳定。

含铅的废物可以通过加入磷酸三钠进行稳定，所得的磷酸铅沉淀物不溶于水。虽然用磷酸三钠处理的废物固化后不要求设置防止浸出的屏障，但可以将其用于其他目的，比如借助其产生的足够的承载强度来支撑封头。另外，吸入磷酸铅会对人体产生毒害，可以使用固结或其他包封方式来防止颗粒逸出经处理的废物后的空气传播，也可以借助固化为可溶解磷酸铅的酸或碱性溶液的侵入构筑一道屏障。

目前，各个金属污染土壤治理公司通常都拥有一套专利型的螺旋推运器，其中包括镶嵌有注入口的叶片或桨叶，试剂混合物通过该端口流动。一些公司则非常强调其螺旋钻的揉合和剪切作用，而另一些公司则关注灌浆(试剂混合物)控制以及同时输送两种或多种混合物的能力，不同的公司在注射口尺寸及其工作压力方面存在一定的差异。

基于试剂的S/S技术，其螺旋钻直径的选择会因污染土壤处理公司的不同而不同，其通常与钻井深度、土壤稠度和硬度以及土壤的孔隙度有关。比如，直径1.2~3.6m的螺旋钻通常可用于12m深的处理。直径的选择主要取决于土壤的孔隙度，较大直径的螺旋钻可用于粉土和沙土，而淤泥和黏土则需要较小直径的螺旋钻。有些污染土壤处理公司不管深度如何均使用小直径螺旋钻，因为大直径螺旋钻会影响混合的效率。深度超过10~12m时建议使用较小直径(0.7~1.2m)螺旋钻。使用直径较小的螺旋钻可以处理30m深或更深深度的土壤。

8.6.2 基于热的S/S处理技术

目前商业化应用的基于热的S/S处理方法主要是原位玻璃化。原位玻璃化借助电能来加热和熔化被有机废物、无机废物和含金属废物污染的土壤。熔融的材料冷却后形成玻璃和结晶的稳定材料，这些材料整体性好、质硬、具有化学惰性，其中包含并固定化合物和金属。这种技术所得到的玻璃化产品属于玻璃状材料并具有非常低的浸出特性。采用这种技术时有机废物最初会被蒸发或热解，蒸发或热解的这些污染物会迁移到土壤表面，因此需要在废气处理系统中处理它们。

8.6.3 土壤现场固化/稳定技术的发展现状

决定采用上述技术处理污染土壤时首先应联系和确定潜在的拥有原位S/S处理工艺的处理公司，还应了解它们是否拥有适用于本场地特征的可用数据。另外，还应该联系一些拥有非原位稳定设备的处理公司以确定其在原位技术开发方面是否有一些新的进展。

通常情况下，各个处理公司均保存有大量的原位应用技术报告，但可用的工艺应用数据却非常少，每个处理公司的处理系统通常都是非常成熟的既定的施工技术，均可追溯。深层土壤混合技术、水泥褥垫技术、水泥浆幕墙或泥浆墙壁的安装技术是常规施工技术。欧美发达国家的一些处理公司开发了一种在高含水量土壤中注入干试剂或使用液体试剂的 S/S 技术，采用这种方法需要借助气动技术输送干燥试剂并且需要具备一些专门的专业知识，目前干试剂的原位施用要求降低给定螺旋钻的直径和土壤孔隙度及有效深度，与此相反，湿浆则有助于增大修复深度。

一些处理公司可提供原位热基 S/S 处理工艺，即提供商业化的原位玻璃化技术（ISV，the in situ vitrification technology），ISV 的过程见图 8-6-1，ISV 借助电流将受污染的材料加热到位并玻璃化，其将含有玻璃料的导电石墨模具置于电极之间的土壤中，向电极供电时石墨和玻璃料的混合物将电流通过土壤进行传导从而加热周围区域并熔化电极之间与之直接相邻的土壤。

熔融的土壤是导电的并且可以继续传递电流进而使土壤向下和向外融化，土壤熔化时电极会在土壤中进一步下降以继续熔化过程直至达到所需的修复深度，通常将 4 个电极中的 1 个设置为熔体，ISV 熔化过程的平均速度为 3~4t/h。

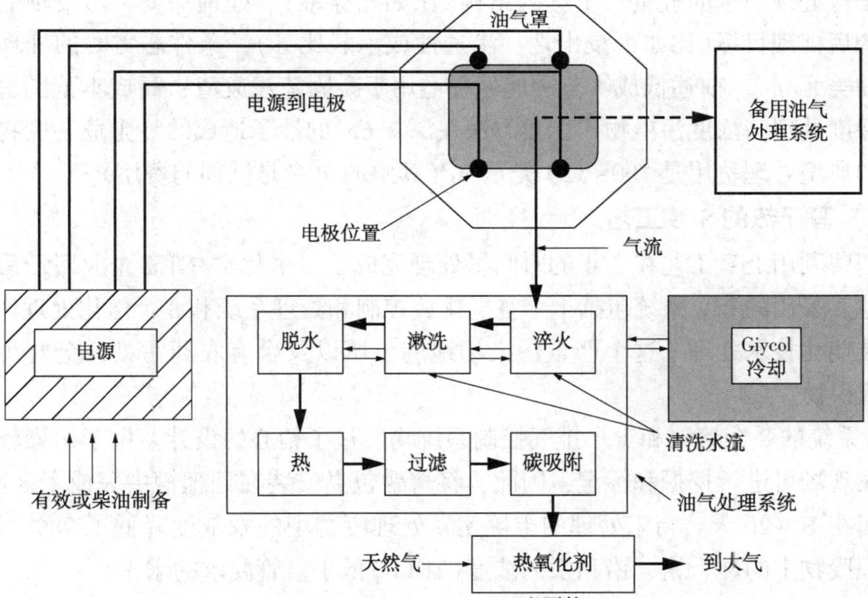

图 8-6-1　ISV 原位玻璃化技术过程示意

8.6.4　土壤现场固化/稳定技术的效果和成本

（1）基于试剂的 S/S 工艺

在欧美发达国家，在大多数涉及原位 S/S 的情况下，现场清理管理人员都会与该领域的测试实验室签订合同以便开发出合适的试剂配方，从而满足所需处理的场地要求达到的性能目标。有时，采用原位技术的处理公司会在样本比率实验的基础上开发配方以满足污染物固定、后处理渗透性、无侧限抗压强度等方面的目标。因此，实验室测试应包括对试剂配方的优化。现场采样或全面测试应包括灌浆质量控制和样本确认以便对处理过的材料能否达到要求的性能指标做出评估。

目前，公布的数据通常为从示范项目中获得的数据，由这些数据可知，原位 S/S 技术可以有效地将金属的可浸出浓度降低到监管许可或风险限制的范围以内。处理目标是以最低的成本满足性能指标要求。一些有缺陷的处理通常归因于不良的灌浆控制，比如配制的浆液不一致或注射口的堵塞导致混合不完全或喷雾不均匀。

大量的调查显示，某些情况下采用原位 S/S 技术的成本可低于非原位处理。土壤污染深度小于 2.4m 时采用挖除和非原生境处理可能会更便宜。由于原位 S/S 技术的启动、关闭成本高昂(是其他原位技术的 4～5 倍)，所以原位 S/S 修复成本可能会更大。因此，原位处理公司在深度不超过 3m 情况下通常不会同意使用螺旋钻的 S/S 技术进行投标，因为通常情况下使用反铲安装的附件的深度就会超过 3m，此外，其施压过程还需要借助一个水平的、稳定的基础，在不平坦的地方还必须进行回填才能平整场地支撑设备，因此，常规原位处理技术与原位 S/S 技术竞争的焦点在于最终的回填费用。

美国相关咨询机构的调查认为现场 S/S 技术的成本在 30～60 美元/m^3，其价格的波动取决于待处理土壤的数量、土壤的结构(比如孔隙率)、处理深度、污染物的类型以及所需的后处理目标(比如可浸出性、渗透性或承载比等)，条件恶劣时的处理成本在 130～260 美元/m^3。前述低成本范围的处理适用于凝固疏浚废渣，高成本范围适用于在较深的深度处理高浓度污染物。上述方法在深 7.6m 的沙子造成的沙尘危害废物场地中应用时的典型处理费用是 100～120 美元/m^3(其中的 20%是试剂的费用)。

(2) 基于热的 S/S 工艺

人们曾利用 ISV 工艺在 2 年的时间里处理完成了一个化学/ETM 企业搬迁后的严重污染场地。采用的 ISV 系统包括 1 个空气排放控制和处理系统和 8 个熔化处理作业，应用原位玻璃化技术处理了这个严重污染场地的土壤以及含有农药污染、金属污染和二噁英的沉积物。

ISV 系统的 8 个熔池和 1 个排气控制系统均经过了精心的设计。由于污染较浅且污染土壤在现场可进行挖掘和标记，因此，将熔融包囊安装在处理槽中完成了 8 次熔融，熔融时间在 10～20 天。与未处理的土壤比，处理废物中的汞浓度降低了 98%以上。此外，处理废物中的砷、铬、铅和汞的浓度(TCLP)低于监管要求的水平。

也有借助 ISV 系统成功处理搬迁后农药厂严重污染场地的范例，其中使用 ISV 处理的污染物包括二噁英、五氯苯酚、农药和除草剂。

影响 ISV 成本的主要因素包括处理区土壤的含水量、处理区的污染土壤深度、可燃废物的载量、处理的规模和电价。处理公司给出的处理成本估计为 375～425 美元/t，因此，这种方法特别适合对难处理的废物进行处理(比如金属和有机物的混合物)。

8.6.5 土壤现场固化/稳定技术的应用分析

常用基于试剂的系统处理的效果最稳定的金属污染物是铬、砷和铅，其次是镉、铜、锌和汞。可针对 Cr^{6+} 分两个阶段进行处理，第一个阶段是减少铬，第二个阶段是将其稳定。当然，处理公司还可以在其制剂中添加还原剂以便在一个阶段中处理 Cr^{6+}。

有限的 ISV 应用经验表明，在土壤有机质含量超过 10%的地方不推荐使用该方法。另外，也不建议在土壤中的金属含量超过 25%质量分数的地方以及无机污染物超过土壤体积 20%的地方使用。ISV 的成本主要受电力需求影响，随着土壤含水量的增加处理过程中的电力需求也会大幅增加。

第9章

特殊条件下的污染土壤治理

9.1 污染场地系统性修复的技术策略

土壤污染会进一步影响到地下水，因此，土壤污染的修复工作应该与地下水的修复融为一体、不可分离，实现污染场地的系统性修复，本节主要就系统性修复问题给出相应的技术策略，帮助修复项目负责人全面把握修复的进程，使修复工作符合当地环境保护部门的要求，也可为参与污染场地修复的人员提供技术指导，这些人员包括许可站点修复专业人员(LSRP)、非 LSRP 环境顾问和其他环境专业人员。系统性修复非常强调调查员的作用，所谓"调查员"是指所有按照技术策略代表委托方修复受污染场地的人员，也包括委托方自身的人员。下述技术策略给出了许多技术规则，技术规则阐述了每个修复人员的责任、工作规程以及不同工作程序的技术要求，修复过程中应将技术要求或技术策略与实际情况的偏离情况记录在案并应以充分的相关数据或其他信息作支撑。工作中既要重视技术策略的作用又要重视专业判断。技术策略的侧重点在于 3 个方面，即如何履行和遵守当地环境保护部门关于地下水修复的技术规则和要求；在现场调查和修复调查阶段如何认定水文地质特征和地下水污染问题；如何评估地下水修复措施的有效性。

9.1.1 现场地下水调查

现场调查的目的是确定是否需要进行修复，因为污染物是存在于涉事场所或区域(AOC)的，有时污染物也可能已经从 AOC 外溢或超出了所有适用修复标准的要求。因此，必须确定何时需要进行地下水位调查；了解初始地下水样品的情况；进行地下水背景调查。

（1）地下水修复标准

通常将国家规定的地下水水质标准(GWQS)作为修复受污染地下水的最低标准。各国的 GWQS 通常均有地下水用途的指定，还根据用途对地下水进行了分类，并规定了达到这些指定用途所需的水质标准和其他政策及规定。地下水质量标准(GWQC)是指排放到地下水中的每个成分(污染物)的含量数值。GWQS 也会包含一些技术和一般政策以确保指定用途得到充分保障。GWQC 列明了各种致癌性和非致癌性合成有机化合物的特点及含量限定。

（2）对地下水进行现场调查时应考虑的因素

所有 AOC 都需要对地下水进行现场调查以确定是否有地下水被污染的可能性。在确定地下水是否有被污染的可能时调查员应考虑以下 7 方面问题，即潜在的受体可能已受到污染物和/或该地点设施(比如饮用水井、被占用的结构或地表水)污染的影响；是否检测到自有或残留的产品；潜水排放量是否接近或低于水位，比如在调查地下储罐(UST)、浸出场、渗漏坑或 AOC 规定的地下注射控制(UIC)单元时；潜在排放的污染物是否是可移动的，比如具有大于 100mg/L 溶解度的个别污染物或由可移动组分(如汽油)组成的混合污染物；在水位或基岩 0.6m 以内的土壤中是否检测到污染物；AOC 的土壤是否具有较高的渗透性或较小的吸附能力；污染是否已经有足够的时间通过不饱和区域迁移到地下水中并根据污染物和土壤运输特性估计其排放的时间。在调查潜在污染的 AOC 时，在未对地下水进行采样的情况下可根据上述 7 方面判断或根据现场其他具体情况确定是否需要进行地下水调查。

（3）地下水的交叉污染

在修复的任何阶段均应采取措施来限制交叉污染。相关的《现场采样程序手册》中有采样过程中限制交叉污染的方法。如果怀疑存在密集的非水相液体(DNAPL)或上层和下层含水层单元之间存在向下的竖向裂隙则应避免其通过约束单元体。必要时可钻取一个限制单元体以完成对地下水污染的竖向划界工作，并应在被怀疑 DNAPL 的地方的外侧加倍布置和建造处理井。在开始标定 DNAPL 源区域之前，应将初始的钻孔和井安装在已知或疑似的 DNAPL 区域之外，以假定初始的水文地质模型以及 DNAPL 区域对溶解羽流的影响。

（4）地下水位调查取样地点

在现场调查期间，地下水样品必须取自水铅直方向污染最大的可疑位置以确定地下水是否被 AOC 污染。

① 地下水采样位置的平面布局。地下水样品应根据土壤样品分析结果、污染物类型、AOC 历史、潜在排放位置(即管道接头、分配器罐、溢出桶等)、现场仪器读数、目视观察或其他现场指示器进行样点设置。每个 AOC 收集的地下水样本数量取决于 AOC 的大小、污染物和含水层性质、土壤异质性和地下水的流动方向。如果地下水样本不能在怀疑的污染最严重的地方收集则应尽可能靠近 AOC 收集并应在水力下降的地点收集，也可以在 AOC 周围收集多个地下水样品。地下水的流动方向通常可以基于地形起伏、地表水体的位置、基岩或土壤中的控制结构、抽水井的位置以及水位或水下的地下管道预测，也可以根据相邻地点的样本数据预测地下水的流动方向。如果地下水的流动方向不能按上述方法确定则可以在收集地下水样本之前借助勘测时的临时井、压力计或监测井收集到的现场特定的电位表面数据确定。

② LNAPL 污染物地下水采样位置的竖向布局。当调查浓度低于水的污染状况时，应完成连续的土心采样并借助水位计进行充分的深度筛选，应充分考虑到水位的波动性以及在水位下方捕获污水的可能性。应在场地筛选期间识别出最大污染深度并收集初始地下水样品。对位于基岩内的 AOC 建议选取上部含水基岩区域。

③ DNAPL 污染物地下水采样位置的竖向布局。当调查浓度大于水的污染情况时，应完成土壤和地下水污染物竖向浓度分布调查工作，以确定是否存在游离或残留的 DNAPL。应对连续土心进行评估以了解以下任何一种情况所处的深度，即地下水污染；位于水位下方的第一个低渗透性土层；位于水位下方的基岩顶部。地下水样本应在遇到以下情况的深度处收集，即现场仪表的最大读数处；第一低渗透层顶部；基岩顶部；如果水位不在上覆岩层则在基岩内的地下水位。对于致密的非挥发性污染物，地下水样品应在任何污染指示(比如变色)处或第一低渗透层顶部或基岩顶部进行收集，如果没有自由或残留污染的迹象则应沿竖向剖面收集地下水样本以便检测到溶解的污染物。

④ AOC 地下水采样比例。对于位于地下储罐、位于水位下方的浸出场、位于渗漏坑或地下注射控制(UIC)单元的排放物，地下水样品应在排水深度或污染深度最大的地方收集，水位下面的污染应在现场筛选确定。对于可能发生点源泄漏(即低于管道或地下排水管)或存在污染物优先迁移的路径(即效用沟槽)的 AOC，可能需要将监测点安置在假定的地下水流动方向上更靠近 AOC 的地方。

（5）土壤测井和现场筛查

修复区域所有站点相关的地层测井应采用相同的土壤分类系统，欧美发达国家环境保护部门的采样程序手册通常都规定有几个可接受的土壤分类系统，应对所有钻孔进行筛查以确定是否存在污染物(包括残留物)以及残留物的状况，必须对钻孔土壤进行测井和筛选以获取初始地下水样本的异常情况并有助于构建概念性水文地质模型。

（6）地下水采样方法与分析

目前，各国都提倡使用临时井或其他直接驱动方式采集地下水样本作为参考样本。监测井和临时点应按照当地环保部门的要求安装、建造和弃置。采样程序手册中详细规定了监测井的安装和施工要求以及基岩、未固结土体和密闭含水层的具体描述要求。应认真分析地下水样本，初步评估与确定污染物质以及修复期间需要获得的其他信息。

（7）地下水污染治理的场外工作要求

地面水质背景调查非常必要，这个调查可以印证现场地下水样本中发现的污染的来源(即是源自异地来源的污染还是天然背景作用的结果)。为此，需要全面了解相对于整个现场和每个 AOC 的地下水流量，所需的地下水背景质量调查的范围由现场污染的影响程度以及与场地相关的 AOC 大小及数量决定。现场地下水污染索赔的根据不是永久性背景井，而是现有的非现场数据、临时井点或其他地下水调查技术反映的具体情况。

① 地下水调查可显示场外因素对污染的贡献率。应收集足够数量的背景地下水样本以评估 AOC 的地下水质量趋势。另外，地下水样本应从认为可能含有源自异地来源污染物的每个含水区内收集。收集样品的范围应扩大且在必要时应超出所有现场相关 AOC 的影响范围，还应在与 AOC 相交的同类地下水流路径上采集。对于被认为源于异地来源的所有现场污染物应同时收集背景和现场地下水样本，应收集足够数量的背景样本以确定季节性水质变化和长期趋势。美国国家环境保护局推荐有可用于建立背景地下水质量的统计方法。

② 基于背景污染的地下水修复标准。欧美发达国家污染修复方通常不对背景地下水污染的清理负责，以下几种情况可以协助调查人员确定是否需要采取修复措施，如果需要则应采用适当的地下水修复标准。如果有文件证明则 AOC 不需要进一步进行地下水修复，比如有关污染物从未在现场使用过；污染物的母体化合物从未在现场使用过；没有任何其他现场排放有关污染物的证据；有问题的污染物存在于背景样品中。当 AOC 和扩容后的地下水中存在地下水污染时可能需要额外的修复，这些进一步的修复应根据离场污染物贡献的程度和规模确定，应考虑异地污染物的贡献、污染物衰减率、污染降解率、污染物类型和地下水流速等因素。以下情况需要额外的地下水修复

措施，比如已经有现场相关的污染物排放；现场地下水污染物浓度大于从场外来源迁移的污染物浓度。应重视地下水污染浓度的上升梯度背景并合理地予以处置，存在场地相关排放造成的土壤污染时必须根据现场地下水的具体情况和土壤修复标准对土壤予以修复；对与 AOC 排放有关的任何自由残留产品必须予以修复；所有现场污染物的责体必须予以修复。当对受某 AOC 影响的 AOC 进行地下水修复措施时，受到冲击的 AOC 污染的地下水修复标准是污染物含量或污染物的背景浓度满足国家规定的地下水水质标准要求。当地下水修复措施正在实施且地下水修复目标以背景地下水浓度为准时，现场的实时背景污染物浓度应按一定的时间间隔重新评估，可借助统计分析方法来确定背景污染物浓度的发展趋势。

（8）自然背景的确定

可以通过评估污染物的分布来证明自然背景地下水的污染情况，这种污染应该在整个区域的站点上普遍存在，潜在的源区域的浓度上升或侧向梯度不会高于整个区域，应在现场收集足够数量的地下水样品并扩大采集的场地范围以印证自然背景污染情况。

9.1.2 地下水修复调查

地下水修复调查涉及地表水文地质特征，地下水污染描述和地下水污染源等问题。完成污染划界的第一步应该是建立一个概念性水文地质模型，并应在每个阶段进行更新。概念性水文地质模型是帮助了解现场水文和地层学的工具，是概念场地模型的一部分。欧美发达国家通常都有概念性网站模型指导文件以便于客户应用。如果确定了地下水污染源就应完成对这一污染源的快速划定和处理工作，调查人员必须确定是否需要采取各种临时修复措施来消除、控制或稳定地下水污染源以防止污染物迁移和接触受体，这是场地修复技术的基本要求。应根据动态工作计划实时筛选分析数据和作出的决策，并对地下水污染进行划界，划界完成时必须设计和安装地下水监测网络并确定分类异常区域。

（1）基本要求

相关的技术规则要求当污水浓度超过地下水修复标准时对地下水进行修复调查。地下水修复调查的目的有 4 个：确定并描述受污染场地的地下水污染的迁移途径；划定地下水污染标准以及地下水污染的水平和竖向发布情况；更新受体评估结论并确定是否存在即时性的环境问题或蒸气问题；确定需要去除、蓄积或稳定污染源的任何临时修复措施以防止污染物迁移和接触受体。对地下水进行修复调查可以采用以下方式进行。

① 现场水文地质描述。关于不整合和基岩地层水文地质特征的描述方法可参考相关书籍和规范。应确定区域地质学、水文地质学和相关地层控制因子，比如可能影响污染物迁移的低水平和高水压传导层；确定每个潜在受影响的含水层或含水单元中地下水流的区域性方向；确定地下水补给和排放区。应确定地下水的位置及特定深度和局部流动方向；如果存在栖息地下水（潜水）应描述其特征；应确定水位是否受动力或自然条件影响以及历史上的上升或降低情况。应确定所有受影响的水承载单元的水力

特性以及作为概念位置水文地质模型组成部分的区间单元情况。确定污染物的迁移途径，应充分考虑水位上方和下方优先通路位置上可能影响污染物迁移的任何人为或自然因素。

② 确定和描述水位上方和下方地下水污染源区及其范围。包括描述活动污染物和残留污染物的状态；描述地下水位以下的其他地下水污染源的活度。

③ 确定是否可能通过受体而受到影响并进行受体评估。

④ 通过建立地下水修复标准完成对地下水污染的竖向和水平划定工作，进而确定和描述污染物的类型和分布情况。

⑤ 确定其对当地地表水特征的影响和影响程度。

⑥ 如果要求确定来自场外来源的影响则应评估背景地下水的质量。

⑦ 制定和实施地下水监测计划以有效监测地下水污染物的羽流。

⑧ 确定污染物的去向和通道。

⑨ 提出地下水分类异常区域作为修复调查报告的一部分。

（2） Triad 方法（三合一方法）

为了尽量降低费用以及进行修复调查所需的时间，LSRP 可以实施 Triad 方法。Triad 方法是一个将系统规划、动态工作计划和实时测量过程整合在一起的方法，通过它可以更及时、更具成本效益地进行站点描述和修复描述。三合一方法旨在从异质环境矩阵生成代表性数据以认识和管理所涉及的不确定性。Triad 方法的一个关键用途是构建一个准确的概念站点模型。

（3） 概念水文地质模型

调查过程的第一步是收集数据，以便构建一个初步的概念性水文地质模型。概念性水文地质模型是研究者为该污染区域开发的整体概念站点模型的一部分。概念性水文地质模型为修复调查的实施提供了早期的工作基础。在进行任何有助于实地调查的野外工作之前都可能会收集到各种信息。初步概念水文地质模型所需的数据可以从不同的渠道获得，比如文献中的综合描述、现场勘察和地表地球物理学常识。模型应随新数据的不断获取而更新和修改，进而可改进对污染物分布和水文地质学的认识。在表达模型特征或描绘不完整时或与其他数据存在差距的情况下往往需要进行额外的调查。

初始概念水文地质模型应包括以下 8 方面内容，即地形图（用来显示地表水体和各种抽水井的位置）；地质图；根据附近地点的地质图、通过环境评估和当地测井记录的数据构建的广义地质剖面；对地下水深度的估计；基于附近地点的地形数据、抽水井和地表水的特征对地下水流动方向和梯度给出的初步估计；根据相关文献数据估算地层的水力传导性和有效孔隙度；估算地下水和污染物的平均流速；借助地下水和污染物的平均流速估计羽流可能迁移的距离，并估计出污染物初始排放的日期。

下面介绍一下美国新泽西州概念水文地质模型的基本情况。

① 新泽西州非固结地层和沉积层的通用概念水文地质模型。在新泽西州的大多数污染场地，人们首先会在未固结的沉积层中发现地下水。这些松散沉积层中的地下水常常成为新泽西州的结晶沉积岩含水层的补给储层。即使在认为水位较深的地区，无

论是全年存在水位、季节性存在水位，还是在沉积事件发生后仅存在较短时间的水位，其都可能存在于低渗透性沉积层中或存在于区域水位上方的基岩界面里。这些未固结的沉积层可能含有显著的污染物，因此，对水文地质学的详细了解至关重要。这些未固结沉积层中的地下水流动方向总是从高液压头区域到低水头位置区域(或从补给区域到排放区域)。地下水流动的速度与其水力梯度和水力传导率成正比，并与介质的有效孔隙率成正比。然而，由于一些物理和化学因素的影响，地下水中存在的溶解污染物通常会以比地下水更慢的流动速度迁移。

沿海平原沉积层约占新泽西州的一半；冰川沉积层覆盖了新泽西北部的大部分地区，并形成了覆盖在基岩上的松散沉积层。这个地质模型由 3 个子模型构成，即沿海平原沉积层的通用水文地质模型、冰川沉积层的通用水文地质模型、覆盖基岩的未固结沉积层的通用水文地质模型。

沿海平原沉积层的通用水文地质模型的特点：新泽西海岸平原基本覆盖了南半球。它包含了从白垩纪早期到中新世的未固结岩层。沿海平原的北部边界大致延伸到特伦顿和卡特雷特之间的连线上。由于位于北部皮埃蒙特区域的纽瓦克盆地的较古老沉积岩和火成岩之间存在着瀑布和急流，所以南部的沿海平原区域通常称这个边界为“下降线”。在白垩纪期间，沿海平原沉积层的沉积主要开始于海平面的上升期。沿海平原的大部分沉积层包含了海洋环境中形成三角洲沉积的沙子、淤泥和黏土，沉积层的形成主要源于海平面的波动。这些沉积层向海岸倾斜，它们在西北方向有一个羽状边缘，沉积层向东南方向增厚。大西洋城附近，沿海平原沉积层厚约 1. 37km。这些三角洲和海洋沉积层覆盖在一个个不大的薄层河床沉积沙层和砾石层的上方。沿海平原的沉积层分为多个亚层，其中一些层含水量丰富，其他层电导率值较低，因此以其作为限制条件或半封闭单元。由于沿海平原沉积层的下沉，位于东南部的封闭含水层单元通常在含水层的露头地区向西北部排泄。由于城市地下水储量丰富，自然地下水的流向常常受到抽水井的影响。比如，特拉华河是一个自然的地下水排放区，但在某些地区地下水会流向河流的抽水中心。

冰川沉积层的通用水文地质模型的特点：新泽西州的冰川沉积层是在更新世时期发生的，且至少经历了 3 次冰川运动，该沉积层覆盖了该州大约 30% 的区域。大多数冰川沉积层位于菲利普斯堡到布列茨维尔到布雷斯 · 安博尔地区北部一线。一般来说，只有在这条线以北没有冰川沉积层的地方才会露出基岩。在这条线南部，平坦的高地和山谷存在破碎的岩层。新泽西州的普莱恩菲尔德和宾夕法尼亚州的里加尔斯维尔之间的区域可大致标记为冰川地层的南部最远边界。与冰川沉积相关的沉积层的粒度范围为黏土到巨石。一些沉积层无层理，富含细粒沉积物，不会储存很多水，而埋藏在山谷中的沙砾沉积层可以非常有效地用于供水。一些地区的湖泊湖底沉积层可以作为限制条件或半封闭单元，用于区分下面的活动性河床和湖泊风化沉积层。冰川沉积层的厚度、类型和沉积程度因地而异，沉积物的大小也随冰砾的变化而变化。

覆盖基岩的未固结沉积层的通用水文地质模型的特点：人们发现未固结的沉积层经常覆盖在基岩上成为覆盖层。这些沉积层包括冲积土、胶凝土、人造填土和灰岩。根据区域地下水的深度，这些松散沉积层中可能全年都会存留地下水，地下水存量会随地下水位波动，上覆岩层的地下水可能是季节性的。然而，即使在有效的基岩深处发现地下水，也可能存在一个栖水台(水力隔板)。这是因为上覆岩层的水力传导率通常大于下层基岩。人们发现，如果底层单元的水力传导性比上覆单元大 3 个数量级则栖水台几乎总是存在的。另外，过度风化的基岩区经常覆盖有活性基岩。发生这种情况是因为有活性的基岩的物理和化学风化会导致岩石内部出现异常的孔隙，岩石不再密实而可能成为风化基岩。科学家认为，风化基岩内的导水特征包括部分地层溶解的构造裂缝、地层矿物溶解、平行岩层机械分层和由侵蚀和风化形成的裂缝。科学家还认为，由于丰富的连通路径，风化基岩中的地下水通常表现为含水层无约束，类似于上覆岩层。地层水层在上覆层和风化的基岩中一般可以随地形变化，也受含水层异质性的影响，包括有根的基岩地形。这是上覆岩层、风化基岩和活性岩层之间的水力传导性差异引起的。如果有活性的基岩具有起伏或不规则的表面，则可能对地下水流动方向有分流或转向作用。比如，如果在上覆盖水台上方有一个地下基岩峰顶，则主要的地下水流动路径可能会绕基岩顶点迁移。由于其典型的较高的孔隙度值，与承载基岩相比，上覆层和风化的基岩区域通常具有更高的储水能力。由于其高储水量及其较大的侧向空间，上覆层和风化的基岩区域可以作为地下水补给的主要来源岩层。因为大多数污染物排放发生在地表或附近，所以上覆层和风化的基岩区域通常是首先受到污染影响的区域。由于其高储水性，上覆层和风化基岩有可能在污染物释放后保留大量的污染物质，如果不受控制就可能会成为基础地下水污染的持续来源。因此，对上覆层和风化的基岩区域进行充分描述至关重要。

另一个大的模型体系是新泽西州基岩地区的通用概念水文地质模型。通常情况下，受污染的基岩场地的调查范围从 4000m^2 以下到数万平方米不等。在这个规模上，最重要的是确定那些为污染物平流迁移提供初级或优先途径的水力传导性裂缝或断裂带。在基岩中，强异质断裂网络可能会将流动限制在不连续和各向异性的离散路径上。将基岩细分成块的导水裂缝可以看作是含水层单元。这些块在第一次模拟逼近中是作为污水处理单元对待的，但其通常包含基岩基质内的次要导水裂缝。通用概念水文地质学模型提供了确定基岩区域典型地下水流路径的线索，包括哪些类型的裂缝是宽大的和导水的及其相对重要性，其可以控制基岩流，可揭示基岩结构对流量、补给、排放和污染途径的影响，可反映导水性裂缝与基质之间的吸附和扩散的相互作用。通用模型综合了该地区过去的调查经验，为同一地区受污染场地的状态及适当的调查工具的选择提供了一个初始框架。一般来说，新泽西基岩地区有两类受污染的基岩区域，其中包括没有饱和覆盖层的地点和拥有饱和覆盖层的地点。对于后一类，应遵循覆盖层到基岩的调查序列，覆盖层与基岩之间的流动关系成为调查的另一个关键问题。

新泽西州基岩地区的通用概念水文地质模型也有 3 个子模型，即纽瓦克盆地通用水文地质模型、古生代沉积基岩的通用水文地质模型、结晶基岩的通用水文地质模型。

纽瓦克盆地通用水文地质模型的特点：纽瓦克盆地是跨越三叠纪和早侏罗纪年代的非海洋沉积和火成岩的半窖。纽瓦克盆地是新泽西北半部最大的地理区域(皮埃蒙特区域)。这些岩层倾斜角度通常为 5°~15°且向东北方向倾斜，但也存在局部断裂和褶皱。其沉积层由不同厚度的沙岩、粉沙岩和泥岩层的重复序列组成，这些序列反映了气候变化导致的地层振荡，揭示了从斯托克顿组的河床沉积到洛克通、帕萨奇和菲尔维尔地层的湖泊循环。人们根据纽瓦克盆地钻探项目获得的一部分6770m连续岩心的分析，得出了纽瓦克盆地高分辨率地层学研究成果。这些成果可以通过互联网公开查阅，从而为确定普遍岩石的颜色(红色、灰色、黑色)和类型以及给定地点的地层位置提供了宝贵的依据。与板块边缘裂谷构造有关的侵入性和挤压性火山活动发生在纽瓦克盆地并与新泽西州其他地区同时发生。许多受污染场地的经验表明，泄漏的多单元含水层模型可广泛应用于纽瓦克盆地地下水流量和污染物迁移的分析工作。在这个模型中，由于其相对较高的透水率和较大的地域范围，某些层间平面分离可作为浸入层状基岩内的离散含水层单元。相邻岩层间的近竖向连通引发了相邻含水层单元之间的泄漏，但这种跨地层竖向泄漏的过程通常会因地层边界处的大部分接续的终止而被抑制。主要的层压断裂的透水率值超过12L/mm，这些现象出现在数米到几十米的不均匀的地层间隔中，有迹象表明这种断裂与薄层灰岩有关。一些不发挥作用的主要导水层压板的深度可达450m。在这种导水裂缝中的地下水流通常沿着水平方向冲击，在低环境水平梯度值(0.001~0.0001)时为地下水流动提供优先通道，其速度可超过3m/d。对于这种导水层压裂缝，其高透水率与低储水值(10^{-5}~10^{-6})叠加会促使液压应力快速传播。盆地最突出的一组节理与下卧层的平行度增强了岩层平行流。在Passaic地层的某些地区，以前富含方解石和石膏的土壤层已经从基岩中被部分溶解了出来，而留下了具有较高透水率的灰色的、平坦的粉砂岩和泥岩层。这些古土壤与下卧层平行，在Passaic地层的中部最常见。在Lockatong组中发现，黑色的富含碳的层状泥岩容易破裂并具有较高的水力传导性，与其高的自然伽玛射线计数率有关；深灰色层压泥岩断裂较少，并且具有比黑碳富集层叠泥岩更低的体积水力传导性；浅灰色的大块泥岩和红色大块泥岩是高度饱和的，表现出具有最小的断裂和低水力传导性的特点。在许多小型污染场地，透水率低得多的层位断裂可能会为污染物迁移提供主要的优先途径。这种小的透水性裂缝通常发现在低渗透基岩部分，因此被看作是供水应用中的水槽。由于这些层压裂缝促进了低渗透基岩段内污染物的水平流动和迁移，因此它们在层状水层段内属于优先的局部流动路径，与先前描述的主要导水层压裂缝中的流动比较其流速要慢得多。如果NAPL被排放到这样的污水处理单元中，它就会成为一个具有扩展能力的源区，污染物可以从这个区域缓慢扩散到更多的透水性裂缝中。对这个通用模型的更现实的描述涉及多单元基岩上的风化基岩带。泥岩和页岩层的风化倾向于产生许多差的综合性裂缝，相对于下层的基岩而言，其风化带的渗透率较低、储水层更大。风化区类似于多孔介质，主要或次要层压板的延伸部分进入该区域为穿过风化区域的竖向流水和横向排水提供了主要通道。在离散的含水层单元内的地下水排放区域中存在上倾流。泄流也可以通过露头沿着向上的方向发生泄漏。断层通常被看作是地下水流动的障碍，因为它们会破坏离散含水层单元的连续性，然而，仍需要考虑与障碍轨迹平行的流动的发生。基质扩散效应在斯托克顿地层的沙岩层和部分帕萨奇岩层中有着显著的表现，原因是它们的初始孔隙度较高，但其对泥岩岩相而言则不太重要。纽瓦克盆地的火成岩包括玄武岩流和玄武岩入侵，两种岩石类型都表现出低的基质渗透性，但柱状连接和各个熔岩流之间的接触使得“橙山”“假山”“钩山玄武岩”能为竖向和水平迁移提供路径(次要路径)，在单个熔岩流之间包括沉积岩或火山碎屑岩时可以增强水平迁移能力。侵入性细胞质体(晶质体)的渗透性研究结果差异较大。新西兰中部和西部的采石场内井的数据和观测结果充分证明了红土侵入物和周围的烧土块状岩石间有很高的液压紧密度。新泽西州边界北部确定了归因于两个地层的热压裂，Palisades基岩和底层沉积岩之间的侵入性裂缝接触具有可渗透特征。

古生代沉积基岩的通用水文地质模型的特点：古生代沉积基岩包括阿巴拉契亚山脉的山脊和山谷区域的沙岩、页岩、砾岩、石灰岩和白云岩。这些岩石的褶皱形成了由耐腐蚀岩层构成的山脊以及由更易侵蚀矿物构成的山谷。构造应力、侵蚀卸载和脱脂效应导致断层和整合经常出现。冰川运动覆盖了该地区的大部分区域。结构特点主要表现为纵向褶皱轴和横向断层，这些对地表和地下排水模式都具有强大的控制作用。该地区的石灰岩和白云岩岩石易导致岩溶发育。美国明尼苏达州、威斯康星州和加拿大安大略省以及其他古生界地区的证据表明，某些褥式断裂为污染物的流动和迁移提供了主要的路径。因此，用于纽瓦克盆地沉积层的通用概念模型的主要特征也适用于非喀斯特地区的山脊区域。

结晶基岩的通用水文地质模型的特点：新泽西州的结晶基岩包括新英格兰区域的寒武纪和前寒武纪变质岩和火成岩。这些岩石几乎没有原生孔隙度。地下水流量由构造力产生的裂缝、岩体冷却导致的热收缩、侵蚀和脱脂效应导致的卸荷以及风化所控制。复杂的褶皱、断层和压裂模式是由这些过程与该地区长期的地质历史叠加造成的。强烈的地形夷平和各种冰川沉积层的存在(包括山谷中渗透性的波动)是该地区的典型特征。由于岩性和结构变化在该地区普遍存在，因此只能用很少的文字概括其区域水文地质特征。应大规模地查阅地质图以确定与小规模调查相关的岩性、联合模式、风化趋势、线性流模式或其他特征。科学家在莫里斯县的两个地块进行了中古生代花岗岩和片麻岩的钻孔地球物理勘测，发现钻孔中存在分层裂缝和构造裂缝。虽然对于所有类型的结晶岩体的识别预测没有单一的通用水文地质模型，但可以对其做出一些有用的概括。离散裂缝模型仍然适用于结晶岩石中的污染物调查。优先断裂流路通常遵循线性和片理状趋势规则。因此，在火成岩条件下，地下水的流量更容易预测，其原因在于脱脂和耐候性的压裂量随深度而降低。科学家通过在新罕布什尔州的花岗岩片麻岩研究给出了概念流模型，研究地点的特点是存在通过低透水率网络连接的高发散性断裂，后者控制了岩体的区域透水率，而前者控制了污染物的局部流动和输送。结晶基岩位置对于确定井筒之间的断裂连通性比沉积基岩中的断裂连接判断具有更大的挑战性，后面介绍的井眼尺度调查方法适用于两种类型的基岩区域。

② 查阅文献撰写综述。在进行实地工作之前应查阅文献撰写综述，以了解区域和地方的水文地质情况。这些数据在欧美发达国家是可以非常容易地获得的，其收集成本比侵入式现场工作低得多。在概念性水文地质模型中使用的信息来源的优先顺序依次是站点特定数据、来自附近地点的数据、区域研究、文献。在美国可用于开发初始概念水文地质模型的一些可用资源包括美国地质调查局(USGS)的地形图和航空照片，其中应包括评估地点现场附近地形和排水格局；各州的地形图；出版的地质和水文地质学报告及地图；各州的许多地质图和报告[可在线下载，通常包括州的面积和基岩地

质学图，数据由环境系统研究所的地理信息系统（GIS）文件提供]。可以在线下载或购买 USGS 的地质图。各州地质构造的水力传导率值通常登载在《州井头保护区划定指南》里。此外，美国环境保护署（USEPA）的文件《地下水和污染物手册》中也提供有各种介质的水力传导率范围。有效孔隙度值也可查阅《州井头保护区划定指南》，这类文件中给出了黏土、淤泥和基岩以及沙和砾石的有效孔隙度（2%~25%）。另外，“地下水中氯化溶剂自然衰减评估技术议定书”也会为普通含水层矿物提供一系列有效的孔隙度值。

可以借助地下水流量方程和污染物类型的因子分析估算地下水和污染物流速及运移距离，并进而估计污染物羽流的状态，也可用各种计算机软件计算污染物的归宿和运移。另外，各州的 i-Map 地质学是另一个有价值的资源，可借助互联网访问，其中可用的数据层包括所述状态的基岩地质、断层、褶皱、堤坝、基岩表面形貌、表面形貌、基岩露头、地下水补给区、基岩和表层含水层、采石场、航空摄影、四边形边界。

美国农业部的土壤调查提供了特定地点的地下信息，包括土壤排水、栖水和/或浅水位的信息。这些数据可借助互联网获得。

应确定现场以前是否进行过各种环境或岩土工程调查并收集任何可用数据。如果有各种监测井还应确定其完整性、获取其日志和各种监测数据。应确定现场是否有生产井。应获取有关生产井的抽水历史、水质、深度、工作日志、施工细节等信息。

如果附近的场地正在进行环境调查就可能会有井眼测井、水压测试结果、地下水采样数据或其他有关信息。通过各州环保署门的在线互动地图网站可以确定附近地点进行的各种环境调查的状态，并进行文件审查以获得通过“公开公共记录法”（OPRA）流程对附近受污染场地的具体信息。OPRA 网站包括上线新闻以及搜索工具，可以用来检查最近安装的井，包括监测井和供水井。

应确定在现场附近是否有大容量生产井存在，这可能压低当地的历史水位。可以通过部门的水系统和水井许可证进行井下搜索。各州通常为大多数县备有供水报告，这些报告也可能为生产井和供应井提供有价值的历史数据，包括其原始的性能数据。这些报告可通过各州环保部门的地图和出版局获得。另外，通过地方和县卫生管理部门也可能会获得研究区域当前使用的住宅供水井的数据和地下水质量数据。

③ 查阅文献完成综述之后，应进行实地勘察。应对文献检索期间确定的兴趣目标进行评估。此外，应注意以下几个关键关注点，即地表水特征、地形、地面不渗透和渗透的区域、AOC 的地点、植被调查、染色和溢出的证据、进入地下的工具（即人孔）。

如果站点位于基岩含水层可能受到冲击的地区应确定现场附近的基岩露头并记录基岩类型和观察到的任何结构特征。可能的话，应测量下卧层和接缝套的塌落度和片理发布趋势。应对连接频率和下卧层平面间距特征进行观察。应注意水渗漏的表现及其与特定断裂或节理组的关系。应注意主要和次要沉积学特征，比如泥浆裂解、蒸发更换特征、生物扰动、根部穿透、古土壤和微型裂缝，因为这些特征与高孔隙度间隔有关。

④ 进行表层地球物理学研究确定埋藏结构和地下地层情况。表面地球物理学方法可用于揭示地下的各种属性，比如美国《部门现场采样程序手册》所述的“可用于确定水

文地质框架、基岩深度、高浓度地下水污染物羽流的状态、空隙位置、破坏或断裂……”。有关各种表面地球物理技术的详细情况可参考相关书籍或规范(比如美国的《现场采样程序手册》)。美国地质调查局在其门户网站上汇编了有关地下水调查的地球物理方法的信息。

⑤ 更新和维护概念水文地质模型。随着额外可用数据的增加，水文地质学模型应该不断改进并用于指导后续的修复工作。应在调查的每个阶段更新地图和横截面以支持水文地质模型。更新的模型应包含以下 7 方面内容：站点地图和地层剖面、标识；每个现场 AOC；地下水轮廓图；样品污染物浓度；污染物等渗图；源区的水平和竖向羽流状态以及包含游离和残留产物的程度(如果存在)；用于构造横截面的所有井和钻孔的情况。

9.1.3 划分 NAPL 和地下水污染源

对地下水污染源的评估和划定对于适当的现场修复方案的确定以及修复行动的成功至关重要。应对地下水污染源进行认真的描述和快速修复以限制源区范围内污染的持续迁移。负责修复的人员必须确定可能需要采取的各种必要修复措施以消除、控制或稳定污染源，进而防止污染物的迁移、保护公众健康和环境安全。目前，人们比较关注的地下水污染源包括不饱和区土壤污染、饱和区污染、游离和残留污染物。

(1) 源区概念水文地质模型的开发

调查人员应构建污染源地区的概念模型。欧美发达国家环保部门的 LNAPL 技术策略文件提供有构建 LNAPL 概念模型的指导。美国环保署制定有开发 DNAPL 释放概念水文地质模型的指导意见，用户可通过互联网获得。1992 年美国环保署公布的《超级基地 DNAPL 发生潜力的估计》指南中推荐了评估 DNAPL 释放的几个初步概念模型。2009 年 9 月，USEPA 公布了《危险废物场地 DNAPL 源区评估与划定》的指导意见，用户可通过互联网下载获取。

(2) 不饱和区地下水污染源

不饱和区内地下水污染的潜在来源包括超过场地特定 IGWSRS 的任何土壤污染物。美国规定有确定开发现场特定 IGWSRS 的要求，现场的具体标准必须按照美国国务院规定的权限逐级制定。美国各州的环保署门通常都制定有“土壤修复标准指南”为用户提供服务，指南中通常都推荐有可用于特定地点 IGWSRS 开发的数种方法。

(3) 饱和区地下水污染源

饱和区内地下水污染的来源包括游离残留产物(NAPL)和来自细颗粒沉积物或基岩基质污染物的反向扩散。当污染物从 NAPL 溶解到地下水中时，NAPL 就是地下水污染源。另外，当地下水污染物浓度高时，污染物会从较高渗透率区域扩散到较低渗透率区域，当这些高流量区域的地下水污染物浓度较低时又会从较低渗透率区域向高渗透区域反向扩散。

① 低渗透区污染物的反向扩散。人们发现，地下水污染的重要来源可能并非

NAPL。随着污染羽流的扩展，污染物通过扩散进入到低渗透区(细沙、淤泥和黏土)中而在高渗透带(沙)中污染物发生流失。修复技术消耗自由和残留的NAPL后，低渗透层就成为“非NAPL源”的透镜体。一般来说，污染释放物的存在时间越长就越有可能发生反向扩散，因此，它们往往是持续污染物羽流前锋浓度的主要贡献者。

滞留在低渗透区域中的污染物，即使在去除了游离和残留的NAPL之后，其也能够保持持续的释放而成为污染物排放的源区域。这可以通过来自污染羽流前锋污染物的持续释放来解释，这其中很少能够找到DNAPL。因此，应合理选择处理高渗透率和低渗透性区域的修复措施，以降低处理完成后污染物回弹的可能性。

② 游离和残留污染物。遇到游离和/或残留污染物时必须进行认真的状态描述。在进行源区调查之前，应该了解其水文地质学特征以及污染物类型。关于水文地质学的信息(比如封闭层的厚度)应首先在可疑源区域之外的区域获得。一旦确定了水文地质学特征就可以在源区进行地下勘察，以防止游离物或残留物向下或向外迁移而进入未受污染的地区。可用于描述游离和残留污染物的技术包括现场筛选；地球物理勘探技术；岩土竖向分析技术；土壤样品分析结果的平衡分配评估等。美国各州环保部门通常都规定有LNAPL场地修复的时间框架以及修复的技术要求，有关LNAPL修复的其他指导性意见可从该部门的LNAPL指导文件中获取。

检测游离和残留污染物的现场方法应遵守相关规定。地表土壤样品的现场筛选可用于识别、表达和描述现场游离和残留NAPL的存在，具体实施时可采用各种现场方法。对于含有LNAPL的场地，配备激光诱导荧光(LIF)的锥形透度计(CPT)可以检测地下的汽油、柴油、喷气燃料、燃料油、机油、油脂和煤焦油，在安装监测井或采集土壤样品之前这些筛选数据可用于指导勘察或清除行动以及地下污染羽流边界的描绘，在美国有关LIF的信息可以在各州环保部门的网站上获得。对于受DNAPL影响的位点，对DNAPL区域侵入性限制的勘察非常关键，其可以避免在环境调查期间为DNAPL的迁移开辟更多通道，为此，美国环保署规定在这些情况下通常应采用外部调查方法，外部调查方法的特点是在DNAPL区域钻探之前先在已知无DNAPL的区域进行钻探，应以源区以外的钻井采集数据为依据构建现场水文地质学、地层学和潜在DNAPL通路的概念模型，在开发出概念模型之后借助这些信息来确定渗入DNAPL源区域的竖向安全限制值，美国环保署公布的《DNAPL调查站点特征技术》(USEPA2004)中的DNAPL描述方法可借助互联网下载。用于描述游离和残留DNAPL程度的循环过程可参考相关的专著，通常情况下，在未固结的地层物质中识别和描绘DNAPL的方法主要有以下4种：对现有的地下水质量数据进行评估以确定所讨论污染物的1%溶解度或有效溶解度等边界；将膜接口探针(MIP)系统与土壤样品的实验室分析结合以确认是否存在游离或残留污染物并给予描绘，在选择土壤核心样品位置之前应完成MIP研究并对结果进行评估；从MIP调查期间确定的高浓度区域收集土壤核心样品，并对土壤相对平衡分配算法的数据进行评估；确定土壤中的分析浓度，这些分析浓度会指示给定研究区域的元素背景值，土壤分析浓度可以与MIP数据组合并对DNAPL区域进行解释。此外，在美国环保署公布的《危险废物场所的DNAPL源区评估与划定》中介绍了一种方法，该方法的特点是汇总了一系列证据用于现场DNAPL存在状态的评估(USEPA2009)，当技术推测认为 DNAPL 存在时就应该按照 USEPA 文件中的规定使用多条证据进行确认。

土壤筛查技术的使用应遵守相关规定。在勘察期间必须对土壤核心进行筛查以确定其是否存在污染。应用于确定游离或残留污染物是否存在的现场筛查技术包括视觉识别技术、有机蒸气监测器(比如 FID、PID)技术、土壤搅拌试验、超紫外荧光技术、疏水染料指示剂技术等。科学家通过研究发现疏水性染料方法是在土壤样品中直接目视鉴定透明无色 NAPL 的简单、实用、有效的手段，其次是紫外线(UV)荧光；对于挥发性 NAPL，可以通过对土壤样品上空中有机蒸气的分析来进行进一步检测筛查污染物；通过加入非常少量的疏水性染料可以在水样中检测到 NAPL。清洁无色的样品无须通过视觉识别残留污染物，然而，这仍是一种有用的方法，因为其中一些污染物是有颜色的(比如煤焦油)。

地球物理学技术的应用应遵守相关规定。地表地球物理学方法可以为 NAPL 源区的确认提供证据。在适当条件下，借助声波、电阻、电磁、伽马或中子可以对源面积、背景、孔隙度和含水量之间的关联进行充分对比，从而为判据提供间接证据。

竖向分析技术的应用应遵守相关规定。直接推送技术(DPT)是将钢棒推入或驱动到地面的一类设备。该技术允许从未固结的土壤和沉积物中快速取样、采集数据进行成本效益分析。该技术可以使用各种设备，尤其是在棒末端使用的用于采集样品和数据的附件类型更多。这些附件可用于采集土壤、土壤气体或地下水样品；可以对污染物进行原位分析；也可以采集 DPT 杆前进时连续记录的地球物理数据。地层状态的连续记录是非常有价值的，它们对构建三维概念站点模型非常有用。直接推送勘察方法(比如 CPT 或 Geoprobe®)可为 NAPL 的存在提供直接证据和推断证据并确定土壤类型，还可以采用各种传感器技术。可渗透膜传感器和 MIP 可基于金属聚合物膜上的 VOC 分配为 NAPL 的存在提供推断证据。这些井下传感器可与 FID、PID、卤素特异性检测器(XSD)和离子阱质谱仪(ITMS)检测器组合给出 NAPL 组成和浓度的半定量数据。一些科学家给出了用于检测和描述游离和残留产物污染源区的方法表和方法成本比较表。科学家建议项目研究者应选择基于岩性、固结度、NAPL 化学成分的能确认抽样要求和感测技术成熟度的恰当技术。

土壤气体调查技术的应用应遵守相关规定。土壤气体调查可用于筛查 LNAPL 源的积累情况，可用于确定 DNAPL 的进入位置。土壤气体调查过程包括将土壤蒸气收集装置插入地下，被动或主动(通过施加轻微的真空)样品收集，使用气相色谱仪或其他蒸气测量仪器测量 VOC。土壤气体调查可能不适用于极低渗透性土壤或饱和土壤。

利用土壤和地下水分析数据推算残留污染物的存在应遵守相关规定。土壤样品或地下水样品中的污染物浓度可用来确定某个位点是否存在游离和/或残留的污染物。USEPA 指导文件《危险废物场所的 DNAPL 源区评估和划定》中推荐了几种借助土壤和地下水样品中化学物质浓度评估 DNAPL 是否存在于现场的方法(USEPA2009)。地下水样品分析数据可用于确定残留物是否存在。对于 DNAPL 化学品，如果污染物在地下水中的浓度等于或高于其有效水溶解度的 1%时即可根据《现场修复技术要求》中的原则认定残留污染物的存在。

（4）临时修复措施

应采取临时修复措施来消除、控制或稳定各种地下水污染源。欧美发达国家环保部门的技术规则和 LNAPL 指导文件均规定有修复自由相 LNAPL 的时间表。除此以外，在切实可行的情况下必须清除或处理游离和残留的污染物，即使在不可行的情况下也应该妥善进行处理。修复技术的有效性取决于 NAPL 的位置以及所在地特定的地质条件和水文地质学特征。修复技术的过程和评估方法可参考相关书籍或通过互联网查询（比如美国环保署污染场地治理信息网）。

9.1.4 不固结含水层的特征

对未固结含水层污染的特征调查和描述工作主要包括以下 2 个方面：对未固结含水层进行地下水污染修复调查的方法；对地下水污染特征和修复有用的指导材料。

（1）未固结含水层修复的调查方法

应确定水文地质特征、确定地下水流动的方向并描绘现场每个被污染的水文地质单元的水平和竖向污染程度。这些特征必须充分满足适当和有效的修复措施的选择要求以便能够解决污染问题。

随着初始水文地质模型构建工作的完成，研究者可以开始描绘和修改污染的模型，这些描绘和修改必须借助收集站点的特定数据且应按以下操作流程进行，即确定地下水流动方向；描绘污染物羽流；确定受影响的含水区域的水力特性；设计并安装污染物羽流监测网络。需要强调的是，调查员必须将站点特定数据纳入水文地质模型，以便后续的调查能够填补每个调查阶段确定数据间的偏差。

① 地下水流动方向的测定。地面水流方向必须在现场确定。地下水流动方向则至少应根据由三个永久或临时监测井测量的地下水位收集的数据确定。欧美发达国家环保部门通常编制有《替代地下水采样技术指南》，这类指南中通常会介绍借助受调查的临时井来确定地下水流动方向的方法，这类指南可以借助互联网下载。在勾绘地下水轮廓图时应确保在相同的水文地质单元中已经对井进行了筛选，并应在可能的情况下彼此等距布置以提供最佳的三角测量网型。一旦在任何井中观察到了 LNAPL 就可以借助式(9-1-1)对 LNAPL 的水深测量数据进行校正，即：

$$h = D_w - P_t G \quad (9\text{-}1\text{-}1)$$

式(9-1-1)中，h 为水深修正值，m；D_w 为地下水深度，m；P_t 为污染物厚度，m；G 为相对密度，即游离污染物密度与水的密度的比值。

如果地表水具有位于或邻近受污染地点的特征，此时的关键工作是必须在进行地下水位测量的同时收集地表水位高度测量值以便为等高线图的构建提供支持和帮助，如果站点位于受潮湿影响的区域则还应使用压力传感器记录每小时的天气、地下水位和地表水位最少 24h。如果怀疑该地点受到抽水井的影响还必须使用压力传感器在足够的时间间隔（比如以每小时为间隔）内记录足够时间（比如记录 7 天）的天气、地下水位高度数据，通过收集的数据来确定周末的抽水时间表。可借助计算机软件绘制地下水轮廓图，另外，还必须检查使用软件构建的地下水轮廓是否正确，以确保其能反映实际的现场条件。以下因素可能会影响地下水流动方向和等高线图的准确性：具有高渗透性回填的挖掘作业；存在抽水井和水池；存在地下工程；存在栖水；存在横向异质性引发的优先流动路径；存在地表水。

② 借助横断面图、竖向剖面图和实时分析结果描绘污染物羽流。描绘水平和竖向污染程度的有效方法是直接推送技术和实时分析，还应设置监测井网。如果不能充分了解污染物的分布、土壤的异质性和污染物的迁移途径就难以正确地设计监测井网。当污染物羽流是潜水时就可能会导致监测井网络的设计不良情况发生，以下是描述向下溶质羽流迁移的一个例子。

这个例子是2006年API在对“潜水羽流”的特征、影响、意义的监测和评估报告中介绍的，在这个例子中，安装在与源区域井相同深度的降水井原本是清洁的，却被研究人员作为羽流进行描绘，实际上羽流是在下降井下方迁移的。同样，当污染物羽流接近有向上液压梯度的区域(比如地表水体)时其将会升高。潜水导致溶解污染物羽流上升的力量与溶解污染物的程度无关。

为了描绘污染物羽流以及描述现场的水文地质特征，欧美发达国家环保部门建议利用垂直于地下水流动方向的直接推进方法或类似技术设置临时井点的横断面。在羽流源区域上建立初始横断面以确定羽流和源区域的宽度，然后将额外的横断面定位于下层区域。横断面施工应逐次下降直至到达污染物羽流顶部。初始横断面应以由外向内的方式进行，从干净的边坡位置开始朝向源区前进。可随源区的下降采用由内向外的方式设置横断面，其中应在估计的羽流中心线处获得初始地下水样品，并依次向前沿纵横方向推出直至到达干净的区域，应收集足够数量的地下水样品以充分展示羽流中心线、羽流侧向梯度和下降边缘。竖向剖面应在每个横断面的空闲位置设置，污染物和地层数据应在各个位置铅直收集，直到能够确定竖向污染程度为止。每个下降截面的位置均应根据工作水文地质模型确定，项目研究者应该根据水力梯度、估计的污染释放时间、含水层的水力传导率及其估计的有效孔隙度来推测羽流的发育程度。如果以前的工作确认地下水污染没有明显的来源，就应该逐级收集地下水样品、掌握已知污染的侧面梯度特征，直到有足够的数据点可用于调查人员确定污染源的来源区域为止。当在工作水文地质模型中识别出的数据出现偏差时应进行额外的勘察以填补这些偏差，比如，当羽流的水平和竖向发育程度与工作水文地质模型不符合时应对是否需要进行其他调查以更新污染物的描绘和现场水文地质模型进行评估。

③ 布设监控井网络。应布设地下水监测网络并编制监测方案。应使用更新的水文地质模型，安装永久井以便随时监测污染物的羽流状态，记录每个受影响的含水单元中的地下水流动方向并记录其竖向梯度。监测井网也可用来帮助对修复行动的有效性进行评估。通过地下水监测网络的设计、地下水采样计划、地下水采样计划和数据的评估来判断修复措施的有效性。

④ 现场特定液压性能的确定。应在污染场地确定现场特定的液压性能，比如水力传导性、有效孔隙率和液压梯度等。可以通过泵浦实验或塞子实验来获得液压传导特性。可以通过塞子实验以确定特定位置的水力传导率值。塞子试验值不一定代表整体含水层的情况。需要进行足够数量的测试以确定整个污染物羽流的水力特性，进而支

持概念模型。最准确的数据可能需要借助很大的努力来实现，应以泄流的强度和水平、大小和类型、受体的存在类型以及要采用的修复方式为指导。对于大多数受污染的场所而言，塞子实验可能已经足以满足要求，但调查人员仍应通过单井泵浦试验或多井抽水试验对含水层的特征进行更现实的评估。抽水实验需要足够长的时间进行以便评估与井和含水层特征相关的水力特性。为了提高获取的含水层性质数据的准确性可以通过示踪实验以确定地下水的流速和岩层的有效孔隙度。示踪实验的方法和性能要求可在美国地质调查局的网站获取。

⑤ 更新水文地质模型。在根据临时井信息增加安装了额外的永久性地下水监测井后，应再次精化概念水文地质模型，应根据各个受影响的水文地质单元情况和各个地下水采样结果构建地下水轮廓图，应通过不同时间的轮廓图和等值线图的比较来确定是否存在与季节变化、泵浦影响或污染物迁移及退化有关的各种变化。可能的情况下应构建竖向流网并将其作为站点水文地质模型的一部分，借助其可以预测或解释污染物的分布状态，流网还可以帮助确定在抽水井中捕获污染物应满足深度并确定哪儿是地表水调查的重点。竖向流网的构建需要来自若干个井群的地下水位数据。根据污染物分布、受体和拟实施的修复技术可以估算水文地质模型的数据偏差以及现场数据与模型之间的各种差异。

（2）确定地下水分类异常区

在勾绘出污染物羽流后，即可确定其归宿和输送特征并进而构建起 CEA。在 CEA 的构建过程中应以环保部门颁布的 CEA 指导文件为准。

9.1.5 基岩含水层的特征

在新的和既有污染场地进行修复性地下水调查设计以及所需的结构化方法和相关资源应充分并符合要求。相关的规范中一般都给出了各种基础调查工作的要求和相关说明，也包括使用盐示踪剂、深度离散采样、封隔器实验的相关规定和要求，欧美发达国家的省级环保部门通常都颁布有竖向流动追踪程序以及各种相关的网站链接列表。

（1）基岩含水层修复的调查方法

以下介绍在现有井的现场完成污染基岩位点的水文地质学特征的调查后，如何在新的地点开展工作以及相关的策略和方法。这些水文地质学特征调查的详细程度必须以能充分满足为该站点选择出适当而有效的修复措施为前提，其应包括以下 4 方面内容：区域和地方地质特征，包括影响基岩地层水流的结构特征(比如下卧层平面裂缝、联合嵌顿、片理和线型等)；找到控制现场地下水流量的导水裂缝，确定这些裂缝(被视为含水层单元)的地下水流量、补给和排放区并描述其水力特性以及中间的污水处理单元，将这些数据合成到相应位置的概念水文地质模型中；现场特征模型中的污染物类型和分布，且应全面勾绘污染物羽流的竖向和水平分布范围；特征污染源区，且应将其对溶解羽流的影响进行量化处理。以下是实现这些目标的连续而全面的方法，如果调查目标得以达成则调查员可以选择一种更具体的或更广泛的方法调查哪些特定的站点。

（2）调查新污染的基岩场地

① 实施初步测试钻井作业。初步测试钻孔作业必须采用外部进场方法。USEPA 规定，在特定位点地层学特征已揭露且对地下水的来源影响也被很好地弄清之前，外部进场方法要求在已知或可疑的源区域内必须没有钻孔。这种方法可以避免钻孔进入未开发的源区而引起的无谓的污染物迁移。使用这种方法收集到的污染物分布信息只是给出了基岩污染的一般性特征，但由于初始钻孔设计位置远离源区，因此可能需要借助额外的监测井来弥补对污染物羽流构型理解上的一些欠缺。即使在测试井眼采样的裂缝中没有检测到污染物，其所获得的水文地质信息也应与拦截可疑源区域的裂缝的现场井信息关联。

至少需要设置 3 个深孔露天临时测试钻孔并在完成测试后将其转换为监测井。钻孔必须布置在怀疑来源区域/NAPL 入口点以外，其中 2 个应沿可疑来源两侧的岩面特征变异位置(或片理)布置，第 3 个应位于源区域下卧层的向下倾斜处。如果现有的现场条件良好，则这个井也应该被纳入测试计划中，因为这种生产井的使用历史可能会影响到流量模式，且该类井还可能为地下水的跨井流动提供通道。如果生产井能够满足井位标准则可以用生产井替代第 3 个深井。

临时测试钻孔的深度应比污染物羽流的最大疑似深度深得多以确保能够准确划定污染物的竖向分布界限，应根据近期周边供水井的深度确定如何进一步推进钻孔。如果没有其他指标来提示钻孔深度则应将 2 个平行钻孔推进到 45m，第 3(下倾)钻孔应更深且应在与其他 2 个孔相同的地层深度处终止。在可疑的 DNAPL 位点，起始于第 3(下沉)钻孔终点的岩面上升应通过低于怀疑的 DNAPL 入口点延伸到基岩中，以确保可能在下沉的钻孔中检测到 DNAPL 可以下浸迁移导水性层状断层。欧美发达国家对测试钻孔中的六孔直径作了详细的规定，这些六孔直径是优选确定的，目的是在测试钻孔作业完成时将开孔转换成两英寸直径的短屏孔。

如果临时试验井眼保持长时间开放(一般为 7~10 天)则应考虑和减轻横向交叉污染的风险。这种风险可以根据从深度离散取样获得的污染物的交叉流量和浓度量化后进行判断。在孔中适当位置的封隔器可以充气以隔离交叉流中遇到的断裂并缓解相关问题，直到钻孔转换到监测井的时刻为止。当然，也可以借助柔性钻孔衬套来减轻横流。

② 进行钻孔地球物理测井和其他井下特征测试。应完成测试钻孔的地球物理测井工作以获得岩性和压裂特征，还包括潜在导水裂缝的识别。井眼测井方法多种多样，应邀请专门从事地球物理勘察的公司进行采样，欧美发达国家推荐的一组地球物理测井内容见表 9-1-1。

有关地球物理钻孔技术的详细情况可参考《现场采样程序手册》，在欧美发达国家可从当地环保部门官网下载该手册。

③ 进行竖向流量测量和采样。应对每个测试孔测量孔内露天环境竖向(或横流)流动的方向和数量以确定导水流入和流出裂缝的位置。用于测量井眼竖向流动的常规方法是高分辨率热脉冲流量计法或盐追踪方法。环境流量测量结果可用于识别导水断裂位置，还可以确定这种断裂中的液压头(以开孔中的复合水位为基准)；液压头反映了

流体流入断裂时的水头压力大于水头复合压力的特征以及水头在流出断裂过程中的下降情况。

表 9-1-1 基岩勘察的井眼地球物理方法

日志类型	应用	说明
卡钳	套管深度和直径，钻孔直径和断裂区域	所有臂都作为一个单元打开，井的对准度可以限制一些卡尺
井眼图像处理系统(BIPS)或声学望远镜(AT)	断层走向、岩性、结构特征和溶液开放度；套管深度、井眼走向/偏差	浊度会干扰 BIPS 图像；对齐的优劣可能限制观察的类型和优良的性能；AT 无法检测到矿物质的氧化或沉淀或裂缝填充情况
伽玛	识别岩性变化(比如砂岩与页岩)，伽马标记层用于分析地层相关性，可以确定岩床的倾斜和碰撞情况	可用于钻孔的套管/屏蔽部分，但信号会衰减
流体温度和电导率(EC)或电阻率	温度偏差和 EC 日志可以指示潜在的流入裂缝/区域	温度探测器的质量不同
热脉冲流量计	竖向流动的流量和方向；可以推断流入和流出区的位置	探头质量不同；只有高分辨率仪器可以测量典型的环境钻孔流量
电阻率	识别岩性变化	对齐的优劣可能限制观察的类型和优良的性能

当盐水示踪剂或高分辨率热脉冲流量计实验完成并得到解释后，下一步工作就是通过上下孔洞的深度离散采样个体来获得流入断裂中的达到筛查水平的污染物的浓度以及稳态条件下流入裂缝的流量。该方法不仅能够在露天导水洞中识别流入断裂中的污染最重的流体，而且还可以对特定出口/流出裂缝的横流影响进行量化。然后应确定跨流量缓解措施的必要性和紧迫性。深度离散采样提供了流入裂缝之间污染物的竖向分布的筛选级信息。在初始概念流模型中，该信息可以为该污染源的路径和位置提供有价值的线索。由于井眼内流出裂缝的水质会受到来自流入裂缝的水的混合的影响，因此，流出裂缝的深度离散采样不能提供井眼外的这种断裂的天然水质信息。这种局限性也可能会进一步影响流出性断裂处的封隔器取样。为了弥补这一缺陷，将临时试验孔转换为监测井时应将流出的裂缝/区域作为监测目标对待。

④ 进行封隔器实验。除了对地下水流入裂缝/区域进行抽样之外，还可以采用跨越式封隔器实验来测量液压头和透水率值，通过实验可以确定流入或流出的裂缝。封隔器实验还可以提供透水性裂缝之间的液压连接(竖向泄漏)信息。短期泵浦试验可以在封隔器隔离的间隔中进行泵浦实现，进而验证穿过多个钻孔/井位置的导水裂缝(含水层单元)的液压连接情况，从而为相关的水文地层概念模型提供进一步的信息。封隔器实验和相关的实验程序可参考规范或相关专著。

当采用跨越式封隔器实验从离散裂缝中获取地下水质量信息时应考虑到该方法的各种局限性。比如，如果流出裂缝被隔断就可能无法收集到代表性的地下水样品，因为在常规清洗过程中除去的水体可能无法抵消先前横流对流出裂缝的影响。

⑤ 将测试结果整合到初始位置特定的水文地质模型中。应首先确定断裂和塌陷的地点及具体方向，以解决初始选择值可能存在的不准确问题。如果在三个钻孔中的每一个的伽马测井中均识别出了不同的伽马射线标记，则可以通过求解位置图上的三点关系来确定标记的高度并获得标记的方位。考虑到沉积基岩位置的层流裂缝对污染物输送的重要作用，精确确定岩床的塌陷是研究的重中之重。

应通过垂直于下卧层的冲击横截面来描绘特定位置的水文地质基岩框架。在这些横截面上应规划测试钻孔的裸眼段，以便确定导水裂缝的位置及其类型(流入或流出)、体积透水率值以及所关注的主要污染物的浓度。应通过识别出的导水裂缝的位置绘制岩层平行线，以确定它们是否延伸到了其他各个钻孔或与其他各个钻孔有关联。如果延伸或有关联，则这种导水性裂缝就应该被视为主要或次要的含水层单元，主、次单元的确定取决于它们的透水率。因此，附加监测井定位获得的初步的特定站点水文地质模型为模型的优化和污染物羽流的描绘奠定了工作基础。

⑥ 将测试孔转换成监控井。在完成测试工作后，每个临时测试钻孔都应该被灌浆或转换成一个监控井，其中感兴趣区域的各个监控井独立监视自己的短屏区间。通常应关注以下三个潜在的监测目标，即最受污染的断裂、最透水的断裂、出口断裂。在某些情况下，可将其中的两个目标合并成为一个目标，从而只剩下两个目标。深层出口断裂/区域是确定地下水竖向污染程度的优良监测目标。

如果要监测三个以上的目标断裂/区域则可以在测试钻孔中部署多级监测系统。目前欧美发达国家采用的主要多级监测系统包括 Solinst 的 Waterloo 系统、Westbay 系统和 FLUTe 系统。有关上述各个系统的具体情况可参考系统开发商的用户手册。应考虑每个系统在清除/抽样、水位测量以及长期可靠性方面与现场预期的监测持续时间可能不匹配的问题。由于初始测试孔可能无法反映污染程度，因此在了解污染源区域状态和羽流构型时需要增加额外的监测井来填补数据的不足和偏差。

⑦ 更新概念性水文地质模型、描绘完整的羽流。根据现场横截面图、电位图以及从这些位置设置的井组集合得到的分析结果为依据，选择另外的井完成最透水和最受污染的裂缝/含水层的羽流的水平单元划定工作，工作中应以适用为原则，这可能需要多次启动钻机。

作为目标的附加井间隔可以通过预测确定，钻井期间新井的额外实验工作可能仅局限于解决特定的数据空白或解释性替代方案问题，应首先理解现场特定概念模型的构成，然后才可以测试和验证站点特定的基岩概念模型。

在每个这样的透水性裂缝中至少需要设置三个监测井才能确定地下水的流动方向，因为每个裂缝都可以被认为是一个离散的含水层。确定地下水流动方向是每个单元污染物羽流描绘的先决条件。

应借助短于一小时的短时间试验来确定含水层的水力特性(水力传导率和透水率)，要确定含水层边界和补给条件并最终确定捕捞区则需要持续 48 ~ 72h 的长期含水层实验。

应考虑在现有的监测井网络中安装压力传感器，当压力含水层有新活动时会被察觉，这些新活动包括钻井、开采、清洗、封隔器或塞子试验等。由于大透水率的断裂储水能力非常低，在相同透水性裂缝中完成的相对较远的井中通常可以观察到对所施加的液压应力的快速液压响应。所有这些数据都可用于验证液压的连通性并用于确定主要透水性裂缝的含水层参数。

在确定了含水层水力特性后还应该进行污染物的归宿和输送计算，进而对污染物羽流的未来迁移潜力做出估计。这些信息是建立地下水 CEA 所必需的，也是修复措施选择时应考虑的。

（3）对受污染基岩场地中的现有监测井进行调查

现有的井眼间隔过大的基岩监测井可能是有问题的，因为它们可能为基岩含水层的交叉污染提供通道。在这方面特别令人关注的是现有的井钻进到了已知或疑似 DNAPL 来源区。欧美发达国家对钻孔开放/隔离的最大间隔长度设定了不超过 25ft (1ft = 304.8mm)的规定，并建议采用更短的间隔长度(5 ~ 15ft)，其目的是监测在调查过程中确定的特定的传输性断裂的状态。由于可能缺乏特定的现场概念性基岩内污染物流动和输送模式，或者采用了不适合该场地的通用流动模型，往往会导致对污染物羽流的错误描述以及导致修复措施失效。可以采取以下 5 个步骤来纠正这些基岩特征问题，即进行逻辑/内业研究并选择适合于现场位置的通用流模型；在现有井中进行补充测井和测试(如果相关井的数据不可用的话)，包括借助伽马、电导率和温度测井、塞子和盐追踪测试以确定基岩构造(比如塌陷和冲击)、导水裂缝的可能位置、每个井的开放/筛选间隔的体积透水率以及污染物沿某些井的竖向输送情况；布置与污染岩床垂直的场地横断面，设定到所有现有井的开放/筛选间隔的横截面高程、导水裂缝的位置(同步骤 2)、体积透水率值、关注的主要污染物浓度和水位高程，确定各个导水裂缝和污染区域，寻找适用两个或更多现有井的共同投影岩床平面，设定地下水流量图，流量图应包含污染区域的污染物浓度数据且该污染区域应延伸通过三口或多口井，这样，完成该步骤即可构建起一个初步的特定站点的基岩流动模型；确定关键数据的允许偏差并设置更多的井以弥补这些偏差，进而纠正现有各种问题井的建设以及开孔过长问题；安装这些额外追加的井时，至少要有一口井安装在一个测试孔位置，在这个孔中进行一整套地球物理测试并对竖向交叉流进行测量和采样，此外，还可以通过安装在这些井中的压力传感器来监测选定的现有钻井和开放测试孔或其他新井的水力响应特性，观察到的响应(直接和间接)特性可为测试井之间的液压连接特性的揭示提供依据，也可用于改进和验证特定地点的基岩流模型，循环法可以很好地充分揭示基岩中污染物的流量和污染物特征。

（4）特征地下水污染源区

一般来说，在构建好特定位点水文地质框架之后，即可了解源区特征以及源对羽流产生的影响。依据这种外部方法可以确定进入源区域钻井的安全渗透深度，这是可疑 DNAPL 位点的重要考虑因素(在近源井检测到的污染物浓度可以为 DNAPL 源的存在给出提示)。应充分考虑渗透率、源区深度、NAPL 的存在类型以及现场考虑的修复措施等因素，应使用适当的水力试验来确定源区的液压构造和性质。

对选定井筒收集到的岩芯进行分析可以为污染物浓度及其可能存在的物理形式(比如毛细管残留物，吸附或扩散到基质中)提供相应的信息，还可以为源区内岩石固体和水相之间的污染物质量分布提供参考。这些信息对于选择有效修复措施来减轻源区污染至关重要。很多时候，高度风化的基岩区域会被大量的污染物围困，并且会进一步围困更具污染潜力的基岩地貌。通过岩石取芯可以确定高度风化的地带以及基岩顶层的风化带。

对于在 LNAPL 源区存在风化基岩的情况可以通过将主岩层(未风化层或微风化层)上部风化的基岩挖除的方法来清除大部分污染物。源区划定和修复可以在现场开放式挖掘的过程中同时进行，这种挖掘是清理源区的有效方法。源区修复完成后必须监测清理源区域中的地下水的相关参数以确定修复的有效性。

（5）地下水分类异常区

随着水力特性和污染物羽流的特征的不断揭示即可确定羽流的归宿和输送状态，进而构建 CEA、设置前哨监测井。在构建 CEA 时应参考当地环保部门的 CEA 指导文件。

（6）断裂岩体修复技术

受污染的基岩含水层的修复是一项具有挑战性的工作。在许多情况下，除了现场处理技术之外，液压收纳可能是一种必要的措施。许多技术都可用于修复地下水。美国 USEPA 有一个专门修复技术网站，网站有众多关于相关技术和项目概况的介绍，相关修复技术的细节也可在网站上下载获得，另外，还可以在网站获得各种破碎岩体案例项目的情况介绍。

9.1.6 地下水修复措施的动态性能监测

地下水修复措施的动态性能监测主要有以下 4 类技术策略：建立有效的地下水监测网络；实施地下水监测计划；确定地下水修复措施有效性的数据评估方法；技术再评估。以上技术策略应遵守环保部门的《监测自然衰减指南(MNA)》《地下水修复作业许可证指南》中的规定。欧美国家《地下水修复作业许可证指南》要求地下水修复系统应有效运行，地下水污染源应该在许可证发放之前得到有效的清除、处理或控制。如何监测地下水修复系统应遵守相关规范规定，地下水修复作业许可证一旦发出即应确定地下水的监测频率。

（1）地下水监测网

应制定一个地下水监测计划以便有效监测地下水修复措施的执行情况。性能监测系统中井的数量和类型取决于概念场地模型(CSM)，应考虑羽流的尺度和稳定性、相对的污染水平和潜在受体的存在等因素。应对性能监测井进行定位以评估修复措施的长期性能并确保受体得到保护。性能监测井通常包括源区井、羽流边缘井和哨兵井。性能监测井还可以包括垂直于地下水流动方向的井，这些井可以监测羽流的横向分布情况。有效的地下水监测网络应由源区监测、污染羽流和羽流边缘监测、哨兵井、背景监测井组成。

① 源区监测。监测井应尽可能位于源区内，或尽可能靠近污染下游区以监测源区

修复的有效性。源井集群应安装在源区附近并靠近源区以监测源区的竖向分布范围并确保源区修复措施有效。

② 污染羽流和羽流边缘监测。羽流监测井应位于污染物羽流内源区的下游。羽流监测井应沿污染物的主要流动路径布置。在污染物流量可能存在显著差异的情况下，羽流监测井的位置应考虑这些变化。应设置羽流边缘监测井以监测污染物羽流的前沿、外侧和竖向羽流边缘处的污染物浓度，获得其横向(水平)和竖向分布规律。

③ 哨兵井。哨兵井包括次级哨兵井、侧向哨兵井、竖向哨兵井。降级哨兵井的布置应侧重于检测污染物羽流向最接近的未受影响的次级受体的迁移情况，并允许给污染物羽流充足的时间完成修复反应，进而防止其攻击潜在的受体。应根据与潜在受体的距离和污染物的移动速度来确定次级哨兵井的位置。次级哨兵井应根据污染物羽流的行为(比如稳定、收缩、推进或下潜)以及从羽流监测井获得的地下水监测数据进行定位。如果污染物羽流在模型预测的最大范围内没有可识别的受体则前哨井可不必设置，只要监测数据能确认模拟结果以及有效监测羽流的前缘即可认为修复作用是有效的、地下水污染物浓度正在下降。侧向哨兵井的设置应遵守相关规定，如果地下水污染物羽流有可能影响位于污染物羽流附近的受体时就应该在羽流旁边设置前哨井(侧向哨兵井)，侧向哨兵井应位于地下水污染羽流的侧向和外侧附近。竖向哨兵井的设置应遵守相关规定，竖向哨兵井应位于污染物羽流的下方，设置在深处时可能会影响受体。竖向哨兵井应位于污染物羽流水位的上方以评估受体是否存在蒸汽侵入的可能性。竖向哨兵井获得的地下水质量数据必须低于规定的地下水修复标准。羽流收缩时污染物羽流中的井可能会变成哨兵井。

④ 背景监测井。如果现场存在背景污染，则背景污染会影响现场正在进行的地下水监测，因此应设置背景监测井并按相关规范规定对采样数据进行评估。图 9-1-1 描述了上述的地下水监测网络各个组件的设置情况。

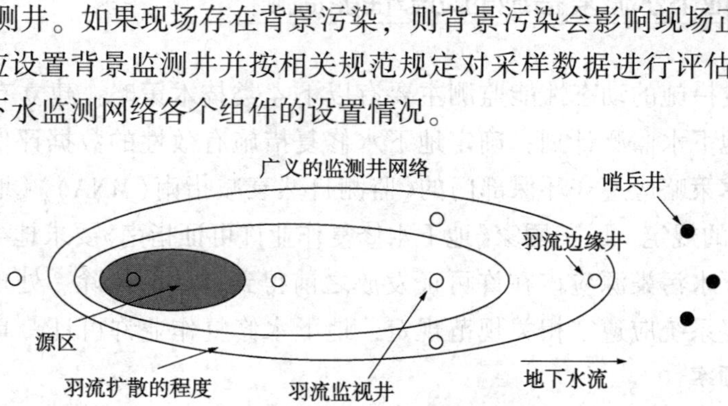

图 9-1-1　广义的监测井网络

（2）地下水监测计划

需要制定地下水监测方案来评估各种地下水修复的有效性。以下介绍除了 MNA 之外的地下水监测计划的特点。

应按照周期性的时间表完成一致性的地下水采样，因为只有这样才能为使用趋势分析或统计方法来评估修复趋势提供有效的数据。一般来说，建议在修复行动实施的头两年内每季度对地下水进行一次抽样以确定采样数据是否受季节变化的影响。如果修复方案符合清除目标则在最初两年后可不必太频繁地进行抽样。欧美发达国家有关性能监测频率的其他要求可以参考《地下水指导修复作业许可证指南》。在最初两年未达到修复目标的情况下，必须对地下水修复方案重新评估、升级或更改。分析参数应根据关注的污染物及其降解产物进行选择，此外，应提供监测数据以确定表征原位修复系统有效性的指标参数。地下水监测方案应包括气候性地下水位的收集以监测地下水流速，进而确定地下水位与污染物浓度之间是否存在关联。

（3）数据评估

必须对地下水监测数据进行评估以确定修复系统是否符合修复目标。统计测试可用来评估源区和污染物羽流监测井中污染物浓度的变化趋势。有关统计方法的信息可以参考 USEPA 指导文件《RCRA 设施地下水监测数据统计分析的统一指导方针》。美国环保署(USEPA 2009)推荐采用以下统计测试方法分析污染物的变化趋势。

① Wilcoxon Rank-Sum(Mann Whitney-U)法。其特点是比较两个群体中位数的非参数检验；数据不一定要求正常；一些数据没有检测到也可以；应该没有明显的空间变异性；可用于在非常小的范围内进行内推比较和某些外推比较；可允许背景更新。

② 线性回归。其特点是线性趋势的参数估计；趋势残差必须正常或正常化；用于测试背景或已经污染井的趋势；可用于估计两个随机变量之间的线性关联。

③ Mann-Kendall 趋势测试。其特点是线性趋势的非参数测试；不确定性检测；用于记录已经污染的井的发展趋势，或者背景中已经存在的发展趋势。

④ Theil-Sen 趋势线。其特点是线性趋势的非参数估计；不确定性检测；可与 Mann-Kendall 测试一起用于估计增长趋势的大小。

此外，美国空军还编制了基于 Microsoft Access 的软件以优化地下水监测方案。该软件包括一个趋势分析包，该软件可从其官网上下载获得。

监测网络的数据评估应当满足以下要求。即源监测井数据必须完整显示，如果评估处理或清除地下水污染源的可行性，其监测数据必须显示出污染物浓度下降的趋势并且应达到"地下水修复标准"的要求；如果评估处理或清除地下水污染源是不切实可行的，则监测数据必须显示源区包含污染物质对溶解羽流的贡献在可行范围内发生降低。污染物羽流监测井的数据必须能提示污染物浓度呈下降的趋势并将达到"地下水修复标准"的要求。哨兵井的数据必须能提示哨兵井浓度在地下水修复标准以下。

（4）技术监测

① 监控液压遏制系统。通常借助液压收纳技术以防止或大幅度减少污染物的迁移，这种技术不太可能在源区域污染的处理或去除中使用。液压收纳可以采用被动方式(比如不渗透屏障)或活动方式(比如泵浦和处理)。美国环保署建立有《监督泵浦和处理性能的方法》的网站，关于液压遏制机制的监测要求可以在美国环保署的官网上下载。USEPA 颁布有《用于泵浦和处理系统捕获区域评估的系统方法》，其中有关于泵浦和处理捕获区域分析的指导意见，可在其官网下载获得。

② 监测现场修复系统。有许多现场处理技术可用于污染地下水的修复。现场修复系统的监测需要针对所选择的修复技术进行。这些技术的修复过程和监测参数可参考 ITRC 和 CLU-IN 中的详细介绍。

（5）修复技术的再评估

欧美国家环保部门建议，当修复措施不能按照设计进行时，负责进行修复的人员应提交修订的修复措施工作计划或修复措施工作计划附录。应借助污染物趋势数据和液压数据进行此项评估工作。在下列3种情况下应考虑调整或更换地下水修复技术，即污染源浓度水平在源监测井中未发现减少，或数据表明污染源遏制系统未达到修复目标要求；在各个污染物羽流边缘监测井中检测到的污染物浓度水平都没有下降；哨兵井受到干扰。

9.1.7 USEPA对评估、划定和描述危险废物场所DNAPL源区的基本规定

（1）总体要求

在危险废物场地经常遇到氯化溶剂、多氯联苯(PCBs)、杂酚油和煤焦油等化学物质导致的地下水污染问题。这些类型的污染物在水中溶解度低且密度大于水，因此，它们可以以密集的非水相液体(DNAPLs)的形式存在于地下，并且其具备作为单独的液相向未固结岩层和断裂基岩之下的潜在的水合物迁移的潜力。因为与DNAPLs相关的物理化学性质可以使其非常容易选择各种曲折的方式迁移到地下。因此，存在于地下的大多数DNAPL可能不会在钻井进入位置的下方被发现，并且借助常规钻井技术直接发现DNAPL通常是比较困难的。

概念性位点模型的重要组成部分之一是确定DNAPL是否存在，这对于适当修复方法的选择至关重要。地下DNAPL是溶解相污染的长期来源，其通常是影响溶解相羽流中污染物浓度空间分布和持续性的关键。一旦确定地下存在DNAPL，即应开展后续的特征收集工作以便更好地描绘DNAPL源区的边界。DNAPL源区是指含有残留和/或混合DNAPL的地下总体积。应该认识到，DNAPL源区的划分是存在不确定性的。除了DNAPL之外，可能还会有大量的其他污染物质扩散到低渗透性区域。来自这些区域的污染物质的反向扩散可以使溶解相羽流维持相当长的存在时间，即使在DNAPL去除之后。建立这种非DNAPL来源的存在形式和位置可参考专门的著作(限于篇幅，本书不做进一步的介绍)。

1992年1月EPA发布了一份《估计超级场地DNAPL发生潜力》的技术文件，目的是帮助现场人员确定是否应在特定地点采用基于DNAPL特征的应对策略。1994年9月EPA又发布了《DNAPL位点特征》，其中推荐了评估地下DNAPL存在的直接和间接方法。自此，人们对地下层DNAPL的特征工具、现场调查方法以及源区域结构的认识都有了很大的进步。以上文件建立在以前的各种技术说明书的信息基础之上，其不仅提供了评估DNAPL存在的框架性意见，而且还给出了描绘DNAPL源区空间范围、各种污染地点修复的优先策略和各种原位修复技术。以上文件推荐的策略充分吸收了现场发现的各种科学证据，进而扩大了文件的适用性，使其可以进一步应用于未固结的沉积层和断裂的基岩。以上文件鼓励采用循环和其他灵活的现场调查方法。

（2）DNAPL源区的性质

DNAPL向地下释放时将以分离的斑点和有机液体神经节(称为残留DNAPL)的形式

进行，这种自发式的分布方式称为 DNAPL 的合并连接分布（图 9-1-2）。残留的 DNAPL 位于 DNAPL 迁移路径内的地下水位之上和之下，通常情况下，其在多孔介质和岩石裂隙中会布满孔隙的 5%~30%。残留 DNAPL 被毛细管力捕获，即使在强烈的地下水泵浦影响下也不会进入相邻的监测井。需要说明的是，图 9-1-2 中的 DNAPL 在三维迁移，并且在基岩上积累的残留 DNAPL 是地表释放的结果，阅读时可参考图 9-1-3 用扩散矩阵来描述，图没有按比例绘制。

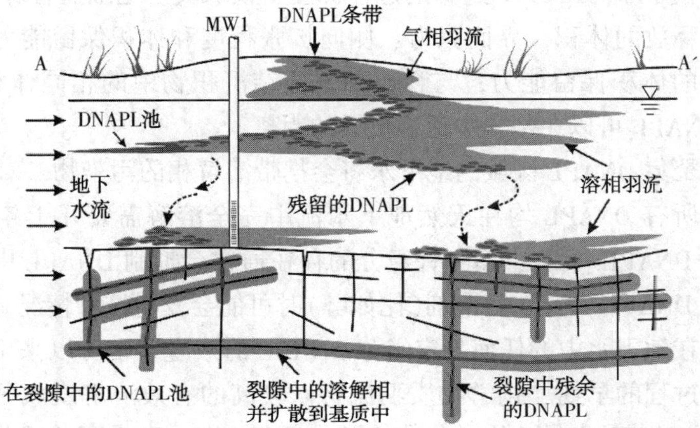

图 9-1-2　与 DNAPL 释放相关的污染物的示意

DNAPL 的聚集可以发生在毛细管屏障之上，这些屏障通常是由渗透性稍低的物质构成的岩层和透镜体（图 9-1-2）。因此，这种聚集可以发生在地下的任何高度，而不仅仅是在可渗透区域的底部出现。其不会在黏土层和基岩之间发生混合浸渍可能是由于岩体中存在着裂缝、平面夹层、节理和断层，这些均可能导致 DNAPL 发生持续向下的迁移。DNAPL 池代表的是连续分布状态，并且其通常位于多孔介质和裂缝中，与孔隙空间对应的 DNAPL 饱和度在 30%~80%之间。如果其通过存在水平毛细管的屏障则会表现出较低的 DNAPL 密度，较高的、向上的界面张力分量和地下水流量使 DNAPL 池的出现频率和池的厚度增加。DNAPL 池的厚度通常在几分之一英寸（1in = 25.4mm）到几英尺（1ft = 304.8mm）之间，这主要取决于流体和介质特性以及 DNAPL 释放的体积。因为 DNAPL 池代表了 DNAPL 的连接分布状态，所以聚集的 DNAPL 易于被钻井活动激活，并且可以使现有监测井和压力计失灵。此外，水力梯度的变化也可以激活 DNAPL 池。激活 DNAPL 池所需的梯度是 DNAPL-水界面张力、DNAPL 池长度和周围材料渗透性的函数。比如，从 DNAPL 池下方抽取地下水即可导致毛细血管压力的增加以及随后的 DNAPL 激活。

残留和聚集的 DNAPL 的空间分布受地质构造、DNAPL 特性及释放历史（比如频率、强度、持续时间、体积和位置）的强烈影响。DNAPL 迁移可以通过多孔介质的透镜体和片理以英寸级或更小的尺度进行。通常情况下，对于相对于水不润湿的 DNAPLs 而言，其在地下水位下方的迁移通常通过未固结的介质中较大的孔（即较高渗透性的区域）和基岩中较大孔径的裂缝进行。地层和结构的特征方向在很大程度上决定了 DNAPL 横向和纵向扩散的程度。DNAPL 从释放位置的迁移可以发生在任何方向上，并且通常不受低环境水力梯度的影响，接近水密度的杂酚油和煤焦油除外。

地下含有残留和聚集的 DNAPL 的整个区域被称为 DNAPL 源区。对于高密度、低黏度的 DNAPL(比如氯化溶剂)，其在相对易渗透性介质中的迁移可以在 DNAPL 释放开始后的几个月至几年内停止。一些地质条件(比如水平至下斜的裂缝、低渗透介质中轻微浸渍的地层和砂岩缝)可以使氯化溶剂 DNAPLs 迁移的时间尺度变得更长，尤其是那些大体积的 DNAPL 源。对于杂酚油和煤焦油之类的低密度、高黏度 DNAPL，其迁移过程可能会持续数十年。DNAPL 迁移的总体深度不仅取决于毛细血管屏障的存在与否，还取决于培养基释放的体积、界面张力、侧向扩张程度和体积保留能力。由于破碎的岩体具有非常低的体积保留能力，与释放到未固结沉积物中的相同体积的 DNAPL 比较，小体积的 DNAPL 可以在基岩中迁移更远的距离。

流过残留和聚集 DNAPL 区域的地下水将会携带溶解相的污染物。对大多数 DNAPL 而言，人们预计所有 DNAPL 均在天然地下水流中完全溶解需要几十年到几百年的时间。对于多组分 DNAPLs 而言，多一种组分的存在通常会抑制 DNAPL 中其他组分的水溶性。比如，当 DNAPL 中存在共溶剂(比如醇)时可能会发生这种情况。在没有共溶剂的情况下，溶解在地下水中的任何特定组分 DNAPL 的浓度通常可以采用拉奥尔定律近似表达。在溶解过程的早期，化学物质羽流将以较高的有效溶解度成分为主构成，这些成分倾向于以 DNAPL 内最大质量分数的形式存在，即具有最高单组分溶解度值的那些组分。多组分 DNAPL 源区的地下水降解过程中，DNAPL 内任何的或所有组分的浓度通常都会低于预期的使用单一成分溶解度的极限值。随着时间的推移，DNAPL 组合物和羽流组合物都将会随着溶解过程的变化而变化。羽流中包含的溶解组分将在地下水中迁移，并会受到平流、分散、吸附、挥发和降解过程的影响。

残留和聚集的 DNAPL 以及与黏土、淤泥或多孔基岩基质直接接触的溶解相羽流可以扩散到低渗透性介质中(即正向扩散)。如果低渗透区域之外的 DNAPL 浓度变得比内部浓度低则扩散将会向较高渗透率区域进行(即反向扩散)并且会导致羽流的持久存在。正向和反向扩散过程统称为扩散矩阵(图 9-1-3)。基质扩散过程可以缩短 DNAPL 在基岩、腐殖土和黏土断裂中的持久存在时间。此外，通过基质扩散过程可以显著地减弱在岩体裂隙多孔基质中溶解相羽流的速度。相对于其他过程(比如平流、分散、吸附和可能的降解过程)而言，基质扩散对岩体和黏土裂缝中溶解相羽流迁移的影响会因特定地点的地质条件和污染物性质而变化。通常，在裂缝间距较宽、裂隙孔径小、水力梯度较小、基体孔隙率高、基质有机碳较高的情况下，基体扩散对溶质相的羽流迁移有较大影响。图 9-1-3 中，基质扩散可以减弱断层岩体中羽流前进的速度(见浓度/距离分图)，并可导致穿透曲线的延迟(见浓度/时间分图)，在依赖地下水浓度数据来评估 DNAPL 存在时就需要考虑这些因素。

在地下水位以上，挥发性 DNAPL 可以蒸发成空气而填充孔隙空间(图 9-1-2)。对于具有显著蒸汽压力的 DNAPL，这可能会导致不饱和区域中出现膨胀的气相羽流。气相中污染物的浓度受蒸汽压力的控制，对多组分 DNAPL 常常可以借助拉奥定律近似表达。在相对温暖和干燥的环境中，一些 DNAPLs(比如氯化溶剂)在不饱和介质中的持续存在时间可以相对较短(几个月到几年)。因此，在不饱和区域不存在残留和聚集的

DNAPL 可能并不足以证明 DNAPL 没有迁移到其喜好位点的地下水位以下。

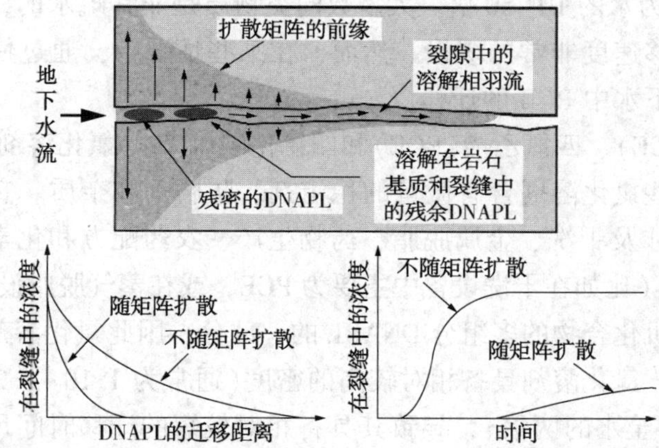

图 9-1-3　邻近 DNAPL 的溶解相污染物的基质扩散和裂隙中的羽流长度

（3）DNAPLs 的类型

煤焦油最早出现在 1816 年，是美国生产作为天然气工业副产品的煤气而产生的碳氢化合物的复杂混合物。其目前仍然作为高炉焦炭生产的副产品出现。煤焦油含有数百种烃，包括轻油馏分、中油馏分、重油馏分、蒽油和沥青。其低密度(其密度相对于 4℃条件下 1. 00g/mL 的水而言通常为 1. 01~1. 10g/mL)和高黏度(黏度是水的 200~300 倍甚至更多)促进导致其具有长期迁移的时间尺度特征，其在初次散布后可能会持续数十年才能消亡。由于煤焦油中存在的化合物非常之多，许多研究者喜欢根据流动性和毒性选择一组煤焦油化合物来评估水质。这些化合物可以包括苯、甲苯、乙苯、二甲苯(BTEX)、苯并芘[a]、萘和菲。根据 DNAPL 的年龄和地下水速度判断，在开始修复工作现场调查的时候，煤焦油中的一些较低相对分子质量和更易溶解的化合物可能已经从 DNAPL 中浸出。萘通常是当今煤焦油中的主要化合物。此外，由于不同程度的吸附和降解(通常需要有氧条件)，羽流中的各种组分会以不同的速度迁移。较低相对分子质量、较少吸附能力的化合物(比如 BTEX)可以比较高相对分子质量、吸附能力强的化合物(比如 PAH)更快在地下水中迁移。

杂酚油(Creosote)由各种煤焦油馏分组成，通常用于处理木制品。今天其仍然在某些木材处理作业中使用，其也是屋顶和道路焦油的组成部分。杂酚油是一种多组分 DNAPL，其包含许多烃(主要是多环芳烃 PAH)、酚类化合物和流体载体(比如柴油)。杂酚油的低密度(通常为 1. 01~1. 13g/mL)和高黏度(通常为水的 2C~50 倍)使其具备长时间的迁移的能力，随着其初始释放后续的持续迁移可能长达数十年。大多数研究者喜欢根据迁移率和毒性来选择一组亚硫酸盐化合物以代表其水质特征，比如萘、苯并芘[a]和菲。

多氯联苯(PCBs)是一类称为同系物的由 209 种成分组成的化合物，其中 1~10 个氯原子被连接到联苯分子上。大多数 PCBs 在 1930—1977 年之间出现并以商品名 Aroclor 生产，主要用于电容器、变压器、印刷油墨、油漆、农药和其他工业领域。Aroclors 根据存在的同系物的数量和类型而有所不同。PCBs 本身是 DNAPLs，并且在配制之前经常与流体载体(比如氯苯和矿物油)混合。大多数 PCB 油的密度范围为 1.10~1.50g/mL，而黏度为水的 10~50 倍。大多数同类物质是非常疏水的，相对于地下水的迁移速率它们的迁移速度非常的缓慢。然而，在某些情况下，通过使其形成乳液或胶体形态可以加快地下水中 PCB 的迁移。

二氧化乙烯(TCE)、四氯乙烯(PCE)和四氯化碳(CT)等氯化溶剂自 20 世纪中期以来已大量生产。一些氯化溶剂含有微量的稳定剂、防腐剂和杂质。它们的典型用途差异很大，应用领域涉及干洗、金属脱脂、药物生产、农药配方和化学中间体。其可以作为单组分 DNAPLs(比如在干洗设备中主要为 PCE，或在蒸气脱脂设备中主要为 TCE)或作为含有其他有机化合物的多组分 DNAPL 的一部分，因此氯化溶剂经常遇到。与煤焦油和杂酚油相比，氯化溶剂具备相对较高的密度(通常为 1.10~2.20g/mL)和低的黏度(通常为水的一半至水的两倍)，导致其具备相对较短的迁移时间尺度特征。在溶解相羽流中，大多数氯化溶剂的流速不会比地下水流的速率慢很多。

混合 DNAPLs 是指含有两种或更多种化合物的 DNAPL，也被称为多组分 DNAPL(比如杂酚油)。混合 DNAPL 是一种多组分 DNAPL，其在混合修复作业之前会由于混合和/或同时处理过程而含有多种有机化合物。比如包括在以前的溶剂回收设施和工业处理场所遇到的 DNAPLs。这样的 DNAPLs 通常可以含有与 LNAPL(比如甲苯)相连的芳族化合物以及氯化溶剂，比如 PCBs、醇、酮和四氢呋喃。混合 DNAPLs 的密度通常在 1.01~1.60g/mL 的范围内，并且与混合 DNAPLs 相关的溶质相通常含有多种具有不同迁移率的化合物。

(4) DNAPL 源区调查方法

以下介绍在特征 DNAPL 源区可用的各种现场调查方法和相关的解释技术。这些方法和技术进一步的细节(包括评估 DNAPL 的存在、DNAPL 源区的描述)可参考相关规范和专著。

① 视觉观察(A 证据链)。从监测井的底部获得的 DNAPL 或发现抽水样品的乳液是 DNAPL(或混合 DNAPL)存在的确凿证据。可以使用底部装载采样器的钻井器对井下的钻井液进行采样，从而从井的底部向监测井泵浦。如果界面探针显示 DNAPL 存在则应检测样品并应确认(目测或通过实验室分析)物质为 DNAPL。如果首次在钻屑或土壤样品中目视观察到 DNAPL，则应将样品送至实验室进行证据确认。这类证据适用于未固结的岩床和断裂岩体，应注意的是，由于钻井过程具有频繁的冲洗工作特性，因此目前在岩芯中能观察到 DNAPL 是罕遇的。由于地下 DNAPL 分布具有典型的稀疏曲折性质，DNAPL 可能会在许多 DNAPL 源区域内不被发现且在目视上也很难被观察到。

② 土壤中 DNAPL 化学浓度高于饱和度阈值(B 证据链)。土壤中 DNAPL 的化学浓度超过对应的饱和度阈值是 DNAPL 存在的确凿证据。在式(9-1-2)中使用的 DNAPL 饱和度阈值应设置为所有 DNAPL 类型孔隙的 5%~10%。选择的特定饱和度阈值应以导致土壤中的化学浓度上升为基础，应比证据中确定的化学浓度高一个数量级。因此，高有机碳含量土壤和高疏水性化学物质可能需要使用饱和度阈值的最上限值。该方法适用于地下水位以上和以下的未固结介质，但不适用于断裂岩体。计算时需要了解位

点特异性参数并进行土壤的定量化学分析。应注意取样核心的土壤清晰度，应能显示最高空间读数和DNAPL存在的最强视觉指示。当借助收集土壤样品以评估DNAPL的存在时，不建议使用固定深度间隔或从几个深度间隔进行合成的方法。应采用甲醇保存或类似的技术来减少土壤样品处理和运输过程中挥发性有机物的散失。

③ 土壤中化学浓度高于分区阈值(C证据链)。土壤中的化学浓度超过对应的平衡分配关系的值[式(9-1-3)]就与DNAPL的存在有关。这种方法不需要知道DNAPL的组成[式(9-1-5)]。该计算适用于地下水位以上和以下的未固结介质，但不适用于断裂岩体。计算需要了解位点特异性参数并进行土壤的定量化学分析。若测量的浓度仅略微超过计算的分区阈值则可能是假阳性，主要是由于与估计土壤-水分配系数有关的不确定性因子引起。

④ 监测站使用/监测站历史(D证据链)。欧美发达国家过去40年的调查表明，地下DNAPL的出现往往与表9-1-2中列出的行业、做法和过程相关联。可以借助员工访谈、现场使用/现场记录、航空照片、建筑图、公司采购和销售记录等方法确定。前泻湖、地下水池、地下排水渠和浸出场有时会与DNAPL源区的位置相吻合。表9-1-2用途很广，以下⑦~⑫调查方法中的证据(G1~G6证据链)都使用地下水质量数据并可对每个采样周期进行评估。

表9-1-2　与DNAPL存在历史相关的行业和工业过程(USEPA)

行　业	工业流程
天然气制造厂，木材保护(杂酚油)，电子制造，溶剂生产/回收，农药/除草剂制造，干洗，仪器制造，金属制品制造，发动机制造，钢铁工业焦化作业(煤焦油)，化学生产，飞机维护变压器油生产	将溶剂储存在不含桶的存储区域，金属清洗/脱脂，金属加工，工具和模具操作，油漆剥离，蒸汽和液体脱脂剂的使用，溶剂在地下储罐和管道以上和以下的储存和转移，燃烧废液，倾泻废液的储存和处理，现场处理井的使用，溶剂的装卸，变压器后处理，无衬里坑处理溶剂

⑤ 蒸气浓度(E证据链)。气相羽流的位置可能与渗流区中DNAPL当前或以前的存在位置重合。绘制气相羽流可能有助于确定到何处收集附加数据。因为一些DNAPLs可以在相当短的时间内完全蒸发(但蒸气仍会持续更长的时间)，蒸气的存在和气相羽流的反映通常不应被分开使用，以便判断DNAPL存在于渗出物中区域或描绘DNAPL源的空间范围。还应注意避免误将源自DNAPL源产生的蒸汽当作地下水羽流气流产生的蒸气。可以借助侵入性技术(比如土壤蒸气测量)对原位蒸气浓度进行采样并可在钻井过程中进行监测。这一证据不适用于缺乏显著蒸汽压的DNAPL(比如煤焦油、杂酚油、多氯联苯)。

⑥ 疏水染料测试(F证据链)。将疏水性染料(比如油红O)配制到DNAPL中，赋予其有机液体为红色。染色技术在遇到无色DNAPL时特别有用。疏水染料技术包括摇瓶试验，将土壤或水样品放入具有少量染料的罐中以及井下取样器中，将染色剂浸渍的吸收带强制压在岩石钻孔壁上或直接推孔。还应注意的是，在井下色谱带取样器上染色消失不是DNAPL缺失的证据，因为只有聚集的DNAPL才可以迁移到采样器上，残留的DNAPL可能存在于与采样间隔相邻的地层中而并未被发现。

⑦ 地下水浓度的高低(G1证据链)。取样地下水有效溶解度浓度超过1%时意味着

取样的地下水可能已与 DNAPL 接触。如果 DNAPL 的组成未知，则可以使用式(9-1-7)进行计算。由于流体的力学分散、井眼的稀释、非最佳监测井位、降解过程等因素的影响，DNAPL 源区的取样地下水降解浓度可能会显著低于有效溶解度。在溶解相羽流中发生显著降解情况时，在与 1%有效溶解度阈值相比较之前，可将子样污染物浓度转化为相同母体的污染物浓度[见 9.1.9 之(8)]。需要强调的是，子样污染物的化合物也可以是多组分 DNAPL 的一部分。监测地下水有效溶解度浓度超过 1%的井点也可用于对可能接近 DNAPL 源区的其他采样点进行定位。有关地下水有效溶解度浓度超过 1%的进一步解释可参考相关的专著。

⑧ 持续羽流(G2 证据链)。从下降方向的疑似释放位置延伸的连续且持续的羽流的存在是存在持续来源污染物(比如 DNAPL)的证据。如果污染物经过了“足够的时间”最后可能进入地下岩层表面且羽流仍没有与疑似释放位置“脱离”，则 DNAPL 源可能存在的可能性非常大。所谓“足够的时间”取决于地点的特定条件，比如地下水流速和吸附量[式(9-1-8)]。上述系列证据对未固结沉积层和断裂岩体非常适用，但在有大量反向扩散的环境中(比如具有多孔基质的断裂基岩、断裂粘土)则可能是不适用的。即使不存在 DNAPL，大量的反向扩散也可能成为持续羽流的来源。因此，这种证据最适用于高渗透性环境。

⑨ 明显异常地点存在污染(G3 证据链)。受污染的地下水在已知或疑似来源的地点存在未降解现象，可能是 DNAPL 存在的证据，也反映了所涉监测点的液压升高问题。这种示例可反映地下水中存在潜在污染物释放(使用年龄比对法)，也可反映在监测位置和可疑释放位置之间存在流动分隔而导致另一侧的地下水中存在溶解相污染。如图 9-1-2 所示，在没有 DNAPL 大量存在的情况下，无法解释所示监测井中存在污染物，故这类证据是不取决于任何浓度阈值的。在地下水已经提取或正在提取的地点，应考虑液压头和地下水流动方向随时间的变化以及历史抽水模式的变化，还应考虑到可能会导致无法观察到污染或异地污染来源的存在。

⑩ 深层地下水集聚度趋势(G4 证据链)。地下水污染物浓度水平与深度存在相关性或浓度随深度突然发生逆转往往意味着可能存在 DNAPL。可以使用小间隔采样技术(比如直接推送取样装置；短井屏；多层次完井；锥形透度计配测量探头)进行探测。多层次监测可以纳入基岩的开孔作业过程中，以便为浓度/深度函数关系的根据提供支持。基岩中的其他探测方法还包括以特定的深度间隔使用临时跨打包装组件采样，以及使用放置在特定深度的扩散袋取样器。只有在钻孔流动条件未得到充分揭示时才应使用后一种方法。

⑪ 地下水集聚度随时间的变化(G5 证据链)。多组分 DNAPL 的地下水降解可能会表现为较高有效溶解度化合物的浓度随时间发生下降以及较低有效溶解度化合物随时间有稳定或增大的趋势。在降解的 DNAPL 源区，高分子量的可移动化合物(比如低分子量醇、呋喃、酮和二氯甲烷之类的溶剂)可以显示出浓度随时间降低的信息，而同时较高分子量的醇和半挥发性化合物可能会呈现浓度稳定的状态。这类证据主要适用于混合 DNAPLs 的探查。应考虑化合物的特异性生物降解问题，这种降解可能导致某些化合物浓度降低而其他化合物(比如低分子量物质)则在羽流内增多。单一组分 DNAPL

溶解相降解浓度的降低可能源于溶解期间一些源质量的去除；浓度下降与时间无关时并不能排除 DNAPL 的存在。

⑫ 地下水中高吸附化合物的检测(G6 证据链)。在地下水中检测到具有低迁移率、高吸附和低溶解度的化合物，则可能意味着附近存在 DNAPL 源。这一证据链可用于描绘 DNAPL 在降解方向上的变化特征，即在地下水中具有非常低迁移率的化合物(不包括胶体、共溶剂或乳液的迁移)，这些化合物包括 PCBs 和高分子量 PAHs。

⑬ 其他类型的方法(H 证据链)。分隔间隔示踪剂测试(PITT)涉及具备混入 DNAPL 中的示踪剂的注入和取出问题。虽然该方法可用于检测 DNAPL 的存在，但由于进行示踪剂测试需要付出大量的劳动和辛苦，PITT 通常仅在源区的一些平面特征揭露后使用。对于具有适当地质条件和污染物特性的某些地点的地下水测量中，氡-222 会耗尽，可用直接推送平台部署各种探针以探查污染物浓度的竖向分布情况。这些探针包括激光诱导荧光测量装置(LIF)和采用拉曼方法的探针，LIF 专门用于检测煤焦油的存在和杂酚油，LIF 的种类很多，代表性 LIF 有 ROST(快速光学筛选工具)和 TarGOST(焦油特定绿色光学筛选工具)。LIF 技术对含有芳烃的 NAPL 的探查反应良好，但其可能不适用于含许多氯化溶剂的 DNAPL。也包括可以借助直接推压平台来部署膜接口探针(MIP)或水力喷射探针，这两种探针都将污染物转移到流动气体流中以便进行表面分析。另一种测量探头是精密注射/提取装置(PIX)。目前，具有直接推动平台的测量探头越来越受欢迎，但应注意其解释 DNAPL 存在的效果，因为大多数这类设备仅能提供总浓度的相对测量结果，而非关注并解决这些方法存在的潜在性误报问题。

（5）确定 DNAPL 是否存在

确定 DNAPL 是否存在是位点特征以及后续概念性位点模型构建过程的重要组成部分。确定 DNAPL 是否存在所需时间的长短和可信度因地而异。一旦确定 DNAPL 位于地下，就可以确定进一步的调查目标以及探讨潜在的修复策略。以下重点介绍判断 DNAPL 是否存在的评估方法。

汇总的证据链可用于确定 DNAPL 是否存在于地下。图 9-1-4 中的图形框架显示了汇总证据链的方法。应借助专门的计算程序进行计算。除非另有说明，否则所有证据链都以 9.1.7 中(4)的介绍为准，这些证据链适用于未固结的岩层和断裂岩体。如图 9-1-4 所示，A 或 B 证据中的任何一个都可能会得出 DNAPL 存在的结论。如果 A 和 B 证据都被认为是无效的(即表现阴性)，则必须借助更有说服力的证据和方法确定是否存在 DNAPL，应以多个收敛的证据链结合起来形成的有效(正)或无效(负)为依据。需要强调的是，如果在任何一个特定的位点都不可能找到满足条件的 C 到 H 的全部证据，并且 A 和 B 证据都不是必须要求的，则 DNAPL 是存在的。大量的事实证明，在 DNAPL 源区域内 A 到 H 证据中仍会有一些是不明朗的(即被确定为阴性)。由于各方面条件因地而异，因此，不能规定必须满足多少数量的证据链才能得出肯定(正面)或否定(负面)的判断。图 9-1-4 中的方法 B 和 C 证据链不适用于断裂岩体。

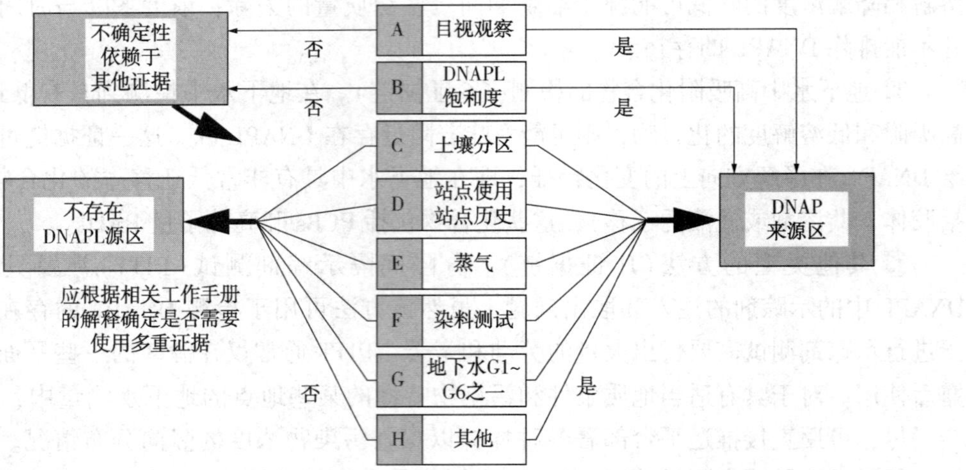

图 9-1-4　融合证据路线确定 DNAPL 是否存在

如果各种证据链相互矛盾就可能需要收集更多的数据。如果在没有 DNAPL 存在的情况下无法解释肯定(正面)的证据链，那么少数阴性测定结论的说服力可能会超过绝大多数的阳性确定结论。还应该指出的是，并不是所有的站点都可以收集本节所叙述的类型的数据，比如，断裂岩体中不会依赖土壤蒸气数据进行分区计算。

确定 DNAPL 的存在是一个循环过程，其中会不断包含获得的新数据。用于确认的某些类型的数据在现场调查的早期阶段是更有可能被收集的，而其他(比如，地下水浓度)则可以在整个调查过程中日常收集。图 9-1-4 中列举了各种证据，这并不意味着它们都应该在任何一个特定的地点同时出现。应该关注哪些证据应由现场的具体情况决定，同时应注意确保对各种否定证据做出回应。

(6) DNAPL 源区的描述

初步调查工作中设置的采样点的空间密度应能确保 DNAPL 所在的一般区域可能被识别。一旦确定 DNAPL 存在于地下就可以确定源区的范围并进行源区状态描述。描述的目的可能因地而异，但通常会涉及以下一个或多个：描述 DNAPL 源区以确保源区的地下水降解的流动路径和质量能被监测，进而判断其是否存在溶质污染物，从而对当前和潜在受体的保护做出评估；描述 DNAPL 源区以便合理设计涉及地下水开采和/或物理障碍的遏制系统；描述 DNAPL 源区以增强 DNAPL 质量去除技术的实施效果；描述 DNAPL 源区以便于建立控制机构边界；描述 DNAPL 源区以便于进行技术可行性评估。

鉴于 DNAPL 迁移的选择性特征，在未固结的沉积层或断裂的基岩中确定的源区总体范围内，DNAPL 各个迁移途径的确切位置和程度是不可知的。因为数据收集工作通常涉及在离散位置处进行的有限数量的局部尺度测量(比如水质样本、土壤样本等)，因此，在源区域空间范围的描绘上会存在一些不确定性。

为了解决这些不确定性问题，建议描述“确认/可能”的 DNAPL 源区以及“潜在的”DNAPL 源区(图 9-1-5)。“确认/可能”的源区表明 DNAPL 存在的量是具有强制性和多重证据的。需要注意的是，在一个地点引人注目的证据链到了另一个地点可能就不是，比如，“持续羽流”这一证据链在高渗透性环境中可能是比“反向扩散”更占主导地位的证据链。潜在来源地区的空间范围较大并且被定义为地下的一部分，其中一些证据表明 DNAPL 可能存在，但是证据链却不像已确认的多，这种区域就可设定为“一致或引人注目/可能”的源区。定义“确认/可能”源区域之外的潜在源区域可解决有限数据量带来的不确定性问题，这在水力下降方向上特别有用，仅根据地下水水质数据(比如使用证据链 G1~G6)通常难以确定到 DNAPL 源区边缘的距离。图 9-1-5 中并非所有的证据都被描绘，证据的类型和分布因地而异。

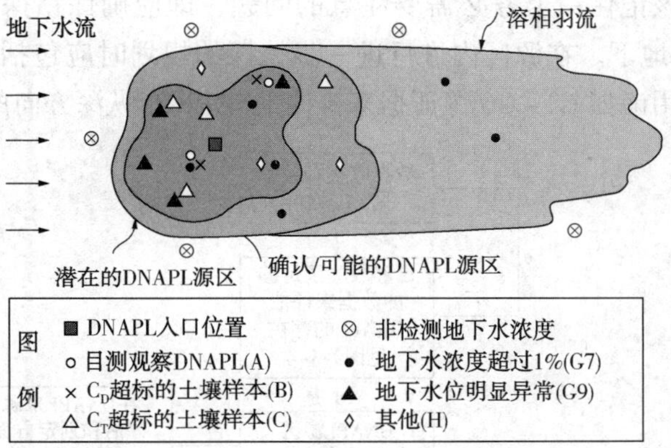

图 9-1-5　确认/可能和潜在的 DNAPL 源区的平面示意图

前面介绍的评估 DNAPL 存在的各种证据中的证据 A 和 B 都属于“确认/可能源区”。余下的所有其他证据(即 C~H)则属于“确认/可能的源区或潜在源区”。需要强调的是，证据链 A 和 B 的确定对于“确认/可能的源区”的定义无关紧要。定义“确认/可能源区”的基准是多重证据表明存在 DNAPL。在实践中，这将表现为各种各样的证据链，在平面图和横截面图上都在相同的一般空间区域内得以绘制(图 9-1-5 的平面图示例)。在潜在来源地区内证据链数量较少，其出现的证据链可能不会与“确认/可能”源区相同。描述确认/可能和潜在的源区时应考虑已知的 DNAPL 释放位置和地质结构方面的问题(比如浸渍岩床、浸渍裂缝等)。

在进行两个来源地带的划分时不能规定证据链的数量，也不能将各种证据链分割开来。由于不确定性/确定性取决于在特定地点发生多于一条证据的频率以及有多少连续的位置具有多条证据，分析过程中各个证据链是不能加权的。为每条证据链分配一个加权因子会否定判断的客观性。此外，许多因素都会影响 DNAPL 的转运以及溶解相组分的相关浓度，因此，所有类型的水文地质环境因子和 DNAPL 污染物的类型因子均不能配赋加权因子，这一点是得到公认的。

描绘源区边界的可接受的不确定性证据链的数量可能取决于所考虑采用的修复措施。如果 DNAPL 源区的液压或物理封闭是修复措施的一个组成部分则准确描述确认/可能的源区可能就是不必要的，因为该种情况下潜在源区域的准确描述将会被打破(这也是液压遏制的可能目标)。然而，如果修复措施包括实施 DNAPL 质量去除技术，则应准确描述确定/可能的 DNAPL 源区，因为这个源区可能大规模清除目标。高估确认/可能的源区的大小可能会夸大技术应用的成本并导致特定技术被淘汰。当然，低估确认/可能的源区的大小则可能会导致低估成本，以及对技术应用完成后的性能不佳产生争议。低估源区以外的监测点可能会导致因提供数据不足而显示源区规模变小，进而使修复处理的效益减少。

通常，为了优化边界位置，可能需要在确认/可能和潜在的DNAPL源区内进行额外的钻井和采样。图9-1-6描绘了数据收集的循环过程。通常，在更复杂的水文地质环境中划定这两个区域时，其不确定程度将会更大。尽管松散材料构成的浅岩层中可以很容易地设置额外的采样点，但在深层裂缝岩体中，则可能无法办成或者需要付出高昂的成本。还应该记住一个务必需要注意的问题，即应确保钻探和抽样活动不会将DNAPL引向更深的地下。在源区内进行进一步钻探的规划时应包括与疑似源区相邻钻孔的联系，并应使用诸如G1~G6等证据来推测DNAPL在纵深方向的存在。

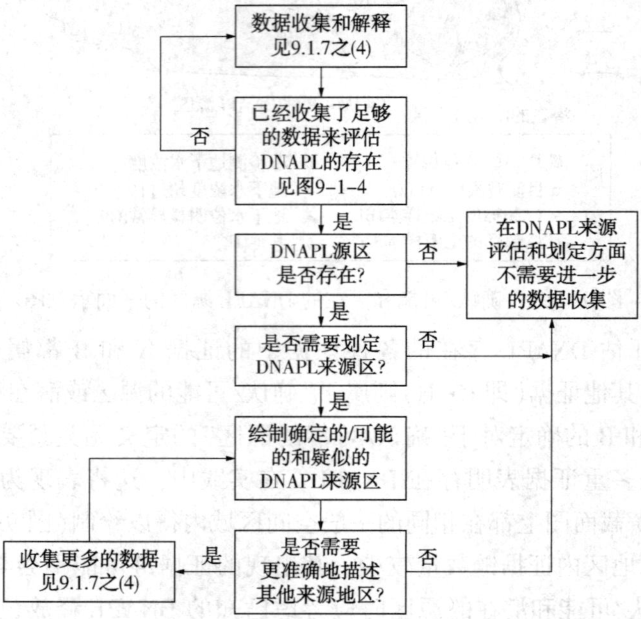

图9-1-6 用于精确描述DNAPL源区边界的循环数据收集过程的流程图

在各种环境中均应将潜在激活DNAPL的风险、额外增加采样点相应增加的成本、增强评估DNAPL空间范围能力的好处进行综合平衡和比较。此外，现场调查员应该在现场准备有DNAPL应急预案，以解决在钻井过程中遇到DNAPL混合时应采取的行动问题。在某些地点，可能需要采用“外部”方法来减少需要放置在DNAPL源区内的侵入性钻孔的数量。

除了应描绘源区的空间范围外，调查人员还可能需要评估DNAPL是否仍在地下迁移的问题。DNAPL流动性的评估可以使用筛选计算法和借助诸如能表明DNAPL扩展区域存在的证据链的观察来实现。可能对判断有利的源区的其他特征还包括DNAPL存在的质量、源区质量通量的降级以及残留与混合的DNAPL的相对比例。式(9-1-2)可用于通过选择饱和阈值来区分土壤样品中残留的和混合的DNAPL，其中用于确认DNAPL的指标值是混合的饱和阈值。还需要特别关注以下问题，即如果残留的DNAPL不进入监测井就意味着DNAPL在孔中存在积累，且表明在地层中存在混合的DNAPL。

9.1.8 相关词汇和术语的含义

本节主要的专有名词(缩略语)依次为 AOC(area of concern，关注领域)、CEA(classification exception area，分类异常区)、CPT(cone penetrometer，锥形透度计)、DNAPL(dense nonaqueous phase liquid，致密非水相液体)、DPT(direct push technologies，直接推送技术)、EC(electrical conductance，电导率)、FID(flame ionization detector，火焰离子化检测器)、FSPM(Field Sampling Procedures Manual，现场抽样程序手册)、GWQC(Ground Water Quality Criteria，地下水水质评估标准)、GWQS(Ground Water Quality Standards，地下水水质标准)、IGWSRS(Impact to Ground Water Soil Remediation Standard，对地下水土壤修复标准的影响)、IRM(Interim Remedial Measure，中期修复措施)、ITMS(ion trap mass spectrometer，离子阱质谱仪)、ITRC(Interstate Technology and Regulatory Council，州际技术与监管委员会)、LNAPL(light nonaqueous phase liquid，轻型非水相液体)、LSRP(Licensed Site Remediation Professional，许可站点修复专业人员)、MIP(membrane interface probe，膜接口探针)、MNA(monitored natural attenuation，监测自然衰减)、NAPL(nonaqueous phase liquid，非水相液体)、OPRA(Open Public Records Act，公开公共记录法)、PID(photoionization detector，光电离检测器)、SRRA(Site Remediation Reform Act，站点修复法)、UIC(underground injection control，地下注射控制)、USEPA(United States Environmental Protection Agency，美国环保署)、USGS(United States Geological Survey，美国地质调查局)、UST(underground storage tank，地下储罐)、UV(ultra violet，紫外线)、VOCs(volatile organic compounds，挥发性有机化合物)。

批量保留能力是指作为残留和混合的 DNAPL 保留在地下的单位体积中 DNAPL 的总体积。大容量保留能力的形成源于源区内的所有透镜体、褶皱体和地质单元都不含有 DNAPL，其是释放历史、地质构造和 DNAPL 性质的函数。在未固结岩层中，体积保留容量可以在 0.005~0.03。在断裂岩层中，体积保留容量可以在 0.0002~0.002。单位体积的破碎岩体和黏土不能保留与未固结沉积层相同的 DNAPL。

毛细管屏障是指可以导致 DNAPL 侧向扩散和汇集的细晶粒透镜体、层和褶皱体。即使毛细管屏障被 DNAPL 穿透，在毛细管压力超过屏障的进入压力之前也可能沿着屏障顶表面发生侧向扩张。毛细管屏障越细，DNAPL 池的高度越高。

毛细管压力是指两种不混溶液体之间的压差，其因界面张力而产生。其可用非润湿相位压力减去润湿相位压力计算得出。如果 DNAPL 是非润湿相、水是润湿相，则毛细管压力为 DNAPL 压力减去水压。

DNAPL 是密集、非水相液体，是比水更致密且不与水自由混合的有机液体。单组分 DNAPL 仅由一种化学物质组成。多组分 DNAPL 由两种或多种化学成分组成。

DNAPL 源区是指含有残留和/或混合 DNAPL 的地下总体积，并不是源区域的所有部分(比如透镜体、褶皱体或裂隙)都含有残留和/或混合的 DNAPL。已确认/可能的 DNAPL 源区是源区域的一部分，在其中已知或极有可能存在 DNAPL。潜在的 DNAPL

源区是 DNAPL 存在的源区的一部分，但是指示 DNAPL 存在的证据链更少或不如与确认/可能的 DNAPL 源区的相关性强。

溶解相羽流污染区域含有由地下水流过残留和混合 DNAPL 而产生的溶解相成分。存在于羽流中的污染物会受到平流、分散、可能的吸附而发生衰变和基质扩散。在不存在 DNAPL 的情况下，可以通过从低渗透性区域的反向扩散来维持溶解相羽流。

有效溶解度是针对多组分 DNAPL 的，人们将 DNAPL 各种组分在水中的平衡溶解度称为组分的有效溶解度。通常，DNAPL 的各种成分会抑制彼此的水溶性，这意味着有效溶解度通常小于单组分溶解度。对于结构相似的化合物可以使用拉乌尔(Raoult)定律来估计其有效溶解度。

界面张力(IFT)是指在分离 DNAPL 和水的界面中存在的拉伸力。由于界面张力的存在使得 DNAPLs 不能与水自由混合并且作为单独的液相物质存在于地下。IFT 是一个与特定现场密切关联的值，可以通过简单的实验室检测来评估是否能够获得 DNAPL 的样品。逻辑分析倾向于在高估 IFT 的站点会遇到。一般来说，较高的 IFT 会导致 DNAPL 在水平层状沉积层中发生更强的侧向扩散，同时毛细管捕获力会更强、DNAPL 的聚集倾向更大。

摩尔分数是指在多组分 DNAPL 中基于摩尔数的组分的比例。所有摩尔分数的总和是一致的。通过实验室分析提供的质量分数可以将各组分的分子量转化为摩尔分数[式(9-1-6)]。

1%的 Thumb 规则是采集地下水浓度超过 1%有效溶解度[式(9-1-4)]的通用表示法，其表明 DNAPL 可能存在于关注的监测点附近(任何方向)。所涉及的监测点与 DNAPL 源区之间的距离因地而异，一般难以高准确度地量化。

聚集的 DNAPL 是指积聚在毛细管屏障之上的 DNAPL 的局部连续分布形态。毛细管屏障通常是较低渗透率的水平面，它们可以出现在地下的任何高度。在 DNAPL 池内，DNAPL 的饱和度通常占多孔介质和裂缝中孔隙空间的 30%~80%。因为 DNAPL 池通过孔结构相互连通，因此它们具有潜在的移动性并可以迁移到监测井中，而且其可以因水力梯度的增加或 IFT 的降低而得到激活。

Raoult 定律的基本形式是 $C_i = m_i S_i$，其中，C_i 是组分 i 的有效溶解度(mg/L)，m_i 是 DNAPL 中组分 i 的摩尔分数(无单位)，S_i 是单组分 i 的溶解度。该表达式假设组分配比行为是理想的，其用于估计与残留和混合 DNAPL 紧邻的地下水中的最大浓度。

残留 DNAPL 是指存在在岩层中的 DNAPL 的不连续斑块和神经节，是被多孔介质和断裂的孔隙中的毛细管力捕获的。斑块和神经节在未固结的沉积层中的大小通常为 1~10个粒径，并且会留在 DNAPL 迁移通过的路径中。

残留饱和度是指存在于孔隙空间单位体积中的残留 DNAPL 的体积。通常情况下，残留 DNAPL 饱和度在多孔介质和裂缝中的孔隙的 5%~30%。

源区结构由以下 5 个因素构成：源区的整体形状和尺寸；残留与混合的 DNAPL 的比例(也可理解为神经节与 DNAPL 池之比)；残留区具有横向连续性的 DNAPL 和 DNAPL 库；残留 DNAPL 和 DNAPL 库的区域厚度；含有 DNAPL 的透镜体和岩层的部分与无 DNAPL 的部分。源区结构会影响降解溶解相羽流的浓度和质量通量分布。

润湿性是指在存在水的情况下 DNAPL 对固体表面的亲和力。许多 DNAPLs 是不润湿的，这意味着它们会优先占据粒度较粗的透镜体和褶皱体内的孔隙空间以及较大的孔径裂缝。一些 DNAPLs 相对于水而言是润湿的，这意味着它们会优先涂覆含水层材料从而占据颗粒更细介质的孔隙空间。目视较粗糙的和较大孔径的裂缝对相对于水润湿的 DNAPLs 而言是毛细管屏障。

9.1.9 典型计算

以下介绍相关的数据计算问题。需要强调的是，以下计算通常会由于输入参数的变化而增加不确定性。这种变异性可能来源于现场特定条件的空间或时间变化，或相关教科书或手册中污染物化学性质相关参数的变化。建议项目实施者应对输入参数作出比较保守的选择，并应考虑在执行计算时使用的测量值或估计值的合理范围问题。

（1）与 DNAPL 饱和度阈值对应的土壤中的化学浓度计算

计算公式如下：

$$C_D = S_r \phi \rho_N 10^6 / \rho_b + C^T \tag{9-1-2}$$

式(9-1-2)中，C_D为与 DNAPL 饱和度阈值对应的土壤浓度(mg/kg)(计算值)；S_r为 DNAPL 饱和度阈值，应设定在 0.05~0.10；ϕ 为土壤的有效孔隙率(无单位)，位点特异性测量获得；ρ_N为 DNAPL 的密度(g/mL)，位点特异性测量获得；ρ_b为干土体积密度(g/mL)，现场特异性测量获得；C^T为在水、蒸气和吸附相土壤样品中存在的污染物量(mg/kg)，可借助式(9-1-3)给出 C^T的估值。

以下为一个计算示例。在 $S_r = 0.05$、$\phi = 0.25$、$\rho_b = 2.0$g/mL 的土壤样品中 PCE DNAPL($\rho_N = 1.62$g/mL)对应的(忽略 C^T分量)$C_D = 10$，125mg/kg。需要说明的是，与 DNAPL 饱和项相比，分量 C^T通常可以忽略不计。上述方程适用于未固结的多孔介质中的单组分 DNAPL。关于多组分 DNAPL 的 C_D和 DNAPL 饱和度之间的关系可参考相关文献或规范。应当注意的是，$0.05 \leqslant S_r \leqslant 0.10$ 适用于具有典型的 f_{oc}范围值(<2%)的地质沉积物。通常情况下，S_r值的选择应使所得到的 C_D比使用在该位置测量的最高特征值计算得到的 C^T至少高出一个数量级。

（2）基于分区关系的土壤化学浓度阈值

计算公式如下：

$$C_i^T = C_i (K_d \rho_b + \theta_w + H' \theta_a) / \rho_b \tag{9-1-3}$$

式(9-1-3)中，C_i^T为组分 i 的土壤浓度(mg/kg)阈值(计算值)；C_i为成分 i 的有效溶解度(mg/L)，可通过式(9-1-4)计算获得；ρ_b为干土体积密度(g/mL)，现场特异性测量获得；K_d为土壤/水分配系数(mL/g)，即土壤的含水量，使用公式 $K_d = K_{oc} f_{oc}$ 计算；θ_w为充水孔隙度(无单位)，根据水分含量的现场特异性测量计算得出；H'为无单位的亨利常数；θ_a为充气孔隙度(无单位)，现场特异性测量获得；K_{oc}为有机碳/水分配系数(mL/g)，f_{oc}为有机碳含量(无单位)，现场特异性测量获得。

C_i^{T}表示 DNAPL 相在吸附水相和气相中不存在但可存在于多孔介质样品中的污染物 i 的最大量。令 $\theta_a=0$ 即可以在地下水位下方进行计算。计算时应注意，填充孔隙度和充气孔隙度的总和应与总孔隙度相符。还要注意，C_i^{T}的计算通常比孔隙度值的计算更敏感。

以下为一个计算示例。考虑在具有 $\theta_w=0.15$、$\theta_a=0.10$、$\rho_b=2.0\text{g/L}$ 的土壤样品中由 TCE 组成的单组分 DNAPL（C_i = 1100mg/L、K_{oc} = 126mL/g、H' = 0.31mL、f_{oc} = 0.003）。相应的 C^{T}值为 515mg/kg。对于多组分 DNAPL，可使用式(9-1-3)计算在土壤样品中检测到的每种成分的 C_i^{T}的单独值。

（3）使用 Raoult 定律计算有效溶解度

计算公式如下：

$$C_i=m_iS_i \tag{9-1-4}$$

式(9-1-4)中，C_i为组分 i 的有效溶解度(mg/L)，计算值；m_i为 DNAPL 中的组分 i 的摩尔分数(无单位)，位点特异性测量获得；S_i为组分 i 的单组分溶解度(mg/L)。

以下为一个计算示例。考虑由质量比 25% TCE（S_i = 1100mg/L）、35% PCE（S_i = 200mg/L）和 40%甲苯(S_i=500mg/L)组成的 3 组分 DNAPL。相应的摩尔分数[式(9-1-6)]分别为 0.23、0.25 和 0.52，相应的有效溶解度分别为 250mg/L、50mg/L 和 260mg/L。超过这些有效溶解度的 1%的采样地下水浓度是监测点附近存在 DNAPL 存在的证据。其到 DNAPL 的距离不能仅根据地下水浓度的大小确定。在 DNAPL 的一些组分未知的情况下，未知质量分数可以设置为估计的或已知组分的分子量的平均值。

（4）基于分离关系的土壤中的化学浓度阈值（其中 DNAPL 的组成未知）

计算公式如下：

$$\sum_{i=1}^{n}(C_{\mathrm{obs},\,i}{}^{\mathrm{T}}/C_{\mathrm{S},\,i}{}^{\mathrm{T}})\geqslant 1 \tag{9-1-5}$$

式(9-1-5)中，$C_{\mathrm{obs},i}{}^{\mathrm{T}}$为组分 i 的报告浓度(mg/kg)，现场特异性测量获得；$C_{\mathrm{S},i}{}^{\mathrm{T}}$为组分 i 的单组分土壤分配浓度(mg/kg)[式(9-1-3)中的 $C_i{}^{\mathrm{T}}$]；n 为在土壤样品中观察到的组分数，场地特异性测量获得。对于未知组成的多组分 DNAPL 而言，其摩尔分数的总和必须相等。因此，如果($C_{\mathrm{obs},i}{}^{\mathrm{T}}/C_{\mathrm{S},i}{}^{\mathrm{T}}$)的和超过 1，则 DNAPL 将存在于土壤样品中。

需要强调的是，使用式(9-1-3)以单组分溶解度作为输入值求和时，求和中每个成分的 $C_{\mathrm{S},i}{}^{\mathrm{T}}$应合理取值。在没有分析土壤样品中 DNAPL 的一些成分的情况下，所采用的提出技术可能容易出现假阴性。因此，在某些情况下，只能借助计算来证明 DNAPL 存在于土壤样品中，而不是依靠它来证明 DNAPL 在土壤样品中不存在，这样的处理方法可能是比较审慎的。

以下是一个计算示例。表 9-1-3 提供了土壤样品的一个计算示例的相关数据，其中检测到 5 个组分。样品的特征可概括为孔隙率 25%、有机碳的组分数为 0.003、干堆积密度为 1.99g/mL。表 9-1-3 的最后一列总和大于 1.0，表明 DNAPL 存在于土壤样品中。

表 9-1-3 基于分离关系的土壤中的化学浓度阈值计算示例

复合组成	$C_{obs,i}^{T}$ (mg/kg)	K_{oc} (L/kg)	手册溶解度 (mg/L)	$C_{S,i}^{T}$ (mg/kg)	$C_{obs,i}^{T}/C_{S,i}^{T}$
三氯乙烯(Trichloroethylene)	145	126	1100	554	0.262
四氯乙烯(Tetrachlorcethylene)	155	364	200	244	0.636
四氯化碳(Carbon Tetrachloride)	200	439	790	1140	0.175
氯苯(Chlorobenzene)	177	330	500	558	0.317
1,1,1-三氯乙烷(Trichloroethane)	213	152	1320	768	0.277
总和					1.667

(5) 摩尔分数(*n*-组分 DNAPL)

计算公式如下:

$$m_i = (m_{si}/m_{wi})/(m_{si}/m_{wi}+m_{si+1}/m_{wi+1}+\cdots+m_{sn}/m_{wn}) \tag{9-1-6}$$

式(9-1-6)中,m_i 为 DNAPL 中组分 i 的摩尔分数(无单位)计算值;m_{si}为组分 i 在 DNAPL 中的质量分数(无单位),测量值;m_{wi}为组分 i 的相对分子质量(g/mol)。

以下是一个计算示例。考虑由 25%TCE(m_w=131.5g/mol),35%PCE(m_w=165.8g/mol)和40%甲苯(m_w=92.1g/mol)的质量组成的 3 组分 DNAPL。相应的摩尔分数分别为 0.23、0.25 和 0.52。在 DNAPL 的一些组分未知的情况下,未知质量分数可以设置为估计的或已知组分的相对分子质量的平均值。

(6) 1%有效溶解度阈值(不了解 DNAPL 组成时)

计算公式如下:

$$\sum_{i=1}^{n}(C_i^{obs}/S_i) = \alpha \tag{9-1-7}$$

式(9-1-7)中,C_i^{obs}为组分 i 的采样地下水浓度(mg/L),现场特异性测量获得;S_i 为组分 i 的单组分溶解度(mg/L);α 为样品的累积摩尔分数,设置值;n 为地下水样品中的组分数。

计算时应假设所获得的地下水样品中每个组分的钻孔稀释度、分散度和降解程度是相同的。使用 1%的 Thumb 法则时,如果 α>0.01 则 DNAPL 可能存在于监测井附近。该方法可以逐个采样应用,而不必假设 DNAPL 组合物在地下空间均匀分布。如果认为除 1%有效溶解度以外的值也可表示 DNAPL 存在,则可以将 α 设置为相应的值。依据以上计算所提出的技术可能容易发生假阴性问题,其中地下水样品未分析 DNAPL 的一些组分。因此,在某些情况下,只能借助计算来证明样品已经超过了 α,而不应仅仅依赖它来证明样品没有超过 α。

以下是一个计算示例。表 9-1-4 给出了 5 个组分计算示例的相关数据。虽然已经以低于 S_i 的 1%的浓度检测到每个组分,但是其累积摩尔分数总和为 3.4%,这就提供了 DNAPL 可能存在于监测位置附近的证据。如果地下水样本没有分析存在于 DNAPL 中的所有组分,或者如果各种化合物在水相中得以降解,则以上计算过程会低估 DNAPL 存在的可能性。

表 9-1-4　关于 1%有效溶解度阈值的计算示例

复合组成	C_i^{obs}/(mg/L)	S_i/(mg/L)	C_i/S_i
三氯乙烯(Trichloroethylene)	4.4	1100	0.004
四氯乙烯(Tetrachloroethylene)	1.8	200	0.009
甲苯(Toluene)	3.5	500	0.007
氯苯(Chlorobenzene)	4.0	500	0.008
三氯甲烷(Trichloromethane)	48.0	8000	0.006
$\Sigma(C_i^{obs}/S_i)$			0.034

(7）羽流分离时间

计算公式如下：

$$t=LR/v \tag{9-1-8}$$

式(9-1-8)中，t 为污染物沿地下水流动方向迁移长度为 L 的源区所需的时间(yr)；v 为平均线性地下水速度(m/yr)，场地特异性测量获得；R 为关注的污染物的阻滞因子(无单位)，现场特异性测量获得，参见下面的相关计算；L 为源区在流动方向的长度(m)，现场特定测量获得。

计算时假定只有平流和吸附的单向、稳态流动条件(忽略色散和基质扩散)。该计算假定污染物质没有从任何不饱和区源(比如浸出和解吸)加入到饱和流动系统中。需要注意的是，通常情况下。在未聚集的污染体中 R 可采用式(9-1-9)近似计算，即：

$$R=1+\rho_b K_{oc} f_{oc}/\phi \tag{9-1-9}$$

式(9-1-9)中，ρ_b是干体积密度(g/mL)，ϕ 是孔隙度(无单位)，K_{oc}是有机碳分配系数(mL/g)，f_{oc}是有机碳分数(无单位)。考虑色散和降解的计算方法可以参考相关文献或规范(限于篇幅，不再展开介绍)。

以下是一个计算示例。使用 $L=50$m，$v=25$m/yr，$R=5$，污染物最后释放后约 10 年内应将源区内溶解和吸附的污染物冲洗掉。如果发生这种情况(比如反向扩散)，则分散总在发生并会延长这个分离时间。在存在复杂流动条件和需要考虑分散和反向扩散的情况下，可以借助数值模型对分离时间进行评估。

(8）转化为母体化合物

通过将子体积/体积浓度转换为摩尔数/体积，将母体浓度归因于母体，然后将母体浓度转化为质量/体积，可将子污染物浓度转化为相同的母体污染物浓度。

以下是一个计算示例。考虑一个含有 500ppbPCE、400ppbTCE、1300ppbCis$_{-1,2}$DCE 和 44ppbVC 的地下水样品，已知只有 PCE 在地下被释放。假设生物降解未超过 VC。PCE 浓度为 500ppb，小于 PCE 溶解度的 1%(1%PCE 溶解度为 2000ppb)。鉴于 TCE、顺$_{-1,2}$DCE 和 VC 相对分子质量分别为 131.5g/mol、97.0g/mol 和 62.5g/mol，这些化合物的地下水浓度等于 3.042×10^{-6}mol/L、1.340×10^{-5}mol/L 和 7.040×10^{-7}mol/L。假设每摩尔的污染物来自 1 摩尔的母体污染物，母体污染物的当量总浓度为 2.016×10^{-5}mol/L。这对应于 3343ppb(PCE 相对分子质量 165.8g/mol)的等效母体(PCE)浓度，其超过 2000ppb 的 1%溶解度值。

9.1.10 借助盐的开孔竖向交叉流跟踪

（1）原则和适用性

进行露天竖向流动跟踪可以测量自发的竖向交叉流的数量和方向，并确定交叉流中涉及的透水性裂缝的位置和类型(流入或流出)。无论两个或多个具有不同液压头的透水性裂缝是否被一个开放的孔贯穿，都会在一个开孔中形成竖向交叉流。对于其他不可渗透岩体中的两个水平透水性裂缝的最简单情况，其中在上裂缝比较低裂缝更高的初始水头处，其交叉流动包括从上部裂缝的流出(或注入)和流入(或泵浦)，同时流入水也会因液压作用而进入下部裂缝，见图 9-1-7。图 9-1-7 中，对于稳态交叉流 $Q_i=Q_o$，存在以下关系式，即：

$$H_c=(H_iT_i+H_oT_o)/(T_i+T_o) \tag{9-1-10}$$

式(9-1-10)代表了在开孔中测量的水位(以加权平均值表示)或由孔渗透的透水性裂隙中的液压头(H_c)的复合水位，裂隙透水率用于权系数的确定。这个公式可以扩展到一个由一个开放的孔渗透的多个裂缝的情况。

露天竖向交叉流动的其他后果包括以下 4 个方面：高于“站位”(复合)水位的渗漏发生，说明水饱和状态已超过“站位”水位；NAPL 和/或溶解污染物的诱导迁移，这种泄漏现象在靠近加热油地下储罐(UST)的基岩备用井中最常见；在活动的向上或向下流动的开孔段具有自净性，也可能存在死流区(通常在孔底附近)；在更长的开孔中可根据水位测量结果获得地下水的表观流动方向。

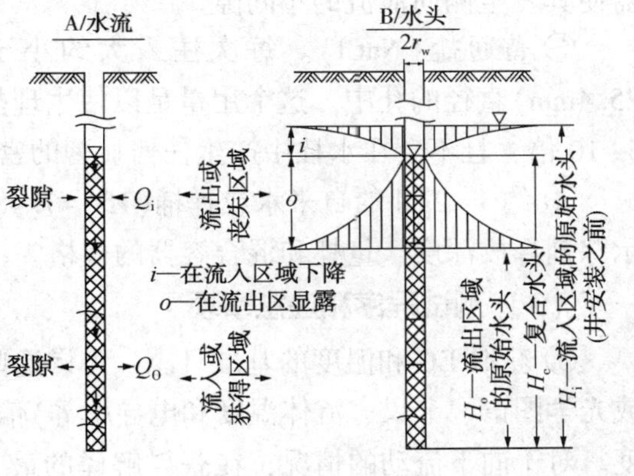

图 9-1-7 开孔交叉流

由于这种竖向交叉流动有可能引起污染物的迁移，因此首要的问题是不应通过已知或疑似的源区钻掘长的基岩试验孔，而是建议采用外部方式进行。只有在源区的位置、污染强度、竖向分布范围已根据安装在这些区域中的初始外部测试孔和监测井的观测结果进行了充分评估之后才能进行源区目标钻入作业。应首先测试位于源区附近的各个基岩供水井，因为它们有可能改变地下水的流量和污染物的迁移模式，即使这些井不再被使用或泵浦。

在充分认识到露天孔的潜在不利影响的情况下，在这种孔中进行的盐追踪才可以揭示和研究交叉流中涉及的透水性裂缝问题。在目视观察记录或核心中显示的许多裂缝中很少会发生透水性。通常情况下，跟踪测试从将小块生理盐水示踪剂置于水柱中以标记竖向流动开始，然后通过使用井下电导率探针随着时间的推移来收集一系列示踪图像进而跟踪塞子的移动。

盐追踪能够检测到最低 0.01cm/min 的竖向流速，是高分辨率热脉冲流量计分辨率(大约是 2cm/min)的 200 倍。后者的分辨率仍然与六 inch 直径的井中检测不出的约

130gal/d 的竖向流对应。一些针对低于 1000gal/d(0.7gpm)的流量进行测量的商业流量计可能是不可靠的，并且其在 0.7~25gpm 之间流量的确定上的准确度大约为 80%。美国纽瓦克盆地的实践表明，在非抽水条件下测试时，该盆地大部分基岩井显示出了低于这种商业流量计分辨率的竖向流量。除了更好的分辨率以外，借助盐的流量跟踪还可提供孔中的竖向流动和所选孔段的平均竖向流速的连续记录，竖向流量数据还能提供关于孔内相对于孔中复合水位液压头的竖向分布的定性信息。借助盐的流量跟踪遵循一个简单的规则，即任何流入污染区或断裂中的水头均高于在各个流出的露天和下部裂缝/区域的复合水头。

（2） 测试设备和用品

① 能够测量温度校正的电导率(EC)的井下电导率探针。由于尺寸更大，常规的地球物理测井 EC 探针会对示踪剂运动产生破坏性的影响，因此，手动的小直径探针(比如 Solinst TLC 仪)适用于本类项目。

② 示踪剂释放管。该管带由小直径(3/8″ID)的预切割段，由抗弯折的 PVC 管组成，小管脚垂直于管子的下端，漏斗连接到上端并搁置在外壳边缘上。沿铅垂方向上连接的导线和穿过管端部的针或钉可以形成铰链状的连接，进而形成有利于倾倒示踪器使其发生侧向泄流的小间隙。

③ 普通盐(NaCl)。每次注入大约小于 3~4oz(1g=0.035oz)至 6inch(1inch=25.4mm)直径的孔中。这个用量足以使生理盐水释放的初始 EC 值增加到背景 EC 以上 5~10 倍，且不会在水柱中产生任何显著的密度驱动流。

④ 约 1~2gal 的自来水或弹桶($1ft^3=7.481gal$，$1m^3=35.31ft^3$)。具体取决于计划的示踪剂释放深度、量杯和混合容器的规格。

（3） 测试程序和注意事项

① 获取 EC 和温度的基准日志。解译这些原始数据和其他地球物理测井(比如声学或光学图谱、卡尺、流体温度和电导率等)信息(如果有的话)以选择盐水的合理灌入深度。对于向下流动的情况，在获得解译的最上面的透水性裂缝之下几英尺处的深度是示踪剂释放的最佳选择位置。

② 将适当长度的示踪剂释放管放入孔中。

③ 通过将普通盐溶解在小体积(0.2~0.5gal)弹桶或自来水中制备盐水溶液。盐水塞将小量的用于竖向流量测量上的示踪剂释放而使液压塞的瞬时效应最小化。

④ 将盐溶液缓慢倒入管道中，然后将预先测量的弹桶/自来水追踪器塞子体置于管道中完全置换盐溶液。对 3/8″直径的管道，每 10ft(1ft=304.8mm)长的管道大约需要 0.22L 的追踪剂。需要注意的是，示踪剂释放到水柱中的时间是以盐水池完全移位时为基准的。

⑤ 轻轻地将管道从孔中拉出。

⑥ 降低井下 EC 探针，并在示踪剂释放后 5~10min 内通过水柱的 EC 分析获得注射示踪剂的第一张图像。开始剖析距离释放深度约 10ft 处的情况，并在达到背景 EC 级别时结束。除了深度 EC 记录数据外，还应注意时钟时间日志的启动情况、达到峰值的 EC 值、EC 记录的结束时间。需要借助示踪器的时间数据来计算竖向速度和竖向流量。

⑦ 每隔 15~20min 再获取两个 EC 日志(示踪器配置文件)。然后根据先前日志指示的跟踪运动速率选择后续跟踪分析的频率。在纸上或在笔记本电脑上绘制记录的 EC 配置文件有助于选择合适的记录频率。应通过迁移示踪区以保持相同的记录方向，因为在测试期间切换测井方向可能会因手持式探头记录的非瞬时特性而将计时跟踪误差带入到示踪剂和流速的计算过程中。

（4）跟踪数据的解译

为了解译盐追踪结果以绘制 EC 曲线，据以表示 EC 值与深度随时间推移的顺序，从而在一个曲线图上表达示踪图像，见图 9-1-8。因为示踪剂塞子在环境交叉流下通过水柱移动，故可以寻找图像的位置、形状和尺寸的变化。根据示踪图像的顺序位置确定竖向流动(向下或向上)的方向。在图 9-1-8 中，在示踪剂注射后 4~97min，在孔中的向下流动由峰值和前肢序列中的下降位置指示。通过评估这种图像序列的形状和尺寸变化可以解译水流入和流出裂缝的位置，以及流入或流出的流动类型(即从更突出的裂隙与几个次要裂隙发生的扩散离散)。流入裂隙的证据包括在流入位置下游的示踪剂速度的增加，偶尔出现在流入位置处的顺序示踪剂图像的持续压痕(如在图 9-1-8 的深度为 62ft 和 77ft 处的刻痕)。根据基线和当前图之间的区域确定的顺序示踪剂图像的大小与仍然保留在水柱内的总示踪剂质量成正比。流出区域/断裂的识别依据是出口区域示踪剂图像尺寸的减小和消失(源于孔中示踪剂的质量损失，如图 9-1-8 的 111ft 和 119ft 处)以及通过出口位置时示踪剂速度的减少。

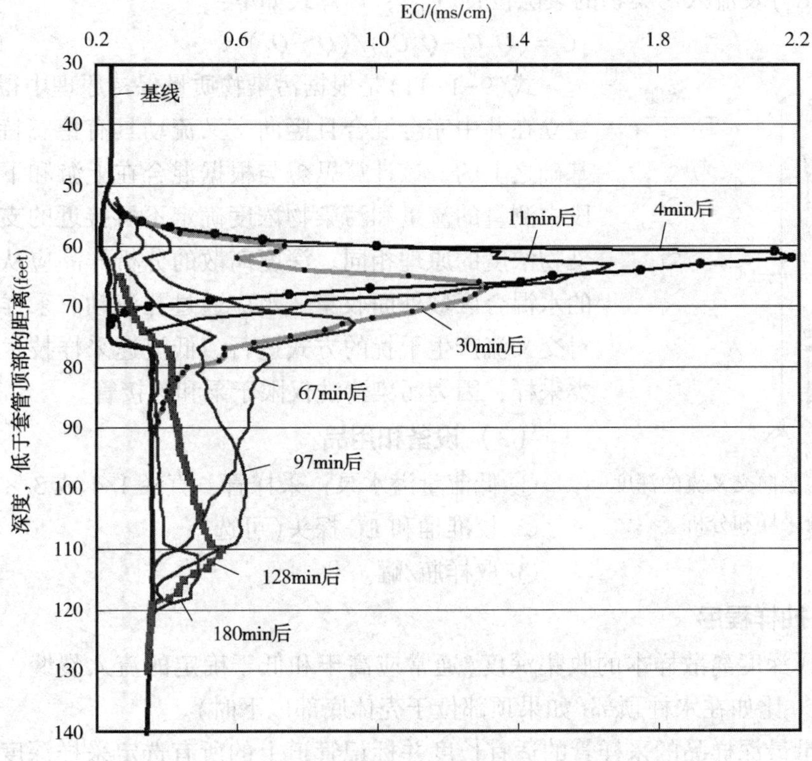

图 9-1-8　盐追踪器图像随时间的变化实例

从图 9-1-8 盐追踪测试获得的一系列示踪剂图像的实例可见。盐水示踪塞子在 62ft 深处穿过层压断裂，入射裂缝为 62ft 和 76ft，在 110ft 和 118ft 处有出口裂缝，向下流量计算显示在低于 62ft 深度处为 0.35gpm，在下面的 76ft 深处为 1.3gpm。

为了确定竖向流速，应首先将测试孔被划分成由流入和出口断裂位置定义的段。然后通过将相同参考点行进的竖向距离除以经过任何两个相邻的示踪图像的时间差来计算每个段的局部示踪剂速度值，见图 9-1-8 的示例计算。在 EC 峰值附近的图像上游侧选择参考点是一个很好的做法。然后将竖向流量计算为局部速度和开放孔的单位体积的乘积（对 6inch 直径的孔为 1.47gal/inch）。如果卡尺日志可用则应检查测试段中的孔径变化（因为它们可能会影响测量的竖向流速），以便识别由于孔径变化引起的明显的入流或出射区域。

9.1.11 竖向交叉流的深度离散采样和分析

（1）深度分离采样和竖向交叉流的分布应遵守的原则和适用性

在完成盐追踪进行实现交叉流的深度离散采样之后，逻辑上允许进行下一步工作，即通过盐追踪识别的流入裂隙中的个体污染物浓度进行快速筛选和污染程度评估。对于跨越流入裂缝的污染物给定开孔段，可以基于图 9-1-9 上段（Q_a）、下段（Q_b）上测量的流动样本中的流入裂隙和污染物浓度测量获得的竖向流量来确定该流入裂隙中的污染物浓度（C_a）及流入污染物的裂隙位置（C_b），计算式如下：

$$C_f=(Q_bC_b-Q_aC_a)/(Q_b-Q_a) \tag{9-1-11}$$

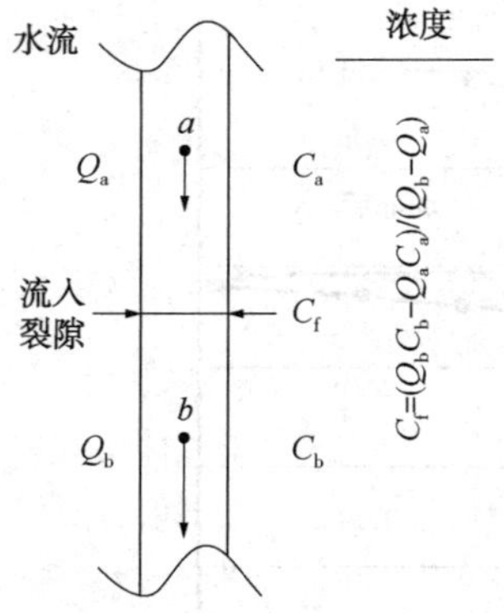

图 9-1-9　竖向交叉流的深度离散采样和分析

式（9-1-11）是根据污染物质量保持原理中得出的，是建立在井中完全混合且竖向交叉流动具有稳态特性假设的基础之上的。该计算思想与根据混合在上游和下游主要河段中测量的流量和污染物浓度确定不可接近的支流中的污染物浓度的原理相同。深度离散的分析样品应从流入裂缝的水混合区域外面收集，水应通过孔流动。采样时应以不对交叉流产生干扰的方式进行。低流速采样技术适用于这类采样，因为污染清洗仅限于泵和连接管。

（2）设备和用品

① 低流量潜水泵；采样管、直径 1/4″或 3/8″；

② 校准桶和 EC 探头（可选）；

③ 取样瓶/罐。

（3）抽样程序

① 选择深度离散样本的收集深度（通常应高于和低于确定的流入裂缝，但应在混合区之外）。比如在水柱顶部（如果顶部位于壳体底部以下时）。

② 测量最深样品的采样管的适宜长度并标记管道上的所有选定采样深度；安装潜水泵。

③ 将泵用管道降低至最低采样深度。

④ 以低速（"1gpm"）开始泵浦以清洁大约2~3卷的管道。应检查清洗期结束时泄流中EC值的稳定性，并将稳定的EC值与给定采样深度（如果有的话）在基准EC日志上获得的EC值进行比较。

⑤ 一旦清洗管道完成，应立即从排放管道中收集分析样品。

⑥ 将泵升至下一个更高的采样深度，切断多余的管道，并对残留的采样深度重复步骤④~⑥。

⑦ 安排收集的样品的分析工作并尽快完成结果的判断工作（全部工作应在48h内完成）。

（4）结果解译

深度离散采样为快速确定测试孔流入段内污染物的竖向分布提供了一种便宜的工具，如果在井内流动跟踪完成后进行的话。使用该工具计算的流入裂缝的污染物浓度通常与使用相同流入裂缝的标准跨距封隔器取样获得的浓度水平相当。早期确定测试孔中的竖向污染物分布有助于识别污染物迁移途径并确定检测到的污染物的源区位置。该工具不需要从出口/流出断裂带的部分收集样品，因为这样的样品无法代表离开孔的出口断裂中的天然水质的真实情况。

与测量的竖向交叉流一起，深度离散采样的结果可以对通过孔的污染物迁移进行量化（通量）。根据测量的污染物通量可以确定测试孔是否可以保持打开，或者是否可以通过充气临时封隔器或柔性钻孔衬套来阻止污染物的迁移。

9.1.12 基岩含水层封隔器测试

（1）封隔测试的原则和适用性

跨打/双重封隔器测试的实用性通常仅限于封隔器隔离测试区域的采样，但该测试方法可以很容易地扩展到包括液压水头测量（水头剖面）、单个透水性裂缝的透水率测定等领域，可以短期泵浦现有监测井作为观测井进行试验。扩展的测试领域为封隔器隔离层压裂缝（含水层单元）完整特征的揭示提供了机会。

（2）设备和用品

① 完整的封隔器测试设置包括三个压力传感器，它们分别位于包含透水性裂隙的封隔器隔离间隔的正下方，直接位于封隔器内；带有排放管和直列流量计的潜水泵（如果有）；数据记录器。

② 水位计和物理参数表。

③ 取水瓶。

④ 压力传感器。部署在现有监控井中（如果测试也用作短期抽水试验时）。

（3）测试和抽样程序

① 按照第一个预期的测试间隔降低封隔器组件，并允许水柱中的水位稳定。使数据记录器时钟与笔记本电脑同步。

② 记录水柱中最终的稳定水位和初始换能器读数。然后将三个传感器的数据记录器压力读数重新设置为0。

③ 计划一个新的测试记录压力，每10~30s读数一次。开始记录传感器读数并检查其稳定性约5min。

④ 膨胀封隔器并且允许传感器读数的时间设定在测试区域中的稳定时刻。这种稳定的读数将用于确定测试区域中的液压头。

⑤ 以盐水示踪剂测试和/或钻井过程中的流量观测结果为依据选择初始泵浦速率。确定适当的泵浦速率可能需要试验和修正。

⑥ 以可持续的泵浦速率进行恒定泵浦速率/净化试验。应清除大约三个测试间隔的流体体积。在泵浦期间，使用流量计读数和校准容器，验证稳定的泵浦速率。此外，还应测量排出水的物理参数(至少应包括EC和T)。

⑦ 一旦适当体积的水被清除和/或泵浦区域中的EC和T已经稳定，就应立即直接从排放口进行地下水采样。具体可参阅后续关于封隔器取样的特别说明。在采样期间，泵浦率应降低到小于1gpm。

⑧ 关闭潜水泵进入恢复阶段。继续监测水位，直到泵浦区域的水平恢复到预泵浦水平的90%。

⑨ 打包机放气，停止记录/录制并保存记录文件。

⑩ 将封隔器组件移动到下一个测试区域。重复步骤②~⑨。

（4）结果解译

以下介绍隔离较小岩床断层的封隔器测试压力传感器记录示例(图9-1-10)。

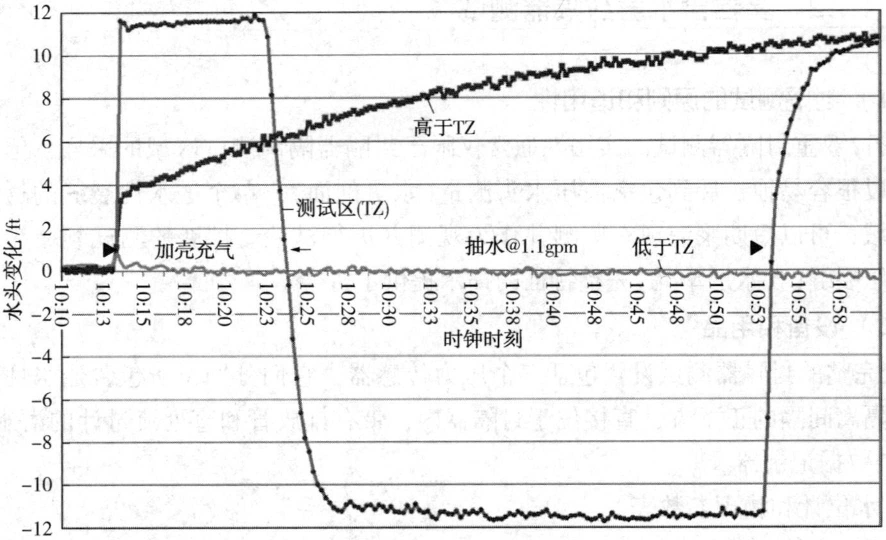

图9-1-10　压力传感器记录流入岩床上的断裂

三个压力传感器都在10点14分以前充气，两个封隔器之前都被归零以更好地观察三个区域之间的关系。在充气时，测试区中的水头在露天洞穴中的环境水位上升了近12ft。试验区的恒速泵浦始于10点23分，持续30min。需要说明的是，该泵浦对测试区上方和下方的传感器读数没有影响，表明其是受到水力限制的(实际上没有泄漏)。在测试区上方的换能器读数继续上升，响应于先前向下的流动被抑制之后、上封隔器上方持续积水的时候。低于测试区的低负数读数反映了下封隔器下方的裂缝中的新复合水头。该试验区横跨在62ft深处确定了流入裂隙，该试验孔的主要流出断裂深度为110ft。

在封隔器膨胀时(但在任何泵浦之前)，测试区传感器相对于封隔器膨胀前测量的测试孔中的环境水位的稳定读数与测试断裂中的水头数值对应。这种环境水位代表了在交叉流中涉及的所有透水性裂缝中水头的复合水位。在图9-1-10的例子中，测试的流入区域的水位比开孔的(复合)水位高近12ft。

使用在采样之前作为清洗程序的一部分进行的填充断裂间隔的恒定速率泵浦来计算在给定半径中的测试间隔(L)、断裂跨度长度的透水率(T)、测试孔的测量稳定的水位下降值以及应用的恒定泵浦速率(q)，基于稳态(Thiem)的计算式见式(9-1-12)：

$$T=(q/2\pi s)\ln(L/r) \qquad (9-1-12)$$

除了透水率和水位数据外，封隔器测试记录还可以提供封隔器分离的下卧层断层与其他透射层压裂缝(含水层单元)间的水力关系信息，包括竖向限制或泄漏程度以及控制断裂位置(在给定的测试区域之下或之上)。封隔器隔离裂缝的横向连续性可通过观察对特定含水层单元开放的现有监测井中封隔器测试的液压影响来验证。

(5) 关于封隔器采样的特别说明

来自流入流体的裂隙的封隔器样品代表天然水质，来自流出/出口裂隙的封隔器样品通常不是源于钻孔钻探时流入的这些裂缝中的水量(直至封隔器测试时刻为止)。打包隔离流出区域的常规清洗通常不能除去足够的水以消除先前的交叉流冲击。如果不考虑这一原则，从封隔器测试出口断裂获得的污染物浓度将是典型的通过该裂缝排出的交叉流的水质，而不是接收裂缝中的天然水质。竖向流量测量/跟踪和深度分离采样的结果可用于识别出口断裂带，并量化在封隔器测试之前进入给定出口断口的水体积和相关的污染物流量。在测试孔转换成对该区域进行开放的短屏监控且交叉流冲击消散之后，可以确定接收区域的真实原生水质情况。

9.2 废弃的放射性污染场地的修复策略

废弃的放射性污染场地修复的关键是要弄清楚影响沉积物中锑、钴、锎、锝、铀行为的地球化学因素。

9.2.1 废弃的放射性污染场地的污染物总体特征

与其他金属相比，人们对锑的环境行为的了解非常有限。在自然环境条件下，基于平衡热力学理论，Sb(Ⅴ)和Sb(Ⅲ)可分别在氧化和还原条件下形成稳定的氧化态。但人们发现Sb(Ⅴ)和Sb(Ⅲ)与天然含水体系共存的现象非常普遍，这一发现与热力学的预测恰恰相反。人们对观察到的Sb(Ⅴ)和Sb(Ⅲ)的亚稳态现象的解释主要从生物过程和缓慢的氧化还原反应速率方面进行。锑固体和含水物质的有限热力学数据排除了Sb(Ⅴ)和Sb(Ⅲ)在整个Eh-pH条件下的定量水分形态并给出了相应的溶解度计算方法。在有氧条件轻微降低的情况下，水解物质$Sb(OH)^{6-}$可被换算为pH值大于2.5的主要锑水性物质。在适度还原条件下，锑形态以pH值为2~12的水解物质$Sb(OH)^{3-}(aq)$为主。

土壤和沉积物中锑的浓度可能受吸附反应的控制，但人们对Sb(Ⅴ)或Sb(Ⅲ)的吸附/解吸行为知之甚少。氧化条件下土壤中的锑浓度不受溶解度反应的控制。由于溶解的Sb(Ⅴ)主要以阴离子$Sb(OH)^{6-}$的形式存在(几乎在整个pH值范围内)，酸性pH值条件下Sb(Ⅴ)对矿物表面的吸附能力显著增加，但会随pH值的增加而被抑制，其在中等到高碱性pH值时的吸附能力可忽略不计。其阴离子水性络合物可被大多数土壤的表面静电所排斥，其在高pH值条件下会表现出固有的负电荷特征。因此，在碱性pH值和氧化条件下，锑在地球化学环境中具有高度的活动性。欧美发达国家的科学家进行过许多场地的锑沉积物的吸附研究工作，研究结果表明，在接触高盐、高pH值溶液(即模拟单壳罐液体)的Hanford土壤中，锑的吸附量非常低。在还原条件下，锑浓度可能会受到Sb(Ⅲ)硫化物[比如苯乙烯(Sb_2S_3)]溶解度的制约。

尽管钴可以以+2和+3的氧化态存在，但Co(Ⅱ)在大多数地球化学条件下具有水中稳定的价态。常规Eh-pH条件下，Co(Ⅲ)会在大多数天然水中分解，但其配体(比如EDTA和NH_3络合)可以稳定Co(Ⅲ)价态并使其滞留在溶液中。在氧化和中等还原条件下，未复合离子Co^{2+}是pH值小于9.5时的主要钴含水物质。在9.5~13.5的pH值下，水解物质$Co(OH)_2^{\circ}(aq)$占据主导位置。在溶解硫化物存在的非常还原条件下，$Co(HS)_2^{\circ}(aq)$之类的Co(Ⅱ)二硫化物可能是主导的水化形态。在与Hanford渗流带相关的大多数环境条件，纯钴含量矿物不能被溶解度控制。人们在表层沉积物和土壤系统中没有发现离散的钴矿物。钴通常存在于其他元素中，比如Fe(Ⅱ)、Fe(Ⅲ)、Mn(Ⅲ)、Cu(Ⅱ)、Mg(Ⅱ)、Cr(Ⅲ)和Sn(Ⅳ)的固溶体矿物中富含这些元素。

人们已经研究了各种矿物、沉积物、土壤和碎石材料中钴的吸附问题。沉积物和土壤中钴的吸附与其氧化态密切相关，其主要受存在的铁和锰的氧化物以及黏土矿物控制。在没有有机络合物的情况下，钴对矿物质具有中度至高度吸附表现，相关文献中报道钴的常规K_d值范围为10^3~10^5mL/g。，在高表面负载条件下，表面介导的沉淀过程可能是观察到的钴高吸附(即大的K_d值)的原因。氰化物和适宜的亚硝酸盐以及其他溶解的阳离子(比如碱金属和碱土金属离子)之类的一些无机配体的存在可以减少钴的吸附。

人们借助EDTA之类的有机配体络合钴可显著降低在近中性和碱性pH值下的钴吸附，在几个核废物处理场所人们已经观察到这种络合作用是^{60}Co迁移率增强的原因。这种钴吸附降低通常是由于在碱性pH值下吸附在矿物表面上的钴不容易形成阴离子络合物而引起。Co(Ⅱ)可最先复合形成阴离子络合物Co(Ⅱ)$EDTA^{2-}$，但随后该复合物又会因Co(Ⅱ)氧化为Co(Ⅲ)的反应而引发复杂的系列解离，Co(Ⅲ)EDTA的形成是源于所得到的被吸附物Co^{2+}、Co(Ⅱ)$EDTA^{2-}$、FeEDTA和AlEDTA的组合，它们会在EDTA吸附位点表面展开竞争。

人们在对几个沉积物场地的Co(Ⅱ)吸附研究中发现，在没有EDTA之类有机螯合剂的情况下，在Hanford场地的天然地下水条件下，钴具有高度不可移动性(即$K_d > 10^3 mL/g$)，但^{60}Co在渗透区域和地下水中都是可移动的，其中一些属于地下储罐场地泄漏的废物，还有一些是有意排放到Hanford岩床和特定保留沟槽中的废物流，这些B植物废物流来自铀回收过程且正处于同位素恢复过程中。在B植物废物流存在的情况下，各种^{60}Co处理可能与用于同位素回收过程的有机螯合剂有关。但，人们对与铀回收废物流相关的各种活动^{60}Co的形态知之甚少。

铕最稳定的氧化态为+3。然而，铕是唯一的镧系元素，因此，其+2氧化态在自然条件下的强大稳定性影响着它的矿物学和水化学特性。热力学计算表明，在极端还原条件下，Eu(Ⅱ)的稳定性仅取决于环境的pH值。Eu(Ⅲ)容易与天然水中存在的溶解配体形成配合物。在不存在溶解硫酸盐的情况下，在酸性pH值条件下根据热力学数据预测的未复合离子Eu^{3+}主要以Eu(Ⅲ)的水性物质形式存在。通过加入溶解硫酸盐，在酸性pH值条件下，Eu(Ⅲ)硫酸盐络合物$EuSO^{4+}$将代替Eu^{3+}成为Eu(Ⅲ)的主要水溶液。然而，在pH值从6到大于13的情况下，热力学计算表明Eu(Ⅲ)的水分形态将会形成碳酸盐络合物，比如$Eu(OH)_2CO_3(aq)$和$Eu(OH)_2CO^{3-}$。强酸性络合物，特别是$Eu(OH)_2CO_3$的形成与在碱性pH值条件下Eu(Ⅲ)的地球化学研究不太一致，人们在地球化学研究中会观察到其低溶解度和高吸附特征。人们基本上没有发现关于Eu(Ⅱ)的含水地球化学和环境行为的信息。鉴于其离子半径的相似性，Eu^{2+}离子可能具有类似于Sr^{2+}的地球化学行为，并可替代矿物质中的Ca^{2+}。

人们认为Eu(Ⅲ)在环境系统中具有微溶特征。其低溶解度可能归因于其分配(分布)系数K_d，其是铕的实验测定值的重要参数。Eu(Ⅲ)可以作为主要组分存在于罐式污泥以及污染的渗流层沉积物中的几种固体氧化物中，这些固体物质可以是氢氧化物、卤化物、羟基卤化物、卤氧化物、硫化物、磷酸盐、碳酸盐、硫酸盐、硝酸盐等，但这些固体的热力学常数非常低。

与其他三价元素一样，Eu(Ⅲ)在沉积物中具有高度吸附(即表现出高的K_d值)，因此在大多数环境中其是不可移动的。然而，在酸性pH值和高离子浓度溶液中，三价元素在环境中的迁移率会增加。已发表的相关地球化学数据资料揭示，Hanford场地固定化低活性废物罐的放射性核素Ac、Am、Ce、C、Eu的K_d值范围为100~1500mL/g，其pH值在8~11。三价元素与沉积物颗粒的强烈吸附有可能会激活铕等的胶体迁移渗流带以及地下水系统中的三价元素。但应重视胶体促进移徙的重要性，特别是其在不涉及孔隙水或地下水断裂的环境系统中的重要性，当然，对这一问题目前仍然存在争论。

锝在价态存在范围从-1~+7。自然环境中，氧化还原条件下锝的最稳定价态分别为+7和+4。人们已经掌握了锝在氧化条件下的环境行为。有氧条件下，溶解锝以Tc(Ⅶ)氧阴离子物质TcO^{4-}的水溶液形式存在，其在自然环境、碱性pH值下基本上是非吸附性的(即K_d值约为0mL/g)且具有高度可溶性。因此，在渗流区和地下水中的Tc(Ⅶ)浓度不受吸附或溶解过程的限制，故其在有氧环境中具有高度移动能力。

在还原条件下，锝以+4氧化态形式存在，其具有微溶性和高吸附性。因此，人们认为Tc(Ⅳ)基本上是不动的、对地下环境污染影响程度低。但仍需要通过进一步的研究来确定重要的络合配体(比如碳酸盐、磷酸盐、硫化物等)对Tc(Ⅳ)的吸附和溶解度的影响，包括稳定性常数和潜在的作用。通常假设锝以氧化Tc(Ⅶ)的形式释放到和存在于Hanford场地的渗流区和地下水中。人们对Hanford场地某些地下储罐的废样进行研究的结果表明，废物中的大部分锝以+4氧化态形式存在。构建Hanford场地地下储罐释放锝的未来概念模型需要考虑近场、渗流沉积物中Tc(Ⅳ)的潜在迁移率；储罐中存在的有机物在络合和稳定Tc(Ⅳ)方面的潜在相互作用；可能的其他溶解锝的中间价态。

铀可以在水环境中以+3、+4、+5和+6的价态存在。U(Ⅵ)(即铀酰)和U(Ⅳ)是天然环境中铀最常见的氧化态，分别在氧化还原条件下稳定。人们在自然界中发现，还原条件下大多数溶解的U(Ⅲ)容易氧化成U(Ⅳ)，U(Ⅴ)容易歧化成U(Ⅳ)和U(Ⅵ)。还原条件、pH值大于2时，U(Ⅳ)的形态由中性含水物质$U(OH)_4^{\circ}(aq)$主导。在接近中性的含碳酸盐水中的U(Ⅵ)，其中碱性pH值较高的由一系列强阴离子碳酸盐配合物主导控制，这些配合物主要是$UO_2(CO_3)_2^{2-}$和$UO_2(CO_3)_3^{4-}$，这样就显著提高了铀在氧化条件下的迁移率。这些pH值大于6的U(Ⅵ)碳酸盐络合物的形成显著增加了溶解铀的溶解度，并且这些配合物的阴离子性质还会减少矿物表面的铀吸附量。Hanford场地渗流带和上方无限含水层环境中含有足够浓度的溶解碳酸盐，从而使这些碳酸铀酸盐复合物占据主导地位。上述这些情况为Hanford场地钻孔299-E33-45的渗流区孔隙水中铀酰水溶液的优势提供了有力的解释。

在还原条件下或靠近铀源的地方铀浓度可能会升高，铀矿物溶解、沉淀和共沉淀过程显得越来越重要，根据环境条件的不同可能形成几种铀(共)沉淀物。U(Ⅳ)在还原条件下被认为是相对不动的，因为U(Ⅳ)容易沉淀为微溶的矿物质，比如沥青铀矿(UO_2)。在铀的近源释放中，溶解过程对于那些在休整期间变得部分饱和或完全干燥的沉积物中的U(Ⅵ)尤为重要，比如渗流区沉积物。在这些条件下，残留孔隙流体中的铀浓度可能会超过含有U(Ⅵ)的矿物质和/或其他矿物(比如氧化铁的共沉淀物)的溶解度极限。几个DOE场地的特征研究表明，这些地点处理或泄漏含铀液体废物所污染的沉积物和土壤可能含有铀矿物或共沉淀物。在地下储罐场地241-BX-102附近的钻孔299-E33-45和Hanford300区域的近表层沉积物中的污染物表征表明其可能存在U(Ⅵ)矿物，比如Clarkeite(克拉克石)、Uranophane(硅钙铀矿)、Soddyite(硅铀矿)、Boltwoodite(硅钾铀矿)、Weeksite(硅铀钾矿)、Uranyl Phosphate(磷酸铀酰)、Meta-Autunite(元钙铀云母)。

在远离铀污染输入源的远场的氧化条件下，沉积物和土壤中的U(Ⅵ)浓度将通过表面吸附过程得到控制。U(Ⅵ)吸附在相关阶段的各种矿物上，包括黏土、氧化物、硅酸盐和天然有机物质。由于水形态的U(Ⅵ)的pH值以及矿物带电表面上交换位点的数量可变，水性pH值对U(Ⅵ)吸附具有显著的影响。根据吸附剂的不同，在含碳酸盐水溶液中的U(Ⅵ)吸附量较低时pH值小于3，随吸附量的增加pH值迅速增大至5，pH值在5~7时达到吸附量最大值，在pH值大于7时随着pH值的增加吸附量降低。酸性到接近中性pH值的沉积物中U(Ⅵ)吸附的增加主要源于U(Ⅵ)水性物质是阳离子以及pH值范围为中性，但随后随着碱性pH值的增加U(Ⅵ)吸附量的下降会导致U(Ⅵ)水溶液形态以阴离子碳酸盐络合物为主。U(Ⅵ)对 Hanford 场地沉积物的吸附研究表明，Hanford 天然地下水条件下铀吸附量相对较低(K_d值通常为 0.2~4.0mL/g)。

本节相关的缩略语包括 AEM(analytical electron microscopy，分析电子显微镜)、am(amorphous，无定形的)、CCM(constant capacitance model，恒电容模型)、cr(crystalline，结晶)、DDLM(diffuse double layer model，扩散双层模型)、DIRB(dissimilatory iron reducing bacteria，异构铁还原细菌)、DLM(diffuse layer model，漫射层模型)、DOE(U.S. Department of Energy，美国能源部)、DPACSV(differential pulse adsorptive stripping voltametry，微分脉冲吸附剥离伏安法)、DTPA(diethylene triamine pentaacetate，二亚乙基三胺五乙酸酯)、DWS(drinking water standard，饮用水标准)、EDS(energy-dispersive X-ray spectroscopy，能量色散 X 射线光谱)、EDTA(ethylenediaminetetraacetate acid，乙二胺四乙酸)、Eh(electrical potential，电位，氧化还原状态的测量；相对于标准氢电极为伏特或毫伏)、EMP(electron microprobe，电子微探针)、EXAFS(extended X-ray absorption fine structure spectroscopy，扩展 X 射线吸收精细结构光谱)、FIR(field investigation report，现场调查报告)、HEDTA(hydroxy ethyl ethylene diamine triacetate acid，羟乙基乙二胺三乙酸酸)、Kd(partition coefficient or distribution coefficien:，分配系数或分布系数；术语通常可互换使用)、LIFS(laser-induced fluorescence spectroscopy，激光诱导荧光光谱)、M(molarity，摩尔浓度，每 1000g 溶剂中的溶质摩尔数)、MCL(maximum contaminant level，最大污染物水平)、NIST(U.S. National Institute of Standards and Technology，美国国家标准与技术研究所)、NTA(nitrilo triacetic acid，次氮基三乙酸)、pH(negative logarithm of the hydrogen ion activity，氢离子活性的负对数)、pHzpc(pH for zero point of charge，零点电荷 pH 值)、ppb[parts per billion (equivalent to μg/L)，百亿分之几，相当于 μg/L]、ppm(parts per million，百万分之几，相当于 mg/L)、PNL(Pacific Northwest Laboratory，太平洋西北实验室。1995 年，美国能源部正式将太平洋西北实验室的名称正式更名为太平洋西北国家实验室)、PNNL(Pacific Northwest National Laboratory，太平洋西北国家实验室)、REE(rare-earth element，稀土元素)、SCM(electrostatic surface complexation model，静电表面复合模型)、SEM(scanning electron microscopy，扫描电子显微镜)、$t^{1/2}$(half life，半衰期)、TBP(tributyl phosphate，磷酸三丁酯)、TLM(triple layer model，三合一层模型)、UFA™(unsaturated flow apparatus，不饱和流动装置)、WMA(waste management area，废物管理区)、XAFS(X-ray absorption fine structure，精细结构 X 射线吸收)、XANES(X-ray absorption near-edge structure，近边缘结构 X 射线吸收)、XMP(X-ray microprobe，X 射线探头)、XPS(X-ray photoelectron spectroscopy，X 射线光电子能谱)、XRD(X-ray diffraction，X 射线衍射)。

沉积物孔隙水和地下水中污染物的浓度主要受源头污染物的控制，这些控制因素包括从源头释放的速度、水分因子(比如分散、平流和稀释)以及一些地球化学过程(包括氧化/还原、水化形态、吸附/解吸、沉淀/溶解)。为准确预测污染物通过地下的迁移路径，必须借助科学的识别方式以准确描述影响污染物迁移的重要地球化学过程。

人们通过对 Hanford 场地废物管理区 S-SX 的实地调查发现 ^{137}Cs 是唯一的关键性的伽马射线放射性核素。但在该废物管理区(WMA)B-BX-BY 中，人们通过光谱伽马测井数据确定了七个伽马射线放射性核素，即^{137}Cs、^{125}Sb、^{152}Eu、^{154}Eu、^{60}Co、^{235}U和^{238}U。这些放射性核素中的^{125}Sb和两种铕同位素的地球化学行为尚未得到进一步的揭示，原因是人们至今尚不清楚影响这些放射性核素环境行为的地球化学过程。

目前，人们借助各种手段在类似Hanford场地的地区对锑、钴、铕、锝和铀在半干旱地区低有机质含量渗流带中的影响进行评估，对沉积物中锑、钴、铕、锝和铀的环境行为以及重要氧化/还原、水溶性形态、溶解度和吸附过程环境进行分析。发现^{99}Tc在场地长期风险计算中具有重要意义，锑、钴、铕、锝和铀的相关问题见本节后续内容的介绍。

人们借助地球化学模拟技术来计算核素含水物质分布、构建Eh-pH(或Pourbaix)图，这种做法对证明某些氧化还原态放射性核素及其含水物质和固体在敏感区域的地球化学行为具有潜在的重要价值。用于计算核素含水物质分布和Eh-pH图的天然配位配体的选择浓度是以Hanford场地未污染地下水的组成为依据的。人们使用这种化学成分推演的目的只是将其作为Hanford场地土壤孔隙水和地下水的代用品。相关计算表明，将其作为pH值、氧化还原条件和每种无机配体规定浓度的函数非常有效，通过它可对给定放射性核素可能存在什么含水复合物和溶解度进行控制。如果配位配体(比如硫酸盐)的浓度与我们用于计算的位点特异性地下水相比相对较少，则含有该污染物和配体的含水络合物对于该水而言可能就不再那么重要。因为相关的热力学数据通常不具有区分含有放射性核素的含水物质或固体的不同同位素形式的分辨率，所以地球化学模拟计算无法提供任何阶段关于存在于水、气体或相关固体中的不同放射性核素同位素分布的信息。但在大多数情况下，预期特定元素的大多数同位素将会以相同的方式发生反应。

以上叙述中的“沉积物”和“土壤”这个术语有其特定的含义，具体的界定方法取决于一个人的职业素养。比如，“沉积物”通常用于从土壤、岩石或生物材料衍生的迁移和沉积颗粒；“土壤”有时则仅限于指地球表面的顶层、适合植物生活的部分。

本节中的“吸附”是一个通用术语，其作用是描述无机理水相组分与固相分配。当放射性核素与固相相关时，通常不知道污染物是否被吸附到固体的表面上或被吸收到固体的结构中，而仅将其看作是在固体三维表面上的分子涂层沉淀或被吸收到有机物质中了。吸附通常借助分配(或分布)系数(K_d)进行量化。K_d是指固体吸附量的数量与平衡时溶液中残留的被吸附物的量的比率。在涉及K_d线性等温线的吸附模型中术语“分配系数”和“分布系数”可以互换使用。

9.2.2 锑及其环境行为

锑(Sb)(原子序数为51)是元素周期分类中第VA族的成员。该元素组还包括砷和磷。由于其原子尺寸较大，故Sb(Ⅴ)的配位与As(Ⅴ)或P(Ⅴ)的配位不同。锑125是Hanford场地废物处理和现场修复活动中最重要的同位素。锑125是^{235}U的裂变产物，其半衰期($t^{1/2}$)为2.7586年。

许多科学家对锑的环境行为进行了不同程度的研究。尽管如此，与大多数元素相比，人们对锑的环境行为仍知之甚少，特别是在沉积物和土壤中的迁移性方面。通常认为锑在环境中是可以相对移动的，特别是在恶劣条件下。由于其高流动性，地质表面材料的锑含量已被用作含有含锑矿物、金、银和一些其他金属矿床的探矿依据。除了热液沉积物外，锑也可以在靠近其人为来源的土壤中以高浓度的姿态出现，比如接近冶炼厂、化石燃料燃烧区、污水和化肥厂的排放口等。

（1）锑的氧化态

锑可以以-3、0、+3、+5 等几种氧化态的形式存在，自然环境条件下锑以+5 价和+3 价氧化态的形式存在，锑的+3 氧化态比其+5 氧化态毒性大。基于平衡热力学理论，天然水体中 Sb(Ⅴ)和 Sb(Ⅲ)分别会在氧化和还原条件下形成稳定的氧化态。但与热力学预测相反的是，人们发现 Sb(Ⅴ)和 Sb(Ⅲ)可在天然含水体系中共存，人们已经在有氧条件下的各种海水、淡水、地下水和雨水中检测到了 Sb(Ⅲ)。科学家认为，氧化条件下 Sb(Ⅲ)亚稳态的形成可能归因于生物过程和/或较慢的 Sb(Ⅲ)氧化速率。人们在存在锑(Ⅴ)的一些缺氧水溶解硫化物中也检测到了 Sb(Ⅲ)。人们在解释观察到的这种 Sb(Ⅴ)亚稳态形式时，认为其形成原因主要有 Sb(Ⅴ)被沉积的碎屑从有氧水中的转移、Sb(Ⅴ)硫代复合物的形成、含有高 Sb(Ⅴ)浓度的含氧水的平流作用，这些全部与 Sb(Ⅴ)减少率的较低有关。一些科学家认为，大多数无机锑形态的研究结果都是基于 Sb(Ⅲ)和总锑分析的，然后根据总锑和 Sb(Ⅲ)之间的差异确定 Sb(Ⅴ)的浓度。

（2）锑的水化形态

目前，有关 Sb(Ⅴ)和 Sb(Ⅲ)的固体和含水物质的热力学数据非常有限。图 9-2-1 是显示锑的主要含水物质的 Eh-pH 图。该图在 25℃下是以使用浓度为 2.90×10^{-10} mg/L ($10^{-14.6}$ mol/L)的总溶解锑计算的。

有氧条件下，在 pH 值和 Eh 延伸范围内的主要锑水性物质是水解物质 $Sb(OH)^{6-}$（图 9-2-1），这种阴离子物质主要在 pH 值 2.5 左右以及氧化作用略微降低的条件下存在。在 pH 值为 2～12 的适度还原条件下，$Sb(OH)_3{}^{\circ}(aq)$ 和 $Sb(OH)_2{}^{+}$ 的 Sb(Ⅲ)水解物质 $(SbOH)_4{}^{-}$ 的 pH 值小于 2；在 pH 值大于 12 情况下，若溶解硫化物存在非常强的还原条件，则锑的形态可以由 Sb(Ⅲ)硫化物物质（比如 HSb_2S^{4-} 和 Sb_2S^{4-}）形成，2 种物质的 pH 值分别小于或等于 11.5。

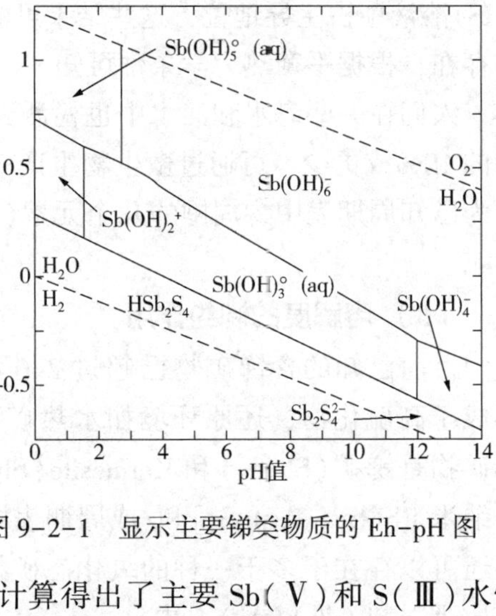

图 9-2-1　显示主要锑类物质的 Eh-pH 图

人们通过对与图 9-2-1 相似的 Eh-pH 图的计算得出了主要 Sb(Ⅴ)和 S(Ⅲ)水性物种是含氧阴离子而不是水解物质的结论，人们习惯将锑的水解物质以氢氧化物的配合物的形式表达。但在许多早期文献中，这些物种被以氧阴离子的形式表达，即类似于砷酸盐/亚砷酸盐和磷酸盐。氢氧化物物质及其相关的热力学值（比如 G_f、298°）等同于它们各自的氧阴离子形式与适当的化学计量加入的水的和，比如，SbⅢ$(OH)_3(aq)$

相当于 HSbⅢO_2°(aq)加上 $1H_2O$(液体)，SbV$(OH)^{6-}$相当于 $SbVO_3+3H_2O$(液体)。

在低浓度的总溶解锑中，图 9-2-1 中主要含水物质之间的边界基本上与锑浓度无关。但 Sb(Ⅴ)可以在高浓度溶解下形成一系列多核物质，比如含锑(>0.001μm)的 $Sb_{12}(OH)_{64}{}^{4-}$、$Sb_{12}(OH)_{65}{}^{5-}$、$Sb_{12}(OH)_{66}{}^{6-}$和 $Sb_{12}(OH)$，人们在酸性条件下获得的稳定常数表明，锑浓度增加到 0.001 以上时，多核物质将由 pH 值小于 7 的 Sb(Ⅴ)的水分形态主导；在 Sb(Ⅲ)浓度小于 0.1M 的情况下 Sb(Ⅲ)的聚合物种类不会发生显著的变化。

以上浓度为 300pCi/L 是^{125}Sb 的临时饮用水标准(DWS)，它是基于^{125}Sb 浓度的，假定其为 β 粒子辐射体产生的年剂量当量(4mrem/yr DWS)。

锑与几种矿床密切相关。因此，人们密切关注锑的一些络合物质在锑的水热迁移和矿床形成中的作用，尤其是 Sb(Ⅲ)的氯化物和硫化物络合。在还原条件下，Sb(Ⅲ)的水溶液形态将以低浓度富含氯化物的酸性水溶液中的 $SbCl^{2+}$、$SbCl_2{}^+$、$SbCl_3$(aq)和 $SbCl^{4-}$作为配合物，形成 $HSb_2S_4{}^-$和 $Sb_2S_4{}^{2-}$之类的硫化物种(图 9-2-1)，在低氯化物浓度和低温条件下以溶解硫化物的形式存在占主导地位。在还原条件下会有 Sb(Ⅴ)硫化物络合物存在，因此，人们提出以溶解的 HS^-促进 Sb(Ⅲ)通过以下可逆反应形成 Sb(Ⅴ)物质(比如 Sb(Ⅴ)$S_4{}^{3-}$)：

$$(y+1-x)H^++HS^-+H\times Sb(\text{Ⅲ})S_3{}^{(x-3)}\longleftrightarrow H_ySb(\text{Ⅴ})S_4{}^{(y-3)}+H_2(g)$$

在给定的 HS^-浓度下，上述反应式意味着在较低的 H^+浓度(即较高的 pH 值)下，Sb(Ⅲ)硫化物物质将大大超过 Sb(Ⅴ)硫化物物质。人们通过 X 射线吸收精细结构(EXAFS)光谱测量发现，在低于约 150℃的温度下，水溶性 $Sb(HS)^{4+}$将在碱性 Sb(Ⅴ)-(HS)溶液中占主导地位，这些结果可能有助于解释在氧化还原条件下观察到的 Sb(Ⅴ)的存在，根据平衡热力学条件可知 Sb(Ⅲ)应为稳定的氧化态。

人们在一些海水和河水中也检测到甲基化锑物质，但它们通常占这些水中总溶解锑的 10%或更少。可通过微生物生产气态三甲基锑[$(CH_3)_3S$]。一段时间以来，人们认为已知周期表中锑周围的几个元素(比如砷、硒和铅)可能会对生物甲基化反应产生影响。

（3） 溶解度的制约作用

目前已知的含锑矿物已超过 240 种。这些矿物中有许多是硫化物和锑化物，并形成于高硫化物、还原环境如水热矿床中。在水热沉积物中发现的两种更常见的含锑矿物是锑矿(Sb_2S_3)和 Kermesite(Sb_2S_2O)。锑通常出现在具有砷的固溶体[比如，银纳米 $Pb(Sb, As)_2S_4$]和/或周期表中的其他相邻元素(比如铋、碲和铅)的矿物中。锑还可以存在于多于一种的氧化态矿物中，比如铈锑[Sb(Ⅲ)Sb(Ⅴ)O_4]和副衍生物[Sb(Ⅲ)$_2$Sb(Ⅲ)$(As)_2$]中。

锑是非常可溶的，特别是在恶劣条件下。大多数土壤中锑的浓度不太可能受溶解度的限制。在还原条件下，锑浓度可能受到锑硫化物(比如锡锑矿)溶解度的限制。热力学数据的可用性仅限于少量锑固体，比如 Sb、$Sb(OH)_3$、Sb_2O_3(贵金属，锡南蒙特)、Sb_2O_4(铈锑矿)、Sb_2O_5、Sb_4O_6、Sb_2S_3(锡锑矿)等少量固体。在用于计算图 9-2-1 的

[2.90×10^{-10}mg/L($10^{-14.6}$mol/L)总溶解锑]条件下，这些锑固体计算显示其不能过饱和。在超过这些固体的溶解度之前，总溶解锑的浓度必须增加到约 10^{-9}mol/L(0.000125mg/L)。图 9-2-2 是在与图 9-2-1 相同的条件下计算的，其锑浓度增加到了 10^{-9}mol/L。图 9-2-2 显示了还原条件下，酸性 pH 值时会超过 Sb_2O_4 和 Sb_2S_3 的溶解度(图 9-2-2 中的阴影区域)。

溶解锑浓度的增加将这些过饱和的 Eh-pH 区域的 pH 值增大到更高的水平，而在 Sb_2O_4 的情况下又将其扩展到了更多的有氧条件环境。比如，图 9-2-3 的计算与图 9-2-1 的条件相同，但总溶解锑的浓度为 10^{-7}mol/L(0.0125mg/L)。图 9-2-3 清楚地显示了对 Sb_2O_4 溶解度扩展的 Eh-pH 区域。另外，可用的热力学数据表明，在适度还原条件下，固溶 $Sb(OH)_3$ 的溶解度会超过 10^{-7}mol/L 溶解锑、pH 值约为 1.5~12。在有氧条件下、碱性 pH 值环境中，热力学计算无法识别任何潜在的被溶解度控制的溶解的 Sb(Ⅴ)。然而，如前所述，锑水性物质和固体的热力学数据非常有限，基于这些值的溶解度计算最好用于定性分析。

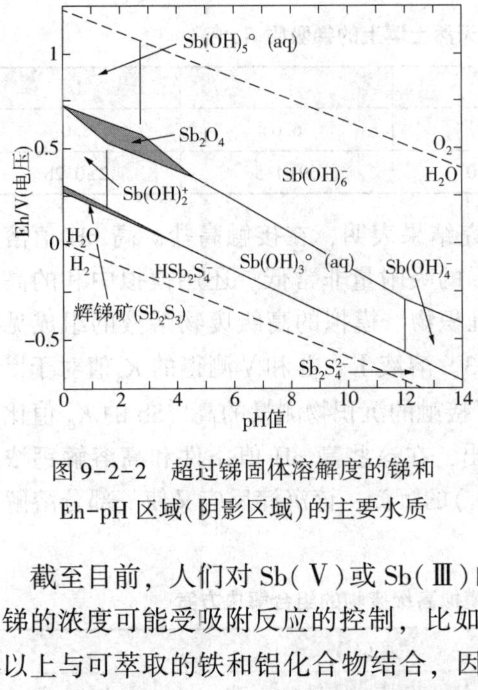

图 9-2-2　超过锑固体溶解度的锑和 Eh-pH 区域(阴影区域)的主要水质

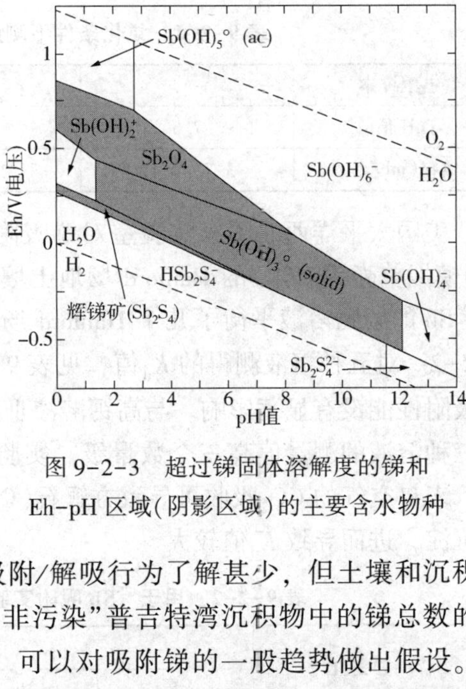

图 9-2-3　超过锑固体溶解度的锑和 Eh-pH 区域(阴影区域)的主要含水物种

截至目前，人们对 Sb(Ⅴ)或 Sb(Ⅲ)的吸附/解吸行为了解甚少，但土壤和沉积物中锑的浓度可能受吸附反应的控制，比如，“非污染”普吉特湾沉积物中的锑总数的一半以上与可萃取的铁和铝化合物结合，因此，可以对吸附锑的一般趋势做出假设。由于阴离子的吸附通常与 OH^- 离子的释放相结合，故在低 pH 值下阴离子吸附能力最强，其中矿物表面带正电并随着 pH 值的增加而降低。另一方面，阳离子的吸附通常与 H^+ 离子的释放相结合，因此，阳离子吸附在高 pH 值下最强，其中矿物表面带负电荷并随着 pH 值的降低而降低。

由于溶解的 Sb(Ⅴ)主要以阴离子水解物质 $Sb(OH)^{6-}$ 的形式(图 9-2-1)在几乎整个 pH 值范围内存在，所以 Sb(Ⅴ)的 pH 值和环境温度上升以及高碱性 pH 值对氢氧化物和氧化物矿物表面的吸附能力的影响可以忽略不计。在这些条件下，锑在地球化学环境中具有高度移动性。如果形态计算有效，则在还原条件(图 9-2-1)pH 值大于 11

的阴离子 $Sb(OH)^{4-}$ 或 $Sb_2S_4^{2-}$ 中存在的 Sb(Ⅲ)对氢氧化物和氧化物矿物表面的吸附也应忽略不计，因此，也可在环境中高度移动。但在酸性 pH 值条件下，Sb(Ⅴ)对矿物表面的吸附作用可能具有关键意义。人们对土壤和沉积物中的锑进行的几次实验室吸附研究结果支持了以上提出的 Sb(Ⅴ)的吸附行为特征。

如表 9-2-1 所示(溶解锑初始浓度为 1.6×10^{-8}M)，一些科学家将测量获得的分配系数 K_d 作为 4 种天然土壤样本的锑吸附值(未指定位点)随深度变化的函数。土壤样本分别命名为 A、B、C、D，深度分别为 7.8~7.9m、9.65~9.85m、11.1~11.25m 和 12~12.2m。沙/黏土样本主要为石英，另外含有较少量的黏土矿物(伊利石、绿泥石、蒙脱石、高岭石、坡缕石)和痕量的海泡石和亚氯酸盐。使用静态分批平衡实验确定 K_d 值，其中，土壤样本加入锑(达到峰值之前)，使其与土壤反应的合成位点水溶液平衡。用 LiOH 溶液调节平衡水的 pH 值，实验中没有限制氧化还原条件。假设测量在氧化条件下完成，则应顾及实验的最小化问题以及预防氧气排除的各种措施。K_d 值表明锑的吸附随 pH 值的增加而降低，这种趋势对于主要作为阴离子存在的溶解成分而言是符合实际的。

表 9-2-1　氧化条件下测量的天然土壤上的锑吸附 K_d 值

土壤样本	A	B	C	D
pH 值	7.6	5.9	6.6	8.0
K_d/(mL/g)	3.76±0.17	122±10	69±4.5	2±0.28

美国太平洋西北国家实验室对锑吸附研究结果表明，在接触高盐、高 pH 值溶液(即模拟单壳罐液体)的 Hanford 场地土壤中锑的吸附量非常低。还用模拟中和的高含量 ^{125}Sb 的废物溶液平衡了几个 Hanford 场地沉积物。模拟的高级废物溶液的组成见表 9-2-2。对五种溶液测得的 K_d 值，见表 9-2-3。溶液Ⅰ、Ⅱ和Ⅴ测得的 K_d 值对于 ^{125}Sb 的吸附性能没有显著影响。与高钙溶液Ⅲ和Ⅳ接触的沉积物测量的高 ^{125}Sb 的 K_d 值比其他三种溶液的测量值高三个数量级。实验提出，在这些高 pH 值条件和高溶解钙浓度下，来自空气的 CO_2 吸收可导致方解石($CaCO_3$)的沉淀，该沉淀反应又使一部分溶解的锑沉淀，进而导致 K_d 值较大。

表 9-2-2　用于 ^{125}Sb 吸附实验的模拟高级废物的组合解决方案

解决方案 ID		浓度(M)				
		Ⅰ	Ⅱ	Ⅲ	Ⅳ	Ⅴ
成分	$NaNO_3$	1.0	4.0	1.0	4.0	0.6
	$NaNO_2$	—	—	—	—	1.18
	Na_2CO_3	—	—	—	—	0.79
	$Ca(NO_3)_2$	0.002	0.002	3.5	3.5	0.002
	NH_4NO_3	0.65	0.65	0.65	0.65	0.15
	$(NH_4)_2SO_4$	—	—	—	—	0.25
	KNO_3	0.025	0.025	0.025	0.025	0.01
	pH 值	12	12	12	12	12

表 9-2-3　分离系数 K_d 值　　　　mL/g

解决方案 ID		K_d 值				
		Ⅰ	Ⅱ	Ⅲ	Ⅳ	Ⅴ
沉积物类型	淤泥(Silt)	0.036	0.548	79.7	122.8	0.081
	砾沙(Gravelly Sand)	0.0	0.483	81.4	71.1	0.045
	砂(Sand)	0.0	0.491	55.4	109.0	0.055
	硅沙(Silty Sand)	1.27	2.09	83.7	43.6	0.228
	钙质(Caliche)	0.73	0.56	15.8	14.7	0.140
	硅沙(Silty Sand)	0.65	0.40	15.3	24.1	0.140
	砾石(Gravel)	1.28	1.19	17.6	24.0	0.180

Sb(Ⅲ)对铁羟基氧化锰的吸附可以将 Sb(Ⅲ)氧化成 Sb(Ⅴ)。科学家研究了使用无定形形式的天然的和合成的羟基氧化铁与合成的羟基氧化锰固体在不同 pH 值下对 Sb(Ⅲ)的氧化效果，他们利用微分脉冲吸附剥离伏安法(DPACSV)测量的数据表明 Sb(Ⅲ)氧化成 Sb(Ⅴ)的过程总能在几天内快速完成，因此，认为上述反应过程对于锑的修复可能具有重要意义。

9.2.3　钴及其环境行为

钴(Co)(原子序数是 27)是元素周期分类的Ⅷ族中的过渡金属元素。第Ⅷ组还包括铁和镍元素。钴-60 是废物处理和现场修复最重要的同位素。钴-60 是稳定的^{59}Co 的活化产物，它是氧化锆和铝燃料包层以及铀金属燃料中常见的杂质。钴-60 半衰期($t^{1/2}$)为 1925.1 天(5.3 年)。

人们已经对钴的环境地球化学问题进行过长期的研究。许多专著都有介绍钴在陆地、水生和大气系统中的地球化学行为及其被植物、动物和人类摄取后相关的健康问题。钴的地球化学行为一般遵循铁锰体系，其沉积物和土壤系统的浓度主要受锰和氧化铁矿物质的吸附和共沉淀反应的控制。在没有有机配体的情况下，一般认为钴会在大多数陆地系统中被适宜的矿物高度吸附。由于^{60}Co 容易吸附到矿物质上，相对于环境方面的其他放射性核素而言其半衰期较短，因此，^{60}Co 在土壤孔隙水和地下水中的迁移率会受到限制，其在土壤和沉积物体系中的检测应限于其释放的地方周围。

然而，人们在几个将低等级放射性核素释放到环境中的地点发现了^{60}Co 的高强度迁移问题。^{60}Co 在这些位点迁移增加被归因于存在有机螯合剂，比如乙二胺四乙酸(EDTA)。

（1）钴的氧化态

钴可以以+2 和+3 价氧化态的形式存在。在大多数地球化学条件下，Co(Ⅱ)具有水中稳定的价态。钴(Ⅲ)是一种强氧化剂，不具有热力学稳定性，会在大多数天然水中常见的 Eh-pH 条件下分解。然而，某些络合配体(比如 EDTA 和 NH_3)的存在可以稳定相对于还原的+3 氧化态的钴并允许其在水溶液中持续存在。

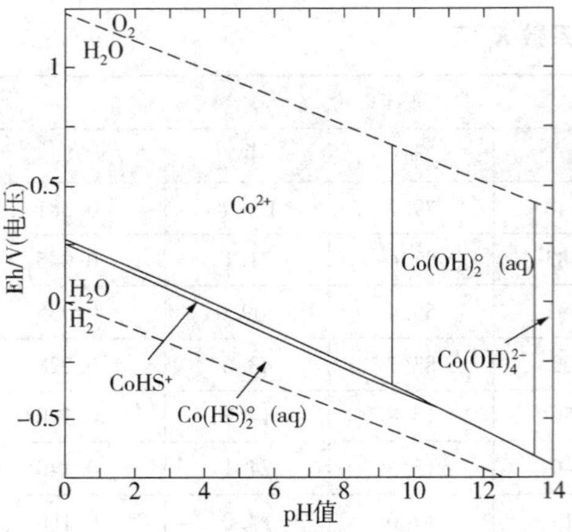

图 9-2-4　钴的主要水性络合物的 Eh-pH 图

（2）钴的水化形态

图 9-2-4 显示了溶解氯化物、硝酸盐、硫酸盐和碳酸盐的总浓度分别为 22mg/L、1.7mg/L、108mg/L 和 67.5mg/L 的主要钴含水物质的 Eh-pH 图。为这些配体选择的浓度是以 Hanford 场地未污染地下水的组成为依据的。利用 $10^{-14.8}$mol/L 溶解钴的总浓度计算 Eh-pH 图，与 ^{60}Co 的 100pCi/L 和临时饮用水标准（DWS）对应。图 9-2-4 的背景是有溶解的氯化物、硝酸盐、硫酸盐和碳酸盐存在，25℃下计算总溶解钴浓度为 $10^{-14.8}$mol/L。

图 9-2-4 所示的所有主要含水物质都含有+2 氧化态的钴。在按热力学观点考虑 Eh-pH 稳定极限（图 9-2-4 中的虚线之间的面积）水中的 Co（Ⅲ）水性物种时没有预测场的稳定性。在氧化和中度还原条件下，在 pH 值小于 9.5 时预测的显著的钴水性物质是未络合的离子 Co^{2+}。在 pH 值介于 9.5 至 13.5 之间以及大于 13.5 时，预测的主导水解物质为 $Co(OH)_2(aq)$ 和 $Co(OH)_4{}^{2-}$。在上述计算条件下，钴似乎不会与溶解的氯化物、硝酸盐、硫酸盐和碳酸盐形成任何重要的配合物。在溶解硫化物存在的非常还原条件下会形成 Co（Ⅱ）二硫化物且可能是主导的钴水性形态，比如 $Co(HS)_2{}^{\circ}(aq)$。

如前所述，在通过与某些配体（比如 EDTA 和 NH_3）络合还原时，钴的+3 价氧化态可以存在于水溶液中。Co（Ⅲ）对氮供体具有很强的亲和力。大部分 Co（Ⅲ）络合物中均含有氨、胺、硝基或氮键合的 SCN 基团。由于其能被水还原以及拥有缓慢的动力学反应特征，人们对 Co（Ⅲ）水解的规律知之甚少。一些科学家认为，Co（Ⅲ）浓度也可以因酸性和碱性介质中稳定阳离子 Co（Ⅲ）$(NO_2)_6{}^{3+}$ 的形成而降低。一些科学家指出，在核燃料溶解过程中发生的条件有利于将大部分钴转化为 Co（Ⅲ）$(NO_2)_6{}^{3+}$。

钴还可以与天然和合成的有机配体形成强复合物，人们已经研究了钴与腐殖酸和富里酸的络合过程。Hanford 场地的低有机质含量沉积物并不重要，钴可与已经用于净化核反应堆的合成有机配体（比如 EDTA）形成强复合物，这种配合物的形成会进一步通过增加钴在水溶液中的溶解度而显著影响钴的环境迁移率、减少土壤和沉积物中的钴吸附、稳定一些沉积物系统中的 Co（Ⅲ）价态。根据物种分布计算结论，在 pH 值大于 6 时 Co(Ⅱ)$EDTA^{2-}$ 是 Co(Ⅱ)的主导水溶液形态。钴络合物 Co(Ⅰ)$EDTA^{2-}$ 和 Co(Ⅲ)$EDTA^{-}$ 是阴离子型的，因此不容易在接近中性和碱性 pH 值条件下吸附矿物质。科学家给出了包括具有 EDTA、HEDTA 和 NTA 的范围广泛的 Co（Ⅱ）和 Co（Ⅲ）有机络合物的稳定常数。

（3）溶解度的制约作用

人们发现至少有 73 种矿物质中钴是其必要的结构成分。然而，人们却没有在地球表层沉积物和土壤系统中发现离散的钴矿物。钴通常存在于矿物质中其他成分的固溶体中。考虑到离子半径的相似性，Co（Ⅱ）可以代替 Fe（Ⅱ）、Fe（Ⅲ）、Mn（Ⅲ）、

$Cu(Ⅱ)$、$Mg(Ⅱ)$、$Cr(Ⅲ)$和$Sn(Ⅳ)$的矿物晶格。

已知的钴矿物质包括多种硫化物、砷化物、磺基砷化物、砷酸盐和硒化物。因此，钴也被称为氧化物和碳酸盐矿物，比如球形钴白($Co(Ⅱ)CO_3$)、重铬酸盐($(Ni, Co(Ⅱ), Fe(Ⅱ))(Cr, Fe(Ⅲ), Al)_2O_4$和异源元素[$Co(Ⅱ)O(OH)$，存在于两种多型中]。一些科学家仅将石墨钴矿描述为其风化产品。目前尚未见关于形成重铬酸盐和异质岩的地球化学条件的信息。一些科学家指出，球墨铸铁($CoCO_3$)的溶解度低于菱铁矿($FeCO_3$)的溶解度，因此其可能是碱性 pH 值环境系统中一些含碳酸盐溶解钴的重要溶解度约束条件。人们在低放射性去污废料中发现了大量的放射性核素-螯合剂配合物的特征数据。

图 9-2-5 表明，在总浓度为 $10^{-14.8}$mol/L 的溶解钴中，矿物钙($Co(Ⅱ)S_2$)在很宽的 pH 值范围内、非常还原条件下的计算结果是过饱和的。将溶解的钴的总浓度提高到 $10^{-12.0}$mol/L 即可扩大热力学过饱和过程中的钙钛矿的 Eh 区域(图 9-2-6)。图 9-2-6 还显示了在氧化和还原条件下，pH 值大于 9 时 Co_3O_4($Co(Ⅱ)Co_2(Ⅲ)O_4$)和 linnaeite ($Co(Ⅱ)Co_2(Ⅲ)S_4$)的过饱和区域。$Co(Ⅲ)$在这些非常苛刻的条件下不应该是稳定的，并且很可能是这种硫化钴矿物的热力学数据不正确导致的结果。因此，人们不知道是否有某种类似物可以检验$Co(Ⅱ)Co_2(Ⅲ)O_4$的溶解度，将其作为图 9-2-6 中 Eh 和 pH 值的函数，以便于重铬酸盐[$(Ni, Co(Ⅱ), Fe(Ⅱ))(Cr, Fe(Ⅲ), Al)_2O_4$]在地质学中的溶解度系统对应。图 9-2-5 的背景是 25℃、浓度为 $10^{-14.8}$ mol/L 的总溶解钴、溶解的氯化物、硝酸盐、碳酸盐和硫酸盐存在。图 9-2-6 的背景是 25℃、浓度为 $10^{-12.0}$ mol/L 的总溶解钴、溶解的氯化物，硝酸盐，碳酸盐和硫酸盐存在。

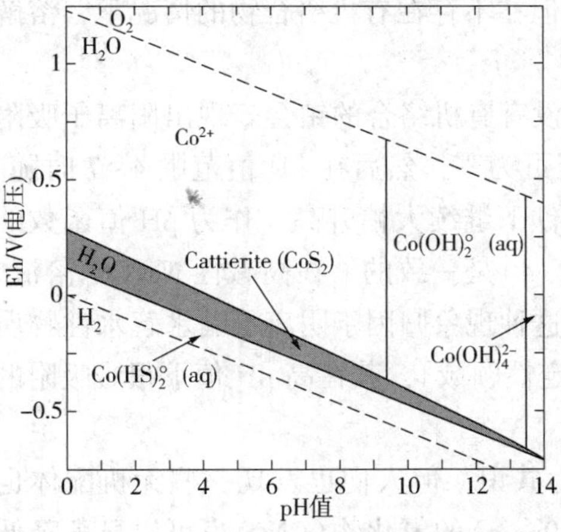

图 9-2-5　Cattierite 的溶解度已经超过钴时的主要水性物种和 Eh-pH 区域(阴影区域)

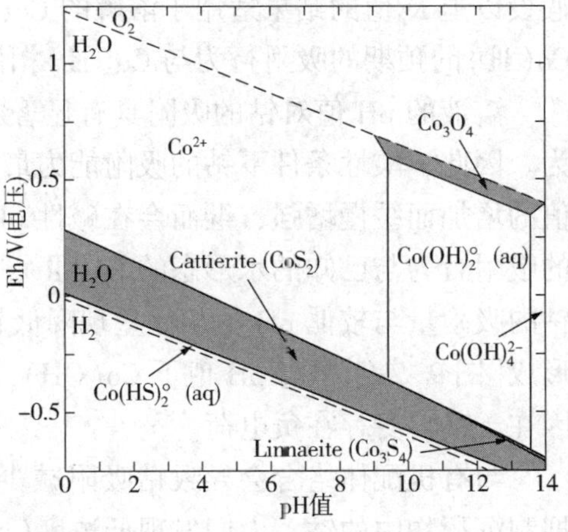

图 9-2-6　超过钴固体溶解度的钴的主要水性物种和 Eh-pH 区域(阴影区域)

如上所述，钴通常存在于矿物中的其他元素的固溶体中，并且可以在晶格中替代其他金属，比如 $Fe(Ⅲ)$、$Fe(Ⅱ)$、$Mn(Ⅲ)$等(由于它们离子半径相似)。氧化铁(Ⅲ)是陆地系统中常见的矿物成分。铁(Ⅲ)氧化物以各种矿物形式存在，并且是含水体系中金属的重要吸附剂。由于 $Fe(Ⅲ)$在这些氧化还原条件下的溶解度低，因此，在大多数氧化条件下它们是稳定的。$Fe(Ⅲ)$氧化物会在还原条件下溶解，此时就可以调动在

Fe(Ⅲ)氧化物中共沉淀的任何金属。这些金属将受到 Fe(Ⅱ)还原和任何 Fe(Ⅱ)固体的成核或释放的影响。科学家研究了在近中性 pH 值和缺氧条件下通过合成的针铁矿 [$Co_{0.01}$(Ⅲ)$Fe_{0.99}$(Ⅲ)OOH]生物还原释放钴的结果。还有一些科学家借助异构铁还原菌(DIRB)Shewanella Putrefacians CN32 取代针铁矿和核后还原铁固体来还原钴，通过研究确认，Co(Ⅲ)由于钴取代针铁矿的细菌铁的还原而被激活并还原为 Co(Ⅱ)，Co(Ⅲ)的溶解是介质、缓冲液成分、钴取代针铁矿的还原分数的函数。随着溶解的钴的浓度增加，其在环境中的流动性也增加，从而导致生物还原过程的发生。

（4）钴的吸附行为

人们对钴的吸附行为研究已有广泛的基础。自 20 世纪 80 年代中期以来，该方面的研究大多聚集于确定矿物/水界面对钴的吸附过程的机械理解。沉积物和土壤中钴的吸附主要受存在的铁和锰氧化物以及黏土矿物的控制。钴的吸附行为与其氧化态以及环境中天然和人造有机络合物的可利用性密切相关。钴吸附研究表明，常规条件下在没有有机络合物时钴对矿物质的高度吸附性表现得不强烈。近代研究表明，在高表面负载条件下，观察到的钴高吸附行为(即高 K_d值)归因于介导的沉淀过程。在近中性和碱性 pH 值条件下，通过有机配体(比如 EDTA)络合钴可以显著降低钴的吸附，人们在几个典型位点观察到的^{60}Co 迁移增强现象就是由上述原因引起的。

① 无机有机配体吸附

通常条件下，在接近中性和碱性 pH 值时，钴的有机络合物对矿物质表现出高吸附亲和力的现象不会发生。常规 K_d值范围为 10^3 ~ 10^5mL/g，那些报告 K_d研究结果的调查人员，通常没有在实验中将钴的氧化问题考虑在内。除非另有规定，否则可以安全地假设以上 K_d值的结果适用于溶解的 Co(Ⅱ)。但在不存在有机络合物的情况下，溶解的 Co(Ⅲ)的预期的吸附行为与 Co(Ⅲ)相似。

溶液的 pH 值对钴的吸附具有显著影响。没有有机络合的钴会表现出阳离子吸附行为。因此，酸性条件下钴的吸附能力最小甚至可为零，然后在 pH 值范围 4~7 时随 pH 值的增加而缓慢增强，继而会在碱性 pH 值条件下继续大幅升高。作为 pH 值函数的钴的吸附行为与已知的水形态的 Co(Ⅱ)(图 9-2-4)是一致的。在高碱性 Na_2CO_3溶液中，钴的吸附量与较低 pH 值相比呈现降低趋势，这种现象归因于阴离子钴水解水性物质的形成[图 9-2-4 中高 pH 值下 $Co(OH)_4^{2-}$的稳定性领域]，其在高 pH 值下很难吸附的原因在于其自身存在负电荷。

与有机配体络合会导致钴吸附减少已成为共识，但人们也发现一些无机配体也会抑制沉积物中的钴。人们发现低浓度(比如 150ppm)的氰化物(CN^-)也可以显著降低钴的吸附(其 K_d值不超过 2mL/g)，这可能是因为形成了阴离子 Co(Ⅱ)的络合物，比如 $Co(CN)_3^-$和 $Co(CN)_3^{3-}$，这些络合物在碱性 pH 值下不容易吸附矿物质。与溶解的亚硝酸盐形成的 Co(Ⅱ)络合物也可以降低钴的吸附，这种吸附降低与吸附不良的中性或阴离子 Co(Ⅱ)$^-$亚硝酸盐络合物的形成有关。另一观点反对的理由是，存在于 Hanford 场地的地下储罐中的放射性废物中存在氰化物和亚硝酸盐。

腐殖质也可以增加某些金属在沉积物和土壤中的吸附。科学家借助实验测量和建模计算来研究表面结合腐殖酸对沉积物样本中黏土大小和部分单矿物吸附剂对 Co(Ⅱ)

吸附的影响，这些吸附剂包括三水铝矿[$Al(OH)_3$]、铝铁矿[($Al_{\sim0.2}Fe_{\sim0.8}$)OOH]和高岭石[$Al_2Si_2O_5(OH)_4$]。使用三水铝矿、铝铁矿和高岭石作为吸附剂有助于比较沉积物样本中铁、铝、铁的氧化物和层状硅酸盐的吸附结果。科学家发现表面结合腐殖酸后所有矿物吸附剂上的钴吸附量增加了10%~60%，钴吸附量的最大增幅出现在pH值4.5~6.5时，其中腐殖酸吸附量最大但对钴的吸附力较弱并以离子交换为主。

其他溶解的阳离子(比如碱金属和碱土金属离子)的存在会降低钴的吸附。科学家发现这些阳离子的存在可以降低钴在膨润土上的吸附，其影响程度依次为$K^+>Ca^{2+}>Mg^{2+}>Na^+$。在不存在有机络合物的情况下，人们已经研究了氧化物和羟基氧化物、氧化锰、氧化铝和氢氧化物、钙矿、石英($\alpha-SiO_2$、TiO_2)等矿物对钴的吸附性。已发表的XAS研究结果介绍了$\gamma-Al_2O_3$、高岭石、金红石、石英和方解石等单个矿物相上的钴吸附情况。

二氧化锰(MnO_2)之类的锰矿物上的钴吸附反映了以下事实，即通过表面Mn(Ⅳ)位点的还原导致Co(Ⅱ)对Co(Ⅲ)表面介导的氧化。X射线吸收近边缘结构(XANES)测量的结果表明，大部分Co(Ⅱ)可被氧化成Co(Ⅲ)，并且Co(Ⅲ)在结构上可能结合到锰矿物中(被吸收或共沉淀)。人们在用碧玺进行的吸附测量中，得出了Co(Ⅱ)对Co(Ⅲ)的氧化发生在pH值为4、6和7时。但在8≤pH值<10时进行的实验中，人们发现Co(Ⅱ)的吸附会导致二水合物表面上Co(Ⅱ)$(OH)_2$样相或簇的沉淀，Co(Ⅱ)$(OH)_2^-$样相在结构上与结晶Co(Ⅱ)$(OH)_2$相似但不相同，这种表面结构的形成归因于在经常没有强无机或有机络合配体的情况下钴吸附K_d值的增大(K_d值为10^3~10^5mL/g)。

人们已经对$Co(OH)_2$样相的表面沉淀结构进行了系统性研究，研究内容涉及Co(Ⅱ)在石英、高岭石、Al_2O_3和黏土等表面覆盖物上的高吸附问题，确定了XAS和EXAFS分析中吸附在石英上Co(Ⅱ)的Co(Ⅱ)$(OH)_2$样相的表面沉淀结构。对Co(Ⅱ)在Al_2O_3上的吸附，科学家给出了作为含有Al_2O_3衬底衍生的Al^{3+}离子的双氢氧化物相的表面沉淀物的特征。在高岭石钴吸附的情况下，其表面沉淀物可以含有由高岭石溶解而产生的含有铝离子的类水滑石结构，这种水滑石样沉淀物具有近似于$Co_6Al_2(OH)_{16}(A_n^-)_2/n$的化学当量，其中A是硝酸盐或二氧化硅。科学家也发现，在高pH值条件下，增加溶解钠的浓度不会使钴在这些Co(Ⅱ)$(OH)_2$样相结构中被共沉淀所取代。人们还研究了方解石表面吸收溶解的钴的问题，X射线光电子能谱(XPS)测量表明，吸附的Co(Ⅱ)物质可能以方解石/水界面处的共沉淀(Ca，Co)$^-$碳酸盐固溶体的方式存在。

② 有机配体存在下的吸附

人们发现某些天然和合成的有机配体的存在可以减少钴在沉积物、土壤、矿物质和其他地壳物质上的吸附，特别是在正常环境条件下。这些有机配体包括柠檬酸、草酸、EDTA、羟乙基乙二胺三乙酸(HEDTA)、二亚乙基三胺五乙酸(DTPA)、环己烷二胺四乙酸(CDTA)和次氮基三乙酸(NTA)等。具体应用时应将上述复合物进行排序以便选择出对消除钴影响环境最有利的有机配体。上述钴吸附的减少通常归因于在接近中性和碱性pH值条件下形成的阴离子钴络合物，这种络合物在碱性pH值下不容易吸附在矿物表面上。在不存在有机络合物的情况下钴通常会表现出阳离子吸附行为，钴在酸性条件下的吸附能力最小甚至可为零，然后又会随 pH 值的增加而增加。在碱性 pH 值条件下阴离子钴络合物(无机或有机)会发生逆转吸附。

自 20 世纪 90 年代初以来，人们的研究主要集中在 EDTA 存在下溶液/矿物界面处对钴的水性形态和络合的控制问题上以及氧化/还原和吸附的机制。研究由一些 DOE 地点报告的 ^{60}Co 迁移增加的推动因素，认为 ^{60}Co 的增强迁移归因于在这些位点处共同处理钴和 EDTA 而形成的 Co-EDTA 络合物，Co(Ⅱ)最先复合形成阴离子络合物 Co(Ⅰ)$EDTA^{2-}$，然后，该复合物借助导致 Co(Ⅱ)氧化成 Co(Ⅲ)的复杂系列反应而形成更稳定和移动的复合物 Co(Ⅲ)$EDTA^-$($\log K$(Co(Ⅲ)$EDTA^-$)= 41.4，而 $\log K$[Co(Ⅱ)$EDTA^{2-}$)= 16.45]。以上反应过程开始时会将 Co(Ⅱ)$EDTA^{2-}$吸附到沉积物中的铁和铝氧化物的表面位点上，因而会导致这些氧化物的溶解。Co(Ⅱ)$EDTA^{2-}$的解离由溶解的 Fe(Ⅲ)和 Al(Ⅲ)引发。溶解交换反应会形成一系列 EDTA 和表面吸附位点的吸附物 Co^{2+}、Co(Ⅱ)$EDTA^{2-}$、FeEDTA 和 $AlEDTA^-$。随后吸附的 Co(Ⅱ)会氧化成非常稳定但反应能力弱的 Co(Ⅲ)$EDTA^-$。人们对这一复杂系列反应进行了进一步的研究，发现这种系列反应似乎在不同组成和来源的沉积物和土壤中非常常见。科学家还发现缺氧条件下 Co(I)$EDTA^{2-}$的氧化能力会降低但不会丧失。在存在类似软锰矿(β-Mn(Ⅳ)O_2)一类 Mn(Ⅳ)矿物质的情况下，Co(Ⅱ)$EDTA^{2-}$的吸附和随后的氧化会产生 Co(Ⅲ)EDTA，并导致 Mn(Ⅳ)还原成 Mn(Ⅲ)且会在软锰矿上形成 α-Mn_2(Ⅲ)O 层，最终会限制 Co(Ⅲ)EDTA的生成。

一些研究表明，EDTA 的存在会增加(不降低)钴吸附。一些科学家对这些 EDTA 结论感到困惑，因为它们与 HEDTA 的研究结论相反，而另一些人对 EDTA 的研究结论也与以上 EDTA 结论相反。因此，人们感到无法使 EDTA 结论合理化并希望进行进一步的实验来解释 Co-EDTA 的形成问题。

人们在 Hanford 场地及几个类似场地中使用 EDTA 和氰化物与 200-BP-1 可操作单元位点附近收集的沉淀物进行 ^{60}Co 批次吸附实验，得出的结论是氰化物比 EDTA 更能有效地抑制 ^{60}Co 的吸附(即其需要的浓度较低)。

细菌还原过程可能导致 Co(Ⅲ)$EDTA^-$络合物的不稳定，并导致含有铁和锰氧化物的沉淀物中钴吸附的增加。异种铁还原细菌 Shewanella 藻类 BrY 会使 Co(Ⅲ)$EDTA^-$促酶减少直至形成不稳定的 Co(Ⅱ)$EDTA^{2-}$。在上述还原过程中，溶解 Fe(Ⅱ)的浓度会增加，这势必会导致 Co(Ⅱ)$EDTA^{2-}$解离成 Co^{2+}、Co(Ⅱ)$EDTA^{2-}$和更稳定的 Fe(Ⅱ)$EDTA^{2-}$的混合物。随后在近中性和碱性 pH 值条件下，未复合的 Co^{2+}可以吸附在矿物表面上从而降低这些条件下沉积物中钴的溶解浓度和迁移率。在含硫酸盐体系中，硫酸盐还原细菌通过生成的硫化物可以将 Co(Ⅲ)$EDTA^-$还原成 Co(Ⅱ)$EDTA^{2-}$。硫酸盐还原反应过程会首先形成多硫化物，随后会沉淀出 CoS 固体。

③ Hanford 场地沉积物的钴吸附特征

人们已经完成了 Hanford 场地多个项目的 Co(Ⅱ)对场地沉积物的吸附研究工作。研究给出了 Hanford 场地沉积物 Co(Ⅱ)吸附的 K_d 值。研究得出了以下结论，即在没有有机螯合剂(比如 EDTA)的情况下，Hanford 场地天然地下水条件的钴是非常不稳定的(即其 $K_d>10^3$mL/g)。

人们使用批量平衡方法来测量来自 Hanford 场地的沙质沉积物上^{60}Co和^{60}Co-EDTA 的K_d值。沉积物样本由 Hanford 场地普遍存在的表面砂组成，这种表面砂阳离子交换能力较低、其淤泥和黏土粒度百分比也较低。人们使用六种合成地下水和两种硝酸盐溶液进行吸附实验。合成地下水溶液中的溶解钠、钾、钙、镁、碳酸盐/碳酸氢盐、硫酸盐、氯化物和硝酸盐的浓度各不相同，低硝酸盐溶液由 0.15M $NaNO_3$、0.01M KNO_3和 0.002M $Ca(NO_3)_2$组成，高硝酸盐溶液由 0.15M $NaNO_3$、0.15M KNO_3和 0.01M $Ca(NO_3)_2$组成。实验采用的^{60}Co和^{60}Co-EDTA 的K_d值见表 9-2-4。在地下水溶液中对未复合的^{60}Co测得的大K_d值(2735~11070mL/g)表明，在不存在 EDTA 的情况下和在上述其他各种条件相对不变时，^{60}Co在沙质沉积物上高度吸附。另外，^{60}Co-EDTA 的K_d值普遍比未复合的^{60}Co低三个数量级。这些低K_d值(0.1~1.4mL/g)反映了以下事实，^{60}Co-EDAT 吸收不良且移动性高。

表 9-2-4　实验确定的^{60}Co和^{60}Co络合 EDTA 的K_d值

溶液	K_d值和标准差/(mL/g)	
	^{60}Co	^{60}Co-EDTA
1	4570±650	1.0±0.2
2	2750±200	1.2±1
3	3670±160	1.4±0.3
4	11070±6480	nd
5	2735±490	nd
6	4090±620	nd
低硝酸盐(Low Nitrate Salt)	nd	0.1±1
高硝酸盐(High Nitrate Salt)	nd	0.9±1

注："nd"是指调查员未确定的值。

人们研究了 Hanford 现场褥垫层东区 200 个、西分离区 200 个监测井的^{60}Co沉积物的吸附情况。研究中采用了从东区 2009 号井 299-E13-8、299-E33-22 和 299-E17-4 鉴定的 21 种沉积物，在西区 299-W22-25 和 299-W10-9 井完成了 200 批次吸附测量工作。研究中采用不同类型的沉积物以及由 0.002M、0.02M、0.05M、0.10M 和 0.20M $Ca(NO_3)_2$和 0.015M、0.030M、0.75M 和 3.0M $NaNO_3$组成的溶液来确定K_d值。根据^{60}Co对 21 种沉积物类型的吸附结果建立了 21 个K_d经验方程。研究测定的K_d值范围为 1600~14000mL/g、平均值为 4400mL/g。关于解决方案系统的研究，人们确认^{60}Co的吸附仅受溶解钙的浓度控制。以上结果提示，钴的吸附可能部分受离子交换过程控制。人们以基于锶的^{60}Co测量获得的大K_d值为基础提出，钴吸附还可能部分受沉淀样反应的控制。上述研究包含了使用相同沉积物样本和解决方案完成的批次吸附实验的各个单项研究的结果和K_d值。以上给出的一般结论和^{60}Co的K_d值对于 21 种沉积物类型和 $Ca(NO_3)_2$和 $NaNO_3$溶液与其他研究工作没有明显不同，但其结论确实包括了额外的 $Ca(NO_3)_2$和 $NaNO_3$溶液组合物以及 KNO_3溶液的基质的吸附结果。

人们还进行批量吸附实验以测量 Hanford 场地 200-BP-1 可操作单元位点褥垫层附

近收集的沉积物上^{60}Co的吸附情况。将沉积物样本放在159.6英尺(样本ID 699-52-57)和210.0英尺(样本ID 699-55-55)深度的褥垫层区域，使用699-50-53井和699-S3-25井的地下水样本完成了吸附实验。在初始的实验中使用了来自699-50-53井的地下水测量的K_d值(表9-2-5顶部给出的数据)，这些值显著低于其他文献中给出的钴的典型值。假设溶解在699-50-53井的地下水样本中配体的^{60}Co络合会导致低K_d值的出现。为验证这一假设，人们使用699-S3-25井的地下水而不是699-50-53井的地下水，并对沉积物样本699-55-55进行了额外的吸附实验。人们对井699-S3-25地下水中^{60}Co测量获得的平均K_d值为2560mL/g(表9-2-5)，这对于切实掌握钴的K_d值范围具有指导意义。由于Hanford场地某些地方溶解的氰化物和EDTA已存在于受污染的地下水中，因此，人们认为^{60}Co可能会与这些配体形成复合物，这些配体不容易吸附到沉积物中并会导致低K_d值的出现。为测试溶解的氰化物和EDTA的作用，人们使用699-52-57的沉积物、来自699-S3-25井的各种浓度的氰化物和EDTA以及699-S3-25井的地下水完成了一系列的K_d测量工作。在这些含氰化物和含EDTA溶液中测量的^{60}Co的K_d值(表9-2-5的底部)证实，以前在699-50-53井和高浓度EDTA的地下水样本中测得的氰化物浓度通常会显著降低并促使^{60}Co从200-BP-1区域沉淀。

表9-2-5　实验确定的^{60}Co的K_d值

地下水溶液	沉积物样本	K_d值/(mL/g)			K_d平均值/(mL/g)
699-50-53	699-52-57	0.05	0.27	0.23	0.2
699-50-53	699-55-55	0.07	0.17	0.13	0.1
699-S3-25	699-55-55	nr	nr	nr	2560
699-S3-25、150ppb CN	699-52-57	2.1	2.0	1.7	1.9
699-S3-25、2000ppb CN	699-52-57	0.0	0.1	0.0	0.0
699-S3-25、25ppb EDTA	699-52-57	1000	1230	982	1070
699-S3-25、200ppb EDTA	699-52-57	79	71	65	71
699-S3-25、2000ppb EDTA	699-52-57	2.6	3.4	3.8	3.3

注："nr"表示尚未给出个体K_d值。

人们借助批量吸附技术来测量地下水中^{60}Co的K_d值，其接触物来自Hanford场地的Trench-8的壤土样本中粒度不超过2mm的部分。测量在Hanford场地初始pH值为8.14的未污染的地下水中进行。原位沟槽8沉积物的粒度分布如下，即9.7%的砾石、78.6%的沙、6.3%的淤泥和5.4%的黏土。该沉积物粒度不超过2mm的物质为含量达87%的沙、7%的淤泥和6%的黏土。在5天和44天测量获得的60天K_d值分别为(12500±600)mL/g和(11600±600)mL/g。44天时，沟槽-8沉积物-地下水泥浆的pH值为8.22。

人们还研究了Co-EDTA配合物在地下材料上的氧化、吸附和解离问题。在Co-EDTA吸附实验中使用的一些吸附剂包括从Hanford场地穿过哥伦比亚河的White Bluffs地区取样的Upper Ringold地层中未固结的上新世河流沉积物(石英砂)。

9.2.4　铕及其环境行为

铕(Eu)(原子序数为63)是元素周期分类的ⅢB族镧系元素过渡金属的成员。该系列包括被称为稀土元素(REE)的元素组，其中包含原子序数为58~71的元素。Hanford场地处理和现场修复活动主要关心的铕同位素包括^{154}Eu和^{155}Eu，所有产品的裂变均为^{235}U。^{154}Eu和^{155}Eu的半衰期($t^{1/2}$)分别为8.592年和4.7611年。

人们对铕和其他稀土元素的地球化学行为给予了相当的关注。由于这一系列元素具有独特的化学作用，因此，稀土元素已被矿物学家、石油学家和宇宙学家广泛用于示踪物和岩石起源及形成理论的研究。科学家对稀土元素地球化学和矿物学特征进行了大量的研究，取得了许多宝贵的成果。在近三十年的时间里，铀和其他稀土元素在水溶液中的地球化学行为也受到了广泛的研究，因为它们对处置核废料具有重要意义。由于铀和钚反应堆燃料的裂变，会形成大量的稀土元素生产。另外，人们在科学研究中也经常使用铕和其他稀土元素作为类似物，比如Am(Ⅲ)和Cm(Ⅲ)三价锕系元素的地球化学行为已被广泛认识和接受。科学家在1984年就总结出了稀土元素的一般地球化学性质和丰度，随后人们又开始了对稀土元素(包括铕)含水地球化学特性的认识和了解。科学家还在1978年总结出了影响土壤和岩石体系中铕迁移率的一般地球化学过程。

(1) 铕的氧化态

包括铕在内的镧系元素中最稳定的氧化态是+3价。一些镧系元素(比如铕)的其他氧化态也被人们所熟知，但它们均不太稳定。比如钐(Sm)、铕(Eu)、铥(Tm)和镱(Yb)也可以在非常罕见的条件下以有限程度的+2氧化态形式存在。上述四个元素中的铕是唯一的镧系元素，其+2氧化态在自然条件下具有足够的稳定性，因而会影响其矿物学和水性化学特征。

图9-2-7是基于目前可获得的热力学数据的铕水解的Eh-pH图。在没有氢氧化物以外的溶解络合配体的情况下，铕的计算总浓度为10^{-15}mol/L(可以到1.5×10^{-10}mg/L)。因为饮用水标准(DWS)中没有铕同位素，所以临时选择DWS中与^{125}Sb相似的铕浓度来计算这个Eh-pH图。图9-2-7的前提是没有其他络合配体、25℃、总溶解铕浓度为10^{-15}mol/L。

基于平衡考虑，图9-2-7显示了在25℃的水的热力学稳定性条件下，铕的+3氧化态几乎占据了整个Eh-pH范围。在大气中等pH值范围内，Eu(Ⅱ)的稳定区域被限定在一个很小的Eh-pH值范围内，在非常紧要的情况下，在1-atm边界处可借助其将水分解成H_2气体。由于Eu(Ⅱ)的稳定性导致计算出的Eh-pH范围有限，并且目前尚缺乏关于Eu(Ⅱ)的环境行为的信息，因此，本书将不再对Eu(Ⅱ)展开阐述和介绍。但如果Eu(Ⅲ)/Eu(Ⅱ)氧化还原时对(和/或)Eu(Ⅱ)水性络合物采用的可用热力学数据显著不正确和/或不完全时，则图9-2-7

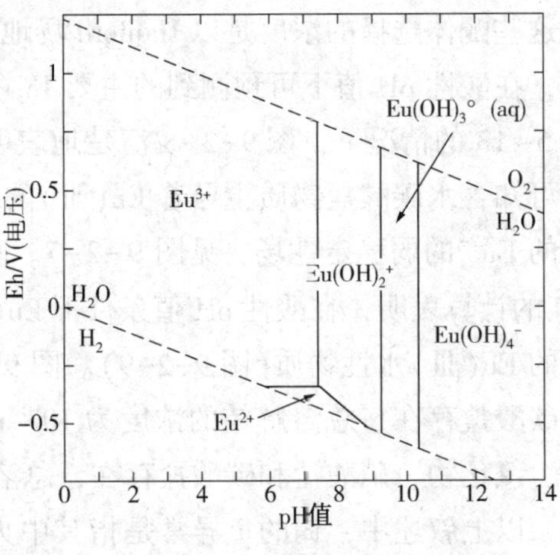

图9-2-7　在没有其他络合配体的情况下Eu(Ⅲ)和Eu(Ⅱ)的水解反应Eh-pH图

可能会低估Eu(Ⅱ)的重要性。

下面重点介绍Eu(Ⅲ)的含水化学、溶解度和吸附行为。基本上不涉及关于Eu(Ⅱ)的含水地球化学和环境行为的信息。在罕见地质条件下，Eu^{2+}离子可能具有类似于Sr^{2+}的地球化学行为并会代替矿物中的Ca^{2+}。Eu(Ⅱ)的形成被认为是对著名的铕负异常现象的解释。考虑到其离子半径的相似性，在预期的岩层形成过程中，矿物中Ca^{2+}和Eu^{2+}的取代非常有用。在八重配位下，Eu^{2+}、Sr^{2+}和Ca^{2+}的离子半径分别为1.25pm、1.26pm和1.12pm。

（2）铕的水化形态

铕和镧系元素的水分形态特征是人们长期以来广泛关注的问题，一些科学家给出了镧系元素及其无机复合物的水形态关系和相关的热力学常数，一些科学家总结出了铕及其无机化合物和含水物质的化学和热力学性质，认为通常情况下Eu(Ⅲ)的含水化学形态与其他+3稀土元素的趋势一致，+3氧化态的镧系元素与氧供体配体(特别是螯合剂)会形成稳定的络合物。Eu(Ⅲ)可与溶解的氢氧化物、硫酸盐、碳酸盐、磷酸盐和氟化物形成强复合物，可与溶解的氯化物和硝酸盐形成弱络合物。认为具有溶解的硫化物和氰化物的Eu(Ⅲ)的水性络合物的稳定性是非常弱的，弱到不可能形成。

人们利用图9-2-7中的Eh-pH函数显示了Eu(Ⅲ)和Eu(Ⅱ)的主要非复合和水解物质的基本情况。在pH值大于7之前，Eu(Ⅲ)的水解不是很明显。在pH超过7以上时，随pH值的增加，Eu(Ⅲ)的水解可形成$Eu(OH)^{2+}$、$Eu(OH)_3°(aq)$、和$Eu(OH)^{4-}$。有证据表明，多核以及单核的Eu(Ⅲ)氢氧化物配合物是有可能存在的。应该注意的是，铕的物种数据库包括一些EuO_2类物种。从热力学观点考虑，水性物质$Eu(OH)^{4-}$与液体(EuO_2+$2H_2O$)是等效的。

图9-2-8显示了在没有溶解硫酸盐的情况下主要铕含水物质的Eh-pH图，其可计算为溶解的氯化物、硝酸盐和碳酸盐的总浓度分别为22mg/L、1.7mg/L和67.5mg/L。为这些配体选择的浓度是以Hanford场地未污染地下水的组成为依据的。如图9-2-7所示，在酸性pH值下可预测到的主要Eu(Ⅲ)含水物质是未复合离子Eu^{3+}。但在pH值从5~13的情况下，图9-2-8清楚地表明，在上述条件下、以可用的热力学数据为依据可知含水碳酸盐物质主导着Eu(Ⅲ)的络合。Eu(Ⅲ)碳酸盐络合物的形成还会增大预测的Eu^{2+}的弱稳定性场，见图9-2-7。在添加108mg/L的溶解硫酸盐的情况下，Eh-pH的计算表明，在酸性pH值条件下Eu(Ⅲ)硫酸盐络合物$EuSO^{4+}$将替代Eu^{3+}而成为主要的Eu(Ⅲ)水性物质(图9-2-9)。图9-2-8的依据是25℃，溶解的氯化物、硝酸盐和碳酸盐存在，总溶解铕的浓度为10^{-15}mol/L。图9-2-9的依据是25℃，溶解的硫酸盐、氯化物、硝酸盐和碳酸盐存在，总溶解铕的浓度为10^{-15}mol/L。

以上叙述中，铕的负异常是指其中火成岩成分熔体的组成相对于其他稀土元素在铕中具有强消耗的特点，Eu^{2+}代替Ca^{2+}是斜长石分级结晶耗尽的结果。人们给出的来自Hanford场地的组合物中，未污染地下水中也包括10^8mg/L的溶解硫酸盐。

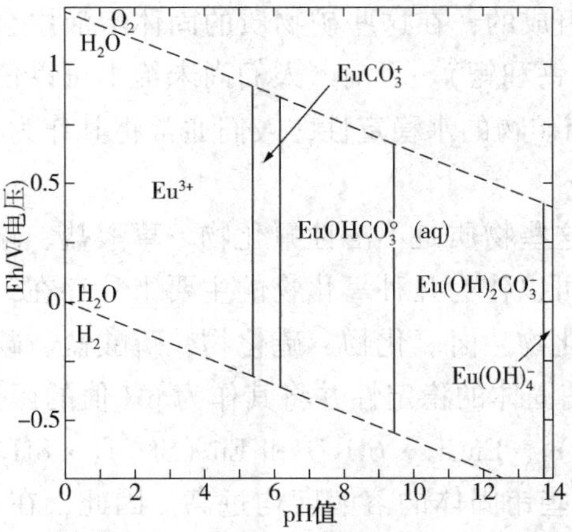

图 9-2-8　三种配体下铕的主要水性配合物 Eh-pH 图

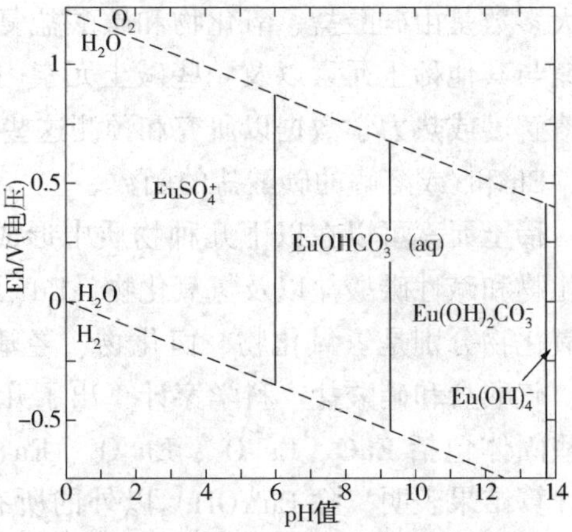

图 9-2-9　四种配体下铕的主要水性配合物的 Eh-pH 图

人们根据可用的热力学数据计算的各种 Eu(Ⅲ)物质的浓度(以摩尔的对数为单位，即 Log Molal)见图 9-2-10。图 9-2-10 反映的是具有与图 9-2-9 相同组成的水溶液间的 pH 函数关系。图 9-2-10 清楚地表明，在宽泛的碱性 pH 值范围内碳酸盐络合物是占据主导地位的 Eu(Ⅲ)的水性形态。此外，在 pH 值大于 9 的条件下，按热力学的观点考虑，主要的 Eu(Ⅲ)水性物质应当是阴离子的，比如 $Eu(OH)_2CO_3^-$ 和 $Eu(OH)_4^-$。科学家提出，$Eu(OH)_4^-$ 不太可能达到一个显著的水平，因为通过类比，NaOH 中 $Gd(OH)_3$ 的溶解度为 18.8mol/L(仅增加了 4 倍)，而 $La(OH)_3$ 随溶解碱浓度增加的变化量更小。如前所述，碱性 pH 值下的这种阴离子氢氧化物和碳酸盐物质以及锝Tc(Ⅶ)(高锝酸盐)和 U(Ⅵ)的存在会导致 Eu(Ⅲ)在地球化学环境中迁移率的增加，但这种迁移与观察到的铕的吸附行为并不一致。图 9-2-10 的依据是 25℃，溶解的硫酸盐、氯化物、硝酸盐和碳酸盐存在，总溶解铕的浓度为 10^{-15} mol/L。

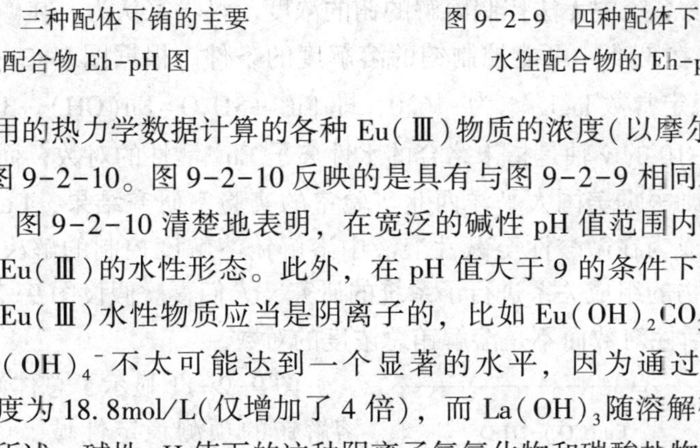

图 9-2-10　Eu(Ⅲ)水溶液配合物的浓度(Log%Molal)与 pH 值的函数关系

(3) 溶解度的制约作用

人们通常认为 Eu(Ⅲ)是非常不溶于环境系统。其低溶解度可能是分配系数 K_d 大的原因，铕的这种特性已经被实验证明。目前已知的含铕矿物已超过 26 个，这些矿物中的大多数是由硅酸盐、氧化物和碳酸盐复合组成的，在这些矿物质的固体溶液中会发现铕与其他稀土元素以及一些碱土元素（比如钙和锶）。目前，人们尚未给出可以使用的溶解度或热力学数据以研究和预测这些含铕矿物的水稳定性，人们通常将其作为 pH 值、Eh 和/或溶解的碳酸盐的函数。

稀土元素可以在以下几种物质中形成，这些物质是不溶性氟化物、草酸盐、碱性卤化物和碱性碳酸盐以及氢氧化物。Eu（Ⅲ）可以作为几种氧化物的主要组分存在，这些氧化物分别是氢氧化物、卤化物、羟基卤化物、卤氧化物、硫化物、磷酸盐、碳酸盐、硫酸盐和硝酸盐。科学家计算出了几种铕固体的稳定性并将其作为 pH 值的函数，这些固体包括 EuO、Eu_2O_3、Eu_3O_4、$Eu(OH)_3$、$EuCl_3 \cdot 6H_2O$ 和 $Eu_2(SO_4)_3 \cdot 8H_2O$。其计算结果表明，除 $Eu(OH)_3$ 以外的所有这些铕固体的溶解度均过高，因此，在 pH 值为 4~10 的环境系统中无法控制溶解的铕的浓度。科学家认为，在碱性条件下最稳定的 $Eu(OH)_3$ 的存在是唯一可能控制铕的溶解度的条件。根据图 9-2-10，对于反应物 c，估计的对数稳定常数 $\log K_{r,298}$ 为-16.0，即 $Eu^{3+}+3H_2O=Eu(OH)_3+3H^+$。

假设图 9-2-10 的 *y* 轴是指未络合的水性离子 Eu^{3+} 活性的对数，而不是溶解的铕的总浓度的对数。则根据美国太平洋西北实验室的实验室研究结果，$Eu(OH)^3$ 的沉淀是快速的，并且会成为在微酸性至碱性溶液中溶解铕溶解度控制的解决方案。一些科学家对稀土元素矿物的组成关系进行了系统的研究，人们喜欢假设图 9-2-10 的 *y* 轴是指 Eu^{3+} 离子水平的活性对数而不是溶解铕总浓度的对数。

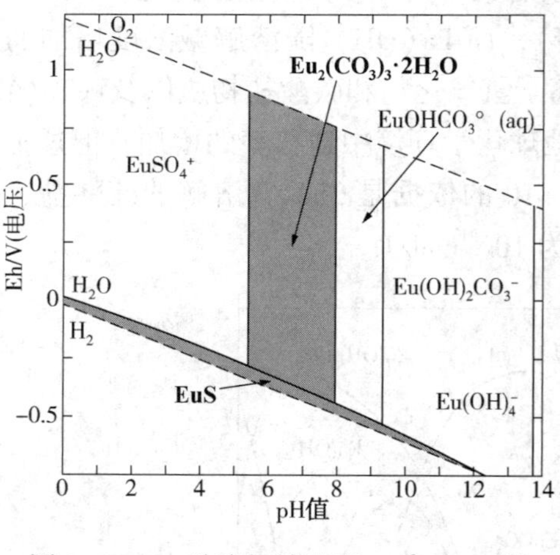

图 9-2-11　总溶解铕浓度 10^{-6}mol/L 的主要铕物质的稳定性 Eh-pH 图

图 9-2-11 显示了总体浓度为 10^{-6}mol/L 溶解铕的预测稳定性域，该图是以 Hanford 场地未污染地下水组成中溶解碳酸盐、氯化物和硫酸盐的浓度为依据的。见图 9-2-11，Eh-pH 区域中阴影区域，该区域显示了基于可用的热力学数据超过了的所鉴定的铕固体的溶解度的范围（以粗体字体标出）。计算结果表明，在前述条件下，超过了 $Eu_2(CO_3)_3 \cdot 2H_2O$ 的溶解度，可能会在 pH 值 5~8 的情况下发生析出。$Eu_2(CO_3)_3 \cdot 2H_2O$ 和 EuS 固体的稳定区域随总溶解铕浓度的增加而增加。在上述条件下预测含有小于 10^{-7}mol/L 的溶解铕的总浓度的水溶液，其相对于模型热力学数据库（包括 $Eu(OH)_3$）中的所有 Eu（Ⅲ）固体而言是不饱和的。

图 9-2-11 的显示与以前的 Eh-pH 图类似，反映的也是基于可用的热力学数据、碱性 pH 值下、以碳酸盐络合为主导的溶解 Eu（Ⅲ）的化学性质。在不存在溶解碳酸盐的情况下，相关热力学计算表明，在 pH 值为 8~11 时，10^{-8}mol/L 的总溶解铕已超过了 $Eu(OH)_3$ 的溶解度。对数 $K_{r,298}$ 在 $Eu(OH)_3$ 的模型数据库值为-15.3，而与图 9-2-10 相同的反应估计出的值则为-16.0。图 9-2-11 的依据是 25℃，溶解的硫酸盐、氯化物、硝酸盐和碳酸盐存在。

（4）铕的吸附行为

铕的吸附行为与其他稀土元素和三价锕系元素相似，比如 Am(Ⅲ)和 Cm(Ⅲ)。人们通常认为三价元素在沉积物中是高度吸附的(即显示出高的 K_d值)，因此，它们在大多数环境中是不可移动的。但在酸性 pH 值和高离子强度溶液环境中，三价元素的迁移率会增加。当然，人们尚未在 Hanford 场地沉积物样本甄别铕的吸附研究中获得切实的结论。由于人们认为铕的地球化学行为与 Am(Ⅲ)类似，因此，下面仅借助几种 Am(Ⅲ)吸附研究的相关结论以解释铕的预期吸附行为。EPA(2003)提供有 Am(Ⅲ)和 Cm(Ⅲ)吸附研究的详细资料汇编。需要强调的是，由于在一些系统中的溶解铕以及 Am(Ⅲ)和 Cm(Ⅲ)的浓度可能会受溶解度限制的控制，因此会出现非常高的 K_d 值，并导致一些吸附测量结果可能会受到铕沉淀反应的影响。

科学家研究了铕在酸性沙土上的吸附问题。在对溶解的阳离子污染物的预期行为研究中，人们发现铕吸附随 pH 值的增加而增加，并且在 pH 值超过 5.5 时有约 100%的吸附。在低浓度的总溶解铕中，铕吸附随离子强度的增加而降低。科学家还发现，与铕在沙土上的吸附相比，钙比铝更有效。一些科学家认为离子交换是 Eu(Ⅲ)的重要吸附机理，尤其是在 pH 值小于 4.5 时。

美国科学家总结了 1976 年太平洋西北地区实验室进行的铕沉淀和吸附的研究结果，其中使用了宽泛的 pH 系列值(最终 pH 值为 4.75~5.32)和小于能导致 $Eu(OH)_3$沉淀的溶解铕浓度范围，还使用了“伯班克沙”进行了 K_d值测量。研究结果显示，吸附测量获得的铕的 K_d值随 pH 值的增加而增加，随铕浓度的增加而降低。得出的 K_d值的范围为 5.8~153mL/g，pH 值 4.88 时铕浓度为 50.0ppm，pH 值为 5.5 时未指定最低铕浓度。

科学家还给出了 Hanford 沉积物测量获得的 K_d值，以便用于放射性核素和其他有毒成分对 Hanford 场地渗流区和地下水环境影响的评价和研究。以上数据不包括铕或其他任何稀土元素的吸附数据。以上数据还包括了 Am(Ⅲ)的研究结果。一些科学家借助批量平衡实验来测量两个土壤样本上 ^{241}Am 的 K_d值，并将其作为溶解的钙和钠的浓度的函数。选择的土壤样本代表了系列化的风化强度。在干旱条件下，科学家从华盛顿东部的一个低降雨地区选出一个沙质(粗糙的)、低交换能力的土壤作为样本，K_d测量值在 0.20M $Ca(NO_3)_2$溶液中依次为 0.002、0.02、0.05、0.10；在 3.0M $NaNO_3$溶液中依次为 0.015、0.030、0.30、0.75。钙和钠系统中华盛顿土壤 ^{241}Am 溶液的 pH 值分别为 6.9 和 4.1。华盛顿土壤测得的 K_d值范围为 1200~8700mL/g，这些数据与溶解的钙和钠的浓度无关。科学家还在含有不同浓度螯合剂的 1M 和 4MNaOH 溶液中测定了 Am(Ⅲ)的 K_d值。在不存在 EDTA 的情况下，高碱性环境下测量可获得 Am(Ⅲ)的高的 K_d值。在批次吸附实验中加入 0.5M~0.15M EDTA 会导致吸附的显著减少，因此会获得低的 K_d值。

为支持 Hanford 场地固定化低活性罐废物的性能评估研究，科学家专门编制了一套地球化学数据软件包，针对 pH 值在 8~11 的“沙尘化学影响远场”环境提出了放射性核素组“Ac、Am、Ce、Cm、Eu”的 K_d值为 100~1500mL/g 的建议，以上建议的 K_d值的范围是以系统性的研究成果为基础的。

为了支持加拿大前寒武纪地盾岩石中乏燃料地质储层放射性核素迁移评估研究，一些科学家也给出了相关土壤的 K_d值汇编数据。人们将这些来自各种汇编、期刊文章和政府实验室报告的 K_d 值整合，以用于判断核燃料废物库中存在的重要元素。以上 K_d 值体系中，沙子为 8.2～300000mL/g、淤泥为 400～48309mL/g、黏土为 25～400000mL/g、有机物为 6398～450000mL/g。美国 EPA 的评价是，以上观察到的关于污染物的 K_d 值的变化归因于吸附机理、地球化学条件、土壤材料和用于测量的方法的差异。

由于三价元素会强烈吸附于沉积物颗粒中，因此在渗流区和地下水系统中有可能发生镅和其他三价元素（比如 Am(Ⅲ)）的胶体迁移。必须认识到胶体促进移徙的重要性，特别是其在不涉及孔隙水或地下水断裂的环境系统中的重要性，关于这个问题目前仍是人们辩论的焦点。一些科学家的成果显示了 Am(Ⅲ)在胶体交换沉积物系统中的潜在重要性。相关的实验室研究成果预测，镓、钚和铀的运动在浅层含水层中不会超过几米，这种现象已经在洛斯阿拉莫斯国家实验室（LANL）现场实验中得到了证实，但人们在监测井中检测到了两种锕系元素，其距离点源下降了接近 3390m，3390m 井的地下水中几乎所有的镓和钚均与直径为 0.025～0.45μm 的胶体相关。类似地，使用特定场地的土壤和两相溶质迁移规范的实验室测量结果表明，在萨凡纳河流域的 F 区，镓、钚和铀的迁移不超过 10m，但污染物却在距离点源 1200m 的地下水中被发现，这也应该是与胶体相关的。

9.2.5 锝及其环境行为

锝（Tc）（原子序数为 43）是元素周期分类中第ⅦB 组的成员。^{99}Tc 是 Hanford 场地处理废物和现场修复活动最重要的同位素。^{99}Tc 是在辐射含铀核燃料时产生的裂变产物，半衰期（$t^{1/2}$）为 2.11×10^5 年。

人们已经对锝在环境系统中的行为进行了广泛的研究，包括锝的溶液化学性质。溶解的锝存在于有氧环境系统中时是以 Tc(Ⅶ)氧阴离子物质 TcO_4^- 的形式出现的。锝(Ⅶ)基本上是非吸附性的（即 K_d 值约为 0mL/g）且高度可溶，因此，其在高温以及中性和碱性 pH 值的条件下移动能力很强。酸性 pH 值条件下，像大多数阴离子一样，TcO_4 对地壳物质的吸附随 pH 值的降低而增加。但在罕见的土壤和地质条件下，由于生物和非生物反应过程会使锝降低至+4 价态，比如由 Fe(Ⅱ)表面介导的 Tc(Ⅶ)还原。锝(Ⅳ)被认为是基本上不可移动的，因为它是微溶的且会高度吸附于铁和铝的氧化物以及黏土中。

人类对锝配位化学知识的了解开始于 20 世纪 60 年代初，起源于自由^{99}mTc 标记的医学成像放射性药物的发展研究，具体可参考关于核医学中锝的历史和使用的相关专著。短寿命异构体^{99}mTc 以其有利的衰变特性被广泛用于核医学成像。^{99}mTc 的半衰期（$t^{1/2}$）为 6.01 小时，与大多数成像程序的持续时间相符。放射性核素通过单个 140k eV 光子衰变，具有相对较小的非穿透辐射，并会衰变为长寿命的^{99}Tc，^{99}Tc 是低能 β 射线。因此，可以将足量的^{99}mTc 用于成像，同时使辐射剂量最小化。该领域的研究表明，^{99}mTc的还原形式具有很强的亲和力，并且可能与膦酸盐配体、硫配体和一些有机络合物（比如 DTPA）复合。以上研究集中在^{99}mTc 复合物的发展方面，这些复合物集中在特定器官中或通过特定的生理功能发挥作用。^{99}mTc 放射性药物研究的结果对锝环境行为的研究工作影响不是很大。

（1）锝的氧化态

锝的存在价态从-1～+7，自然环境中、氧化还原条件下锝的最稳定的价态分别是+7和+4，其他价态主要在复杂化合物中遇到。锝的+7 和+4 氧化态的化学行为差异很大。在+7 价态下，在天然水的完全 pH 值范围内，溶解锝以高锝酸盐阴离子 TcO_4的形式存在。由于高锝酸根阴离子是高度可溶的，且其在中性和碱性 pH 值条件下吸附性不强，因此，其在大多数氧化体系中具有高度可移动性。在+4 价态下，锝以四价阳离子的形式存在，且在不存在强络合配体的情况下是相对不动的。锝(Ⅳ)具有高吸附性并会形成微溶的 $TcO_2 \cdot nH_2O$ 固体。通过非生物和生物过程将 Tc(Ⅶ)还原为 Tc(Ⅳ)对废物流、渗流区、沉积物和地下水中锝的迁移具有显著影响。上述反应过程是某些修复技术的基础，比如由零价铁颗粒(即以金属铁形式存在的物质)或连二亚硫酸钠还原的土壤组成的可渗透屏障，目前将其用于固定地下水中的污染物的效果正在实验中。人们已经发现了 Tc(Ⅶ)的微生物还原的潜在机制，这种技术可以从污染的地下水和废物流中除去锝。人们已经确认某些异构金属还原细菌和硫酸盐还原细菌能够将有机碳或氢的氧化偶联至 Tc(Ⅶ)至 Tc(Ⅳ)上使其还原。

（2）锝的水化形态

科学家对锝热力学问题进行过长期的广泛的分析论证，相关内容涉及无机锝化合物的化学和可用热力学数据问题。图 9-2-12 的 Eh-pH 图显示了在不存在氢氧化物以外的溶解配体的情况下锝的主要水解水性物质的情况，该图是在 25℃ 下利用 5.30×10^{-5}mg/L($10^{-9.27}$mol/L)的总溶解锝浓度计算获得的，该浓度相当于 900pCi/L99Tc. a。氧化条件下，溶解锝的形态主要由高锝酸盐氧阴离子 TcO_4^- 主导。TcO_4离子在天然水的完全 pH 值范围内是稳定的，并且尚未发现其会形成任何强的水性络合物。在不存在溶解碳酸盐的条件下，锝的水相形态以中性 Tc(Ⅳ)物质 $TcO(OH)_2^\circ(aq)$为主，在 pH 值大于 2 的极度还原条件下可能形成 Tc^{3+}(Eh-pH 图中 pH 值小于 2 的部分)。900pCi/L 的浓度是饮用水标准(DWS)中^{99}Tc 的临时值，是建立在^{99}Tc 浓度的基础之上的，假定产生的年剂量当量为 4mrem/yr。

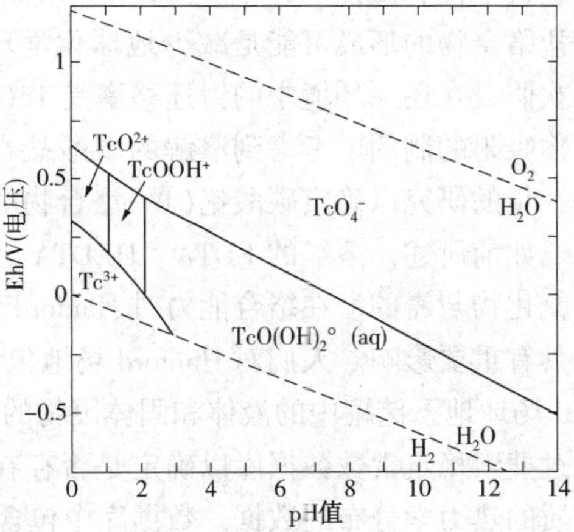

图 9-2-12　没有溶解的碳酸盐条件下的锝的主要水性物种的 Eh-pH 图

需要说明的是，应正确对待通过 Eh-pH 计算获得的许多物种分布，比如水性中性二聚体物质$(TcO(OH)_2)_2^\circ(aq)$。在许多计算预测中，主要的 Tc(Ⅳ)物质是中性和碱性 pH 值的$(TcO(OH)_2)_2^\circ(aq)$，而不是单体 $TcO(OH)_2^\circ(aq)$。另外，由于化学计量因子问题，计算的二聚体$(TcO(OH)_2)_2^\circ(aq)$的 Eh-pH 稳定场会随溶解的 Tc(Ⅳ)浓度的增加而增大。一些科学家发现难以对二聚体物质和相关热力学常数所依据的研究结果做出评估，因此而不接受这些结果，以及将它们热力学数据库中的$(TcO(OH)_2)_2^\circ(aq)$用于锝化合物。

尽管 TcO_4的热力学稳定性已经得到了确认，但其在各种价态下的其他含水复合物和含有锝的固体的热力学数据仍然是非常欠缺的。缺乏这样的数据，就无法使用热力学计算来评估 pH 值、Eh 以及溶解的碳酸盐、磷酸盐、硫酸盐等重要的溶解络合配体和氯化物等的存在对溶解锝的还原物质的环境行为的潜在影响。Tc(Ⅳ)碳酸盐复合物 $TcCO_3(OH)_2°(aq)$和 $TcCO_3(OH)_3$是氘的唯一非水解水性络合物，科学家给出了吉布斯自由能形成值(ΔG_f, 298°)。$TcCO_3(OH)_2°(aq)$和 $TcCO_3(OH)_3$相关的热力学常数是以形成固体 $TcO_2 \cdot xH_2O$ 时是否存在 CO_2(气体)的溶解度研究为基础的。但没有独立的测量结果来验证 Tc(Ⅳ)碳酸水溶液复合物的组成和热力学性质。

碳酸钇(Ⅳ)络合物可能会在近中性和/或碱性 pH 值条件下影响 Tc(Ⅳ)的水分形态和溶解度。一些相关的研究结果表明其会形成 Tc(Ⅳ)碳酸水溶液复合物，一些科学家给出了用 Tc(Ⅲ)和 Tc(Ⅳ)合成含碳酸盐复合物的光谱证据。还有一些科学家研究了金属还原细菌 Shewanella Putrefaciens CN32 对电子供体的影响以及溶解碳酸氢盐的存在对 Tc(Ⅶ)酶还原的影响。基于在碳酸氢盐溶液中进行的实验结果，人们提出了在电泳迁移率中超过 Tc(Ⅶ)的可溶性带负电荷的 Tc(Ⅳ)碳酸盐络合物的形成机制，并且认为其可能在中性和碱性 pH 值下对溶解的 Tc(Ⅳ)的形态起主导作用。鉴于阴离子水性络合物在近中性和碱性 pH 条件下不容易吸附于地壳物质中，科学家认为阴离子 Tc(Ⅳ)碳酸盐络合物的形成可能是减少地球化学环境中锝迁移的重要因素。通常情况下，人们喜欢假设在还原环境中的锝迁移率受 Tc(Ⅳ)水合氧化物的低溶解度以及 Tc(Ⅳ)水解复合物吸附的制约。考虑到溶解的碳酸盐在地表和地下环境中普遍存在，因此需要进行进一步的研究以确定碳酸铯(Ⅳ)络合物的组成和热力学性质。

如前所述，溶解的 EDTA、HEDTA、NTA、柠檬酸盐、氢乙酸(或乙醇酸盐)、TBP 和氰化物与锝的潜在络合能力对 Hanford 地下储罐中特定站点的锝的化学状态和分布环境具有重要影响。人们对 Hanford 场地包含的放射性核素的水分形态和溶解度以及 Hanford 场地地下储罐中的液体和固体废物的化学性质进行了详细的比对、分析与研究，并通过搜索稳定常数数据库以确定是否存在能用于计算含有任何这些配位配体的锝水性物质的热力学分布的数据。数据库中包含了 Tc(Ⅶ)和 Tc(Ⅳ)氧化态，但并没有给出与 EDTA、HEDTA、NTA、TBP、柠檬酸盐、氢乙酸(或乙醇酸盐)的 Tc(Ⅶ)和 Tc(Ⅳ)水复合物或氰化物相关的任何稳定常数。在被广泛接受的数据库中没有这些复合物的热力学数据并不意味着这种复合物不重要。数据库中缺乏上述物质的热力学常数表明，从确定其热力学常数的角度和/或可用于这种络合物的数据是可疑的并且可能需要进行额外的研究和独立测试，有可能人们尚未研究这种络合物的形成问题。以上数据库是 NIST 经过精选的稳定常数的计算机化数据库，目前最新的版本是 6.0，该版本可从 NIST 处获得，这种计算机化数据库取代了以前出版的稳定常数的印刷本，可用于无机复合物稳定常数的确定。

一些科学家对现有的关于锝与氰化物和氧氯氰化物络合的研究成果进行了系统的梳理，进而得出了复合物形成的一些认识，比如 $Tc(Ⅶ)O(OH)_2(CN)^{4-}$、$Tc(Ⅴ)O(CN)_5^{2-}$、$Tc(Ⅴ)O_2(CN)_4^{3-}$、$Tc(Ⅵ)NCl_3(CN)$不能用于这些化合物。

还有一些科学家梳理了有关核燃料后处理技术中关于锝溶液的文献，认为锝与氨基多羧酸盐可形成稳定的络合物，其中EDTA是最常见的。一些科学家借助离子交换法研究了锝与氨基多羧酸盐的络合问题，基于系统的不可逆性确定了[Tc(Ⅳ)OOH(EDTA)]$^{3-}$形成的稳定常数(logK)为19.1。随后的研究发现该EDTA络合物的净电荷为-2，络合物可为[Tc(Ⅲ)OH(EDTA)]$^{2-}$、[Tc(Ⅳ)O(EDTA)]$^{2-}$或[Tc(Ⅴ)O(OH)(EDTA)]$^{2-}$，人们基于锝氧化态的相对稳定性提出该复合物最有可能是Tc(Ⅲ)-EDTA复合物，并给出了形成Tc(Ⅳ)-NTA配合物的稳定常数。这些常数如下，对于[Tc(Ⅳ)OOH(NTA)$_2$]的[Tc(Ⅳ)OOH(NTA)]^{2}的$\log K_1$为13.8；对于[Tc(Ⅳ)OOH(NTA)$_2$]^5)的$\log K_1 K_2$为28.7，其中K_1和K_2是$TcOOH^+$与NTA^{3-}逐步络合的形成常数。

(3) 溶解度的制约作用

[Tc(Ⅶ)，TcO_4]$^-$是高度可溶的，并且其在土壤系统中不存在形成过程的溶解度控制阶段。如前所述，Tc(Ⅶ)可以通过生物和非生物过程降低到Tc(Ⅳ)。这种降低会导致因可溶性固体$TcO_2 \cdot nH_2O$的沉降而使地球化学环境中锝的溶解浓度发生降低。

人们已经对固体$TcO_2 \cdot nH_2O$的性质和水合数进行了大量的研究，但有关该固体的特征数据仍有限，不同的研究者提出了不同的组成方式，比较有代表性的组成形式是TcO_2(cr)、$TcO_2 \cdot nH_2O$、$TcO(OH)_2$和$Tc(OH)_4$，该固体被认为是基本无定形的，之所以这样认为是因为没有对不同的非生物和生物过程形成的$TcO_2 \cdot nH_2O$样本的X射线衍射特征进行研究和比较。人们研究了1~10pH值的$TcO_2 \cdot nH_2O$的溶解度，确定锝固体的水合数分别为0.44~4.22和1.38~1.81，分别代表了从酸、碱溶液中沉淀的固体。对用于$TcO_2 \cdot nH_2O$的数值有建议取1.6，但水合数的确切值对溶解锝的溶液的化学特性以及预测锝的环境迁移并无影响。

图9-2-13显示了$TcO_2 \cdot 1.6H_2O$(am)的预测稳定性范围(即过饱和区域)，并将其作为在25℃下计算的Eh和pH值的函数，同时假定浓度为1×10^{-7}mg/L的总溶解锝中没有溶解的碳酸盐。总溶解锝的浓度小于约1×10^{-7}mg/L、低于预计的$TcO_2 \cdot 1.6H_2O$的溶解度(am)。图9-2-13是以环境中不存在溶解碳酸盐为前提的。

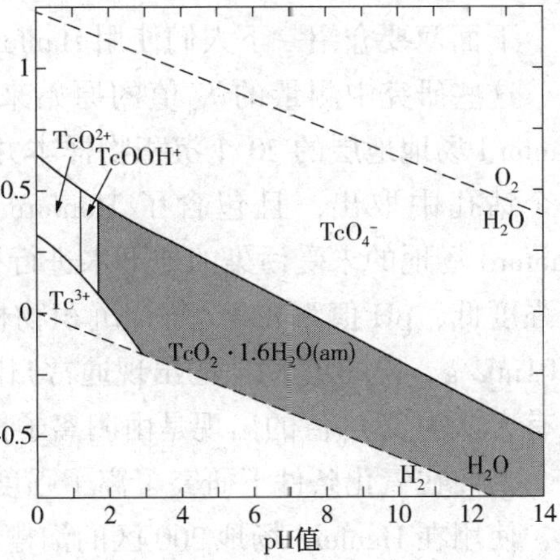

图9-2-13 固体无定形$TcO_2 \cdot 1.6H_2O$的溶解度超过锝的Eh-pH区域(阴影区域)

科学家发现在还原硫化铁体系中，通过FeS固体(麦草酸)共沉淀可将Tc(Ⅶ)还原成Tc(Ⅳ)。但由于沉淀物结构不良，无法确认Tc(Ⅳ)是否渗入FeS固体的结构中或作为不同的锝固相而沉淀。他们的X射线吸收光谱(XAS)结果表明，在上述条件下锝的还原可能会沉淀出TcS_2样相。

(4) 锝的吸附作用

人们已经对沉积物、土壤、纯矿物、氧化物相和粉碎岩石材料对锝的吸附进行了大量研究，这些研究包括主要用于Tc(Ⅶ)的分配系数K_d的测量值，但在锝的表面络合

(机械)吸附方面的研究仍很欠缺。

氧化条件下的主要锝水性物质是Tc(Ⅶ)氧阴离子TcO_4^-(图9-2-12和图9-2-5),其是高度可溶的并且基本上不吸附。在常规环境和碱性pH值条件下阴离子(比如TcO_4)的吸附非常低甚至可为零,并且在pH值小于5时会随pH值的降低而增大。锝(Ⅳ)被认为是基本不可移动的,因为它容易沉淀为易溶于水的氧化物,并与铁和铝的氧化物以及黏土上的表面位点形成强的配合物。

① 锝沉积物的研究

对有机材料含量低的土壤而言,相关报告给出的Tc(Ⅶ)的K_d值为0~0.5mL/g,当然其大多数值小于0.1mL/g。人们已经发现Tc(Ⅶ)的吸附与土壤的有机碳含量呈正相关关系,但有关有机材料对土壤中Tc(Ⅶ)吸附影响的研究仍非常有限。科学家报告了一个极端的例子,其K_d值大于2mL/g,该值是基于加拿大前寒武纪地盾中干泥和孔隙水分析的原位K_d值。在有机材料以及含有还原化学成分(比如Fe(Ⅱ)和硫化物)的粉碎岩石和矿物质的实验中,人们观察到的Tc(Ⅶ)的可测量吸附归因于Tc(Ⅶ)降低至Tc(Ⅳ)以及随后Tc(Ⅳ)的离散沉淀和/或固相的共沉淀,这种现象与表面吸附过程相反。

科学家编制了Hanford场地沉积物测量获得的K_d值,并将其用于放射性核素和其他有毒成分对Hanford场地渗流区和地下水环境的影响分析中,根据分析得出了相关的结论,即几乎所有与Hanford场地渗流区和上层无限含水层相关的地球化学条件中Tc(Ⅶ)的吸附量较低。在NIST数据库,锝的K_d值通常为0~0.1mL/g,且在几个项目中出现了1mL/g左右的值,因此,科学家认为这种高偏差与Hanford场地沉积物报告的最高K_d值有关。

下面简要介绍一下人们使用Hanford场地沉积物样本完成的几项锝的K_d值的研究结果,这些研究中测量的K_d值的原始来源是EPA。科学家使用批量平衡技术来测量在Hanford场地地层的20个沉积物样本并在氧化条件下得到了锝的K_d值。沉积物样本从一个钻孔中取出,且包含了Hanford地层三层的土芯。每个沉积物样本均与来自Hanford场地的未受污染的地下水进行平衡,在K_d测量之前加入^{99}Tc。地下水溶液的离子强度低,pH值为8.4。每个沉积物样本中3次重复测定的锝的平均K_d值为-0.04~0.01mL/g。锝的负K_d值的出现通常归因于与测量非吸附溶质浓度相关的实验误差,但也有人认为负K_d值的出现是由阴离子排除效应引起的。

人们在氧化条件下研究了离子强度和高pH值对Hanford现场沉积物中锝吸附的影响,使用在Hanford场地200区的沟槽AE-3中收集的粒径小于2mm的沉积物进行分批吸附实验。沉积物的特征为具有6.4meq/100g的阳离子交换容量(CEC)的粉质壤土。沉积物的碳酸盐成分主要是方解石。基于对附近地区沉积物的分析、按质量分数计,预计的沟槽AE-3样本含有约0.2%~0.5%的非晶态Fe_2O_3;粒径不超过2mm尺寸的部分含有41%沙、50%粉砂和9%黏土;沉积物的黏土组分主要包括蒙脱石(57%)、伊利石(19%)和蛭石(14%),选择用于吸附研究的地下水是Hanford现场具有低离子强度、pH值为8.4的未受污染的地下水,通过加入0.05M、0.10M、0.50M和1.00M $NaClO_4$来研究离子强度对锝吸附的影响,为了研究高pH值对锝吸附的影响又加入了NaOH分离地下水样本，从而将 pH 值调节至 8.1、9.9、10.2、11.0、11.9，根据实验条件和地球化学条件，用这些修正后的地下水平衡沉积物进行模拟计算，假定辐射的锝以 Tc(Ⅶ)阴离子 TcO_4的形式存在。在离子强度和 pH 值实验中重复测量三个锝的值获得平均 K_d值(表 9-2-6)。在 1.00M $NaClO_4$溶液中测定时获得的锝的高 K_d值(3.94mL/g)的原因尚不清楚。一些人推测，通过减少沉积物颗粒周围的双层构造物质，较高的离子强度允许锝与矿物表面发生更大的相互作用。在 NaOH 调配的溶液中，pH 值大于 8.8 的锝的 K_d值(即 1.04~1.07mL/g)大于预期值，上述超过预期值的原因目前尚不清楚。

表 9-2-6　氧化条件下 Hanford 沟槽 AE-3 沉积物

(CEC=6.4meq/100g)的锝 K_d 值　　mL/g

pH 值	K_d/(mL/g)	溶液
7.74	-0.16±0.04	地下水+0.05M $NaClO_4$
7.76	-0.13±0.00	地下水+0.1M $NaClO_4$
7.73	-0.28±0.01	地下水+0.5M $NaClO_4$
7.70	3.95±0.99	地下水+1.0M $NaClO_4$
8.10	-0.02±0.01	地下水+NaOH
9.90	1.04±0.06	地下水+NaOH
10.2	1.05±0.02	地下水+NaOH
11.0	1.07±0.05	地下水+NaOH
11.9	1.07±0.03	地下水+NaOH

人们还利用批次技术测量锝的 K_d值，比如氧化锆(样本 TSB-1)、粉质壤土(样本沟槽 AE-3)和非常粗糙的沙(样本沟槽)中的 TcO_4^-。测量使用从位于 Hanford 现场未受污染地区的井中获取的地下水样本(pH 值=8.3)进行。接触时间为 266 天的 K_d值在所有沉积物中都非常低，其值为-0.18L/mg。

人们也测量了 Hanford 现场 200 个位点的 TcO_4沉积物样本的 K_c值。在氧化条件下进行的吸附测量使用的是 Hanford 现场 699-S3-25 井的未污染地下水(pH 值=8.46)。人们利用批量平衡法测定了以下三种沉积物样本的 TcO_4吸附值，即第 94 号沟槽、沟槽 AE-3 和 TSB-1。人们没有观察到显著的 TcO_4吸附现象。沟槽 94 和沟槽 AE-3 沉积物接触 30 天后测得的平均 K_d值分别为-0.02mL/g 和-0.05mL/g。人们还研究了接触时间(7~398 天)对 TcO_4吸附这些沉积物的影响。所有三种沉积物从短时间接触到 300 天，K_d值随接触时间微有负向变化，其值范围为-0.18~0.11mL/g。

人们在氧化条件下利用分批平衡法测量来自 Hanford 地层的两个壤土(样本 TBS-1 和 Trench-8)和一个沙土(样本 CGS-1)上 Tc(Ⅶ)的 K_d值。利用 Hanford 场地的未污染地下水(pH 值=8.14)样本进行测量。沉积物样本的特征显示，它们含有非常少的无定形或结晶水合的含水铝、锰和氧化铁以及含量非常低的有机碳，以上特征是通过羟胺-盐酸盐萃取测定的。接触 35 天后，CGS-1、TBS-1 和 Trench-8 沉淀物悬浮液的 pH 值分别为 7.9~8.4、8.0~8.4 和 8.22。没有测量出锝的显著吸附问题。35 天 CGS-1 沉积物中 Tc(Ⅶ)的 K_d值为 0.1mL/g、TBS-1 沉积物的 K_d 值为 0.1mL/g，44 天时 Trench-8 沉积物的 K_d 值为 0.2mL/g。

人们还利用两个 Hanford 场地沉淀物和一系列合成地下水解决方案对锝的吸附行为进行了批量平衡研究和不饱和流动柱研究。沉积物包括来自 Ringold 组(深层沉积物)的样本和 Hanford 场地的地表土壤样本。除了黏土矿物的结晶度外，两种沉积物在黏土矿物学的特征相似。人们设计合成地下水溶液的成分以模拟溶液的组分，因为初始时溶液会随着沉积物的干燥和饱和而与之接触，其通过干燥沉积物的渗透性也会逐渐发生变化。通过实验，人们发现锝的吸附率低，锝的 K_d值与土壤类型、溶液组成、pH 值和接触时间无关。两个沉积物样本的锝 K_d值在 8.5 天时为-2.34~1.27mL/g，在 21.5 天时为-2.77~0.57mL/g。

② 其他地质沉积物中锝的研究

人们已经对纯矿物、氧化物相和粉碎岩石材料中的锝进行了大量的锝吸附研究。涉及许多纯矿物和氧化物的研究工作已经完成，人们更大的研究兴趣在于开发可以添加到废物流中的吸气剂(吸附剂)和用于去除和/或固定溶解的碘的定制化屏障。对具有降低 Tc(Ⅶ)至 Tc(Ⅳ)能力的矿物，通常可观察到锝的高吸附现象，比如黄铜矿、黄铁矿等硫化物矿物。人们测量了用于吸附锝的硫化物矿物的 K_d值为 100~2000mL/g，这些矿物有褐铁矿、黄铜矿、黄铁矿、钛矿四面体等。但对于无水石膏、玄武岩、花岗岩和凝灰岩之类的非硫化物材料，测得的锝 K_d值小于 1mL/g。人们通常将碎石岩中锝的吸附研究作为国家研究计划的一部分以调查高放射性废物(HLW)地质处置的可行性。如前所述，在氧化条件下进行的实验中测量的 Tc(Ⅶ)值和含有还原化学成分的地壳物质(比如 Fe(Ⅱ)和硫化物)的大 K_d值可能归因于将 Tc(Ⅶ)还原为 Tc(Ⅳ)以及随后的 Tc(Ⅳ)离散固相沉淀和/或共沉淀。

9.2.6 铀及其环境行为

铀(U)(原子序数 92)是元素周期分类的ⅢB 族元素中的锕系元素或锕系元素的成员。Hanford 场地处理和现场修复活动主要关心的铀同位素包括^{235}U 和^{238}U。这两种铀同位素都存在于天然存在的铀中。^{235}U 和^{238}U 的半衰期($t^{1/2}$)分别为 7.04×10^8年和 4.47×10^9年。

由于铀作为能源和地质年代学指标的重要性，铀的地球化学行为得到了广泛的研究和关注。近 30 年来，铀地球化学和矿物学的研究主要集中在废弃核燃料和相关核废料在地下储层中处置的问题以及铀污染废物的处置；以及与铀矿、炼铁尾矿、核能和武器生产设施有关的土壤和地下水的修复及安全处置问题。人们还对铀矿床进行了大量研究，将其作为可能的天然类似物以解决核废料地质储藏库的长期运作问题。目前人们已经对铀的地球化学行为进行了大量的研究工作，研究工作涉及铀的矿物学、地球化学和环境行为等若干方面，比如铀矿物的矿物学和成岩作用评估；铀矿床的起源；天然液中铀的地球化学行为；铀地球化学的环境因素(比如微生物影响，地下水污染和核废料处置)；用于表征铀相的相分析技术。

(1) 铀的氧化态

铀可以在水环境中以+3、+4、+5 和+6 的氧化态形式存在。人们发现，在大多数还原条件下自然界中溶解的U(Ⅲ)容易氧化成U(Ⅳ)。U(Ⅴ)含水物质(UO^{2+})容易歧化成U(Ⅳ)和U(Ⅵ)。因此，U(Ⅳ)和U(Ⅵ)(即铀酰)是自然环境中最常见的铀的氧化态。在温和氧化还原环境中铀将以+6价态存在。铀的+4价态在降解条件下是稳定的，且被认为是相对不动的。在预期的天然水还原条件和pH值条件下，U(Ⅳ)会形成微溶性矿物质，比如沥青铀矿(UO_2)。

与锝的氧化/还原一样，通过非生物和生物过程将U(Ⅵ)还原为U(Ⅳ)在最近受到了相当大的关注，因为铀的氧化态对其在自然环境中迁移的流动性具有显著的影响。这些反应过程是某些修复技术的基础，比如由零价铁颗粒(即以金属铁形式存在的物质)或连二亚硫酸钠还原的土壤组成的渗透屏障。U(Ⅵ)的微生物降解也被认为是从污染水域和土壤中去除铀的潜在方法。

(2) 铀的水化形态

一些科学家对铀热力学有强烈的争议，为此，对无机铀化合物的化学和可用热力学数据进行了审视。图9-2-14是基于来自热力学数据的铀水解的Eh-pH图，是在没有氢氧化物以外的溶解络合配体的情况下计算铀总浓度为10^{-7}mol/L(24μg/L)的图。图9-2-14的依据是25℃、浓度为10^{-7}mol/L的总溶解铀。饮用水标准(DWS)中铀的临时值20μg/L。

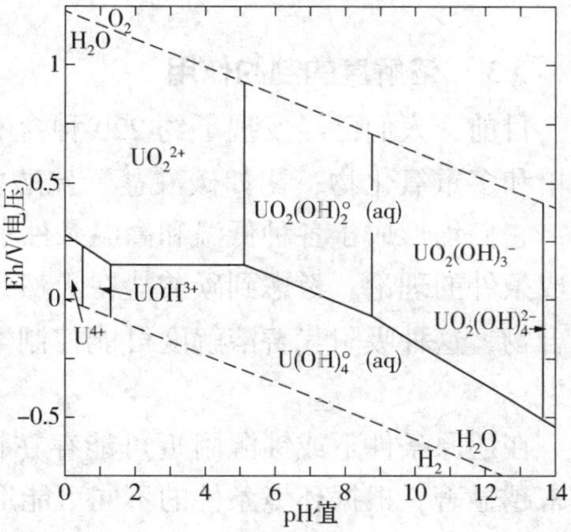

图9-2-14 U(Ⅵ)和U(Ⅳ)在其他络合配体中的水解的Eh-pH图

U(Ⅵ)和U(Ⅳ)的显性未复合和水解物质显示在图9-2-14中，它们是Eh值和pH值的函数。图9-2-14清楚地表明，在氧化和温和还原条件下，U(Ⅵ)物质在整个pH值范围内占主导地位。在pH值不超过5时，U(Ⅵ)的水解不会变得很明显。在不含氢氧化物以外的其他络合配体的情况下，主要的U(Ⅵ)种类是pH值小于5的$UO_2{}^{2+}$、pH值介于5和9之间的$UO_2(OH)_2{}^{\circ}$(aq)、在pH值介于9和14之间的$UO_2(OH)_3{}^{-}$。在铀浓度大于约1，000μg/L溶解U(Ⅵ)、pH值在5以上时，多核物种$(UO_2)_3(OH)_5{}^{+}$和$(UO_2)_2(OH)_2{}^{2+}$开始主导U(Ⅵ)的水解，并导致U(Ⅵ)浓度的增加。在还原条件下U(Ⅳ)稳定。在pH值大于2时，U(Ⅳ)的水解由中性物质$U(OH)_4{}^{\circ}$(aq)支配(图9-2-14)。

图9-2-15显示了以含量分别为0.024mg/L(10^{-7} mol/L)、22mg/L、1.7mg/L、67.5mg/L和108mg/L的溶解铀、氯化物、硝酸盐、碳酸盐和硫酸盐的总浓度计算的主要铀水性物质的Eh-pH图。为这些配体选择的浓度是以Hanford场地未污染地下水的组成为依据的。图9-2-15表明，对pH值小于3的铀的水分形态起控制作用的是硫酸盐络合物。在较高pH值下，U(Ⅵ)的形态主要由一系列强酸性碳酸盐配合物主导，这些配合物增加了环境条件中铀的溶解度。因为阴离子在碱性pH条件下不容易吸附到矿物表面上，所以在pH值大于6时，U(Ⅵ)碳酸盐络合物水溶液的阴离子电荷会导致其

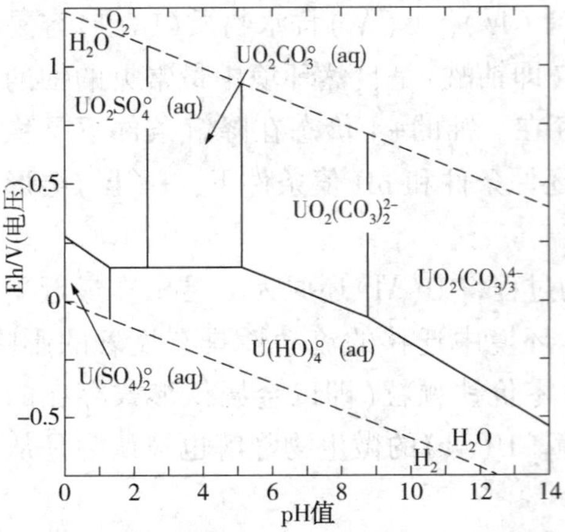

图 9-2-15　铀的主要水性配合物的 Eh-pH 图

吸附力的降低，从而增加了铀的流动性。Hanford 场地渗流带和最深含水层上界环境中含有足够的碳酸盐浓度，从而使铀的水化形态被这些铀酸盐复合物占据。Hanford 场地区域 B-BX-BY 的现场调查报告中介绍了井眼 299-E33-45 渗流区孔隙水中碳酸铀酯占优势的直接证据。在 pH 值大于 2 的还原条件下，在溶解的氯化物、硝酸盐、碳酸盐和硫酸盐存在时，U(Ⅳ)的形态以 $U(OH)_4^{\circ}$(aq)为主导(图 9-2-15)。图 9-2-15 的依据是 25℃时溶解的氯化物、硝酸盐、碳酸盐和硫酸盐存在，总溶解铀浓度为 10^{-7}mol/L。

(3) 溶解度的制约作用

目前，人们已经发现了约 220 种含有铀作为必要结构成分的矿物，其中包括多种简单和多重氧化物，比如碳酸盐、硫酸盐、钼酸盐、磷酸盐、砷酸盐、钒酸盐和硅酸盐，它们均形成于各种低温和高温条件下。在 1999 年系统地提出了关于铀矿物结构和形成条件的理论。考虑到碳酸盐在天然系统中无处不在，并会形成含水 U(Ⅵ)碳酸盐络合物，这种吸附代替溶解度可能控制氧化条件下 U(Ⅵ)浓度较稀的溶解铀离子源铀污染。

在还原条件下或铀源附近可能存在铀浓度，铀矿物溶解、沉淀和共沉淀过程变得越来越显著，根据环境条件的不同可能形成几种铀(共)沉淀物。由于 U(Ⅳ)在还原条件下的溶解度低，上述过程对沉积物、地下水和地质构造中的 U(Ⅳ)浓度有很大影响。沥青铀矿(组成范围从 UO_2 到 $UO_{2.25}$)和 Coffinite($USiO_4$)是铀的两个最重要的矿物。

铀的总浓度为 10^{-7}mol/L(24μg/L)，这是用于计算图 9-2-14 和图 9-2-15 的铀的总浓度，沥青铀矿计算在还原条件下是过饱和的。图 9-2-16 的计算方法与图 9-2-15(铀、氯化物、硝酸盐、碳酸盐和硫酸盐的总浓度分别为 0.024mg/L、22mg/L、1.7mg/L、67.5mg/L 和 108mg/L)相同。图 9-2-16 显示了在这些条件下超过沥青铀矿溶解度的大的 Eh-pH 区域(阴影区域)。增加溶解铀的浓度会使沥青铀矿过饱和的 Eh-pH 区域扩大到较低的 pH 值范围和稍高的氧化条件中。在用于确定图 9-2-16 的地球化学条件下，热力学计算无法确认任何能够控制溶解的 U(Ⅵ)的潜在的溶解度。图 9-2-16 的依据是 25℃，总溶解铀浓度为 10^{-7} mol/L，存在溶解氯化物、硝酸盐、碳酸盐和硫酸盐。

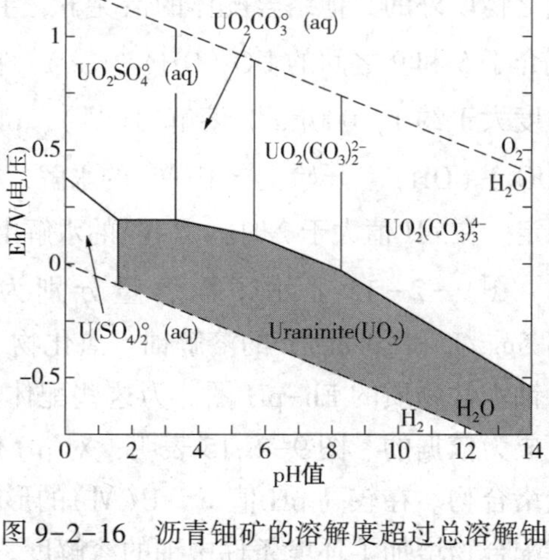

图 9-2-16　沥青铀矿的溶解度超过总溶解铀浓度的主要含水物种的 Eh-pH 图(阴影区域)

U(Ⅵ)矿物溶解过程对氧化条件下铀源

附近的环境行为也具有重要性，其中可能存在高浓度的铀。典型的环境主要包括以下情况：铀矿床的氧化溶解；铀加工设备或储罐的液体废物排放以及铀污染的固体或土壤的处置场所等。在这些环境中，对 U(Ⅵ)具有潜在控制意义的重要的矿物溶解度包括复合矿($K_2U_6O_{19}\cdot 11H_2O$)、铀烷[$Ca(UO_2)_2(SiO_3)_2(OH)_2\cdot 5H_2O$]、螺栓木[$K(H_3O)\cdot 1.5H_2O$]、Sklodowskite[$Mg(UO_2)_2(SiO_3)_2(OH)_2\cdot 5H_2O$]、贝母($CaU_6O_{19}\cdot 10H_2O$)、Carnotite[$(K_2(UO_2)_2(VO_4)_2\cdot 3H_2O(UO_3)\cdot 2H_2O$]、红花苜蓿($UO_2CO_3$)、云母[$Ca(UO_2)_2(VO_4)_2\cdot 5-8H_2O$]、自由基[$Ca(UO_2)_2(PO_4)_2\cdot 10-12H_2O$]、钾钙铀云母(Potassium Autunite)[$K_2(UO_2)_2(PO_4)_2\cdot 10-12H_2O$]。

铀近源释放时，其溶解过程对充水期间的部分饱和水或完全干燥的沉积物(比如地表土和渗流区的沉积物)特别重要。在上述条件下，残留孔隙流体中的铀浓度可能会超过含有 U(Ⅵ)的矿物质和/或其他矿物(比如氧化铁的共沉淀物)的溶解度极限。一些典型 DOE 场地(比如 Hanford，Fernald，OakRidge 和 Savannah River Sites 等地区)的特征研究表明，这些地点处理或泄漏含铀液体废物所污染的沉积物和土壤可能含有含铀矿物或共沉淀物。

人们已经进行了大量的表征性系列研究以确定铀在废物污染物沉积物样本中的形态和氧化态特征，这些铀是从钻孔(299-E33-45)穿越废液后立即钻到 Hanford 场地的地下储罐 241-BX-102 位置获得的。相关的研究结果表明，铀在+6 价态沉淀，并会在污染的渗流带沉积物中形成离散的颗粒或颗粒聚集体。科学家利用 X 射线探针(XMP)、X 射线吸收精细结构(XAFS)、X 射线吸收近边缘结构(XANES)、电子探针(XNAS)等分析了 241-BX-102 的核心污染沉积物的薄片(EMP)和 SEM。研究结果表明，铀颗粒的直径通常为 1~3μm，有时会形成辐射针状晶体簇。科学家还发现，铀颗粒出现在沉积物的微裂缝中，其与各种可能是沉淀表面催化剂特定沉积物的矿物相没有任何关联。相关的化学分析表明，铀颗粒是由铀、硅、氧、钠和钾组成的。科学家提出了螺栓木、钠-螺栓木[$(Na,K)(UO_2)(SiO_3OH)\cdot 1.5H_2O$]和 Weeksite[$K_1-xNax(UO_2)_2(Si_5O_{13})\cdot 4H_2O$]作为沉积物样本可能存在铀相的标识。人们还借助 XAFS 光谱和 X 射线荧光微探针分析以研究从 BX-102 钻孔采集的样本中铀的形态和空间分布，但并没有发现通过原位沉淀物还原固定铀的任何证据。科学家通过分析认为，铀颗粒潜在地由铀烷、螺石或这两种矿物的混合物或固溶体组成。人们还使用激光诱导荧光光谱(LIFS)来表征 BX-102 核心沉积物样本中存在的铀相，他们的 LIFS 研究结果表明，沉积物中的铀颗粒潜在地由磷酸铀酯(比如，磷啉[$KCa(H_3O)_3(UO_2)_7(PO_4)_4O_4\cdot 8H_2O$])或咔咔啉或硅酸铀酰(比如，Soddyite[$(UO_2)_2SiO_4\cdot 2H_2O$]、铀烷或螺栓木)组成。

人们还对 Hanford 场地 300 区的近地表废物中收集的铀污染沉积物进行了有关表征、浸出和吸附/解吸方面的研究。扫描电子显微镜和分子探针分析表明，土壤样本中的铀可能以共沉淀物和/或离散的铀颗粒的形式存在。完整的详细分析结果尚无法给出铀相的确切识别依据，相关的分析仅表明铀会以+6 价态存在。分子探针数据表明，晶体铀相最可能是 Clarkeite[$(Na,Ca,Pb)_2(UO_2)O(OH)\cdot 0-1H_2O$]或铀烷。扩展的 X 射线吸收精细结构(EXAFS)分析表明，基于原子间距离考虑，含有 U(Ⅵ)的相可能是铀酰磷酸盐和/或硅酸盐。但激光荧光光谱测量表明，铀污染的沉积物不含磷酸铀酰。

人们调查了离子交换技术从污染的地下水中去除溶解的铀的情况，这些污染的地下水位于 Hanford 场地当时新开的 216-U-16 和退役的 216-U-1 和 216-U-2 废液处理废弃物的隔离区。人们对这些隔离区附近的井的地下水样本进行分析，分析结果显示，溶解铀以 $UO_2(CO_3)_2^{2-}$ 之类吸附不良的含水阴离子 U(Ⅵ)碳酸盐复合物的形式存在(图 9-2-15 中的形态)。来自 299-W19-11 井的沉积物样本的 X 射线衍射(XRD)分析表明，沉积物矿物主要由石英、伊利石和长石组成。从 299-W19-11 井深度 10.8m 处获得的沉积物中也发现了含有铀矿形式的铀沉淀物，后来这些沉积物中的铀又被附近冷却水处理形成的水流排放了出去。

人们还使用分析电子显微镜(AEM)与电子衍射结合来鉴定位于俄亥俄州 Fernald 前铀生产设施的 DOE 铀污染土壤中的元钇[$Ca(UO_2)_2(PO_4)_2 \cdot 2\text{-}6H_2O$]、尿苷和锇酸铀[$U(PO_3)_4$]。研究后发现，来自 Fernald 污染土壤中的以铀类钙钛矿矿物相和类似矿物的形式存在。人们在研究过程中借助 X 射线吸收、光学发光和拉曼振动光谱以及能量色散扫描电子显微镜和粉末 X 射线衍射来鉴定铀相。

科学家还采用 X 射线衍射(XRD)和扫描电子显微镜(SEM)对田纳西州橡树岭 DOEK-25 位点上两个铀污染点(K311 和 K1300)的土壤样本进行能量色散 X 射线光谱(EDS)检测，确认了主要的铀固体，在 K311 现场土壤中分别得到了 Schoepite、Uranophane 和 Coffinite，发现 K1300 土壤中含有 U-Ca-氧化物和 U-Ca-磷酸盐固体。

人们利用微 X 射线吸收和微荧光光谱法检测了南卡罗来纳州艾肯附近的能源部萨凡纳河流域的铀污染土壤。研究发现，在萨凡纳河流域的污染沉积物中没有发生铀显著减少的现象，铀的存在形式主要与土壤中的有机和无定形铁相相关。通过荧光光谱分析，认为铀可能以无定形羟基-铀酰相的方式存在。

前面所述自由基是指一组通式为 $R_2+(UO_2)_2(XO_4)_2 \cdot nH_2O$ 的次级 U(Ⅵ)矿物，其中 R_2代表 Ca、Cu、Mg、Ba、Na 等金属，XO_4代表 PO_4或 AsO_4。

(4) 铀的吸附行为

铀对地壳物质的吸附行为一直是人们广泛关注和研究的课题，这些研究大多都与 U(Ⅵ)的吸附有关。与 U(Ⅵ)的吸附研究相比，人类对 U(Ⅳ)的吸附研究相对欠缺一些，由于在还原条件下 U(Ⅳ)的溶解度低，因而人们认为其移动性相对较低。目前，人们开始关注 U(Ⅳ)吸附的研究问题，以便为深层结晶岩层中高放射性废物地质处置的安全评估提供支持。这类 U(Ⅳ)吸附研究通常借助与候选储存库位点(EPA 1999b)的地质构造相关的破碎岩石或单一矿物相完成，进而对其表征进行描述。由于这种地壳物质与渗流区中存在的沉积物或土壤无关，因此本节不再对此展开进一步的阐述。如图 9-2-14、图 9-2-15 所示，在整个 pH 值范围内预期的显著的 U(Ⅳ)水性物质是以阳离子和中性的形式存在的。因此，可通过主要阳离子和中性水性物质存在的其他金属的吸附行为作为参照，在强酸性条件下，U(Ⅳ)对沉积物的吸附应该是最小的，且会随 pH 值的增加而增加，尤其是在近中性 pH 值范围内，其在碱性 pH 值条件下会达到最大值。需要强调的是，在导致非常大的吸附(比如 K_d值)出现的还原条件下进行的铀吸附测量结果可能会受到 U(Ⅳ)沉淀反应的影响，因此，其不能代表在矿物表面上真正发生的铀吸附。在使用新鲜破碎的岩石材料进行实验的过程中，铀吸附测量也可能受到研究方法的不利影响，这些方法是利用暴露于二氧化铁[Fe(Ⅱ)]表面的介导还原反应将U(Ⅵ)还原为表面U矿物。

① 铀的一般吸附行为

EPA经常分阶段地公布铀吸附研究的总结报告。铀(Ⅵ)吸附涉及各种矿物和相关阶段，包括黏土、氧化物和硅酸盐以及天然有机材料。人们发现，影响铀迁移的重要环境参数包括氧化/还原条件、pH值、络合配体的浓度(比如溶解碳酸盐)、离子强度和矿物学特征。

与大多数溶解的金属的吸附一样，U(Ⅵ)的水形态特征决定于pH值和固体可变带电表面上交换位置的数量，比如铁、氧化铝和天然有机物质之类的固体。图9-2-17是对图9-2-16的改进，其将U(Ⅵ)的K_d值作为pH值的函数给出了相应的分布规律，图9-2-17中y轴上的值是以log10为单位给出的。根据吸附剂的不同，在含碳酸盐水溶液中，通过沉积物和单矿物相测得的U(Ⅵ)吸附量在pH值小于3时比较低，pH值从3增加到5时吸附量迅速增大，pH值范围为5~8时达到最大值，pH值大于7后会随pH值的增加而降低(见图9-2-17)。这一趋势与前述大量的原位K_d值类似，比如对单一矿物相中测得的铀的百分比吸附值，这些矿物有氧化铁、黏土、石英等。

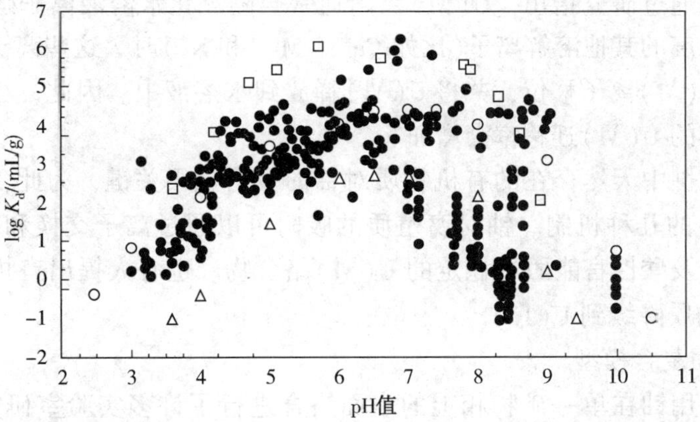

图9-2-17　以pH值为基数在含碳酸盐水溶液沉淀物和单一矿物相中U(Ⅵ)的K_d值分布

图9-2-17中绘制的铀K_d值表达的是在任何通常pH值下会出现的几个数量级的辐射情况。这种辐射会从pH值5以下时的约3个数量级增加到pH值5~7时的3~4个数量级，并且在pH值为7~9时增加到4~5个数量级。在最低和最高pH值区域，会观察到一到两个变异性数据，这些数据实际上表示的是小于10mL/g的铀K_d值。在pH值小于3.5或大于8的情况下，该变异性小于1mL/g的K_d值。如图9-2-17所示，在给定pH值下K_d值的显著量变与土壤矿物学中的异质性有关，并且往往是与U(Ⅵ)吸附行为相关的重要因素。含有较大百分比的氧化铁矿物和矿物涂层和/或黏土矿物的土壤会表现出比石英和长石矿物主导的土壤更高的吸附特性，这种现象已经在Hanford场地沉积物中被发现。关于矿物学特征的铀吸附的这种变异性，人们借助铁水合物、高岭石和石英的吸附测量进行了充分的揭示。当然，目前公布的各类K_d值和吸附信息还存在很多偏差，这些偏差归因于不同的实验方法、土壤和矿物类型、时间的跨度(从几小时到几周进行的实验)以及其他因素，这些因素可导致各种错误发生。为此，EPA公布有专

门的分析报告。

图 9-2-17 中填充的圆圈表示从沉积物文献中编制的 U(Ⅵ)K_d值，见 EPA 1999b；开放符号表示科学家根据铀吸附测量估计的 K_d最大值和最小值；空心正方形符合用于铁水石，空心圆符合用于高岭石，空心三角形符合用于石英。

图 9-2-17 可观察到从酸性到接近中性 pH 值的 U(Ⅵ)沉积物吸附情况，图 9-2-15 可观察到在该 pH 值范围内吸附的增加归因于主要的 U(Ⅵ)水性物质是阳离子性和中性的。但随着碱性 pH 值的增加，U(Ⅵ)吸附会随后降低，这种现象源于显性 U(Ⅵ)水性物质的形成，这些物质是阴离子 U(Ⅵ)碳酸盐络合物，见图 9-2-15。在没有溶解的碳酸盐的情况下，铀对氧化铁和黏土矿物的吸附能力已被广泛的研究所证明，并且在接近和高于中性 pH 值下会保持最大值。然而，在碳酸盐和有机络合物存在的条件下，U(Ⅵ)吸附能力会表现出显著的降低或抑制。科学家对铀吸附的表面络合研究以及其他研究已经表明，在碱性 pH 条件下强阴离子 U(Ⅵ)碳酸盐络合物的形成会降低 U(Ⅵ)的吸附能力。中性 pH 值条件下，二氧化碳占比的差异也会对铀吸附产生很大影响。人们发现，当环境 CO_2从 0.03%升高到 1%时，吸附到水合铁水上的 U(Ⅵ)的百分比会从约 97%降低到 38%。

一些科学家通过研究指出，U(Ⅵ)吸附通常会随氧化水溶液离子强度的增加而增加。存在增加浓度的其他溶解离子(比如 Ca^{2+}、Mg^{2+}和 K^+)时，这些离子会使吸附在矿物表面部位的 U(Ⅵ)离子移位，并将 U(Ⅵ)释放到水溶液中。因此，在高离子强度解决方案中，预期的 U(Ⅵ)迁移率会增加。

沉积物和土壤中天然存在的有机物质对铀的吸附也很关键，为此，人们提出了有机物吸附 U(Ⅵ)的几种机制。铀对腐殖质的吸附可以通过离子交换和络合过程发生，并会导致形成涉及酸性官能团的稳定的 U(Ⅵ)络合物。也有人提出有机物质可能会将溶解的 U(Ⅵ)物质降级到 U(Ⅳ)。

② 铀的表面复合模型

人们已经利用铀在单一矿物相上的表面络合进行了许多实验室研究和建模研究。开发出了静电表面络合模型(SCM)以便为金属在矿物表面上的机械吸附特征描述提供依据。静电表面络合模型已被引入几个地球化学建模/反应代码中，比如 MINTEQA2，其可用于预测某些矿物相的 U(Ⅵ)吸附行为，其将 K_d值作为关键地球化学参数(比如 pH 值和溶解碳酸盐浓度)的函数对待。使用静电表面络合模型计算铀对重要土壤矿物质的吸附，获得的常数和可用性与任何其他痕量金属一样。人们已将上述模型用于铀对氧化铁吸附的研究、黏土吸附的研究、石英吸附的研究中。

人们在有关反应方程式的研究方面注重比较和推导以及与静电表面络合模型相关的反应，通常喜欢将其纳入地球化学模型的静电表面络合模型，包括扩散层模型(DLM)或扩散双层模型(DDLM)、恒定电容模型(CCM)、BasicStern 模型和三层模型(TLM)。

科学家使用批次吸附实验和表面络合模型对橡树岭、萨凡纳河和 Hanford 场地的沉积物和土壤样本 U(Ⅵ)的 pH 值依赖性吸附进行研究。来自 Hanford 场地的沉积物样本来自上罗林德组，从哥伦比亚河以上的白色布拉夫斯地区获得。一些科学家使用由

Waite 等人研究的用于 U(Ⅵ)吸附到水铁矿上的表面络合模型，将这些沉积物中的U(Ⅵ)吸附作为 pH 值的函数进行预测，该模型的应用需要假设这些沉积物样本中的所有连二亚硫酸盐-柠檬酸盐-碳酸氢盐可提取的铁氧化物都以水铁矿形式存在。科学家的建模结果定性预测了含碳酸盐体系中 U(Ⅵ)对这些沉积物的 pH 值依赖性吸附的主要特征。一些科学家提出，这种建模方法可用于评估地球化学系统中 U(Ⅵ)的相对迁移率，确认 U(Ⅵ)吸附到地壳物质上的强弱。表面络合模型在将来可能会得到越来越多的应用，其可能会被进一步开发以便成为能更好地了解表面反应和位点特征的概念模型，并且会用于预测在渗流区和其他地球化学环境中的吸附金属类型，尤其是铀极限 K_d值的确定。

③ Hanford 场地沉积物 U(Ⅵ)吸附研究

人们对 Hanford 场地沉积物的 U(Ⅵ)吸附研究已经告一段落，相关的研究涉及 Hanford 场地沉积物 U(Ⅵ)吸附的 K_d值。通过研究得出了以下结论，即 Hanford 场地的天然地下水条件下铀的吸附率相对较低，而且这些条件适用于 0.2~4mL/g 的 K_d值。

一些科学家研究了 U(Ⅵ)浓度、pH 值和离子强度对 U(Ⅵ)对含碳酸盐矿物的天然沉积物的吸附的影响。用于吸附测量的沉积物分别是来自 Hanford 场地的 Trenches AE-3 和 94 的粉沙土和非常粗糙的砂的样本。从 Hanford 场地的未受污染部分收集的地下水与每个沉淀物以 2mL/g 的比例平衡 14 或 30 天。在 pH 值=8.3、离子强度为 0.02M 时，U(Ⅵ)的吸附量为 3.3~100μg/L，测定的浓度表现比较恒定。该研究结果表明线性 K_d模型可用于描述 U(Ⅵ)的吸附。在 pH 值大于 10 的那些实验中，发生了含有 U(Ⅵ)固体的沉淀，这导致了 K_d值大于 400mL/g 现象的出现。

一些使用不饱和流动装置(UFATM)进行了一系列实验以测量部分水分饱和条件下的 U(Ⅵ)的吸附和迁移率，这些条件与废物埋藏点和渗流带远场条件有关，用于这些测量的 Hanford 场地沉积物包括中等粗砂、Touchet 床细砂和 Warden 淤泥壤土的样本。实验借助 Hanford 场地的 pH 值=8.4 的未污染地下水进行。根据实验所考虑的条件，人们确定 U(Ⅵ)的 K_d值随着水分饱和度的降低而降低，而不管沉积物质地如何。通过实验确定的 K_d值如下，对于中等粗砂，水分饱和度分别为 30%和 12%时 K_d值分别从 0.48mL/g 降低到 0.16mL/g；对于细沙，湿度饱和度分别为 66%和 22%时 U(Ⅵ)的 K_d值分别为 1.42mL/g 和 0.39mL/g；对于淤泥壤土，水分饱和度分别为 83%和 41%时 U(Ⅵ)的 K_d值分别为 4.05mL/g 和 1.81mL/g。

科学家们测量了在 Hanford 场地不饱和区长期处置放射性低水平废物的性能评估中考虑的 U(Ⅵ)和其他几种放射性核素在地球化学条件下的 K_d值。研究包括对 pH 值、离子强度、含水量和放射性核素浓度对放射性核素吸附行为的影响的评估。使用了未受污染的 pH 值=8.46 的地下水和从 Hanford 场地收集的粒径 2mm 大小的沉积物样本进行测量。沉积物样本包括 TBS-1 棘轮床沙、TrenchAE-3 粉质壤土、Trench-8 中粗沙和 Trench-94 超粗沙。在 3.3~100μg/L 溶解铀浓度范围内 U(Ⅵ)的 K_d值不变。对应这些特异性位点的沉积物和地球化学条件，pH 值分别为 8 和 10 时，U(Ⅵ)的 K_d值分别从 1.1mL/g 增加到 2.2mL/g。科学家指出，在 pH 值高于 10 时，测得的 K_d值受铀固体沉淀的影响。他们的测量结果也表明，U(Ⅵ)的 K_d值随着水分含量的变化而变化，当然也会因沉积物类型的不同而不同。

人们还进行了一系列流通柱试验以评估多个放射性核素在不饱和(渗流区)条件下通过沉积物的迁移情况。沉积物来自 Hanford 场地的 8 号沟槽(W-5 地层)。柱试验使用粒径不超过 2mm 的沉淀物以及位点特定的地下水进行。柱试验的结果表明，沉积物中铀的 K_d 值随沉积物饱和程度的降低而降低。根据 1.0cm/h 的孔隙水速度和 1.24h 的停留时间进行的饱和柱测试确定的 K_d 值为 2mL/g。但在 29%的水饱和度下测得的 K_d 值为 0.6mL/g(孔隙水速度为 0.3cm/h，停留时间为 20.6h)，下降了 70%。

科学家还确定了 Hanford 场地地球化学条件下铀和其他几种放射性核素与沉积物相关的 K_d 值。使用批次技术测量 K_d 值时采用了具有良好表征的 pH 值=8.3 地下水和来自 Hanford 场地的 3 个表征良好的粒径不超过 2mm 的沉积物样本。沉积物样本包括 TBS-1 棘轮砂、CSG-1 粗沙/砂砾和 Trench-8 中粗沙。科学家为铀推荐出了平均 K_d 值，即 CSG-1、Trench-8 和 TBS-1 沉积物样本的平均 K_d 值分别为 1.70、2.30 和 79.30。

一些科学家研究了 U(Ⅵ)对来自三个 DOE 位点地下土壤的粘土矿物分离物的吸附能力。矿物样本包括俄亥俄州 Fernald 的 Kenoma 组、Hanford 场地的 Ringold 组、南卡罗来纳州萨凡纳河流域的 CapeFear 组，黏土分离以 2μm 分级。测量前，将黏土分离物用连二亚硫酸盐-柠檬酸盐缓冲液和过氧化氢进行处理以除去无定形的氢氧化铁和有机物质。测量使用掺有 2mg/L(8.6μmol/L)铀和 $Ca(ClO_4)_2$ 或 $NaClO_4$ 作为电解质的黏土悬浮液(电荷~1meq/L)。使用氢氧化钠，在 4.5~9.0 的 pH 值时调节悬浮液的 pH 值。在惰性气氛下的手套箱中完成测量以消除由溶解的碳酸盐引起的 U(Ⅵ)水溶液络合的影响。CapeFear 黏土分离物的吸附结果与 Kenoma 黏土的吸附结果基本相同。Kenoma 黏土分离物的结果显示出铀吸附是离子浓度的函数且具有强烈的依赖性，这与预期的铀和电解质阳离子之间存在竞争吸附相反。相关研究表明，随离子强度的增加铀的吸附能力增加，这种现象可能归因于铀酰离子水解对离子浓度的依赖性。

9.2.7 相关的关键性问题

以上讨论了锑、钴、铕、锝和铀的重要溶液形态以及沉淀和吸附反应。人们使用地球化学建模技术和经典的天然配体浓度计算每种放射性核素的水分形态和 Eh-pH 图。相关组合来自 Hanford 场地的未受污染的地下水。这些计算确定了主要含水物质的组成和每种放射性核素的潜在溶解度控制与 pH 值和氧化还原条件间的函数关系。为此，以上计算结果见表 9-2-7，这些计算均与 Hanford 场地的渗流区存在的氧化条件相关。

在氧化条件下，Sb(Ⅴ)和 Tc(Ⅶ)的主要含水物质在 pH 值为 3~10 时不发生变化。钴(Ⅱ)、Eu(Ⅲ)和 U(Ⅵ)在该 pH 值范围内具有两个或三个不同的优势种。随着 pH 值的增加，这些水性络合物往往越来越带负电。比如，Co(Ⅱ)、Eu(Ⅲ)和 U(Ⅵ)的主要含水物质在 pH 值为 3 以下时是阳离子的。当 pH 值大于 7 时，它们主要存在于中性或阴离子物质中。通常，带负电荷的水性物质倾向于比它们各自的阳离子物质更少地吸附沉积物，因为在大多数情况下沉积物中的矿物质在天然水的 pH 值范围内具有净负电荷。

表 9-2-7 污染物的化学特性和迁移特性

元素	密切关联的同位素	渗流区(pH 值=8 的氧化条件和溶解的碳酸氢钠的存在)					迁移率对氧化还原敏感性[b]
		主要的含水物种			预期迁移率[a]		
		阳离子	中性离子	阴离子	延迟	不延迟	
锑(Antimony)	^{125}Sb			$Sb(OH)^{6-}$		x	是 Sb(Ⅴ) Sb(Ⅲ)
钴(Cobalt)	^{60}Co	Co^{2+}			x		是[c] Co(Ⅲ) Co(Ⅱ)
铕(Europium)	^{152}Eu ^{154}Eu		$EuOHCO_3{}^{\circ}(aq)$		x		否
锝(Technetium)	^{99}Tc			TcO^{4-}		x	是 Tc(Ⅶ) Tc(Ⅳ)
铀(Uranium)	^{235}U ^{238}U			$UO_2(CO_3)_2{}^{2-}$	x (有限)		是 U(Ⅵ) U(Ⅳ)

注：a. 移动性的延迟或减弱(非保守)意味着放射性核素通过地壳物质的移动速度比水慢；非保留或非衰减(保守)迁移意味着污染物以与水相同的速度移动。

b. 氧化还原状态列可识别在环境中常见的 pH 值和 Eh 极限内具有可变氧化态的污染物。

c. 在正常地球化学条件下，Co(Ⅱ)是水中稳定的价态；Co(Ⅲ)不具有热力学稳定性，并且会在正常天然水中常见的 Eh-pH 条件下分解，然而，某些络合配体的存在可以将其还原为相对稳定的 Co(Ⅲ)并允许其在水溶液中持续存在。

pH 值对溶解的放射性核素和其他金属污染物的吸附和沉淀的影响是普遍的。pH 值的大小直接影响吸附的水相和固相性能，在某种程度上应对每个放射性核素进行评估。pH 值对大多数放射性核素的水分形态具有显著的影响。每种放射性核素的吸附行为取决于所研究的环境系统中存在的重要含水物质的离子电荷和组成。此外，pH 值影响可变电荷矿物(铝和氧化铁矿物)的吸附位点的数量；水性络合物的形成；污染物的氧化态和络合/沉淀配体；阴离子或阳离子吸附位点的 H^+/OH^- 竞争，并会将污染物分配到有机物质。

系统的氧化还原状态也显著影响锑、钴、锝和铀的吸附行为，因为这些放射性核素可能在天然水的 pH-Eh 条件范围内以多种氧化态存在。如果沉积物/水体系的体积氧化还原电位高于特定元素氧化还原反应的潜力，则会存在氧化还原敏感元素的氧化形式。低于这个临界值，元素的低阶形式将会存在。氧化还原状态的这种变化可以将吸附值(比如 K_d 值)改变几个数量级，并且可以对污染物沉淀产生直接和间接的影响。直接效应可使放射性核素(比如锝)形成，其中还原物质会形成微溶的固相(与氧化还原物质相比)。间接影响发生时，放射性核素会吸附到氧化还原敏感性固相或借助氧化还原敏感性配体沉淀。前边的一个例子是可以强烈吸附(复合)金属的氧化铁矿物的还原溶解，随着氧化铁矿物的溶解，沉积物的吸附势能下降。氧化还原对放射性核素吸附的另一种间接作用涉及硫配体化学，在还原条件下，与 S(Ⅵ)(硫酸盐，SO_4^{2-})相反，溶解的硫将作为 S(Ⅱ)(硫化物，S^{2-})存在；溶解的硫化物与一些放射性核素和其他溶解的金属会形成微溶的硫化物矿物。

9.3 基于纳米的修复技术

本节主要介绍纳米技术及其在当前修复中的使用情况。目的是帮助修复现场的项目经理了解这一技术的特点在其现场的应用潜力。

纳米技术目前还处于起步阶段但正在迅速发展。它具有有效修复场地的前景和优异的成本优势，可以解决具有挑战性的现场问题，比如存在致密非水相液体(DNAPL)的情况。纳米级铁在各种项目中得到广泛应用并取得了令人鼓舞的成功，目前已有实验研究阶段进入到中试阶段，相关的研究聚焦在颗粒研究上，比如介孔载体(SAMMS™)、树枝状大分子、碳纳米管、金属卟啉原子上的自组装单层等，其目的是解决如何将其独特的化学和物理性质应用于全面修复领域。有关纳米技术的许多问题目前尚无答案。需要进一步研究的问题主要包括了解游离纳米颗粒在环境中的结局和迁移规律以及持久性，了解它们对各种生物系统是否具有毒理作用。

以下主要介绍人们利用纳米级铁进行原位修复测试的相关站点的信息。由于目前许多借助纳米粒子的修复项目正在启动或进行中，因此关于修复成本和修复效果的数据仍非常有限。另外，由于种种顾虑，人们往往不愿公开相关的成本信息。当然，随着技术应用的越来越多，具有不同地理位置站点的数据也会越来越丰富，众多的数据一定会对性能和成本评价提供有力的支撑，这些数据可以为处理站点管理员和其他利益相关者提供各种附加信息，以帮助他们确定该技术是否适用于其所在的站点。

在介绍过程中，关注的主题有背景、局限性、成本三个方面。背景中主要包括描述用于原位修复的纳米颗粒；描述具有潜在修复应用价值的纳米材料；选择纳米粒子的化学考量；纳米颗粒的原位应用。局限性包括迁移、毒性问题。成本主要介绍纳米技术的供应商；选择使用纳米颗粒进行修复或测试的站点。

9.3.1 纳米技术的背景

纳米技术的定义是多方面的。为了概略地表述，人们将其定义为在大约 1~100nm 之间的尺寸上的物质，人们在这个尺度上理解和控制其独特的现象和新颖的应用。图 9-3-1 显示了与人类头发类似的纳米线的显微照片。纳米尺寸颗粒相对于其体积而言具有很大的表面积，因此可以增强其化学反应性和生物反应性(USEPA)。它们可以针对特定应用进行操作，以创建由相同材料颗粒组成的物质在宏观尺度上通常不会表现的新颖性质。纳米颗粒可以采用“自上而下”的方法制备，比如研磨或磨细宏观材料，最常见的是通过“由下向上”方法，比如根据组分原子或分子产生纳米颗粒的氯化物合成方法。

在过去几年中，越来越多的具有环境应用的纳米材料被开发出来。比如，NanoScale 公司正在将其产品 FAST-ACT® 作为化学容纳和中和系统进行销售，该系统最早的动机是使其可用于清除工业化学品或化学战剂的有毒化学物质释放。麻省理工学院(MIT)的一个研究团队已经开发出了一种由含有锰纳米线的膜或垫组成的漏油的"纸巾"，研究人员介绍这种纳米线膜可选择性地高效吸收油脂，油可以通过加热垫来回收，然后可以重新使用。这种似乎不透水的膜可能在水过滤方面有意想不到的用途。

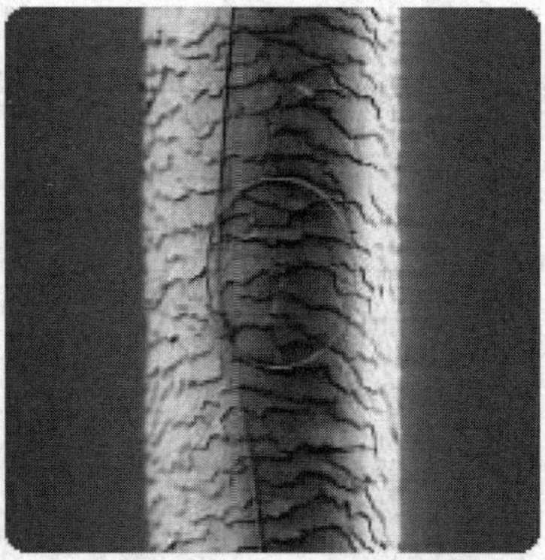

图 9-3-1　以人类头发为衬托的环状纳米线的显微照片

纳米材料也被用于修复危险废物场所污染的地下水和地下污染源。地下水污染的早期处理措施主要是泵和相关的工艺处理操作。由于这些修复措施的成本相对较高，耗费时间长，因此纳米材料在原位修复技术中的使用越来越多。

20 世纪 90 年代初以来，修复现场的项目经理利用元素铁等金属物质的性质来降解地下水中的氯化溶剂羽流。用于氯化溶剂羽流的原位处理技术的一个实例是安装填充有宏观零价铁的沟槽以形成可渗透的反应性屏障(PRB)。

最近的研究表明，在类似环境条件下，纳米级零价铁(nZVI)可能比宏观零价铁(ZVI)更有效且成本更低。比如，在实验室和现场规模研究中，已经显示 nZVI 颗粒在超级污染场地降解三氯乙烯(TCE)时可比较大的 ZVI 颗粒更快、更完整地降解三氯乙烯(TCE)。另外，nZVI 可以直接注入污染的含水层中而无须挖沟和安装 PRB。研究表明，将 nZVI 颗粒注入到含氯烃类污染源的含水层中可能比传统的泵和工艺处理方法或 PRB 更快且更有效地进行地下水的净化。

研究表明，nZVI、双金属纳米级粒子(BNPs)和乳化零价铁(EZVI)之类的纳米粒子可以有效地降低许多污染物，这些污染物包括全氯乙烯(PCE)、TCE、顺式-1,2-二氯乙烯(c-DCE)、氯乙烯(VC)和 1-1-1-四氯乙烷(TCA)、多氯联苯(PCBs)、卤代芳族化合物、硝基芳族化合物、砷或铬之类的金属。氯化溶剂的两个重要降解反应是还原脱氯和 β 消除。当污染物与铁直接接触时，最常发生的 β 消除遵循 $TCE+Fe^0 \rightarrow HC$ 制品$+Cl^- +Fe^{2+}/Fe^{3+}$ 的路径(美国 EPA)。在地下水中由 nZVI 引起的还原条件下发生的还原脱氯遵循 PCE→TCE→DCE→VC→乙烯的路径。

纳米颗粒由于其大的表面积与体积比值而具有高反应性，并且会存在更多数量的反应性位点。这可以大大增加与污染物的接触，从而导致污染物浓度的快速降低。由于其尺寸微小，纳米颗粒可能向地下非常小的空间渗透并在地下水中保持悬浮，这将导致其颗粒会比宏观尺寸的颗粒移动得更远并且实现更广泛的分布，但裸铁纳米颗粒除外，因为其可能不会远离注射点。

特别需要强调的是，即使铁纳米粒子具有相同的化学成分，也仍存在可变性。反应性、流动性和保质期之类的颗粒性质可以随制造过程或提供颗粒的供应商的不同而变化。

9.3.2 在原位修复中使用的纳米颗粒的特征

目前纳米粒子全面修复的大部分台式研究和现场应用都集中在 nZVI 及相关产品上。nZVI 的颗粒直径可以在约 10~100nm。图 9-3-2 显示了 nZVI 的透射电子显微镜(TEM)图像。图 9-3-2 中比例尺的全长为 200nm。

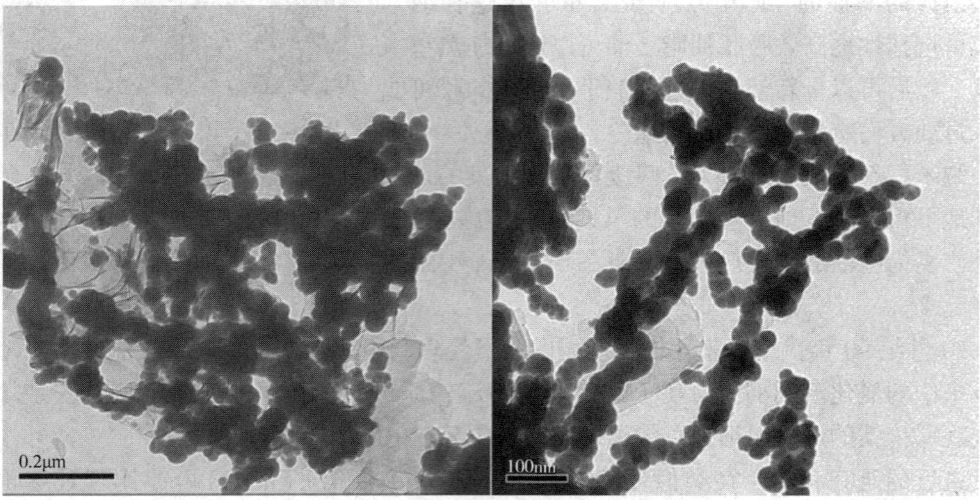

图 9-3-2　铁纳米粒子的透射电子显微镜(TEM)图像

纳米技术全面显示阳性结果的站点的一个例子是新泽西州汉密尔顿乡镇的一个填充区，人们用纳米级水浆(Nano Fe Plus™)进行处理。该地区的地下水被 TCE 和相关的衍生产品污染，初始最大挥发性有机化合物(VOC)浓度为 1600μg/L。在总共 30 天时间内，两次注射 nZVI。据报道，注射后的监测表明氯化污染物浓度降低了 90%。

可以将纳米级铁颗粒进行改性，比如让其使用钯(Pd)之类的催化剂，或让其带有聚电解质或三嵌段聚合物之类的涂层，也可以将其包裹在乳化植物油滴中。还有一些纳米颗粒是由增强表面位点的固有反应性的催化剂制成的。BNPs 已被用于土壤和地下水污染物的修复。BNP 通常是由铂(Pt)、金(Au)、镍(Ni)和钯之类的金属催化剂组成的元素铁或其他金属颗粒组成的。金属的组合增加了氧化还原反应的动力学，催化了反应过程。

实验室测试表明，铁与钯结合的 BNP 对污染物的降解比单独的微粒铁颗粒大两个数量级。这些 BNP 颗粒由 99.9%的铁和小于 0.1%的钯组成。钯的催化作用使 TCE 直接还原成乙烷而不产生其他中间体副产物(比如氯乙烯)。一些科学家正在研究使用金和钯的 BNP 降解 TCE 和其他氯化化合物，然而，与纳米铁不同，这些纳米颗粒需要借助还原剂(比如溶解的氢)来达到目的。它们可以与 nZVI 一起应用而获得氢气，或者必须应用外部还原剂。图 9-3-3 显示了来自相关研究的金和钯的 BNPs 的示意图，其中钯的量应酌情改变以便通过最大化表面覆盖率的百分比来优化污染物降解的速率，在该研究中，TCE 反应速率最大化时的钯含量为 12.7%。在 BNP 中使用钯可以改善反应动力学特性并且使注入的浆料或混合物得到更有效的分配。图 9-3-3 为理想化的 Pd/Au BNP 簇的示意图，其具有 4nm 的 Au 芯和 0~100%的可变 Pd 表面覆盖(即具有相应的 Pd 含量）。

BNP 可以通过重力或压力进料的方式进行注入。BNP 曾被用于新泽西州 Lakehurst 海军航空工程站的一个项目中以解决土壤和地下水被 PCE、TCE 等其他物质污染的问题，BNP 修复后 6 个月内 VOC 浓度平均降低了 74%。

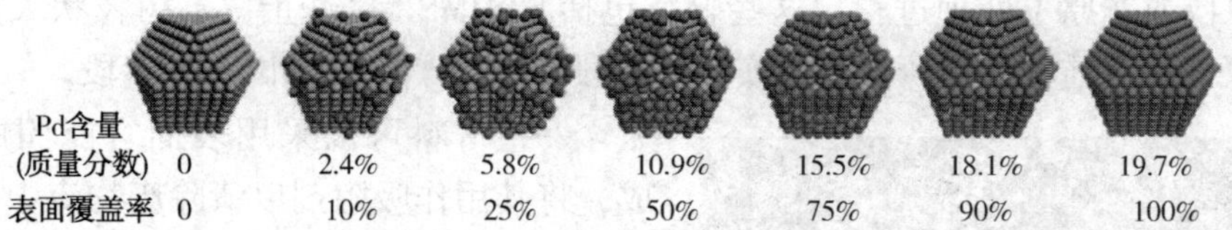

图 9-3-3 理想化的 Pd/Au BNP 簇示意图

在欧美发达国家，另一种 EZVI 产品也可在市面上买到，其已用于氯化溶剂的修复。该产品由 ZVI 包裹，其油脂液膜可以容易地处理氯化烃。EZVI 采用食品级表面活性剂，其由纳米级的可生物降解的油、水以及微量铁制成，几种物质混合形成乳状液滴。图 9-3-4 显示了 EZVI 颗粒的结构。液滴的外部油膜是疏水性的，TCE 之类的 DNAPL 污染物也是疏水的。因此，液滴可与 DNAPL 混溶，这样就使得 TCE-DNAPL 和液滴内的 ZVI 之间的接触增加。因此，当乳液液滴与 TCE 结合时，污染物就可以溶解并扩散到与 ZVI 接触的液滴中得以降解。然后，TCE 分子会迁移到水乳液液滴中并将副产物从颗粒中迁移到周围水相中，从而进一步加速降解反应，并形成一个梯级状浓度分布。尽管 nZVI 和 EZVI 都已被证明可以处理 TCE-DNAPL，但相关研究人员观察后发现在修复中采用 EZVI 似乎更有效，且处理的 TCE 浓度比 nZVI 更大。植物油也可以增强生物活性并有助于污染物的破坏。

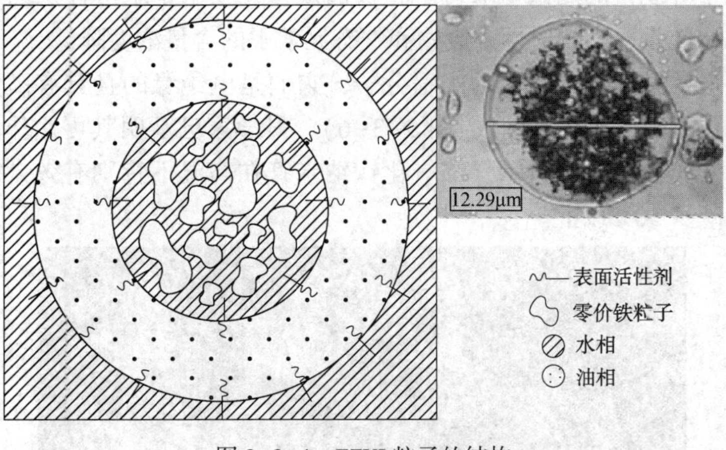

图 9-3-4 EZVI 粒子的结构

EZVI 可以由纳米级 ZVI、微尺度 ZVI（大于 100nm）或二者组合制成。使用较大的颗粒时可能会使乳液更难发挥作用。由于微米级颗粒的生产成本低于纳米尺度的 EZVI，因此使用纳米级和微米级颗粒的混合物可以节省成本，同时又能保持纳米级铁的优点。EZVI 已被用于清理佛罗里达州帕特里克空军基地工业场所的 TCE 污染土壤和地下水，人们通过高压气动注射引入颗粒，初始时的 TCE 浓度高达 150000μg/L，处理后测得的最高浓度为 3580μg/L。

9.3.3 具有潜在修复能力的纳米材料的特征

目前，科学家正在开发各种可能用于吸附或破坏污染物的纳米材料，以将其部分应用于原位或非原位处理过程，这些颗粒包括 SAMMS™、铁蛋白、树枝状大分子和金属卟啉原子，目前这方面研究已由实验室阶段发展到了规模化试点的阶段。

图 9-3-5　SAMMS™颗粒内功能化纳米孔的结构示意图

一些材料可以采用表面官能团的形式制成，将其用作吸附剂以清除废物流中的特定污染物。SAMMS™颗粒由涂覆有单层官能团的纳米多孔陶瓷基材组成，该官能团会优先结合目标污染物。功能分子被共价结合到二氧化硅的表面，留下的另一个末端基团可与各种污染物结合。相关研究人员介绍，SAMMS™颗粒能够保持良好的化学和热稳定性，并且容易重复使用或恢复。图 9-3-5 显示了 SAMMS™颗粒内功能化纳米尺寸孔的结构，该颗粒具有很大的表面积，因而具有快速吸附的动力学特征。

污染物会被成功吸附到 SAMMS™颗粒中，这些污染物包括放射性核素、汞、铬酸盐、砷酸盐、高锝酸盐和亚硒酸盐。从 SAMMS™ Adsorbents 网站发布的信息看，SAMMS™已在中等规模的测试中取得了积极的成果，在水中水溶性汞的修复中可高浓度的溶解固体，使汞、高放射性汞废物和气态元素汞的含量浓度降低。

纳米管是最常见的由碳制成的工程分子，它们是电绝缘的且具有高负电性并易于聚合。纳米管也可由二氧化钛制成(图 9-3-6)，科学家已证明其可用作氯化化合物的光催化降解剂。实验室研究显示，二氧化钛纳米管在高温下特别有效，能够在三小时内将污染物质减少 50%以上。

图 9-3-6　二氧化钛纳米管的扫描电子显微镜图像

人们使用铁蛋白、铁储存蛋白进行的基准测试表明，其可以降低地表水和地下水中铬和锝等污染物的毒性并促进其修复。像二氧化钛一样，铁蛋白也是光催化的。人们在一个实验室项目中加入可见光激励铁蛋白，以将有毒的水溶性六价铬还原成不易溶于水并沉淀出溶液的毒性较小的三价铬。

树枝状聚合物是由三个组分组成的超支化、组织良好的聚合物分子，其三个组分分别是核心、分支和末端基团。树枝状聚合物表面终止于可被修饰以增强特定化学活性的若干官能团中。以树枝状大分子作为模板合成的 Fe^0/FeS 纳米复合材料可用于构建污染地下水修复的可渗透反应性屏障。样本比率实验表明，树枝状大分子具有灵活的交互式选择能力。

金属卟啉原子是金属与天然存在的有机卟啉分子的复合物。生物金属卟啉原子的典型实例是血红蛋白和维生素 B_{12}。分批反应器实验表明，金属卟啉在缺氧条件下能够还原氯化烃、TCE、PCE 和四氯化碳，从而修复污染的土壤和地下水，一些实验显示 TCE 和 PCE 的降低超过原始浓度的 99%。

研究人员还利用纳米技术开发可用于水处理、海水淡化和水回收的膜。这些膜结合了各种纳米材料，用于制作的纳米材料包括氧化铝、零价铁和金。碳纳米管可以相互对齐以形成具有纳米孔隙的膜以过滤来自地下水的有机污染物。

9.3.4 纳米粒子的化学选择性

零价或元素铁是一种可与溶解氧(DO)和水反应的还原剂。在氧化剂存在的条件下，Fe 被氧化成亚铁离子(Fe^{2+})，其释放的两种电子可用于还原其他化合物。在有氧条件下，Fe 与溶解氧反应形成亚铁离子和水。FeO 的形成还可以减少水分中的亚铁离子、氢和氢离子。这些反应的关系如下，即 $2Fe^0+4H^++O_2 \longrightarrow 2Fe^{2+}+2H_2O$；$2Fe^0+2H_2O \longrightarrow 2Fe^{2+}+H_2+2OH^-$。

除上述反应外，ZVI 还可与污染物反应。图 9-3-7显示了一种典型的反应，其反映了元素铁对含有氯化烃的污染物的还原能力，在这个例子中，Fe^0(以 BNP 的形式)将 TCE 转化为乙烷并释放出 Fe^{2+}离子和氯离子。

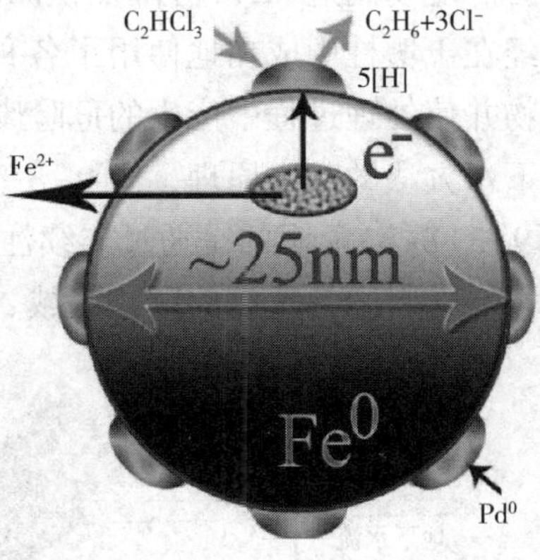

图 9-3-7 双金属纳米尺度颗粒中的铁与 TCE 的反应

Fe^0 在与土壤和地下水中的铬污染物接触时的还原能力可以用式 $3Fe^0+2Cr^{2+} \longrightarrow 3Fe^{2+}+2Cr^{3+}$ 表示。由以上关系式可以看出，其中铁被氧化为亚铁形态，铬从铬(Ⅵ)还原为毒性较低的铬(Ⅲ)。

相关研究已经显示，纳米二氧化钛通过光催化作用可使多种除草剂、杀虫剂和农药矿化，并且可以将其他污染物转化为毒性较小的化合物。当用大于 3.2eV 的光能照射二氧化钛水悬浮液时二氧化钛就会被激活，并且可以与水和/或溶解氧结合形成高反应性物质，这些物质包括羟基自由基和超氧化物自由基阴离子，这些阴离子可以氧化许多污染物。

9.3.5 复合纳米材料的应用

上述纳米颗粒的方法通常是具有位点特异性的，其效果取决于处理区域中发现的地质体的类型以及将纳米颗粒注入其中采用的形式。最直接的注射途径利用现有的监测井、压力计或注入井。另一种技术是再循环，其特点是在回灌井中注入纳米颗粒，而在降水井中提取地下水，将提取的地下水与附加的纳米颗粒混合后重新注入注射井。井确保了含水层中的水与 nZVI 的接触，并且还可防止较大的附聚铁颗粒的沉淀，同时又允许其与污染物发生连续的接触。

附加注入纳米材料的方法和工艺包括直接推压、脉冲压力技术、液体雾化注入、气压破碎和水力压裂等。直接推动方法需要采用类似于小型钻井螺旋钻的直杆式推杆，并将其从地面上逐渐向下深推，这种方法可在无须安装永久性监测井的情况下注入材料。压力脉冲技术利用大幅度的压力脉冲将 nZVI 浆料灌入地下水位以下的多孔介质中，随后压力会激发介质并增加流体的活动水平和流量。液体雾化注射是专门从事气动压裂和注射现场服务的 ARS Technologies 公司专有的技术，它借助载气将 nZVI 流体混合物引入地下，nZVI 液化气组合雾化可采用更有效的组分，该方法可用于渗透率较低的地质构造中。压裂注射(气动或液压)是使用压缩空气(气动的)或含有砂(水力)的水基高黏度浆料的高压注射技术，其使岩石破裂并允许液体和蒸气通过所产生的通道快速输入。气动压裂借助空气在注入点周围的岩石中产生优先流动路径的断裂网络以允许液体和蒸气快速通过裂缝岩石进行输送，这种注射方法提高了与污染物的接触效率且允许液体自由流动。

目前人们正在进行注射方法的进一步的研究工作，这些工作将使纳米颗粒更好地保持其反应性，并通过进一步提高其地下分布的广泛性来增加其处理顽固性污染物的能力。现场制造 nZVI 会降低铁的氧化量并减少相应的反应性损失。绿色化学研究人员已经在土壤柱中成功地使用了各种各样的植物酚，研究人员认为其可更有效地利用污染物并使处理过程中产生的危险废物减少。图 9-3-8 介绍了两种使用纳米铁修复污染地下水方法的基本原理，图 9-3-8(a)显示的是通过注射纳米颗粒修复 DNAPL 污染，图 9-3-8(b)显示的是通过连续注射 nZVI 形成反应性处理区，从而形成了吸附到天然含水层材料中的重叠的颗粒区域。

(a)修复DNAPL污染　　(b)形成反应性处理区

图 9-3-8　两种使用纳米铁修复污染地下水方法的基本原理

地下注射技术的后观察表明，地下注射后pH值(由于羟基离子的形成)会增加、氧化还原电位(ORP)会降低(由于所产生的还原条件)。较低的ORP最有可能促进厌氧细菌的生长，反过来还可能促进降解。当使用诸如nZVI的颗粒时会形成其他化学品，这些化学品可以包括氢气和Fe^{2+}离子，它们会进一步促进微生物的生长。注射后，ORP趋于稳定前污染浓度会急剧下降。

场地特定的条件可能会限制纳米颗粒的有效性，这些条件包括现场位置和布局、地质条件、污染物浓度和污染物类型等。在上述领域人们进行了许多试点研究工作，其中一个典型的研究成果是两个在断裂基岩中使用纳米颗粒的位点。在注入纳米颗粒之前应评估场地的地质学、水文地质学和地下条件，以便确定注入的颗粒是否具有足够的地下渗透能力。影响颗粒地下移动的因素包括土壤基质的组成、地下水的离子强度、含水层的水力特性、水位的深度以及地球化学性质等，地球化学性质包括pH值、溶解氧、ORP、硝酸盐、亚硝酸盐和硫酸盐浓度等。其应用效果和性能取决于场地的特异性，比如DO和NO_3^-(硝酸根离子)之类的竞争氧化剂、污染物浓度、土壤/地下水中pH值的状态。

相关研究表明，由于纳米颗粒会在土壤或地下水基质中完全分散之前发生聚集，因此，纳米颗粒在地下无法形成广泛的分布，因而会使其影响半径受到限制。纳米级零价铁颗粒会彼此吸引，这可能是导致它们聚集成更大微米级颗粒的原因，这种聚集降低了暴露的颗粒的反应表面积。地下的pH值也可能会影响纳米颗粒的有效性，因为纳米颗粒的吸附强度、附聚能力和迁移率均受地下水pH值的影响。地下水中的离子强度和阳离子类型以及含水层材料的化学和物理特性也会影响铁纳米颗粒的聚集和迁移。

钝化是另一个可能制约铁纳米粒子有效性的因素。使用nZVI时，如果处理不当就可能导致铁在与污染物反应之前就已被氧化和钝化。通常情况下，注射系统应限制与铁一起注入的水的体积，还应限制其暴露于氧气中的时间以及接触其他可能在注射前和注射期间钝化铁的氧化剂。如果应用的体积较大，则可借助脱氧水使铁钝化最小化，但其他氧化剂仍然可以与铁反应。

评估纳米颗粒注射的有效性的一个难题是监测地下注射颗粒的分布，因此，重要的问题是确定能衡量其性能的合适的参数。通常情况下，人们将ORP等地球化学测量数据作为替代物进行监测效果的评估，当然也可以借助溶解铁的监测进行。另外，纳米颗粒注射的反应动力学特征也难以监测，但人们可以使用标准方法测量注射后化学品的浓度来间接推断。当然，DNAPL源区中纳米颗粒的动力学特征和反应性还可能与溶解羽状体中的动力学特征和反应性有关。

9.3.6 纳米材料的归宿、迁移和毒性问题

附聚作用通常会影响地下纳米颗粒的迁移。与污染物反应后形成的氧化铁颗粒，其颗粒特征可能与含水层基质有关。在标准环境条件(曝气水，pH值为5~9)下，Fe^{2+}会容易地自发氧化成Fe^{3+}，且会以不溶性氧化铁和羟基氧化物的形式沉淀出地下水。

为此，研究人员研究出了一些解决办法，其中一些办法已在商业处理上得到了应用，这些方法的特点是提高含水层中铁纳米粒子的迁移率并优化纳米颗粒和污染物之间的接触环境。相关的研究包括表面涂层的评估以及其他方面的修正，其焦点是减少纳米颗粒的聚集和最大限度地减少地下水位下的流动性。初步研究表明，聚合物和表面活性剂会将纳米颗粒悬浮液稳定在含水层中，还会抑制其聚集并可形成更大的分散面，且不会影响纳米铁修复污染物的能力。相关研究表明，nZVI 在黏土含量高的土壤可以更好地分散；阴离子黏土颗粒似乎起到了天然稳定剂的作用，并可以使其更有效的迁移。虽然这些增加的流动性可以促进更有效的修复，但其也可能会导致纳米材料在修复过程中迁移出污染的羽流区域而渗入饮用水含水层或井中或排放到地表水中。

人们正在研究制造的各种纳米材料的潜在毒性。纳米材料增加的表面积和更大数量的反应性位点可以等同于具有相同组成的微尺度或大尺度颗粒的更大的每单位质量生物活性。纳米尺度颗粒被人吸入或通过皮肤吸收或摄入时，这些大规模的被认为无毒的物质可能会对人体健康产生负面影响。由于纳米材料尺寸的微小，其颗粒有可能迁移到或积累在较大颗粒不能存在的地方，比如肺泡，从而潜在地增加其毒性。相关研究已经证明，一些纳米颗粒可提高某些疏水性污染物的生物利用度的能力，比如增加污染物黏附到土壤和沉积物表面的迁移性。

毒性和安全问题限制了一些私营部门公司对纳米修复技术的兴趣。比如，杜邦公司已经撤销了使用 nZVI 进行原位修复的所有站点，直到有关归宿和迁移问题得到更为深入的研究确认为止。该公司提到了修复后的持续性和潜在的人类暴露于颗粒中的风险问题。另一个具有警示性的例子是西欧大陆集团的保险公司宣布其保险范围不再包括纳米管或纳米技术造成的损害，比如在相关产品或工艺中使用纳米材料。

为此，美国 EPA 的研究与开发办公室(ORD)于 2008 年 1 月发布了纳米材料研究战略草案(NRS)。NRS 最先关注的问题是评估纳米材料和产品对环境和人类健康的影响程度。相关的研究结果将直接影响未来的政策决定，涉及如何解决与生产、使用、回收或处置纳米材料和纳米产品相关的可能不利影响的问题，包括所有含有纳米材料的产品。最初，拟议的一小部分研究侧重于有益的环境应用，比如更有效的控制技术和生产工艺的强化、减少常规污染物的排放和释放。随着时间的推移，ORD 在这一领域的力度不断加强。USEPA 在 2008 年制定了 NRS 草案中，EPA 的 ORD 确定的纳米材料调查的 4 个研究主题分别是资源、归宿、迁移和暴露；人类健康与生态研究风险评估和测试方法通报；风险评估方法和案例研究；预防和减轻风险。

9.3.7 相关的性能和监测问题

截至目前，人们借助纳米颗粒进行修复的污染项目已有百余个(主要分布在欧美发达国家，比如美国、加拿大等)，取得了不同程度的综合修复效果。这些项目的数据均通过了同行评议或政府监管机构的独立验证。修复项目使用的纳米颗粒包括 nZVI、BNP、EZVI、纳米级钙离子与贵金属催化剂，处理最多的污染物是氯化溶剂，比如

TCE、PCE、TCA 和 VC。

根据联络点的反馈，许多全面修复项目满足了特定场址的清理目标；一些修复项目中的污染物浓度出现下降趋势；一些项目的清理目标得到了满足；个别项目没有达到清理目标或没有提供关于清理目标的足够信息来评估修复的绩效。以下是两个代表性项目的详细修复信息。

第一个项目是美国新泽西州 Passaic 的前制造基地，使用 nZVI 进行修复。该项目在地下水中发现了 TCE 等氯化溶剂污染物。修复机构于 2005 年 9 月 9—13 日对该区域浅层含水层进行试点规模试验。技术设计包括将 108 磅的 nZVI 浆料和 1200 磅的乳化油注入到淤泥层内的 3 个点内。在两个注射点使用气动压裂注射，第 3 个使用液压注射。在项目的第一个月每周进行一次监测，以后每月进行一次监测。在全面测试结束时，污染物羽流中 TCE 浓度降低了 90%~100%。

第二个项目是美国新泽西州汉密尔顿镇废弃公路的填充区，也使用 nZVI 进行修复。该地块是一个前填埋区，在地下水中发现的污染物主要有 TCE、TCA、DCE 和二氯乙烷(DCA)。该项目是使用 nZVI(Nano Fe Plus™)实施的一个全面修复的项目。Nano Fe Plus™由 PARS 环境公司制造，由 nZVI 和添加催化剂组成，其可以提高修复的速度和效率。纳米级铁分三个阶段注入。Ⅰ期注射液含有 3000 磅浆料，并在 20 天内在该地点的北端注射。Ⅱ期注射液含有 1500 磅浆料，并在整个北半部注射 10 天。全面注射的结果显示总体污染物浓度降低了 90%。修复结构在注射的每个阶段都监测了 ORP、pH 值和地下水位。第一次注射后监测是在Ⅰ期注射后一周进行的，第二次监测是在Ⅱ期注射完成后两周进行的。后续的的相关监测活动还包括地下水样本的收集，目的是监测各处残余地下水中污染的变化趋势。

9.3.8 修复成本

3 个典型修复项目的费用见表 9-3-1。前两个项目实现了修复目标，第三个项目尚在修复中。因此，表 9-3-1 提供的成本信息仅供参考。截至目前，纳米技术成本与传统技术成本的比较尚无法准确进行。构成项目成本的因素包括现场类型、污染物类型、污染物浓度、羽流状态以及修复过程中可能遇到的各种挑战。表 9-3-1 中，美国新泽西海军航空工程站总成本中的因素包括监测井安装、采样、nZVI 注射、注射后采样和报告；美国佛罗里达州杰克逊维尔海军航空站的总成本因素包括搬迁、装监测井、喷油、抽样和分析等杂项成本，nZVI 生产包括在前述两个站点的注入成本中；美国帕特里克空军基地的最终成本包括规划和现场设置、监测井安装、再循环/注射作业、测量、处理典型衍生废物和监测，与项目管理相关的行政费用、工作计划的生成和实际的可处理性研究成本都不包括在内。可能导致纳米颗粒应用总成本增加的其他因素可能还包括与建筑物下方发现的任何污染相关的操作要求，以及需要处理提取液体的工作。

表 9-3-1 使用纳米技术进行原位修复的几个项目的成本

项目名称	成本组成			
	补偿成本(总计)	资本成本	运维成本	单位成本
Lakehurst 海军航空工程站	\$255500	—	\$213000	—
Jacksonville 海军航空队	\$260000	—	\$110000	\$269/cy
Patrick 空军基地	\$4000000	\$2000000	\$70000	\$180/cy

注：运行和维护成本(O & M Costs)包括监测井安装 \$24400、抽样和分析 \$58400、报告 \$18100。nZVI 成本 \$37000。O&M 成本包括监控井安装 \$52000，抽样和分析 \$110000，每立方码(cy)土壤处理费用为 \$967。EZVI 的资本成本为 100 万美元，气动注塑承包成本为 1000000 美元、处理了 22222 立方码的土壤。

9.4 处理土壤中 MTBE 和其他燃料氧化物的策略

9.4.1 技术的相关背景和总体特征

过去几十年中，欧美发达国家广泛使用了包括甲基叔丁基醚(MTBE)在内的燃料含氧化合物，使用这些化合物的目的是将其作为汽油添加剂以提高辛烷值或减少空气污染。含有这些含氧化合物的汽油通常是被储存在地下油库和地下储罐中的，这些地下油库和地下储罐是炼油厂、码头、维修站和末端用户(比如加油站)广泛采用的基础设施(储油设施)。汽油每天都在通过管道、驳船、铁路和卡车运送到世界各地。由于泄漏，人们会在毗邻上述储油设施的土壤和地下水中发现 MTBE、其他燃料含氧物和其他汽油组分。在许多地方包括 MTBE 在内的上述这些组分已经侵入饮用水源，而且还侵入了没有使用含氧燃料的周边地区。

美国环境保护署(EPA)已经确定或处理了美国近千个 MTBE 污染场地的土壤和地下水，在这些场地必须去除或破坏 MTBE。这其中有许多地点处理了其他的燃料成分，这些成分主要是苯、甲苯、乙苯和二甲苯(BTEX)。另外，还有一些场地不仅处理了 MTBE，也处理了除 MTBE 以外的其他燃料含氧物。

欧美发达国家开发出了许多处理 MTBE 的土壤地下水综合修复技术，但对于其他含氧化合物的清除仍有许多亟待解决的问题，这些含氧化合物包括乙基叔丁基醚(ETBE)、叔戊基甲基醚(TAME)、二异丙基醚(DIPE)和叔戊基乙基醚(TAEE)之类的醚化合物以及叔丁醇(TBA)、叔戊醇(TAA)、乙醇和甲醇之类的醇化合物。

本节主要介绍可用于修复被 MTBE 和其他燃料含氧化合物污染的地下水、土壤和饮用水的处理技术，这些处理技术包括空气喷射、土壤蒸气提取、多相萃取、原位和非原位生物修复、原位化学氧化、泵浦和饮用水处理。还提供了大量的信息以便于评估这些技术对特定场地的有效性，也给出了这些技术的适用范围和成本信息，所有这些信息均有助于环境的改善并会使大众受益，特别会使一些关键部门和关键人群受益，这些特殊群体和部门包括专业处理人员和研究人员、各级政府监管机构和决策部门、水处理设计生产人员和经营者。本节给出的一系列方法可用于受 MTBE 和其他燃料含氧物污染的土壤、地下水和饮用水的识别与处理，当然，这些方法具有一定的宏观性，它们只是解决问题的起点，特定修复技术的适用性是非常具体的，其在很大程度上取决于现场条件和修复目标等的要求。使用特定修复方法时应进行可修复性论证或中试规模的研究才行。

本节叙述的是用于修复受甲基叔丁基醚(MTBE)和其他燃料含氧物污染的地下水、土壤和饮用水的处理技术，其主要阐述了以下 4 方面问题：如何选择用于处理 MTBE 和其他燃料含氧化合物的技术；如何根据具体现场条件和应用要求对这些技术处理特定介质和污染物的有效性进行评估和筛选；这些技术的适用范围、性能指标和成本；MTBE 和其他燃料含氧物相关的处理原则。在利用这些技术时必须对各种修复技术和化学物质的特性有基本的了解。

美国 EPA 的 MTBE 修复网站提供有关在地下水、土壤和饮用水中处理 MTBE 的原位和非原位技术的现场特定数据。这些特定数据包括项目所用技术、项目规模、绩效和成本等信息，涉及的其他燃料含氧物的数据包括叔丁醇(TBA)、叔戊基甲基醚(TAME)、乙醇等。

通常情况下，一个修复系统的建设应包括技术设计和工艺信息，比如井的数量和类型、添加剂和流量以及对于给定项目使用的各种技术。另外，还需要确定项目的规模(全面、试点、实验室)和状态(已完成或正在进行)。

本节介绍了使用相关修复技术的设计过程和工艺信息，不仅提供了成功处理 MTBE 的常规技术和创新技术，还介绍了除 MTBE 之外的燃料含氧化合物的处理现状，总结了这些技术在清除受 MTBE 和其他燃料含氧物污染的介质方面的经验教训。当然，限于各种原因，许多修复方案仅包含了关于修复表现和成本的有限信息，比如修复前的 MTBE 最大浓度和修复后的最大浓度，这些浓度反映的是以特定部位清除目标为依据的修复技术的效果。关于项目进行期间 MTBE 浓度与时间的关系应借助设定置信限度的性能数据的统计结果进行评估。

处理的成效和成本具有特异性，其取决于很多关联因素。其中的主要因素包括现场条件、技术设计和运行以及清理指标体系的监管之类的因素，其他因素包括污染释放的持续时间(比如汽油泄漏)、下游供水井的存在、污染物在土壤和地下水中的分布等。现场条件主要包括土壤类型、渗透性、导水率、氧化还原条件和异质程度等。

尽管欧美发达国家都制定有清理 MTBE 的指标体系，但实际情况千差万别(表 9-4-1)，因此，指标的范围比较宽泛，通常为 5~202000μg/L，其差异超过了 3 个数量级。由于 MTBE 清理指标的变化幅度太大，不宜将本节给出的 MTBE 后处理浓度与各种项目的常见清理指标进行比较。

由于采用上述技术处理地下水或饮用水获得的 MTBE 浓度的数据较多，处理土壤获得的 MTBE 浓度数据较少，因此，本节中的技术性能信息主要以水中 MTBE 浓度变化为主，其性能数据标注包括开始修复前报告的最高浓度、修复完成后最高浓度(标注为“终浓度”)，正在进行的项目标注的最终浓度是该修复阶段的最新浓度。本节确定的最终浓度可能会低于报告的检测限值(DL)，因此不给出 DL 而将其标注为非检测

(ND)。对于使用多种技术的联合修复项目，比如使用空气喷射、原位化学氧化和 SVE 的场地，给出了每种技术下的相关性能信息。

本节给出的修复成本数据是总结性的，提供这些成本数据的目的是使用户能够对与清理项目相关的各种技术的成本进行广泛的比较，用户应该知道这些数据是在特定的站点上获得的，其代表性不一定很强。另外，成本的计算原则也会存在较大差异。本节的成本数据是以净化污染场地的总成本为基础的，某些情况下其源材料中并没有提供构成总成本的具体的各个组成部分的情况，比如资本或运营维护(O&M)工作。另外，在许多情况下其源材料中也并没有确认在 MTBE 以外的位置是否存在其他类型的污染物。有时，现场还可能已被石油烃以及含氧化合物之类的汽油成分污染，相关的处理成本中也可能包括用于清除汽油组分以及含氧化合物的费用。比如，对一个具体项目而言，其大部分净化成本可能被用于对含氧化合物以外的汽油成分的处理。

本节涉及的相关的缩略语主要有 AST(Above ground storage tank)地上储罐、bgs(Below ground surface)在地面以下、BTEX(Benzene, toluene, ethylbenzene, and xylenes)苯/甲苯/乙苯和二甲苯、cfm(Cubic feet per minute)立方英尺每分钟、ClO_2^-(Chlorine dioxide)二氧化氯、CLU-IN(EPA's Hazardous Waste CLeanUp INformation System)EPA 的危险废物清理信息系统、COD(Chemical oxygen demand)化学需氧量、cy(Cubic yard)立方码、DIPE(Diisopropyl ether)二异丙醚、DL(Detection limit)检测限值、DPE(Dual-phase extraction)双相萃取、EPA(United States Environmental Protection Agency)美国环保署、ETBE(Ethyl tert-butyl ether)乙基叔丁基醚、FRTR(Federal Remediation Technologies Roundtable)联邦救济技术圆桌会议、Ft(Feet/foot)英尺、GAC(Granular activated carbon)颗粒活性炭、gals(Gallons)加仑、gpm(Gallons per minute)加仑每分钟、H_2O_2(Hydrogen peroxide)过氧化氢、HP(Horse power)马力、IC(Institutional controls)机构控制、K(Hydraulic conductivity)液压导电率、LNAPL(Light non-aqueous phase liquid)轻质非水相液体、lbs(Pounds)磅、MC(Mixed culture)混合培养、MCL(Maximum Contaminant Level)最大污染物水平、mg/L(Milligrams per liter)毫克/升、MNA(Monitored natural attenuation)基于监测的自然衰减、MnO_4(Permanganate)高锰酸盐、mmHg(Millimeters of mercury)毫米汞柱、MPE(Multi-phase extraction)多相萃取、MTBE(Methyl tert-butyl ether)甲基叔丁基醚、NAPL(Non-aqueous phase liquid)非水相液体、ND(Non detect)无检测、NEIWPCC(New England Interstate Water Pollution Control Commission)新英格兰州州际水污染控制委员会、NO_3^-(Nitrate)亚硝酸盐、NOM(Natural organic matter)天然有机物、NSCEP(National Service Center for Environmental Publications)国家环境出版社服务中心、ClO^-(Hypochlorite)次氯酸盐、O&M(Operation and maintenance)运行维护、Oxyfuel(Oxygenated fuel)氧气燃油、ppmv(Parts per million by volume)体积的百万分之一、PRB(Permeable reactive barrier)可渗透反应性屏障、psi(Pounds per square inch)磅/平方英寸、PVC(Polyvinyl chloride)聚氯乙烯、RCRA(Resource Conservation and Recovery Act)资源保护和恢复法案、RFG(Reformulated gasoline)重整汽油、RO(Reverse osmosis)反渗透、ROI(Radius of influence)影响半径、S_2O_8(Persulfate)过硫酸盐、SC(Single culture)单一培养、scfm(Standard cubic feet per minute)标准立方英尺每分

钟、SERDP(Strategic Environmental Research and Development Program)战略环境研究与开发计划、SO_4^{2-}(Sulfate)硫酸盐、SSTL(Site specific target level)站点特定目标级别、SVE(Soil vapor extraction)土壤蒸气提取、TAA(Tert-amyl alcohol)叔戊醇、TAEE(Tert-amyl ethyl ether)叔戊基乙基醚、TAME(Tert-amyl methyl ether)叔戊基甲基醚、TBA(Tert-butyl alcohol)叔丁醇、TBF(Tert-butyl formate)甲酸叔丁酯、TPE(Two-phase extraction)两相萃取、TSP(Trisodium phosphate dodecahydrate)磷酸三钠十二水合物、USACE(United States Army Corps of Engineers)美国陆军工程兵团、UST(Underground storage tank)地下储罐、UV(Ultraviolet)紫外线、VE/GE(Vapor extraction/groundwater extraction)蒸气提取/地下水萃取、Voc(Volatile organic compound)挥发性有机化合物、μg/kg(Microgram per kilogram)微克每公斤、μg/L(Microgram per liter)微克每公升、ZOI(Zone of influence)影响区。

9.4.2 燃料含氧化合物的特点及处置原则

燃料含氧化合物是指用作汽油添加剂的含氧化合物，其可以增加辛烷值并形成更能清洁燃烧的燃料。大多数含氧化合物由两个主要的化学基团构成，即醚化合物和醇，醚化合物是连接两个烃基的氧原子的有机化合物，醇由与羟基(氧-氢)基团键合的烷基组成(比如甲基、乙基或异丙基)。除了 MTBE 和乙醇之外，其他常见的含氧化合物还包括 TBA、TAME、乙基叔丁基醚(ETBE)和 DIPE。人们有时也使用叔戊基乙基醚(TAEE)、叔戊醇(TAA)和甲醇，但使用较少。普通燃料氧化物的分子结构见图 9-4-1，这些含氧化合物中的一些也可以作为副产物或降解产物存在于其他含氧化合物的商业制剂中，比如，TBA 通常可在 MTBE 的商业配方中找到。

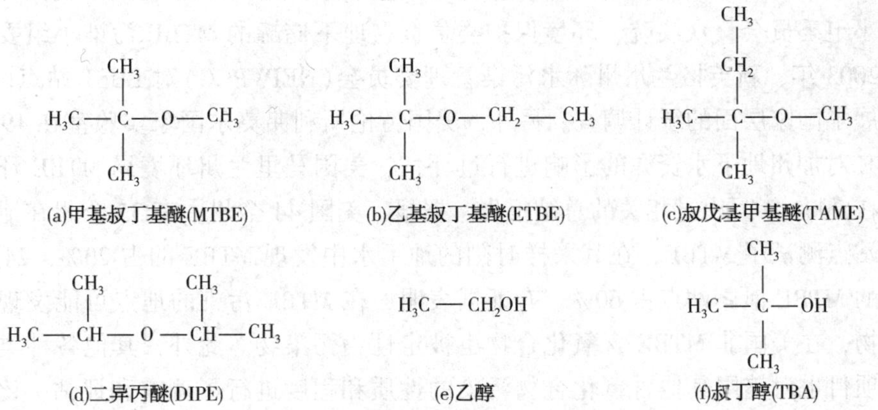

图 9-4-1 普通燃料氧化物的分子结构

20 世纪 70 年代末，氧化剂在美国被广泛用作辛烷值助剂，从而替代了逐渐淘汰的烷基铅添加剂以减少车辆的铅排放。1990 年清洁空气法修正案通过后，汽油中含氧化合物的使用量增加，其中包括增加燃料氧含量以减少空气排放的要求。这个修正案要求冬季在 39 个一氧化碳未达标区域内使用的氧化燃料(Oxyfuel)中至少应含 2.7%的氧气，随后重整汽油(RFG)的含氧重量百分比均不低于 2.0%。1998 年，美国约 30%的汽油含有含氧化合物，当时 MTBE 是最常见的燃料含氧化合物，占氧化燃料的 80%以上，后来，由于对使用 MTBE 的限制日益增加，这一百分比逐年下降。1998 年，乙醇成为第二个常见的燃料含氧化合物，约占氧化燃料的 15%。剩余的 5%氧化燃料中使用了其他含氧化合物。2002 年时美国 17 个州和哥伦比亚特区需要借助含有 MTBE 或其他含氧化合物的汽油来减少空气污染。2003 年前后的调查发现，MTBE 存在于没有使用 RFG 的州。人们也在汽油以及加热油和柴油中发现了 MTBE。MTBE 来源于储存、运输和使用 MTBE 的地区。美国 1999 年实施清洁空气和清洁水后，汽油中增加了氧化碳蓝色测试指标。

（1）环境中含氧量的来源

如上所述，美国在过去的几十年中广泛采用含氧化合物作为旨在提高辛烷值或减少空气污染的汽油添加剂。美国每年使用的超过 1000 亿加仑的汽油中，很大一部分含有氧含量大于 10% 的 MTBE 和其他含氧化合物。1997 年 RFG 和 Oxyfuel 中使用的 MTBE、乙醇和其他含氧化合物的量分别为约 1100 万、200 万和 70 万加仑。含有这些含氧化合物的汽油被炼油厂、码头、服务站等不同的机构和用户中储存在地下油库(AST)和地下储罐(UST)中，这些汽油通过管道、驳船、铁路和卡车运往各地。在美国，有 370 万 UST 以及 300 万个拥有联邦法规豁免的地下储油库(比如某些农场、公寓和住宅的采暖油箱)，370 万 UST 中包括约 25 万个机构的 70 万个管制汽油 UST。汽油已经通过 AST 和 USTs 的泄漏、渗漏以及制造、储存和运输过程而释放到环境中。

（2）环境中含氧气体的污染程度

美国在土壤和地下水中均检测到了 MTBE，许多地区的 MTBE 污染已经侵入饮用水源以及没有授权使用含氧燃料的地区。这种 MTBE 污染也已经在地表水体中发现，其是由直接泄漏、雨水径流和船只排放造成的。这种现象在 2002 年受到了美国环境与有害物质小组委员会、众议院、环境保护委员会、地下储罐的 MTBE 污染小组委员会的关注。2003 年，新英格兰州州际水污染管理委员会(NEIWPCC)对 LUST 站点的 MTBE 污染开展了国家层面的统计调查。另外，美国劳伦斯利弗莫尔国家实验室在 1998 年曾对 MTBE 对加州地下水资源的影响进行过评估，美国马里兰州环境局 MTBE 环境影响工作队在 2001 年写出过相关的总结报告。据报，美国 44 个州中有 35 个州在泄漏的地下储罐站点测试了 MTBE，在其采样时刻的地下水中发现 MTBE 的占 20%，24 个州报告发现的 MTBE 泄露站点占 60%。有证据表明，在 MTBE 污染的地点可能发现其他含氧化合物，在美国非 MTBE 含氧化合物也被定性为污染物。此外，其他各种类型的相关调查项目也对美国其他含氧化合物污染的性质和程度进行了调查和评估，比如，美国地质调查局在 2003 年对美国夏季水资源挥发性有机化合物(Voc)进行的国家评估；美国水工研究基金会 2003 年对美国饮用水源中 MTBE 和 Vocs 的情况进行的抽检等。

（3）污染与氧化剂的关系

美国曾对 MTBE 和其他含氧燃料对人类健康的影响进行过多项研究评估，人类志愿者组织也对 MTBE 的迁移进行了相关的研究工作，EPA 也在不断更新其对 MTBE 健康影响的评估指标体系。饮用水中 MTBE 含量会对公共卫生造成不确定性的风险，美国环保署给出了一项建议，即饮用水中不应含有浓度大于20~40μg/L的MTBE，且不应有相应的味道和气味，但其尚未对MTBE公布联邦层面的最大污染物水平(MCL)，这一工作将随着EPA持续性研究的进行渐露端倪。

此外，美国31个州已经建立了饮用水中允许的MTBE最大浓度的标准、指导方针、预警指标或控制指标(一些指标是基于EPA咨询浓度的)。还有42个州已经在土壤和地下水中建立了MTBE的清洁指标或针对特定地点的建议值。饮用水标准中MTBE的范围为5~240μg/L，以90%置信度规定的国家标准为不超过100μg/L。考虑到地下水可能作为饮用水和非饮用水时，美国规定土壤净化指标范围为5~280000μg/kg、地下水净化指标范围为5~202000μg/L。美国超过75%的州的地下水清除率小于100μg/L。

由于关于MTBE以外含氧化合物的健康风险研究非常有限，因此，与MTBE不同，目前建立有这些污染物清理标准和相关指标的国家很少。关于清理其他含氧化合物的指标问题，至今在美国尚无联邦层面的有关饮用水中这些其他燃料含氧化合物的预警指标或清理指标体系，但有几个州已经建立起来，还有几个州正在计划建立。表9-4-1总结了美国州级层面上的燃料含氧化合物的清洁指标以及为每个燃料含氧化合物建立的净化指标范围。

表9-4-1　美国州级层面的地下水中燃料氧化物的清理指标　μg/L

燃料氧化物	州级层面的清洁指标	最低清洁指标	最高清洁指标
MTBE	42	13	202000
TBA	11	12	11000
DIPE	7	0.438	20000
TAME	6	25	980
ETBE	5	24	50
乙醇(Ethanol)	6	50	1900000
甲醇(Methanol)	11	50	16000

(4)环境中氧含量的评估

苯、甲苯、乙苯和二甲苯之类的石油烃(BTEX)的分析方法已经非常成熟，并且人们还对这些方案中的一些方法进行了优化，这些优化后的方法可以将含氧化合物作为单独的目标化合物进行分析。截至目前，只有少数燃料含氧物的分析可采用经验证的EPA分析方法，特别是乙醇、甲醇和TBA。用于分析水样中石油碳氢化合物的方法可能并不适用于燃料含氧气体，其原因是多方面的，比如分析仪器可能不能地对含氧化合物进行常规校准；不适当的方法用于样品分析时其检测限值可能会高于标准偏差，特别是醇类；在样品处理和分析过程中可能会发生酸催化的水解(分解)。EPA在2003年发布了一份情况说明书中规定可能采取以下步骤来解决含氧化合物分析中存在的潜在的问题，EPA发现使用这种方法通常会使MTBE、TBA、ETEE、TAME、TAEE、TAA、DIPE和丙酮的检测限值低于5μg/L或更低。EPA的步骤依次为按常规对一套普通燃料含氧化合物的分析方法进行校准；使用GC/MS方法或GC/FID方法进行样品分析；修改样品制备方法、提高灵敏度、降低检测限值，某些情况下的样品应在制备阶段加热，尤其是在分析醇的时候；改变化学保存方法，避免潜在的乙醚水解风险，比如使用碱保存以将 pH 值提高到大于 11 而不是酸化，包括使用磷酸十二水合物[TSP]，这将有助于避免乙醚的水解。

一些科学家还提出了与燃料含氧物分析方法相关的其他信息。比如，美国新西兰州州际水污染控制委员会根据 EPA 的研究结果确定了 MTBE 和其他燃料含氧化合物的吹扫和捕集样品制备的最佳条件。美国新泽西州州际水污染控制委员会还指出了借助适当的制备技术使用火焰离子化和质谱检测的相对适用性。还有些科学家对汽油污染地下水中甲基叔丁基醚和相关氧化剂标准分析方法进行了评价。人们采用正则评价对各种方法进行评估，大量的循环研究和样本分析研究结果显示，质谱和火焰离子化检测结果具有良好的一致性，但与光电离检测结果不同。

（5）氧化剂在环境中的迁移

MTBE 和其他含氧化合物通常会进入与汽油或其他精炼燃料产品混合的环境，但这些含氧化合物在环境中的迁移特征各不相同，这归因于含氧化合物和汽油的其他组分(比如 BTEX)之间物理性能的差异，其中苯通常是最常见的污染物。表 9-4-2 对影响 MTBE 和其他含氧化合物在环境中迁移的一些性质进行了总结，这些物理性质也影响到 MTBE 和其他含氧化合物的可处理性。相对于苯而言，燃料含氧化合物通常具有以下 5 方面的物理性质，即从非水相(蒸气压)混合到气相的趋势更大(TBA、乙醇和 TAME 除外)；在水中溶解度较高；与土壤有机物混合的倾向较小，决定于土壤的吸附系数；阻滞因子较小，会被吸附到含水层基质中而减缓在地下水中的迁移；从水相分离进入气相的趋势较小，可用亨利定律进行解释。亨利常数(Henry′s Law Constant)是化合物在空气中的浓度相对于其在水中的浓度的比。

由于蒸气压相对较高，暴露于露天的燃料中的醚类含氧化物(非水相)会比苯更快地在排放中挥发，醇类含氧化合物的挥发速度不如苯。但一旦燃料含氧化合物进入地下并溶解在地下水(水相)中，它们的挥发性(亨利常数)就会明显低于苯。氧化剂的可溶性很高，比苯多一倍，因此，地下水中 MTBE 的浓度逼近 1000000μg/L 的情况并不罕见。另外，由于 MTBE 溶解在地下水中的溶解度比苯大，其更容易与周围土壤中的有机物质混合。由于溶解度是土壤吸附系数的函数，溶解的 MTBE 羽流通常比溶解的苯羽流迁移更快，这一点与其较低的延迟因子密不可分。因此，与来自汽油成分的羽流相比，MTBE 污染可导致相对较大的地下水污染羽流的出现。

虽然所有的燃料含氧化合物均比其他汽油组分(比如苯)更易溶于水，但分子结构的变化会导致一系列物理性质的改变并影响其在环境中迁移的方式。相对于苯而言，上述常见燃料含氧化合物的物理性质的总结(图 9-4-2)，这些通常也是汽油中关注的化学物质。虽然各个含氧化合物的物理性质各不相同，但醇和醚之间仍有相似之处(图 9-4-3)，基于醇的含氧化合物具有比基于醚的含氧化合物相对更大的水溶性和更低的亨利常数，其他性质则不再符合，比如土壤吸附系数、蒸汽压力、延迟因子、组分等。

表 9-4-2 燃料氧化物和其他燃料成分的性质

化学	纯相溶解度/(mg/L)	汽油中的溶解度/(mg/L)ª	log (Koc)	20℃时的蒸气压/mm Hg	亨利定律系数(无量纲)	延迟因子		沸点(EC)	密度/(g/L)	辛烷值	水中的味觉阈值/(mg/L)	气味阈值/ppm	土壤条件B(5)
						土壤条件A(4)	相对分子质量/(g/mol)						
苯	1780 (1)	<100(2)	1.5~2.2(1)	76~95.2 (1) 73 (2)	0.22(1)	1.59(8)	3.38(8)	78.11(1)	80.1(1)	0.88(2)	94(2)	500(2)	0.5(2)
MTBE	43000~54300(1),48000 (2)	5500(2) 3393 (6) 5241 (7)	1.0~1.1(1)	245~256(1) 240 (2)	0.024~0.12(1) 0.018 @20℃	1.09(8)	1.38(8)	88.2(1)	55.2(1)	0.74(2)	110(2)	20–40(2)	0.053(2)
TBA	混溶(1),(2)	25000 (2)	1.57(1)	40~42(1) 41 (2)	0.00048~0.00059(1) 0.00048	1.31(8)	2.25(8)	74.1(1)	82.4(1)	0.79(2)	100(2)	—	21(2)
DIPE	2039~9000 @ 20℃ (1)	804(6) 745 (7)	1.46~1.82(1)	149~151 @ 20oc(1)	0.195~0.41(1)	1.37(8)	2.47(8)	102.2(1)	68(1)	0.73(3)	—	—	—
ETBE	26000 (1) 12000 (2)	3300(2) 1018 (6) 1365 (7)	1.0~2.2(1)	152(1) 130 (2)	0.11(1)	1.33(8)	2.34(8)	102.2(1)	72.2(2)	0.74(2)	112(2)	47(2)	0.013(2)
TAME	20000 (1) 12000 (2)	2400(2) 1210 (6) 1220 (7)	1.3~2.2(1)	68.3(1) 75 (2)	0.052(1)	1.47(8)	2.89(8)	102.2(1)	86.3(1)	0.77(2)	105(2)	128(2)	0.027(2)
乙醇(Ethanol)	混溶(1),(2)	57000 (2)	0.20~1.21(1)	49~56.5(1) 44 (2)	0.00021~0.00026(1)	1.04(8)	1.17(8)	46.1(1)	78.5(1)	0.79(2)	115(2)	—	49(2)
甲醇(Methanol)	混溶(1)	—	0.44 0.92(1)	121.6(1)	0.00011(1)	1.04(8)	1.16(8)	32.1(1)	64.7(1)	0.79(3)	—	—	—

注："从汽油中溶解于H_2O"的数据基于与水接触的典型汽油混合物的实验结果和估计值；来自汽油的水的实际溶解度取决于单个汽油组分的分数，因此可能与表中给出的值有所不同。(1)"燃料氧化剂和水质"在氧化燃料的机构间评估，MTBE 的数据为温度=25℃，除非另有说明。(2)"实现清洁空气和清洁水"为汽油中氧化碳蓝带的数据。(3)为NIOSH"化学危害指南"中的数据。(4)土壤条件 A：有机部分含量f=0.001mg/mg，堆积密度=1.75kg/L，孔隙率=0.25。(5)土壤条件 B：f=0.004mg/mg，堆积密度=1.75kg/L，孔隙率=0.25。(6)为 ManTech 环境研究的实验结果。(7)ManTech 环境研究的理论结果。(8)为国家水资源管理局 CalEPA"MTBE 和其他醚类氧化剂的调查和清理指南"中的数据。

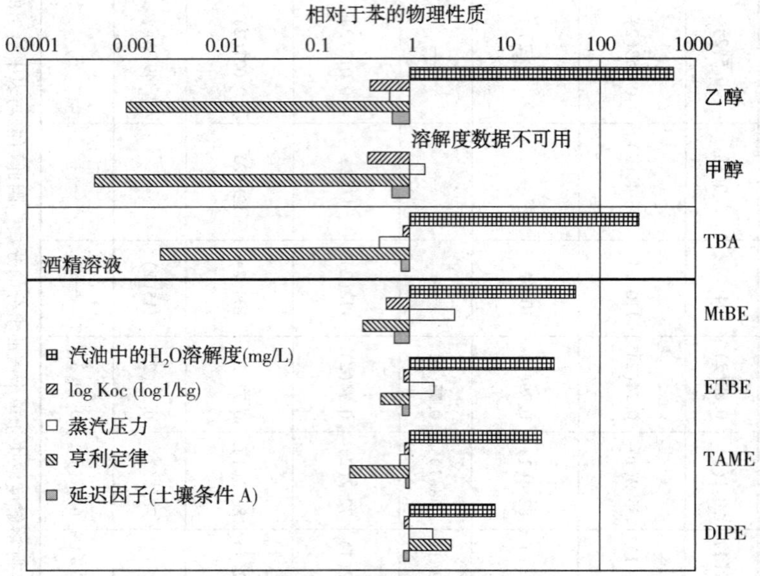

图 9-4-2 燃料氧化物相对于苯的物理性质

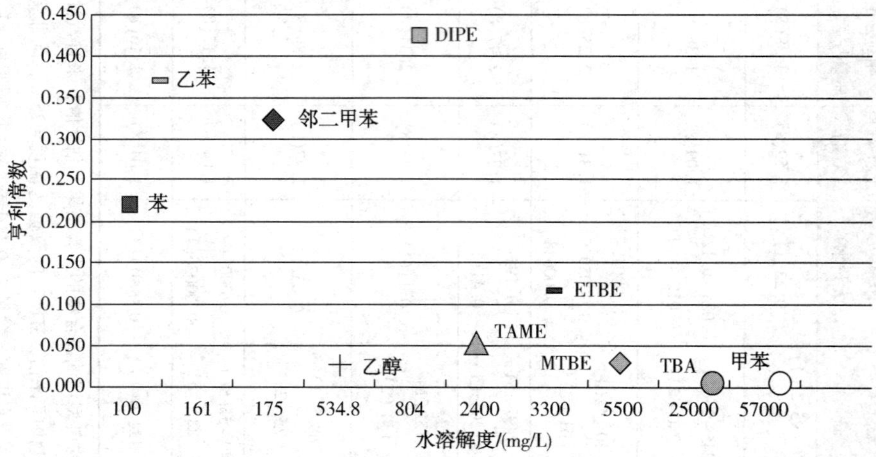

图 9-4-3 根据相对溶解度和亨利定律选择的燃料氧化物

（6）氧化剂的性质对修复效果的影响

如上所述，MTBE 和其他含氧化合物的性质会影响环境中相对于其他污染物的归宿和迁移，这些性质包括水溶性、蒸气压、土壤吸附系数、延迟因子、亨利常数。这些性质同样也影响用于解决受含氧化合物污染的土壤和水的修复技术的选择和设计。一般来说，用于修复 BTEX 和 MTBE 的修复技术的类型相同，但修复 MTBE 的设计和操作条件可能与修复 BTEX 不同，比如适用于 BTEX 的碳基吸附材料可能对去除 MTBE 无效。

BTEX 通常是针对汽油泄漏点需处理的污染物组，许多情况下，用于降低苯浓度的处理系统是专门设计的。某些情况下，设计用于除去苯的处理系统也可以去除含氧化合物污染物。然而，由于含氧化合物的物理性质与苯存在差异，因此，某些含氧化合物的处理系统设计可能无法用于有效地处理苯。另外，由于各个含氧物质的物理性质也互不相同，因此设计用于处理一种含氧化合物的处理系统可能也不能有效地处理另一种含氧化合物。含氧化合物的物理性质对各种修复技术有效性的影响见本节后续的介绍。与含氧化合物修复有关的主要考虑因素包括以下 4 个方面，即除了乙醇、TBA 和 TAME 之外，大多数含氧化合物的蒸气压可导致使用某些技术时其会从土壤中更轻易地挥发，这些技术包括土壤蒸气提取(SVE)或多相萃取(MPE)；含氧化合物相对较低的亨利常数可导致通过空气喷射或空气抽吸将其从受污染的地下水中剥离，进而更难将其作为泵处理的一部分进行修复；含氧化合物中醚键或羟基的存在会导致这些化合物基本不太可能混合到有机物质(Koc)中，比如在泵浦和药物修复中使用的颗粒活性炭(GAC)；由于它们可以被化学氧化或生物降解，因此，化学氧化和生物降解技术(原位和非原位)都可以有效地处理这些含氧化合物。

（7）用于处理受氧化物污染的土壤、地下水和饮用水的技术

用于处理含氧化合物污染的地下水和土壤的技术包括空气喷射、SVE、MPE、原位生物修复、原位化学氧化(ISCO)、地下水萃取和地面处理(即泵浦处理或饮用水处理)、植物修复。提取地下水的地面处理方式包括气提、活性炭、化学氧化和生物修复等技术。空气喷射、SVE 和 MPE 通常借助空气流来去除污染物并应在其他技术应用之前进行。生物修复和 ISCO 依赖生物和化学反应来破坏 MTBE 和其他含氧化合物，而水处理和饮用水处理则主要根据相关的物理和化学参数将 MTBE 和含氧化合物与水分离。已采用的非处理修复措施包括挖除、游离产品回收、监测自然衰减(MNA)和机构控制(IC)。这些技术的特点见本节后续的介绍。许多欧美发达国家编制有《MTBE 修复手册》，美国的国家水研究所还编制有《MTBE 修复技术选择与评估规则》。

（8）受氧化物污染土壤和水处理技术的实施

修复受 MTBE 和其他燃料含氧化合物污染的场地通常采用分阶段的方式进行。通常，在场地修复措施实施的第一阶段的重点工作是保护现场的受体，比如附近的建(构)筑物或饮用水。第二阶段工作通常主要是控制污染源，比如挖除泄漏的地下储存罐(UST)或污染的土壤，或者游离产品的清除。第三阶段工作通常主要是使用一种或多种处理技术主动清除残留和溶解的污染物，残留和溶解污染物的主动清除通常借助 MNA 进行。

各种修复技术可以依次或同时应用于受污染场地的不同部位，具体的实施过程取决于含氧化合物的浓度以及受体本身的潜在风险。比如，在一个泄漏的 UST 的汽油服务站站点可能需要在源区域开展挖除、游离产品移除或 SVE 作业等工作；或进行空气喷射、原位化学氧化或羽状区域的原位生物修复作业，这些技术也可用于某些地点的源区处理；或者随着羽流靠近受体而进行泵浦处理。如果污染浓度非常低时可以使用 MNA 代替活性生物修复技术，或对残留羽流进行泵浦处理。在拟以 MNA 作为潜在修复措施时，修复时间与进程是必须考虑的一个重要因素。应经常进行基准试点规模的处理技术的可行性研究以确认技术在现场的实际土壤或地下水中实施的可行性，这些研究的结果可用于全面修复设计的准备。

（9）有氧化合物场地修复配套附属技术的选择及注意事项

确定采用与修复受 MTBE 和含氧化合物污染的场地相关的其他附属技术应重点考

虑的因素包括污染物浓度、清除指标、现场存在的其他污染物、可能影响修复技术选择和设计的现场条件。还应考虑土壤和地下水中的 MTBE 或其他含氧化合物的浓度范围变化的趋向和大小。本节中介绍的相关项目中污染地下水和土壤中 MTBE 的浓度范围为 $5\sim100\times10^4\mu g/L$。另外，MTBE 污染场地的土壤和地下水处理指标通常是基于国家特定标准和特定风险水平的，即土壤污染物含量为 $5\sim280000\mu g/L$、地下水为 $5\sim20\times10^4\mu g/L$。欧美发达国家确定的 MTBE 的初级饮用水限量范围为 $5\sim240\mu g/L$。清理指标较低地点的高污染物浓度可能会要求处理技术和系统设计的应具备更高的去除效率和更优异的修复效果。

当然，还有许多其他因素可能会影响给定地点实施技术的性能和成本，比如污染的性质和程度、污染深度、场址的物理和化学特性(比如尺寸和水文地质学特征等)、设计和修复工艺系统、监管要求和后勤保障等。通常，在对给定位置使用修复技术进行工程级设计之前，应对这些因素进行量化。

另外，应充分认识到以下问题的重要性，即溢出或泄漏汽油的场地通常会含有 200~300 种不同的化学物质且可能会污染土壤和地下水，大约 6%~10%的溢出/泄漏的汽油通常是由诸如 MTBE 之类的燃料含氧化合物组成的。

9.4.3 各种修复技术的比较

以下主要对用于处理被 MTBE 和其他燃料含氧物污染的场地的 9 种技术进行比较和分析，这 9 种技术分别是空气喷射、土壤蒸气提取(SVE)、多相萃取(MPE)、原位生物修复、原位化学氧化(ISCO)、泵浦处理、植物修复、可渗透的反应性屏障、原位热处理，后 3 种被归为非首选的其他处理技术。

(1) 通过比较选择修复技术的类型

MTBE 修复项目采用的技术主要有空气喷射、SVE、MPE、生物修复、ISCO、泵浦处理，其作用是处理地下水和土壤中的 MTBE 和其他含氧物质。一些站点还使用植物修复、PRB 或原位热处理技术。表 9-4-3 给出了使用这些技术的项目数量、项目的修复规模(全面、中试规模或位点规模)和状况(比如已完成或正在进行)、实施效果和成本等数据。在上述 9 种技术中，用于修复受 MTBE 等氧化物污染的地下水和土壤的空气喷射、SVE、生物修复和泵浦处理技术应用最普遍，MPE、ISCO、植物修复、PRB 和热处理的使用频率则相对较低。其中近 25%的项目已经完成、其余 75%的项目正在进行中。80%的项目给出了一定数量的性能数据，给出成本数据的项目超过 30%。使用空气喷射、生物修复、泵浦处理的项目给出的性能和成本数据最多、最全面。

(2) 修复技术的实施

表 9-4-3 集中了数百个 MTBE 修复项目的可用性能数据，但具有性能数据的大部分项目为正进行中的项目。为评估具体技术和项目的绩效特确定了约 100 个完成项目的绩效数据供大家参考，数据包括处理前(初始)和处理后(最终)地下水中测得的 MTBE 最高浓度的最小值、中值和最大值，见表 9-4-4。由于植物修复、PRB、热处理修复项目的可用性能数据太少，故未在表 9-4-4 中列出。

表 9-4-3　MTBE 修复技术项目概况

采用技术	项目数量	项目规模			项目状况		具有性能数据项目数量	具有成本数据的项目数量
		位点	中试	全面	已完成	正在进行		
空气喷射(Air Sparging)	123	1	2	120	19	104	113	39
土壤蒸气提取(Soil Vapor Extraction)	138	0	1	137	19	119	129	24
多相萃取(Multi-Phase Extraction)	13	0	4	9	4	9	10	2
生物修复(Bioremediation)	73	7	13	53	35	38	68	28
原位化学氧化(In situ Chemical Oxidation)	21	0	4	17	8	13	20	2
泵浦处理(Pump - and - treat)	100	0	16	84	22	78	76	43
植物修复(Phytoremediation)	8	3	4	1	5	3	1	0
可渗透的反应性屏障(Permeable Reactive Barriers)	6	0	2	4	4	2	4	0
热处理(Thermal Treatment)	1	0	0	1	1	0	1	0

注：每项目可能使用了一种或多种特定技术。

表 9-4-4　已完成的 MTBE 修复项目的性能数据

采用技术	具有性能数据的完成项目数量	地下水中初始 MTBE 浓度/(μg/L)			地下水中最终 MTBE 浓度/(μg/L)		
		最小值	中值	最大值	最小值	中值	最大值
空气喷射	19	5	2100	62000	2	16	2070
土壤蒸气提取	23	5	2600	44400	2	21	3200
多相萃取	3	11	55	6140	79	435	791
生物修复	35	5	3880	100000	<1	30	33000
原位化学氧化	8	55	11700	475000	5	75	68400
泵浦处理	21	3	1，610	475000	<1	11	68400

注：对于使用不止一种技术的项目，在项目使用的每项技术下都提供了绩效信息。所有技术的 MTBE 浓度都是针对地下水的。对 MPE 和 SVE 之类的影响土壤的技术，源材料中也提供了地下水中 MTBE 浓度的信息。对于所有项目，开始修复前报告最高浓度(标注为"初始")，修复结束后报告最高浓度(标注为"最终")。

如前所述，以上各种绩效数据均源于项目经理和相关技术人员，性能数据的细节千差万别，许多修复方案在修复效果方面提供的信息非常有限，通常只有 MTBE 修复前的最大浓度和 MTBE 修复后的最大浓度。大多数修复方案没有给出详细的性能数据，比如在项目进行期间的 MTBE 浓度变化，或者对具有置信度的性能数据进行的统计评估。

如前所述，修复效果是具有特异性的并取决于许多因素，因此很难从一个地点的结论推断另一个地点的情况，提供的数据仅能反映技术性能的一般性指标。影响修复效果的主要因素包括现场条件(比如土壤类型、渗透率、导水率、氧化还原条件和异质程度)、技术设计和运行、监管要求(比如清理指标)。影响修复效果的其他因素还包括污染释放的持续时间(比如汽油泄漏)、下游供水井的存在、污染物在土壤和地下水中的分布情况。

表 9-4-5 给出了近百个已完成项目的修复耗时情况。虽然项目持续时间取决于许多因素，比如污染程度和清理指标。表 9-4-5 中近百个项目的数据显示，与使用空气喷射、SVE 或 MPE 的修复项目相比，使用生物修复或 ISCO 的项目其耗时中位数相对较短。

表 9-4-5　已完成的 MTBE 修复项目采用的技术及耗时情况

采用技术	项目数	项目耗时/月		
		最小值	中值	最大值
空气喷射	18	3	22	75
土壤蒸气提取	22	3	21	66
多相萃取	1	45		
生物修复	24	<1	6	60
原位化学氧化	7	2	12	18
泵浦处理	17	<1	31	75

（3）修复技术的费用

表 9-4-6 介绍了近百个 MTBE 修复项目的成本信息，其反映的仅是项目总成本的概值，其中的项目有的已完成、有的正在进行。由于各个项目总成本的构成因素千差万别，因此，这些数据只能用作一般性的参考，而不应作为估算未来 MTBE 修复项目成本或比较不同技术成本的唯一依据。

表 9-4-6　MTBE 修复技术的总体项目成本

采用技术	拥有成本数据的项目数	报告的项目总成本		
		最小值	中值	最大值
原位化学氧化	2	$60000	$103000	$146000
生物修复	30	$4000	$137000	$5200000
土壤蒸气提取	24	$14700	$206000	$4600000
空气喷射	39	$13700	$247000	$1050000
多相萃取	2	$130000	$257000	$383000
泵浦处理	43	$65000	$327000	$4000000

表 9-4-6 中，使用不止一种技术的项目，在项目使用的每种技术下都给出了成本信息。表 9-4-6 中包括已完成项目的总成本以及正在进行的项目的迄今为止的成本，项目的大小、浓度和其他现场条件不同其项目的特定数据差异很大。表 9-4-6 中项目

总成本不仅包括治理成本(比如辅助处理过程的成本)，还包括监测成本或源头清除费用。表 9-4-6 中给出的成本尚未规范化，比如没有介绍成本的组成类型、项目的位置、成本发生的时间、通货膨胀因素等。对大多数项目而言，其报告的成本均是根据实际发生的成本计算的。当然，在某些应用中也可根据试点或实验室项目的规模及成本估算全部成本。

此外，EPA 还编制有燃料含氧物原位处理的更详细的处理成本分析文件。跟前述绩效数据一样，成本数据也是由项目经理和相关技术人员提供的。项目成本数据的相关细节和其计算结果会存在很大差异，其中许多修复方案中缺乏有关修复费用的计算方法的介绍。处理成本具有特异性，其取决于影响绩效的许多因素，这些因素与绩效评价数据相同，也包括现场条件、项目规模、技术设计和运营、监管要求。因此，这些成本数据也只能给出与清理项目相关的成本类型的一般性指标。在特定站点上，用户应谨慎地根据这些数据得出关于清理项目成本的结论。同样，能提供足够的信息来计算修复的单位成本的项目仍然很少。

一些修复方案，构成总成本的具体组成部分中不包括某些源材料的消耗，比如用于运营和维护(O&M)活动的资本。在另一些情况下，源材料中没有指明在 MTBE 以外的位置存在的污染物的类型，比如现场可能已被汽油成分污染，这些成分包括石油烃以及含氧化合物，但报告的处理成本中却包括了清除汽油组分以及含氧化合物。有些具体项目，其大部分净化成本可能均归因于含氧化合物以外的汽油成分的处理。

大部分项目的费用反映的都是修复费用的总和。一些项目还包括了辅助处理工艺的成本、监控成本或总成本中的清理成本。大多数项目报告的成本是根据实际发生的成本计算的。对于其他项目，可根据试点规模成本或中试成本估计项目的全面成本。由于不同修复技术的大部分成本均与系统设计、安装和运行有关，因此，这些不太全面的数据或估计成本可能会相对比较接近于最终的总项目成本。当然，报告的项目成本仍应视为估计成本，因为每个项目的成本组成不尽一致，并且有可能还会在系统运行、维护、监测和退役方面付出重大代价。当然，这些成本数据也没有做到规范化，没有考虑项目的耗时和区位特征。

（4）处理燃料氧化物时应考虑的因素

表 9-4-7 给出了在受燃料含氧物污染的地点采用不同处理技术时应考虑的一般因素。这些一般因素是根据相关的修复技术规范给出的，进一步的细节可参考美国联邦修复技术圆桌会议(FRTR)编制的《修复技术筛选原则和参考指南》以及其他行业标准。这些一般因素包括了修复类型、对应的完成时间和对应的成本。

表 9-4-8 给出了为燃料含氧物污染的地点选择修复技术时经常需要考虑的因素。这些因素包括潜在的利益(比如最小的场地干扰、与其他修复技术的集成或适用于具有挑战性的现场条件)和限制条件(比如不适合修复的污染物类型、不必要的迁移或污染转化、或健康和安全考虑)。

表 9-4-7　确定污染燃料氧化物场地修复技术时应考虑的一般因素

采用技术	修复类型			对应的完成时间	对应的成本
	原位/非原位	介质	源/羽流		
空气喷射	原位	地下水	羽流	平均	低于平均
土壤蒸气提取	原位	土壤	源	长于平均值	较低
多相萃取	原位	地下水/土壤	源	平均	高于平均
原位生物修复	原位	地下水/土壤	羽流	短于平均值	较低
原位化学氧化	原位	地下水/土壤	源	较短	低于平均
泵浦处理	非原位	地下水	羽流	较长	较高
植物修复	原位	地下水/土壤	羽流	较长	较低
可渗透的反应性屏障	原位	地下水	羽流	较长	较低
原位热处理	原位	地下水/土壤	源	较短	平均

表 9-4-8　选择燃料氧化物污染场地修复技术时需要考虑的一般因素

采用技术	潜在的利益	限制条件
空气喷射	现场操作对周边的干扰最小；向地下加氧可增强有氧生物降解；可以成为具有成本效益的地下水污染场地处理的替代方案	可能导致污染物溶解或分离相羽流的侧向扩散；污染可能会通过地下水转移到渗流区；在含水层不发育的场地适用性受限
SVE	可减少蒸气迁移到建(构)筑物中或浸入地下水的潜力；现场操作对周边造成的干扰最小；某些情况下，对于具有土壤污染的场地，可能成为具有成本效益的残余污染物处置的替代方案	土壤的低渗透性或其他异质条件可能会降低其有效性；地下水的深浅或地下水位波动可能导致其发生上涌和气流干扰；通常需要处理废气
MPE	与同类场合的常规抽水方法相比可提高地下水的回收率；可用于修复残余污染物；可用于修复毛细区域边缘和斑块状区域；可成为土壤和浅层地下水污染场地的一种经济有效的替代方案	NAPL 乳液和含 Voc 的蒸气可能会增加修复工作量；初始运营和调整期可能会相对较长；某些 MPE 的配置会受到深度的限制；通常需要处理废气
原位生物修复	场地操作对周边造成的干扰最小；通常使用其他技术（比如空气喷射、SVE、MPE、热能或 ISCO）来增强生物降解效果；可以成为土壤和地下水污染场地的一种经济高效的替代方法	存在其他有机污染物时可能会抑制生物降解；厌氧过程的降解途径不能像有氧降解一样容易，厌氧过程通常较慢；高浓度的污染物可能是有毒的和/或生物不可利用的；可能难以在低渗透含水层中实施；循环注入井或渗透走廊可能需要获得许可证或可能会被叫停；生物降解途径可能具有位点特异性，可能需要进行先导性测试或修复可行性研究
原位化学氧化	对不适合采用生物修复的热点地区可能是具有成本效益的替代方案；将污染物处理而不是将其转移到气相；现场操作对周边造成的干扰最小	可能需要相对较大量的氧化剂来处理大量污染物质；在异质条件下或低渗透性区域中氧化剂和污染物之间可能会接触不良；可能需要特别的预防措施来保护工作人员的健康和安全；氧化反应可能在地下水或废气中形成有毒的副产物，废气可能需要回收和处理

续表

采用技术	潜在的利益	限制条件
泵浦处理	用于处理含水层或为受含氧燃料污染的地点可以成为一种经济高效的替代方法，并可提供液压遏制	可能需要延长作业期和维护期；建设、运营和维护治理体系的成本可能相对较高；提取井的生物污染可能降低系统的性能；典型的常规地面处理系统设计可能对含氧化合物不起作用
植物修复	可用于含有相对较低浓度、浅层和污染面广泛的土壤或地下水羽流的修复，是具有成本效益的替代方案	有关植物修复用于减少含氧化合物浓度的详细过程的相关信息很少且很有限；通常需要漫长的培育期；植物修复通常不太适用于较高浓度或较深的地下水羽流
可渗透的反应性屏障	可以成为具有成本效益的防止污染地下水羽流迁移的替代方案	可能影响现场的天然地下水水流梯度，可能导致污染物羽流的横向或竖向迁移；需要进行高水平的工程设计和安装
原位热处理	可以成为具有成本效益的土壤或地下水源区修复的替代方案；在用于处理其他石油污染物(比如石油碳氢化合物)时，倾向于除去含氧化合物	在维修站等小型场地可能不具有成本效益；需要高水平的工程设计、安装和操作

原位修复技术的从业人员应关注环保署门颁布的相关政策规定，只要符合某些条件就可以利用污染的地下水进行注入作业。以上介绍主要阐述原位生物修复和其他形式的原位修复措施的适用性。只要政策允许，就可以将地面水重新注入地下水，并可循环重复注入。通过增加“泵浦处理”系统修复可能会加快和改善地下水修复的进程和效果。当然，处理过程中必须极大地减少地下水中的有害成分(在再注入之前或之后)，相关的处理工作必须保护人类健康和环境；注入工作必须是环境修复响应措施的一部分。

9.4.4 主要修复技术的宏观特征

以下主要对目前有关在地下水、土壤和饮用水中处理 MTBE 和其他含氧化合物的九种处理技术的现有信息进行归纳和总结。表 9-4-9 给出了这些技术的简要说明，以及每种技术在单独或联合处理地下水、土壤含氧化合物时的适用性，以及在原位或非原位处理时的相关要求。受 MTBE 污染的地下水最常用的处理技术是空气喷射、生物修复、ISCO、泵浦处理以及 MPE。迄今为止，受 MTBE 污染的土壤的主要处理技术是 SVE。对 MTBE 和其他燃料含氧化合物污染的饮用水通常使用与泵浦处理原理相同的相关的地面处理技术进行处理，比如空气剥离、吸附、化学氧化或生物修复。除了上述这些处理技术之外，人们还采用了几种非处理性修复措施(比如挖除、产品回收和自然衰减监测)来增强 MTBE 源的去除或羽流修复措施的管理。对 MTBE 修复技术的应用进行归纳和总结有助于受 MTBE 和其他燃料含氧物污染的地点的修复措施的选择。

表 9-4-9　用于处理 MTBE 和其他燃料氧化物的技术的主要类型和宏观特征

序号	处理技术	地下水	土壤	原位或非原位	特征描述
1	空气喷射	√	×	原位	空气注入地下水中以除去各种 Voc
2	SVE	×	√	原位	在土壤中借助真空提取挥发性有机物（Voc），并通过地面处理设施进行处理
3	MPE	√	√	原位	同步从土壤和松散物质/地下水中提取挥发性有机物，并通过地上工艺进行处理
4	原位生物修复	√	√	原位	添加氧气或其他修饰物以刺激和增强生物降解过程
5	原位化学氧化	√	√	原位	将臭氧、过氧化氢或高锰酸盐之类的化学物质注入地下以氧化污染物
6	用于水处理和饮用水处理的地下水提取	√	×	非原位	在使用或处置之前将受污染的地下水进行异地提取处理
7	提取地下水的地面处理技术	√	×	非原位	使用诸如空气抽吸、吸附、生物反应器或氧化等非原位手段提取地下水进行原位处理
8	PRBs	√	×	原位	在地下水流过的区域设置处理污染物的反应区域
	植物修复	√	√	原位	原地利用树木和其他高等植物以去除或破坏污染物
	原位热处理	√	√	原位	原位借助热量来激活或破坏污染物

注：√为适合；×为不适合。

9.4.5　空气喷射技术

空气喷射技术的特点是将空气注入地下水以去除挥发性污染物，其经常与 SVE 一起处理 MTBE。与其他挥发性污染物比，一些含氧气体可能更不适合采用空气喷射技术进行处理。

（1）空气喷射技术原理

空气喷射是一种原位技术，通过喷射空气从地下水中除去 MTBE 和其他含氧化合物的 Voc，这个过程可导致 Voc 发生从溶解状态到可从地下提取的蒸汽状态的相位转移，并使其在渗流区的浓度发生降低。空气喷射过程中，污染物(包括 MTBE 和其他含氧化合物)也可以借助注入空气中的氧来加速生物降解。某些情况下，注入纯氧气或磷酸三乙酯(营养成分)、丁烷或丙烷(代谢底物)之类的其他改良气体可进一步促进污染物的生物降解。当然，依靠生物降解作为污染物修复的主要途径的技术应被认为是生物修复技术。

（2）MTBE 和其他氧化剂的性质对修复的影响

空气喷射系统中，污染物去除的主要机制是将污染物从溶解物转移到气相。在空气喷射期间发生这种转移的程度取决于亨利定律常数。亨利定律常数反映的是平衡条件下，各个污染物在分解状态和蒸汽状态之间占比的程度。空气喷射时，地下水中具有较大亨利定律常数的污染物比具有较低亨利定律常数的更容易脱离地下水。

图 9-4-4 显示了普通燃料含氧物的亨利定律。图中的亨利定律表示为无量纲值，代表蒸气状态下的浓度与其在 25℃水溶液状态下的浓度的比值。见图 9-4-4，除 DIPE 之外的所有常见的含氧化合物的亨利定律常数都比苯、甲苯、乙苯和二甲苯(BTEX)低，超过其范围 0.22 的为苯、0.3 的为二甲苯。因此，设计用于修复 BTEX 的空气喷射系统时可能无法全面解决含氧化合物问题。研究表明，MTBE 的去除需要比单独使用 BTEX 多 5 到 10 倍的气流。此外，基于醚的含氧化合物的亨利定律常数比醇类含氧化合物大约高两到三个数量级，这表明使用空气喷射可以更容易地除去醚的含氧化合物(比如 MTBE)和醇类含氧化合物(比如 TBA)。当然，基于醇的含氧化合物可能更容易被生物降解，或者在某些位置其清除指标可能比基于醚的含氧化合物的要求程度低(即浓度可以略高一些)。因此，可以使用空气喷射来修复被醇类和醚类含氧化合物污染的位点。

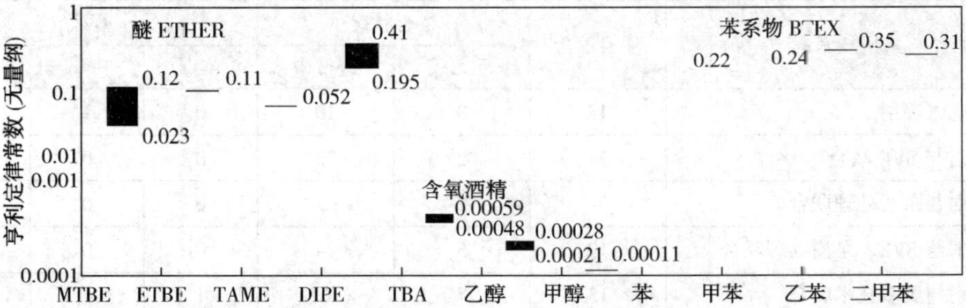

图 9-4-4　普通燃料含氧物的亨利定律常数(无量刚)范围

图 9-4-4 中，亨利定律常数采用无量纲值表示，代表蒸气状态下的浓度与其在 25℃的水体状态下的浓度的比值。相关数据来自欧美发达国家大量的 MTBE 和其他醚基氧化物的清除数据调查。

(3) 空气喷射处理氧化剂的过程

在空气喷射处理过程中，压缩空气通过一个或多个注入点强制进入饱和区域，比如通过在水位下方精选的竖井或水平井或工程化沟槽。当注入的空气通过含有溶解的挥发性污染物的地下水时，这些污染物就会根据其各自的物理特性被混合到喷射的空气中。此外，注入空气中的氧气将在气-水界面溶解到地下水中并扩散到周围的地下水中，进而会潜在地激励污染物的生物降解过程。当注入的空气到达渗流区时，可以借助 SVE 技术进行萃取。提取的蒸气可以使用地上设施进行处理(比如后续介绍的 SVE 和地上蒸气处理技术)，也可以通过分散和生物降解而在渗流区域自然衰减。当污染物浓度相对较低或潜在受影响的受体远离被修复区域时可使用空气喷射技术而不是 SVE 技术。

用于处理含氧化合物的空气喷射系统的设计和配置会因现场特定条件的不同而发生很大变化，通常可通过中试规模的测试来确定喷射井下的影响范围(ROI)或影响区域

(ZOI)的现场条件。ROI 或 ZOI 是注入井周围的影响区域，其中存在足够的喷射压力和气流以增强污染物从溶解相到气相的转移。空气喷射孔之间的间距通常在 5~40ft，具体取决于周围土壤的特性，气流流量通常在 1~40scfm。通常采用先导试验来确定适当的气流速率，以最大限度地提高 ROI/ZOI 且同时控制给定场地的潜在的非预期地下压裂以及污染物的过度激活。通过喷射孔的空气流既可以是连续的也可以是脉冲的。某些情况下脉冲喷射可以增加传送介质的去除。有关一般场合使用空气喷射或受 MTBE 和其他燃料含氧物质污染的空气喷射相关的更详细的信息可参考《MTBE 修复手册》、NFESC 的空气喷射规范，也可以参考美国石油学会、EPA、USACE 编制的相关工程手册。

（4） 空气喷射处理含氧化合物的相关方案

MTBE 处理项目中很多单独使用空气喷射或与另一种技术联合处理 MTBE，但其他含氧化合物处理时采用较少，也有个别的将 TBA 作为共污染物进行处理，当然也有将 TBA 和乙醇作为共污染物进行处理的。表 9-4-10 介绍了近百个空气喷射项目的规模和运行情况。

表 9-4-10　近百个空气喷射项目的基本信息

采用技术	项目数量	运行状况		规模		
		已完成	进行中	位点	中试	全面
只进行空气喷射	13	3	10	0	1	12
空气喷射与 SVE 联合	74	2	72	0	0	74
空气喷射与泵浦处理联合	4	2	2	0	0	4
空气喷射与 SVE、泵浦处理联合	19	5	14	0	0	19
空气喷射与更多技术联合	13	7	6	1	1	11
总计	123	19	104	1	2	120

表 9-4-10 中的空气喷射项目大部分是全面进行的且很多处于进行过程中。此外，虽然大多数为单独使用或结合 SVE 使用空气喷射的项目，但仍有许多项目以泵浦处理或其他技术作为空气喷射处理的辅助手段，这些辅助手段包括 MPE、生物修复、游离产品回收、ISCO 等。这些空气喷射项目大多借助竖井进行，个别项目使用水平井。许多项目提供了有关排放井数量的信息，井数范围为 1~30 口，其中 1/3 的项目使用2~8 口井。有的项目确定了投资回报率。一些项目通报了连续气流、脉冲流量等气流类型信息。使用 SVE 进行空气喷射的项目的 SVE 井数量范围为 1~23 口，1/2 项目的 SVE 井数量为 2~5 口。个别项目通报了使用的排气处理类型。少量项目使用了 GAC，有的处于催化氧化，有的采用热氧化。

（5） 空气喷射处理含氧化合物的成效

表 9-4-11 和表 9-4-12 中给出的近百个项目的处理绩效数据显示，借助空气喷射(单独使用或与其他技术结合使用)可以使地下水中的 MTBE 浓度从大于 1000000μg/L 降低到小于 50μg/L。其中，1/5 的完工项目耗时中位数为 1~5 年。那些将 TBA 列为共同污染物的项目没有给出修复前后 TBA 的浓度。另外，缺乏其他燃料含氧物的处理绩效数据。

表 9-4-11 已完成的空气喷射项目的绩效情况

采用技术	项目数	MTBE 初始浓度/(μg/L)			MTBE 最终浓度/(μg/L)			中期项目持续时间/月
		最小值	中值	最大值	最小值	中值	最大值	
只进行空气喷射	3	230	1600	62000	5	27	980	18
空气喷射与 SVE 联合	2	99	218	337		—		57
空气喷射与泵浦处理联合	2	1200	6100	11000	16	1040	2070	43
空气喷射与 SVE、泵浦处理联合	5	5	203	2600	2	3	5	50
空气喷射与更多技术联合	7	55	7940	44400	79	79	79	18

表 9-4-12 进行中的空气喷射项目的绩效信息

MTBE 浓度 C 的范围	MTBE 初始浓度的项目数	MTBE 最大浓度项目数
C>100000μg/L	4	1
10000μg/L≤C<100000μg/L	16	3
1000μg/L≤C<10000μg/L	24	10
100μg/L≤C<1000μg/L	25	20
50μg/L≤C<100μg/L	4	5
C<50μg/L	18	15

表 9-4-11 中的修复绩效数据均是由项目经理和相关技术人员提供的，包括项目总结、技术设计、工艺和性能数据。绩效数据除另有说明外均以地下水中 MTBE 的浓度变化为依据，包括开始处理之前的 MTBE 浓度(标注为“初始浓度”)和处理完成后 MTBE 浓度(标注为“最终浓度”)。对使用不止一种技术的项目，在项目中使用的每种技术下均给出了性能数据。

(6) 使用空气喷射技术处理 MTBE 的成本

前述近百个空气喷射项目约有 1/3 的项目公布了成本信息，这些项目有的正在进行、有的已完成。但大多数项目没有给出项目成本的构成情况。构成项目成本的因素主要包括修复、监测、设计、监督、健康与安全等。报告费用的大部分项目均为正在进行的项目，其代表了报告提交时的部分实际成本或项目估算成本。

所有空气喷射项目通报的单个项目总成本的中位数约为 25 万美元，大多数项目的单个总成本在 10 万~35 万美元之间，极少数项目的单个总成本在 2 万~5 万美元之间。联合 SVE 的空气喷射项目的单个总成本在 27000~1051000 美元之间，还有一些项目的单个总成本为 96000~672000 美元。

还有一些空气喷射项目的处理面积、体积或质量不能持续提供，因此无法估算其单位成本。宏观而言，采用空气喷射技术时，以饱和土壤吨数为基准的地下水处理成本为 20~50 美元/t。地下水羽流一般性处理的单位成本为每公顷 86.5 万~371.5 万美元(合每英亩 15 万~35 万美元)。通常情况下，空气喷射处理受污染的地下水时，其修复成本比其他技术的平均水平略低。由于 MTBE 和其他含氧化合物的亨利定律系数较低，因此对所需的气流要求相对较高，故用空气喷射技术对 MTBE 和其他含氧化合物污染的场地进行修复的单位成本可能会处于这些范围的上限位置。

（7）影响含氧化合物空气喷射处理性能和成本的主要因素

由于基于乙醇和醇的含氧化合物与其他常见的燃料污染物(比如 BTEX)具有不同的性质，特别是在亨利定律常数上，因此，它们的存在可能会增大修复场地所需的空气喷射系统的范围并使设计修复费用增大。研究表明，去除以醚为主的 MTBE 需要耗费比单独处理 BTEX 多 5~10 倍的气流。其他常见的基于醚的含氧化合物具有比 MTBE 更高的亨利定律常数，因而在理论上更适合采用空气喷射技术进行处理，尽管其比 BTEX 组分更难处理。常见的基于醇的含氧化合物的亨利定律常数比基于醚的含氧化合物要低两到三个数量级，理论上可以要求气流增大 100~1000 倍。如果无法实现足够高的气流速率且不希望引起地下压裂或污染物激活，则空气喷射可能是行不通的。当然，基于醚和醇的含氧化合物的生物降解潜力也会影响系统设计，并且可以减少修复所需的气流量和时间。

除了上述含氧化合物的特异性因素之外，其他因素也可能会影响空气喷射系统的性能和成本。这些因素包括地下水中污染物的浓度以及质量和分布；地层的地质学和水文地质学特征；清理指标；站点清理要求等。比如，地层的异质性可能阻挡注入的空气使其无法通过最佳通道接触污染区域。这些因素会影响空气喷射孔的数量和间距，还会影响流速和处理所需的时间，这些均需要在中试期间确定。空气喷射也有可能会导致污染物溶解或分离相羽流的侧向扩散。比如，在具有横向层理的黏土与沙组合的地层中，使用空气喷射时就存在污染扩散的可能性。

（8）空气喷射技术的总体评价

根据大量的空气喷射 MTBE 处理情况资料以及前述各种信息，可以对采用空气喷射技术修复被 MTBE 和其他含氧物质污染的场地能力给出总体评价。相关的评价数据来自大量的空气喷射 MTBE 处理项目。修复受 MTBE 污染的地下水时空气喷射技术使用比较普遍，部分项目单独使用或与 SVE 一起使用，采用泵浦处理或其他技术的相对较少。空气喷射技术用于修复地下水中 MTBE 的浓度范围最高可达 1000000μg/L、最低可达 50μg/L，并可使 MTBE 浓度降低 99%以上。不同类型的空气喷射项目(包括单独或与 SVE 联合的空气喷射项目)的修复持续时间一般为 1~5 年。单个空气喷射项目总成本的中位数约为 25 万美元，大多数项目的单个总成本在 10 万~35 万美元。

① 使用空气喷射处理 MTBE 和其他氧化剂的可行性。与仅用于修复 BTEX 的系统相比，其修复需要增加气流量以借助空气吹扫来物理分离常见的含氧化合物。所需气流量应以他们的亨利定律常数为依据，基于醚的含氧化合物可能需要比处理 BTEX 高 10 倍的气流，基于醇的含氧化合物所需的气流要比物理剥离相同质量的 BTEX 组分所需的气流高 100~1000 倍。残留的氧气通常会通过生物降解机制进一步去除含氧化合物。使用脱气处理技术提取蒸汽中含氧化合物的不同处理特性是进行 SVE 设计时需重点考虑的因素。

② 采用空气喷射技术的其他潜在优点。通常情况下，这些优点包括易于构建、操作和维护；设计配置可以以站点为单元，其操作对周边造成的干扰最小；在某些情况下从地下水中排出的污染物可能会在渗流区自然衰减，比如在污染物浓度较低的区域或偏远地区。

③ 其他潜在的气流应用制约因素。通常情况下，从地下水中除去的污染物必须使用 SVE 进行地上提取和处理；高气流速率可能导致意外的压裂，并会导致地下注入空气流动的不均匀或短路，或可能导致污染物成为非水相液体(NAPL)溶解在地下水中或在土壤中迁移进入加油站；在含水层贫乏和层状岩层场地适用性受限；土壤异质性可能会影响其有效性；有可能会导致溶解或分离的相污染物羽流的侧向扩散。

（9）欧美国家的典型案例

① 汽车加油站空气喷射案例。该案例使用空气喷射、SVE 和泵浦处理联合进行全面的清理以防止 MTBE、TBA 和 BTEX 在毗邻的两个服务站的地下水中进一步异地迁移。该地块的岩性为细沙粒和细砂石。在加油站采用 300scfm 的空气喷射系统与 SVE、泵浦处理联合修复措施。空气喷射系统的运行始于 2015 年 5 月，截至 2017 年 9 月仍在治理过程中，初始 MTBE 浓度为 15600μg/L、初始 TBA 浓度为 365μg/L、MTBE 的清理目标为 1000μg/L，取得了良好的效果。

② 汽车维修站空气喷射案例。该案例使用空气喷射和 SVE 进行全面清理以处理 MTBE 和其他污染物。现场土壤由黏土沙土组成。SVE 系统由现场沥青停车场表面正下方安装的 230inch 水平 SVE 管道组成，由热氧化剂处理提取的蒸气。在 SVE 系统启动两周后开始运行的空气喷射系统由 10 个竖向喷射井组成，每个井口安装有 26inch 深的 5inch 井眼。这些井被连接到工作压力为 68~70psi 的空气喷射压缩机上。该站点的特定目标水平(SSTL)范围为每种污染物含量不超过 5~80μg/L。截至 2017 年 9 月，地下水中 MTBE 和 BTEX 的最大浓度明显降低，甲苯、乙苯和二甲苯的 SSTL 含量满足要求，MTBE 最大浓度从 1000000μg/L 降至 568μg/L(减少 99.99%)，BTEX 最大浓度降至 9690μg/L。该项目处理费用折合 195515 美元。

9.4.6 土壤蒸气提取技术

土壤蒸气提取技术(SVE)将真空应用于土壤以提取污染的蒸气。欧美发达国家已有几百个项目采用土壤蒸气提取技术处理 MTBE 或其他含氧化合物。土壤蒸气提取技术可能成为减少地下水污染源和土壤中 MTBE 及其他含氧化合物的浓度和数量的首选技术。采用该技术时，地下气流可能会促进污染物的生物降解。

（1）土壤蒸气提取技术的宏观特征

SVE 是一种原位技术，其中的 Vocs(比如 MTBE)和其他含氧物质会与渗流区的土壤蒸气一起被除去。其通过向土壤中施加真空以产生负压梯度，进而迫使地下蒸气流向一个或多个提取点。然后从提取点收集土壤蒸气(通常采用捕获方式)，然后在将其排放到大气中之前用一种或多种地面处理技术进行处理。

SVE 技术可减少渗透带中 MTBE 和其他含氧物质的浓度，从而降低其作为蒸汽迁移到建(构)筑物中的潜力，或降低其成为持续的地下水污染源的可能性。SVE 还可以通过增加 NAPL 的蒸发来促使溶解在孔隙水中的污染物挥发，并且会激励生物降解来减少地下水中的污染物。SVE 也可用作空气喷射或其他处理系统的辅助手段来收集从地下水中除去污染物后注入的气体。

（2）MTBE 和其他氧化剂的性质对 SVE 修复的影响

在 SVE 系统中，从土壤到渗流区的污染物去除的主要机制是随着气相不断提取、纯化或吸附相中存在的污染物使其挥发到土壤中进入气相。在 SVE 实施期间可以发生上述转移的程度归因于蒸气压力的性质，为此，给出了平衡条件下每种污染物在液相和蒸气状态之间占比程度的指标。通常，具有较大蒸气压的污染物比具有较小蒸气压的挥发物更容易挥发。

图 9-4-5 显示了与 BTEX 相比，普通燃料含氧化合物的蒸气压，单位为毫米汞柱（mmHg）。通常情况下，人们认为蒸气压大于 10mmHg 的污染物适合借助 SVE 技术进行修复。如图 9-4-5 所示，每个常见的含氧化合物的蒸气压均大于 10mmHg，醚类氧化物通常具有比醇基氧化物更高的蒸气压。此外，大多数常见的含氧化合物（TBA、TAME 和乙醇除外）具有比 BTEX 更高的蒸气压，这表明它们比 BTEX 更容易被提取，BTEX 通常都是用 SVE 技术进行处理的。

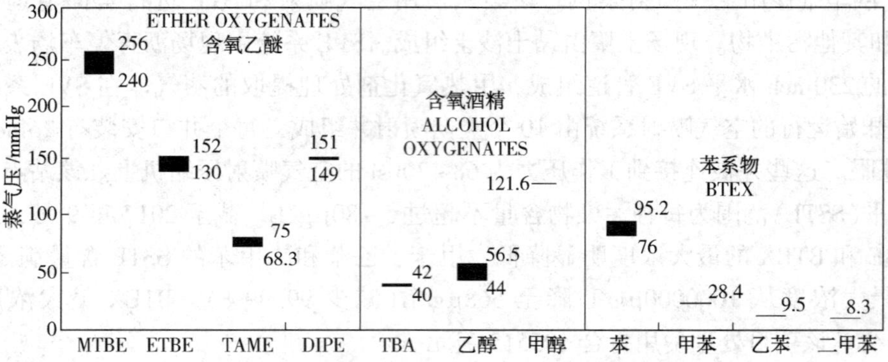

图 9-4-5　普通燃料氧化物的蒸气压范围

（3）应用土壤蒸剥离取来处理含氧气体的机理

在 SVE 实施期间，通过在常规构造为竖向蒸气提取井的一个或多个提取点处诱导真空来提取污染的土壤蒸气。水平提取井或沟槽也常被用作提取点。一般来说，SVE 可应用于 10~50inch bgs 的深度，但已有用于 300ft bgs 的项目。在较浅环境中应用时通常应采用某种方式将地表面密封，以最小化方式使环境空气对系统实施短路。提取的土壤蒸气的典型流速范围为 60~700cfm。蒸气提取井顶部所需的真空压力（井口真空）应能满足所需的蒸气提取率，其通常应在 3~100inch 水柱之间，并且还应根据土壤渗透性进行调整。提取井的投资回报率决定于提取井的数量和间距。ROI 是从提取井到可以诱导真空的点的距离，应通过合理的 ROI 设计以增大土壤中污染物的挥发和提取量。

通常情况下，人们认为 SVE 在更均匀和具有更高渗透率的地质构造中是最有效的，因为地下优先路径可能会导致其短路，并且更密实的地层可能会使提取点的影响半径大幅度缩小。通常，蒸气提取点在设计时是隔开的，以便形成整个污染区域的减压梯度。使用 SVE 对 MTBE 和其他含氧化合物的修复也可能受益于由地下气流产生的有氧条件，其可能形成易于原位生物降解污染物的条件。在某些地点，地下水或游离产品提取设备可以并入蒸气提取点，比如形成包含多相回收的萃取系统。关于多相萃取和分离系统以回收这些其他相会在后续的地下水泵浦处理及游离产品回收中进行详细介绍。

提取的含有挥发性污染物的土壤蒸气在排放到大气中之前被送到地面处理系统进行处理。用于处理 MTBE 和其他燃料含氧化合物的地上蒸气处理技术的类型主要有 3 个：吸附、热处理、生物过滤。吸附的特点是借助平衡力驱动气相污染物吸附到介质上，比如采用 GAC 或树脂的吸附过程。热处理的特点是通过高温氧化破坏气相污染物，用于处理 MTBE 和其他含氧物质的热处理，主要类型包括热氧化、催化氧化，热氧化借助火焰产生氧化污染物所需的高温，催化氧化借助催化剂以破坏污染物，催化剂通常为铂、钯或其他金属氧化物。生物过滤是将其中的污染物在固定膜生物反应器中进行生物降解的方法，通常由高表面积的过滤介质床（比如 GAC）组成，其借助由适于生物降解的微生物构成的薄膜作为支撑基质来过滤 MTBE 或其他污染物。

使用的蒸气处理类型取决于各种因素，比如提取的蒸气中的污染物浓度和场地的空气排放限制等。在具有严格空气排放限制的场地，被高度污染的蒸气可能需要通过多级蒸气处理系统进行处理，比如先热氧化然后再进行碳吸附。在对空气排放限制不太严格的场地，对污染较少的蒸气可能需要稍微或不进行蒸气处理。提取蒸气中处理 MTBE 和其他含氧化合物的一些关键考虑因素总结如下。

由于系统处理的平衡特性，MTBE 和其他含氧化合物在沥青煤基 GAC 中具有相对较低的冲击浓度。萃取蒸气中其他更具有优先吸附能力的污染物可能会降低 GAC 去除 MTBE 和其他含氧物质的能力。在某些情况下，更多的可吸收污染物可能会取代已经吸附的 MTBE 或其他含氧化合物。

相关实践已经显示，某些类型的吸附介质会优先吸附某些污染物。比如，某些情况下，椰子壳 GAC 比其他 GAC 品种能更好地去除 MTBE。另外，人们已开发出各种能够优先吸附一些不太可被 GAC 吸收的含氧化合物的合成树脂，比如 TBA。

热处理的应用应遵守相关规定。与处理其他污染物一样，蒸气流中催化剂毒物（比如金属和其他无机物）的存在可降低催化氧化的有效性。

生物过滤器的应用应遵守相关规定。生物过滤是一种较新的技术，目前使用较少，但越来越受到重视。其可用于处理被 MTBE 等氧化物污染的土壤中的气体，目前它们主要用于修复浓度相对较低的一些污染物。

科学家给出了蒸汽处理方式选择的经验法则，即 Voc 浓度超过体积的约 1~2ppmv 的可采用热氧化；Voc 浓度在约 100~2000ppmv 的可采用催化氧化；Voc 浓度在约 35~100ppmv 的可采用 GAC 处理；Voc 浓度低于 35ppmv 的可采用直接放电进行处理。

（4）土壤蒸剥离取技术的主要类型

目前，在 MTBE 处理方面已有数百个项目采用了土壤蒸气提取处理技术，但除了 MTBE 以外的含氧化合物的修复采用土壤蒸气提取技术的项目很少见，少部分项目包含了其他含氧化合物，个别项目包括 TBA 或乙醇。表 9-4-13 给出了近百个 SVE 项目的规模和运行状况。

表 9-4-13　近百个 SVE 项目的规模和运行状况

采用技术	项目数	运行状况		规模		
		已完成	进行中	位点	中试	全面
只使用土壤蒸气提取	20	4	16	0	0	20
土壤蒸气提取与空气喷射联合	74	2	72	0	0	74
土壤蒸气提取、空气喷射、泵浦处理联合	19	5	14	0	0	19
土壤蒸气提取与生物修复联合	1	0	1	0	0	1
土壤蒸剥离取与原位化学氧化联合	2	1	1	0	0	2
土壤蒸气提取与多种技术联合	22	7	15	0	1	21
总计	138	19	119	0	1	137

表 9-4-13 中的近百个 SVE 项目中大部分是全面规模的修复项目，且大部分正在进行中。此外，大部分项目使用了 SVE 与空气喷射联合方式，近 1/6 只使用单独的 SVE 技术，其余的项目多为联合修复方式，联合的修复方式有生物修复、ISCO、泵浦处理或集成化技术。

近百个 SVE 项目主要使用竖井，个别项目采用水平井。近 1/6 的项目给出了 SVE 井数量的信息，总体范围为 1~16 口井，大多数项目使用 2~8 口井，。使用 SVE 加空气喷射的 74 个项目中，每个项目的 SVE 井数量为 1~23 口，其中一半的项目的用井数量为 2~5 口。这 74 个项目中有几个采用了排气处理的形式，还有几个使用了 GAC，个别项目使用了催化氧化或热氧化。有近 1/10 的 SVE 项目通报了用于处理含有 MTBE 和其他含氧化合物的天然气的地面处理技术类型，联合采用热处理或催化氧化或热氧化的 SVE 项目各有数个。个别项目还借助 GAC 吸附来处理 SVE 废气。

（5）SVE 技术处理含氧化合物的效果

目前用于评估 SVE 处理 MTBE 性能的方法已有很多种，包括分析土壤、土壤蒸气或地下水中 MTBE 浓度的变化，或估算去除的污染物的数量。SVE 技术主要用于减少可能的浸出或以其他方式从渗流区迁移到地下水中的污染物数量。这种浸出率的减少可能会使地下水中污染物浓度降低，本节提供的性能数据是针对地下水中 MTBE 浓度的。

表 9-4-14 和表 9-4-15 中给出的数百个项目的处理绩效数据显示，SVE(单独使用或与其他技术结合使用)已被成功地用于修复地下水中的 MTBE，修复浓度最高的超过 100000μg/L、最低的小于 50μg/L，修复后 MTBE 浓度均降低 99%以上。完工项目占总项目数的 1/6，其修复过程耗时的中位数从 3 个月到 5 年不等。表 9-4-14 给出了这些已完工项目的性能数据，有一个与泵浦处理联合的 SVE 已完成项目没有提供性能数据，因此未包括在表中。

表 9-4-14 中，修复绩效数据是由项目经理和相关技术人员提供的，是具有总结性的，涉及项目的技术设计、工艺和性能数据。除非另有说明，绩效数据均以地下水中 MTBE 的浓度变化为依据，包括开始处理之前的 MTBE 浓度(标注为“初始浓度”)和处理完成后的浓度(标注为“最终浓度”)。对于使用不止一种技术的项目，在项目使用的每种技术下都会标注性能数据。

表 9-4-14 已完工 SVE 项目的性能数据示例

采用技术	项目数	MTBE 初始浓度/(μg/L)			MTBE 最终浓度/(μg/L)			项目修复持续时间/月
		最小值	中值	最大值	最小值	中值	最大值	
只使用土壤蒸气提取	4	48	6900	8900	21	1800	3200	24
土壤蒸气提取与空气喷射联合	2	99	218	337		—		57
土壤蒸气提取、空气喷射、泵浦处理联合	5	5	203	2600	2	3	5	22
土壤蒸剥离取与原位化学氧化联合	1		17000			31		9
土壤蒸气提取与多种技术联合	7	4151	10800	44400		—		12

表 9-4-15 正在进行的 SVE 项目的绩效情况

MTBE 浓度 *C* 的范围	MTBE 初始浓度的项目数	MTBE 最高浓度的项目数
C>100000μg/L	7	1
10000μg/L≤*C*<100000μg/L	18	4
1000μg/L≤*C*<10000μg/L	26	10
100μg/L≤*C*<1000μg/L	29	21
50μg/L≤*C*<100μg/L	6	7
C<50μg/L	20	22

（6）使用 SVE 技术处理 MTBE 的成本

前述近百个 SVE 项目中有近 1/6 的项目公布了成本数据，这些项目有的正在进行、有的已完成。但绝大多数没有介绍项目成本的构成情况，其可能包含不同的指标，比如修复、监测、设计、监督、健康与安全。大部分项目属于正在进行的项目，因此，其成本反映的仅是提供数据时的部分实际成本或项目总成本的估值。所有 SVE 项目的单个项目中位数总成本约为 206000 美元，大多数单个项目的总成本在 10 万~40 万美元。

SVE 的单位成本为每立方码土壤处理量从 10~40 美元，该数据说明 SVE 的成本在各种污染土壤治理的修复技术中处于或优于平均水平。另外，SVE 的单位成本是与处理体量有关的，处理少于 10000 立方码土地的项目的每立方码土地处理成本为 60~350 美元，处理超过 10000 立方码土地的项目时其每立方码处理成本不到 5 美元。人们还确定了以每千克污染物质量计算的单位成本，每磅污染物的修复成本为 300~10000 美元，计算是以大约 3000 磅的污染物质去除为依据的。对于大量清除的项目而言，每磅污染物的除去成本不到 15 美元。这些单位成本范围可反映一般情况下使用 SVE 技术的修复费用，并不能用于特殊 MTBE 的修复。

（7）影响 SVE 处理效果和处理成本的因素

影响 SVE 系统性能和成本的关键因素包括土壤中污染物的浓度、质量和分布；地层地质条件和异质性；清理指标；向大气排放的要求。这些因素会影响蒸气提取井的数量、所需的真空水平、废气处理的方式、处理所需的时长。

（8）总体评价

根据大量 SVE 项目的 MTBE 修复资料可对其进行评价，SVE 用于修复被 MTBE 和其他含氧物质污染的场地是成功的。SVE 已被用于修复被 MTBE 污染的土壤和地下水，近 1/2 的 SVE 项目与空气喷射结合使用。单独使用 SVE 技术可对地下水中的 MTBE 进行修复，修复浓度范围从 100000～50μg/L，并可使 MTBE 浓度降低超过 99%。不同类别项目的修复耗时从 3 个月到 5 年不等，包括单独使用 SVE、带泵浦处理的 SVE 等项目。单个项目总成本的中位数约为 206000 美元，大多数项目的单个总成本在 10 万～40 万美元。

① 使用 SVE 处理 MTBE 和其他含氧物。所有常见的含氧化合物均具有大于 10mmHg 的蒸气压，并且适于使用 SVE 进行处理，醚类氧化物通常具有比基于醇的含氧化合物更高的蒸气压。从 SVE 废气中除去醇基氧化物时，采用 GAC 吸附可能不如热处理等其他方法有效。

② 应用 SVE 的其他潜在优势。人们通常认为，从土壤中去除 MTBE 比清除已经溶解在地下水中的 MTBE 更具成本效益。其可降低 MTBE 作为蒸汽迁移到建(构)筑物中或迁移到地下水中的潜力。其与其他修复技术相比成本相对较低。其现场操作对周围的干扰最小。

③ 限制 SVE 应用的其他潜在因素。低渗透性土壤可能会限制蒸汽通过土壤的运动，从而降低 SVE 的有效性。在异质区域，污染物可能难以从低渗透层中提取，因为土壤蒸气主要来自较高渗透层而污染物可能存在于较低渗透层中。地下水的埋深或地下水位波动均可能导致上升流和干扰气流的出现。无法满足非常严格的土壤清理要求，即处理后土壤污染物浓度可能高于或接近清理指标要求。

（9）典型案例

① UST 站点 MTBE 的全面清理。现场土壤由 1～18inch 的淤泥和黏土组成，覆盖着 18～50inch 的砂和砾石。SVE 系统由 8 个蒸气提取井组成，安装深度为 12ft bgs。SVE 系统的运行始于 2008 年 3 月，目前系统正在运行。截至 2017 年 8 月，地下水中 MTBE 的浓度从 480g/L 降至 93g/L。根据最新的成本数据估算，其整体修复费用折合 298040 美元。

② 汽车服务站 MTBE 和苯的全面清理。MTBE 和苯来自 UST 的泄漏。现场土壤由覆盖砂和砾石的 10inch 黏土组成。SVE 系统由 5 个蒸气提取井和 700cm^3 的真空系统组成。废气处理采用热氧化技术。经过 2.2 年的 SVE 运行，11 个监测井测得的地下水中 MTBE 的浓度从高达 8900g/L 降低到 21g/L，苯浓度从 670g/L 降低至 0.5g/L，均降低了 99%以上。热氧化剂在废气中破坏了 95%以上的挥发性有机化合物，目前现场修复工作已经完成。

9.4.7 多相萃取技术

多相萃取技术(MPE)的特点是采用 SVE 和地下水泵浦处理技术同时提取土壤蒸气和地下水中的 MTBE。目前该技术已用于近百个场地的 MTBE 处理，其最适用于细砂到粉砂的细粒结构土壤。

（1）多相萃取技术的总体特征

MPE 是一种通用术语，是指同时从土壤蒸气和地下水中提取 Voc，比如 MTBE 和其他燃料含氧物。此外，它还可以用于去除游离产品或其他 NAPL。MPE 在相关技术文献中还有其他几个名称，涉及 MPE 及其结构的术语有双相萃取(DPE)、三相萃取(TPE)和蒸气提取/地下水萃取(VE/GE)。一般来说，所有这些配置方式均是将 SVE 与地下水提取(以及在某些情况下的 NAPL)相结合并采用某种形式处理地下水和蒸气的技术。地下水泵浦和地下水处理技术在后续内容中有更详细的讨论，SVE 与地下蒸气处理前面也有详细的叙述，在此不再进一步展开。

（2）MTBE 和其他含氧剂的性质对修复的影响

MPE 的主要去除机理是挥发，以及随后的气相平流和地下水中的溶解及水平流。蒸气压、溶解度和有机/水分配系数是 MTBE 和其他含氧化合物对应于这些去除机理的主要性质。其通常可用于具有较高溶解度和蒸气压力以及较低分配系数的污染物，比如燃料含氧物(比使用 MPE 的 BTEX 去除效果更好)。如表 9-4-16 所示，基于醚和醇的含氧化合物的性质表明，通过 MPE 的蒸气和地下水萃取组分比 BTEX 组分更有利于从地下除去它们。但某些基于醇的含氧化合物除外，特别是 TBA 和乙醇，由于它们具有相对较低的蒸气压，因此可能不太容易在气相中被除去。表 9-4-16 中的数据来源于表 9-4-2。

表 9-4-16 与 MPE 相关的污染物质

污染物类别	从汽油内溶解于 H_2O 中的范围/(mg/L)	蒸气压范围/mmHg	分配系数/(logL/kg)
BTEX 成分	3~100	8~95	1.5~3.2
醚类氧化剂(比如 MTBE)	750~5500	68~250	1.0~2.2
醇类氧化剂(比如 TBA)	>25000	40~120	0.2~1.6

与使用 SVE 或单独使用泵浦处理相比，MPE 具有以下几个优点：MPE 可使地下水回收率提高，进而使个别地下水回采井的影响范围增加，从而有利于浅层残余污染物的回收；通过压迫提取井附近的地下水位，MPE 可对毛细管边缘和污迹区进行修复，还可对位于地下水位上方和下方的挥发性残留污染物进行修复。

虽然污染物质是在给定场地 MPE 系统选择和设计中重点考虑的因素，但 MPE 的适用性更多地取决于介质的性质，主要是水力传导率(K)、透水率、水位深度和土壤水分。

（3）MPE 处理含氧化合物的机理

MPE 可以在各种修复方式配置中实现，包括单泵浦、双泵浦和生物清洗。在单泵浦配置中，使用单滴管从单个井中提取液体和蒸气。真空和液体吸力提升通过一个真空泵(液体泵、喷射泵浦和鼓风机最为典型的)实现的。在双泵浦配置中，潜水泵用于在密封井口处施加单独的真空以回收地下水，在这种结构中其液体和蒸气流是彼此分开的。根据应用情况的不同，双泵系统可以使用电动或气动潜水泵进行地下水回收并用液环泵或鼓风机来诱导真空。应用其回收残余污染物或 LNAPL 时通常使用气动潜水泵进行液体回收。生物泵使用与单个泵浦系统相同的配置，但是液滴管设置在液体-空气界面处或刚好位于液体-空气界面的下方。提取点从修复液体转变为空气时会发出砰砰声。这种配置在残余污染物回收中是有效的，并且由于气流的增加也会增强原位需氧生物的修复能力。

在某些配置中，MPE 中使用的真空会使泵浦井附近地下水位发生有效的升降(即增加或降低地下水位的深度)，这对增加饱和区土壤的暴露以及去除位于原始地下水位上方和下方的挥发性污染物具有重大影响。

提取的蒸气和液体通常在地面上进行处理，用于地面处理的技术类型分别类似于 SVE 和地下水泵浦处理的技术。

（4） MPE 处理含氧化合物的主要类型

目前已有不少项目采用 MPE 处理 MTBE，但详细的信息仍然比较匮乏。表 9-4-17 给出了近十个 MPE 项目的修复规模和运行状况信息供大家参考。

表 9-4-17　近十个 MPE 项目的相关信息

采用技术	项目数	运行状态		规模		
		已完成	进行中	位点	中试	全面
只使用多相萃取技术修复	9	3	6	0	4	5
多相萃取与空气喷射联合修复	2	1	1	0	0	2
多相萃取与原位化学氧化联合修复	2	0	2	0	0	2
总计	13	4	9	0	4	9

表 9-4-17 中大部分 MPE 项目是全面修复和正在进行中的项目，大部分项目仅使用多相萃取，其余项目则采用了联合修复，比如与空气喷射联合或与 ISCO 联合。约一半的项目使用了 Bubblex 系统，Bubblex 系统是一种专利方法，可以借助高真空同时提取蒸气和水。一个全面修复项目在 8 个站点使用了 VE/GE 系统，另一个全面修复项目采用先进的氧化技术进行液体总萃取。VE/GE 系统通常使用 4~17 个 VE 井，平均气流速率为 4. 6~18. 5scfm；2~8 个 GE 井，泵浦速率为 0. 11~0. 67gpm。

还有一个安装了一个空气喷射/SVE 系统的典型案例，监测结果显示，除了一个顽固地区外好像已经修复了 BTEX 羽流，但似乎又催生了一个不受空气喷射/SVE 系统操作影响的 MTBE/TBA 羽流，羽流中 MTBE 减少但 TBA 浓度增加。为此，在进行可行性测试之后，只好再次安装一个地面移除和处理的多相萃取系统(MPE)。

（5） MPE 处理含氧化合物的成效

前述近十个借助 MPE 技术处理 MTBE 的项目，MTBE 的处理浓度高达 100000μg/L，处理后地下水中 MTBE 浓度降低至 50μg/L。由于这近十个项目均没有将 TBA 列为污染物，故以下仅介绍 MPE 处理 MTBE 的效果。

表 9-4-18 和表 9-4-19 给出了 3 个已完成的 MPE 项目的绩效数据(涉及 7 个站点，有些站点没有提供性能数据)，由于数据完整的项目太少，因此，表 9-4-18 仅给出了具体项目的概况，而没有给出最小浓度、中位浓度和最大浓度，也没有指出个别项目中 MTBE 浓度增加的原因。

表 9-4-18　已完成的 3 个 MPE 修复项目的绩效情况

采用技术	场地代号	规模	MTBE 初始浓度/(μg/L)	MTBE 最终浓度/(μg/L)	项目修复持续时间/月
只采用多相萃取技术修复	A	中试	11	—	—
只采用多相萃取技术修复	B	全面	6140	791	—
多相萃取与空气喷射联合修复	C	全面	55	79	45

表 9-4-19　正在进行的 MPE 项目的总体情况

MTBE 浓度 C 范围	MTBE 初始浓度的项目数	MTBE 最高浓度的项目数
10000μg/L≤C<100000μg/L	1	0
1000μg/L≤C<10000μg/L	1	2
100μg/L≤C<1000μg/L	2	0
50μg/L≤C<100μg/L	0	1
C<50μg/L	0	1

修复绩效数据是由项目经理和相关技术人员提供的，是具有总结性的数据，每个项目均有技术设计、工艺和性能数据，限于篇幅没有一一罗列。除非另有说明，绩效数据以地下水中 MTBE 的浓度变化为依据，包括开始处理之前的 MTBE 浓度(标记为“初始浓度”)和处理完成后的浓度(标记为“最终浓度”)。对于使用不止一种技术的项目，在项目使用的每种技术下均给出了性能数据。

（6）使用 MPE 与处理 MTBE 的成本

前述近十个 MPE 项目中有 2 个项目提供了成本总计报告。一个单独使用 MPE 的项目通报的总项目成本为 13 万美元，另一个已完成的使用 MPE 和空气喷射的项目通报的总项目成本为 383000 美元。由于此类项目无法使用面积、体积或质量数据，因此无法给出单位成本。

有关于使用 MPE 处理 MTBE 和其他含氧化合物或其他污染物的成本的介绍，一个污染了氯化溶剂的地点，地下处理量(以地下立方码表示)的成本为每立方米 36～170 美元。在各种污染地下水的修复技术中，MPE 的治理成本处于中间水平。实际上，MPE 的项目成本可能主要取决于所需的地面处理驱动系统。地下蒸气处理的成本在前面已有介绍，地面水处理技术的成本会在后边进行介绍。

（7）影响 MPE 技术处理含氧化合物性能和成本的主要因素

当 MTBE 或其他含氧化合物存在且必须在现场进行修复时，单独或与其他技术组合的 MPE 技术可能是一种合适的修复方法。MPE 通过挥发、溶解和平流运输来去除污染物。一般来说，如果 SVE 和地下水泵浦处理都是可用的技术，则可以选择 MPE 修复。MPE 的修复性能主要受介质属性控制，受污染物属性控制的程度较低。MPE 最适用于透水率低(每小时不超过 200gals)的细砂/沙质砂岩($K=10^{-3}\sim10^{-5}$cm/s)的细颗粒结构。

常规的泵浦处理在典型的低导水率和透水率地层中效果较好，但如果速度较快则可能会形成陡峭的水位梯度并导致回收率的降低。上述情况会限制常规泵井的效能，但 MPE 可通过应用真空来克服这个制约因素。MPE 的真空增强也可以克服毛细管区域内的污染物的毛细作用力，这样就可以更好地回收积累在空气-水界面毛细管区域的 LNAPL。

除了上述特定技术因素外，其他一些因素也可能影响各种 MPE 系统的性能和成本，这些因素包括污染物在土壤和地下水中的浓度、质量和分布；地质学、水文地质学特征和地下异质性；清理指标；空气排放和排水要求。这些因素还会影响提取井的数量和类型、真空度、抽水率、地下水和废气处理形式、处理时长。

（8）总体评价

根据前述 MPE 项目 MTBE 修复介绍可以得出结论，使用 MPE 可以修复受 MTBE 和其他含氧物质污染的场地。MPE 已被用于修复受 MTBE 污染的地下水，但其修复过程比其他一些技术(比如空气喷射和生物修复)烦琐，因此，在实际应用中采用较少。其最常用于非原位技术，个别项目中其已经与空气喷射或 ISCO 联合使用。MPE 已被用于 MTBE 浓度超过 100000μg/L 或小于 50μg/L 的地下水的修复中，并可使 MTBE 浓度降低 99%以上。由于相关的成本信息太少，两个项目给出的总成本分别折合 13 万美元和 383000 美元。

① 使用 MPE 处理 MTBE 和其他含氧物质。虽然给定场地的污染物质是选定和设计 MPE 系统的重要考虑因素，但 MPE 的适用性更多地取决于介质的性质，且主要是水力传导率和透水率。

② 应用 MPE 的其他潜在优势。与常规抽水方法相比，其地下水回收率有增加的潜力；各个地下水回采井的影响范围有增加的潜力；有修复游离产品或其他 LNAPL 的潜力；有可能修复毛细血管边缘和涂片区的污染物；可同时修复土壤蒸气和地下水；其修复对低渗透性土壤有效。

③ 应用 MPE 的其他潜在限制。NAPL 乳液和含有 Voc 的蒸气可能会加大需要处理的面积；与传统做法比，其初始准备工作时间和修复历时可能更长；与传统抽水方法比，其潜在的资本成本可能更高；一些 MPE 的配置会受到深度限制。

（9）典型案例

① 汽车维修站。MPE 使用 VE/GE 系统进行，该系统由 10 个 VE 井和 6 个 GE 井组成。修复地点位于沿海平原，土壤由沙质淤泥和黏土组成。VE 井的平均流速为 9. 8scfm，GE 井的平均流量为 0. 24gpm。地下水中的 MTBE 浓度在系统运行 3. 5 年后从 27027μg/L 降至 32μg/L。目前修复工作已经完成，但是没有提供清理指标要求。

② 溶剂/燃料场地。自 2007 年以来，该溶剂/燃料站已经运行了由 MPE、空气喷射和 SVE 组成的修复系统。处理系统由 29 个 MPE 井以及油水分离器和流化床生物反应器组成，流入流速为 370gpm，保留时间为 8min。蒸汽通过冷凝器，然后与热氧化剂接

触，随后释放到大气中。冷凝水通过油水分离器返回。在现场修复工作启动 650 天时可用的性能数据显示生物反应器上的 MTBE 浓度从 2400μg/L 降低到 55μg/L，但项目没有给出含水层中 MTBE 浓度减少的数据。

9.4.8 原位生物修复

生物修复通过增强污染土壤和地下水中的生物活性来降解 MTBE 和其他含氧物质。目前，利用生物修复技术修复 MTBE 的项目已达数百个，也有一些修复 TBA 的项目。生物修复通常用于在污染源被去除后处理残留在土壤和地下水中的污染物。

（1）生物修复技术的总体特征

生物修复是微生物、真菌和植物代谢污染物质的过程。它已经用于原位和非原位处理土壤和地下水中的含氧物质。通常情况下，工程生物修复系统通过引入适应受污染的土壤或地下水的电子受体(通常为氧)、电子给体(底物或食物来源)、营养物质或微生物来刺激污染物的生物降解。这些修复方案是将修复生物在原地被引入地下或被添加到提取的地下水或挖除的土壤中实现的。以下介绍各种类型修复方案的基本特征。

① 优化。优化方案主要有 4 种形式，分别为电子受体方式、电子给体方式、营养素方式、生物强化方式。

电子受体方式。氧气是用于促进生物降解的最常见的电子受体，氧气可以不同的方式进行添加，包括喷射空气携带、注入产生氧气的固体或液体、原位电化学反应产生；也可以加入其他电子受体以支持厌氧生物降解，比如硝酸盐、硫酸盐和铁(Ⅲ)化合物等。

电子给体方式。在直接生物降解途径中，污染物充当电子供体或底物。但在共代谢降解期间，不同的电子给体会被代谢并会导致污染物发生相应的氧化。在一些受污染的羽状体中也可能存在其他电子给体，比如汽油的各种成分。在不合适的情况下，需要合成降解途径时可以加入电子给体。

营养素方式。氮、磷和其他微量元素之类的营养物质是细胞生长的必需物质，因为它们是关键的生物学基础。添加营养素作为补充剂有助于确保营养物质的浓度不会成为生物修复的制约因素。

生物强化方式。包括在能够降解特定污染物的生物体缺乏时向地下添加补充微生物。微生物可以从已经存在于一个位点的群体中生长，或者借助地上反应器中生长的培养基“种子”生长，也可以利用市场上购得的具有降解特定污染物的细菌菌株进行培养和生长。生物强化技术的应用具有高度特异性，其与地下微生物的生态学特征和生态环境有关。

以下重点介绍使用微生物生物降解污染物质的原位修复技术。原位生物修复技术的配置特点是直接将补充剂注入受污染的介质中；或将补充剂置于地下水流通道中；或提取污染的地下水用补充剂进行修复后再使修复的地下水循环进入污染区域(具体可参考后续的泵浦处理)。注射补充剂应遵守相关规定。各种工程原位修复系统的一些重要考虑因素可参考相关规范或专著。关于生物修复的非原生境应用，特别是提取地下水的生物处理，可参考后续的提取地下水处理中的介绍。

② 工程系统。工程系统主要有以下 3 种方式，即直接注入井/沟槽、再循环系统、可渗透的反应性屏障。

直接注入井/沟槽方式。在直接注射系统中，通过在注射点或直接进入土壤中将微生物、营养物质、电子受体或电子给体直接添加到含水层中从而提高降解效能。直接注射技术包括采用注入井或沟槽的技术，通过这些技术可引入补充剂。还有一些常见的直接注射技术，比如使用化学或电化学方法来增加地下水中的氧气水平，或者注入专门用于降解所关注污染物的微生物。地下水的自然流动通常不受阻碍，但应对其进行监测以确定污染物及其子产物的降解是否已在距离源的可接受的距离内完成。

再循环系统方式。再循环系统从现场提取污染的地下水，增加污染物的原位脱水量或使其得以修复，然后将“活化”的水重新注入地下，其通常会导致污染区的扩大。作为替代方案，可在单个井的不同高度处进行萃取和注入，使其产生竖向循环。地下水再循环的配置方式可用于提供容纳羽状物或允许在更受控制的环境中进行修复的场合。

可渗透的反应性屏障方式。将补充剂在地下水流通道中放置构成 PRB，有时也称其为处理区或“生物屏障”。采用 PRB 方法时，借助诸如富含营养物、氧化剂或还原剂的材料回填沟槽的方法或通过直接注入或通过地下水再循环来形成主动生物修复区的帘幕，帘幕可形成活性生物修复区，羽流通过 PRB 时仅处理通过其的地下水中含有污染物的羽流。

因场地条件具有特异性，不同场地的原位生物修复系统的设计和配置也会有很大差异。必须经常进行处理的可行性研究或中试规模测试以确定创建和维持最佳生物降解条件所需的修复类型和数量，进而选择最适合引入地下修复方案中的工程系统类型。

（2）MTBE 和其他含氧剂的性质对修复过程的影响

根据早期的大量 MTBE 污染地下水的研究成果可以得出以下结论，即该化合物是不可生物降解的或对生物降解非常耐受。尽管厌氧系统固有降解速率相对较慢，但 MTBE 仍可以进行有氧和厌氧降解。一些天然存在的微生物能够以 MTBE 作为唯一的碳源和能源，这样的微生物似乎普遍存在，但其数量很少，并且需要花费足够的时间来形成足够密集的群体以维持 MTBE 的降解活动。因此，人们经常思考一些用于 MTBE 生物修复的代谢方法，其中有些方法是将易于降解的有机底物(电子给体)添加到地下导致相应的 MTBE 发生氧化。微生物代谢降解 MTBE 的能力始终存在于易于分解代谢 MTBE 结构类似物的菌株中，其合适的共底物包括简单的支链甚至非支链的烷烃，比如丙烷和丁烷。

尽管迄今尚无办法对其他燃料含氧化合物的好氧降解速率进行详细的比较评估，但人们已经观察到 TAME、ETBE、DIPE、TBA 和 TAA 的好氧生物降解速率已经与好氧降解速率数量级相同的 MTBE。人们根据前述产物化学结构的相似性，认为相同或相似的酶系统和途径可以解决这些含氧化合物的生物降解问题(图 9-4-6)，因此，除了 MTBE 之外的燃料含氧化合物的生物修复均具有相似的约束条件。

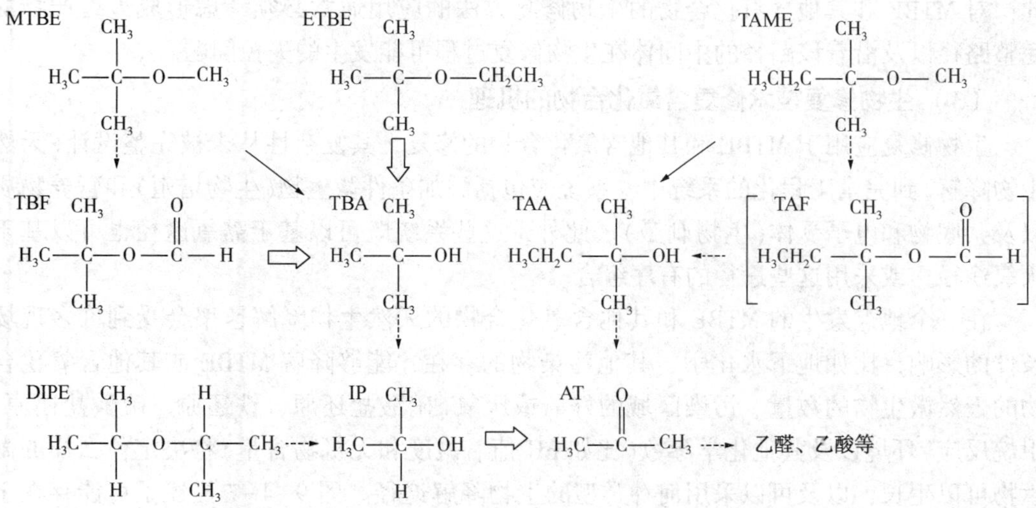

图 9-4-6 对 MTBE 和其他氧化物的建议降解途径

与厌氧修复相反，工程化生物修复系统的成功的现场规模应用已经被限制在需氧修复中。有氧修复的优点可概括为以下 4 点，即修复的效果归因于能与 MTBE 和其他燃料含氧化合物发生有氧代谢的微生物，因此，MTBE 降解进程在有氧条件下发展更快；人们已经发现许多以 MTBE 作为唯一碳和能量来源的有氧微生物，而具备厌氧处理能力的微生物种类却非常少；如果末端电子受体最初没有足够的存在量时为了进行好氧生物修复而添加氧可以像将空气吹入含水层一样容易，用于厌氧生物修复的电子受体的添加则非常复杂并且可以引起人们对添加物质毒性和归宿的担忧；实验室研究给出了关于 MTBE 在厌氧条件下厌氧生物降解的最终产物与程度，该产物和程度与其他含氧化合物在厌氧条件下的生物降解结果不一致。

当然，MTBE 和其他含氧化合物可能通过厌氧生物降解的许多途径已经成为目前研究的热点，相关的研究工作正在深入进行。表 9-4-20 给出了在厌氧生物修复研究中使用的各种电子受体，并将完全厌氧降解的产物与需氧代谢的产物进行了对比。

表 9-4-20 MTBE 生物降解机理与产物

区域		电子给体	电子受体	完全降解产物
有氧		MTBE	O_2	CO_2、H_2O
厌氧	硝酸盐还原	MTBE	NO_3^-	N_2、NH_3、CO_2、H_2O
	铁还原	MTBE	Fe^{3+}	Fe^{2+}、CO_2、H_2O
	硫酸盐还原	MTBE	SO_4^{2-}	H_2S、CO_2、H_2O
	甲烷反应	MTBE	CO_2	CH_4、CO_2、H_2O

虽然表 9-4-20 列出了 MTBE 完全降解的产物，但在某些条件下也可能发生 MTBE 和其他含氧化合物不完全降解的情况。特别值得注意的是，TBA 已被证明是在厌氧条件下可能成为持续降解的中间体，某些情况下，其可能导致 MTBE 中 TBA 的浓度超过 MTBE 浓度。有关 TBA 在微生物生物降解中的作用可参考相关科学家的研究报告。因

此，对 MTBE 和其他含氧化合物的生物修复方法的应用通常必须考虑形成最终产物的完整路径以及沿着该路径的中间体在生物修复过程可能发生的失控问题。

（3）生物修复技术修复含氧化合物的机理

生物修复应用于 MTBE 和其他含氧化合物的修复，其复杂性从未被完整设计（天然生物降解）到完全工程化的系统中，系统应包括添加条件微生物（生物增殖）和营养物质以及共底物和电子受体（生物刺激）。此外，这些系统既可以基于需氧途径也可以基于厌氧途径，或采用这些途径的有序组合。

在一个地点发生的 MTBE 和其他含氧化合物的天然生物降解速率会受到许多现场条件的影响，比如地下水化学、其他污染物的存在、能够降解 MTBE 或其他含氧化合物的天然微生物的数量。污染区域的好氧或厌氧（硝酸盐还原、铁还原、硫酸盐还原、甲烷反应）环境以及其他化学参数（比如 pH 值、碱度和无机物含量）将决定什么样的微生物可以生长，以及可以采用何种类型的生物降解途径。图 9-4-7 描述了可能存在于石油污染场地羽流中的氧化区，并解释了表 9-4-21 中列出的每种厌氧和好氧途径是如何发生可能的天然生物降解过程的。

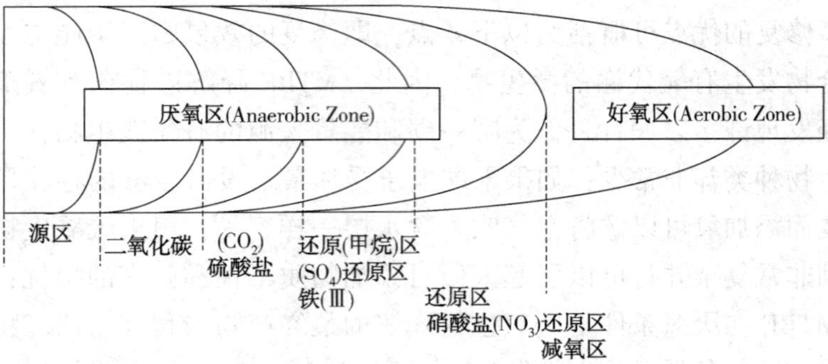

图 9-4-7　典型区域石油污染源的降解

表 9-4-21　近百个工程生物治理项目的基本情况

采用技术	项目数	运行状况		规模		
		已完成	进行中	位点	中试	全面
原位项目						
仅采用生物技术修复	55	25	30	2	12	41
生物技术与空气喷射联合修复	2	0	2	0	1	1
生物技术与泵浦处理联合修复	1	0	1	0	0	1
生物技术与 SVE 联合修复	1	0	1	0	0	1
生物技术与空气喷射、SVE 联合修复	6	6	0	0	0	6
生物技术与多技术联合修复	1	0	1	0	0	1
非原位项目						
仅采用生物技术修复	7	4	3	5	0	2
总计	73	35	38	7	13	53

能够生物降解含氧化合物的多种微生物已经在被 MTBE 和其他含氧化合物污染的地点被发现。这些微生物是否存在于特定部位及其生存能力会影响天然生物降解的过

程，并且会决定是不是需要进行生物强化。在存在这些微生物的地方，天然的生物降解或一定的生物刺激(比如借助增加氧含量的空气喷射)可有效降低 MTBE 和其他含氧化合物的浓度。当然，其他条件也必须有利于支持显著的天然生物降解。通常，只有那些因地下水位浅和具备高水平地下水补给条件导致受污染区域有氧条件好的地点才发生了 MTBE 和其他含氧化合物的显著的天然生物降解现象。

某些情况下，其他污染物(比如苯)的存在会通过共同代谢促进 MTBE 和其他含氧化合物的天然生物降解。当然，BTEX 之类的污染物也可能通过电子受体或营养物的消耗来抑制含氧化合物的生物降解，也会由于含氧化合物降解微生物的生长相对较慢而被其优先使用。另外，被醇(比如乙醇)污染的地点也可以通过电子受体或营养物的消耗来抑制醚类氧化物(比如 MTBE)的生物降解。

用于生物修复含氧化合物的完全的设计系统通常会将生物刺激和生物增殖结合起来以加速生物降解过程。这些系统中最常见的是基于有氧途径的，其生物刺激成分包括通过空气/氧气喷射或添加释放氧的化学品加入氧气以及添加营养物质。通过上述这些装置之一加入氧气可使整个污染物区域有氧，从而为加速生物降解提供更均匀的条件。维持高氧水平对有效的好氧生物降解特别重要，因为相关的研究已经显示降解含氧化合物的生物体需要较高浓度的氧气。可通过添加微生物培养物来实现生物成分的增殖，前述微生物培养物通过在这些污染物上生长或通过培养具有所需酶的分离物种的调节以降解含氧化合物。通常情况下，生物强化对于工程化生物修复系统的成功至关重要，因为能够降解含氧化合物的微生物本身可能不存在，而且可能是生长期很慢的种植物。

某些条件下，厌氧通道的使用可能具有工程优势，比如修复深层含水层或源区的含氧化合物污染。最近的研究和实地研究多集中在用于 MTBE 和其他燃料含氧化合物的生物降解的各种厌氧途径上，但这些研究结果在含氧化合物降解效率方面具有不确定性，即使在实验室环境中，也没有单一的厌氧通道将含氧化合物降解成终产物的一致成功的结果。因此，如果要在场地考虑使用厌氧途径的生物修复，则通常必须进行场地特异性处理可行性研究和试点测试。

工程化系统还可以加入辅助底物以帮助建立活性微生物群落，从而加速含氧化合物的生物降解进程。丙烷、丁烷等烃类气体由于注入和扩散比较简单而成为现场应用中使用最多的一种共同底物。另外，还有一些基于特定的辅助底物和微生物菌株使用的专有技术。

（4）生物修复含氧化合物的技术类型

目前使用工程生物修复系统处理 MTBE 的项目已有数百个，有单独使用的，也有与另一种技术联合使用的。但有关这些项目的详细信息报道非常有限。

表 9-4-21 给出了近百个生物修复项目的规模和运行状况，这些项目只包括工程生物修复系统，不包括那些借助自然生物降解的监测自然衰减方式的项目。

如表 9-4-21 所示，90%的生物修复项目单独采用了原位或非原位生物修复。其中 1/7 的项目为联合修复项目，其联合的其他技术包括空气喷射、SVE、泵浦处理等。1/8的生物修复项目是全面项目，其中一半处于修复进行阶段。60%的项目给出了所采用的 MTBE 生物降解机制，50%的项目设置了有氧通路，个别项目使用了代谢途径，还有个别使用有氧和厌氧途径组合方式的，个别也有使用有氧和代谢综合途径的。

（5）原位生物技术修复含氧化合物的效果

表 9-4-22 和表 9-4-23 给出了近百个原位生物修复项目的绩效数据。处理前的地下水中 MTBE 的浓度最高的超过 870000μg/L、最低的只有 10μg/L。

表 9-4-22　已完成的原位生物治理项目的绩效数据

采用技术	项目数	MTBE 初始浓度/(μg/L)			MTBE 最终浓度/(μg/L)			项目修复持续时间/月
		最小值	中值	最大值	最小值	中值	最大值	
仅采用原位生物技术修复	25	5	2800	100000	1	35	33000	6
原位生物技术与空气喷射、SVE 联合修复	6	4151	10800	44400	—	—	—	12

表 9-4-23　正在进行的现场生物治理项目的 MTBE 修复绩效数据

MTBE 浓度 *C* 范围	MTBE 初步浓度项目数	处理后 MTBE 浓度项目数
C>100000μg/L	1	0
10000μg/L≤*C*<1100000μg/L	12	1
1000μg/L≤*C*<10000μg/L	11	3
100μg/L≤*C*<1000μg/L	4	3
50μg/L≤*C*<100μg/L	0	1
C<50μg/L	5	5

修复绩效数据是由项目经理和相关技术人员提供的，属于总结性的，其中还介绍了每个项目的技术设计、工艺和性能数据。除非另有说明，绩效数据以地下水中 MTBE 的浓度变化为依据，包括开始处理之前的 MTBE 浓度(标注为“初始浓度”)和处理完成后的浓度(标注为“最终浓度”)。对于使用不止一种技术的项目，在项目使用的每种技术下都标注了性能数据。

表 9-4-22 和表 9-4-23 中的数据显示，生物修复(单独使用或与其他技术结合使用)已被用于修复地下水和土壤中的 MTBE 浓度低于 50μg/L 的情况，并已实现了 MTBE 浓度降低大于 99%的目标。已完成的工程项目的修复时长中位数从 6 个月到 1 年不等。

除了上述 MTBE 的性能数据报告之外，有的项目还报告了使用生物修复处理 TBA 的数据，这些位点在生物修复处理之前的 TBA 最高初始浓度为 90000μg/L，处理后 TBA 浓度均小于 5μg/L。

由于人们对 TBA 生物修复的兴趣越来越高，几个站点公布了相关的数据，介绍了降低 TBA 的集中度，有时会降低到满足特定站点设定的清理指标要求的水平。许多站点 TBA 的浓度已降低到低于其清除目标的水平，处理后的浓度范围为 100~1000μg/L。有的项目采用原位生物修复技术构建生物阻隔屏障，TBA 浓度从 1000μg/L 以上降至 5μg/L 以下，但未提供有关清除指标的信息。

（6）使用原位生物技术修复含氧化合物的成本

以上介绍的近百个生物修复项目中有 1/4 的项目给出了成本数据；这些项目有的

正在进行、有的已经完成。但大多数项目没有交待项目成本的构成情况。不同的项目可能有不同的成本构成，通常应包括修复、监测、设计、监督、健康与安全等。报告费用的项目大部分为正在进行的项目，其费用代表报告发生时的部分实际成本或项目总成本的估值。

所有生物修复项目的单个总成本中位数约为125000美元，大多数项目的单个总成本在50000~350000美元。根据规模、工程应用类型和现场条件的不同，报告成本数据的所有项目的单个总成本从4000~50200000美元不等。比如，一个港口在浅层含水层中建造了一条500inch宽的生物隔离墙，安装费用为435000美元，第一年运行维护费用为75000美元。另一个项目利用40个监测站和15个注射点注入了3000加仑的液体微生物溶液，总费用为63500美元。

由于各个生物修复项目的面积、体积或质量千差万别，因此难以准确估计出单位成本。相关的文献给出了一个地下处理量(以地下立方码为基准)的成本，即原位生物修复成本为每立方码约170~330美元，另外，其还给出了非原生境生物修复的单位费用，即每立方码非原位处理费用为12~1000美元。上述结果反映了生物修复成本高度可变性，其具体费用取决于具体的场地条件和修复目标。总体而言，通常情况下，生物修复成本比其他适用的地下水修复技术的平均成本低。

（7）影响原位生物技术修复含氧化合物性能和成本的因素

当含氧化合物存在并且必须在现场进行修复时，单独或与其他技术组合的生物修复可能是一种合适的修复方法。尽管基于醚和醇的含氧化合物都易于生物降解，但现场条件是决定生物修复是否适合给定位点的决定性因素。影响生物修复性能和成本的关键因素包括土壤和地下水中挥发性有机物的浓度、质量和分布；地质特征、含水量、矿物质含量、pH值、温度、末端电子受体和营养物质的浓度、地下现存的适当的微生物的状况；清理目标；站点清理要求。上述这些因素会影响生物修复系统的设计、可以使用的生物降解途径以及必须添加的增强生物修复能力的添加剂的类型。

通常情况下人们认为，生物修复更适合于地下水羽流以及土壤中低浓度的溶解相污染物，而不是可能存在游离产物的严重污染源区。人们认为，其他技术可能更适用于源区域，包括游离产品清除(比如MPE和泵浦处理等)。因此，在应用生物修复之前，通常必须通过其他技术去除或处理源区。目前，源区附近潜在使用生物修复技术正在研究过程中。

由于上述种种因素影响，生物修复系统的设计通常应以重要的现场分析和实验室及中试规模的测试为依据，而不是简单地应用封装的处理系统。

（8）总体评价

根据上述生物修复项目信息，可以对使用生物修复来修复被MTBE和其他含氧物质污染的场地做出评价。即用于修复受氧化物污染的地下水主要应采用原位模式，大多数情况可单独使用生物修复技术，个别的可与空气喷射、泵浦处理、SVE配合使用。生物修复技术可用于地下水中MTBE浓度在50~100000μg/L的项目，并可使MTBE浓度降低超过99%以上。生物修复技术的修复时长约为1年。大量的成本数据显示，生物修复项目的单个总成本中位数约为125000美元，大多数项目的单个总成本在5万~35万美元。

① 使用生物技术修复含氧化合物的可性性。大多数研究重点是 MTBE 和 TBA 的生物修复，关于其他含氧化合物的生物降解的信息非常有限，经验上讲，许多含氧化合物的修复具有相似的降解途径。乙醇的存在可能会影响 MTBE 的有氧生物降解，并会导致更大 MTBE 羽流的形成，最近的研究表明乙醇可以消耗可用的电子受体并刺激甲烷生成。在有氧途径的各种应用中已经证明了其对 MTBE 和其他含氧化合物生物降解的有效性，厌氧途径的结论仅限于实验室研究且结果很不一致。MTBE 和其他含氧化合物(比如 TBA)的中间降解产物可在自然条件下或在使用厌氧途径时而保留在地下。氧化降解微生物通常生长缓慢，可能需要进行实验和试点研究以确认生物修复的适用性以及选择合适的设计方案。

② 应用生物修复的其他潜在优势。技术应用涉及面广泛、可用性强且设备安装相对容易。现场系统对正在进行的现场活动造成的干扰最小和/或无干扰。使用有氧生物技术进行地下水修复所需的时间可能短于泵浦处理所需的时间。通常认为其比其他修复措施(比如泵浦处理或化学氧化)成本低。其可与其他技术(比如生物净化、土壤蒸气提取)结合起来以增强场地修复效能。在大多数情况下不会产生需要处理的废物。

③ 应用生物修复的其他潜在限制因素。注入井和/或渗透廊可能因为微生物生长或矿物沉淀而堵塞。氧化降解微生物通常生长缓慢并且可能不会在所有位点存在，可能需要先导研究或可修复性研究来确认特定部位生物修复的适用性。由于存在自由产物和缺乏快速的生物利用响应，源区的生物修复可能需要相当长的时间。生物修复技术在低渗透含水层中难以实施(比如水力传导率小于 10^{-4}cm/s 的地方)。构建重新注入井或渗透廊可能需要获得政府许可证并可能被禁止，有些地方还要求办理空气注入许可证。可能需要对生物屏障的应用情况进行长期的监测和维护。有效的修复只能发生在含水层内更透水的层或通道内。

（9）典型案例

① 欧美发达国家某港口的原位生物修复。地下水中采用原位生物修复技术对 MTBE、BTEX 和 TBA 进行了全面的清理工作。该地块的地质构造包括一个浅层含水层(底层由黏土层界定)，地下水以平均速度 1ft/d 流淌。在距离地面(bgs)10~20inch 的深度处，5000inch 的溶解 MTBE 羽流与相对较少的 500inch BTEX 羽流混合，羽流源于被残留的非水相液体(NAPL)污染的沙子。原位生物修复系统由一个 500inch 宽的“生物屏障”组成，其作为被动流通系统安装在 NAPL 羽流的下方。含有溶解的 MTBE、TBA 和 BTEX 的污染地下水穿过生物屏障并被注入氧气形成空气和调理微生物的各种组合。氧气和生物吸附段位于溶解污染物羽流的中部核心位置，空气喷射位于羽流边缘。系统的运行始于 2010 年秋季，地下水羽流中的初始 MTBE、BTEX 和 TBA 浓度在羽流中心处大于 10000μg/L。18 个月后，监测生物屏障下游并延伸在生物屏障长度内的污染物浓度水平降至小于 5μg/L，与屏障不同处理位置处观察到的性能没有显著差异。在整个处理区域，溶解氧从预注射浓度低于 1mg/L 增加至 10~35mg/L，从而增加需氧生物降解的可能性。此外，由于注入气体的分散，修复区域溶解氧水平的降落似乎导致了 MTBE 和苯浓度的降落。但外围监测井中显示污染物浓度的增加，表明地下水正在流过生物屏障周围。生物隔离系统包括 252 个气体注入井，174 个监测井，25 个卫星天然

气储罐，154 个电磁阀，240ft^3/hr 的氧气发生器，自动定时器电路以及相关的管道和电气线路。该设备的总装机成本为 435000 美元，初期(2011 年)O&M 成本为 75000 美元，预计持续使用寿命将达 40 年。与该现场的现有泵浦处理系统的初步成本比较，在项目寿命期间节省的费用将超过 3400 万美元。国家监管机构最近批准继续使用该生物屏障，并在羽流的脚趾处安装了第二个生物屏障以作为 MTBE 羽流的最终修复措施。

② 欧美发达国家某汽车服务站的原位生物修复。使用原位生物修复技术进行全面的清洁处理以处理 MTBE 和 BTEX。现场土壤由耕植土、淤泥和黏土组成，下层为砂层和砾石。原位生物修复系统由 12 个注射井和两个丁烷注射板组成，主要用于刺激地下水中污染物的代谢以及需氧生物降解。该系统于 2015 年 12 月至 2016 年 3 月期间运行。MTBE 浓度从 370μg/L 降至 12μg/L，6 月份地下水 BTEX 污染减少了约两个数量级。

③ 欧美发达国家某海滩码头的原位生物修复。使用原位生物修复技术进行全面清理，目的是在地下燃油储罐泄漏的维修站对地下水中的 MTBE、BTEX 和萘进行处理。该地点地下水位深 4. 32 ~ 6. 92inch，平均液压梯度为 0. 078inch/inch，计算流速为 6. 42inch/a。在现场没有发现限制因素。在该地点的原位生物修复应用包括通过监测和注入井将液体微生物溶液注入地下。该溶液包括微生物(假单胞菌、芽孢杆菌和棒状杆菌)、氧、乳化剂、表面活性剂和营养物质。一共进行了 5 次注射。从 2015 年 4 月 ~ 2016 年 11 月期间，通过 40 口井和 15 口 Geoprobe®注射点注入了大约 3000gals。截至 2017 年 4 月，MTBE 含量下降了 96%(由 3310μg/L 降至 146μg/L)、苯降低了 83%(由 2571μg/L 降至 435μg/L)、甲苯降低 66%(由 24330μg/L 降至 8300μg/L)、萘降低 84%(由 5377μg/L 降至 853μg/L)、二甲苯浓度增加并高于 2009 年 4 月以前的水平。该系统将继续运行直至达到所有目标水平为止。该站点的清理费用总额为 63500 美元，没有公布成本明细的相关信息。

9. 4. 9　原位化学氧化技术

原位化学氧化(ISCO)技术的特点是通过注入氧化剂和其他修复剂将现场污染物转化为无害产品(比如二氧化碳和水)。目前已有数百个项目采用 ISCO 来处理 MTBE。ISCO 技术的成功应用取决于氧化剂和输送系统与污染物和现场条件的匹配。

(1) 原位化学氧化修复技术的宏观特征

原位化学氧化(ISCO)是一种污染修复技术，必要时其将氧化剂和其他修复剂引入受污染的介质中与现场污染物(比如 MTBE、其他燃料含氧化合物和其他有机化合物)发生化学反应并将其转化为二氧化碳和水之类的无害产物。目前，人们已将过氧化氢(H_2O_2)、臭氧(O_3)或高锰酸盐(MnO_4^-)氧化剂用于处理土壤和地下水中的 MTBE，还将过硫酸盐($S_2O_8^-$)化合物作为处理 MTBE 的化学氧化剂。所有这些化学物质可直接或通过产生高反应性自由基(比如 OH^- 和 H^+)或 SO_4^- 与 MTBE 之类的有机化合物反应，通过破坏其烃键而形成降解产物(比如醇、碳的二氧化物和水等)。在一些修复项目中，不同的氧化剂可以组合使用，比如 H_2O_2/O_3，或与二氧化铁(Fenton 化学或试剂)存在下的催化剂(比如 H_2O_2)结合使用，然后通过产生的自由基来增强氧化效果。根据现场条件的不同，氧化剂可以借助各种工程方法引入污染区域，这些方法包括地下水井注射、地下水井循环、喷枪(喷射)、PRB、深层土壤混合或土壤压裂。

(2) MTBE 和其他含氧化合物的性质对 ISCO 修复的影响

与其他一些有机和无机污染物一样，MTBE 和其他含氧化合物也易受氧化反应而降解。如果能提供足量的氧化剂和足够时间的强度支持，所有基于醚和醇的燃料含氧化合物均可以矿化成二氧化碳和水。表 9-4-24 给出了一些常见含氧化合物借助过氧化氢的氧化而矿化的化学计量方程式。

表 9-4-24　使用过氧化氢的含氧化合物矿化的化学计量方程式

污染物	化学计量的矿化方程式
ETBE、TAME、DIPE	$C_6H_{14}O+18H_2O_2 \longrightarrow 6CO_2+25H_2O$
MTBE	$C_5H_{12}O+15H_2O_2 \longrightarrow 5CO_2+21H_2O$
TBA	$C_4H_{10}O+12H_2O_2 \longrightarrow 4CO_2+17H_2O$
乙醇	$C_2H_6O+6H_2O_2 \longrightarrow 2CO_2+9H_2O$
甲醇	$CH_3O+2.5H_2O_2 \longrightarrow CO_2+4H_2O$

也可以使用其他氧化剂来获得类似的矿化方程。但 MTBE 或其他含氧化合物氧化为碳和水的过程是多步骤和多路径的，其中每个步骤都具有不同的化学平衡和动力学因素，这些因素控制着每个反应可能发生的程度和速率。并不是所有的氧化剂都能使 MTBE 矿化成功，有时会留下甲酸叔丁酯(TBF)和 TBA 之类的副产物。目前，对 MTBE 和其他含氧化合物人们尚未确定出全部的可能出现的反应中间体以及相应的控制标准。然而，通常情况下，含氧化合物中存在的碳原子很多，因此，在相同条件下若想使其完全氧化则所需的氧化剂的化学计量比例会非常大。以表 9-4-24 中的方程式为例，每磅 ETBE、MTBE、TBA、乙醇和甲醇的完全矿化分别需要 6.0 磅、5.7 磅、5.5 磅、4.4 磅和 2.7 磅的过氧化氢。

从上述不同含氧化合物的比较可见，不同含氧化合物所需的氧化剂量可以在受控实验条件下保持不变，其他含氧化合物也有类似的特点，但在给定位置处理 MTBE 或其他含氧化合物实际所需的氧化剂数量和类型取决于除了现有污染物数量因素以外的许多其他因素，比如其他污染物(比如其他石油成分)的数量和类型也会影响氧化剂的消耗；土壤和地下水的化学成分通常也会影响土壤的化学需氧量(COD)或土壤对氧化剂的需求量，特别是其中天然有机物(NOM)和铁(Ⅱ)、锰(Ⅱ)之类其他还原物质的含量；处理区域的 pH 值、碱度和温度决定了每个氧化步骤可能发生的程度和速率，这些条件主要影响化学平衡和动力学常数；生物降解现场污染物或氧化产物的潜力；氧化剂一旦被引入地下，其迁移和溶解也会受到水力和地质参数的影响，比如水力传导率、液压梯度和渗透率等。以上各种因素可能因地而异，通常需要对这些参数进行现场分析并进行实验和中试规模研究以确定这些特定应用场合所需的氧化剂的类型和数量。

(3) 原位化学氧化技术处理含氧化合物的机理

在实施 ISCO 技术期间，可以借助一种或几种可用的输送方法将氧化剂和任何必要的修复剂引入修复区域。试点规模测试通常用于确定给定现场使用的修复和激发系统的类型。关于补充剂的注射可参考相关规范规定。下面主要介绍常见氧化剂和输送方法选择中必须考虑的一些关键问题。

① 氧化剂/修复剂。目前常见的氧化剂/修复剂主要有过氧化氢(H_2O_2)、臭氧(O_3)、高锰酸盐(MnO_4^-)以及其他氧化剂。

过氧化氢既可单独使用，也可与其他化学品(比如以二价铁作为催化剂通过芬顿化学产生的自由基)或紫外线(UV)光一起使用。单独使用时，过氧化氢通常以浓缩溶液(35%~50%)的形式注入，当其与地下水接触时会发生剧烈的分解并产生大量热量和气体。当使用芬顿的化学品时，处理区域的pH值通常应保持在酸性条件下(即pH值<4)并且应使用浓度更稀的过氧化氢溶液，另外，通常还需单独注入过氧化氢和铁催化剂，注入可借助注射枪的特定端口或通过注入井进行，因为如果在注射之前发生反应则自由基会迅速形成并且可以解离，未用于降解有机化合物的过氧化氢会迅速降解为水和氧气。

臭氧是一种高反应性化学物质，已被用于处理非原生境地下水和饮用水处理系统中的有机化合物。其也可用于处理臭氧空气喷射系统中的MTBE。该系统通过管道将臭氧注入微孔喷射点，微孔的设计便于非常小的气泡(即“微泡”，直径约50μm)的形成，进而使其具有很高的表面体积比。地下水中的MTBE之类有机污染物会挥发到臭氧气泡上并被氧化。未消耗的臭氧会降解为氧气。臭氧通常与其他氧化剂(比如过氧化氢)组合使用以借助产生的自由基来增强氧化效果。如果处理区域存在溴则在处理过程中通常应监测在臭氧化期间可能出现的溴酸盐的生成问题。

高锰酸盐通常以固体或高锰酸钾或高锰酸钠溶液的形式用于地下水的处理。由于存在芬顿化学效应，其氧化潜力比臭氧和过氧化氢弱很多，因而，会使MTBE和其他含氧化合物的氧化过程相对地慢一些。与较强氧化剂比，高锰酸盐具有较长的半衰期，因而会在环境中持续较长时间。高锰酸盐氧化的最终产物是二氧化锰，二氧化锰可以沉淀到地层中，其氧化过程主要取决于地下水的pH值。二氧化锰的过度沉淀可能会降低土壤的渗透性。

其他氧化剂是指除了上述氧化剂以外的其他氧化剂，比如过硫酸盐化合物，过硫酸盐化合物的组合已被用于MTBE和其他含氧化合物的处理。目前，人们正在开发这些氧化剂和其他氧化剂以及其他的各种组合，从而最大限度地激励高度氧化自由基的产生、增加氧化剂的持续性或以其他方式增强原位氧化能力。

② 输送途径。氧化剂的常用输送途径是地下水井注射、地下水循环、土壤混合、喷枪/喷射/压裂、PRB以及其他技术。

采用地下水井注射时，氧化剂可以以液体、气体或固体的形式通过现有或新的地下水监测井引入处理区，这种方法的效果依赖于氧化剂从井到地层的自然迁移状态，注射井分布应充分均匀以便氧化剂能够输送到整个修复区域。

采用地下水循环系统时可从受污染区域内降水边缘或降落边缘提取地下水，然后在地上引入氧化剂和修复物，再将其重新注入处理区域使地下水位上升。采用这种方法可增加氧化剂通过处理区域的流通量、实现受污染地下水羽流的梯级式降解修复。

采用喷枪/喷射/压裂方式时借助高压喷枪在土壤中制造微裂隙、增加土壤的渗透性，同时可允许氧化剂和修复剂通过其直接注入所需的处理区域而无须借助现有或新建的地下水井。

对渗透性较低的土壤可以采用土壤混合技术，即借助浅土或深耕土壤的螺旋钻将氧化剂引入处理区域。

采用 PRB 技术时，氧化剂可以注入 PRB 的处理区以氧化流过它的地下水。这种方法可以作为污染地下水羽流遏制的手段。另外，PRB 可以放置在净化通道中或处理区域内以允许离开 PRB 的氧化地下水流过修复区域。

也可采用其他技术，比如借助电或其他形式的能量在水溶液中产生氧化和还原自由基从而破坏 MTBE 和其他含氧化合物之类污染物的技术。这类技术的典型代表是超声和电子束处理技术，其主要用于非原位应用。但近年来，人们已经将超声波处理作为潜在的原位应用技术进行开发，将超声换能器接入智能自动矿化头来达到修复目的。

关于 ISCO 的适用场合以及其对受 MTBE 和其他含氧化合物污染场地修复的效果的更详细的信息可参考相关专著以及相关规范。

（4）原位化学氧化技术处理含氧化合物的类型

目前已有数百个 MTBE 处理项目采用了原位化学氧化技术，但利用 ISCO 修复其他含氧化合物的项目很少。这些处理 MTBE 的项目有的使用臭氧(占总项目数的 1/5)，其余的多为单独使用过氧化氢或使用芬顿化学反应的项目。表 9-4-25 介绍了数十个 ISCO 项目的规模和运行状况。

表 9-4-25　数十个原位化学氧化项目的概况

采用技术	项目数	运行状况		规模		
		已完成	进行中	位点	中试	全面
仅采用原位化学氧化技术修复	14	6	8	0	4	10
原位化学氧化技术与空气喷射联合修复	2	0	2	0	0	2
原位化学氧化技术与泵浦处理联合修复	1	1	0	0	0	1
原位化学氧化技术与 SVE 联合修复	2	1	1	0	0	2
原位化学氧化技术与多相萃取联合修复	2	0	2	0	0	2
总计	21	8	13	0	4	17

表 9-4-25 中，大部分项目为全面进行项目。近 1/3 的为已完成项目，其余为正在进行的项目。2/3 的项目只使用 ISCO 技术，另外 1/3 的为 ISCO 联合修复项目，联合修复项目联合的技术包括空气喷射、泵浦处理、SVE 或 MPE。

（5）原位化学氧化技术处理含氧化合物的效能

表 9-4-26 和表 9-4-27 给出了一些 ISCO 项目的绩效数据。相关数据表明，ISCO (单独使用或与其他技术联合使用)已被用于地下水中 MTBE 的清除并使 MTBE 的浓度降低率超过 99%，修复的 MTBE 浓度最大的超过了 10000μg/L、最小的低于 50μg/L。由于绩效数据完整的项目相对较少，故表 9-4-26 仅给出了具体项目的概况，而没有给出最小、最大和中位数浓度的情况。已完成的项目的修复时长中位数为 9~18 个月。缺

乏其他含氧化合物修复的性能数据。

表 9-4-26　已完成的原位化学氧化修复项目的绩效数据

采用技术	项目名称	规模	MTBE 初始浓度/(μg/L)	MTBE 最终浓度/(μg/L)	项目修复持续时间/月
仅使用原位化学氧化技术	汽车维修站	中试	451	171	12
仅使用原位化学氧化技术	机场油库泄漏	中试	6300	79	2
仅使用原位化学氧化技术	服务站	全面	50000	6.5	14
仅使用原位化学氧化技术	服务站	全面	403000	1430	2
仅使用原位化学氧化技术	服务站	全面	55	4	14
仅使用原位化学氧化技术	储油站	全面	6400	70	—
原位化学氧化技术与 SVE 联合	服务站	全面	475000	68400	18
原位化学氧化技术与泵浦处理技术联合	服务站	全面	17000	31	9

表 9-4-27　正在进行的一些原位化学氧化项目 MTBE 修复绩效数据

MTBE 浓度 C 范围	MTBE 初步浓度项目数	处理后 MTBE 浓度项目数
$C>100000\mu g/L$	0	0
$10000\mu g/L \leqslant C<100000\mu g/L$	1	0
$1000\mu g/L \leqslant C<10000\mu g/L$	3	2
$100\mu g/L \leqslant C<1000\mu g/L$	6	2
$50\mu g/L \leqslant C<100\mu g/L$	0	1
$C<50\mu g/L$	2	6

以上修复绩效数据是由项目经理和相关技术人员提供的，属于总结性的，其中还包括了每个项目的技术设计、工艺和性能数据。除另有说明外，绩效数据均以地下水中 MTBE 的浓度变化为依据，包括开始处理之前的 MTBE 浓度(标注为“初始浓度”)和处理完成后的浓度(标注为“最终浓度”)。对于使用不止一种技术的项目，在项目使用的每种技术下都标注了性能数据。

(6) 使用原位化学氧化技术处理 MTBE 的成本

前述 ISCO 项目只有 1 个给出了项目总成本，该项目是一个已修复完成的前服务站，采用了 ISCO 与 SVE 联合修复的方式，总项目成本为 146000 美元。这笔费用包括 9 万美元的资本成本和 56000 美元的运营与维护费用。由于本项目无法使用面积、体积或质量进行估价，因此，无法计算单位成本。关于使用 ISCO 处理 MTBE 和其他含氧化合物或其他污染物的成本没有比较全面的数据。个别文献给出了地下处理量(以地下立方码表示)的基准成本，其总体成本约为每立方码 52~310 美元。人们认为 ISCO 的成本在治理污染地下水的修复技术中处于中间位置。

(7) 影响原位化学氧化技术处理含氧化合物效果和成本的因素

当 MTBE 或其他含氧物质存在并且必须在现场进行修复时，ISCO 单独使用或与其他技术结合使用可能是一种合适的修复手段。尽管基于乙醚和醇的含氧化合物都易于化学氧化，但给定现场的化学、液压和地质条件是决定 ISCO 修复的可行性的关键。比如，ISCO 在具有高浓度 NOM 或可能消耗大量氧化剂的其他组分的位点上可能不具有经济可行性。另外，在地层渗透性低的地点可能需要采用更复杂的方法，比如压裂或土壤混合，以便将必需的氧化剂递送到处理区，从而潜在地增加了处理的成本。当然，其他现场特性也会影响系统设计以及处理成本和效果，比如 pH 值、碱度、温度等。对那些具有特定 pH 值要求的氧化剂，通常需要考虑借助酸溶液预处理含水层以降低 pH 值。另外，ISCO 中化学反应产生的废气可能需要捕获和处理。

除了上述特定的技术因素之外，其他因素也可能会影响 ISCO 系统的性能和成本。这些因素包括地下水中污染物的浓度、质量和分布；地层地质学和水文地质学特征；清理指标；站点清理要求。比如，地下的异质性可能会阻止注入氧化剂到达整个修复区域的优先路径。

由于上述因素，ISCO 系统的设计通常需要以中试规模测试为依据，而不是借助通用设计方程。有关影响 ISCO 系统性能和成本的因素的详细信息可参考相关规范或专著，限于篇幅不再展开。

（8）总体评价

基于以上叙述，原位化学氧化技术可用于修复受 MTBE 污染的地下水，但比其他一些技术(比如空气喷射和生物处理)烦琐，单独使用比较普遍，与泵浦处理或其他技术联合使用相对较少。考虑到成本问题，常用的氧化剂是过氧化氢与二价铁(芬顿化学)。其可用于 MTBE 浓度 50~10000μg/L 的地下水修复，修复后可使 MTBE 浓度降低 99%以上。通常情况下，该技术的修复时长约为 1 年。由于成本信息有限，无法给出有说服力的成本数据，只有一个项目报告项目总成本为 146000 美元。

① 使用原位化学氧化技术处理 MTBE 和其他含氧化合物的可行性。所有基于乙醚和醇的含氧化合物都易于化学氧化。通常状态下，条件相同时，含氧化合物中碳原子数目越多，氧化剂的化学计量比例越大，完全氧化的可能性越大。该技术对给定部位的适用性主要决定于与含氧化合物类型无关的因素，即所有含氧化合物都可以借助化学氧化进行处理，但某些特殊现场条件可能采用其他处理技术更具优势，比如存在高浓度或低渗透性的天然有机物质时。

② 应用原位化学氧化技术的其他潜在优点。有可能将其用于不适合采用生物修复的地方；具备在相对较短的时间内(几个月至一年)实现清理目标的潜力；其地下处理的深度仅受制于采用的输送方式。

③ 应用原位化学氧化技术的其他潜在制约因素。处理大量的污染物时可能需要相对较大数量的氧化剂，因为氧化剂面对的不仅仅是关注的污染物；在异质介质或低渗透性区域中氧化剂和污染物之间可能会接触不良；可能需要采取特殊预防措施来保护修复人员的健康和安全，因为使用的是强氧化性物质；浓缩氧化剂注入会导致剧烈的地下反应；化学反应可能在地下水中形成有毒的副产物，比如臭氧氧化时形成的溴酸盐；废气可能需要捕获和处理。

（9）典型案例

① 欧美发达国家某前服务站的臭氧喷射修复。该服务站要求在 9 个月内完成修理

以便出售给地产商。清理方法是使用臭氧喷雾、泵浦处理、MPE 和 SVE 来联合处理 MTBE。在进行臭氧喷射之前先将游离产品去除。喷射系统由 180inch×150inch 处理区域的多个嵌套喷射井组成，在 4 个月的时间内使用臭氧剂量为 2.5lbs/(inch · day)，地下水中的 MTBE 浓度从 17000μg/L 降至 31μg/L，低于清除指标 2900μg/L。报告的修复总费用为 146000 美元，其中包括资本金 90000 美元，运行维护费用 56000 美元。

② 借助芬顿化学修复的一个欧美发达国家的仓储设施。该仓储设施的地下水被 MTBE(浓度高达 6400μg/L)、TBA 和 BTEX 污染。现场土壤由较硬的砂岩、少量砾岩、软红色页岩组成。完成位点研究后，在三个修复周期内，人们将过氧化氢和催化剂在六个井位注射了三个月，每个循环包括 15 天注射和随后 15 天的无注射。3 个月后，地下水中的 MTBE 浓度降低到 5μg/L 以下，低于 70μg/L 的清除水平。修复结束后 4 个月进行反弹评估，结果仍然低于清理水平，但该项目没有提供相关的费用数据。

9.4.10 地下水和饮用水泵浦处理技术

泵浦处理的特点是从地下提取污染的地下水并使用一种或多种非原位技术进行处理。其主要用于降低地下水中的 MTBE 或其他含氧化合物或通过液压遏制污染物的浓度和数量。目前借助泵浦处理技术处理 MTBE 或其他含氧化合物的项目已有数百个。

（1）泵浦处理技术的宏观特征

地下水泵浦和处理过程是从污染物羽流中提取地下水，并使用一种或多种地上技术处理提取的水。饮用水处理系统中提取的水被燃料氧化物污染时可采用各种与地下水泵浦处理相同的技术进行处理。一般来说，地下水的提取方法与地上(非原地)处理技术无关，有时也可能会受其约束。以下重点介绍地下水开采中的处理技术，饮用水的处理见 9.4.11。

地下水提取系统通常由用于提取地下水的多个井和/或沟槽组成，并且包括设置在各个井的萃取速率差异控制装置，通过这些装置可以优化工艺。大多数地下水提取系统包括安装在污染源和污染物羽流中的提取井。设计的这些提取井成为污染物羽流循环梯次修复迁移的控制屏障，其可在长时间内用于提取污染物。由于 MTBE 和其他含氧化合物的水溶性会在溶解相中产生相当多的污染物质，这种地下水提取系统主要应用于混有含氧化合物污染物的羽流的修复。

（2）MTBE 和其他氧化剂的性质对地下水提取的影响

MTBE 和其他含氧物质的性质与泵浦处理的萃取和处理工艺均关联密切。如前所述，燃料含氧化合物的性质会影响它们在地下水中的迁移，特别是当其具有相对较高的水溶解度以及有机物质低混合趋势时。因此，含氧化合物比其他石油污染物(比如 BTEX)更容易溶解并与地下水一起迁移。这样，就为泵浦处理修复提供了有利的条件，因而，含氧化合物比其他污染物更容易从地下水中提取。

（3）泵浦处理技术处理含氧化合物的机理

泵浦处理系统由萃取和处理两部分组成。尽管在过去 20 年，人们也使用过水平井和沟槽，但地下水通常仍主要是通过铅直的地下水回收井提取的。典型泵浦处理系统设计中考虑的因素包括：拟使用的提取系统的类型；提取点的数量和位置；提取点设计要求，比如直径、深度和井眼间隔；泵浦装置的类型，比如地上汽蚀、潜水、气动等。

还需要设计一个分配系统，以便将提取的地下水运送到地面处理系统中。比如，地上与地下管道，以及 RCRA 管制场地可能需要的双壁管道。

以上问题适用于大多数情况，其只受现场存在的特定污染物的影响，而不受现场特征(比如羽流分布)、水文地质特征和地上结构(比如建筑物、道路等)的影响。特殊的提取系统用材适用于特定污染地下水浓度下的含氧燃料，这些用材包括聚氯乙烯(PVC)管道和不锈钢泵。在 MTBE 和其他含氧化合物污染地区采用的地下水提取系统优化方法类似于其他场地使用的地下水提取系统的优化方法，比如采用分阶段施工的方式；泵浦速率的适应性管理；井阵列的周期性建模和脉冲泵浦机制。

常规的泵浦处理提取系统通常被设计为只能回收地下水的系统。集成或分离的系统可在地下水回收的同时捕获游离污染物或污染的蒸汽。具体可参考本书前面介绍的 MPE 技术中包含多相综合回收能力的萃取系统的情况，还可以参考前述 SVE 技术中介绍的产品回收的单独系统来回收这些其他相的污染物。

（4）泵浦处理技术处理含氧化合物的技术类型

目前已有数百个项目借助泵浦处理技术对地下水中的 MTBE 进行了处理，其中，1/5的项目为在饮用水中处理了 MTBE 的项目(本书将其统称为泵浦处理项目)。许多项目涉及了 TBA 的处理，少量项目涉及了 TAME 的处理，个别项目涉及了乙醇处理，也有将 DIPE 作为除 MTBE 之外的污染物进行处理的案例。表 9-4-28 介绍了 100 个泵浦处理项目的规模和运行状况，其中包括了 15 个饮用水处理项目。

表 9-4-28　100 个泵浦处理项目的概略信息

采用技术	项目数	运行状态		规模		
		已完成	进行中	位点	中试	全面
只采用泵浦处理技术	45	12	33	0	13	32
泵浦处理与空气喷射、SVE 联合修复	18	5	13	0	0	18
泵浦处理与 SVE 联合修复	14	1	13	0	1	13
泵浦处理与空气喷射联合修复	4	2	2	0	0	4
泵浦处理与多种技术联合修复	4	1	3	0	1	3
饮用水处理	15	1	14	0	1	14
总计	100	22	78	0	16	84

表 9-4-28 中的泵浦处理项目中大部分是全面修复规模的，且 78%的项目为正在进行中的项目。占总项目数 45%的项目是仅单独使用泵浦处理一种技术的，其余接近一半的项目为联合修复项目，联合的技术包括空气喷射、SVE 或其他技术(比如植物修复、生物修复或 ISCO 等)。

(5）泵浦处理技术处理含氧化合物的效果

前述泵浦处理项目中地下水的污染物最高初始浓度为475000μg/L，处理后的浓度低至不可检测(MTBE的限值为5μg/L)。表9-4-29和表9-4-30介绍了借助泵浦处理技术修复MTBE和TBA项目的性能数据。表9-4-29给出了近二十个已完成的泵浦处理项目(单独或与其他技术结合使用)的绩效数据，其中若干项目中的MTBE浓度降低了99%以上，这些已完成工程项目的修复时长中位数为1.5~5.5年。

表9-4-29　已完成的近二十个泵浦处理项目的绩效数据

采用技术	项目数	MTBE初始浓度/(μg/L)			MTBE最终浓度/(μg/L)			项目修复持续时间/月
		最小值	中值	最大值	最小值	中值	最大值	
只使用泵浦处理技术(地下水)	8	96	1800	8000	2	24	68	27
泵浦处理与空气喷射、SVE联合修复	5	3	10	390	2	3	4.8	50
泵浦处理与多种技术联合修复	4	1200	11000	475000	18	2070	68400	40

表9-4-29中的修复绩效数据是项目经理和相关技术人员提供的，属于总结性的，其中包括了每个项目的技术设计、工艺和性能数据。除非另有说明，这些绩效均是以地下水中MTBE的浓度变化为依据的，包括开始处理之前的MTBE浓度(标注为“初始浓度”)和处理完成后的浓度(标注为“最终浓度”)。对于使用不止一种技术的项目，在项目使用的每种技术下都给出了性能数据。

正在进行的项目的处理绩效数据分别列于表9-4-30和表9-4-31中，分别是泵浦处理技术处理地下水和饮用水的项目。两种类型的项目都处理了具有较高初始MTBE浓度的地下水，其最高初始浓度超过了100000μg/L。现有数据显示，近十个饮用水处理项目中90%的项目达到了处理的MTBE浓度小于50μg/L的要求，而地下水项目的处理结果则比较分散。

表9-4-30　数十个正在进行的MTBE地下水处理项目的绩效数据

MTBE浓度 C 范围	MTBE初步浓度项目数	处理后MTBE浓度项目数
$C>100000\mu g/L$	4	1
$10000\mu g/L \le C<100000\mu g/L$	11	2
$1000\mu g/L \le C<10000\mu g/L$	14	5
$100\mu g/L \le C<1000\mu g/L$	11	3
$50\mu g/L \le C<100\mu g/L$	3	2
$C<50\mu g/L$	10	13

表9-4-32给出了近十个利用泵浦处理技术处理TBA项目的修复绩效数据，项目中，初始TBA浓度最高值超过17000μg/L，处理后大多数浓度低于50μg/L。由于人们对TBA的额外关注，有很多泵浦处理项目报告了TBA处理的绩效数据，这些项目中大多数均使用HiPOx方法处理提取的地下水，其他项目使用GAC进行处理。

表 9-4-31　十余个进行中的饮用水处理系统的 MTBE 处理性能数据

MTBE 浓度 C 范围	MTBE 初步浓度项目数	处理后 MTBE 浓度项目数
C>100000μg/L	3	0
10000μg/L≤C<100000μg/L	2	0
1000μg/L≤C<10000μg/L	5	0
100μg/L≤C<1000μg/L	1	1
50μg/L≤C<100μg/L	0	0
C<50μg/L	1	10

表 9-4-32　近十个 TBA 泵浦处理项目的性能数据

浓度 C 范围	TBA 初步浓度项目数	TBA 处理后浓度项目数
C>100000μg/L	0	0
10000μg/L≤C<100000μg/L	1	0
1000μg/L≤C<10000μg/L	4	1
100μg/L≤C<1000μg/L	4	0
50μg/L≤C<100μg/L	0	0
C<50μg/L	1	7

（6）泵浦处理技术处理 MTBE 的成本

有很多泵浦处理项目给出了成本数据，这些项目有的正在进行、有的已经完成。但大多数项目均没有介绍项目成本的组成情况，这些成本很可能包含不同的组合，比如修复、监测、设计、监督、健康与安全。大部分报告了费用的项目为正在进行的项目，其给出的是部分实际成本或项目成本的估值。表 9-4-33 介绍了数十个项目的成本信息，并按与泵浦处理联合使用的其他技术的类型进行了细分。

表 9-4-33　数十个地下水和饮用水处理项目的成本信息

采用技术	项目数	总成本范围/ $		报告的总成本的中位数/ $
		最小	最大	
只使用泵浦处理技术	15	71900	1120000	500000
泵浦处理与空气喷射、SVE 联合修复	9	96400	567000	327000
泵浦处理与空气喷射联合修复	1	672000	672000	672000
泵浦处理与 SVE 联合修复	7	160000	624000	339000
泵浦处理与多种技术联合修复	1	65000	65000	65000
饮用水处理	10	119000	4000000	245000

相关报告公布过一个每年处理地下水超过 2000 万加仑的项目及单位成本（指运行维护成本），其单位成本为每 1000 加仑低于 20 美元（仅包括资本成本）。欧美发达国家对每年处理超过 2000 万加仑的地下水的项目给出的成本为每年每 1000 加仑不超过 5 美元。上述单位成本仅代表了常规条件下使用泵浦处理的修复费用，而不针对特定的

MTBE 和其他含氧化合物的处理。人们通常认为，泵浦处理的成本比其他处理技术成本的平均费用低，这些修复技术成本仅指处理地下水中污染的费用。

（7）影响泵浦处理技术处理含氧化合物的性能和成本的因素

由于含氧化合物具有高水溶性，因此，借助地下水提取可有效去除大量的此类污染物。影响泵浦处理系统提取系统性能和成本的关键因素包括污染羽流的深度和可达性；现场水文地质特征，比如含水层渗透率；水力传导率和流量梯度；站点的修复指标；存在的污染源是否已提前去除。

如果地下水污染埋藏较深或不能布置常规竖井(比如在建筑物和铁路线附近地区)，则可能需要采用专门的钻井技术或功能更强大的抽水泵。当然，也可以使用简单的收集沟槽方便地提取浅层和可接近的地下水。修复场地的水文地质特征决定了地下水提取点的数量、设计方法和间距，在地层结构比较紧密的特定区域通常需要设置更多的提取点。在需捕获地下水的区域，地下水的流量特征、井的数量和间距是确定提取流量的基础。要求达到的清理目标也是一个关键因素。以遏制作为现场目标时可能只需要从羽流的降级边缘处抽取地下水，以完全含水层恢复为目标时就可能需要设置更高的提取点和采用具有更高提取速率的泵浦系统。

影响成本和性能的最重要因素之一是现场是否存在污染源区域。如果允许污染源区域继续对地下水羽流产生影响则在开始地下水泵浦处理之前进行相应的处理，如果需要将污染物来源去除或处理则地下水提取可能需要更长的时间。因为含氧化合物具有相当的水溶性，所以它们有溶解在地下水中的倾向而不是形成 NAPL。它们形成 NAPL 时是浮动的而不是下沉的，并会因此而形成 LNAPL。因此，云除或处理 MTBE 和其他含氧化合物源区域可能比处理其他污染物(比如氯化溶剂)更简单。

（8）总体评价

基于以上信息可以给出相应的评价，即借助泵浦处理技术可以修复受 MTBE 和其他含氧化合物污染的场地。其通常用于修复被 MTBE 和其他含氧化合物污染的地下水，其经常单独使用或与空气喷射和 SVE 联合使用，个别情况下其也可与其他技术联合使用。相关数据显示，采用该技术处理后的 MTBE 浓度可降低 99%以上，修复时长一般在 1.5~5.5 年，只采用泵浦处理的单个项目总成本中位数约为 50 万美元。

① 使用泵浦处理技术处理 MTBE 和其他氧化剂的可行性。可月于地下水提取，即在提取的地下水中去除含氧化合物。

② 泵浦处理技术应用的其他潜在优点。MTBE 的性质使其适合采用泵浦处理方式进行处理，这些性质包括高水溶性和低有机/水混合系数。该技术可用于修复含水层或为其提供液压遏制。

③ 泵浦处理技术应用中的其他潜在限制因素。可能需要通过长期的运营来实现大型羽流、复杂水文地质学修复目标，或者使活跃的源头保持原位不动。构建、运行和维护修复系统的成本相对较高。萃取井或处理过程中的生物污垢或矿物沉淀可能会降低系统的性能。

（9）典型案例

① 欧美发达国家一长途车站的泵浦处理。2007 年建成燃油站后不久，人们在位于

其附近的长途车站的地下水中检测到了 MTBE。2008 年 7—8 月期间人们借助泵浦处理系统进行全面清洁，该系统由两个提取井以 3gpm 的组合进行运行。提取的地下水先使用浅层塔板曝气，然后用 GAC 处理，处理后的地下水排放。地下水中 MTBE 的初始浓度高达 6000μg/L，但随着泵浦处理系统的运行 MTBE 浓度稳定在了 300μg/L 的水平。修复目标是将含水层中的 MTBE 浓度降低至小于 500μg/L。曝气后，提取的地下水中的 MTBE 浓度范围降至 10~30μg/L，伴随 GAC 吸附 MTBE 浓度降至 2μg/L 以下。项目未确定提取地下水的性能标准。修复成本估值为 20 万美元，泵浦处理系统的资本成本为 6 万美元，运行维护 1 个月，费用以 1 个月的时限。

② 欧美发达国家一个加油站的泵浦处理/SVE 联合修复。该加油站(也称服务站 NH-B)在 2014 年 10 月的库存检查期间检测到释放了 2100gals 的汽油。现场的土壤由覆盖深度 2~13inch 冰碛物和 4~8inch 厚的沙质填充物组成，基底位于地面以下 10~15inch(bgs)。地下水的深度范围为 5~15ft(bgs)。该场地的特点是位于断裂基岩地区，水力梯度为 30inch/1000inch，修复活动包括拆除 3 个 UST、860t 污染土壤、27000gal 含有 158lbs 碳氢化合物的地下水和 120gals 轻质非水相液体(LNAPL)。修复采用了一个由 7 个回收井组成的泵浦处理系统，回收井为基岩井，总流量为 7. 5gpm。借助油/水分离、过滤和气提处理技术提取地下水。脱气机包含一台运行参数为 1000scfm 的 7 马力(HP)鼓风机。进入空气剥离器的最大 MTBE 浓度为 1670000μg/L、BTEX 浓度为 439000μg/L。SVE 系统借助 11 个竖井和 4 个水平井进行，15 马力(HP)的鼓风机以 300scfm 和 3. 5~5inch Hg 的压力运行。没有对蒸气进行处理。截至 2015 年 1 月，泵浦处理系统已经清除了 4300lbs 烃，SVE 清除了 2976lbs 烃。目前现场使用的是增强的生物修复技术。当前的整体修复费用为 59 万美元。

9. 4. 11 专用于饮用水处理的泵浦处理系统

专用于饮用水处理的泵浦处理系统可以处理 MTBE 或其他燃料含氧化合物，修复含氧化合物的常规空气抽吸和吸附方式可能不如修复常规燃料组分(比如 BTEX)那样有效。

(1) 提取地下水进行地面处理方式的总体特点

用于对提取地下水进行处理的地上(非原地)处理技术被内置在泵浦处理系统和饮用水处理系统中。一般而言，提取地下水的方法与地面处理技术的类型无关或略受其影响。以下重点介绍饮用水处理中提取地下水的地面处理方式，而 9. 4. 10 是着重于地下水开采的。

用于处理被 MTBE 和其他含氧物质污染的提取地下水的地上技术的常规类型包括空气剥离、吸附、化学氧化、生物处理等。空气剥离是污染物在工程系统(比如填料塔)中从水中挥发到空气的过程，有时也可能需要处理所得到的气相污染物。吸附是指由平衡力驱动的污染物从水中吸附到介质上的过程，典型的介质是颗粒状活性炭(GAC)或树脂。化学氧化是通过引入化学氧化剂或通过其他方式，比如使用紫外线(UV)辐射、电刺激或汽蚀，或手段形成氧化条件，从而将污染物依次氧化成毒性较小的产物的过程。生物处理是指污染物在工程系统中生物降解的过程. 典型的工程系统是活性污泥生物反应器。

（2）MTBE 和其他含氧化合物的性质对修复过程的影响

由于使用技术的不同，MTBE 和其他含氧化合物的性质会影响其在提取水中的相对可处理性。从技术上讲，空气抽吸、吸附、氧化和生物处理技术均能够用于处理被部分或全部燃料含氧化合物污染的水。然而，选择和设计地面处理系统时，必须注意含氧化合物与其他燃料污染物(比如 BTEX)的性质与醚类或醇类含氧化合物是不同的。燃料含氧化合物的性质对使用每种常用处理技术的影响主要包括空气剥离、吸附、化学氧化、生物处理等。

① 空气剥离。与空气喷射类似，空气剥离依赖于污染物从水相到气相的挥发。能够反映空气喷射期间可能发生这种转移的程度属性的是亨利定律常数，它表示在平衡条件下污染物将在溶解状态和蒸气状态之间分配的程度。脱气过程中，具有较大亨利定律常数的污染物比具有较小亨利定律蒸汽更容易从水中剥离出来。本书前面关于燃料含氧物质对空气喷射的影响分析也适用于空气抽吸，即所有常见的燃料含氧化合物(可能 DIPE 除外)均不如 BTEX 易于剥离(分析的依据是他们的亨利定律常数)。因此，与设计用于处理相同浓度的 BTEX 组分的系统相比，设计用于处理含氧化合物的气提系统时应允许存在足够的更多的空气/水接触时间，这通常需要借助具有较高比表面积的大型剥离塔或封装材料来实现。根据亨利定律的范围，挥发同样浓度的污染物，醚类含氧化合物需要比 BTEX 多 5~10 倍的接触空气。因此，专门设计的用于处理 BTEX 的气提系统可能无法充分解决醚类含氧化合物的污染问题。基于醇的含氧化合物在地下水中脱水更加困难，且在某些情况下想对其脱水是不切实际的。含氧化合物的性质也可能会影响系统的适用性和设计过程，如果需要还应处理由空气剥离引起的污染的蒸气流出物，具体可参考本书前面介绍的 SVE 技术。

② 吸附。吸附过程中，污染的水与固体吸附介质(比如 GAC 或树脂)接触。基于它们相对于特定吸附介质的平衡特性，污染物会从水中分离出固体直到体系达到平衡为止。给定污染物可吸附的最大浓度取决于所使用的吸附介质的类型、特定污染物及其浓度、可能与其竞争吸附的水中其他物质的浓度以及其他参数(如温度)。虽然污染水流的实际可处理性取决于所有这些参数，但仍可以基于它们相对于从水分配到有机基质的趋势来估计 MTBE 和其他含氧化合物的相对可处理性。反映这种趋势的一个常见指标是有机碳分配系数。通常情况下，具有较低分配系数的污染物不宜借助 GAC 或树脂吸附进行处理。图 9-4-8 给出了基于醚和醇的系数以及 BTEX 的分配系数范围。

如图 9-4-8 所示，醚和醇类含氧化合物的平均分配系数远低于 BTEX。基于此，可以预期专门针对 BTEX 处理设计的吸附系统可能无法有效地解决基于醚的含氧化合物清除问题，并且低分子量醇基含氧化合物也不适采用吸附方式。

③ 化学氧化。跟本书前边介绍的原位化学氧化技术一样，MTBE 和其他含氧化合物易于通过氧化反应降解。如果提供足量的氧化剂和足够的时间，所有基于醚和醇的燃料含氧化合物都可以通过化学氧化来破坏。然而，在特定位置处理 MTBE 或其他含氧化合物所需的氧化剂的量和类型取决于除了处理污染物以外存在的大量污染物的数

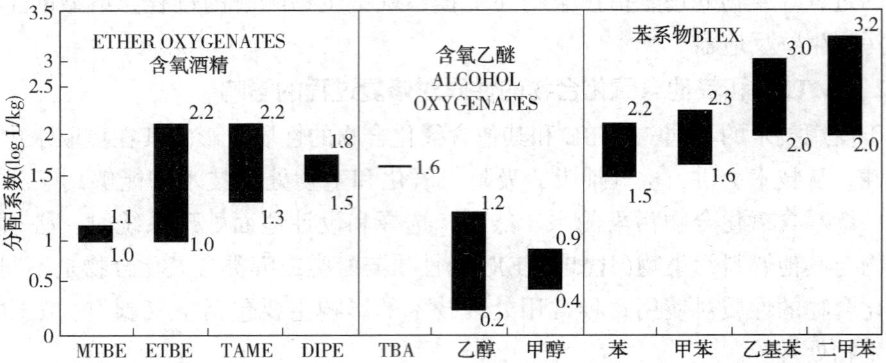

图 9-4-8　燃料氧化物和 BTEX 分配系数的相对范围

量以及其他许多相关因素。这些因素会在后边做进一步的讨论。

还有借助电或其他形式的能量在水溶液中产生氧化和还原自由基从而破坏诸如 MTBE 和其他含氧化合物的污染物的技术，这些技术包括电子束和超声波。高能电子束（E-beam）会引起水的辐射分解（辐射驱动分裂）并形成氧化羟基（OH）以及还原水合电子（e_{aq}^{-}）和氢（H·）。超声技术依赖于超声引发汽蚀的过程中产生的强烈的热和压力，从而使水分子分解成氧化和还原自由基（OH^{-} 和 H^{+}）。上述两种技术都在试验规模上得到了证实，其适用于受 MTBE 污染的地下水的处理。

④ 生物处理。跟本书前边介绍的生物修复技术一样，MTBE 和其他含氧化合物也易于借助生物进行降解。采用原位生物处理时，解决的关键问题是创造有利的条件来刺激生物降解，比如给予足够的电子受体、营养物质、微生物和共代谢物。在地上进行生物处理时，这些条件的创建比较简单，因为处理发生在可见的、受控的和可访问的系统中。然而，在选择和设计用于泵浦处理系统的生物处理组件时应充分考虑各种重要的影响因素，尤其是不同污染物生物降解性的差异，比如基于醚和醇的含氧化合物。

（3）地面处理含氧化合物的过程

人们通常在被 MTBE 和其他含氧化合物污染的地点设置具有多种技术的系列处理工艺，比如气提后进行 GAC 清扫。许多科学家长期致力于地面处理系统的设计研究，开发出了许多设计方案，以下介绍一下设计中需要考虑的与提取的地下水中的 MTBE 和其他含氧物质相关的一些关键考虑因素。

① 空气剥离。用于有效处理 MTBE 的空气与水的典型体积比至少为 1 份水 150~200 份空气，且应大于仅去除 BTEX 所需的空气与水的体积比。欧美发达国家通常要求利用脱气器对气进行捕获和处理。适用于 MTBE 和其他含氧化合物的典型废气处理技术是吸附、热处理和生物处理。

② 吸附。由于水溶性和分配系数低，MTBE 和其他含氧化合物难以吸附在 GAC 上。地下水中其他更具优先吸附能力的污染物也可能会降低 GAC 去除 MTBE 和其他含氧物质的能力。在一些情况下，更多的可吸收污染物甚至可能将已经吸附的 MTBE 或其他含氧化合物挤走。另外，天然地下水中的一些成分（比如铁、锰或有机碳）也可能

会消耗部分吸附能力。因此，经常需要使用两个或多个 GAC 床，以便可以在第一床中监测污染物的穿透情况，而不会将污染物排放到流出物中。

相关研究显示，某些类型的吸附介质会优先吸附某些污染物。比如，某些情况下，基于椰子壳的 GAC 比典型的煤基 GAC 能更好地去除 MTBE。另外，人们已经开发出了一种合成树脂，其可以优先吸附一些不太可能被 GAC 吸收的含氧化合物，比如 TBA。通常情况下，通过促进吸附介质上的细菌生长，吸附过程也可以充分发挥 MTBE 和其他含氧化合物的生物降解性。

③ 化学氧化。对用于 MTBE 或其他含氧化合物进行化学氧化处理的地下水的非原位处理系统而言，大多数系统依赖于羟基自由基的产生过程，其能够将主要有机材料完全氧化为二氧化碳和水。目前，人们已经开发出了能够产生羟基自由基以使 MTBE 和其他含氧化合物氧化的方法，这些方法主要是过氧化氢和紫外光的组合、过氧化氢和二价铁的组合(芬顿化学)、结合臭氧和紫外光、结合臭氧和过氧化氢(比如 HiPOx 系统)、超声波气蚀(使用高能超声波振动产生高温和高压)、电子束(使用高能电子将水分子分解成自由基)。某些情况下修复系统可以针对地面应用进行定制，其他情况下这些技术(比如超声汽蚀和电子束)仅在地面处理系统中使用。MTBE 和其他含氧化合物的不完全氧化可能会导致不期望的中间产物的生成，比如 TBF、TBA 和丙酮。设计中的氧化剂剂量和接触时间应充分满足实现完全氧化或其他处理过程的条件，比如借助 GAC 解决残留的污染物。进料水中的其他氧化剂消耗成分(比如铁、天然有机碳、碳酸盐、溴化物)和其他污染物的存在可能需要借助预处理来处理进料流，通过超量的氧化剂用量或更多的接触时间来充分破坏 MTBE 和其他含氧化合物。

④ 生物处理。生物处理系统必须具备包含保留足够生物量的机制，其通常适用于含有较低浓度污染物的地下水的处理。通常情况下，这些系统中有限的碳质材料(食品)供应量可以维持一个可行的降解微生物群体。附加生长生物反应器和结合膜基生物质分离系统的悬浮生长生物反应器通常适用于这类处理。由于 MTBE 的生物降解速率比其他常见污染物(比如 BTEX)慢，因此 MTBE 通常是决定混合污染物系统必需的液压停留时间的主要控制污染物，因为通常情况下其降解速度最慢。由于在处理低浓度的 MTBE 或其他含氧化合物时，在地下水中维持足够的微生物量比较困难，因此，经常需要进行可处理性研究以确认提取的地下水可以在生物反应器中得到充分处理。科学家经过很多艰辛的努力开发了吸附和生物处理结合使用的修复技术。尽管利用天然存在的微生物的生物处理技术已成功地处理了 MTBE 污染的地下水，但这些微生物不能在 MTBE 上有效生长，因此需要构建微生物保留机制，颗粒活性炭(GAC)可以作为固定微生物的附着介质，其他保留机制包括可渗透屏障膜和反应性屏障。应经常激发 GAC 对环境污染物的吸附能力。但在 BTEX 存在的条件下，MTBE 和 TBA 吸附到碳上的亲和力会降低，因此，GAC 可能不能为 MTBE 或 TBA 提供实质的吸附能力。与含氧化合物污染地点地面处理相关的各种进一步信息可参考相关的专著或研究报告。

（4）对提取地下水进行地面处理的主要方式及其基本情况

目前借助泵浦对饮用水中的 MTBE 进行处理的项目(统称为泵浦处理项目)已有近百个。这些项目均报告了采用的地面处理方式，见表 9-4-34。一些典型的地面处理技术示范项目采用了高生物量保留反应堆、HiPOx 先进氧化技术和高能电子束。

表 9-4-34 近百个地下水和饮用水处理项目采用的地面处理技术

地面处理技术	泵浦处理项目数	饮用水处理项目数	项目总数
只采用剥离技术	8	3	11
剥离与吸附联合	9	1	10
只采用吸附技术	18	8	26
吸附与氧化联合	1	2	3
只采用氧化技术	19	0	19
只采用生物处理技术	1	0	1
总计	56	14	70

以上数据是由项目经理和相关技术人员提供的，属于概括性的，另外，项目还给出了显示了具体的处理地点以及每个项目的技术设计、运营和绩效数据。如表 9-4-34 所示，泵浦处理方式无论是单独使用还是与其他技术结合使用，其地面处理大多采用吸附。在使用吸附的项目中有 1/4 的项目给出了有关处理系统中使用的吸附介质类型的信息，这些吸附介质包括沥青碳、椰壳碳、有机黏土碳、树脂、生物增强型 GAC，有的将多种吸附介质联合应用。当然，人们也常使用剥离和氧化技术。一些项目将催化氧化用于废气处理。并非所有项目均有通报有关废气处理的信息。个别抽气项目通报了空气与水的比例，即 150：1 和 200：1。大多数的氧化项目通报了所用氧化剂的类型，采用过氧化氢/臭氧的项目较多，采用过氧化氢/紫外线较少，个别单独使用泵浦处理的项目将过氧化氢和超声波汽蚀同时应用。

欧美发达国家的一个站点设计采用了双相萃取系统，并将其用于对分离土壤蒸气和地下水进行氧化和生物反应处理。最初，关注的污染物是 TBA 而对 MTBE 关注较少。但随着地层的干燥和孔隙度的增加，人们发现 BTEX 的浓度不断上升。分析后认为，如果 BTEX 长时间超过 TBA/MTBE 浓度，那么生物修复质量将更取决于 BTEX，并且系统将会失去消耗 TBA/MTBE 的能力。为了解决这个问题，人们在生物反应器之前安装了一个含有 200lbs 椰子碳的“牺牲”碳罐以除去 BTEX，同时允许 TBA/MTBE 通过其并在生物反应器中得以修复。在喂入约 1. 5gpm 含有大约相同浓度的 TBA/MTBE 和 BTEX 的料流的同时，两天内离开碳筒的料流显示了 TBA 量的激增，这是第一次取样的结果。第一周后进入和离开碳罐的 TBA 没有浓度降低的表现。花了大约 45 天才解决了 BTEX 的问题。

（5）对含氧化合物进行地面处理的效果

几个使用泵浦处理的项目给出了初始和最终 MTBE 浓度的性能数据，修复前中位浓度为 27000μg/L，修复后中位浓度小于 1μg/L。这些项目的修复持续时间中位数为 14 个月。这些修复绩效数据是由项目经理和相关技术人员提供的数据，是概略性的，包括现场位置、技术设计、工艺和性能数据。对于使用不止一种技术的项目，在项目使用的每种技术下都给出了性能数据。

（6）处理 MTBE 的相关成本

有 12 个泵浦处理项目给出了项目成本数据，这些项目有的正在进行、有的已经完成。但均没有介绍项目成本的构成情况，这些成本很可能包含不同的构成，比如修复、监测、设计、监督、健康与安全。大部分报告的费用均是正在进行的项目，其通报的成本为部分实际成本或项目总成本的估值。表 9-4-35 给出了这 12 个项目的成本信息并详细介绍使用的地面处理技术的类型。

表 9-4-35　与地面处理类型相关的泵浦处理成本

常用的地面处理技术	项目数	总成本范围/ $		报告总成本的中位数/ $
		最小	最大	
只采用剥离技术	6	74000	1200000	545000
剥离与吸附联合	3	216000	1180000	339000
只采用吸附技术	3	160000	624000	180000
总计	12	450000	3000000	1060000

表 9-4-36 给出了使用空气剥离、氧化和吸附技术处理不同流量（60gal/min、600gal/min 和 6000gal/min）的 MTBE 污染水的单位成本估值，这些结果表明，空气剥离成本低于吸附或氧化方式，并且在处理水量相对较大的情况下具有规模效益。

表 9-4-36　地面处理技术的单位成本估算

技术类别	1000gal 处理费用/ $（60gal/min 系统）		1000gal 处理费用/ $（600gal/min 系统）		1000gal 处理费用/ $（5000gal/min 系统）	
	最小	最大	最小	最大	最小	最大
空气剥离	1.66	3.20	0.30	1.09	0.13	0.64
吸附	2.30	4.61	0.77	2.37	0.30	2.22
氧化	2.18	4.11	0.57	2.08	0.32	1.59

（7）影响含氧化合物处理的性能和成本的因素

一旦被 MTBE 或其他含氧物质污染的水被提取出来，其在水相中的残留水平可以使地面处理比其他污染物（比如 BTEX）更为复杂。可能影响地面处理成本和性能的关键因素包括含氧化合物和其他污染物的浓度；提取地下水的流量；可能干扰处理过程的其他地下水化学参数，比如天然有机碳、铁、锰、硬度、碱度、pH 值；废水和废气排放标准。上述因素可能会影响具体地面处理技术的选择，可能需要采用多次化的地面处理工艺（即处理系列），可能需要对地下水进行预处理或需要对处理后的废气进行处理。另外，与泵浦处理一样，活性源区的存在可能需要对地面处理系统进行长期的维持化处理。

（8）总体评价

通过前述介绍可以对该技术做出评价，即该类地面处理技术可以在地面上处理 MTBE 和其他含氧化合物。采用空气剥离时，醚类含氧化合物的处理可能比仅处理 BTEX 需要更大的空气与水的比例，试图借助该技术对醇类含氧化合物进行处理可能是不切实际的。采用吸附技术时，其对基于醚的含氧化合物的去除效果不如 GAC 的 BTEX，一些基于醇的含氧化合物根本不可吸附，更为稳健的办法是有选择地利用能除去燃料含氧化合物的合成树脂。采用化学氧化技术时，燃料含氧化合物可以借助羟基自由基氧化进行破坏，氧化剂的剂量和接触时间应更多体现在满足提取的地下水的总氧化剂需求方面，而不是以含氧化合物等污染物的类型为定量依据。采用生物处理技术时，只有在具有足够质量的条件微生物的生物反应器中获得足够保留时间的情况下才可以将燃料含氧化合物生物降解。通常，地面处理系统可以比原位处理系统更容易控制和监测，从而优质地去除 MTBE 和其他含氧化合物。

应用上述地面处理技术也存在其他潜在的限制因素。比如人们通常认为的构建、运行和维护修复系统的成本相对较高问题。萃取井或处理过程中的生物污垢或矿物沉淀可能会降低系统的性能的问题。

（9）典型案例

① 高生物质保留反应器中 MTBE 的生物降解。欧美科学家测试了一个中试规模的专业生物质浓缩反应器(BCR)的情况，这是一种利用基于膜的生物质分离系统的活性污泥型生物反应器，人们将其用于 MTBE 的有氧生物降解。BCR 设计包括了一个容纳高表面积多孔聚乙烯膜系统的曝气室，可将所有的生物质保持在曝气室内。其具有操作简单、维护要求低的特点，因而，在经济上比其他水处理技术更可行。通过膜的水通量完全依赖重力。该系统包括 30 个隔膜隔间且每个均可拆卸清洁。

人们将 BCR 用于一个废弃加油站的修复，该站有大量汽油泄漏到地下水中，存在 MTBE、TBA、TAME、TAA、DIPE、TBF、丙酮、甲醇、乙醇和 BTEX 的污染。该项目的目的是证明 BCR 将 MTBE、其他含氧物质和 BTEX 处理至接近或低于可检测限度的有效性。BCR 在该站点运行了近 6.5 个月，最高效率达 5gpm。挥发性有机化合物的平均流入浓度为 MTBE-6500μg/L、TBA-69μg/L、TAME-1130μg/L、TAA-130μg/L、DIPE-36μg/L、TBF-29μg/L、丙酮 480μg/L、甲醇-300mg/L、BTEX 总和为 3700mg/L。处理过程直至来自源井的持续流量中断、出水浓度非常低为止。在整个项目中存在流量中断和非稳态流量条件，流出物中的 MTBE 平均接近 9μg/L(5gpm 稳态流量条件下、流量不中断时为<5μg/L)、TBA 为 0.5μg/L、TAME 为 1.4μg/L、TAA 为 0.06μg/L、DIPE 为 0.05μg/L、TBF 为 0.02μg/L、丙酮为 6.6μg/L、甲醇为 2μg/L、BTEX 的总和为 1.3μg/L。不可清除的有机碳(NPoc)降低了近 50%。但未进行详细的成本分析。

② HiPOx 高级氧化技术处理港口 MTBE 污染地下水。HiPOx 技术是一种先进的氧化工艺，其集成了高精度的臭氧和过氧化氢输送系统以化学方式破坏有机污染物，同时又可使产生的溴酸盐趋于最小。人们还以某海军基地的 MTBE 污染地下水处理来评估该技术，该海军基地初始 MTBE 浓度为 748μg/L。鉴于进料水中的溴化物浓度极高(1.3mg/L)以及限制溴酸盐形成的愿望，中型规模系统采用了 630 个臭氧注射器端口串联运行。HiPOx 工艺使 MTBE 浓度降低了 99.87%，很容易地实现了将 MTBE 浓度降至 5μg/L 以下的修复目标。但最终流出物中仍存在显著浓度的 MTBE 降解中间体和氧化副产物。TBA 出现在化学氧化的过程，随后其浓度通过进一步的氧化而降低，在 3 次运行中 2 次达到了低于 12μg/L 调节限值的要求。生成丙酮出现在最终流出物中，其浓

度超过 100μg/L)且未被氧化。另外，3 次运行过程中，污水中的溴酸盐浓度均超过了 10μg/L 的饮用水标准。

模型计算表明，如果进水溴化物浓度为 0.56mg/L 或更低，则 HiPOx 系统可能已经完全成功地限制了所选氧化剂剂量下的溴酸盐形成。由于对于饮用水源而言，0.56mg/L 的溴化物浓度仍然极高，所以 HiPOx 系统似乎有可能破坏 MTBE 及其氧化副产物 TBA，同时还可控制溴酸盐的形成，即使在具有高溴化物浓度的水中也毫不逊色。

③ 高能电子束(E-Beam)用于港口 MTBE 污染地下水处理。欧美科学家在某海军基地进行了借助高能电子注入(E-Beam)技术处理 MTBE 和 BTEX 污染地下水的研究。电子束技术的特点是借助高能电子束照射来破坏地下水中的有机污染物，照射过程中电子束产生的氧化自由基与 MTBE 及其分解产物反应并破坏有机污染物。采用的电子束剂量为 1200kilarads(krads)，两周的稳态运行结果表明，流出物中的 MTBE 和 BTEX 浓度比进水浓度降低了 99.9%，MTBE 和 BTEX 的初始平均浓度分别为 1700μg/L 和 2800μg/L。此外，除了 MTBE 的降解产物 TBE 外，所有污染物都符合饮用水监管标准的要求。剂量分析实验表明，尽管实验结果显示 TBA 副产物的形成随剂量的增加而减少，但 TBA 一直没有降低到低于 12μg/L 的修复目标水平。丙酮和甲醛是电子束处理后形成的两种最普遍的有机副产物，在两周稳态试验期间，二者的平均流出物浓度分别为 160μg/L 和 125μg/L。电子束处理期间没有形成溴酸盐。电子束处理系统的经济分析表明，电子束设备和电能是主要成本。人们估算在小规模修复中每 1000gal 成本超过 40 美元，将其应用于大规模饮用水项目时，每 1000gal 成本约为 1 美元。

9.4.12 其他处理技术(植物修复、PRB 和热处理)

用于修复 MTBE 和其他含氧物质的其他技术包括植物修复、可渗透的反应性屏障(PRB)、热处理。

(1) 三种附加技术处理 MTBE 和其他含氧化合物的大致机理

除了前面介绍的各种技术外，人们还可采用植物修复、PRB、热处理等技术来处理土壤和地下水中的 MTBE 和其他含氧化合物。植物修复是使用植物进行修复的一类修复技术，某些情况下利用真菌。在植物修复过程中的污染物处理可以通过一个或多个自然过程完成，包括根际植物(植物根区)的增强生物修复、有机植物材料的植物稳定化、植物摄取、植物代谢和植物挥发(通过植物叶挥发)。PRB 是污染物通过工程化处理区时修复地下水的地下屏障物。对 MTBE 和其他含氧化合物的处理，使用生物修复过程的处理区最为普遍。热处理修复是一种通用术语，是借助热量在原位或非原位移动、提取或破坏污染物的技术。虽然上述技术应用较少，但在某些被 MTBE 和其他含氧化合物污染的地点，它们可能是可行的修复方式。

(2) 植物修复技术处理含氧化合物的总体特点

① 属性。植物修复适用于 MTBE 和其他含氧化合物，是一种相对较新的修复方法，目前正在研究许多去除和降解途径。但已知的植物修复技术依赖多个过程才能完成从浅层地下水中去除污染物的工作。这些过程中的每一个都会受到不同化学性质以及位

点特异性条件的影响。含氧化合物的生物降解性影响其在根际中的处理，其中条件支持丰富的可能会使降解污染物的代谢活性细菌和真菌的能力得以增强。含氧化合物相对较高的溶解度和低有机分配系数通常会明显影响植物稳定化的效果，但其可容易地通过根吸收除去。另外，溶解度的波动性和亨利常数可能会影响其通过植物代谢通道的挥发去除。

② 运作。现场条件、待处理的特定污染物类型、清理目标和其他因素均会影响植物修复活动，因此，用于处理 MTBE 和其他燃料含氧物质的植物修复方式具有高度可变性。

③ 项目绩效。目前，已有很多项目采用植物修复技术处理 MTBE，这些项目采用了各种方法，包括混合杨树、蒙特利松树、橡树、桉树和工程湿地。表 9-4-37 给出了近十个植物修复项目的规模和运行状况。

表 9-4-37　几个植物修复项目的基本信息

采用技术	项目数	运行状态		规模		
		已完成	进行中	位点	中试	全面
植物修复	8	5	3	3	4	1

④ 成本。目前采用植物修复技术的项目均没有给出项目总成本数据。

（3）PRB 技术处理含氧化合物的总体特点

① 属性。PRB 是具有修复区域的修复系统配置，其内部可以采用任何修复技术，比如原位生物修复或原位化学氧化。具体使用哪种处理技术，决定于 MTBE 和其他含氧化合物的特性，不同的修复技术会产生不同的修复效果。

② 运作。有关在被 MTBE 和其他含氧化合物污染的地点应用 PRB 的要求可参考相关规范，比如美国 ITRC、EPA 的文件规定。

③ 项目绩效。各种项目通常不会明确地标识使用了 PRB，但在生物修复项目中配置 PRB 比较普遍。

④ 成本。采用原位热处理技术的项目都没有报告总项目成本数据。一些文献有关于 PRBs 处理其他污染物的成本信息，近 20 个 PRB 项目的总成本范围从 43000~1900000 美元不等，总成本中位数为 68 万美元。

（4）原位热处理技术处理含氧化合物的总体特点

① 属性。热处理可用于从土壤中原位或非原位移植或破坏 MTBE 和其他含氧化合物，其机理类似于其他石油污染物。许多项目采用了原位热处理技术。污染物在土壤的挥发受蒸气压影响，挥发更容易发生在蒸气压较高的时候。通常，基于醇的含氧化合物具有比基于醚的含氧化合物更低的蒸气压，但是两者的蒸气压力与其他石油污染物(比如苯)相当或略大。与其他有机污染物相似，MTBE 和其他含氧化合物在高温下易受热破坏。

② 运行。有关在 MTBE 和其他含氧化合物污染的地点应用原位热处理的要求可参考相关规范或文件，比如美国 EPA 的规定。

③ 项目绩效。各种修复项目一般都不明确标识使用了原位热处理技术，但生物修

复中采用这种技术是不可避免的。

④ 成本。采用原位热处理技术的项目通常都不公布总项目成本数据。

（5）影响植物修复、PRB 或热处理性能和成本的因素

当 MTBE 或其他含氧化合物存在并且必须在现场进行修复时，植物修复、PRB 或原位热处理可能成为适当修复方法的一个组成部分。

（6）总体评价

植物修复、PRB 和热处理已被用于修复受 MTBE 污染的地下水，但与其他一些技术(比如空气喷射和生物修复)比，其使用率不高。所有 PRB 项目都有采用生物修复技术的处理区。热处理项目多采用热解吸结合其他技术的方式，比如原位生物修复。目前没有关于植物修复、PRB 或热处理项目的项目总成本报道。

① 使用 3 种技术处理 MTBE 和其他含氧化合物的可行性。基于多种污染物质的植物修复中的可处理性取决于生物降解性、溶解度、分配系数、蒸气压和亨利常数。PRB 的修复能力依赖于反应性处理区的结构。土壤蒸气压会影响热处理过程中的挥发，通常含氧化合物具有与其他石油污染物相当或更高的蒸气压，因而更有利于挥发。

② 应用 3 种处理技术的其他潜在优势。植物修复或 PRB 可能是一种经济有效的替代方案，可用于修复相对浓度低、浅层、分布广泛的地下水羽流。热处理技术倾向于处理其他石油污染物(比如石油烃)之外的含氧化合物，是使用较普遍的技术。

③ 应用 3 种处理技术的其他潜在限制。植物修复过程中有效处理 MTBE 和其他含氧化合物的机理仍在研究之中。植物修复可能不太适用于浓度较高或埋藏较深的地下水羽流。

9.4.13 非处理修复措施

涉及含氧化合物的非处理修复措施包括挖除、游离产品回收、MNA 和制度控制。非处理修复措施可能适合单独使用或与一种或多种其他修复措施结合使用。在被 MTBE 污染的地点基本不使用遏制物(堵盖或竖向隔离墙)。

虽然本节着重于 MTBE 和其他燃料含氧物质的修复技术，但人们仍大量使用非处理措施(包括挖除、游离产品回收、MNA 和制度控制)对许多地点进行修复，而且这些修复措施经常与一种或多种修复技术结合使用。

（1）挖除

挖除是使用机械设备从现场清除受污染的土壤或污泥。它通常用于位于表面附近的土壤中存在大量石油污染物的地点，因为这些土壤可能是持续的污染物迁移的来源。挖除通常在实施其他修复措施(比如地下水处理技术)之前进行。与游离产品回收类似，挖除是用来去除/控制污染源的，可确保 MTBE 不会继续迁移到渗流区和地下水中。

挖除的实施在很大程度上决定于场地特征，比如地面和地下障碍物的存在。在存在地下公用设施或储存设施的地点进行挖除作业时，可能需要进行广泛而耗时的探索。建(构)筑物周围或附近的挖除可能需要借助底板或板桩来稳定公用设施线路的结构和重新改变线路路径。在沙土中可能需要设置支撑或斜撑以保持沟槽壁的稳定性。挖除过程中可能需要监测空气质量，当逸散性空气排放超过空气质量标准时每天可以挖除的土壤数量就可能会受到限制。

挖除设备类型多种多样，可以是镐、锹、铲子之类的手工工具，也可以是机械化设施，其涉及手工开挖到底座、到前端装载机、到蛤壳和拖拉线的系统性作业流程，设备的类型取决于要挖除土壤的数量、挖除的总深度、土壤含水量、现场允许进行分期挖除的空间及材料特点。背式和前端装载机是用于开挖较浅(小于 15 英尺 bgs)土壤的最常用设备。具有 1 立方码桶容量的这类铲斗的挖除速率通常为每小时 75 立方码。较大桶容量的铲斗可以将该速率提高到每小时 160 立方码。使用手动工具的最大挖除速度约为每小时每人 1 立方码。

影响挖除成本的因素包括污染深度、地下水深度(需要脱水)以及需要支撑的地下基础设施和/或附近结构的程度。对于污染较深、地下水较浅、毗邻基础设施和建(构)筑物的地区，其开挖成本往往较高。

（2）游离产品回收

游离产品回收是指提取位于地下的单独相材料，主要是石油液体。在石油液体存在的情况下，其会位于地下水位的顶部。它经常用于大量石油产品已达到地下水位的地点，并且其可能是迁移到渗流区或溶解在地下水中的污染物的持续来源。通常，在实施诸如地下水处理之类的修复措施之前或期间都要进行游离产品的回收。与挖除类似，可通过游离产品的回收来去除/控制污染源，使污染源不会继续迁移到渗流区或地下水中。

在欧美发达国家，游离产品的移除需要接受政府监管。政府要求业主和经营者在可行的情况下应尽可能地移除游离产品，同时继续采取其他修复措施。

通常用于回收游离产品的技术包括井、沟槽或挖坑中的撇取设备以及游离产品抽取技术。这些方法使用时不抑制水位，以便增强游离产物向井或排水渠的迁移。游离产品回收系统应合理设计，设计时需要了解现场水文地质学特征；地下游离产品的类型、范围和分布以及设备和安装工程方面的要求。游离产品回收有时会与其他技术结合，以便增强从渗流区域或溶解在地下水中去除污染物。

（3）监测自然衰减

美国 EPA 给 MNA 下的定义是“在仔细控制和监控站点清理方法的背景下依赖自然过程降解，在其他更积极的方法提供的时间范围内确定合理的时间范围以达成特定于站点的修复目标。天然过程包括生物降解、分散、稀释、吸附、挥发、稳定化和转化。通过这些过程将污染物转化为毒性较小的形式，通过降低污染物浓度、降低污染物迁移率和生物利用度来降低场地风险”。有关自然衰减的其他术语包括“内在修复”“内在生物修复”“被动生物修复”“自然恢复”和“自然同化”。

在要求以较低成本清理现场的情况下，与主动修复措施相比，MNA 通常需要更长的时间来达成修复目标。另外，它通常需要借助广泛的、长期的监测数据。MNA 的其他潜在限制包括转化产物的毒性和/或迁移率可能大于母体化合物，比如作为 MTBE 降解产物的 TBA 的；适应自然衰减的水文和地球化学条件可能会随时间而变化，并可能导致以前稳定的污染物产生更大流动性；可能需要进行更广泛的教育和外联工作以获得公众对 MNA 的接受。

美国 EPA 还发布有关于了解天然过程降低污染物浓度的速度和程度所需的步骤的指南，以评估地下水中氯化溶剂自然衰减的技术方案。虽然该指南针对的是被氯化溶剂污染的场地，但其中一些步骤也与含氧化合物（比如 MTBE）污染的场地有关。该指南确定了在评估自然衰减方面有用的各种参数，提供了如何分析和解释从站点收集的数据的方法，提出了将“行动计划”纳入整合修复办法的建议，其中包括积极的修复办法。

另外，美国环保署还发布有“地下水 Voc 修复效果监测”的报告，可为 MNA 修复措施中使用的监测形式提供指导。

（4）制度控制（IC）

IC 是非设计工具，包括行政和/或法律控制，其通过限制土地或资源利用来最大限度地减少人体接触污染的可能性，并且通常与修复或遏制的工程措施结合使用。IC 在清理的所有阶段都有效期，通常涉及并行或串联实现的多个活动（即“分层 IC”）。典型的 IC 包括地役权、契约、钻井禁令、分区限制和特别建筑许可证要求（有时称契约限制）。

IC 通常会在长期羽流管理和 MNA 的背景下被采用。在污染源被解决（比如通过去除或破坏）之后，IC 可用于限制一个部位的长期使用以及将残留污染物暴露于人或环境受体的可能性。在确定适当类型的 IC 时，现场修复经理会考虑实施、监控和执行的生命周期以及优点、弱点和成本，并与国家和地方政府就 IC 问题进行有责任的协调。

9.5 生物降解技术修复污染场地的实施方略

生物修复是利用微生物群落（通常是异养细菌和真菌）将危害性污染物降解或转化为二氧化碳、水、无机盐、微生物生物质和其他可能比母体材料危害性小的副产物的一组技术。生物处理多年来一直是城市和工业废水处理系统的主要组成部分。近年来，利用生物机制来修复受污染的地下水和土壤已成为人类关注的热点问题。人们在污染场地发现生物能够处理受污染的土壤、沉积物、污泥、地下水和地表水。

20 世纪 70 年代至 90 年代初，堆肥技术在废水处理领域得到了新的应用。当时，人们认为任何有害成分或废物的生物修复都具有创新性。目前，生物修复已成为广泛接受的辅助修复措施而在污染处理各个领域得到应用，尤其是在被石油产品和/或危险废物污染的地点。代谢生物传输之类的一些生物修复技术正在深入研发过程中，这些技术都具有创新性。厌氧生物处理之类的其他生物修复技术也是目前研究的热点。由于这些创新或研究类别的生物修复技术具有一定的现场实施限制条件且其有效性的数据不多，因此可能需要通过额外的现场评估和可处理性研究来确认选定技术在特定位置的有效性。美国 EPA 认为，某些情况下，生物修复可应用于一个现场的多个可操作工艺中，多种污染物已经在许多地点成功实现了生物修复，这些污染物包括卤化和非卤化挥发性有机化合物（VOC）、卤化和非卤化的半挥发性有机化合物（SVOCs）。具备一定生物修复可能性的的污染物包括多环芳烃(PAHs)、有机农药和除草剂、多氯联苯(PCBs)等。

欧美发达国家的调查显示，土地耕作和生物多样性之类的生物降解技术可用于33%的污染土地的修复。同样的调查显示，原位生物修复、生物扩散和可能使用生物修复的技术(比如监测自然衰减)被用于79%的LUST(泄漏地下储存罐)地点地下水羽流的处理。但其他类型站点的各种生物修复技术的应用尚未得出系统性的结论。因此，生物修复仍然是实验室和实地规模技术研发活跃领域，如其在氯化脂肪烃(CAHs)、高氯酸盐和甲基叔丁基醚(MTBE)处理中的应用。具有一定生物修复可处理性的污染物包括三硝基甲苯(TNT)、六氢-1,3,5-三硝基-1,3,5-三嗪(RDX)、农药和除草剂、致密的非水相液体(DNAPLs)之类的污染物和基质。生物处理技术可在困难的介质开展处理工作，比如在断裂的基岩或紧密黏土中。生物处理技术可以改进土壤修复系统设计和运行策略并使其具有成本效益。

9.5.1 生物降解技术的宏观特点

生物修复技术有许多类型，宏观上可分为原位和异位两大类型。其可以应用于原位或非原位培养基的处理。原位处理可将土壤和地下水处理到位而无须进行清除，这种方法益处多多，其可以将材料处理成本和一些环境影响降低到最低。当然，原位过程可能会受到物理和化学环境的控制或操纵而使其修复能力受限。原位生物修复技术的一个典型例子是有氧生物净化，目前已经在许多地方用于修复被燃料污染的地下土壤。在有氧生物处理过程中，通常将空气注入地下以促进碳氢化合物的有氧代谢。异位修复过程主要是将污染的介质挖除并将其运输到处理区域。关于生物修复的更进一步的信息可参考相关规范和专著。非原生境方法(即异位处理方法)的典型实例是土地处理和堆肥，在这些处理过程中土壤被挖掘并与修正液混合，一切作业都以促进污染物降解的方式进行。

划分生物修复领域的另一种方法是基于环境媒体添加剂的。内生生物修复取决于土著微生物群落的状态，借助其降解污染物而不做任何辅助修复工作，这种方法在原地使用并利用预先存在的生物过程来降解危险废物。内部生物修复需要进行仔细的现场评估和监测以确保正在进行的修复过程能够保护环境受体。也可以通过调节和监测温度、pH 值及其他因素以增强生物修复效能。增强生物修复效能时可通过操纵微生物环境来促进生物降解，通常的方法是为其提供化学补品，比如空气、有机底物或电子给体、营养物质和影响代谢反应的其他化合物。当仅添加化学补品时，增强的生物修复技术也可称为生物刺激修复技术。生物刺激修复技术的典型实例包括生物调节、土地耕作或土地处理、生物堆料、堆肥，有时也可采用厌氧还原脱氯方式。生物刺激技术可应用于原位或非原生境，并可用于处理土壤和其他固体以及地下水或地表水。某些情况下，可利用添加微生物培养物的生物增殖来增强生物处理效果。那些未被本土生物降解的特定污染物可能需要借助生物强化技术进行处理。生物强化技术通常总是与生物刺激一起进行的。比如，一些氯化溶剂位点，当本土微生物不能完全对所关注的污染物脱氯时，使用生物增殖作为厌氧还原脱氯的辅助手段。

生物修复利用基本生物来活性降解或转化关注的污染物。要激励的生物活性取决于所关心的特定污染物以及污染物所在的介质。在有氧环境中许多微生物能够降解有机化合物，比如碳氢化合物。这些微生物从这些生物化学反应中获得用于构建自己细胞材料的能量和碳。在许多燃料污染场地其氧气存量的大小对生物处理的效能具有制约作用。因此，对其以空气形式加入氧气使污染物的降解过程持续进行。

在代谢过程中，微生物不能获得能量或碳，因而可以降解污染物质。相反，污染物也可以通过副反应得以降解。当然，基于共代谢的技术实施难度更高，因为微生物无法从期望的反应中受益。代谢生物传播是代谢的一个典型例子。在这种技术中，微生物可以供给丙烷，并且它们也能降解三氯乙烯(TCE)或少量的氯化乙烯。

根据所关心污染物和介质的不同，生物修复技术可能会利用有氧或无氧代谢。有氧代谢应用最广，其可对碳氢化合物和其他有机化合物有效降解。许多生物能够以氧气作为电子受体、以碳氢化合物作为碳源和能源来降解碳氢化合物。某些情况下，污染物可有氧降解为二氧化碳、水和微生物生物质，其他情况下的微生物则不能够完全降解污染物。有氧技术还可以改变金属的离子形式。如果一个场地含有混合金属的有机废物，就有必要考虑金属物质(比如砷)的氧化形式是否符合环保要求的问题了。

厌氧代谢是指在不存在氧气的情况下发生的微生物反应，其包括许多过程，比如发酵、甲烷生成、还原脱氯、硫酸盐还原活性、脱氮。可以根据所关注的污染物重点培育这些过程中的某一部分。厌氧代谢过程中，硝酸盐、硫酸盐、二氧化碳、氧化金属或有机化合物可以代替氧成为电子受体。比如，在厌氧还原脱氯中，氯化溶剂可以成为电子受体。

植物修复或植物技术主要使用植物来修复受污染的培养基，其涉及许多物理和化学过程。选择生物修复技术时，重要考虑的是污染物类型、被污染的基质、降解污染物的潜在生物学途径以及现场的现状。比如，TCE 可以通过有氧和厌氧机制进行降解。如果地下水被 TCE 污染，现场的地下水条件可能有助于确定哪种生物修复机制可以采用。如果地下水已经是厌氧的，则厌氧还原脱氯可能是最好的方法。但如果 TCE 羽流已扩散且地下水是有氧的则可能使用代谢技术比较有效。

评估所有生物修复技术的一个关键名词是微生物生物利用度。该名词的含义可做以下简单的理解，即如果所关注的污染物能够非常紧密地结合在固体基质(化学的或物理的)上使微生物不能进入则其将不可能被生物介导。然而，微生物生物利用度低并不意味着其没有风险，根据受体和暴露途径的不同，化合物可以影响环境受体。比如，如果小孩摄入污染的土壤，则其消化过程就可能会释放出微生物不可用的污染物。

许多工程指导文件都是从实际工程的角度阐述生物利用度的。在一些情况下，增强的生物修复技术的实施可以通过包括生成生物表面活性剂等多种机制将污染物从固相转移到移动相(即水)。因此，选择用于特定部位的生物修复技术时，必须慎重考虑污染物、污染体、共污染物、环境受体、暴露途径以及污染物和受体之间缓冲区所关注污染物，还应关注潜在的降解中间体和残留物。实践证明，生物修复技术是许多污染场所具有保护性和成本效益的解决方案，但在特定地点的条件下其可能不适用。另外，工作人员的安全问题也是生物修复技术选择、设计和运行必须考虑的因素。这些技术实施时可能使用强氧化剂和/或高反应性、具备潜在爆炸性的化学物质。

9.5.2 原位生物修复

原位生物修复主要有内在和增强两种主要类型，两者都依赖于自然过程以有增强或无增强(内在)的方式来降解污染物。近年来，原位生物修复技术已被应用于污染土壤和地下水的处理。其去除率和程度会因关注的污染物和特定场地的特性的不同而有所不同。另外，其去除率也受污染物分布和浓度等变量的影响，比如共污染物浓度、土著微生物种群和反应动力学特征、pH 值、含水量、营养供应和温度等参数。这些因素中的许多都是该地点和土著微生物群落固有的功能因子，因此，非常难以操纵。但人们仍然可以通过某种具体的技术以操纵某些变量，这些变量也可能会受到其他变量的影响。

当选择原位生物修复作为修复方案时，应通过场地监测活动以证明生物介导的去除是污染物去除的主要途径。采样方案选择时应考虑恰当的分析物和测试方法以及位点的异质性问题。某些情况下可能需要通过广泛的抽样来区分生物修复与其他去除机制的作用以及确定其统计变异性。借助来自污染场地的样品的小规模可处理性研究也可证明生物活性在污染物去除中的作用。

（1）内部原位生物修复

内部生物修复依赖自然过程降解污染物，而不改变当前条件或增加其他辅助措施。内部生物修复可能在监测自然衰减(MNA)地点起作用，美国国家研究委员会(NRC)和环保署(EPA)为内部生物修复技术下的定义是“以生物降解、分散、稀释、吸附、挥发、放射性衰变、化学或生物稳定化等方式转化或破坏污染物”。

自然衰减(MNA)依赖天然物理、化学和生物过程来降低或减少污染物浓度。在条件有利时，MNA 会降低土壤和地下水中污染物的浓度、数量、毒性、迁移率和/或体积。涉及 MNA 的自然过程包括稀释、分散、吸附、挥发、氧化和还原之类的化学反应、生物反应和稳定化。EPA 推荐这种降解污染物的过程，并期望 MNA 技术能够稳定地下污染羽流。当然，在一些过程中也会产生不良结果，比如产生毒性降解产物或将污染物转移到了其他介质中。

实施 MNA 需要对站点的概念模型进行全面彻底的现场评估和研究。在确定是否存在稳定或收缩的羽流之后，借助基于场地的风险决策的多条证据可能有助于判断现场实施 MNA 的可能性及成效。虽然 MNA 技术有些被动，因为处理过程中没有任何东西被添加到污染区内，但 MNA 仍需要进行主动监测，监测工作应该被包括在一个站点的设计计划中并成为其中的一部分工作。某些情况下，这种长期监测的成本可能比主动修复更昂贵。MNA 仅适用于精心控制和监测的场地，必须在合理的时间范围内将污染物浓度降低到对人体健康无害和环境保护允许的水平。根据现场特定条件的不同，MNA 可能是石油烃以及氯化和非氯化 VOC 和 SVOC 修复的合理备选方案。自然衰减的优点可参考 AFCEE 技术手册、ITRC 原位生物修复出版物。

（2）增强原位生物修复

增强的生物修复可用于地下水、渗流区土壤以及数量更少的水生沉积物的处理。其加入的添加剂包括氧气(或其他电子受体)、营养物质、可生物降解的碳质底物、填充剂和/或水分，作用是增强天然存在的或本地微生物群落的活性。

① 渗流区土壤修复。虽然原位生物修复进程中的基本生物活动可能自然发生，但许多地点仍需要通过干预来促进清理工作。比如添加有机底物、营养物质或空气以便为特定的微生物活动或增强去除率提供适宜的环境。通常可以通过有氧处理以除去碳氢化合物和轻度氯化污染物。高氯化物质主要通过厌氧处理降解。厌氧和需氧修复可以通过直接方式或代谢途径发生。适用于不饱和区域的主要原位生物技术是生物制剂，根据所使用的形态，其被分为有氧、代谢或无氧类型。

有氧生物净化应遵守相关规范规定。有氧生物净化技术在处理有氧可降解污染物(如燃料)方面拥有良好的记录。在有氧生物处理过程中，氧浓度低的受污染不饱和土壤通过供氧来促进好氧微生物的生物降解。氧气通常借助能将空气推入地下的空气注入井引入(图 9-5-1)，也可以借助地下抽吸空气的真空抽气井进行。当建筑物基础或类似结构靠近修复现场时，可以使用提取模式来避免建筑物地下室中的污染以及防止具有爆炸性的蒸气的积聚。萃取的气体可能需要处理，因为挥发性化合物可能会从地面上挥发。与土壤蒸气提取(SVE)相比，生物净化采用的空气流速更低，仅需要增加去除所需的氧气量即可。由于这种低流量特点，注入空气时不会导致污染物通过挥发而释放到大气中。生物净化设计主要用于修复位于渗流区或毛细管边缘的有氧生物可降解污染物，比如石油烃之类的非氯化 VOC 和 SVOC。欧美发达国家的实践表明，有氧生物净化在数百个场地的各种现场条件下都有效。有关生物修复适用性的详细信息可参考美国 EPA、AFCEE 的技术手册。大量的在生物修复期间收集的数据也提供了有关污染物去除率的相关信息。除了全面介绍的影响因素外，生物净化率和系统设计也受土壤气体渗透性、土壤含水量、污染深度、供氧和影响半径的影响。有氧生物净化费用约为 50 美元/m^3。根据迄今为止在生物燃料污染修复应用方面获得的经验，现场异质性是确定生物活性是否可作为这些地点主要修复方式的主要屏障。测量污染物去除率、供氧量和二氧化碳产生量以及与这三种量相关的质量平衡可能有助于生物修复作为主要去除机制的地位的确立。对于其他要通过生物净化处理污染物的场所，生物活性等其他因素可能是确立其作为主要移除机制的关键。采用该技术时应获得监管许可，欧美发达国家已接受了这种技术，各种私营修复部门也在大量使用这种技术。除燃料处理外，需氧生物处理还可处理其他各种污染物，比如苯、丙酮、甲苯和苯酚之类的非卤化溶剂；1,2-二氯乙烷、二氯甲烷和氯苯之类的轻度卤化溶剂；低分子量多环芳烃之类的 SVOC。由于人们对这些其他类型的污染物的处理经验非常有限，

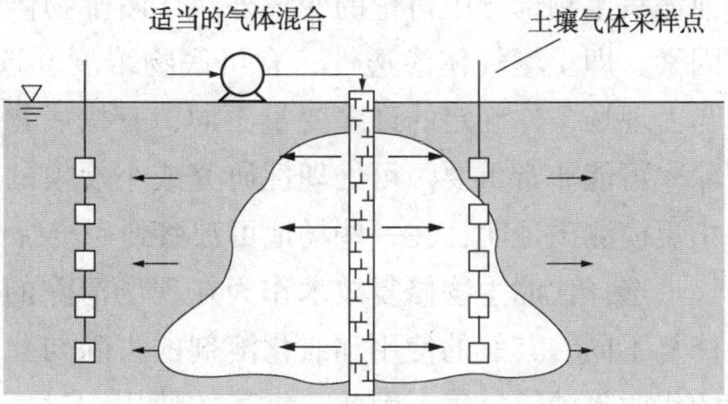

图 9-5-1　有氧生物制剂注入模式

因此可能需要借助实验室和试点规模的研究来评估其有效性，以及进行设计生物传感系统和修复时间估算。

有氧生物净化已在许多场合的各种条件下得到应用，其有效性得到了充分的证明，但像所有技术一样，该技术也有一些限制因素，系列化的生物调节过程可能会影响为被污染土壤输送氧气的能力。比如，由于土壤透气性降低，水分含量极高的土壤的生物处理可能难以进行。类似地，由于通过地下分配空气的能力有限，低渗透性土壤也可能会对生物活化造成一些不利影响。在上述两种情况下，生物修复系统的设计可能能够补偿低渗透性的影响。另外，由于难以开发出可以最大限度地减少环境释放并满足充分曝气要求的系统设计，因此污染浅的地点可能会对生物传输构成威胁，在这种情况下，采用提取模式的操作系统可能会使相关问题得以解决。

有氧生物净化的另一个局限性是，如果污染区域是有氧的，则生物净化不会刺激污染物的生物修复过程。如果土壤气体调查测量的土壤氧含量始终在2%~5%以上，则在对土壤充分充气以进行生物降解工作进行过程中，氧气不会影响降解过程，在这种情况下的生物净化技术不会增强生物修复能力。这种情况通常预示着不寻常事件的发生，遇到这种情况可能表明一些其他污染物(比如金属)正在抑制降解过程。虽然生物修复相对便宜，但受污染物浓度和位点特异性去除率、生物活性等因素影响，一个污染场地的修复可能需要几年的时间。如果需要进行更快的清理，更多的采用非原生境技术可能更合适。

代谢生物修复应遵守相关规定。人们已经在许多项目中使用代谢生物修复技术来处理TCE、三氯乙烷(TCA)和二氯乙烯(DCE)之类的氯化溶剂。用于代谢生物修复的设备与有氧生物修复类似，但代谢生物修复利用了与之不同的生物学机制。与生物修复类似，代谢生物修复也需要将气体注入地下，但代谢生物维生素为注入空气和挥发性有机基质(比如丙烷)，这种气体混合物中的浓度应远低于其爆炸下限(LEL)并应在土壤气体中对其进行监测。代谢生物修复借助单加氧酶介导的竞争性反应。单加氧酶通常借助环氧化物中间体催化烃得以氧化，但这些酶也可催化氯化烃的脱氯过程。因此，通过提供合适的有机底物和空气，代谢生物活性可以增强并会引发单加氧酶的形成，其会消耗有机底物并促进污染物降解。

代谢生物修复技术已被用于处理渗液区或毛细管边缘的轻度氯化化合物。除了先前需氧生物部分中讨论的变量外，代谢生物修复系统的降解速率和设计还取决于以下因素，即土壤气体渗透性、有机底物浓度、选择的有机基质类型、供氧和影响半径。与由现场条件确定的许多变量不同，有机底物的选择和浓度是可控的，并且其对于去除率可能非常重要。可处理性研究或小规模的测试可用来选择有机底物及浓度。一些小规模测试证明，在一些场地可观察到完全脱氯现象。

选择代谢生物修复技术作为在现场清除的主要机制是具有挑战性的。与有氧生物修复不同，其氧的使用和氯化溶剂的去除与化学计量方程无关，因为加入的有机底物的代谢也消耗氧气。因此，氧气的使用、二氧化碳的产生和污染物去除的测量不能以化学计量的方式为准。另外，收集数据对了解现场有机基质的降解可能是有帮助的(比如通过关闭试验），特别是与现场污染土壤的实验室测试数据结合使用。

代谢生物修复技术已经在许多场地得到了成功应用。一个典型的应用是欧美发达国家的一个发动机检修和维护作业期间被燃料和溶剂污染的场地，该场地位于一幢建筑物的旁边，场地的目标污染物及其浓度依次为 TCE（250mg/kg）；1,1,1-TCA（10~1000mg/kg）；cis-1,2-DCE（1~20mg/kg），借助实验室测试选择丙烷作为代谢底物并预测底物需要的适应期，在丙烷的适应期通过脉冲丙烷/空气注入 3 个月获得测试曲线，然后连续进行丙烷注入 14 个月获得测试图。处理后 TCE、TCA 和 DCE 的浓度分别降至 0.25mg/kg、0.5mg/kg 和 0.25mg/kg，土壤氯化物积累分析证实生物降解技术可以作为主要去除机制。

与有氧生物修复一样，地下气体分布的复杂性使代谢生物修复的过程更加复杂。某些情况下代谢系统的设计可补偿不良渗透性，比如在高含水量或低渗透性土壤中。在污染少的情况下，设计具有环境释放最小化且能满足充分通气和有机底物分布要求的代谢生物修复系统可能是困难的。

代谢生物修复的另一个限制因素是技术经验缺乏。由于人们仅在有限数量的位点证明了代谢生物修复的有效性，但人们对好氧生物制剂在该技术中的作用仍了解不多。研究人员仍在研究哪种污染物适合采用这种类型的生物降解以及去除率的合理评估问题。污染物去除的主要机制的生物过程的构建也非常困难。当然，监管和公众接受度对代谢生物修复和有氧生物修复没有太大的影响。来自受污染场地的样品的可处理性测试和中试规模应用可能会减轻人们对许多限制因素的关切。随着更多的站点使用代谢生物制剂进行修复，各种限制因素可能会逐渐减少。

厌氧生物修复应遵守相关规定。虽然有氧和代谢生物修复技术可用于降解许多碳氢化合物和轻度氯化化合物，但一些氯化物质仍不能有效地修复。微生物可以通过厌氧还原脱氯或通过厌氧代谢途径直接降解这些污染物。厌氧还原脱氯是一种生物机制，其标志是从分子中顺次除去氯。实施这一途径的微生物不能从这个过程中获得能量。厌氧代谢与好氧代谢相似，微生物降解污染物同时还原其他化合物（代谢物）具有偶然性。厌氧生物修复可以利用生物学机制来破坏所关注的污染物。

厌氧生物修复采用与其他生物修复技术相同类型的气体输送系统，但其通过注入氮气和电子供体来建立还原性厌氧条件，而不是注入空气。氮可置换土壤氧气、少量的电子供体气体（比如氢气和二氧化碳）并在地下产生还原条件从而促进微生物脱氯。挥发性和半挥发性化合物可在厌氧生物体内产生。这些化合物中的一些可能会在厌氧条件下缓慢降解。这些化合物可以以两种方式进行处理，即挥发性化合物可能扩散到处理区周围的土壤中，在那里可能会发生好氧降解；残留在处理区域的 SVOC 和 VOC 可以通过有氧生物活性进行厌氧生物净化处理。由于有氧和厌氧生物修复具有类似的气体输送系统，因此可以通过简单地改变注入气体来进行转换。

厌氧生物修复是一些新兴技术，已经在实验室和实地研究中得到证实。该方法可用于处理四氯乙烯（PCE）、TCE、RDX、五氯苯酚之类的高氯化化合物，以及林丹、二氯二苯基三氯乙烷（DDT）之类的农药。由于这种技术的使用经验有限，因此，科学家建议应进行实验室、位点和现场实验以确保可应用此技术来修复现场。

与其他生物修复技术一样，将气体输送到地下至关重要。含水量高或透气性低的土壤可能需要细致的系统设计才能为其提供合适水平的氮气和电子给体。场地污染浅或毗邻建筑物也是一个制约因素，因为这种技术是通过注入气体来操作的。另外，根据污染物浓度和位点特异性去除率，采用厌氧生物修复技术修复一个场地可能需要耗费几年时间。如果需要进行更快的清理，则采用其他技术可能更合适一些。

② 表面土壤修复。如果污染较浅，可以使用类似于土地处理或堆肥的技术对土壤进行处理。这些技术的变化包括削减浅层土壤并增加修复剂以改善曝气和生物修复效果。其修复过程类似于原生境处理中的土地耕作和堆肥，不同之处在于没有挖除土壤。由于这些处理不包括不渗透的土层，因此有可能需要关注污染物的迁移问题，其修复效果取决于关注的污染物和修复方式的改良。更审慎的做法是挖除土壤并在衬里的褥垫上处理它们。

③ 地下水和饱和土壤修复。适用于地下水和饱和土壤的原位生物修复技术包括使用厌氧还原条件进行脱氯、增强好氧处理、产生活性修复区的生物反应性屏障、促进有氧降解的生物培养/生物扩散技术。

厌氧还原脱氯应遵守相关规定。厌氧还原脱氯已被用于被氯化溶剂(比如 TCE 或 PCE)污染的地下水等许多场所的修复工作。在处理过程中，有机底物被输送到地下后发酵。发酵后会在该区域形成厌氧环境，并会生成作为发酵副产物的氢。第二个微生物群体会使用氢气从氯化溶剂中依次去除氯原子。如果 PCE 通过还原脱氯降解则可以观察到以下顺序的脱氯过程，即 PCE 将转化为 TCE，然后转化为 DCE、氯乙烯(VC)和/或二氯乙烷。

厌氧还原脱氯还可以通过代谢来进行，其中脱氯与生物体的代谢活动相关。在这种情况下，污染物被代谢其他有机底物的微生物酶降解。代谢性脱氯似乎不能为生物体提供能量。在中试或全面处理过程中，代谢性和直接脱氯可能无法区分，两种方法都可能有助于污染物的去除。微生物过程可以在实验室规模更为受控的环境中得到区分。

厌氧还原脱氯主要用于处理卤化有机污染物，比如氯化溶剂。除了本节最初介绍的影响因素外，其处理率和系统设计还依赖于下面几个因素，即现场水文学和地质学特征；有机底物的类型和浓度以及现场历史。与代谢生物活性一样，有机底物的选择和使用浓度是可控的，这一点对去除率可能具有关键意义。可处理性研究或实验室测试可用于选择最适宜的有机底物和浓度。另外，小规模测试可以证明其在现场是否可以进行全面的脱氯。某些情况下，尽管存在足够的电子给体，其脱氯过程仍可能会在 DCE 期间停滞。如果一个场地没有表现出完全的脱氯状态则可采用厌氧修复之类的联合修复策略，然后再进行好氧修复，完全脱氯工作才可能会成功。当然，也可以通过生物增殖提高脱氯率。脱氯率是现场评估或样本测试的重要组成部分。用于在现场确定厌氧脱氯效果的研究方法与前述其他技术的相关介绍类似。

有氧处理应遵守相关规定。与生物修复类似，在有氧可降解的污染物(比如燃料)存在于含水层的厌氧部位的情况下，可采用增强的原位需氧地下水生物修复过程。在这些情况下，空气或其他氧源会从污染物附近的含水层注入(图 9-5-2)。当含氧水迁移通过污染区时，本地细菌能够降解污染物。还可以使用好氧处理来直接或代谢降解轻度氯化物质，比如 DCE 或 VC。在直接有氧的通路中空气被注入含水层，微生物似乎可以通过氧化这些污染物的烃骨架而产生能量，进而导致氯化物的释放。这个过程已经在许多地方用于完成厌氧处理后的污染物的去除。代谢性好氧修复建立在与代谢生物学相同的生物学原理基础上，包括向含水层中添加氧气和有机物质(比如甲烷)。与其他代谢过程一样，这些有机底物由附着降解污染物的酶代谢。在这种处理过程中，必须存在足够的氧以促进底物和污染物的氧化。

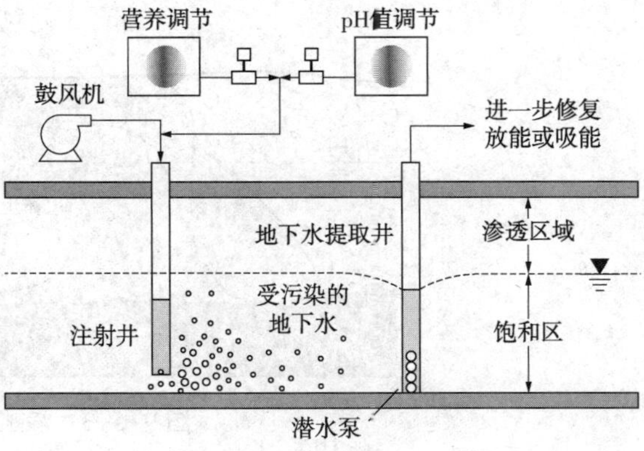

图 9-5-2　好氧修复技术

修复剂供应应遵守相关规定。原位地下水处理(有氧或厌氧)可以配置修复剂直接注入空气或水流或作为地下水再循环。在直接注入时可将有机底物、氧源或营养物质等修复剂直接注入含水层。比如，可以将氧气作为气体喷射到含水层中。乳酸盐或过氧化氢可以作为液体流注入。使用过氧化氢时应谨慎使用，因为它可以成为消毒剂。在某些情况下还可加入其他液体和气体。地下水循环配置包括提取地下水，根据需要进行修复，然后将其重新注入含水层。也可以使其在地面下方进行再循环，在一个高程位置提取地下水并在地面上进行修复，然后将其在另一个高程位置重新注入。除了本节最初讨论的影响因素之外，该方法的处理率和系统设计还取决于现场水文和地质学特征、添加的修复剂、空气或氧气源的溶解度、现场历史等因素。空气在水中的低溶解度通常会限制修复反应的速率，如果修复时间短则可能使该过程失效。同时也要注意其他污染物，特别是金属。当含水层环境从好氧转变为厌氧环境时，各种化学物质均可能变得易溶。因此，检查在处理过程中可能溶解的砷等共污染物的变化至关重要。

生物反应性屏障的设置应遵守相关规定。生物反应性屏障由在污染区域中产生的主动生物修复区组成。根据关注的污染物和场所的不同，这些屏障可以按修复需要构建成相应的好氧或厌氧系统。可通过挖沟并填充预先混有营养物、氧化剂或还原剂材料的沙子以形成生物修复区(图 9-5-3)，也可以通过在羽流的脚趾处注入修复剂或再循环修复的地下水来形成生物修复窗口。污染物在通过可渗透反应性屏障(PRB)时会被生物降解。常见的反应性屏障设置和工作过程如下，用反铲或类似装置挖出沟槽并填充渗透材料，比如沙子或树皮覆盖物，这些材料在放置之前必须充分混合在一起；将营养素、可降解的碳质底物(比如粪便、堆肥和小麦秸秆)和其他添加剂引入渗透层中；当地下水流经处理区时，土著微生物被刺激以完成天然生物降解过程。PRB-RTDF 还开发出了一种生物 PRB。

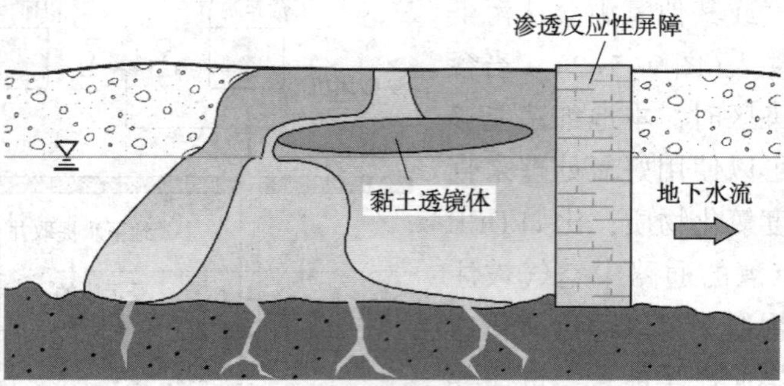

图 9-5-3　渗透反应性屏障

生物空泡技术应用和生物保护应遵守相关规定。与空气喷射类似，生物空泡技术的特点是将气体(通常为空气或氧气)和气相营养物质注入饱和区域(有时需要在一定压力下进行)以促进有氧生物降解。在空气喷射过程中，挥发性污染物也可以通过解吸和挥发进入空气流中而从饱和区中得以除去。这种物理去除技术的生物降解速率需要较低的空气喷射速率，这是该技术与空气喷射技术的差别所在。通常，通过专门设计的一系列注入井将空气注入到受污染的地下地层中，从而实现了生物的空间扩展。空气会形成一个围绕注入点的部分充气的污垢倒锥体。空气排出孔隙水、挥发污染物并从饱和区离开而进入不饱和区。当其与地下水接触时，从空气中溶解到地下水中的氧气会被增强进而支持有氧生物降解。人们已经通过生物吹扫技术成功解决了一些污染物的处理问题，这些污染物包括苯、甲苯、乙苯、二甲苯(BTEX)之类的汽油组分以及SVOC。通常在受中等程度石油烃污染物(比如柴油和喷气燃料)影响的地点推荐使用生物空泡技术。汽油之类更轻的污染物往往易于引导到不饱和区域并进行物理去除。油之类的较重的污染物需要更长的修复时间，因为随着碳链长度的增加其微生物的生物利用度会降低。必须重视确定土壤气体中污染物浓度的工作，应明确由生物空泡形成的释放蒸气是否需要进行处理。为此，可以将 SOSP 或生物修复作为补充以增加不饱和区域中的污染物浓度、实施生物扩束。SVE 井的设计主要用于捕获引入的空气和污染物蒸汽。图 9-5-4 描述了具有可选 SVE 系统的典型的生物空间扩展系统。也可以增加较低流量的生物净化系统以促进渗流区中挥发污染物的生物修复。

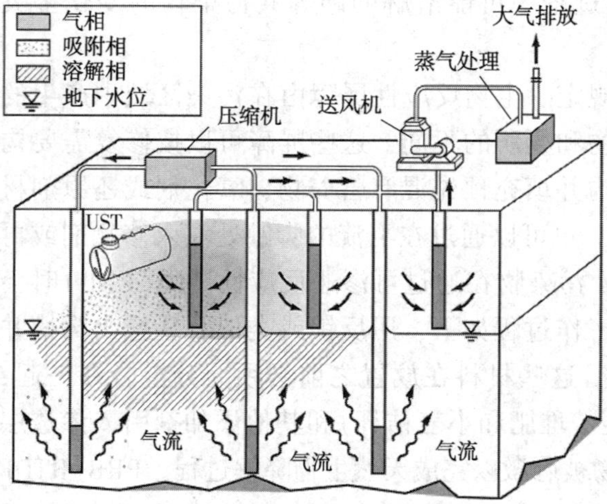

图 9-5-4　生物扩散系统(用于土壤蒸气提取)

人们还设计了一种专门的生物空间形式，其可将有机气体注入饱和区域以诱导氯代脂肪烃的代谢生物降解，这与前面讨论的代谢生物修复类似，在地下水位下方注入气体可以将生物扩散与生物反应区分开来。与代谢生物修复相反，有机气体在水中的溶解度限制了其在代谢生物空间中的初级底物的输送。细菌代谢产物消耗与代谢产物水溶解度之间的相互作用决定了给定部位所需的甲烷生物注入井的数量，因此这种溶解度会影响代谢生物空间应用的经济性。代谢生物修复技术所需的安全预防措施也适用于代谢性生物扩散技术。

生物降解（也称多相萃取）可有效去除浮在水面上的游离产物。生物泵集成了生物净化和真空增强游离产物回收两种修复方法。生物净化刺激了原位污染土壤的有氧生物修复，而真空增强的游离产物回收可从毛细管边缘和水面上提取轻质非水相液体（LNAPL）。通过这种方法，生物固化被限制在地面以下 25inch 处，因为污染物的提升不能超过 25 英尺。将可调节高度的生物净化管降低到地下水中并安装在地下水位的筛选位置（图 9-5-5）。将真空施加到生物净化管上，并将游离产物从管中"沉淀"进入陷阱或油水分离器进行进一步处理。LNAPL 的移除导致 LNAPL 高程的下降，从而促进 LNAPL 从外围区域向生物保护井的流动。随着 LNAPL 的真空提取生物润滑井的液位会相应下降，生物培养管也开始从不饱和区提取蒸气。这种蒸气提取会促进土壤气体的运动，反过来又增加了曝气、增强了有氧生物降解。美国海军（NFESC）和美国陆军工程兵团（USACE）的相关报告中介绍了该生物技术的应用情况。行业中广泛接受用其进行污染源的清除，还在修复单独产品的站点将其作为修复策略的组成部分，当然还需要通过合理的生物革新技术提高其应用效果。

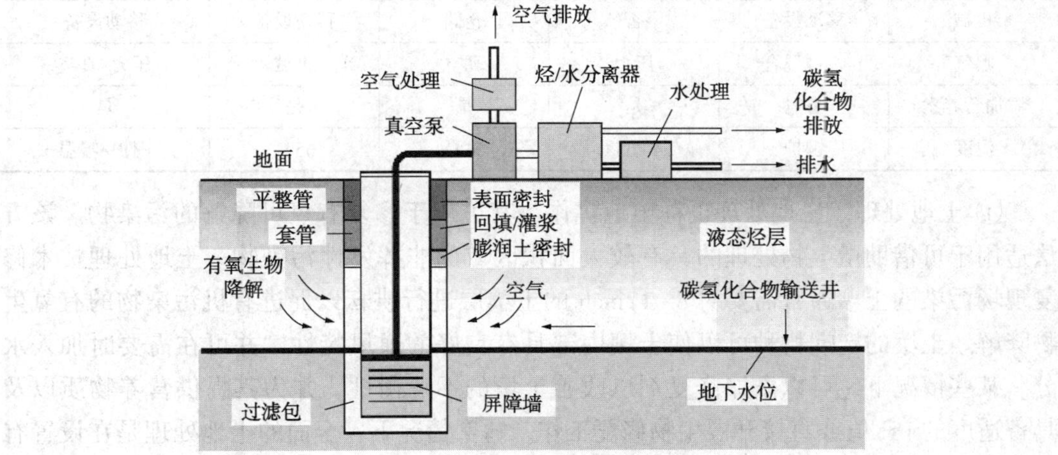

图 9-5-5　生物泵技术

9.5.3　异位生物修复

异位生物修复技术最容易实施，其通常按所采用的培养基的物理状态的不同进行分类。下面对各种固体、固体-液体混合物和液体的生物修复方法进行了相应的介绍。

常见的异种修复技术的特点是挖除被污染的物质然后对其进行修复。修复时污染的介质被挖掘或提取（比如通过泵送除去地下水）后移动到可能在污染区域内或附近的处理位置。然后对污染的沉积物进行修复，还应借助工艺和设备通过物理分离技术（土壤清洗）使污染土壤和沉积物的体积减少。

（1）固体污染物生物修复

最常见的固体污染物生物修复类型包括土地耕作或土地处理、堆肥、生物堆料、微生物或堆垛。实际上，上述这些类型的划分并不严格，但这种细分有利于其修复原理的讨论。表 9-5-1 对各种固相生物修复技术的特点进行了较全面的比较。表 9-5-1 中的“机械”是指可能需要通过机械混合以提供营养物质并和其他添加剂混合均匀，进而促进曝气、增强生物降解能力，机械混合既可以借助移动设备(比如推土机)进行，也可以在反应堆容器内进行。表 9-5-1 中的“曝气”是指将氧气引入非原位材料中以促进其有氧降解，常见的曝气手段包括机械混合、压力和真空以及自然通风，应采用具有高显示度的“典型”曝气机制。表 9-5-1 中的“添加营养素”可能不是必需的，其既可以由单独的填充剂提供，也可以由额外的营养提供。

表 9-5-1　固体异位生物修复技术特征比较

特征	土壤修复	堆肥			生物堆肥
		静压	仓储	堆垛	
内衬	是	是	否	是	是
装箱	固化	垫	是	垫	垫
填充剂	有时	是	是	是	有时
机械	移动设备	否	仓储	移动设备	移动设备
曝气	机械混合	压力	真空	机械	压力/真空
添加营养素	有时	是	是	是	是
温度	围护	54~65℃	54℃	65℃	围护/嗜温

① 土地处理。土地处理也称土地耕作，其可用于修复有氧可降解的污染物。该方法适用于可借助微生物处理的具有较大面积区域的非挥发性污染物。土地处理技术修复现场污染的土壤通常需要对 8~12inch 的土壤层进行耕耘以促进有机污染物的有氧生物降解。土壤的定期耕种可以使土壤内部具有良好的通风特性，并可在需要时加入水分。某些情况下，可以添加修复剂以改善土壤的不均衡性，并为其提供营养物质以及具备适度的 pH 值或直接开展生物修复工作。通常情况下，全面的土地处理是在设置有褥垫的土地处理单元中进行的(图 9-5-6)，土地处理单元是一个开放的浅层反应器，其底部和侧面都有不透水衬里以收纳渗滤液，其属于土壤层下具备径流控制能力且侵蚀最小的渗滤液收集系统。某些情况下，可能会在土地处理单位处理危险废物(比如高度污染的土壤)或加工废物(比如馏出物残留物)。在这些情况下，可以将废物施加到基础土壤层中。土地处理技术的效能会随待处理污染物的变化而变化。对于燃料之类容易生物降解的污染物，采用土地处理技术修复既便宜又有效。多环芳烃、农药或氯化有机化合物之类难以降解的污染物需

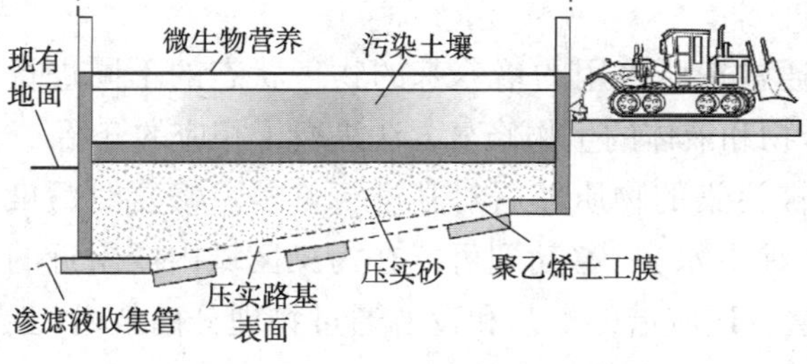

图 9-5-6　土地处理技术

要进行现场特异性处理试验以验证土地处理技术的修复效果能否达到预期的目标，这个问题是目前的研究热点。

② 堆肥。堆肥是一种受控生物过程，其可在高温条件(40~50℃)下借助微生物处理有机污染物。尽管堆肥在其他应用中属于涵盖两个温度范围的术语，但一些从业人员认为，嗜热条件的产生是堆肥和生物运行(主要在40℃以下)的主要区别。堆肥过程中土壤被挖掘出来，与木屑和营养废物等填充剂及有机修复剂混合以提高待分解的混合物的孔隙率；填充剂的降解会加热堆肥并产生嗜热条件；应监测和控制氧含量、水分含量和温度以优化降解过程；氧气含量通常借助频繁的混合来维持，比如每天或每周搅动堆料；可借助经常的地面灌溉来保持水分含量；通过混合、灌溉和通风可在一定程度上控制温度，但其效果取决于散装材料的降解性和环境条件。

常用的堆肥设计方法主要有以下3种：充气静态桩、机械搅拌式容器堆肥、堆料堆肥。充气静态桩的特点是堆肥形成桩并可借助鼓风机或真空泵充气。机械搅拌式容器堆肥的特点是将堆肥置于反应器容器中使其混合并充气。堆料堆肥的特点是将堆肥堆放在长、低、窄的堆料中并定期借助移动设备进行混合。

堆料堆肥是最便宜的方法，但其有可能排放更多的挥发性有机化合物。仓内堆肥通常是最昂贵的方式，但其具备最佳的挥发性有机化合物控制能力。充气静态桩，特别是在对其施加真空时，其可将一些挥发性有机化合物控制住，其处理成本通常处于中间水平，但需要进行废气处理，也可能需要借助护墙板来控制堆肥操作过程中的径流，径流可以通过保留池、封井或蒸发来管控。堆肥已成功应用于被石油烃(比如燃料、油、油脂)、溶剂、氯酚、农药、除草剂、多环芳烃和硝基芳香族炸药污染的土壤和生物固体。对于TNT，通过堆肥技术难以使其完全矿化。TNT可以与土壤结合并导致微生物生物利用度明显降低和消失。堆肥对处理高氯化物(比如多氯联苯)或难以生物降解的物质效果不好。

③ 生物堆料。生物堆料的特点是将挖掘的土壤与修复的土壤混合，将混合物置于处理区域中处理，处理区域中通常设置有不渗透衬管、渗滤液收集系统和曝气系统。生物堆料通常高2~3m，污染土壤通常放置在处理过的土壤顶部(图9-5-7)。通过控制水分、营养、热、pH值和氧气以增强生物降解效能。该技术最常用于易降解物质，比如石油污染物。渗滤液收集系统的表面排水和积累的水分可以处理后再循环到污染土壤。营养物(比如氮和磷)通常被加入循环水中。也可以将碱性或酸性物质加入到再循环水中以改变或稳定pH值，从而优化能够降解所关注污染物的特定微生物的生长环境。随着生物堆积的建立，空气分配系统被埋在土壤中；氧气交换可以借助真空、强制通风、甚至自然通风流程来实现；需要较低的空气流速来最大限度地减少污染物的挥发；如果挥发

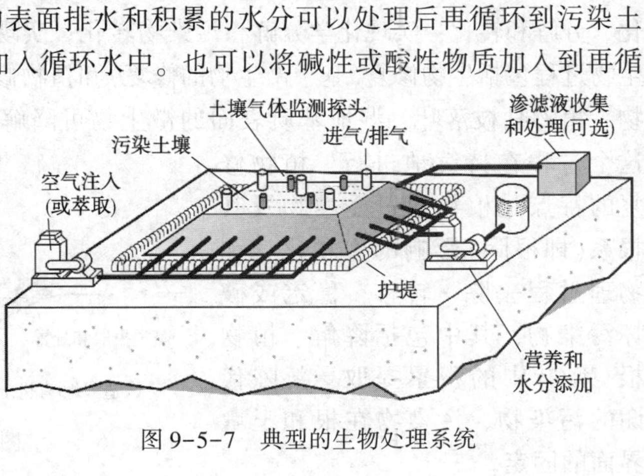

图9-5-7　典型的生物处理系统

性成分以显著的浓度存在则生物堆可能需要覆盖并应处理废气。根据现有的污染物以及为生物堆积选择的设计和控制参数，生物堆料的处理过程需要持续数周至数月。生物体通常是嗜温的（10～45℃）。有关非原生境土壤处理的更进一步信息可查阅美国NFESC、USAEC 的技术手册。

（2）固液混合污染物生物修复

固体-液体混合物通常是由诸如浆料和淤泥的材料组成的。处理这种混合物的典型技术是浆料生物反应器。浆料生物反应器用于土壤，沉积物，污泥和其他固体或半固体废物的处理。浆料生物反应器价格昂贵，因此通常被用于更困难的修复工作。修复时通常应筛选废物以除去碎屑和其他大物体，然后与水或其他容器中的水混合直到固体悬浮在液相中。如果需要可以在粉碎和/或筛选废物之前添加水，也可以在使用搅拌机之后加入水，从而进一步减小粒度。固体的悬浮和混合可能会增加传输速率，并可增加能够降解这些污染物的微生物和污染物之间的接触机会。混合发生在罐体或内衬封筒中。机械混合通常在罐中进行。典型的浆料重量占比为10%～30%。通常情况下，浸入式曝气器或喷雾器用于封筒中，并可与机械混合结合以达到预期的效果。可以通过提供营养剂和其他添加剂以改善处理特性和微生物降解速率，这些添加剂可以是中和剂、表面活性剂、分散剂和共代谢物（比如苯酚、芘）。可以利用土著微生物，也可以在开始前种植加入的微生物以形成生物反应器，还可以连续加入微生物以维持适当的生物量。在生物反应器中的停留时间应随基质以及污染物的类型和浓度而变化。一旦污染浓度达到所需的干重水平，就应将浆液脱水。通常使用澄清器借助重力使浆料脱水。从浆料的特性和成本考虑，可使用其他脱水设备。来自所有工艺步骤的空气排放物、水和超大尺寸的材料可能需要进行额外的处理。有关该技术的进一步信息可参考美国NFESC的技术手册。

（3）液体污染物生物修复

地表水、地下水、矿井排水和其他处理作业的废水之类的液体可以在建造的湿地内进行非原生境生物修复。需要强调的是，如果地表水和地下水污染物与可降解有机物质的浓度存在重要的差异时可能与其他处理工艺的废物流有关。

如图9-5-8所示，建设湿地的作用可概括为以下3个方面：实现污染物的生物同化、分解和转化；实现化学分解和污染物转化；实现物理沉淀和过滤。与湿地相关的生物过程包括生物修复（基于微生物的修复）和植物修复（基于植物的修复）。附着于植物、植物枯枝落叶、湿地基质表面的微生物可降解和/或吸收水中存在的有机物质，这个过程在持续地进行。植物修复的特点是植物通过受植物及其根系（即根际）影响的生物化学和物理过程去除、转移、稳定或破坏污染物，其中包括降解、植物根/芽/叶中的积累提取、新陈代谢的污染物、污染物在根和土壤界面的固定。

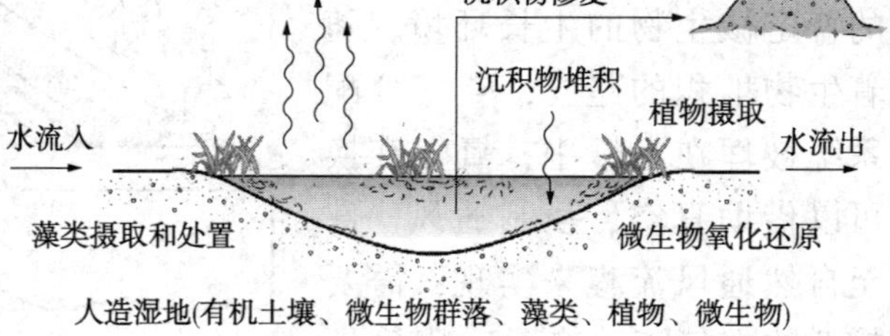

图 9-5-8　建设的湿地

湿地本身具有比其他各种自然生态系统更高的生物生产力/活动率，因此能够有效和经济地将许多常见污染物转化为无害副产物。建成的湿地已成功应用于去除金属、石油烃、二醇等污染物，其还可通过化学或微生物沉淀作用降低金属浓度并中和酸度。最近的研究证明，其对爆炸性污染水也具有很好的适用性。但湿地对高氨水平污染物、除草剂、以及对植物或微生物有毒的污染物比较敏感。

建设湿地非常适合处理地面和矿井渗漏的污染地下水，借助低浓度的易生物降解污染物和污染的地表水进行泵浦处理修复废物流。建造的湿地也可用于在常规修复之前预处理受污染的水，或在修复或排放之前进一步处理废物流。但其应用于高酸性废物流的处理可能不具有成本效益。

排放必须符合规定的污水限值和相关法规要求，不符合这些要求的排放物可能需要进行进一步处理，或者可在适合时作为补充水源回收到湿地中。可以根据流体类型(地面或地下)、关注的污染物或底物的类型的不同建造各种类型的湿地，其中可能包含石灰石、堆肥之类的有机物质或砾石。化学和微生物过程可以在天氧或有氧环境中进行。

由于构建的湿地可作为宏观和微观的生态系统来促进污染物的处理，所以在设计阶段必须考虑系统的生物学特性。废物流的化学性质以及被动化学、物理和生物过程会影响设计结果，即废物流是重要的设计影响因素。废物流的化学特性可能会影响系统的尺寸，系统应能确保足够的保留时间，应确定废物流是否可能需要进行预处理，包括解决可能损害植被的浓度、氨、营养和有机负荷；去除固体或可能堵塞湿地的材料(比如油脂)。另外，在废物流处理之前或准备使用石灰石底物之前，对 pH 值进行调节可能非常必要。

选择在建造湿地中使用的植物类型时，气候和季节性环境以及废物流特征是重要的考虑因素。无论是在废物流中还是作为修复结果，如果植物不耐盐，可能会损害或破坏湿地植被。此外，寒冷的天气可以减少微生物活动，冰雹或其他天气事件可能会损害植物。

构建湿地处理系统的关键优点是低成本、被动(即对功率或机械部件不依赖)以及用于处理许多常见污染物的良好效果。建造的湿地通常应在视觉上有吸引力，但其比其他修复系统需要更多的空间。应合理确定湿地的大小，在寒冷的季节其植物性和基于细菌的修复能力将会下降。一个关键的设计元素是确定足够的保留时间以使生物、化学和物理过程有效。应控制湿地水分的季节平衡性，气候和废物流因素也必须在设计过程中充分考虑以便实现项目目标。比如，TNT 的光合作用会将待处理的水染成红色，这会对植物生长产生负面影响，pH 值会影响非生物和生物过程的动力学，包括金属氧化物或氢氧化物的溶解度、氧化和水解。另外，鹿之类的动物可以使植物材料脱叶从而影响修复工作。

建设湿地需要连续供水。建筑湿地的水虽然容易流失但却不能完全干燥。必须保持缓慢的水流以防止可能会导致其性能和运力发生故障的滞水的发育。回收的湿地水可以再次补充流入，但这种做法可能会随着时间的推移而导致盐度的增加，并可能会影响设计和成本。

9.5.4 生物修复技术选择时应考虑的因素

表 9-5-2 总结了各种技术类型的生物修复技术对不同污染物的一般适用性。表中罗列了土壤、沉积物、污泥、地下水、地表水和渗滤液中污染物处理的信息。技术适用性的分析是基于已发表的文献和专家判断的。需要强调的是，这些技术可能适用于污染物组中的一些污染物，而不适用于其他污染物。还可能需要进行现场和污染物特异性的可处理性研究以确定任何一种技术对现场特定土壤、污染物和条件的实际功效。

最适合特定污染物或污染混合物生物降解的微生物群落的药物的适用性对生物修复的类型具有重要影响。概略了解一下生物修复措施对所涉污染物的适用性至关重要，通过该因子可以重新调控基准氧化/还原电位。氧气的存在与否是确定微生物群落特征的关键性决定因素。一些污染物最好在厌氧条件下进行处理，而其他污染物只能在有氧条件下进行修复。一些污染物可以在厌氧和有氧条件下进行处理，但考虑到技术上的因素，污染物的半衰期可能会在两个过程之间变化。因此，基准氧化/还原电位对于正在评估生物修复污染场地的工作人员至关重要。

表 9-5-2 生物处理技术对土壤、沉积物、基岩和污泥的有效性

污染物类型	原位修复技术										异位修复技术 1				
	内部	增强													
	土壤/地下水	渗流区			冲积土		地下水/饱和土				固体			固液混合	液体
	监测自然衰减	有氧生物修复	代谢生物修复	厌氧生物修复	土壤修复	堆肥	厌氧还原脱氯	好氧修复	生物反应器	生物扩散/生物生长	土地处理	生物堆肥	生物堆料	生物反应器	建设湿地
非卤化VOCs	◆	◆	■	■	◆2	◆2	■	◆	◆	◆	◆2	◆2	◆2	◆2	◆2
卤化挥发性VOCs	◆	■	◆	▲	■2	■	◆	■	◆	◆	■2	■2	■2	■2	■2
非卤化SVOCs	▲	◆	■	■	◆	◆	■	◆	▲	▲	◆	◆	◆	◆	◆
卤化SVOCs	▲	■	▲	▲	■	■	▲	■	◆	■	■	■	■	■	■
燃料	◆	◆	■	■	◆2	◆2	■	◆	◆	◆	◆2	◆2	◆2	◆2	◆2
无机物	■	●	●	■	■	■	■	■	◆	■	■	■	■	■	◆
放射性核素	■	■	■	■	■	■	■	■	◆	■	■	■	■	■	■
爆炸物	■	▲	■	▲	◆	◆	■	▲	◆	■	◆	◆	▲	◆	▲

表 9-5-2 中，“1”是指不普遍适用于岩石和基岩；“2”是指必须控制挥发；“◆”是

指有效性(即通过试点或全面成功处理，由独立机构验证)；“▲”是指潜在的有效性(即在实验室或位点规模上成功修复，或类似的污染物类型已经在中试或全面规模获得成功)；“■”是指无预期效果(即无任何规模的成功处理记录，专家意见认为有关污染物不太可能得到该技术的有效处理)；“●”是指潜在的不利影响(即不良反应在任何规模均有记录，专家意见认为修复技术可能会对环境产生不利影响)。

现场特征和长期监控对于系统设计和尺寸的支持以及验证持续性能非常必要。系统设计、实施、工艺和性能的监管要求应包括处理流程产生的液体流出物以及和其他废物的处置。

人们越来越多地选择原位和非原生境生物降解技术来单独或与其他修复控制措施相结合来修复受污染的场地。实践已经证明，生物修复技术在修复燃料和挥发性有机化合物方面是有效的，其通常能够处理多种有机污染物，包括 SVCC、PAHs、CAHs、农药和除草剂以及硝基芳族化合物(比如爆炸物)，其可能比其他修复方案具有潜在的、更低的成本。一些生物修复技术还能够解决重金属污染问题。生物修复仍然是多种污染环境研究、开发和示范的活跃领域。生物修复的一个独特特征是其在固体、液体和液体-固体混合物中应用的多样性，包括原位和非原生境环境。其可能需要修复剂以支持或加强生物降解过程，并改善实现清理目标所涉及的时间范围。

9.6 土壤气相萃取系统的废气处理策略

9.6.1 土壤气相萃取系统的总体情况

本节主要介绍目前用于清洁危险废物场所的土壤蒸气提取(SVE)系统的废气处理技术的相关情况。包括各种过程的信息、常见做法、创新替代方案。SVE 项目从业人员应能够识别废气处理的可用技术并了解其适用性；应了解各种废气处理技术的原理、优势及其局限性；应能根据特定场所的废气属性、修复目标和成本选择适宜的技术；应经常关注传统技术的发展以及新兴替代品的详细情况。对修复系统的废气进行处理是非常必要的，因为 SVE 废气中通常存在的挥发性有机化合物(VOC)具有毒性(比如急性或长期的致癌性)、可燃性或其他害处。由于目前公众非常关注健康、安全问题，直接排放未经处理的废气是不可接受的。废气处理的目标是提高排放到大气中的废气质量，使其对人体健康或环境影响最小。

SVE 是从污染土壤中去除 VOC 的最有效和最具成本效益的方法之一。在美国，自 20 世纪 70 年代以来，SVE 作为一种公认技术已被用于垃圾填埋场和泄漏地下储罐(UST)的处理。1993 年，美国环境保护署(USEPA)批准 SVE 是处理受 VOC 污染的土壤的特定修复措施。另一种相关技术是多相萃取(MPE)，常见 MPE 废气处理技术的特点与 SVE 类似。SVE 和 MPE 系统产生的废气流的性质会影响处理系统对蒸气处理技术以及工程要求方面的选择。

由于现场条件和具体修复目标千差万别，其典型 SVE 或 MPE 系统的运行通常需要六个月至几年的时间，若土壤清理标准要求很高或修复场所的污染物质非常多则可能需要 SVE 系统运行更长的时间，这些修复系统排出的废气流中通常含有低至中等流量的低浓度 VOC，大多数 SVE 系统的蒸汽流速通常在 100~1500scfm（标准立方英尺每分钟）。SVE 和 MPE 废气的性质取决于地下 VOC 的性质和分布，现场废气中化学成分的特性和物理性质会对废气处理技术的选择和整体修复策略产生决定性影响，这些重要的现场属性主要是指是否存在非水相液体（NAPL）污染源以及土壤释放蒸气的能力（土壤渗透性），影响处理技术选择的化合物的物理性质主要是指分子量和亨利定律常数。

目前的废气处理技术大致可分为以下 4 种类型：热处理、吸附处理、生物处理、新兴技术处理。热处理技术是一种氧化过程，温度升高可以破坏气相污染物，内燃机（ICE）就是一种热力技术。吸附处理技术是指使用介质或基质分离污染物的技术。生物技术是指在废气中借助生物体消耗或代谢化学物质。新兴技术主要包括光催化和非热等离子体处理等技术，二者分别借助紫外线（UV）光和电能破坏污染物。项目修复时应关注上述各种技术的适用性、局限性、性能、工程要求、残留物管理、成本、经济性、发展状况等问题，应通过慎重考虑和综合评估来选择合适的 SVE 废气处理技术，SVE 也可处理地下水处理系统产生的蒸气，SVE 的设计和运行指导应遵守相关工程手册、规范和其他具体指导性文件的规定。

热处理技术包括热氧化和 ICE。热氧化系统（包括直接燃烧、采用无火焰氧化剂和催化氧化剂）可以处理大规模的 SVE 尾气流，由于其具有很高的 VOC 破坏和去除效率（DRE）且可靠性好，因而，工程中经常被选用。采用这些设计系统时可以使 95%的氧化剂渗透进 99%以上的水相 VOC 中。SVE 废气中，适宜采用热氧化处理的目标污染物组包括非卤化 VOC、半挥发性有机化合物（SVOC）以及高浓度的燃料烃。在热氧化剂中容易破坏的特定的化合物类型包括醇、脂族、芳烃、酯和酮。卤化物存在于 SVE 废气中时可能会产生酸性气体，因此，需要进一步处理，这些卤化物主要是三氯乙烯（TCE）之类的氯化 VOC。影响热氧化技术在 SVE 废气处理中应用的制约因素很多，比如需要相对较高的资本成本；对进入的 SVE 废气进行加热需要付出较高的潜在能源成本。ICE 可以处理高 VOC 浓度的废气并具有相对较高的破坏和去除效率（DRE）。

从成本和废物管理方面考虑，吸附系统对中等流量和低污染物浓度的修复项目最有效，其修复效果可达 100ppmv。精心设计的吸附系统可以在 500~2000ppmv 的输入浓度下达到 98%的破坏和去除效率（DRE）。其在较低的浓度下的去除率通常大于 98%。该技术的主要局限在于其处理高流入浓度时的吸附剂更换或再生，这些问题会增大系统的运行成本。

颗粒活性炭（GAC）是处理 SVE 废气的最常用的吸附剂。尽管 GAC 系统可用于处理各种 VOC，但处理效果最好的是高极性或高蒸气压的 VOC，前者主要是醇类和有机酸，后者主要是氯乙烯、甲基叔丁基醚[MTBE]、二氯甲烷之类的高挥发性化合物。GAC 的系统流量范围为 100~60000scfm。碳吸附系统的初始资本成本相对较低，当存在低浓度 VOC 而需要短期应用 SVE 时其特别具有吸引力。高湿度会降低 GAC 的吸附能力。沸石和聚合物是另外两种类型的吸附剂。它们的吸附能力不受高湿度因子的影响，但其成本明显高于 GAC。氯乙烯、甲醛、硫化合物、醇之类的具有高度极性和挥发性的 VOC 降解产物，其通过亲水沸石时的吸附效果远高于 GAC。聚合吸附适用于几乎所有的挥发性有机化合物和氯化挥发性有机化合物，其蒸气流速范围也很宽。

生物过滤可用于处理浓度相对较低的 VOC(通常小于 1500ppmv)。如果能保持最佳条件的话，设计合理的生物过滤器的破坏和去除效率(DRE)可在 90%以上(有时可超过 95%)。生物过滤的系统流量通常在 20~500scfm。易于通过生物过滤器进行生物降解的特定类别的化合物包括单芳族烃、醇、醛和酮。生物过滤处理加油站泄漏的 USTs 的 SVE 系统中的蒸汽流最有效。在这些场合，需要破坏脂族石油烃和芳族化合物，比如苯、甲苯、乙苯、二甲苯(BTEX)化合物。该技术的一个制约因素是其对操作参数的变化敏感，比如水分含量、温度、pH 值和营养水平的变化。目前 SVE 应用生物过滤系统的项目非常少。

SVE 尾气处理的新兴技术包括非热等离子体、光解和光催化、膜分离、气体吸收和蒸汽冷凝技术。这些技术尚未广泛应用于 SVE 尾气处理，且其中的一些技术大多都在研发阶段。非热等离子体处理可以在各种化学品修复中获得很高的破坏和去除效率(DRE)，这些化学品包括 BTEX 之类的芳族 VOC、氯化 VOC，尽管这种处理技术适应的浓度范围宽，但其只能在比热处理和吸附技术更低的流速下进行。光解和光催化技术对几乎所有的卤代和非卤代 VOC 有效，也包括芳族和脂族烃、醇、醚、酮、醛。在低流量条件下，这些技术最适用于浓缩的 VOC 废物流(1~3000ppmv)。膜分离最适合处理浓度超过 1000ppmv 的氯化和非氯化 VOC，处理的最高值可达 10000ppmv，当前该类系统的流量通常在 1~100scfm 的范围内。

热氧化和碳吸附是用于 SVE 尾气处理的两种最常用的技术，这两种技术可以处理各种浓度的污染物，属于能力强的、效果明显的、成熟的蒸气处理方法。目前，SVE 的废气处理技术选择基本上都是以热氧化和碳吸附系统的成本和工艺为依据的。尽管存在许多影响废气处理成本的因素，但在选择热氧化或碳吸附的问题上，人们通常认为低浓度的废气通过碳吸附可以得到更经济地处理。对含有更高浓度蒸汽污染物的废气，采用热氧化技术更具成本效益。一些场地同时设置了热氧化系统和 GAC 系统，热氧化系统用于高初始浓度废气的处理，一旦浓度降低其就被 GAC 系统所取代。表 9-6-1 介绍了选择热氧化和碳吸附技术应考虑的因素。虽然热氧化和碳吸附是目前 SVE 尾气处理最常见的技术，但本节中提到的一些新兴技术有可能成为具有成本效益的热氧化和碳吸附的替代品。未来，随着应用这些替代方案成本效益的提高或新的更好的经验的取得，他们可能会得到更频繁的应用。

详细的 SVE 系统的设计和使用可参考 USACE、USEPA 的工程手册和相关规范。

实施上述技术时常见的缩略语与术语主要有 Å(Angstrom)埃、AC(Alternating current)交流电、AFCEE(Air Force Center for Environmental Excellence)空军环境卓越中心、AFB(Air Force Base)空军基地、AST(Aboveground storage tank)地上储罐、ATSDR

表 9-6-1 选择热氧化和碳吸附技术应考虑的因素

因子	热氧化	碳吸附
浓度	更常用于较高浓度的污染物(>500ppmv)；每磅污染物的处理成本随着挥发性有机化合物浓度的增加而减少，因为每磅所需的补充能量较少	更经常用于低蒸气浓度(<1000ppmv)；由于碳替代频率增加，每磅污染物的处理成本趋于稳定或随着蒸气浓度的增加而增加
运行和维护要求	由于安全考虑，往往需要更多熟练劳动力	通常是简单的、低强度劳动、操作和维护，除非气相浓度很高、“突破限界”的情况经常发生
安全	如果废气可能达到高浓度(蒸汽中污染物爆炸下限的显著水平)，则需要采取更多的防护措施；如果操作不当，可能形成二噁英和呋喃	在大多数情况下会变得非常安全。然而，高含量的酮类或类似化合物可能一起引发火灾
氯化和未氯化的挥发性有机化合物	由于在蒸气燃烧过程中形成盐酸，所以不常用于氯化 VOCs，这就要求燃烧室后的管道和设备需要特殊的耐酸材料	同样适用于氯化和非氯化 VOCs；酸的形成通常不是问题
可以处理的化合物种类	除氯化 VOCs 燃烧过程中形成酸外，可处理各种化合物	并非所有化合物都能很好地吸附活性炭(取决于吸附能力)。一些常见的化合物(如氯乙烯)不易处理；因此，必须考虑废气中的每种化合物
资本与运维成本	设备购买比碳吸附昂贵得多；然而，在高 VOC 浓度下，运维成本低于碳吸附	资本成本相当低；运维成本与废气流量和蒸汽浓度成正比

(Agency for Toxic Substances and Disease Registry)有毒物质和疾病登记处、BACT(Best available control technology)最佳可用控制技术、Battelle(Battelle Pacific Northwest Laboratories)巴特尔太平洋西北实验室、BTEX(Benzene, toluene, ethylbenzene, and xylene)苯/甲苯/乙苯/二甲苯、BTU(British thermal unit)英式制热单位、BTU/cubic ft(British thermal unit per cubic foot)热单位每立方英尺、CAA(Clean Air Act)清洁空气法案、Cat-Ox(Catalytic oxidizer)催化氧化剂、CDC(Centers for Disease Control)疾病控制中心、cfm(Cubic foot per minute)立方英尺每分钟、DCA(Dichloroethane)二氯乙烷、DCE(Dichloroethene)二氯乙烯、DFTO(Direct flame thermal oxidizer)直接火焰热氧化剂、DNAPL(Dense nonaqueous-phase liquid)密非水相液体、DOE(U. S. Department of Energy)美国能源部、DPE(Dual-phase extraction)双相萃取、DRE(Destruction and removal efficiency)破坏和去除效率、EBCT(Empty bed contact time)空床接触时间、fpm(Feet per minute)每分钟英尺、FRTR(Federal Remediation Technologies Roundtable)联邦救济技术圆桌会议、FTO(Flameless thermal oxidizer)无焰热氧化剂、$g/m^3/h$(Gram per cubic meter per hour)每立方米每小时克数、GAC(Granular activated carbon)颗粒活性炭、HAP(Hazardous air pollutant)危险空气污染物、ICAC(Institute of Clean Air Companies)清洁空气公司研究所、ICE(Internal combustion engine)内燃机、IP(Ionization potential)电离电位、kV(kiloVolt)千伏特、LANL(Los Alamos National Laboratory)兰萨洛斯阿拉莫斯国家实验室、lb/h(Pound per hour)每小时磅、LEL(Lower explosive limit)爆炸下限、LNAPL(Light nonaqueous-phase liquid)轻型非水相液体、MACT(Maximum achievable control technology)最大可实现的控制技术、MCP(Massachusetts Contingency Plan)马萨诸塞州应急计划、MEC(Maximum elimination capacity)最大消除能力、MEK(Methyl ethyl ketone)甲基乙基酮、MIBK(Methyl isobutyl ketone)甲基异丁基酮、mm Hg(Millimeter of mercury)毫米汞柱、MPE(Multi-phase extraction)多相萃取、MTBE(Methyl tert-butyl ether)甲基叔丁基醚、NAPL(Nonaqueous-phase liquid)非水相液体、NAS(Naval Air Station)海军航空站、NCER(National Center for Environmental Research)国家环境研究中心、NESHAP(National Emission Standard for Hazardous Air Pollutant)国家有害大气污染物排放标准、NIOSH(National Institute for Occupational Safety and Health)国家职业安全与健康研究所、nm(Nanometer)纳米、NOx(Nitrogen oxides)氮氧化物、O&M(Operation and maintenance)运行维护、PCB(Polychlorinated biphenyl)多氯联苯、PCC(Product of complete combustion)完全燃烧产品、PCDD(Polychlorinated dibenzo-p-dioxin)多氯二苯并对二噁英、PCDD/F(Polychlorinated dibenzo-p-dioxins and dibenzofurans)多氯二苯并对二噁英和二苯并呋喃、PCDF(Polychlorinated dibenzofuran)多氯二苯并呋喃、PCE(Tetrachloroethene)四氯乙烯、PIC(Product of incomplete combustion)不完全燃烧的产物、ppm(Part per million)百万分之一、ppmv(Part per million by volume)百万分之一体积、RCRA(Resource Conservation and Recovery Act)资源保护和恢复法案、RTN(Remediation Technologies Network)修复技术网络、RTO(Regenerative thermal oxidizer)再生热氧化剂、scfm(Standard cubic foot per minute)每分钟标准立方英尺、SITE(Superfund Innovative Technology Evaluation)超级基金创新技术评估、SO_x(Sulfur oxides)硫氧化物、SVE(Soil vapor extraction)土壤蒸气提取、SVOC(Semivolatile organic compound)半挥发性有机化合物、TCA(Trichloroethane)三氯乙烷、TCE(Trichloroethene)三氯乙烯、TiO_2(Titanium dioxide)二氧化钛、TPH(Total petroleum hydrocarbon)石油烃总量、UEL(Upper explosive limit)爆炸上限、USACE(U. S. Army Corps of Engineers)美国陆军工程兵团、U. S. EPA(U. S. Environmental Protection Agency)美国环境保护署、UST(Underground storage tank)地下储罐、UV(Ultraviolet)紫外线、VOC(Volatile organic compound)挥发性有机化合物。

9.6.2 土壤气相萃取系统的应用注意事项

(1) 环境修复体系的种类

SVE 系统可直接从地下除去土壤蒸气，也可将污染物从土壤颗粒上的吸附相或溶解相(水性)或游离产物液体中转移到气相而产生废气。这些土壤蒸气通常含有挥发性有机化合物(VOC)，不能在没有处理的情况下排放到大气中。产生的蒸气也需要通过类似 MPE 的环境修复系统进行修复，有时称其为双相萃取(DPE)。当然，需要处理的气相废气也可以产生于其他系统，比如地下水泵和处理过程中的脱气器；非原位土壤生态桩处理和生物净化系统。另外，有一些废气可能不需要处理，比如当特定地下性质的地层或系统的工艺流量产生的废气不会影响人类健康或异味化学品浓度符合要求时。

修复系统废气的处理非常重要。许多情况下，废气中的挥发性有机化合物具有毒性(急性或长期致癌性)、可燃性或其他问题，因此属于具有危害性的化学物质。废气处理的目标是提高排放到大气中的废气质量，使其对人类健康和环境影响最小。

（2）废气处理技术的典型特征

目前可用的商业化废气处理技术大致可分为三大类：热处理、吸附和生物过滤。热处理是一种氧化过程，其通过温度升高以破坏气相中的污染物。吸附技术的特点是通过介质或基质分离污染物。生物过滤处理技术借助生物体在废气排放之前消耗或代谢废气中的化学物质。其他新兴技术包括光解处理和非热等离子体处理，其使用紫外线(UV)光或电能来破坏污染物。虽然这些技术主要用于工业应用，但在SVE中应用较少，因此，人们将其称为新兴技术。

① 热处理。污染物的热处理技术是经常使用的技术，其将VOC燃烧或氧化成二氧化碳和水之类的副产物。其代表性应用包括直接火焰热氧化、无焰热氧化、催化氧化、混合热/催化氧化、热回收和ICE。热(非催化)工艺通常在超过1400℉的温度下工作，基本的最小停留时间超过0.5s。可通过设计的再生和还原系统回收在燃烧过程中产生的一部分能量，且利用这些能量来预热流入的气体，从而最大限度地降低工艺成本。催化氧化是最常用的热处理废气技术，其借助催化剂和热来氧化蒸气流中的污染物。在SVE应用中常见的低VOC浓度通常需要借助额外的燃料或热量输入来维持其氧化过程。卤化污染物也会形成不能直接排放到大气中的卤素酸，这类酸也宜借助催化剂进行处理。传统上要求必须让气流通过洗涤器以除去酸。另外，氯化有机化合物的热处理有可能会形成不完全燃烧的各种产物，比如一氧化碳。

② 吸附。废气处理最简单的方法就是污染物的吸附。吸附是指有机污染物被吸附和保留在吸附材料的表面。吸附材料的关键特征是其孔隙非常多，因而具备可用于吸附的非常大的表面积。虽然这种技术可汇集污染物，也可处理相当数量的废气，但其最终吸附体必须作为危险废物进行处理或再生，从而对释放的污染物进行进一步的处理。活性炭是使用最广泛的吸附材料。其他吸附材料包括称为“沸石”的铝硅酸盐晶体结构和合成聚合物。合适吸附材料的选择主要取决于其吸附污染物的功能，尽管废气流相对湿度的增大可能会使某些材料的吸附能力受到不利影响。

③ 生物过滤。生物过滤过程通过生物降解来修复废气流中存在的VOC。废气流通过生物活性过滤材料的褥垫或容器。蒸气流中的有机VOC被吸附到过滤介质上，随后由微生物降解成二氧化碳和水之类的惰性化合物。这些系统可以利用各种生物过滤介质(有机的或合成的)来达到目的。

④ 新兴技术。许多新兴技术没有得到商业化的应用，因此，也无法找到关于其在SVE应用中的实质性能信息。但SVE从业者仍应根据现场情况考虑这些技术采用的可能性。

非热等离子体技术是一种相对较新的技术，其通过电离气流中的化合物来破坏气相化合物从而产生等离子体。该过程通常发生在90~250℉，因此被称为“非热”。通过调节构建废气形成浆料的条件，将形成的自由基重新组合变成可以释放到一般大气中的无毒的简单化合物。具体采用的等离子体技术包括无声放电等离子体、气相电晕反应器、可调混合等离子体和低压表面波等离子体。这些技术的主要区别在于施加电场以赋予空气流能量并破坏 VOC 的方法以及所需能量的量。其中的每种技术都借助电源和流通反应堆容器。

光解技术使用紫外光(UV)来离子化含 VOC 的蒸汽流。UV 光可提供能量来激发和破坏产生自由基的 VOC 的分子键。光催化技术与光解技术相似，但 UV 光必须在催化剂存在的情况下使用，常见的催化剂是二氧化钛(TiO_2)。UV 光和催化剂之间的接触反应会产生破坏 VOC 的羟基自由基。催化剂的使用应满足 VOC 在室温或接近室温下发生破坏的要求。

膜分离技术的特点是使废物流通过设计的对有机分子更具渗透性的膜来去除 VOC 蒸气，而不是让其进入空气或空气/蒸气混合物中去。这些膜分离系统可以设置为单级系统或双极系统，前者通常用于处理浓缩的工业废物流，后者通常用于处理由现场修复产生的大量的稀释废物流。

其他新兴技术包括气体吸收和蒸汽冷凝技术。气体吸收技术的特点是将污染物蒸气溶解在液体溶液中，因此，该方法也被称为"洗涤"。某些情况下，蒸气流中的污染物会与吸收剂溶液的组分发生化学反应，比如，酸性气体被吸收到苛性碱溶液中。吸收和吸附之间的主要区别在于，吸收能在污染物掺入吸收剂介质的同时实现介质表面上的吸附。蒸汽冷凝的特点是在污染蒸汽流的处理期间，将气相污染物的冷却或冷凝作为独立系统进行控制或通过其他蒸汽控制技术增强其冷凝效果。冷凝系统中含污染物的蒸汽流被冷却到污染物露点以下，然后气相污染物被冷凝并且可以收集用于在液相中循环或处理。

（3）技术评估标准的特点

每种技术的特定部分可借助一般化的图形对其技术和典型系统进行描述，并给出相应的标准来支持废气处理技术的评估。评估考虑的主要因素是适用性、限制条件、限制、工程注意事项、残余物管理、成本与经济学分析、发展状态等。

适用性评估应给出各种技术处理的污染物的类型，以及系统在各种污染物浓度和流量范围内有效处理各种类型污染物以及混合废物流的能力。应包括该技术在工业应用和环境修复系统中的应用，还应包括在其他特定技术的修复系列中使用该技术的条件和要求。

限制条件是指技术是否易于与 SVE 或其他修复系统一起使用，以及监管部门对该技术的认可度和接受程度。应以易于维护和停机为着眼点评估技术的可靠性和运行维护(O&M)要求以达成其设计性能目标。还应考虑水分含量、流量和停留时间等对技术应用的限制。

应借助可用的文献和供应商数据评估相关的技术性能，包括经证明的每种技术的破坏和去除效率(DRE)值。应兼顾性能监测程序和设备以及每种技术处理大容量负载的能力。还应评估与稳态条件启动和维护有关的问题。

工程注意事项应主要考虑各种技术所需的工程设计参数及其对特定技术优化的影响。还应揭露系统运行中典型的问题以及规避这些问题的手段。

残余物管理应评估技术是否会产生需要额外处理或处置的残留物，包括固体，液体和蒸气废物流。残留管理环境问题应包括技术产生的不完全燃烧产物(PIC)和中毒分解产物(包括二噁英和呋喃)的潜力。

成本与经济学分析应评估技术成本、相对资本投资成本以及与每种技术相关的运维成本。成本信息有限时应考虑影响每种技术成本的因素，并将案例和特定示例作为特定条件的参照基准。

发展状态应主要关注技术的商业可用性。还应考虑技术的状况(以监管部门批准文件或会议记录表述)、设备可用性、正在进行的研究项目、中试规模和全面的系统应用情况、技术供应商的相关情况。

9.6.3 土壤气相萃取系统的发展历程与技术进展

废气处理系统用于防止与SVE或其他环境修复系统相关的气相化学物质的排放或使其危害最小化。未经处理的气相化学物质可能会对人类或环境受体造成危害或干扰。

(1) 废气处理现状

目前有关废气处理技术的实践活动异彩纷呈，人们开展了大量SVE系统修复活动，只有少数系统不包括排放废气处理工艺。大量的进行了废气处理的项目采用的主要处理手段是活性炭吸附(约占总项目数的70%)和热氧化(约占总项目数的25%)。目前人们正在研发热氧化和碳吸附的替代方案，但一些相关的政策限制了这些新兴废气处理技术的应用。

(2) 土壤蒸气提取技术的发展历程

SVE是从污染土壤中去除VOC的最有效和最具成本效益的方法之一。在美国，自20世纪70年代以来一直推崇SVE技术并将其用于垃圾填埋场和泄漏地下储罐(UST)的处理。1972年，Duane Knopik开始使用SVE清理在美国明尼苏达州森林湖的服务站从UST泄漏的汽油。1982年，Knopik在美国大约100个修复地点使用了他的专利权技术系统。20世纪70年代末和80年代初期，SVE系统的其他早期开发商包括Oil Recovery Systems，Inc；美国埃克森美孚公司壳牌石油公司；Upjohn公司；美国石油学会。最近，SVE的工艺已被用于修复与非石油相关的危险废物场所。1993年美国环保署将SVE指定为受VOC污染的超级基金场所的推荐性修复措施。

MPE技术与SVE技术在许多方面非常相似，均具有类似的废气控制要求。MPE在同一个井中将SVE和液体(水和非水相液体NAPL)萃取技术集成在了一起。MPE被用作修复技术始于20世纪80年代中期。1997年美国EPA将MPE指定为土壤和地下水中挥发性有机化合物的推荐性修复措施。人们通常认为MPE是SVE的增强技术。

这些技术作为推荐的修复办法，其成本效益以及使用便利性使得它们在各种污染场地的应用越来越频繁。目前，欧美发达国家已有近千个场所采用了SVE和MPE修复技术(约占所有场址的17%)。SVE得到了美国、欧洲的广泛认可。

本节中介绍的许多处理技术也适用于排放废气的工业过程。由于人们对工业污染控制的要求越来越高，因此，处理技术的商业化通常是从工业用途开始的，然后才被用于现场修复。工业系统的一些性能数据可直接用于现场修复系统。因此，工业废气处理系统的信息具有相当重要的价值。

（3）土壤蒸气萃取和多相萃取处理系统的发展

下面介绍 SVE 和 MPE 处理系统的组成和工艺。

① 修复系统的组成。SVE 系统由一个或多个连接到再生式鼓风机或真空泵的不饱和区域中筛选的提取井组成，据以抽出土壤蒸气。有时，SVE 系统会布置空气注入或被动压力排气孔以允许空气流入地下。设计中也可在地面布置低渗透性封盖以防止空气进入 SVE 井。风水分离器(湿气分离罐)通常安装在鼓风机或泵的上游以去除土壤蒸气中多余的液态水，以避免其损坏设备。SVE 通过从井中排出空气产生压力梯度来推动不饱和区域中的空气流动。不饱和区气流引发土壤颗粒表面污染物的解吸附，进而使溶解在地下水中的污染物和 NAPL 蒸发。图 9-6-1 给出了一个典型 SVE 系统的结构。

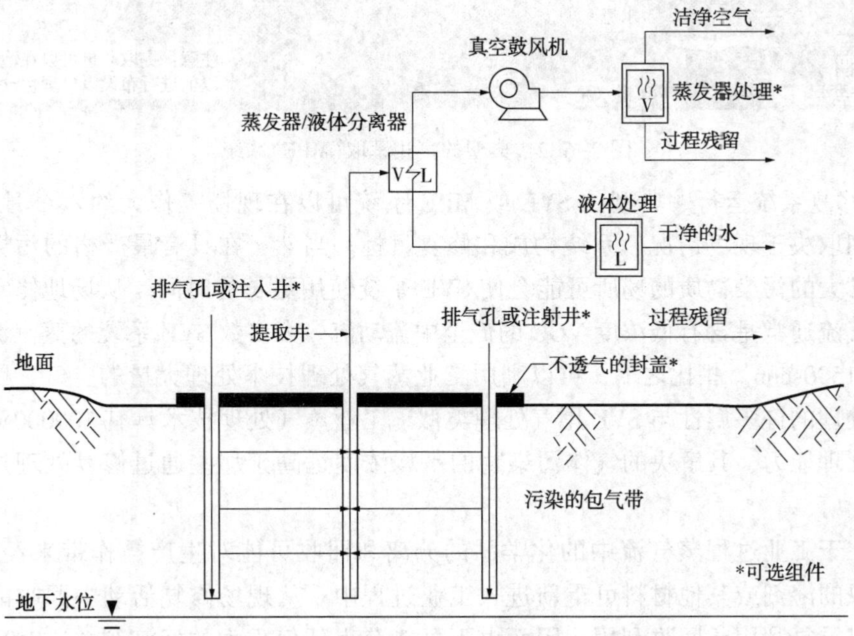

图 9-6-1　典型土壤蒸气萃取(SVE)系统

MPE 工艺以更积极的方式利用压力梯度。MPE 系统是常规 SVE 技术的改进。MPE 系统可同时提取地下水和土壤蒸气。提取井抽真空以便于地下水和 NAPL 流入井内。常规条件下，当液体流速很慢时，这种技术可能会使低渗透性土壤中的液体提取成为可能。MPE 系统通常采用高真空(大于 12in Hg)的泵进行。抽吸管可以下降到提取井中以提取土壤蒸气和地下水，也可以借助潜水泵在真空去除土壤蒸气的同时将水位拉下来。典型的 MPE 系统见图 9-6-2。

SVE 和 MPE 系统中的最终组件通常都是废气处理系统，且几乎所有的系统都需要对废气进行处理。虽然废气处理不直接影响现场修复的速度，但在考虑是否在现场应用 SVE 或 MPE 时，与废气处理过程相关的技术问题和成本往往是主要影响因素。通常情况下，SVE 系统的废气处理部分在修复资本成本中居于次要或重要地位；当然，废气处理通常是系统运行和维护成本中最昂贵的部分。

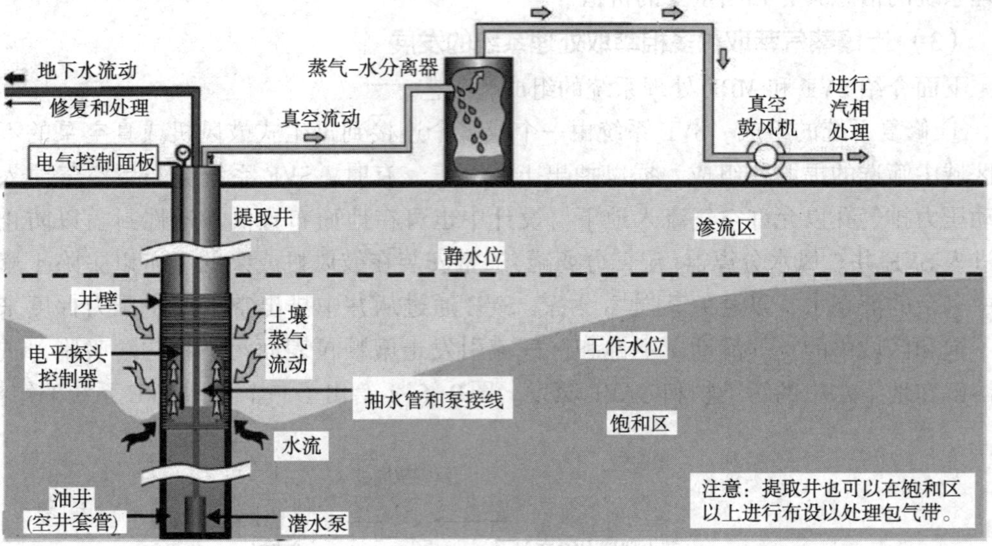

图 9-6-2 典型的多相萃取(MPE)系统

② 修复系统运行。典型的 SVE 或 MPE 系统可以在现场工作大约六个月到几年，具体时间取决于现场情况、系统构成和修复目标。当然，在具有最严格的污垢清除标准或非常大的污染物质的场所可能会使 SVE 系统使用更长的时间。从场地修复系统产生的废气流通常是含有低浓度 VOC 的低至中流动流。大多数 SVE 系统的蒸汽流速通常在 100~1500scfm。相比之下，可以利用工业蒸气处理技术处理大量的空气，因为，工业蒸气处理的许多属性与 SVE 尾气处理类似。工业蒸气处理技术具有 100000scfm 以上流速的处理能力，其解决的气体污染物的平均浓度远高于那些通过修复处理过程产生的废气。

存在于工业过程蒸气流中的化学品的分离和回收可能对生产操作带来经济利益，因为回收的溶剂或其他材料可重新进入工业过程中。从现场修复活动中回收的污染物很少可以重复利用或回收利用，因而也不可能获得任何重大的经济利益。SVE 尾气流通常含有 VOC 的混合物，其 VOC 浓度随时间的推移变动很大且具有很高的水汽含量。基于这些因素，可以采用与工业过程系统明显不同的策略来处理来自现场修复的废气。

（4）污染源和废气特性

土壤和地下水污染的许多潜在来源可能需要借助 SVE 或 MPE 系统进行处理，污染源包括来自地下储罐(UST)和地上储罐(AST)的溢漏或泄漏。这些系统可处理污染物的其他主要来源还包括以下工业过程，比如半导体、塑料和粘合剂制造；金属加工；化学混合工艺；干洗。不受控制的个人废物处理场和军事垃圾填埋场也是通过蒸气萃取进行 SVE 处理和甲烷收集的候选地点。

通常情况下，可以通过 SVE 和 MPE 系统处理的化学品包括卤代和非卤代 VOC、一些半挥发性有机化合物(SVOC)、某些极性和非极性的其他有机化合物。这些化合物的品种很多，常见的化学混合物有汽油、煤油、喷气燃料、“较轻”的燃料油(比如 2 号加热油)。能够借助 SVE 处理的特定化学品包括苯、甲苯、乙苯和二甲苯(BTEX)，它们是大多数燃料的主要成分。能够处理的其他 VOC 包括苯乙烯、氯苯、氯仿、四氯化碳、四氯乙烯(PCE)、三氯乙烯(TCE)、二氯乙烯(DCE)、氯乙烯、三氯乙烷(TCA)、二氯乙烷(DCA)、二溴乙烷、二氯甲烷、丙酮、酮(MEK)和甲基异丁基酮(MIBK)。

如果释放来自废水流则 VOC 可以溶解在水中并释放到地下环境中。更典型的事件是 VOC 被释放到地下环境中而成为 NAPL。当 NAPL 穿过土壤时，NAPL 残留的"液滴"就会留在土壤的孔中，如果释放量足够还可能形成地下"池"。NAPL 是否会吸附到土壤中、溶解到地下水中或挥发成土壤气体，主要取决于 NAPL 的各种物理和化学性质及其与地下环境的相互作用。NAPL 混合到这些各种地下环境中的占位程度会决定污染物的后续行为以及废气处理修复系统的性质。

比水密度低的有机液体被称为轻非水相液体(LNAPL)，比水更致密的液体被称为非水相液体(DNAPL)。这些密度决定了 NAPL 在地下环境中的分布，因为 NAPL 释放后会达到平衡。大多数氯化 VOC(比如 TCE)是 DNAPL，大多数非氯化 VOC(比如苯和燃料油)是 LNAPL。大量的 DNAPLs 倾向于通过不饱和和饱和可渗透的土壤沉降，直到它们到达限制层顶部的最低点。LNAPLs 通过不饱和渗透性土壤沉降，并将浮在水面上迁移到最低的水位高度。随着地下水位的升高和时间的推移，毛细管力可以将 NAPL 捕获在地下水位上方或下方的多孔介质中。

污染物释放后的分布可根据污染物的化学性质(比如溶解度和挥发性)、土壤性质(比如异质性和渗透性)、释放的数量、持续时间的复杂相互作用关系确定。氯化和非氯化 VOC 都具有相对较高的蒸气压，这是其作为蒸气能够从土壤中除去的典型特征。随着时间的推移，提取的 VOC 的气相浓度在各个位点之间会发生显著的变化，这种浓度变化与其初始地下分布、各种化学性质及土壤性质有关。尽管存在各种各样的污染物分布模式，但 SVE 和 MPE 系统通常总是将挥发性有机化合物作为需要进行额外处理的蒸气进行处理的。

来自修复系统的废气流的性质决定于 VOC 在地下分布。下面列出的是一些显著影响废气流以及随后废气处理技术选择的重要现场特征。这些属性也可能会影响站点的整体修复方案。在瓦斯区具有相对较小的挥发性有机化合物质量的矿物倾向于携带较低浓度的 VOC 尾气且其浓度会迅速下降。在不饱和土壤中具有大量残留 NAPL 的矿物在残留持续的时间内倾向于携带较高浓度的 VOC 尾气，一旦 NAPL 被移除则其浓度就会明显下降，与存在氯化 VOC(比如 DNAPL)污染的位点比较，大量的 NAPL 更常见于存在 LNAPL 的石油释放位点。在高渗透、粗粒度土壤(比如沙子和砾石)中存在污染的地方的排放气体浓度会比渗透性较差地区的地层发生更快的降低. 由于挥发性有机化合物更容易从渗透性土壤中去除，因此，在高渗透性土壤中废气的性质会发生更快的变化。在释放物是混合物的地点(比如喷气燃料)其废气组成会随着时间的推移而变化，因更易挥发的化合物会从地下被更快地"剥离"，因此，作为废气处理技术选择的基础的化合物在修复过程中可能会发生各种各样的变化。MPE 通常可应用于存在可寻访 NAPL 池的站点，浮动 LNAPL 或 DNAPL 会在限制层的上方(地下水位之上或之下)被捕获，用于实施 MPE 的高真空通常会增大作为液体进入萃取井的 VOC 的挥发，因此 MPE 系统的尾气流倾向于具有较高的挥发性有机化合物浓度，直至 NAPL 得到修复为止。

SVE 废气中化学成分的物理化学性质也会影响处理技术的选择。下面介绍一下 SVE 废气的一般性特征。废气的相对湿度通常非常接近 100%。一些技术(比如碳吸附)在高相对湿度下效果较差，但其他技术(比如生物过滤)在高相对湿度下仍有效。亨利定律可确定溶解在水中的污染物挥发的程度，给定化合物的亨利定律常数越高，其在提取气流中的浓度也越高。蒸气压力控制固体或液体蒸发的趋势，蒸气压力是指化学物质的蒸气与其固体或液体形式平衡时每单位面积的力。蒸气压适用于 NAPL 存在的情况，其会随温度的升高而增加。在土壤中诱导真空会导致填充空气的土壤孔隙中的压力降低，继而导致沸点的降低和污染物挥发量的增加。化合物的分子量会影响吸附能力，吸附剂具有吸附不同污染物的能力。通常情况下，高分子量化合物比低分子量化合物具有更好地吸附性能。化合物在空气中会表现出不同的爆炸下限(LEL)浓度。具有低 LEL 浓度的化合物通常需要补充更多的稀释空气以防止爆炸性 SVE 气流的集聚。

（5）监管要求

欧美发达国家规定，采用 SVE、MPE 和其他系统进行现场修复时应遵守国家或地方监管机构相关规定的要求，并应按相关规定控制这些系统的气相排放。这些监管规定通常有以下三类要求：应将排气控制到最佳可用控制技术(BACT)标准范围内(通常应满足 95%的污染物被破坏的要求)；由于与工业过程排放率相比小排放率的污染物是可以接受的，因此对 SVE 的尾气处理不做要求；根据现场可能存在的一些特殊要求(比如风险)必须对废气进行处理，这些特殊要求包括所修复污染物的类型和浓度以及距离最接近潜在受影响受体的距离。

以美国为例。在联邦一级部门，1990 年的《清洁空气法(修正案)》对危险空气污染物(HAP)排放的控制提出了具体的要求。这些修正案将 189 种化学品作为 HAPs 以及其排放来源。每个类别中的所有 HAP 来源必须被视为针对该特定类别定义的最大可实现的控制技术(MACT)标准。许多 HAPs 可能被 SVE、MPE 和使用脱气机的地下水泵和处理系统提取。此外，现场修复已被确定为 HAP 排放的来源类别，但由联邦修复当局制定的规则所规定的现场修复的空气排放可以不执行现场修复的《国家有害大气污染物排放标准(NESHAP)》，根据国家或自愿清理计划进行的修复必须遵守 NESHAP。

在 SVE 和 MPE 修复场所观察到的排放率通常远低于 MACT 标准规定的排放率。CAA 规定，当废气从“主要”来源排放时适用采用 MACT 标准，比如每年排放 10t 或更多的挥发污染物，或每年排放 25t 以上的组合污染物。虽然在典型 SVE 修复系统中提取的许多化合物可能是 HAP，但其排放率通常均低于每年 10t 或 25t 的阈值。比如，为满足许可的主要来源每年 10t 的门槛，处理 900scfm 蒸气的系统必须在各种控制系统实施后使 HAP 浓度中的甲烷至少达到 1000ppm。

如果个别化合物或总质量的年度排放量低于设定的默认值，或者系统可能会对人体健康或环境构成重大风险时，美国州政府机构允许 SVE 型系统在不进行废气处理的情况下运行。因此，适用于 SVE 尾气处理的规定可以是针对特定现场的。马萨诸塞州应急计划(MCP)部门专门给出了图表，规定了五种特定化学物质组合(比如汽油)是否需要对尾气进行处理的基本原则，相关的指标是化学类型、质量排放率和到最近受体的距离。但不管修复现场情况如何，MCP 均要求 SVE 系统在最初的 1500h 运行期间应设置废气处理组件以防止在初始 SVE 系统运行期间发生的“瞬态挥发异常”。这一规定反映了观察到的一种典型现象，即 SVE 系统通常会在运行的早期阶段提取高浓度的挥发性有机化合物，随后 VOC 的去除率会急剧下降。

9.6.4 热处理修复技术的宏观原理与要求

热处理技术通过将碳氢化合物氧化成二氧化碳和水，从而在高温(超过600℉)条件下破坏蒸气中的烃。碳氢化合物的一般化学反应式为 $HC+O_2$+热→CO_2+H_2O+加热，其中，HC 代表烃。为达到此反应发生所需的温度就必须为其提供所需的热量，反应发生所需的温度是几个因素的函数，比如催化剂的存在。反应式右侧所示的热量表示反应释放的热量。来自 SVE 和其他环境修复系统的废气中的碳氢化合物通常均为前述的 VOC 形式。热氧化系统和 ICE 是两种不同类型的 VOC 热处理技术。有关这些技术的更进一步信息可参考 USACE 和 EPA 的工作手册或相关规范。

9.6.5 热氧化处理技术实施的相关规定

热氧化系统通常用来控制从土壤和地下水修复系统产生的 VOC 蒸气，以及处理来自化学加工、涂装、印刷和制药工业来源的各种蒸气流。目前，全球约有上万个热氧化系统在运行，其中大约 20%的系统用于土壤修复。热处理(主要是催化氧化)是 SVE 废气处理的优选技术，有很多商业化公司正在研制专用于修复活动的催化氧化系统。

(1) 技术简介

热氧化装置通常由以下单元构成，即风扇或鼓风机，其作用是移动含 VOC 的空气；一个能混合装载 VOC 空气的过滤混合器；为燃烧供应空气的风扇；由耐火材料衬里室和一个或多个燃烧器组成的燃烧单元(反应室)；热回收设备(热交换器)；处理废气大气排放的滤堆。有些情况下也可包括后氧化处理单元。图 9-6-3 显示了一个典型 SVE 尾气热氧化系统的一般流程，其中，虚线框中的过程不适用于所有氧化系统。

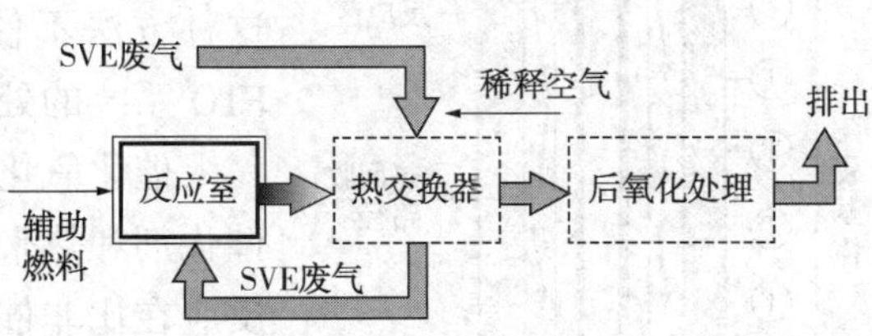

图 9-6-3 典型热氧化系统的一般工艺流程

通常情况下，可采用以下三种类型的热氧化系统控制 VOC 的排放：直接火焰热氧化剂(DFTO)；无氟热氧化剂(FTO)；催化氧化剂(Cat-Ox)。每种类型的热氧化系统中的关键变量包括：热回收系统的特点和类型；氧化后处理要求(比如清洗)；设备的冶金要求；能源成本和来源(比如电力、丙烷、天然气或燃料油的热量)。热处理技术不是严格的热氧化工艺而是 ICE。

尽管不同类型的系统操作时会有一些不同，但其都是通过将气流的温度升高到足够的水平来促进污染物氧化(或燃烧)来破坏污染物的，其氧化后的产物均为二氧化碳和水。废气中的 VOC 是氧化反应的燃料源。如果挥发性有机化合物浓度相对较低，则可能无法提供足够的“燃料”来促进氧化，因而必须加入天然气或“燃料油”之类的辅助燃料。若 VOC 浓度太高，则会使氧化反应在很安全的环境中进行，但废气必须借助环境空气进行稀释。

人们通常使用非催化热氧化系统处理高浓度 VOC，对较低浓度的 VOC 则通常使用 Cat-Ox 系统进行处理。DFTO 和 FTO 非催化热氧化剂通常运行在 1200~2000℉的温度范围内，Cat-Ox 系统则通常在 500~900℉的范围内运行。如果废气含有足够浓度的 VOC 而能维持高的操作温度时则不需要添加催化剂。当废气 VOC 浓度相对较低时，可通过催化剂降低必须供应的辅助燃料的量以维持氧化反应过程，与非催化体系相比其操作费用会降低。

在完全氧化反应中，VOC 被氧化成二氧化碳和水。如果卤化物存在于 SVE 废气(比如氯化 VOC、TCE)中则所得到的燃烧产物可能会包含酸性气体(比如盐酸)，在排出废气之前需要借助酸洗涤器对酸性气体进行进一步的处理(比如苛性碱溶液中和酸)。热氧化系统的效率是温度、时间(燃烧区中的停留时间)、湍流(VOC 和氧的混合)的函数。下面概略介绍一下 DFTO、FTO、Cat-Ox、混合热/Cat-Ox 系统的特点以及热氧化过程中产生热量的回收方式。

直接火焰热氧化剂的使用应遵守相关规定。最简单的热氧化剂类型是没有热回收的 DFTO 系统，即在燃烧室后面没有热交换器。这些系统有时也被称为“直接燃烧热氧化器”或“后燃烧器”，而且其不使用催化剂。在 DFTO 系统中，来自 SVE 系统废气的污染蒸气进入反应室，明火使蒸气和附加燃料燃烧，当 VOC 遇到必要的氧化温度时就会被氧化。

无焰热氧化剂的使用应遵守相关规定。FTO 系统中的燃烧发生在能加热至氧化温度的化学惰性多孔陶瓷床内。FTO 系统中的混合区位于反应器入口处，是在借助预热陶瓷基体加热有机蒸汽之前将燃料与废气预混合的地方。一旦蒸气达到氧化温度，它们就会在系统的反应区自动燃烧。通过燃烧释放的能量可对混合区的陶瓷基体进行加热。如果废物流具有足够的能量含量则系统在达到其工作温度后能够自我维持。实践表明，10BTU/ft^3 的 VOC 蒸气流可以维持氧化所需的温度。像 DFTO 系统一样，这种方法不使用催化剂来辅助燃烧。图 9-6-4 介绍了 FTO 系统的处理工艺。

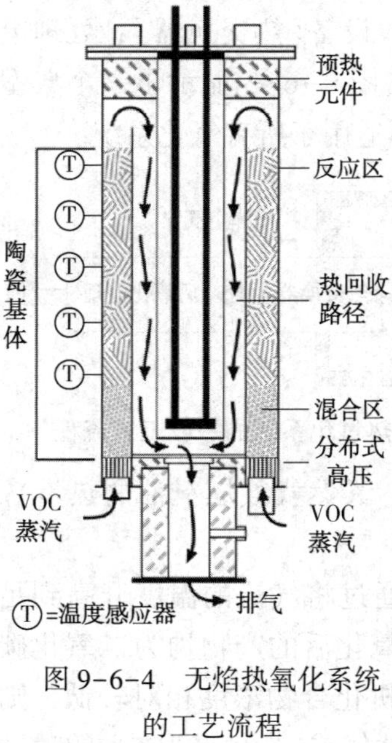

图 9-6-4　无焰热氧化系统的工艺流程

催化氧化剂的使用遵守相关规定。Cat-Ox 系统借助催化剂和热来氧化 SVE 尾气污染物。该催化剂可使氧化反应在比非催化热氧化系统所要求温度低得多的情况下发生。大多数 Cat-Ox 系统的工作温度为 500~900℉，具体取决于被氧化的化合物和催化剂类型。加入的催化剂通过吸附氧气以及催化剂表面上的污染物来加快氧化速率，它们在那里反应形成二氧化碳和水。与非催化热氧化系统一样，当氯化 VOC 存在于污染物尾气流中时会产生酸性气体。用于 VOC 燃烧的最常见的催化剂是贵金属铂、钯和铷，将这类金属沉积在涂覆有氧化铝的陶瓷或不锈钢基底上即可形成整体(或蜂窝)化的催化剂体系。其他类型的催化剂主要是碱金属催化剂，比如铬或锰氧化物。碱金属催化剂通常以颗粒的形式提供。金属氧化物催化剂通常用于处理含氯化合物的蒸气流。在 Cat-Ox 系统中，污染的 SVE 废气流在与催化剂相互作用之前被预热，然后废气流进入催化室并均匀分布在催化床上发生放热燃烧反应，最后排出经处理的蒸气(燃烧产物和副产物)。与其他热氧化系统相比，Cat-Ox系统的主要优点是氧化温度较低、能量需求较低，因此运营成本较低。此外，由于其工作温度较低，故在 Cat-Ox 系统中可以使用成本较低的冶金技术而不采用非催化氧化剂。另外，催化剂会增加反应速率，因而会降低污染物在反应室中的停留时间，故可允许使用比非催化体系更小的反应室来处理相同流速的废物。

混合热/催化氧化器系统的使用应遵守相关规定。因为来自 SVE 系统的废气浓度会随时间而波动，因此设计混合热/Cat-Ox 系统(也称为混合系统)时应允许 SVE 系统在运行初期的温度下不借助催化剂(热模式)运行。因为该 SVE 项目阶段提取的 VOC 污染物浓度通常是最高的。当 SVE 废气中 VOC 浓度降低时混合系统就会转换为 Cat-Ox 系统。许多供应商可提供混合氧化器系统。典型的混合系统见图 9-6-5。

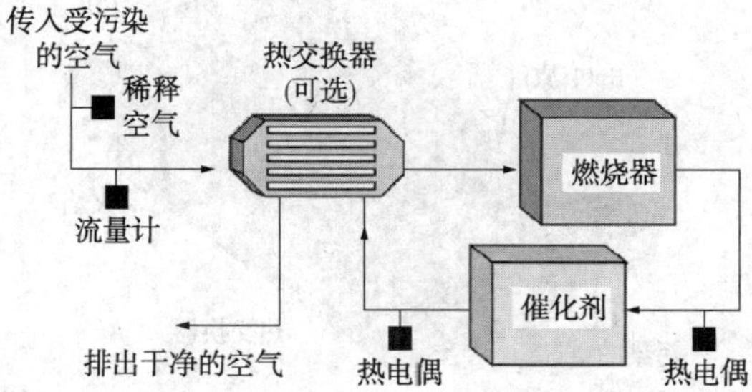

图 9-6-5　混合热/催化氧化系统工艺流程

热回收技术的使用应遵守相关规定。设计的热和 Cat-Ox 系统应具备重新利用燃烧过程中产生热量的能力。热回收方法借助回热或再生热交换器来重新利用热能，同时可减少废物流在系统中的停留时间并降低燃料成本。热回收可以应用于催化和非催化氧化体系。

应合理利用再生热氧化剂。图 9-6-6 显示了一种再热式热氧化器。燃烧发生在这些系统中，然后将来自反应或催化室的经热处理的蒸气引导至热交换器壳体。进入的 SVE 废气流过管壳式热交换器的管道，并将热量从热处理的蒸气流交换到冷却的未处理的蒸气流中。蒸气流不混合。由于流入物流在热交换器中被预热，因此只需较少的燃料就可以使被污染的蒸气升至氧化温度。回收系统可以回收反应室流出物 70%以上的热量，因此，它们比非还原系统需要的能量更少。提取氯化溶剂时，设计的回热换热器通常应能限制烟道气的冷却，进而避免将酸性气体冷凝到热交换器表面上并使腐蚀最小化。冷却废气进入系统直接通过热交换器的管道进行加热，然后进入反应室，反应室中的火焰使污染物氧化并产生流过热交换器壳体的热蒸气流，继而对其在排放之前进行冷却。在热交换器中回收的热量用于加热进入的废气。

再生热氧化器的使用应遵守相关规定。再生热氧化器(RTO)使用比复原系统更复杂和更有效的热交换系统来加热 SVE 废气并促进其氧化反应。这些单元由吸收热燃烧产物出口气体能量的一系列耐热介质(比如陶瓷)床组成。然后将该能量用于预热进入的 SVE 废气。图 9-6-7 给出了一个典型再生热氧化系统的工艺过程。入口气体首先通过陶瓷转移块的热床(兼冷却床)，热床将废气流加热到其着火温度。如果系统未达到所需温度则可在燃烧室中加入少量辅助燃料。随后热气体发生反应释放出燃烧室中的能量，同时通过陶瓷转移块进入另一床，继而将第二床加热到燃烧室出口温度。然后切换工艺流程将进料流送入热床。这种循环过程具有非常高的能量回收率，其回收率可超过95%并且每小时可能发生几次。需要强调的是，复杂的控制和大型的高温阀门会增加这类系统的资本成本。但在某些情况下其较低的能源费用可能会抵偿这些较高的资本成本。废气首先通过将废气加热至其点火温度的陶瓷转移块的热床(兼冷却床)。然后，热气体在通过被反应加热的陶瓷转移块的另一床的同时反应并释放能量。最后，切换工艺流程将进入的废气送入热床。

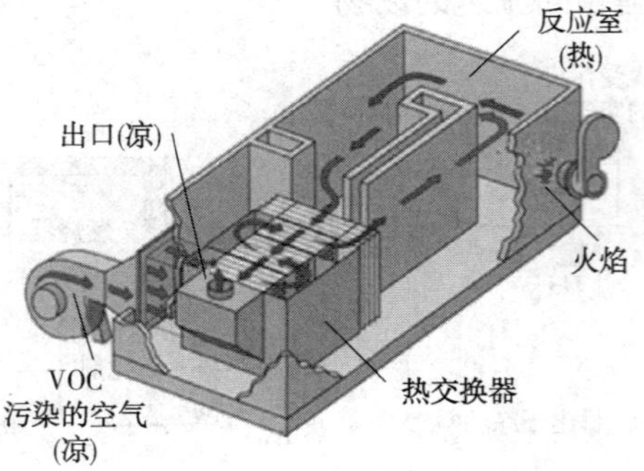

图 9-6-6　再热式热氧化器的工艺过程

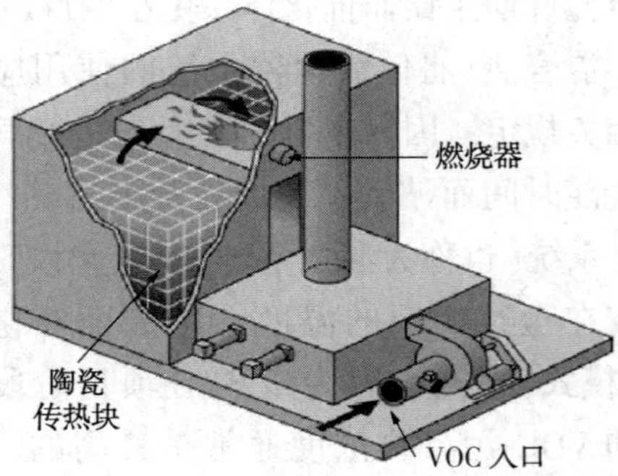

图 9-6-7　再生热氧化剂的工艺过程

（2）适用性

人们经常选择热氧化剂以获得高可靠性 VOC 的 DRE。如果存在足够的氧气，热氧化剂就能够处理各种浓度范围的 VOC 废物流。通常，热氧化剂的 DREs 可容易达到99%以上的水平，除了其可实现略低 DRE 的 RTO 之外。当必须达到严格的释放标准时，热氧化是可靠的处理方法。此外，热处理可以在大气中形成分散良好的浮力羽流。

用于 SVE 尾气热氧化的目标污染物组包括非卤化 VOC、SVOC 和燃料碳氢化合物。在热氧化剂中容易破坏的化合物的特定类别包括醇、脂族、芳烃、酯和酮。卤代挥发性有机物也容易被破坏，但通常需要借助后处理来捕获由卤化化合物氧化形成的酸性气体(通常借助苛性碱洗涤系统解决)。确定最适合特定场所的热氧化系统类型时主要应考虑以下 4 方面因素：污染物的类型和浓度；废气提取流量；所需的 DRE；待处理的污染物流的英国热单位值(BTU)。

热氧化系统的流入浓度通常以废物流的 BTU 含量或经处理的污染物流的 LEL 的百分比表示。LEL 是指足以支持燃烧(“燃料”)的大气中的化学蒸气的最小浓度，比如20℃时 21%的氧气。出于安全考虑，氧化剂的流入物浓度通常通过 LEL 的百分数进行限制。LEL 的浓度可以通过 LEL 检测器进行检测，低于 LEL 浓度时可以借助环境空气稀释 SVE 废气。对于 SVE 系统，进入浓度通常限为 LEL 的 10%～25%以确保安全运行。在流入物浓度可预测度更高的工业环境中，热氧化系统通常会以更高百分数的 LEL 值安全运行，有时甚至会高出 LEL 的 50%。关键的问题在于不同的气体具有不同的 LEL。表 9-6-2 给出了通常由 SVE 系统提取的各种碳氢化合物的 LEL(以气体百分数表示)。

表 9-6-2 选定的碳氢化合物的较低爆炸极限

烃类	空气中的 LEL 值(%)*	烃类	空气中的 LEL 值(%)*
甲烷(Methane)	5.0	汽油(Gasoline)	1.4
乙烷(Ethane)	3.0	丙酮(Acetone)	2.5
丙烷(Propane)	2.1	甲醇(Methanol)	6.0
正丁烷(n-Butane)	1.6	甲苯(Toluene)	1.1
正戊烷(n-Pentane)	1.5	m-p-对二甲苯(m-and p-Xylenes)	1.1
正己烷(n-Hexane)	1.1	1,4-二噁烷(1,4-Dioxane)	2.0
苯(Benzene)	1.2	甲基乙基酮(Methylethylketone)	1.4

注：*空气中的百分之一(%)相当于 10000ppmv，比如甲烷的 LEL 也可以表示为 50000ppmv。ppmv 是指体积百万分之一；LEL 是指爆炸下限。

如上所述，修复场所的热氧化系统选择过程受若干重要因素的影响。当某种类型的系统最合适时就可以进行一些推广，但几乎所有的 SVE 废气都可以使用以上介绍的不同的热氧化系统进行处理。通常情况下，DFTO 系统最适合于低流量、高 BTU、高 VOC 浓度的 SVE 废气，比如从最近的加油站中提取的蒸气。相比之下，FTO 最常用于高流量、低 BTU、低 VOC 浓度废气流，比如具有历史溶剂污染的工业场所。Cat-Ox 系统既可用于低流量，也可用于高流量，适用于具有较低 BTU 和低 VOC 浓度的废气流。修复系统的流量范围一般在 100~1500scfm，工业系统的流量通常可在 100000scfm 以上，因此，应注意它们的不同之处。人们通常借助非催化氧化系统处理较高流量的工业废气流。

VOC 浓度可能会随时间的推移而降低，从而影响运行成本和可实现的 DRE，这是 SVE 尾气选择应用热处理系统的重要考虑因素。在工程和经济分析中必须考虑这一因素以便合理选择热处理方式以及特定类型的热处理系统。因此，一些从业者通常选择可以容易地从热氧化转换为 Cat-Ox 模式的混合热处理系统。

另外，由于热氧化剂处理大多数 SVE 系统均会产生一些相对较小的废气流量，并且系统通常是在有限的时间段内使用的(通常少于 5 年)，因此许多 SVE 从业者采用移动系统来解决浓度降低的问题。比如，浓度最高时可以在初始处理期间使用便携式、带防滑装置的 RTO 系统；然后根据预期的 VOC 浓度随时间的减少率，移除再生系统并由便携式 Cat-Ox 或其他处理系统代替。还有一种方法是租用一个热处理单元以处理较高浓度，然后一旦浓度降低就转向更持久的处理系统(比如碳吸附)。

(3) 限制条件

热氧化是一种成熟的技术，已经在许多地方成功实施。也是一个强大而且易于理解的技术，因此可以在 SVE 站点上实现。然而，使用热氧化也存在一些技术和后勤方面的限制。对 SVE 废气热氧化处理技术的显著限制因素是相对较高的资本费用以及加热进入的 SVE 废气而付出的高能量的成本。与使用活性炭处理废气相比，其辅助燃料(公用事业成本)的成本通常可能会超过碳替代成本，进而导致热氧化成本过高。

使用热氧化剂的环境监管问题也是一个关键性的问题。虽然热氧化剂能够处理各种浓度的含有 VOC 的废物流，但如果没有足够的氧气存在或“3Ts 问题”(温度、时间和湍流问题)没有得到充分解决就会发生不完全燃烧现象。其他潜在的局限性还包括社区接受度以及能否获得必要的工艺许可。

氧化过程可能会导致含有不需要的副产物经处理的蒸气流出现。通常主要有两类氧化副产物，即完全燃烧产物(PCC)和PIC。PCC是二氧化碳和水，这些化合物是无害的，并可直接排放到大气中。生成的其他化合物还包括氮氧化物(NO_x)和/或硫氧化物(SO_x)，比如从地下提取时的硫化氢，但这些化合物通常不是在使用热氧化剂的SVE废气处理期间形成的。在废气中存在氯化或氟化烃的地点可以在燃烧过程中产生盐酸或氢氟酸气体。产生的酸性气体通常可以在氧化后借助温和的苛性碱洗涤溶液进行处理，尽管在设备选择过程中必须考虑金属的相容性问题。比如，这些化合物的存在需要特种钢，因而会大大增加系统的资本成本，进而使热回收成本效益降低，甚至会导致不切实际事情的发生。Hastelloy®就是生产酸性气体时常用的高成本材料。

PIC是不符合要求的，其中包括未经处理的VOC、一氧化碳和有毒化合物，比如多氯二苯并对二噁英(PCDD)、多氯二苯并呋喃(PCDF)，二者被统称为PCDD/Fs。浓度明显的PIC的存在通常来自不能正常运行的热氧化系统。正确操作热氧化剂或进行额外的蒸气处理有助于实现PIC生成的最小化。

Cat-Ox系统比非催化热系统需要进行更多的维护。与Cat-Ox系统相关的工艺问题使它们易受到化学物质和/或颗粒物质的“有毒”催化剂表面的影响。有毒物质会掩盖活性位点的特征，也会改变催化剂对特定反应或反应类型的选择性。有毒物质也可以通过物理的方法防止VOC和催化剂发生相互作用进而使催化剂失去活性。对催化剂有毒害作用的化合物包括卤素；金属；含硅、磷或含硫化合物。蒸气流太热也会改变催化剂的化学或物理特性，进而使催化剂失去活性。对失活的催化剂必须进行再生或对其进行处理和更换。丙烷、乙烷和甲烷之类的某些脂肪族化合物，其燃烧需要的环境温度超过900℉(高于Cat-Ox系统的典型值)。为将废物流加热到足够的温度以破坏这些化合物势必会导致催化剂热失活现象的发生。另外，将废物流加热至这种温度的能源成本可能会导致技术上的不经济。因此，需要对蒸气流进行彻底的分型以确保催化剂与污染物相容。热氧化剂系统的启动和运行通常比碳处理系统更复杂且需要进行更多的维护。吸附系统通常需要对操作员进行细致、烦琐的培训，以便解决涉及安全、辅助燃料管理和其他系统方面的问题。SVE系统首次打开时其提取的蒸气浓度通常会比SVE尾气混合物LEL值高10%~25%，尤其是在燃料的释放位置，因此训练有素的操作员至关重要，只有这样才能确保将足够清洁的环境空气(通常称为“稀释空气”)加入到提取的蒸气流中，从而使氧化剂进入的蒸气浓度维持在安全水平。提取的蒸气浓度降低时需要的稀释空气较少，到修复完成时将不再需要稀释空气。

(4)性能特征

热氧化系统是稳定的，其可以处理大范围的SVE废气流。设计的这些系统可以用于含水95%~99%以上的VOC的氧化处理，且不需要考虑进入氧化剂的污染物的质量(有时称之为“装载质量”)。由于污染物在处理床之间可交替流动，因而RTO的效率会略低一些，但人们对四个系统的调查结果显示，低入口浓度流量的DREs为98%~99.8%，低于100ppmv。催化系统的目的是将DRE从90%提高到98%。相关报告给出的几种使用 Cat-Ox 的场所的 DRE 为 72%~99.6%。通常会在存在较高浓度氯代烃的地点发生较低 DRE 值出现的情况。热氧化系统的性能主要由 DRE 值代表，DRE 值主要取决于以下三个基本因素（“3Ts”），即温度、时间、湍流。温度是指达到并保持氧化所需的温度；时间是指足够的进行反应允许的停留时间；湍流是指应确保反应物混合充分。为提高性能并增加 DRE 值，有必要提高反应温度、增加停留时间或两者同时增加。增加停留时间通常需要减少流量（提取）率，反过来又会增加修复的持续时间。因此为避免提取率降低，通常需要提高系统温度以达到更高的 DRE 值。类似地，为解决废气流浓度和组成的波动问题，调节氧化温度是达成期望 DRE（Destruction and Removal Efficiencies）值的最简单的工艺参数。可以通过改变添加到系统中的热量来调节设备的工作温度，对 DFTO 和 FTO 系统可以调节辅助燃料在燃烧室或反应区的流量，对 Cat-Ox 系统可以调节废气流在进入催化剂床之前被预热的时间量。

表 9-6-3 给出了停留时间为 0.5s、1s 和 2s 时 DRE 值为 99%所需选定的 VOC 的理论非催化氧化温度，该表中的氯化化合物需要的氧化温度明显偏高。特别需要强调的是，表 9-6-3 列出的氧化温度是理想值。由于大多数废物流含有 VOC 的混合物，因此所需的实际氧化温度将会变化，具体指标通常只能在系统启动后确定。大量现场测试数据显示，非催化热氧化剂通常应在约 1600℉ 的温度下运行且停留时间至少不低于 0.75s，从而可确保非卤化 VOC 的 DRE 值达到 98%的要求。而含有氯化挥发性有机化合物的废物流则往往需要接近 2000℉ 的温度。

表 9-6-3　使破坏和去除选定化合物的效率（DRE 值）达到 99%所需的氧化温度

化合物	理论燃烧温度/℉		
	停留时间 0.5s	停留时间 1.0s	停留时间 2.0s
醋酸酐（Acetic Anhydride）	805	771	738
乙腈（Acetonitrile）	1997	1887	1786
丙烯腈（Acrylonitrile）	2056	1909	1778
苯胺（Aniline）	1440	1402	1366
偶氮甲烷（Azomethane）	892	866	841
苯（Benzene）	1622	1538	1461
丁烯（Butene）	1708	1653	1600
四氯化碳（Carbon Tetrachloride）	1987	1822	1679
氯仿（Chloroform）	1262	1217	1174
氯苯（Dichlorobenzene）	1668	1583	1504
二氯甲烷（Dichloromethane）	1602	1553	1506
乙烷（Ethane）	1994	1816	1662
氯甲酸乙酯（Ethyl Chlorocarbonate）	1028	972	920
乙基腈（Ethyl Nitrile）	692	666	641
过氧化乙基（Ethyl Peroxide）	463	442	423
乙烯丁酸酯（Ethylene Dibutyrate）	985	938	894
亚乙基二氯化物（Ethylidene Dichloride）	1341	1293	1246

续表

化合物	理论燃烧温度/℉		
	停留时间 0.5s	停留时间 1.0s	停留时间 2.0s
六氯苯(Hexachlorobenzene)	1802	1711	1626
Hexachlorobutane	1553	1502	1453
六氯乙烷(Hexachloroethane)	1438	1347	1265
甲烷(Methane)	1822	1742	1667
甲基碘(Methyl Iodide)	1034	966	959
一氯苯(Monochlorobenzene)	2028	1838	1675
硝基苯(Nitrobenzene)	1355	1316	1279
Paracetaldehyde	796	770	744
Pentachlorobiphenyl	1404	1367	1331
环氧丙烷(Propylene Oxide)	1312	1272	1233
吡啶(Pyridine)	2041	1856	1697
Tetrachlorobezene	1895	1761	1642
四氯乙烯(Tetrachloroethene)	2062	1922	1798
甲苯(Toluene)	1379	1334	1292
Trichlobenzene	1653	1567	1487
三氯乙烷(Trichloroethane)	1336	1262	1194
氯乙烯(Vinyl Chloride)	1415	1373	1334

(5) 工程注意事项

工程中需考虑的问题主要包括设计问题和操作问题。

工程设计应遵守相关规定。恰当的热氧化系统的规模通常应由以下几个因素决定。系统所需的性能在很大程度上取决于所需的 DRE 值。温度可以在现场进行调节，但由制造商设计的燃烧室的规模会影响停留时间。热处理系统的设计应满足在所有预期的流量和浓度条件下实现 DRE 所需的温度、停留时间和湍流要求。当然，如果没有足够的停留时间或系统设计的精细度不够则热氧化系统可能会失败，且在某些情况下相关设备可能会起火或熔化。

用于工业过程的大多数热氧化剂的预期寿命一般为 20 年。由于 SVE 修复系统的运行通常只需 5 年或更短的时间，因此，热氧化系统的所有者和运营商经常会在每个站点修复完成后将系统转移到下一个站点。用于 SVE 废气处理的最常见的热回收技术是借助来自燃烧室的热废气来预热进入冷却器的蒸气流，但用于 SVE 系统的热氧化剂可以回收后用于回收热(比如加热锅炉)或其他相关用途的操作设备中。热回收系统可以是简单的管壳式换热器，也可以是具有复杂控制体系和阀门的陶瓷床的综合系统。一般来说，热回收程度越高其资本成本也越高、系统也越复杂。热回收成本在热处理系统的整体安装成本中占很大的比例。热回收的优点是降低能源成本和回收热量的辅助使用，必须将热回收的优点与热回收系统的资本成本进行综合权衡。

对大多数 SVE 应用而言，当系统没有集成到操作设施(比如化工厂、炼油厂或制造设施）中时，不存在实际的设备再利用回收热的问题。在这些情况下，热回收的资本成本必须与在热处理系统中加热 SVE 废气所需的能量降低成本相比较。

VOC 的 PCC 是二氧化碳和水。当氯化或氟化烃存在于废物流中时，可以通过燃烧产生盐酸或氢氟酸气体。所生成的酸性气体可以在处理过的蒸气流排放到大气中之前使用温和的苛性碱洗涤溶液进行处理，然而，这些化合物的存在需要特殊的施工钢材，这会大大增加资本成本。由于需要处理酸性气体而引起的对特殊材料的这一需求也会使热回收成本效益明显降低，有些情况下，面对这种污染物存在而采用上述技术进行处理是不切实际的。

工艺过程应遵守相关规定。如果能保持适当的温度、停留时间和湍流，热氧化系统可以成功地处理大多数 SVE 废气。这些参数的优化通常并不困难，热氧化系统启动后通常只需很少的维护，但如果热氧化系统没能正确运行则它们可能形成 PIC 其可包括 PCCD/F。

Cat-Ox 系统能够维持高的 DRE 值，但这些系统通常需要大量的维护工作，并且与非催化热氧化系统比其对 VOC 浓度和工艺条件的改变更加敏感。另外，潜在的催化剂失活也是一个必须考虑的重要问题。最近几代的催化剂比其前辈具有更长的寿命和更强的耐毒性，并且具有更强的能力，其中就包括破坏氯化有机物质的催化剂。催化剂床应该维持 5 年左右的连续运行，使用适当的洗涤和再生技术时催化剂的寿命可能会超过 5 年。

废物流与氧（湍流）的适当混合是实现和保持热氧化 DREs 的关键因素。对于给定化合物的完全氧化的理论氧气需求可以根据反应方程式判断。如果 SVE 废气流不含有足够的氧气并且需要借助外来的氧气获得完全氧化，则在气体进入燃烧室之前必须将环境空气与 SVE 废气混合。在 SVE 系统的早期运行阶段饱和土壤中可能存在游离 VOC 产品，在此期间提取的蒸气中的氧含量通常相对较低、VOC 浓度相对较高。在这些条件下，加入环境空气会改善热氧化剂的 DREs 值（催化和非催化）。另外，入口的最大期望蒸汽浓度通常比 LEL 高 10%~25%。由于上述两个原因，在系统运行的初始阶段通常需要大量的稀释空气。

（6）残余物管理

与热氧化系统相关的残余物包括 PCC 和 PIC。Cat-Ox 系统还有额外的残留物管理问题，其中包括处理废催化剂。

对完全燃烧的产品应按相关规定处理残留物。热氧化剂的高工作温度可能会导致需要额外处理的不期望的副产物的形成。高温有利于 NO_x、一氧化氮和二氧化氮气体的形成。当分子氮（来自空气）和氧气发生反应时，一氧化氮会出现在 1300℉以上的温度环境中，其反应式为 $N_2+O_2 \longleftrightarrow 2NO$。一氧化氮和氧气可以在较低的温度（通常低于 1300℉）下反应并形成二氧化氮，其反应式为 $NO+0.5O_2 \longleftrightarrow NO_2$。$NO_x$ 气体会导致光化学烟雾的形成，且在高气温下会引起与呼吸相关的健康问题。NO_2 气体通常不会因 SVE 的应用而产生，但可以由含氮的 VOC 形成显著的 NO_x。由于通过热氧化处理后的 SVE 废气体积相对较少，与其他燃烧源相比其 NO_x 对大气水平的贡献相对较小。如果存在足够的含硫化合物和足够高的温度则可以在 SVE 废气处理期间形成类似的 SO_x，当然，在 SVE 废气处理期间能够形成适合 SO_x 产生的条件是非常罕见的。

不完全燃烧的产品应按相关规定处理残留物。热氧化产生的最常见的残留物是一氧化碳(CO)。PCDD/Fs 也可以形成 PIC，其潜在的形成能力已成为在一些位置使用热氧化剂的关键性制约因素。为使形成的 PIC 趋于最小，大多数商业热氧化系统都设计有足够的燃料/空气混合过程且均在高温下工作。美国 EPA 总结了在燃烧过程中形成 PCDD/Fs 的三个主要场合：燃烧过程中源材料中存在未完全破坏的 PCDD/Fs；来自前体化合物的燃烧过程中 PCDD/Fs 的形成，其可以是结构上类似于 PCDD/Fs 的氯化芳族("环状")烃；当经处理的气流被冷却(称为"从头合成")时，在燃烧室下游的管道系统中的简单有机化合物会形成 PCDD/Fs。二噁英的形成由以下附加条件催化，即温度在 480~840℉(此时会表现出最高浓度的 PCDD/Fs)；废气中的颗粒物质中含有金属或其元素氧化物或其他化合物；在气相中存在超量的金属催化剂(比如铜、铁、锌、镍、锰、铬、钛或钒)。PCDD/Fs 的形成长期以来一直是市政垃圾焚烧最关注的问题，促使其形成的参数通常理想化。焚化炉可以处理含有 PCDD/Fs 的材料，这些焚化炉包括工业、市政和《固定资源保护和恢复法案(RCRA)》规定的危险废物焚化炉。通过提高燃烧效率可降低 PIC 的形成，这些焚化炉能够将排放量减少到可接受的水平。不完全燃烧通常是指空气(氧气)、混合和/或温度条件不足以支持燃烧过程中 PCDD/Fs 的完全破坏。在这些焚烧炉中处理氯化或氟化化合物可以形成温度 930℉左右的 PCDD/Fs 前体，这种温度范围在垃圾焚烧炉热回收系统中可能会维持相当长的时间，在这种系统中形成高压蒸气比较常见。另外，这些焚化炉内的气体在所谓的从头温度范围(480~840℉)之间通常会具有大量的后燃烧时间。这个温度范围是典型垃圾焚烧炉半干洗涤装置特有的。垃圾焚烧炉也拥有必要的颗粒物质用于从头合成。这些焚化炉产生大量的、含有非常高的浓度的重金属颗粒物。燃烧烟气可以接触这些颗粒并催化 PCDD/Fs 的形成反应。有关 PCDD/Fs 形成的更多信息可参考美国 EPA 的工作手册或相关规范。尽管世界各国均在垃圾焚烧炉 PCDD/Fs 排放量以及各种化学和制造业方面规定有相应的技术参数，但有关 SVE 尾气热氧化剂的数据仍相对欠缺。EPA 概括性地阐述了前述三个主要场合 SVE 废气热氧化时 PCDD/Fs 形成的潜在机理，分述如下。

在第一种场合，由于 SVE 系统通常不用于处理存在 PCDD/Fs 污染的场所，因此这种情况是不可能发生的。用于处理 SVE 废气的热氧化剂的 PCDD/Fs 排放的有限测量数据表明，当芳族化合物存在于 SVE 废气(从地面或从环境稀释空气中提取)时它们会在氧化剂内被破坏。

在第二种场合，这种情况在大多数 SVE 站点中出现也是不可能的，因为 PCDD/Fs 前体的最常见化合物是氯苯、氯酚和多氯联苯(PCB)，这些化合物不经常存在于使用 SVE 的场合。这些化合物中只有较低分子量的化合物，包括单氯苯、苯酚和可能的二氯苯，它们具有足够的挥发性因而可通过 SVE 系统萃取。另外，运行在 930℉的 SVE 系统的热氧化通常仅持续非常短的时间，当热回收系统使用烟道气淬火时其使用的时间较短。

在第三种场合，SVE 修复部位通常能观察到的氯化 VOC 是氯化脂族化合物，比如氯乙烷和氯乙烯。这些化合物通常不被看作是 PCDD/Fs 形成的前体，但它们可以是用于从头合成的源材料的候选物。这种情况是使用热处理装置的 SVE 系统最可能形成 PCDD/Fs 的状态。然而，由于氯化化合物燃烧时可以增加设计温度和停留时间，因此可以限制 PIC 的形成。另外，氯化 VOC 燃烧时通常使用湿式洗涤系统，这些系统的运行温度低于 200℉，其可将燃烧气体快速冷却至低于合成温度的范围以下并使二噁英的形成潜力趋于最小。

（7）成本与经济学分析

当涉及高浓度 VOC 时，热处理通常是 SVE 尾气处理中最具成本效益的修复技术，并且该技术可在相对较短的时间内持久地、有效地破坏污染物。设计、建造、安装和运行 SVE 废气热处理系统的成本主要由以下几个因素决定，即预期的废物流量；废物流的组成以及组成随时间的变化(其主要影响金属化和后燃烧处理工艺)；热回收程度和要求的 DRE。由于特定位点的主要因子对成本具有巨大影响，因此，难以对不同热处理系统的成本进行比较，这些因子包括热交换程度；可用能源的类型和成本；所处理的污染物的浓度和类型。传统的描述成本与容量的标准成本曲线一般不适用于这些因子，成本只决定于特定的现场情况，但一些基于案例研究的成本指南可为具体 SVE 项目的资本和运营成本提供一定的借鉴。

资本成本的评估应合理。资本成本包括热处理系统的设计、采购、施工和安装成本。影响资本成本的关键因子包括清除废气流量和组成；催化剂的存在与否；是否需要进行热回收；残留物管理要求(应兼顾后热处理要求)；设备的预期寿命(应兼顾重复使用问题)。欧美发达国家开发有资本成本控制的关键管理工具软件，该软件具有一定的灵活性，其可变相应用于其他 SVE 尾气处理场所或其他修复应用工艺(比如空气脱除器处理蒸汽)，从而使各种用户能够对一些资本成本进行评估。

FRTR 给出了一系列不同规模热氧化器件的相关设备成本。其设备成本从 100～20000 美元/m^2 不等，500scfm 单位成本为 10 万美元，2000scfm 单位成本为 20 万美元。以上述因子为依据，实际资本成本可能会与这些估计存在很大差异。下面介绍的几个案例给出一些具体现场条件的资本成本。

第一个案例使用电动 Cat-Ox 系统对某地一个 SVE 系统的废气进行了五年的修复，所关注的主要污染物是甲苯。由于可用性和易用性问题，人们选择电力作为补充热能而不是利用天然气。Cat-Ox 系统的容积为 300scfm，工艺催化温度为 630℉，有效空气-空气热交换器为 65%。购买氧化剂的成本为 42000 美元，安装成本为 6000 美元。

第二个案例处理的是一个繁忙的零售石油工厂，其 SVE 系统使用天然气燃料热氧化剂(非催化剂)，修复历时一年。SVE 废气中的主要污染物是汽油。氧化剂的规格符合要求，容量等级为 300scfm，燃烧室工艺温度为 1460℉，无热回收(无热交换器)。购买氧化剂的成本为 32000 美元，安装成本为 8000 美元。氧化剂在 1 年后的回收价值约为原始购买价格的一半。

第三个案例是安装了天然气燃料 Cat-Ox 系统来处理 SVE 系统中的 PCE 蒸气。设计流量为 500scfm。还采用聚氯乙烯洗涤器处理来自氧化剂的酸性气体，不包含热回收系统。洗涤器的购买总价格约为 25 万美元。借助额外添加的陶瓷热回收元件，系统的 DRE 从初始的 91%提高到 99%，有效提高了反应温度但并未增加公用事业燃料消耗。

经营成本应合理计算。运行成本是指安装系统后的工程实施成本。影响运营成本的关键因素包括：所需能源的类型、价格和数量(最常见的是电力、丙烷和天然气)；加入的热处理器件系统的安全度(比如，出于安全原因需要排气稀释时可能会影响所需的能量)；需要运行和维护的水平；对于 Cat-Ox 系统还包括维护、处理和替代催化剂的成本。在 SVE 废气处理分析和选择中运行成本的考虑至关重要，因为它们通常是 SVE 使用寿命期间的主要成本。

通常情况下，运行在 100~200scfm 的 Cat-Ox 系统的年能源成本如下，即燃烧系统采用天然气或丙烷时每 scfm 的成本为 20~40 美元；采用电加热系统时每平方英尺为 50~100 美元。运行 100scfm 氧化剂的天然气成本通常为每年 2000~4000 美元，而借助电力补充热量的同一系统的能源成本为每年 5000~10000 美元。处理汽油和石油化合物时，其较高的污染物浓度会降低燃料使用量并进而降低年度运行成本。

能源成本也可以按天计算。单独运行的 100~200scfm 的典型 Cat-Ox 系统的日常能源成本为每天 8~15 美元(采用天然气或丙烷燃烧系统)和每天 20~40 美元(采用电加热系统)。因此，每年运行 250 天的 100scfm 氧化剂其年度能源成本一般为 2000~5000 美元，具体成本取决于是否将天然气或电力作为补充燃料。另外，能源成本会随市场状况而波动。下面的几个案例可为一些特定站点条件类似的站点的运营成本评估提供参考，使用的案例仍然是前述资本成本评估时的 3 个案例。

第一个案例的典型废气流量为 250scfm，最大污染物质量为每天 22lbs(260ppmv 甲苯)。由于季节性高水位和冬季天气影响，整治系统每年运行时间约为全年时间的 70%。电力利用率为每千瓦时 6.5 美分(不包括每月的服务费)。在整治项目的使用寿命期间，总共处理了 10000lbs 的污染物。运行氧化剂的每日用电费用约在 35 美元，近零浓度废气的处理电费为每天 25 美元，主要用于废气中的最高浓度污染物。氧化剂处理 5 年后的总电费为 42000 美元。

第二个案例的地下典型提取流量为 230scfm，最大污染物提取率为每天 130lbs (1600ppmv)，持续数周。一年后，浓度降至每天 10lbs 以下，此时氧化剂被活性炭系统置换。在运行年份，氧化剂破坏了 1.6×10^4lbs 汽油。氧化剂年燃料成本为 48000 美元，平均每天约 130 美元。如果氧化剂用电来加热废气则平均每日成本为 350 美元(电费每千瓦时 6.5 美分)。

第三个案例中的天然气消耗量为每天约 190 美元(每年 69000 美元)，燃料成本为每千瓦时 6.5 美分。

（8）发展现状

热氧化是一种成熟、有效的、具有成本竞争力的常用 SVE 废气处理技术。目前热氧化的研究和开发主要集中在技术改进上。欧美发达国家有许多热氧化系统的供应商，尽管不是所有的供应商都提供用于 SVE 尾气处理的系统。通常情况下，供应商在包装中均会介绍辅助设备(比如热交换器、浓缩器、后氧化处理系统和控制系统)方面存在的差异。对于 SVE 应用工艺，可移植性是其关键因素，移动滑板和拖车上的软件包应确保随时可用。

9.6.6 ICE 技术实施的相关规定

ICE 是一种用于处理从石油污染地点提取的 SVE 废气的热处理技术。当 SVE 废气存在中高浓度 VOC 时，ICEs 可最有效地控制其排放。这类系统主要用于 SVE 运行的初始阶段，在不稳定土壤中存在大量"浮动"或残留 NAPL 的加油站地点也常采用其进行罐式除气操作。

使用 ICE 处理受污染的废气具有特定的场地优势。污染的废气流在发动机的化油器中与空气混合，并且如果需要的话还可将其混合在燃料中，然后再在发动机中正常燃烧。在污染的废气流中使用 ICE 来破坏 VOC 的优点主要表现在以下几个方面：操作简单；借助来自发动机的有用的机械能可以从井中提取蒸气，而不需要额外的鼓风机或泵；具有相对高的 DRE 值；可在污染物的整个爆炸范围内以及非常高的流入条件下进行作业；许多标准燃料都可以作为发动机中使用的辅助燃料，包括天然气和丙烷；该技术通常不用于处理氯化 VOC 化合物，除非它们与石油 VOC 共混。国际商业供应商 Remediation Services（RSI，即以前的 VR SystemsInc.）估计，目前正在运行的处理 SVE 尾气的 ICE 项目已有上千家。

（1）技术简介

目前，RSI 是 ICE 修复设备的主要商业供应商。该公司可提供三种规格的系统以便处理流量为 65~500cfm 的 SVE 尾气，并可提供高达 18in Hg 的真空。图 9-6-8 为一个典型的 ICE 系统。RSI 制造的系统是福特汽轮发动机，其利用 SVE 从地下提取的烃蒸汽作为燃料进行燃烧以运行 ICE。ICE 提供了一种处理 SVE 废气的方法，并且还可以产生从地下蒸气提取所需的真空，可实现的真空度可能不足以满足所有的应用要求。来自 ICE 的废气可以在通过标准的汽车催化转化器后，以完全氧化或经过活性炭处理后排放到大气中。根据入口废气流的浓度和 BTU 值情况，可灵活使用诸如丙烷或天然气之类的补充燃料来维持发动机的平稳运行，因为在 SVE 系统运行期间烃类浓度可能会发生波动。

（2）适用性

确定特定场地 ICE 适用性的主要因素是污染物的化学特性、预计入口废气浓度以及待处理土壤的渗透性。ICE 系统仅适用于处理非氯化挥发性有机化合物，并且其在正在进行游离产物回收的 MPE 场所中的应用变得越来越普遍。ICE 在处理废气中高浓度 VOC（通常不低于 3000ppmv）时最有效，低污染浓度（小于 1000ppmv）的废气处理可能不宜采用 ICE 技术。

图 9-6-8 一个典型的 ICE 系统

卤代 VOC 燃烧会产生腐蚀性气体，这些气体会破坏发动机部件以及催化转化器。大多数 ICE 系统处理的入口蒸气浓度可远高于 LEL 值(比如空气中的汽油含量达到 1%)，有的甚至可接近爆炸极限(UEL)的上限(比如空气中的汽油含量达 7%或 8%)。如果场地土壤具有非常低的渗透率(固有渗透率小于 $10^{-10}cm^2$)，则 ICE 进气口提供的 18in Hg 真空度可能不足以满足 SVE 的操作要求。但 ICE 可以为单独的高真空 SVE 风机提供功率以处理较低渗透率的土壤，并仍然可对提取的蒸气进行处理。ICE 系统具有独立性，其不需要借助外部电源，该功能在电力不容易取得或其他可行的经济领域特别有用。

（3）限制条件

如前所述，ICE 不能处理卤代 VOC。其他限制主要体现在以下几个方面：相对湿度应小于 95%；随温度的降低或压力的增加，高湿度的蒸气会冷凝；冷凝可以降低废气处理的效率并降低系统组件性能；可以增加空气-水分离器以使冷凝最小化。通常情况下，其保证率具有有限性。一些示范项目显示，用于 SVE 尾气处理的 ICE 的持续时间可以超过 15000h(相当于连续运行 1.7 年)，工厂建议应维护系统的运营且在必要时可以重建 ICE。

在住宅区附近修复时 ICE 系统可能会产生干扰噪声，为此可以通过噪声抑制屏障和掩盖栅栏来减轻这种干扰。

（4）性能

国际原子能机构可以有效地处理较高浓度的非氯化挥发性有机化合物，处理后的 DRE 值通常在 90%~98%。相关文献介绍，当空气燃料比率恰当时处理石油烃蒸气的 DRE 值可超过 99%；如果空燃比不合理(比如，在 SVE 废气中氧气或碳氢化合物含量发生显著变化时)则 DRE 值会相应下降。处理高浓度 VOC 蒸气流时，ICE 系统是最具成本效益的技术，即使在 30000~40000ppmv 的入流浓度下 ICE 系统仍能保持平稳运行而无须补充燃料。

1993 年以来，ICE 技术已在欧美发达国家数以百计的空军基地进行了修复测试。这些系统大多由 RSI 提供。在某空军基地(AFB)，一个用于处理汽油蒸气的 ICE 技术处理 BTEX 化合物获得的 DRE 值超过了 99%、总挥发性烃类的 DRE 值超过 96%。在不同国家 4 个 AFB 地点运营 ICE 系统修复含有汽油和 JP-4 成分的蒸气流获得的 DRE 值都超过了 99%。

（5）工程注意事项

RSI 的 ICE 系统设计实现了智能化，是具有数据记录、性能监测和工艺控制功能的全自动化系统。由数据记录器定期监测的 ICE 操作参数包括油压和温度、冷却液温度、排气温度、排气中的氧气百分比、提取流量、应用真空度、空燃比、补充燃料消耗和发动机工作时间。空燃比和补充燃料投入率的调整可以由车载计算机自动进行以维持可接受的 DRE 值水平。

ICE 运行期间(类似汽车发动机)需要日常维护。长期的 ICE 维护对象主要是电池和催化转化器，应每 5000~10000h 维护一次。另外，可能还需要进行复杂的维护以保持适当的空气-燃料比，还应在存在过多的热、灰尘以及发动机振动时对车载计算机或数据记录器故障进行排除。RSI 为其 ICE 装置提供了许多增强功能，其中一个发动机模块就可以使每个发动机拥有高达25kW，另外还有背压和增加VOC-DRE值的负载模块以及集成的提取/处理系统，比如真空汽提和MPE系统。

（6）残留物管理

除了润滑油和冷却剂(可回收利用)之外，与ICE技术相关的主要辅助废物流不需要进一步处理或处置。与热氧化剂处理方法一样，进入废气中的大多数污染物和补充燃料会在ICE中燃烧。借助标准催化转化器可将ICE废气中的各种剩余的烃氧化。同热氧化剂处理方法一样，CO、NO_x 和 SO_x 等燃烧副产物也会在ICE中产生，但这些化合物通常不是因为使用ICE处理SVE尾气形成的。如果一个ICE运行的DRE值超过99%，那么其副产品的形成可能就不是一个值得关注的问题，但由于ICE需要进行适当的“调整”、监控和维护才能保持其健康运行(跟汽车发动机一样)，因此这些副产物的产量可能会在维护期间有所增加。

（7）成本与经济学分析

ICE的资本成本几乎完全取决于其设计处理的流量。处理碳氢化合物蒸气的总体成本取决于所需辅助燃料的成本和数量等因素。在合适的现场条件下，ICE似乎是一种经济有效的废气处理技术。一般来说，ICE技术会随VOC浓度的增加而变得更具成本效益。AFCEE的报告表明，其对100scfm萃取速率和1000ppmv平均总蒸气烃含量的SVE尾气处理的成本与热氧化方式大致相同，是20%Cat-Ox系统运行一年且使用颗粒活性炭(GAC)进行处理时成本的40%左右。在平均总碳氢化合物含量为5000ppmv的情况下，ICE的成本为热氧化成本或100scfm速率Cat-Ox加GAC处理系统成本的10%左右(主要取决于不同热量修复系统的燃料成本)。

（8）发展状况

ICE系统可在非氯化修复现场商业化处理废气。现有数据表明，ICE似乎是一种具有成本效益的技术。这种成本效益归因于该系统提供了一种优异的废气处理方法，并且还可产生SVE系统运作所需的真空。

9.6.7 吸附技术的宏观原理与要求

吸附是工业过程和土壤修复领域处理含有VOC废气的传统技术方法。在涉及废气处理的SVE项目中70%使用吸附方法。处理SVE废气的最常用吸附剂是活性炭。其他吸附剂还有铝硅酸盐“沸石”和合成聚合物。上述三类材料都通过物理吸附捕获和去除VOC来处理受污染的废物流。吸附时污染物被收集在颗粒、微珠或吸附剂介质晶体的表面(主要是内表面)上。吸附的化合物以物理的方式比较松散地聚集在一起，并且可以通过加热或真空过程容易地释放(解吸)。

不同的材料具有不同的吸附能力，人们将其称为“吸附等值线”。该指标以每磅吸附剂在给定温度下吸附的污染物的磅数来测量。该等值线是蒸气中污染物浓度(或分压)、VOC介质可达到的温度、总环境压力和吸附区域的函数。由于碳、沸石和聚合物具有各自不同的孔径和表面积变化，因此每种材料和各种污染物的吸附等值线是不同的。这些因素决定了每种吸附剂可以吸附的污染物的量。合适的吸附材料的选择主要取决于被吸附污染物的功能，但某些吸附剂的吸附能力可以随气流相对湿度的变化而增减。

碳是人类发现的第一种具有大表面积的材料，其具有降低化学物质逃逸的能力，越接近碳的内表面这种性质表现的越明显。后来，人们发现沸石和聚合物吸附剂也具有这种性质和大的内表面积。每种类型的吸附材料均有其特定的优点。活性炭具有悠久的使用历史和数以千计的案例研究成果，而其他吸附剂仅在近几年才应用于处理SVE系统的废气。关于吸附技术的进一步信息可以参考USEPA、USACE的技术公报、工程手册以及相关的规范或专著。

9.6.8 活性炭吸附技术实施的相关规定

活性炭由于其比表面积大、微孔而成为一种优良的吸附介质，活性炭的微孔比聚合物吸附剂中的人造最小孔还小，通常为2~500Å(1Å=1×10^{-10}m)。活性炭的表面积通常为800~1400m^2/g。在气相活性炭吸附中，通过物理方法将污染物吸附到"活化"碳颗粒、珠粒、颗粒或粉末的表面上，从而将蒸气流中的污染物去除。由于颗粒形式的活性炭通常用作吸附剂，因此这些系统被称为GAC系统。使用的碳是通过以下工艺获得的，即将煤、木材、树皮、椰子壳和其他材料在氧气限制环境中通过高温蒸气进行热解活化以除去作为气体或蒸气的所有挥发性物质，最后仅留下碳。以上各种初始材料会形成性质略有不同的GAC以满足特定的应用。比如，与煤基碳比，椰子碳通常在更高的湿度下才会有更好的表现。活化后的碳可以在使用之前使其部分氧化以扩大其孔径。

（1）技术简介

碳吸附的处理过程比较简单。来自SVE系统(或工业过程的蒸气排放)的废气通过鼓风机和真空泵吹送或吸入使其通过活性炭。气相污染物流过包含活性炭的填充床或容器并被吸附到碳的表面上，直到来自碳床的流出物中的VOC浓度超过可接受的水平为止。大多数吸附系统由串联或并联连接的一个或多个容器组成。这些容器可以是碳盒、碳罐、碳桶、碳缸或碳箱。典型的设备系统包括含有150lbs碳的55加仑桶；8in直径的容器、约4000lbs碳；12in直径或更大的容器、含有超过10000lbs的碳。活性炭通常可吸收其重量的10%~20%的物质，但当相对湿度高于50%时会因吸附水而降低其吸附容量。

吸附剂系统可采用固定床、移动床或流化床的形式。在固定床系统中，吸附剂被包含在正方形或圆柱形的处理室内，被污染的蒸气铅直向下或水平穿过处理室。固定床吸附系统是SVE尾气处理中最常见的。在移动床系统中，吸附剂被收纳在两个同轴旋转圆筒之间，蒸气在两个气缸之间流动。气缸旋转时部分吸附剂被再生，而其余部分则继续从蒸气流中除去污染物。在流化床系统中，污染的蒸气向上流过吸附剂容器。当吸附剂饱和时，其在容器中缓慢地向下移动到缓冲箱中，再传递到再生室，最后传递到吸附剂室的顶部以供重新使用。典型的可再生系统见图9-6-9。

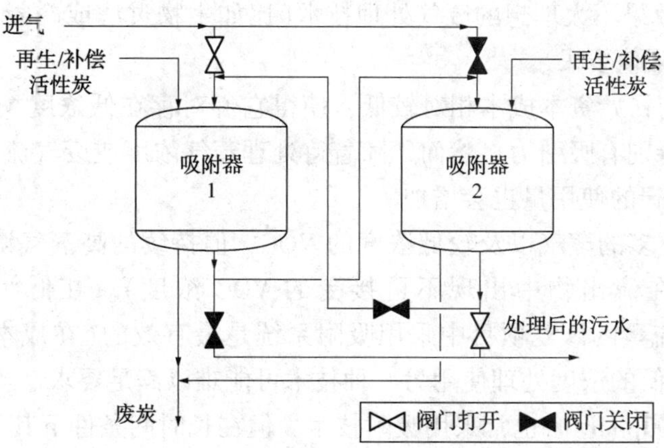

图 9-6-9　典型的可再生活性炭系统

活性炭一旦达到其吸附能力就可以进行再生。当然某些类型的碳系统是不可再生的(比如碳罐)，而其他类型的碳系统则是可再生的(比如固定床)。一旦吸附的化合物饱和，可再生系统中的碳就会被处理以除去吸附的化学物质并允许再次使用碳。通过改变床中的条件可以从碳中解吸污染物而对其进行再生。该过程是通过使用热空气或蒸汽提高温度、降低分压或引入更强的吸附材料来置换 VOC 而实现的。

可再生的碳可以在适当的位置再生(通常借助蒸汽或热空气再生)，也可在场外再生设备中再生，还可在使用时进行处理。在现场可再生系统中，通常会保持一个或多个碳容器的连续运行，而其他碳容器则被再生。利用蒸汽进行现场再生的系统通常包括锅炉、给水供应和处理系统、冷凝器、分离器、用于回收污染物的储存器(罐或桶)、干燥空气源(比如过程离开在线吸附器或压缩机气体)。使用热气体进行现场再生的系统包括气体储存(气瓶或罐)或现场气体发生器、气体加热器、冷凝器和污染物储存设备。气体系统通常不需要分离器，因为冷凝物是单一有机相，但可能需要用于冷却流体的风扇或泵。再生可能会导致一些污染物在碳中被吸附并保持不变，这些残留污染物可能会降低碳的吸附能力，碳可以再生的次数是决定于这些残留污染物的，当吸附能力变得太低时就需要更换碳。

(2) 适用性

GAC 系统是稳定的，因为它们对提取蒸气浓度的快速变化不敏感。GAC 系统的另一个特点是，尽管一些高极性和/或挥发性有机化合物(比如氯乙烯)以及具有较小分子结构(比如甲醇和甲醛)的挥发性有机化合物(VOC)不能被其吸附，但它们仍可用于处理各种 VOCs。因此，GAC 系统可用于捕获和控制来自现场土壤修复和工业过程中排放的大多数 VOC 和氯化 VOC。也可以通过浸渍 GAC 以除去附加污染物，这些污染物包括硫化氢、汞和氨等。GAC 系统在去除非极性有机物方面比沸石或合成聚合物体系更有效。

对于高流量工业处理领域，GAC 系统可以与其他技术一起使用，比如冷凝或热处理。在一些工业应用中，GAC 系统可以充当浓缩器，从而使冷凝或热处理更具成本效益。活性炭与另一种技术结合使用最常见的工艺是“抛光”过程(即表面清扫)。也就是说，GAC 经常在效果不太理想的废气处理技术(比如生物过滤或冷凝)完成后使用以确保 VOC 排放满足限值要求。

碳吸附系统的初始资本成本相对较低，使得它们对存在低浓度 VOC 的情况或短期 SVE 废气处理时特别有吸引力。然而，随着待处理蒸气浓度或废气流量的增加(运行和维护成本增加)，碳的使用量也会增加。

碳床会吸附更多的蒸气以及较低浓度的 VOC，但持续的高蒸气浓度会导致碳被更快的“突破”(即在流出物中出现不可接受的 VOC 浓度)。在低污染物浓度(小于 100ppmv)和中等流量的修复项目中采用吸附系统是最有效的(在成本和残留物管理方面)。这些相对较低的浓度处理使用另一种技术可能难以满足要求。当最初预期的 VOC 排放量在 500~5000ppmv 时也常采用吸附技术，但在长时间条件下其可能难以保持较高的处理水平。对于较高浓度或较长时间的高浓度采用热处理、隔膜分离器和冷凝器可能会更经济可行。

(3) 限制条件

一般来说，GAC 是一种非常强大且成本效益高的蒸气处理技术，因此，它在蒸气处理中应用很普遍，特别是在 SVE 废气处理领域。但使用 GAC 进行 SVE 尾气处理有许多需要重要考虑的因素，这些因素会限制其应用。

该技术的主要限制条件是当存在高流入浓度时会带来与吸附剂更换或再生相关的高操作成本。使用更多的资本密集型现场再生系统可以使这些成本趋于最小化。根据再生频率和系统运行的温度，应每 6 个月至 5 年更换一次碳。

碳既不完全疏水也不亲水，并且对极性和非极性分子都具有亲和力。由于其对极性分子的亲和力，因此水易被活性炭吸附。这个因素导致高湿度废气流存在时碳的吸附能力会降低，因为碳会优先吸附极性水分子，并且在碳的表面上会形成一层水。这种水膜会阻碍 VOC 对碳的自然吸引力。当污染蒸气的相对湿度大于 50%时，沸石或合成聚合物可被认为是更合适的吸附剂，因为它们对水的亲和力低于活性炭。然而，这些材料可能不像添加除湿设备那样具有成本效益。气流中 100℃以上的温度也可显著降低碳的吸附能力，活性炭通常不用于热处理技术，这归因于热单元及其相关高温流出物固有的高效率。

随着蒸气中污染物浓度的增加，碳的使用量会增加。碳排放或再生的相关成本也会随入口蒸气浓度的增加而增加，因此，在 SVE 系统运行的初始阶段通常会遇到较高蒸气浓度的条件下，其他蒸气处理替代方案可能更具成本竞争力。吸附系统可以设计成处理高流速和高蒸气浓度模式，但与频繁的碳置换或再生相关的成本比，使用其他废气处理技术(比如热氧化)可能更具吸引力。活性炭对于高极性 VOC(比如醇类和有机酸)或氯乙烯、甲基叔丁基醚(MTBE)、二氯甲烷之类的高蒸气压(高挥发性)化合物是无效的。当处理作为塑料单体(比如苯乙烯)的 VOC 时，系统设计需要考虑在 GAC 床上发生聚合反应的可能性，这种情况可能导致床上出现桥接和聚集问题，聚合反应通常需要热量输入，因此，这个因素是现场可再生 GAC 系统特别值得关注的问题。

另一个问题是某些化学物质一旦被吸附就会导致碳床着火，通过活性炭吸附 VOC 出现最多的现象是放热(即释放能量)。由于酮(比如 MEK 和 MIBK)、醛类和类似的有机化合物的吸附热特别高，吸附过程中释放的热量可能会导致碳自燃并导致床着火。因此，处理这些化合物时可能需要采取特殊的防火措施。

碳吸附可以处理流出物流，直到浓度（在气体或吸附床中）达到 VOC 的 LEL 值的 25%为止。在这种浓度下会出现防火安全问题，因此，废气必须借助环境（清洁）空气进行稀释。对于大多数 VOC 而言，LEL 值的 25%处于 2500~10000ppmv（表 9-6-2）。

（4）性能

精心设计的吸附器系统应在输入浓度为 500~2000ppmv 的情况下使 DRE 值在 95%~98%的水平，在较低浓度下的 DRE 值通常大于 98%。去除能力应努力达到最大值（直到吸附剂床的吸附能力达到极限）。碳吸附能力是指在穿透发生之前可吸附到给定质量碳上的污染物质量。

目前尚未有一种可以一致和准确地预测吸附系统性能的理论方法。碳吸附是基于从气相到碳表面的平衡分配原理的。碳吸附能力受工艺流中污染物浓度和吸附发生温度的强烈影响。通常情况下，蒸气流中污染物浓度越高，碳的污染物吸附能力越高；相反，温度越高，吸附能力越低。大多数碳制造商都使用经验吸附等值线数据来预测特定吸附剂对不同流入浓度下特定污染物的吸附能力是否能够达到要求，并以吸附容量作为恒定温度下浓度的函数。

如上所述，蒸气流的相对湿度对 GAC 系统性能的影响很大。因此，潮湿的热再生碳床不会像冷干碳床一样有效地除去 VOC。蒸气可再生碳系统通常包括使用清洁的环境空气进行再生的干燥循环。GAC 床中的水分也可以促进碳上的生物生长，因而可以减少用于吸附的床中的表面积，并且会对通过床的空气流动产生阻碍作用。同时，来自入口蒸气的高颗粒负荷也可以减少通过床的流量。

（5）工程注意事项

如上所述，从系统运营到发生碳突破的时间可能很短，其原因有几个，通常可能需要频繁的进行碳替代或再生，比如，在存在高入口蒸气浓度、吸附不良的化合物（比如 MTBE）或存在非常高湿度的蒸汽时。实践中，人们通常将两个或多个 GAC 床串联排列，以便在一旦发生初级处理容器的突破时确保污染物的排放遵守当地法规要求。大多数固定床吸附系统由串联或并联连接的一个或多个吸附床容器组成。系列化的布置允许污染物和吸附剂拥有更多的接触时间，还允许对主要容器的流出物进行突破性监测，确保其不会将污染物排放到大气中。平行布置可适应较高的流速并可增加系统的总体吸附能力。对多容器系统而言，通常采用柔性管道以便允许其可在并联或串联配置之间方便地互换。

许多化合物的吸附等值线数据可从制造商处获得，并且在系统设计过程中应参考这些数据。对特殊情况可以借助批次等值线测试来确定系统的规模以及对碳的使用要求。用于碳吸附床的线性速度通常在 8~100fpm，尽管这取决于系统，但目前已高达 200fpm。污染物的停留时间通常是几秒钟，但目前最长可以达数百分钟。

工艺流中的高温和相对湿度可以降低系统的吸附能力，但温度和湿度的短期波动不会导致显著的系统紊乱。在碳处理之前，通常借助水分分离器除去夹带的水滴。虽然较高的温度也可以降低吸附能力，但这种影响不是非常严重，因此，设计中有时会包含一个小型再加热器以减少进入时的湿度。更有效的湿度控制是在蒸汽通过水分分离器之前进行冷却，然后再将其加热到较低的温度来实现。处理 SVE 时颗粒浓度通常不受关注，因此 GAC 单元的“上游”颗粒很少进行过滤。此外，通过减少可用于吸附的碳表面积、床颗粒物以及生物生长的堵塞或掩蔽来降低吸附能力。

在最初的操作循环期间可能存在火灾危险，因为碳上几乎没有水分作为散热器，并且在该循环期间会有比其他任何循环更多的污染物被吸附。VOC 浓度高时，在 SVE 系统的初始操作期间会发生上述情况。由于吸附反应是放热的，相对较大量的 VOCs 在干燥的原始碳上的吸附可以释放足够的能量，将蒸气的温度从 100℉升高到超过 250℉，这足可以熔化在吸附器出口处的塑料管道。这种热量也可能导致爆炸或火灾发生，尤其是在蒸气含有易燃或易燃化合物时，处理酮、醛和类似的有机化合物时应尤其关注这个问题。大多数碳床火灾发生在元件长时间停滞不前的情况下。为了尽量减少发生这类火灾的可能性，可以进行下面一项或多项工作：通过对流和蒸发冷却降低温度；保持流量大于 2fpm；从系统中除去氧气而使用氮气或水。

需要再生的碳床应在吸附和解吸循环中再生，直到达到稳定的吸附量和解吸量。由于捕获和逃逸分子之间存在一种平衡，碳(和一些聚合物)在再生过程中会继续重新捕获微孔中的分子。因此，在再生之后，由于这些残留污染物的影响，碳仅能吸收原始材料吸附量 50%的污染物。可再生碳的次数是以这些残留污染物为参照的，当吸附能力变得太低时就需要更换碳。调整吸附床时必须考虑这个问题。

传统的碳吸附器再生系统利用蒸汽来提高吸附 VOC 的温度并将其从碳中煮沸，这个过程被称为“热摆动再生”，因为在这个过程中环境温度通常在 250~350℉。解吸后，用吹入碳床的冷却空气代替蒸气有助于干燥床，并可除去可能抑制未来吸附的任何多余的水。如果空气流量和浓度发生变化，传感器会显示再生已经完成。热再生也可使用微波和加热氮等其他方法进行。Purifics ES Inc. 有一项该方面专利申请，其采用了相萃取技术，该技术利用热量再生活性炭过滤床来处理 VOC 和 SVOC。

为了在化学再利用时提高碳的溶剂回收率且借助蒸气使溶剂的污染最小化，可使用真空再生技术。该方法使用真空泵将压力降低到吸附的 VOC 的蒸气压力以下，这会导致 VOC 在不使用热的情况下沸腾。有时，也可通过吹扫气体增强 VOC 的流动。然后可以通过冷凝、压缩或膜分离将 VOC 与真空流分离。如果分离的 VOC 的纯度太低而不能实现分离，则可以通过焚烧来破坏它们。

（6）残留物管理

来自 SVE 废气吸附处理系统的碳通常是从现场取出来进行再生或处理的。吸附剂一般不在现场进行再生。在吸附剂再生期间，污染物被热解吸，并且必须使用其他技术(通常是焚烧)对其进行进一步的处理。特定的用于吸附系统的废碳可能需要作为危险废物进行管理。

（7）成本与经济学分析

碳吸附系统的资本成本基本上与废气流量和浓度成正比。活性炭系统的总成本通常决定于所用碳量(即 O&M 成本)，是 SVE 系统运行时间的函数。所需碳量也会影响鼓风机压降、吸附床规模、现场可再生系统、锅炉和冷凝器规模等方面的资本成本。

欧美发达国家一个 20000cfm 固定床系统的成本分析结果显示，活性炭吸附系统的购买价格为 20~25 美元/m^3。

人们也常用便携式碳罐系统处理 SVE 废气，其购买成本通常比永久的大型工业化处理系统便宜得多。一个经典的 180lbs 的碳罐，包括载具、碳和连接件，其费用约为 600 美元(不包括税、运费或安装费用)。表 9-6-4 给出了大型吸附系统的成本，这些成本包括初始填充碳的成本。以上成本范围以最初提供的原始碳或再生碳为依据，其结果与其他碳供应商给出的估算成本一致。

表 9-6-4　气相活性炭处理装置(含碳)估算资本成本范围

罐尺寸/lbs	直径/ft	能力/cfm	资本成本范围/ $
1000	8	6000	6000~7500
2000	12	8000	7000~8500

欧美发达国家科学家给出过 2 个系统的收费情况，即 1000lbs 和 2000lbs 的典型安装费用为 3200 美元和 4600 美元。活性炭替代成本为 0. 85~2. 00 美元/lbs，其主要取决于网格规模、工作准备和数量情况，其中位数为 1. 50 美元/lbs。每磅重新启动的碳替代成本会减少约 25%。年维护成本占安装资本成本的 3%~10%。

9. 6. 9　沸石吸附技术实施的相关规定

在沸石吸附处理系统中，吸附介质是疏水性沸石填料，而不是活性炭。沸石吸附系统的工艺组件与 GAC 吸附系统的工艺组件相似，即污染物通过物理吸附被捕获并从蒸气流中除去。

(1) 技术简介

沸石的作用类似反向过滤器捕获小分子，捕获的同时让较大的分子通过。由于它们具有间隔均匀且规则的孔型结晶结构，因此，有时也被称为“分子筛”。沸石的孔径约 8~13Å。沸石晶体通常大约具有 1200m^2/g 的比表面积，该值与活性炭的表面积相当。沸石还能够进行选择性的离子交换。

天然沸石是无水的并具有亲水性，是在火山岩和古老的海底沉积层中发现的铝硅酸盐矿物。目前已经确定的天然沸石种类有 40 多个。合成沸石既可以是亲水的，也可以是疏水的，可按要求具有的特定性质进行制造。比如，合成沸石可以制成疏水性的，以使它们具备对非极性化合物(比如许多 VOC)的亲和力，或者能够得到化学增强以靶向特定的污染物。沸石(天然和合成的)被装填在各种尺寸的容器中用于处理蒸气流中的 SVE 废气，当然，它们也可以在现场往容器中装填。一旦吸附剂床饱和，沸石材料就可以进行再生和重新使用，随后必须处理脱附的污染物或通过某种其他方法进行清除。

由于沸石具备高湿度下吸附的能力且其耐燃烧性好，因此，在较低浓度 VOC、较高 DRE 值以及处理要求更严格的某些系统中，应用再生沸石比活性炭更有利。图 9-6-10 显示了一个典型的沸石吸附体系，其所示的系统中包括沸石旋转浓缩器、两个热交换

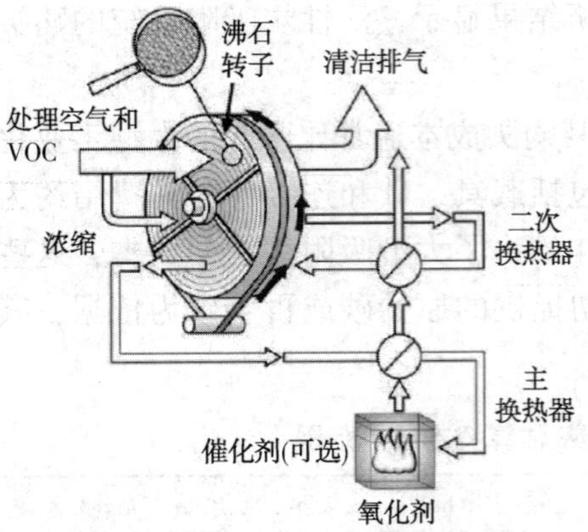

图 9-6-10　沸石吸附体系

器和可任选的催化剂。

（2）适用性

尽管沸石吸附已广泛应用于各种工业领域的空气污染控制技术中，但其在土壤和地下水修复中却应用不多。利用沸石吸附处理 SVE 废气非常罕见。有一些地下水修复项目其设施运行系统中借助沸石来处理产生的氯化蒸气。沸石系统似乎主要用于工业领域中，其通常被用于与热氧化相结合的浓缩器系统。无机结晶沸石是唯一没有在 1800°F 温度下被破坏的疏水性吸附剂。

沸石可用于处理含有 NO_x 排放的蒸气流以及大多数氯化 VOC 和非氯化 VOC。Munters Corporation 的疏水性沸石可用于有效处理高沸点溶剂。高度极性、高挥发性有机化合物降解产物(比如氯乙烯、甲醛、硫化合物和醇)采用亲水性沸石吸附其效果比活性炭好得多。用高锰酸钾浸渍的亲水性沸石对极性物质(比如硫化合物、醇、氯乙烯和甲醛)的去除也非常有效。

目前，人们在利用沸石系统对 SVE 尾气进行常规处理的过程中很少遇到高流量、极低浓度的蒸气流。这可以解释为什么迄今为止其在 SVE 尾气处理中使用较少的问题。前述 Munters Corporation 系统的流入浓度范围为 20～150ppmv，其主要用于含有石油化合物、油漆溶剂和塑料烟雾的工业蒸汽流的处理。美国 EPA 认定的一些沸石吸附系统均属于独立的固定床系统，其流量范围为 3000～30000cfm。

疏水性沸石吸附在吸附系统上的优点使其可以应用于潮湿蒸气流，潮湿不会对吸附床的工作能力产生不利影响。沸石的孔径由其严格规则的晶体结构决定，而碳的孔径则比较宽泛。碳倾向于吸附量大的高挥发性有机化合物(比如萘)，但沸石不吸附大分子。因此，高挥发性污染物会逐渐阻塞较小的碳孔，使其无法进行进一步的吸附，因而会降低碳的吸附能力。同时，高挥发性有机化合物也难以解吸。与此相反，沸石的窄孔径不允许有机分子进入沸石结构中。由于沸石孔径一致度高，因此，其具有比碳更大的吸附能力。这种孔径均匀性在 VOC 减排应用中尤其重要，尤其是在需要从低浓度入口流中以较低的资本和运营成本获得高百分数的去除效果时(比如与常规 SVE 应用中的相关情况)。

（3）限制条件

通常情况下，沸石可以吸附直径约为 8Å 的分子，比如甲醛、甲烷、丙酮、MEK、氯乙烯、苯酚和苯乙烯。然而，某些污染物倾向于在该吸附剂上发生聚合反应，从而导致污染物去除和最终破坏过程的复杂化。比如，苯乙烯会聚合成具有高沸点和大分子量的聚苯乙烯，使得在没有非常高的温度下是不可能将其解吸的。使用高温解吸污染物需要燃料，并会导致用于处理这类化学品的沸石系统的操作成本大幅度提高。

沸石对其具有亲和力的分子的蒸气压吸附等值线是非线性的。蒸气压(或浓度)较高时，这种非线性会使碳或聚合物吸附剂成为系统的更佳选择。

沸石通常不能用于处理具有各种污染物的蒸气流，因为并不是所有的污染物都可以借助其从蒸气流中去除。碳或合成聚合物吸附剂更适合于处理多污染废物流，因为这些吸附剂具有更宽的孔径范围。此外，沸石允许更大的分子通过，并且存在未保留在沸石中而排放到大气里的大尺寸分子的电位。

（4）性能

沸石吸附系统的性能可用吸附剂和流入物的化学和物理性能函数表达。沸石吸附某些化合物的能力取决于其吸附面积以及筛孔的孔径是否足够大，进而可以使目标化合物通过。直径大于 8Å 的分子不能被其有效吸附。在空气中入口浓度范围为 500~2000ppmv 的情况下，采用沸石吸附系统的典型 DRE 值范围为 95%~98%。相关应用已经显示，沸石吸附可将 VOC 入口浓度由 400ppmv 降低至小于 50ppmv，某些情况下的 VOC 浓度可降至 20ppmv 以下。

与碳吸附相比，沸石吸附剂在小于 100ppmv 的流入浓度下具有更高的吸附能力。在较高入口浓度下，与沸石相比，活性炭的吸附能力相对较大。在流入物流的相对湿度未达到 90%的情况下，沸石的吸附能力不会受到湿度的影响。图 9-6-11 和图 9-6-12 分别比较了不同入口浓度和相对湿度下活性炭和 Munters Zeol（专有产品）的相对吸附能力。

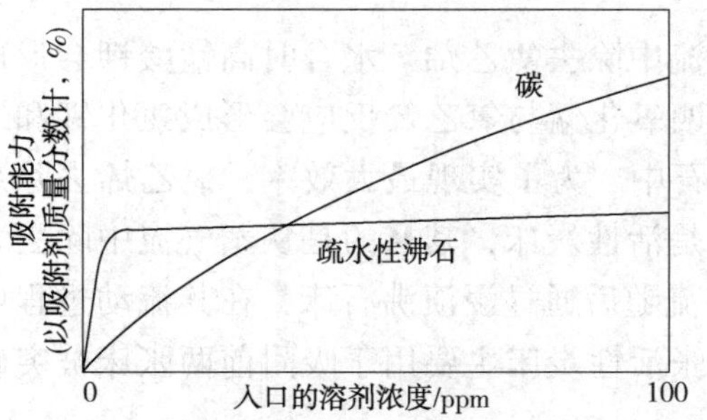

图 9-6-11　入口浓度对吸附剂吸附能力的影响对比

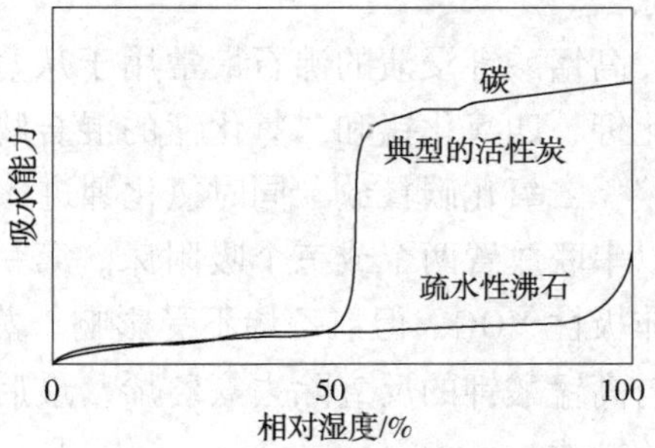

图 9-6-12　湿度对吸附剂吸附能力的影响对比

沸石吸附剂的有效性可通过流入和流出物浓度的比较来监测。与碳吸附一样，其总质量负荷存在局限性，并且随着吸附能力的减少会有突破现象发生，此时就需要将床换出或再生。沸石吸附剂没有特异的或独特的启动或稳态使用问题，如果适用于修复，则其材料的可靠性是不容置疑的。

（5）工程注意事项

沸石的再生方法类似于碳再生，主要是通过加热或抽空沸石以从吸附区域中解吸吸附水合物或其他物质。与 GAC 系统一样，预测沸石吸附剂的突破时间可以借助经验吸附等值线平衡数据，根据预期的或实际的系统流速以及流入浓度来确定。选择沸石时必须知道有效孔径（有时也称为“窗口尺寸”）和每个要除去的 VOC 的有效分子直径。必要时应将孔（或窗）尺寸与 VOC 分子直径进行精确匹配以确保 VOC 会被捕获在床内，而不会因为孔隙太小而逃逸。

吸附能力或吸附等值线（每磅吸附剂吸附 VOC 的磅数）是浓度、温度、面积和压力的函数。必须根据挥发性有机化合物的特点、流量和预期的修复持续时间来评估这一能力。必须明确催化反应的临界温度和压力(用于聚合和氧化)，每个 VOC 和每个沸石均应恰当地设计且应避免上述反应的发生。沸石吸附系统的有效床的寿命或“加工能力”比活性炭长得多。沸石具有比碳或聚合物更均匀的孔径，因此能够在随后再生期间吸附大约 90%的污染物质量作为原始材料。事实上，再生后的沸石很少需要更换。沸石床可以承受高达 1000℉的高解吸温度，这样就可以在再生过程中获得更好的 VOC 解吸效果。为安全起见，通过沸石处理浓缩后的蒸气流的 VOC 水平应维持在该混合化合物 LEL 值的 1/4 以下。

不易被活性炭或沸石吸附的化合物可能是必须借助化学增强沸石处理的目标污染物。比如，用高锰酸钾浸渍的针沸石对酸性气体和低分子量脂肪族(比如甲醛、丙酮和氯乙烯)特别有效。针沸石作为高锰酸钾的载体，可为污染物和高锰酸钾之间发生氧化反应提供必须的表面积。由于其具有多孔结构和优异的抗压强度、较低的成本，因此，可以选择沸石作为其他材料(比如砂或活性氧化铝)的基材。最终浸渍的沸石材料中，高锰酸钾重量占 6%。浸渍材料的最终密度为 60lbs/in^3，约为活性炭密度的两倍。浸渍的沸石的高密度是决定材料寿命的一个因素，因其比活性炭或活性氧化铝基底更不易被分解或粉化。某制造商的现场研究表明，70lbs 浸渍的沸石可将 1 磅氯乙烯从蒸气流中除去。

高锰酸钾浸渍的沸石最常用于从蒸气流中除去氯乙烯。水合时高锰酸钾会形成氢氧化钾、四氧化锰和二氧化锰的混合物。四氧化锰与氯乙烯反应会形成氯化钾和二氧化碳，二氧化碳释放，同时氯化钾进入沸石中。为了实现最大效率，氯乙烯去除系统可以串联放置两个或三个吸附床。第一个是活性炭床，其目的是从蒸气流中除去大多数非极性 VOC，但氯乙烯不受影响。蒸气流随后通过浸渍沸石床，在其流动过程中通过与高锰酸钾的反应除去氯乙烯。最后一张活性炭床主要用于吸附前两张床被突破时的污染物。

（6）残留物管理

与碳吸附类似，沸石技术也需要通过连续的更换或再生来去除和破坏吸附在沸石床上的 VOC。该残留物要求针对的是需要进一步处理或破坏的危险废物的残留物。

通过真空吸附或变温吸附可以实现吸附剂的再生。真空吸附中，真空泵将吸附剂的压力降低到污染物的蒸气压以下，因此，污染物在不增加温度的情况下会发生沸腾而脱离吸附剂。变温吸附中，吸附床承受蒸气或不同的热源使污染物沸腾。在再生期间，温度可从环境温度跃升到 250～350℉。浓缩的空气流通常被送入氧化器使污染物得到破坏。

（7）成本与经济学分析

制造的疏水性沸石的成本大约在 6.50～40.00 美元/lbs。一般来说，处理挥发性有机化合物至少需要 1t 的沸石，这个量的体积可以达到 8000ft^3。与活性炭体系类似，沸石体系的成本在很大程度上取决于蒸气流速和 VOC 浓度等因素。比如，一个规模为 110ppmv 流入浓度的处理系统其每千克挥发性有机化合物的处理成本为 1000～1500 美元。

如果初始浓度仅为20ppmv，则蒸气流中每吨挥发性有机化合物的处理成本会增加到约3250美元。而同等条件下，活性炭的成本在1.40~2美元/lbs(2800~4000美元/t)。

沸石旋转浓缩器系统，在规模为970scfm的蒸气流速、VOC流入浓度小于110ppmv时的成本约为67000美元。若其中包括一个猫牛(Cat-Ox系统)，则热处理解吸挥发性有机化合物的成本将会增加到约16万美元。与不使用沸石旋转浓缩器的传统催化氧化系统比，通过沸石旋转浓缩器/氧化器系统可以节省80%的燃料。

在室温下使用变压吸附再生的沸石系统，其在再生期间不需要热源，因此可以比活性炭体系节省一些成本。如上所述，某些化合物倾向于在沸石上发生聚合反应，因而需要增加额外的解吸成本。

（8）发展现状

商业应用中的沸石普遍使用天然存在和人造的材料。由于沸石广泛用于工业空气污染控制，因此，其技术相对比较发达。当然，在SVE废气处理领域沸石吸附的商业化应用不是很多。

由于沸石在处理SVE废气方面的用途比较有限，因此，欧美发达国家对该吸附剂的监管不是非常严格。沸石和活性炭是某些固定床吸附剂中的优选吸附剂。在欧洲的一些修复系统中人们用沸石代替碳。该技术的典型供应商包括Munters Corporation、Hydrosil International，Ltd.、PQ Corporation、Grace Davison、Dedert Corporation、Dür Industries、Zeolyst International等。

9.6.10 合成聚合物吸附技术实施的相关规定

聚合物吸附原理与碳和沸石吸附相似，即污染物通过物理吸附被捕获并从蒸气流中除去。其工艺组分类似于GAC或沸石吸附体系。通常情况下，聚合物吸附剂(比如塑料、聚酯、聚醚或橡胶)并不被认为是VOC吸附的最佳选择。它们比碳更贵，但不需要频繁进行更换。相对于碳而言，它们对湿度较不敏感，也较少会受到火灾威胁，而且较少发生整体性的结构损坏。聚合物可以像其他吸附剂一样再生，并且污染物在合成聚合物上的解吸比碳更快。

（1）技术简介

聚合物吸附技术利用合成聚合物吸附填料代替活性炭或沸石。聚合吸附剂中加工有孔隙，孔径范围可从大孔到分子规格，但其最小的孔径仍然大于活性炭的微孔。聚合物吸附剂多为颗粒或珠粒状，其材质通常为塑料。

与使用活性炭相比，使用聚合物吸附剂进行SVE尾气处理并不是特别好，但聚合物吸附剂比沸石更常用。陶氏化学公司在1997年开发了一种聚合物吸附剂(Dowex Optipore)，将其用于吸附来自SVE的氯化VOC以及在现场修复产生的地下水废气。Thermatrix Inc.(Thermatrix；PURUS，Inc.的前身)目前正在美国销售用于SVE废气处理的PADRE系统产品。通常情况下，该系统类似于活性炭和沸石的其他过滤床系统，但使用由Dow Chemical Company制造的疏水性聚合物吸附介质。来自吸附剂床的再生循环填料允许空气流过冷却器和冷凝器，其中污染物质被分离并排放到废物储罐中。图9-6-13显示了典型的聚合物吸附系统的情况。

（2）适用性

由于聚合物吸附本质上是非选择性的，因此该技术适用于各种VOC和氯化VOC的处理，相关数据已证明了其在各种应用中的有效性，也包括SVE废气处理。Thermatrix公司的PADRE系统可处理浓度范围为1.8~9ppmv的含PCE、TCE、TCA和DCE的废气，是一种优越的脱气剂。人们使用该聚合物吸附技术成功处理的其他化学品还包括氟利昂、甲苯、二甲苯、醛、酮和醇。聚合物吸附系统适应的蒸气流速非常宽泛。相关的报告显示，其系统已被用于100~10000scfm的蒸气流量的废气处理，其每小时容纳的VOC质量负荷可高达30磅。

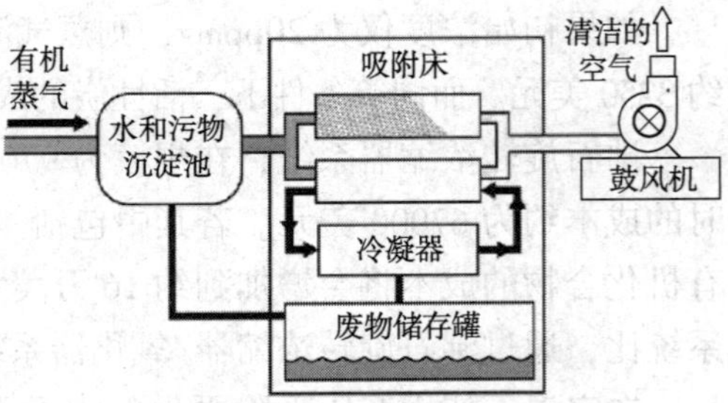

图9-6-13　聚合物吸附系统

与活性炭相比，聚合物吸附剂对湿度的敏感性低得多，因此可以将其应用于湿度大于90%的废气流中且不会降低其吸附效率。聚合物通常是疏水的、不易吸附水分，但这种亲和力可以通过其他方式特别制作。比如，两性嵌段共聚物可以具有亲水性和疏水性亲和力。跟碳一样，聚合物相对于VOC的蒸气压(浓度)也具有线性吸附等值线，因此，当流入蒸气的浓度较高时它们的用途大致相似。

聚合物床的容量略低于沸石(但略高于碳)；其解吸时间小于碳或沸石系统，其解吸需要较低的温度；聚合物吸附剂比碳更容易发生火灾并且在结构上更稳定。

（3）限制条件

聚合物吸附剂不像碳和沸石那样可以有效处理低浓度VOC废气，聚合物吸附剂无法对低浓度VOC废气进行处理，因为聚合物吸附剂相对于流入的VOC浓度具有线性的吸附等值线。聚合物吸附剂的成本与沸石相当。比如，Dowex Optipore的处理成本为14美元/lb。另外，SVE废气处理中利用聚合物吸附剂的技术经验和结果都非常有限。一些制造商说明他们的系统不适用于处理含有氯乙烯的气流，因为在系统的再生循环期间难以将冷凝形式的化合物维持在冷凝状态。

（4）效果

高分子吸附系统的DRE值似乎能够达到95%以上。PADRE®工艺是由Thermatrix推出的非原位废气处理技术，该系统已在数以百计的修复现场安装使用，是一种商业化的修复系统。该系统包括再生组分，设置有2个吸附床，一个是用于处理流入空气的在线处理床，另一个床进行解吸循环。控制器可在吸附和解吸循环之间切换床位。解吸循环系统采用热、压力和氮气净化气体的组合方式。其将污染物作为液体移动、浓缩并转移到储罐后进行回收和处置。相关实践已经证明，PADRE®系统在几种氯化VOC(包括TCE、PCE、DCE和TCA)的废气的处理中获得了95%~99%的去除率，许多项目的出口浓度检测报告均显示未检测到污染物。

人们曾在欧美发达国家某空军基地设置了一个PADRE®系统以处理碳氢化合物蒸气。该地区最大土壤气体浓度为烃类54000ppmv、苯400ppmv。在110天修复期间的修复流量范围为 20~49scfm。PADRE 系统对总碳氢化合物的平均去除率大于 98%，对苯的平均去除率大于 99%。系统的费用是碳氢化合物 23 美元/kg。

通用电气公司以活性炭为参照评估了 100 多个吸附剂的性能，研究发现，商业聚醚/聚酯嵌段共聚物和橡胶对饱和蒸气中的氯化 VOC 具有高吸附能力，但是它们在低浓度下的容量比其他类型的吸附剂会低几个数量级。这种特点严重制约了合成聚合物在环境修复中的应用。人们还发现，一种聚合物吸附剂 Dowex Optipore Tm 是活性炭的替代品。一般来说，它比碳具有更快和更低的温度解吸能力，并且在高或低湿度下至少保持有较大或更大的吸附能力。当然，解吸的最高温度必须超过 VOC 的沸点，但不能超过聚合物的熔点。

可以借助低温热(与 GAC 相比)、压力和氮气的吹扫气体组合来再生聚合物材料。与原始材料相比，再生后聚合物吸附污染物的能力在 50%~90%，而再生后的碳却只有 50%的吸附能力。实践证明，在 PADRE 系统中使用的吸附床可再循环 2000 次以上，且没有可测到的吸附能力损失。与沸石吸附剂类似，聚合物吸附剂很少需要更换(仅比沸石稍微频繁一些)，因为它们对湿度不太敏感，且较少会着火、粉碎或粉化。

（5）工程注意事项

聚合物吸附系统的使用方法与碳和沸石吸附系统相似。聚合物吸附系统可以设计为独立单元或串联组合，并可用作清除效果不太理想技术的附加抛光处理手段。设计合成聚合物吸附床的规格时应考虑再生的效果。这种效果会降低工作能力，因此可能需要将床中吸附剂增加两倍。床的容量决定于污染物流中的化学物质、化学品的浓度、空气流量、工作效能和再生频率。由于不需要像碳再生那样经常进行聚合物再生，因此系统设计人员应进行成本效益分析，以确定异地远程再生或现场再生哪个更为理想。

（6）残留物管理

聚合物吸附的残留物管理问题与其他吸附技术相同，其仅从空气中捕获并除去 VOC。其可能需要对脱附的污染物进行后续处理。其在再生期间使用低温可以更有效地回收溶剂和其他可回收材料。

（7）成本与经济学分析

相关的聚合物吸附剂修复的成本信息非常有限。一些科学家对碳、沸石和聚合物吸附剂进行比较后指出，合成聚合物的成本比活性炭高 20 倍。Dowex Optipore® 的修复成本是 14 美元/lb。但聚合物吸附剂的替代频率远远低于其他吸附剂。

采用聚合物吸附剂修复时，影响单位价格的因素包括初始污染物浓度、待处理气体量和目标净化水平。比如，对于 VOC 浓度低于 100ppmv 的气流，采用聚合物吸附通常是不具备成本优势的。

（8）发展现状

聚合物吸附系统是一种易于获得的可用于各种工业领域的技术，但对 SVE 废气处理而言其似乎并不常用。因此，人们在利用这些吸附剂进行修复应用方面没有太多的经验。目前有数以百计的项目采用了 PADRE 系统。由于吸附剂材料的成本较高以及 SVE 废气处理中碳的使用非常悠久，因此聚合吸附系统在 SVE 尾气处理中可能不会像碳那样经常被使用。

人们曾在欧美发达国家某空军基地进行过一次聚合物吸附修复活动。借助弹性体聚合物过滤介质进行了 2 个月的实验，目的是在现场操作的 SVE 系统中处理蒸气相中的 VOC 和石油烃。过滤介质是交联聚合物和活性炭的混合物(由 Advanced Water Systems 制造的 Petro LOKTM PL22)。该场地含有受 TCE、顺式 DCE、苯和氯乙烯影响的土壤。测试时，在空气-水分离器和鼓风机之间放置了一个 100lbs 的罐。罐中包括聚合物/碳共混物，单独的聚合物以 11~35cfm 的流速和 350~740ppmv 的入口 VOC 浓度进行运作。试验中聚合物/碳混合介质的 DRE 值为 89%，但其最大吸附能力仅为 15%。当入口浓度降低 50%时 DRE 值增加到 99%。没有观察到聚合物介质从废气流中除去任何 VOC。聚合物/碳介质的总体性能与用于现有 SVE 系统的 GAC 大致相同。

EPA 认为，PADRE 系统在 AFB 上可成功地捕获和回收用于油漆剥离的 MEK。该技术的供应商主要有 Thermatrix(Formerly PurusInc.)、Advanced Water Systems、DOW Chemical Company。

9.6.11 生物技术实施的相关规定

生物过滤过程借助位于固定介质上的微生物生物降解修复废气流中存在的 VOC。在 20 世纪 60 年代、70 年代和 80 年代，生物过滤在欧洲(特别是德国和荷兰)和日本越来越多地被用作控制挥发性有机化合物和异味的公认技术。该技术已经对各种来源的化合物进行了处理，这些污染源包括废水处理厂、化学和食品加工设备，其处理的化合物包括各种挥发性有机化合物和产生气味的化合物(比如硫化氢、硫醇以及空气中的有毒物质)。到 20 世纪 90 年代，德国和荷兰的生物过滤器修复系统已接近 500 个。

美国在 20 世纪 90 年代开始将生物过滤用于空气污染控制。该技术已成功修复了多种来源的废气，包括堆肥设施、生物废水处理厂、炼油厂、商业面包店和化学制造设施，处理的废气包括异味气体和 HAP。目前，美国的不同行业均已经接受了生物过滤技术并将其作为热吸收 VOC 控制技术的替代品。当 BTEX 组分是关注的污染物时，生物过滤是用于处理 SVE 系统产生的废气的低成本技术，其 DRE 值通常大于 90%。与碳吸附相比，生物过滤的优点是可以破坏污染物，而碳吸附仅是将污染物转移到需要进一步处理的装置或处理吸附介质中。欧美发达国家有很多安装生物过滤装置的公司，目前有数以千计的项目正在利用全面的生物过滤系统处理土壤和地下水修复中产生的废气蒸气。另外，许多有利于 SVE 和生物过滤的项目通常也会首先考虑生物净化技术，除非实际情况或安全原因导致空气注入不可行。

(1) 技术简介

生物过滤通常发生在称为“处理细胞”的生物活性过滤材料的床或容器内。该过滤材料是最终形成水生物膜的微生物本体以及附着的支撑基质。微生物可以包括细菌、异养菌、寡营养菌和真菌，其既可以是天然存在的，也可以是添加在过滤器中的。生物膜位于水分(水)层，属于涂层过滤器。有时，过滤器还可为微生物提供营养。当污染的蒸气流通过处理池时，过滤器不像吸附那样捕获污染物，而是保留它们，使得有机污染物扩散进入固体过滤材料周围形成的生物膜。生物膜内的微生物通过氧化(消耗)有机污染物而获得一次能量和碳。如果成分中含有诸如硫、氮和氯分子之类的，则所得的最终产物通常是二氧化碳和水以及无机盐。微生物自身可再生并会最终死亡而被回收利用。用于SVE尾气和工业蒸气流处理的典型的生物过滤系统需要进行恰当的配置和一些过程组件。生物过滤技术应用时应解决好以下几方面问题。

① 颗粒去除。即进行废物流的预处理以除去颗粒物，从而保护下游系统组分免受颗粒堆积或堵塞的影响。预处理可以采用简单的筛网过滤器，也可以采用更复杂的文丘里洗涤器或静电除尘器来完成。

② 流动均衡。根据生物过滤系统的设计要求，系统和微生物的性能对于进入的VOC浓度的瞬态峰值反应往往很慢。该系统也可能会受到这种峰值“冲击”的打击，因此，可以使用具备某种扩散能力的流量均衡容器(有时可含有GAC)来抑制尖峰，并更好地分散生物滤池单元上的峰值VOC负荷。利用该系统处理时，流入物流的均匀分布是必需的，只有这样才能确保与生物膜的蒸气接触时间，进而使污染物得到足够和一致的清除，并使DRE值达标。

③ 加湿。湿度是影响生物滤池性能的最重要参数。入口蒸气流的相对湿度应尽可能接近99%。通常使用诸如淬火管道、雾化喷嘴和填充塔之类的设备在蒸气流进入过滤床之前进行加湿来保持其水分含量。这种技术可以防止蒸气流中的水分和化学物质被处理而在通过过滤材料时被剥离。充足的水分是必需的，以便利微生物的发展(包括生物膜)。许多生物过滤系统使用顶部喷洒机构来向过滤材料添加水分和营养物质。

④ 温度调节。温度调节对于微生物和生物过滤器中污染物的有效吸附均很重要。比如，在生物过滤器中工作的嗜温细菌的最佳温度范围为50~105℉。温度每升高10℉细菌的代谢率增加一倍。入口蒸气流的温度和湿度有一定的相互依赖性。在通过生物过滤器之前，流入的蒸汽流可能需要被加热或冷却至微生物成活的最佳温度。大多数SVE废气处理系统是暴露于环境条件下并且经常需要热量输入，除非其是充分隔热的。加热可以通过注入蒸汽、使用天然气或电力直接加热气流来实现。冷却可通过蒸发或强制冷却(热交换器)完成。尽管气流的加热有时可能会在加湿之前进行，但通常应在同一步骤中进行加湿和温度调节作业。

⑤ 过滤床上的停留时间。常用于描述生物过滤器的典型参数是空床接触时间(EBCT)。EBCT代表气体停留时间的标准测量结果，用于反映不同生物过滤器的设计和同一生物过滤器中不同质量负荷的影响。EBCT是指过滤材料的体积与通过系统的体积流量之比，因此，入口气体流量(鼓风机设计)可能会影响从蒸气到生物膜的传质驱动力，且需要调整停留时间。平均气体停留时间是过滤床垫材料的孔隙率和含水量的函数。与这些参数有关联的还包括介质的有效孔隙度。生物过滤介质的选择可能会影响压降和压实率，这对于不同的介质和冲击停留时间可能会产生很大影响。实际停留时间取决于空气流过生物过滤器的均匀程度。1~2min的EBCT通常被认为是使用生物过滤进行修复具有成本效益的上限值。较小的停留时间可能会导致修复不良，更长的时间则可能会导致生物过滤器变大而不具有成本效益。

⑥ 测量和控制。由于生物过滤系统的位置和灵敏度存在差异，因此，可能需要进

行干预、性能测量以及设置可编程逻辑控制器设备。相关的信息可以在系统中直接观察，也可以通过远程监控获知，应利用系统收集和数据采集设计系统进行控制。典型的测量参数包括 pH 值、温度、水头损失、水分、空气流速、入水和出水浓度、生物量和 DRE 值。

生物过滤反应器单元的大小和形状可能会有很大变化，这主要取决于要从废物流中除去的污染物数量和所需的 DRE 值。用于处理低流量修复废气流的大多数生物过滤系统是完全封闭的容器或柱筒。柱筒系统的直径可以从几英寸到几英尺，高度一般为 3~10ft。许多小型系统采用装有过滤介质的 55gals 桶。可以将一个或多个生物过滤容器串联堆叠或对齐以提高其性能。还有一些其他类型的生物过滤系统，比如 Open Top 床系统。典型的 SVE 系统流量范围为 100~1500scfm。大型生物过滤系统通常是矩形的，类似于轻工业/商业建筑，这些系统主要用于处理高流量的工业过程排放。世界上最大的工业生物过滤系统位于德国，其拥有 85000ft^3 的过滤材料。荷兰采用的生物过滤系统的流速最高可达 240000ft^3/min。图 9-6-14 显示了一个典型生物过滤过程的基本情况。

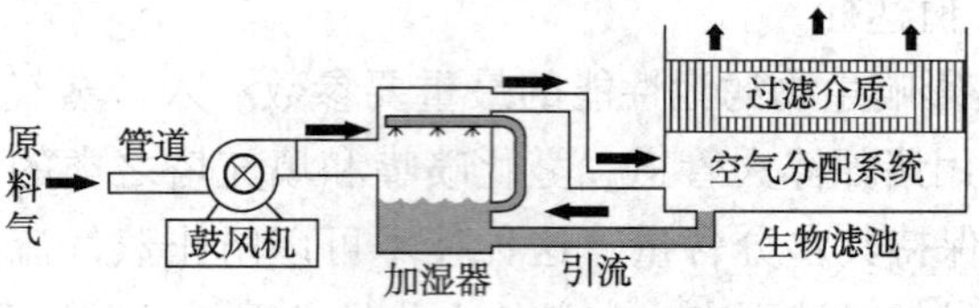

图 9-6-14　典型的生物过滤系统

（2）适用性

生物过滤已经在美国和欧洲的商业应用中获得了成功，但其并没有很长的应用历史，相关的用于 SVE 系统的案例研究也很少。商业应用领域包括石化、家具制造、各种食品工业和印刷业务。一些供应商声明，生物过滤器也可用于控制各种制造操作的化学排放和气味排放，这些领域包括石油炼制、化学处理、木材和纸张加工、废水处理和喷漆。

在生物过滤器中容易生物降解的化合物的特定类别包括单芳族烃、醇、醛和酮。生物过滤器也可与 VOC 混合物一起使用，VOC 混合物中包含化合物（比如硫化氢），化合物氧化时会产生有问题的副产物，比如能杀死微生物的硫酸。在上述情况下可以构建两级反应器，第一阶段可以使用耐酸性的非压实惰性介质来处理低 pH 值硫化氢或借助碳酸钙矿物中和 pH 值；然后在第二阶段更中性的 pH 值下处理其他 VOC。实践证明，生物过滤器也可以设计成能接受连续的低水流废水流的形式，这种类型的生物过滤器也被称为“生物滤池”。生物滤池可以是具有开口顶部的上流式反应器和具有工程介质的封闭式绝缘反应器。

目前已有数百个较小的生物过滤系统（小于 500in^3）用于处理借助 SVE 收集的垃圾填埋气以及许多汽车服务站 SVE 系统中的汽油。生物过滤在处理加油站 USTs 泄漏的 SVE 系统的蒸气流时表现最佳。这些系统需要破坏脂族石油烃以及芳族化合物（比如 BTEX 化合物），细菌首先降解简单的短链化合物，然后解决连接更长的化合物（比如 C-8脂肪族），最后再解决芳族化合物。JP-4 和 JP-5 喷气燃料（可以被典型的 SVE 系统除去)的较重组分的烃是使用生物过滤处理的最简单的化合物。较高分子量的化合物需要更长时间的 EBCT 才能完全氧化，通过生物过滤不能经济地去除这些化合物。

生物过滤器尽管可以处理浓度高达 5000ppmv 的 VOC，但其通常主要用于处理小于 1500 总 ppmv 和较低浓度的 VOC。其处理的效率取决于混合物中的化合物质量负荷以及持续时间。如果流入物中混合物浓度随时间变化很大，则细菌就可能无法适应各种化合物或高浓度。较高的浓度可能会对微生物产生毒性并抑制废物流的生物降解过程。

人们已经设计和安装生物过滤系统来处理 100~240000cfm 的蒸气流量的废气。对大多数 SVE 应用而言，其系统流量通常在 100~1500scfm。通常情况下，更高的蒸气或质量流量需要设计较大的生物过滤器才能维持所需的 DRE 值和必要的 EBCT 值。

通常情况下，SVE 尾气处理系统设计中需重点考虑的问题是高初始预期尾气污染物浓度，还应假定 SVE 系统运行的最短持续时间。基于这些规则，利用生物过滤对大多数 SVE 废气进行处理时其效能可能会受到一定程度的制约，但尾气浓度通常会迅速下降到明显低于初始水平的水平。另外，SVE 修复系统的运行时间通常会超过初始设计预期，考虑到这些因素时，生物过滤可能无法适用于所有的地方。

生物过滤系统也可以与其他废气处理技术合并运行。生物过滤最常用的辅助技术是活性炭，作用是对生物滤池废水进行“抛光”处理，这样可以方便地处置临时系统的故障。

（3）限制条件

对生物过滤的一个显著的限制因素是其对水分含量、温度、pH 值和营养水平等工艺参数变化的敏感性。这种敏感性可能归因于系统中包含活的微生物。持续监控和维护这些工艺参数对维持微生物和达到所需的污染物去除率至关重要。系统性能也可能会因处理池内生物量的积累而变动，因此，需要频繁的启动反冲洗系统。

运行中的大多数生物过滤系统可用于污水处理设施和食品加工操作的除臭，也可用于工业操作中 VOC 排放的空气污染控制。由于专门应用于 SVE 处理的生物过滤项目很少，因此，相关数据的缺乏是生物过滤应用的另一个制约因素。

大多数生物滤池系统均经历了初期污染物去除率低或无污染物去除的状态，微生物适应污染物后会增加数量直至充足。这种初期适应期可长达 30 天，因此，生物过滤器在安装后是无法满足最大污染物 DRE 值的。系统运行中断后、重新启动时 DRE 值会发生短暂时间的减少。由于这些原因，当计划对 SVE 系统采用间歇或循环操作(比如在现场修复的后期阶段)时可能不适合采用生物过滤器技术。

如前所述，生物过滤仅限于 VOC 总浓度较低(0~5000ppmv，最佳浓度不超过 1500ppmv)的情况。此外，根据处理系统的质量负荷和设计要求，还需要具备相对稳定的可降解的各种流入物比例关系。借助环境空气稀释蒸气流可以控制过多的流入物浓度以摆脱这种限制。这种稀释可能会导致体积流量的增加，初始的必要的 EBCT 单元的规模可能在该位置上已变得不再经济可行或实用。

用于修复的污染物类型也非常关键。比如，乙基苯浓度仅为 50ppm 的 50000cfm 蒸气流可以使用生物过滤进行处理，但停留时间必须超过 4min，因此，从经济因素考虑其是不可行的。相比之下，具有相同流速和 50ppm 浓度的 MEK 的系统则只需要 25s 的停留时间，使生物过滤成为一种非常可行的修复方案。

生物过滤的另一个制约因素是随着蒸气流浓度的下降 DRE 值可能下降。应根据挥发性有机化合物、质量传递限制对低浓度生物过滤器进行控制，而不是依据生物降解速率。因此，对于挥发性强的、微溶的 VOC，其扩散到生物过滤器中的数量可能会减少并会导致 DRE 值的降低。

以给定的生物和流入蒸气流可达的 DRE 值进行过滤器设计时，生物过滤技术可能不能有效地达成目标（比如超过 99.8%处理率的严格的监管排放标准）。这种技术可以在基于绩效的减排方面取得成功，比如某些机构的削减量（即将每年排放的总质量限制在一定数量的挥发性有机化合物上）。

PCE 和 TCE 之类的氯化 VOC 不能通过生物过滤有效地处理。这些 VOC 具有高度水溶性也不易于生物降解。高度有氧条件可以很好地去除中等卤素的有机物。重度卤化物质至少在第一阶段分解时需要借助厌氧代谢或共同代谢（比如添加甲烷、丙烷或芳烃）条件。关于使用生物过滤处理氯化 VOC 的数据表明，生物过滤在商业上尚不适用于这些化合物。同样，目前生物过滤器的生产并不涉及处理商业规模的其他复合化合物，但 MTBE 例外，相关研究显示借助生物过滤器可以高效率地破坏 MTBE。

（4）效果

生物过滤处理工业废气处理系统中的各种常见空气污染物的 DRE 值均可在 90%以上且比较一致。随着 SVE 废气处理生物过滤器使用的增加，其性能信息也逐渐增多。为了监测生物过滤的性能人们使用了各种各样的方法，比如入口和出口流出物或两者之间的间隔性和连续性监测。大多数气流中甲烷过滤不良可能会产生假阳性结果，因为甲烷通常不受监管关注。另外，一些分析检测仪器对某些化学物质的反应差，高湿度也会影响仪器读数。气相色谱/质谱检测可以更好地确认入口和出口浓度。

质量负荷是与生物过滤器性能直接相关的重要参数。质量负荷是指在给定时间段内每个过滤材料体积可以施加的污染物量。通常以克每立方米每小时（$g/m^3/h$）为单位表示，其范围一般为 10~150$g/m^3/h$。SVE 生物过滤系统通常可处理比醇和酮生物降解性稍低一些的烃，且通常会达到该范围的较低端。特定系统的质量负荷率由所需的 DRE 值决定。

最大消除能力（MEC）是生物过滤器在给定质量负荷速率下去除污染物的能力的量度，可用于定义生物过滤系统的有效性。MEC 会因不同的化学品、过滤材料和操作条件而异，其理想值应等于或稍大于质量负荷率。超过 MEC 的质量负荷率可能导致系统堵塞和/或抑制，属于生物降解的毒性条件。此外，无论特定生物过滤器的 DRE 值如何规定，过滤器在需要补充能量和重新启动之前都将具有相对有限的去除能力而不受 DRE 值限制。DRE 值的限制取决于压实、过滤介质的寿命和对最大生物生长的限制。

实践证明，在最佳条件下，生物过滤能有效地处理 VOC 废物流，但生物过滤器对系统输入的偏差比较敏感。污染物浓度、空气流含水量和流速的波动都会显著影响生物滤池的性能。比如，使用生物过滤的 BTEX 去除实验室研究结果显示，当质量负荷为每天需要 4.2kg/m^3 化学需氧量时，EBCT 低至 1min 的情况下所有 BTEX 化合物的清除率均低于 95%。当质量负荷每天增加到 6.2kg/m^3 化学需氧量时，总体 DRE 会下降到

88%、EBCT 下降到 40s。另一项研究是针对苯乙烯、甲醇、乙醇、甲醛、MEK、乙酸乙酯、氨酯、醚和苯酚等化合物的，研究发现，当这些成分的入口浓度低于 300ppmv 时，各种化合物的 DRE 值大于 95%。如果维持最佳条件，设计适当的生物过滤器的 DRE 值应在 90%以上，甚至应超过 95%。相关供应商的报告显示硫化氢去除率高达 99%，气味去除率为 95%~99%，挥发性有机物的去除量大于 90%，当然，高 DRE 值通常发生在稳态运行条件达到之后。

用于生物过滤器的 DRE 值与所用的生物过滤器阵列相关性极高。某些材料可以为生物过滤提供更多的有利条件，比如最佳孔隙度、更广泛的微生物群体、更多的吸附能力或更好的 pH 值缓冲。在实验室测试中，人们对喷气燃料和柴油燃料的烃类燃料蒸气进行了评估，对许多有机生物过滤介质的效果进行了评价。活性炭是更好的过滤介质，其优越性远高于土壤、硅藻土或碳和硅藻土的组合。喷气燃料蒸气比柴油燃料蒸气可更快地被除去，浓度的线性下降反映其具有相对于底物浓度的零级动力学特征。科学家还报告了一项长观式研究，其中评估了 GAC、树皮堆肥和堆肥对 JP-4 喷气燃料蒸气的生物过滤效能，研究发现，GAC 具有良好的效率且耐受负荷冲击；而显著压实的堆肥具有缓慢驯化特征和良好的休克恢复能力以及优异的 DRE 值(可超过 99%)。

DRE 值也会随所处理的污染物的类型而变化。一些研究表明，生物过滤器对 SVE 系统的废气中的 BTEX 化合物具有 90%或更高的 DRE 值，但对总挥发性有机化合物和总的石油烃(TPH)去除而言其 DRE 值偏低。DRE 值的降低归因于从气相到过滤介质的位点特异性质量传递。一些现场试点研究成果显示，在不到 1 分钟的停留时间内生物过滤对芳烃的去除率大于 90%，但总挥发性有机化合物的去除率却只有 70%且停留时间要长得多。

欧美发达国家近十个汽油服务站 SVE 系统的生物过滤器的 DRE 平均值依次为 TPH-90%、BTEX-95%、脂肪族 VOC-80%。MTBE 的生物过滤研究显示，经常出现在石油修复的 SVE 废气中的另一种化合物已经开始显现出被清除的希望。当系统允许适应期为 6 个月时，生物过滤对 MTBE 的去除率可高达 97%。

1995 年 8 月至 1996 年 4 月，BlackandVeatch 全面生产生物滤池，随后在许多 AFB 场地处理来自增强型 SVE 系统的喷气燃料。中试规模测试显示堆肥培养基是有效的。全面修复时生物过滤器(18cuyd，1cuyd = 0.76m^3)以 100~180cfm 连续运行、每天 24h、每周 7 天，入流浓度范围为 128~1400ppmv，生物过滤器的驯化期为 2~3 周。全面修复时生物过滤器的 DRE 值大于 90%，当然，该项目的运行时间不足以用来确定过滤介质的使用寿命。影响生物过滤主要性能的因素包括气流的一致性、生物过滤器的适当隔离、足量水分条件的维持、流入空气短路的预防等。

由于所需微生物降解机理(厌氧或共同代谢)和功能的不同，许多氯化 VOC 没有被常规生物过滤器有效地处理。氯化 VOC 能够使非氯化 VOC 的生物过滤性能降低。氯化 VOC 的生物过滤是一个持续研究的领域。由 SVE 系统提取的最常见的氯化 VOC(比如 TCE)的有氧生物降解会发生共代谢。科学家研究发现，在适当的还原氧化和底物条件下，间断地将甲苯作为共代谢物的共代谢生物过滤器的 TCE，其 DRE 值可以超过 95%，但来自另外几项研究的数据显示，这些类型系统的 DRE 值相对较低(其中的最大

DRE 值为 74%)。

(5)工程注意事项

修复过程中必须连续监测水分含量、温度、pH 值、营养水平、污染物浓度、空气流量和入口成分以保持系统的最佳水平，使其达到正确的生物过滤器性能。偏离最佳范围会导致系统性能不佳。因为生物过滤系统对这些参数的微小波动敏感，并且由于许多参数是相互关联的，因此需要通过重大的工程努力来指导和设计用于特定场所的合适的生物过滤器。

在使用生物过滤器进行 SVE 尾气处理之前必须知道或至少应估计以下 3 个重要的工程因素：蒸气中的化学成分；系统流入物成分的浓度；满足监管标准所需的允许排放浓度。可以借助 GAC 进行入口流的预处理，以防止在生物过滤器的初始适应期间发生不可接受的排放以及控制流入物的浓度尖峰。当然，使用 GAC 和生物过滤器可以增加投资和运营成本。

如果有颗粒物存在于 SVE 废气中则可能会堵塞 GAC 预过滤器或生物过滤器。因此，可以使用简单的袋或筛网过滤器来过滤颗粒，这些颗粒通常可借助美国 EPA 的 PM-10 方法进行测量。用于去除工业废气中微粒的更复杂的系统包括文丘里洗涤器或静电除尘器。此外，水溶性浓缩化学成分也可能会积聚在预过滤器中，因而需要对其进行监测和管理。对具有可过滤和可冷凝的颗粒物的废气可以采用美国 EPA 的方法对过滤器的前半部分以及后期冷凝物进行监测。在某些应用中使用的过滤器也可能会被高湿度引起的微生物生长黏液堵塞。

水分含量可能是影响生物过滤器性能的最关键的参数。生物过滤器的 DRE 值与生物降解微生物群体的健康直接相关，也与过滤介质的含水量有关。水分不足可以抑制污染物通过生物膜的扩散。如果条件非常干燥，则可能导致培养基的通道化和过度的真菌生长。由于这些原因，入口空气应始终保持湿润并应使其达到饱和湿度以防止含水量的较大波动。相对湿度也会随环境条件而变化，因此，应该测量和记录这些参数。根据需要的加湿水平可以使用雾化喷嘴或填充塔进行加湿。如果介质干燥还可以使用喷灌。然而，加湿器也可以导致生物过滤器的填充床上出现黏液生长的现象。这种生长可以通过清洗、洗涤和重新加载床上用品来消除，但这个问题常常会反复出现。在冷却塔中通常应使用生物杀剂，但不推荐将其携带到生物过滤介质中，因为它们会损害微生物。

相反，太多的水分也可能对系统性能产生不利影响。水分含量升高会降低生物质与蒸气流之间的界面面积，从而降低氧气和污染物通过生物膜扩散的能力。水分含量升高还可以降低介质的有效孔隙率、阻碍气体流动，从而使厌氧菌层形成。孔隙度的降低可能导致系统的背压增加和总体运行成本的增加。生物过滤器水分指标应控制在 40%~60%的相对湿度范围内。通常可通过减少将废气运送到生物过滤器的管道或管道中的废气速度来达到上述目的，防腐剂可以防止多余的水携带到过滤介质中。保持介质中均匀的水分通常比试图保持最佳目标水分含量更重要，具体做法取决于生物过滤介质的性能。

水分含量也在改变入口气体温度方面发挥着很大作用。大多数气流不能自动适应操作要求，而必须在进入生物过滤器之前调节。系统的温度应在77~95℉以获得最佳的微生物生物降解。根据最佳生物过滤器操作所需的最低气温、增加湿度对温度的影响、保持湿度的要求，科学家规定应以70℉作为最小湿球温度。

湿球温度应使用标准的玻璃温度计测量，温度计液泡用棉布包裹，保持湿润。温度计的水分蒸发具有冷却效果，因此湿球温度计所指示的温度低于干球温度(通常未订正)温度计所示的温度。湿球温度计的蒸发速率取决于空气的湿度；当空气已经充满水蒸气时蒸发较慢。因此，由两个温度计所指示的温度差可以测出大气湿度。1℉的湿球温度的增加通常会将DRE值提高1%。当空气冷却干燥时，可以通过将气体注入蒸汽来增加湿球温度计的温度。在极限范围内，工作温度越高、细菌活性越高、所需的停留时间越短、需要的生物滤池质量也越少。温度大约每升高10℃细菌的代谢率可以增加一倍。虽然温度升高会增加生物膜的物理性质(比如溶解度、分子扩散性和细菌代谢)，但其也会对气体状态下污染物的物理性质(比如蒸气压和亨利定律常数)产生不利影响。

温度调节通常在加湿作业期间或之前进行。如果温度大于105℉则空气流需要冷却，此时可使用热交换器或包装冷却塔。如果温度低于50℉则入口需要加热，此时可使用蒸汽或加热器。过滤器内的流入物流温度和放热生物反应会影响系统温度，升高的温度可导致过滤床中的水分蒸发，从而降低系统的DRE值。在生物反应过程中产生的任何热量都可以被回收并用于加热系统的流入物流，但由于大多数SVE废气处理系统是暴露在天然环境条件下的，它们通常需要热量输入，除非它们是绝热的。

用于生物过滤系统设计的过滤材料应具有以下5方面特性：高水分和营养保持性能以维持微生物生长；宽比表面积以允许气相化合物与存在于生物膜中的生物活性材料之间发生充分的接触；可将孔隙度相对均匀化，以促进通过过滤材料的气流均匀分布，并通过系统降低压降；可以保持相对恒定和中性的pH值；低体积密度以尽量减少使用过程中材料压实的可能性。

过滤床中通常使用以下两种类型的介质：由土壤和堆肥、叶子、木材、树皮、泥炭或其他有机材料组成的有机生物过滤器(是一种常见形式)；合成过滤介质由惰性试剂(比如珍珠岩、蛭石、聚苯乙烯球体或GAC)组成。以下叙述的生物过滤的具体优点和缺点与每种类型的过滤材料密切相关。

有机过滤材料具有固有的营养供应能力，因此通常不需对其添加营养素。反应器内的营养物质会最终耗尽，然后必须补充营养物质，或更换过滤床。有机过滤材料比合成过滤材料能更好地保持水分。有机过滤材料通常拥有广泛的土著微生物，因此，需要的适应期较短。有机过滤器通常不需要处理调节固体废物后的废过滤材料，当然，这个优点取决于特定的场所情况，比如二氧化物一般可以回到地球而没有环境影响问题。有机过滤材料受到压实(“老化”)后会降低材料的孔隙率，因此，有机过滤材料需要比合成材料更频繁地进行更换。合成过滤材料更耐用并且可以具有较大的表面积以满足生物质与气相污染物之间的接触要求，这些材料通常需要用加湿水喷雾来添加营养物质。

一些供应商已经使用土壤作为生物过滤介质。然而，由于所需的风扇鼓风机非常大，所以土壤会发生较大的压降，在大气流(10000~100000cfm)下经济上具有不可行性并会导致显著的功率消耗。有机介质相对密集，因此对于给定的系统通常需要更大的占地面积，可以制造高15~20ft的可堆叠的生物过滤器以减少系统的占地面积。但由于生物过滤介质的密度和潜在的压实特征，维持一致的空气速度可能比较困难。比如，堆垛堆肥或泥炭生物过滤器是不切实际的，因为其通常不能维持大于10fpm的空气速度。另外，木材介质也会经历更多的真菌生长过程，其可能会引发随时间推移而压力下降增大的问题。为克服这些问题，可以添加一部分惰性介质以形成工程介质，这样就可以减少压实和产生的压降并允许使用具有较小电力成本的小型风扇。工程介质的允许速度通常大于20fpm，但其通常是疏水的且不具有均匀的保湿能力。具有非常大的空隙率的介质可以获得40fpm的速度，但是其经历从气相到生物膜的气相成分的质量传递时会发生自身损失。

用于生物过滤器的微生物可以有各种来源。通常，它们存在于堆肥介质中，由于其现有种群的多样化，因此常被用作接种物。其他情况下，微生物来自污染土壤或地下水中的污泥或驯化培养物。无论是从生物在其他生物体联合体中变得稳定考虑，还是为了使整个生物过滤器具有足够的生物量并能有效地使流入物得到生物降解考虑，给生物过滤技术一些适应期总是非常必要的。在个别情况下，可能需要将生物体的独特菌株种植到生物过滤器中，比如在需要降解顽固化合物时。如果有毒性冲击负荷或其他恶劣环境(比如低pH值)会影响微生物时，则可能需要重新进行接种。

如上所述，生物活性与温度直接相关。以95℉的温度为基准，当温度降至65℉以下时，其DRE值会由98%下降到70%。因此，温度因素是生物过滤设计考虑的重要因素，因为降低污染物浓度的环境空气也可能会降低废气的温度。向生长和代谢的微生物群体提供营养素对于维持过滤材料中的生物活性至关重要。由于生物过滤器是连续使用的，微生物可用的营养物质可能不再足够用于生物质，因而就可能需要给予补充。当过滤介质或生物质耗尽时，生物过滤器通常会被更换或重新补充营养并重新启动。

通常情况下，最佳的微生物降解发生在pH值为7~8时。VOC的生物降解可以产生酸性中间副产物，其可以降低系统的pH值并扰乱系统性能。为抑制生物过滤器内pH值降低的潜力，通常将过滤介质中的缓冲材料(比如石灰、碎石和粉碎的牡蛎壳)加入。缓冲溶液可以通过顶部喷雾机制加入水分和营养添加剂。生物过滤的系统性能还可能受到反应堆容器内生物量积累(比如泥浆或真菌垫的形成)的影响，这样的现象可以降低可用于生物降解的过滤床的表面积且还会增大过滤床的压降。

(6)残留物管理

根据待处理的废物类型，有机污染物的降解可能导致酸性中间体或副产物的形成。当质量负荷(VOC浓度)超过MEC时就会形成酸性中间体。在这种情况下，污染物仅被部分降解，酸性中间体积聚。科学家确认了实验室规模条件下生物过滤器乙醇过载时会导致乙醛和乙酸的形成。当系统在均衡的流入浓度下运行时，乙醛和乙酸会迅速降解，从而避免了酸性中间产物的出现。

酸性终产物也可能由一些污染物(包括硫或含氮化合物和氯化烃)的生物降解引起，可形成的产物包括硫酸、硝酸和盐酸。如果这种积聚变得过大并且生物过滤器变得不活跃，则整个过滤介质可能需要进行处理，这种情况属于极端情况。

如前所述，使用堆肥生物过滤器不需要将废过滤材料(比如活性炭)作为固体或危险废物进行处理。如果使用活性炭预过滤器，则必须根据其吸附的化学浓度将其认定为危险废物或特殊废物加以处理。灰尘和微粒过滤器通常可以作为一般垃圾进行管理。在过滤介质消耗后，如果没有污染物吸附到介质上，介质可以作为通用废物处理或用于再循环。比如，堆肥培养基可以作为苗圃常规堆肥或作为填埋材料重新使用。

生物过滤系统还可能需要进行周期性的反冲洗以除去多余的生物质或黏液。科学家发现，在实验室规模的生物过滤器中堆积过量的生物质会导致通道形成或短路，进而使系统的DRE值显著下降。生物质废物的处理取决于废物的组成和地方法规要求，但在脱水后，这些废物可能被作为危险的、特殊的或城市的废物进行管理。

如果某种化学品从流入的气体中凝结，它们会产生可能需要额外管理的废物流，这种情况并不常见，但当流入的气体流比生物过滤器的环境温度更加温暖时就会发生这种情况。在冷却(天然或强制)过程中，较重分子量的化合物会在通向生物过滤器的管道和管道中冷凝。另外，冷凝物还可以在未加热的预过滤器上形成。通常，这些冷凝物是液体形式的并且也可以在加湿期间进一步发展。系统操作人员必须根据其化学成分和当地法规要求管理和妥善处置冷凝水和其他液体残留物。根据其流量和组成将其排放到公共处理体系中可能是一种合理的选择。

（7）成本与经济学分析

当气流速率高且浓度小于3000ppm时(或更频繁地低于1000ppm)，生物过滤通常比活性炭或热处理更经济。其启动成本通常与常规技术(比如碳吸附和热处理)相当，但运行和维护成本明显较低。生物滤池系统的较低运营成本是这些系统的主要优点。

资本成本取决于反应堆的大小，且主要取决于流量、化学成分和化学浓度。其运营成本大体上与电力和天然气消耗量、用水量和介质的处置有关。当然，这些因素又与单位规模有关。一般来说，大多数运营成本来自加湿器泵和鼓风机。

生物过滤器处理SVE废气的成本数据比较缺乏，因为将生物过滤器作为SVE系统一部分的项目不是很多。FRTR给出的生物过滤的单位成本为每十万立方英尺尾气处理费用为0.60~1.50美元。这种成本将资本和运营成本与单位成本结合在了一起，似乎适用于大型系统，而与空气流中的污染物浓度无关。FRTR还给出了处理污染物的单位成本(包括资本和运营成本)，即每磅污染物的处理费用为2.27~4.55美元。但这些成本并不一定适用于SVE系统，因为其并没有交代项目的具体细节，比如过滤介质、资本或运营成本的构成、污染物类型或浓度等。下面，通过几个生物过滤项目的例子进一步说明与生物过滤处理相关的关键因素的成本范围。

在工业印刷机处理现场流速为6000cfm，流入物8个分离的VOC的流速从0.1lbs/h(甲醇)~19.2lbs/h(丙醇)。通过对生物过滤和再生的Cat-Ox系统的比较与观察，人们发现生物过滤是处理废气流的最经济的替代方案。该生物过滤系统5年以来的总成本为413500美元，其中包括资本成本342000美元、运营成本4300美元、5年以来的介质更新50000美元。5年内再生Cat-Ox系统的总成本为628200美元，其中包括350000美元的资本成本；4300美元的运营费用；5年以上的催化剂更换费用61200美元。生物过滤的低运行成本显著降低了其 5 年的总成本。

另一个生物过滤项目是欧美发达国家一个前运营服务站，现场安装了八个独立的生物滤池系统以解决与 UST 泄漏相关的 SVE 废气。每个系统的容量约为 50cfm，使用堆肥作为生物过滤介质，从 1~3 口井抽取蒸气。修复指标为 BTEX-DRE-95%、TPH-DRE-90%、脂肪族 DRE-80%。项目的期限为 12~36 个月，现场关闭工作已经完成。每个场地的生物过滤资本成本为 8000 美元，每月运营成本约为 200 美元。

(8) 发展现状

生物过滤是一些由商业化供应商提供的现成技术。现成的单元可用于较小的流量(最高 5000cfm)；较大的流量需要定制设计的钢或合成水箱以及砖石结构或地下床。目前，商业生物过滤器仅适用于处理非氯化挥发性有机化合物的 SVE 系统。研究的热点集中在使用生物过滤器处理氯化 VOC 和 MTBE 上。

对特定的生物过滤器进行设计需要对许多因素进行评估，因此经常需要对 2 周适应期和 60 天的适应期的较小单元(约 250cm^3)进行中试实验。基于这些实验结果可以确定生物过滤器对位点特定气流的适用性，也可以修改相关的工艺参数，并且可为全尺寸生物过滤器系统设计提供依据。试点规模的典型运营成本范围从 15000~25000 美元，有些供应商将工厂打包出租以完成试点测试工作。

该技术比较有名的供应商有 Air & Water Solutions, Inc.、Biocube, Inc.、Bio Reaction Industries, LLC、Bohn Biofilter Corporation、Envirogen/Shaw、Matrix Environmental Technologies Inc.、PPC Air Pollution Control、The Reynolds Group。

9.6.12 新兴技术的发展

新兴技术的应用和开发为 SVE 尾气的处理带来了希望。这些技术包括非热等离子体、光解和光催化技术、膜分离、吸收和蒸汽冷凝技术等。使用这些新兴技术进行 SVE 尾气处理的信息很少，商业化过程尚未形成。

由于这些技术在 SVE 应用大多处于研究和测试阶段，因此其技术的变化可能很多。为此，仅作简要介绍。

9.6.13 非热等离子体技术的总体情况

等离子体是一种气态结构，其中分子或原子分开形成离子、自由基和自由电子。通常，非热等离子体技术不使用直接的热或火焰来破坏污染物，而是使用电场或能量束来破坏气相污染物，将其分子分解成自由基和高能电子。尽管非热等离子体工作温度为 85~250℉，但却可产生通常与高温反应相关的相同的自由基和其他反应性物质。高温等离子体技术可能的工作温度为 3600~18000℉。高温等离子体更常用于工业应用，其可以处理液态或气态进料流，并可完全破坏任何复合分子。

在非热等离子体处理的合适工作条件下，处理过程中形成的自由基可重新组合成可释放到大气中的无毒的、简单的化合物。非热等离子体处理可以将 SVE 系统产生的废气中的各种化学物质清除并获得很高的 DRE 值。

（1）技术特点和适用性

非热等离子体技术的类型很多，主要有“无声放电等离子体”“可调混合等离子体”“电子束”“低压表面波等离子体”和“气相电晕”。各技术均使用电源产生电场或能量束且均需要构建处理 SVE 废气的过流反应堆容器。这些技术的差异主要表现在以下 2 个方面：被污染的蒸气和被处理的温度；用于电离气体的能量类型和大小。静电放电等离子体技术在环境温度下工作，并使用 15~18kV 交变电场。可调混合等离子体技术使用 150~175kV 电子束在气流中产生等离子体，改变电子能量和密度可适应不同的污染物水平和类型，这种技术需要几乎干燥的气流。在电子束技术中，在真空管中产生电子，所得到的光束用于轰击流过反应室的废气蒸气以将气流电离成等离子体，气体中的水蒸气可能会干扰该技术的有效性，但有时可用于产生额外的羟基离子。低压表面波等离子体反应器要求被污染的气流压力低于环境压力，它使用高频无线电源来电离气体并产生等离子体。气相电晕反应器类似于无声放电等离子体反应器，但其包括一个电介质珠床，以提供更多的放电路径和催化辅助分解空间，该系统在环境条件下工作，需要 25~30kV 的交变电场。

非热等离子体系统的主要组成部件是反应器容器，如果处理氯化 VOC 则应使用酸洗涤器。反应器容器为玻璃或不锈钢容器，通常为圆柱形并且具有可调整性以便处理预期的废气流速。反应器容器(有时也称其为“反应器电池”)连接到用于电晕生产的电源和控制系统上。污染物通过该室时，它们会被转化为自由基。自由基进一步发生下游重组，并从反应堆的堆叠中直接进入大气中(比如非卤化 VOC 的情况)或继续通过酸洗涤器除去卤素酸(在氯化 VOC 被处理时形成)。可以串联或并联布置多个反应器电池以提高污染物的 DRE 值，或用于处理更高体积的气体，或两者兼顾。与反应堆电池阵列共位的是高压电源和必要的电气控制系统。所有的设备都可以安装在拖车里使其可以方便地运输。

大多数情况下，非热等离子体处理的结果是形成良性化合物，如二氧化碳、水蒸气或低浓度的 NO_x。当产生酸(通常当流入物中存在氯化 VOC 时)时其流出物必须通过洗涤器才能释放到大气中。洗涤器通常含有一种温和的酸去除溶液，比如可以含有除去有害污染物所需的任何溶液成分。

通常应对进入反应器的废气进入过滤并除湿。过滤的作用是防止反应器堵塞、电极不被涂层和损坏、空气泵(真空鼓风机)不被损坏。除湿可使腐蚀最小化并保护电场免受断电影响。如果实际设备热入口气体被处理或可能需要冷却，其仍可以进行某些形式的非热等离子体处理，方法是在反应容器之前将空气冷却器(热交换器)加入到气流流入处理系统中，尽管这种情况通常不是 SVE 系统的一个组成部分。

在所有这些形式的非热等离子体技术中，在现场修复应用中最受关注的是两个使用交变电场的技术，即静音放电等离子体和气相电晕反应器，必须对其进行严格的测试。

① 静音放电等离子体技术。在静音放电等离子体处理中，污染的废气流从 SVE 鼓风机路由到一个 Pyrex®反应室。反应室被夹在连接到高压电源的两个电极之间。当跨

越电极施加高压交流(AC)电场时，腔室中形成等离子体的微爆炸。这些等离子体脉冲形成气流中污染物的自由基。自由基重组形成无害的有机分子，主要是二氧化碳和水蒸气。气流中的氯化 VOC 也将产生卤酸，后者必须通过酸洗涤器除去。虽然等离子体的自由路径长度小，等离子体室也很小，但是这些室可以廉价地复制并且可以平行放置以处理大量的气体。

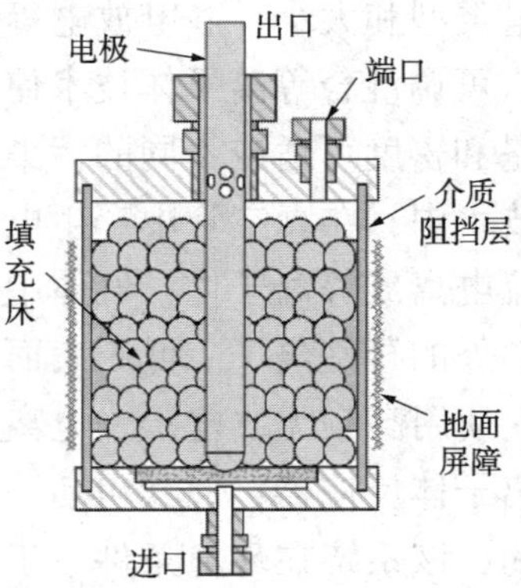

图 9-6-15　填充电晕反应堆

② 气相电晕反应器。在气相电晕反应器中，被污染的流入气体被迫进入反应室，在反应室中与含有高能电子的等离子体反应。蒸气流中的有机化合物和电子的反应通常产生二氧化碳和水，在卤代烃的情况下会产生卤素酸。通常用于废气处理的气相电晕反应器有两种类型，分别是填充床电晕反应器、脉冲电晕反应器。填充床电晕反应器包含介电填料材料床(图 9-6-15)，填充材料可以像玻璃珠一样简单，或者可由诸如钙钛矿($BaTiO_3$)等组成。这些更具特异性的材料具有催化性能并可提高该技术的有效性，但也增加了成本。丝网电极位于材料床的每一端，并连接到高能量交流电源上。当气体流过填充材料时，向电极施加高电压、低电流 AC。进而引发珠“电容器”的放电，放电产生的电子使气流中的污染物形成自由基。该技术目前的环境解决方案(CES)中，填充材料执行以下 3 个关键功能：通过折射电流使珠子之间的电场放大到比原来大 10~250 倍的水平；作为与蒸气流中污染物进行化学反应的催化剂；为污染物提供吸附位置，有效地增加污染物在反应容器中的停留时间。图 9-6-15 显示了填充床电晕反应器处理的简化过程。

脉冲电晕反应器由未填充管内的两个钢电极之间的单丝组成。导线连接到高压火花隙电源。当污染的蒸气流流过反应器容器时，使用纳秒长度的电晕脉冲来电离有机蒸气。

非热等离子体技术可有效地处理各种化合物，包括芳族 VOC(比如 BTEX)和氯化 VOC(比如氯化乙烯和乙烷和氟利昂)。相关研究表明，10~10000ppmv 之间的蒸气流浓度已经被成功地处理，其 DRE 值通常大于 99%。由于其处理效率不依赖于高温，可快速启动且运行成本低，处理过程中补充燃料或能源比热处理要求低得多，因此，是传统技术的一种良好的替代技术。相关的研究表明，脉冲电晕反应堆的 DRE 值略低于 99%，其破坏污染物所需的能量受气流相对湿度的影响(即较高的湿度会导致较低的 DRE 值)，更重要的发现在于销毁 VOC 所需的能量具有很高的化合物特异性，比如在类似的处理条件下，氟利昂需要比甲苯更高的能量输入量级。

（2）发展现状

非热等离子体技术具有与传统废气处理技术竞争的潜力，因为其具有长时间运行而不需要太多的运行和维护的潜力，且有可能将其应用于存在大量污染负荷的处理工作中。虽然该技术已经用于在工业环境中生产臭氧，但其仍需要进行进一步的开发以使其能够精细化用于 SVE 尾气的商业化处理领域。

无声放电等离子体技术最初是由美国能源部(DOE)洛斯阿拉莫斯国家实验室

(LANL)在20世纪90年代初开发的。该技术于1995年10月至1996年1月在McClellanAFB的SVE系统上进行了现场测试。测试过程中，由Pyrex®构成的腔体夹在电极之间。Pyrex®电池体系形成介电阻挡层。在静音放电等离子体设备的现场测试中，四十个这样的电池串联连接形成主要的处理链。结果显示，几种氯代烃的DRE值均大于95%。

气相电晕技术多年来一直被用作工业污染控制领域，用途是控制NO_x、SO_x、汞化合物以及其他污染物，其有时也与静电除尘器和电子束一起使用。目前，有关气相电晕技术的性能信息非常缺乏，但相关研究表明，该技术能够在反应堆容器内具有适当的气体停留时间和电压的情况下很好的清除氯化VOCs并使DRE值超过99%。1992年，巴特尔太平洋西北实验室(Battelle)完成了气相电晕技术的中试试验，试验表明，电晕反应器能够以高达99%的DRE值破坏高达1500ppmvTCE的能力，Battelle报告认为，DRE值是停留时间、浓度和施加电压的函数，后续的研究表明，化合物DRE值的特异性可能与该化合物的电离电位(IP)相关，特定化合物的IP越低，则恒定操作条件下的DRE值越高。Battelle还对南卡罗来纳州艾肯的萨凡纳河地区的DOE进行了气相电晕技术的现场整治试验。1998年人们还在马萨诸塞州洛厄尔的Silresim超级污染现场采用气相电晕技术进行了SVE废气处理实验，并在破坏氯化和氟化污染物方面取得了成功。CES目前正在研发商业化的处理系统以用于处理汽车和柴油废气。

其他非热等离子体技术(比如可调混合等离子体、电子束和低压表面波等离子体)尚未商业化，而仍处于研究和开发阶段。

（3）效果

欧美发达国家利用气相电晕技术处理过一些污染物，其中包括浓度130~720ppmv的SVE系统的TCE和PCE蒸气，处理TCE和PCE时气体停留时间分别为1.8s和7.7s，获得的DRE值均高于99.9%，DRE值会随停留时间的增加而增加。美国Battelle还测试了该技术用于其他化合物的情况。表9-6-5给出了Battelle测试获得的其他化合物的典型DRE值，可见利用该技术能够达到很好的清除效果，可确保一般浓度污染物的DRE值高于99%、高浓度污染物的DRE值超过95%，当然，也有个别污染物清除效果不理想。

欧美发达国家某空军基地的研究指出，静音放电反应堆中除湿和富氢流入物的平均DRE值均高于97%。在气流中存在显著湿度的情况下，DRE值会下降到90%以下。因此，气流应进行除湿才能获得最佳的处理效果。一个AFB场地的电子束中试研究显示，来自SVE尾气的混合VOC和氯化VOC废气流的DRE值为93%~99%。相关研究已被证明，非热等离子体技术可有效地处理各种污染物，也包括了表9-6-5中的污染物，这些污染物包括典型的SVE废气以及用于处理氯氟烃SO_x、NO_x和PCB替代物的污染物。

目前气相电晕技术仅限于单机工业系统以及低流量(小于20cfm)废气的修复。系统可以采用多个电晕反应器并联式设计以增加处理能力。欧美发达国家某项目采用21个并联反应堆在10^5scfm流量条件下实现了最高的处理率和处理效果。典型的商业化系统可处理250cfm流量的废气，使用六个反应堆。

表 9-6-5 气相电晕等离子体反应堆技术的清除效果

化合物或复合物	破坏效率 DRE/%
总体(Overall)	97
丙酮(Acetone)	97.9
苯(Benzene)	97.85*
四氯化碳(Carbon Tetrachloride)	>99*
1,1-二氯乙烷(1,1-Dichloroethane)	>96.6
1,2 二氯苯(1,2 Dichlorobenzene)	>97.0
1,1-二氯乙烯(1,1-Dichloroethene)	>97.4
顺式-1,2-二氯乙烯(Cis-1,2-Dichloroethene)	>95.3
乙苯(Ethylbenzene)	>96.3
GD(神经病毒)(GD Nerve Agent)	>99.8*
甲烷(Methane)	>97*
二氯甲烷(Methylene Chloride)	95*
萘(Naphthalene)	>99.9*
光雾(Phosgene)	99.84*
四氯乙烯(Tetrachlorothene)	99.5-99.9*
1,1,1-三氯乙烷(1,1,1-Trichloroethane)	95.4
1,2,4-三甲苯(1,2,4-Trimethylbenzene)	>98.2
三氯三氟乙烷(Trichlorotrifluoroethane)	67*
半挥发性有机化合物(Semivolatile Organic Compounds)	>99.9
三氯乙烯(Trichloroethene)	99.6-99.9*
总非甲烷有机化合物(Total Nonmethane Organic Compounds)	97.0
二甲苯(Xylenes)	99.4
其他(氰化氢等)(Others(Hydrogen Cyanide, Etc.)	>99*

注：*是使用填充床电晕反应器获得的结果。

（4）工程注意事项以及限制条件和成本

目前采用上述技术进行全面修复的工程实例不是很多。其主要缺点是系统只能运行在 10scfm 流量左右。虽然该流量比较低，但某些 SVE 修复系统的流量也是处于该流量范围内的，因此其仍是具有可用性的，借助并联反应器可以增加其流量。

上述系统的一般缺点是它们可能会产生需要进一步处理的产品。根据等离子体温度和输入能量，等离子体内形成的自由基有时可能会复合成比其前体更有毒的化合物。这种情况会要求处理者应连续监测废气产品，并且在许多情况下需要增加废气洗涤器。当然，具体应用时，良好修复系统条件可获得非常高的 DRE 值，但其可能需要进行进一步的尾气处理，不仅包括导致酸形成的卤化污染物，还包括其他新生成物。污染物的破坏效果与修复流量有关，要获得更大的 DRE 值则修复流量就不能够太高。由于该技术尚未完全成熟，因此尚无法全面了解与全面运行相关的所有潜在问题，尤其是在完全控制过程和腐蚀性影响方面。

迄今为止，人们利用这种技术尚未引发重大环境问题，其形成的 NO_x 和臭氧量处于低至中等水平。在较高温度(和功耗)下，臭氧产出会停止，但 NO_x 和硝酸的产出会增加。没有发现使用这种处理技术会生成二噁英或呋喃的证据。在流出物流中产生有毒或致癌化合物的潜力取决于入口化合物，因此应分析可能发生自由基组合的可能性。在流入物中使用自由基清除剂(比如氢气和水蒸气)可使这种毒素的形成趋于最小化。该技术的低操作温度通常可避免有毒物质的形成。

与大多数废气处理技术一样，该系统可因卤化污染物存在而产生卤酸，当存在这些污染物时就必须设置酸洗涤器。随后的废液流可能需要在处理之前进行测试和处理，具体取决于洗涤器溶液中收集的各种污染物的情况。实施过程中，除湿(空气-水分离器)和冷凝水(如有)应单独管理。

对气相电晕技术而言，其功耗是主要的运行成本，25~30kV 的消耗电量为 12~15kW。与 Cat-Ox 一样，反应器中的耐酸催化剂珠粒可能是重要的资本成本。催化剂珠粒不需要处理，催化剂珠粒使该方法变得更有效且允许废气以更大的质量流速流过(即更高的浓度、更低的停留时间或两者兼顾)，进而可使用规格更小的反应容器。气相电晕技术的单位成本也主要取决于污染物的质量负荷。根据电晕技术现场测试获得的数据和 Battelle 提供的附加数据可以估算气相电晕技术在一定范围入口浓度和流量下的废气处理单位成本(每磅的价格)，计算的估计范围从 100cfm 流速、50ppmv 流入蒸气浓度(500in 流量)到 500cfm 流速、1000ppmv 入口蒸气浓度，其处理成本为每磅约 1 美元，蒸气流量中 PCE 占 70%、TCE 占 30%。

欧美发达国家一个 AFB 在无声放电等离子体技术(与气相电晕技术几乎相同)的现场测试提供的数据可以支持上述成本计算结果。在相对较低的污染物质量负荷(0.05kg/h)的条件下，由于能源原因其运营成本估计值为 Cat-Ox 的四倍，其资本成本估计值是相同产能 Cat-Ox 的两倍。因此能源成本是这种非热等离子体技术的主要挑战因素。

处理成本具有污染物特异性，污染物粘合强度(IP)和气流负载率越低，成本越低。当然也有例外，CES 提供的成本信息表明，在相对较高的污染物质量负载率(6kg/h)条件下的苯(相当于 500cfm 流速、2000ppm 入口流量的 SVE 处理)其非热技术彻底修复的成本只有 Cat-Ox 修复的 1/4 左右。

考虑到所有的资本和运行维护成本，FRTR 估计，气相电晕技术每磅污染物的处理价格为 10 美元。从上述成本估计的变动幅度可以清楚地看出，要想更好地了解与性能和相关限制有关的确切处理成本必须借助大量的实际项目数据。

从事上述技术的主要研发机构包括 Current Environmental Solutions、ENV America、Los Alamos National Laboratory、Thermo Electron, Inc.、First Point Scientific, Inc.。

9.6.14 光解和光催化技术的总体情况

UV 波长光谱中的光能可用于氧化或以其他方式分解空气流中的气相有机污染物。光解破坏和光催化破坏是两个相关的过程，利用这种现象可以处理 SVE 系统产生的废气。相关研究表明，借助上述两个过程可从空气中除去挥发性有机化合物和烟草烟雾以及减轻工业烟气中的 NO_x，进而可提高室内的常规空气质量。尽管这些建议非常令人鼓舞，但这些技术尚未得到充分开发，也未广泛应用于 SVE 废气处理。

（1）技术简介和适用性

光解和光催化破坏技术均利用紫外光或近紫外光(波长为 150~350nm 的光)的电离源离子化蒸气流(比如氧气和 VOC)的组分，因而会导致反应性自由基的形成。其他波长可以为更高能量化合物的键合提供更多的能量光子，但为破坏 VOC 和氯化 VOC，利用 UV 光和近紫外光的波长范围就足够了。

在光解破坏系统中，自由基在由石英制成的反应器中形成。然后这些高能量的自由基再结合形成基本无害的产物，比如水蒸气和二氧化碳。除了紫外线能源和石英反应器之外，光解破坏还可能需要设置后续的处理工艺来管理形成的其他产品，比如，氧自由基可与氮(来自空气)结合形成 NO_x。另外，与其他技术一样，氯化 VOC 的破坏会产生卤化酸(比如盐酸)。这些不太理想的反应副产物可以以较小浓度直接释放到环境空气中，也可以通过诸如酸洗涤器之类的设备去除。

光催化过程使用 UV 光作为电离源来产生自由基，也使用催化剂来促进反应。在处理过程中，当气流(污染物分子)直接吸收 UV 光能时或当入口蒸气流与催化剂(通常为 TiO_2)接触时就会形成自由基，催化剂被紫外光能激活，然后自由基重新组合形成水蒸气、二氧化碳，如果氯化的 VOC 被处理则会形成卤代酸。

UV 氧化系统的工艺过程会因技术开发者的不同而不同，比如是否使用光分解或光催化过程。Process Technologies，Inc.(PTI)开发的一种光解破坏系统采用的方式是将废气从 SVE 系统输送到含有吸附材料流化床的吸附室中；在吸附室中通过浓缩蒸气流来制备污染物进行光解；吸附剂材料连续地移动到分离室中，其中 VOC 通过蒸汽汽提从吸附剂中解吸，结束时必须更换吸附剂；将蒸汽汽提产生的含 VOC 的空气流送入具有特殊水泥衬垫的反应室，接受 150~254nm 波长范围的紫外线的照射；UV 光产生自由基并破坏 VOC，且将其转化为二氧化碳和水。

由 Matrix Photocatalytic，Inc. 开发的光催化体系的代表性技术是将 SVE 系统的废气直接送入反应室。废气与反应室中涂覆有 TiO_2 的玻璃纤维开孔网络接触并接受紫外光照射，进而导致自由基的形成。通常，玻璃纤维开孔网络围绕 UV 灯缠绕，空气流在 UV 灯和催化剂网之间流动。其他光催化体系多使用反应容器，其中包含专利的催化剂珠粒涂覆在紫外灯照射的托盘上。另外，由 PurificsESInc. 开发的光催化体系采用浆料形式的 TiO_2 催化剂。

研究发现，光解和光催化技术可有效处理各种卤代和非卤代 VOC，包括 PCE、TCE 和氯乙烯，这些都是常见 SVE 废气的组分。可被这些方法破坏的其他 VOC 还包括芳族和脂族烃、醇、醚、酮和醛。光解技术在低流速下对浓缩的 VOC 废物流（1~3000ppmv）效果最好，因此该技术适用于某些场所的 SVE 废气处理。

（2）**发展现状**

光解和光催化技术的研究和开发已经初见成效，相关的技术已用于工业空气的处理，但使用 UV 技术对 SVE 系统废气进行处理的项目非常少。人们已在几种 SVE 废气流中测试了光解和光催化技术的效果，处理效果令人满意、表现良好，证明光解和光催化技术是一种成功的技术。另外，光催化技术已被广泛用于工业水处理和修复工作中。

① 光解处理。最早利用 PTI 光解破坏技术的是美国海军，他们利用该技术对某海军航空站的 SVE 系统进行处理。该系统可在现场处理 250cfm 流量的 SVE 废气。在系统中处理的化合物包括卤代和非卤代 VOC，比如 1，2-DCE、TCE、PCE、甲苯和辛烷。在 4 个月的测试过程中，系统将 SVE 尾气中的 VOC 从 192ppmv 的平均浓度成功地处理到最大允许排放量 25ppmv 以下。挥发性有机化合物的 DRE 平均值为 95%。美国海军估计该系统可用于 3000scfm 流量废气的处理，所有 SVE 废气处理结束后得出的每磅待处理挥发性有机化合物的处理成本是 3.77 美元。PTI 的系统在 20 世纪 90 年代中期若干 AFB 场所成功处理了 SVE 废气，但 PTI 技术的商业化应用仍处于尝试阶段。欧美发达国家某光解氧化技术项目，其光解过程处理的流量高达 500cfm，并借助氙脉冲等离子体闪光灯发射高密度紫外光，初始 TCE 浓度约为 250ppmv，除了使用最低的闪光频率和最少的灯之外，在其他条件下 TCE 的浓度都降低了 99%以上。

② 光催化处理。由 KSE，Inc.（KSE）开发的 AIR-Ⅰ工艺利用的是一种吸附综合反应原理，其中污染的空气流流入光催化反应器，其中的 VOC 被捕获在专有催化吸附剂的表面上，在氯仿 VOC 的入口浓度为 1~3000ppmv 的实验室规模下该过程取得了成功。随后，该过程被在欧美发达国家某空军基地的地下水修复项目采用而成为修复系统的重要组成部分，应用证明了其有效性，人们成功地处理了来自地下水汽提塔的污水，处理结果显示超过 99%的 DCA 被从含有 1ppmv 的饱和水蒸气的空气中去除。在上述修复过程中，人们还测试了光催化破坏 SVE 废气的情况。1995 年 KSE 的 AIR-Ⅱ过程被 SITE 新兴技术计划接受，该过程在全面修复 AFB 场地 SVE 废气方面获得成功，修复后 PCE 的 DRE 值超过 99.8%。大量的研究表明，KSE 的 AIR-Ⅱ工艺的 VOC 清除效果良好其 DRE 值可超过 98%。人们还系统地对 KSE 进行了研究并对 TCE 的破坏和 AIR 过程的副产品进行了评估，研究中采用了 40 多种不同的催化剂，这些催化剂涉及的物质包括铜、锰、铈、钴、钨、TiO_2、氧化锡和贵金属如铂。人们利用 KSE 开发的由 Trojan Technologies，Inc.（Trojan）制造的 700scfm 光催化氧化剂成功处理了以 10~78ppmv 流入浓度 TCE 为主要成分的 SVE 废气，处理后 TCE 的 DRE 值超过 99.6%，处理时的最大流量为 0.72lb/hr，但出乎意料的是有氯仿作为反应的副产物被排出，KSE 随后报道可以通过使用不同的光催化剂或反应器构型来降低氯仿的形成量。

光触媒技术已经在许多公司得到了商业化应用，其中包括 KSE、Trojan Technologies，Inc.、Purifics ES Inc. 和 Zentox 公司。Trojan Technologies，Inc. 报告说四个工业应用系统的情况并给出了几十个项目的报价，但商业化用于 SVE 废气处理的项目仍然很少。Purifics ES Inc. 推荐了许多光催化项目的设计方案，但几乎所有的设计都是针对地下水或工艺用水处理的。

人们在光催化体系的研究中提出了许多有益的思想，比如用 TiO_2 涂覆玻璃纤维并用 UV-光纤填充反应容器；利用太阳能驱动系统且利用来自太阳的紫外线激活 TiO_2 等。

（3）效果

表 9-6-6 给出了 KSE 光催化技术和专利催化剂的相关数据。这种化学混合物可能无法准确地区分典型的混合物或许多通常存在于 SVE 废气中的各种化合物。欧美发达国家一个 AFB 修复项目中，PTI 的光解系统在高浓度、低流量条件下对 SVE 废气中 VOC 实现了高水平的清除，其 DRE 值超过了 98%。应用显示，该技术可有效地处理各种污染物，表 9-6-7 给出了该项目中每种挥发性有机化合物污染物处理后的 DRE 值。

表 9-6-6　挥发性有机化合物污染空气的光催化处理的代表性的破坏和去除效率

化合物或复合物	破坏效率 DRE/%
平均总挥发性有机化合物(Average total volatile organic compounds)	95~>99
氯乙烯(Dichloroethene)	>99
1,2-二氯乙烷(1,2- Dichloroethane)	>99
甲醛(Formaldehyde)	100
乙醛(Acetaldehyde)	99
三氯乙烯(Trichloroethene)	84~>99
1,1,1-三氯乙烷(1,1,1-Trichloroethane)	>99
甲苯(Toluene)	96
氯乙烯(Vinyl chloride)	>99
己烷(Hexane)	99
一氧化碳(Carbon monoxide)	94
氨(Ammonia)	100

表 9-6-7　欧美发达国家某空军基地土壤蒸气提取污染物的光解处理破坏和去除效率

化合物或复合物	破坏效率 DRE/%
平均总挥发性有机化合物(Average total volatile organic compounds)	98
1,1-二氯乙烷(1,1-Dichloroethane)	>81.7
1,1-二氯乙烯(1,1-Dichloroethene)	>85.7
顺式-1,2-二氯乙烯(cis-1,2-Dichloroethene)	>83.4
乙苯(Ethylbenzene)	>87.7
二氯甲烷(Methylene chloride)	>67.4
甲苯(Toluene)	>98.6
三氯乙烯(Trichloroethene)	>99.5
1,1,1-三氯乙烷(1,1,1-Trichloroethane)	84.5
二甲苯(Xylenes)	>97.7
1,2,4-三甲苯(1,2,4-Trimethylbenzene)	>95.3
甲基异丁基酮(Methylisobutylketone)	>95.7
丙酮(Acetone)	>99.9
半挥发性有机化合物(Semivolatile organic compounds)	97.9

光解和 TiO_2 基光催化氧化不能有效地破坏长链(大于 6 个碳原子)的烷烃。使用 TiO_2 催化剂时烷烃只能得到部分氧化并会随后污染催化剂，这种情况可能不能采用主要由 TiO_2 组成的专利 Trojan/KSE 催化剂。这些技术尚未在取代的芳族化合物上进行广泛的测试，并且其对 BTEX 化合物的处理效果不佳、DRE 值偏低。为处理具有较高解离能的化合物(比如 TCA 和二氯甲烷)必须增加紫外光光子的能量。在入口温度高于 150℉的情况下，UV 灯的效率会下降。表 9-6-6 和表 9-6-7 反映了不同化合物的 DRE 值相当于特定应用和废气流的变化情况，比如，用于 TCE 的 AFB 场地光解性 DRE 值大于 99%，但二氯甲烷和 TCA 的 DRE 值却小于 90%，在某些场合可能还达不到上述结果。

总体而言，光解和光催化技术对环境的影响较小(废物副产物形成最少)，因而使它们成为具有吸引力的 SVE 蒸气处理方法。但在早期测试中，随着氯化污染物蒸气在反应器中停留时间的增加仍然存在生成低浓度光气的过程倾向，尽管这种倾向从未达到危险的水平。随着时间的推移和科技的进步，这些技术实现起来会变得相对简单，且通常不会产生需要进一步处理的废物。由处理氯化 VOC 形成的盐酸可能需要通过酸洗涤器去除，当然也可以通过在反应器中使用的水泥衬垫中的吸收和中和来处理盐酸，水泥衬垫最终将被中和的卤素饱和并需要更换，来自内衬的废物可以作为固体废物处理。来自氧化/破坏室的流出物通常是可以直接释放到大气中的，但潜在产生的其他废物(比如氯仿)可能是这种技术的一个重要缺点，如果在该过程中使用吸附剂作为流化床则可将其再生并最终作为固体废物进行处理。

（4）工程注意事项以及限制条件和成本

光解和光催化体系需要相对较少的维护或部件更换。这些系统可设计成无人值守的体系，并且可以容易地管理生产的任何废物。催化剂通常可持续 2 年或 3 年，而广泛使用和廉价的紫外灯需要每年更换 1 次。

存在与光解和光催化技术相关的工程问题。光催化体系中 UV 灯必须照亮并激活催化剂，催化剂必须足够薄以使紫外线能够透过，因此，大的流入污染物负载需要大的催化表面积来进行光催化氧化。另外，流入物必须被过滤以防止夹带在蒸气流中的颗粒物引起催化剂的降解。光解和光催化体系的内部设备有时难以接触，如果需要维护或定期补充可能会很麻烦。在处理较大质量负荷污染物的较大系统中，反应容器可能需要设置冷却系统，因为催化反应会产生热量，冷却水可以看作是废物流但可以再循环。

虽然这些技术的基本光能原理相对简单，但是某些相关的系统使用过程可能会增加其复杂性。比如，将污染物临时固定在吸附剂上的系统需要复杂的气流配置以使污染物在床与床之间能适当地流化。这些相同类型的系统均使用蒸汽再生吸附剂，因此必须进行合理的工程设计以使蒸气不会对光解过程产生不良影响。另外，产生蒸气所需的能量会增加处理的成本。系统设计要求以及卤素酸的生成可能需要定期更换和处理衬垫以及吸附剂。紫外线生成和补充水冷却可能需要更多的能量和附加设备来消除热量，比如，在使用更大的容器或存在更高的质量负荷时。

与污染物入口浓度小于100ppm的废气的活性炭处理相比，光解破坏过程的成本不占优势。操作紫外灯的能源成本是经济性的主要影响因素。该技术似乎更适合处理相对独立的污染物负荷，因为其需要更换反应堆衬套以及相关的技术。由于能源成本原因，光解系统的运行成本约为耐酸性Cat-Ox系统的两倍多；光解系统的资本成本估计是相同容量的Cat-Ox系统的两倍。

与热Cat-Ox系统相比，光催化技术具有较高的资本成本，但根据该技术的供应商提供的信息，其运营和维护费用较低。其运营能源成本可能非常低，因此在整个使用寿命期间可节省更高的资本成本。与使用GAC相比，一个光催化技术项目在项目的整个生命周期中节省的费用可超过150万美元。但由于这种技术已被用于SVE废气处理，所以这种系统及其部件的寿命可能不能真实地获得。宏观上看，该技术的维护成本会很小，并且主要与每年更换紫外线灯和每两年更换催化剂有关。这项技术的主要研发机构有KSE Inc.、urifics ES Inc.、Trojan Technologies Inc.、Zentox Corporation。

9.6.15 膜分离技术的总体情况

膜分离技术对处理来自现场修复产生的SVE废气用途有限。膜分离技术广泛用于工业领域，即从工业过程空气排放中去除VOC。这一技术的一个主要用途是将二氧化碳与天然气分开。膜分离过程将压缩和冷凝与膜分离相结合，并且比单独的压缩和冷凝会产生更多的回收溶剂。

（1）技术简介和适用性

膜分离技术的特点是让气流通过专门设计的膜以将VOC与污染的蒸气流分离，该膜对有机分子的可渗透性比空气高100倍。膜分离系统通常是直径4~8inch、长度3ft的螺旋缠绕模块。当进料气体进入模块时，膜片的另一侧上的部分真空将有机蒸气通过螺旋膜吸收到中心渗透物收集管中。隔离膜排出的净化空气流离开分离器。有时那些称为“残留物流”的物流可能需要在排放到大气中之前通过活性炭进行额外的处理。

膜分离系统可以配置成单级系统，其通常用于处理浓缩蒸气流；当然，也可以配置成用于处理更多蒸气流的两级系统。单级系统中，污染的蒸气流首先通过冷凝器，其中一部分有机蒸气被冷却和冷凝；液体冷凝物被回收再循环或再利用；然后将未冷凝的空气-蒸气混合物引导到膜上以将VOC与空气流分离；从膜产生两个流出物流，其中含有低浓度VOC蒸气的纯化物流可以排放到大气中或通过活性炭进一步处理，而浓缩的蒸气流则再循环回冷凝器；SVE废气流集中到足以采用单级系统处理的情况是不常见的，但存在大量NAPL和高浓度VOC的SVE废气的处理可能适合采用单级系统进行处理。

当废气流中的蒸气浓度太低便于在分离前进行有效的初始冷凝时可使用两级系统。当空气-蒸气混合物通过两个膜中的第一个膜时，大部分VOC与清洁空气分离，这些空气被排放到大气中；然后将含VOC的渗透物压缩并冷凝，通常会产生水和少量的液体VOC；来自冷凝器的排出流通过第二膜，其再次产生清洁的空气排放物和被压缩和冷凝的高度浓缩的VOC渗透物；来自该第二阶段的液体冷凝物可适用于再循环，并且来自第二冷凝器的排出物流可通过第一膜再循环。通常情况下，两级系统对大多数 SVE 应用有些太贵，因而是不实用的。图 9-6-16 介绍了一个典型的两级膜分离系统的情况。

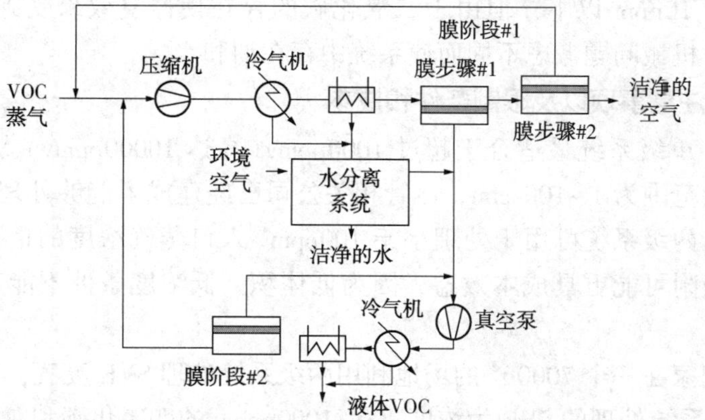

图 9-6-16　典型的两级膜分离系统

根据膜技术和研究公司(MTR)的报告，其蒸气技术可以处理各种 VOC，包括通常与 SVE 废气相关的氯化和非氯化 VOC。他们最初开发的是单级膜分离系统，目的是从零售服务站的燃料储罐中除去和回收汽油碳氢化合物蒸气，其他商业应用还包括从工业过程中回收氯乙烯单体，上述情况下，Vapor Sep 系统可以回收高达 100lbs/h 的单体污染物。该技术也可用于处理各种蒸气浓度的废气，这可能使其适用于 SVE 废气的初期处理和长期处理。该技术可以回收的化合物包括苯、四氯化碳、氯氟烃、甲醇、二氯甲烷、PCE、TCA、TCE、甲苯和氯乙烯等常见的 SVE 废气成分。

相关应用表明，Vapor Sep 系统在流入浓度为 100~10000ppmv 时效果最好。单级系统最适合浓度超过 1000ppmv 的情况。两级系统可用于处理入口蒸气浓度小于 1000ppmv 的情况。膜分离系统已被应用于工业领域，作用是处理蒸气流速高达 3500scfm 的废气，并且已经在流入浓度超过 100000ppmv 的情况下获得了成功，因此，该技术可以适用于较大的 SVE 系统，但其对典型的低流量 SVE 系统(小于 $200ft^3$)的处理可能不具有成本效益。

（2）发展现状

1994 年美国 EPA 在中试规模应用中对两级 VaporSep 系统进行了测试。该技术曾被用于在一个地下土壤污染现场除去四氯化碳和氯仿，该项目的入口浓度为 1000ppmv，处理后的 DRE 值超过 95%。欧美发达国家某空军基地利用这项技术成功修复了 SVE 系统废气，该场址的修复工作历时 10 个月，初始氯化 VOC 浓度范围为 23~101ppm。VaporSep系统的商业化应用主要用于工业领域。

（3）效果

该技术用于处理来自现场修复中的废气的项目非常少，原因是其仅在需要溶剂回收时才变得更具成本效益。美国 EPA 通过研究表明，该技术的适用范围是全氯乙烯、己烷和异辛烷，在 43~890ppmv 的流入浓度范围内，处理后的平均 DRE 值约为 90%。根据相关的性能标准，这些低 DRE 值可能不会影响可接受的浓度水平。该技术净化空气流中有机化合物的浓度通常非常低而可以排放到大气中，但如果需要仍可以通过其他方法进行进一步的处理。在 DOE 的示范项目中，该技术可处理 200~1000ppmv 的四氯化碳废气流并取得良好的效果，其 DRE 值超过 95%。一个 AFB 应用项目将氯化 VOC 的浓度降低到了 10ppm 以下，但由于二氧化碳的存在使修复效果受到了一定的影响，原因是设计时对机械问题考虑不周而使系统中存在油和水。

（4）工程注意事项以及限制条件和成本

如前所述，单级系统最适合于超过 1000ppmv（高达 10000ppmv）入口浓度的情况。目前的系统容量范围为 1~100scfm，尽管相关公司已经建成了能够处理高达 140scfm 进料空气的装置。两级系统可用于处理小于 100ppmv 入口蒸气浓度的情况，但在这些水平下，利用碳吸附可能更具成本效益，因为低体积、低浓度条件不能产生显著的溶剂回收率。

欧美发达国家在一个 $7000ft^2$ 的场地利用两级系统处理 SVE 废气，其资本成本约为 250 万美元。该系统处理的 SVE 为浓度 200~1000ppmv 的四氯化碳和氯仿。超过 95%的四氯化碳被作为液体回收，剩余的 VOC（2~25ppmv）在出料前采用活性炭进行了处理。以系统容量为基准，预计的整体资本成本为每平方米 400~1000 美元，随着处理能力的增加该技术的每单位量成本通常会进一步下降。

DOE 报告的现场系统的运行和维护成本为每年约 6000 美元，主要用于实施过程中膜的保养，膜每 3 年更换一次。人们估计的总体成本是每磅挥发性有机化合物的回收费用为 2000~5000 美元。营业成本常规报价为每处理 1000scfm 流量 0. 50~1. 00 美元。欧美发达国家在假设每 3 年更换一次膜的前提下对一个 AFB 项目的相关费用进行了评估，该系统设计流量为 100scfm，利用 500scfm 膜分离系统进行了处理，由于系统较大，估计的资本成本为 66 万美元、运营和维护费用为每年 675000 美元。上述技术的代表性开发商是 Membrane Technology and Research，Inc. 。

9. 6. 16　其他技术

随着气体吸收和蒸汽冷凝技术的进一步发展，某些情况下这两种技术有可能适用于处理 SVE 废气。目前，两种技术主要用于工业领域，有些情况下需要借助再生活性炭或其他吸附剂。当然，它们也可以与本节前面介绍的那些技术结合使用。

（1）吸气技术

气体吸收过程中污染物蒸气会溶解在液体溶液中。因此该方法也被称为“洗涤”，其作为消除热处理期间形成的酸性气体的辅助处理方法广泛用于工业和现场修复工作中，但该技术很少被用作现场修复废气的主要处理方法。

吸收和吸附是相关的物理化学过程，吸收和吸附之间存在根本的区别。吸收的特点是将污染物溶解和/或混合到吸收剂（通常是液体）介质中；吸附的特点是吸附和黏附蒸气或液体到吸附介质的表面，比如被碳激活。气体吸收过程中，受污染的蒸气沿反向流动方向流过低挥发性洗涤溶液（溶剂）；洗涤溶液通常以喷雾或雾气的方式散布在柱筒中以使蒸气相和液相之间的接触最大化；气相和液相之间的浓度梯度和气-液平衡过程驱使气相污染物溶解到液体溶液中。因此，为了实现这种工作方式就需要为从气流中回收或除去的化学物质选择合适的溶剂。

有些情况下，蒸气流中的污染物与吸收剂溶液的一种组分会发生化学反应以形成化学惰性化合物(比如，被吸收到苛性碱溶液中的酸性气体)。在其他情况下，污染物只会简单地溶解到需要进一步处理或处置的吸收剂溶液中。气体吸收系统配置可以包括挤压塔、筛板/托盘塔、文丘里管和流化床；使用的一些溶剂包括水、矿物油和非挥发性石油。在吸收应用中使用的最典型的溶剂是水，其对于极性化合物适应性非常好，但对大多数需修复的 SVE 化合物却并不适用。也可以使用专门的低挥发性非极性有机溶剂，这类溶剂最适用于 SVE 废气处理。

1989 年，Quad 环境技术公司推出了 Chemtact®吸收技术。在这种技术中，专利的化学吸收剂溶液以一次性(不可再生)吸收过程处理污染的蒸气流。液体吸收剂以微细雾化的液滴(直径小于 10μm)形式分散通过反应室。在 1989 年的应用试验中，其能够在 800~2500cfm 的移动化学反应系统中处理含有不确定性的烃加苯酚和甲醛的蒸气流，实验结果显示，该方法清除效果良好，处理后烃类的 DRE 值为 85%~100%、苯酚和甲醛的 DRE 值可达 94%。该技术在其他项目中处理苯的有效率(DRE 值)为 100%，但甲苯的有效率(DRE 值)仅为 50%~93%。相关的化学技术没达到商业化应用的水平。

20 世纪 90 年代初，美国康涅狄格大学开发了一个称为“污染物吸收和回收”的技术。该技术的特点是利用非挥发性液体溶剂(通常为玉米油)吸收气相污染物；然后液体溶剂通过第二反应塔，其中有机污染物在升高的温度和减压下从溶剂中被汽提；第二反应塔产生可以冷凝的低流量蒸气流，并且回收液体污染物用于再循环或处置；然后溶剂溶液可通过该方法再循环。土壤蒸气中夹带的水分会降低这一技术的效率，因此，修复 SVE 系统时需要设置一个有效的空气-水分离器来解决这个问题。有关上述技术的大多数研究工作均是在实验室进行的，当然，也有在扩散和排气修复现场对气泡接触器和填充柱接触器的扩散废气进行中试规模处理的。人们利用两个接触器成功地处理了来自系统的 VOC 废气。两个接触器的 TCE 清除率(DRE)均大于 95%。1993 年康涅狄格大学获得了该项技术的专利权并进行了一次专业的实地考察，但该技术未得到商业化应用。该技术的一名开发人员表示，技术的全面性有待于加强。

（2）蒸汽冷凝技术

处理污染的蒸气流时可以使用独立的控制系统或者将其作为其他废气处理技术的增强手段来冷却蒸气并冷凝污染物。从废气(作为冷凝水)中除去水蒸气会提高后续废气处理方法的有效性。当空气流中含有浓度大于 5000ppm 的污染物时，或经济上希望回收蒸气流中含有的有机污染物进行再利用或回收(类似于蒸气工业过程中的回收系统)时，人们通常使用独立的冷凝系统。当然，上述过程一般不适用于 SVE 系统，因为在 SVE 系统中回收产品通常是不经济的。但是，如果 SVE 系统的初始阶段浓度较高或受污染的蒸气流不是混合物而是由单一化学品组成的，则上述过程可能就是适用的。特殊条件下，为提高 SVE 的修复有效性，使用冷凝水处理 SVE 通常借助热量(比如蒸汽或电热)方法，由这种系统提取的废气通常是热的并且具有很高的蒸气浓度。

蒸汽冷凝的另一种构型使用的是另一技术，其从低浓度蒸气中吸收或以其他方式浓缩化合物，然后进行冷凝以作为原料处理或再循环进入正在进行的工业过程(比如在炼油厂中)。回收的化学品也可用作废气处理的补充燃料的来源(比如 ICE)。

冷凝系统中，将含污染物的蒸气流冷却到污染物露点以下(假设 VOC 具有足够高的露点以允许冷凝)。根据污染物的组成和浓度，冷凝所需的温度可能非常低。一旦冷凝就可以收集气相污染物进行回收或处置。用于冷却蒸气流的方法很多，可以使用液氮、机械冷却或两者组合使用。使用蒸汽冷凝系统进行 SVE 废气处理的主要优点是，即使应用于浓度接近或超过组分 LEL 的废气，这种系统也是相当安全的。相比之下，氧化系统则必须具有可靠的保护和保障措施以确保 LEL 浓度范围内系统的安全运行。

使用蒸汽冷凝进行 SVE 废气处理可以进行纯相产物回收，但易于冷凝的材料在典型的土壤温度下的挥发性通常不会很好，因此，该技术更适合用于通过加热提高从地下去除烃的效率的场合。

虽然蒸汽冷凝技术不常用于 SVE 系统，但已经进行了相关的实验。NUCON 公司开发了一种 BRAYSORB 系统在实际应用中表现良好。在 BRAYSORB 工艺中，低浓度蒸气流被吸附在活性炭上使蒸气流得以浓缩。两个碳罐串联使用。最初，仅使用第一碳罐直到流出物中的浓度超过预定水平为止。当第一碳罐达到饱和时将其脱离系统进行再生并启动第二碳罐。该技术仅对能很好地吸附在活性炭上的化合物有效，随后可以在低于 350℉的温度下进行汽提。该系统的典型流量为 8000 ~ 10000scfm。在再生期间，热氮通过废碳罐，溶剂从碳中得以解吸；使用再生式热交换器对氮气和溶剂蒸气进行压缩和冷却；在热交换器之后进入分离器，其中蒸气流中大于 90% 的溶剂被冷凝，另外的溶剂通过压缩机冷凝；再生后，将碳床冷却并进入吸附准备阶段。NUCON 还开发了一种移动式碳再生系统以便在必要时对碳罐进行再生。

欧美发达国家的一个受机器车间废物影响的土壤修复项目采用了上述技术，对 SVE 废气的蒸汽冷凝采用了移动装置并在 250scfm 的流量下进行，流入物中的 TCE 和 PCE 浓度分别为 2000ppm 和 5000ppm，使用蒸汽冷凝处理后流出物 TCE 和 PCE 浓度分别为 20ppm 和 50ppm，即 DRE 值为 99%，但没有报道实际的溶剂回收效率。另一个应用项目修复某汽油服务站的 SVE 废气，废气以 500scfm 的流量进行处理，总 BTEX 的流入浓度为 900ppm，18 个月后流出物中的 BTEX 浓度为 20ppm，即相应的 DRE 值为 98%。

由于上述技术的吸收容器可以采用较便宜的材料制作，因此，人们认为该技术具有较低的资本成本。该技术不存在冷凝蒸气和可溶性酸的腐蚀问题，因而也降低了运营成本。与传统的活性炭蒸气再生不同，该技术不会产生污染的水流。与传统系统相比，该技术通过使用热交换器可以使能源需求降低 75% 以上。某项目的现场系统共设置了 10 口井，每口井的费用约为 25000 美元，总运营费用为 12.5 万美元，资金成本为 125000 美元。另一个现场的修复过程中，每次再生成本为 1800 美元，现场的总成本为 32400 美元。这项技术的代表性开发商是 NUCON International Inc.。另外，蒸汽冷凝设备通常可从具备制造设备和化学加工业服务能力的许多供应商处获得。

9.6.17 特别说明

前述各种技术均能够处理 SVE 修复系统的废气，但到目前为止，最常见的废气处理系统类型仍然是使用活性炭吸附和热氧化(主要是催化氧化)。其他商业化的但不常用的技术是生物过滤和ICE。近年来人们还研究出了许多修复SVE废气的新兴技术，尽管这些技术在商业化应用方面还很不成熟，但其应用前景仍然是非常光明的。

下面归纳一下各种技术在适用性、局限性、效果、工程规则、残留物管理、成本和经济性、发展状态等方面的基本特点。进而展示一下SVE系统废气处理的实践状况。这些技术也适用于从MPE和地下水处理系统产生的蒸气。这些基本特点的归纳可以为项目经理和工程师们提供技术参考，以帮助他们合理地选择废气处理技术、合理地预测修复结果。当然，具体项目实施时应以特定技术的工程手册或其他具体指导文件为准。

选择最合适的废气处理替代方案应充分考虑以下6方面因素：在提取的蒸气流中存在的污染物类型；蒸气浓度；系统流量；系统运行时间；局部空气排放和处理要求；修复期间废气浓度的变化情况。

表9-6-8给出了适用于商业化处理的SVE废气的一般浓度范围，可见对于特定的处理废气不止一种技术可用。比如可以通过碳吸附、热氧化或生物过滤来处理SVE系统废气中浓度为500ppmv的石油烃(VOC)，前述不太可用的技术也可能适用于其处理过程。

表9-6-8 商业化处理时各种挥发性有机化合物的入口浓度范围

技术	挥发性有机化合物入口浓度/ppmv
碳吸附(Carbon Adsorption)	<5000
热氧化(Thermal Oxidation)	100~4000
生物过滤(Biofiltration)	<1000

大多数情况下，修复从业者评估并选择的SVE系统废气处理技术是热氧化或碳吸附。这两种技术性能非常强大，是经实践证明了的、成熟的废气处理方法，其可以处理各种各样的污染物。与热氧化或碳吸附相比，本节介绍的其他技术要么成本高昂，要么在非常特殊的情况下对SVE废气处理的效果不甚明确。

目前，废气处理技术的选择多是基于成本和操作考虑的，比较的对象是热氧化和碳吸附系统。尽管许多因素都会影响废气处理系统的成本，但一般的规则是是否能够处理更多的稀释废气，权衡的结果自然是碳吸附比热氧化更经济。但当废气中含有较高浓度的蒸气污染物时，热氧化就会变得更具成本效益。表9-6-9列出了热氧化和碳吸附技术选择时应考虑的主要因素。

虽然热氧化和碳吸附是目前SVE废气最常见的处理技术，但本节中提到的那些新兴技术仍然有可能成为热氧化和碳吸附的具有成本效益的替代方案。未来，随着成本效益的改善或新的更有益的经验的推出，这些替代方案可能会被人们更频繁的选择和应用。随着科技的发展，新兴技术(比如非热等离子体和光解技术)有可能会因其卓越的成本效益而成为SVE废气处理热氧化和碳吸附的替代方案。

表 9-6-9　热氧化和碳吸附技术选择应考虑的主要因素

因子	热氧化	碳吸附
浓度	更常用于较高的污染物浓度（>500ppmv）；因为每磅所需的补充能量较少，每磅污染物的处理成本随着 VOC 浓度的增加而减少	更常用于低蒸气浓度（<1000ppmv）；每磅污染物的处理成本趋于保持相同或随着碳替代频率的增加蒸气浓度增加而增加
运维要求	由于安全考虑，往往需要更多的劳动力和更多的熟练劳动力	除非汽相浓度很高，经常发生"突破"，否则基本只需要付出简单和较少的劳动强度来操作和维护
安全	如果废气达到高浓度（蒸气中污染物的爆炸下限的显著位置），则可能需要更多的防护措施；如果操作不当，则可能形成二噁英和呋喃	在大多数情况下趋于安全，但高含量的酮或类似化合物可能会引起火灾
氯化和非氯化的挥发性有机化合物	由于在蒸气燃烧过程中形成盐酸，所以不常用于氯化 VOCs，这就需要在燃烧室之后的管道和设备上使用耐酸材料	同样适用于氯化和非氯化 VOCs；酸的形成通常不是需要考虑的问题
可以处理的化合物种类	除氯化 VOCs 燃烧过程中会形成酸外，可处理各种化合物	并非所有的化合物都能很好地吸附在活性炭上（取决于吸附能力）；一些普通化合物（比如氯乙烯）不易处理；因此，必须全面考虑废气中的每种化合物
资本与运维成本	设备的购买成本远高于碳成本；但在高 VOC 浓度下，运维成本低于碳成本	资金成本相当低，运维成本与废气流量和蒸气浓度成正比

注：ppmv 为体积的百分之一；VOC 为挥发性有机化合物。

参 考 文 献

[1] AFCEE. July 1998. "Final Comprehensive Technical Report for the Evaluation of Soil Vapor Extraction and Treatment using Internal Combustion Engine Technology." Technology Transfer Division.

[2] AFCEE. Aerobic Cometabolic In Situ Bioremediation Technology Guidance Manual and Screening Software User's Guide, AFRL-ML-TY-TR-1998-4530, NTIS: ADA 359333. Alexandria, VA: Earth Technology Corp., prepared for the Air Force Research Laboratory (AFRL), June 1998.

[3] AFCEE. Bioventing Performance and Cost Results from Multiple Air Force Test Sites. Brooks AFB, TX: Technology Transfer Division, 1996.

[4] AFCEE. Principles and Practices of Enhanced Anaerobic Bioremediation of Chlorinated Solvents, 2004.

[5] AFCEE. Technology Transfer Programs and Initiatives: Bioslurping. Brooks AFB, TX: Technology Transfer Division, 2005.

[6] Air Force Center for Environmental Excellence (AFCEE). 1995. "A Performance and Cost Evaluation for Purus PADRE® Regenerative Resin System for the Treatment of Hydrocarbon Vapors from Fuel-Contaminated Soils." April.

[7] Alley, E. Roberts, and Associates, Inc. (Alley). 1998. "Chapter 22, Incineration of Gaseous Emissions." Air Quality Control Handbook.. McGraw Hill.

[8] Alshawabkeh, A. 2001. Basics and Applications of Electrokinetic Remediation. Northeastern University.

[9] American Petroleum Institute (API). 1998. API Soil & Groundwater Research Bulletin: Ten Frequently Asked Questions About MtBE in Water. Technical Bulletin 3, Version 1. 1. March.

[10] American Water Works Research Foundation. 2003. occurrence of MtBE and Vocs in Drinking Water Sources of the U. S.

[11] API. 2006. Downward Solute Plume Migration: Assessment, Significance, and Implications for Characterization and Monitoring of "Diving Plumes". API Soil and Groundwater Technical Task Force, Bulletin 24.

[12] API. 1995. In Situ Air Sparging: Evaluation of Petroleum Industry Sites and Considerations for Applicability, Design and Operation.

[13] Archabal, S. R., and D. C. Downey. 1994. "A Performance and Cost Evaluation of Internal Combustion Engines for the Destruction of Hydrocarbon Vapors from Fuel-Contaminated Sites." AFCEE Technology Transfer Division. December.

[14] Bader, D. The Use of Constructed Wetlands to Phytoremediate Explosives-Contaminated Groundwater at the Milan Army Ammunition Plant, Milan, Tennessee (abstract). Arlington, VA: Environmental Security Technology Certifi cation Program (ESTCP), 1999.

[15] Battelle. Engineering Evaluation and Cost Analysis for Bioslurper Initiative (A005). Brooks AFB, TX: AFCEE, 1997.

[16] Battelle. Technical Memorandum. Biopile Design and Construction Manual, TM-2189-ENV. Port Hueneme, CA: NFESC, June 1996(a).

[17] Battelle. Technical Memorandum. Biopile Operations and Maintenance Manual. TM-2190-ENV. Port Hueneme, CA: NFESC, June 1996(b).

[18] Bohn Biofilter Corporation. August 2003. Fax Regarding Biofilter Projects. From Dr. Heinrich Bohn. To Christine Dobson, ENSR.

[19] Bohn Biofilter Corporation. 2005. "Bohn Biofilter Corp." Product Information.

[20] Brauner, J. et al. 2004. Implementing Monitored Natural Attenuation and Expediting Closure at Fuel-Re-

lease Sites. Air Force Center for Environmental Excellence.
[21] Bruce, C. L., Miller, K. D., Johnson, P. C. 2001. Full Scale Bio-Barrier Demonstration for Treatment of a Mixed MtBE/TBA/BTEX Plume at Port Hueneme.
[22] Calgon Carbon Corporation (Calgon). 2005. "Calgon Carbon Corporation." Product Information. Accessed on August 9.
[23] California EPA, 1999. Public health goal for methyl tert butyl ether (MTBE) in drinking water. Office of Environmental Health Hazard Assessment. Sacramento.
[24] California MtBE Research Partnership. 2000. Treatment Technologies for Removal of Methyl Tertiary Butyl Ether (MtBE) from Drinking Water, Second Edition. February.
[25] Canadian Association of Petroleum Producers. 1999. "Occupational Health and Safety of Light Hydrocarbons." 1999-0002. January.
[26] Carleton, G. B., C. Welty, and H. T. Buxton. 1999. "Design and analysis of tracer tests to determine effective porosity and dispersivity in fractured sedimentary rocks, Newark Basin, New Jersey". U. S. Geological Survey Water-Resources Investigation Report.
[27] Cedergren, H.. 1977. Seepage, Drainage, and Flow Nets. Second Edition: Wiley-Interscience, New York.
[28] Centers for Disease Control (CDC). 2005. "Facts About Phosgene". Accessed on August 9.
[29] Chang, A. N., and J. S. Devinny. October 1996. "Biofiltration of JP4 Jet Fuel Vapors." University of Southern California and The Reynolds Group Conference on Biofiltration. Los Angeles, California.
[30] Cohen, R. M. and Mercer, J. W.. 1993. DNAPL Site Evaluation. C. K. Smoley, CRC Press.
[31] Cummings, M. and S. R. Booth. 1997. "A Summary of the Cost Effectiveness of Innovative Off-gas Treatment Technologies." Los Alamos National Laboratory.
[32] Current Environmental Solutions (CES). 2005. "Gas Phase Corona Reactor". Accessed on November 8.
[33] Davis, E., et al. 2005. Steam Enhanced Remediation Research for DNAPL in Fractured Rock, Loring Air Force Base, Limestone, Maine, EPA 540/R-05/010.
[34] Delta Environmental Consultants. 2004. Groundwater Oxygenate Cleanup Levels for LUSTSites.
[35] DePaul, Vincent T. et al. 2003. Water-level conditions in selected confined aquifers of the New Jersey and Delaware Coastal Plain Scientific Investigation Report.
[36] DOE-GJPO (U. S. Department of Energy, Grand Junction Project Office). 1998. Vadose Zone Characterization Project at the Hanford Tank Farms: BX Tank Farm Report. GJO-HAN-19, U. S. Department of Energy, Grand Junction Project Office, Grand Junction, Colorado.
[37] ENSR. 2000a. Personal Communication Regarding Thermal Treatment Technologies. Between Mark Casey and Anguil.
[38] ENSR. 2000b. Personal Communication Regarding Thermal Treatment Technologies. Between Mark Casey and Thermatrix.
[39] ENSR. 2003a. Personal Communication Regarding Non-Thermal Plasma Technologies. Between Dan Groher and CES.
[40] ENSR. 2003b. Record of Telephone Conversation Regarding Munters Zeolite Systems. Between Christine Dobson and Peter Cronisky, Munters Corporation.
[41] ENSR. 2004a. Personal Communication Regarding Internal Combustion Engines. Between Dan Bostrom and Remediation Services, International.
[42] ENSR. 2004b. Personal Communication Regarding Biofilter Technologies. Between Arthur Taddeo and Biocube Inc.

[43] ENSR. 2004c. "Project Experiences with Oxidation Systems." By Dan Bostrom, Senior Program Manager.
[44] ENSR. 2004d. Personal Communication Regarding Gas-Phase Corona Reactor. Between ENSR and Joseph Pezzullo, CES.
[45] Environmental Cost Handling Options and Solutions (ECHOS). 2002. RS Means Environmental Remediation Cost Data-Unit Price, 8th Annual Edition.
[46] EPA, 2001, Using The Triad Approach to Improve The Cost Effectiveness of Hazardous Waste Site Cleanups. EPA 542-R-010016.
[47] EPA. 1990. Groundwater, Volume 1 Groundwater and Contamination Handbook. EPA/625/6-90/016a.
[48] EPA. 1993. Ground Water Issue Suggested Operating Procedures for Aquifer Pumping Tests. EPA/540/S-93/503.
[49] EPA. 1995. How to Evaluate Alternative Cleanup Technologies for Underground Storage Tank Sites: A Guide for Corrective Action Plan Reviewers. Office of Underground Storage Tanks. EPA 510-B-95-007.
[50] EPA. 1996. How to Effectively Recover Free Product at Leaking Underground Storage Tank Sites; A Guide for State Regulators. EPA 510-R-96-001.
[51] EPA. 1999. Groundwater Clean-up: Overview of Operating Experience at 28 Sites EPA 542-R-99-006.
[52] EPA. 1999a. Multi-Phase Extraction: State of the Practice. Office of Solid Waste and Emergency Response.
[53] EPA. 1999b. Use of Monitored Natural Attenuation at Superfund, RCRA Corrective Action, and Underground Storage Tank Sites. April. OSWER Directive 9200-4. 17P.
[54] EPA. 2000a. Engineered Approaches to In Situ Bioremediation of Chlorinated Solvents: Fundamentals and Field Applications. EPA 542-R-00-008.
[55] EPA. 2000b. MtBE Case Study. "Four Sites: Air Sparging of Groundwater."
[56] EPA. 2000c. MtBE Case Study. "Eight Service Stations in Maryland: Soil Vapor Extraction and Groundwater Extraction Used to Treat Soil and Groundwater."
[57] EPA. 2000d. Institutional Controls: A Site Manager's Guide to Identifying, Evaluating, and Selecting Institutional Controls at Superfund and RCRA Corrective Action Clean-ups. EPA 540-F-00-005.
[58] EPA. 2000e. MtBE Case Study. "Sparks Solvent/Fuel Site: Multi-Phase Extraction Using Fluidized Bed Reactor (FBR) and Granular Activated Carbon (GAC) Media for Treatment of Groundwater."
[59] EPA. 2000f. Memorandum from Elizabeth Cotsworth, Director, Office of Solid Waste. Applicability of RCRA Section 3020 to In-Situ Treatment of Groundwater. .
[60] EPA. 2000g. Introduction to Phytoremediation. Office of Research and Development. EPA 600-R-99-107.
[61] EPA. 2001a. Summary of Workshop on Biodegradation of MtBE, February 1-2, 2000. Workshop Sponsored by EPA and American Petroleum Institute. EPA/625/R-01/001A.
[62] EPA. 2001b. Development of Recommendations and Methods to Support Assessment of Soil Venting Performance and Closure. EPA 600-R-01-070.
[63] EPA. 2001c. Remediation Technology Cost Compendium-Year 2000. EPA 542-R-01-009.
[64] EPA. 2001d. Cost Analyses for Selected Groundwater Clean-up Projects: Pump-and-treat Systems and Permeable Reactive Barriers. EPA 542-R-00-013.
[65] EPA. 2001e. MtBE Case Study. "Soil Vapor Extraction/Air Sparging at Eaddy Brothers, Hemingway, South Carolina."
[66] EPA. 2002a. MtBE Treatment Profiles.
[67] EPA. 2002b. Economic Analysis of the Implementation of Permeable Reactive Barriers for Remediation of Contaminated Ground Water. EPA/600/R-02/034. National Risk Management Research Laboratory,

Ada, Oklahoma.
[68] EPA. 2002c. Field Applications of In Situ Remediation Technologies: Permeable Reactive Barriers. Office of Solid Waste and Emergency Response.
[69] EPA. 2002d. Environmental Research Brief: Long-term Performance of Permeable Reactive Barriers Using Zero-valent Iron: An Evaluation at Two Sites. EPA/600/S-02/001. National Risk Management Research Laboratory, Ada, Oklahoma.
[70] EPA. 2003a. Underground Storage Tanks Fact Sheet: Analytical Methodologies for Fuel Oxygenates. EPA=510-F-03-01. Office of Solid Waste and Emergency Response.
[71] EPA. 2003b. In Situ Thermal Treatment of Chlorinated Solvents: Fundamentals and Field Applications. EPA 542-R-03-012. Office of Solid Waste and Emergency Response.
[72] EPA. 2004. In Situ Thermal Treatment of Chlorinated Solvents: Fundamentals and Field Applications. EPA 542-R-04-010. Office of Solid Waste and Emergency Response.
[73] EPA. 2004a "Performance Monitoring of MNA Remedies for Vocs in Ground Water". EPA 600/R-04/027.
[74] EPA. A Citizen's Guide to Bioremediation, EPA 542-F-01 001. Washington, DC: Office of Solid Waste and Emergency Response, 2001(a).
[75] EPA. An Analysis of Composting as an Environmental Remediation Technology, EPA/530-B-98-001. March 1998(b).
[76] EPA. Bioremediation Using the Land Treatment Concept: Environmental Regulation and Technology, EPA/600-R93/164. 1993.
[77] EPA. Constructed Wetlands: Passive Systems for Wastewater Treatment, Technology Status Report. August, 2001(c).
[78] EPA. Engineered Approaches to In Situ Bioremediation of Chlorinated Solvents: Fundamentals and Field Applications, EPA-542-R-00-008. Washington, DC: Office of Solid Waste and Emergency Response, 2000.
[79] EPA. Engineering Bulletin: Slurry Biodegradation, EPA/540/2-90/016. Washington, DC: Office of Solid Waste and Emergency Response, 1990.
[80] EPA. Innovative Uses of Compost. Composting of Soils Contaminated by Explosives, EPA/530/F-997-045. 1997.
[81] EPA. In-situ Bioremediation of Ground Water and Geological Material: A Review of Technologies, EPA/600/R93/124. Washington, DC: 1993(a).
[82] EPA. Land Remediation & Pollution Control. Treatment & Destruction. Bioventing Development. National Risk Management Research Laboratory, 2004(c).
[83] EPA. Manual: Bioventing Principles and Practice. Volume Ⅰ: Bioventing, EPA/540/R-95/534a. Office of Research and Development, September 1995(a).
[84] EPA. Manual: Bioventing Principles and Practice. Volume Ⅱ: Bioventing Design, EPA/625/212/001. Office of Research and Development, September 1995(b).
[85] EPA. Monitored Natural Attenuation of Chlorinated Solvents, EPA/600/F-98/022. Offi ce of Research and Development, 1999(a).
[86] EPA. Monitored Natural Attenuation of Petroleum Hydrocarbons, EPA/600/F-98/021. Office of Research and Development, 1999(b).
[87] EPA. Not Dated. "Case 10 -Cost and Performance Report, In-Situ Ozone Remediation of Soil & Groundwater: Former Retail Service Station, Bucks County, Pennsylvania". Office of Underground

Storage Tanks. Draft Report.
[88] EPA. Selecting Remediation Techniques for Contaminated Sediment, EPA-823-B93-C01. Washington, DC: Office of Water, 1993(b).
[89] EPA. Seminar Series on Monitored Natural Attenuation for Ground Water, EPA/625/K-98/001. Washington, DC: Office of Solid Waste and Emergency Response, 1998(a).
[90] EPA. Treatment Technologies for Site Cleanup: Annual Status Report, Tenth Edition, EPA-542-R-01-004. Office of Solid Waste and Emergency Response, 2001(b).
[91] EPA. Treatment Technologies for Site Cleanup: Annual Status Report, Eleventh Edition, EPA-542-R-03-009. Washington, DC: Office of Solid Waste and Emergency Response, 2004(a).
[92] EPA. How to Evaluate Alternative Cleanup Technologies for Underground Storage Tank Sites. A Guide for Corrective Action Reviewers, EPA 510-R-04-002. Washington, DC: Office of Solid Waste and Emergency Response, 2004(b).
[93] EPA. Use of Monitored Natural Attenuation at Superfund, RCRA Corrective Action, and Underground Storage Tank Sites, Directive Number 9200. 4-17P. Washington, DC: Office of Solid Waste and Emergency Response, 1999.
[94] ESTCP. 2003. Cost and Performance Report-In-Situ Bioremediation of MTBE in Groundwater. CU0013.
[95] ESTCP. Enhanced Anaerobic Dechlorination for the Capillary Fringe. 2004(b).
[96] ESTCP. Enhanced Biological Attenuation of Aircraft Deicing Fluid Runoff Using Constructed Wetlands, Project # CP-0007. 2004(a).
[97] ESTCP. Reductive Anaerobic Biological In-Situ Treatment Technology (RABITT) Treatability Test. Interim Report. 2001.
[98] FCC. 2006. Code of Federal Regulations: Title 47-Telecommunication Chapter I-Federal Communications Commission Part 18-Industrial, Scientific, and Medical Equipment.
[99] Federal Remediation Technology Roundtable (FRTR). 2002. Remediation Technology Screening Matrix and Reference Guide, 4th Edition.
[100] Federal Remediation Technology Roundtable (FRTR). 2004. "Federal Remediation Technology Roundtable."
[101] Fetter, C. W., 1988. Applied Hydrogeology. Second Edition. Macmillan Publishing Company, New York.
[102] Finneran, K. T. and D. R. Lovely. 2003. "Anaerobic In Situ Bioremediation". In MTBE Remediation Handbook. Moyer, E. E. and Kostecki, P. T., Eds. Amherst Scientific Publishers.
[103] FRTR. 1998. Guide to Documenting and Managing Cost and Performance Information for Remediation Projects (Revised Version). EPA 542-B-98-007.
[104] FRTR. Remediation Technologies Screening Matrix and Reference Guide, Version 4. 0. November 2003.
[105] FRTR. Technology Cost and Performance. FRTR, 2004.
[106] Gavaskar, A., N. Gupta, B. Sass, R. Janosy, and J. Hicks. 2000. Design Guidance for Application of Permeable Reactive Barriers for Groundwater Remediation. Prepared for U. S. Air Force, Air Force Research Laboratory.
[107] Greenberg, Richard S., et al., In-Situ Oxidative Technologies, Inc. 1998. "In-Situ Fenton-Like Oxidation of Volatile Organics: Laboratory, Pilot, and Full-Scale Demonstrations". Remediation.
[108] Hemant Pathak. 2013. Soil Pollution. Createspace Publishers.
[109] Herman, G., 2010. Hydrogeology and Borehole Geophysics of Fractured-Bedrock Aquifers, Newark Basin, New Jersey. In: Herman, G. C. and Serfes, M. E., eds., Contributions to the geology and

hydrogeology of the Newark basin. NJ Geological Survey Bulletin 77, Trenton, NJ., Chapter F: F1-F45.

[110] Hyman, M. 2000. Microbial Cometabolism of MTBE. Presented at the MTBE Biodegradation Workshop, Cincinnati, OH.

[111] Ibeanusi, V. and D. Grab. 2004. Radionuclide Biological Remediation Resource Guide, EPA 905/B04/001. U. S. EPA, Region.

[112] Interstate Technology and Regulatory Cooperation (ITRC). 2002. A Systematic Approach to In Situ Bioremediation in Groundwater.

[113] ITRC, 2005. Overview of Groundwater Remediation Technologies for MTBE and TBA.

[114] ITRC, 2010. Use and Measurement of Mass Flux and Mass Discharge.

[115] ITRC. 1999. Regulatory Guidance for Permeable Reactive Barriers Designed to RemediateChlorinated Solvents.

[116] ITRC. 2001. Phytotechnology Technical and Regulatory Guidance Document. Interstate Technology and Regulatory Council.

[117] ITRC. 2001. Technical and Regulatory Guidance for In Situ Chemical Oxidation of Contaminated Soil and Groundwater.

[118] ITRC. 2003. Technical and Regulatory Guidance for Surfactant/Cosolvent Flushing of DNAPL Source Zones.

[119] ITRC. 2005. Technical and Regulatory Guidance for In Situ Chemical Oxidation of Contaminated Soil and Groundwater, 2nd Edition.

[120] ITRC. Interstate Technology & Regulatory Council, 2004.

[121] ITRC. Technical and Regulatory Guidance Document for Constructed Treatment Wetlands. December, 2003.

[122] Jansen, Ron, Remedial Operations Group, Inc., Ellen Moyer, Tighe & Bond, Inc., and Richard Sloan, Lyondell Chemical Company. 2002. MtBE Remediation Seminar.

[123] Kadlec, R. H., and R. L. Knight (1996). Treatment Wetlands. CRC Lewis Publishers, Boca Raton.

[124] Kaplan DI, RJ Serne, AT Owen, J Conca, TW Wietsma, and TL Gervais. 1996. Radionuclide Adsorption Distribution Coefficients Measured in Hanford Sediments for the Low Level Waste Performance Assessment Project. PNNL-11485, Pacific Northwest Laboratory, Richland, Washington.

[125] Kaplan DI, RJ Serne, AT Owen, J Conca, TW Wietsma, and TL Gervais. 1996. Radionuclide Adsorption Distribution Coefficient Measured in Hanford Sediments for the Low Level Waste Performance Assessment Project. PNNL-11385, Pacific Northwest National Laboratory, Richland, Washington.

[126] Kelly, K. L, M. C. Marley, K. L. Sperry. 2002. "In-Situ Chemical Oxidation of MtBE". Contaminated Soil Sediment and Water.

[127] Kelly, K. L, M. C. Marley, K. L. Sperry. 2003. "In-Situ Chemical Oxidation". In MTBE Remediation Handbook. Moyer, E. E. and Kostecki, P. T., Eds. Amherst Scientific Publishers.

[128] Kerfoot, William B., K-V Associates, Inc. 2000. "Ozone Microsparging for Rapid MtBE Removal". Published in Proceedings of the Second International Conference on Remediation of Chlorinated and Recalcitrant Compounds, Monterey, California. Battelle.

[129] Kinner, N. E. 2001. Fate, Transport and Remediation of MtBE. Testimony before the U. S. Senate Committee on Environment and Public Works, Salem, NH.

[130] Knepp AJ. 2002. Field Investigation Report for Waste Management Area S-SX, RPP-7884, CH2M HILL Hanford Group, Inc., Richland, Washington.

[131] Landmeyer, J. E., D. A. Vrblosky and P. M. Bradley. 2000. "MtBE and BTEX in Trees above Contam-

inated Groundwater". Battelle International Conference on Remediation of Chlorinated and Recalcitrant Compounds, Monterey, CA.
[132] Lawrence Livermore National Laboratory. 1998. An Evaluation of MtBE Impacts to California Groundwater Resources. UCRL-AR-130897.
[133] Leethem, John T., URS Corporation. 2001. "In Situ Chemical Oxidation of MtBE and BTEX in Soil and Groundwater: A Case Study". Contaminated Soil, Sediment, and Water, Spring Special Issue.
[134] Levine Fricke. Not Dated. A Success Story: Ozone -Air Sparging Pilot Test at an MtBE Site in Long Island, New York" and "Introduction to Ozone Injection Technology. Company Literature.
[135] Looney, B. and K. Vangelas. 2004. Compatibility of Alternative Chlorinated Solvent Source Treatment Strategies with Monitored Natural Attenuation, WSRC-MS-2004-00236. U. S. DOE, Savannah River.
[136] Martin, D. L., and G. Gershuny. The Rodale Book of Composting. Emmaus, PA: Rodale Press, 1992.
[137] Maryland Department of the Environment. 2001. The Task Force on the Environmental Effects of MtBE. Final Report.
[138] Meagher, R. 2006 (October). Mercury Research.
[139] Moyer, E. E. and Kostecki, P. T., Eds. 2003. MtBE Remediation Handbook. Amherst Scientific Publishers.
[140] Naval Facilities Engineering Service Center. 2001. Final Air Sparging Guidance Document. NFESC Technical Report TR-2193-ENV.
[141] NAVFAC. 2000. Passive Bioventing in Stratified Soils and Shallow Groundwater Conditions, NFESC TDS-2083-ENV.
[142] NAVFAC. 2000. TechData Sheet: A Demonstration of Electrokinetic Remediation, TDS-2084-ENV.
[143] NAVFAC. 2002. Surfactant-Enhanced Aquifer Re-mediation (SEAR) Design Manual, NFESC Technical Report TR-2206-ENV.
[144] NAVFAC. 2003. FINAL REPORT: Addendum -Natural Pressure-Driven Passive Bioventing, TR-2221-ENV.
[145] NAVFAC. 2003. Surfactant-Enhanced Aquifer Re-mediation (SEAR) Implementation Manual, NFESC Technical Report TR-2219-ENV.
[146] NAVFAC. 2006 (Nov). Bioventing Cost Estimator. Naval Facilities Engineering Command. Webpage.
[147] NAVFAC. 2006. Naval Engineering Facilities Environmental Restoration & BRAC.
[148] NAVFAC. October 2006. In Situ Chemical Oxidation Multi-media Training Tool.
[149] New England Interstate Water Pollution Control Commission (NEIWPCC). 2000. A Survey of State Experience with MtBE Contamination at LUST Sites.
[150] New Jersey Geological Survey 1999 Geologic Map of New Jersey.
[151] NFESC. Biocell Application Guidance. Port Hueneme, CA: July, 1998.
[152] NFESC. Fact Sheet. Permeable Reactive Barrier Zones, RAB/TRC Training Workshop. Port Hueneme, CA: 2000.
[153] NFESC. Remediation Technology Selection: Biopile/Composting. NFESC Environmental Services, 2005.
[154] NFESC. Technical Report. Use of Prepump Separation Technologies to Enhance Cost-Effectiveness of Bioslurper Systems—Long-term Demonstration, TR-2220-ENV. Port Hueneme, CA: 2003.
[155] Nielsen, D., 2006, Practical Handbook of Environmental Site Characterization and Ground- Water Monitoring. Second Edition: CRC Press, Boca Raton.
[156] NJGS, 2003, Physiographic Provinces of New Jersey. NJGS Information Circular.
[157] NMED. Cleanup Technologies. Biosparging. Biosparging System Schematic. New Mexico Environmental

Department (NMED), 2004.
[158] NRC. 2000. Natural Attenuation for Groundwater Remediation. National Academy of Sciences, National Research Council.
[159] NRC. Natural Attenuation for Groundwater Remediation, Committee on Intrinsic Remediation. Washington, DC: National Academy Press, 2000.
[160] Olin, T. J., S. E. Bailey, M. A. Mann, C. C. Lutes, C. A. Seward, and C. F. Singer. Physical Separation (Soil Washing) Equipment for Volume Reduction of Contaminated Soils and Sediments, EPA-905-R99-006. Chicago, IL.
[161] Pivetz, B. 2001. Ground Water Issue: Phytoremediation of Contaminated Soil and Ground Water at Hazardous Waste Sites, EPA 540/S-01/500. U. S. EPA.
[162] Pope, D. et al. 2004. Performance Monitoring of MNA Remedies for VOCs in Ground Water, EPA/600/R-04/027, U. S. EPA, Office of Research and Development.
[163] Rafson, H. J. 1998. Odor and VOC Control Handbook. "Section 8 - Thermal Oxidation." McGraw Hill. New York, NY.
[164] Remediation Technologies Development Forum. 2006 (October). Evaluation of Phytoremediation for Management of Chlorinated Solvents in Soil and Groundwater. Phytoremediation of Organics Action Team, Chlorinated Solvents Workgroup.
[165] Reynolds, C. 2004. Cost and Performance Report: Field Demonstration of Rhizosphere-Enhanced Treatment of Organics-Contaminated Soils on Native American Lands with Application to Northern FUD Sites, ERDC/CRREL LR-04-19. U. S. DoD, Environmental Security Technology Certification Program.
[166] Rottero, T., C. Walmsley, and O. Kohnen. Evaluating Innovative Remediation Technologies and Success of Pilot Test Performance. EPA/National Ground Water Association Fractured Rock Conference: State of the Science and Measuring Success in Remediation, Portland, ME, 2004.
[167] Roulier; M., M. Kemper; P. Cluxton. 2002. Horizontal Configuration of the Lasagna™ Treatment Technology. User Guide, EPA 600/R-02/033.
[168] Sara, M. N.. 2003. Site Assessment and Remediation Handbook. Second Edition: Lewis Publishers, Boca Raton.
[169] Spain, J. C., J. B. Hughes, and H. -J. Knackmuss. Biodegradation of Nitroaromatic Compounds and Explosives. Boca Raton, FL: Lewis Publishers, Inc., 2000.
[170] Speth, T. F. and G. R. Swanson 2002. Demonstration of the HiPOx Advanced Oxidation Technology for the Treatment of MTBE-Contaminated Groundwater. Report No. EPA/600/R-02/098. USEPA National Risk Management Research Laboratory, Cincinnati, OH. September.
[171] Steffan, R. J., H. H. Farhan, and C. W. Condee. 2003. "Bioremediation at a New Jersey Site Using Propane-Oxidizing Bacteria". MTBE Remediation Handbook. Moyer, E. E. and Kostecki, P. T., Eds. Amherst Scientific Publishers.
[172] Suthersan, S. S. Natural and Enhanced Remediation Systems. Boca Raton, FL: Lewis Publishers, Inc., 2002.
[173] Thermatrix Inc. (Thermatrix). 2001. "Dioxin Performance of Thermatrix Flameless Thermal Oxidation vs. Flame-based Thermal Oxidation Technologies." Thermatrix Company Technical Paper.
[174] Thermatrix. 2005. "Your Source for Flameless Thermal Oxidation Solutions." Accessed in August.
[175] Tonga, P., and V. Magar. 1997. "Biological Destruction of Volatile Organic Compounds in the Vapor Phase." Strategic Environmental Research and Development Program (SERDP) NETTS Project/Dem-

onstration Summary.
[176] U. S. Environmental Protection Agency. 2013. Effectiveness of Soil and Water Conservation Practices for Pollution Control. Bibliogov Publishers.
[177] U. S. Army Corps of Engineers (USACE). 1999. "Multi-Phase Extraction Engineer Manual." EM 1110-1-4010.
[178] U. S. Department of Energy (DOE). 2001. "Membrane System for the Recovery of Volatile Organic Compounds from Remediation Off-Gases." Innovative Technology Summary Report. DOE/EM-0614.
[179] U. S. DoD, Air Force Center for Environmental Excellence.
[180] U. S. DOE. 2000. Innovative Technology Summary Report: Hydrous Pyrolysis Oxidation/Dynamic Underground Stripping, DOE EM-05/04.
[181] U. S. DOE. 2002. Final Remedial Action Report for LasagnaTM Phase IIb In-Situ Remediation of Solid Waste Management Unit 91 at the Paducah Gaseous Diffusion Plant, Paducah, Kentucky, OR/072037 &D1.
[182] U. S. Environmental Protection Agency (U. S. EPA). 1991a. "Control Technologies for Hazardous Air Pollutants." EPA/625/6-91/014. Office of Air Quality Planning and Standards (OAQPS). Washington, DC.
[183] U. S. EPA, Great Lakes National Program Office, 1999.
[184] U. S. EPA. 1991b. "Granular Activated Carbon Treatment." Engineering Bulletin. EPA/540/2-91/024. Office of Emergency and Remedial Response. Washington, DC.
[185] U. S. EPA. 1991c. "Guide for Conducting Treatability Studies Under CERCLA, Soil Vapor Extraction." EPA/540/2-91/019A.
[186] U. S. EPA. 1993a. "Emerging Technology Report: Destruction of Organic Contaminants in Air Using Advanced Ultraviolet Flashlamps." EPA/540/R-93/516. Office of Research and Development.
[187] U. S. EPA. 1993b. "Presumptive Remedies: Site Characterization and Technology Selection for CERCLA Sites with Volatile Organic Compounds in Soils." EPA/540/F-93/048. Office of Solid Waste and Emergency Response. Washington, DC.
[188] U. S. EPA. 1994. "Superfund Innovative Technology Evaluation (SITE) Technology Profile-Emerging Technology Program, Membrane Technology and Research, Inc, VaporSep™ Membrane Process."
[189] U. S. EPA. 1995. Survey of Control Technologies for Low Concentration Organic Vapor Streams, EPA-456/R-95-003. OAQPS. Washington, DC.
[190] U. S. EPA. 1996. Draft Technical Support Document for HWC MACT Standards, Volume Ⅳ: Compliance with the Proposed MACT Standards. Office of Solid Waste and Emergency Response. February.
[191] U. S. EPA. 1997. Analysis of Selected Enhancements for Soil Vapor Extraction, EPA 542/R-97/007.
[192] U. S. EPA. 1997a. "Presumptive Remedy: Supplemental Bulletin Multi-Phase Extraction (MPE) Technology for VOCs in Soil and Groundwater." EPA 540-F-97-004. Office of Solid Waste and Emergency Response. Washington, DC.
[193] U. S. EPA. 1997b. "Locating and Estimating Air Emissions from Sources of Dioxins and Furans." EPA-454/R-97-003.
[194] U. S. EPA. 1997c. "Analysis of Selected Enhancements for Soil Vapor Extraction." EPA-542-R-97-007. Office of Solid Waste and Emergency Response. Washington, DC.
[195] U. S. EPA. 1998. "Technical Bulletin: Zeolite, A Versatile Air Pollutant Adsorber." EPA 456/F-98-004. Office of Air Quality, Clean Air Technology Center.
[196] U. S. EPA. 1999. "Technical Bulletin: Choosing an Adsorption System for VOC: Carbon, Zeolite, or

Polymers." EPA 456/F-99-004. Office of Air Quality.
[197] U. S. EPA. 1999. Solidification/Stabilization Resource Guide, EPA 542/B-99/002.
[198] U. S. EPA. 2000. Cost and Performance Report: Cometabolic Bioventing at Building 719, Dover Air Force Base Dover, Delaware.
[199] U. S. EPA. 2000. Introduction to Phytoremediation, EPA 600/R-99/107.
[200] U. S. EPA. 2000. Solidification/Stabilization Use at Superfund Sites, EPA 542/R-00/010.
[201] U. S. EPA. 2000a. Photocatalytic AIR Cleaner for Indoor Air Pollution Control. Office of Research and Development, National Center for Environmental Research (NCER).
[202] U. S. EPA. 2000b. Photocatalytic Oxidation of NOx and Recovery as Nitric Acid. Office of Research and Development, NCER.
[203] U. S. EPA. 2000c. Photocatalytic Air Pollution Control Technology for Dilute VOC/TAP Destruction. Office of Research and Development, NCER.
[204] U. S. EPA. 2000d. Photocatalytic Destruction of VOCs in Secondhand Cigarette Smoke. Office of Research and Development, NCER.
[205] U. S. EPA. 2001a. "Demonstration Bulletin, Adsorption-Integrated-Reaction (AIR 2000) Process, KSE, Inc." Superfund Innovative Technology Evaluation, EPA 540/MR-01/503.
[206] U. S. EPA. 2001b. "Development of Recommendations and Methods to Support Assessment of Soil Venting Performance and Closure." EPA 600-R-01-070.
[207] U. S. EPA. 2002. "Air Pollution Control Cost Manual." Office of Air Quality Planning and Standards, EPA 452-B-02-001.
[208] U. S. EPA. 2002. Innovative Technology Evaluation Report: Envirogen Propane Biostimulation Technology for In-Situ Treatment of MTBE Contaminated Ground Water, EPA 600/R02/092.
[209] U. S. EPA. 2002. Superfund Innovative Technology Evaluation Program: Evaluation of Soil Amendment Technologies at the Crooksville/Roseville Pottery Area of Concern, Rocky Mountain Remediation Services EnvirobondTM Process.
[210] U. S. EPA. 2003. "Exposure and Human Health Reassessment of 2, 3, 7, 8-Tetrachlorodibenzo-p-Dioxin (TCDD) and Related Compounds." National Academy Sciences (NAS) Review Draft, EPA/600/P-00/001Cb.
[211] U. S. EPA. 2003. Evaluation of Soil Amendment Technologies at the Crooksville/Roseville Pottery Area of Concern STAR Organics Soil Rescue: Innovative Technology Evaluation Report, EPA 540/R-99/501.
[212] U. S. EPA. 2003. Innovative Technology Evaluation Report: Phytoremediation of Groundwater at Air Force Plant 4 Carswell, Texas, EPA 540/R-03/506.
[213] U. S. EPA. 2003a. Cost and Performance Report: Dynamic Underground Stripping-Hydrous Pyrolysis Oxidation at the Savannah River Site 321-M Solvent Storage Tank Area, Aiken, South Carolina. Office of Solid Waste and Emergency Response.
[214] U. S. EPA. 2003b. Cost and Performance Report: Steam Enhanced Extraction at the A. G. Communications Systems Site, Northlake, Illinois. Office of Solid Waste and Emergency Response.
[215] U. S. EPA. 2004. "Treatment Technologies for Site Cleanup: Annual Status Report." 11th Edition. EPA-542-R-03-009. Office of Solid Waste and Emergency Response. Washington, DC.
[216] U. S. EPA. 2004. How to Evaluate Alternative Cleanup Technologies for Underground Storage Tank Sites: A Guide for Corrective Action Plan Reviewers, EPA 510/R-04/002.
[217] U. S. EPA. 2004. In Situ Thermal Treatment of Chlorinated Solvents: Fundamentals andField Applica-

tions, EPA 542/R-04/010.
[218] U. S. EPA. 2004. Innovative Technology Evaluation Report: Stabilization of Mercury in Waste Material from the Sulfur Bank Mercury Mine.
[219] U. S. EPA. 2004. Innovative Technology Evaluation: Field Evaluation of TerraTherm In Situ Thermal Destruction (ISTD) Treatment of Hexachlorocyclopentadiene, EPA 540/R-05/007.
[220] U. S. EPA. 2004. Treatment Technologies for Site Cleanup: Annual Status Report (Eleventh Edition), EPA 542/R-03/009.
[221] U. S. EPA. 2005. NPL Sites in Region 10.
[222] U. S. EPA. 2005a. "Hazardous Waste Clean-up Information." Office of Superfund Remediation and Technology Innovation.
[223] U. S. EPA. 2005b. "The Inventory of Sources and Environmental Releases of Dioxin-Like Compounds in the United States: The Year 2000 Update. External Review Draft." Office of Research and Development, EPA/600/P-03/002A.
[224] U. S. EPA. 2006 (October). Phytoremediation Profile Database.
[225] U. S. EPA. 2006. In Situ and Ex Situ Biodegradation Technologies for Remediation of Contaminated Sites, EPA 600/R-06/015.
[226] U. S. EPA. Office of Research and Development. Draft Nanomaterial Research Strategy. January 2008.
[227] U. S. EPA. Office of Superfund, Remediation and Technology Innovation. Nanotechnology: practical considerations for use in groundwater remediation. National Association of Remedial Managers Annual Training Conference. Portland, Oregon, July 7-11, 2008.
[228] U. S. EPA. Science Policy Council. Nanotechnology white paper. U. S. Environmental Protection Agency. February 2007.
[229] U. S. Geological Survey (USGS). 2003. A National Assessment of Volatile Organic Compounds (Vocs) in Water Resources of the U. S. 2003.
[230] U. S. Navy. 2002. Navy Air Station North Island-Navy Region Southwest. Navy Environmental Leadership Program.
[231] US Army Environmental Center. Environmental Security Technology Certification Program (ESTCP). 2000. Final In-Situ Electrokinetic Remediation of Metal Contaminated Soils Technology Status Report, SFIM-AEC-ET-CR99022
[232] USACE. 1995. USACE Engineering Manual: SVE and Bioventing. EM 1110-1-4001.
[233] USACE. 1997. USACE Engineering Manual: In Situ Air Sparging. EM 1110-1-4005.
[234] USACE. 2001. "Engineering and Design-Adsorption Design Guide." Chapter 3. Publication No. DG 1110-1-2.
[235] USACE. 2002. "Soil Vapor Extraction and Bioventing Engineer Manual." EM 1110-1-4001.
[236] USACE. 2006. Interim Unified Facilities Criteria: In Situ Thermal Remediation, Hazardous, Toxic, and Radioactive Waste, UFC 3-280-05. U. S. DoD.
[237] USACE. Engineering and Design. Multi-Phase Extraction, EM 1110-1-4010. U. S. Army Corps of Engineers, 1999.
[238] USAEC. Restoration Technology. Bioslurping of POL Contaminated Soils. U. S. Army Environmental Center (USAEC), 2004.
[239] USAEC. Restoration Technology. Multiple Biotechnology Demonstration of Explosives - Contaminated Soils. USAEC, 2005.
[240] USDA and USEPA. A Handbook of Constructed Wetlands: A Guide to Creating Wetlands for Agricul-

tural Wastewater, Domestic Wastewater, Coal Mine Drainage, and Stormwater in the Mid-Atlantic Region. Volume 3: Agricultural Wastewater, Publication Number 843F00002. National Environmental Publications Information System, 1994(a).
[241] USDA and USEPA. A Handbook of Constructed Wetlands: A Guide to Creating Wetlands for Agricultural Wastewater, Domestic Wastewater, Coal Mine Drainage, and Stormwater in the Mid-Atlantic Region. Volume 4: Coal Mine Drainage. Publication Number 843F00003. National Environmental Publications Information System, 1994(b).
[242] USEPA, 2003. The DNAPL Remediation Challenge: Is There a Case for Source Depletion, EPA/600/R-03/143.
[243] USEPA, 2004. Site characterization technologies for DNAPL investigations. EPA/542/R-04/017.
[244] USEPA, 2009(b), Statistical Analysis of Ground Water Monitoring Data at RCRA Facilities Unified Guidance March 2009: EPA 530/R-09-007.
[245] USEPA, 2009, Assessment and Delineation of DNAPL Source Zones at Hazardous Waste Sites Ground Water Issue, September 2009.
[246] USEPA, 2010, Recommendations for States, Tribes, and EPA Regions to Investigate and Clean Up Lead Scavengers When Present at Leaking Underground Storage Tanks.
[247] White H., B. Lesnik, and J. T. Wilson. 2002. Analytical Methods for Oxygenates. L. U. S. T. Line, Bulletin 42, New England Interstate Water Pollution Control Commission.
[248] Wilson, J. et al. 2001. Evaluation of the Protocol for Natural Attenuation of Chlorinated Solvents: Case Study at the Twin Cities Army Ammunition Plant, EPA 600/R-01/025. U. S. EPA, Office of Research and Development.
[249] Wilson, J. T. 2003a. "Fate and Transport of MTBE and Other Gasoline Components". In MTBE Remediation Handbook. Moyer, E. E. and Kostecki, P. T., Eds. Amherst Scientific Publishers.
[250] Wilson, J. T. 2003b. "Aerobic In Situ Bioremediation". In MTBE Remediation Handbook. Moyer, E. E. and Kostecki, P. T., Eds. Amherst Scientific Publishers.
[251] Wilson, J., J. Cho, B. Wilson, and J. Vardy. 2000. Natural Attenuation of MTBE in the Subsurface under Methanogenic Conditions, EPA 600/R-00/006.
[252] Wilson, J., P. Kaiser, and C. Adair. 2005. Monitored Natural Attenuation of MTBE as a Risk Management Option at Leaking Underground Storage Tank Sites, EPA 600/R-04/1790. U. S. EPA, Office of Research and Development.
[253] 环境保护部环境工程评估中心．环境影响评价技术导则与标准汇编(增补本)[M]．北京：中国环境出版社，2013.
[254] 环境保护部科技标准司，中国环境科学学会．土壤污染防治知识问答[M]．北京：中国环境出版，2014.
[255] 孙铁珩，李培军，周启星．土壤污染形成机理与修复技术[M]．北京：科学出版社，2005.
[256] 易秀，杨胜科，胡安焱．土壤化学与环境[M]．北京：化学工业出版社，2008.
[257] 中国石油管道公司．油气管道检测与修复技术[M]．北京：石油工业出版社，2010.
[258] 周金星，孙启祥，崔明，等．洞庭湖退田还湖区生态修复研究[M]．北京：中国林业出版社，2014.
[259] 周启星，宋玉芳．污染土壤修复原理与方法[M]．北京：科学出版社，2004.
[260] 周启星，魏树和，张倩茹．生态修复[M]．北京：中国环境科学出版社，2006.

附录　污染土壤治理中的常见缩略语及其含义

AFCEE(Air Force Center for Environmental Excellence)美国空军环境卓越中心

BTEX(benzene, toluene, ethyl benzene, xylene)苯的衍生物，苯/甲苯/乙苯/二甲苯

CB(chlorobenzenes)氯苯

CH_2Cl_2(dichloromethane or methylene chloride)氯甲烷或二氯甲烷

$CHCl_3$(trichloromethane or chloroform)三氯甲烷或氯仿

CT(carbon tetrachloride)四氯化碳

CVOC(chlorinated volatile organic compound)氯化挥发性有机化合物

DCA(dichloroethane)二氯乙烷

DCE(dichloroethene)二氯乙烯

DDT(dichlorodiphenyltrichloroethane)二氯二苯

DNAPL(dense nonaqueous phase liquid)致密的非水相液体

DP(direct push)直接驱入

ERH(electrical resistance heating)电阻加热

FCC(Federal Communications Commission)美国联邦通信委员会

FRTR(Federal Remediation Technologies Roundtable)美国联邦修复技术圆桌会议

ISV(in situ vitrification)原位玻璃化

MNA(monitored natural attenuation)监测自然衰减

MPE(multi-phase extraction)多相萃取

MTBE(methyl tert-butyl ether)甲基叔丁基醚

NAPL(nonaqueous phase liquid)非水相液体

NAS(National Academy of Sciences)美国国家科学院

NAVFAC(Naval Facilities Engineering Command)美国海军设施工程司令部

NPL(National Priority List)国家优先序列

OAR(Office of Air and Radiation)美国空气和辐射办公室

ORD(Office of Research and Development)美国研究和发展办公室

OSWER(Office of Solid Waste and Emergency Response)美国固体废物和应急响应办公室

PAHs(polycyclic aromatic hydrocarbons)多环芳烃

PCB(polychlorinated biphenyl)多氯联苯

PCE(perchloroethene or tetrachloroethene)全氯乙烯或四氯乙烯

PCP(pentachlorophenol ppm parts per million)五氯苯酚 ppm 含量(ppm 为百万分之一)

PVC(polyvinyl chloride)聚氯乙烯

RFH(radio-frequency heating)射频加热
SCM(site conceptual model)站点概念化模型
SEAR(surfactant-enhanced aquifer remediation)表面活性剂增强的含水层修复
SEE(steam enhanced extraction)蒸汽强化加热
SITE(Superfund Innovative Technology Evaluation)超级基金创新技术评估
SOD(soil oxidant demand)土壤氧化剂需求
S/S(solidification/stabilization)固化/稳定化
SVOCs(semivolatile organic compounds)半挥发性有机化合物
SVE(soil vapor extraction)土壤蒸气萃取
TCA(trichloroethane)三氯乙烷
TCE(trichloroethene)三氯乙烯
TCLP(Toxicity Characteristic Leaching Procedure)毒性特征浸出程序
USACE(United States Army Corps of Engineers)美国陆军工程兵团
U. S. DoD(United States Department of Defense)美国国防部
U. S. DOE(United States Department of Energy)美国能源部
U. S. EPA(United States Environmental Protection Agency)美国环境保护署
VC(vinyl chloride)氯乙烯
VOCs(volatile organic compounds)挥发性有机化合物